谨以此书献给

“生物力学之父”冯元桢先生

国家出版基金项目
NATIONAL PUBLICATION FOUNDATION

生物力学研究前沿系列
总主编 姜宗来 樊瑜波

组织修复生物力学

杨 力 吕永钢 主编

上海交通大學出版社
SHANGHAI JIAO TONG UNIVERSITY PRESS

内容提要

本书是“生物力学研究前沿系列”之一。本书介绍了组织修复生物力学领域研究的若干新进展，重点是我国学者近十多年取得的研究成果。本书首先介绍了组织修复中细胞生物力学、力对干细胞生物学行为影响、药物/生长因子控释与组织修复等基本概念、方法和研究进展，其次介绍了骨、软骨、韧带、肌腱、血管、胃肠道、肝脏等组织修复生物力学领域的最新研究进展，最后特别介绍了组织修复与低温保存、3D打印、微流控模拟技术、生物信息学等组织修复研究中涉及的新技术和新方法。

本书可供生物医学工程、力学、组织工程和再生医学等领域研究人员、工程师、临床医生以及大专院校相关专业的教师、研究生阅读参考。

图书在版编目(CIP)数据

组织修复生物力学/杨力，吕永钢主编．—上海：
上海交通大学出版社，2017
(生物力学研究前沿系列)
ISBN 978-7-313-18497-9

Ⅰ．①组… Ⅱ．①杨… ②吕… Ⅲ．①生物组织学—
生物力学 Ⅳ．①Q136

中国版本图书馆CIP数据核字(2017)第303396号

组织修复生物力学

主　　编：杨　力　吕永钢
出版发行：上海交通大学出版社　　地　　址：上海市番禺路951号
邮政编码：200030　　电　　话：021-64071208
出 版 人：谈　毅
印　　制：上海锦佳印刷有限公司　　经　　销：全国新华书店
开　　本：787 mm×1092 mm　1/16　　印　　张：32.5
字　　数：549千字
版　　次：2017年12月第1版　　印　　次：2017年12月第1次印刷
书　　号：ISBN 978-7-313-18497-9/Q
定　　价：398.00元

發展生物力学
造福人類健康

馮元楨
2016 七月十一日

生物力学研究前沿系列
丛书编委会

香港理工大学，教授　张　明
军事医学科学院卫生装备研究所，研究员　张西正
太原理工大学，教授　陈维毅
浙江大学，教授　季葆华
上海交通大学医学院，教授　房　兵
四川大学华西口腔医学院，教授　赵志河

总主编简介

姜宗来　博士，教授，博士生导师；美国医学与生物工程院会士（AIMBE Fellow）；享受国务院政府特殊津贴，全国优秀科技工作者，总后勤部优秀教师；上海交通大学生命科学技术学院教授；曾任上海交通大学医学院筹备组副组长和力学生物学研究所所长；先后担任世界生物力学理事会（WCB）理事，中国生物医学工程学会副理事长、名誉副理事长，中国力学学会中国生物医学工程学会生物力学专业委员会（分会）副主任委员、主任委员，中国生物物理学会生物力学与生物流变学专业委员会副主任委员，国际心脏研究会（ISHR）中国分会执委，《中国生物医学工程学报》副主编和《医用生物力学》副主编、常务副主编等；长期从事心血管生物力学、力学生物学和形态学研究，培养博士后、博士生和硕士生 45 人，在国内外发表学术论文 100 余篇，主编和参编专著与教材 26 部，获国家科技进步奖三等奖（第一完成人，1999）、军队科技进步二等奖（第一完成人）和国家卫生部科技进步三等奖各 1 项，获国家发明专利 2 项、新型实用专利 1 项。

樊瑜波　博士，教授，博士生导师；美国医学与生物工程院会士（AIMBE Fellow）；国家杰出青年科学基金获得者，教育部“长江学者”特聘教授，教育部跨世纪人才，全国优秀科技工作者，国家自然科学基金创新群体项目负责人，科技部重点领域创新团队带头人；现任民政部国家康复辅具研究中心主任、附属医院院长，北京航空航天大学生物与医学工程学院院长、生物力学与力学生物学教育部重点实验室主任、北京市生物医学工程高精尖创新中心主任；先后担任世界生物力学理事会（WCB）理事，世界华人生物医学工程协会（WACBE）主席，国际生物医学工程联合会（IFMBE）执委，中国生物医学工程学会理事长，医工整合联盟理事长，中国力学学会中国生物医学工程学会生物力学专业委员会（分会）副主任委员、主任委员，《医用生物力学》和《生物医学工程学杂志》副主编等；长期从事生物力学、康复工程、植介入医疗器械等领域研究，发表 SCI 论文 260 余篇，获国家发明专利近百项，获教育部自然科学一等奖和黄家驷生物医学工程一等奖等科技奖励。

本书主编简介

杨力 教授，博士生导师；国家自然科学奖获得者；现任重庆大学生物工程学院教授、生物流变科学与技术教育部重点实验室主任、中国生物医学工程学会常务理事、中国力学学会中国生物医学工程学会生物力学专业委员会(分会)副主任委员、中国医疗器械产业技术创新战略联盟常务理事、重庆市生物医学工程学会理事长和重庆市医疗器械产业技术创新战略联盟理事长等。长期从事生物力学、组织修复与细胞力学研究，在国际刊物上发表学术论文100余篇，获授权国际发明专利1项、中国发明专利15项；获得国家自然科学三等奖1项、国家教委科技进步奖3项(一等奖1项、三等奖2项)、全军科技进步二等奖1项、四川省科技进步三等奖1项和重庆市自然科学一等奖1项。

吕永钢 博士，教授，博士生导师；教育部"新世纪优秀人才支持计划"和全国百篇优秀博士论文提名奖入选者；现任重庆大学生物工程学院教授，兼任中国力学学会中国生物医学工程学会生物力学专业委员会(分会)委员、中国微循环学会血液流变学专业委员会副主任委员，兼任 *Medical & Biological Engineering & Computing* 副编辑，兼任 *Biotechnology Letters*、《医用生物力学》、《应用基础与工程科学学报》编委和 *Current Pharmaceutical Design* 执行客座编辑等。主要从事生物力学与组织修复领域的研究，迄今在 *Theranostics*、*Biomaterials* 和 *ACS Applied Materials & Interfaces* 等国内外学术期刊发表论文100余篇，参编中文著作3部和英文著作1部，获得9项中国发明专利授权。

序　一

欣闻姜宗来教授和樊瑜波教授任总主编的一套"生物力学研究前沿系列"丛书，即将由上海交通大学出版社陆续出版，深感欣慰。谨此恭表祝贺！

生物力学(biomechanics)是研究生命体变形和运动的学科。现代生物力学通过对生命过程中的力学因素及其作用进行定量的研究，结合生物学与力学之原理及方法，得以认识生命过程的规律，解决生命与健康的科学问题。生物力学是生物医学工程学的一个重要交叉学科，对探讨生命科学与健康领域的重大科学问题作出了很大的贡献，促进了临床医学技术与生物医学材料的进步，带动了医疗器械相关产业的发展。

1979 年以来，在"生物力学之父"冯元桢(Y. C. Fung)先生的亲自推动和扶植下，中国的生物力学研究已历经了近 40 年的工作积累。尤其是近十多年来，在中国新一代学者的努力下，中国的生物力学研究有了长足的进步，部分研究成果已经达到国际先进水平，从理论体系到技术平台均有很好的成果，这套"生物力学研究前沿系列"丛书的出版真是适逢其时。

这套丛书的总主编姜宗来教授和樊瑜波教授以及每一分册的主编都是中国生物力学相关领域的学术带头人，丛书的作者们也均为科研和临床的一线专家。他们大多在国内外接受过交叉学科的系统教育，具有理工生医多学科的知识背景和优越的综合交叉研究能力。该丛书的内容涵盖了血管力学生物学、生物力学建模与仿真、细胞分子生物力学、组织修复生物力学、骨与关节生物力学、口腔力学生物学、眼耳鼻咽喉生物力学、康复工程生物力学、生物材料力学和人体运动生物力学等生物力学研究的主要领域。这套丛书立足于科技发展前沿，旨在总结和展示 21 世纪以来中国在生物力学领域所取得的杰出研究成果，为力学、生物医学工程以及医学等相关学科领域的研究生和青年科技工作者们提供研究参考，为生物医学工程相关产业的从业人员提供理论导引。这套丛书的出版适时满足了生物力学学科出版领域的需求，具有很高的出版价值和积极的社会意义。可以预见这套丛书将能为广大科技工作者提供学术交流的平台，因而促进中国生物力学学科的进一步发展和年轻人才的培养。

这套丛书是用中文写的，对全球各地生物力学领域用中文的学者有极大意义。目前，生物力学这一重要领域尚无类似的、成为一个系列的英文书籍。希望不久的将来能看到这套丛书的英文版，得以裨益世界上所有的生物力学及生物医学工程学家，由此促进全人类的健康福祉。

钱煦

美国加州大学医学与生物工程总校教授

美国加州大学圣迭戈分校工程与医学研究院院长

美国国家科学院院士

美国国家工程院院士

美国国家医学院院士

美国艺术与科学院院士

美国国家发明家学院院士

中国科学院外籍院士

序　二

人体处于力学环境之中。人体各系统，如循环系统、运动系统、消化系统、呼吸系统和泌尿系统等的生理活动均受力学因素的影响。力是使物体变形和运动(或改变运动状态)的一种机械作用。力作用于机体组织细胞后不仅产生变形效应和运动效应，而且可导致其复杂的生理功能变化。生物力学(biomechanics)是研究生命体变形和运动的学科。生物力学通过生物学与力学原理方法的有机结合，认识生命过程的规律，解决生命与健康领域的科学问题。

20 世纪 70 年代末，在现代生物力学开创者和生物医学工程奠基人、被誉为"生物力学之父"的著名美籍华裔学者冯元桢(Y. C. Fung)先生的大力推动和热情关怀下，生物力学作为一门新兴的交叉学科在我国起步。随后，我国许多院校建立了生物力学的学科基地或研究团队，设立了生物力学学科硕士学位授权点和博士学位授权点。自 1982 年我国自己培养的第一位生物力学硕士毕业以来，陆续培养出一批接受过良好交叉训练的青年生物力学工作者，他们已逐渐成为我国生物力学学科建设和发展的骨干力量。20 世纪 80 年代以来，我国生物力学在生物流变学、心血管生物力学与血流动力学、骨关节生物力学、呼吸力学、软组织力学和药代动力学等领域开展了研究工作，相继取得了一大批有意义的成果，出版了一些生物力学领域的专著，相关研究成果也曾获国家和省部级的多项奖励。这些工作的开展、积累和成果为我国生物力学事业的发展作出了重要贡献。

21 世纪以来，国际和国内生物力学研究领域最新的进展和发展趋势主要有：一是力学生物学；二是生物力学建模分析及其临床应用。前者主要是生物力学细胞分子层次的机制(发现)研究，而后者主要是生物力学解决临床问题的应用(发明)研究，以生物力学理论和方法发展有疗效的或有诊断意义的新概念与新技术。两者的最终目的都是促进生物医学基础与临床以及相关领域研究的进步，促进人类健康。

21世纪以来，国内生物医学工程、力学、医学和生物学专业的科技人员踊跃开展生物力学的交叉研究，队伍不断扩大。以参加“全国生物力学大会”的人数为例，从最初几届的百人左右发展到2015年“第11届全国生物力学大会”，参会人员有600人之多。目前，国家自然科学基金委员会数理学部在“力学”学科下设置了“生物力学”二级学科代码；生命科学部也专为“生物力学与组织工程”设置了学科代码和评审组。在国家自然科学基金的持续支持下，我国的生物力学研究已有近40年的工作积累，从理论体系、技术平台到青年人才均有很好的储备，研究工作关注人类健康与疾病中的生物力学与力学生物学机制的关键科学问题，其中部分研究成果已达到国际先进水平。

为了总结21世纪以来我国生物力学领域的研究成果，在力学、生物医学工程以及医学等相关学科领域展示生物力学学科的实力和未来，为新进入生物力学领域的研究生和青年科技工作者等提供一个研究参考，我们组织国内生物力学领域的一线专家编写了这套“生物力学研究前沿系列”丛书，其内容涵盖了血管力学生物学、生物力学建模与仿真、细胞分子生物力学、组织修复生物力学、骨与关节生物力学、口腔力学生物学、眼耳鼻咽喉生物力学、康复工程生物力学、生物材料力学和人体运动生物力学等生物力学研究的主要领域。本丛书的材料主要来自各分册主编及其合著者所领导的国内实验室，其中绝大部分成果系国家自然科学基金资助项目所取得的新研究成果。2016年，已97岁高龄的美国国家科学院、美国国家医学院和美国国家工程院院士，中国科学院外籍院士冯元桢先生在听取了我们有关本丛书编写工作进展汇报后，欣然为丛书题词“发展生物力学，造福人类健康”。这一珍贵题词充分体现了先生的学术理念和对我们后辈的殷切希望。美国国家科学院、美国国家医学院、美国国家工程院和美国国家发明家学院院士，美国艺术与科学院院士，中国科学院外籍院士钱煦(Shu Chien)先生为本丛书作序，高度评价了本丛书的出版。我们对于前辈们的鼓励表示由衷的感谢！

本丛书的主要读者对象为高校和科研机构的生物医学工程、医学、生物学和力学等相关专业的科学工作者和研究生。本丛书愿为今后的生物力学和力学生物学研究提供参考，希望能对促进我国生物力学学科发展和人才培养有所帮助。

在本丛书完成过程中，各分册主编及其合著者的团队成员、研究生对相关章节的结果呈现作出了许多出色贡献，在此对他们表示感谢；同时，对本丛书所有被引用和参考的文献作者和出版商、对所有帮助过本丛书出版的朋友们一并表示衷心感谢！感谢国家自然科学基金项目的资助，可以说，没有国家自然科学基金的持续资助，就没有我国生物力学蓬勃发展的今天！

由于生物力学是前沿交叉学科，处于不断发展丰富的状态，加之组织出版时间有限，丛书难免有疏漏之处，请读者不吝赐教、指正。

姜宗来　樊瑜波

2017年11月

前 言

损伤组织的修复与再生是当前生物医学工程、生物学和医学领域的研究热点与难点之一，涉及力学、发育生物学、干细胞生物学、生物材料学等诸多基础学科以及骨科、烧伤整形科、神经外科等临床学科，与无数伤病患者的治疗和康复息息相关。在组织修复的局部炎症反应，细胞增殖、迁移、分化，肉芽组织生成和组织修复塑形等多个阶段中，生物力学从分子、细胞、组织和器官等多个不同层次参与调控组织修复的质量和速度。本书旨在介绍组织修复生物力学中的基本概念和方法以及国内外的最新研究进展，重点总结21世纪以来我国组织修复生物力学研究的成果，展示我国在该领域研究的实力与未来，为相关学科科研工作者的教学和研究提供参考。

本书邀请了重庆大学、四川大学、浙江大学、中国科学院深圳先进技术研究院、丹麦奥胡斯大学、上海大学、重庆医科大学等国内外高校和科研院所的相关领域专家撰写，非常感谢各位的辛苦和努力！本书的完成得益于国内外众多学者在此领域内卓有成效的工作，谨在此向本书所有被引用和参考的文献作者和出版商表示衷心的感谢。同时，本书的很多工作是在国家自然科学基金项目(11672051；11532004；11172338；11032012等)资助下完成的，编者要特别感谢国家自然科学基金委员会多年来的支持。

本书在编写上力图扼要，由于涉及面很广且限于编著者水平，加之成稿仓促，缺点和错误在所难免，恳请读者批评指正。

杨 力 吕永钢

2017年5月于嘉陵江畔歌乐山下

目 录

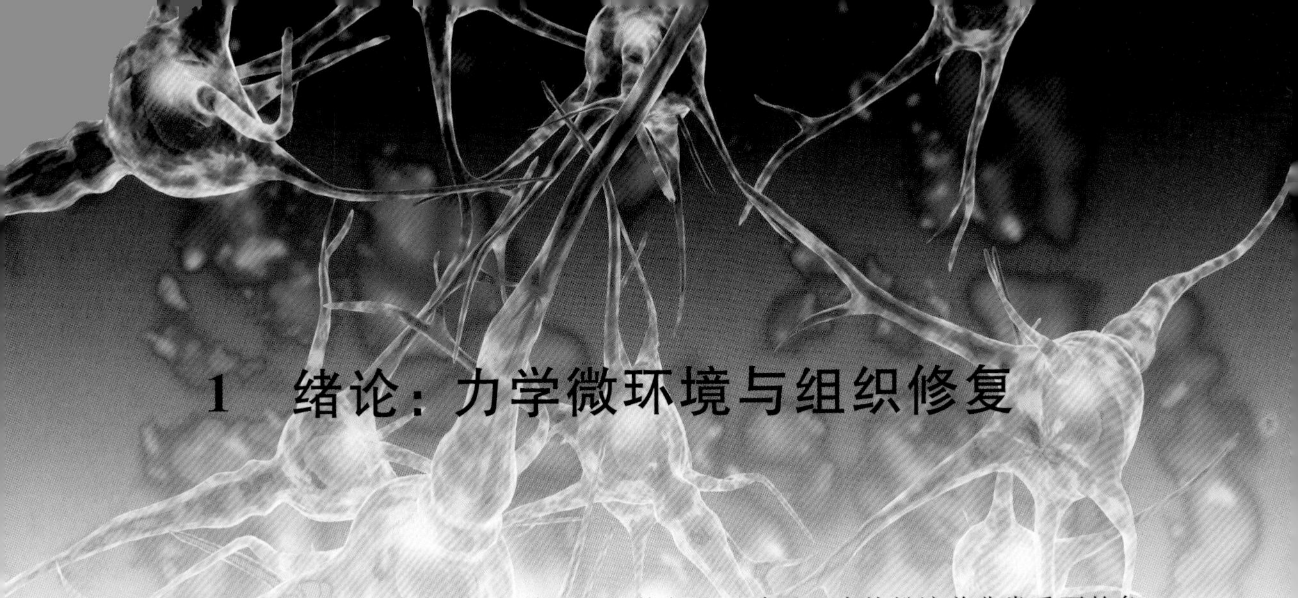

1 绪论：力学微环境与组织修复

生物力学在组织的生长、发育、保持、退化、修复和重建过程中均扮演着非常重要的角色，是决定临床骨、软骨、肌肉、血管、皮肤、韧带、神经等多种组织器官修复能否成功的关键因素之一。生物体内细胞和组织如何感知并响应其所处的力学微环境，已经成为体外制备组织替代物和体内修复受损/病变组织研究中必须考虑的重要问题之一。由于人体不同组织在组成成分、结构及体内力学微环境中的差异性和复杂性，研究生物力学在组织修复领域的作用仍存在诸多挑战和亟待解决的问题。

1.1 动态的力学微环境

组织的损伤、修复与重建过程伴随着缺损修复区域的力学微环境持续、动态的变化，力学微环境的变化进一步调控分子、细胞和组织响应，最终影响组织修复的速度和效果。以骨组织为例，骨组织在生长和重建时，伴随着骨基质的不断合成、分泌、矿化和组织层次结构化程度的提高及骨晶体的不断成熟，编织骨逐渐被板层骨替代，骨组织的刚度逐渐增加，最终达到正常骨的刚度。值得注意的是，骨组织中的几种主要细胞均为贴壁细胞，基质的力学特征、拓扑结构等都会影响细胞与基质间的相互作用，进而影响细胞的生物学行为[1,2]。研究动态基质刚度对骨组织细胞和骨祖细胞的影响及各种细胞对不同基质刚度的响应，对于理解骨修复这一复杂过程具有重要指导意义。虽然随着影像技术及数值模拟的快速发展，在体组织的力学特征测量和预测已经得到一定发展，但测量获取在体组织的力学参数仍非常困难。从分子、细胞和组织多层次研究生物力学对组织修复的调控作用，是最终构建安全有效、可用于临床修复的组织工程替代品的关键。

研究组织修复不仅要关注如何模拟正常组织力学微环境的变化，还需要考虑在病理条件下组织的结构、成分和力学特征的改变等。例如，在肝纤维化过程中，伴随着肝纤维化程度的不断增加，肝组织的刚度也不断增加。此外，在钙化性主动脉瓣疾病（calcific aortic valve disease，CAVD）的病变过程中，瓣膜间质细胞（valve interstitial cells）会发生成骨分化，细胞外基质出现异常沉积和重塑，组织基质刚度逐渐增加。这些病变组织在病理进展过程中的力学微环境发生了明显的变化，进一步影响组织内细胞的活动和命运。通过更加精确地测量生理和病理条件下组织在不同生命活动过程中所受到的力学刺激，总结不同组织在生物体内的力学特性,可为修复受损的组织提供最适宜的力学刺激。

1.2 体内力学微环境调控细胞命运

依据不同组织的生物力学特征及其所处的不同力学微环境,设计、制备用于不同组织修复的生物支架材料,有利于提高组织修复效果。生物材料的结构与成分组成可以控制材料在纳米、微米及宏观水平上的结构特征和力学特征,调控细胞-材料之间的相互作用,从而影响细胞的行为以及该种生物材料在体内长期修复的成功率。可以利用三维(three dimensional, 3D)打印、微制造、立体光刻、静电纺丝等技术制作各种结构和力学特征可控的支架材料[3]。水凝胶是细胞3D培养最常用的支架材料之一,可为细胞生长提供优良的微环境。对水凝胶力学特征的调控技术发展迅速,目前可以通过多种手段调控其力学特征,促进干细胞的在体内和体外的定向分化,促进组织修复。例如,将间充质干细胞(mesenchymal stem cells, MSCs)包裹在含有造孔剂的具有不同弹性模量的水凝胶(5 kPa、60 kPa 和 110 kPa)中,移植到裸鼠的颅骨缺损区域,发现当植入的水凝胶弹性模量为 60 kPa 时在体内骨再生能力最佳。此外还发现在 60 kPa 水凝胶上发生成骨分化的干细胞可分泌相关的细胞因子,进一步招募和诱导内源性的干细胞参与骨缺损修复,增强支架的再生效果[4]。这一研究成功提高了干细胞移植后细胞的存活率,同时证明支架材料的力学特征不仅可以帮助支持和负载干细胞,还可以在体内调控干细胞的行为和分化命运。因此,在组织修复过程中,支架材料的设计不仅要满足组织修复过程中缺损区域对力学支撑的要求,还需考虑支架力学特征在体内对组织修复的影响,包括对支架负载的外源性种子细胞的影响和内源性干/祖细胞的影响两方面。此外,如何在体外构建力学特征变化与支架微结构、表面化学等一致的3D支架材料仍旧是支架材料设计的一个热点和难点。本书编者参与的课题组通过对3D脱细胞骨支架进行胶原/羟基磷灰石混合物的表衬处理,可以在保证3D支架微结构的前提下构建一种具有适宜基质刚度的骨组织工程支架,初步证明其具有良好的成骨诱导能力[1]。

组织工程用支架材料一旦植入体内,就会受到体内不同力学刺激的影响,不同的体内力学微环境会影响甚至控制支架的修复效果。例如,细胞-支架复合物植入体内后会受到体内复杂的力学刺激,包括多个时间和空间层次的拉伸力、压力及流体剪切力等。而这些复杂的力学刺激均可以影响细胞的生长、分化和代谢等,进而影响支架在体内的修复效果。因此,不仅要理解和掌握体内的力学微环境,还应该清楚这些体内的力学信号对细胞的影响。除了研究单一力学刺激方式对细胞行为和组织修复的影响,两种或多种不同力学联合刺激方式对细胞行为和促进组织修复的研究也得到越来越多的关注。例如,在骨组织修复的研究中,对具有不同基质刚度的3D支架施加适宜的流体剪切力刺激,不仅可以在体外延长细胞-支架复合的培养时间,还可给予3D支架上细胞利于成骨分化的流体剪切力刺激[5]。因此,不同类型的力学刺激的联合作用,可以更好地模拟组织细胞在体内所处的复杂力学微环境,进一步提高组织修复的质量和速度。

1.3 支架降解与力学微环境

支架的生物降解特性是支架材料的另外一个重要特征，过快或过慢的降解速率都会改变支架植入区域的力学微环境，使支架降解与组织新生之间失去平衡，从而影响支架的修复效果。支架的降解速率不仅受到其自身的化学组成、物理特性、形貌、形状等因素的影响，还受到体内外的生物化学条件的影响，包括降解介质、pH、温度和酶活性等。此外，支架在不同组织内所受到的不同力学载荷也可以影响支架的降解速率。例如，施加拉伸应力、压缩应力、剪切应力均已证明可以在体外加速聚乳酸-羟基乙酸共聚物[poly (lactic-co-glycolic) acid，PLGA]支架的降解速率[6]。因此，研究和掌握不同力学刺激在体外和体内对支架材料降解特性的影响，有助于更加全面地了解支架材料的性能，为在体支架降解与组织新生之间寻找最佳的平衡点提供重要参考。根据不同组织内力学微环境的特征和变化规律，对植入的支架材料的生物降解性通过不同的物理化学方法进行加工和改性，提高或者降低支架的降解速率，使得支架具有更好的在体组织修复效果。

1.4 炎症与力学微环境

炎症是十分常见而又重要的基本病理过程，组织修复过程中支架材料植入体内后会引起不同程度的炎症反应。炎症反应不仅包括多种炎症细胞等的侵润，还包括一些特定细胞外基质的分泌，进而影响和改变基质的力学微环境特征。有学者在心肌梗死修复实验中发现，注射到损伤区域的 MSCs 并未分化为心肌细胞而是分化为成骨细胞。这是因为在心肌损伤的情况下，心肌组织由于炎症反应分泌和沉积了更多的细胞外基质，使得损伤区域的基质刚度增加，从而诱导 MSCs 分化为成骨细胞，导致心肌损伤修复区域出现了钙化的现象[7]。此外，在小鼠角膜损伤修复的研究中也发现，慢性炎症可导致免疫细胞出现及黏附物质增多，改变角膜中的干细胞微环境，促进干细胞周围组织的刚度增加，从而促使角膜干细胞启动了错误的分化程序，将角膜干细胞诱导分化为皮肤细胞，最终导致小鼠失明[8]。因此，在组织修复的研究过程中，不仅要关注如何模拟正常组织的力学微环境，还需要考虑在病理条件下组织的结构、成分、力学特征的改变等因素，更加精确地测量生理和病理条件下组织在不同生命活动过程中所受到的力学刺激，总结不同组织在体内的力学特性，深入考察组织力学状态的变化对组织修复的影响，避免不恰当的力学微环境影响组织修复的效果，为修复受损的组织提供最适宜的力学刺激参数。

此外，支架材料植入体内后引起的宿主反应也已证明会影响组织的修复效果，包括影响纤维包裹、体内内源性干/祖细胞招募、巨噬细胞极性转变、血管化等。探讨力学刺激对支架材料植入后免疫排斥和炎症反应的影响及调控，可以更加深入地理解生物力学参与组织修复过程中的多种不同途径和方式。

目前，生物力学在组织修复中的研究已从主要研究不同力学刺激方式对组织细胞行为、命运影响的现象观察深入到对细胞如何感知外界力学信号、如何将力学信号转导为分子细胞，以及如何影响细胞的基因和蛋白质表达与细胞行为、功能等的分子机制和信号通路的研究等，即从生物力学到力学生物学的转变。同时，随着细胞生物学、分子生物学、免疫学、生物材料、基因治疗、纳米技术、计算模拟等理论和技术方法的快速发展，以及生物力学和力学生物学研究的不断深入，具有适宜力学及生物化学特征的组织工程支架材料将会不断涌现。

（吕永钢　陈国宝）

参考文献

[1] Chen G, Dong C, Yang L, et al. 3D scaffolds with different stiffness but the same microstructure for bone tissue engineering[J]. ACS Appl Mater Interfaces, 2015, 7(29): 15790 - 15802.

[2] Li Z, Gong Y, Sun S, et al. Differential regulation of stiffness, topography, and dimension of substrates in rat mesenchymal stem cells[J]. Biomaterials, 2013, 34(31): 7616 - 7625.

[3] Li L, Qian Y, Jiang C, et al. The use of hyaluronan to regulate protein adsorption and cell infiltration in nanofibrous scaffolds[J]. Biomaterials, 2012, 33(12): 3428 - 3445.

[4] Huebsch N, Lippens E, Lee K, et al. Matrix elasticity of void-forming hydrogels controls transplanted-stem-cell-mediated bone formation[J]. Nat Mater, 2015, 14(12): 1269 - 1277.

[5] Chen G, Lv Y, Guo P, et al. Matrix mechanics and fluid shear stress control stem cells fate in three dimensional microenvironment[J]. Curr Stem Cell Res Ther, 2013, 8(4): 313 - 323.

[6] Chu Z, Zheng Q, Guo M, et al. The effect of fluid shear stress on the in vitro degradation of poly(lactide-co-glycolide) acid membranes[J]. J Biomed Mater Res A, 2016, 104(9): 2315 - 2324.

[7] Breitbach M, Bostani T, Roell W, et al. Potential risks of bone marrow cell transplantation into infarcted hearts[J]. Blood, 2007, 110(4): 1362 - 1369.

[8] Nowell C S, Odermatt P D, Azzolin L, et al. Chronic inflammation imposes aberrant cell fate in regenerating epithelia through mechanotransduction[J]. Nat Cell Biol, 2016, 18(2): 168 - 180.

2 力对干细胞生物学行为的影响

生命体始终处于复杂的力学微环境中，力学因素（包括重力、张力、压力和剪切应力等）的刺激对活细胞的生长、功能及机体的发育乃至整个生命过程都起着重要的调节作用[1]。

干细胞（stem cells）是一类具有自我更新和多向分化潜能的特殊细胞类群。按照发生学来源，干细胞可以分为胚胎干细胞（embryonic stem cell，ESC）和成体干细胞（adult stem cell，ASC）。根据不同的分化潜能，干细胞可分为全能干细胞（totipotent stem cell，TSC）、多能干细胞（pluripotent stem cell，PSC）和单能干细胞（unipotent stem cell，USC）。在药物筛选、毒理试验、出生缺陷的预防和治疗上，特别是在组织修复和再生组织工程及临床上相关疾病（如白血病、帕金森综合征、心脏疾病、糖尿病等）的治疗方面，干细胞研究均显示出十分诱人的应用前景，并已成为生物和医学领域的热点与前沿。间充质干细胞（mesenchymal stem cells，MSCs）是一种多能干细胞，在特定诱导条件下能分化为肌肉、成纤维、脂肪、软骨、成骨等多种细胞类型，并具有免疫兼容、易于分离、损伤小又不涉及伦理问题等优点，MSCs已成为损伤组织修复、再生等组织工程研究和细胞治疗中应用最多的干细胞类型[2]。

研究证实，干细胞的生物学行为高度依赖于其所处的微环境（niche），微环境中的力学因素对干细胞增殖、迁移、分化及凋亡等行为起到重要的调控作用，并影响干细胞功能的发挥[3]。本章结合相关研究成果，重点介绍张应力与剪切应力等力学因素对干细胞增殖、迁移和分化行为的调控及相关分子机制。此外，随着空间生命科学与空间生物技术的迅速发展，空间微重力条件下干细胞的生物学行为特征、规律及其机制逐渐成为空间生命科学研究的热点和前沿。因此，本章对于微重力影响下的干细胞增殖、迁移和分化等行为的特征也将予以介绍。

2.1 张应力对干细胞生物学行为的影响

张应力（tensile stress）普遍存在于机体细胞的微环境和各组织器官中，对细胞和组织的发生、发展及功能具有重要调控作用，是影响机体功能的重要力学因素之一。例如，血管在机体内受到血流动力学的影响，血流脉冲可以对血管壁施加周期性的机械张应力，包括沿血管周径分布的由血流压力所产生的轴向张力及周向张力。骨骼肌系统是提供机体活动的主要结构，当张应力刺激过强时，可引发如运动剧烈的运动员或长时间高强度劳作的体力劳动者的肌腱或关节损伤，而当张应力刺激过低时，可导致如长期卧床、肢体制动人员的骨密度、骨钙含量、骨形成速度降低及脂肪组织增加。由此可见，张应力对细胞和组织及整个机体功能的维持都起着十分重要的作用。

目前，在体外模拟体内所受到的力学刺激已经成为一种研究细胞/组织生理与病理过程的重要手段。机械拉伸可以产生张应力，其主要有两种作用形式，一种是等轴拉伸，另外一种是周期性单轴拉伸。与等轴拉伸相比较，周期性单轴拉伸更类似于体内血管壁所受到的沿圆周方向分布的周期性应力和肌腱/韧带所受到的轴向张力。机械拉伸装置主要通过各种方法对培养基膜进行牵拉，使培养于基膜上的黏附细胞受到被动的牵张应力。常见的拉伸装置有两种，一种是弹性基底一端固定，另一端可进行机械拉伸的装置，如图 2－1(a)所示，该种拉伸装置主要由细胞培养单元、拉伸加载单元、控制电路单元、数据记录单元 4 个部分组成，可对培养于弹性硅胶小室(chamber)里的细胞施以不同频率、不同应变大小和持续时间的均一单轴周期拉伸加载；另一种装置是利用真空引起弹性基底发生形变，进而使垂直加载柱上的弹性基底的中心区域得到很好的拉伸，如图 2－1(b)所示。无论是直接对膜进行单轴拉伸，还是通过真空获得应力，都可以通过调节拉伸的频率、拉伸形变的大小及拉伸的时间对细胞施加不同拉伸参数的张应力，实现在细胞水平的力学调控。

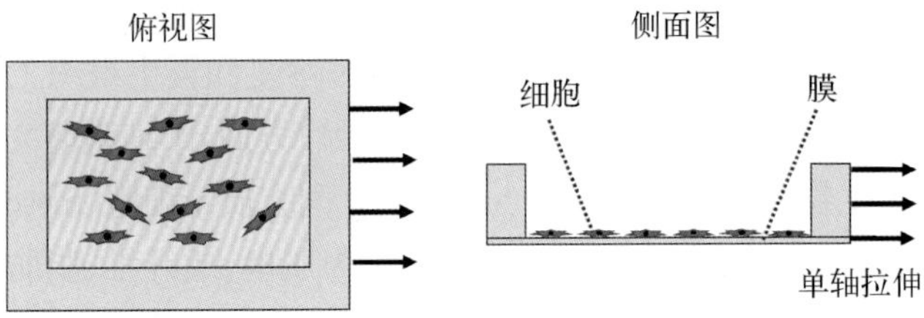

(a)

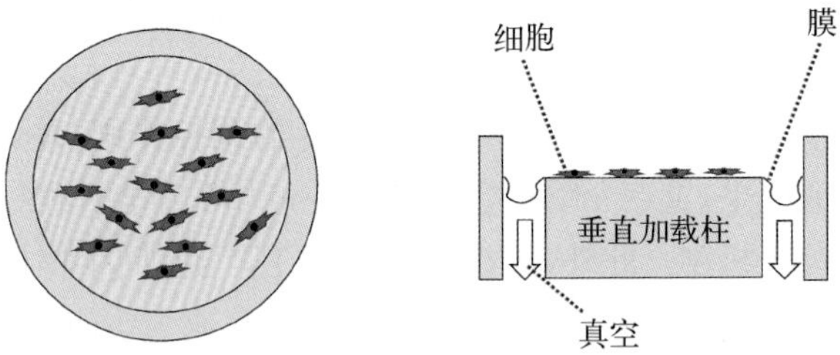

(b)

图 2－1 两种单轴拉伸装置
(a) 对膜进行单轴拉伸；(b) 用真空获得中间区域相对均一的应力
Figure 2－1 Two types of mechanical device to apply uniaxial strain

2.1.1 张应力对干细胞增殖行为的影响

由于干细胞具有易于外源基因转染、可作为携带治疗基因的载体迁移到肿瘤及组织受损部位参与组织修复等优点，故已成为一种理想的基因治疗的靶细胞。然而，干细胞在机体内的含量很少，且随着生物体年龄的增长，其数量、分化和增殖能力都会显著下降，因此，如何在体外扩增得到大量的干细胞成为临床应用亟待解决的重要问题之一。

近年来，大量研究证明张应力可作为一种重要的作用方式，参与调节干细胞的增殖行为。研究发现，利用单轴机械拉伸加载系统进行频率 1.0 Hz、10%形变、15 min 的拉伸刺激可以有效地促进大鼠骨髓来源的 MSCs 增殖[4]。Huang 等的研究发现，以频率 0.5 Hz、10%形变机械拉伸 48 h 可以显著提高脂肪来源间充质干细胞(ADSCs)的增殖速率[5]。也有研究发现，以频率 1.0 Hz、12%形变机械拉伸 24 h 可以显著促进人骨髓来源 MSCs 增殖，但该条件的机械加载显著降低了心肌干细胞的存活数量[6]。Griensven 等考察了频率 1.0 Hz、5%形变、持续时间 15 min 的纵向拉伸对骨髓 MSCs 增殖的影响，结果显示，停止加载 6 h 后细胞的增殖能力提高了大约 1 倍，但当细胞继续培养 12 h 或 24 h 后，增殖能力无明显变化；如果持续进行 3 天、每天 8 h 的加载则会抑制细胞的增殖[7]。这些研究结果表明，干细胞的增殖对周期拉伸的响应存在一个"阈值"。只有当力学刺激大于该阈值时，细胞才表现出对力学刺激的响应。拉伸加载的参数(如频率、形变量、加载时间)及拉伸加载的方式(如持续、间断)在影响干细胞增殖过程中起着重要调节作用。

近年来，许多研究证明张应力作为一种重要的机械应力，参与调节多种干细胞的生长、增殖行为。然而，由于采用的力学加载装置及所选用的细胞种类不同，拉伸刺激促进干细胞增殖的结果并不一致。如何在不同加载参数(如频率、形变量、加载时间)之间进行有效组合，找到促进细胞增殖的最佳条件还有待进一步探索。

细胞感受力学刺激后，将力学信号转换成化学信号，从而引起相应的生物学响应。本章作者及其团队通过研究发现，以频率 1.0 Hz、10%形变拉伸 15 min 且静置 6 h 的力学刺激可以增加 c-*fos* 基因的表达。c-*fos* 基因是细胞的早期反应基因，该基因的表达增加及其反式激活作用在细胞增殖及表型分化中起重要作用。此外，周期性机械拉伸可以激活 MSCs 信号分子细胞外信号调节激酶 1/2(extracellular signal regulated kinase 1/2, ERK1/2)(见图 2-2)，加入 ERK1/2 的抑制剂 PD98059 作用后，显著抑制了机械拉伸对细胞增殖的促进作用，同时抑制了 c-*fos* 基因的表达[4]，这表明 ERK1/2 在传递力学因素刺激大鼠 MSCs 增殖的过程中扮演重要角色。细胞内的各种信号通路相互影响、交互对话(crosstalk)，但目前尚不明确是否存在其他信号通路参与机械拉伸加载调节 MSCs 的增殖过程。

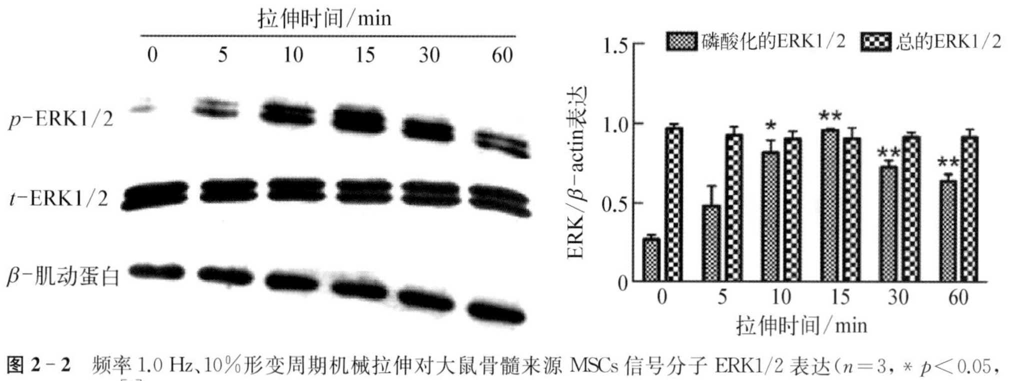

图 2-2 频率 1.0 Hz、10%形变周期机械拉伸对大鼠骨髓来源 MSCs 信号分子 ERK1/2 表达($n=3$, * $p<0.05$, ** $p<0.01$)[4]

Figure 2-2 Expression of ERK1/2 in rat marrow-derived MSCs subjected to 1.0 Hz frequency, 10% strain for 0-60 min

2.1.2 张应力对干细胞分化的影响

组织、器官的丧失与功能障碍是人类健康面临的主要危害之一，也是人类疾患和死亡的主要原因。如何从根本上解决这一难题,已成为生物和医学领域探索的前沿课题。随着再生医学的兴起和发展,利用再生修复技术构建功能性替代组织有望解决这一难题,并已在皮肤、骨、软骨等组织修复研究方面取得了不少研究成果,而这些研究成果的取得主要得益于干细胞的多分化潜能。

干细胞的分化能力及分化方向受到体内、外多种因素的调控,力学因素是影响干细胞分化、决定干细胞命运的重要因素,利用力学刺激诱导干细胞分化是调控损伤组织修复与再生研究中干细胞分化的重要手段之一。研究证实,适宜的张应力刺激可以诱导干细胞向特定细胞方向分化,力的大小、强度、作用时间及作用方式对干细胞向不同细胞定向分化的调节作用不尽相同。

2.1.2.1 张应力对干细胞向肌腱细胞分化的调节

肌腱是连接肌肉与骨的单轴致密纤维结缔组织,传递由肌肉产生的力从而带动骨的活动,在机体运动中起重要作用。但运动、训练不当或重复牵拉过剧常会导致肌腱损伤甚至断裂,对人的身体健康和生活质量产生严重影响。由于肌腱组织血管分布少、新陈代谢率低,因此损伤肌腱的自愈能力很差,修复过程十分缓慢,并且很难恢复到其损伤前的正常水平。如何促进损伤肌腱的修复、提高治疗效果并完全恢复其功能,仍然是目前临床面临的重要挑战。干细胞具有增殖和多分化的潜能,这种分化可塑性为弥补肌腱/韧带这类组织的缺乏和损伤修复带来了希望。随着细胞培养技术、移植技术和生物材料科学的发展,一种全新的理想肌腱替代物——组织工程化人工肌腱,为解决肌腱修复提供了新的思路。研究显示,力学刺激、生长/分化因子及与肌腱细胞共培养等都能够促进干细胞向肌腱样细胞定向分化[8](见图 2-3)。

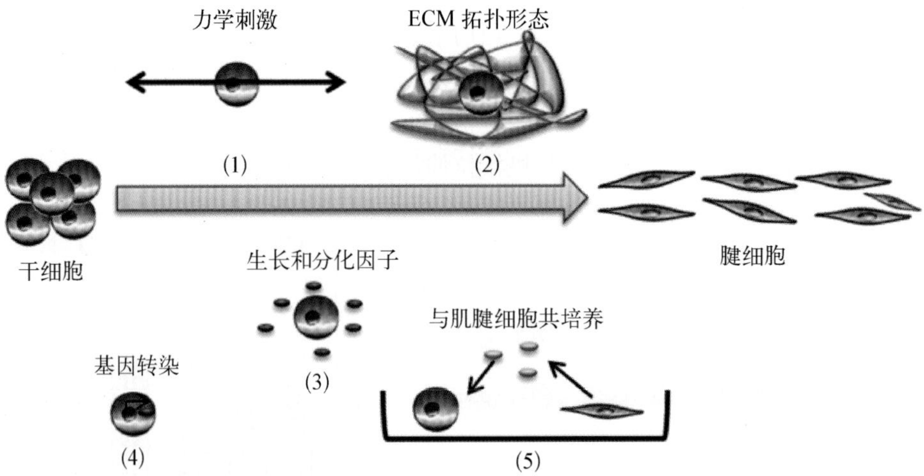

图 2-3 定向诱导干细胞成肌腱细胞系的策略[8]

Figure 2-3 Strategies for directing differentiation of stem cells to the tenocyte lineage

鉴于肌腱/韧带组织所处的特殊力学环境,其中力学刺激对干细胞向肌腱细胞分化的定向诱导影响已经受到了人们的普遍关注。Zhang 等对 MSCs 进行机械拉伸诱导,发现机械拉伸后肌腱标志分子Ⅰ型胶原(collagen Ⅰ)、Ⅲ型胶原(collagen Ⅲ)和肌腱蛋白 C(tenascin C)表达增加[9]。Kuo 等将 MSCs 接种到胶原支架中,然后进行一定强度的机械拉伸,持续 7 天后发现 MSCs 大量表达Ⅰ型胶原、Ⅲ型胶原、肌腱蛋白 C、scleraxis 等肌腱细胞标记分子,并有肌腱样组织生成[10]。本章作者及其团队也证实，以频率 1.0 Hz、10%形变机械拉伸加载 48 h，能够促进人骨髓来源 MSCs 表达肌腱相关基因（如Ⅰ型胶原、Ⅲ型胶原、肌腱蛋白 C 和 scleraxis）及肌腱相关蛋白（如Ⅰ型胶原和肌腱蛋白 C），具有诱导骨髓来源 MSCs 向肌腱细胞方向分化的能力（见图 2－4）[11]。

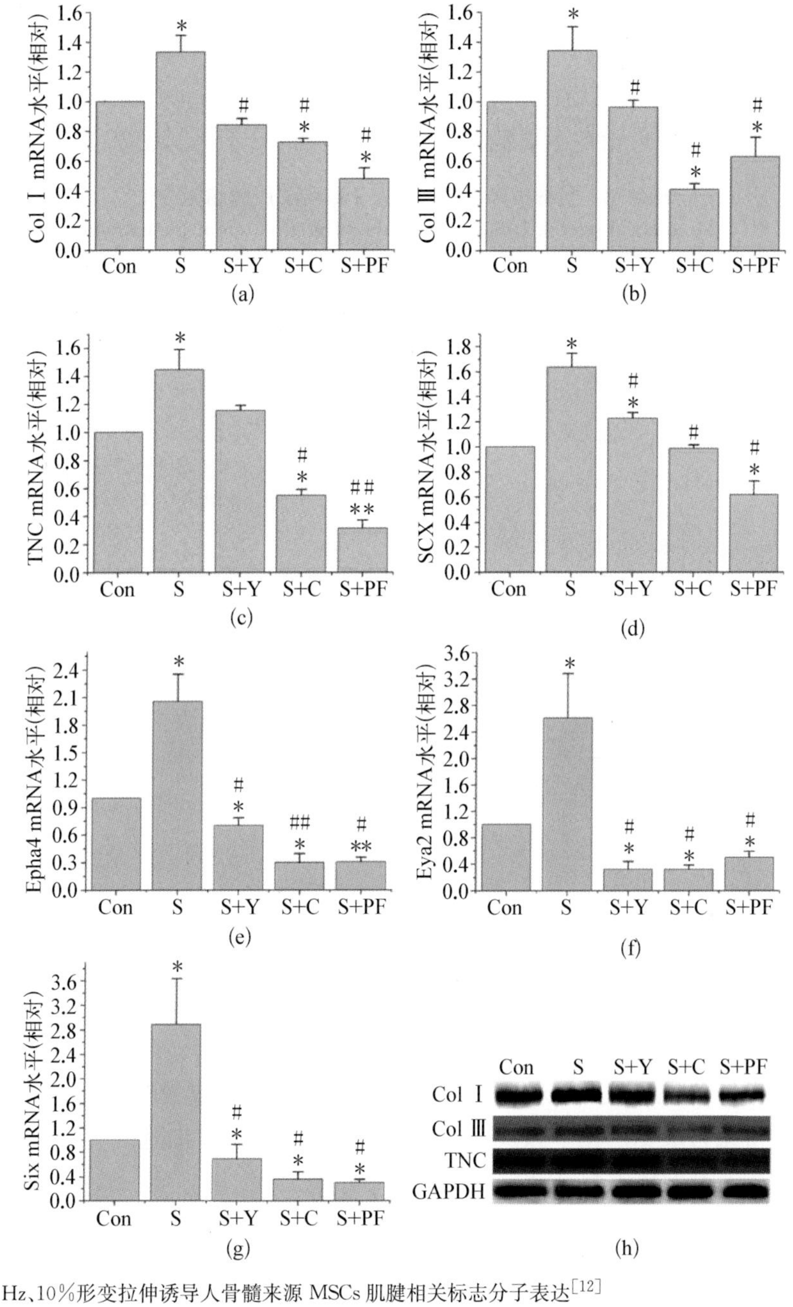

图 2－4 1.0 Hz、10%形变拉伸诱导人骨髓来源 MSCs 肌腱相关标志分子表达[12]

(a)～(g) 定量 RT－PCR 检测Ⅰ型胶原（Col Ⅰ）、Ⅲ型胶原（Col Ⅲ）、肌腱蛋白 C（TNC）、scleraxis（SCX）和 GAPDH 的表达；(h) Western blot 检测 Col Ⅰ和 TNC 蛋白表达。Con：不拉伸组（对照组）；S：机械拉伸组；Y：Y－27632 处理；C：细胞松弛素处理；PF：PF228 处理（$n=3$，* $p<0.05$，** $p<0.01$）

Figure 2－4 Expression of tenogenic markers in MSCs after exposure to 10% amplitude at 1.0 Hz frequency cyclic stretching

目前,有关机械拉伸诱导干细胞向肌腱细胞定向分化的作用已得到公认,但由于各实验室采用的加载装置、细胞种类、加载方式等方面的差异,在拉伸加载条件和结果上仍存在较多区别。近年来,国内外学者开展了诸多有关张应力调控 MSCs 向肌腱细胞分化的研究(详见表 2-1)。本章作者及其团队对机械拉伸诱导 MSCs 分化的分子机制进行了初步探索,发现 RhoA/ROCK、细胞骨架重排和黏着斑激酶(focal adhesion kinase, FAK)信号级联在机械拉伸促 hMSCs 向肌腱细胞分化过程起着力信号转导(mechanotransduction)的作用[12]。但迄今为止,人们对张应力诱导干细胞向肌腱细胞分化的分子机制还知之甚少。

表 2-1　机械拉伸诱导间充质干细胞向肌腱细胞分化

Table 2-1　Mechanical stretch induces tenogenic differentiation of mesenchymal stem cells

机械拉伸	参　数	细胞类型	标志物	参考文献
2D 硅胶膜	1.0 Hz、10%形变、36 h	大鼠 MSCs	Col Ⅰ, Col Ⅲ, Tnc	[09]
3D 胶原胶	1.0 Hz、1%形变、30 min/天,持续 7 天	人 MSCs	Col Ⅰ, Col Ⅲ, Tnc, Scx, EN	[10]
2D 硅胶膜	1.0 Hz、10%形变、48 h	人 MSCs	Col Ⅰ, Col Ⅲ, Tnc, Scx, EphA4, Eya2, Six1	[11, 12]
3D 多孔支架	0.125 Hz、6%形变、23 h/天,持续 21 天	大鼠 MSCs	Col Ⅰ, Col Ⅲ, Tnc	[13]
2D 硅胶膜	1.0 Hz、10%形变、48 h	人 MSCs	Col Ⅰ, Col Ⅲ, Tnc, MSC-p	[14, 15]
3D 胶原胶	1.0 Hz、12%形变、8 h/天,持续 14 天	人 MSCs	Col Ⅰ, Col Ⅲ, FN, EN	[16]
3D 胶原胶	2 mm、旋转形变 (25%、90°)、21 天	人或牛 MSCs	Col Ⅰ, Col Ⅲ, Tnc	[17]
3D 聚合支架	0.33 Hz、10%形变、48 h	小鼠 MSCs	Col Ⅰ, Col Ⅲ, Tnc, Scx	[18]

注: Col Ⅰ: Ⅰ型胶原; Col Ⅲ, Ⅲ型胶原; Tnc,肌腱蛋白 C; Scx, scleraxis; EphA4, ephrin receptors A4; Eya2, eye absent homologue 2; FN, fibronectin; EN, elastin。

2.1.2.2　张应力对干细胞向成骨细胞分化的调节

骨组织的再生和重建涉及复杂的力学因素,尤其是在牵张成骨的骨再生过程中,适宜的机械张应力显得尤为重要。在牵张成骨中,新骨形成涉及多种细胞的参与,包括未分化的 MSCs、成骨细胞及其前体细胞、成纤维细胞、破骨细胞、内皮细胞等。其中 MSCs 在张应力的作用下向牵张区募集、增殖及成骨细胞分化,是新骨形成的细胞学基础。

Jagodzinski 等将人骨髓来源的 MSCs 接种到弹性基底膜上,施加频率 1.0 Hz、2%或 8%形变、持续加载 3 天、每天 3 h 的轴向拉伸,结果发现 8%形变的机械加载能够显著提高碱性磷酸酶(alkaline phosphatase, ALP)、骨钙素(osteocalcin)、collagen Ⅰ和 Cbfα-1 的表达,而 2%形变的机械加载与对照组相比无明显变化;此外,与地塞米松诱导 MSCs 成骨细胞分化作用相比,8%形变的机械加载诱导 MSCs 向成骨细胞分化的效果要更加明显[19]。

Simmons 等使用成骨诱导培养基培养人 MSCs，同时施加频率 0.25 Hz、3%形变的周期性等轴拉伸，与未加载的对照组相比，周期拉伸刺激后细胞基质矿化提高 2.3 倍，而且 MSCs 呈现出更加成熟的成骨细胞显型[20]。这些研究表明，周期性的张应力刺激能够有效促进干细胞向成骨细胞分化。通过体外力学刺激干预干细胞，有助于了解力学因素对骨骼的作用机制及推动生物力学在骨科临床的合理应用，也为体外干细胞向成骨细胞分化提供新的理论与技术基础。

2.1.2.3 张应力对干细胞向脂肪细胞分化的调节

随着人们生活水平的提高和老龄化社会的到来，肥胖症及骨质疏松症被认为是两大危害人类健康的世界性公共卫生问题。在骨质疏松发展过程中，骨量的减少往往伴随骨髓中脂肪组织的增多，以致骨髓组织逐渐被脂肪组织所替代。脂肪细胞和成骨细胞的来源相同，有共同的祖细胞——MSCs。MSCs 具有多向分化潜能，在特定诱导条件下能分化为肌肉、成纤维、脂肪、软骨、成骨等多种细胞类型。一般认为，若要诱导 MSCs 向某一种特定细胞/组织分化，则需同时抑制其向其他细胞/组织分化。MSCs 受外界成脂分化信号刺激后会激活一系列关键转录因子的表达，这些转录因子继而转录出大量脂肪细胞特异的基因来执行分化功能，最终完成 MSCs 向成熟脂肪细胞的转变。MSCs 在成脂肪条件培养诱导下可以分化为脂肪细胞，除此之外，一些物理或化学因素也可以诱导 MSCs 分化为脂肪细胞，如 BMP2/4、高血清含量、微重力等。但是有关张应力对 MSCs 向脂肪细胞分化的影响，目前的研究显示，机械拉伸作用会抑制 MSCs 向脂肪细胞分化。

梁亮等的研究发现，MSCs 在成脂诱导过程中，接受应力作用后细胞向脂肪方向分化受到抑制[21]。Zayzafoon 等从另一个方面研究发现，微重力抑制了人 MSCs 向成骨细胞分化，却促进其向脂肪细胞分化，并认为失重状态致 RhoA 活性下降，影响下游区的 Rho 激酶激活以及 LIM 激酶、丝切蛋白磷酸化相继受阻，最终影响了细胞的分化方向[22]；Hossain 等利用压应力干预前脂肪细胞系过度生长综合征，发现压力也会抑制脂肪细胞成熟，并且发现其是通过环氧化酶 2 依赖途径抑制了脂肪分化的关键转录因子 *PPARγ2* 和 *C/EBPα* 的表达[23]。在干细胞的分化调控研究中，成骨分化和成脂分化往往需同时研究，由于机械拉伸具有明显促进干细胞向成骨细胞分化的能力，因此其可能有效抑制干细胞成脂肪分化。这也解释了为什么适当的体育锻炼可以促进骨骼生长，减少脂肪细胞分化成熟，为运动疗法在代谢肥胖症及骨质疏松症治疗中提供更充分的科学依据。

2.1.2.4 张应力对干细胞向软骨细胞分化的调节

关节软骨退变及继发的软骨下骨质增生所导致的骨性关节炎的发病率近年来呈上升趋势。全世界范围内骨性关节炎的发病率大约为 15%，其中 60 岁以上人群的患病率约为 50%，而 75 岁以上人群的患病率更是高达 80%。膝关节骨性关节炎的发病率约占各种类型骨性关节炎总发病率的 40%，主要表现为膝关节疼痛、僵硬及活动受限等，严重影响患者的生活质量。骨性关节炎的发病机制是在力学及生物学因素共同作用下导致软骨细胞、细胞外基质以及软骨下骨三者之间的稳态遭到破坏，其中张应力对软骨组织和软骨细胞的代谢产生重要影响。高强度载荷抑制细胞代谢，而适当强度的载荷和合适的频率能够促进软骨细胞的合成反应。

自从 Johnstone 等在生物体外建立了诱导 MSCs 分化为软骨细胞的条件培养基后，MSCs 在软骨组织工程中的应用研究得到了极大的推进，而力学刺激对 MSCs 向软骨细胞分化的影响也得到验证[24]。Angele 等利用单一因素的力学刺激作用 MSCs 后发现，部分 MSCs 具有向软骨细胞分化的潜能[25]。郝耀等人将频率 1.0 Hz、1%形变机械拉伸与 TGF-β 联合运用可以更加有效地促进 MSCs 向软骨细胞分化[26]。影响干细胞向软骨细胞分化的因素很多，将这些因素进行优化组合能够提高干细胞向成软骨细胞分化的效率，但目前联合因素的种类、联合作用方式等都尚未明确，有待进一步探索。

2.1.2.5 张应力对干细胞向血管平滑肌细胞分化的调节

心脑血管疾病是心脏血管和脑血管疾病的统称，指由于高脂血症、血液黏稠、动脉粥样硬化、高血压等所导致的心脏、大脑及全身组织发生的缺血性或出血性疾病，严重威胁人类健康，特别是影响 50 岁以上中老年人健康的常见病，具有高患病率、高致残率和高病死率的特点。组织工程化血管修复是目前心脑血管疾病治疗的重点发展方向，通过结合干细胞移植和组织工程化血管支架的特性以构建新生血管。血管在机体内一直受到血液流动所产生的血流动力学的影响，血流动力学对血管壁主要产生两种力学刺激，一种是平行于血流长轴的由血液层流产生的剪切应力，另一种是沿着血管周径分布的由血流压力所产生的轴向张力及周向张力[27]，这些力学作用对内皮细胞（endothelial cells，ECs）和血管平滑肌细胞（vascular smooth muscle cells，VSMCs）的排列和功能状态都可产生重要影响。血管平滑肌细胞与血管内皮细胞在结构上相邻，功能上有密切联系，它们之间的交互对话（crosstalk）在血管生理功能的维持和血管重建（remodeling）中均扮演着重要的角色。血管重建是心脑血管疾病共同的发病基础和基本的病理过程，力学因素在其中起重要调控作用。

MSCs 可以分化为平滑肌细胞、内皮细胞等多种细胞类型，这种多向分化潜能使 MSCs 在平滑肌组织、内皮组织等血管损伤疾病的治疗方面有良好的应用前景。一些研究显示，周期性的机械拉伸可以诱导 MSCs 中平滑肌细胞标记分子的表达。Li 等通过软光刻技术制备表面具有平行微沟排列的 PDMS 硅胶膜，以模拟体内圆周性微环境或血管腔中平滑肌细胞的排列，将神经嵴干细胞（neural crest stem cells，NCSCs）培养在上面，然后施加频率 1.0 Hz、5%形变的周期性单轴拉伸 1～2 天，结果显示周期性单轴拉伸可以促进 NCSCs 收缩性标记蛋白肌钙调样蛋白（calponin）1 和平滑肌细胞标记分子 SMTN 增加。同时，该条件的机械拉伸抑制了其他分化标记分子的表达，说明平行于微沟方向的机械拉伸促使 NCSCs 向平滑肌细胞分化[28]。Park 等研究了单轴拉伸和等轴拉伸对 MSCs 的影响，他们分别采用频率1.0 Hz、10%形变的单轴拉伸和等轴拉伸进行加载，结果发现等轴拉伸显著降低了平滑肌细胞标记基因的表达，而单轴拉伸加载细胞后，MSCs 垂直于拉伸方向排列，而且平滑肌细胞特异标记 α-肌动蛋白（actin）和 SM-22α 表达显著提高，表明单轴拉伸可以促进 MSCs 向平滑肌细胞分化[29]。

2.1.3 张应力对干细胞迁移行为的影响

细胞迁移(cell migration)是细胞在接收到迁移信号或感受到某些物质的浓度梯度后而产生的定向移动。细胞迁移是多细胞生物体的一种重要生命活动,参与了机体的多种生理、病理过程,如胚胎的发生(生长)、伤口的愈合(组织修复与再生)、对入侵病原的免疫反应(炎症反应)以及癌细胞的转移等。对细胞迁移及其调控机制的认识,不仅为细胞治疗、组织工程及再生医学的发展打下基础,而且在进一步探索细胞迁移在机体发育和多种生理、病理过程中的作用及相关疾病的治疗策略方面具有重要的理论和实践意义。

MSCs不仅具有自我更新和多向分化潜能,而且还能靶向迁移到损伤组织、炎症部位及肿瘤组织中,MSCs的迁移能力使其在细胞治疗、组织修复、再生医学等方面有着广阔的应用前景。在损伤组织修复中,外源移植的MSCs或骨髓中的MSCs感知修复信号进入外周血循环,然后迁移到损伤组织位点进行修复。因此,MSCs的动员和向损伤组织位点定向迁移是其进行组织修复的前提条件。在通过外周血循环向损伤组织位点迁移过程中,MSCs的迁移行为受到血流动力作用等力学因素和血液中多种可溶因子等化学因素的影响。

目前有关张应力对干细胞迁移能力影响的研究报道并不是很多。黎润光等的研究发现,12%张应变刺激可以明显促进MSCs的迁移能力[30]。此外,三维弹性支架形成的张应变也可以增强MSCs的迁移能力[31]。本章作者及其团队研究发现,以频率1.0 Hz、10%形变机械拉伸8 h可明显促进大鼠MSCs的迁移,但同样的拉伸条件却抑制了其侵袭能力[32](见图2-5)。迁移和侵袭都用来描述细胞的运动能力,表明张应力加载对MSCs的运动能力有重要影响。

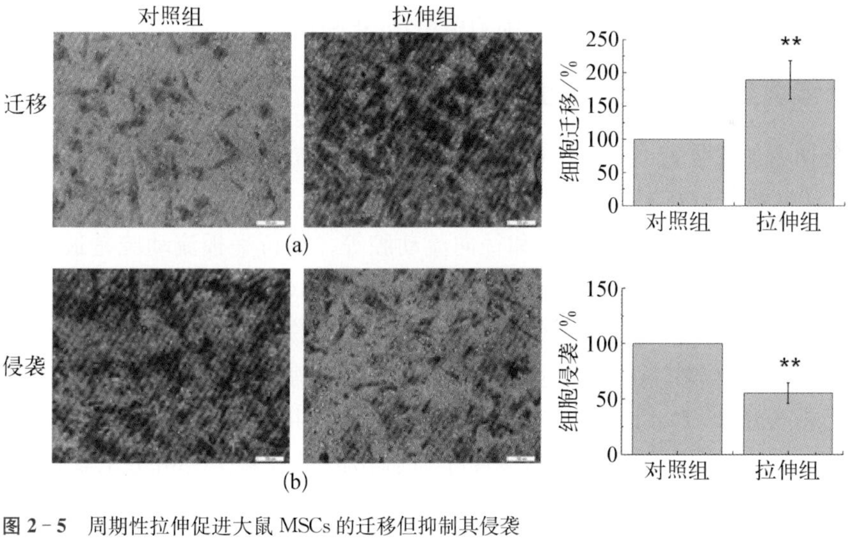

图2-5 周期性拉伸促进大鼠MSCs的迁移但抑制其侵袭
利用Transwell小室检测1.0 Hz、10%形变机械拉伸8 h后大鼠MSCs迁移(a)和侵袭(b)的变化(标尺=100 μm,$n=4$,** $p<0.01$)

Figure 2-5 Cyclic stretching promotes migration and reduces invasion of rat MSCs

研究人员对张应力影响干细胞迁移的分子机制也进行了探索,并对其有了初步的认识。基质金属蛋白酶(matrix metalloproteinases,MMPs)几乎能降解细胞外基质中的各种蛋白成分,破坏细胞侵袭的组织学屏障,在细胞转移中起关键性作用。Kasper 及其同事考察了 MMPs 活性对 MSCs 迁移的影响,结果发现,拉伸加载后 MSCs 的 MMP-2 和 MMP-9 表达明显增加,抑制 MMP-2 和 MMP-9 表达则抑制了拉伸促进的 MSCs 迁移,表明张应力可能通过诱导 MMP-2 和 MMP-9 表达促进 MSCs 迁移[33]。本章作者及其团队的研究发现,以 1.0 Hz、10%形变单轴拉伸 8 h 可以通过激活 FAK-ERK1/2 信号通路促进大鼠 MSCs 的迁移,但也可以通过激活 FAK 信号分子降低 MMP-2 和 MMP-9 的分泌,抑制大鼠 MSCs 的侵袭[32]。目前人们对机械拉伸影响干细胞迁移的分子机制了解还十分有限,更多有关张应力对干细胞迁移能力及其机制的深入了解将有助于人们在体外对干细胞的迁移能力进行调控,进一步提高干细胞的临床治疗效率。

2.2 剪切力对干细胞生物学行为的影响

流体剪切力(fluid shear stress,FSS)是液体流动作用于血管或组织单位面积的力,主要产生于血液和组织间隙液体的流动,前者存在于血管中,后者则广泛存在于各种组织中,是机体力学微环境的重要组成部分。干细胞具有向损伤组织归巢的能力,在干细胞沿血道转移的过程中,其生物学行为会受到血液流动产生的流体剪切力的影响。另外,由于干细胞广泛分布于人体的各类组织中,组织或细胞间隙液体流动产生的间隙流(interstitial fluid flow,IFF)也是构成干细胞微环境的重要力学因素。研究干细胞响应剪切力的特征和规律对阐释干细胞生物学行为的力调控机制、推动其临床应用具有重要的意义。本节将从流体剪切力的加载装置和流体剪切力对干细胞增殖、分化和迁移行为的影响几个方面进行介绍。

2.2.1 流体剪切力的加载装置

流体剪切力加载装置一般由蠕动泵、流动腔和储液瓶构成,各部分之间通过软管连接形成回路[34],详见图 2-6(a)。流动腔形状多种多样,包括平行平板流动腔,圆柱形毛细管流动腔、板-板流室流动腔、锥板流动腔和径向流动腔等。平行平板流动腔是最常用的干细胞剪切力加载装置,典型的平行平板流动腔构造[见图 2-6(b)]。

为了满足实验的具体需要,一些实验室对传统的平行平板流动腔进行了改造。如将平行平板流动腔与活细胞工作站、显微镜成像系统相连,实现了对剪切力作用下干细胞生物学行为的实时观察和记录(见图 2-7)。该装置的优势在于搭载了激光共聚焦显微镜和电荷耦合(摄像)器件显微成像系统,结合荧光染料的应用,该装置可实时监测细胞迁移、增殖和分化等生物学行为。

Goncharova 等[35]设计了用于研究剪切力作用下细胞三维(three dimensions,3D)迁移的装置(见图 2-8)。流动腔的上、下两室由多孔膜分开,每个流动腔包含 3 个独立的下室,可根据实验需要添加不同的诱导剂。这种装置不仅可用于研究剪切力对贴壁细胞跨膜迁移能力的影响,也适用于研究随液体流动细胞的跨膜迁移能力。

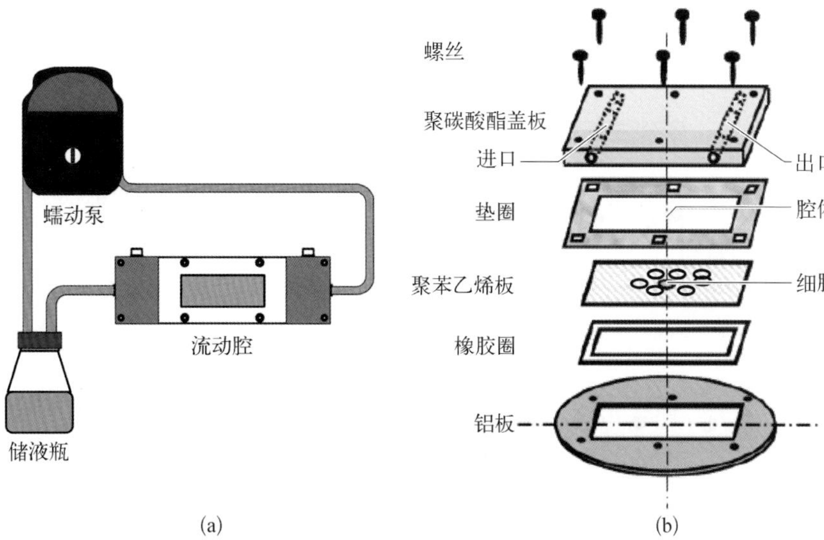

图 2-6 流体剪切力加载装置和平行平板流动腔示意图[34]
(a) 剪切力加载装置;(b) 平行平板流动腔结构
Figure 2-6 Schematic diagram of the flow system and the parallel-plate flow chamber

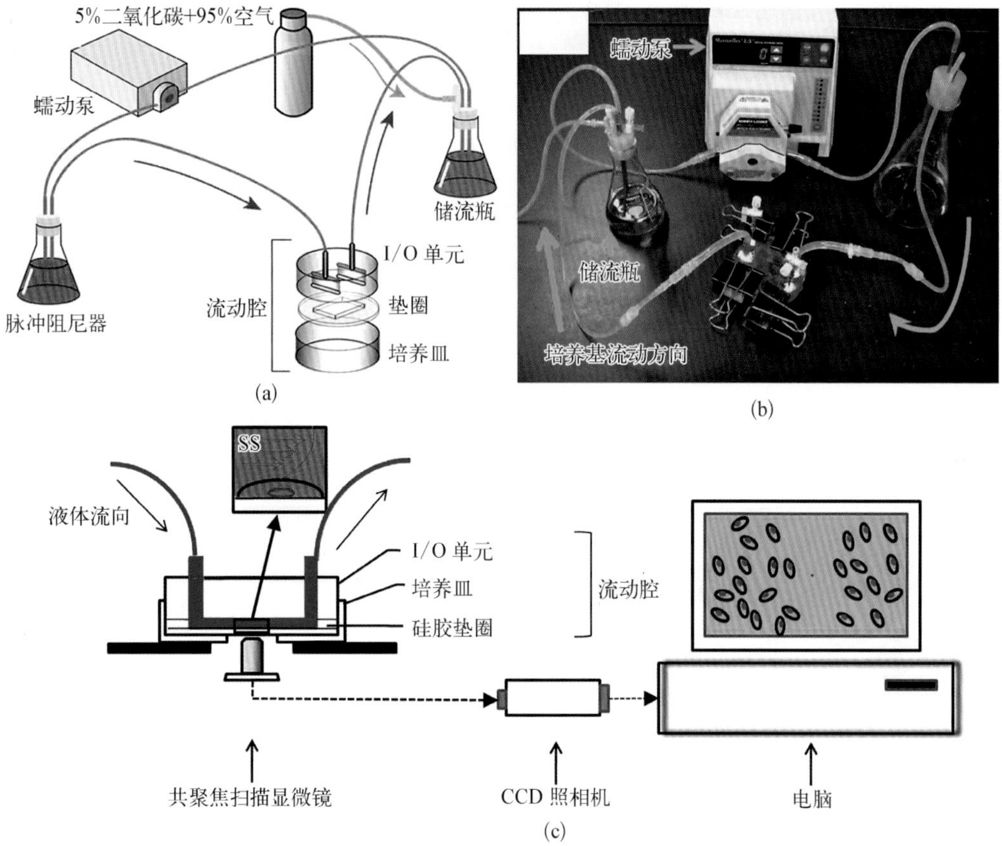

图 2-7 结合显微成像系统的流体剪切力加载装置
(a) 流体剪切力加载装置示意图;(b) 流体剪切力加载装置实物图;(c) 流动腔置于显微镜载物台上的工作示意图
Figure 2-7 A flow system equipped with microscopic imaging system

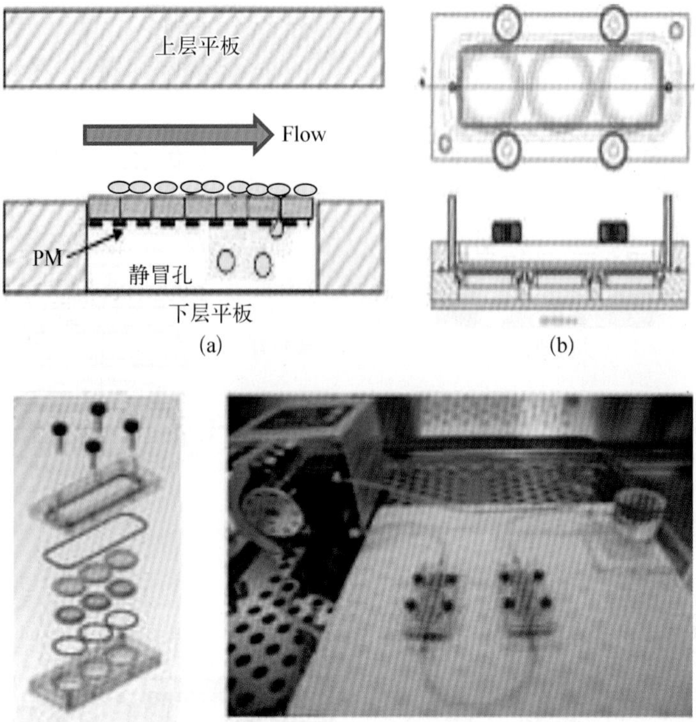

图 2-8 用于检测细胞迁移的流动腔[35]
(a) 流动腔基本构造示意图;(b) 装置顶视图和侧视图;(c) 装置等轴侧视图;(d) 流动腔与蠕动泵、气体交换单元的连接情况
Figure 2-8 Flow chamber used for the detection of cell migration

Toh 等[36]设计了一种能够实现 6 种不同大小剪切力同时加载的微流控芯片用于培养小鼠胚胎干细胞(embryonic stem cells,ESCs)(见图 2-9)。这种芯片包含流体层(fluidic layer)和气动层(pneumatic layer)。流体层由气动层驱动微阀(microvalve)控制,含有 6 个 10 mm 长、1.25 mm 宽、100 μm 高的细胞培养小室。小室出口处有流体控制电阻通道,可通过控制流速实现(0.016～16)$\times 10^{-5}$ N/cm^{2}的剪切力加载。

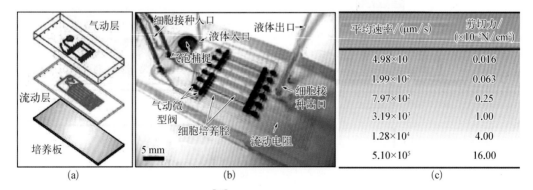

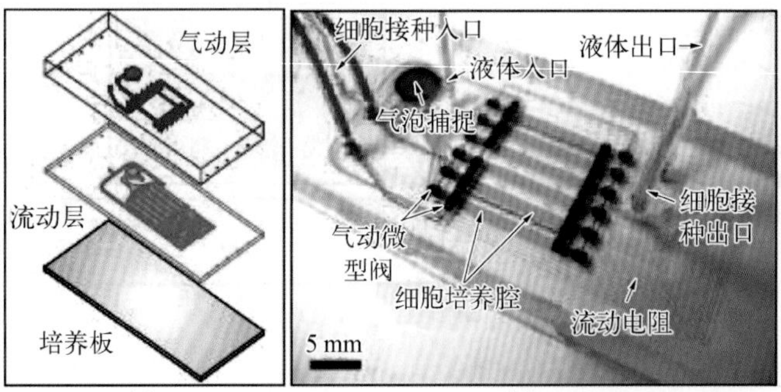

平均速率/(μm/s)	剪切力/($\times 10^{-5}$N/cm^2)
4.98×10	0.016
1.99×10^2	0.063
7.97×10^2	0.25
3.19×10^3	1.00
1.28×10^4	4.00
5.10×10^5	16.00

(c)

图 2-9 基于微流控芯片的剪切力加载装置[36]
(a) 装置装配示意图;(b) 装置实物图;(c) 各通道剪切力的理论计算值
Figure 2-9 Microfluidic array for multiple shear application

Kim 等[37]研发了一种具有管状结构的流动腔，用于研究剪切力作用下 MSCs 的内皮系分化（见图 2-10）。该流动腔为直径 4 mm、厚 0.25 mm 的中空管状结构，MSCs 接种于管内壁上，蠕动泵驱动液体从管中流过，剪切力通过公式 $\tau = 3Q\mu/\pi R^3$ 计算获得，其中 μ 为培养基黏度（单位：Pa·s）；Q 为培养基流量（单位：L/min）；R 为管内径（单位：m）。

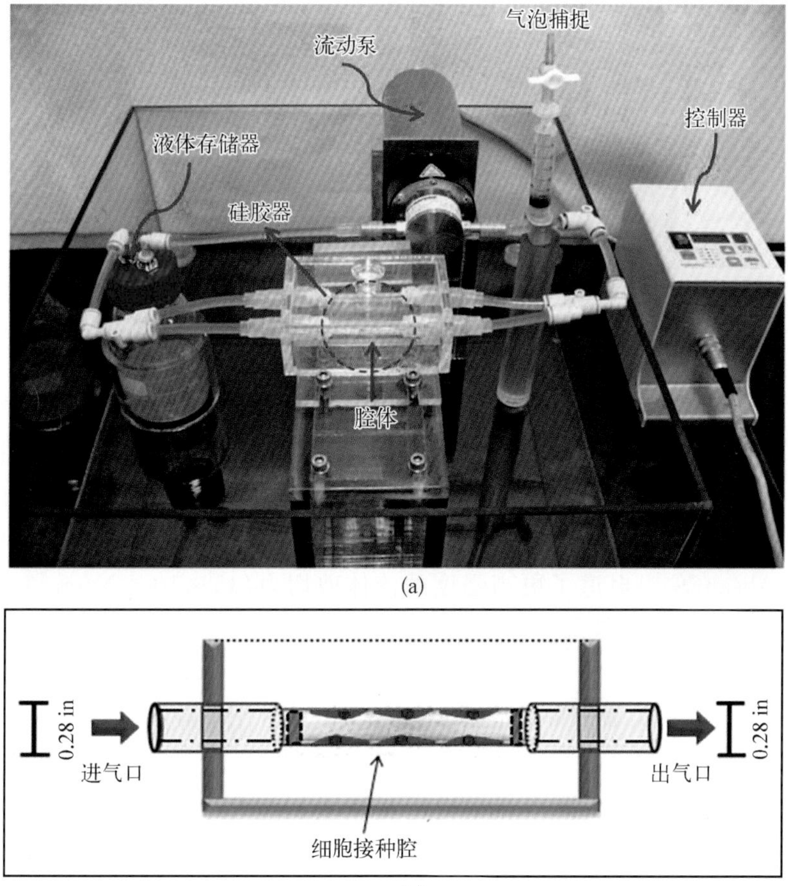

图 2-10 管状流动腔加载装置[37]
(a) 剪切力加载装置实物图；(b) 管状流动腔示意图
Figure 2-10 Flow system with tubular chamber

另外，也有用于剪切应力加载的商品化仪器供用户选择。例如，某公司的 Flexcell Streamer 剪切力加载仪是一种用于单层培养细胞的剪切力加载装置，剪切力作用范围 0～35×10^{-5} N/cm^2，可同时加载 6 组样品（见图 2-11）。

2.2.2 流体剪切力对干细胞增殖的影响

Yamamoto 等[38]使用平行平板流动腔对小鼠 ESCs 实施了 1.5×10^{-5} N/cm^2 和 5×10^{-5} N/cm^{2}的剪切应力加载，研究发现，加载 24 h 后，无论是在 1.5×10^{-5} N/cm^{2}加载组还是在 5×10^{-5} N/cm^{2}加载组，ESCs 的密度均显著高于静置培养组，并且 5×10^{-5} N/cm^{2}组的

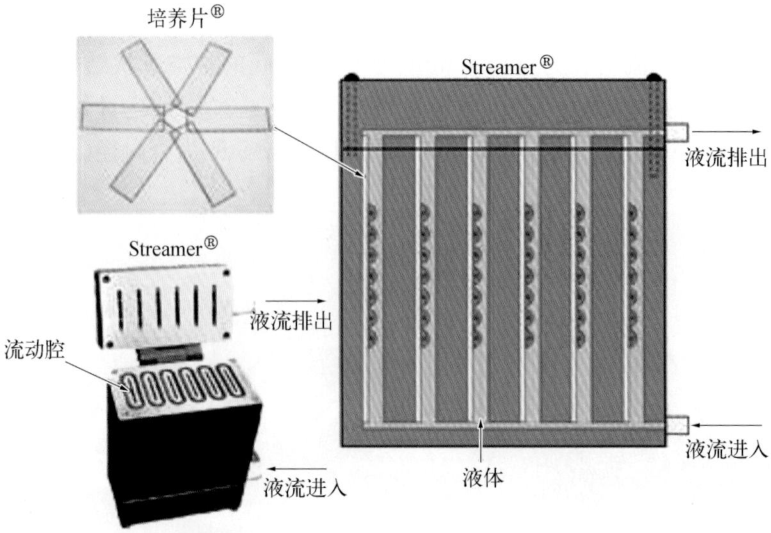

图 2-11 Flexcell Streamer 剪切力加载装置
Figure 2-11 Flexcell streamer flow system

细胞密度高于 1.5×10^{-5} N/cm^{2}组，说明剪切力加载对 ESCs 增殖具有促进作用。此外，研究还发现 5×10^{-5} N/cm^{2}流体剪切应力加载对 ESCs 的促增殖作用要显著强于 50 ng/ml 血管内皮生长因子（vascular endothelial growth factor，VEGF）的作用效果。同样是以 ESCs 为研究对象，Ahsan 等[39]报道了更高强度的流体剪切力（15×10^{-5} N/cm^2）作用 48 h 对 ESCs 也具有显著的促增殖效果。

Riddle 等[40]研究了频率 1.0 Hz，强度分别是 5×10^{-5} N/cm^2、10×10^{-5} N/cm^{2}和 20×10^{-5} N/cm^{2}的振荡流对人 MSCs 增殖的影响，结果发现 3 个加载条件对 MSCs 的增殖均具有显著的促进作用，并且较高的加载强度（10×10^{-5} N/cm^{2}和 20×10^{-5} N/cm^2）对 MSCs 的促增殖作用更为明显。Riddle 等[40]的研究还表明，剪切应力对 MSCs 的促增殖作用是通过激活钙离子通路和胞外信号调节激酶 ERK1/2 信号通路来实现的。Luo 等[41]研究发现，1×10^{-5} N/cm^2 层流剪切力作用 24 h 对大鼠 MSCs 的增殖没有影响，但 5×10^{-5} N/cm^2 和 15×10^{-5} N/cm^{2}的作用强度在加载 4 h 后即引起 MSCs 细胞周期阻滞，进而抑制 MSCs 的增殖。同样采用层流剪切力，本章作者及其团队的研究发现 2×10^{-5} N/cm^2 的剪切应力作用 10 h 不影响人 MSCs 增殖[42]。以上结果显示，在影响 MSCs 增殖方面，振荡流的促增殖效果相对层流剪切力更为明显。

Kang 等[43]比较了稳流（steady flow）和间歇流（intermittent flow）对角膜缘上皮干细胞（limbal epithelial stem cells，LESCs）增殖的影响。该研究采用 0.93 ml/min 的流量对 LESCs 加载 2 天，每天 2 h，稳定流加载组流量保持恒定，间歇流加载组按照加载 1 min，静置 3 min 循环进行。研究表明，相对静置培养组而言，稳定流和间歇流加载对 LESCs 的增殖有明显的抑制作用；在加载结束后的第 4 天，稳定流加载组的细胞数量恢复到与静置组相当的水平，但间歇流加载组细胞数量仍然低于静置培养组，且显著低于稳定流加载组。结果提示，不同的流体剪切应力加载方式对 LESCs 增殖的影响存在差异。

Suzuki 等[44]将人内皮祖细胞(endothelial progenitor cells,EPCs)接种在 VEGF 修饰的玻片表面,并对其施加相当于动脉剪切力强度的 15×10^{-5} N/cm^2 加载。作用 24 h 后检测发现,虽然 EPCs 的内皮系标志物表达有所上调,但 EPCs 的增殖却受到了剪切力加载的显著抑制。Obi 等[45]采用 2.5×10^{-5} N/cm^2 强度的剪切应力加载人 EPCs 24 h 并静置培养 24 h 后检测发现,剪切力加载对 EPCs 增殖的促进达到了 2.5 倍作用。不仅如此,2.5×10^{-5} N/cm^2 的剪切应力对 EPCs 的黏附、迁移和抗凋亡能力均具有积极的影响,这一过程是通过激活血管内皮生长因子受体 2(vascular endothelial growth factor receptor 2,VEGFR2)和 PI3K/Akt/mTOR 信号通路来实现的。对比 Suzuk 和 Obi 等的研究结果可以发现,剪切力加载强度在影响 EPCs 的生物学行为方面可能起着决定性的作用。

2.2.3 流体剪切力对干细胞分化的影响

2.2.3.1 成骨分化

力学环境对于维持骨的生理、病理特性均非常重要。适当的力刺激和运动可以帮助骨重建或者使骨变得强壮。干细胞参与了胚胎时期的骨形成和发育、骨损伤后的骨骼重建等过程:首先通过增殖以获得足够数量的细胞满足组织形成需要,继而分泌组织特异性细胞外基质并进行成骨分化。骨组织中最主要的力学刺激包括压应力和流体剪切力。本节只讨论流体剪切力对干细胞成骨分化的影响。

体内骨组织中的流体剪切力主要来自组织间隙液的流动。骨组织中有丰富的组织间隙液,这些液体是骨组织中各类细胞与周围环境进行物质交换的媒介。组织间隙液的流动会在细胞间产生流体剪切力,影响其生物学行为。有研究认为,骨组织中间隙流产生的流体剪切力范围为$(8\sim30)\times10^{-5}$ N/cm^2[46]。探索组织间隙液流动产生的剪切力对干细胞成骨分化的影响在骨组织工程研究中具有重要的意义。

骨髓 MSCs 在骨髓腔中含量丰富,是骨组织工程中常用的种子细胞。因此,目前有关流体剪切应力对干细胞成骨分化影响研究的报道多以骨髓来源的 MSCs 为研究对象。另外,由于流体剪切力是骨细胞微环境以及骨重建中重要的力学因素,在骨组织工程的研究中,流体剪切力对三维支架上干细胞成骨分化及其功能的影响也是一个重要的研究内容。

化学因子刺激是诱导干细胞成骨分化的常用方法,能够在体外高效率的诱导干细胞分化为成骨细胞。经典的成骨诱导培养基包含地塞米松、β-甘油磷酸和抗坏血酸,也有一些研究通过加入如骨形态发生蛋白、胰岛样生长因子、成纤维细胞生长因子和抗感染药物等,来提高诱导效率。国内外已有大量研究工作证明,在成骨诱导培养基的作用下,对 MSCs 施加流体剪切应力加载,对 MSCs 的成骨分化具有进一步的促进作用,表明在诱导干细胞向成骨细胞分化的过程中,施加流体剪切力以模拟干细胞在骨组织中所处的力学环境对提高其分化效率具有关键的作用。由于已有多篇中、英文文献对这方面的研究结果进行了综述,在此不再赘述。

最近,Liu 等[47]的研究表明,在不添加任何化学刺激的情况下,单纯的流体剪切应力加载也可以高效率地诱导 MSCs 成骨分化(见图 2-12)。Liu 等将 MSCs 接种于聚乳酸-羟基乙酸共聚物[poly(lactic-co-glycolic acid),PLGA]支架上,当施以 0.3 ml/min(0.34×

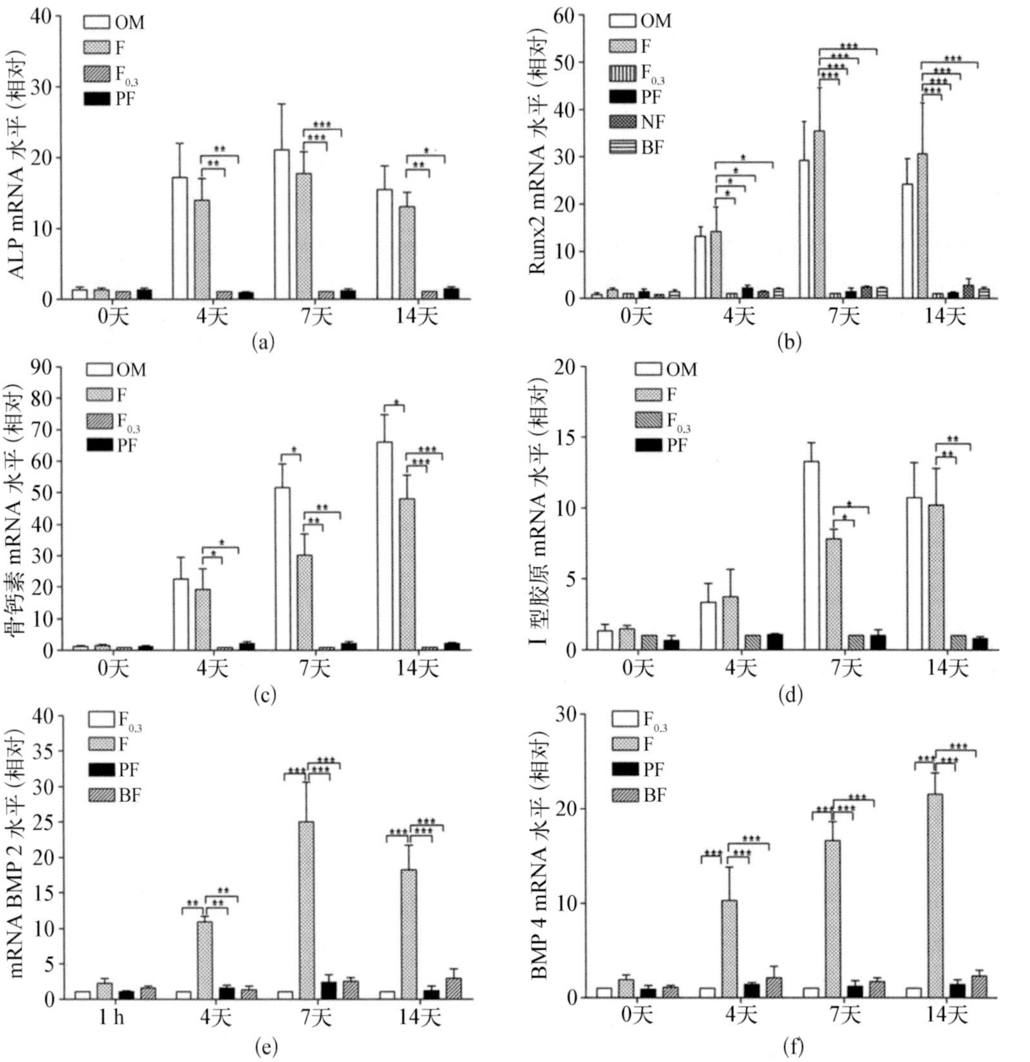

图 2-12 不同作用条件下 MSCs 成骨分化标志基因(a) ALP、(b) Runx2、(c) 骨钙素、(d) Ⅰ型胶原、(e) BMP 2 和(f) BMP 4 mRNA 水平的表达情况[47]

OM: 0.34×10^{-5} N/cm^{2}联合成骨诱导培养基组;F: 间歇流作用组(4.2×10^{-5} N/cm^{2}作用 1 h、0.34×10^{-5} N/cm^{2}作用 11 h);$F_{0.3}$: 0.34×10^{-5} N/cm^{2}恒流作用组;PF: ERK1/2 信号通路抑制剂 PD98059 联合间歇流作用组;BF: NFκB 信号通路抑制剂 BAY11-7082 联合间歇流作用组;NF: BMPs 信号通路抑制剂 noggin 联合间歇流作用组

Figure 2-12 Expression of (a) ALP, (b) Runx2, (c) Osteocalcin, (d) Col Ⅰ, (e) BMP 2, (f) BMP 4

10^{-5} N/cm^2)的恒流剪切力时,剪切应力对 MSCs 的成骨分化没有影响;当把剪切应力加载条件调整到 4.2×10^{-5} N/cm^{2}作用 1 h、0.34×10^{-5} N/cm^{2}作用 11 h 循环进行后,在加载后的第 4 天即可观察到成骨分化标志基因碱性磷酸酶(alkaline phosphatase,ALP)、Runx2(runt-related transcription factor 2)、骨钙素(osteocalcin)、Ⅰ型胶原(collagen Ⅰ)、骨形态发生蛋白 2(bone morphogenetic protein 2,BMP 2)和骨形态发生蛋白 4(bone morphogenetic protein 4,BMP 4)显著上调。其中,ALP、Runx2、骨钙素和Ⅰ型胶原的表达水平同成骨诱导培养基诱导组相当,而 BMP 2 和 BMP 4 的表达在流体剪切力加载组显著高于成骨诱导培养基诱导组。结果显示,流体剪切力间歇加载(4.2×10^{-5} N/cm^{2}作用 1 h、

0.34×10^{-5} N/cm^{2}作用11 h)对 MSCs 成骨分化的诱导作用要强于恒流加载(0.34×10^{-5} N/cm^2);同时,间歇流加载不但可以诱导 MSCs 表达成骨分化标志基因,并且对 BMP 2 和 BMP 4 基因表达的上调作用甚至高于传统的化学因子诱导法。该过程中,流体剪切应力依赖于 β_1 整合素(integrin β_1)激活 ERK1/2 和 FAK,活化的 ERK1/2 不仅能通过提高 Runx2 的转录活性启动与成骨分化相关的基因表达,还能反馈调节 β_1 整合素的表达。更深入的研究则发现,ERK1/2 能通过调节 NFκB 的转录活性而影响 β_1 整合素和 BMPs 的表达,BMPs 进而影响 Smad 1/5/8 的活化,调节 Runx2 的表达,表明 ERK1/2 在流体剪切应力诱导 MSCs 成骨分化的信号转导机制中起着非常关键的调节作用。

2.2.3.2 内皮分化

血液流动对血管产生多种力学刺激,如沿血流方向的流体剪切力、垂直于血管壁的压应力和沿血管壁周向的拉应力等。静脉中的流体剪切力为$(0\sim5)\times10^{-5}$ N/cm^2,动脉中的流体剪切力为$(6\sim30)\times10^{-5}$ N/cm^2,比较狭窄的血管中流体剪切力的范围可达到$(30\sim250)\times10^{-5}$ N/cm^2。流体剪切应力对血管内皮细胞的形态、功能等具有显著的影响,也与多种心血管疾病的发生、发展存在联系。正因为如此,流体剪切应力对干细胞内皮分化的影响引起了人们广泛的研究兴趣。

心血管系统是胚胎发育过程中最早形成的功能组织。虽然有观点认为,早期胚胎中并无血流存在,此时胚胎干细胞的内皮分化与流体剪切应力无关,但不能排除的是,这个时期的胚胎中仍然存在其他液体流动所产生的剪切力,并有研究证明早期胚胎中胚胎干细胞的血管内皮分化可受到流体剪切力的调控。而在胚胎形成的晚期,胚胎发育早期形成的循环系统很少被保留,血管系统会发生重塑,此时,血液流动产生的剪切应力是血管形成的必要条件。8.5~10.5 天的小鼠胚胎中的流体剪切应力约为 5.5×10^{-5} N/cm^2。研究表明,1.5×10^{-5} N/cm^2、5×10^{-5} N/cm^2、10×10^{-5} N/cm^{2}和 15×10^{-5} N/cm^{2}流体剪切力均能不同程度地诱导小鼠 ESCs 向内皮细胞分化[38,39,48],但不同加载条件下获得的细胞在 VEGF 等内皮分化标志基因的表达上可能存在差异,产生这些差异的原因还有待进一步探索。

流体剪切力作用下 MSCs 的内皮分化也是目前的研究热点。与诱导 ESCs 向内皮细胞分化的剪切力加载条件类似,不同实验室报道了多种可实现 MSCs 内皮向分化的诱导方法。本章作者及其团队考察 2×10^{-5} N/cm^{2}和 20×10^{-5} N/cm^{2}流体剪切力作用后人 MSCs 中内皮细胞表面标记物 vWF(von willebrand factor)、VE-钙黏着蛋白(vascular endothelial-cadherin)以及 CD31 的表达情况,发现 20×10^{-5} N/cm^{2}流体剪切力作用 2 天后,未见 vWF 和 CD31 的表达,但可观察到 VE-cadherin 表达随细胞静置培养时间延长至 1 天、3 天后 VE-cadherin 表达增强。MSCs 在 20×10^{-5} N/cm^{2}流体剪切力作用 2 天后继续静止培养 5 天,观察到位于细胞质中、细胞核周围的 vWF,相邻细胞连接处出现 VE-cadherin 和 CD31 的表达,结果证明 MSCs 在 20×10^{-5} N/cm^{2}流体剪切力作用 2 天且静置培养 5 天的诱导条件下,可以向内皮细胞分化(见图 2-13)。此外,还考察了 MSCs 在 20×10^{-5} N/cm^{2}流体剪切力作用 2 天,以及剪切力作用 2 天且静置培养 1 天、3 天、5 天后 VEGF 分泌量的变化情况(见图 2-14)。

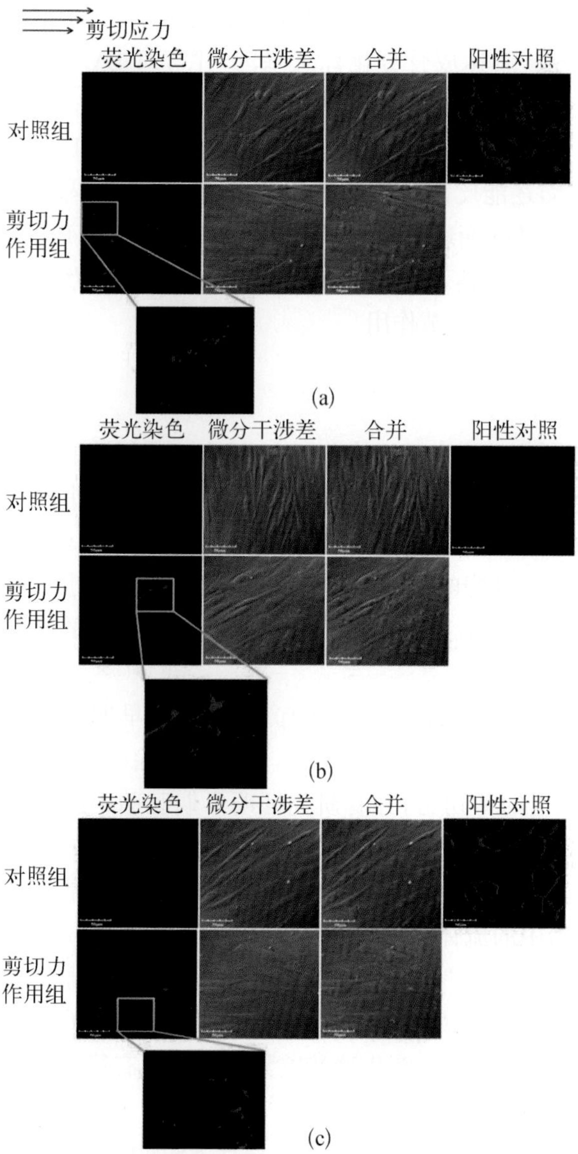

图 2-13 20×10^{-5} N/cm^{2}剪切力对 MSCs 表达内皮细胞标志基因(a) vWF、(b) VE-cadherin、(c) CD31 的影响[50]

Figure 2-13 Effect of 20×10^{-5} N/cm^2 shear stress on the expressions of (a) vWF, (b) VE-cadherin, (c) CD31

MSCs 在流体剪切力作用 2 天且静置培养 1 天后，VEGF 的分泌量迅速增加，并且持续培养 3 天和 5 天后，流体剪切力组 VEGF 的分泌量达到相应时间点对照组细胞 VEGF 分泌量的 2 倍，提示在流体剪切力诱导 MSCs 向内皮细胞分化的过程中，MSCs 大量分泌 VEGF[49]。

Kim 等[37]在三维管状加载装置中研究了 2.5×10^{-5} N/cm^2 和 10×10^{-5} N/cm^{2}流体剪切力对 MSCs 向内皮细胞和平滑肌细胞分化的影响，研究发现，两种加载条件均能诱导 MSCs 表达内皮细胞标志基因 vWF 和激酶插入域受体(KDR)(即 VEGFR2)。尽管两种加载条件下 vWF 和 KDR 的表达差异不明显，但是在较低的加载条件下(2.5×10^{-5} N/cm^2)，内皮细胞标志基因 CD31 的表达远高于高流体剪切力(10×10^{-5} N/cm^2)加载组。另外，在高流体剪切力(10×10^{-5} N/cm^2)加载组，所有的平滑肌细胞分化标志基因表达均显著高于低流体剪切力(2.5×10^{-5} N/cm^2)加载组；并且，即使在加入内皮分化诱导培养基的情况下，这种差异仍然存在。Kim 等的研究结果表明，三维加载条件下，剪切力的大小在决定 MSCs 的分化方向上起关键的作用，提示在利用 MSCs 构建工程化人工血管的同时，如何选择适当的剪切力是需要重点考虑的内容。

EPCs 是血管内皮细胞的前体细胞，多篇文献均报道流体剪切应力对其内皮分化具有促进作用。但是，最近的研究发现，流体剪切应力对老化引起的 EPCs 再内皮化(reendothelialization)能力下降具有恢复作用[51]。EPCs 不仅参与机体的血管生成(vasculogenesis)，同时也参与损伤血管内皮功能的修复，在防治心血管疾病的发生发展过程中扮演重要角色。心血管疾病的发病率随着年龄的增长逐渐提高，但作为心血管系统修复的前体细胞，EPCs 的功能和潜质受到遗传和机体环境的影响，会出现细胞衰老的表现，不仅损伤修复能力下降，甚至会导致血管损伤后新生内膜过度增殖和内皮功能紊乱等。Xia 等[51]的研究表明，来自较年长供体(年龄：68.4±2.5)的 EPCs 的体外迁移能力、黏附能力及体内再内皮化能力均弱于较年轻供体(年龄：27.3±3)的 EPCs。15×10^{-5} N/cm^2 加载对年长或年轻供体来源的 EPCs 迁移、黏附和再内皮化的能力均有促进作用，且对年长供体 EPCs 的能力改善更为显著，该过程是通过 CXCR4/Janus kinase 2 信号通路来实现的。Xia 等的研究结果提示，适当的流体剪切力刺激不仅可以诱导 EPCs 向内皮细胞分化，并且有助于改善衰老 EPCs 向内皮细胞分化的能力，这一研究发现可为 EPCs 的临床应用以及心血管疾病的治疗提供新的思路[51]。

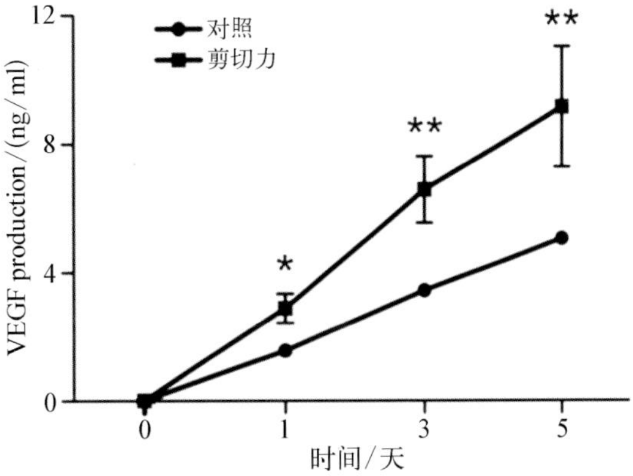

图 2-14 剪切力对 MSCs 分泌 VEGF 的影响[50]
0：20×10^{-5} N/cm^2 剪切力作用 MSCs 2 天；1、3、5：MSCs 在 20×10^{-5} N/cm^2 剪切力作用 2 天后静止培养 1 天、3 天或 5 天

Figure 2-14 Effect of shear stress on VEGF production of MSCs

VEGF 信号通路是目前公认的干/祖细胞响应流体剪切应力实现内皮分化的信号通路，并通过细胞表面受体 VEGFR2 来介导。Stolberg 在其综述文章中总结和预测了剪切应力诱导干细胞向内皮细胞分化可能的力信号转导通路(见图 2-15)，在 VEGFR2 的下游，多种信号分子如 PKCε(protein kinase Cε)、PLCγ(phospholipase Cγ)及 MAPK(mitogen-activated kinase)信号通路都参与其中[49]。

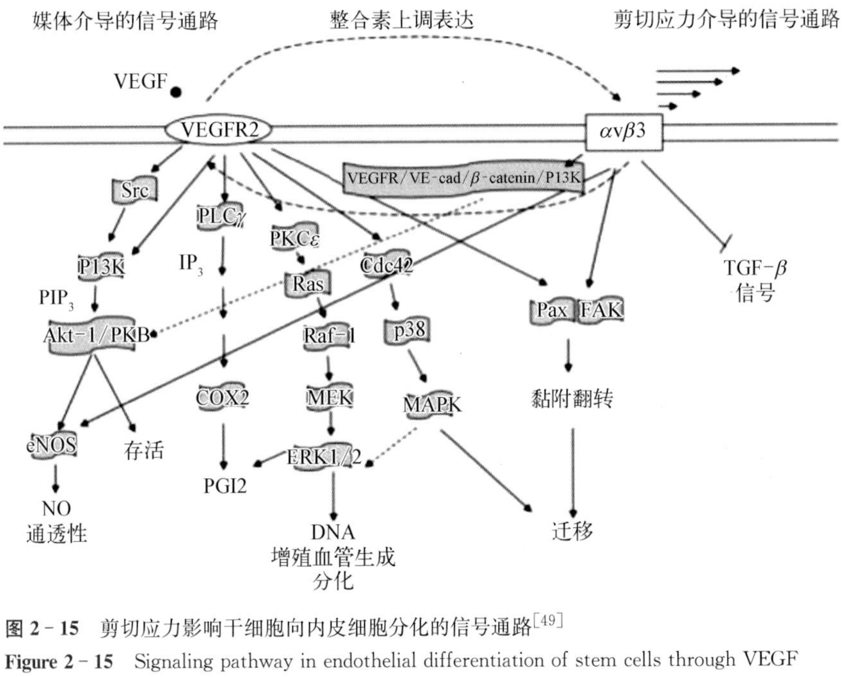

图 2-15 剪切应力影响干细胞向内皮细胞分化的信号通路[49]

Figure 2-15 Signaling pathway in endothelial differentiation of stem cells through VEGF

2.2.3.3 其他

除了成骨和内皮系分化之外，也有文献报道流体剪切应力能够诱导干细胞向其他类型的细胞分化。Huang 等[52]用平行平板流动腔对大鼠 MSCs 实施加载，研究发现，采用 5×10^{-5} N/cm²、10×10^{-5} N/cm²、15×10^{-5} N/cm² 和 20×10^{-5} N/cm² 流体剪切力加载 1 天并静置 7 天后，相对静置培养组，各个实验组都能不同程度地上调心肌细胞分化标志基因 GATA-4、β-MHC(myosin heavy chain β)、NKx2.5 和 MEF2c(myocyte-specific enhancer factor 2c)的表达，但 10×10^{-5} N/cm² 加载条件细胞各基因的表达达到峰值，之后随着加载强度的增加缓慢下降，提示剪切力加载的强度在诱导 MSCs 向心肌细胞分化方面具有关键的作用。在利用流体剪切应力诱导兔角膜缘干细胞向角膜上皮细胞分化中发现，稳流加载对 LESCs 分化的影响不明显，但间歇流加载则能够诱导 LESCs 表达上皮细胞标志基因[43]。

众所周知，胚胎干细胞具有向 3 个胚层细胞分化的能力，Wolfe 等[53]以小鼠 ESCs 为研究对象，采用 1.5×10^{-5} N/cm²、5×10^{-5} N/cm² 和 15×10^{-5} N/cm² 3 种不同强度的流体剪切力加载 2 天。检测发现，不同加载条件作用后，ESCs 表现出各不相同的分化潜能(见图 2-16)：与静置对照组相比，3 种加载条件作用后，干性标志基因 OCT4 以及内胚层分化标志基因 AFP 的表达无明显变化；中胚层分化标志物 T-BRACHY 表达在 1.5×10^{-5} N/cm² 流体剪切力加载组显著下调到对照组的 43%，而 5×10^{-5} N/cm² 和 15×10^{-5} N/cm² 组并不存在下调现象；外胚层分化标志物 NES 的表达在 5×10^{-5} N/cm² 和 15×10^{-5} N/cm² 组显著

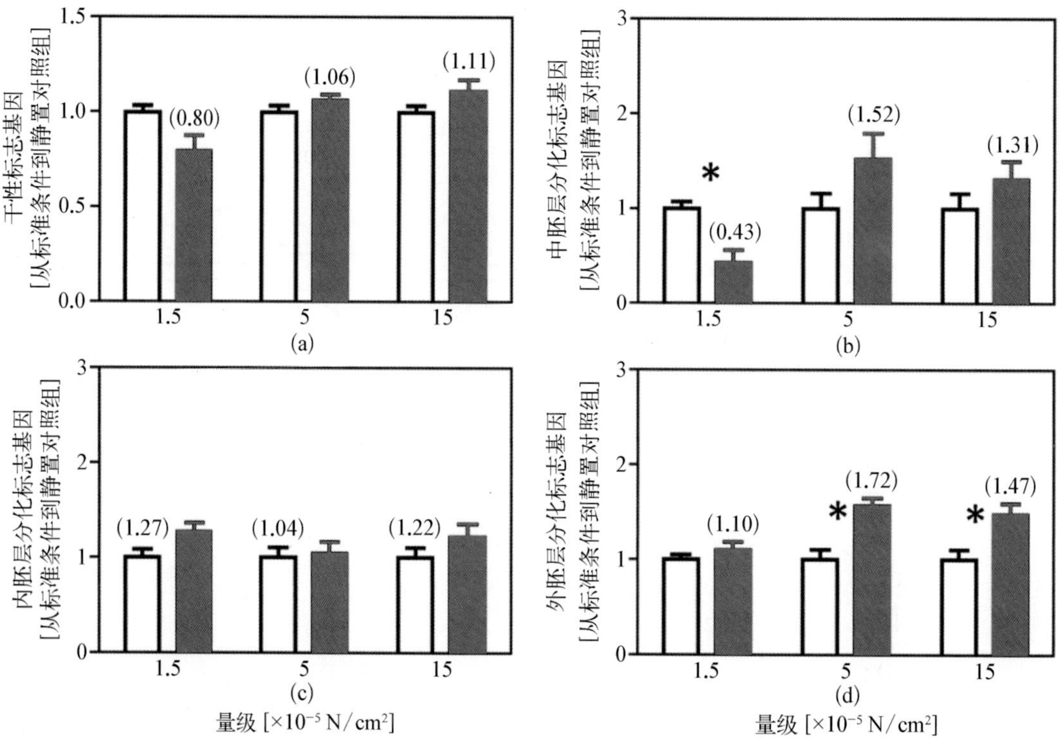

图 2-16 不同强度流体剪切力作用 2 天对 ESCs 中(a) OCT4、(b) T-BRACHY、(c) AFP 和(d) NES 表达的影响[53]

Figure 2-16 Effect of different shear stress on the expressions of (a) OCT4, (b) T-BRACHY, (c) AFP and (d) NES

高于静置培养组，1.5×10^{-5} N/cm^{2}加载对 NES 表达影响不大。

Wolfe 等[53]同时也研究了同样的流体剪切力强度下，加载时间对 ESCs 基因表达的影响。研究发现，5×10^{-5} N/cm^2 流体剪切力作用 1 天、2 天和 4 天，OCT4、T - BRACHY、AFP 和 NES 的表达会随着加载时间的延长发生变化（见图 2 - 17）。结合之前相同加载时间、不同加载强度流体剪切力作用下 ESCs 的基因表达情况不难发现，加载时间、加载强度的差异对干细胞的分化方向和分化效率有着极其显著的影响。这也可能是现有报道中关于剪切应力诱导干细胞定向分化诱导条件相对分散和多样化的原因所在。

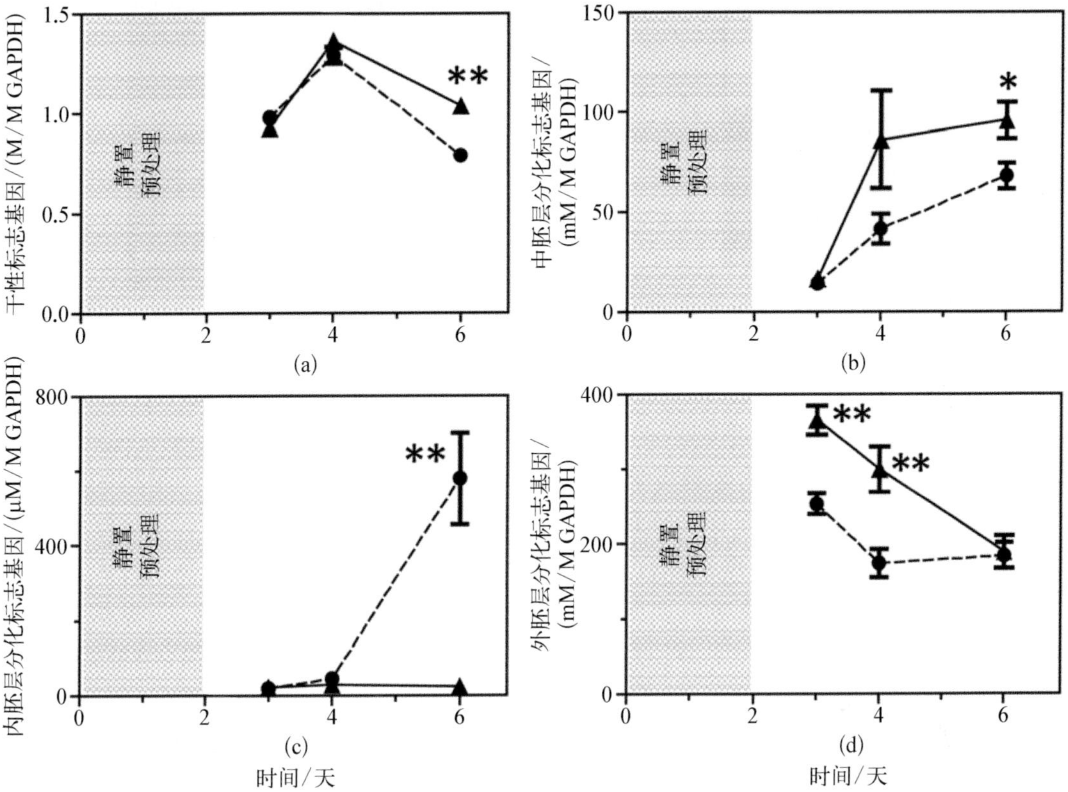

图 2 - 17 5×10^{-5} N/cm^{2}流体剪切力作用不同时间 ESCs 中(a) OCT4、(b) T - BRACHY、(c) AFP 和(d) NES 表达的影响[53]

Figure 2 - 17 Effect of 5×10^{-5} N/cm^2 shear stress on the expressions of (a) OCT4, (b) T - BRACHY, (c) AFP and (d) NES

2.2.4 流体剪切力对干细胞迁移的影响

干细胞通过循环系统被招募到损伤部位是机体损伤后的正常生理现象，在该过程中，细胞因子、趋化因子等起着非常重要的作用，如血小板衍生因子（platelet derived growth factor，PDGF）、白细胞介素 6（interleukin 6，IL - 6）、内皮细胞生长因子（vascular endothelial growth factor，VEGF）、碱性成纤维生长因子（basic fibroblast growth factor，bFGF）和基质细胞衍生因子（stromal cell-derived factor 1，SDF - 1）等。此外，张应力、剪切应力等力学因素对干细胞的迁移行为也存在影响。本节主要讨论流体剪切力对干细胞迁移行为的影响。

Transwell 小室是研究细胞三维运动能力的常用方法，并可通过在小室中裱衬基质胶来研究细胞穿越基底膜的跨膜迁移能力，在研究肿瘤细胞和肿瘤干细胞侵袭能力方面具有优势。其结构如图 2-18(a)所示。在细胞迁移研究中，细胞种在上室内，诱导剂加入下室，由于聚碳酸酯膜有通透性，下层培养液中的成分可以影响上室内的细胞，从而可以研究下层培养液中的成分对细胞迁移的影响。

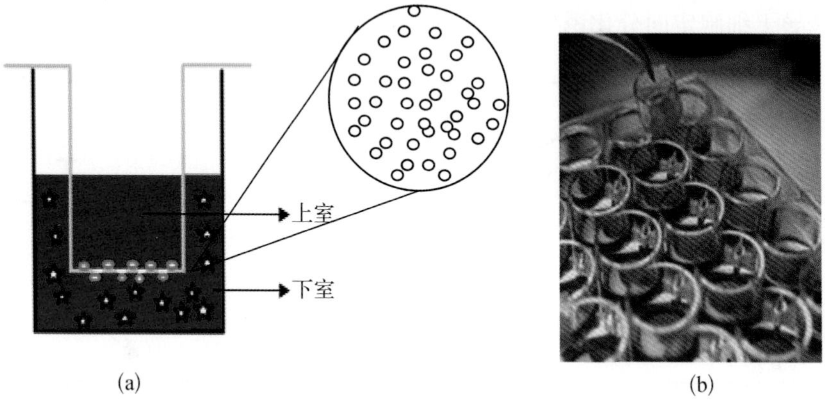

图 2-18 Transwell 小室
(a) 结构示意图；(b) 实物图
Figure 2-18 Transwell chamber

大多数有关流体剪切力加载影响干细胞迁移能力的研究是在流动腔中进行的。在平行平板流动腔中采用划痕迁移法研究剪切力对人 MSCs 迁移行为的影响。划痕迁移法是体外模拟损伤，研究细胞二维迁移行为的常用方法，可通过考察划痕愈合率间接表征剪切力对细胞整体迁移能力的影响。如图 2-19 所示，A_0 为初始划痕面积；A_n 为剪切力作用 n h 后划痕面积。划痕愈合率 W_n 为愈合的面积与初始划痕面积的比值，用公式 $W_n = \left(1-\dfrac{A_n}{A_0}\right)\times 100\%$表示。培养基由流动腔左侧进入，右侧流出，因此划痕左侧细胞被定义为上游细胞，划痕右侧细胞被定义为下游细胞。如图 2-19 所示，U_0 为上游细胞初始面积；U_n 为迁移 n h 后上游细胞的面积；D_0 为下游细胞初始面积；D_n 为迁移 n h 后下游细胞的面积；h 为检测高度；t 为迁移时间。上、下游细胞的迁移速度 U_v 和 D_v 分别用公式 $U_v = \dfrac{U_n - U_0}{ht}$，$D_v = \dfrac{D_n - D_0}{ht}$ 表示。这种方法的局限性在于只能用于研究细胞的二维迁移情况，而不能用于细胞三维迁移和侵袭能力的研究。

Goncharova 等[35]结合 Transwell 小室的工作原理，对平行平板流动腔(见图 2-8)的结构进行了改造，用于研究流体剪切力对造血祖细胞的迁移的影响。这种加载装置结合了 Transwell 小室法和流动腔原位迁移法的优势，可实时考察流体剪切力对细胞三维迁移和侵袭能力的影响。这种装置灵活性非常高，还可以用于研究流体剪切力作用下细胞跨内皮细胞的迁移以及细胞间迁移能力的相互影响。

Riehl 等[54]采用的流体剪切力加载装置，结合显微图像分析系统研究了 2×10^{-5} N/cm^2、

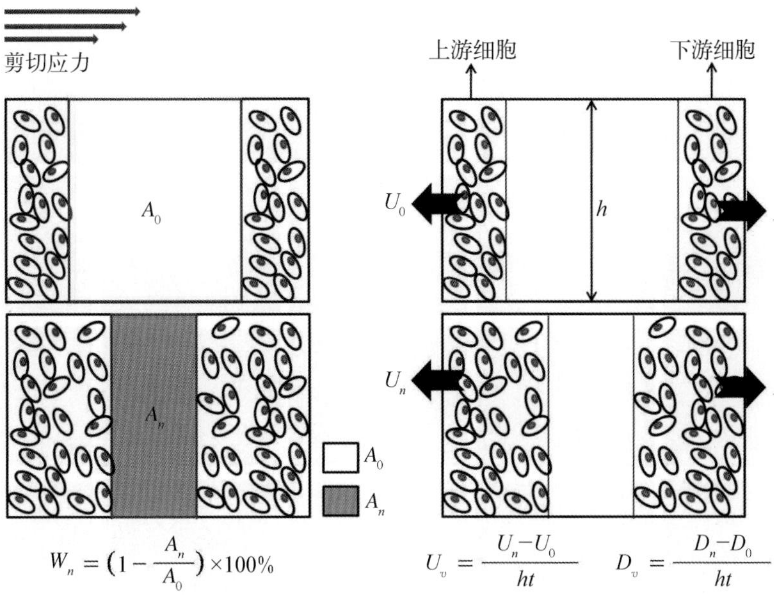

图 2-19 划痕愈合率及细胞迁移速度的测定

W_n：划痕愈合率；A_0：初始划痕面积；A_n：剪切力作用 n h 后划痕面积；U_v，D_v：上、下游细胞的迁移速度；U_0，D_0：上、下游细胞的初始面积；U_n，D_n：迁移 n h 后上、下游细胞的面积；h：检测高度；t：迁移时间

Figure 2-19 Determination of wound closure rate and cell migration speed

15×10^{-5} N/cm^{2}和 25×10^{-5} N/cm^2 3 种不同强度的流体剪切力对小鼠 MSCs 迁移能力的影响，研究发现，剪切力作用后细胞倾向于顺着剪切力作用的方向迁移，并且随着流体剪切力强度的增加，顺流迁移的细胞比例呈增长趋势；25×10^{-5} N/cm^{2}剪切力加载组细胞的平均迁移距离最大；在剪切力加载的最初阶段，15×10^{-5} N/cm^{2}组细胞迁移速率最快，但在加载 10 min 之后，3 种加载条件下细胞的运动速度相当，且与静置培养的细胞不存在差异。采用类似的研究方法，Kim 等[55]也证明在剪切力的作用下，MSCs 更倾向于顺流迁移。

本章作者及其团队在平行平板流动腔中进行划痕愈合实验研究流体剪切力对 MSCs 迁移能力的影响时发现，在 0～2 Pa 的加载条件下，低流体剪切应力(0.2 Pa，即 2×10^{-5} N/cm^2)促进 MSCs 迁移，高流体剪切力(2 Pa，即 20×10^{-5} N/cm^2)抑制 MSCs 迁移，0.5 Pa 和 1 Pa 流体剪切力对 MSCs 迁移没有显著影响[42](见图 2-20)。

当分析划痕上、下游细胞迁移速率的时候，在流体剪切力的作用下，下游细胞的逆流迁移速度显著高于上游细胞的顺流迁移速度(见图 2-21)。0.2 Pa 剪切力促 MSCs 迁移同 ERK1/2、JNK(c-Jun N-terminal kinase)和 p38 MAPK(p38 mitogen activated protein kinases)信号分子的激活有关，而流体剪切力对上、下游细胞中相关信号分子激活程度的差异是产生这种现象的原因之一。然而有意思的是，结果显示 MSCs 在流体剪切力作用下逆流迁移的速度要明显快于顺流迁移的速度[56]，这与 Riehl 等[54]和 Kim 等[55]的结果存在差异，提示在划痕存在的情况下，上、下游细胞之间的“对话”(crosstalk)可能是造成下游逆流细胞迁移速度快于上游细胞顺流迁移速度的原因所在。

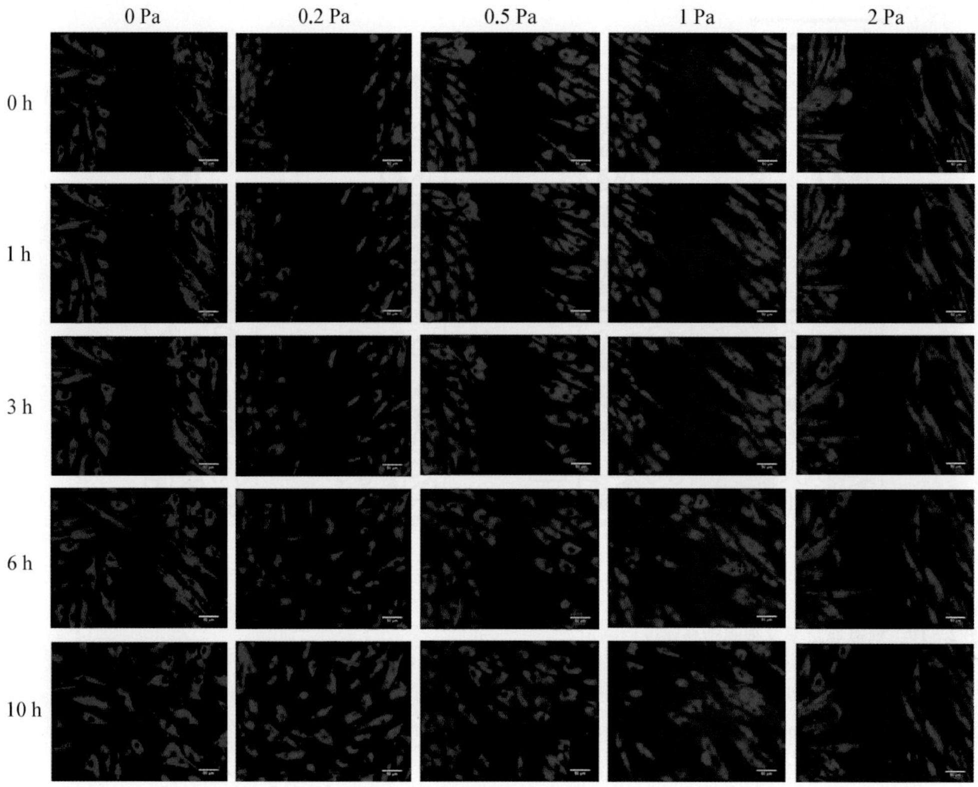

图 2-20 不同强度流体剪切力对 MSCs 迁移能力的影响[42]
红色：MitoTracker® Red FM 线粒体标记染液
Figure 2-20 Effects of shear stress on MSC migration at different magnitudes

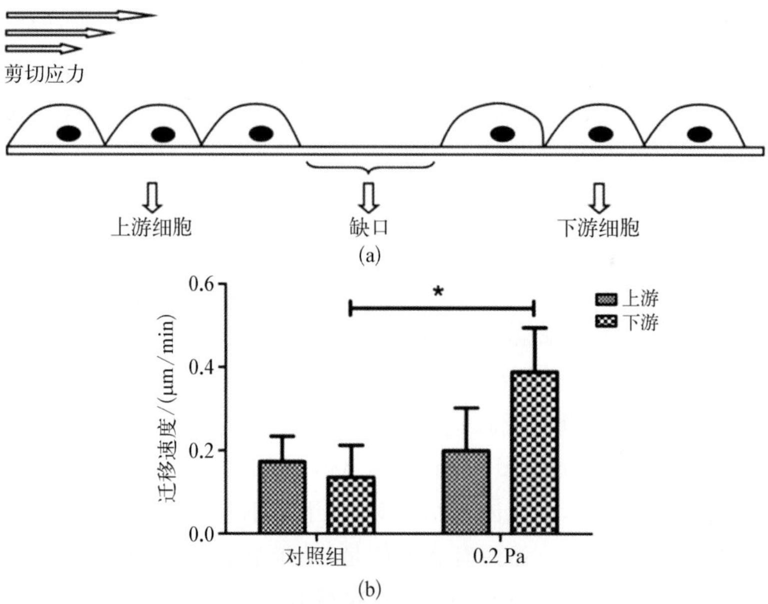

图 2-21 流体剪切力对上、下游 MSCs 迁移速度的影响[56]
(a) 上、下游细胞相对位置的侧面示意图；(b) 上、下游细胞的迁移速度
Figure 2-21 Effect of shear stress on the migration speeds of upstream and downstream MSCs

2.3 (微)重力对干细胞生物学行为的影响

地球近地空间重力场是地球独特的力学环境,重力对地球上许多物理、化学、生物及生态变化过程发挥着重要作用,重力环境对地球生命体的生命活动的影响及其机制的研究是与生命起源相耦合的重大基础科学问题[57]。

鉴于在地球表面重力作用恒定且不可避免,难以将其作为一个可控变量进行研究和掌握其定量规律。地球近地空间微重力环境为阐明重力对生命活动的影响创造了条件。太空物体绕地球质心做圆周运动时,其合加速度大小较地面的重力加速度 g 小很多,人们通常将此合加速度称为微重力(microgravity)。地球表面为 1 g 的重力环境,微重力条件下其数值一般为重力的万分之一至百万分之一,即 10^{-4}～10^{-6} g[58]。

航天技术的进步,尤其是载人航天技术的发展和国际空间站的建成,使得空间生命科学成为可能。但研究发现太空飞行中的微重力环境会导致宇航员出现骨质丢失、肌肉萎缩、内分泌紊乱、免疫功能抑制等一系列生理适应性改变和/或病理变化[59]。细胞作为生命体基本单元,特别是干细胞,作为一群具有自我更新能力和分化能力的祖细胞,在维持内稳态、组织修复和再生方面起到至关重要的作用[60]。空间飞行试验证明,微重力环境不仅对干细胞生长、分化能力有显著影响,也会使得干细胞基因表达谱发生显著变化。深入了解微重力环境对干细胞生物学行为的影响,有助于认识空间环境对机体病理生理变化的影响并寻求可能的干预靶点,更有助于认识重力对生命起源的影响及机制。

依据物理学的原理,半径大于 1 mm 的物体处于"牛顿世界",重力对其起关键作用,半径小于 1 mm 的物体处于"吉布斯世界",分子间的相互作用力起决定作用,重力对其的影响可忽略不计[2]。大多数真核细胞的直径在 10～50 μm 范围内,远低于标准尺度。但研究报道认为微重力环境下干细胞包括增殖、分化及迁移等生物学行为确实出现了显著变化。这说明细胞具有独特的响应重力的机制,由于此研究领域尚处于探索阶段,目前较为公认的细胞响应重力负荷的主要结构包括细胞骨架及膜蛋白[58]。

真核细胞骨架主要由微管、微丝、中间纤维及其结合蛋白组成。细胞骨架在细胞内主要起结构支撑和信号传递的作用。大量的研究已经证实无论是在空间飞行还是地基模拟实验中,微重力环境下细胞骨架都出现了明显重建过程(见图 2-22),主要包括微丝、微管解聚、肌动蛋白应力纤维和中间纤维形态异常、有序性降低、微管变短、核周围网状结构消失等[61]。上述变化究竟是信号通路调控的结果还是细胞骨架自我响应的结果尚未有定论,但关于微管自组装的实验却发现,在空间微重力条件下仅含有微管和鸟苷三磷酸(GTP)的生物系统无法完成在正常重力条件下的微观组装。说明微管的组装依赖于重力,推测认为重力通过扩散机制调控微管的组装过程,可见细胞骨架具有直接响应重力的特点。细胞骨架是受重力影响的最重要的蛋白之一,当处于微重力环境时,骨架之间相互作用网络受到扰乱,整个细胞骨架结构迅速改变,从而影响细胞内信号传递,最终导致了细胞生物学行为的变化。

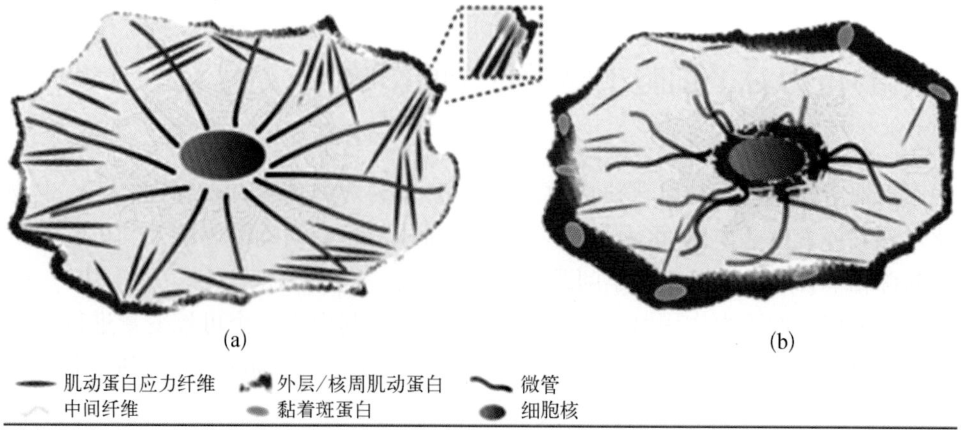

图 2 - 22 微重力条件下细胞骨架变化示意图[61]
(a) 正常重力条件下细胞骨架结构图;(b) 微重力条件下细胞骨架结构图
Figure 2 - 22 The reorganization of cytoskeleon under microgravity

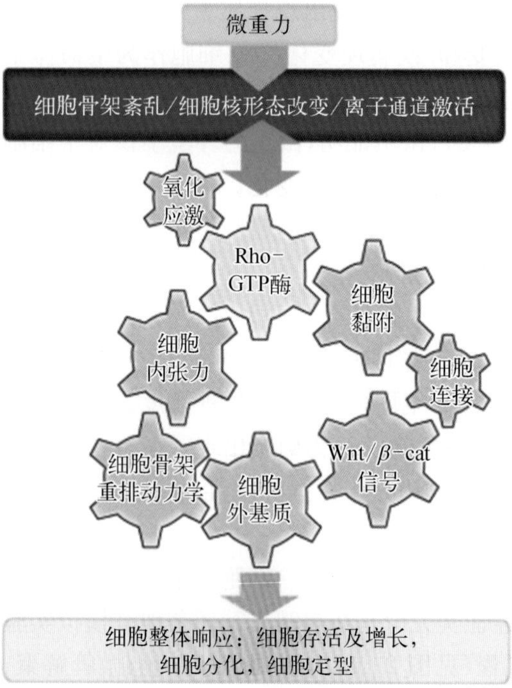

图 2 - 23 Rho-GTP 酶在细胞响应微重力条件中的作用[62]
Figure 2 - 23 Centrol role of the Rho-GTPase in the integrated response of mammalian cell to microgravity-related condition

细胞膜是细胞与外界环境的屏障,细胞膜上的各种膜蛋白在胞外信号向胞内传递过程中扮演着重要作用,许多膜蛋白是细胞表面力学信号的传感器,包括力学敏感的钙离子通道、整合素、G 蛋白偶联受体等。研究人员证实微重力环境下会导致钙离子内流、整合素-黏着斑信号受到抑制等。而这些信号会直接影响下游信号通路,包括 ERK、p38 等信号通路,从而影响了细胞的生物学行为。Rho-GTP 酶(Rho family of small GTP - binding proteins, Rho-GTPase)是一类相对分子质量约为 21 000 的 GTP 结合蛋白,又称为 Rho 小 G 蛋白,它包括约 20 个家族成员,目前对 RhoA、Rac1 及 cdc42 的研究较为透彻。作为膜受体,其在信号传导、调控细胞骨架、增殖、迁移及分化等生物学行为中起到关键作用。近来大量研究结果证实微重力环境对 Rho-GTP 酶的活性产生较为显著的影响,并提出了 Rho-GTP 酶是重力响应器的观点(见图 2 - 23),该观点认为微重力条件首先影响了 Rho-GTPase 活性,进而影响了细胞骨架重排、核结构、离子通道激活、细胞黏附、细胞连接、Wnt 信号、胞外基质构建、细胞内张力及氧化应激,并最终调控细胞增殖及分化等生物学行为[62]。

尽管空间科学技术得到了很大发展,但空间试验具有机会少、风险大、耗资高等特点,严重制约了微重力对干细胞生物学行为影响的相关科学研究。基于细胞响应重力的相关机制，研究人员开发出了一系列地基模拟微重力效应的装置和方法，主要包括回转器(clinostat)、旋转壁式生物反应器(rotating wall vessel bioreactor, RWV)、在回转器基础上改进的随机指向装置(random positioning machine, RPM)或三维回转器(3D - clinostat)，以及强磁悬浮(large gradient high magnetic field，LGHMF)等。上述装置模拟微重力效应的主要原理不尽相同。

(1) Clinostat 模拟微重力效应的主要原理。细胞在回转器内不停地绕水平轴匀速旋转，以细胞为坐标原点，重力方向不断改变，在一个回转周期内重力矢量和为零。由于重力矢量在相对细胞的方向上不断改变，在适当转速且离心力很小的情况下，细胞总是来不及对重力做出响应，重力矢量方向即发生变化，从而达到模拟微重力条件下生物效应的结果(见图 2 - 24)。

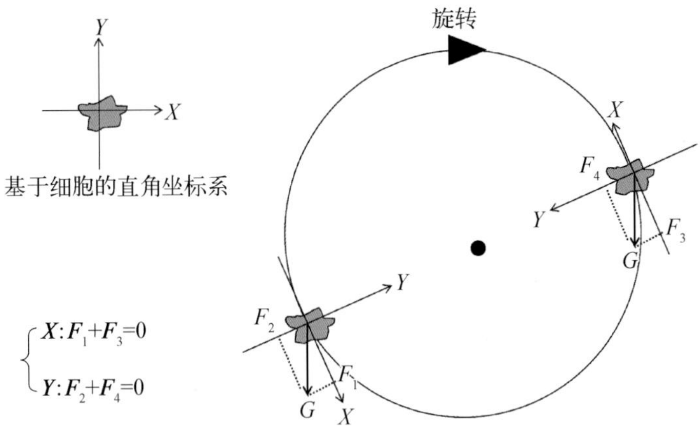

图 2 - 24 旋转样品重力矢量方向变化图

Figure 2 - 24 The gravity feeling situation of tested sample on uniaxial clinostat

(2) RWV 模拟微重力效应的主要原理。通过内筒和外筒同向、同速旋转，使悬浮在培养器内的细胞或微载体实现刚体运动，维持相对静止。刚体运动是指所有细胞或微载体的相对位置在绕轴旋转时不随时间而改变，正如一个刚性物体内各质点的相对位置保持恒定(没有形变)。因此，实现细胞或微载体的刚体运动是设计模拟微重力效应装置的一种可能途径。

(3) 强磁悬浮模拟微重力效应的主要原理。在磁场作用下抗磁性物质在垂直方向上会受到一种磁场力，该磁场力能够部分或者接近完全抵消重力，使抗磁性物质处于悬浮状态，进而达到模拟微重力效应的目的。

本部分主要阐述(微)重力效应对干细胞自我更新、增殖、分化及迁移行为的影响及其相关的分子机理。

2.3.1 微重力/模拟微重力对干细胞增殖的影响

干细胞正常的分裂和增殖维持着机体自身的稳定，常见的干细胞类型包括胚胎干细胞、间充质干细胞和造血干细胞等。随着空间生物技术的发展，有关微重力环境对干细胞增殖的影响研究越来越多，但对这些现象背后的关键基因和信号转导通路研究还处于初步阶段。

胚胎干细胞(embryonic stem cells，ESCs)是早期胚胎(原肠胚期之前)或原始性腺中分离的一类干细胞，具有体外培养无限增殖、自我更新和多向分化的特性。研究人员发现在模拟微重力效应下，胚胎干细胞的总数量较正常培养组显著减少，但进一步发现实验组与对照组之间的细胞周期无明显差异，推测微重力效应主要通过干扰细胞贴壁性抑制细胞 ESCs 增殖，该研究同时证实微重力效应下损伤 DNA 修复会受到干扰，从而抑制了细胞增殖[60]。

间充质干细胞(mesenchymal stem cells，MSCs)是干细胞家族的重要成员，来源于发育早期的中胚层和外胚层。在体内或体外特定诱导条件下，MSCs 可分化为脂肪、骨、软骨、神经、内皮等多种组织细胞。研究发现利用二维回转器模拟微重力效应并培养 MSCs，不论是短期(3～4 天)还是长期(7～10 天)，处于模拟微重力效应下的细胞较对照组细胞，其增殖均受到不同程度的抑制。即使加入特定的促细胞增殖的生长因子，MSCs 增殖并未出现明显上调现象。细胞周期检测显示回转器培养 4 天后，G_0/G_1 期的细胞数量显著上升。而细胞凋亡检测实验则显示回转器内 MSCs 凋亡率较对照组无显著变化。KUBIK 空间飞行任务 ISS 12S 中进行的 MSCs 空间试验结果显示，在太空飞行中的 MSCs 细胞增殖受到抑制，细胞周期基因表达下调。实际上，由于模拟微重力效应装置的差异、实验参数的不同(转速、培养时间等)及样品来源的差异等因素，关于模拟微重力效应影响 MSCs 增殖的结果并不统一，例如有研究人员发现 RWV 和 3 - D clinostat 培养 MSCs，都会一定程度促进 MSCs 增殖。

造血干细胞(hematopoietic stem cells，HSCs)是骨髓中的干细胞，具有自我更新并分化为各种血细胞前体细胞的能力，最终可生成各种血细胞，包括红细胞、白细胞和血小板等。正常状态下，HSCs 增殖、分化形成血细胞与血细胞的消耗和更新保持动态平衡，以保持机体血细胞的数量相对稳定。微重力是否影响 HSCs 的数量和功能，已成为微重力血液学研究的重点领域。研究人员发现 STS - 63 和 STS - 69 上搭载的 $CD34^+$ 骨髓原始细胞在连续培养 8～10 天后，增殖较对照组显著降低。体内实验也证实空间失重环境会导致大鼠骨髓中 HSCs 数量减少。而利用 RWV 模拟微重力效应，也发现骨髓 $CD34^+$ 细胞在连续培养 4～6 天时，增殖受到抑制，但同时发现处于模拟微重力效应下的细胞较对照组凋亡率无明显上升，这些结果说明微重力很可能不通过诱导凋亡抑制 HSCs 的增殖，其背后的机制尚需要进一步探究。

总体而言，现阶段关于微重力对干细胞增殖行为影响的研究还较零散，并呈现较大差异性，例如研究发现 RWV 反应器可明显促进人表皮干细胞增殖，且扩增后的细胞可见形成紧密的三维结构。类似的，人牙髓干细胞及人神经干细胞在 RWV 反应器内培养时增殖也明显受到促进，研究人员进一步发现 RWV 模拟的微重力效应主要通过促进人神经干细胞线粒体相关功能基因的表达从而促进细胞增殖。这些研究表明模拟微重力对多种干细胞的增殖行为有一定的促进效应。鉴于目前很多研究结果都是通过模拟微重力效应得到的，深入探究微重力/模拟微重力效应对干细胞增殖行为的具体影响及其机理有助于理解重力在干细胞生物学调控中的作用，也将为体外干细胞大规模扩增培养提供有益探索。

2.3.2 微重力/模拟微重力对干细胞分化的影响

干细胞分化为其他功能性细胞并最终发挥效能依赖于其自我更新及定向分化能力。OCT4、Sox 及 Nanog 是干细胞调控网络中的重要转录因子，它们之间复杂的相互作用维持着干细胞多能性和自我更新能力[63]。OCT4 基因是 POU 转录因子家族中的一员，能够抑制分化基因、促进多能性基因的表达。Sox 基因在干细胞的维持中起着关键作用，常被作为一种多能性细胞谱系的分子标记，该基因在成体组织细胞中表达并具有广泛的调节作用，特别是保存组织稳定性方法的作用。因此，Sox 可作为一个共同的干性基因，调控不同类型干细胞和组织的组我更新。Nanog 基因同 OCT4 及 Sox 一样，在早期胚胎发育和维持干细胞自我更新和多能性维持方面起着重要作用，其通过调节 Gata6、Gata4、OCT4、Sox 及其他后生因子的表达来维持干细胞的自我更新。

依据目前的研究，微重力条件对部分干细胞多能性和自我更新能力似乎具有一定的维持效应，研究人员发现空间飞行 15 天后，小鼠 ESCs 较对照组细胞 Sox1 及 Sox2 基因表达显著上调。利用 3D - clinostat 模拟微重力效应也发现，小鼠 ESCs 培养 3 天时多能性因子(Sox2、OCT4、Nanog)基因表达明显上调，更重要的是发现在模拟微重力效应下培养小鼠 ESCs 可以不用外源添加多能性维持因子——白细胞抑制因子(leukemia inhibitory factor, LIF)，ESCs 仍具有较高的全能性，该结论对体外培养 ESCs 提供了有益探索。

微重力环境对 MSCs 的多能性维持也具有一定促进作用，大鼠骨髓来源的 MSCs 培养在 2D 旋转培养器内 72 h 后，OCT4 基因表达明显上调，类似的结果在 3D 旋转培养器也得到证实。人脂肪来源的 MSCs 培养在 RWV 反应器内 5 天时，OCT4、Nanog 及 Sox2 基因也较对照组显著上调，以上结果表明模拟微重力对 MSCs 的自我更新及全能性维持具有一定的保护作用，但该效应是否适用于真正微重力条件(太空飞行)尚需要研究证实。肿瘤干细胞是癌症复发和转移的元凶，有趣的是，研究发现利用 RPM 模拟微重力效应并培养人肺肿瘤干细胞 24～48 h，细胞干性标记基因 Nanog 及 OCT4 基因表达明显下调，并且在恢复重力条件下上述基因的表达也出现上调现象。

干细胞分化是基因选择性表达的结果，分化后的细胞在功能特性方面差异很大，有研究人员根据细胞的力学敏感性将部分功能细胞分为力学敏感细胞(如心肌细胞、成骨细胞等)及力学非敏感细胞(如肝细胞、脂肪细胞等)[64]。微重力/模拟微重力效应对干细胞分化的影响呈现一定的倾向性，研究发现超重条件下大鼠 MSCs 倾向于向心肌细胞及成骨细胞分化，而模拟微重力条件下 MSCs 倾向于向脂肪细胞分化。依据现有的研究结果，微重力条件一定程度上抑制干细胞向力学敏感细胞分化，但促进其向力学非敏感细胞分化(见图 2 - 25)。

(1) 胚胎干细胞分化。空间飞行 15 天时，小鼠 ESCs 向 3 个初级胚层(包括胰腺、骨、免疫系统、肌肉组织、肝脏、肺及泌尿系统)分化的标志物整体下调，但发现神经分化标志物出现上调，推测钙离子介导的力学传导信号的减少导致了 ESCs 分化受到抑制。但是在 3D 旋转培养器内培养小鼠 ESCs 时，在诱导条件下，ESCs 向肝干细胞分化的标志物较对照组显著上调，并且这些肝干细胞移植到小鼠体内后可形成肝脏细胞。类似的结果在 RWV 反应

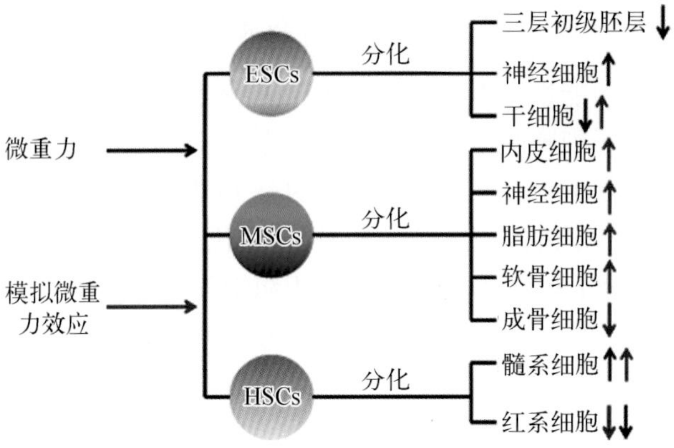

图 2-25 微重力/模拟微重力效应对 ESCs、MSCs 及 HSCs 分化的影响

Figure 2-25 Effects of microgravity and simulated microgravity on the differentiation fate of ESCs, MSCs and HSCs

器内也得到证实。造成模拟微重力效应及微重力条件下结果差异的因素有很多，包括微重力条件下培养的时间、微重力条件获取的方法及培养的具体参数等多因素。例如研究发现在 RWV 反应器内，ESCs 在高细胞密度时倾向肝干细胞分化，但是在低细胞密度时却与对照组无显著区别。模拟微重力反应器的旋转转速对 ESCs 向肝干细胞分化也有显著影响。可见模拟微重力的培养参数对 ESCs 分化具有显著影响，也提示着研究人员需要进一步推进模拟微重力效应装置的改进及标准化。

(2) 间充质干细胞分化。MSCs 作为成体干细胞，具有取材方便、体外增殖及多向分化能力强和低免疫性等优势，在组织工程领域具有广泛前景。微重力/模拟微重力效应对干细胞分化的研究对象也主要集中在 MSCs，且实验结果较为统一。大量研究证实微重力/模拟微重力效应抑制 MSCs 成骨分化，但促进其向脂肪细胞、软骨细胞、神经细胞及内皮细胞分化[65]。

研究表明，卧床及太空飞行条件下，平均每月有 1%～2%的骨丢失。宇航员进入太空微重力环境后，往往出现骨量减少，粪钙、尿钙增多，最终导致骨密度降低和骨质疏松，严重危害宇航员的骨力学性能和身体健康。特别是长时间的太空停留会导致骨质丢失现象越来越严重，其中承重骨比非承重骨骨丢失更为严重。空间微重力环境下骨代谢平衡被打破，骨形成减少而骨吸收增多，最终导致骨质丢失。成骨细胞来源于 MSCs，骨形成过程中，MSCs 首先分化为骨祖细胞，进而分化为成骨细胞，成骨细胞最终成熟为骨细胞。因此很多研究人员专注于微重力/模拟微重力效应对 MSCs 成骨分化的影响及其机制，为阐明微重力环境下骨质丢失的分子机制及寻找高效可行的干预靶点提供帮助。

研究已经证实空间微重力会抑制骨细胞的分化与成熟，尚未有空间飞行对 MSCs 成骨分化的直接报道，但大量的研究证实模拟微重力效应显著抑制了 MSCs 成骨分化，促进其成脂分化。2D-clinostat 培养器内大鼠或者人 MSCs 在成骨分化诱导体系下，较对照组成骨分化相关标志物(碱性磷酸酶、Runx2、Osx 及 RANKL)基因表达显著下调，胶原分泌及钙节点形成也明显减少。类似的，研究发现 MSCs 在 RWV 及 RPM 反应器内培养时，包括碱性磷酸酶、骨桥蛋白及 Runx2 在内的多种成骨分化相关标志物也较对照组显著下调，同时发现 MSCs 成脂分化相关标志物明显上调，上述结果说明在不同的模拟微重力装置上都发现了模拟微重力效应对 MSCs 成骨分化的抑制作用。

模拟微重力效应对 MSCs 成骨分化的抑制效应引起了研究人员的广泛兴趣，深入探究这其中的机制将有助于阐明失重性骨质丢失的分子机制。模拟微重力效应下 MSCs 很多成骨分化相关信号通路都受到了影响（见图 2－26）。这其中研究较多的主要是胞外基质（extracellular matrix，ECM）－整合素（integrin）－黏着斑激酶（focal adhension kinase，FAK）－细胞外信号调节激酶（extracellular signal-regulated protein kinase，ERK）及 RhoA－F－actin 信号通路。ECM－Integrin－FAK－ERK 信号通路是细胞外信号向胞内传递的关键途径之一，ERK1/2 可以磷酸化成骨分化关键转录因子 Runx2 并促进其下游靶基因的转录。研究发现模拟微重力效应显著降低了 MSCs 中 ECM 基因的表达，尤其是Ⅰ型胶原。模

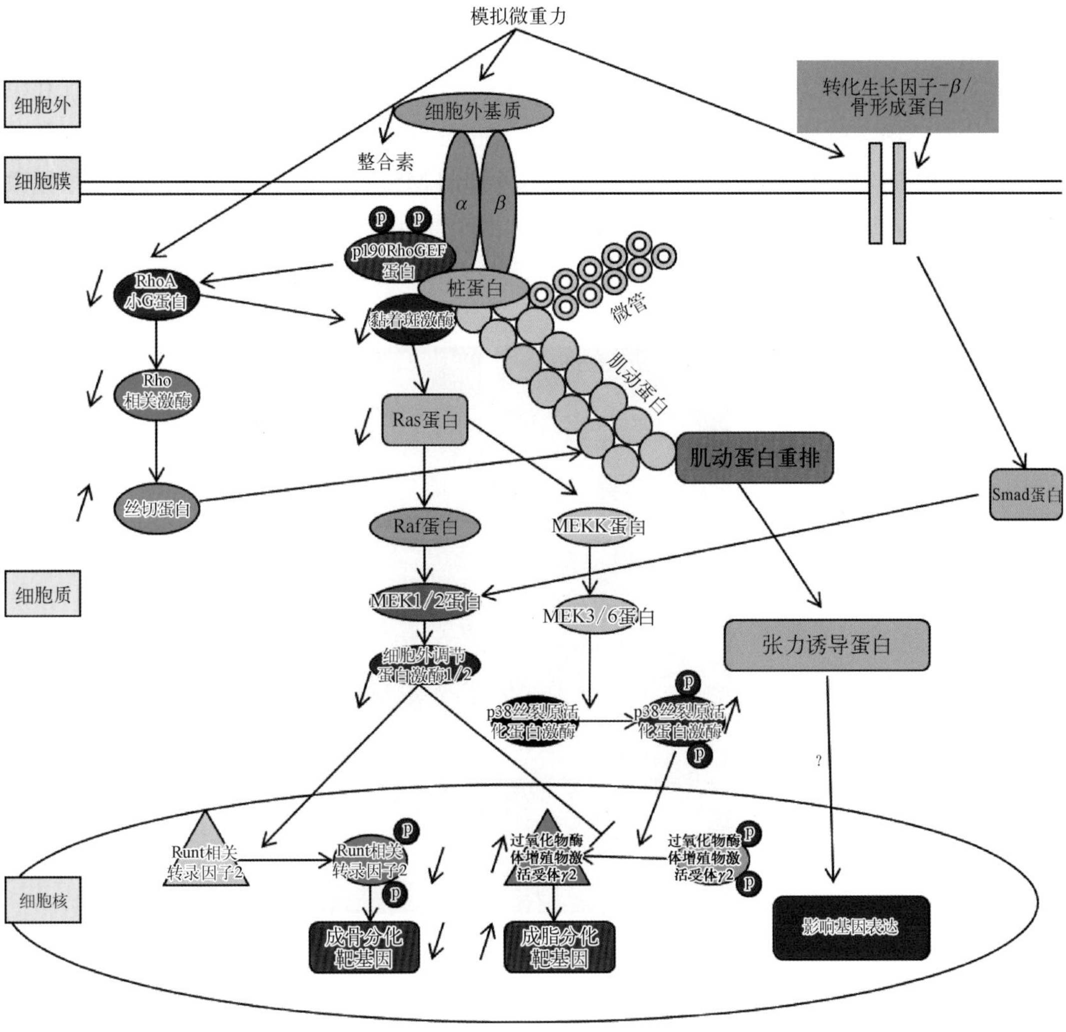

图 2－26　模拟微重力调控 MSCs 成骨分化相关信号通路

Figure 2－26　Simulated microgravity regulates osteogenic pathway related signal pathways of MSCs

拟微重力效应导致FAK磷酸化及ERK1/2磷酸化减少的结论也在众多的研究中得到证实，可见ECM-整合素(integrin)-FAK-ERK信号通路在介导模拟微重力效应导致的MSCs成骨分化减少现象中起到了关键作用。

真核生物细胞骨架主要包括微丝、微管及中间纤维，对细胞的结构维持、代谢调控、形变等多方面生物学行为具有重要调控作用。微丝是由肌动蛋白(actin)分子螺旋状聚合成的纤丝[66]，为细胞提供结构支撑，并参与多种细胞生物学行为。肌动蛋白主要以单体蛋白(G-actin)和丝状聚合态(F-actin)存在，F-actin由G-actin聚合而成，其动态结构改建有多种类型，包括收缩、解聚和聚合及延伸等。F-actin的改建在细胞形态、细胞增殖、迁移、信号转导及细胞凋亡等行为中扮演着重要角色，而畸变的F-actin结构往往参与了许多疾病的发生[67]。有趣的是，研究人员发现不管是微重力环境或者是模拟微重力效应下包括MSCs在内的多种细胞内F-actin都出现了非常明显的重排现象(见图2-27)，具体表现为F-actin解聚增加，且F-actin整体呈现弥散分布，G-actin增加。在RWV反应器内的研究证实模拟微重力效应导致F-actin重排上游主要调控因子之一RhoA活性降低，从而导致RhoA下游confilin磷酸化减少，而去磷酸化的confilin可直接结合于F-actin并促进其解聚。实际上，MSCs成骨分化依赖于聚合态的F-actin结构，正常重力条件下的实验已经证实F-actin解聚会抑制蛋白激酶B及ERK等信号并抑制MSCs成骨分化。研究人员在模拟微重力效应下过表达RhoA后，发现MSCs成骨分化潜能得到维持，从而证实RhoA-F-actin也是介导模拟微重力效应导致的MSCs成骨分化减少现象的关键信号通路之一。

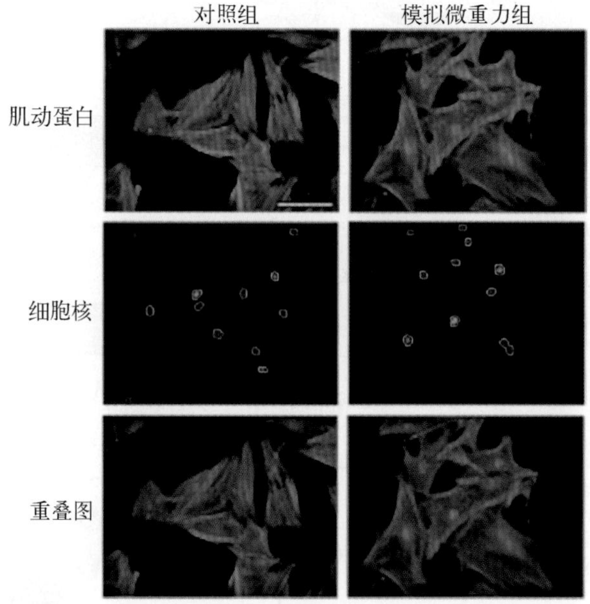

图2-27 模拟微重力效应(48 h)诱导F-actin重排(标尺：50 μm)

Figure 2-27 SMG (48 h) induces the reorganization of F-actin (Scale bar: 50 μm)

除此之外，研究证实，模拟微重力效应抑制了骨形成蛋白2(bone marphogenic protein, BMP2)的表达及其下游信号的激活。模拟微重力效应抑制MSCs成骨分化的同时，往往促进其成脂分化，p38 信号可以激活成脂分化关键转录因子 PPARγ，不断有研究证实模拟微重力效应促进了 p38 信号的激活。在 BMP2 及 p38 抑制剂联合处理下，模拟微重力效应下 MSCs 成骨分化潜能也较未处理组出现明显上调现象。也有研究人员报道模拟微重力效应显著抑制了转录共激活因子 TAZ(transcriptional coactivator with PDZ - binding motif)的表达(见图 2 - 28)。TAZ 进入细胞核后可分别与 Runx2 及 PPARγ 结合，分别促进及抑制 Runx2 和 PPARγ 下游靶基因的转录。可见模拟微重力效应抑制 MSCs 成骨分化是众多信号通路协同作用的结果。

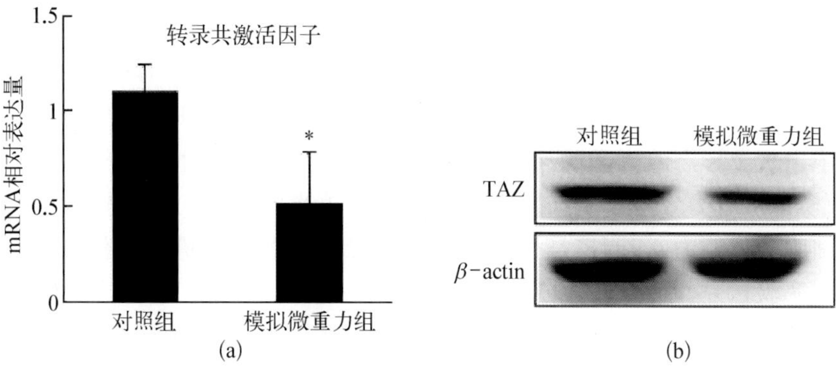

图 2 - 28 MSCs 在微重力效应 48 h 下 TAZ 的表达[68]
(a) 定量 PCR 分析 TAZ mRNA 的表达；(b) Western 印迹分析 TAZ 蛋白水平的表达
Figure 2 - 28 TAZ expression in MSCs after exposure to SMG for 48 h

模拟微重力效应抑制 MSCs 成骨分化，但促进 MSCs 向内皮细胞、神经细胞、脂肪细胞及软骨细胞分化。研究发现 2D - clinostat 培养器内大鼠 MSCs 生长 72 h 后，内皮分化相关标志物显著上调，同时也发现在特定的诱导培养条件下，MSCs 向脂肪及神经细胞分化的标志物较对照组也显著上调，类似的结果在 MSCs 向软骨分化中也得到证实。模拟微重力效应促进 MSCs 向内皮细胞、神经细胞、脂肪细胞及软骨细胞的机制尚不明晰，但依据模拟微重力抑制 MSCs 成骨分化的机制研究为切入点，可见模拟微重力效应对 MSCs 分化相关信号通路呈整体调控特点，众多的信号通路受到干扰，从而导致 MSCs 在模拟微重力效应下分化方向出现偏向性。

除 ESCs 及 MSCs 外，微重力/模拟微重力效应对其他干细胞分化也有显著影响。研究证实在模拟微重力效应下培养 14～18 天的骨髓 $CD34^+$ 细胞向骨髓细胞分化受到促进，而红系分化则受到抑制。太空飞行中宇航员往往出现贫血症，推测与微重力条件导致的造血干细胞红系分化受抑制有关。微重力/模拟微重力效应不仅仅促进肝脏干细胞增殖，研究还发现其对肝脏干细胞向肝细胞分化有明显促进效应，表现为肝细胞分化标志物显著上调，同时研究证实模拟微重力效应上调了 BMP4 的表达，阻断 BMP4 的上调相应会阻断模拟微重力促进肝脏干细胞成肝分化的现象。总之，微重力/模拟微重力效应对多种干细胞的分化调控呈现差异性，后续的研究工作需要进一步确定微重力条件对不同类型干细胞分化的影响及分子机制。

2.3.3 (微)重力对干细胞迁移的影响

迁移是细胞定向移动的特殊过程,迁移能力对干细胞修复损伤组织和维持机体平衡是必需的[69]。现阶段关于微重力/模拟微重力效应对干细胞迁移能力的研究还较少。HSCs的归巢和动员能力依赖于细胞的迁移能力,一般认为HSCs的迁移通过骨髓基质细胞分泌的趋化因子来调节,主要包括SDF-1。基质细胞源性因子1(SDF-1)又称为前B细胞刺激因子,SDF-1介导的$CD34^+$细胞迁移是通过SDF-1和其受体CXCR4的相互作用,从而对细胞产生特异性趋化。研究发现在模拟微重力效应下培养$CD34^+$细胞2～3天后,细胞的迁移能力下降,但CXCR4表达无明显变化,细胞骨架出现明显重排现象,推测微重力效应影响了细胞骨架的结构从而影响了细胞的形变能力,最终抑制了HSCs细胞迁移。模拟微重力效应对人牙髓干细胞迁移能力也有一定的抑制效应,在RWV反应器内培养的人牙髓干细胞出现了形态改变和骨架重排现象,并最终显示牙髓干细胞迁移能力下降。鉴于微重力/模拟微重力效应对干细胞信号调控的显著影响,微重力/模拟微重力是否会调控多种干细胞迁移能力,该调控是否呈现差异性以及其背后的机制是什么等上述问题需要进一步的实验探究。

鉴于重力在目前微重力/模拟微重力效应对干细胞增殖、分化及迁移等生物学行为研究还处于起步阶段,未来该领域需要解决的问题主要有:模拟微重力装置及操作参数的标准化,以真正模拟微重力效应,减小与空间微重力条件的差异性;地基实验和空间实验,体外及在体实验相互验证,以阐明重力在调控干细胞生物学行为中的作用及机制,并进一步为治疗空间微重力导致的疾病提供理论参考。

2.4 总结与展望

生命体的生长发育处于复杂的力学环境中,力学刺激伴随着几乎每一种组织和器官的形态发生、发展过程,对细胞的生长发育和功能实施起着重要的调节作用。细胞感知其微环境中的力学信号,并将其转化为胞内的生物化学信号,激发一系列信号通路,引起细胞生长、分化、迁移、凋亡等生物学行为的响应,这个过程称为力信号转导(mechanotransduction)。近年来,人们越来越认识到力学微环境在调节细胞生物学行为中发挥着重要作用。

细胞内生物大分子的相互作用构成了细胞内信号网络系统,这是细胞生命活动和功能调节的基础。细胞的代谢活动和一切生物学行为,都是在各种信号分子的调控下进行的。另一方面,机体组织/细胞所处的生理环境为力学、化学、生物学等多种因素协同作用的场所,与体外环境相比更为复杂,细胞与细胞相互作用/交流、介质/营养物和生长因子的传输以及细胞与基质的结合等体外研究环境存在显著差异。因此,体外和体内环境下细胞力生物学行为的响应明显不同。力学因素在调控干细胞迁移、增殖、分化等生物学行为方面的重要作用已经被人们广泛认识,但干细胞如何感知胞外的力学刺激进而把机械信号转变成细胞内的生化信号产生相应的生物学响应?其力信号转导途径如何?相关信号分子在力信号传递过程中起什么作用？力学、化学、生物学等多种因素耦合如何调控干细胞生物学行为？这些问题都有待深入研究。

此外，随着空间生命科学的发展，空间特殊的力学环境——微重力对干细胞生物学行为的影响及机制越来越受到研究者的重视，深入认识(微)重力影响干细胞生物学行为的力学-生物学耦合机制，将为空间飞行相关的病理生理改变提供重要的理论参考。近年来，人们多以地基模拟微重力效应的研究以弥补空间飞行机会受限的不足，在该领域的研究也已取得长足进步，但目前已有的地基模拟微重力效应所获得的实验数据比较离散，甚至存在较大差异，因此该领域的许多工作尚需进一步探索、完善。在实验装置层面，期望有更好的模拟微重力效应平台提供规范、可控的实验条件；在干细胞生物学行为及调控机制层面，期待着逐步阐明干细胞感受(微)重力效应的机理，找到更多、更特异的信号分子，最终形成完整的力学-化学-生物学信号调控网络[70]。

总之，干细胞的自我更新与多向分化能力使其在组织创伤及缺损的修复、组织/器官退行性疾病的治疗和遗传缺陷性疾病的治疗等方面有着广阔的应用前景。力学因素对干细胞增殖、迁移、分化等生物学行为的调控研究方兴未艾，力信号转导成为当前生命科学研究的热点和前沿。相信随着生物力学领域研究的不断深入，人们对力学调控干细胞增殖、迁移、分化等生物学行为的规律将有更加全面深入的认识，其相关信号转导途径及分子机制、生物力学机制也将逐步揭示，通过力学、化学、生物学等多种因素的耦合，调控干细胞生物学行为将成为可能，这对于更好地利用干细胞策略进行人类疾病中组织和器官的替代治疗将具有重要的指导意义和巨大的推动作用。

(罗庆　陈哲　张冰玉　宋关斌)

参考文献

[1] Ingber D E. Tensegrity: the architectural basis of cellular mechanotransduction[J]. Annu Rev Physiol, 1997, 59(1): 575 - 599.

[2] Jiang Y, Jahagirdar B N, Reinhardt R L, et al. Pluripotency of mesenchymal stem cell derived from adult marrow[J]. Nature, 2002, 418(6893): 41 - 49.

[3] Hao J, Zhang Y, Jing D, et al. Mechanobiology of mesenchymal stem cells: Perspective into mechanical induction of MSC fate[J]. Acta Biomater, 2015, 20: 1 - 9.

[4] Yuan L, Luo Q, Yang L, et al. Role of FAK - ERK1/2 signaling pathway in proliferation of rat bone-marrow mesenchymal stem cells stimulated by cyclic stretching[J]. J Med Biol Eng, 2013, 33(2): 229 - 237.

[5] Huang S C, Wu T C, Yu H C, et al. Mechanical strain modulates age-related changes in the proliferation and differentiation of mouse adipose-derived stromal cells[J]. BMC Cell Biol, 2010, 11(1): 1 - 14.

[6] Kurazumi H, Kubo M, Ohshima M, et al. The effects of mechanical stress on the growth, differentiation, and paracrine factor production of cardiac stem cells[J]. PLoS One. 2011, 6(12): e28890.

[7] Griensven M V, Diederichs S, Kasper C. Mechanical strain of bone marrow stromal cells induces proliferation and differentiation into osteoblast-like cells[J]. Topics in Tissue Engineering, 2005, 2: Chapter12.

[8] Chen J L, Zhang W, Liu Z Y, et al. Physical regulation of stem cells differentiation into teno-lineage: current strategies and future direction[J]. Cell Tissue Res, 2015, 360(2): 195 - 207.

[9] Zhang J, Wang J H. Platelet-rich plasma releasate promotes differentiation of tendon stem cells into active tenocytes[J]. Am J Sports Med, 2010, 38(12): 2477 - 2486.

[10] Kuo C K, Tuan R S. Mechanoactive tenogenic differentiation of human mesenchymal stem cells[J]. Tissue Eng Part

A, 2008, 14(10): 1615 - 1627.
[11] Xu B, Song G, Ju Y. Effect of focal adhesion kinase on the regulation of realignment and tenogenic differentiation of human mesenchymal stem cells by mechanical stretch[J]. Connect Tissue Res, 2011, 52(5): 373 - 379.
[12] Xu B, Song G, Ju Y, et al. RhoA/ROCK, cytoskeletal dynamics, and focal adhesion kinase are required for mechanical stretch-induced tenogenic differentiation of human mesenchymal stem cells[J]. J Cell Physiol, 2012, 227(6): 2722 - 2729.
[13] Petrigliano F A, English C S, Barba D, et al. The effects of local bFGF release and uniaxial strain on cellular adaptation and gene expression in a 3D environment: implications for ligament tissue engineering[J]. Tissue Eng, 2007, 13(11): 2721 - 2731.
[14] Lee I C, Wang J H, Lee Y T, et al. The differentiation of mesenchymal stem cells by mechanical stress or/and co-culture system[J]. Biochem Biophys Res Commun, 2007, 352(1): 147 - 152.
[15] Chen Y J, Huang C H, Lee I C, et al. Effects of cyclic mechanical stretching on the mRNA expression of tendon/ligament-related and osteoblast-specific genes in human mesenchymal stem cells[J]. Connect Tissue Res, 2008, 49(1): 7 - 14.
[16] Noth U, Schupp K, Heymer A, et al. Anterior cruciate ligament constructs fabricated from human mesenchymal stem cells in a collagen type I hydrogel[J]. Cytotherapy, 2005, 7(5): 447 - 455.
[17] Altman G H, Horan R L, Martin I, et al. Cell differentiation by mechanical stress[J]. FASEB J, 2002, 16(2): 270 - 272.
[18] Farng E, Urdaneta A R, Barba D, et al. The effects of GDF - 5 and uniaxial strain on mesenchymal stem cells in 3 - D culture[J]. Clin Orthop Relat Res, 2008, 466(8): 1930 - 1937.
[19] Jagodzinski M, Drescher M, Zeichen J, et al. Effects of cyclic longitudinal mechanical strain and dexamethasone on osteogenic differentiation of human bone marrow stromal cells[J]. Eur Cell Mater, 2004, 16: 35 - 41.
[20] Simmons C A, Matlis S, Amanda J, et al. Cyclic strain enhances matrix mineralization by adult human mesenchymal stem cells via the extracellular signal-regulated kinase (ERK1/2) signaling pathway[J]. Biomech, 2003, 36(8): 1087 - 1096.
[21] 梁亮,许长鹏,黎润光,等.牵张应力对大鼠骨髓基质干细胞化学诱导成脂分化作用的影响[J].中华创伤骨科杂志,2014,16(4): 334 - 339.
[22] Zayzafoon M, Gathings W E, McDonald J M. Modeled microgravity inhibits osteogenic differentiation of human mesenchymal stem cells and increases adipogenesis[J]. Endocrinology, 2004, 145(5): 2421 - 2432.
[23] Hossain M G, Iwata T, Mizusawa N. Compressive force inhibits adipogenesis through COX - 2 - mediated down-regulation of PPARgamma2 and C/EBPalpha[J]. J Biosci Bioeng, 2010, 109(3): 297 - 303.
[24] Johnstone B, Hering T M, Caplan A I, et al. In vitro chondrogenesis of bone marrow-derived mesenchymal progenitor cells[J]. Exp Cell Res, 1998, 238(1): 265 - 272.
[25] Angele P, Yoo J U, Smith C, et al. Cyclic hydrostatic pressure enhances the chondrogenic phenotype of human mesenchymal progenitor cells differentiated in vitro[J]. J Orthop Res. 2003, 21(3): 451 - 457.
[26] 郝耀,乔梁,郝永壮,等.转化生长因子β及周期性拉伸应变条件下骨髓间充质干细胞向软骨样细胞的分化[J].中国组织工程研究,2014,18(28): 4429 - 4436.
[27] Hahn C, Schwartz M A. Mechanotransduction in vascular physiology and atherogenesis[J]. Nat Rev Mol Cell Biol, 2009, 10(1): 53 - 62.
[28] Li X, Chu J, Wang A, et al. Uniaxial mechanical strain modulates the differentiation of neural crest stem cell into smooth muscle lineage on micropatterned surfaces[J]. PLoS One, 2011, 6(10): e26029.
[29] Park J S, Chu J S F, Cheng C, et al. Differential effects of equiaxial and uniaxial strain on mesenchymal stem cells [J]. Biotechnol Bioeng, 2004, 88(3): 359 - 367.
[30] 黎润光,邵景范,魏明发,等.牵张应力对体外骨髓间充质干细胞形态、排列及迁移的影响[J].生物医学工程与临床,2011,15(1): 1 - 5.
[31] Rampichova M, Chvojka J, Buzgo M, et al. Elastic three-dimensional poly (ε - caprolacone) nanofibre scaffold enhances migration, proliferation and osteogenic differentiation of mesenchymal stem cells[J]. Cell Prolif, 2013, 46(1): 23 - 37.
[32] Zhang B, Luo Q, Chen Z, et al. Cyclic mechanical stretching promotes migration but inhibits invasion of rat bone marrow stromal cells[J]. Stem Cell Res, 2015, 14(2): 155 - 164.
[33] Kasper G, Glaeser J D, Geissler S, et al. Matrix metalloprotease activity is an essential link between mechanical

stimulus and mesenchymal stem cell behavior[J]. Stem Cells, 2007, 25(8): 1985 - 1994.

[34] Zhan D, Zhang Y, Long M. Spreading of human neutrophils on an ICAM - 1 - immobilized substrate under shear flow[J]. Chin Sci Bull, 2012, 57(7): 769 - 775.

[35] Goncharova V, Khaldoyanidi S K. A novel three-dimensional flow chamber device to study chemokine-directed extravasation of cells circulating under physiological flow conditions[J]. J Vis Exp, 2013,77(77): e50959.

[36] Toh Y C, Voldman J. Fluid shear stress primes mouse embryonic stem cells for differentiation in a self-renewing environment via heparan sulfate proteoglycans transduction[J]. FASEB J, 2011, 25(4): 1208 - 1217.

[37] Kim D H, Heo S J, Kim S H, et al. Shear stress magnitude is critical in regulating the differentiation of mesenchymal stem cells even with endothelial growth medium[J]. Biotechnol Lett, 2011, 33(12): 2351 - 2359.

[38] Yamamoto K, Sokabe T, Watabe T, et al. Fluid shear stress induces differentiation of Flk - 1 - positive embryonic stem cells into vascular endothelial cells in vitro[J]. Am J Physiol Heart Circ Physiol, 2005, 288(4): 1915 - 1924.

[39] Ahsan T, Nerem R M. Fluid Shear Stress Promotes an Endothelial-Like Phenotype During the Early Differentiation of Embryonic Stem Cells[J]. Tissue Eng Part A, 2010, 16(11): 3547 - 3553.

[40] Riddle R C, Taylor A F, Genetos D C, et al. MAP kinase and calcium signaling mediate fluid flow-induced human mesenchymal stem cell proliferation[J]. Am J Physiol Cell Physiol, 2006, 290(3): C776 - C784.

[41] Luo W, Xiong W, Zhou J, et al. Laminar shear stress delivers cell cycle arrest and anti-apoptosis to mesenchymal stem cells[J]. Acta Biochim Biophys Sin (Shanghai), 2011, 43(3): 210 - 216.

[42] Yuan L, Sakamoto N, Song G, et al. Migration of human mesenchymal stem cells under low shear stress mediated by mitogen-activated protein kinase signaling[J]. Stem Cells Dev, 2012, 21(13): 2520 - 2530.

[43] Kang Y G, Shin J W, Park S H, et al. Effects of flow-induced shear stress on limbal epithelial stem cell growth and enrichment[J]. PloS One, 2014, 9(3): e93023.

[44] Suzuki Y, Yamamoto K, Ando J, et al. Arterial shear stress augments the differentiation of endothelial progenitor cells adhered to VEGF - bound surfaces[J]. Biochem Biophys Res Commun, 2012, 423(1): 91 - 97.

[45] Obi S, Masuda H, Shizuno T, et al. Fluid shear stress induces differentiation of circulating phenotype endothelial progenitor cells[J]. Am J Physiol Cell Physiol, 2012, 303(6): C595 - C606.

[46] Liu L, Yuan W, Wang J. Mechanisms for osteogenic differentiation of human mesenchymal stem cells induced by fluid shear stress[J]. Biomech Model Mechanobiol, 2010, 9(6): 659 - 670.

[47] Liu L, Shao L, Li B, et al. Extracellular signal-regulated kinase1/2 activated by fluid shear stress promotes osteogenic differentiation of human bone marrow-derived mesenchymal stem cells through novel signaling pathways [J]. Int J Biochem Cell Biol, 2011, 43(11): 1591 - 1601.

[48] Illi B, Scopece A, Nanni S, et al. Epigenetic histone modification and cardiovascular lineage programming in mouse embryonic stem cells exposed to laminar shear stress[J]. Circ Res, 2005, 96(5): 501 - 508.

[49] Stolberg S, Mccloskey K E. Can Shear Stress Direct Stem Cell Fate? [J]. Biotechnol Prog, 2009, 25(1): 10 - 19.

[50] Yuan L, Sakamoto N, Song G B, et al. High-level shear stress stimulates endothelial differentiation and VEGF secretion by human mesenchymal stem cells[J]. Cell Mol Bioeng, 2013, 6(2): 220 - 229.

[51] Xia W H, Yang Z, Xu S Y, et al. Age-related decline in reendothelialization capacity of human endothelial progenitor cells is restored by shear stress[J]. Hypertension, 2012, 59(6): 1225 - 1231.

[52] Huang Y, Jia X, Bai K, et al. Effect of fluid shear stress on cardiomyogenic differentiation of rat bone marrow mesenchymal stem cells[J]. Arch Med Res, 2010, 41(7): 497 - 505.

[53] Wolfe R P, Leleux J, Nerem R M, et al. Effects of shear stress on germ lineage specification of embryonic stem cells [J]. Integr Biol (Camb), 2012, 4(10): 1263 - 1273.

[54] Riehl B D, Lee J S, Ha L, et al. Fluid-flow-induced mesenchymal stem cell migration: role of focal adhesion kinase and RhoA kinase sensors[J]. J R Soc Interface, 2015, 12(104): 20141351.

[55] Kim M S, Lee M H, Kwon B J, et al. Enhancement of human mesenchymal stem cell infiltration into the electrospun poly(lactic-co-glycolic acid) scaffold by fluid shear stress[J]. Biochem Biophys Res Commun, 2015, 463(1 - 2): 137 - 142.

[56] Yuan L, Sakamoto N, Song G, et al. Low-level shear stress induces human mesenchymal stem cell migration through the SDF - 1/CXCR4 axis via MAPK signaling pathways[J]. Stem Cells Dev, 2013, 22(17): 2384 - 2393.

[57] 龙勉.如何在地球表面模拟空间微重力环境或效应：从空间细胞生长对微重力响应谈起[J].科学通报,2014,59(20): 2004 - 2015.

[58] 凌树宽,李玉恒,钟国徽,等.机体对重力的感应及机制[J].生命科学,2013,27(3): 316 - 321.

[59] 张翠,李亮,王金福.空间微重力环境及其地基模拟微重力条件对干细胞影响的研究[J].中华细胞与干细胞杂志,2013,3(4):208-212.

[60] Zhang C, Li L, Chen J L, et al. Behavior of stem cells under outer-sapce microgravity and round-based microgravity simulation[J]. Cell Biology International, 2015, 39(6): 647-656.

[61] Daan V, Wouter H R, Fred C M K, et al. The role of the cytoskeleton in sensing changes in gravity by nonspecialized cells[J]. FASEB J, 2014, 28(2): 536-547.

[62] Fiona Louis, Christophe D, Betty N, et al. RhoGTPases as key players in mammalian cell adaptation to microgravity [J]. BioMed Research International, 2015, 2015: 747693.

[63] Pashaiasl M, Khodadadi K, Kayvanjoo A H, et al. Unravelling evolution of Nanog, the key transcription factor involved in self-renewal of undifferentiated embryonic stem cells, by pattern recognition in nucleotide and tandem repeats characteristics[J]. Gene, 2016, 578(2): 194-204.

[64] Huang Y, Dai Z Q, Ling S K, et al. Gravity, a regulation factor in the differentiation of rat bone marrow mesenchymal stem cells[J]. Journal of Biomedical Science, 2009, 16(1): 87.

[65] Claudia U, Markus W, Jessica P, et al. The impact of simulated and real microgravity on one cells and mesenchymal stem cells[J]. BioMed Research International, 2014, 2015: 928507.

[66] Lee S H, Dominguez R. Regulation of actin cytoskeleton dynamics in cells[J]. Molecules and Cells, 2010, 29(4): 311-325.

[67] Penzes P, Vanleeuwen J E. Impaired regulation of synaptic actin cytoskeleton in Alzheimer's disease[J]. Brain Research Reviews, 2011, 67(1-2): 184-192.

[68] Chen Z, Luo Q, Lin C, et al. Simulated microgravity inhibits osteogenic differentiation of mesenchymal stem cells through down regulating the transcriptional co-activator TAZ[J]. Biochem Biophys Res Commun, 2015, 468(1-2): 21-26.

[69] Li F, Niyibizi C. Engraftability of murine bone marrow-derived multipotent mesenchymal stem cell subpopulations in the tissues of developing mice following systemic transplantation[J]. Cells Tissues Organs, 2015, 201(1): 14-25.

[70] 张晨,吕东媛,孙树津,等.地基微重力效应模拟影响骨髓间充质干细胞生物学行为及其调控机理研究进展[J].医用生物力学,2014,29(3):285-291.

3 细胞生物力学概论

传统的细胞力学主要研究细胞运动形变、细胞间相互作用以及细胞如何产生力，如何感受和响应外界的作用力。随着 20 世纪 90 年代以来的细胞与组织工程的发展与需要，细胞生物力学得到快速发展。目前细胞生物力学研究的内容包括：细胞结构、功能、形变能力和整个细胞的力学特性；细胞内各亚细胞结构（如微管、内质网和线粒体等）的力学特性；细胞骨架及其动力学研究；细胞-细胞外基质相互作用（即细胞力学微环境）；与细胞黏附、迁移有关的细胞与分子层次的力学行为；细胞因力学作用所引起的损伤修复；力学信号转导和基因表达等。

一切生物组织都是由细胞组成的，细胞的形态结构及功能，细胞的生长、增殖、衰老、死亡、分化及癌变，都与细胞的力学特性有关。细胞在实现其功能时，必须使用有关基因信息，合成、存储和输运各种生物分子，转换各种形式的能量，传导各种信号，在响应外界环境作用的同时调整或保持其内部结构，所有这些行为都涉及力学过程。因此，外力如何作用于细胞，细胞如何感应外力刺激并调控其生物学行为，分子结构如何决定其功能，以及分子间相互作用如何调控细胞黏附与聚集等动力学行为构成了细胞-分子生物力学领域关注的主要问题。本章将简要介绍动物及人体细胞的基本结构，以及这些结构与细胞生物力学相关性的研究进展。

3.1 细胞的结构功能及生物力学特征

所有细胞都能生成力并感受力，所有生命过程都涉及机械力的调节。细胞内结构的力学变化受诸多因素调控，如细胞外力（重力、细胞间挤压力、液体剪切应力等）、渗透压、动力分子、力学敏感性离子通道、导向分子（神经肽、生长因子等）、细胞内力学感受器及细胞骨架组装等。细胞结构及其物理特性对力学刺激的响应规律是细胞发挥其生物学功能的重要方面，其相应机制研究是理解细胞生物学功能的基本问题。本节将简要介绍动物及人体细胞的基本结构，以及这些结构与细胞生物力学相关性的研究进展。

细胞作为生命活动的基本结构和功能单位具有共性。在光镜下，真核细胞分为 3 部分，即细胞膜、细胞质与细胞核，其中细胞质由细胞质基质、细胞内膜系统（包括线粒体、内质网、高尔基复合体、溶酶体与过氧化物酶体等）、细胞骨架系统等组成[1]。

3.1.1 细胞膜与力学感受器[1,2]

细胞膜(cell membrane)又称原生质膜(plasma membrane),其不仅存在于细胞外层,细胞内亦有丰富的膜结构。目前液态镶嵌模型(fluid mosaic model)是广泛认可的生物膜模型,该模型把生物膜看成是嵌有球形蛋白质的脂类二维排列的液态体。因此,细胞膜是一种动态的、不对称的、具有流动性特点的结构。

机械拉伸、血液等流体剪切应力及压力等是体内细胞复杂力学环境的重要构成因素。具有应力感受功能的细胞(如血管内皮细胞、血管平滑肌细胞、心肌细胞、成骨细胞、软骨细胞等)可感受力学微环境的变化,并将力学信号转化为细胞内一系列生物化学反应。然而细胞对力学信号的反应是一个极为复杂的过程,细胞怎样感知、传导力学信号,力学信号和化学信号之间怎样相互转化、整合(crosstalk)一直受到研究者关注。细胞质膜是细胞接触外界环境变化的第一道保护屏障,由此决定了其在细胞生物力学中具有重要的识别和传导功能。一般认为,当力学刺激作用于细胞时,能导致有弹性的细胞质膜膨胀或收缩以及膜曲率的变化,引起细胞质膜变形,细胞质膜或胞浆拥有特定的能够感受这种变化的结构或分子复合物,将其感受到的力学信号传入细胞内,这种特定的结构称为细胞力学感受器(mechanosensor, mechanoreceptor)。

目前细胞力学信号的感受与传导机制主要包括4类:① 激活力学信号敏感的离子通道(如Na^+、K^+、Cl^-、Ca^{2+});② 直接或间接激活G蛋白、受体酪氨酸激酶、MAPK等信号通路;③ 通过黏附结构(如整合素)及细胞骨架介导的力学信号传导;④ 细胞膜相微结构域等。这些机制均与细胞膜的结构与功能有密切联系,前面3种力学感受及传导机制见后面部分详述,此处着重介绍膜上微结构域的力学特性(见图3-1)[3,4]。

生物膜是由许多不同处于动态变化的微结构域(microdomain)组成。这些结构域具有感受和传导力学的功能,在微观上相对独立而宏观上绝对联系,而脂筏(lipid draft)就是细胞膜上典型的微结构域之一。脂筏是指膜脂质双层内含有特殊脂质和蛋白质的微区,直径为50～350 nm,微区内陷可形成囊泡,具有低流动性,呈现有序液相,富含胆固醇和鞘磷脂。脂筏不仅存在于细胞质膜上,在内质网、高尔基体等膜上也有脂筏。细胞质膜的内外两层均含有脂筏,但是其理化特性和化学组成有所不同。从结构和组分分析,脂筏具有以下特点:由于脂筏富含胆固醇,故其呈现出了比周围质膜更低的流动性;蛋白质主要聚集在脂筏内,便于相互作用;脂筏的环境有利于蛋白质的变构,形成有效的构象。脂筏是具有一定功能且相对稳定的筹结构,漂浮于二维流动的细胞质膜中,具有"功能筏"的称号,可参与胞吞胞饮、信号转导、胆固醇运输等重要细胞过程。目前已发现多种类型的信号分子与脂筏相关,如受体分子类、离子通道、蛋白激酶、鸟苷三磷酸(GTP)结合蛋白、配体蛋白、钙离子结合蛋白、黏附分子、细胞骨架相关蛋白质类等。研究发现,脂筏是细胞膜募集功能蛋白质的平台,可以募集细胞骨架相关蛋白如微管组装相关蛋白以及微丝动力蛋白家族成员,提示脂筏在细胞生物力学中具有重要的调控作用(见图3-1)。

小窝(caveolae)属于脂筏亚结构域中的一类经典亚型,是细胞膜表面特化的泡状内陷微区,大小为50～100 nm。目前认为胞膜小窝是细胞膜上的一种力学感受器和力学信号传导中心，其微囊包含完整的信号传导复合体，可介导细胞外力学信号快速、高效、有序地传入细胞内。例如小窝可通过大分子的跨膜转运作用、小分子和离子的摄入即胞饮作用、与小窝结合的配体跨膜细胞转位等介导细胞的胞吞和细胞内物质转运，被认为是许多信号分子完成跨膜信号转导的“驿站”。其中，小窝蛋白(caveolin)是胞膜小窝的表面标记蛋白，是感受和传导力学信号的关键蛋白调控分子。小窝蛋白是由3种不同基因(小窝蛋白-1、小窝蛋白-2和小窝蛋白-3基因)编码的一种含磷蛋白，是许多信号分子的支架蛋白(scaffald protein)和负性调节蛋白。正常生理条件下，小窝是以出芽的形式存在于细胞膜；当受到力学刺激时，细胞会快速释放小窝蛋白并重组进入胞膜小窝，介导小窝由囊状结构向扁平状转换，从而进行力学信号转导和传递；若力学刺激长期持续，细胞会启动细胞骨架相关蛋白活化进而取代小窝蛋白的作用。

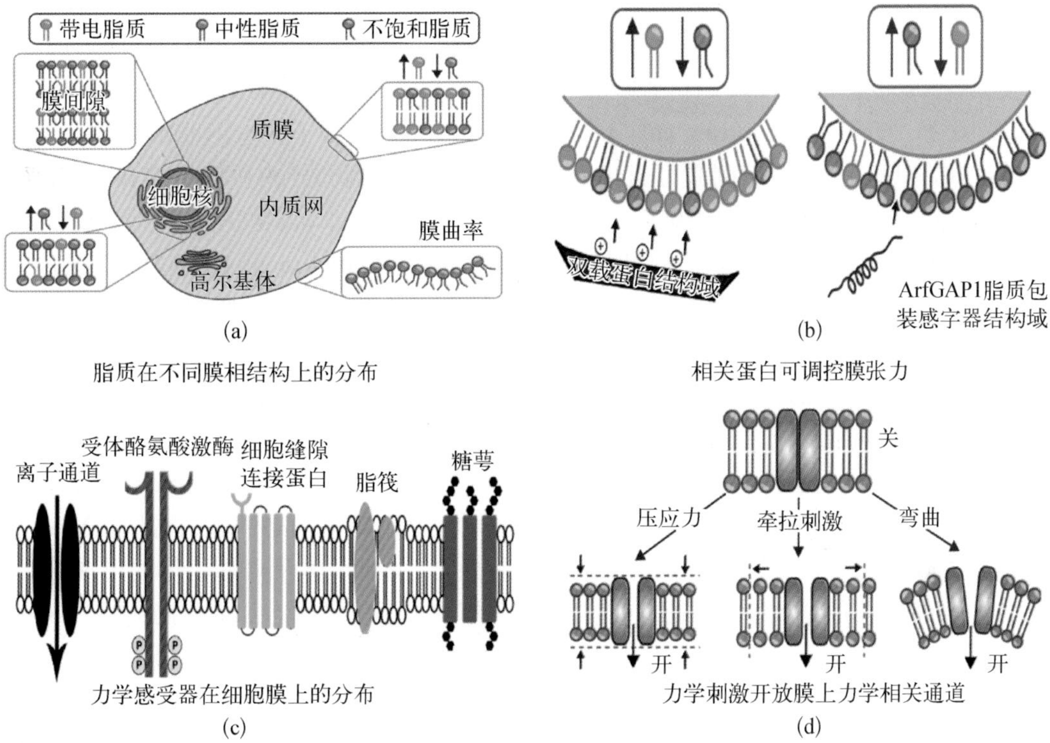

图 3-1 细胞膜力学特性和在力学传导途径中的作用[5]
(a) 脂质在不同膜相结构中的分布；(b) 膜张力可被相关蛋白激活；(c) 膜相结构响应外界刺激并传导；(d) 力学信号可通过刺激膜上离子通道开放传导信号通路

Figure 3-1 Mechanical properties of the cell membrane and the role of membrane in the process of mechanical transduction

3.1.2 细胞质与主要细胞器的力学特性

3.1.2.1 细胞质基质

细胞质基质是细胞质中均质而半透明的胶体部分，具有应激和运动的特性。当细胞受到外界刺激时，细胞质将产生不同的反应，如收缩和运动等，适当调整自身结构和功能以维持内部稳态。

3.1.2.2 主要细胞器的力学特性

1) 内质网(endoplasmic reticulum,ER)的力学特性

内质网是由一层单位膜围成的管状、泡状和囊状结构,主要参与调节脂类的合成、Ca^{2+}储存、糖原代谢等。

内质网内环境稳定是实现其功能的基本条件,当细胞受到外界刺激时,内质网主要通过启动内质网应激(endoplasmic reticulum stress,ERS)来维持细胞稳态。ERS是指当细胞受到刺激并发生稳态破坏,如发生脂质代谢紊乱、钙离子耗竭、未折叠或错误折叠蛋白聚集等,通过激活未折叠蛋白反应(unfolded protein response,UPR)在分子伴侣的帮助下纠正错误折叠的蛋白,或降解未折叠的蛋白以维持细胞稳态。若这种应激反应长期持续,则最终会导致细胞发生凋亡、坏死或自噬等。内质网感受外界刺激信号主要是通过内质网膜上的3大感受器(sensor)介导,即PKR样内质网激酶(PKR-like ER kinase,PERK)、内质网跨膜感受器肌醇酶1(inositol requiring enzyme 1,IRE1)和激活转录因子6(activating transcription factor-6,ATF6)[6]。力学刺激可通过内质网膜上的感受器介导内质网结构和功能改变。例如,力学单轴牵张刺激心肌细胞后,心肌细胞中内质网腔变小,长度变长,并且与线粒体之间的距离减小,即线粒体结合内质网膜(mitochondria-associated membranes,MAM)亚结构域(sub-domain)增加,并激活内质网应激反应。轴向伸长力学刺激心肌细胞则可促进肌浆网钙离子渗漏和胞浆钙摄取。本章作者及其团队研究发现,压力超负荷导致的心肌肥厚大鼠心肌组织中,ERS的标志物表达明显上调[7]。力学刺激还可通过激活平滑肌细胞中的ERS,介导发生炎症反应、凋亡和重排,最终导致血管重塑。

MAM是由大量蛋白质和脂质构成的脂筏样结构域(lipid raft-like domain),富含胆固醇、鞘磷脂及蛋白质,并能抵抗非离子去垢剂的抽提,是细胞内动态的膜结构域。MAM参与细胞的Ca^{2+}信号传导、脂质转运、线粒体分裂融合、炎症小体及自噬小体的形成等。此外,MAM的组成成分及结构是动态变化的,随着细胞处于应激状态如内质网应激(ERS)而改变。一些定位于MAM上调节Ca^{2+}稳态的分子伴侣(chaperone),能通过调节Ca^{2+}转移并引起ER膜重构(membrane remodeling),从而调控ER稳态。这些独特的生理过程提示了MAM结构功能改变在多种疾病,如神经退行性疾病、肥胖、肿瘤及心血管疾病等过程中亦有重要作用,而MAM结构域中的一些分子则可能成为这些疾病治疗的靶点。

MAM结构域上具有多种类型的蛋白质,主要包括:① 位于ER或线粒体外膜(outer mitochondrial membrane,OMM)上的Ca^{2+}通道,如三磷酸肌醇受体(inositol 1,4,5 triphosphate receptor,IP3R)和电压依赖性阴离子通道1(voltage dependent anion channel 1,VDAC1);② 脂质合成及转移酶类,如磷脂酰乙醇胺甲基转移酶2(phosphatidylethanolamine methyltransferase 2,PEMT2)和磷脂酰丝氨酸合成酶2(phosphatidylserine synthases 2,PSS2);③ 多种分子伴侣,如葡萄糖调节蛋白75(glucose-regulated protein 75,GRP75)、钙联蛋白(calnexin,CNX)、钙网蛋白(calreticulin,CRT);④ 内质网应激感受器:如蛋白激酶R样内质网激酶(protein kinase R-like ER kinase,PERK);⑤ 线粒体分裂融合相关蛋白,

如线粒体分裂蛋白 1(dynamin-related protein 1,DRP1)和线粒体融合蛋白 2(mitofusin 2,MFN2);⑥ ER 分选蛋白：磷酸弗林蛋白酶酸性氨基酸分选蛋白 2(phosphofurin acidic cluster sorting protein 2,PACS 2)等(见图 3-2)[8]。

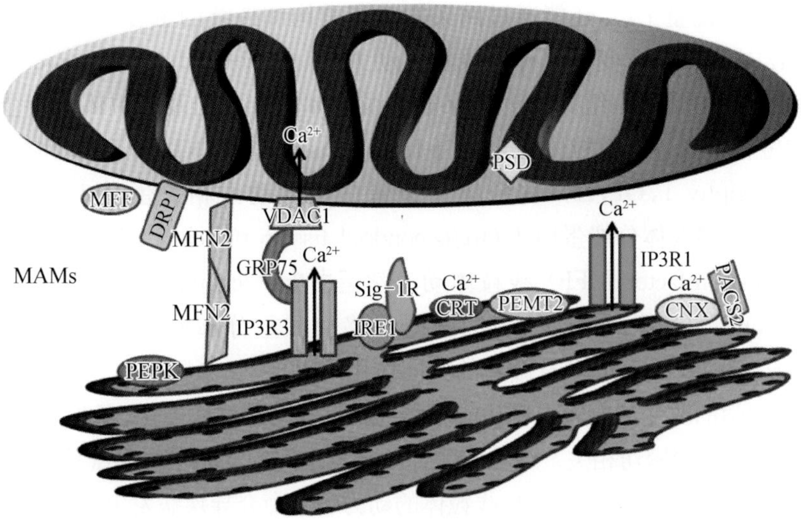

图 3-2 线粒体结合的内质网膜(MAM)的结构示意图[8]

Figure 3-2 Schematic representation of mitochondria-associated membranes

细胞中 MAM 是线粒体和内质网之间物质交换和转运的主要场所,其中磷脂酰乙醇胺 N-甲基转移酶(phosphatidylethanolamine N-methyltransferase,PEMT)属于脂质代谢及转运中的一员,其主要作用是催化磷脂酰乙醇胺(phosphatidylethanolamine,PE)转化成磷脂酰胆碱(phosphatidylcholine,PC)[9]。PE 和 PC 是构成线粒体和内质网膜的重要组成成分,PE/PC 比例改变不仅能引发 ERS,还会影响线粒体的结构和功能,提示 PEMT 在心肌细胞中对线粒体和内质网均可能有重要调控作用。近期的研究表明,通过腹主动脉缩窄(transverse abdominal aortic constriction,TAC)复制的压力超负荷所致大鼠心肌肥厚的心脏组织中,PEMT 的 mRNA 和蛋白表达水平明显增加。在体外用血管紧张素Ⅱ(angiotensin Ⅱ,AngⅡ)或力学牵张刺激新生乳鼠原代心肌细胞后,心肌细胞发生肥大表型转变,同时 PEMT 的表达水平显著升高。而用小干扰 RNA(siRNA)抑制 PEMT 的表达则可缓解 AngⅡ诱导的心肌细胞肥大。

2) 高尔基体(Golgi body)的力学特性

高尔基体也是一种动态的细胞器,在细胞分化的不同阶段以及各种病理因素影响下,其形态结构不同,如当细胞受到外界刺激时,高尔基体复合物会发生数量增加、体积肿胀或萎缩(囊泡塌陷)、解体或重组等力学改变。高尔基体介导力学信号传导主要与细胞骨架系统中微管的分布和运输相关。其动力学主要表现为以下两方面：一方面,作为与微管连接的基础和蛋白质定向运动的驱动蛋白 Bicaudal-D,其将囊泡和高尔基体膜束缚在微管细胞骨架上;另一方面,在细胞内吞和分泌途径具有分子开关作用的调节蛋白 Rab 的作用下,调控细胞内囊泡的形成、转运及囊泡与质膜融合等过程。高尔基体的分布、移动效果取决于多种蛋白的共同作用,如提供动力的驱动蛋白、动力蛋白和动力蛋白激活蛋白,用于衔接的血影蛋白和锚蛋白等,最终共同介导高尔基体沿微管有序运动。

3) 线粒体(mitochondria)的力学特性

线粒体不仅是能量工厂,还能通过网架的动态重构和持续的融合和裂解来适应细胞能量需求的变化,这一动态改变过程称为线粒体动力学(mitochondrial dynamics)。哺乳动物细胞中的线粒体动力学由一组高度进化保守的线粒体融合蛋白及线粒体分裂蛋白所调控。其中,线粒体融合蛋白包括线粒体融合蛋白 1(mitofusins1,MFN1)、MFN2 和视神经萎缩症蛋白 1(optic atrophy 1,OPA1);线粒体分裂蛋白包括动力相关蛋白 1(dynamin-related protein 1,DRP1)、线粒体分裂蛋白 1 (mitochondrial fission protein 1,Fis1)、线粒体分裂因子(mitochondrial fission factor,MFF)、线粒体动力学蛋白(mitochondrial dynamics proteins of 49 and 51 kDa,MiD49/51) 等。线粒体在细胞内的移动和重分布同时也依靠 MMK 复合体(miro/milton/kinesin complex)及微管的共同作用[10]。

线粒体动力学的改变与血管内皮功能异常、糖尿病、动脉粥样硬化、衰老、退行性疾病以及肿瘤等疾病的发生发展密切相关。线粒体融合及分裂之间的动态平衡是维持生物体众多生理活动的基础,外界力学刺激可通过影响线粒体的动力学平衡介导疾病发生[11]。例如,力学单轴牵张刺激在诱导心肌细胞肥大的过程中,线粒体动力学失衡,其线粒体发生肿胀变大、膜边界模糊甚至消失、线粒体排列紊乱、形状不规则、分裂和融合紊乱等。由上可知,线粒体恰当的分布、定位及稳定的数目是决定细胞功能和生存的关键。在极化细胞(如神经细胞)中,与其他功能相比,线粒体的运动与固定之间的平衡更为重要。线粒体运动分为由核向外周的顺行运动和由外周向核的逆行运动。在真核细胞中,细胞骨架微管、微丝以及一些相关蛋白,如骨架蛋白、马达蛋白、肌动蛋白和衔接蛋白在线粒体运动过程中起主要作用。研究发现纳米力学刺激心肌细胞主要通过损伤微管与线粒体之间的偶联,促使线粒体钙离子释放紊乱,进而介导心功能失常[12]。综上所述,线粒体动力学亦可能是力学信号在细胞内传导的途径之一(见图 3-3)。

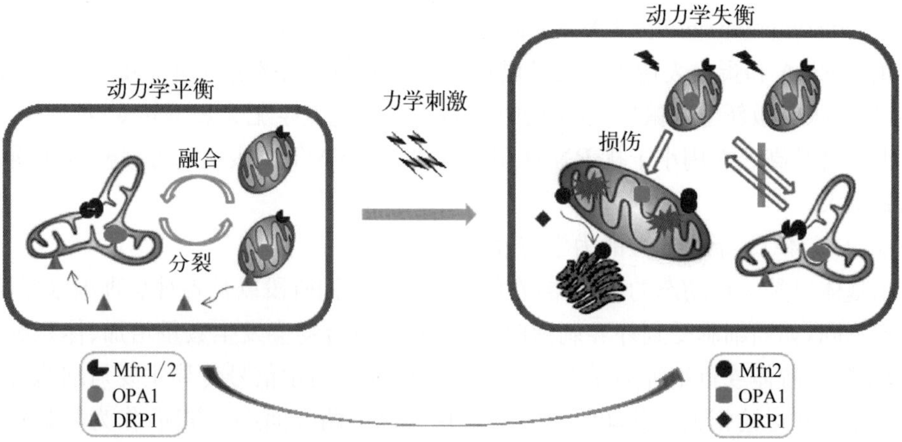

图 3-3 力学刺激导致线粒体动力学失衡示意图

Figure 3-3 Alnormalities of mitochondrial dynamics induced by mechanical stimuli

压力超负荷是引起心肌肥厚的重要原因之一。在研究中,通过 TAC 手术复制压力超负荷大鼠心肌肥厚模型,经透射电镜观察细胞超微结构,发现假手术(sham)组大鼠心肌细胞线粒体膜完整,嵴清晰可见;而 TAC 手术 4 周后大鼠心肌细胞线粒体形态改变明显,如图 3-4所示,细胞线粒体肿胀,内出现空泡,部分线粒体膜及嵴消失,提示线粒体结构功能受损。而在 TAC 术后用 ERS 的抑制剂阿托伐他汀(Atovastatin)口服(每天 10 mg/kg)治疗 4 周,心肌细胞线粒体形态结构有一定程度的恢复,提示阿托伐他汀治疗对心肌细胞线粒体有一定保护作用。

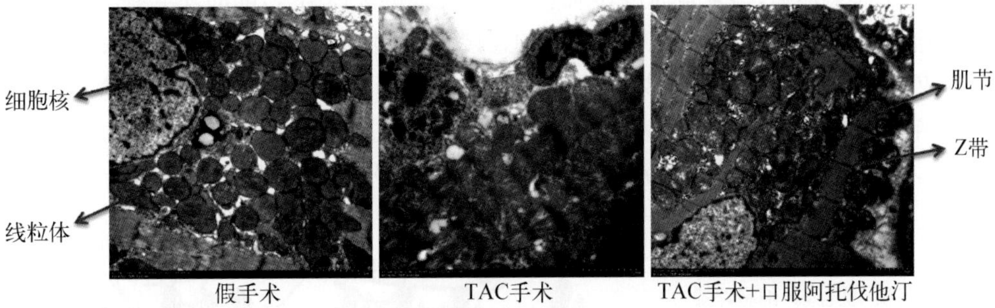

图 3-4 压力超负荷所致心肌肥厚大鼠心肌细胞超微结构变化(放大倍数 15 000)

Figure 3-4 Ultrastructure changes in cardiomyocytes of hypertrophic rat hearts induced by pressure overload (magnification 15 000×)

3.1.3 细胞骨架(cytoskeleton)的力学特性

细胞骨架是指广泛存在于真核细胞中的蛋白纤维网络结构,由微丝(microfilament)、微管(microtubule)和中间纤维(intermediate filament)构成。

细胞骨架不仅在维持细胞形态、承受外力、保持细胞内部结构的有序性方面起重要作用,而且还参与许多重要的生命活动,包括物质运输、能量转换、信息传递、基因表达、生长分化等。在细胞分裂中细胞骨架牵引染色体分离;在细胞物质运输中,各类小泡和细胞器可沿着细胞骨架定向转运;在肌肉细胞中,细胞骨架和它的结合蛋白组成动力系统;在白细胞的迁移、精子的游动、神经细胞轴突和树突的伸展等方面都与细胞骨架有关。所以,对细胞骨架的研究,成为细胞生物学及细胞生物力学研究中最活跃领域之一。

细胞生物力学的核心问题是阐述细胞抵抗变形、保持结构稳定的机制以及细胞结构变化与细胞功能之间的关系。细胞的形状和运动的改变都取决于细胞骨架动力学的直接变化。当力学信号从细胞表面传递至细胞内,细胞骨架网络可根据外界环境变化做出适当调整,通过细胞形变或抵制细胞变形,进而维持内环境稳态。例如,对体外培养的人牙周膜成纤维细胞施加不同动态微应力导致细胞力学环境改变,细胞发生变形,表现为细胞骨架微丝开始解聚;又由于细胞外基质蛋白的合成变化、细胞膜表面整合素重新分布或肌动蛋白自身调节作用等原因,最终导致微丝重建,进而使细胞的骨架形态恢复正常。

细胞骨架是细胞主要的力学信号传导位点,可以直接将作用于细胞表面的应力传导到细胞内各区。细胞在感受细胞内外的力学刺激后,经过一系列的信号通路,将力学信号传递到细胞骨架，引起细胞骨架的变构、重组等，并最终将力学信号向下游传导，引起细胞增殖、分化、迁移以及凋亡等一系列生物学功能。

在参与细胞力学信号传导的途径中，细胞外基质-整合素-细胞骨架复合体(ECM-整合素-CSK)是最主要的力学信号传导途径。作为ECM-整合素-CSK轴心的重要枢纽，细胞骨架主要通过两种方式将胞外信号传导至胞内：一种是外力引起细胞骨架内张力的再分布，进而引起骨架的重排和细胞形态的改变，这种方式中的细胞骨架主要起物理传导作用；另一种是细胞骨架整体或部分作为力学-化学信号的转换器，实现力学信号向生物、化学信号的转化。当细胞感受力学刺激后，整合素通过其细胞外段与相应的配体结合，随即发生整合素聚集和蛋白激酶的活化，然后整合素与其配体形成新的连接，并整体向整合素 β 亚单位胞浆内侧的尾部转移，促成与肌动蛋白的结合，形成黏着斑，激活细胞外基质信号级联反应，募集衔接蛋白、信号分子、结构蛋白等形成与细胞骨架作用的复合物，再通过细胞骨架最终将外界力学信号传导进入细胞。这两种方式还可以相互协作，共同完成力学信号的传递和转导(见图3-5)[13,14]。

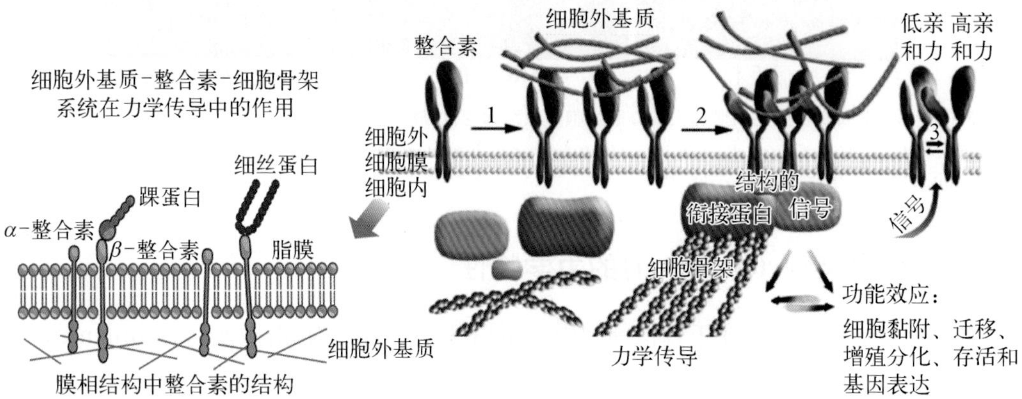

图3-5 细胞外基质-整合素-细胞骨架信号途径在力学信号途径中的传导[13,14]

Figure 3-5 Mechanotransduction in extracellular-integrin-cytoskeleton system

细胞骨架还参与了对力学敏感离子通道蛋白活性的调节，对细胞核基因的表达亦有影响。研究证实流体切应力引起的 *c-fos* 及COX-2基因表达与合成的增加，需要肌动蛋白重组成应力纤维。细胞骨架的结构变化可直接活化转录因子NF-κB，使后者与DNA的结合活性大大提高，从而影响相关核基因的表达[15]。现认为这种作用主要是由微管状态决定并完成的。关于机械力学因素通过细胞骨架影响基因表达的机制，有学者报道细胞骨架变形将使细胞核周边的某些基因暴露，使之更容易被转录因子识别、激活；也有学者认为力学因素导致细胞质骨架的重排可能通过核骨架"牵拉"到启动子，改变其空间构象，从而调节其转录活性，这可能也是微重力影响基因表达的途径之一。

3.1.4 细胞核(nucleus)结构及生物力学特性

3.1.4.1 细胞核结构概述

细胞核是细胞内最大和质地最硬的细胞器，可以承受通过细胞骨架传递来的胞外生物机械力。其可以通过改变相关基因的表达，来实现对生物机械力学刺激的应答反应。细胞核的形态在细胞周期的不同阶段相差甚远，但其结构都包括核被、染色质与染色体、核仁与核基质4部分。细胞核中也存在着一个以蛋白质为主要结构成分的网架体系——核骨架，核骨架包括了核基质、核纤层和核孔复合体等[16]。

纤层结合蛋白除可将核纤层蛋白与染色质结构和基因调节元件连接在一起外，还有助于将核纤层与内层核膜连接在一起，以稳定核纤层网状结构[17]。核纤层结合蛋白可在生物化学和生物机械力学应答反应中，为细胞核结构的变化提供机会。

核仁是最大的亚细胞核结构，其在核浆中表现出结构和力学的独特性，它们比周围的核浆具有更高的刚度。核内的Cajal小体在调节核仁的结构和功能中发挥重要作用。在细胞生物应力响应中，一种定位于核内的PML核小体数量和容量均增加，提示PML小体是一种应力敏感结构。核基质是核中除染色质与核仁以外的成分，包括核液与核骨架两部分。核液含水、离子、酶类等成分；核骨架(nuclear skeleton)是由多种蛋白质形成的三维纤维网架，并与核被膜、核纤层相连，对细胞核的结构具有支持作用。

3.1.4.2 细胞核的力学特性

典型的细胞核为球形或椭圆形，是一个能承受连续形状变化的动态细胞器。在整个细胞周期，细胞核的形状经历了巨大的变化，从分裂间期的稳定、清晰的结构到有丝分裂期结构的完全分解，核形状变化的程度取决于细胞核膜的组成成分，与核膜中核纤层蛋白A、B、C的表达有关。在力学刺激传入细胞的过程中，细胞外基质及细胞膜均可能参与了信号传递，细胞上存在的整合素、离子通道等力学感受器可直接将力学信号传入细胞内，再通过细胞骨架的传递将力学刺激信号传入细胞核，导致基因转录、细胞周期变化及细胞形态改变。

研究证实许多基因的调控区存在应力反应元件(stress responsive element, SRE)，它是指存在于基因的启动子内并且能够被应力所诱导的启动基因转录的顺式调控元件，能够特异性地上调或下调相关基因的表达。目前已知的机械应力反应元件至少涉及4种转录因子结合位点及10余种受应力调控的相关基因[18]。目前在细胞上已发现至少有4种转录因子可被应力激活，它们分别是① 基因结合核因子(nuclear factor-gene binding, NF - κB)；② 激活蛋白(activator protein - 1, AP - 1)；③ 早期生长反应蛋白(early growth response - 1, Egr - 1)；④ 刺激蛋白(stimulatory protein - 1, SP - 1)。现已发现的10余种受机械应力调控的相关基因，根据它们的生物学特性，大致可以分为血管活性物质基因、生长因子基因、黏附分子基因、趋化因子基因、凝血因子基因和原癌基因等。

3.1.4.3 细胞核的力学传递

位于核膜胞浆侧的外层核骨架(outer nuclear membrane, ONM)、位于核膜上的跨膜蛋白(nuclear envelope transmembrane proteins, NETs)和位于核浆内的网状结构内层核骨架(inner nuclear membrane, INM)通过与细胞骨架物理连接，构成了细胞的主要支撑结构，即细胞骨架- ONM - NETs - INM。而细胞骨架和核被膜之间的物理连接为传递细胞外和细胞骨架的力到细胞核，提供了一个结构基础。SUN1和SUN2是含有Sad1 - UNC同源区域

(SUN)的内层核膜蛋白,SUN 蛋白可延伸进入内层核膜和外层核膜间的核周隙。在核胞浆侧,SUN 蛋白能与核纤层蛋白、核孔复合物和其他蛋白相互作用;另外,核被膜蛋白 nesprin 可与跨越核周隙的 SUN 蛋白结合,构成核骨架。虽然一些较小的 nesprin 亚型局限于内层核膜并可直接与核纤层蛋白 A 结合,但很多较大的 nesprin 亚型,均为外层核膜蛋白。而 nesprin 3 含有与网格蛋白结合的位点,可与中间丝稳定地连接。通过 SUN 蛋白和 nesprin 蛋白的综合作用形成的一种蛋白复合物,称为 LINC 复合物(linker of nucleoskeleton and cytoskeleton complexes),它允许细胞骨架中间丝/肌动蛋白细胞骨架和核胞浆之间经 A 型核纤层蛋白形成一个物理连接。而内层核膜蛋白伊默菌素,也认为是 LINC 复合物的有效成分。LINC 复合物的力学传导功能在一些实验中已经被证实。另外,LINC 复合物可能作为一种分子标尺,决定了 INM 和 ONM 之间的距离,从而调节转录及其他一些细胞过程[19]。

如图 3-6 所示,细胞骨架通过介导细胞-细胞及细胞-基质连接,实现细胞核与细胞外环境的物理连接。核质包括染色质和细胞核亚结构(核仁、Cajal 小体和 PML 小体)。染色质沿内侧核膜与核纤层连接,并与 LEM 结构域的蛋白相互作用。SUN 蛋白穿过管腔,在内侧核膜与核被膜蛋白 nesprin 的 KASH 域结合,形成 LINC 复合物。LINC 复合物使核内部与细胞骨架通过中间连接蛋白形成物理连接。

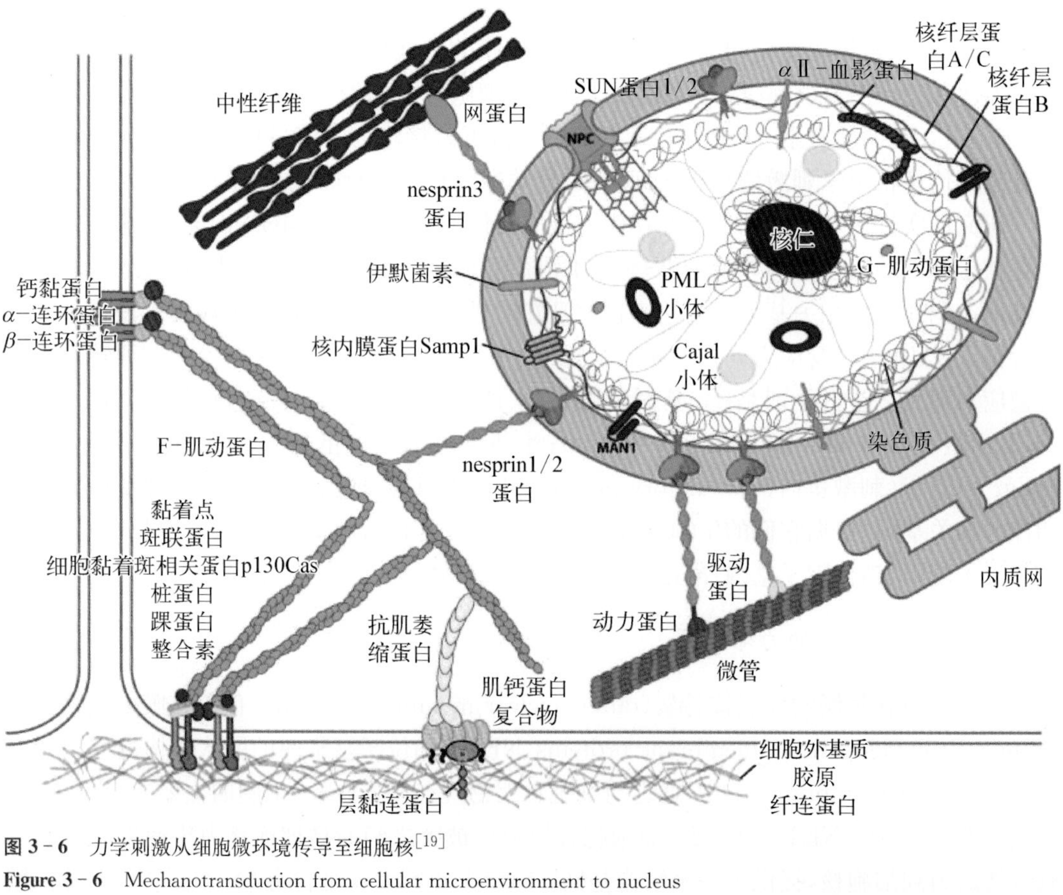

图 3-6 力学刺激从细胞微环境传导至细胞核[19]

Figure 3-6 Mechanotransduction from cellular microenvironment to nucleus

3.1.4.4 力学刺激对细胞核的影响

1）对转录的影响

细胞外的生物机械力可以通过细胞骨架传递到细胞核，直接作用于DNA元件，导致DNA双螺旋结构或高阶染色质结构的构象改变，并导致转录活性的变化。研究发现，基因转录既受到细胞骨架活化元素的影响，也受到与细胞核骨架结构相关核蛋白的作用。在细胞核基因转录过程中，除了依赖核纤层蛋白的变化外，还有很多其他的假设机制，将细胞核的形状与细胞的力传导反应联系在一起。目前假设细胞核本身就是一个细胞力学感受器。随着细胞核形状的变化，可引起染色质结构和组织构象改变并且直接影响转录调节。研究提示，异常增高的周期性张应变下调血管平滑肌细胞（vascular smooth muscle cells，VSMCs）核骨架蛋白 nesprin 2、SUN1、SUN2 和 lamin A 的蛋白表达水平，并可能通过调控多种转录因子活性，从而促进 VSMCs 的增殖，提示张应变调控的核蛋白表达变化在高血压血管重建中可能起重要作用[20]。

2）对细胞核形态结构的影响

虽然细胞核是最硬的细胞器，其刚度为其周围细胞骨架的2～3倍，但细胞外的力学刺激仍可导致明显的可检测到的细胞核变形。采用微吸管吸引术和原子力显微镜的研究表明，与未受切应力作用的对照组比较，暴露于切应力的细胞核降低了高度，增加了刚度。提示在力学应答反应过程中，细胞主动改变细胞核结构元件以适应细胞所处力学环境的变化。然而，切应力诱导细胞核结构刚度增大的分子机制仍不清楚。至少有11种与A型核纤层蛋白突变相关的人类疾病被统称为核纤层蛋白病（laminopathies），其主要特征是细胞核刚度、变形性和机械力学传导行为发生异常。

3）核纤层蛋白病

核纤层蛋白病是主要影响肌肉组织的遗传性疾病，这类疾病包括 Emery-Dreifuss 肌营养不良症、扩张型心肌病、肢带型肌营养不良和早老症（Hutchison-Gilford progeria syndrome）等。LMNA 基因突变与多种核纤层蛋白病有关，绝大多数 LMNA 基因上的突变影响的是骨骼肌和心肌。关于核纤层组分发生突变的致病机理，目前存在着两种理论。一些学者认为，核纤层蛋白A和C的功能性缺失改变了细胞核的结构，对承受机械力的组织（如肌肉）产生影响，增加细胞核脆性并导致细胞死亡。另外一些学者指出，核纤层的破坏，引起基因表达谱的改变，从而对相关细胞产生危害。最近美国和芬兰的科学家联手进行了一项新研究，将上述两种理论联系了起来[21]。研究显示，核纤层蛋白病的相关突变，使核纤层的结构发生异常，影响了特定转录调节蛋白的功能，并由此改变了相关基因的表达。研究人员对核纤层蛋白病的细胞进行了研究，发现在这些细胞中，血清应答因子 SRF 的调控受到影响，而 SRF 控制着许多重要基因的表达。伊默菌素能够调节细胞核中的肌动蛋白，而肌动蛋白又是 MKL1 的关键调节子。研究显示，LMNA 突变会改变伊默菌素在细胞中的定位，错误定位的伊默菌素通过肌动蛋白调节 MKL1 并减弱了 SRF 的活性，减少了 SRF 靶标基因的表达。许多 SRF 所靶标的基因都对肌肉功能很关键，因此核纤层蛋白病主要影响的是肌肉组织。上述研究将核膜结构异常与基因表达改变联系了起来。这项研究解析了核纤层蛋白病背后的关键分子，为该疾病的患者带来了新的希望[21]。在核纤层蛋白病中了解 MKL1 调控的力学机制并恢复 MKL1 的活性，可能是有效应对这类疾病的方法。

在很多生理学和病理学情况下，细胞核形状、结构和(或)刚度与细胞的功能和表型具有高度的相关性。细胞核被膜的结构和力学生物学性质的改变，影响了细胞核的力学信号传递。核被膜蛋白的突变也可影响转录调节子的物理连接，进而影响基因表达。然而，由于生物系统的复杂性，尽管通过核纤层蛋白病、转基因和 RNA 干扰研究，获得了更多的相关信息，但关于生物力学刺激对细胞核力传导的直接作用仍然不很清楚。为了更深入地了解细胞核的力学生物学特性，了解生物机械力如何通过细胞传递，细胞和组织如何对力学刺激物和周围的物理环境产生应答反应，寻找关键分子，寻找针对关键分子的介入治疗方法等都需要更为广泛和深入的研究。

3.2 细胞的力学感受及传导机制

3.2.1 细胞的力学微环境

要研究细胞的力学生物学行为，对细胞所处的力学微环境的探索是必不可少的。细胞的微环境(niche，microenvironment)指由细胞、细胞外基质(extracellular matrix，ECM)以及其中的可溶性生长因子、相邻的其他细胞及其分泌的物质构成的网络。而区别于这些生物化学因素的是细胞及 ECM 的力学特性，即细胞的力学微环境。所谓力学微环境(mechano-niche，mechanical microenvironment)指细胞本身及 ECM 的力学特性(尤其是刚度、形变)及它们受到的应力-应变等(见图 3-7)[22]。在体细胞均处于一定的力学微环境中，力学微环境是生命体一种自然的生存环境，能调控细胞的形态结构、代谢、增殖、迁移、分化等功能。干细胞的分化等过程也受到其所在力学微环境的调控，如血液流动产生的力学微环境在内皮祖细胞(endothelial progenitor cell，EPC)的迁移、分化中发挥重要作用[23]。

细胞刚度(stiffness)是细胞本身的力学特征，常用杨氏模量(Young modulus)来描述。细胞骨架是真核细胞刚度的决定因素；细胞弹性模量的大小直接决定了细胞刚度的大小。杨氏模量是表征材料性质的一个物理量，仅取决于材料本身的物理性质；其大小标志了材料的刚性，杨氏模量越大，越不容易发生形变。目前有很多测定细胞刚度的方法，但基本理论仍然是赫兹模型。原子力显微镜(atomic force microscope，AFM)已应用于纳米尺度的细胞收缩力测定。有研究者发明了一种单细胞刚度测定的方法，即通过聚焦离子束蚀刻技术将 AFM 微悬臂改造为具有缓冲梁的纳米探针，继而联合纳米操纵技术对细胞刚度进行测定[24]。另有研究者利用光学信号捕获微粒的轴向位移从而测定细胞刚度。

细胞内钙离子浓度增加可显著增加心肌细胞的刚度。高血压时，心室肌细胞长期处于增强的后负荷的持续刺激下，细胞所处的力学微环境发生变化。肥厚心肌细胞本身力学性质的改变可能参与心律失常的发生及维持。当心室扩张或肥厚时，升高的心室舒张末压可导致心肌细胞刚度增大。研究显示，处于不同硬度基底的细胞其自身的力学性质亦会发生

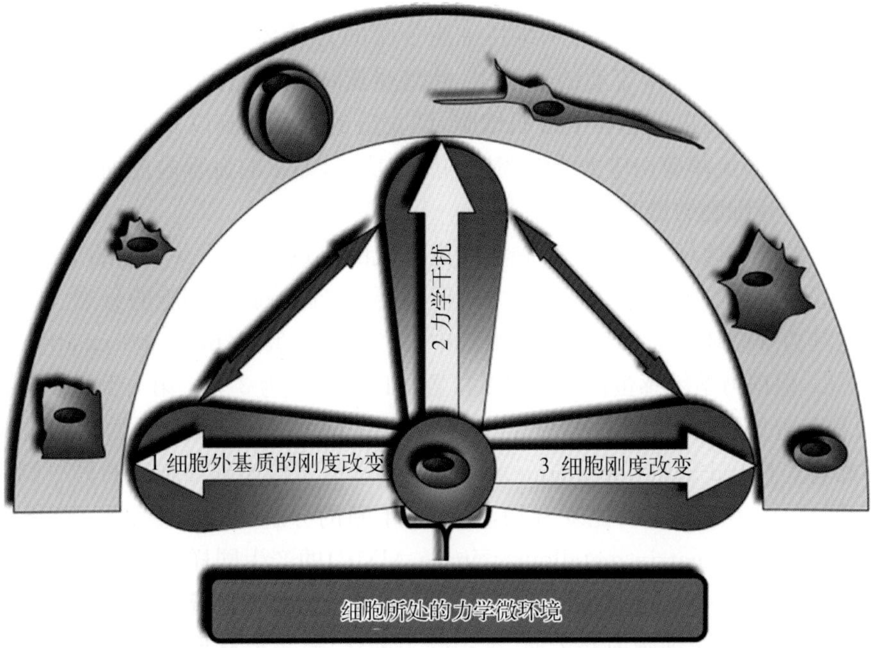

图 3－7　细胞力学微环境示意图[22]

Figure 3－7　Schematic diagram of cellular mechano-niche

变化。长期处于慢性机械刺激下，心室肌细胞本身的力学性质或可发生变化。因此发生肥厚的心室肌细胞的刚度明显大于正常心室肌细胞。随着心肌肥厚程度加剧，心室肌细胞刚度随之增加，而肥厚的心室肌细胞刚度较正常心室肌细胞增大可能与心肌肥厚时的间质纤维化程度增加、胶原沉积和心室肌细胞周围基质硬度增加有关[25]。除高血压相关的心肌肥厚外，冠心病、心肌病和心脏老化等均可引起心肌细胞刚度增加，从而导致心脏电生理方面的改变。因此，心肌细胞刚度增加的机制可能成为相关疾病潜在的药物治疗靶点。

除细胞的刚度外，在细胞所处的力学微环境中，ECM 的力学特性同样起重要作用。ECM 是由细胞合成并分泌到胞外、分布在细胞表面或细胞之间的大分子，主要由多糖、蛋白质和蛋白聚糖(proteoglycan)交联形成复杂的网架结构，使细胞在空间组构，并为其提供环境信号。细胞和 ECM 间相互作用是双向且动态的，即细胞依据细胞外基质的指令从其环境中不断接收信息，而细胞亦可重构其细胞外基质。一些 ECM 间存在生物力学作用与反作用。对许多组织，特别是承载组织，生物力学对功能调节起着重要作用。ECM 决定结缔组织的特性，为细胞的生存及活动提供适宜的场所，为组织、器官提供力学支持和物理强度的物质。ECM 对细胞的黏附、铺展、迁移、增殖和分化等行为起到重要调控作用。基质刚度是调控细胞行为的重要因素，刚度的改变会通过整合素聚集并磷酸化细胞内肌动蛋白的结合蛋白(如 paxillin、vinculin 等)，并在细胞膜局部形成黏着斑，从而调控细胞行为。

细胞力学微环境中还存在各种其他力学刺激，即应力/应变，如牵张力、流体静压力和流体剪切应力等。处于相对静止状态下的流体，由于本身的重力或其他外力的作用，在流体内部及流体与容器壁面之间存在着垂直于接触面的作用力，这种作用力称为流体的静压力。

流体静压力可以让黏附细胞形状变成圆形，这种力是由于渗透压改变产生的，而肌动球蛋白皮质(actomyosin cortex)抵抗外力来维持细胞变圆的力是必不可少的。此外，在体环境中一些细胞长期处于具有流体流动的环境中，始终受流体剪切应力(fluid shear stress)的作用，如血管、淋巴管的内皮细胞和平滑肌细胞，消化道的上皮细胞以及骨骼中的成骨和破骨细胞等。研究表明，流体剪切应力能够调控细胞的功能，如影响血管内皮细胞增殖、迁移，调节骨组织代谢和骨细胞的形态功能等。

肿瘤细胞的力学微环境是近年来肿瘤研究领域的热点之一[26]。肿瘤的形成、发展和扩散并不是肿瘤细胞独立的行为，ECM 的力学模量会直接影响肿瘤细胞的分裂、转移和扩散。肿瘤细胞与其力学微环境的相互作用与细胞中的力学敏感蛋白(mechanosensitive proteins)密切相关[26]。根据力学敏感蛋白的功能及位置可以将其分为 3 类。第 1 类主要包括整合素(integrin)和黏着斑蛋白(vinculin)，位于细胞膜与 ECM 的交界处，主要的作用是形成细胞与外界的黏着斑(focal adhesion plaque)，并且把力学信号传递到细胞膜的另一侧。它们在细胞的运动过程中不断形成功能复合物，又同时不断的分解、回收、重复利用，维持动态平衡。基质金属蛋白酶(matrix metalloproteinase，MMP)的产生同样也和细胞力学微环境相关。MMP 能够分解一些 ECM 成分(如胶原蛋白纤维)，有助于肿瘤的发展。第 2 类主要是细胞的骨架结构，在整个细胞内起传递、承担受力的作用，主要有聚合后形成网络结构的肌动蛋白、微管(microtubule)以及辅助这些网络动态更新的肌动蛋白、微管蛋白等。在某些情况下，肌动蛋白聚合产生的推力可以成为肿瘤细胞突破 ECM 的主要动力。第 3 类是细胞中的分子马达，它们与细胞的骨架结合产生动态的收缩力。这种收缩力是癌细胞能够运动、扩散的直接动力，最典型的例子就是肌球蛋白(myosin)。肌球蛋白不仅产生细胞收缩力，同时也会根据自身的受力状态而改变其化学活性。这 3 类力学敏感蛋白在细胞中通过动态的力学和生物化学机制结合在一起，将肿瘤细胞的力学微环境转换为化学信号进而影响肿瘤细胞的生理活动。与此同时，它们也将细胞内产生的收缩力传至细胞外并由此影响其他细胞。

3.2.2 细胞的力学感受机制

细胞通过特定的结构和物理特性对力学刺激进行规律的响应是发挥其生物学功能的基础，本部分内容主要介绍细胞是如何感受力学微环境中的外力刺激的。

血管内皮细胞、平滑肌细胞、心肌细胞、成骨细胞、软骨细胞、成纤维细胞等均为具有应力感受功能的细胞，可感受力学微环境的变化，并将力学信号转化为细胞内一系列生物化学信号，最终导致基因表达变化。其对力学刺激的感受主要是通过细胞膜来实现的。当力学刺激作用于细胞时，能导致有弹性的细胞膜膨胀或收缩以及膜曲率的变化，引起胞膜形变，此时胞浆特定的结构能够感受这种变化，并将其信号传入胞内，这种特定的结构就是细胞力学感受器。

整合素即为细胞膜上重要的力学感受器之一。在活化状态下，整合素与 ECM 中的配体结合，并感知周围环境的刚度及外界来源的机械力。在感受力学刺激后，整合素与 ECM 蛋白(ECM 蛋白除了包括胶原蛋白、纤连蛋白和层粘连蛋白 3 种结构蛋白外，还包括一些不可溶解的分子如黏蛋白、蛋白聚糖等，这些蛋白可以形成一个骨架为组织提供支持作用并增加基质的刚度)相互作用,随即发生整合素聚集和蛋白激酶的集合,然后整合素与其配体形成新的连接,并整体向整合素 β 亚单位胞质内侧的尾部转移,促成与肌动蛋白的结合,形成黏着斑。黏着斑连接在肌动蛋白纤维与整合素之间,具有介导机械力跨膜传导的作用[27]。

除整合素介导的细胞对机械力学的感知机制外,在细胞中还存在着一种力学感受器称为张力活化型离子通道(stretch-actived ion channels,SAC)。SAC 是细胞膜的重要组成部分,是机械力学门控性离子通道的一种,能够感受细胞膜表面应力变化,实现胞外力学信号向胞内转导,根据通透性分为离子选择性和非离子选择性通道。SAC 对 Ca^{2+}、Na^{+}、K^{+} 具有通透性,离子通过 SAC 进入细胞后使细胞膜去极化从而影响肌细胞动作电位的产生和传导。SAC 也能通过调控 K^{+} 通道和电压门控 Ca^{2+} 通道的活性进而影响 Na^{+}/K^{+} - ATPase 的活性,从而对细胞的生物学功能进行调节。同时,SAC 与整合素之间也存在相互作用,周期性机械张力施加于 ECM 及整合素后,瞬时感受器电位阳离子通道亚族 V4(transient receptor potential vanilloid 1,TRPV4)活化可导致钙离子内流,进而导致 PI3K 活化,并反过来活化 $\beta1$ 整合素受体,促进细胞骨架重建,调节细胞骨架各成分比例,最终影响细胞机械力学反应性能[28]。

作为细胞膜上受体家族成员之一的 G 蛋白偶联受体(G - proteincoupled receptor)也被证实具有力学感受及传导作用。G 蛋白偶联受体能与 G 蛋白特异性结合,在受到流体剪切应力及周期性拉伸力的心肌成纤维细胞,以及不同幅度单轴向应变力下的血管内皮细胞内,可发现 G 蛋白偶联受体亚基的活化,其活化后可进一步激活 PLC - Ip3/DAG 通路以及 PI3K、Rac 通路等以调控细胞的生物学功能[29]。

细胞骨架是目前公认的力学感受结构之一。细胞骨架由各种尺寸与刚度不同的细丝网所组成,能把力从细胞表面经过细胞质传递到细胞核,在力学-化学信号传导中有关键的中枢作用。除细胞膜与细胞骨架之外,线粒体也具有应力感受和传导的功能,其受损伤时能通过改变形状、体积变化等产生力学效应,并影响细胞中其他细胞器的形态及功能。另外,虽然细胞核的刚度为其周围细胞骨架的 2～3 倍,但细胞外生物力学刺激仍可跨越细胞骨架传递到细胞核,直接作用于应力应答 DNA 元件,导致 DNA 构象改变及转录活性的变化,并导致明显的细胞核变形。

综上,细胞膜上存在的整合素、离子通道等力学感受器可直接将力学信号传入细胞内,再通过细胞骨架的传递将力学刺激信号传入细胞核,导致基因转录、细胞周期变化及细胞形态改变,从而适应刺激环境(见图 3 - 8)。

3.2.3 细胞的力学信号传导机制

处于力学微环境中的细胞在接收到 ECM 等传导的力学信号后,先被跨膜的表面受体如整合素、G 蛋白耦联受体或离子通道等传递到细胞内,并将力学信号转换为生物化学信号,从而调节第二信使或活化信号分子,最终调控细胞迁移、生长、分化和基质重建等行为。

力学微环境中,许多成分可直接或间接受到力学刺激的调控并将力学信号转化。力学刺激不仅能直接引起 ECM 成分的表达变化,还可通过调控 ECM 基因表达从而使 ECM 成分变化。目前已知机械力调节 ECM 基因表达的基本途径有两种: ① 力学信号可通过激活

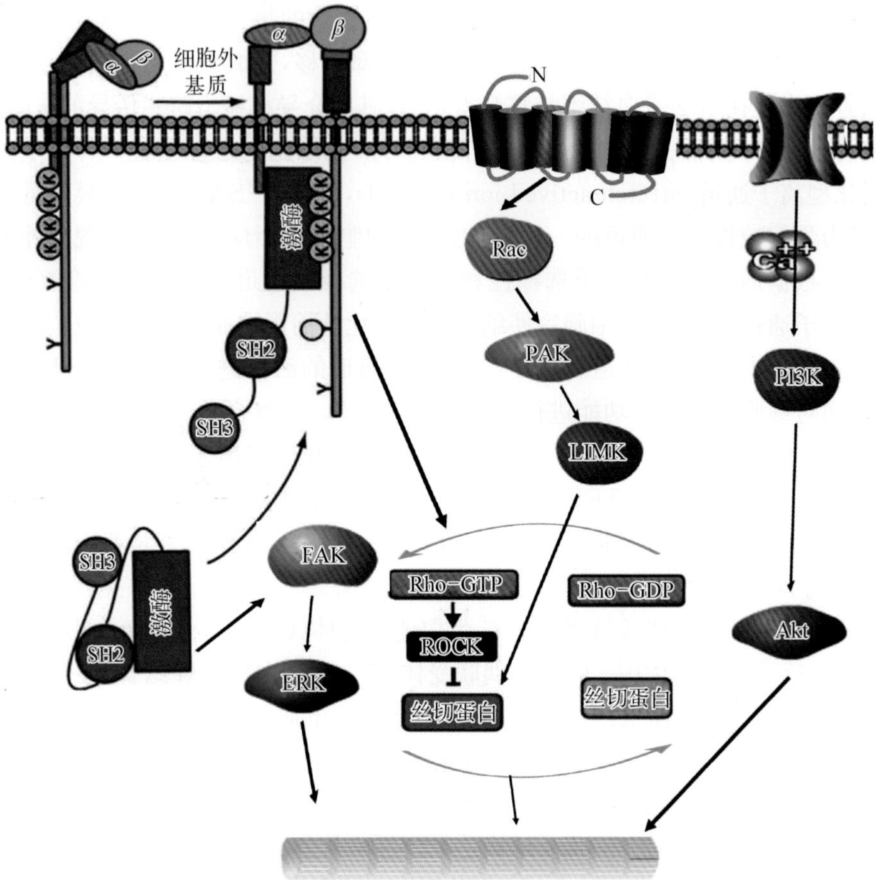

图 3-8 细胞力学信号感受与传导机制示意图

Figure 3-8 Schematic diagram of cellular mechanosensors and mechanotransduction

核因子(NF-κB),或激活与ECM基因启动子上“应力反应元件”相连的转录因子(如Egr-1等),从而诱导相应ECM基因的表达。② 机械力能诱导生长因子的合成和/或分泌,间接调节ECM基因的表达。一些生长因子(如TGF-β、CTGF等)在调节ECM的同时也受到机械力的调控。机械力学刺激还可通过调节基质金属蛋白酶(MMP)及其组织抑制物(tissue inhibitors of metalloproteinase, TIMP)的活性,来实现对ECM成分的调控。ECM处在不断代谢更新、降解重塑的动态平衡之中,并对力学信号进行传导。

对于生物力学信号在细胞内传递的途径,目前国内外学者主要认为有Rho蛋白家族、蛋白激酶C、整合素、丝裂霉素激活的蛋白激酶(MAPK)、Hippo-YAP信号及Ca^{2+}通道等。

Rho蛋白家族是一类小分子G蛋白(small G protein,又称GTPase,即GTP酶),是细胞内信号传导的重要枢纽,发挥着“分子信号开关”作用,能在与GTP结合时的活化状态和与GDP结合时的非活化状态之间快速转换,从而将细胞外信号传至细胞内。研究表明,Rho在细胞应力纤维装配和黏着斑信号传导过程中处于中心地位,能通过肌球蛋白的收缩驱使应力纤维及黏着斑的形成。Rho蛋白有两个下游效应蛋白分子,即Rho相关激酶ROCK与形成素相关蛋白mDia。ROCK激酶以一种GTP依赖的方式与Rho蛋白相互作用，结合 Rho－GTP 后其活性会增加，使细胞中央产生典型星状的粗大应力纤维，在应力纤维的组装中起主要作用，并且活化的 ROCK 可通过磷酸化 LIM 激酶抑制丝切蛋白促进 F－actin解聚的作用。mDia 则能促进非肌球蛋白Ⅱ驱使下的肌动蛋白收缩，并参与调节微管的组装和动态平衡，高活性 mDia 的细胞的微管正负两端均处于稳固状态，产生平行的纤细应力纤维。Rho 蛋白家族在机械力学刺激下可通过多种途径调节细胞骨架结构和功能，在细胞力学生物学的信号传导中起重要作用。

蛋白激酶 C(PKC)属于肌醇磷脂依赖性丝/苏氨酸激酶家族，是一种重要的蛋白激酶和细胞内信号分子，可作用于多种底物蛋白，目前已发现蛋白激酶 C 有 12 种亚型。黏着斑是促进介导细胞与细胞外基质接触的重要结构。蛋白激酶 C 可以通过增加黏着斑激酶(focal adhesion kinase，FAK)活性、促进整合素的碱性化以及调节其他蛋白质的功能，从而促进黏着斑形成。在细胞骨架的调节中，蛋白激酶 C 和 Rho 途径相互制约，相互协调，共同调控细胞骨架的动态结构及功能变化。PKC 激活可以直接引起骨架蛋白的磷酸化，进而调节细胞骨架蛋白的功能，蛋白激酶 C 通过多种途径活化 Src 激酶，从而激活 p190Rho GAP，进而使 Rho-GTP 酶活化并最终使 Rho 失活，打破肌动蛋白的解聚状态；另一方面，蛋白激酶 C 通过磷酸化 Rho－鸟嘌呤分离抑制因子(Rho-GDP dissociationinhibitor，Rho GDI)，诱导调节片层伪足生成的 Rac 发生活化及转位[30]。

整合素不仅能通过 Rho-GTP 酶家族为中心的信号通路调节细胞行为，还能通过以 FAK 为中心的信号通路参与细胞对力学刺激信号的传导。整合素在受到机械力学刺激后，整合素蛋白会在细胞表面聚集，β 亚基胞内尾部可使黏着斑激酶(FAK)的 397 位酪氨酸残基被磷酸化表现出高亲和性，此时可被具有 Src 同源序列 2(SH2)结构域的蛋白如 Src、Shc 等识别，使得以 FAK 为中心的机械力学信号传导得以起始。在力学因素的作用下，下游的效应分子 p130Cas 活化非受体酪氨酸蛋白激酶，提供支架环境以活化细胞外信号调节激酶(Ras－ERK)通路。p130Cas 是整合素下游信号转导中起到关键性作用的信号分子，相对分子质量为 130 kD，内含酪氨酸磷酸化位点，能与包括 Crk、Src 和 FAK 在内的多种蛋白质结合并发生相互作用。p130Cas 分子还能为含有 SH2 结构域的蛋白如 Crk Pock180 和 Rac 鸟苷酸交换因子(Rac guanine nucleotide exchange factor，GEF)等蛋白间相互作用提供支架，活化 Rac 并协同作用于生长因子介导的生物学效应，从而实现力学-化学信号耦联。同时，活化的 Ras 又可以通过经典 MAPK 激活途径，使胞内转录因子向核转位(translocation)，调控基因表达。

研究表明，整合素还通过 Hippo 信号通路对力学刺激进行传导，从而影响细胞增殖。Hippo 信号是典型的进化保守的信号级联，与细胞核的力学信号传导通路相关。Hippo 信号可以使 STE20－like 蛋白激酶 1/2(Mst1/2)以及其辅因子 Salvador(即 SAV，也称为 WW45)和大型肿瘤抑制同系物 1/2(Lats1/2)磷酸化，从而磷酸化下游的效应因子 YAP (Yes-associated protein，Yes 相关蛋白)/TAZ (转录辅活化因子与 PDZ 结合接口)。YAP 的活性可被 F－actin 调节，当 F－actin 被阻断或 Rho 家族受到抑制时，YAP/TAZ 失去活性；反之，YAP/TAZ 的活性增高，呈现出肌动蛋白微丝动力学特性。肌动蛋白结合蛋白，如 AMOT 和 NF2/Merlin 也能直接或间接通过 Lats 调节 YAP 活性。此外，Akt 也可通过 Mst1/2 或者 miR－29 靶向结合 PTEN 后抑制 Akt 活性与 Hippo 通路发生交联。磷酸化的

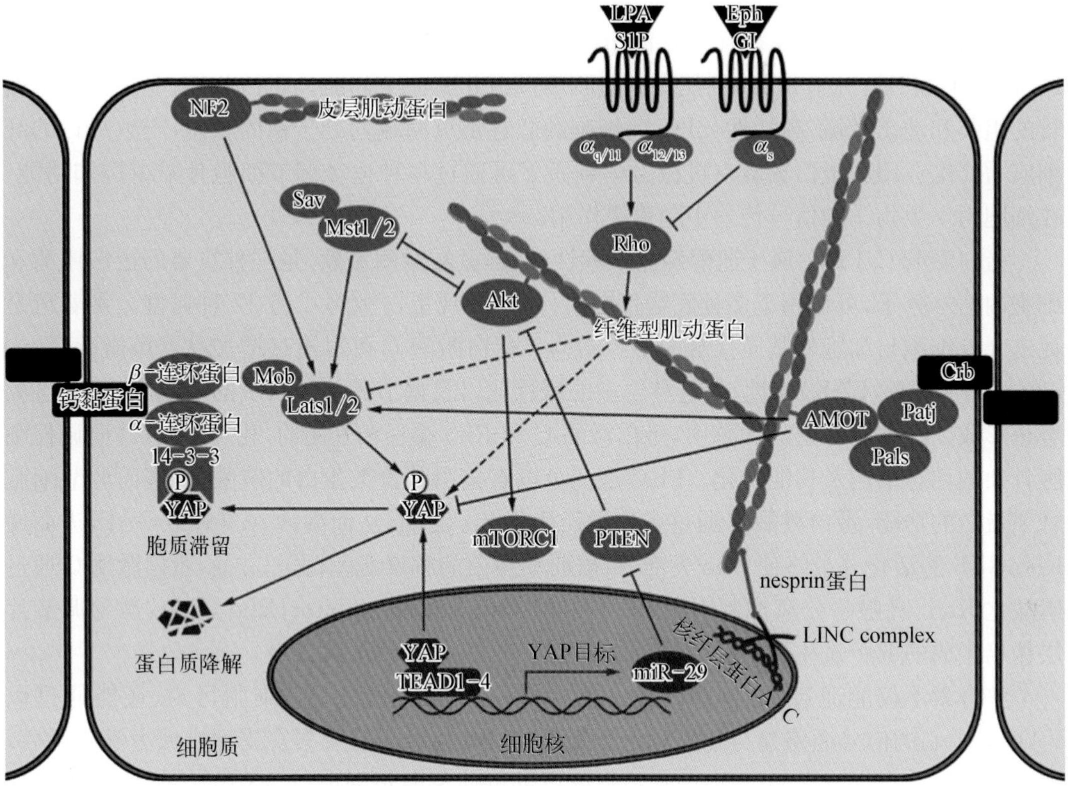

图 3-9 肌动蛋白相关蛋白调控 YAP 激活[31]

Figure 3-9 Actin associated proteins regulate YAP activity

YAP/TAZ 与细胞骨架蛋白相互作用，滞留在胞浆内，不能进入细胞核发挥其转录激活功能，从而实现对细胞功能的调控（见图 3-9）[31]。

丝裂原激活蛋白激酶(mitogenactivated protein kinases，MAPK)是在真核细胞内广泛存在的一类丝氨酸/苏氨酸蛋白激酶，该通路能过度磷酸化微丝或微管结合蛋白(microtubule-associated proteins，MAPs)来降低微管的稳定性。

Ca^{2+} 在力学刺激对细胞骨架的影响中也起重要作用。Ca^{2+} 还可对微管结合蛋白(MAPs)进行调控。主要体现在以下两方面。一是对 MAPs 的直接调控；另一方面，当 Ca^{2+} 浓度较高时，Ca^{2+} 与肌钙蛋白的亚单位肌钙蛋白 C 相结合，从而导致肌钙蛋白空间构型的改变，使肌动蛋白与肌球蛋白相连，引起细胞骨架的动态改变。

综上，细胞通过 ECM-整合素-细胞骨架轴系统、细胞骨架与力学信号传导通路等对力学刺激进行整合，从而对细胞增殖、凋亡、分化、代谢、应激和防御等进行调节。

3.3 细胞黏附迁移与力学调控

细胞（不包括血液循环细胞）与细胞外基质(extracellular matrix，ECM)及邻近细胞的黏附是保障细胞发挥正常功能的必备条件。细胞与细胞外基质、细胞与邻近细胞的相互作用颇为复杂。在大动脉血管内，血管内皮细胞黏附于连续变形的基质上，通过感知基质变形等生物力学微环境改变，与基质相互作用引起细胞骨架结构、吞噬(phagocytosis)，以及信号转导。同时，血管内皮细胞与邻近细胞间存在信号交流。当动脉壁损伤，血管内皮细胞与细胞外基质解离，血管内皮细胞向损伤区域爬行，并允许巨噬细胞进入动脉壁。

3.3.1 细胞间黏附结构

在多细胞生物中，最基本的细胞间相互作用是细胞间黏附。细胞与细胞可直接连接，也可通过细胞外基质(细胞分泌的蛋白质和多糖链组成的复合网络)间接连接。细胞间黏附是细胞承受和响应各种外力作用的重要基础。

细胞间连接破坏与细胞外基质重构控制细胞在器官内的运动方式，引导他们参与机体自身的生长、发育和修复。细胞与其他细胞的黏附、细胞与细胞外基质的黏附控制着细胞骨架的取向和行为，是细胞感受和响应所处微环境的力学特性变化。细胞连接与细胞外基质在多细胞结构的构成、功能与动力学等每一个方面都有关键作用，它们的缺陷将导致一系列的疾病。

3.3.1.1 细胞外基质

细胞外基质由高度特异的大分子组成，结构非常复杂，其主要成分包括：

(1) 胶原(collagens)。胶原是一种纤维状蛋白，其主要功能是维持组织形态结构、和刚度等力学特性。在结缔组织中，胶原纤维呈波纹状，是决定组织生物力学特性的重要成分。胶原可分为许多类型，其中，Ⅰ型胶原主要存在于肌腱、韧带，和其他与机械载荷相关的组织中，具有很高的抗拉强度(切线杨氏模量约为 1×10^9 Pa)。Ⅳ型胶原主要存在于基底膜，高度互联形成纤维网。Ⅵ型胶原广泛分布于细胞外基质，可能是间质胶原(Ⅰ型～Ⅲ型胶原)与细胞间的中介，帮助细胞与周围基质形成黏附。

(2) 弹性蛋白(elastin)。决定组织弹力的纤维弹性蛋白，主要存在于大动脉壁、肺和皮肤中(杨氏模量约为 3×10^4 Pa)。弹性蛋白分子间通过赖氨酸残基形成共价键进行相互交联，它们形成的交联网络可通过构型的变化产生弹性。弹性纤维是有橡皮样弹性的纤维，能被拉长数倍，并可恢复原样，它是结缔组织弹性的主要因素。弹性纤维与胶原纤维共同存在，赋予组织以弹性和抗张能力。

(3) 蛋白聚糖(proteoglycans)。具有糖胺聚糖(glycosaminoglycan，GAG)侧链的一类蛋白质。GAG是由具有负电荷的糖单元构成的生物聚合物，具有很大的亲水和保水能力，很大程度上决定了糖萼的物理化学特性。GAGs是糖萼中含量最多的成分，主要包括硫酸乙酰肝素(heparan sulfate，HS)、硫酸软骨素(chondroitin sulfate，CS)和透明质酸(hyaluronic acid 或 hyaluronan，HA)3种。在软骨中，常见的蛋白聚糖为聚集蛋白聚糖(aggrecan)，血管内皮细胞上有硫酸乙酰肝素蛋白聚糖(heparan sulfate proteoglycans)。硫酸乙酰肝素蛋白聚糖主要包括跨膜蛋白 syndecan 家族和糖基磷脂酰肌醇(glycophosphatidylinositol，GPI)锚定蛋白 glypican 家族。在血管内皮 syndecan 家族中，syndecan - 1 与 HS 和 CS 结合。在

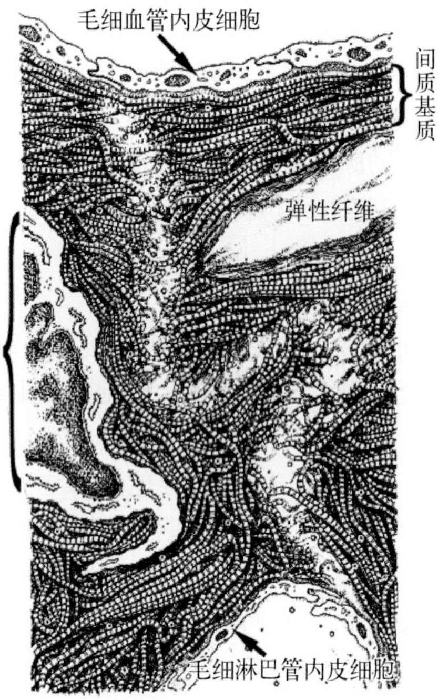

图 3 - 10 细胞外基质主要成分，以及经血管毛细胞管到淋巴毛细胞管的液体通道示意图

Figure 3 - 10 The major components of the extracellular matrix, with a flow pathway from a vascular capillary to a lymphatic capillary

glypican 家族成员中，唯有 glypican - 1 在血管内皮细胞上表达，它只与 HS 结合。HA 是非硫酸化的 GAG，它不与 PG 核心蛋白相连，与受体 CD44 结合。血管内皮糖萼有保护血管的作用，可维持血管壁的选择性通透屏障，糖萼破坏会造成血管壁通透性的增加。血管内皮糖萼还可调节血细胞与血管内皮细胞的相互作用，抑制白细胞、血小板、红细胞与血管内皮细胞的黏附。

(4) 黏附蛋白(adhesion proteins)。主要为层黏连蛋白(laminins)和纤连蛋白(fibronectin)。层黏连蛋白是基底膜的主要成分，与Ⅳ型胶原或其他基质分子结合的十字形蛋白。纤连蛋白是细胞外基质的"万能胶"，具有胶原、细胞表面结合分子(如整合素 integrins)和硫酸乙酰肝素 HS 的结合域。

这些重要成分放置一起后，形成了一个如图 3 - 10 所示的复杂结构。其中，胶原与弹性蛋白一起维持组织结构力学完整性，给驻留细胞提供力学支架；HA 和聚糖蛋白则填充于间隙保持水分。组织中水分对于营养和其他物质的细胞运输至关重要，这一完整结构可以认为是一吸了水的生物"海绵"。

3.3.1.2 细胞-细胞与细胞-基质间连接

包括血管内皮细胞在内，上皮细胞间都通过细胞-细胞连接直接黏附。细胞-细胞连接处锚定有细胞骨架纤维，负责向不同黏着位点的细胞胞内传递应力(见图 3 - 11)。

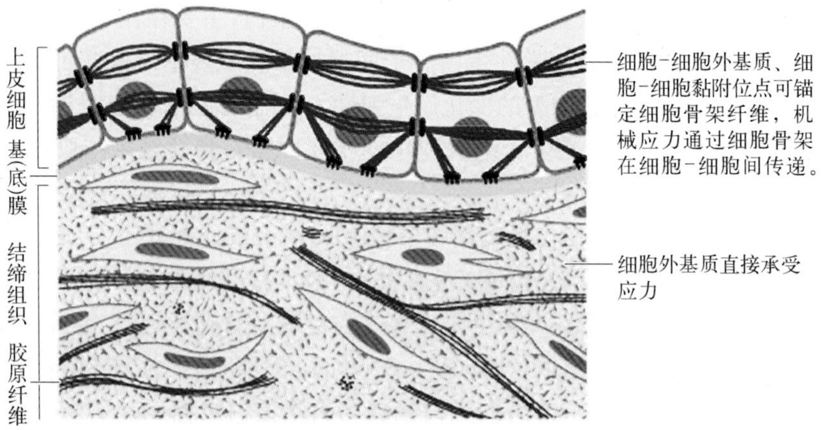

图 3 - 11 动物细胞连接的两种主要方式

结缔组织中的主要应力感受成分是细胞外基质。上皮细胞间通过细胞骨架与黏附连接相连。细胞-细胞外基质则负责上皮组织与结缔组织的连接

Figure 3 - 11 Two main ways involved in animal cells bound

上皮细胞间的主要细胞-细胞连接、细胞-基质连接类型如图 3－12 所示，黏附连接(adherens junctions)主要是锚定连接，与毗邻细胞的细胞骨架相连；桥粒(desmosomes)是中间纤维丝的锚着位点；肌动蛋白连接的细胞-基质连接(cell-matrix junctions)负责肌动蛋白纤维丝与基质的连接；而半桥粒(hemidesmosomes)则负责中间纤维丝与基质的连接。除了这些锚定连接外，还有两类重要的细胞-细胞连接，紧密连接(tight junction)与缝隙连接(gap junction)。紧密连接接近细胞顶面(apical)，细胞通过紧密连接可封闭细胞间隙，阻止分子经由上皮漏出。在细胞底部(basal)有通道形成的连接(channel-forming junction)，称为缝隙连接，为连接毗邻细胞胞浆的通道。

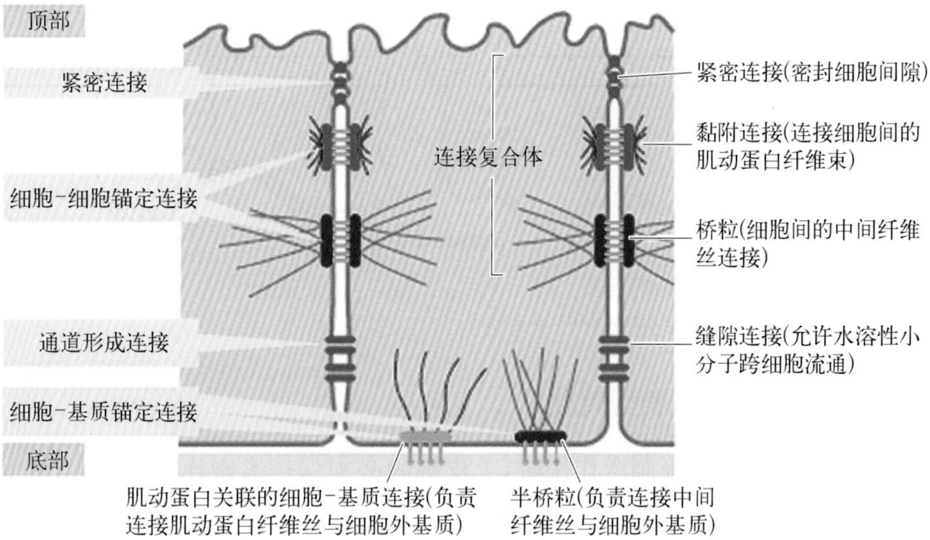

图 3－12 脊椎动物上皮中的各种细胞连接

Figure 3－12 Various cell junctions in a vertebrate epithelial cell

锚定连接的形成取决于跨膜黏附蛋白。跨膜黏附蛋白一端与细胞骨架相连，另一端与胞外的其他结构相连。这些细胞骨架相连的跨膜蛋白可分为 2 个超级家族：① 主要介导细胞-细胞黏附的钙黏着蛋白(cadherin)超级家族；② 主要负责细胞-基质黏附的整合素(integrin)超级家族。一般认为，钙黏着蛋白可与肌动蛋白连接形成黏附连接，或与中间纤维丝连接形成桥粒；而整合素与肌动蛋白连接则形成细胞-基质连接，与中间纤维丝连接则形成半桥粒。实际上，整合素可介导细胞-细胞连接和细胞-基质黏附二者。除此以外，可能还有其他细胞黏附分子参与细胞-细胞黏附。

3.3.2 整合素介导的细胞间黏附

在哺乳动物中至少有 22 种不同的整合素，各自识别特定的胶原蛋白、层粘连蛋白、纤连蛋白和/或其他基质蛋白。整合素的胞浆域与大量蛋白质关联形成黏附斑复合物(focal adhesion complex)，进而与细胞骨架的 F-肌动蛋白纤维相连(见图 3－13)。细胞骨架正是通过这种方式连接胞外基质纤维网的。

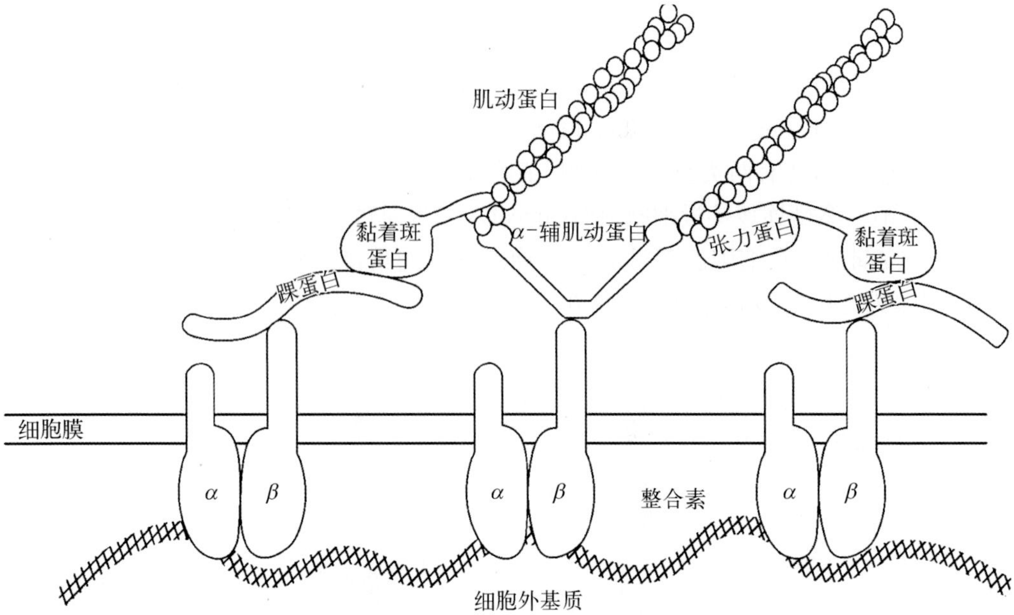

图 3-13 肌动蛋白、整合素与细胞外基质

Figure 3-13 Actin, integrins and extracellular matrix

3.3.3 细胞黏附与细胞表型转化

当上皮细胞受到牵张等刺激作用时，上皮细胞必须保持紧密连接。细胞-细胞锚定连接必须动态可调，能做出相应的改变或重排以适应组织重建与修复或响应力学刺激。

细胞在上皮中的装配是一个可逆过程。通过控制黏附分子的表达，分散未黏附的间质细胞(如成纤维细胞)，使其聚集一起形成上皮。相反，上皮细胞可以改变它们的表型，脱黏附、迁移离开成为独立细胞。这种上皮-间充质转化在正常的胚胎发育中起着重要作用。这种转化部分取决于 Slug、Snail 和 Twist 等转录调节蛋白，如上调 Twist 表达可控制上皮的间充质表型，下调则有相反作用。Twist 的作用部分通过抑制钙黏蛋白，如负责保持细胞黏附状态的 E-钙黏着蛋白的表达完成。

上皮-间充质转化还与癌症等疾病相关，许多癌症都起源于上皮，当癌细胞从起源上皮上逃逸、侵袭进入其他组织，倾向于扩张(恶性)而非常危险。

研究表明，力学刺激也可以调节 E-钙黏着蛋白的表达和分布，调节肝癌细胞的上皮-间充质转化[32]。流体切应力可诱导 E-钙黏着蛋白的丢失，诱导上皮-间充质转化的发生，撤销流体切应力刺激以后，肝癌细胞发生间充质-上皮转化。

本章作者及其团队最新研究还表明，1-磷酸鞘氨醇(sphingosine 1-phosphate，S1P)通过 1-磷酸鞘氨醇受体 1 作用于 MMP-7/syndecan-1/TGF-β 自分泌环，并进一步诱导肝癌细胞发生上皮-间充质转化(见图 3-14)。TGF-β 中和抗体或 syndecan-1 基因沉默，可显著抑制 S1P 诱导的肝癌细胞侵袭。同时，TGF-β 中和抗体或 syndecan-1 基因沉默，还能显著抑制 S1P 诱导的肝癌细胞形态和上皮-间充质转化的表型标记物变化。S1P 作用下，

MMP－7 活性和表达上调可致 Syndecan－1 丢失，并促进 TGF－β 的生成。研究还发现，TGF－β 可促进 Syndecan－1 的丢失，该过程可被 MMP－7 基因沉默所抑制。因而提示，在 S1P 作用下，存在一个 MMP－7/Syndecan－1/TGF－β 的自分泌环。但是，Syndecan－1 沉默可基本废除 S1P 诱导的 TGF－β 生成。因此，TGF－β 不会无终止的生成，而 Syndecan－1 似乎是该自分泌环中的制动系统。

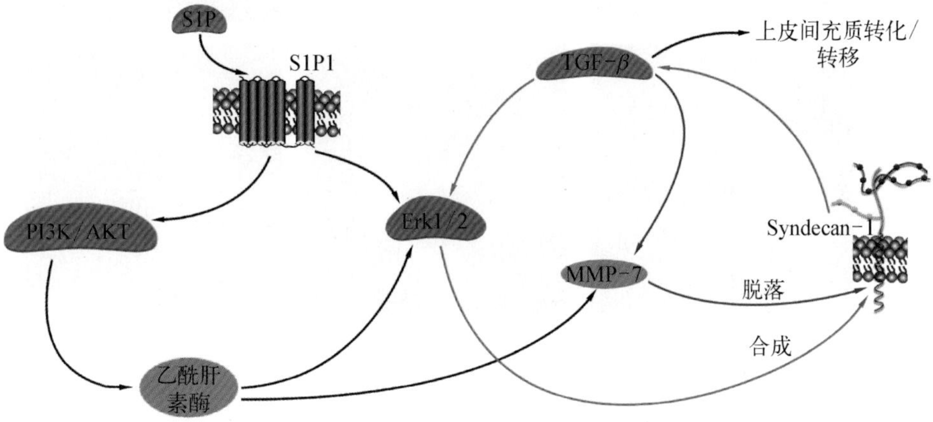

图 3－14　S1P 诱导 HepG2 细胞发生上皮-间充质转化

Figure 3－14　S1P－induced epithelial to mesenchymal transition (EMT) of HepG2 mediated by syndecan－1 and TGF－β1

细胞外基质与细胞-细胞连接间存在重要的相互作用。硫酸乙酰肝素聚糖蛋白 syndecan－1 是上皮细胞外基质的主要成分之一[33-35]。研究表明，血管内皮细胞表面硫酸乙酰肝素(heparan sulfate，HS)受流体切应力调控(见图 3－15)。血管内皮糖萼可响应流体切应力刺激，发生特异性重构(见图 3－15)。15×10^{-5} N/cm^2 流体切应力作用 30 min，可诱导 HS 聚集于细胞间(快速变化)；作用 24 h 后，HS 重新覆盖整个细胞表面(适应性重构)[36,37]，呈现与在体大、小鼠主动脉中相似的分布[38]。但是，力学信号对细胞外基质的调控是否会影响上皮-间充质转换，尚需要进一步研究。

3.3.4　细胞迁移与力学调控

3.3.4.1　细胞迁移

细胞迁移(cell migration，cell locomotion)，也称为细胞移行、细胞移动或细胞运动，是指细胞在接收到迁移信号或感受到某些物质的浓度梯度后而产生的移动。细胞迁移为细胞头部伪足的延伸、新的黏附建立、细胞体尾部收缩的时空上交替过程。细胞骨架及其结合蛋白是这一过程的物质基础，另外还有多种物质对之进行精密调节[39]。细胞迁移是目前细胞生物学研究的热点之一。

细胞定向迁移是一种重要的生命活动。例如，淋巴细胞的定向迁移是其分化成熟和发挥功能的关键，幼稚淋巴细胞在活化与分化的过程中，受趋化因子作用先从外周血定向迁移

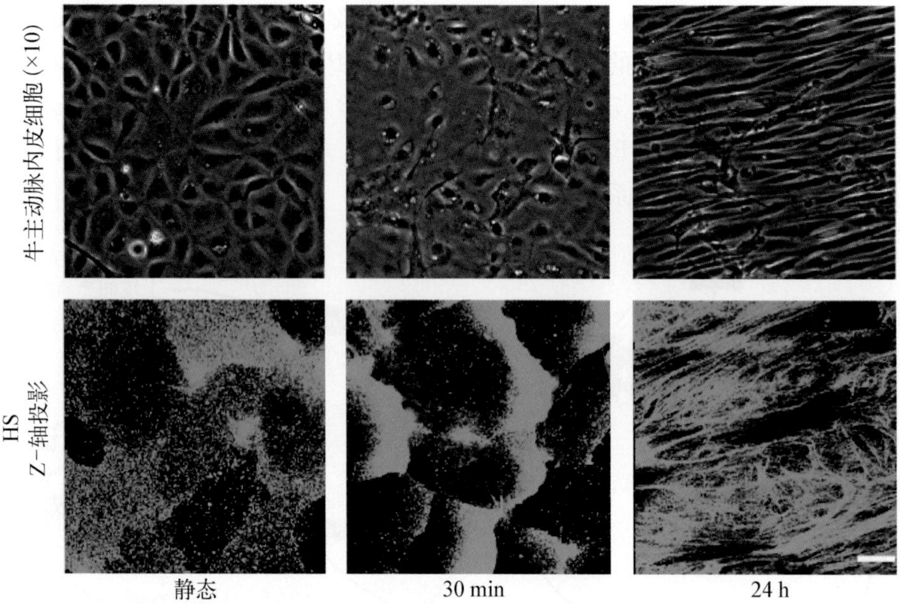

图 3-15 牛主动脉内皮细胞及其细胞表面 HS 对流体切应力的动态响应[36,37]
流体剪切力：15×10^{-5} N/cm^2（标尺：20 μm）

Figure 3-15 The dynamic remodeling of BAECs and cell surface heparan sulfate (HS)

至淋巴结，分化成熟为 T 效应细胞后，再迁移到疾病或炎症灶发挥效应；神经细胞定向迁移的缺陷，会导致脑结构和功能的异常；新生血管发生也需要血管内皮细胞向靶组织的定向迁移。从另一方面看，细胞的异常迁移则与肿瘤的恶变，即侵润和转移有关。细胞定向迁移又是一个复杂的生物学过程。当细胞感受到胞外引导信号的作用时，将产生首尾极性以确定运动方向，最后通过细胞骨架和膜的动态变化产生定向迁移。

细胞迁移具有“步缓力微”的运动特性。细胞迁移是通过胞体形变进行的定向移动，这有别于其他，如细胞靠鞭毛或纤毛的运动，或是细胞随血流而发生的位置变化，而且就移动速度来看，细胞迁移要慢得多。成纤维细胞的移动速度为 1 μm/min，而精子的平均游动速度为 56.44 μm/s，即 3 386.4 μm/min，两者大约差距 3 000 倍以上。细胞迁移用力甚轻，成纤维细胞胞体收缩的力只有 2×10^{-7} N，而角膜细胞的则是 2×10^{-8} N（1 N 约为人用手举起一个鸡蛋所用的力）。不同类型的细胞迁移速度差异很大。一些上皮类细胞和小脑颗粒层细胞每分钟的移动距离远小于 1 μm，而一些“职业迁移细胞”，如中性粒细胞的迁移速度则快得多，可达 5～10 μm/min。

尽管不同类型细胞在形态、功能和迁移速度上存在差异，所有迁移中的细胞都具有一些类似的特征。其中最显著的特征就是细胞在移动平面上沿前后轴线的极化(polarization)。尤其是当细胞在二维平面上爬行时，很容易区别其前端和后端。前端形成一个扁平的、无细胞器的扇形突出，称为片状伪足(lamellipodium)，后端是细胞体的主体并延伸成尾足(uropod)。

3.3.4.2 细胞迁移的基本过程

细胞迁移是一动态过程，涉及多个环节，与细胞骨架、细胞-ECM 的黏附和 ECM 的成分变化有关。细胞肌动蛋白纤维排列的高度有序化影响细胞力学属性与信号传导。动物细胞的肌动蛋白纤维可构成几种主要排列：树枝状网（dendritic networks）、束（bundles）和网状（weblike, gel-like）网络（见图 3-16）。

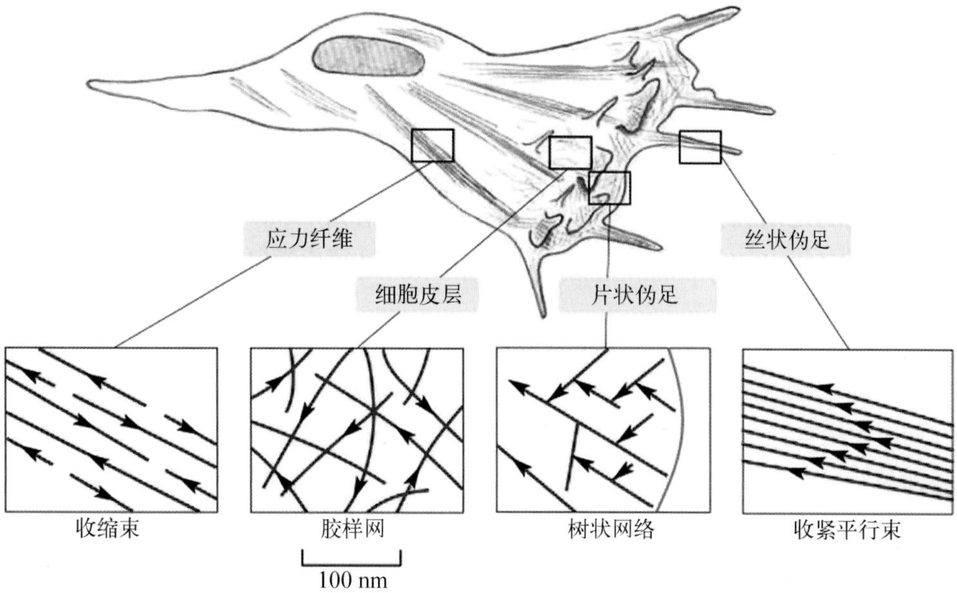

图 3-16 细胞中的肌动蛋白排布（在组织培养板上爬行的成纤维细胞）
Figure 3-16 Actin arrays in a cell

在动物细胞中，几乎所有的细胞运动都以爬行的方式进行（除游动的精子外）。在胚胎发育期间，细胞个体向特定目标区域迁移以及整个上皮层协调的运动筑造了动物结构。在成年动物中，巨噬细胞和嗜中性粒细胞向感染位点爬行、吞噬外来入侵者是免疫系统的重要组成部分。破骨细胞从骨中逃逸，形成通道填充成骨细胞，继而发生连续的骨重建与骨更新。成纤维细胞可迁移穿过结缔组织，帮助组织重建或损伤修复。细胞迁移并不都是有利的。在许多癌症中，细胞从肿瘤原发灶侵袭入邻近组织、爬行进入血管或淋巴管，然后出现在机体的其他部位形成转移。

细胞迁移是一个依赖于肌动蛋白的复杂过程。细胞迁移涉及 3 种不同的活动：① 突起，细胞膜前端形成突起（protrusion）；② 黏附，细胞膜与基底通过细胞骨架连接形成黏附（attachment）；③ 牵拉（traction），将大量的尾随细胞质拖曳向前。在成纤维细胞中，这些活动基本独立且无序。

目前把细胞迁移过程大致分成 4 步：① 细胞前端伸出片状伪足（lamillipodia）；② 细胞前端伪足和 ECM 形成新的细胞黏着；③ 细胞体收缩；④ 细胞尾端和周围基质黏着解离，细胞向前运动。细胞前端突起是细胞运动的第一步。不同的细胞可形成不成的突起，细胞突起的主要类型有片状伪足（lamillipodia）和丝状伪足（filopodia）。当细胞骨架与黏着斑间有较强的相互作用，肌动蛋白介导的突起可推动细胞前端向前。如果细胞骨架与黏着斑间的相互作用松散，细胞前端聚集的压力以及肌球蛋白（myosin）依赖的收缩将导致细胞后溜，这种现象叫逆流(retrograde flow)。运动细胞产生的牵引力可对基底产生一个明显的拉力。体内细胞一般在由细胞外基质构成的半柔性基底上移动,细胞运动产生的力可以使细胞外基质变形与重排。相反,作用于细胞上的机械应变与牵张可以促使细胞应力纤维和黏着斑的装配,使细胞变得更有收缩性。当前,对于可以帮助脊椎动物构成自身的细胞及其物理环境间的相互作用所知仍甚少。

在迁移过程中,细胞内细胞骨架蛋白的动态组装、细胞和 ECM 之间黏着的动态变化、周围基质的重塑等以及这些反应在迁移过程中的协调涉及复杂的信号调节。细胞迁移需要胞外、胞内信号分子调控细胞骨架动力装置所给予的驱动力与肌动蛋白细胞骨架介导的黏附所提供的锚定力之间的协调运作。近来研究认为黏着斑(focal adhension)、黏着斑激酶(focal adhension kinase,FAK)、整合素(integrin)及 Rho 家族蛋白等在调控细胞迁移中发挥重要作用。

黏着斑是细胞和 ECM 接触的部位,在黏着斑部位募集了许多信号转导蛋白和结构蛋白,从而使其成为细胞迁移信号转导的部位。整合素的聚集引起 FAK 在黏着斑部位的快速集中并同时发生自身酪氨酸磷酸化(如第 397 位酪氨酸的磷酸化);FAK 的自身磷酸化进一步使多种黏着斑相关蛋白(如桩蛋白 paxillin)酪氨酸磷酸化,从而介导细胞迁移信号的传导和整合。

在人类已发现 20 多种 Rho 家族成员,它们是相对分子质量为$(20\sim40)\times10^3$的单体小 G 蛋白,作为分子开关控制细胞信号转导途径。Rho 使肌动-肌球蛋白丝聚集成应力纤维,还可使整合素以及相关蛋白质在局部形成黏着斑复合物;Rac 和 Cdc42 通过促进肌动蛋白丝的聚合诱导细胞头部伪足形成、延伸;Cdc42 调节细胞极性和细胞迁移方向;这 3 种蛋白还可以不同方式影响微管细胞骨架和基因转录。

近期研究还表明,水通道蛋白(aquaporin,AQP)在细胞迁移过程中亦起着重要的作用[40]。AQP 是一族广泛表达于上皮和内皮细胞膜上、选择性高效转运水分子的特异孔道。迁移中的细胞主要通过细胞前端伪足和后端胞体中不同的骨架机制实现其有效的移动,而在细胞迁移中处于极性分布的细胞膜离子通道(如后部质膜上的对机械敏感的 Ca^{2+} 通道、K^+ 通道、Cl^- 通道等)和离子转运体(前部伪足质膜上的 Na^+/H^+ 交换体 NHE1、阴离子交换体 AE2、Na^+-HCO_3^- 共转运体 NBC1 等[41]),可以通过调节胞浆中的 Ca^{2+} 浓度及细胞体积变化两种途径协助细胞的移动。由于跨膜离子转运主导的细胞体积调控节伴随着渗透压驱动的跨膜水转运,因此细胞膜水通道蛋白在血管生成和细胞迁移中发挥重要作用。

3.3.4.3 切应力可调节血管内皮细胞迁移

细胞迁移机制相当复杂,涉及许多信号在包括细胞骨架动力学变化、信号转导、迁移细胞与周围细胞或胞外基质的黏附和解离等过程中的时空传递。近年来,切应力在内皮细胞中传递与转导机制的研究已取得重大进展,研究者们认为切应力诱导内皮细胞的信号可经由两条途径转导:一是通过细胞骨架的改变,修饰受体活性和跨膜通道,将切应力信号传递到胞内;二是通过力学敏感型受体引起的一系列生化反应,从胞浆侧膜上的分子传导至第二信使，激活蛋白激酶途径。血管内皮细胞表面存在的这些力学感受器将应力传入细胞内，可进一步引起细胞变形、铺展(spreading)、运动和形状改变。

血管中血液流动产生的切应力主要由血管内皮细胞感受。前期研究表明，细胞膜上CXCL8受体CXCR1和CXCR2是感受切应力强度刺激的一种重要感受器[42,43]。利用经典的平行平板流动腔系统，对不同强度切应力(5.56×10^{-5} N/cm^2、10.02×10^{-5} N/cm^{2}和15.27×10^{-5} N/cm^2)作用下内皮细胞EA.hy926细胞的CXCR1和CXCR2表达情况进行了研究[42,43]。结果表明，流体切应力能调节CXCL8受体mRNA和蛋白表达。5.56×10^{-5} N/cm^{2}切应力使CXCR1、CXCR2 mRNA和蛋白表达增加；15.27×10^{-5} N/cm^{2}切应力使两种受体mRNA和蛋白表达降低。CXCL8受体阻断后还可抑制切应力诱导的血管内皮细胞迁移。

3.3.4.4 切应力诱导内皮细胞迁移的分子机制研究进展

小G蛋白Rho GTPases，其主要成员包括RhoA、Rac1和Cdc42，在内皮细胞迁移过程中起着重要的调节作用。同样，它们在切应力诱导的血管内皮细胞迁移中，也发挥着重要作用。Rac1蛋白稳定表达持续活化(Rac1Q61L)显著促进切应力及IL-8诱导的血管内皮细胞迁移，而Rac1蛋白抑制(Rac1T17N)则抑制切应力及IL-8诱导的血管内皮细胞迁移。因此，CXCL8受体(CXCR1、CXCR2)、Rho GTPases可能是将力学、化学信号进行“耦合”的关键信号分子[44]。

最新研究还表明，血管内皮细胞表面的糖萼主要的糖胺聚糖(glycosaminoglycan，GAG)硫酸乙酰肝素(heparan sulfate，HS)在CXCL8诱导的血管内皮细胞迁移中发挥重要作用[45]。HS降解(heparinase Ⅲ作用)，使CXCL8诱导的Rho-GTP酶(RhoA、Rac1和Cdc42)表达及活性降低。同样，HS降解可抑制CXCL8诱导的细胞骨架重构(见图3-17)。静息条件

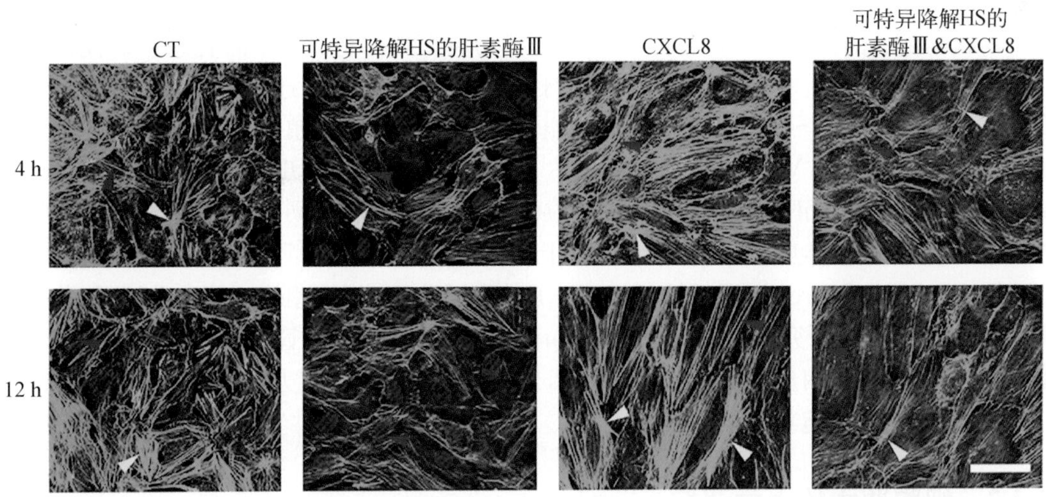

图3-17 硫酸乙酰肝素(HS)降解可抑制CXCL8诱导的细胞骨架重构
细胞骨架染色使用鬼笔环肽。细胞骨架：绿色；DAPI：蓝色；红色、黄色箭头分别指示肌动蛋白纤维丝和应力束；激光共聚焦显微镜拍摄(标尺：50 μm)

Figure 3-17 Heparinase Ⅲ inhibited the CXCL8-induced actin cytoskeleton reorganization

下，人脐静脉内皮细胞(HUVECs)的细胞外周分布有致密外周肌动蛋白，肌动蛋白微丝散乱分布、呈现出松散的网状结构。HS降解以后，肌动蛋白网解聚，应力纤维丝明显变细、纤维束明显变小。CXCL8可诱导肌动蛋白细胞骨架的聚合与极化。细胞骨架在CXCL8承受趋化应力负载，呈现出拉紧的应力纤维束。HS降解可破坏CXCL8诱导的细胞骨架聚合与极化。因此，硫酸乙酰肝素介导了CXCL8诱导的细胞骨架重排。基于硫酸乙酰肝素在细胞趋化迁移中的重要作用，及其可响应流体切应力刺激，发生特异性重构[36,37]的重要认识基础之上，推测血管内皮糖萼可能也是一种值得深入研究的力学信号转导的关键信号分子。

3.4 细胞周期的力学调控

3.4.1 细胞增殖的力学调控

3.4.1.1 细胞增殖

细胞增殖是生物体生长、发育、繁殖及遗传的基础。细胞以分裂的方式进行增殖，真核细胞分裂的方式包括无丝分裂、有丝分裂及减数分裂这3种。其中有丝分裂是动物及人体细胞进行增殖的主要方式。调控细胞增殖的途径包括PI3K - Akt、MAPKs、TGFβ - Smad等。

3.4.1.2 细胞增殖的力学调控

研究发现，力学刺激可通过影响细胞增殖相关信号分子调控细胞增殖。Kruppel -样转录因子(Kruppel-like transcription factor，KLF)是一类具有锌指结构的转录因子，广泛参与细胞增殖、凋亡的调控过程。KLF2在成熟内皮细胞中表达，是一种剪切应力敏感的转录因子。层流剪切应力促进KLF2的表达，而湍流剪切应力则抑制KLF2的表达[46]。流体剪切应力(fluid sheer stress，FSS)能够抑制人牙周膜细胞的增殖和迁移，但能促进其成骨分化[47]。低切应力(0.1～2.5×10^{-5} N/cm^2)能明显促进EPC的增殖，同时增加其内皮细胞表面标志KDR，Flt - 1，VE - cadherin等表达[48]。轨道状流体剪切应力(orbital fluid shear stress，OFSS)会促进正常人成骨细胞的线粒体代谢和细胞增殖，同时抑制细胞凋亡，提示适当幅度的轨道状流体剪切应力可能应用于临床以促进骨再生[49]。此外，周向机械牵张(cyclic mechanical stretch)通过抑制TGF - β信号通路促进小鼠胚胎心肌细胞增殖，使心室收缩功能增加[50]。研究发现核膜蛋白nesprin2和LaminA是血管内皮细胞上新的力学敏感性分子，参与调控内皮细胞的增殖和凋亡，低强度的流体剪切应力会抑制两种核蛋白的表达，导致血管内皮细胞功能紊乱[20]。

3.4.2 细胞凋亡的力学调控

3.4.2.1 细胞凋亡

细胞凋亡(apoptosis)是一种由基因调控的细胞自主性死亡方式，由于其受到严格的由遗传决定的程序化调控，所以也常常称为细胞程序性死亡(programmed cell death，PCD)。

与细胞增殖一样，细胞凋亡也是受基因调控的精确过程，研究得较多的基因有 Caspase 基因家族、Bcl－2、Fas/APO－1、抑癌基因 P53、Apaf－1 等。目前发现真核细胞主要经死亡受体介导的信号转导途径、内部线粒体途径、B 粒酶介导的细胞凋亡途径及内质网应激(endoplasmic reticulum stress，ERS)途径等介导细胞发生凋亡。

3.4.2.2 细胞凋亡的力学调控

在众多诱发细胞凋亡的因素中，机械力学刺激能通过影响细胞线粒体、骨架系统、与细胞凋亡相关的原癌基因或抑癌基因及信号分子等，从而参与对细胞凋亡的调控。研究表明，周向机械牵张刺激诱发平滑肌细胞发生内质网应激相关凋亡及炎症，导致胸腹主动脉瘤的发生发展[51]。此外，层流剪切应力(laminar shear stress，LSS)而非振荡剪切应力(oscillatory shear stress，OSS)能够引起 4 种肿瘤细胞凋亡，凋亡过程是由骨形成蛋白受体，Smad1/5 及 P38 MAPK 介导[52]。Bin 等发现 FSS 通过 ERK5－AKT－FoxO3a－Bim/FasL 信号途径抑制肿瘤坏死因子 α(tumor necrosis factor－α，TNF－α)诱导的成骨细胞凋亡，从而起到保护作用[53]。

3.4.3 细胞周期的力学调控

3.4.3.1 细胞周期

细胞周期是细胞增殖周期的简称，是指细胞从前一次分裂结束起到下一次分裂结束为止的活动过程。真核生物的细胞周期分为 4 个阶段，即 DNA 合成前期(G1 期)、DNA 合成期(S 期)、DNA 合成后期(G2 期)和有丝分裂期(M 期)，前 3 个阶段统称为分裂间期。

细胞周期可归结为一系列蛋白质的周期性表达、激活和降解，其中周期蛋白依赖性的蛋白激酶(cyclin-dependent kinases，CDKs)及细胞周期蛋白(cyclin)是两类重要的调控因子。CDKs 属于丝氨酸/苏氨酸蛋白激酶家族，主要作用是启动 DNA 的复制和诱发细胞的有丝分裂，但只有当 CDKs 与 cyclin 结合形成复合物时，CDKs 才具有活性。目前公认的 CDKs 有 9 种，但只有 CDK1、CDK2、CDK4、CDK6、CDK7 在细胞周期中是有活性的。除了 cyclin，CDKs 的活性还受到 CDK 抑制因子 CKIs 的调节。CKIs 属于 INK4 或 CIP/KIP 家族，其作用是使细胞周期停留在 G1 期[54]。

不同的细胞周期时间点对应不同的 cyclin。在 G1 期细胞表达 3 种 cyclin，即 cyclin D1、cyclin D2、cyclin D3；cyclin E 也表达于 G1 期，它与 CDK2 结合；cyclin D－CDK4/6 及 cyclin E－CDK2 共同磷酸化 RB 家族蛋白，从而抑制 E2F 的表达，促进 E2F 靶基因的转录，使细胞完成 G1/S 期的转换，即通过 G1 期中的“限制点”(restriction point，R)；cyclin A 不仅表达于 S 期，对于 G2 向 M 期的转换也很重要；cyclin B 表达于分裂期，与 CDK1 结合；CDK7 与 cyclin H 结合，存在于细胞周期的所有时相中。细胞周期的调控机制如图 3－18 所示[54]。

3.4.3.2 细胞周期的力学调控

力学刺激可通过影响一些细胞周期调节因子或癌基因如 Egr－1、c－fos、CDC42 等表

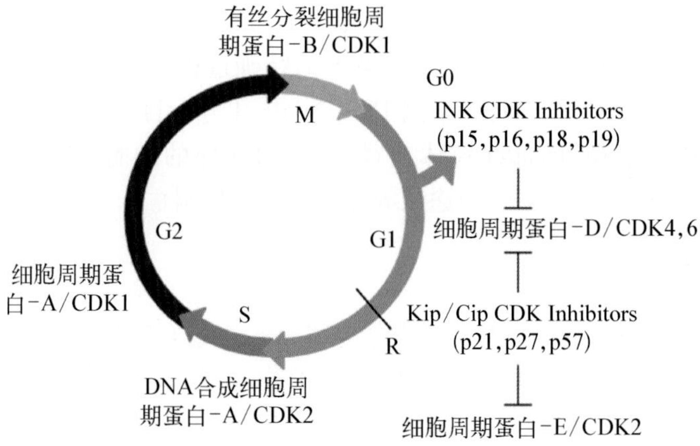

图 3-18 细胞周期示意图[54]

Figure 3-18 Schematic diagram of cell cycle

达，参与对细胞周期的调控。研究发现，给予静息态的上皮细胞施加机械应变能够诱导细胞快速地再次进入细胞周期，该过程是通过 E 钙黏素依赖的 Yap-1 和 β-catenin 的激活介导的[55]。低剪切应力（low shear stress，LSS）对于维持间充质干细胞（mesenchymal stem cells，MSCs）的静息态（即使其停留在 G0 期或 G1 期）至关重要，同时抑制 MSCs 的凋亡[56]。成骨细胞的迁移与其细胞周期有关，同时也受到 FSS 的调控[57]。

除了对力学刺激敏感的细胞外，一些肿瘤细胞（如肝癌、肺癌、结肠癌细胞等）的增殖及细胞周期也受到力学刺激的调控（见图 3-19），但机械力是通过影响纺锤体的形成或是其他

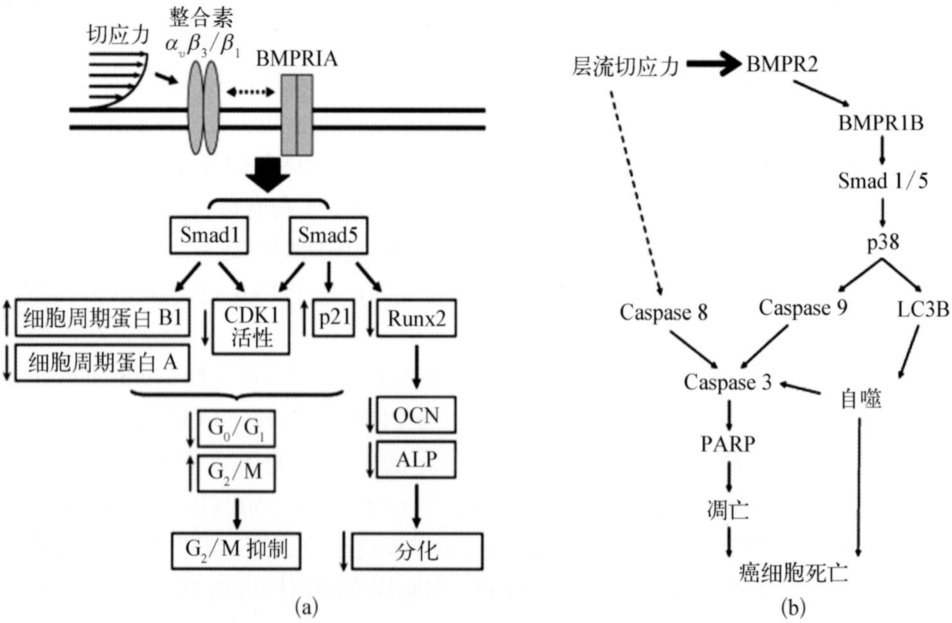

图 3-19 力学刺激调节细胞周期示意图[52,58]

Figure 3-19 Schematic representation of the signaling pathways regulating cell cycle and differentiation in tumor cells in response to shear stress

途径(如周期蛋白表达),从而影响肿瘤细胞生长行为还有待于进一步探索。围绕在肿瘤组织间的间隙流能影响细胞的力学微环境,从而调控肿瘤细胞的生长和代谢,提示力学微环境在调控肿瘤细胞基因表达、细胞周期及生物学功能中具有重要作用。

此外,一些 MicroRNAs (miRNAs)也具有力学敏感性,比如 miR - 10a、miR - 19a、miR - 23b、miR - 17 - 92 及 miR - 21 等能响应力学刺激的调控。研究表明,流体力学的改变可以通过调节 miRNAs 表达,影响血管内皮细胞的细胞周期,从而损伤其功能,最终导致动脉粥样硬化[59]。因此,力学敏感的 miRNAs 也可能是治疗动脉粥样硬化的潜在靶点。

(刘小菁 李良 曾烨)

参考文献

[1] Alberts B, Johnson A, Lewis J L, et al. Molecular Biology of the Cell[M]. New York: Garland Science, Taylor & Francis Group, LLC, 2015.

[2] Nicolson G L. The fluid-mosaic model of membrane structure: still relevant to understanding the structure, function and dynamics of biological membranes after more than 40 years[J]. Biochimica et Biophysica Acta, 2014, 1838: 1451 - 1466.

[3] Gasparski A N, Beningo K A. Mechanoreception at the cell membrane: More than the integrins[J]. Archives of Biochemistry and Biophysics, 2015, 586: 20 - 26.

[4] Morgan C P, Barr-Gillespie P G. Mechanotransduction: the elusive hair cell transduction channel revealed[J]. Current Biology, 2013, 23: R887 - 890.

[5] Beedle A E, Williams A, Relat-Goberna J, et al. Mechanobiology-chemical origin of membrane mechanical resistance and force-dependent signaling[J]. Current Opinion in Chemical Biology, 2015, 29: 87 - 93.

[6] Biwer L, Isakson B E. Endoplasmic reticulum mediated signaling in cellular microdomains[J]. Acta Physiologica (Oxf.), 2017, 219: 162 - 175.

[7] 吴思媛,陆立慧,赵明月,等.钙网蛋白在压力超负荷心肌重塑中的作用研究[J]. 生物医学工程学杂志,2016,33: 523 - 530.

[8] 吴思媛,刘小菁.线粒体结合内质网膜及其在疾病中作用的研究进展[J].生物医学工程学杂志,2016,33: 201 - 207.

[9] Vance D E. Physiological roles of phosphatidylethanolamine N - methyltransferase[J]. Biochimica et Biophysica acta, 2013, 1831: 626 - 632.

[10] Dahlmans D, Houzelle A, Schrauwen P, et al. Mitochondrial dynamics, quality control and miRNA regulation in skeletal muscle: implications for obesity and related metabolic disease[J]. Clinical Science, 2016, 130: 843 - 852.

[11] Wai T, Langer T. Mitochondrial dynamics and metabolic regulation[J]. Trends in Endocrinology and Metabolism, 2016, 27: 105 - 117.

[12] Miragoli M, Sanchez-Alonso J L, Bhargava A, et al. Microtubule-dependent mitochondria alignment regulates calcium release in response to nanomechanical stimulus in heart myocytes[J]. Cell Reports, 2016, 14: 140 - 151.

[13] Globus R K. Extracellular matrix and integrin interactions in the skeletal responses to mechanical loading and unloading[J]. Clinical Reviews in Bone and Mineral Metabolism, 2008, 5: 210 - 221.

[14] Yamada M, Sekiguchi K. Molecular basis of laminin-integrin interactions[J]. Current Topics in Membranes, 2015, 76: 197 - 229.

[15] Brahler S, Ising C, Barrera A B, et al. The NF - kappaB essential modulator (NEMO) controls podocyte cytoskeletal dynamics independently of NF - kappaB[J]. American Journal of Physiology Renal Physiology, 2015, 309: F617 - 626.

[16] Aguilar A, Wagstaff K M, Suarez-Sanchez R, et al. Nuclear localization of the dystrophin-associated protein alpha-dystrobrevin through importin alpha2/beta1 is critical for interaction with the nuclear lamina/maintenance of nuclear integrity[J]. FASEB Journal, 2015, 29: 1842 - 1858.

[17] Berk J M, Simon D N, Jenkins-Houk C R, et al. The molecular basis of emerin-emerin and emerin - BAF interactions[J]. Journal of Cell Science, 2014, 127: 3956 - 3969.

[18] Tisherman R, Coelho P, Phillibert D, et al. NF - kappaB signaling pathway in controlling intervertebral disk cell response to inflammatory and mechanical stressors[J]. Physical Therapy, 2016, 96: 704 - 711.
[19] Kaminski A, Fedorchak G R, Lammerding J. The cellular mastermind-mechanotransduction and the nucleus[J]. Progress in Molecular Biology and Translational Science, 2014, 126: 157 - 203.
[20] Han Y, Wang L, Yao Q P, et al. Nuclear envelope proteins Nesprin2 and LaminA regulate proliferation and apoptosis of vascular endothelial cells in response to shear stress[J]. Biochimica et Biophysica Acta, 2015, 1853: 1165 - 1173.
[21] Ho C Y, Jaalouk D E, Vartiainen M K, et al. Lamin A/C and emerin regulate MKL1 - SRF activity by modulating actin dynamics[J]. Nature, 2013, 497: 507 - 511.
[22] Lee D A, Knight M M, Campbell J J, et al. Stem cell mechanobiology[J]. Journal of Cellular Biochemistry, 2011, 112: 1 - 9.
[23] Akhmanova M, Osidak E, Domogatsky S, et al. Physical, spatial, and molecular aspects of extracellular matrix of in vivo niches and artificial scaffolds relevant to stem cells research [j]. Stem Cells International, 2015, 2015: 167025.
[24] Shen Y, Nakajima M, Yang Z, et al. Single cell stiffness measurement at various humidity conditions by nanomanipulation of a nano-needle[J]. Nanotechnology, 2013, 24: 145703.
[25] 贾欣华,冯建涛,敖卓,等.高血压心肌肥厚状态下心肌细胞微尺度刚度变化的实验研究[J].电子显微学报,2014,33: 264 - 270.
[26] Stroka K M, Konstantopoulos K. Physical biology in cancer. 4. Physical cues guide tumor cell adhesion and migration [J]. American Journal of Physiology Cell Physiology, 2014, 306: C98 - C109.
[27] Shih Y R, Tseng K F, Lai H Y, et al. Matrix stiffness regulation of integrin-mediated mechanotransduction during osteogenic differentiation of human mesenchymal stem cells[J]. Journal of Bone and Mineral Research, 2011, 26: 730 - 738.
[28] Matthews B D, Thodeti C K, Tytell J D, et al. Ultra-rapid activation of TRPV4 ion channels by mechanical forces applied to cell surface beta1 integrins[J]. Integrative Biology, 2010, 2: 435 - 442.
[29] Gong H, Shen B, Flevaris P, et al. G protein subunit Galpha13 binds to integrin α Ⅱ bβ3 and mediates integrin "outside-in" signaling[J]. Science, 2010, 327: 340 - 343.
[30] Hien T T, Turczynska K M, Dahan D, et al. Elevated glucose levels promote contractile and cytoskeletal gene expression in vascular smooth muscle via Rho/protein kinase C and actin polymerization [J]. The Journal of Biological Chemistry, 2016, 291: 3552 - 3568.
[31] Fischer M, Rikeit P, Knaus P, et al. YAP - mediated mechanotransduction in skeletal muscle[J]. Frontiers in Physiology, 2016, 7: 41.
[32] Liu S, Zhou F, Shen Y, et al. Fluid shear stress induces epithelial-mesenchymal transition (EMT) in Hep - 2 cells [J]. Oncotarget, 2016, 7: 32876 - 32892.
[33] Zeng Y, Adamson R H, Curry F R, et al. Sphingosine - 1 - phosphate protects endothelial glycocalyx by inhibiting syndecan - 1 shedding[J]. Am J Physiol Heart Circ Physiol, 2014, 306: H363 - 372.
[34] Zeng Y, Liu X H, Tarbell J, et al. Sphingosine 1 - phosphate induced synthesis of glycocalyx on endothelial cells[J]. Exp Cell Res, 2015, 339: 90 - 95.
[35] Zeng Y, Ebong E E, Fu B M, et al. The structural stability of the endothelial glycocalyx after enzymatic removal of glycosaminoglycans[J]. PLoS One, 2012, 7: e43168.
[36] Zeng Y, Tarbell J M. The adaptive remodeling of endothelial glycocalyx in response to fluid shear stress[J]. PLoS One, 2014, 9: e86249.
[37] Zeng Y, Waters M, Andrews A, et al. Fluid shear stress induces the clustering of heparan sulfate via mobility of glypican - 1 in lipid rafts[J]. Am J Physiol Heart Circ Physiol, 2013, 305: H811 - 820.
[38] Yen W Y, Cai B, Zeng M, et al. Quantification of the endothelial surface glycocalyx on rat and mouse blood vessels [J]. Microvascular Research, 2012, 83: 337 - 346.
[39] Chien S, Li S, Shiu Y T, et al. Molecular basis of mechanical modulation of endothelial cell migration[J]. Front Biosci, 2005, 10: 1985 - 2000.
[40] Papadopoulos M C, Saadoun S, Verkman A S. Aquaporins and cell migration[J]. Pflugers Arch, 2008, 456: 693 - 700.
[41] Luo J, Sun D. Physiology and pathophysiology of Na(+)/H(+) exchange isoform 1 in the central nervous system

[J]. Current Neurovascular Research, 2007, 4: 205 - 215.

[42] Zeng Y, Sun H R, Yu C, et al. CXCR1 and CXCR2 are novel mechano-sensors mediating laminar shear stress-induced endothelial cell migration[J]. Cytokine, 2011, 53: 42 - 51.

[43] Zeng Y, Shen Y, Huang X L, et al. Roles of mechanical force and CXCR1/CXCR2 in shear-stress-induced endothelial cell migration[J]. European Biophysics Journal, 2012, 41: 13 - 25.

[44] Lai Y, Shen Y, Liu X H, et al. Interleukin - 8 induces the endothelial cell migration through the activation of phosphoinositide 3 - kinase - Rac1/RhoA pathway[J]. International Journal of Biological Sciences, 2011, 7: 782 - 791.

[45] Yan Z, Liu J, Xie L, et al. Role of heparan sulfate in mediating CXCL8 - induced endothelial cell migration[J]. PeerJ, 2016, 4: e1669.

[46] Egorova A D, DeRuiter M C, de Boer H C, et al. Endothelial colony-forming cells show a mature transcriptional response to shear stress[J]. In vitro Cellular & Developmental Biology Animal, 2012, 48: 21 - 29.

[47] Zheng L, Chen L, Chen Y, et al. The effects of fluid shear stress on proliferation and osteogenesis of human periodontal ligament cells[J]. Journal of Biomechanics, 2016, 49: 572 - 579.

[48] Obi S, Yamamoto K, Ando J. Effects of shear stress on endothelial progenitor cells[J]. Journal of Biomedical Nanotechnology, 2014, 10: 2586 - 2597.

[49] Aisha M D, Nor-Ashikin M N, Sharaniza A B, et al. Orbital fluid shear stress promotes osteoblast metabolism, proliferation and alkaline phosphates activity in vitro[J]. Exp Cell Res, 2015, 337: 87 - 93.

[50] Banerjee I, Carrion K, Serrano R, et al. Cyclic stretch of embryonic cardiomyocytes increases proliferation, growth, and expression while repressing Tgf-beta signaling[J]. Journal of Molecular and Cellular Cardiology, 2015, 79: 133 - 144.

[51] Jia L X, Zhang W M, Zhang H J, et al. Mechanical stretch-induced endoplasmic reticulum stress, apoptosis and inflammation contribute to thoracic aortic aneurysm and dissection[J]. The Journal of Pathology, 2015, 236: 373 - 383.

[52] Lien S C, Chang S F, Lee P L, et al. Mechanical regulation of cancer cell apoptosis and autophagy: roles of bone morphogenetic protein receptor, Smad1/5, and p38 MAPK[J]. Biochimica et Biophysica Acta, 2013, 1833: 3124 - 3133.

[53] Bin G, Bo Z, Jing W, et al. Fluid shear stress suppresses TNF - alpha-induced apoptosis in MC3T3 - E1 cells: Involvement of ERK5 - AKT - FoxO3a - Bim/FasL signaling pathways[J]. Exp Cell Res, 2016, 343: 208 - 217.

[54] Hardwick L J, Ali F R, Azzarelli R, et al. Cell cycle regulation of proliferation versus differentiation in the central nervous system[J]. Cell and Tissue Research, 2015, 359: 187 - 200.

[55] Benham-Pyle B W, Pruitt B L, Nelson W J. Cell adhesion. Mechanical strain induces E - cadherin-dependent Yap1 and beta-catenin activation to drive cell cycle entry[J]. Science, 2015, 348: 1024 - 1027.

[56] Luo W, Xiong W, Zhou J, et al. Laminar shear stress delivers cell cycle arrest and anti-apoptosis to mesenchymal stem cells[J]. Acta Biochimica et Biophysica Sinica, 2011, 43: 210 - 216.

[57] Shirakawa J, Ezura Y, Moriya S, et al. Migration linked to FUCCI - indicated cell cycle is controlled by PTH and mechanical stress[J]. Journal of Cellular Physiology, 2014, 229: 1353 - 1358.

[58] Chang S F, Chang C A, Lee D Y, et al. Tumor cell cycle arrest induced by shear stress: Roles of integrins and Smad [J]. Proceedings of the National Academy of Sciences of the United States of America, 2008, 105: 3927 - 3932.

[59] Kumar S, Kim C W, Simmons R D, et al. Role of flow-sensitive microRNAs in endothelial dysfunction and atherosclerosis: mechanosensitive athero-miRs[J]. Arteriosclerosis Thrombosis and Vascular Biology, 2014, 34: 2206 - 2216.

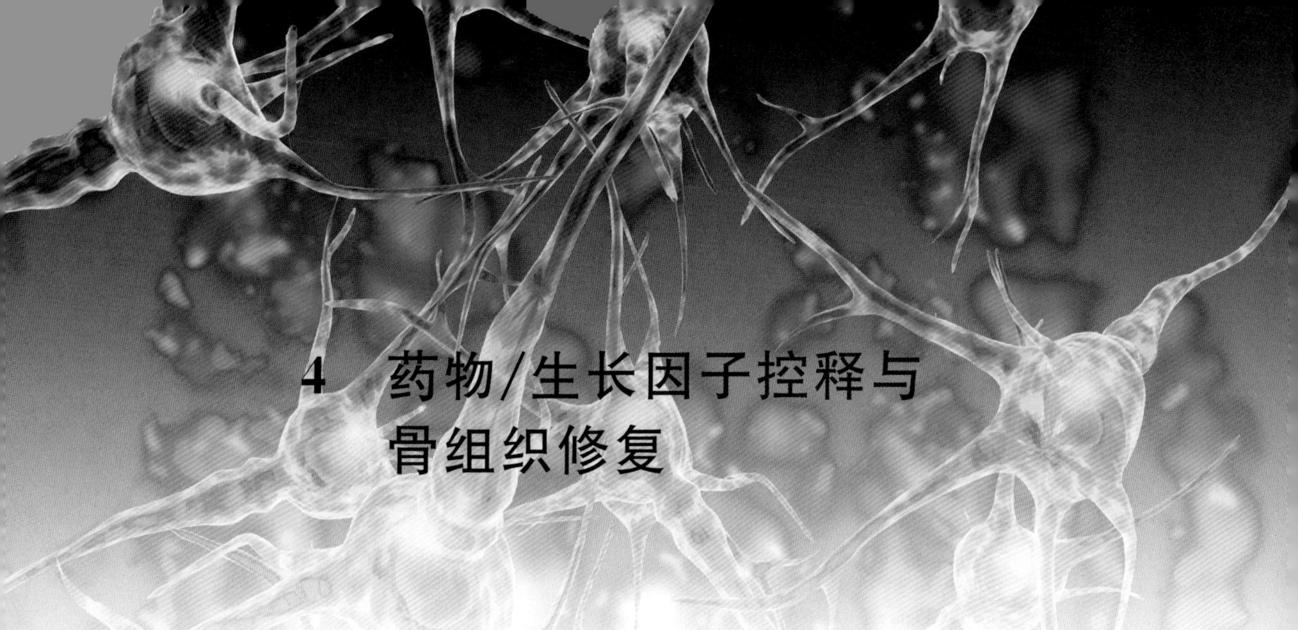

4 药物/生长因子控释与骨组织修复

随着社会的发展及人类平均寿命的延长，越来越多的骨科植入物被研发来改善人们受损的骨骼组织（关节、脊柱、牙科等）。这些植入体可以通过与受损骨组织间相互作用在较大程度上促进受损骨的重塑，进而快速诱导骨组织的再生。目前，由于具有良好的生物相容性及机械性能等特点，钛/钛合金（Ti6Al4V 和 Ti6Al7Nb）、不锈钢及钴合金（MP35N 和 MP350N）等材料被广泛应用于制造骨植入物。然而，这些材料的表面生物惰性阻碍植入体与周围骨组织间的快速整合，进而影响骨科植入物的使用寿命（平均寿命时间仅为 12～15 年）。临床发现，这些植入物的使用寿命会随着感染或骨质疏松等疾病的发生进一步缩短。所以通过对材料表面修饰制备多功能化的骨科植入物越来越受到人们的关注。

为了提高植入材料的生物活性，研发者们通过微弧氧化处理、表面纳米结构化及阳极氧化等途径开发出多种具有微纳复合结构表面形貌的植入体，并进一步通过银、锌、铜等金属离子的嵌入赋予了材料抗菌/促成骨等潜能。相较于上述途径，层层自组装（LbL）技术由于其易于在温和条件下操作，灵活地选择聚电解质或生物活性分子，可调节的机械性能和空间性控制薄膜层状三维结构等优点，在多功能化植入体制备方面越来越受到人们的青睐。LbL 技术可以通过简单的目标性带电荷聚合物植入体表面包裹或载药颗粒嵌插去实现材料对干细胞促分化、抗菌、抗炎及抑制骨质疏松等方面的理论性设计。本章就当前 LbL 技术在药物/生长因子控释与骨组织修复的应用进行了综述，分析了不同 LbL 多层膜对骨细胞增殖、分化、迁移等行为的影响，为其在骨科领域的进一步应用奠基基础。

4.1 骨组织解剖结构及功能概述

骨是一种特殊的矿化组织，由多种细胞及骨基质（有机物、无机物及少量的水分）组成。骨组织具有较高的硬度、稳定性及弹性。

4.1.1 器官水平的骨结构

在器官水平的基础上可将骨分为骨膜、骨质、骨髓及关节软骨等（见图 4－1）。

（1）骨膜。骨膜是由致密结缔组织所组成的纤维膜，被覆在骨表面的称为骨外膜，贴附

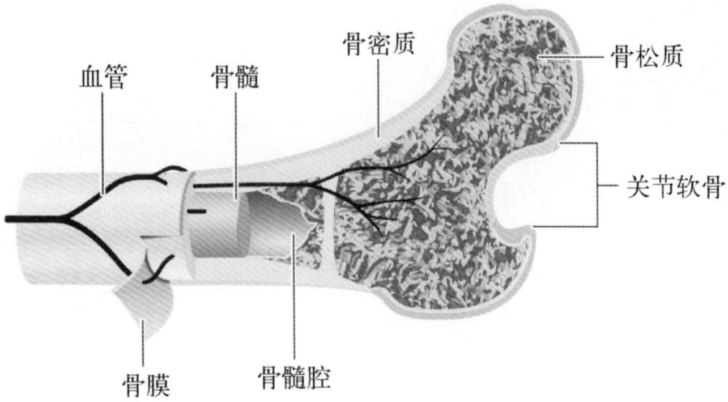

图 4-1 长骨结构模式图[1]

Figure 4-1 Structure of a long bone

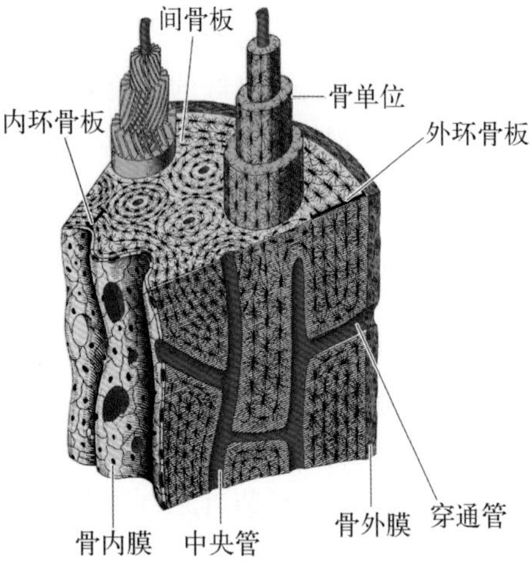

图 4-2 长骨骨干立体结构示意图[2]

Figure 4-2 Three-dimensional model of the structure of Diaphysis

于骨髓腔面的称为骨内膜。一般将骨外膜分为两层：浅表的纤维层和深面的生发层，这两层并无截然分界。

（2）骨质。骨质是骨的主体成分，分为骨密质和骨松质。骨密质结构复杂，由规则且紧密成层排列的骨板构成，形成了大多数骨头的皮质，比骨松质更为紧密坚硬，促进骨骼的一些主要功能。长骨的骨密质由外到内分别为外环骨板层、骨单位及内环骨板层(见图 4-2)。骨松质是由许多针状或片状的骨小梁互相交织构成。骨松质分布于长骨的两端、短骨、扁骨及不规则骨的内部。

（3）骨髓。骨髓是人体内的造血组织，位于长骨的髓腔及所有骨松质内。成年人的骨髓分两种：红骨髓和黄骨髓。红骨髓能制造红细胞、血小板和各种白细胞。黄骨髓富含脂肪组织，不具有造血功能，但在应激状态下黄骨髓可转化为红骨髓而附有造血功能，如恶性贫血或外伤大出血时。

（4）关节软骨。关节软骨是组成活动关节关节面的有弹性的负重组织，能减少相邻两骨的摩擦，具有润滑和耐磨损的特征，并且还能缓冲运动时产生的震动，传导负重至关节下骨。关节软骨为透明软骨，透明且呈蓝白色，自关节表面向骨端依次为滑动带、过渡带、放射带、钙化带和软骨下骨性骨板。

4.1.2 细胞和组织水平的骨结构

骨组织由细胞和骨基质组成，骨组织中含有的多种细胞成分称为骨细胞系。骨细胞系包括骨原细胞、成骨细胞、骨细胞和破骨细胞(见图 4-3)，它们在骨形成、骨吸收、骨基质矿化平衡和骨修复过程中，扮演着各种不同的角色，具有不同的形态、功能和局部特征。

（1）骨原细胞。骨原细胞是骨组织中的干细胞，位于结缔组织形成的骨外膜及骨内膜贴近骨组织处，细胞呈梭形，胞体小，核卵圆形，胞浆少，呈弱嗜碱性。在骨的生长发育时期，或成年后骨的改建或骨组织修复过程中，它可分裂增殖并分化为成骨细胞。

(2) 成骨细胞。成骨细胞是由骨原细胞分化而来，比骨原细胞体大，核大而圆、核仁清楚，胞浆嗜碱性，含有丰富的碱性磷酸酶。电镜下，活跃的成骨细胞胞质基本被粗面内质网占据，还含有大量游离核糖体和发达的高尔基复合体，线粒体亦较多。当骨生长或再生时，成骨细胞于骨组织表面排列成规则的一层，并向周围分泌产生纤维和黏多糖蛋白，并经钙化形成骨质将自身包埋于其中，此时细胞内的合成活动停止，胞质减少，胞体变形，成骨细胞则成熟为骨细胞。

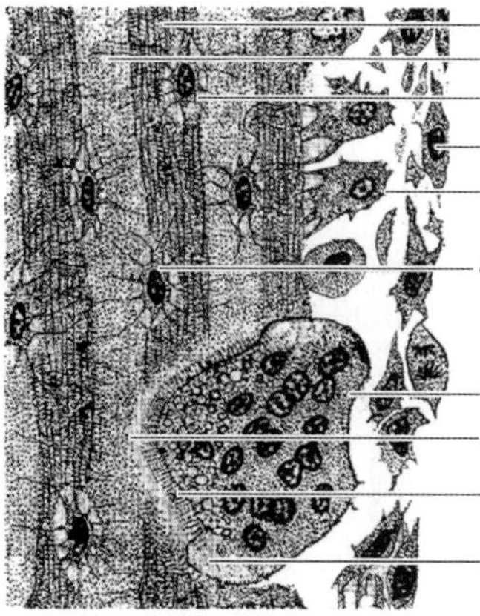

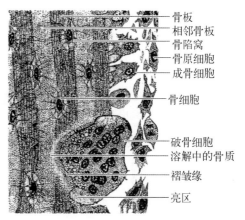

图 4-3 骨组织细胞构成示意图[3]

Figure 4-3 Diagram of bone cells

(3) 骨细胞。骨细胞由成骨细胞转化而来，呈扁椭圆形多突起的细胞，核亦扁圆、染色深，胞质弱嗜碱性，是成熟骨组织中的主要细胞，位于相邻两层骨板间或分散排列于骨板内。骨细胞的大面积覆盖和复杂的网络结构不仅参与骨形成和骨吸收，还可以感知作用于骨的各种应力，在传导信号和启动骨更新修复过程中起重要作用，是维持成熟骨新陈代谢的主要细胞。

(4) 破骨细胞。破骨细胞是一种多核的巨细胞，核的大小和数目差异大，细胞直径可达 50 μm 以上，胞质嗜酸性强。破骨细胞被公认是唯一具有骨吸收功能的细胞，在吸收骨基质过程中，造成基质表面不规则，形成近似细胞的陷窝，称为骨陷窝。破骨细胞多位于吸收形成的陷窝内。电镜下，破骨细胞靠近骨组织一面有许多高而密集的微绒毛，分散在破骨细胞吸收面上，形成皱褶缘，其基部的胞质内含有大量的溶酶体和吞饮小泡，泡内含有小的钙盐结晶及溶解的有机成分。皱褶缘周围有一环形的胞质区，其中无细胞器只含有许多微纤维，称为亮区。亮区的细胞膜平整，紧贴于骨组织表面，恰似一道围墙在皱褶缘周围，使其封闭的皱褶缘处形成一个微环境。破骨细胞可向其中释放多种蛋白酶、碳酸酐酶和乳酸等，溶解骨组织。

骨基质是由有机物、无机物和少量水分子组成。

(1) 有机物。有机物包括胶原和非胶原化合物(无定形基质——蛋白多糖、非胶原蛋白和脂质等)，约占骨干重的 35%。胶原约占有机物的 90%以上，其分子结构为 3 条多肽链交织呈绳状，故又称三联螺旋结构。胶原的功能是在软骨成骨过程中，能直接促进与软骨交界处的矿化和基质退化。非胶原蛋白包括骨钙素、骨结合素、骨涎蛋白、骨鳞蛋白和少量粘蛋白，约占骨有机物的 0.5%，在骨生长、发育和再生过程中起重要作用。蛋白多糖是一类由氨基酸聚糖核心蛋白所组成的化合物，占骨有机物的 4%～5%，可能参与抑制骨的矿化过程。脂质占骨有机物不到 0.1%，主要分布于细胞外基质泡的膜上和细胞膜上，细胞内结构以及细胞外的沉积也有脂质的存在，主要为游离脂肪酸、磷脂类和胆固醇游离脂肪酸酸性磷酸酯与磷酸钙结合形成复合体，参与骨的钙化过程。

(2) 无机物。骨基质中的无机物通常称为骨盐，约占骨干重的 65%，其主要成分是磷酸钙、碳酸钙和柠檬酸钙。在电镜下呈细针状结晶。这些骨盐结晶大多沉积在胶原纤维中。

结晶衔接成链，并沿纤维长轴呈平行排列（见图 4-4），其排列方向显示出很强的抗压力功能。此外，骨无机物还是离子库，人体中约 99%的钙离子，约 85%的磷离子、40%的钠离子和 60%的镁离子均存储于骨矿结晶中。

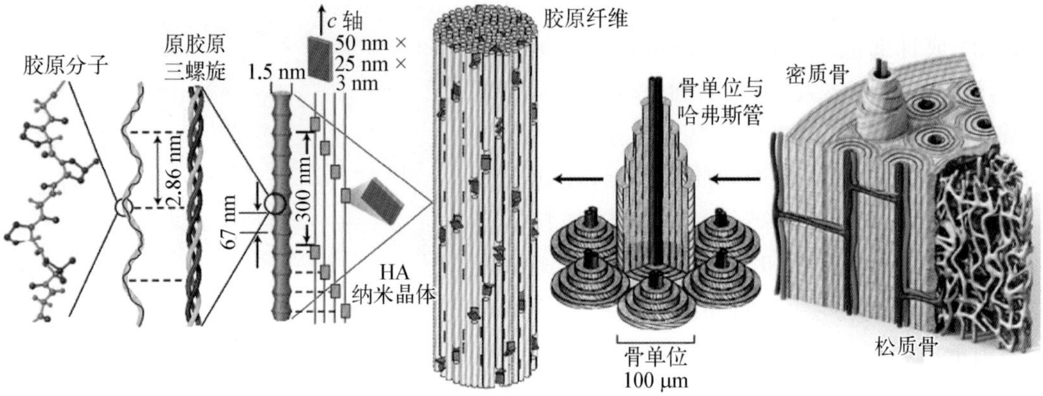

图 4-4 骨的结构层次示意图[4]

Figure 4-4 Hierarchical structure of bone

4.1.3 骨的主要功能

（1）力学功能。① 支持作用，骨是全身最坚硬的组织，通过骨连接构成一个有机的整体，使机体保持一定的形状和姿势，对机体起着支撑作用，并负荷身体自身的重量及附加的重量；② 杠杆作用，运动系统的各种机械运动均是在神经系统的支配下，通过骨骼肌的收缩、牵拉骨围绕关节而产生的。骨在其各种运动中发挥着杠杆机能和承重作用；③ 保护作用，某些骨按一定的方式互相连接围成体腔或腔隙，如头颅骨借缝隙及软骨连接方式围成颅腔，以保护脑。

（2）生理学功能。骨的生理学功能包括钙、磷贮存机能、物质代谢机能、造血机能和免疫机能等。① 钙、磷贮存机能与物质代谢机能。骨是人体最大的钙库和磷库，在维护血中的钙、磷含量的恒定中起调节作用；② 造血机能和免疫机能，出生后，红骨髓是唯一的造血器官。在正常的生理状态下，血液中各种血细胞的生成、发育、释放、死亡和清除均处于动态平衡，并发挥着运送气体、防御、免疫等生理功能。这种动态平衡及生理功能的实现则依赖于红骨髓的正常造血功能。

4.2 骨修复过程中参与的细胞及其胞外微环境

骨组织是一种由有机成分和无机物构成的坚硬的结缔组织，其中包含细胞、纤维和基质 3 种成分，基质中含有大量的固体无机盐。骨修复是一个涉及间充质干细胞—成骨细胞系，单核细胞—巨噬细胞—破骨细胞系，和众多炎症细胞共同参与的动态过程[5]。此过程不是细胞孤立的参与，而是 3 种骨细胞作为一个有机整体共同参与的过程，这就是 Frost 提出的“基础多细胞单元”(basic multicellular units，BMUS)[6]。基础多细胞单元作用于骨膜,骨小梁表面以及皮质骨,替换旧骨生成新骨,其作用顺序为激活—吸收—形成(activation-resorption-formation,A-R-F)[7]。

4.2.1 间充质干细胞/成骨细胞及其外微环境

间充质干细胞(mesenchymal stem cells,MSCs)是一类最早发现于骨髓微环境中的干细胞,是除造血干细胞外另一重要的干细胞。MSCs 具有自我更新和多向分化能力的特点,它可以分化为多种骨髓基质细胞,如脂肪细胞、成骨细胞和内皮细胞等,在一定的诱导体系中能分化为软骨细胞、肌细胞、心肌细胞和神经元等(见图 4-5)[8]。MSCs 及其分化的细胞是骨髓微环境中的主要支持细胞。MSCs 借助细胞因子和/或细胞间直接接触,调节大多数造血细胞的存活、增殖和分化。因此,MSCs 对于受损组织的修复具有重要意义。

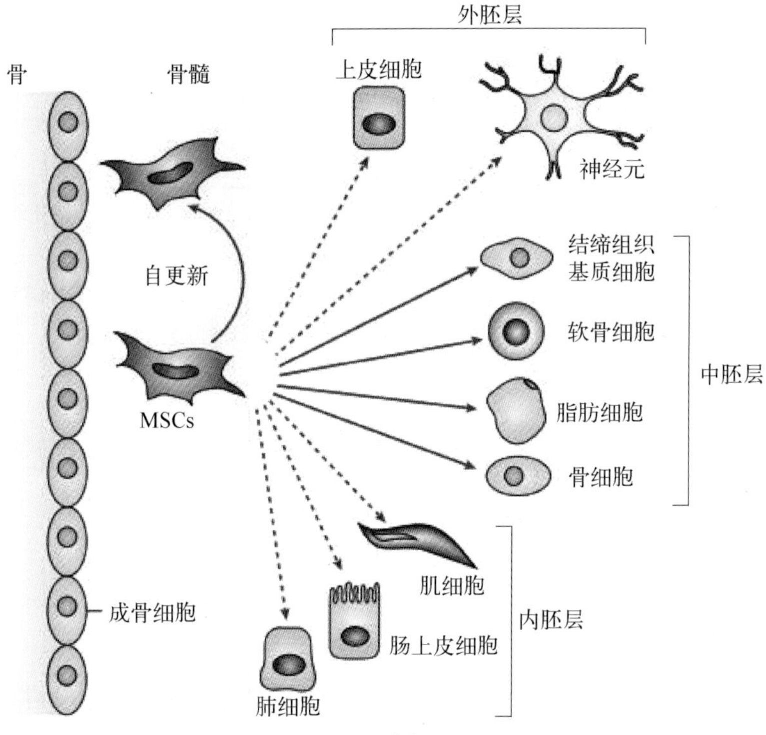

图 4-5 间充质干细胞(MSCs)的多向分化性[8]

Figure 4-5 The multipotentiality of MSCs

MSCs 的居留、自我更新和分化成大量子细胞的能力则有赖于干细胞微环境(niche)[9]。干细胞微环境被看作是贮藏干细胞的场所,它既可保护干细胞不被消耗殆尽,又可防止过多的干细胞增殖,同时还可以保护干细胞免受来自外环境的损伤,可以把干细胞微环境看成是组织功能的基本单位。如果没有适当的微环境,干细胞就不能行使正常的功能。

4.2.2 破骨细胞及其外微环境

在胚胎发育和成熟阶段中,骨形成的平衡依赖破骨细胞,由单核细胞分化而来[10]。破骨细胞(osteoclast,OC)是一类起源于造血干细胞的高度分化的多核巨细胞(multinuclear giant cell,MNGC),直径 100 μm,含有 2～50 个紧密堆积的核,它们大部分定位于骨髓微环境中(骨质表面、骨内血管通道周围)[11]。破骨细胞的"形成"和"活化"是其发挥生理作用的两个重要方面。破骨细胞通过分泌多种酸和溶解酶来降解骨组织,直接参与骨吸收,是骨组织吸收的主要功能细胞[12]。破骨细胞分化受巨噬细胞集落刺激因子(M-CSF)和 RANK-L 的调控。主要的破骨细胞外分化因子是 RANK-L(RANK 配体)。另外,酸性环境可以促进破骨细胞的形成,尤其利于形成体积巨大的破骨细胞[13](见图 4-6)。在机体代谢稳定时,只有少量的破骨细胞生成,与成骨细胞相协调,参加骨重塑。近来,研究人员发现破骨细胞还参与应激状态下造血干细胞动员、炎性疾病以及肿瘤的骨转移。

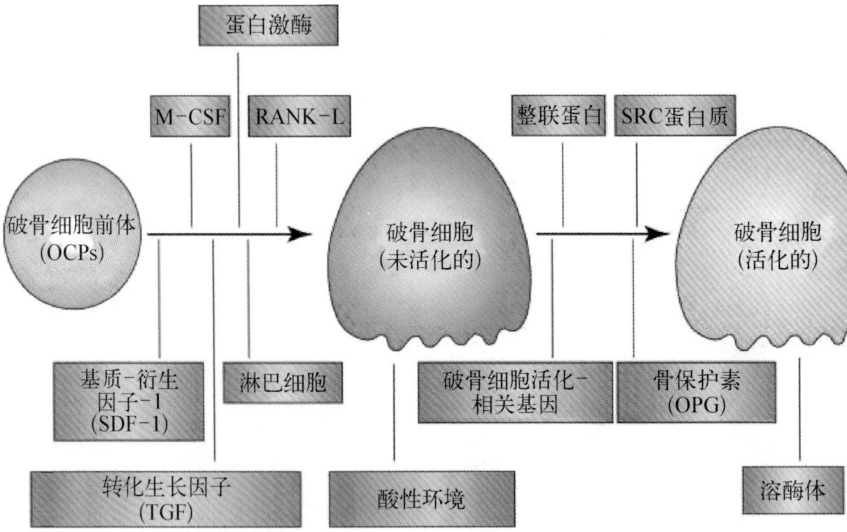

图 4-6 破骨细胞形成和活化的调控[14]

Figure 4-6 Schematic representation of the modulation of osteoclasts

4.2.3 炎症细胞及其外微环境

炎症反应是消除病原体,维持体内平衡的重要生理过程。机体成功地清除炎症刺激,往往伴随着抗炎和修复细胞因子释放到炎症环境中,以重建体内稳态[15]。在这个过程中,如果促炎刺激持续存在,那么将会导致慢性炎症。骨损伤往往会导致炎症反应,急性或可调节的反应有利于骨愈合;如果这种反应被持续性抑制,功能紊乱或者变为慢性炎症,将会对骨愈合产生不良的影响[16]。免疫细胞,主要是巨噬细胞,是炎症的重要调控者[12](见图 4-7)。过去数十年针对免疫系统和骨骼系统相互作用的研究,诞生了骨免疫学这类新兴的研究领域[17]。因骨髓中同时存在造血干细胞(HSCs)和间充质干细胞(MSCs),使得这两种系统关联紧密[18]。前者可产生免疫调节巨噬细胞和骨吸收破骨细胞,后者是骨形成相关成骨细胞的前体细胞,并且对于 HSCs 的分化必不可少[17,18]。

巨噬细胞可分为驻地型巨噬细胞和炎症型巨噬细胞[19]。巨噬细胞集落是高度多样化和可塑化的,使其成为组织重建免疫调节很好的选择[20]。巨噬细胞能表现出促炎(M1)和抗

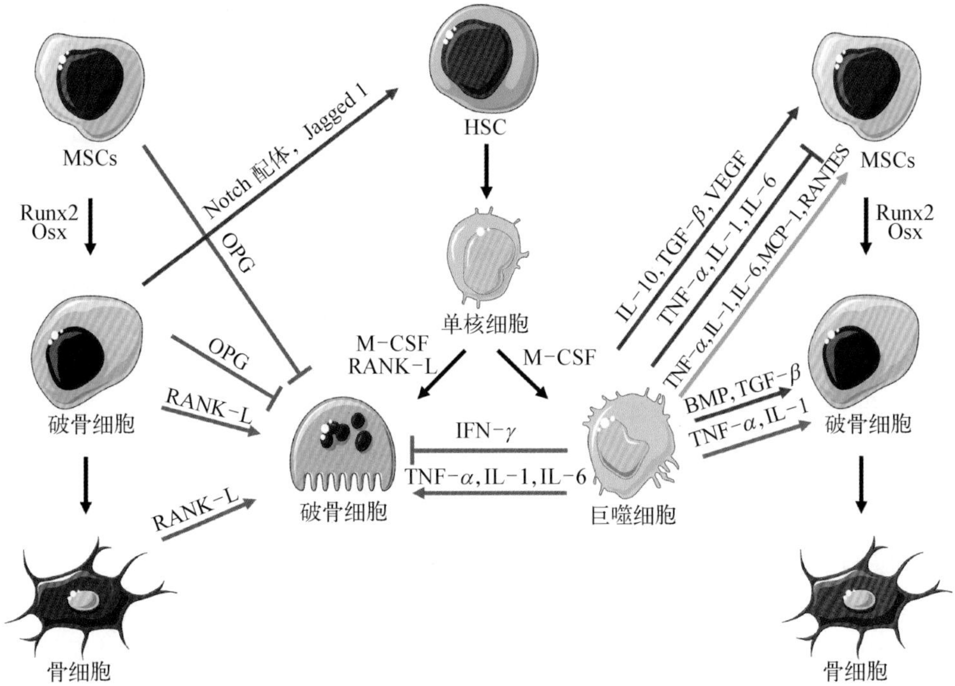

图 4-7 炎症细胞和骨祖细胞之间联系[21]

Figure 4-7 Crosstalk between inflammatory cells and bone progenitor cells

炎(M2)两种功能表型，这种现象就是巨噬细胞极化[21,22]。比较典型的巨噬细胞激活有 IFN-γ 和脂多糖引起的 M1 型巨噬细胞极化。M1 型巨噬细胞能分泌促炎性细胞因子[如肿瘤坏死因子(TNF-α)、IL-1β 等]和趋化因子[CCL2，巨噬细胞炎症蛋白 1α (MIP-1α) 等]，从而导致组织损伤。另外，当巨噬细胞接触 IL-4 或 IL-13 时，能极化成 M2 表型。以升高的 I 型精氨酸酶和抗炎细胞因子(IL-10 和 IL-1Ra)为标志。M2 或 M2 样的巨噬细胞能够调控并终止免疫反应，对于组织重建和修复至关重要。M2 型巨噬细胞分泌的 VEGF 和基质金属蛋白酶(MMP)对于组织修复过程中的血管生成(新血管形成)和组织重建必不可少[23]。然而，最近的一项研究指出 M1 型巨噬细胞比 M2 型巨噬细胞明显分泌更多的 VEGF[24]，这些研究结果表明，在检测极化巨噬细胞的 VEGF 表达时，实验条件至关重要。一旦发生骨损伤，巨噬细胞释放细胞因子、趋化因子和生长因子，来募集其他炎症细胞，并促进心血管生成，介导干细胞迁移和分化，并调控骨重建。

4.3 层层自组装技术在骨修复中的应用

层层自组装技术(layer-by-layer self-assembly technique，LbL 技术)在构建生物活性表面具有得天独厚的优越性，在材料学、生物医学工程等领域中广泛应用。生物材料表界面 LbL 多层膜对骨相关细胞的增殖、分化、迁移等生物学行为具有重要的调控作用。

4.3.1 层层自组装技术原理

LbL 技术是一种广泛应用于基底包被并使之具有功能性多层薄膜结构的方法。通常而言，LbL 技术是基于聚阴离子和聚阳离子间的静电作用，利用多次循环的方式将带有相反电荷的聚电解质液/固界面通过静电作用交替沉积形成聚电解质多层超薄膜(PEM)(见图 4-8)，以达到特定厚度和功能需求[25]。

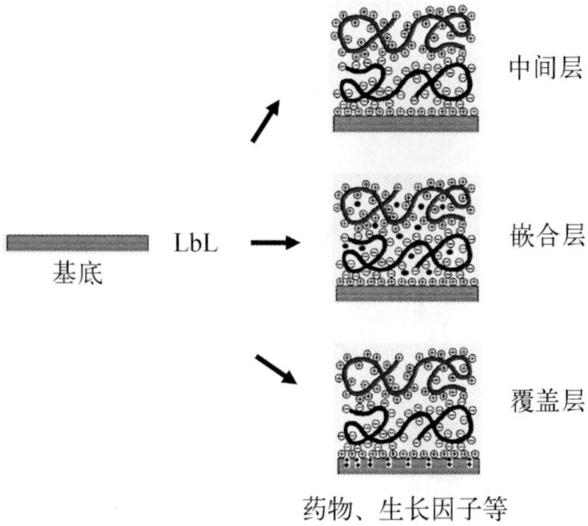

图 4-8 层层自组装过程和其主要类型示意图[18,26]

Figure 4-8 Schematic illustration of classification of layer-by-layer assembly

4.3.2 层层自组装技术的基本特征

经过 20 多年的研究，层层自组装技术理论及其应用都得到了巨大和广泛的发展。实际上，层层自组装体系包括广泛应用的(Langmir-Blodgett，LB)沉淀技术、化学吸附型的自我组装体系以及静电相互吸引的(layer-by-layer，LbL)组装体系等。到 1991 年，在 Decher 等首次利用线型的阴、阳离子聚电解质通过静电自组装的方法成功制备了多层复合平板膜之后，层层自组装(layer-by-layer self-assembl，LbLSA)技术才广泛被人们接受[27]。同以往技术手段不同的是，该方法在基底表面构建多层膜结构的研究应用方面简单而高效，并且具有多种得天独厚的优点：① 对材料表面的化学结构、活性官能团没有特殊要求；② 层状结构的构建过程不需要任何外加条件(如提供能量)；③ 具有较高吸收能力；④ 各种形状的基体材料表面均可实现多层膜的组装；⑤ 可以使用各种具有生物相容性的水溶性聚合物(尤其是各种生物活性的生物大分子，如蛋白质、核酸)。

4.3.3 常见层层自组装涂层的种类

目前，根据组装特点，基于层层自组装技术构建的多层膜结构可以大致分为 3 个种类：中间层(intermediate layer)、嵌合层(hybrid layer)和覆盖层(covering layer)，如图 4-8 所示。中间层是指通过静电相互作用直接将生物相容性多聚电解质(包括多糖、蛋白质、多肽和核酸等)包被在基底上，由此通过调整聚电解质的组分赋予材料表面特定的生物活性功能。为了进一步增强或调控中间层膜结构功能，有时需要将嵌合层引入基底表面。嵌合层一般是指将具有带电特性的纳米级组分(蛋白质/纳米颗粒、生长因子/纳米颗粒等)通过 LbL 技术嵌合入多聚电解质多层膜结构中而构建的膜结构。而对于覆盖层，顾名思义，一般是指用于封堵具有特定纳米存储器结构的基底表面所构建的多层膜结构。

4.3.3.1 中间层(intermediate layer)-常规聚电解质多层膜结构

骨移植物植入体内后的骨愈合或修复是指由多种生物活性组分替代和重建损伤的骨组织，并最后恢复骨连续性的过程，涉及一系列复杂的病理生理变化。根据时间不同，移植物界面骨修复过程可以大致分为 4 个过程：① 骨祖细胞的招募；② 细胞黏附在植入材料；③ 细胞分化为成骨细胞；④ 并在移植物表面重建细胞外基质成分。

细胞黏附是移植物在植入体内后首先发生的细胞行为。细胞的黏附会对后期细胞的多种行为进行调控，包括增殖、迁移和分化等。因此，设计骨移植物第一要素是要促进细胞的黏附。而通过应用 LbL 技术，利用不同类型的生物活性材料，可以简单方便地在基底材料表面构建聚电解质多层膜结构，以促进细胞的黏附。

1）聚电解质多层膜的主要组分

聚电解质的化学组分和分子结构对于招募骨祖细胞及细胞黏附等具有重要作用。目前用于生物材料表面层层自组装改性研究的材料大致可分为合成聚电解质和天然聚电解质。人工合成的聚电解质主要有聚（3，4 -亚乙二氧基噻吩）-聚（苯乙烯磺酸）（PSS）、聚（丙烯胺盐酸盐）（PAH）、聚丙烯酸（PAA）、聚二烯丙基二甲基胺盐酸盐（PDDA）、多聚赖氨酸（PLL），以及树枝状高分子材料等。而天然聚电解质主要有藻酸盐、透明质酸、肝素、胶原、硫酸软骨素、核酸、明胶和壳聚糖等。

通过将这些聚电解质利用层层自组装技术包被于不同材料的基底表面，可以有效提高材料与细胞的相互作用效果[28]。而其中 PAH/PSS 和 PDDA/PSS 是两种代表性的人工合成聚电解质组合，已被大量研究证实能够有效地提高移植材料的生物相容性。此外，也有研究指出，与 PAH 或者 PDDA 相比，多层膜结构最外层为 PSS 时候会更利于肝细胞的黏附，而这与 PSS 分子中的磺酸基有着密切的联系[29]。在特定条件下，与其他因素相比，聚电解质多层膜结构的最外层化学组分对于细胞的黏附更为重要[30]。使用天然聚电解质可能对刺激细胞的黏附具有积极的作用。

2）聚电解质多层膜结构的硬度

基质的硬度与细胞的黏附形态以及分化特征都有着密切关系[31]。通过 pH，交联度和膜层数可以轻松调整聚电解质多层膜杨氏模量，从而进一步改变聚电解质多层膜的硬度。Lee 等人研究了温度处理对聚（丙烯酸）（PAA）/聚丙烯酰胺（PAAM）多层膜的影响，研究人员分别利用 90°和 180°对多层膜结构进行了热处理，之后将人源 MSCs 种植在多层膜表面，结果证实 90°处理后的多层膜会不利于细胞黏附，而经过 180°处理后的多层膜则利于细胞黏附，而这种差异可能是由于热处理后引发多层膜杨氏模量的变化[22]。当多层膜结构中存在羧酸和胺基基团时，通过交联聚电解质多层膜组分可以对膜硬度进行改变，并进一步影响其生物活性。

3）细胞识别型聚电解质膜

通过物理吸附或化学接枝利于细胞特异性识别的 ECM 蛋白或多肽，已被证实是一类有效提高 PEM 的细胞黏附特性的方法。天然 ECM 组分，如胶原、层粘连蛋白和纤连蛋白等是介导细胞黏附的重要生化信号分子[23]。因此，在基于 LbL 技术的多层膜构建过程中，为了增强细胞黏附和增强组织再生能力，多层膜结构最外层往往选择 ECM 组成成分[32]。研究人员推测较高的细胞黏附可能与纤连蛋白中丰富的 Arg-Gly-Asp（RGD）位点或相似位点有着密切关系。为此，有研究人员将特异性 RGD 多肽或相似结构多肽直接用于聚电解质多层膜构建。例如，将 RGD 与 PGA 聚电解质组合应用被证实可以有效提高 PLL/PGA 多层

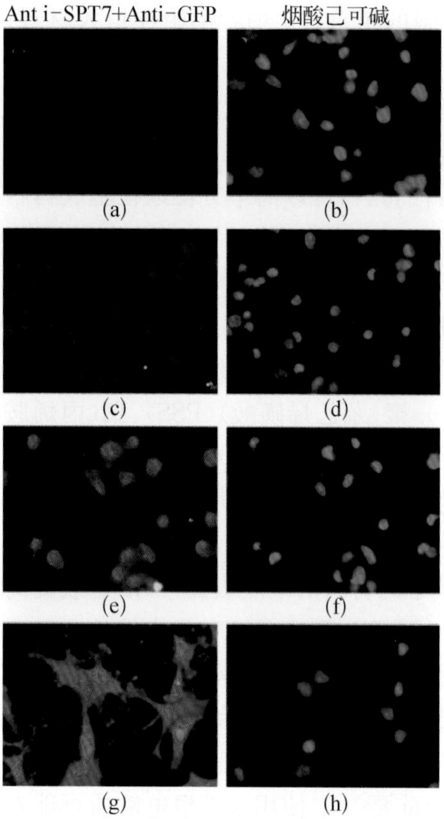

图 4－9 生长基因活化基底表面的 COS 细胞中 SPT7 和 EGFP 蛋白表达。其中(c)和(d)为培养 2 h，(e)和(f)为 4 h，(g)和(h)为 8 h[34]

Figure 4－9 Expression of SPT7 and EGFP in COS cells grown on the surface of (PLL－PLGA)5－pCD－(PLGA－PLL)5－PLGA－pCD－(PLGA－PLL)5 multilayered films (A and B) or (PLL－PLGA)5－pCD－pEGFP－pCD－(PLGA－PLL)5－PLGA－pCD－hSPT7pTL－pCD－(PLGA－PLL)5 multilayered films for 2 h [(c) and (d)], 4 h [(e) and (f)], and 8 h [(g) and (h)]

膜的黏附特性。与 ECM 蛋白或者特异性多肽不同，将抗体加载于聚电解质多层膜中也可以有效促进基于抗体-抗原相互作用的细胞黏附特性。例如，有研究人员证实，将 anti－CD34 通过 LbL 技术加载在肝素/胶原多层膜结构可以促进血管细胞黏附在移植物上，加快内皮化过程[33]。

4）基因活化的聚电解质膜

近年来，基于基因治疗的材料表面基因活化研究备受关注。用于基因活化的主要有环装质粒 DNA、小片段 RNA(siRNA)等。例如，研究人员发现，通过在基底表面构建含有环装质粒 DNA 的聚(L－谷氨酸)(PLGA)和聚(L－赖氨酸)(PLL)聚电解质多层膜结构以用于体外 DNA 的递送。细胞实验证实，种植在基底表面的 COS 细胞可以分别表达质粒装载的外源基因 SPT7pTL 和 GFP，而通过调整多层膜中质粒 DNA 的层位置顺序则可以实现对特定基因表达顺序的调控[34]，如图 4－9 所示。基于 siRNA 的基因沉默在基因治疗研究中也有广泛应用，而通过 LbL 技术被证实可以将聚电解质多层膜的不同层位置中加载特定量的 siRNA。此外，也有研究人员将细胞特异性识别与基因传递相结合，形成了一种基于细胞靶向性的基因传递技术：基于肝实质细胞表面去唾液酸糖蛋白受体(ASGPR)对完整半乳糖基的特异性识别原理，Cai 等人在通过将壳聚糖分子上偶联带有半乳糖基团的乳糖酸，并将半乳糖苷化壳聚糖与装载有目的基因的质粒 DNA 用于基底的层层自组装修饰，在提高界面生物相容性的同时并实现肝细胞的靶向基因传递和原位转染。研究结果证实，带有半乳糖的壳聚糖/DNA 复合颗粒会与肝细胞表面的脱唾液酸糖蛋白受体结合，有效提高肝实质细胞的转染效率，对于疾病的靶向原位治疗有着巨大的潜力[25]。

4.3.3.2 混合型聚电解质多层膜(嵌合层)

生物材料通过模拟细胞外基质组分，可以提供多种信号以构建与细胞微环境相似的外环境，进一步调控细胞代谢与功能。利用 LbL 组装技术可以简单高效地实现多种信号的组合，由此在移植物表面构建一细胞基质外微环境，以利于组织的修复与再生。

1）因子加载的混合型聚电解质多层膜

在骨再生生理过程中，多种生长因子或细胞因子参与并调节，通过网络协同作用是其主要的生物学特点。细胞微环境中结合在胞外基质上的各种生长因子和细胞因子等对于调控细胞功能具有重要意义。因此，通过将这些活性因子加载在多层膜中是模拟细胞外基质微环境的重要方式。在所有与骨再生相关的生长因子中，骨形态发生蛋白(BMPs)，特别是BMP-2因子研究最为广泛。BMPs是TGF-β超家族成员，是骨基质中非胶原组分，具有较强的骨诱导活性。由于具有强烈的促增殖和有丝分裂作用，碱性纤维母细胞生长因子(bFGF)也常用于聚电解质膜结构的构建。嵌合入硫酸软骨素/聚氨酯多层膜结构中的bFGF不仅可以实现生长因子的缓慢释放(长达14天)，并且对基底表面的细胞增殖和分化具有显著增强作用[28]。

实际上，不同生长因子或细胞因子在骨修复的不同阶段是时间和空间上作用会有所不同。而其中，与血管再生相关的因子对于骨再生及重建关系尤为密切。近年来，越来越多研究证实，在骨发育及再生中，成骨与成血管二者是伴随而生，缺一不可[35]。血管内皮生长因子(VEGF)是一种血管内皮细胞特异性的肝素结合生长因子(heparin-binding growth factor)，可在体内高效诱导骨损伤周围的血管新生，促进骨修复。Hammond等人发现，通过将rhBMP-2和rhVEGF同时嵌入可降解的聚氨酯多层膜结构中，与单纯rhBMP-2嵌入相比，rhBMP-2和rhVEGF协同作用可以更加显著的提高骨再生能力[36]。

2) 加载药物的混合多层膜结构

在骨科移植手术中，术后感染及炎症是手术失败的重要原因。通过层层自组装技术将药物加载在聚电解质多层膜中，赋予骨移植物抗炎或抗菌特性是该研究领域的另一重要方向。通过利用LbL还可以加载两种或两种以上具有不同功能的药物，以发挥多重治疗效果。例如，通过将具有抗菌作用的庆大霉素和抗炎作用的双氯芬酸利用层层自组装技术加载在基底表面，不仅对MC3T3-E1骨祖细胞和A549内皮癌细胞具有良好的生物相容性，同时还会抑制细菌生物膜的形成[37]。除此之外，目前用于LbL构建研究中所用的抗生素或抗炎性药物还有盐酸盐类、白介素12(IL-12)、吲哚美辛等。银纳米颗粒由于具有长期有效的抗菌特性，也常被用于嵌入聚电解质多层膜中以达到抗菌目的。近年来，基于抗菌肽的层层自组装表面改性技术也广受关注。由于抗菌肽一般是昆虫体内经诱导而产生的一类具有抗菌活性的碱性多肽物质，因此不仅具有较高的生物相容性，减轻炎性反应，并且还被证实具有广谱的抗菌活性，可以快速查杀靶标。例如，Boulmedais等人通过将抗菌肽应用在透明质酸/壳聚糖多层膜中，构建了一种有效的“自我防御型”基底包被方法，当致病菌黏附到基底膜表面时，其释放的透明质酸酶会破坏透明质酸/壳聚糖多层膜结构，抗菌肽由此被激活而发挥抗菌作用[38]。

系统性疾病如骨质疏松症患者由于自身病理原因，对骨植入体的预后往往产生不良影响，并可能最终导致植入失败。药物治疗是提高骨量与骨密度的唯一方式，但是全身系统性给药不仅会可能产生药物毒副作用，同时还可能无法靶向兴趣骨位点。为了克服这一障碍，将治疗骨质疏松药物加载在移植物表面以实现药物原位释放被证实是一种有效的促骨新生方式，同时对移植物-骨整合具有较强的促进作用。例如，β-雌二醇是体内主要由卵巢成熟滤泡分泌的一种自然雌激素，临床上常用于骨质疏松症的治疗，但是其口服常常会引起患者乳房疼痛、体重增加、高血压、胆结石及肝功能异常等副作用。β-雌二醇是一种脂溶性类固醇中性小分子物质，因此将其直接加载在聚电解质多层膜结构中存在着多种困难。为了解决这一问题，Hu 等人首先将介孔硅纳米颗粒(MSNs)用于 β-雌二醇加载，并将装载药物的 MSNs 嵌入到聚电解质多层膜中，以用于 β-雌二醇的加载与递送；研究结果证实，随着多层膜的降解，β-雌二醇会不断释放出来，并且被细胞吞噬；其不仅可以促进成骨细胞可以有效提高成骨细胞骨保护素(OPG)的高表达，同时对破骨细胞还具有较强的抑制作用，由此提高骨质疏松动物模型中钛移植物的骨整合能力[39]。

值得提出的是，基于药物加载的混合聚电解质膜构建在抗肿瘤中也有广泛应用。例如 Jessel 等人在一项针对抑制肿瘤转移的研究中发现，通过将 β 环糊精修饰的多聚赖氨酸(PLL-CD)作为聚阳离子载体加载抗肿瘤药物利塞膦酸钠(RIS)，并用于聚电解质多层膜构建，可以有效用于肿瘤的侵袭抑制[41]。此外，也有研究人员将含有紫杉醇的纳米载体加载入基于透明质酸的聚电解质多层膜中，其结果发现含有紫杉醇药物的多层膜结构可以有效诱导人动脉平滑肌细胞的凋亡。这些结果说明，通过利用层层自组装技术可以大量加载特定功能药物，这些可能在抗血管再狭窄的"药物洗脱支架系统"或体内骨移植手术后骨代谢调控具有广泛应用[37]。

3) 纳米颗粒嵌入的混合多层膜结构

与其他技术不同的是，LbL 技术可以通过改变聚电解质组分和结构简单高效的获得一种均一稳定的图层界面，由此克服了羟基磷灰石的热不稳定性特征。例如，Park 等人的一项报道中指出，利用羟基磷灰石/胶原多层膜包被的支架材料可以提高 MSCs 细胞的黏附、增殖和分化，对于骨组织工程和再生医学具有潜在的应用价值[42]。为了更好地模拟骨细胞外基质微环境，有研究人员将羟基磷灰石和 BMP-2 因子通过 LbL 技术先后沉积在基底表面，此时羟基磷灰石会发挥骨传导作用，而 BMP-2 则在涂层最外层发挥成骨诱导作用。通过对聚电解质的控制释放，BMP-2 会随之释放到周围环境中，诱导 MSCs 分化成成骨细胞，而非降解的羟基磷灰石则促进 MSCs 增殖和分化。

4.3.3.3 保护型聚电解质多层膜(覆盖层)

在钛材表面构建具有药物或生物活性大分子存储功能的纳米结构不仅可以提高界面的装载能力，同时对装载药物或生物活性大分子的生物活性和生化功能的保持具有重要意义。利用阳极氧化、水热合成法等方式在钛材表面构建 TiO_2 纳米管阵列是钛表面纳米修饰的重要方式之一，该氧化膜不仅可以改善钛种植材料的生物相容性和腐蚀性能，同时还被证实具有较强的药物加载能力。尽管如此，由于周围复杂的化学反应或酶解作用，单纯装载在 TiO_2 等纳米存储器中的药物或生物活性大分子在植入体内后会很快遭到破坏，生物活性由此降低。为了克服这一问题，研究人员往往会通过利用层层自组装技术，在纳米存储器表面构建聚电解质多层膜结构以进一步增强其功能发挥。Cai 等人通过利用 TiO_2 纳米管装载 BMP-2 因子，之后在表面利用 LbL 构建了明胶/壳聚糖多层膜结构(见图 4-10)，该方法不仅会有效控制 BMP-2 释放，同时会长期保持 BMP-2 因子的生物活性，由此可以高效的诱导 MSCs 向成骨细胞分化[40]。在另外一项相似的研究中，研究人员将 TiO_2 纳米管用于抗菌肽 HHC-36 的装载，并在表面沉积上磷酸钙和磷脂多层膜，结果证实抗菌肽会从多层膜

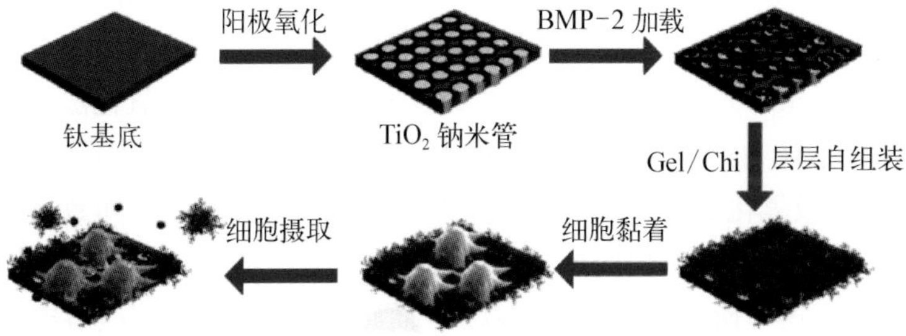

图 4-10 装载 BMP-2 的 TiO_2 纳米管制备及其细胞响应示意图[40]

Figure 4-10 Schematic illustration of the fabrication of BMP-2-loaded TNTs and cellular responses

结构中持续释放,并长时间保持其革兰氏阴性和革兰氏阳性细菌的抗菌特性。

对于骨科移植物而言,抗腐蚀和耐磨损特性是移植物发挥长期效果的重要基础。利用 LbL 在材料表面构建多层膜结构也可以用于增强移植物的耐磨损和抗腐蚀特性。有报道指出,与传统静电层层自组装构建的多层膜相比,利用基于共价键层层自组装构建的低聚酚醛环氧树脂和聚乙烯亚胺多层膜会显著提高基底耐磨特性。这种厚度约 10 nm 的共价保护膜在经过 25 个周期的摩擦之后仅丢失约 2%的厚度,相比之下,传统基于静电层层自组装形成的膜则会被完全破坏[43]。贻贝黏蛋白是一种提取自海洋贻贝的足丝腺,具有促进细胞贴壁爬行、创面愈合等作用。近年来有文章报道了将贻贝黏附蛋白和氧化铈用于基底表面层层自组装改性的研究。研究发现,通过调节黏附蛋白浓度会影响基底的硬度和耐磨特性,高浓度的贻贝黏附蛋白会增强基底表面的硬度,同时显著提高膜的耐磨性[44]。总之,LbL 技术为改变移植材料力学特性,提高其抗腐蚀和耐摩擦特性以便更好用于骨移植手术提供了有效的途径。

4.4 药物储池系统在骨修复中的应用

近年来植入材料材表面药物储池系统(TiO_2 纳米管、微弧氧化纳米坑等)的构建越来越受到人们的关注。相较于 LbL 多层膜储药体系,药物储池具有更多的优点:① 药物装载量大;② 可装载药物的种类广(不止局限于带电荷的药物);③ 装载药物的同时可在植入体表面构建理想的微/纳拓扑结构。另外,药物储池一般为材料表面原位构建,所以其与植入体基材间的结合强度远高于材料与 LbL 涂层间的结合强度,这也决定了其具有更好的临床应用前景。

4.4.1 TiO_2 纳米管储池

自 1991 年日本科学家 Sumio Iijima 发现碳纳米管以来,管状结构纳米材料因其独特的理化性能受到研究者的广泛关注。1999 年,Zwilling 等报道了阳极氧化法可以在金属钛片表面获得纳米多孔氧化物结构[45]。随后 Gong 等在 2001 年首次在氢氟酸水溶液中阳极氧化法制备了长度达到 0.5 微米且高度有序的 TiO_2 纳米管阵列[46]。蔡等进一步通过阳极氧化法在氟化铵(0.27 M)/甘油/水(v/v=1∶1)溶液体系中不同电压(10 V/20 V/30 V)下制备了管径分别为 30 nm、60 nm 和 100 nm 的 TiO_2 纳米管[47]。阳极氧化法就是将纯钛片(阳极)置于电解液中,阴极为铂金或石墨的前提下经阳极腐蚀从而获得不同形貌的管状结构(见图 4-11)[48]。阳极氧化后所获得的多孔氧化层可分基底纯钛、中间致密 TiO_2 层及表面纳米管 3 层。研究发现,管状结构的形成大致可以分为 3 个阶段:初级阶段为纯钛表面形成致密的 TiO_2 氧化层;第 2 阶段为形成多空层,表面致密氧化层被击穿/溶解形成孔核,然后随着时间的延长孔核发展为小孔;第 3 阶段为纳米管层稳定生长。由于 TiO_2 纳米管具有高比表面积、高载药量、独特表面纳米拓扑结构等特点,被广泛应用于药物缓释型骨科植入材料的制备。所以研究者通常用大尺度(70 nm 或 110 nm)TiO_2 纳米管来装载药物,从而实现材料对细胞物理和化学两方面的共同刺激。

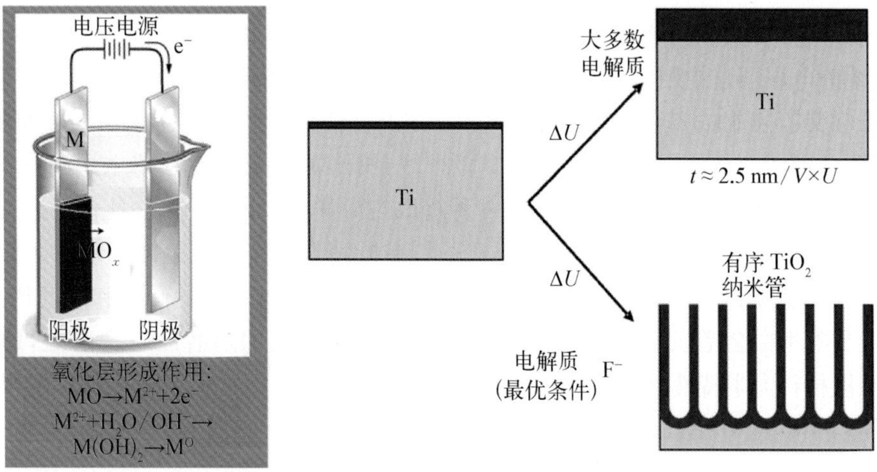

图 4-11 阳极氧化实验示意图[48]

Figure 4-11 Schematic illustration of anodization

目前,二氧化钛纳米管的合成方法除阳极氧化法外,还有模板法和水热合成法。模板法主要是使用多孔氧化铝(PAA)等作为模板[49],然后通过电化学方法和原子层沉积等方法获得二氧化钛纳米管。而多孔氧化铝可以在室温下通过阳极氧化铝片简单制得,在二氧化钛纳米管形成后,多孔氧化铝模板可以用化学方法腐蚀除去。这种方法获得的二氧化钛纳米管的尺寸可以通过控制多孔氧化铝的尺寸来控制。水热合成法由于低成本和制备方法简单等特性,具有被广泛应用的可能性。而相比模板法,水热合成法适于规模化生产。

TiO_2 纳米管对药物的装载途径可以分为物理吸附、物理沉积和电化学沉积等。不同的装载途径,所装载药物的释放速率有较大的差别。① 物理吸附载药之前,TiO_2 纳米管需提前经多巴胺预处理。研究发现阳极氧化所制备纳米管表面具有大量的羟基,这些羟基可以诱导多巴胺单体在材料表面聚合形成聚多巴胺涂层。聚多巴胺表面游离的大量氨基导致纳米管表面带有较强的正电性,进而可以通过静电吸附作用实现阴离子药物的装载。蔡等通过该途径在 TiO_2 纳米管内成功装载了促成骨生长因子 BMP-2,并通过体外细胞实验进一

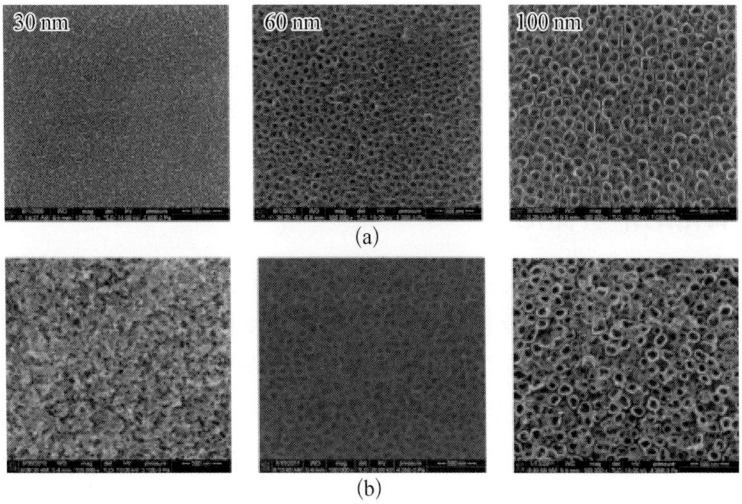

图 4-12 不同管径钛纳米管载 BMP-2 前后的 SEM 图[47]

Figure 4-12 SEM images of BMP2-loaded/unloaded TiO_2 nanotubes in different size

步验证材料具有较强的促间充质干细胞增殖和分化的能力[47](见图 4-12);② 相较于其他载药途径,物理吸附法所装载的药物具有较快的释放速率。物理沉积主要应用于纳米管内表面无机涂层的构建,如羟基磷灰石(HA)涂层、银颗粒涂层等[50]。该类涂层与基材间具有较强的结合强度,所以所沉积涂层具有相对优越的缓释特性;③ 电化学沉积与物理沉积可以更高效的实现涂层构建,它主要包括化学气相沉积、等离子体喷涂等。Chu 等利用等离子体喷涂技术成功地实现了 TiO_2 纳米管对抗菌/促成骨的银、锶及氧化锌等的装载,通过金属离子的释放实验也显示出该类植入材料具有较强的药物缓释能力[51,52]。

近年来,为了实现阴离子/不带电荷等亲水性药物的装载,Schmuki 等构建了一种两亲性的二氧化钛纳米管,利用纳米管上端的疏水性质达到开关的作用,从而用于药物控释(见图 4-13)[53]。该系统首先经过 1 次阳极氧化过程,然后用磷酸正十八酯修饰一层疏水性单层,再经过第 2 次阳极氧化过程,由于在正常情况下制得的二氧化钛纳米管是

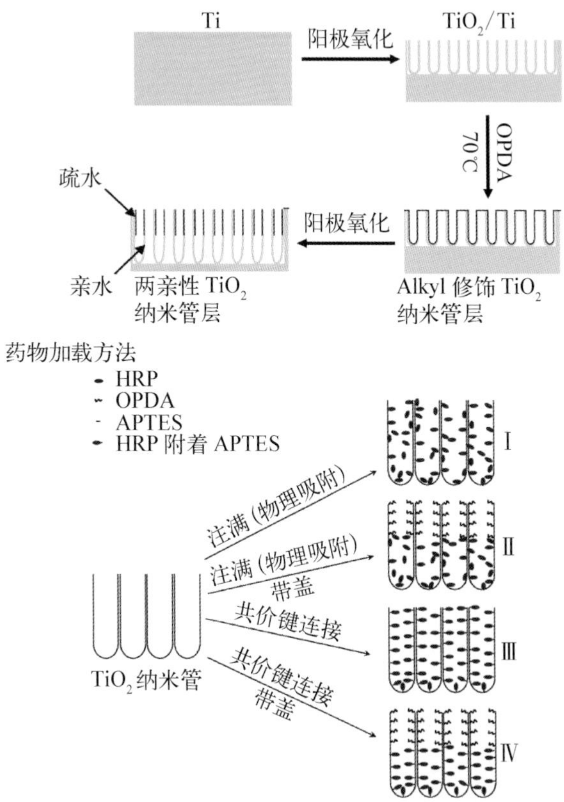

图 4-13 双亲水性二氧化钛纳米管药物释放系统[53]

Figure 4-13 Schematic illustration of amphiphilic TiO_2 nanotubes for controlling drug release

亲水性的，从而获得上端为疏水性而下端为亲水性的双亲性二氧化钛纳米管。利用二氧化钛的光催化能力，可有效控制药物的释放。经紫外照射后，二氧化钛纳米管表面变得足够亲水性，由于毛细管力达到药物释放。另外，也可以通过表面覆盖 LbL 多层膜的途径实现纳米管对各类药物的装载及缓释调控特性。

4.4.2 微弧氧化纳米坑储池

微弧氧化(MAO)又称等离子体电解质氧化(PEO)或者阳极电火花沉积(ASD)，是一种广泛用于金属表面改性的阳极氧化技术。其设备主要由电源供给系统，冷却循环系统以及搅拌系统 3 部分组成(见图 4－14)[54]。如图所示，将待处理的试样作为阳极与电源的正极相连，而具有良好导热导电性能的金属容器装入电解质后作为阴极与电源的负极相连。然后将装有电解质的金属容器置于循环的冷却水中以带走反应过程中产生的大量热量，从而维持电解液的温度在要求的范围之内。合适的电解液温度对膜层质量的控制是十分关键的，因为已有研究指出微弧氧化中温度过高的电解液会影响 MAO 反应中的热量传递，导致膜层粗糙度增加，质量下降，而且过高的电解液温度使得反应过于剧烈而易造成氧化层的烧蚀损坏。

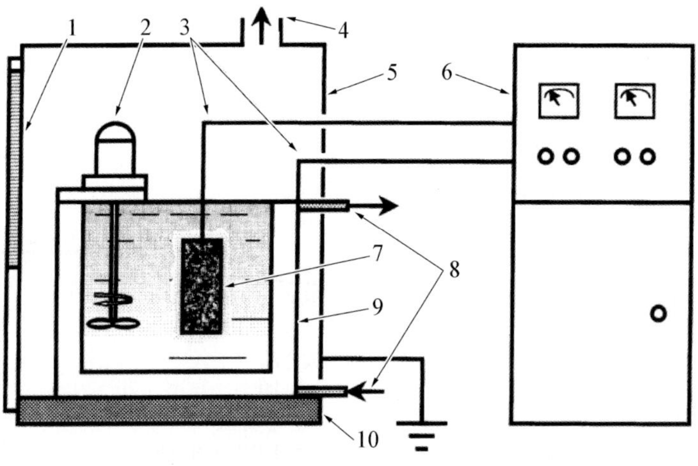

图 4－14 微弧氧化设备平面结构图[55]
1—窗口；2—混合器；3—联接电线；4—排气/通风系统；5—接地情况；6—供电单元；7—工件；8—冷却系统；9—浴；10—绝缘板

Figure 4－14 Schematic diagram of micro-arc oxidation equipment

在微弧氧化处理中，将待处理的金属(一般为阀金属，如 Al、Mg、Ti、Nb、Zr、Ta 等)作为阳极浸没于电解质中，在强电场的作用下，在试样表面发生电化学氧化、等离子体反应以及热化学反应等过程，最终在试样表面形成以基体金属氧化物为主具有典型微孔结构的陶瓷膜层。微弧氧化从阳极氧化发展而来，因其在反应时，能在试样表面观察到无数不断游动的微小电弧而得名。微弧氧化的作用机制十分复杂，目前尚未有一种公认的理论模型能够对所有的实验现象以及反应过程进行精确的解释和分析。但是对于 MAO 膜层形成过程的几个主要阶段，大部分的研究者还是达成了一致的共识。首先，在反应刚开始时，阳极表面还未形成足够厚的钝化层，此时电极反应的动力学过程服从法拉第电解定律，而伏安特性曲线则服从欧姆定律。且此时可在阳极的表面观察到大量的气泡。随着电压的增大，氧化层的厚度也随之增加。由于所形成氧化层的电导率极低使得阴阳极间的电压大部分施到这层氧化膜之上。当电压继续升高到达氧化膜的临界击穿电压时，氧化层中的薄弱部位首先被击穿从而形成局部的放电现象。此时可以在阳极金属表面观察到许多不断游动的白色电弧，而回路中的电流也主要集中于电弧之中。随着反应的进行，白色的微小电弧逐渐转变为尺寸更大能量更高的红色电弧，且能够听见较大的爆鸣声。由于这些放电电弧能产生极高的中心温度(弧中心温度可达 6 800～9 500 K)，在放电中心的氧化层被电弧融化，电弧消失后，融化的氧化层从放电通道中喷涌而出然后被电解液冷淬，从而形成特有的“火山口”形貌。由于放电电弧总是在膜层中电阻率低的薄弱部位出现，因此能够获得比较均匀的膜层结构。典型的 MAO 膜层从剖面上看通常有两层膜结构：外部的疏松层和内部的致密层，其中疏松层主要含有多孔结构，疏松而粗糙[55]。而致密层孔隙度低，孔径更小且具有较高的硬度和耐磨性能，也正是致密层的隔离作用将腐蚀性液体与材料基体隔绝开从而实现抗腐蚀性能。此外由于放电区域电弧的高温烧结作用，作用区域的物质可以由无定形相转变为晶体相而改变涂层的物质结构。

除了电源的供给方式对 MAO 膜层有影响外，电解液也是一个影响膜层物理化学性质的重要因素，因为电解液不仅是放电回路中的一部分，而且还要带走微弧氧化过程中的热量，更重要的是电解液中的元素会掺入膜层中与基体本身的元素一起决定了膜层的化学组成和结构。根据电解液的酸碱性可以分为酸性电解液和碱性电解液。酸性电解液主要由一些含氧酸构成(如硫酸、磷酸、硝酸等)，但是由于酸性电解液对环境具有污染性，因而目前几乎不再使用。对于碱性电解液，由于其对阀金属的氧化物具有一定的溶解能力，因而目前通常采用只具有弱碱性的电解质，如磷酸盐、硅酸盐、铝酸盐等。含有这些盐的电解液具有较强的金属钝化效果，且形成的膜层质量较好。

对微弧氧化的研究也不再局限于膜层的物理化学性质上(如耐磨性、耐腐蚀性)，对其生物学功能(如生物相容性、生物活性、抗菌性等)的研究也在不断展开[56,57]。把微弧氧化技术应用到生物医用钛合金的表面改性，具有更大的优点，包括① 涂层表面具有多孔结构；② 涂层与基体结合强度高；③ 涂层组织纳米化；纳米晶的存在不仅可以降低种植体的弹性模量，还可以提高种植体的韧性；④ 涂层元素组成可控。应用微弧氧化技术处理钛及其合金，能够提高膜层的抗磨性和抗腐蚀性。对于微弧氧化技术应用于钛合金内植物表面改性的探索最初集中于细胞培养研究，众多研究结果显示，氧化钛纳米管的纳米级粗糙度表面适于细胞黏附、增殖和播散，对于与骨组织再生相关的骨髓间充质干细胞、成骨细胞和软骨细胞生长均具有诱导分化或促进增殖作用。研究表明，氧化钛纳米管表面较之纳米颗粒表面和未经处理光滑钛表面更适宜成骨细胞生长，发现这与促进成骨细胞黏附相关的玻璃粘连蛋白和纤维粘连蛋白在氧化钛纳米管表面表达增强有关。纳米管表面上邻近细胞间出现大量细胞外基质，且细胞延伸出丝状伪足铆钉在纳米管的多孔结构上，材料本身表现出良好的骨传导性。其装载药物的方式也与上述 TiO_2 纳米管类似，且常与 LbL 技术联合应用来构建具有药物缓释特性的金属植入材料。

4.4.3 磁控聚合物型药物储池

除了金属材料表面原位形成的药物储池外，研究人员还利用微球、微胶囊、水凝胶等作为药物载体，制备了大量的药物控释材料。该类控释系统可以将目的药物递送至病灶部位，实现药物分子在病灶组织上的原位释放，大幅度提高药物利用率。但是，癌症、糖尿病等患者需要长期服药，才能实现疾病的有效治疗。因此，研究人员基于微制造工程技术与生物技术构建了新一代可编程式药物释放芯片系统，可使用体外信号远程控制药物释放芯片产生触发式释放，实现药物分子长期的定时、定量递送。最近，Langer 等利用微制造技术制备出微装置/微芯片控制释放系统，并实现药物的贮存和递送[58]。另外，Langer 等利用生物可降解的聚乳酸(PLLA)作为控释芯片的基质，不同分子量的 PLGA 作为芯片阵列封膜，制备出脉冲式药物控释微芯片装置[59]。该类系统通过控制不同分子量 PLGA 的降解性能，实现芯片的脉冲梯度式释放。尽管基于聚合物制备的药物递送系统都具有生物可降解的特性，但其释放行为通常都是通过聚合物的生物降解和化学键断裂等方式实现的，属于“被动式”释放模式，导致其释放行为的可控性较差。为此，科学工作者努力寻求开发出一种可通过外界信号“主动式(可逆的)”控制芯片释放行为的生物可降解聚合物药物递送装置。2009 年，蔡等通过聚乳酸凹陷微阵列，Fe_3O_4 纳米颗粒(粒径大约 200 nm)及柱状聚碳酸酯核孔膜 3 个部件构建了一个简易的远程磁控的生物可降解的聚乳酸多贮池式药物控制释放芯片[60](见图 4-15)。研究证实磁场信号可以控制贮池内磁性纳米颗粒的位置：当磁铁处于聚乳酸微芯片下方时，Fe_3O_4 纳米颗粒移动至微装置的底部，聚碳酸酯膜孔就处于为“开启”状态(onState)，药物可通过孔隙自由扩散到外界溶液中；当磁铁处于聚乳酸微芯片上方时，Fe_3O_4 纳米颗粒移动至聚碳酸酯膜表面并封堵碳酸酯膜的核孔，贮池内的药物被封装于微芯片内，该释放系统就处于“关闭”状态(off state)。该芯片通过调控磁场的方向实现聚乳酸微芯片控释装置的“开启”(on state)与“关闭”(off state)，达到远程磁控微芯片脉冲式释放的目的。

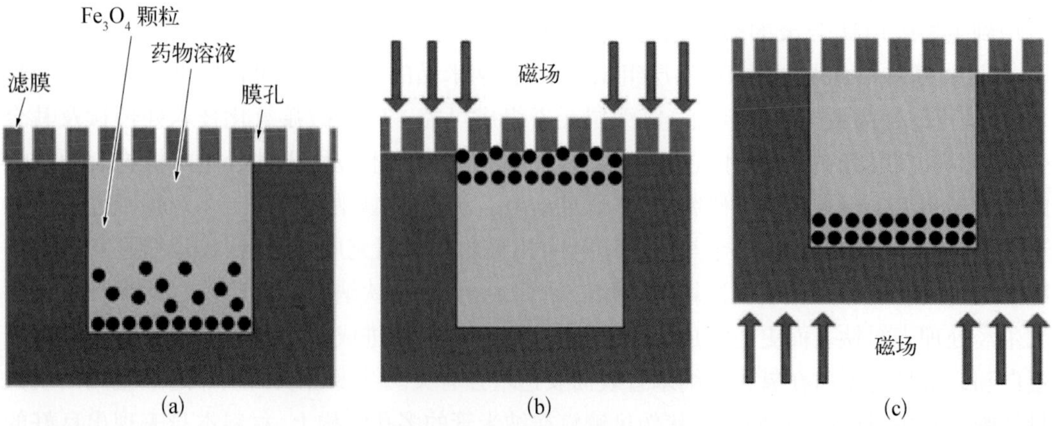

图 4-15 远程磁信号响应性的生物可降解的聚乳酸贮池式药物控制释放芯片[60]

Figure 4-15 Scheme of a PLGA polymeric multi-reservoir device for remote reversible controlled drug delivery via magnetic filed signal

4.5 药物储池及静电介导层层自组装技术的联合应用

在实际研究中人们发现，单纯药物储池很难实现对不带电荷或疏水性药物的长效缓释性装载。这类药物相较于带电药物来看，其从管内的释放速率非常快。为了解决这个问题，科研人员将药物储池与静电介导层层自组装技术进行联合应用。结合两者的优点，既可以实现药物的有效装载，又可以通过 LbL 膜的覆盖降解调控药物的释放速率。近年来，为了实现储池内药物的智能释放，研究者们开发出大量的具有响应性降解特性的 LbL 覆盖层，其中最常见的为 pH 响应性和酶响应性。该类响应性涂层可以实现药物在某些疾病环境（如感染、发炎或骨质疏松等）下快速释放的目的，进而发挥出所装载药物的临床药用价值。常见的以弱聚电解质为材料制备的薄膜均会表现出不同程度的 pH 响应性，这是因为弱聚电解质所带电荷易受 pH 影响，在一些 pH 条件下使薄膜呈现出肿胀、收缩等特性，甚至在极端 pH 条件下会造成薄膜的分解。此外，生物大分子酶、蛋白质、DNA 等生物分子自组装体系也多表现出 pH 响应性[61]。另外，研发者针对疾病条件下某些酶过量分泌的特性，应用某些对酶敏感的高聚物（透明质酸、PLA 等）制备出酶响应性的 LbL 覆盖层[62]。从控制药物释放方面来看，储池与 LbL 涂层的联合应用实现了所有储池装载性药物的缓释特性，其相较于单一技术具有更为深远研究意义。

4.6 结语

综上，层层组装技术具有对组装分子选择的高灵活性、可调性及易操作性等优点，使其在提高植入体生物相容性界面工程中得到了广泛的应用。通过层层组装技术，应用不同的处理方式，在植入体界面构建细胞微环境，使植入体界面获得期望的物理、化学及生物信号诱导骨祖细胞的黏附、增殖及分化，促进骨生成。然而，多层膜的精确控制、药物/基因的负载及释放、计量效应等需要更深入和系统的研究。通过层层组装技术构建的药械结合界面为功能性植入体（如抗菌、抗炎、抗骨质疏松症等）的发展提供了新的契机，但是如何将该技术应用于工业生产需要付出更多的努力。随着医学及纳米技术的快速发展，多学科的交叉研究有望促进层层组装技术的深入发展，促进其应用于临床。

（蔡开勇　胡燕　陈威震　沈新坤）

参考文献

[1] Nalla R K, Kruzic J J, Kinney J H, et al. Role of microstructure in the aging-related deterioration of the toughness of human cortical bone[J]. Mater Sci Eng C, 2006, 26(8): 1251 - 1260.
[2] 曾志成.新编人体解剖学图谱[M].2 版.西安：世界图书出版公司，2006.
[3] 章燕程.组织学与胚胎学[M].北京：中国医药科技出版社，1989.

[4] Wegst U G, Bai H, Saiz E, et al. Bioinspired structural materials[J]. Nat Mater, 2015, 14(1): 23 - 36.
[5] Dimitriou R, Jones E, McGonagle D, et al. Bone regeneration: Current concepts and future directions[J]. BMC Medicine, 2011, 9(1): 66.
[6] Frost H M. Bone "mass" and the "mechanostat": A proposal[J]. The Anatomical Record, 1987, 219(1): 1 - 9.
[7] Recker R R. Bone histomorphometry: Techniques and interpretation[M]. Boca Raton: CRC Press, 1983.
[8] Uccelli A, Moretta L, Pistoia V. Mesenchymal stem cells in health and disease[J]. Nat Reviews Immunology, 2008, 8(9): 726 - 736.
[9] Schofield R. The relationship between the spleen colony-forming cell and the haemopoietic stem cell[J]. Blood Cells, 1978, 4(1 - 2): 7 - 25.
[10] Suda T, Nakamura I, Jimi E, et al. Regulation of osteoclast function[J]. J Bone Miner Res, 1997, 12(6): 869 - 879.
[11] Matsuo K, Irie N. Osteoclast-osteoblast communication[J]. Arch Biochem Biophys, 2008, 473(2): 201 - 209.
[12] Nich C, Takakubo Y, Pajarinen J, et al. Macrophages-key cells in the response to wear debris from joint replacements[J]. J Biomed Mater Res A, 2013, 101(10): 3033 - 3045.
[13] Saltel F, Chabadel A, Bonnelye E, et al. Actin cytoskeletal organisation in osteoclasts: A model to decipher transmigration and matrix degradation[J]. Eur J Cell Biol, 2008, 87(8/9): 459 - 468.
[14] Chen X H, Sun Y L, Qian A R, et al. Recent advances in the formation and activation of osteoclasts[J]. Chinese Journal of Cell Biology, 2014, 36(2): 1 - 9.
[15] Serhan C N, Savill J. Resolution of inflammation: The beginning programs the end[J]. Nat Immunol, 2005, 6(12): 1191 - 1197.
[16] Mountziaris P M, Mikos A G. Modulation of the inflammatory response for enhanced bone tissue regeneration[J]. Tissue Eng B Rev, 2008, 14(2): 179 - 186.
[17] Arron J R, Choi Y. Bone versus immune system[J]. Nature, 2000, 408(408): 535 - 536.
[18] Picart C, Caruso F, Voegel J - C. Layer-by-layer films for biomedical applications[M]. New Jersey: Wiley - VCH, 2015.
[19] Raggatt L J, Wullschleger M E, Alexander K A, et al. Fracture healing via periosteal callus formation requires macrophages for both initiation and progression of early endochondral ossification[J]. Am J Pathol, 2014, 184(12): 3192 - 3204.
[20] Brown B N, Ratner B D, Goodman S B, et al. Macrophage polarization: An opportunity for improved outcomes in biomaterials and regenerative medicine[J]. Biomaterials, 2012, 33(15): 3792 - 3802.
[21] Loia F, Córdovaa L A, Pajarinena J, et al. Inflammation, fracture and bone repair[J]. Bone, 2016, 86: 119 - 130.
[22] Lee S W, Tettey K E, Kim I L, et al. Controlling the cell-adhesion properties of poly(acrylic acid)/polyacrylamide hydrogen-bonded multilayers[J]. Macromolecules, 2012, 45(15): 6120 - 6126.
[23] Watt F M, Huck W T. Role of the extracellular matrix in regulating stem cell fate[J]. Nat Rev Mol Cell Biol, 2013, 14(8): 467 - 473.
[24] Spiller K L, Nassiri S, Witherel C E, et al. Sequential delivery of immunomodulatory cytokines to facilitate the M1 - to - M2 transition of macrophages and enhance vascularization of bone scaffolds[J]. Biomaterials, 2015, 37: 194 - 207.
[25] Cai K Y, Hu Y, Luo Z, et al. Cell-specific gene transfection from a gene-functionalized poly(D, L - lactic acid) substrate fabricated by the layer-by-layer assembly technique[J]. Angew Chem Int Edit, 2008, 47(39): 7479 - 7481.
[26] Decher G. Fuzzy nanoassemblies: Toward layered polymeric multicomposites[J]. Science, 1997, 277(5330): 1232 - 1237.
[27] Decher G, Hong J D, Schmitt J. Buildup of ultrathin multilayer films by a self-assembly process: 3. Consecutively alternating adsorption of anionic and cationic polyelectrolytes on charged surfaces[J]. Thin Solid Films, 1992, 210(1 - 2): 831 - 835.
[28] Keeney M, Mathur M, Cheng E, et al. Effects of polymer end-group chemistry and order of deposition on controlled protein delivery from layer-by-layer assembly[J]. Biomacromolecules, 2013, 14(3): 794 - 800.
[29] Wittmer C R, Phelps J A, Lepus C M, et al. Multilayer nanofilms as substrates for hepatocellular applications[J]. Biomaterials, 2008, 29(30): 4082 - 4090.
[30] Cai K Y, Wang Y L. Polysaccharide surface engineering of poly(D, L - lactic acid) via electrostatic self-assembly

technique and its effects on osteoblast growth behaviours[J]. J Mater Sci-Mater M, 2006, 17(10): 929 - 935.

[31] Engler A J, Sen S, Sweeney H L, et al. Matrix elasticity directs stem cell lineage specification[J]. Cell, 2006, 126(4): 677 - 689.

[32] Wittmer C R, Phelps J A, Saltzman W M, et al. Fibronectin terminated multilayer films: protein adsorption and cell attachment studies[J]. Biomaterials, 2007, 28(5): 851 - 860.

[33] Lin Q K, Ding X, Qiu F Y, et al. In situ endothelialization of intravascular stents coated with an anti - CD34 antibody functionalized heparin-collagen multilayer[J]. Biomaterials, 2010, 31(14): 4017 - 4025.

[34] Jessel N, Oulad-Abdeighani M, Meyer F, et al. Multiple and time-scheduled in situ DNA delivery mediated by beta-cyclodextrin embedded in a polyelectrolyte multilayer[J]. Proc Natl Acad Sci USA, 2006, 103(23): 8618 - 8621.

[35] Kusumbe A P, Ramasamy S K, Adams R H. Coupling of angiogenesis and osteogenesis by a specific vessel subtype in bone[J]. Nature, 2014, 507(7492): 323 - 328.

[36] Shah N J, Macdonald M L, Beben Y M, et al. Tunable dual growth factor delivery from polyelectrolyte multilayer films[J]. Biomaterials, 2011, 32(26): 6183 - 6193.

[37] Wong S Y, Moskowitz J S, Veselinovic J, et al. Dual functional polyelectrolyte multilayer coatings for implants: permanent microbicidal base with controlled release of therapeutic agents[J]. J Am Chem Soc, 2010, 132(50): 17840 - 17848.

[38] Cado G, Aslam R, Seon L, et al. Self-defensive biomaterial coating against bacteria and yeasts: polysaccharide multilayer film with embedded antimicrobial peptide[J]. Adv Funct Mater, 2013, 23(38): 4801 - 4809.

[39] Hu Y, Cai K, Luo Z, et al. Layer-by-layer assembly of beta-estradiol loaded mesoporous silica nanoparticles on titanium substrates and its implication for bone homeostasis[J]. Adv Mater, 2010, 22(37): 4146 - 4150.

[40] Hu Y, Cai K Y, Luo Z, et al. TiO_2 nanotubes as drug nanoreservoirs for the regulation of mobility and differentiation of mesenchymal stem cells[J]. Acta Biomater, 2012, 8(1): 439 - 448.

[41] Daubine F, Cortial D, Ladam G, et al. Nanostructured polyelectrolyte multilayer drug delivery systems for bone metastasis prevention[J]. Biomaterials, 2009, 30(31): 6367 - 6373.

[42] Kim T G, Park S H, Chung H J, et al. Microstructured scaffold coated with hydroxyapatite/collagen nanocomposite multilayer for enhanced osteogenic induction of human mesenchymal stem cells[J]. J Mater Chem, 2010, 20(40): 8927 - 8933.

[43] Qureshi S S, Zheng Z, Sarwar M I, et al. Nanoprotective Layer-by-Layer coatings with epoxy components for enhancing abrasion resistance: toward robust multimaterial nanoscale films[J]. ACS nano, 2013, 7(10): 9336 - 9344.

[44] Krivosheeva O, Sababi M, Dedinaite A, et al. Nanostructured composite layers of mussel adhesive protein and ceria nanoparticles[J]. Langmuir: the ACS journal of surfaces and colloids, 2013, 29(30): 9551 - 9561.

[45] Zwilling V, Aucouturier M, Darque-Ceretti E. Anodic oxidation of titanium and ta6v alloy in chromic media. An electrochemical approach[J]. Electrochim Acta, 1999, 45(6): 921 - 929.

[46] Gong D, Grimes C A, Varghese O K, et al. Titanium oxide nanotube arrays prepared by anodic oxidation[J]. J Mater Res, 2001, 16(12): 3331 - 3334.

[47] Lai M, Cai K, Zhao L, et al. Surface functionalization of TiO_2 nanotubes with bone morphogenetic protein 2 and its synergistic effect on the differentiation of mesenchymal stem cells[J]. Biomacromolecules, 2011, 12(4): 1097 - 1105.

[48] Macak J M, Tsuchiya H, Ghicov A, et al. TiO_2 nanotubes: Self-organized electrochemical formation, properties and applications[J]. Curr Opin Solid St M, 2007, 11(1 - 2): 3 - 18.

[49] Sander M S, Cote M J, Gu W, et al. Template-assisted fabrication of dense, aligned arrays of titania nanotubes with well-controlled dimensions on substrates[J]. Adv Mater, 2004, 16(22): 2052 - 2057.

[50] Chen X, Cai K, Fang J, et al. Dual action antibacterial TiO_2 nanotubes incorporated with silver nanoparticles and coated with a quaternary ammonium salt (QAS)[J]. Surf Coat Tech, 2013, 216: 158 - 165.

[51] Mei S, Wang H, Wang W, et al. Antibacterial effects and biocompatibility of titanium surfaces with graded silver incorporation in titania nanotubes[J]. Biomaterials, 2014, 35(14): 4255 - 4265.

[52] Huo K, Zhang X, Wang H, et al. Osteogenic activity and antibacterial effects on titanium surfaces modified with Zn - incorporated nanotube arrays[J]. Biomaterials, 2013, 34(13): 3467 - 3478.

[53] Shrestha N K, Macak J M, Schmidt-Stein F, et al. Magnetically guided titania nanotubes for site-selective photocatalysis and drug release[J]. Angew Chem Int Edit, 2009, 48(5): 969 - 972.

[54] Yerokhin A L, Nie X, Leyland A, et al. Plasma electrolysis for surface engineering[J]. Surf Coat Tech, 1999, 122(2-3): 73-93.
[55] Li L H, Kong Y M, Kim H W, et al. Improved biological performance of Ti implants due to surface modification by micro-arc oxidation[J]. Biomaterials, 2004, 25(14): 2867-2875.
[56] Krishna L R, Poshal G, Jyothirmayi A, et al. Relative hardness and corrosion behavior of micro arc oxidation coatings deposited on binary and ternary magnesium alloys[J]. Mater Design, 2015, 77: 6-14.
[57] Li G, Cao H, Zhang W, et al. Enhanced Osseointegration of Hierarchical Micro/Nanotopographic Titanium Fabricated by Microarc Oxidation and Electrochemical Treatment [J]. ACS Appl Mater Interfaces, 2016, 8(6): 3840-3852.
[58] Langer R, Tirrell D A. Designing materials for biology and medicine[J]. Nature, 2004, 428(6892): 487-492.
[59] Grayson A C R, Choi I S, Tyler B M, et al. Multi-pulse drug delivery from a resorbable polymeric microchip device [J]. Nat. Mater., 2003, 2(11): 767-772.
[60] Cai K Y, Luo Z, Hu Y, et al. Magnetically triggered reversible controlled drug delivery from microfabricated polymeric multireservoir devices[J]. Adv Mater, 2009, 40 (21): 4045-4049.
[61] Sukhishvili S A. Responsive polymer films and capsules via layer-by-layer assembly[J]. Curr Opin Colloid In, 2005, 10(1-2): 37-44.
[62] Shen X, Zhang F, Li K, et al. Cecropin B loaded TiO_2 nanotubes coated with hyaluronidase sensitive multilayers for reducing bacterial adhesion[J]. Mater Design, 2016, 92: 1007-1017.

5 组织修复用微纳米生物材料

组织工程(tissue engineering)是应用多学科领域的专业知识和技能来开发用于修复、维护、促进人体各类组织或器官损伤后的功能和形态的生物替代物的一门新兴学科,因而又称为再生医学[1]。经过十多年的发展,组织工程已经成为一门结合材料工程、生物学、医学,以体外或体内构建新组织为目的的新兴学科。具体来说,组织工程是在一种生物相容性良好、具有生物可降解特性的支架材料上,种植细胞或组织,在体外培养形成细胞-生物材料复合物,之后将该复合物植入人体内,随着支架逐渐降解,自体细胞和组织持续生长并分泌新的胞外基质,最终形成与原始组织或器官相似的形态和功能,从而达到修复创伤和重建组织的目的[2]。重构一个有功能的组织或器官主要有 3 个关键点,即组织工程 3 要素:① 种子细胞;② 支架材料;③ 生物信号。其中,支架材料作为类似于细胞外基质的存在,为细胞提供了力学支撑,在细胞增殖、迁移、分化等关键行为中起到重要作用[3]。

在活体生物中,细胞生长于由蛋白、多糖及蛋白聚糖等生物大分子组成的三维复杂网状结构,即胞外基质(extracellular matrix,ECM)中。ECM 不仅具有连接、支持、保水、抗压及保护等物理学作用,还对细胞的基本生命活动发挥着全方位的生物学作用,如影响细胞存活、参与细胞迁移及决定细胞分化等。细胞与 ECM 的相互作用跨越多个长度尺度,并引出关键胞内信号通道调节细胞表型,是组织实现其生理功能的基础。比如,在宏观上观察,骨骼肌由数个肌束平行排列而成。而每一个肌束则由数百个多核肌肉纤维通过一层超薄肌束膜包裹而成。每一个肌细胞又有许多沿细胞长轴平行排列的肌原纤维(5~10 nm)组成。超微结构下如此复杂的构造是肌肉力学性能的基础[4]。显然,组织的性能会随着与细胞相互作用的微环境的改变而改变。因此,由于微米-纳米级尺度生物材料的直径接近于天然胞外基质,相比较于传统的生物材料具有特殊的理化性质与生物学效应,它们在组织工程与再生医学等领域有着重要的应用价值和研究意义,相关研究报道也持续增长。

理想的支架材料必须符合以下基本条件:① 具有良好的生物相容性,支持细胞生长并分泌胞外基质;② 具有一定的力学强度,可抵抗外来压力并维持组织原有的形状和组织的完整性;③ 具有合适的降解速度,引导组织生长成特定形态。微纳米材料具有超高的比表面积,相比较于传统的生物材料具有更突出的力学特性,能够为细胞与组织提供足够的物理支持,是比较理想的组织工程支架。而理解与控制微纳米材料的力学特性是组织工程领域一个重要的研究方向,最终目的都是为了优化其理化特性,满足组织工程与生物医学领域的特殊应用需求。

5.1 微纳米生物材料的结构特征与力学特性

相较于二维平面材料，三维的微纳米支架具有更大的比表面积，可以支持高密度、长时间的细胞培养；同时，高度连通的网络可以增加细胞与细胞间的相互作用。微纳米材料从结构学角度，可分为连续性纤维结构、球形或多边形颗粒状结构、介孔结构、材料的表面微凸起或微凹槽拓扑结构以及三维模拟天然组织的复合型结构等。

5.1.1 微纳米纤维支架的结构特征与力学特性

5.1.1.1 微纳米纤维的制备与结构特征

微纳米纤维的主要制备方式为静电纺丝技术，这是目前唯一能够直接且高度连续构建聚合物纳米纤维的技术方法，同时也作为最为广泛的研究手段应用于组织工程支架领域[5]。该技术主要利用强电场力介导聚合物溶液或熔融状态拉伸形变同时伴随溶剂挥发或熔融状态固化而形成固态纤维结构[见图 5-1(a)]。不同聚合物以及不同条件下形成纳米纤维直径差别迥异，一般分布在几十纳米至几十微米之间[见图 5-1(b)][6]。静电纺丝制备纳米纤维的过程中影响因素有很多，主要可分为两类，一是系统参数，包括溶液黏度、弹性、电导率和表面张力等，比如在电纺工艺过程中，聚合物溶液必须达到一定的浓度才能产生流体拉伸形变效果，过低或过高的浓度均难以形成连续稳定的纤维状结构；二是处理参数，如毛细管

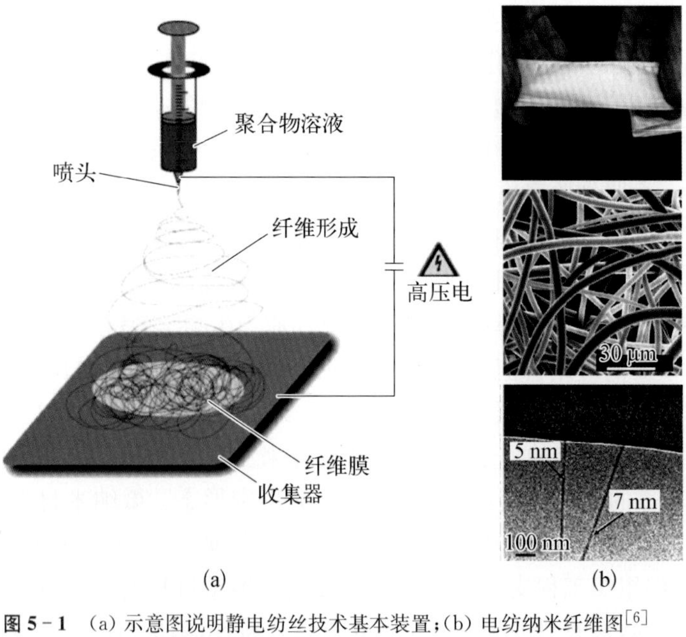

图 5-1 (a) 示意图说明静电纺丝技术基本装置；(b) 电纺纳米纤维图[6]

Figure 5-1 (a) Schematic illustration of the basic setup for electrospinning; (b) image of fibers of polymer produced by electrospinning

中的静电压、毛细管口的电势、溶液温度、纺丝环境中的空气湿度和温度、液体流速等，比如当其他参数控制在一定范围内，施加电场强度越强，形成的纤维就会越细。静电纺丝技术具有装置简单、操作容易和生产高效灵活等优点。同时，通过不同的制备方法，如改变喷头结构和控制实验条件等，可以获得实心、空心和壳心结构的纳米纤维膜；通过设计不同的收集装置，可以获得单根纤维、纤维束和定向纳米纤维等。

静电纺丝制备的微纳米纤维材料较生物材料的其他结构形式，在生物医学领域具有如下优点：① 其特殊的完全相互贯通的三维多孔结构对液体具有良好的流通性，能够满足体内营养物质供给与代谢产物交换等生理需求；② 微纳米纤维支架具有超高的比表面积，有利于细胞的前期黏附与功能性蛋白的吸附，为细胞提供了良好生长环境；③ 通过改进的静电纺丝技术（如同轴电纺、乳化电纺等）可以构建出多种功能性纳米纤维结构，为解决生物材料的组织宏观结构模拟、有机与无机相的复合、组织界面梯度结构的构建、药物缓释的调控以及力学特性等问题提供了多视角的选择。

5.1.1.2 微纳米纤维的力学特性

静电纺丝制备的微纳米纤维具有广泛的应用，如组织工程、过滤介质、纳米传感器等。而在这些应用中，微纳米纤维无不随时受到周围介质的应力与应变。因此，微纳米纤维必须具备足够的力学性能以执行相应的功能。微纳米纤维的整体力学性能通常受纤维直径、排列方式和交联剂等因素的影响[7]。在应用过程中，微纳米纤维通常承受轴向载荷，目前最常用的测试其整体力学性能的方法为拉伸测试，并建立拉伸强度、杨氏模量、拉伸断裂比等数据。

纳米纤维直径对力学性质的影响。根据之前的研究报道，电纺纳米纤维的最大拉伸强度随着纤维直径的上升而下降，而延展性则相反。Tan 等人报道了当 PCL 纳米纤维的直径从 1.7 μm 下降到 1.03 μm 时，其最大拉伸强度几乎增加了两倍[8]。静电纺丝的过程是将熔融状态的聚合物至于几千至上万伏电压/每米的电场内，带电的液态聚合物在强电场力的作用下被加速向相反电极方向拉伸形变；当施加至泰勒锥表面的电场力能够克服聚合物液滴的液体表面张力时，可以形成喷射细流；细流在喷射过程中伴随着溶剂的挥发或熔融聚合物的固化形成微纳米纤维。较低的延展性和较高的强度表明直径越小的纳米纤维其在喷射过程中的拉伸程度越高。通常认为纳米纤维的尺寸效应有可能受以下几个因素的影响，包括表面张力、链排列、晶体形成、半晶体结构等。然而，单一的表面张力并不足以解释聚合物纳米纤维的力学特性。同时，研究发现随着纳米纤维直径的增加，晶体结构仅发生轻微的变化，这种温和的变化也不能成为纳米纤维杨氏模量急剧变化的原因。因此，微纳米纤维的尺寸效应仍需要新的模型来进行深入的研究。

纳米纤维的排列对力学性质的影响。静电纺丝收集器的种类对微纳米纤维的力学强度有显著的影响。通常情况下，随机排列的微纳米纤维由静态平板收集，而定向排列的纳米纤维由旋转的滚筒收集。这种由收集器不同所引起的各向异性会影响微纳米纤维的力学性质，定向纳米纤维的拉伸强度与弹性模量均已被证明显著高于随机排列的纳米纤维。这归因于定向纳米纤维中的分子链会引着纤维方向也就是载荷方向轴向排列。滚筒收集器的转速也会影响微纳米纤维的力学性能,转速越高,分子链定向与结晶度增加,拉伸强度增加,而断裂百分比则会出现下降。此外,增加滚筒收集器的转速会降低微纳米纤维的直径,通过增加电纺过程中的牵引拉力影响纤维伸长与排列。Inai 等人报道,定向排列的 PLLA 电纺纳米纤维,收集器转速从 100 rpm 增加到 1 000 rpm,其拉伸强度分别为 89 和 183 MPa[9]。X 射线衍射(X-ray diffraction,XRD)证明增加收集器转速诱导高度有序的分子排列。

单根纤维的力学性能。微纳米纤维的整体力学性能很大程度上由其单根纳米纤维的力学特性决定。然而目前,单根纳米纤维的力学性能测试仍然面临巨大的挑战,必须克服以下困难:① 操作系统精确的分离、对齐和抓住单根纤维,并在测试过程中不能滑动与破损;② 合适的观察模式并确保纳米纤维不会被表征仪器损伤,如扫描电镜(scanning electron microscope,SEM)或者透射电镜(transmission electron microscope,TEM)等;③ 具有足够高敏感的传感器,可测量 n/μN 的载荷;④ 可以加载纳米纤维的高分辨率拉伸装置。为了解决这个问题,研究者尝试了多种技术来测量单根连续纳米纤维的力学特性,而其中原子力显微镜(atomic force microscopy,AFM)因其结合了力学与距离传感器,能在真空、空气、流体等多环境下操作,同时耦合了纳米级分辨率的成像系统而迅速成为测量单根纳米纤维力学性质的通用技术,并在其基础上发展基于拉伸、弯曲、纳米亚痕、共振频率、剪切率等的多种力学性能测试技术[8]。

5.1.2 水凝胶的结构特征与力学特性

水凝胶是高度亲水的网状聚合物材料,可以结合大量的水而不被溶解。这些水分子可以与聚合物网络紧密结合或自由移动。水凝胶具有极高的含水量,可以模拟天然生物组织(70%)甚至更高(高达 99%),因此其具有良好的生物相容性,在软接触镜头、导管涂层、伤口敷料和药物输送领域广泛应用。最近的研究表明,水凝胶在组织工程、细胞封装、纳米微粒涂层、微诊断设备等领域具体巨大的应用潜能。同时,越来越多的水凝胶用于基础生物学来研究细胞-基底相互作用,其中包括水凝胶的力学性能对干细胞分化的影响。然而,水凝胶的高度含水量导致其力学性能匮乏,从而限制了在生物医学领域的应用。因此,研究水凝胶的力学性能长期以来公认的具有根本性的重要意义[10]。

5.1.2.1 水凝胶的制备与结构特征

水凝胶可以被认为是分子领域的多孔材料,其空洞间隙由水分子填满。在影响水凝胶物理性质方面,最重要的是那些聚合物链之间的物理或化学交联方式(见图 5-2)[10]。化学交联法包括化学反应和光交联,而物理交联法包括热,如从熔体中凝固和可逆的"架桥"反应,如海藻酸钠凝胶中的二价 Ca^{2+} 桥。化学水凝胶在聚合物链的交叉点上为共价交联,可以是理想的化学键[见图 5-2(a)],也可以是非理想化学键包含聚合物的自由端和自循环[见图 5-2(b)],或者是含有两种独立网络的双网水凝胶,而共价键只在各自的网络内交联[见图 5-2(c)]。物理水凝胶的有效交联点是在一定区域范围内的非共价交联,其最简单的连接方式是不同聚合物链之间的物理缠绕[见图 5-2(d)]。如图 5-2(e)和图 5-2(f)所示,不管是螺旋形的交联方式,还是加入二价阳离子复合物,其聚合物链有效交链区域均高于单一共价交联。

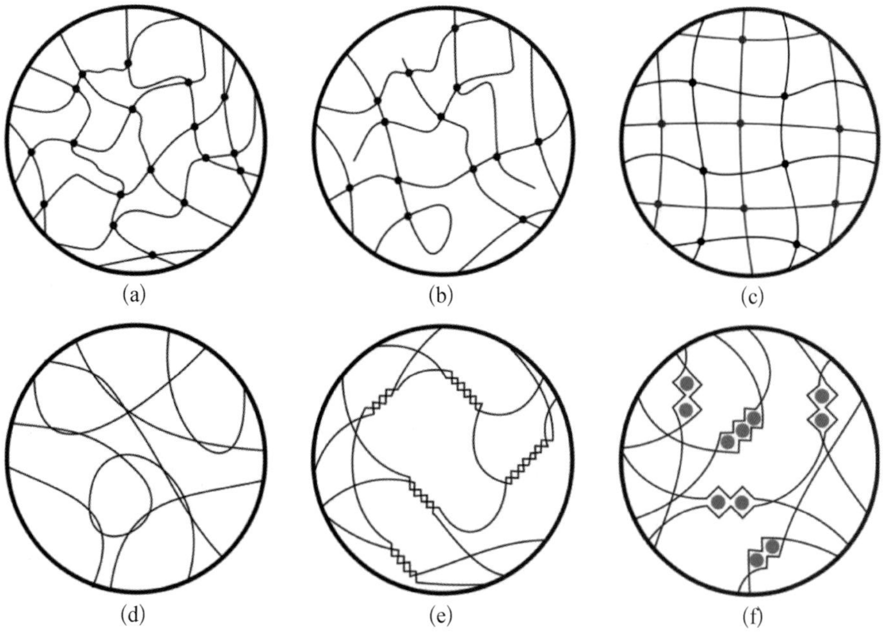

图 5-2 不同水凝胶交联方式示意图[10]

Figure 5-2 Schematic microstructures of gels to define types of cross-linking

5.1.2.2 水凝胶的力学特性

因为水凝胶很大一部分组成为水,较差的力学性能限制了其在生物医学领域的广泛应用。目前,水凝胶的临床应用方向主要为无血管的连接组织,比如脊髓和角膜等,因为其微结构相对简单。但是,这些组织在生理环境下无不承受较大的组合力。因此,水凝胶如果要成功应用于组织工程支架必须有足够强大的力学性能。复合水凝胶体系是目前的研究热点,包括水凝胶-水凝胶体系,比如琼脂-明胶、琼脂-胶原水凝胶等[11]。非凝胶相也被用于加固水凝胶,包括纳米颗粒、黏土以及电纺纳米纤维等。除此之外,能够迅速结合大量水分的超分子水凝胶也被设计用于药物输送。功能性水凝胶,比如对物理化学特性敏感,能够对 pH、温度变化做出响应的水凝胶也被广泛用于制备探测周围环境的传感器。

相比较于传统的工程材料,水凝胶的力学行为具有特殊性。作为一种具有较低弹性模量、既不是固体也不算液体的生物材料,水凝胶的力学测试与分析一直是研究者需要面临的挑战。首先,水凝胶很难"夹紧"来进行测试;其次,大部分的水凝胶弹性模量范围为 kPa,而大部分力学测试设备的最佳分析范围为 MPa 到 GPa;最后,水凝胶是一种多相材料,由多孔状的固相和液态的水相组成,因此目前已经建立的固态测试体系不能完全适合水凝胶,需要更复杂的分析方式。如何保证水凝胶力学分析的准确度与精确度是现在研究者们不可避免的问题,水凝胶的物理特性仍然缺乏一个测试标准。展望未来,为了发展复合组织工程应用的先进水凝胶,必须首先建立水凝胶力学性能的表征标准。

5.2 微纳米生物材料的化学组成成分与力学性能

组织工程强调支架材料的术后缝合强度、物理特性、降解特性、结构设计的可操控性以及抗菌性等医用需求。微纳米材料的力学性能与组成成分直接相关。常用的微纳米材料主要有天然高分子聚合物，如蚕丝丝素、丝胶、胶原、明胶、透明质酸和壳聚糖等；人工合成高分子，包括可生物降解的聚氨基酸、聚乳糖、聚己内酯及不可降解的聚酰胺等；此外还有广泛应用于硬组织的无机非金属材料如羟基磷灰石等(见图 5-3)[12]。

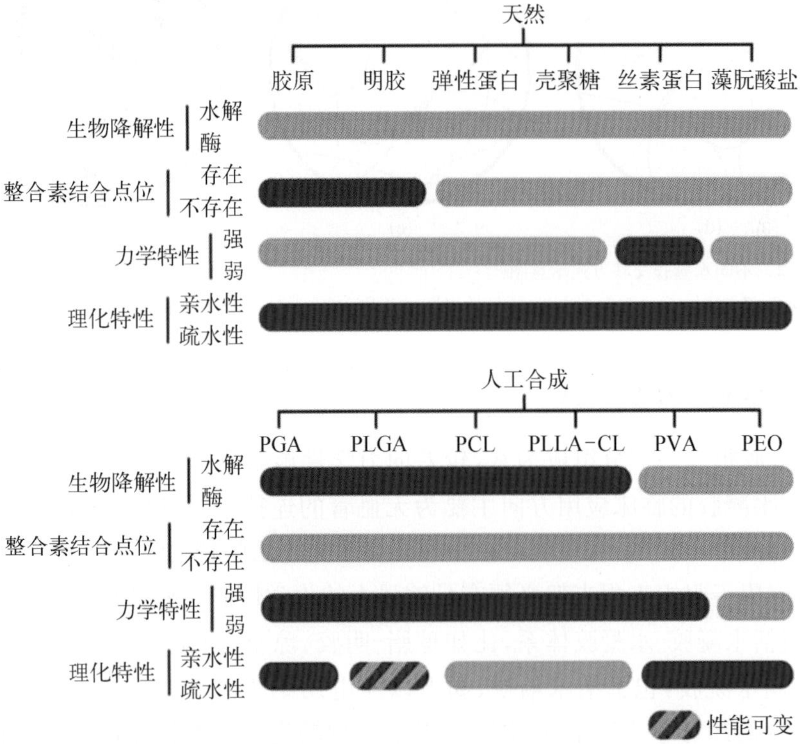

图 5-3 普遍使用的天然与人工合成聚合物构建静电纺丝纳米纤维支架及它们各组关键的生物学、力学与物理化学性质[12]

PGA—聚乙醇酸；PLGA—聚乳酸-羟基乙酸共聚物；PCL—聚己内酯；PLLA-CL—聚 L-丙交酯-己内酯；PVA—聚醋酸乙烯酯；PEO—聚氧乙烯

Figure 5-3 Commonly used natural and synthetic polymers for development of electrospun nanofibers and their key biological, mechanical and physicochemical properties

5.2.1 天然高分子聚合物

天然高分子材料应用于组织工程支架具有组织相容性好、毒性小、易降解且降解产物易被人体吸收而不产生炎症等优点；同时也通常存在力学性质较差，需要额外交联等缺点。天然的 ECM 主要有两种成分组成，即蛋白聚糖和纤维状蛋白(直径约为 50～150 nm)。目前在生物材料领域使用的天然大分子聚合物主要是细胞外基质蛋白与多糖组分[如胶原蛋白

(collagen)、弹性蛋白(elastin)、肝素(heparin)以及透明质酸(hyaluronan)等]及自然界天然产物[如蚕丝蛋白、壳聚糖、葡聚糖以及藻酸盐等],这些天然大分子具有水合作用且伴随强烈的亲水性,同时具有各自特有的生物活性与功能。

(1) 胶原蛋白。胶原蛋白广泛存在于动物和人体的结缔组织中,来源丰富,因而被广泛应用于组织工程。胶原蛋白是由 3 条肽链组成的 3 股螺旋形蛋白,其家族共有 13 个成员,其中以Ⅰ、Ⅱ、Ⅲ型最为常见,而Ⅰ型胶原更是大部分 ECM 的主要组成成分。Ⅰ型胶原制备的微纳米支架因其具有细胞结合的特定位点精氨酸(arginine)-甘氨酸(glycine)-天冬氨酸(aspartate)(RGD)多肽序列,应用于组织工程有利于细胞的前期黏附进而影响细胞后续的生物学功能。胶原蛋白最显著的特征是从微观尺度到宏观尺度的层级结构。多个原胶原蛋白单体(直径约 1.5 nm,长度约 300 nm)聚合在一起,按照 α 螺旋的方式自组装形成直径数百纳米的原纤维。原纤维进一步组装成微米甚至厘米范畴的胶原纤维束,胶原蛋白复杂而高度有序的体系结构使其成为一个稳定而高强度的胞外基质蛋白[13]。清晰的结构组成与卓越的物理化学性质,使得胶原蛋白在生物材料领域广泛应用。

胶原蛋白的形成具有可控性,在纳米尺度,可以调控原胶原蛋白单体自组装的长度和密度;在微观尺度,原纤维之间的交联程度直接影响胶原蛋白的生物、力学特性;在宏观尺度,更大结构的胶原纤维束的形成是许多组织的重要结构特征。因此,胶原蛋白的自组装赋予其丰富与可变的结构与理化特性。生物材料学家据此设计了一系列生物、化学与力学因素来调控胶原的结构与功能。这其中,通过力学刺激促进基质重塑是一种强大而相对简单的方式来控制胶原蛋白水凝胶的形状与组成。力学拉伸已经被广泛应用于促进胶原的组装与重塑。单轴拉伸已经被证明可以促进细胞与基质平行于拉伸方向排列[14];周期性循环拉伸种植有平滑肌细胞的管状胶原水凝胶可以促进细胞与基底的排列来抵抗压力,从而提高支架的力学性能[15];同时,高强度的拉伸(30%～50%)也被用于调整脱细胞胶原支架的结构,降低胶原纤维的直径同时提高抗张强度[16]。除了拉伸,压缩也可用于胶原结构与功能的调整。持续性压缩胶原水凝胶会使其密度提高、直径增加、孔隙率降低,从而引起力学性能的加强。

(2) 透明质酸(hyaluronic acid,HA)。HA 是由 D-葡萄糖醛酸及 N-乙酰葡糖胺组成的双糖聚合物,是体内含量最为丰富的多糖。HA 作为细胞外基质的重要组成成分,参与了许多细胞的进程,其水溶液具有很大黏性,可控制体内细胞和分子的渗透压,维持组织中水环境稳定。HA 还参与了一系列体内的细胞/组织响应事件,包括细胞黏附、迁移、增殖、胚胎发育以及组织形态发生等。透明质酸主要通过其与细胞表面受体 CD44 和 RHAMM 膜蛋白的相互作用调控了上述细胞/组织事件,这种相互作用能够引发进一步的细胞信号转导[17]。此外,HA 独特的分子结构和理化性质在促进组织重建和创伤愈合等方面也起到非常重要的作用。在组织工程领域,目前已经报道透明质酸与基于透明质酸的复合材料支架能够对软骨、韧带、心血管系统组织以及皮肤具有修复再生的作用。

HA 微纳米材料的力学分析方法包括动态热力学分析、流变学分析和压缩实验等。实验结果表明 HA 具有特殊的流变特性,其力学性能受交联影响极大,透明质酸的浓度、交联程度、交联剂的种类与浓度都可以调控 HA 的力学特性。通常情况下,调节 HA 的浓度,可以使其水凝胶硬度从数百到数千帕斯卡范围内变化[18]。有研究报道,将无孔水凝胶前体溶液中的 HA 浓度从 5%降低到 3%，其杨氏模量从 1 920 Pa 降低到 177 Pa[19]。交联剂的使用可以降低 HA 的溶解度，同时增加黏弹性和力学强度，延长其在体内的降解时间。甲基丙烯酸 HA 水凝胶可以由紫外(ultraviolet，UV)引发自由游离基聚合产生交联，其杨氏模量随着 UV 曝光时间的延长从 1.5 kPa 到 7.4 kPa[20]。纯 HA 易溶于水、降解迅速、在组织中停留时间短、力学性能有限等缺点限制了它在对于机械强度和稳定性有一定要求的生物工程支架材料中的应用[21]。所以 HA 需要经过特殊的途径，以制成更稳定的固态材料是今后 HA 及其衍生物的重要研究方向。

(3) 丝素蛋白(silk fibroin，SF)。SF 蛋白作为一种天然蛋白由于其特有的生物相容性与力学特性已经在生物材料领域得到了广泛的认可，作为药物载体与术后缝合材料也获得了美国 FDA 的批准[22]。SF 蛋白是目前已知的力学强度最为出色的天然蛋白之一，根据文献报道，自然产生的 SF 极限抗张强度为 300～740 MPa；同时具有较强的延展性，拉伸断裂百分比最高可达 26%，其力学特性甚至超过许多人工合成高聚物[23]。SF 有 Silk Ⅰ和 Silk Ⅱ两种构象，Silk Ⅰ包括无规则卷曲状和 α 螺旋状，Silk Ⅱ是反平行的 β 折叠状。SF 的硬度与强度主要来源于 Silk Ⅱ，β 折叠结构内存在氢键、范德华力以及疏水作用力，有助于维持结构的稳定；而 SF 的延展性与柔韧性主要来源于 Silk Ⅰ的无规则卷曲。Silk Ⅰ和 Silk Ⅱ分别调控不同强度拉伸载荷下 SF 的力学特性。当载荷开始时，SF 无规则卷曲被打开，材料均匀伸展直至极限；Silk Ⅰ结构被破坏，载荷转移到 β 折叠，SF 不再具有弹性，开始塑性形变直至断裂[24]。SF 提取过程中，因为脱胶等过程，不可避免地会引起链断裂从而影响其力学性能。因此，SF 再生与功能化过程中，通过水蒸气或者醇等处理诱导 β 折叠形成是提高 SF 微纳米材料的一个常用途径。

SF 蛋白序列中也具有类似于 RGD 多肽的序列有利于细胞的前期黏附，并且作为药物载体能够保护生长因子和细胞因子等不被体内的流体剪切力与蛋白酶等所降解[25]。丝素经过醇类或水蒸气处理后，空间构象发生变化，即从 α 螺旋构象变成 β 折叠构象。在此构象变化过程中，丝素蛋白的力学性能大大增强，同时可令生长因子、抗生素等药物吸附在 β 折叠结构内，从而保护敏感的生物分子避免环境的破坏。另外，处理后丝素蛋白的体内降解速率缓慢，因而携带药物或生长因子可实现长时间的持续释放。本章作者及其团队通过甲醇诱导 β 折叠制备的超薄 SF 自组装微囊可以实现质粒 DNA 的局部释放，并通过控制微囊的直径与装载方式成功的实现基因的控释[26](见图 5-4)。相比较传统的聚合阳离子-核酸复合物，质粒 DNA 装载丝素微囊具有较低的细胞毒性却具备相似的转染效率。在相同质粒 DNA 总量条件下，质粒 DNA-聚合阳离子复合物在细胞表面的分布密度影响了细胞活性与转染效率，丝素微囊作为载体能够通过直径大小对其进行调整。质粒 DNA 预装载能够将质粒 DNA 贮存于微球内部，主要通过丝素微囊表面微孔扩散到外界，适用于长期缓释；质粒 DNA 后装载则通过质粒 DNA 与丝素微囊表面聚合阳离子相互作用在生理条件下进行解吸附作用释放到外界，适用于短期释放(见图 5-5)。SF 制备的微球作为传统技术的改进，应用于质粒 DNA 释放具有极低的生物毒性和较高的转染效率。同时，因为 SF 出色的力学稳定性，SF 微球能在水溶液环境中长期稳定的存在，从而实现 DNA 质粒的长期缓释，为构建微球基因载体提供良好的研究基础。

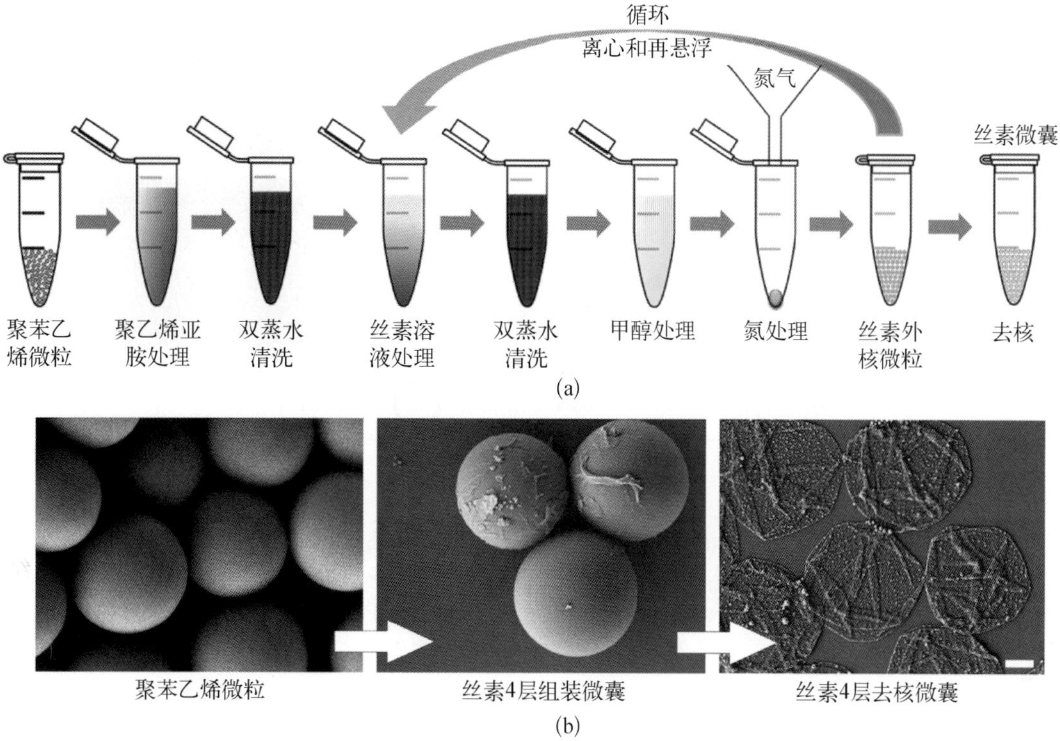

图 5-4 丝素层层自组装微囊的制备[26]

(a) 以 PS 微粒为模板制备的丝素微囊组装过程示意图;(b) 4 μm PS 微球、带 PS 核丝素 4 层组装微囊和去核丝素 4 层微囊的典型扫描电镜图片(标尺: 1 μm)

Figure 5-4 Fabrication of silk fibroin layer-by-layer microcapsules

(4) 丝胶蛋白(silk sericin,SS)。家蚕体内合成的蚕丝作为纤维蛋白具有优良的力学特性,被应用于纺织领域已近千年。蚕丝蛋白主要包含两种天然大分子蛋白,蚕丝内部"芯"的丝素蛋白(silk fibroin,SF)与外部的水溶性、胶状丝胶蛋白(silk sericin,SS)。这些蛋白主要通过家蚕体内特殊腺体的上皮细胞生物合成产生,中部腺体生成 SS 部分,后部腺体生成 SF 部分,然后 SF 与 SS 蛋白经过嘴部喷丝而受到力学拉伸形成了蚕丝丝线。然而,同样作为蚕丝丝线组成成分的天然 SS 蛋白由于其在体内的免疫排斥反应存在争议性以及较弱的力学性质并未获得过多研究关注。

科研人员也同样发现了 SS 蛋白存在多种特殊的生物学功能,在药剂、生物医用材料及生物技术等相关产业拥有较大的应用潜力。SS 蛋白已被证实具有抗菌性、抗角质化与成纤维细胞凋亡、抗紫外光等特性,因此可应用于皮肤组织工程、皮肤护理或化妆品等研究领域[27]。然而,基于 SS 蛋白的微纳米材料存在以下 3 个缺点: ① 溶液体系具有较低的黏度与超高的表面张力,难以获得结构均匀的微纳米三维网络材料以模拟 ECM;② SS 蛋白本身易溶于水,不能稳定地存在于体内环境中;③ 相比较于 SF 蛋白,SS 具有较低的力学拉伸强度与延展性,单纯的 SS 材料难以应用于组织工程领域。因此,为了提高 SS 蛋白的力学特性与结构稳定性,本课题组首次从五龄蚕幼虫中部腺体提取天然结构的高纯度 SS 蛋白,并进行了后续静电纺丝纳米纤维材料的构建(见图 5-6)[28]。通过力学拉伸试验发现在纳米纤

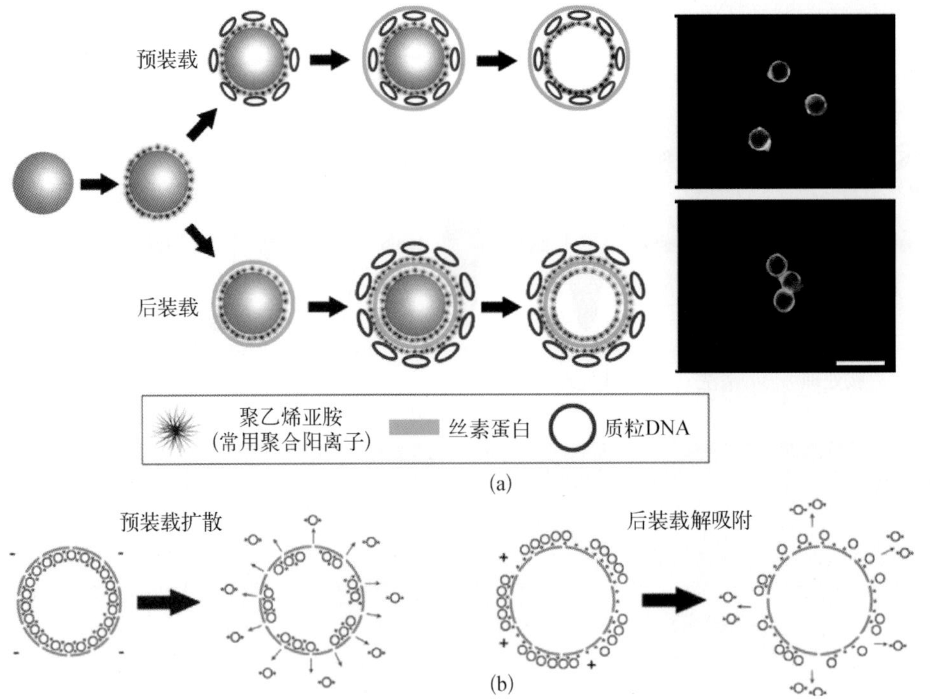

图 5-5 pDNA 预装载和后装载方法及 DNA 释放示意图[26]

(a) 预装载：pDNA 吸附于 bPEI25 功能化 PS 微球表面，再进行丝素的层层自组装，然后去核；后装载：先在 bPEI25 功能化 PS 微球表面进行丝素层层自组装，再使用 bPEI25 修饰，然后吸附 pDNA；(b) 预装载：pDNA-bPEI 复合物从丝素微囊中通过扩散释放；后装载：复合物通过解吸附作用从丝素微囊表面释放

Figure 5-5 Schematic illustration of pDNA pre-and post-loading approaches and DNA release behavior

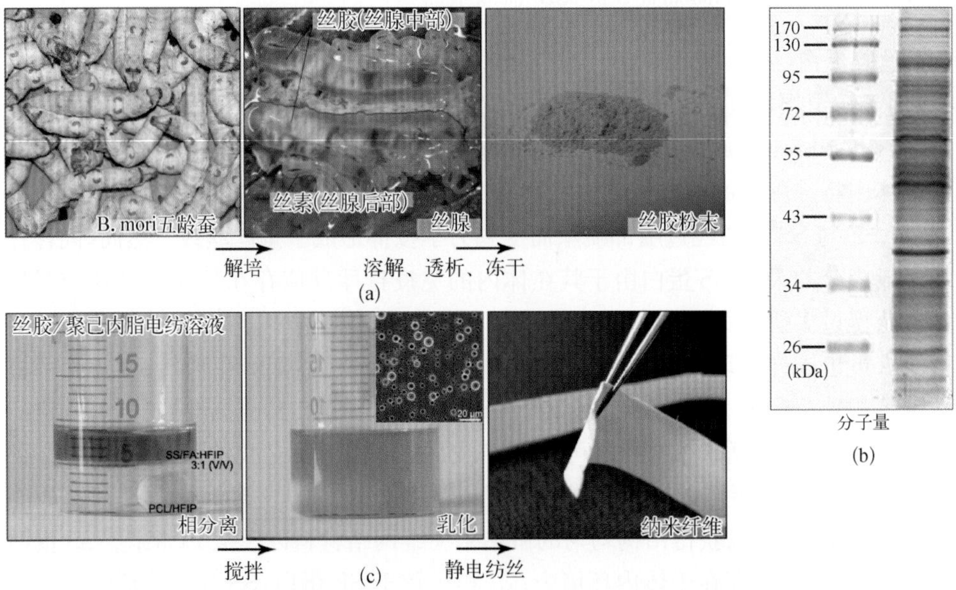

图 5-6 五龄蚕幼虫中部腺体丝胶蛋白提取与乳化静电纺丝 PCL/SS 纳米纤维过程示意图[28]

(a) 蛋白提取过程；(b) 聚丙烯酰胺凝胶电泳分析丝胶蛋白分子量；(c) 乳化静电纺丝 PCL/SS 纳米纤维过程

Figure 5-6 Schematic illustration of the procedure to extract silk middle gland sericin protein for fabricating PCL/SS nanofibrous scaffolds via emulsion electrospinning

维中少量添加 SS 蛋白能够加强材料的拉伸强度(见图 5-7)。PCL/SS 9∶1 与 8∶2 材料组,出现了明显加强拉伸强度,各自分别为 9.8±1.54 MPa 与 12.5±2.1 MPa,相比较于 PCL 纤维的拉伸强度增加了近 2~3 倍。但是,随着 SS 的继续增加,纳米纤维结构出现了颗粒伴随纤维的不均匀结构产生,导致材料整体力学性质包括拉伸强度与断裂百分比均出现下降。

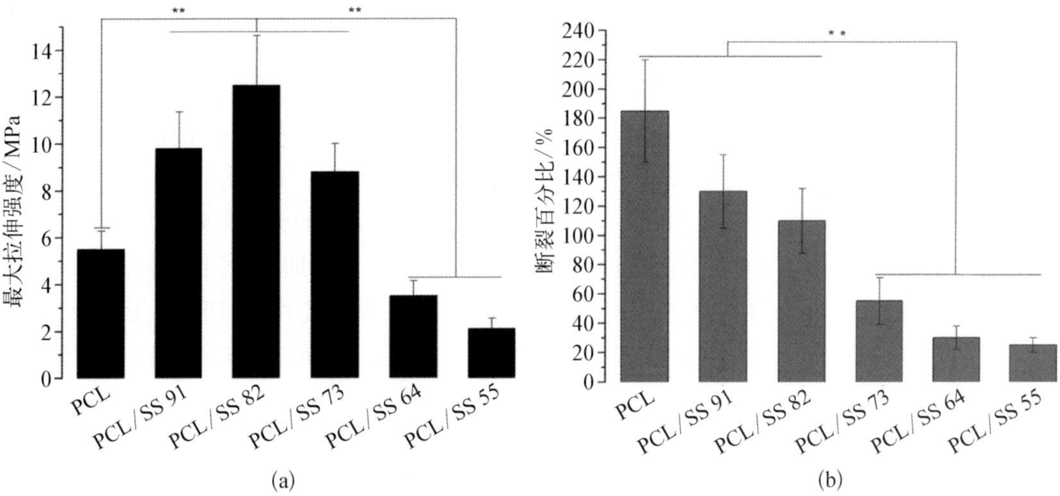

图 5-7 不同比例 PCL/SS 静电纺丝混合纤维支架的力学性质[28]

(a) 最大拉伸强度;(b) 拉伸断裂度(** $p<0.01$;数据记录为平均值±标准差,$n=4$)

Figure 5-7 Mechanical properties of electrospun PCL/SS blend scaffolds with different weight ratios

5.2.2 人工合成聚合物

聚合物是具有长链结构的有机材料,通常由大量重复的单体通过定向共价键连接而成。聚合物广泛应用于生物医学领域,因其物理与化学性质根据组成单体的不同而具有高度可控性。人工高分子组成的微纳米纤维材料具有良好的生物相容性及可塑性,在体内可逐步分解为小分子,并可通过改变它们的晶体结构改变力学特性、降解速率[29]。目前广泛应用于组织工程支架的生物可降解人工合成聚合物主要有聚乳酸(polylactide,PLA)、聚己内酯(polycaprolactone,PCL)、聚乙烯(polyethylene)、聚氨酯(polyurethane,PU)和聚乳酸-羟基乙酸共聚物(polylactide-glycolic acid,PLGA)等。人工聚合物的关键力学参数包括拉伸强度、杨氏模量和吸水率。与金属或陶瓷等硬材料相比,聚合物的力学特性显著依赖于所施加的应变率、温度和周围的环境。根据单体的组成和晶体的排列方式,聚合物的力学性能可以是脆性、可塑性与高弹性。人工聚合物组成的微纳米材料的杨氏模量与拉伸强度目前仍然无法和金属材料相比,但其断裂百分比在某些情况下可以达到 100%甚至更高。

(1) 聚乳酸。PLA 是以乳酸为主要原料聚合得到的聚合物,在体液环境中的生物降解主要方式是酯键的水解为乳酸,属于人体正常新陈代谢产物,因此具有良好的生物降解性和相容性,在生物医药领域,如一次性输液工具、免拆型手术缝合线、药物缓解包装剂、人造骨折内固定材料、组织修复材料、人造皮肤等领域广泛应用[30]。但是,作为组织修复材料,PLA 的缺陷是其均聚物的脆性。聚合物的形成条件会对其力学特性有显著性影响,但通常来说 PLA 被认为是一种脆性材料，冲击强度仅为 26 J/m。另外，PLA 的拉伸强度和弹性模量都虽然较高，但是其最大拉伸断裂百分比却很低，从另一方面显示 PLA 的脆性。同时，聚乳酸在人体内的降解产物显酸性，容易引起炎症反应，材料的降解速率也难以调控。

目前，已有许多策略用于改善 PLA 的力学特性。比如均聚物的特性，其分子量和立体异构体可以改变；或者改变半结晶聚合物的结晶区域；或者引入其他单体对聚乳酸进行共混改性等[31]。一般来说，半结晶 PLA 可以改善非结晶材料的拉伸和冲击性能；PLA 定向也是一种简单的方法来增加材料的拉伸强度、拉伸断裂率以及拉伸模量；小分子增塑剂可以显著增加拉伸断裂率，但是会降低 PLA 的拉伸强度和拉伸模量；而当前，大部分的研究工作都集中使用其他可降解高聚物对 PLA 的混合改性上。其中，研究最广泛的 PLA 共混物是 PCL。PCL 作为一种可降解聚酯，具有较低的 Tg，其断裂伸长率高达 600%，是 PLA 理想的增韧混合物。但是，简单地混合 PCL 和 PLA 并不能有效地改善材料的力学特性，需加入 PLA－PCL 嵌段共聚物作为增溶剂才能增强断裂伸长率。有研究报道即使 PCL 比例高达 60%，PCL 和 PLA 的二元混合物断裂伸长率仍然没有显著变化；而与此相反，PLLA/PCL 比例为 80/20 的混合物，在加入 10%的 PLLA－PCL 嵌段共聚物后，其断裂伸长百分比从 175%增加到 300%[32]。

(2) 聚己内酯。PCL 是一种人工合成可降解聚合物，在体内的最终降解产物为二氧化碳和水，所以不会在重要器官内聚集，具有优异的可降解吸收性。因此，在组织工程与药物递送领域得到了较为深入的研究。目前，PCL 作为药物载体已经获得美国食品药品监督管理局(FDA)的批准。在再生医学中，聚合物的力学性能对其应用具有决定性作用。PCL 大分子的重复单元为 1 个极性酯基和 5 个非极性亚甲基，因此具有较好的柔韧性及加工性，其断裂伸长率是普通聚合物的十倍。而同时，PCL 碳链结构赋予其良好的物理机械性能，拉伸强度根据材料的制备与合成方法具有极高的可控性[33]。

在静电纺丝制备工艺的研究中发现，PCL 可溶于多种有机溶剂以获得合适的溶液黏度参数，具备良好的可纺织性能。电纺获得的 PCL 微纳米纤维在与周围组织短期接触时，无急性毒性、致敏作用或其他不良反应；且具有耐腐蚀抗老化性质，易于消毒灭菌。PCL 作为一种半结晶型高聚物，其非晶相结构给予纳米纤维极高的弹性，晶相结构给予纳米纤维适度的力学强度。同时，相比较于 PCL 薄膜，电纺后 PCL 纳米纤维的力学特性发生了较大的变化，最显著的是颈缩(necking)现象的消失。但是，纯 PCL 纳米纤维的最大拉伸强度较低，不能在高载荷部位应用[34]。同时，基于 PCL 的微纳米材料具有超高的疏水性，且缺乏细胞特异性黏附位点，因此难以提供适合于细胞前期黏附和生长的局部微环境。另外，PCL 在生物体内的降解速度较慢，体内降解时间一般为 1 年以上。Valence 等人采用 PCL 纳米纤维制备的双层血管支架植入大鼠体内，发现前 6 个月血管支架可诱导血管再生，可 6 个月后血管再生能力退化，血管支架的缓慢降解阻碍了血管壁的血管化和组织再生[35]。因此，在组织工程支架的构建过程中 PCL 通常根据需求与其他材料如胶原蛋白、羟基磷灰石等混合应用提高生物相容性和力学特性。

(3) 其他聚合物。聚乙烯在生物医学领域广泛应用，但只有分子量在 200 万克每摩尔以上的超高分子量聚乙烯(ultrahighmolecular-weight polyethylene，UHMWPE)可以作为高载荷球应用于关节置换。因此，聚乙烯粉末通常在高温高压下烧结以诱导结晶形成。高度结晶的UHMWPE可以达到超高的刚度与强度。另一个常用的高分子材料是聚甲基丙烯酸甲酯(polymethylmetacrylate，PMMA)，具体较高的刚度与硬度和较低的吸水率。所有的塑形工艺都可用于加工PMMA，包括注塑、压缩和挤压成型。因其优异的力学性能，PMMA被广泛应用于种植牙和假体[36]。此外，因其杨氏模量在松质骨与皮质骨之间，PMMA常被用作骨水泥以稳定全髋关节置换术之间的空隙，保证骨与假体之间的力学传导。

5.2.3 无机非金属生物材料

无机非金属生物材料主要是指羟基磷灰石(hydroxyapatite，HAP)，其化学通式为$Ca_{10}(OH)_2(PO_4)_6$，其化学结构与人体和动物骨骼的主要无机组成部分类似，具有良好的生物相容性和生物活性，广泛应用在骨组织工程领域。HAP在体内能与骨紧密结合，在体液的作用下，会部分降解，游离出钙和磷，并被人体组织吸收、利用，生长出新的组织，从而产生骨传导作用。Taniguchi等人的研究表明，热压结的HAP对软组织比如皮肤、肌肉、牙龈等具有良好的生物相容性，这使得HAP成为骨科和牙种植体的理想移植物。但是，较低的力学强度限制了HAP陶瓷只能在低应力部位应用[37]。为了强化HAP，研究者进行全面的研究与挑战使其生物学功能与力学性能相匹配。

而近年来，纳米技术的发展使得HAP重新进入研究者的实现，制备纳米尺度的HAP、研究其在纳米领域的特性成为新的研究热点。与普通的HAP相比，纳米HAP(nHAP)具有更高的溶解度，较大的表面积和更好的生物活性。同时，nHAP可以进一步致密化增强其断裂韧性和其他力学性质。Cai等人制备了平均直径20±5 nm、40±10 nm和80±12 nm的nHAP，并研究其对两种骨相关细胞：骨髓间充质干细胞(bone marrow mesenchymal stem cells，MSCs)和骨肉瘤细胞(U2OS)的增殖。细胞培养结果表明纳米级的颗粒降低了HAP的细胞毒性，nHAP促进了MSCs的增殖并抑制了骨肉瘤细胞的增殖，尤其以20 nm直径的颗粒效果最为显著[38]。这个研究结果表明nHAP良好的生物相容性与粒径大小直接相关，有助于进一步了解体外矿化过程中纳米颗粒的生物活性与细胞毒性。而且由于其特有的多孔型结构和较强的吸附能力，纳米轻基磷灰石(nHAP)在生物医学领域，包括生物成像、药物传递、肿瘤治疗及骨修复材料等有着潜在的应用价值。

5.3 多功能微纳米材料的制备

支架材料的力学性质与结构完整性是组织工程应用中的重要指标之一，材料模拟不同组织的力学特性有利于该组织的细胞响应进而影响整体组织的修复与再生。单一组分与结构的微纳米生物材料理化性质与生物学特性单一，难以达到具有复杂特性的细胞外基质与体内某些特定组织替代的要求。因此，利用新型工艺制备具有优秀力学特性多功能复合结构的微纳米材料也是目前组织工程领域的研究热点。

5.3.1 多组分复合微纳米材料

针对复杂的生物体系，研究者尝试将带有不同功能的聚合物混合，通过优化制备工艺成功构建出多组分微纳米材料。这种复合材料通常能结合各自成分的优点，在性质与功能上多优于单组分材料。以天然大分子与人工聚合物制备的复合微纳米支架为代表，其主要优势如下：① 复合微纳米支架不仅具有人工聚合物的结构完整性与力学可塑性，还具有天然高分子的生物相容性；② 具有生物活性的天然聚合物，例如胶原、透明质酸等细胞外基质成分极易溶于水，导致构建出的生物支架材料在体内微环境中快速降解难以达到组织修复与重塑的要求，而通过与降解缓慢的人工合成聚合物例如聚酯类聚合物进行混纺能够明显降低天然聚合物的降解速率；③ 在药物控释领域中，复合纳米支架可以通过调节不同理化功能组分的组成比例可以在药物装载能力、保护生物因子活性以及控制释放速率等方面起到关键作用。

本课题组利用静电纺丝技术成功制备了 PCL/HA 复合纳米纤维[39]。这项研究利用人工高分子聚合物 PCL 优秀的力学性质与稳定性，增加 HA 的可纺性。PCL/HA 复合纳米纤维支架结构稳定，具有适中的亲水性，有利于细胞的黏附和生长[见图 5－8(a)(b)]。同时，

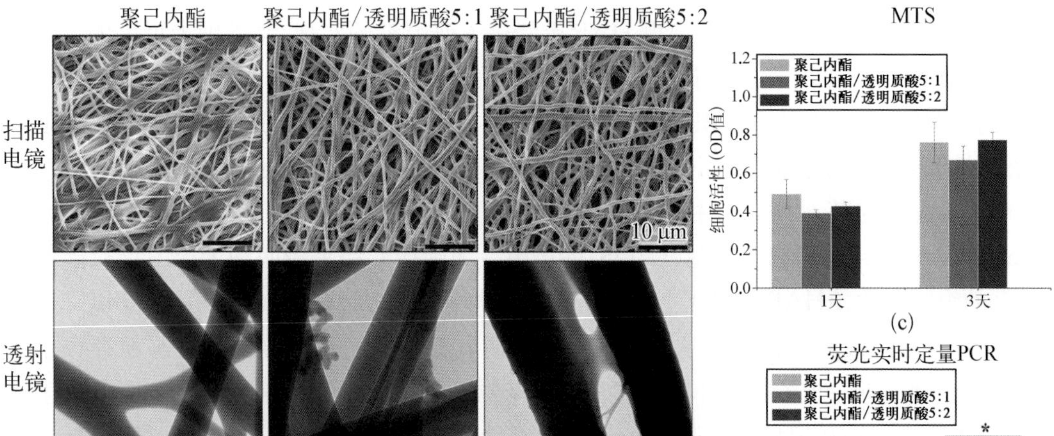

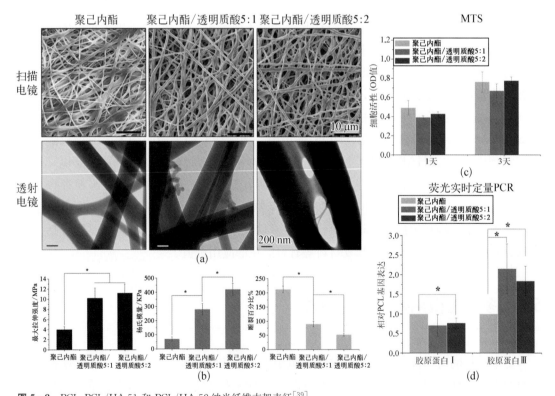

图 5－8 PCL，PCL/HA 51 和 PCL/HA 52 纳米纤维支架表征[39]

(a) 扫描电镜和透射电镜图；(b) 力学分析包括：抗张强度、杨氏模量、断裂生长率；(c) 3 天细胞增殖情况；(d) Ⅰ型胶原、Ⅲ型胶原表达情况（* $p<0.05$）

Figure 5－8 Characterization of electrospun PCL, PCL/HA 51 and PCL/HA 52 nanofibrous scaffolds fibers

PCL/HA复合纳米纤维在胞外基质表达方面有特殊的作用，可以减少皮肤成纤维细胞Ⅰ型胶原蛋白的表达，增加Ⅲ型胶原蛋白的表达，有望在皮肤组织工程方面得到应用[见图5-8(c)(d)]。重要的是通过检测复合纳米纤维的力学性质发现随着HA组分的增加，材料的拉伸强度与杨氏模量均增加了两倍以上，而拉伸断裂度出现了梯度下降。此现象主要归因于天然聚合物组分能够为纳米纤维提供了整体的硬度加强却牺牲了材料的弹性形变，在多种复合材料结构均存在的典型的有机混合相力学特性。

5.3.2 "核-壳"结构微纳米材料

归因于有效的药物装载与可控的药物释放特性，静电纺丝功能性"核-壳"结构纳米纤维在组织工程与药物释放领域中得到了广泛的关注。同时，结合层压技术的"核-壳"结构微纳米纤维也常用于制备力学性能增强的复合材料。

目前，"核-壳"结构纳米纤维的制备主要使用同轴电纺与乳化电纺两种技术方法。同轴电纺主要是同时通过针筒推射两种或两种以上聚合物溶液，一般情况下外部针筒贮存具有保护作用以及提供药物扩散屏障作用的高分子聚合物，内部针筒贮存小分子药物、生长因子等功能性组分溶液。两层针筒互不相通，通过同轴双喷头喷出(也可根据各自溶液性质通过注射泵以不同的流速喷出)，最后在高压电场力作用下形成内部携带药物的"核-壳"结构纳米纤维[40]。此技术目前已较为成熟，能够保护生物活性因子不被体内环境降解同时可以明显延长药物释放的时间。陈等利用同轴电纺结合热层压技术制备的PMMA/尼龙的"核-壳"复合结构纳米纤维，发现"核-壳"复合结构能更均匀地分布纳米纤维从而增强整体的力学性能[7]。

乳化电纺相比于同轴电纺具有更加简单的纺丝装置与简便的操作流程因此更有实际应用意义。乳化电纺的整体操作与普通静电纺丝技术类似，主要通过调节聚合物溶液制备出两相乳液，进行电纺后可以形成典型的"核-壳"结构纳米纤维。一般情况下，使用乳化电纺包埋药物主要利用"O/W"的两相分散体系。乳液中分为外部的聚合物有机溶液连续相与内部的药物水溶液分散相，同时使用两亲性质的乳化剂促进外相与内相之间的相互作用进而形成稳定的乳液。在生物材料领域中，"O/W"乳化技术主要用于纳米颗粒的制备，科研人员也将这种方法应用于静电纺丝技术当中，能够明显提高药物的微包埋效率。首先利用水油乳化技术将微球作为药物载体包裹药物从而将亲水性药物固定在输水性材料内，再将复合药物微载体充分与聚合物有机相溶液混合形成乳液，最后进行静电纺丝构建"药物-微载体-纤维"依次包埋的功能性纳米纤维，最终构建支架药物载体不但可以作为组织工程支架，而且可以作为药物释放载体，充分保护环境敏感生物活性因子并延缓释放速率[41]。其中，天然聚合物微纳药物载体能够包埋质粒DNA、小分子干扰RNA、生长因子以及细胞功能蛋白等活性物质，一个重要原因是因为这些微小的药物载体本身的结构特性可以被细胞膜捕获易于胞吞，允许载体高效快捷的将活性物质释放到细胞内部。天然聚合物(如丝素蛋白、藻酸盐以及壳聚糖等)可以延长药物的半衰期并保护活性因子的功能基团常用来作为内部相药物载体，而人工高分子聚合物不但可以作为纳米纤维外部持续相壳材料，同时还可以通过降解速率与亲疏水性作用来控制药物缓释速率。

值得注意的是，目前无水相乳液乳化电纺仍然鲜有研究。两相或多相不相容的聚合物有机混合溶液也可通过溶剂的选择与比例调整制备出均匀稳定的乳液，经过电纺后可以构建内部相分离的纳米纤维。无水相乳液乳化电纺也明显加强难以通过电纺构建纳米纤维支架的天然聚合物的可纺性，特别是亲水性天然多糖例如透明质酸具有很强的水和作用与水固定作用，即便混合具有良好可纺性的高分子聚合物制备成的稳定乳液其水相溶剂在电纺过程中也难以充分挥发获得均匀的纤维结构[42]。通过挥发性较强的有机溶剂代替水相将其溶解则能够明显提高纤维结构的生成率与均一性。然而在无水相乳液体系中，聚合物溶液混合体系参数具有很强的不确定性因素，溶剂的选择与混合组分比例能够明显影响纤维直径分布与结构形态的均一性，以至于能够影响整体材料的力学稳定性，因此需要进一步的理论分析与实验验证。

本章作者及其团队分别以二氯甲烷(dichloromethane/methylene chloride，DCM)和六氟异丙醇(hexafluoro-isopropanol，HFIP)为溶剂，利用无水乳化电纺成功制备了 PCL/SF“核-壳”结构的纳米纤维(见图 5-9)[43]。PCL/SF“核-壳”纳米纤维可以由甲醇介导 SF 结构的转变形成水环境中稳定的纤维支架材料。同时，SF 分子结构的转变能够增强 PCL 的结晶度，进而加强了整体材料的力学拉伸强度。在这个基础上，进一步引入以 HFIP/甲酸(formic acid，FA)为溶剂的 HA 溶液，形成稳定的三相分布体系，并通过乳化电纺技术构建

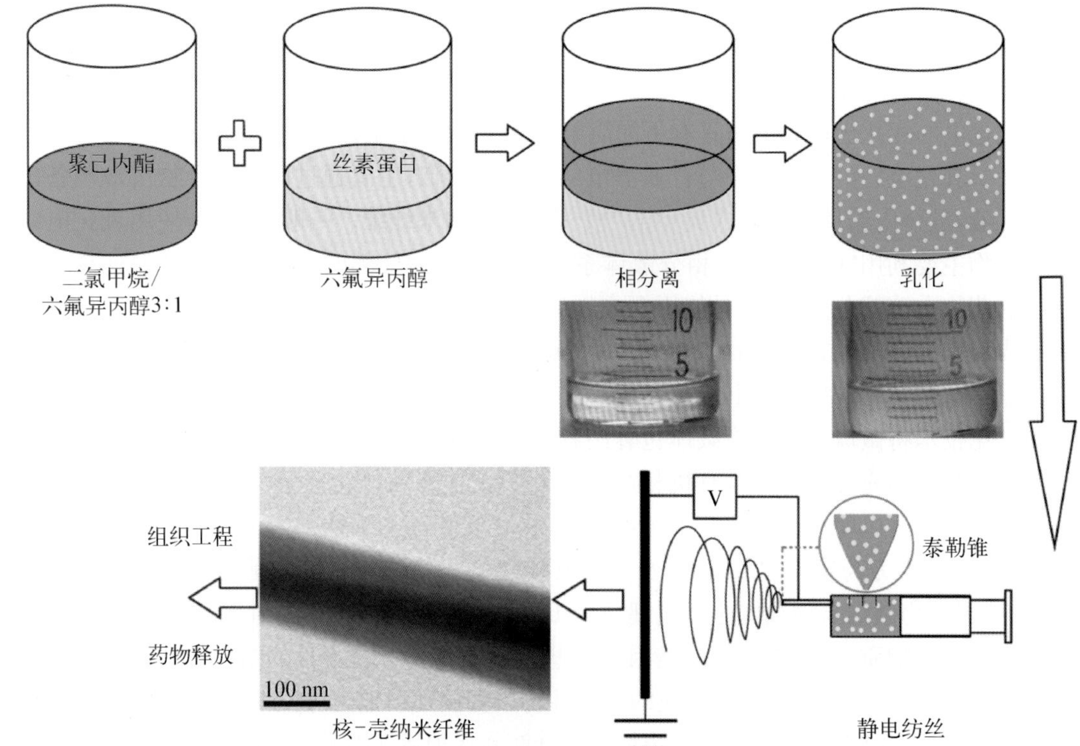

图 5-9 构建静电纺丝 PCL/SF“核-壳”纳米纤维支架示意图[43]

Figure 5-9 Schematic illustration of the process for electrospun PCL/SF core-sheath nanofibrous scaffolds

出 PCL/SF/HA 三元复合纳米纤维支架。研究发现由于 HA 分子为聚合阴离子聚合物，当升高 HA 溶液的比例伴随着溶液体系内的离子强度增加，进而导致增加了溶液整体的导电性。同时也观察到了乳化电纺构建的复合纤维支架产生了“核-壳”或多重“核-壳”的“共持续”结构的纳米纤维(见图 5-10)[44]。HA 组分能够引起体系中 SF 分子结构发生转换，纤维中出现了更多的 β-折叠结构使得材料力学拉伸强度进一步加强。

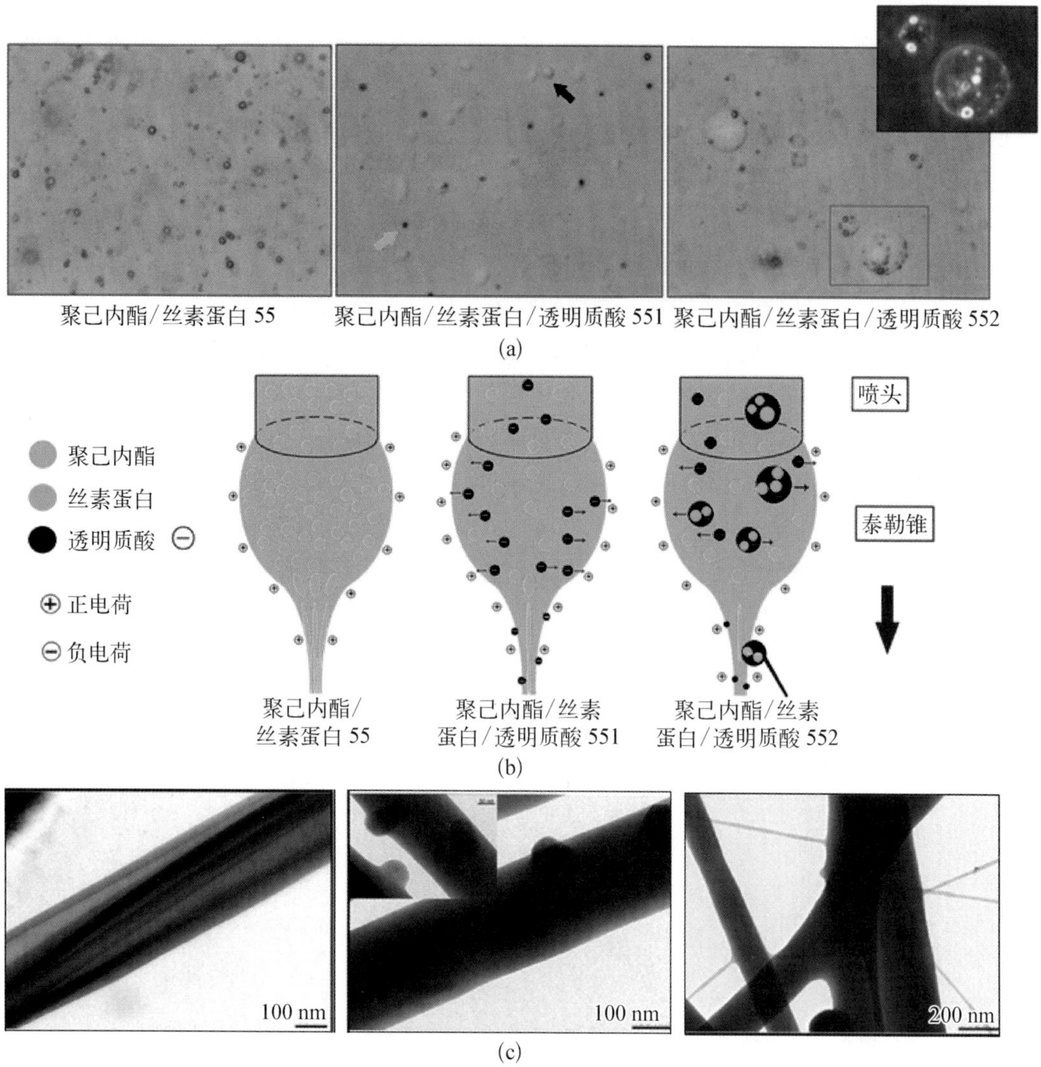

图 5-10 乳化电纺示意图[44]

(a) 光学明场显微镜图像不同比例每种聚合物在 HFIP 与 FA 获得稳定的两相乳液(PCL/SF 55)、三相乳液(PCL/SF/HA 551)与双乳化乳液(PCL/SF/HA 552)。绿色与蓝色箭头分别指示丝素与透明质酸微球液滴，标尺：20 μm；(b) 乳化电纺进程中形成的泰勒锥示意图；(c) 各种比例的支架内部结构代表性透射电镜图像

Figure 5-10 Schematic illustration of emulsion electrospinning

5.3.3 复合结构微纳米材料

微球和纳米颗粒具有极大的比表面积和力学强度，作为蛋白与基因等活性因子控释载

体在组织工程领域广泛应用。将微球与纳米粒子掺入微纳米纤维制备复合结构支架是一种有效的组织局部药物释放平台系统。微球或纳米颗粒本身可以调节药物释放速率并且可以保护药物在体内的降解;电纺纤维作为释放平台不但可以支持细胞的黏附与生长,还可以将药物载体局限于组织局部,具有明显的针对性释放。同时,高强度的纳米粒子掺入大大增加复合材料的力学强度。

目前微球/纳米颗粒结合静电纺丝纤维支架主要通过物理混合与乳化电纺技术包埋于纤维内部,也可以在纤维表面进行共价键与离子键等化学键修饰结合以及二硫键等条件性可触发释放的功能性表面修饰等(见图 5 - 11)。物理混合主要是在电纺液中加入包埋药物或活性分子的微球与纳米颗粒,通过物理搅拌混合均匀,最后通过电纺形成纤维支架。这种方法操作简便,然而药物载体仍然直接接触有机溶剂而影响药物活性,同时载体在纤维内部呈随机分布,部分药物内嵌于纤维内部难于释放,或裸露在表面易于突释,最终难以控制药物释放行为。微球/纳米颗粒等药物载体可以通过乳化电纺均匀分布在纤维内部的水相中,这样可以保护药物活性,同时也可以有效地控制药物释放行为。另一方面,微球或纳米颗粒可以通过共价键或离子键修饰于纤维支架表面。共价键结合稳定,释放行为与纤维材料降解密切相关,适用于较为长期的缓释;离子键结合松散,利于快速释放。目前在细胞或组织环境的特异性触发释放具有很强的应用价值,例如,在组织炎症条件下,局部 pH 值低于正常组织,二硫键则在此情况下(pH 约为 5~6)发生氧化还原反应并断裂,药物载体随之与纤维表面脱离;基质金属蛋白酶在癌症与炎症组织中表达明显升高,针对基质金属蛋白酶特异性剪切的人工合成短肽链则可以作为连接药物载体与纤维表面的"桥梁",在特定环境下酶切释放。

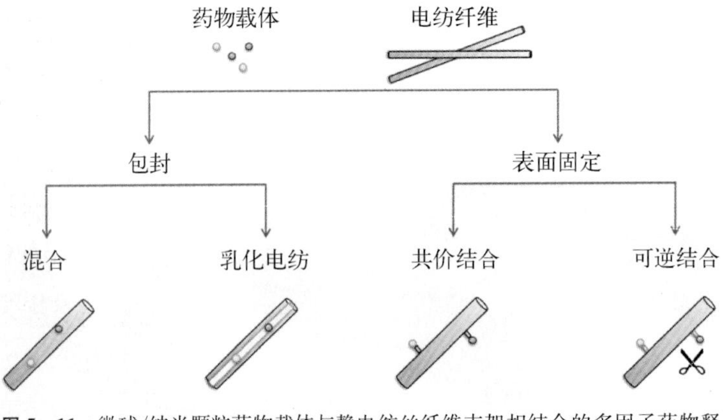

图 5 - 11 微球/纳米颗粒药物载体与静电纺丝纤维支架相结合的多因子药物释放平台示意图

Figure 5 - 11 Schematic illustration of microspheres/nanoparticles combined electrospinning nanofibers as multifactor drug release platforms

本课题组通过相分离法制备的葡聚糖微球与 PCL 电纺相结合,成功实现了力生长因子(mechano growth facto,MGF)的持续释放,并有效保护 MGF 的活性。MGF 能够促进力学敏感的组织再生,并且保护重要的器官,在治疗肌肉萎缩、心肌梗死、脑缺血等疾病时开启了一个新的治疗策略[45]。同时,本课题组而通过不同的方法将微球/纳米颗粒功能化纳米纤维,搭建药物控释的平台,包括① 以二氯甲烷(DCM)和甲醇(MeOH)为溶剂电纺制备 PCL/

SF 微球纳米纤维;② 以 DCM/MeOH 溶解 PCL 为有机相,微球分散于水溶液为水相乳化电纺制备纳米纤维;③ 利用点击化学共价结合 SF 微球与 PCL 纳米纤维将微球/纳米颗粒与静电纺丝技术相结合的功能性复合纳米纤维,具有避免电纺过程中有机溶剂对生物活性因子的伤害并可进行多因子控释等优点进一步优化药物释放行为。

5.4 微纳米生物材料理化环境的生物学响应

在微米与纳米领域,细胞对材料的表面特征非常敏感。细胞通过生成丝状伪足来探索周围环境的生物物理与生物化学刺激,并将这些信号传导到细胞核来调整基因表达。这个传达过程的分子机制非常复杂,涉及一系列从分子到细胞水平的理化事件。同时,研究者也证明细胞与生物材料接触的力学环境对随后的生物功能发挥重要作用。因此,正确认识细胞与生物材料的相互作用,精确设计微纳米级组织工程支架的理化特征来调控细胞的行为,可以为组织工程与生物医学领域再添光彩。

5.4.1 细胞对生物材料的力学响应

近年来,研究者已经证明细胞与工程支架的相互作用以及随后的细胞功能受到力学因素的强烈影响。从这个意义上来说,细胞所表现的不同生物学行为取决于所接触的基底的弹性,或者说是胞外基质的弹性,如相比较于硬基底,癌细胞更倾向于在软琼脂上生长[46];基底的硬度可以调控干细胞分化[47]等。虽然相关的物理与分子机制仍待阐明,但这些结果对组织工程支架的设计具有重要的指导意义。阐明细胞在不同基底上复杂的生物学行为的一个关键点是分析细胞的黏附点,即黏着斑。在弹性模量为 1 kPa 的轻交联软基底水凝胶上,细胞显示动态弥散型的黏附复合物;而在弹性模量为 30～100 kPa 的高度交联硬基底上,细胞显示稳定的黏着斑结构[46]。此外,抑制肌动蛋白(收缩马达)会消除黏着斑的形成,而收缩刺激则会驱动整合素在黏附部位聚集,细胞收缩与黏附成正比。基底硬度对细胞的迁移行为有较大影响。迁移现象是细胞运动的协调作用,分为 4 步:前缘突出,新粘连形成,细胞收缩,后端粘连释放。有研究报道,细胞的迁移速度依赖于基底的硬度。上皮细胞、成纤维细胞、平滑肌细胞的研究都表明当细胞感受到梯度硬度时,倾向于从软基底到硬基底迁移。迁移速度先是上升,在中间硬度时达到最高,随后下降,这个行为称为趋硬性(durotaxis)[48]。另一方面,细胞爬行到受到应变的基底的能力被定义为趋紧性(tensotaxis)[49]。这个现象由 Riveline 等人首次实验证实,他们发现将成纤维细胞种在柔性基底以后使用微管吮吸技术给细胞施加压力会增加黏着斑的浓度[49]。Tamada 等人也证明了相似的结果并得到结论:拉伸会为活化剂和衔接蛋白创建结合位点,从而改变细胞突出和收缩的平衡[50]。细胞的趋硬性机理目前仍不清楚,可能的解释是细胞的拉伸可能会引起构象的改变从而暴露基底的绑定位点,因为众所周知踝蛋白(talin,一个关键的黏附调节蛋白)必须打开才能绑定黏着斑蛋白(vinculin)。

5.4.2 表面亲疏水性对材料异物反应的影响

蛋白在材料表面的吸附行为被认为是生物材料植入病患体内引起组织客体反应的第一步，严重情况下能够导致触发免疫排斥反应。体内环境针对植入性支架材料与医学装置的客体反应是决定它们能否保持长期稳定且具有功能的关键性因素。材料植入体内后可以引起客体反应，其前后主要包括材料表面蛋白吸附，单核细胞/巨噬细胞黏附，巨噬细胞融合形成异体巨细胞，进而生成肉芽组织到纤维化形成或功能组织生成等一系列下游事件。生物材料支架植入后表面一旦因异体反应产生急性或者慢性炎症，就会造成局部组织微环境平衡性失调，形成的纤维化胶原囊将材料完全包埋，其特殊的医学功能性(例如目标药物的控制释放与细胞递送等)就会明显降低甚至完全丧失或引起免疫性疾病，从而导致临床应用上的失败[51]。因此，为了限制前期炎性巨噬细胞的黏附以及纤维化的产生，降低材料的非特异性蛋白吸附是必要的。但是，微纳米级的生物材料具有超高的比表面积，疏水性强，能够明显加强外周非特异性蛋白的吸附行为从而进一步影响细胞响应与组织的客体反应。具有超高亲水性的人工高聚物聚氧化乙烯(polyethylene oxide，PEO)与聚乙二醇(polyethylene glycol，PEG)能够作为亲水性聚合物通过化学结合或共混等方法制备功能性材料表面抵抗非特异性蛋白吸附。此外，天然大分子 SS 蛋白和 HA 多糖也经常被用于微纳米材料的改性。PCL/SS 混合电纺纳米纤维生物相容性分析结果表明，SS 蛋白的超高的亲水性能够降低组织微环境中非特异性蛋白吸附[28]。PCL/SF/HA 三元复合纤维支架的分析结果也表明亲水性大分子多糖 HA 作为组分添加至纳米纤维后能够明显增加整体材料的亲水性。相比较于 PCL 和 PCL/SF 纳米纤维，PCL/SF/HA 纤维表面能够产生水合隔离层抵抗蛋白吸附，吸附的蛋白总量降低了近 5.2 倍(见图 5-12)。生物相容性分析也表明 PCL/SF/HA 复合支架在材料与组织界面处具有最薄的材料外周纤维化组织形成以及最少的巨噬细胞黏附个数[44]。

5.4.3 孔隙率对细胞渗透的影响

微纳米材料的孔隙率直接影响细胞对其的渗透。虽然许多研究小组更热衷于制备更小直径的生物材料以增加材料的比表面积，来加载更多的生物活性分子。但是，研究结果表明纳米级生物材料的致密表面通常伴随着相对较小的孔径分布导致了细胞难以侵润到材料内部进而影响客体组织与材料的整合[52]。比如，纳米纤维支架存在高百分比的孔隙率结构，但是孔径大小明显低于大部分细胞的平均直径，因此制约了细胞向三维纤维支架内部侵润的能力，进而导致整体组织难以重塑与再生。为了克服这一局限性，盐析法、双喷头构建材料内部可牺牲的纳米纤维、半球形收集器构建“棉花”状纤维支架等技术方法都被使用以增大纳米级生物支架的内部孔隙率与孔径。盐析法是指利用乳化电纺的技术制备“核-壳”结构的纳米纤维，以聚合物为“核”，水溶性晶体盐为壳。高电压拉伸聚合物形成纳米纤维，而盐晶体附着于纤维表面，在水溶液中将盐晶体溶解，人为地增大纳米纤维的孔隙率，体外细胞渗透结果表明这种方法促使细胞在纳米纤维上渗透到 4 mm 的深度[53]。Mauck 及其研究团队利用双喷头共纺了 PCL 和 PEO(一种水溶性聚合物)混合纳米纤维。PEO 在细胞培

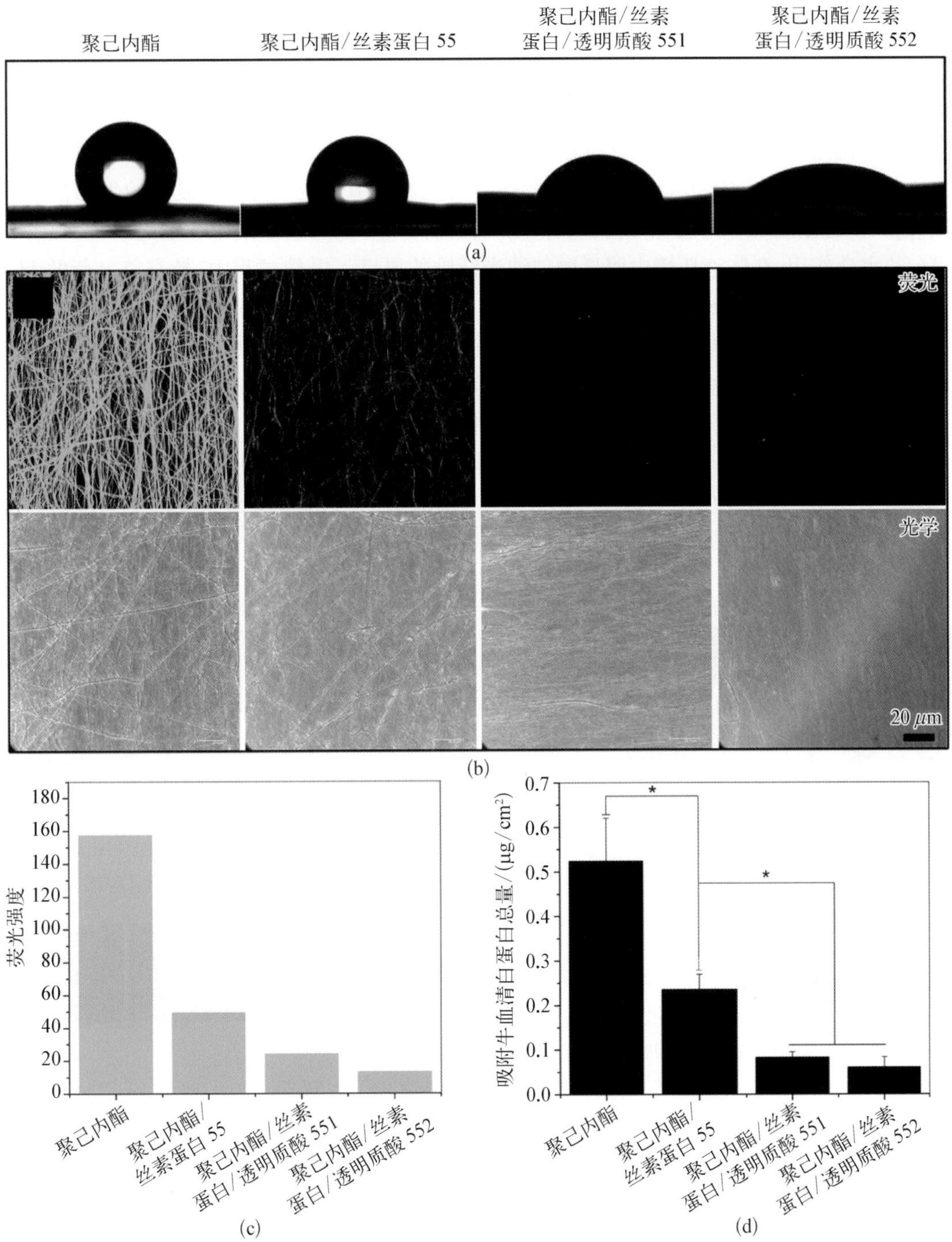

图 5-12 透明质酸对纳米纤维亲水性与抵抗蛋白吸附的影响[44]

(a) 水滴在不同比例的支架上接触角行为。增加透明质酸比例能够降低水接触角度；(b) PCL、PCL/SF 55、PCL/SF/HA 551 与 PCL/SF/HA 552 纤维在 37℃温度下 2.5 mg/ml FITC 标记 BSA 蛋白溶液浸泡 2 h 后的荧光(上排)与光学(下排)图像；(c) 通过 IPP 6.0 圈线定量分析(b)图中纤维的荧光密度；(d) BCA 蛋白定量分析纳米纤维支架 BSA 蛋白吸附量($*p<0.05$；数据记录为平均值±标准差，$n=3$)

Figure 5-12 The effect of HA on the hydrophilicity and resists protein adsorption of nanofibers

养的过程中逐步降解，从而细胞可以慢慢地渗透整个纳米纤维支架[54]。虽然这些方法都可以促进细胞对纳米支架的渗透，但是同样破坏了纳米材料的结构完整性，出现明显的分层及力学性能下降等问题。最近 Kurpinski 等人的文献报道称材料表面功能性连接天然多糖-肝素分子能够增加材料的生物活性，虽然体外细胞侵润现象并不明显，然而在体内环境中能够引发特有的生物化学响应进而增加客体细胞的侵润[55]。这种方法提供了一种新的研究思路：在纳米支架的应用领域可以使用生物化学功能性调节体内微环境中复杂的生物信号通路，进而促进细胞迁移与组织-材料整合。将另一种多糖- HA 引入纳米纤维支架，发现由于 HA 的水合作用，在体液环境中明显增加纳米纤维的厚度。电纺过程中，带有负电荷的 HA 分子也极易分布在纤维表面同时吸水溶胀并贯穿了 PCL 非溶胀内部相，这种局部发生的相分离引起了整体支架中定向长孔的产生。溶胀介导的材料内部孔结构生成相比较于其他的制孔方法具有明显的优点，包括制备工艺极其简便、不需要在内部布置可牺牲/可去除材料(如制孔剂)以及不需要任何的化学反应或物理机械加工方法。同时 HA 能通过 CD44 增加细胞整合素 Integrin - β1 的表达，并可以活化 TGF - β1 从而促进胞外基质金属蛋白酶 MMP - 2 的表达，最终使得细胞在纳米纤维上的运动增加，改善纳米纤维不能使细胞渗透这一缺陷(见图 5 - 13)[39]。

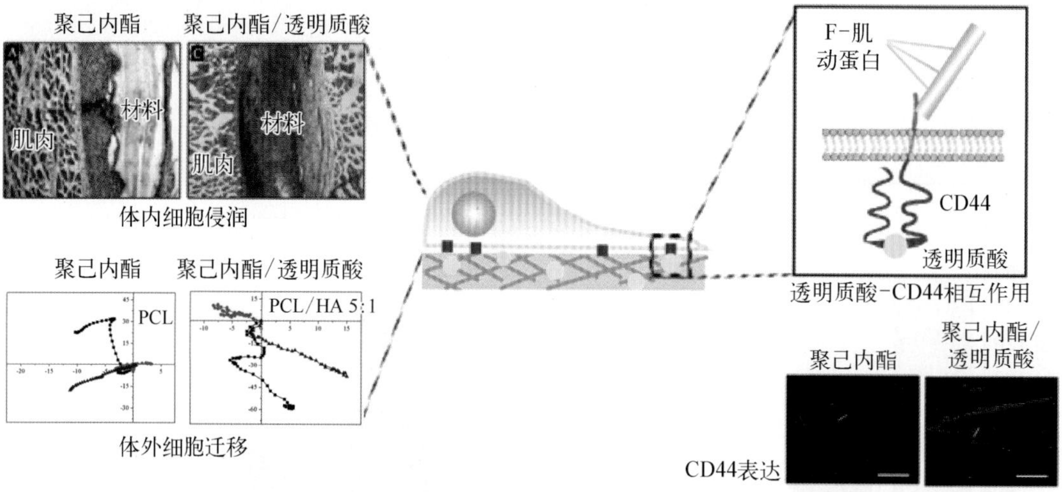

图 5 - 13 透明质酸通过 CD44 促进细胞在纳米纤维上的迁移与渗透示意图[39]

Figure 5 - 13 Schematic diagram of hyaluronic acid enhanced fibroblast infiltration into electrospun nanofibrous scaffolds by CD44

5.4.4 纤维排列方向对细胞接触诱导的影响

除了界面的生化特性外，细胞的生物学行为还受其黏附的表面的拓扑结构的影响，称为接触诱导(contact guidance)[56]。在生物体内，细胞生活在高度有序的纳米级胶原纤维内。而在组织水平，细胞的各向异性对其生物和力学功能至关重要。例如定向平行排列的动脉中膜层平滑肌细胞和细胞外基质纤维对于响应血管的收缩与扩张有着重要作用[57]；心肌细胞收尾相连的排列方式是其高效传导电信号和力学信号的关键[58]。因此，控制细胞迁移、伸长、定向的基底可以在体外更好地模拟组织的发育,呈现更完善的组织功能。而静电纺丝技术因其能高效方便地制备多种不同功能的材料成为制备定向纳米纤维的主要技术手段。静电纺丝制备的纳米纤维超高的比表面积可以为细胞提供多个黏附位点[59]。一般情况下使用的固定平板收集器能够收集到随机排列的纳米纤维结构,类似于无纺布的错综排列的纤维可以模拟如皮肤、软骨等组织的细胞外基质结构。另一方面,通过旋转拉伸力或静电力的力学刺激原理设计收集装置(如高速滚筒),能够构建单向排列的纳米纤维支架,可以模拟韧带与肌腱等某些组织结构中出现定向排列的胶原纤维[60]。Xu 等人用高速转盘制备了直径为 550±120 nm 的聚丙交酯共己内酯[P(LLA-CL)]定向纳米纤维。人冠状动脉平滑肌细胞培养结果显示,P(LLA-CL)定向纳米纤维可以促进细胞的增殖,并且保持细胞的收缩特性。这表明定向排列的纳米纤维可以良好地模拟平滑肌细胞的生存环境并保持其功能[61]。

纳米纤维诱导细胞定向排列在软组织修复中同样重要。电纺定向纳米纤维不仅可以诱导细胞的增殖和排列,还可以促进大鼠心肌细胞的发育成熟。平均直径为 50 nm,孔径为40 μm的 PLLA 定向纳米纤维可以促进大鼠 C2C12 成肌细胞发育为肌小管[62]。C2C12 细胞在定向纳米纤维上生长时,细胞形态沿着纤维的方向被显著拉伸,且细胞的生长沿着纤维的排列方向发生了明显的取向。而且,相比较于微米纤维,在纳米纤维上定向排列的 C2C12 细胞展现出更长的肌小管。这表明随着纤维直径的下降,基底对细胞的接触诱导作用加强。除此之外,定向纳米纤维还可以诱导神经突触的生长,对促进外围神经修复有重要作用。例如,在 PLLA 的定向纳米纤维上,背根神经节(dorsal root ganglia,DRG)的轴突生长相较于普通纳米纤维增长了 20%[63]。在多功能可导电的聚吡咯定向纳米纤维上,最大的 DRG 轴突延伸增加了 82%;在 250 μA 直流电的作用下,DRG 轴突生长可再增加 47%[64]。材料的定向程度强烈影响其力学性质,进一步影响细胞的增殖、黏附与伸长。因此制备具有定向排列的电纺纤维支架来模拟天然 ECM 结构对细胞生长、分化和取向是有着重要意义的。

5.5 总结与展望

作为一个多元跨学科领域,应用微纳米技术制造仿生的组织工程支架近年来得到迅猛发展。许多研究者都在寻找一种合适的材料来创建一个支架以在组织再生过程中起到积极的作用,而不是单纯的作为一个细胞载体或者组织模板。微纳米材料作为治疗和诊断的工具具有突出的优势[65],因其设计灵活、具有更小的体积、更大的比表面积,并易于表面改性。这些潜在的生物装置已经在体外获得良好的实验结果,甚至有一部分已经成功地应用于动物体内。但是,从实验室到临床,微纳米材料仍有很长的路要走。虽然已经有一些微纳米材料进入了临床实验的阶段,获得的实验数据也让人鼓舞,但是微纳米技术的安全性仍需要进一步的临床实验来确认。而现在,医学领域已经走上了个性化治疗的道路以期来改善许多疾病的治疗。微纳米材料应用于再生医学的巨大优势将成为治疗、诊断和疾病预防的新途径，成为人们生活必不可少的一部分。

（杨力　钱宇娜　李林昊）

参考文献

[1] Wood F.Tissue engineering of skin[J]. Clin Plast Surg, 2012, 39 (1): 21 - 32.

[2] Chapekar M S. Tissue engineering: Challenges and opportunities[J]. J Biomed Mater Res, 2000,53 (6): 617 - 620.

[3] Daley W P, Peters S B, Larsen M. Extracellular matrix dynamics in development and regenerative medicine[J]. Cell Sci, 2008,121: 255 - 264.

[4] Grefte S, Kuijpers-Jagtman A M, Torensma R, et al. Skeletal muscle development and regeneration[J]. Stem Cells Dev,2007,16: 857.

[5] Buttafoco L, Kolkman N G, Engbers-Buijtenhuijs P, et al. Electrospinning of collagen and elastin for tissue engineering applications[J]. Biomaterials, 2006,27 (5): 724 - 734.

[6] Greiner A, Wendorff J H. Electrospinning: A fascinating method for the preparation of ultrathin fibres[J]. Angew Chem Int Edit, 2007, 46(30): 5670 - 5703.

[7] Soheila M, Yu D, Ian D. Recent progress in electrospun nanofibers: Reinforcement effect and mechanical performance[J]. J Polymer Sci, Part B: Polymer Physics, 2015, 53: 1171 - 1212.

[8] Tan E, Ng S, Lim C. Tensile test of a single ultrafine polymeric fiber[J]. Biomaterials, 2005, 26: 1453 - 1456.

[9] Inai R, Kotaki M, Ramakrishna S. Structure and properties of electrospun PLLA single nanofibers[J]. Nanotechnology, 2005,16: 208 - 213.

[10] Oyen M L. Mechanical characterisation of hydrogel materials[J]. Inter Mater Rev, 2014, 59 (1): 44 - 59.

[11] Ulrich T A, Lee T G, Shon H K, et al. Microscale mechanisms of agarose-induced disruption of collagen remodeling [J]. Biomaterials, 2011, 32: 5633 - 5642.

[12] Gunn J, Zhang M Q. Polyblend nanofibers for biomedical applications: Perspectives and challenges[J]. Trends Biotechnol, 2010, 28(4): 189 - 197.

[13] Walters B D, Stegemann J P. Strategies for directing the structure and function of three-dimensional collagen biomaterials across length scales[J]. Acta Biomater, 2014, 10: 1488 - 1501.

[14] Voge C, Kariolis M, Macdonald R A, et al. Directional conductivity in SWNT - collagen-fibrin composite biomaterials through strain-induced matrix alignment[J]. J Biomed Mater Res A, 2008, 86: 269 - 277.

[15] Nguyen T, Liang R, Woo S, et al. Effects of cell seeding and cyclic stretch on fiber remodeling in an extracellular matrix derived bioscaffold[J]. Tissue Eng, 2009, 15: 957 - 963.

[16] Pins G D, Christiansen D L, Patel R, et al. Self-assembly of collagen fibers. influence of fibrillar alignment and decorin on mechanical properties[J].Biophys J, 1997, 73: 2164 - 2172.

[17] Ponta H, Sherman L, Herrlich P A. CD44: From adhesion molecules to signalling regulators[J]. Nature Reviews Molecular Cell Biology, 2003, 4(1): 33 - 45.

[18] Jonathan L, Norman F T, Tatiana S. Design of cell-matrix interactions in hyaluronic acid hydrogel scaffolds[J]. Acta Biomater. 2014, 10: 1571 - 1580.

[19] Lei Y, Gojgini S, Lam L, et al. The spreading, migration and proliferation of mouse mesenchymal stem cells cultured inside hyaluronic acid hydrogels[J]. Biomaterials, 2011, 32: 39 - 47.

[20] Marklein R A, Soranno D E, Burdick J A. Magnitude and presentation of mechanical signals influence adult stem cell behavior in 3 - dimensional macroporous hydrogels[J]. Soft Matter, 2012, 8: 8113 - 8120.

[21] Eng D, Caplan M, Preul M, et al. Hyaluronan scaffolds: A balance between backbone functionalization and bioactivity[J]. Acta Biomater, 2010,6 (7): 2407 - 2414.

[22] Vepari C, Kaplan D L. Silk as a biomaterial[J]. Prog Polym Sci, 2007, 32(8 - 9): 991 - 1007.

[23] Shao Z, Vollrath F. Surprising strength of silkworm silk[J]. Nature, 2002, 418: 741.

[24] Koha L D, Cheng Y, Teng C P, et al. Structures, mechanical properties and applications of silkfibroin materials[J]. Progress in Polymer Science, 2015, 46: 86 - 110.

[25] Ayutsede J, Gandhi M, Sukigara S, et al. Regeneration of Bombyx mori silk by electrospinning. Part 3: characterization of electrospun nonwoven mat[J]. Polymer, 2005, 46(5): 1625 - 1634.

[26] Li L H, Sebastian P, Lorenz M, et al. Silk fibroin layer-by-layer microcapsules for localized gene delivery[J]. Biomaterials, 2014,35: 7929 - 7939.
[27] Dash R, Mandal M, Ghosh S K, et al. Silk sericin protein of tropical tasar silkworm inhibits UVB - induced apoptosis in human skin keratinocytes[J]. Mol Cell Biochem, 2008, 311(1 - 2): 111 - 119.
[28] Li L H, Qian Y N, Lin C W, et al. The effect of silk gland sericin protein incorporation into electrospun polycaprolactone nanofibers on in vitro and in vivo characteristics[J]. J Mater Chem B. 2015, 3: 859 - 870.
[29] Cipitria A, Skelton A, Dargaville T R, et al. Design, fabrication and characterization of PCL electrospun scaffolds — a review[J]. Journal of Materials Chemistry, 2011,21 (26): 9419 - 9453.
[30] Baouz T, Rezgui F, Yilmazer U. Ethylene-methyl acrylate-glycidyl methacrylate toughened poly(lactic acid) nanocomposites[J]. Journal of Applied Polymer Science, 2013, 128(5): 3193 - 3204.
[31] Kelly S A, Kathleen M, Marc A H. Toughening polylactide[J]. Polymer Reviews, 2008, 48: 85 - 108.
[32] Tsuji H, Yamada T, Suzuki M, et al. Effects of poly(L - lactide-co - 1 - caprolactone) on morphology, structure, crystallization, and physical properties of blends of poly(L - lactide) and poly(1 - caprolactone)[J]. Polym Int, 2003, 52: 269 - 275.
[33] Tapan K, Dash V. Badireenath konkimalla, poly - ε - caprolactone based formulations for drug delivery and tissue engineering: A review[J]. J Control Relea, 2012, 158(1): 15 - 33.
[34] Wong S C, Baji A, Leng S. Effect of fiber diameter on tensile properties of electrospun poly(3 - caprolactone)[J]. Polymer, 2008, 49: 4713 - 4722.
[35] De Valence S, Tille J C, Giliberto J P, et al. Advantages of bilayered vascular grafts for surgical applicability and tissue regeneration[J]. Acta Biomater, 2012, 8(11): 3914 - 3920.
[36] Sebastian B, Patrik S, Klaus M, et al. Engineering biocompatible implant surfaces Part I: Materials and surfaces [J]. Progress Mater Sci, 2013, 58: 261 - 326.
[37] Hongjian Z, Jaebeom L. Nanoscale hydroxyapatite particles for bone tissue engineering[J]. Acta Biomaterial, 2010, 7: 2769 - 2781.
[38] Cai Y, Liu Y, Yan W, et al. Role of hydroxyapatite nanoparticle size in bone cell proliferation[J]. J Mater Chem, 2007, 17: 3780 - 3787.
[39] Qian Y N, Li L H, Jiang C, et al. The effect of hyaluronan on the motility of skin dermal fibroblasts in nanofibrous scaffolds[J]. Int J Biological, 2015, 79: 133 - 140.
[40] Ruggiero F, Koch M. Making recombinant extracellular matrix proteins[J]. Methods, 2008, 45(1): 75 - 85.
[41] Crespy D, Friedemann K, Popa A M. Colloid-electrospinning: Fabrication of multicompartment nanofibers by the electrospinning of organic or/and inorganic dispersions and emulsions[J]. Macromol Rapid Comm, 2012, 33(23): 1978 - 1995.
[42] Hsu F Y, Hung Y S, Liou H M, et al. Electrospun hyaluronate-collagen nanofibrous matrix and the effects of varying the concentration of hyaluronate on the characteristics of foreskin fibroblast cells[J]. Acta Biomater, 2010, 6(6): 2140 - 2147.
[43] Li L H, Li H B, Qian Y N, et al. Electrospun poly (epsilon-caprolactone)/silk fibroin core-sheath nanofibers and their potential applications in tissue engineering and drug release[J]. Int J Biol Macromol, 2011, 49: 223 - 232.
[44] Li L H, Qian Y N, Jiang C, et al. The use of hyaluronan to regulate protein adsorption and cell infiltration in nanofibrous scaffolds[J]. Biomaterials, 2012, 33: 3428 - 3445.
[45] Luo Z, Jiang L, Xu Y, et al. Mechano growth factor (MGF) and transforming growth factor (TGF) - b3 functionalized silk scaffolds enhance articular hyaline cartilage regeneration in rabbit model[J]. Biomaterials, 2015, 52: 463 - 475.
[46] Discher D E, Janmey P, Wang Y L. Tissue cells feel and respond to the stiffness of their substrate[J]. Science, 2005, 310: 1139 - 1143.
[47] Engler A J, Sen S, Sweeney H L, et al. Matrix elasticity directs stem cell lineage specification[J]. Cell, 2006, 126: 677 - 689.
[48] Schwarz U S, Bischofs I B. Physical determinants of cell organization in soft media[J]. Med Eng Phys. 2005, 7: 43 - 47.
[49] Riveline D, Zamir E, Balaban N Q, et al. Focal contacts as mechanosensors: Externally applied local mechanical force induces growth of focal contacts by an mDia1-dependent and ROCK - independent mechanism[J]. J Cell Biol, 2001, 153: 1175 - 1186.

[50] Tamada M, Sheetz M P, Sawada Y. Activation of a signaling cascade by cytoskeleton stretch[J]. Dev Cell, 2004, 7: 709 - 718.
[51] Williams D F. On the mechanisms of biocompatibility[J]. Biomaterials, 2008, 29(20): 2941 - 2953.
[52] Eichhorn J, Sampson W W. Statistical geometry of pores and statistics of porous nanofibrous assemblies[J]. J R Soc Interface, 2005, 2(4): 309 - 318.
[53] Nam J, Huang Y, Agarwal S, et al. Improved cellular infiltration in electrospun fiber via engineered porosity[J]. Tissue Eng, 2007, 13(9): 2249 - 2257.
[54] Baker B M, Gee A O, Metter R B, et al. The potential to improve cell infiltration in composite fiber-aligned electrospun scaffolds by the selective removal of sacrificial fibers[J]. Biomaterials, 2008, 29(15): 2348 - 2358.
[55] Kurpinski K T, Stephenson J T, Janairo R R R, et al. The effect of fiber alignment and heparin coating on cell infiltration into nanofibrous PLLA scaffolds[J]. Biomaterials, 2010, 31(13): 3536 - 3542.
[56] Curtis A, Wilkinson C. Topographical control of cells[J]. Biomaterials 1997, 18 (24): 1573 - 1583.
[57] Venkatraman S, Boey F, Lao L L. Implanted cardiovascular polymers: natural, synthetic and bio-inspired[J]. Prog Polym Sci, 2008, 33: 853 - 874.
[58] Papadaki M, Bursac N, Langer R, et al. Tissue engineering of functional cardiac muscle, molecular, structural and electrophysiological studies[J]. Am J Physiol Heart Circ Physiol, 2001, 280: 168 - 178.
[59] Barnes S J, Harris L P. Tissue engineering: Roles, materials and applications[M]. New York: Nova Science Publishers Inc., 2008 .
[60] Venugopal J, Low S, Choon A T, et al. Interaction of cells and nanofiber scaffolds in tissue engineering[J]. Biomed Mater Res, Appl Biomater, 2008, 84B: 34 - 48.
[61] Xu C Y, Inai R, Kotaki M, et al. Aligned biodegradable nanofibrous structure: A potential scaffold for blood vessel engineering[J]. Biomaterials, 2004, 25(5): 877 - 886.
[62] Huang N F, Patel S, Thakar R G, et al. Myotube assembly on nanofibrous and micropatterned polymers[J]. Nano Lett, 2006, 6(3): 537 - 542.
[63] Corey J M, Lin D Y, Mycek K B, et al. Aligned electrospun nanofibers specify the direction of dorsal root ganglia neurite growth[J]. J Biomed Mater Res Part A, 2007, 83A: 636 - 645.
[64] Xie J, MacEwan M R, Willerth S M, et al. Conductive core-sheath nanofibers and their potential application in neural tissue engineering[J]. Adv Funct Mater, 2009, 19: 2312 - 2318.
[65] 杨力,李良.天然-人工合成聚合物混合纳米纤维在生物医学领域中的应用[J]. 医用生物力学,2011,26(2): 105 - 108.

6 骨组织修复生物力学

人的日常活动会对骨骼系统施加各种不同形式和大小的力学刺激，主要包括基质变形、流体剪切力、拉伸力、压缩力、机械振动、微重力等，对骨骼的生成、发育和重建起着至关重要的影响。伴随着生物力学研究相关新技术和新理论的不断突破，骨组织修复生物力学的研究重点从宏观现象研究趋向于细胞分子机制研究，研究过程中也更加注重骨修复过程中骨组织细胞所处的三维力学微环境的变化和影响。此外，在骨组织工程用生物支架材料的设计和制备中，支架力学特征的重要性得到了越来越多的体现。本章结合骨组织修复生物力学的最新研究进展，按照不同力学刺激形式分别论述基质力学、流体剪切力、拉伸应力等对骨组织修复的影响及其机理。

骨的主要组成成分是有机质、无机盐和水。其中，胶原纤维占骨内有机质的 90%，无定型基质约占骨内有机质的 10%。胶原纤维以同心圆方式分布于哈佛氏管(Haversian canal)周围，形成致密的网络结构，为无机盐的沉积提供了模板。骨内无机盐的主要成分是羟基磷灰石(hydroxyapatite)，以平均直径约为 4 nm 的纳米晶体形式沉积于有机物网络中。这些力学特性相差极大的各组分相互作用，在纳米尺度上组织成型，构成了致密的骨组织，并决定了骨骼的强度、刚度和韧性等基本力学特性[1]。

在组织水平上，骨组织主要包括位于外层的密质骨和内部的松质骨，其中，密质骨又称为皮质骨，松质骨又称为海绵骨。皮质骨非常的致密，具有较低的孔隙率(20%)和较高的力学强度(130～190 MPa)，约占成人骨重量的 80%。松质骨具有较高的孔隙率(50%～90%)，约占成人骨重量的 20%，但力学强度仅有皮质骨的 10%左右。皮质骨结构的功能单位是骨单元(osteon)，其中包含有哈佛氏管，哈佛氏管内有血管和神经纤维。松质骨内并没有骨单元的存在，但其高的孔隙率和表面积更利于血管的渗透。

6.1 基质力学与骨组织修复

在骨组织生长、发育和成熟的过程中，骨组织细胞所处的基质力学微环境是逐渐变化的。例如，当骨组织生长和重建时，伴随着骨基质的不断矿化和组织化程度提高以及骨晶体(bone crystals)的不断成熟；编织骨(woven bone)逐渐被板层骨(lamellar bone)替代，骨组织的刚度会逐渐增加，最终达到正常骨的刚度[2]。在这一基质刚度逐渐变化的过程中，研究不同基质对细胞的影响以及细胞对不同基质刚度变化的响应对于理解骨修复这一复杂过程具有重要的指导意义。

目前，在骨组织修复中有关基质力学的研究主要包括以下几个方面，首先是不同类型和不同维度刚度基质的制备和表征，包括基质的成分、制备方法以及二维（two dimensional，2D）和三维（three dimensional，3D）尺度等；其次是这些具有不同刚度的基质在离体条件下对骨修复相关细胞的生物学行为的影响，包括细胞黏附、增殖、迁移、分化、凋亡等以及在体修复骨缺损的研究等。

6.1.1 2D 与 3D 不同刚度基质的制备

6.1.1.1 2D 不同刚度基质的制备方法

2D 条件下制备具有不同刚度基底的方法已经比较成熟，包括改变甲双叉丙烯酰胺（bis-acrylamide）的浓度来形成具有不同硬度的聚丙烯酰胺凝胶基底，改变紫外光照射的强度[3]或者制备温度[4]获得不同刚度聚合物等。其中，利用 0.05%、0.2%、0.5%和 0.7%的甲双叉丙烯酰胺和 8%的丙烯酰胺溶液分别形成了刚度为 7±1.2 kPa、19.4±3.9 kPa、26.5±2.7 kPa和 42.1±3.2 kPa 的基底[3]。聚二甲基硅氧烷（polydimethylsiloxane，PDMS）在不同温度条件下可形成 190 kPa～3.1 MPa 范围内的不同刚度基质[4]。

6.1.1.2 3D 不同刚度基质的制备方法

目前，3D 条件下制备具有不同基质刚度的支架材料的研究还相对较少，主要集中在准 3D 条件下。例如，通过改变支架不同位置的基质密度，通过调节聚合物的不同交联密度，改变两种或多种混合基质的比例等方式，改变 3D 支架材料的力学特征。但是，这些方法不可避免地在改变了支架力学特征的同时，也改变了 3D 支架的基本结构特征（如支架形态、内部连通、孔隙率和孔径大小等）。例如，利用平板垂直压缩楔形的胶原形成具有刚度梯度的生物材料（软：1 057±487 kPa；中：1 835±31 kPa；硬：2 305±693 kPa）[5]。这是一种制备基质刚度梯度材料的有效方法，但经过压缩处理后，胶原支架内部的 3D 结构随着基质刚度的变化也发生了显著的变化。

Huebsch 等[6]制备了一种具有不同基质刚度（2.5～110 kPa）的合成水凝胶细胞外基质（extracellular matrix，ECM），并检测其对间充质干细胞（mesenchymal stem cells，MSCs）分化谱系的影响。他们发现 MSCs 在 11～30 kPa 的支架上主要分化为成骨细胞。Chen 领导的科研小组[7]利用不同高度（0.97 μm、6.10 μm 和 12.9 μm）弹性微柱调节基底的硬度（弹性系数：1 556 nN/μm、18.16 nN/μm 和 1.90 nN/μm），发现这种不同硬度的基底可以影响细胞的形态、黏附以及细胞骨架收缩；可调控人 MSCs 的分化方向；高硬度基底更利于促进 MSCs 的成骨分化，低硬度基底则促进 MSCs 的成脂肪分化。龙勉领导的研究小组[8]通过微制作方法构建了具有不同硬度、不同拓扑结构以及不同维度的聚丙烯酰胺水凝胶基底，系统考察了基质硬度、拓扑结构以及维度对大鼠 MSCs 增殖、形态、分化以及骨架重排的影响。研究发现基底硬度和维度在调节细胞增殖方面发挥了主导作用；拓扑结构是调控细胞形态和铺展方面的重要因素；不同的基质硬度、拓扑结构与维度在指导细胞分化方面均发挥了一定的作用。这一研究结果对于理解 MSCs 在不同微环境条件下的细胞行为及如何在体外构建理想的生物医用材料具有极其重要的指导意义。

此外，本章作者及其团队利用不同配比的胶原和羟基磷灰石混合溶液表衬至脱细胞骨支架的表面，成功构建了一种基质刚度不同而三维微结构一致的骨组织工程用支架[9]。这些支架具有良好的细胞和组织相容性，在体外利于 MSCs 的黏附和增殖。这种具有适宜基质刚度的支架可以在离体条件下诱导 MSCs 的成骨分化[9]且在在体条件下诱导骨缺损的修复[10]。通过这种方法构建的 3D 微结构一致而具有不同刚度的骨组织工程支架，对丰富 3D 基质力学研究方法学也有重要的科学意义。

6.1.2 基质力学对骨组织细胞生物学行为的影响

6.1.2.1 基质刚度对细胞铺展的影响

细胞在体外培养时，其黏附和铺展行为是启动细胞生长、增殖等程序的关键环节。细胞黏附、铺展的活跃程度可在多方面影响细胞的生物学行为，诸如发育、分泌和表型维持等。细胞可以感受它们所处的 ECM 的硬度并可自我调整来适应这一内部张力变化。细胞在硬的基质上可产生高的牵拉力，同时产生较强的肌动蛋白应力纤维和成熟的黏着斑；而在较软的基质上，细胞产生较弱的牵拉力，肌动蛋白和黏着斑发育也相应较差。如图 6 - 1 所示[11]，人 MSCs 在不同蛋白类型表衬的不同硬度胶上培养 24 h 后，细胞的形态和铺展面积随着基底硬度的变化均发生了显著的变化。细胞在软的基底上呈现圆形的铺展状态，且铺展半径小；在硬的基底上细胞的铺展面积逐渐变大，呈多边形生长。杨力与 Chiang 领导的研究组[12]发现不同剪切模量(shear modulus)的基底会显著改变细胞的铺展形态，认为细胞铺展面积与细胞的内部刚度、细胞/基底之间的相互作用以及细胞内的自由能有关，细胞在细胞/基底的相互作用中最小的总自由能会决定它们所选择的最终铺展形态。

6.1.2.2 基质刚度对细胞增殖的影响

细胞增殖是生物体一项重要的生命活动，是生物体生长、发育、繁殖和遗传的基础。细胞可以感知其外界的力学微环境，并作出适当的响应。研究发现适宜的基质力学状态可以促进细胞的增殖。例如，Park 等[13]的研究发现，将骨髓来源的 MSCs 分别种植在刚度为 1 kPa、3 kPa 和 15 kPa 的聚丙烯酰胺(polyacrylamide，PA)基底上 1 天后，种植在 1 kPa 基底上的细胞的增殖比 3 kPa 和 15kPa 上细胞降低了约 30%。类似地，成骨细胞前体细胞 MC3T3 - E1 培养在较硬的基底(38.98 kPa)上的增殖率、运动性和矿物沉积量均显著地高于较软的两种基底(11.78 kPa 和 21.6 kPa)上[14]。Xue 等[15]同时考察了基质硬度与细胞种植密度对人 MSCs 增殖的影响，将 MSCs 在软(1.6±0.3 kPa)和硬(40±3.6 kPa)凝胶基底上分别以低密度(1 000/cm^2)和高密度(20 000/cm^2)种植培养。结果显示，在低密度培养时，软基底显著抑制 MSCs 的增殖速度；高密度培养时，软硬基底对细胞增殖造成的差异消失。这一实验结果说明细胞增殖与基底硬度有关，但在高密度培养时，基底硬度对细胞增殖的影响消失，软硬基底上的细胞增殖没有显著差异[15]。

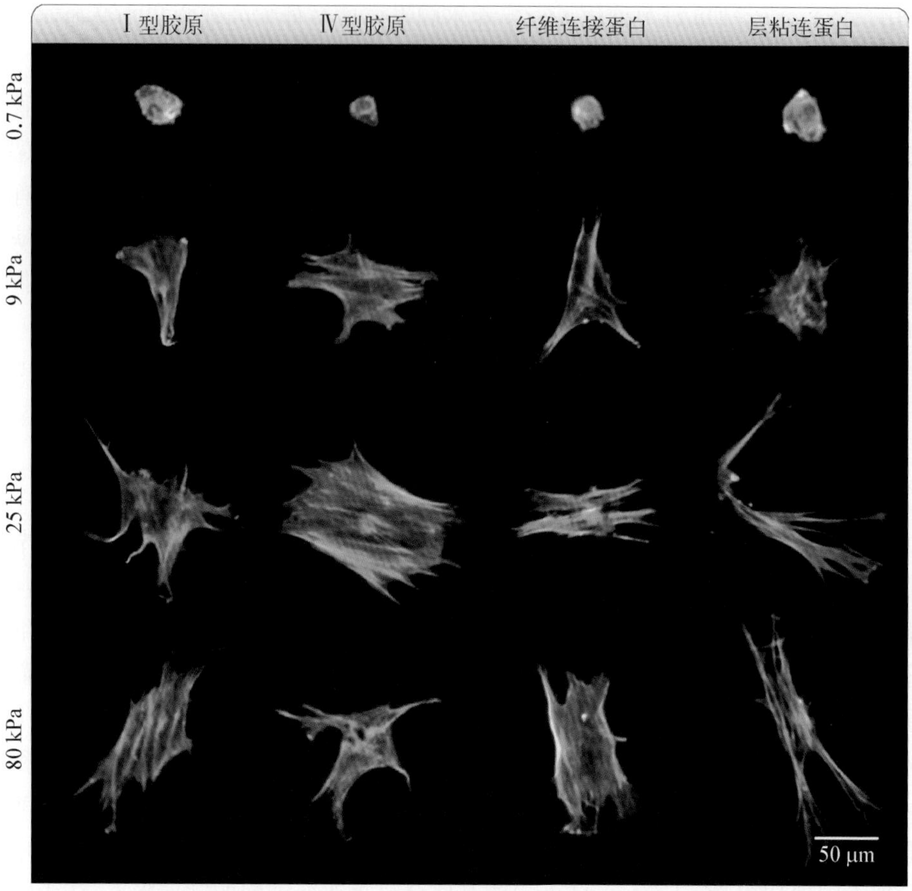

图 6-1 人 MSCs 在不同类型蛋白表衬的硬度胶上培养 24 h 后的形态和铺展面积[11]

Figure 6-1 Human MSC cell spreading and morphology after 24 h on various stiffness protein-coated gels

6.1.2.3 基质刚度对细胞迁移的影响

细胞作为生物体结构和功能的基本单位,迁移是其最基本特征之一。细胞迁移一般起始于细胞对其微环境刺激的感应,微环境刺激通过细胞表面受体激活一系列的胞内信号转导通路与基因转录,并进而通过细胞极性的改变、细胞的黏附及去黏附、细胞骨架的重排等多个环节,最终完成细胞形态和位置的改变。细胞迁移是一个极其复杂的过程,涉及很多的生化事件,更是一个细胞与基底之间相互作用的过程。

趋化因子梯度、黏附蛋白梯度以及基质刚度梯度等多种因素均已被证明可以诱导细胞的迁移。其中,单纯的基质刚度对细胞迁移的影响在 2000 年时被首次证明[16]。Lo 等[16]通过 PA 制备成了杨氏模量为 140×10^{-2} N/cm^2(软)和 300×10^{-2} N/cm^2(硬)的基底。PA 基底经过胶原表衬处理后将 3T3 成纤维细胞分别种植在软和硬基底处,通过时差显微成像(time-lapse microscopy)观察细胞的迁移行为。结果发现,起始黏附在软基底上的细胞更倾向于迁移至硬的基底表面,如图 6-2(a)所示。相反的,起始种植在硬基底上的细胞更倾向于停留在硬基底上,如图 6-2(b)所示。细胞的这种迁移行为被称为"力学趋向"(mechanotaxis)或者"趋硬性"(durotaxis)。在另外一项研究中发现,伴随着基质刚度的不断增加(11.78 kPa、

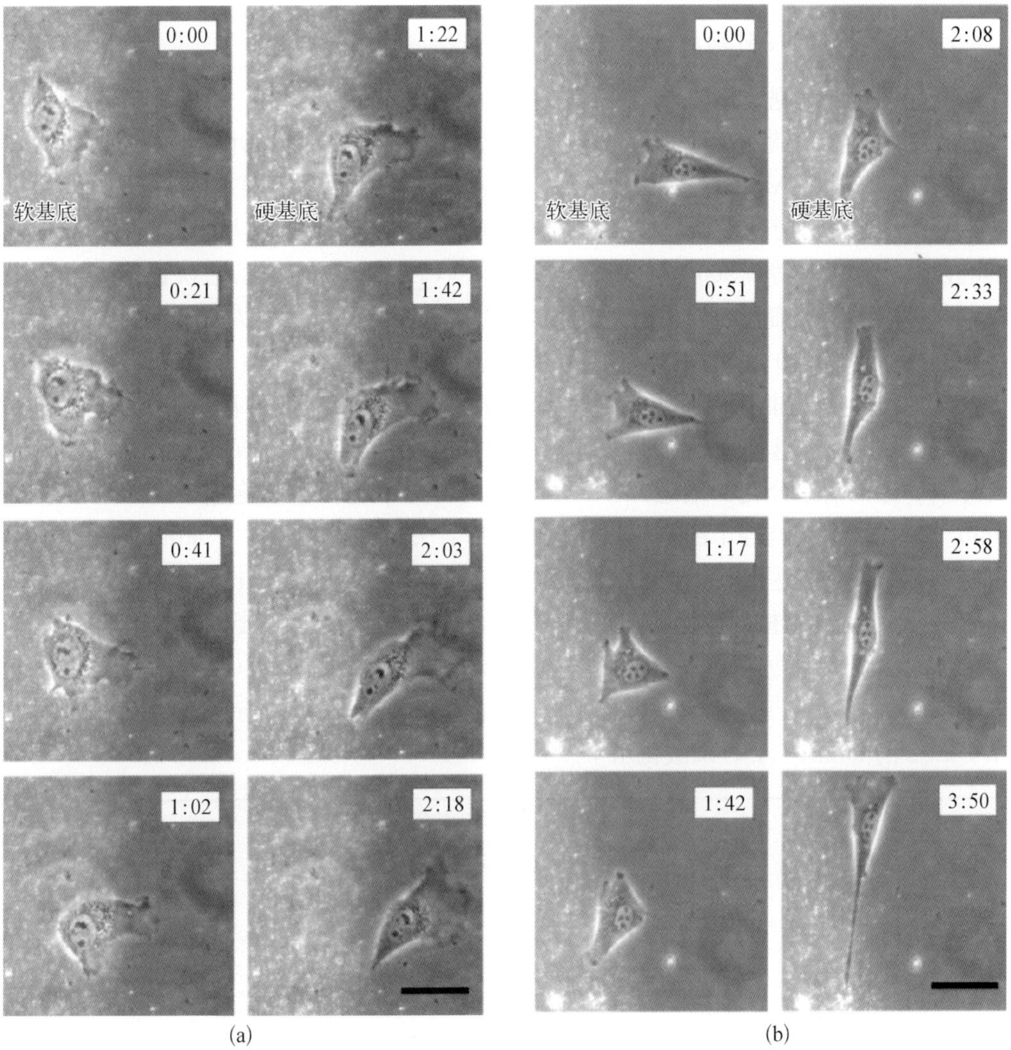

图 6-2 细胞在不同硬度梯度基底上的移动[16]

Figure 6-2 Movements of national institutes of health 3T3 cells on substrates with a rigidity gradient

21.6 kPa 和 38.98 kPa),成骨细胞前体细胞 MC3T3-E1 的迁移速度逐渐增加。此外,基底上表衬的胶原浓度也会影响细胞的迁移速度[14]。这一结果说明细胞的迁移行为不仅受到基质刚度的影响,还受到基质上黏附配体浓度的影响[14]。

为了研究 3D 基质力学对细胞迁移行为的影响,大量的天然生物聚合物被用来制备具有不同基质刚度的支架,例如,Ⅰ型胶原和基质胶(matrigel)。这些天然生物聚合物易于使用和获得,并含有天然的细胞黏附位点以及酶降解特性,可以被制备成具有很小范围差别的刚度梯度。与 2D 条件相比较,在 3D 条件下研究基质刚度对于细胞迁移的影响因存在更多的参数变化,故这一过程更加复杂。以基质胶为例,当提高基质胶的浓度来增加基质胶的基质刚度时,基质胶的黏附配体浓度、孔径大小、生长因子的扩散性以及酶降解能力等均会发生变化,这些变化均会影响细胞的迁移能力。因此,在 3D 条件下研究不同基质刚度对细胞迁移的影响,还需要构建可以分离基质力学变化与黏附蛋白、孔径变化等联系的生物基质材料。

6.1.2.4 基质刚度对细胞分化的影响

基质刚度对干细胞分化的影响一直是基质力学研究的热点之一。MSCs 作为骨修复的重要种子细胞之一，能够敏感的感知外界力学微环境的特征和变化并做出响应。如何有效利用基质力学来调控 MSCs 的成骨分化成为骨组织工程研究的重要方向。目前，有关基质力学诱导干细胞成骨分化的研究主要包括在离体和在体条件下基质力学对干细胞成骨分化的影响以及相关机制等。2006 年，Engler 等[17]在《Cell》上发表文章，首次证明单纯的基质弹性变化可以决定干细胞的分化谱系，即不同的基质硬度可以诱导人 MSCs 分别分化成为神经细胞（0.1～1 kPa）、肌细胞（8～17 kPa）以及成骨细胞（25～40 kPa）（见图 6-3）[18]。Engler 等[17]同时发现非肌肉肌球蛋白Ⅱ（non-muscle myosin Ⅱ）与基质刚度诱导的 MSCs 谱系分化密切相关。这一发现证明了基质刚度可在一定程度上补充或者协同可溶性诱导因子诱导 MSCs 的谱系分化。最近，Discher 领导的研究小组证实细胞核中的核纤层蛋白 A（lamin-A）的表达在调控干细胞分化过程中发挥着关键性的作用[19]。lamin-A 在不同成体细胞的细胞核中表达水平不同，基底应力增加可以促进细胞的 lamin-A 的蛋白表达水平，从而起到稳定细胞核的作用，并对干细胞的谱系分化具有一定的影响。干细胞在软基底（0.3 kPa）上分化为脂肪时伴随着 lamin-A 的低表达，而在硬基底（40 kPa）上分化为骨时伴随着 lamin-A 的高表达。此外，基质的弹性结合肌球蛋白Ⅱ（myosin-Ⅱ）活性被证明可以调节 MSCs 的 lamin-A/C 磷酸化水平[19]。

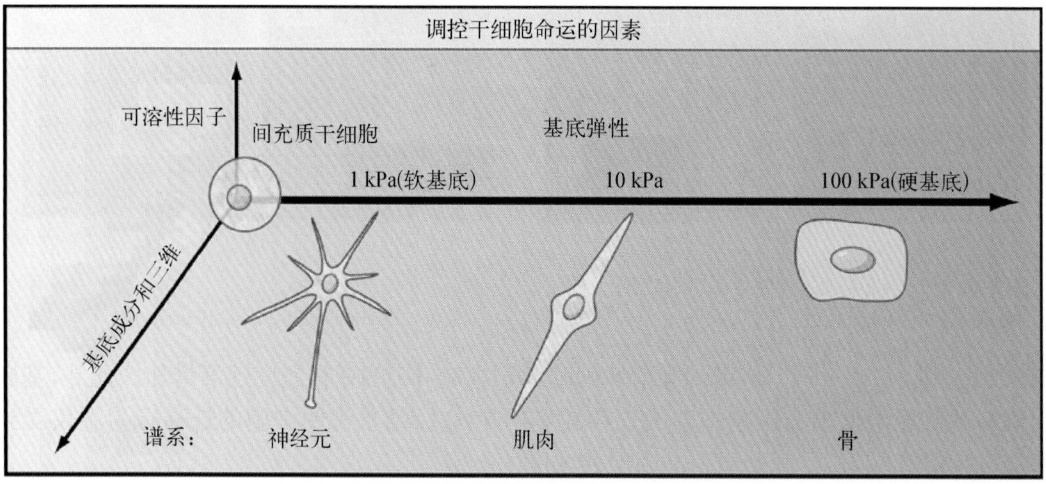

图 6-3 基质力学控制干细胞的分化命运[18]

Figure 6-3 Matrix mechanics control stem cells fate

最近，已有更多的学者开始关注在更贴近生理状态的 3D 条件下研究基质刚度对 MSCs 成骨分化的影响。例如，Huebsch 等[6]将小鼠 MSCs 包裹在利用藻酸盐聚合物制备的具有不同基质刚度（2.5～110 kPa）的 3D 水凝胶 ECM 内，发现 MSCs 在 11～30 kPa 的水凝胶支架内主要分化为成骨细胞，而脂肪分化只发生在基质刚度为 2.5～5 kPa 的水凝胶支架内。在 3D 条件下，基质刚度可以在纳米尺度上调节与 MSCs 成骨分化有关的整合素连接以及重组黏附配体。为了避免在 3D 条件下构建不同基质刚度支架时改变支架的内部结构参数等问题，吕永钢团队利用异种脱细胞骨作为支架材料来保证其3D微结构的一致性，通过对其表面进行不同浓度的胶原/羟基磷灰石溶液的灌流表衬，经过冷冻干燥后在支架表面形成了具有不同基质刚度的表衬层(支架局部基质刚度分别为13.00±5.55 kPa、13.87±1.51 kPa和37.7±19.6 kPa；体积刚度分别为6.74±1.16 kPa、8.82±2.12 kPa和23.61±8.06 kPa)(见图6-4)[9]。通过微型

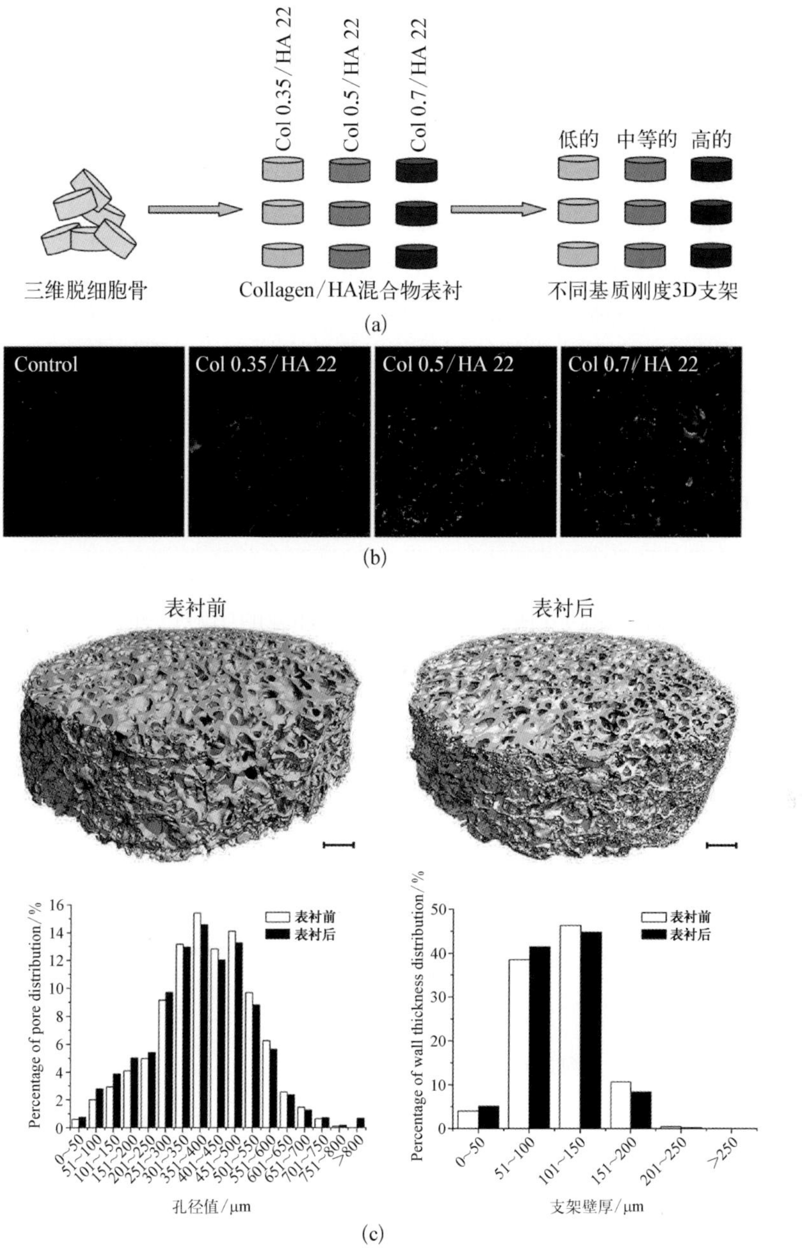

图6-4 不同基质刚度3D支架的制备过程示意图及表征[9]

(a) 不同基质刚度3D支架的制备过程示意图；(b) 免疫荧光检测Ⅰ型胶原在各组支架上的分布。标尺=10 μm；(c) 脱细胞骨支架表衬胶原0.70/HA 22前后的孔径和壁厚分布图(标尺=10 mm)

Figure 6-4 Schematic diagram of the fabrication process of 3D scaffolds with different stiffness and characterizations

计算机断层扫描(micro computed tomography，Micro－CT)方法对表衬前后支架的孔径和壁厚分布进行分析以及力学测试测量表衬层的刚度后证实这种方法可成功构建微结构一致而刚度不同的3D支架。细胞实验证明了大鼠骨髓MSCs在体外可以很好地与支架材料复合；高刚度的3D支架材料具有诱导细胞向成骨方向分化能力。兔桡骨缺损实验证明了恰当的3D基质刚度支架具有良好的骨修复能力，并考察了骨缺损修复过程中炎症、低氧、基质细胞衍生因子－1α(stromal cell derived factor－1α，SDF－1α)以及干细胞招募之间的可能机制[10]。最近，Huebsch等[20]的研究发现，将人MSCs包裹在含有造孔剂(porogen)的具有不同弹性模量的水凝胶(5 kPa、60 kPa和110 kPa)后移植到裸鼠的颅骨缺损模型中，12周后检测发现，与单独移植的干细胞组以及低弹性模量和高弹性模量水凝胶组相比较，当植入缺损区域的水凝胶弹性模量为60 kPa时支架具有最佳的体内骨再生能力。此外，通过这种水凝胶诱导发生成骨分化后的干细胞所分泌的细胞因子还可以招募和诱导内源性的干细胞修复骨骼，进一步放大了干细胞的再生效果。这一研究结果成功提高了干细胞移植后细胞的存活率，同时证明支架材料的力学特征不仅可以帮助支持和传递干细胞，而且可以在体内调控干细胞的行为和分化命运。

6.2 流体剪切力与骨组织修复

骨细胞在人体内除了受到其所处的基质力学微环境的影响以外，还受到由骨陷窝-骨小管系统中间质液体流产生的流体剪切力刺激(见图6－5)。由于机体活动类型不同，骨组织承受的剪切力载荷类型也不同。骨陷窝-骨小管网络系统中的液流呈现复合流动状态，主要包括单向流和振荡流。单向流通常由姿势改变引发，如从坐姿到站姿的转变；振荡流通常由骨骼系统的周期循环运动引发，如行走或跑步[1]。流体剪切力可以被广泛地定义为流体在

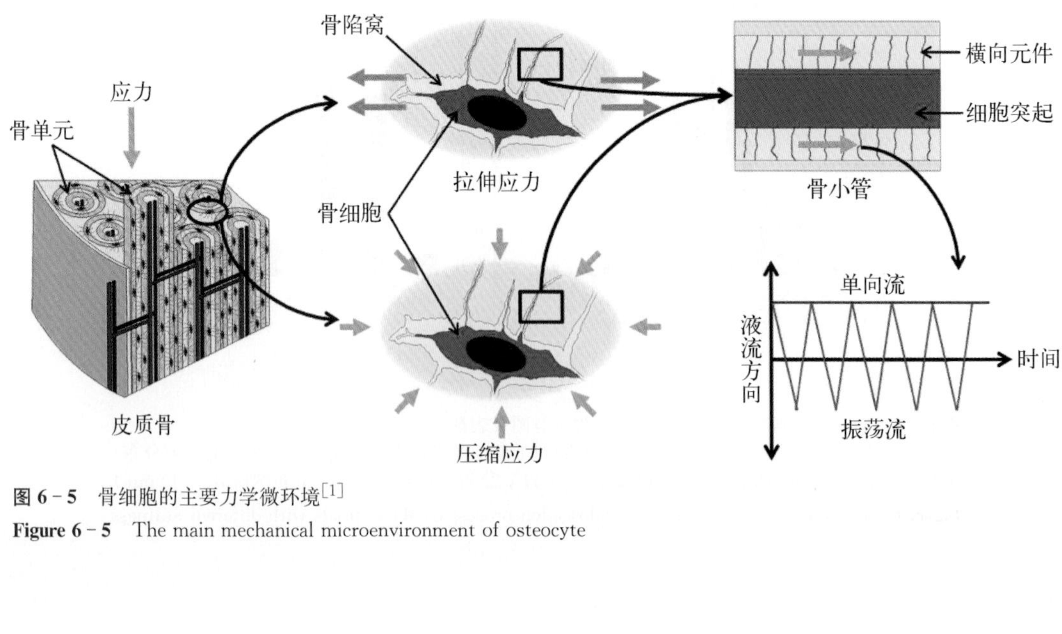

图6－5　骨细胞的主要力学微环境[1]

Figure 6－5　The main mechanical microenvironment of osteocyte

物体表面产生的摩擦力。流体剪切力的大小是通过对单位面积上的力的测量来确定的，在生物学领域经常以 10^{-5} N/cm^{2}作为受力单位。流体剪切力在骨形成以及骨修复重建过程中发挥着重要的作用，包括对骨组织细胞黏附、增殖、迁移和分化等的影响以及对细胞骨架重排和 ECM 分泌沉积的影响等。

6.2.1 剪切力对细胞黏附、增殖和迁移的影响

流体剪切力是调节骨祖细胞生命活动的一种重要力学因素。振荡流体剪切力(oscillatory fluid shear stress)可以调控骨细胞(MC3T3－E1)、成骨细胞(MLO－Y4)以及 MSCs 等骨祖细胞的增殖、迁移等。例如，对人 MSCs 分别施加频率 1.0 Hz，大小分别为 5×10^{-5} N/cm^2、10×10^{-5} N/cm^2 和 20×10^{-5} N/cm^{2}的振荡流体剪切力 1 h 后，BrdU 法检测发现 20×10^{-5} N/cm^2 的振荡流体剪切力可以显著地促进 MSCs 的增殖(与静态培养组相比较)；进一步的研究发现振荡流体剪切力是通过激活细胞外信号调节蛋白激酶 1/2(extracellular signal-regulated protein kinase 1/2，ERK1/2)和钙依赖磷酸酶(calcineurin)的活性来诱导 MSCs 的增殖行为[21]。此外，钱煦(Shu Chien)领导的研究团队发现施加$(0.5\pm4)\times10^{-5}$ N/cm^{2}的振荡流体剪切力在人成骨细胞样 MG63 细胞上，可以持续地激活 PI3K/Akt/mTOR/p70S6K 信号通路从而影响细胞的增殖行为[22]。此外，与单向流以及脉冲流相比较，发现振荡流发现可以显著地促进 MSCs、成骨细胞等的 Ca^{2+} 增加以及钙闪烁(calcium flickers)的出现，钙闪烁可以进一步打开拉伸激活的离子通道，从而影响细胞的激活等[23]。

流体剪切力对细胞迁移的影响目前主要集中在单向流方面的研究。例如，宋关斌等发现低水平的剪切力(0.2 Pa)可以显著促进人 MSCs 的迁移，在剪切力作用 3 h、6 h 和 10 h 后划痕愈合率分别为相应静置对照组的 1.59 倍、1.4 倍及 1.09 倍($p<0.05$)。中等强度剪切力(0.5 Pa和 1 Pa)作用对 MSCs 的迁移能力无明显影响；而在高水平剪切力($\geqslant$2 Pa)作用下抑制细胞迁移(见图 6－6)[24]。进一步的研究发现在低剪切力促进 MSCs 迁移的过程中，SDF－1/趋化因子受体 4(C－X－C chemokine receptor type 4，CXCR4)－c－Jun 氨基末端激酶(c－Jun N－terminal kinase，JNK)/p38－分裂原激活的蛋白激酶(p38－mitogen activated protein kinases，p38－MAPK)信号转导途径以及 ERK1/2 信号转导途径起到关键的调节作用[25]。因此，在骨组织修复和再生中应考虑修复过程中流体剪切力对骨祖细胞迁移的影响，有望为骨损伤的最终修复提供一定的促进作用。

6.2.2 剪切力对细胞骨架重排的影响

细胞肌动蛋白骨架(actin cytoskeleton)和细胞黏附分子中的整合素家族(integrin family)在力学信号转导过程中扮演着十分重要的角色。整合素是一种异源二聚体黏附分子，在细胞外的 ECM 蛋白和细胞内的肌动蛋白微丝相互作用下可与 ECM 和细胞肌动蛋白连接。细胞肌动蛋白骨架和整合素可以感知和响应作用在骨细胞上的流体剪切力，从而改变骨细胞的基因表达等。小鼠成骨细胞系 MC3T3－E1 在大小为 12×10^{-5} N/cm^{2}的单向流体剪切力作用 1 h 后，细胞的应力纤维(stress fiber)显著增加并可以招募整合素至黏着斑(focal adhesion)上[26](见图 6－7)。进一步研究发现流体剪切力可以提高成骨细胞的环氧

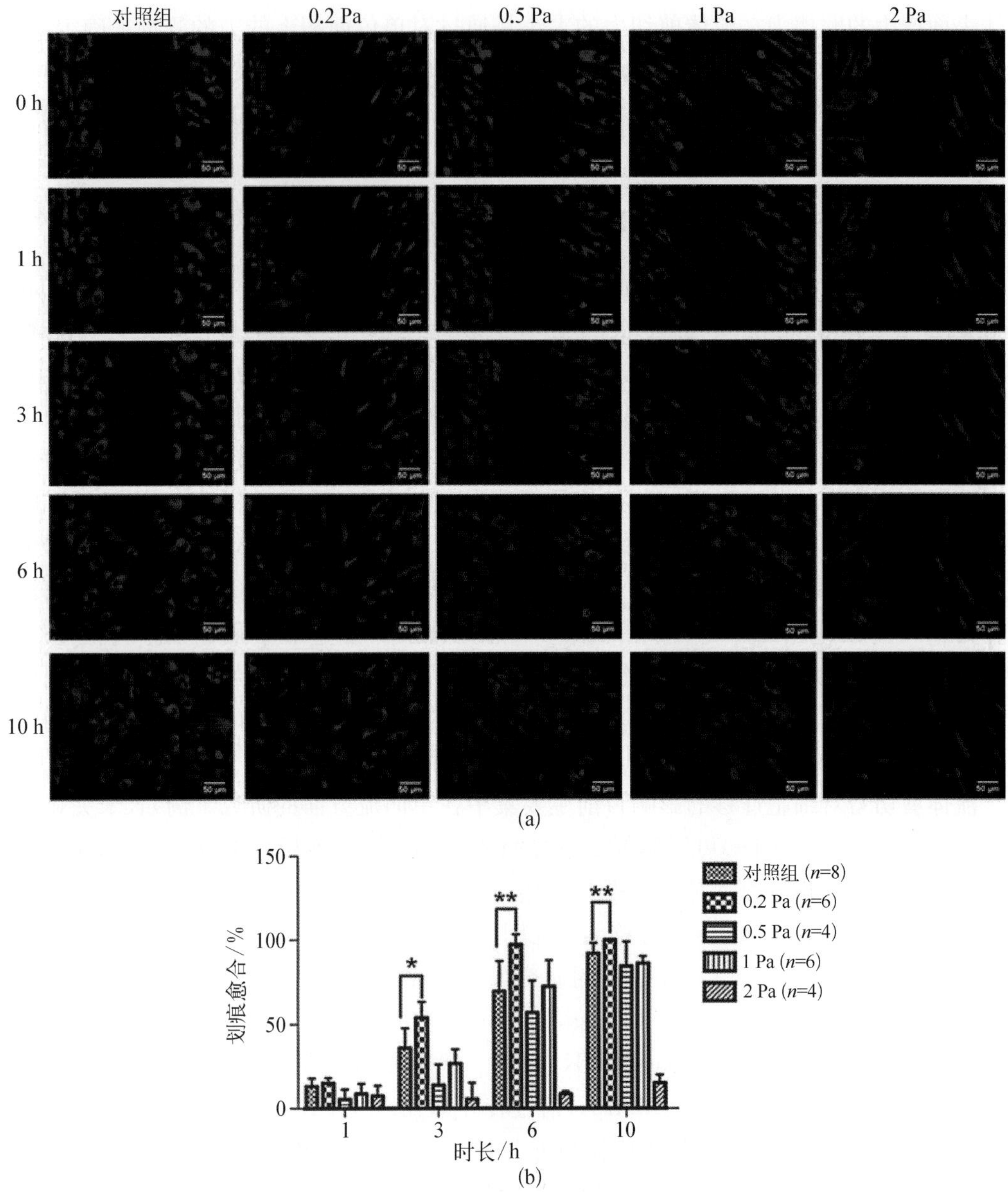

图 6-6 不同水平剪切力作用对人 MSCs 迁移能力的影响[26]

(a) 人 MSCs 在不同流体剪切力作用下的迁移照片；(b) 人 MSCs 在 0.2 Pa、0.5 Pa、1 Pa 和 2 Pa 流体剪切力作用下的划痕愈合率。* $p<0.05$，** $p<0.01$

Figure 6-6 Effects of shear stress on human MSCs migration at different magnitudes

合酶-2(cyclooxygenase-2,COX-2)的表达水平；而在用细胞松弛素 D(cytochalasin D)破坏微丝可以抑制流体剪切力诱导的成骨细胞 COX-2 的表达水平。这一研究证明单向流体剪切力可以改变细胞肌动蛋白的重组从而影响成骨细胞内 COX-2 的表达水平。此外也有研究发现利用平行板流动腔施加单向的流体剪切力(2 Pa)2 h 后可以显著改变成骨细胞的细胞骨架成分。在脉冲流对成骨细胞骨架影响的研究中也发现施加脉冲流(pulsatile fluid flow)可影响成骨细胞与骨细胞的应力纤维排列和黏着斑形成。细胞骨架是力学信号转导通路中极其重要的一个环节，研究流体剪切力作用下骨组织细胞的骨架重组、应力纤维形成对于理解力学信号是如何转化为生物和化学信号来影响细胞的生物学行为具有重要的意义。

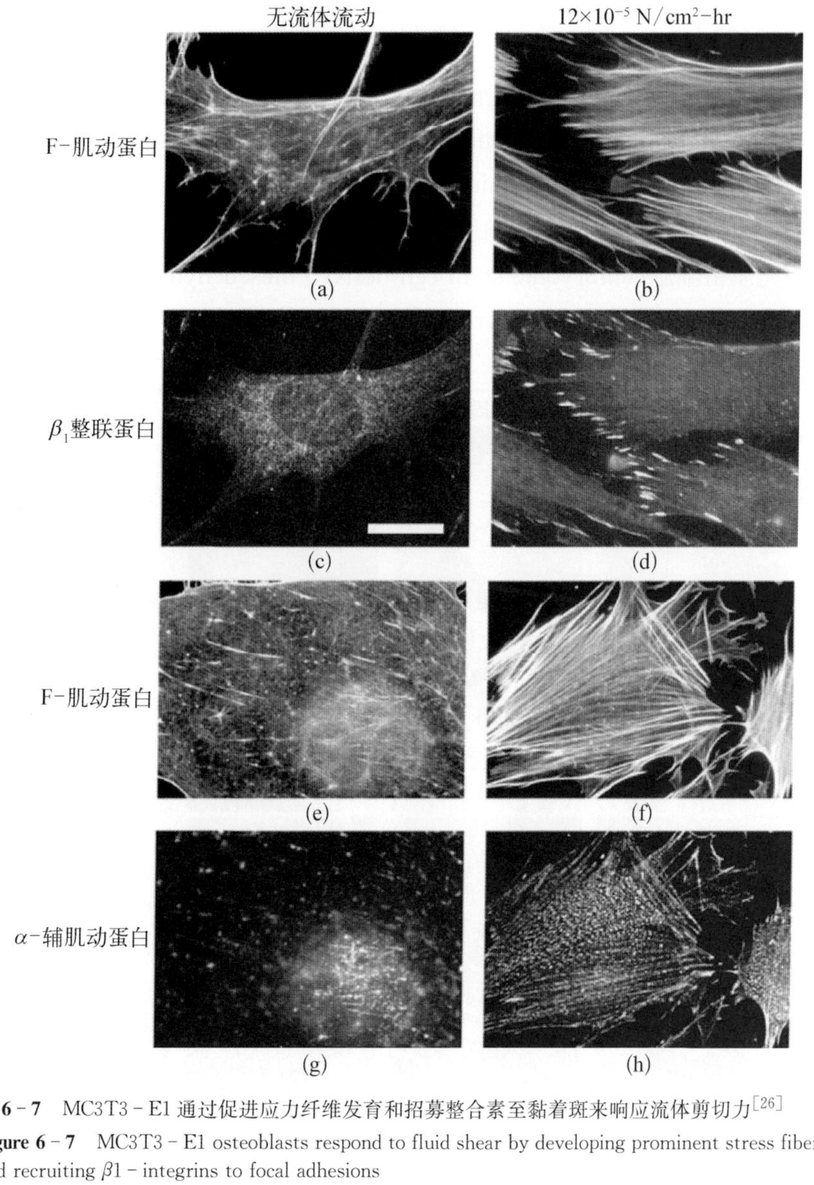

图 6-7　MC3T3-E1 通过促进应力纤维发育和招募整合素至黏着斑来响应流体剪切力[26]

Figure 6-7　MC3T3-E1 osteoblasts respond to fluid shear by developing prominent stress fibers and recruiting $\beta1$-integrins to focal adhesions

6.2.3　剪切力对 ECM 产生(production)、沉积(deposition)和矿化(mineralization)的影响

骨 ECM 的产生、沉积和矿化是骨发育的重要过程，流体剪切力可促进骨组织细胞 ECM 的合成、沉积和矿化等过程。已有研究考察不同流速流体(80 mm/s、400 mm/s、800 mm/s、1 200 mm/s 和 1 800 mm/s，对应的剪切力大小在 0.6～20 MPa)对人 MSCs 成骨分化的影响，结果发现在 3D 生物反应器中能够诱导人 MSCs 发生成骨分化的最佳灌注速度为

800 μm/s[27]。人 iPSC-间质祖细胞种植在脱细胞骨支架上，置入 3D 生物反应器中培养，在利于骨形成的流体流速（800 μm/s）作用下发现流体剪切力可以显著的促进更加均匀的 ECM、胶原、骨桥蛋白（osteopontin，OPN）、骨钙蛋白（osteocalcin，OCN）及骨涎蛋白（bone sialoprotein，BSP）的生成和分泌[28]（见图 6-8）。出现这一结果是因为 3D 灌流生物反应器处理抑制了细胞的增殖而促进了干细胞谱系分化的基因表达。此外，Zhao 等[29]将人 MSCs 与 3D 支架复合后经过流速为 0.1 ml/min 的流体灌流处理 35 天后，灌流处理组比静态培养组具有更高的胶原、层粘连蛋白（laminin）和纤维连接蛋白（fibronectin）的表达。Delaine-Smith 等[30]研究发现人祖真皮成纤维细胞（human progenitor dermal fibroblasts）和胚胎干细胞来源的间充质祖细胞（embryonic stem cell-derived mesenchymal progenitor cells）在振荡流体剪切力（oscillatory fluid shear stress）处理下可以促进胶原的分泌量和胶原纤维组织

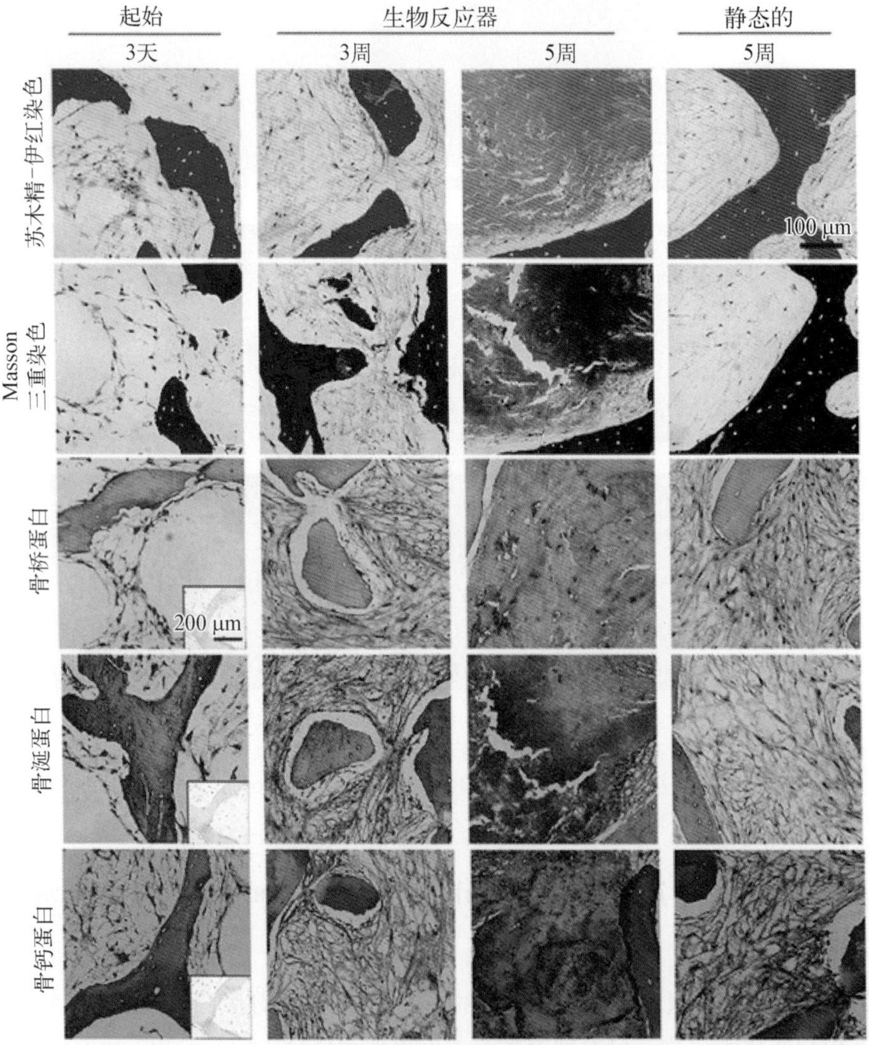

图 6-8 灌注生物反应器培养促进人 iPSC-间质祖细胞的骨基质沉积[28]

Figure 6-8 Perfusion bioreactor culture supported bone matrix deposition by hiPSC-mesenchymal progenitors

的形成等。这些结果均证明流体剪切促进细胞分泌更多的 ECM 和促进骨细胞分泌更多的骨基质,促进骨再生。

6.2.4 剪切力对细胞分化的影响

流体剪切力在 2D 和 3D 条件下均可对骨祖细胞的成骨分化产生影响。2D 条件下,分别施加大小为 1.6×10^{-5} N/cm^2 的流体剪切力刺激骨髓 MSCs 2 天和 4 天后(30 min/天),第 6 天检测发现显著促进了碱性磷酸酶(alkaline phosphatase,ALP)活性;而分别刺激 6 天、8 天、10 天和 12 天后,第 20 天检测发现流体剪切力显著地促进 BSP 和 OPN 的表达水平[31]。在 3D 条件下利用 3D 灌注式生物反应器研究流体剪切力对干细胞成骨分化的研究中,戴尅戎团队对复合了人 MSCs 的大段 β-磷酸三钙(β-tricalcium phosphate, β-TCP)载体分别施加 3 ml/min、6 ml/min 和 9 ml/min 的流速培养 15 天,结果发现 9 ml/min 组的 OCN 表达水平要显著高于 3 ml/min 和6 ml/min组,说明适当的流体剪切力处理可以促进 MSCs 的成骨分化[32]。最近,Sonam 等[33]的研究发现 MSCs 所处的不同基底拓扑结构会影响流体剪切力作用下 MSCs 的成骨分化(见图 6-9)。实验选择两种不同的基底拓扑结构:格子(grating)(2 μm 宽的线,1 μm 的间隔,80 nm 的高度)和孔(well)(1 μm 直径的孔,6.5 μm的间距,1 μm 的深度),并施加大小为 1 Pa 的生理流体剪切力刺激 48 h。结果检测发现:在具有孔结构的拓扑结构基底上 MSCs 成骨分化的早期标志物 Runt 相关转录因子 2(runt-related transcription factor-2, Runx2)和 ALP 的表达水平分别提高 3.5 倍和 3.2 倍,而这一现象在格子结构的拓扑结构基底上并未出现。检测 MSCs 成骨分化的后期标志物 OPN 和 OCN 发现在具有孔结构的拓扑结构基底上 MSCs 的 OPN 和 OCN 的表达水平

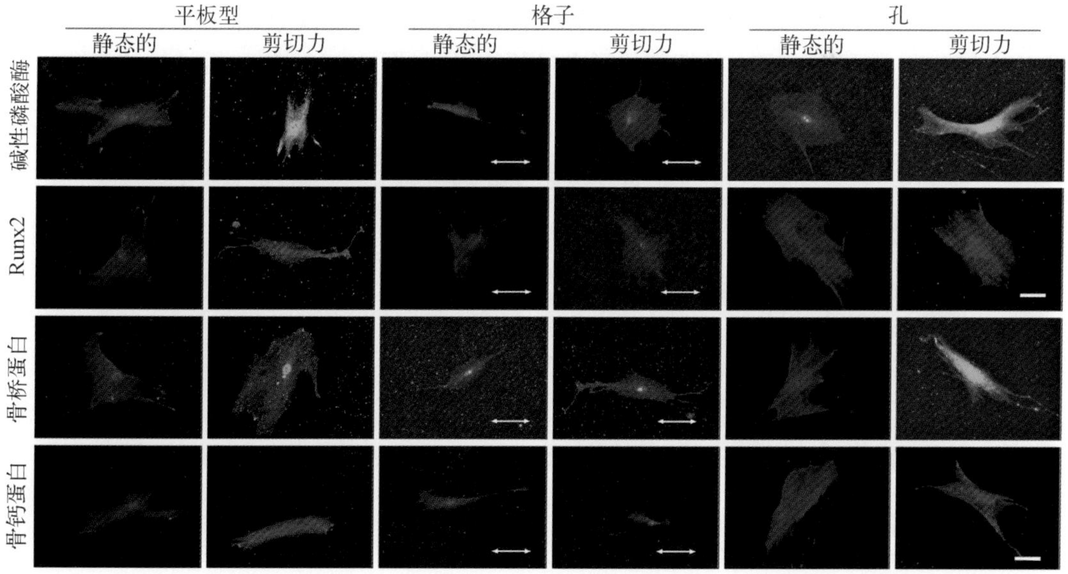

图 6-9 流体剪切力作用下人的 MSC 在不同拓扑结构基底的成骨分化[33]
免疫荧光染色检测人 MSCs 种植在不同拓扑结构基底上在流体剪切力作用或者静态培养条件下的成骨分化早期标志物(ALP 和 Runx2)以及后期标志物(OPN 和 OCN)。白色箭头表示格子的方向(标尺=10 μm)

Figure 6-9 Human MSC differentiation upon fluid flow exposure on different topographical substrates

分别提高 3.2 倍和 3.3 倍；而在格子结构的拓扑结构基底上 OPN 和 OCN 的表达水平并未出现显著性的变化。出现这一结果是因为在孔结构的拓扑结构基底上 MSCs 的铺展面积和黏着斑均出现了增加；而在格子拓扑结构上 MSCs 更好地保持了其多潜能的分化能力。这一研究还发现流体剪切力和基底拓扑结构会改变细胞的收缩力，进一步影响干细胞的基因表达，从而完成对细胞谱系分化的影响。

6.3 拉伸应力与骨组织修复

为了维持骨组织的完整性和强度，骨组织内细胞需要保持一定水平的内在应力。如果缺乏这种内在的应力，组织会因缺少强度而导致细胞结构破坏或者组织的断裂。例如固定四肢，卧床休息或在内在应力水平的降低的情况下，将导致骨中矿物质流失、骨组织萎缩、骨骼弱化以及合成代谢活性的降低和分解代谢活性的增加。在体内应力的作用下骨组织会发生一定程度的变形，这种变形会对附着于骨基质上的骨组织细胞施加响应的拉伸应变。因此，研究机械拉伸对骨祖细胞的形态、增殖、迁移、分化等生物学行为的影响就显得尤为重要。

6.3.1 机械拉伸对细胞取向、增殖和迁移的影响

形态对细胞而言决不仅仅是外观，而是细胞功能的一种体现形式，是细胞内诸多事件的参与者，“形态决定生死”并没有夸大其词。同时细胞形态也是细胞内部平衡的外在表现，和细胞所处的力学环境密不可分。细胞可以通过取向和形态改变来响应其所受到的不同拉伸应力作用。成骨细前体细胞 MC3T3－E1 在周期性机械拉伸(拉伸 6%、12%和 18%；6 个周期/min；持续时长 24 h)处理 24 h 后并未出现细胞死亡和凋亡的现象，细胞在拉伸基底上的生长方向发生了显著的变化，且细胞的形态呈长梭形(见图 6－10)[34]。机械拉伸影响细胞骨架发生重排，从而影响细胞的取向和形态。

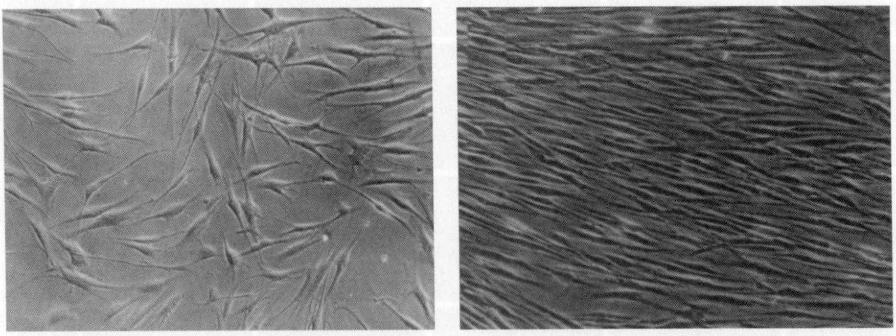

(a) (b)

图 6－10 机械拉伸 MC3T3－E1 细胞[34]
(a) 图为未施加拉伸；(b) 图为施加拉伸(×100)

Figure 6－10 MC3T3－E1 cells of stretched and non-stretched cultures

骨组织受过小或过大的力学刺激分别会导致废用性骨丢失及病理性编织骨，只有生理范围内的力学刺激才会加强骨的建造。作为骨修复种子细胞来源之一的 MSCs，如何更好

地提高其体外的增殖效率来为骨组织工程提供种子细胞显得非常重要。研究发现，骨髓MSCs种植在圆形基底膜形变细胞拉伸加载装置后，分别施加1.0 Hz的刺激频率进行大小为2%、4%和8%的拉伸，加载60 min后发现加载组MSCs的增殖比未加载组增加；其中8%的加载组显著高于未加载组和低加载组，这一结果表明机械拉伸可以促进体外MSCs的增殖。与对照组相比较，拉伸频率1.0 Hz、大小8%的拉伸加载60 min后显著促进了细胞增殖的标志基因c-fos的表达水平[35]。应用体外周期性机械拉伸装置对大鼠成骨细胞施加应变15%、频率20次/min的拉伸刺激12 h后，成骨细胞的相对增殖指数最大，随受载时间的增加而逐渐趋向于1，同时检测发现加载后细胞的类胰岛素增长因子-1(insulin-like growth factor 1，IGF-1)mRNA表达显著增加[36]。这一研究结果说明成骨细胞对周期性机械拉伸刺激的响应，可能是通过增强成骨细胞IGF-1的自分泌作用来发挥其促增殖的生物学效应，并且受载的成骨细胞经过自身调控后，逐渐适应于新的力学环境，保持一种新的平衡状态。此外，施加应变为10%、频率为0.2 Hz的周期性机械拉伸刺激6 h后可以有效地促进成骨细胞MC3T3-E1的力生长因子(mechano growth factor，MGF)表达水平，且细胞增殖和MGF表达在硅胶模的高应变区域均高于低应变区域[37]。这一结果证明MGF的表达水平与细胞受到的应变刺激有关，暗示MGF可能会参与骨的修复重建过程。

适宜的机械拉伸刺激可以促进骨祖细胞的迁移能力。对大鼠的骨髓MSCs施加10%的应变、频率为1.0 Hz的周期机械拉伸刺激8 h后，可以显著地促进MSCs的迁移能力；但降低了MSCs的侵袭能力[38]。周期机械拉伸可以激活MSCs的黏着斑激酶(focal adhesion kinase，FAK)和ERK1/2信号通路从而促进细胞的迁移；添加磷酸化FAK和磷酸化ERK1/2的抑制剂可以抑制周期性拉伸诱导的细胞迁移。此外，机械拉伸通过降低MSCs分泌基质金属蛋白酶-2(matrix metalloproteinase-2，MMP-2)和基质金属蛋白酶-9(matrix metalloproteinase-9，MMP-9)的能力从而限制MSCs的侵袭能力，而这一过程是通过ERK1/2信号通路而独立于FAK信号通路完成的。

6.3.2 机械拉伸对细胞成骨分化的影响

在机体生长、发育过程中力学因素对细胞、组织和器官的发育有显著的影响。机械拉伸对骨祖细胞成骨分化能力的影响也得到广泛的研究。具有多向分化潜能的人胚胎干细胞(embryonic stem cells，ESCs)在每天施加应变为2%，频率为0.2 Hz的周期机械拉伸处理1 h，同时添加成骨诱导分化培养基，结果发现这种处理7～13天后，可以显著地提高细胞数量、胶原合成、矿物沉积密度以及成骨分化的相关基因[39]。利用四点弯曲装置给予脂肪来源的干细胞(adipose-derived stem cells，ASCs)施加大小为2 000 με(micro stain)、频率为1.0 Hz、时长为6 h的连续单轴周期机械拉伸后，可以显著地提高ASCs的Runx2和骨形态发生蛋白-2(bone morphogenetic protein-2，BMP-2)的表达水平。但施加同样大小和频率的周期机械拉伸每天仅处理17 min，10天后检测发现并没有显著改变ACSs的Runx2、BMP-2、ALP和OCN的基因表达水平[40]，这一研究结果说明机械拉伸持续的时长对干细胞的分化具有重要的影响作用。

在有关机械拉伸促进骨祖细胞成骨分化的力学信号通路的研究中，张西正团队通过对MC3T3-E1细胞施加大小为2 000 με、频率为0.5 Hz的机械拉伸，考察p38-MAPK和

NF-κB信号通路在这一过程中的作用[41]。结果发现,机械拉伸可以在早期激活 p38-MAPK 和 NF-κB 信号通路,从而上调 BMP-2/BMP-4 的表达水平,进一步促进成骨分化相关基因 ALP、Ⅰ型胶原和 OCN 的表达水平。BMPs 信号的抑制剂可显著降低这些成骨分化相关基因的表达水平。类似的,在分别使用 p38-MAPK 和 NF-κB 信号的特异性抑制剂后,也会降低 ALP、Ⅰ型胶原和 OCN 的表达水平。这一研究结果说明机械拉伸首先激活细胞的 p38-MAPK 和 NF-κB 信号通路,然后上调 BMP-2/BMP-4 的表达水平,最终提高细胞成骨相关基因的表达水平[41]。张西正团队还发现机械拉伸除了可以诱导骨祖细胞的成骨分化,还可以抑制破骨前体细胞向破骨细胞的分化和骨吸收(bone resorption)等[42]。通过将成骨细胞前体细胞 MC3T3-E1 和破骨前体细胞 RAW264.7 分别培养在 Transwell 小室的底部和上部,然后通过四点弯曲装置给 Transwell 小室底部的 MC3T3-E1 细胞施加大小为 2 500 με、频率为 0.5 Hz 的力学加载,每天刺激 1 h,共持续 3 天。结果发现,机械拉伸可以促进 MC3T3-E1 细胞的 ALP 表达水平;而这种拉伸应变产生的条件培养基可以降低 RAW264.7 细胞的耐酒石酸盐(tartrate-resistant acid phosphatase)的表达并减少成熟多核破骨细胞的数量,从而最终抑制骨吸收陷窝的形成。进一步的研究发现这种共培养模式可以提高成骨细胞的骨保护素(osteoprotegerin)表达水平[42],从而抑制破骨前体细胞 RAW264.7 向破骨细胞的分化能力。

骨祖细胞和骨组织细胞可以感知不同大小、频率、时长等的机械拉伸刺激,从而做出相应的响应,影响细胞的形态、取向、增殖、迁移和定向分化等。这些过程所涉及的细胞信号通路和内在分子机制,为组织工程修复和重建骨缺损提供了重要的理论和临床指导意义。

6.4 压缩应力与骨组织修复

骨组织细胞和骨祖细胞可以敏感地感知其所处的力学微环境的变化,压缩应力刺激对于维持骨组织稳态和成骨作用都非常重要。成骨样细胞 ROS17/2.8 在受到大小分别为 0.5 g/cm^2、1.0 g/cm^2 和 2.0 g/cm^2 的压缩力作用 1～24 h 后,1.0 g/cm^2 的压缩力可显著地提高成骨分化的标志物基因 Runx2、Osterix、Msx2 和 Dlx5 的表达,同时降低抑制成骨分化的基因 AJ18 的表达[43]。这一研究结果证明施加适当的压缩应力可有效地促进细胞的成骨分化和新骨生成。在另外一项类似的研究中,人牙槽骨来源的成骨细胞(human alveolar bone-derived osteoblasts,HOBs)在分别受到 2.0 g/cm^2 和 4.0 g/cm^2 的压缩力作用 1 天、3 天和 7 天后,ALP、Ⅰ型胶原的基因和蛋白水平均得到了提高,但 OPN 和 OCN 的基因表达水平并不受影响[44]。此外,施加 4.0 g/cm^2 的压缩力可显著提高破骨细胞生成相关基因核因子 κB 受体活化因子配体(receptor activator of nuclear factor-κB ligand, RANKL)和前列腺素 E_2(prostaglandin E_2,PGE_2)的表达水平。这一研究说明压缩应力可以影响细胞成骨分化和向破骨细胞分化相关基因的表达水平。

细胞在体内真实的微环境状态是 3D 的,已有研究考察 3D 条件下压缩应力对细胞成骨分化的影响。例如,大鼠颅骨来源成骨细胞种植在通过静电纺丝技术制备的聚(ε-己内酯)

[poly (ε - caprolactone),PCL]3D 支架上 4 周后,细胞-支架复合物被加载周期性无侧限压缩(cyclical unconfined compression)4 h,加载频率为 0.5 Hz,压缩应变为 10%、20%[45]。结果显示 10%的压缩应变(11.8±0.42)kPa 处理可快速诱导细胞-支架复合物的 BMP - 2、Runx2、Smad5 表达水平,这些基因的高表达可进一步促进 ECM 的分泌、ALP、Ⅰ型胶原及 OCN 的基因和蛋白表达水平。而施加 20%的压缩应变(30.96±2.82)kPa 处理则不能促进细胞-支架复合物的成骨分化[45]。David 等[46]利用一种新的 3D 培养系统在牛的松质骨圆柱体支架(直径为 10 mm,高为 5 mm)上施加压缩力,评价 3D 条件下压缩应力对骨细胞和骨小梁结构的影响。经过 3 周的持续压缩加载(最大应变为 4 000 με,频率为 1.0 Hz,每天加载 300 个周期)后,与未加载组相比较,加载组样品上的成骨细胞分化水平和活性均得到了提高,同时伴随着更厚和更多板状骨小梁和更高杨氏模量的出现。该研究还发现破骨细胞的活性并未受到压缩应力的影响。此外,研究发现低振幅、高频率的循环压缩载荷可以促进 MG - 63 细胞在三维多孔羟基磷灰石陶瓷支架上骨组织基质蛋白质的表达和调节血管内皮生长因子亚型的表达水平[47]。3D 条件下研究压缩应力对骨组织细胞的影响,能够更加深入地理解人体在体育运动和日常活动过程中压缩应力的重要性。

静态压缩应力可以影响基质并接着影响细胞的行为,细胞的活动进一步会改变和影响基质的结构等。为了研究静态压缩应力对成骨细胞分化不同阶段的影响并评价细胞骨架在传导基质来源的刺激这一过程所扮演的角色,Gellynck 等[48]选择骨髓来源的 MSCs、成骨细胞前体细胞 MC3T3 - E1 和后成骨细胞阶段细胞系的 MLO - A5(骨细胞前体细胞系)来作为不同分化阶段的细胞,研究这些细胞种植在水合或压缩的胶原凝胶内细胞存活、形态、骨架收缩、分化等不同。激光共聚焦显微镜图片证明静态压缩(0.5 N)作用下胶原胶的细胞形态发生了改变并且压缩后细胞的存活率比水合胶原胶组高。在水合胶原胶内细胞具有长的延伸但是缺乏应力纤维存在,而在压缩的胶原胶内细胞具有短的突起和大量的肌动蛋白微丝存在(见图 6 - 11)。静态压缩处

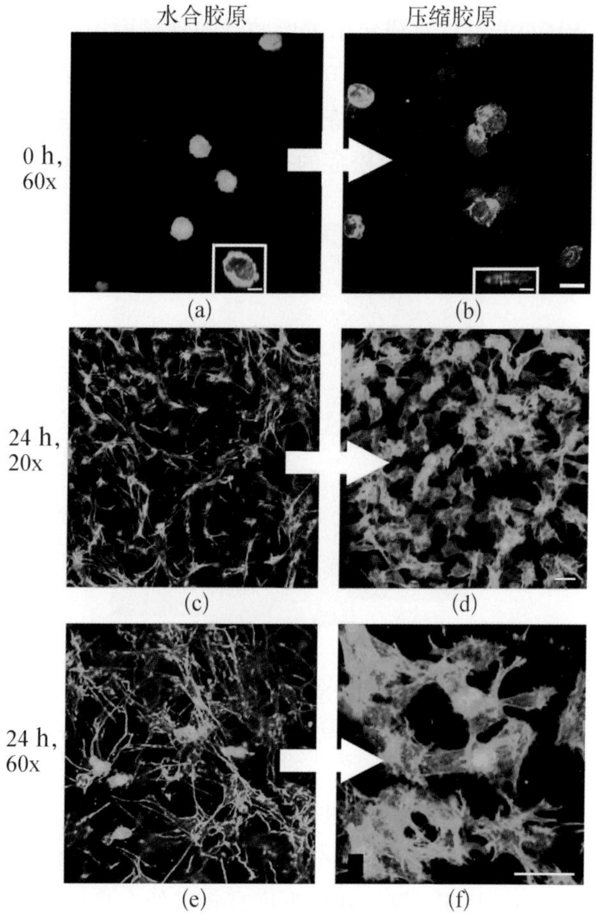

图 6 - 11 MC3T3 细胞在水合胶原(HC)和压缩胶原(DC)内的鬼笔环肽和溴化乙啶染色的共聚焦显微镜照片[49]

Figure 6 - 11 Confocal images of MC3T3 cells stained with phalloidin and ethidium bromide in hydrated collagen (HC)

理还进一步促进了细胞的成骨分化和矿化程度。此外，成骨细胞的分化程度影响了基质收缩的程度，其中 MSCs 组具有最大的基质收缩。

压缩应力诱导骨祖细胞发生定向分化的研究机制目前也有研究。人的骨髓来源 MSCs 种植在纤维蛋白支架上后施加周期压缩处理，通过添加和不添加 ERK1/2 信号通路的特异性抑制剂 PD98059，发现 ERK1/2 信号通路的激活是压缩载荷诱导 MSCs 发生成软骨分化或者成骨分化的关键[49]。

6.5 机械振动与骨组织修复

骨的形态是骨组织长期适应环境的结果，骨组织能够按照力学环境的需要调整其骨质量和结构。锻炼和体育活动可以增加骨的质量和重量，缺乏力学载荷会导致骨量减少。2001 年，Rubin 等[50]首次发现低强度(0.3 g)高频率(30.0 Hz)全身振动(whole-body vibration，WBV)能够促进成年山羊后肢骨的骨量增加(见图 6-12)，实验组(a)比对照组(b)的骨小梁数量增加了 32%($p<0.04$)。这一研究结果提示全身振动刺激可能会成为促进骨生长的一种很有希望的体育锻炼替代方法。此外，机械振动刺激还具有简单、安全、无创等优点，有希望成为治疗骨质疏松症的一种有效方法。

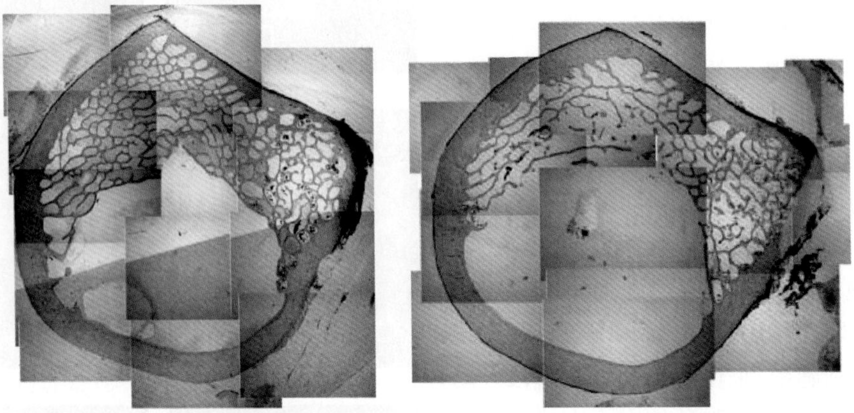

(a) (b)

图 6-12 山羊股骨经过低强度(0.3 g)高频率(30.0 Hz)的力学刺激一年后的组织切片拼图[50]

Figure 6-12 Montages of photomicrographs of the proximal sheep femur used for static histomorphometric evaluation after 1 year of exposure (20 min per day) to a 0.3 g, 30 Hz mechanical stimulus

随后的研究进一步发现机械振动对骨的合成代谢以及骨量增加均有促进作用，并且已有临床研究发现通过全身振动刺激可以促进绝经后妇女的骨矿物质密度(bone mineral density，BMD)等。在低强度高频率的全身机械振动(0.3 g，45.0 Hz，20 min/天)刺激老年性骨质疏松症小鼠骨折模型 10 天和 21 天后发现机械振动扰乱了老年大鼠的骨折愈合速度，但是却促进了老年卵巢切除大鼠的骨折愈合速度，这一结果暗示雌激素状态水平在力学刺激骨折愈合过程中扮演着重要的角色[51]。此外，为了考察长时间全身振动对大鼠骨质疏松的影响，Xie 等[52]利用低强度高频率振动（0.3 g，30.0 Hz，20 min/天）刺激去卵巢大鼠股骨长达 16 周，观察低强度高频率振动对这种骨质疏松大鼠 BMD、骨的微结构和力学特征的影响。结果发现长达 16 周的全身振动刺激加剧了去卵巢大鼠骨小梁的缺失，尤其是骨小梁比较多的股骨颈区域。因此，一个合适的全身振动刺激方案尤其是刺激时长的选择显得尤为重要。

此外，为了考察持续与间歇性机械振动（0.3 g，35.0 Hz，15 min/天）对骨质疏松大鼠成骨相关蛋白的表达变化影响，Li 等[53]将骨质疏松的大鼠分为基础对照组、持续振动组、间歇组振动组（分别间歇 1 天、3 天、5 天和 7 天），实验时间共持续 8 周。与基础对照组相比较，持续振动和间歇振动可通过激活磷酸化 ERK1/2 信号通路提高成骨相关蛋白质 BMP－2、Runx2 和 OCN 的表达水平，其中间歇 7 天的机械振动组的成骨效应最为活跃。最近，Jing 等[54]比较了低载荷全身振动刺激对多孔钛合金移植物在骨缺损区域的成骨和骨融合的影响。体外实验结果发现全身振动刺激可以促进钛合金上成骨细胞的黏附、增殖以及诱导更好的细胞骨架排列。另外，全身振动刺激上调了成骨细胞的骨生成相关基因和蛋白质的表达水平，包括 OCN、Runx2、BMP－2、Wnt3a 和 β－catenin 等。在体的兔股骨头缺损移植实验发现经过 6 周和 12 周的全身振动刺激可以促进多孔钛合金周围的骨融合、骨长入以及加快骨形成速率（见图 6－13），且该研究发现全身振动刺激的促骨生成效果与成骨细胞经典的

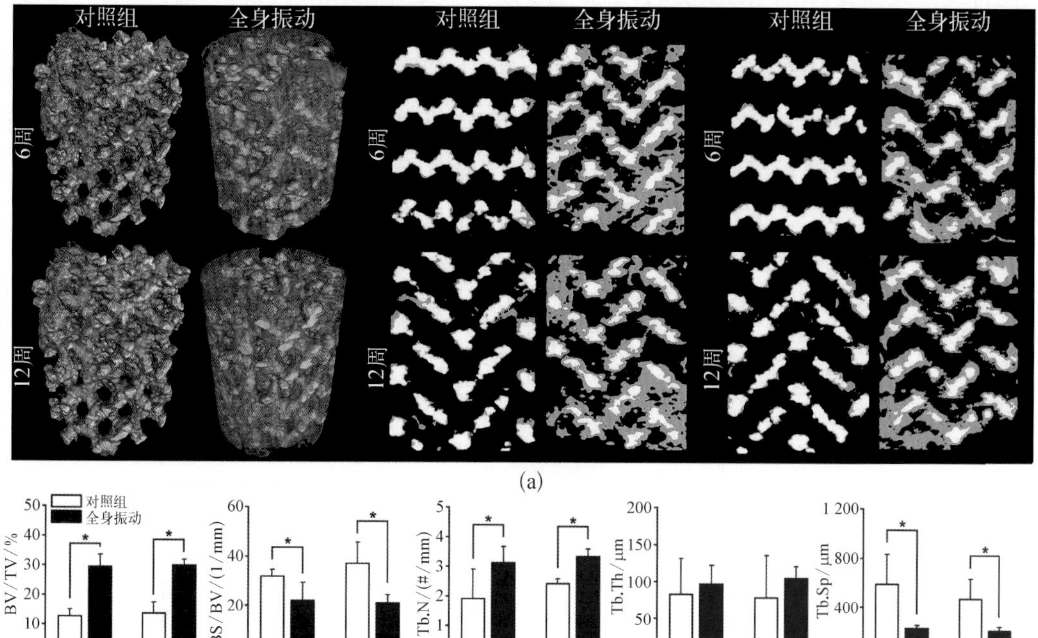

图 6－13　全身振动刺激 6 周和 12 周对多孔钛合金移植物在骨缺损区域的成骨和骨融合的影响[54]
(a) 3D 的 μ－CT 图和 2D 冠状面图片。白色代表钛合金，黄色代表松质骨；(b) 对照组和全身振动组的 μ－CT 图片定量结果（$n=6$）（＊代表与对照组相比，$p<0.05$）

Figure 6－13　Effects of WBV stimulation for 6 and 12 weeks on the osteogenesis and osseointegration of porous titanium alloy implants in the region of bone defects via μ－CT scanning

Wnt 信号通路激活有关。这一研究证明通过全身振动刺激可以促进多孔钛合金进行更加高效和更加高质量的骨融合，来提高支架的长期植入安全性[54]。

6.6 微重力与骨组织修复

重力场(gravity)是地球独特的力学环境之一，具有极性的重力环境也是生命体的起源与进化的基本前提之一。伴随着空间科学技术的快速发展，人类在外太空中接触到微重力的可能性大大增加。微重力(microgravity)或失重(weightlessness)，大多是由于地球绕地球轨道产生的。在地球 1 g 重力环境下进化和长期生存的机体，进入太空失重环境后，生理系统会产生适应性变化，称之为“空间适应综合征”。在长期的太空飞行中，微重力环境会导致宇航员产生一些不可逆性的生理改变。由于力负载减少，太空飞行已被证明会打破骨重建的平衡并导致严重的骨丢失(bone loss)，其中足跟骨(calcaneus)、股骨颈(femoral neck)、腰椎(lumbar spine)和盆骨(pelvis)等承重骨的骨丢失最为显著。虽然在太空通过强化日常锻炼可以帮助延缓骨丢失的速度，但对于长期的太空飞行来说这并不是一个非常有效的方法。严重的骨丢失会增加骨折的风险以及由于骨骼释放钙离子而导致的肾结石。此外，骨质的持续丢失和更长时间的恢复期，还影响了航天员返回地面后的再次飞行能力和飞行时间间隔。

骨的重建是一个需要多种骨组织细胞(如成骨细胞、骨细胞、破骨细胞和 MSCs)高度协调协作的过程，不同的骨组织细胞会对微重力环境做出相应的响应(见图 6 - 14)。研究和评价微重力作用下不同骨组织细胞的力学转导过程对于理解骨重建平衡的相关机制非常关键。

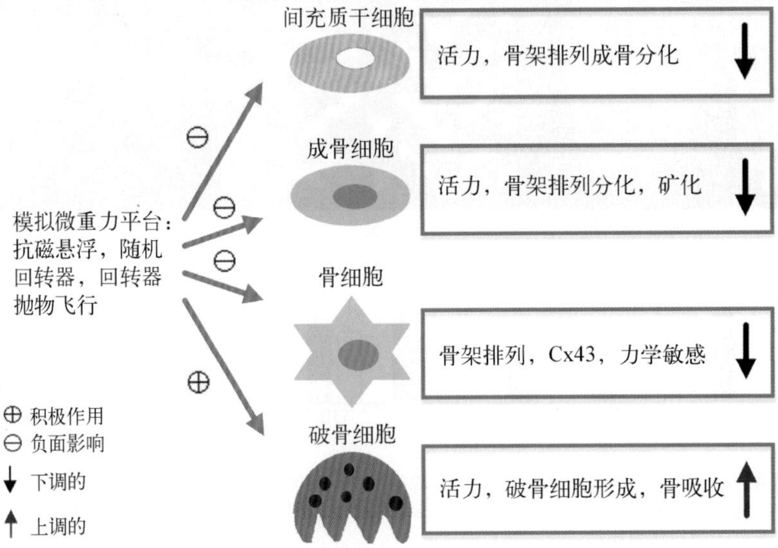

图 6 - 14 骨组织细胞对模拟微重力的响应[55]

Figure 6 - 14 Responses of bone cells to simulated microgravity effect

6.6.1 微重力对成骨细胞的影响

成骨细胞是骨形成的主要功能细胞，负责骨基质的合成、分泌和矿化等。研究发现，微重力可以抑制成骨细胞的增殖、活性、黏附、骨架排列、分化和 ECM 的分泌等。商澎团队发现利用随机回转器(random positioning machine, RPM)形成的模拟失重环境可以改变成骨样细胞 MG－63 细胞的形态、微丝分布、增殖、迁移和胞浆内游离钙离子浓度等[56]。实验结果显示在失重环境下 MG－63 细胞铺展面积变小，微丝被打断；细胞的增殖和迁移行为被抑制；钙离子浓度增加以及钙调蛋白(calmodulin)表达水平提高。此外，研究发现 RPM 模拟微重力(simulated microgravity)处理 MC3T3－E1 细胞可以显著抑制细胞前体细胞向成骨方向分化能力，包括矿化结节形成的抑制、ALP 活性降低、OCN 和 Runx2 等成骨分化相关基因表达降低；蛋白质印迹法(western blot)检测发现磷酸化 ERK 的水平在模拟微重力条件下被下调，说明 ERK 信号通路可能参与了模拟微重力抑制细胞成骨分化的过程[57]。

最近，在研究微重力抑制成骨细胞的增殖、分化相关信号通路的研究中发现小核糖核酸 RNAs(microRNAs, miRNAs)可能参与了这一过程。Sun 等[58]通过回转器模拟微重力环境，研究 miR－103 是否通过调节 Cav1.2 参与微重力环境下成骨细胞前体细胞 MC3T3－E1 增殖过程。Cav1.2 是 L－型电压敏感钙离子通道(L－type voltage sensitive calcium channels, LTCCs)的主要亚基。当共转染 miR－103 的模拟物或者抑制剂时同时转染 Cav1.2 的小的干涉 RNA(small interfering RNA, siRNA)，发现 miR－103 对成骨细胞增殖的影响作用被消除，说明 miR－103 在微重力条件下抑制成骨细胞增殖主要是通过抑制 Cav1.2 的表达水平。在模拟微重力抑制成骨细胞分化的研究中也发现 miRNA－132－3p 参与了这一过程。原代大鼠成骨细胞(primary rat osteoblasts, prOB)在尾吊(hind-limb unloading)模拟失重条件下可通过上调 miRNA－132－3p 来抑制 prOB 向成骨方向分化。研究发现过表达 miRNA－132－3p 可以显著抑制 prOB 的分化；而基因沉默 miRNA－132－3p 的表达可以有效地减轻模拟微重力对 prOB 分化的影响。进一步的研究发现 E1A 连接蛋白 p300(Ep300)(一种对 Runx2 活性和稳定性非常重要的组蛋白乙酰转移酶)是 miRNA－132－3p 的直接靶标[59]。

6.6.2 微重力对骨细胞的影响

骨细胞(osteocyte)呈典型的星形状并具有树突状突起且相互连接，分散在整个钙化的骨基质中，被认为可能是最合适的力学感受器。骨细胞可感知外界的力学刺激变化然后将力学信号传递给成骨细胞及破骨细胞，从而改变它们的骨重塑活性。此外，骨细胞也被认为是体内感知负载的感受器，已有研究证明骨细胞在细胞感知和响应微重力过程中扮演着十分重要的角色。体内的失重状态可以影响骨细胞发生凋亡并进一步诱导破骨细胞行使骨吸收的功能；骨细胞缺失的尾吊小鼠可以抵抗由于失重引起的骨丢失等。

研究发现 Wnt/β－联蛋白(catenin)信号通路参与骨细胞感知和响应微重力这一过程，樊瑜波团队利用骨细胞系 MLO－Y4 研究模拟微重力条件下 Wnt/β－联蛋白(catenin)信号通路中骨细胞对微重力的响应过程[60]。该实验研究结果发现微重力条件下 MLO－Y4 的细胞骨架首先被扰乱，然后 Wnt/β-联蛋白(catenin)信号通路的活性被抑制，β-联蛋白(catenin)的核转录被抑制，接着 Wnt/β-catenin 信号通路的正调控因子(Smads)被抑制，负调控因子(NMP4/CIZ)被上调，最后，Scl-AbI 可以部分地恢复微重力环境对 Wnt/β-catenin 信号通路的不利影响。这一重要研究对于理解 Wnt/β-catenin 信号通路在骨细胞感知和响应模拟微重力过程的力学转导有重要参考意义。最近，Xu 等[61]的研究发现细胞间隙连接蛋白 43(connexin 43，Cx43)半通道(hemichannels)参与骨细胞 MLO-Y4 感知和响应模拟微重力作用并调控骨细胞的生物学行为。MLO-Y4 细胞经过 2 h 的 RPM 处理后，虽然 Cx43 的基因和蛋白表达水平并未发生变化，但是表面生物素标记的 Cx43 水平被显著下调。此外，免疫荧光双标发现 RPM 处理促进了 Cx43 在高尔基体内的残留(见图 6-15)，RPM 处理可以诱导半离子通道的打开并促进 PGE_2 的释放。这一研究结果证明 RPM 可以促进 Cx43 半通道的活性和 PGE_2 的释放，从而进一步调节骨细胞的生物学行为。

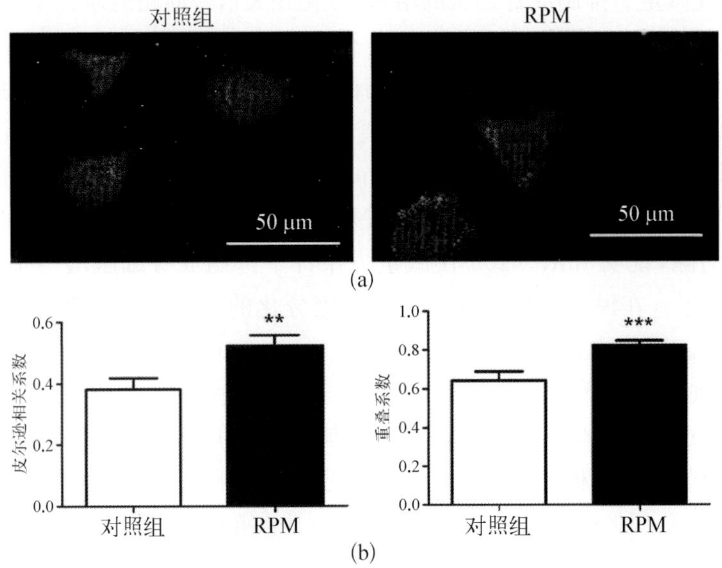

图 6-15 RPM 处理 2 h 后高尔基体内 Cx43 染色结果[61]
(a) MLO-Y4 细胞通过双染分别标记 Cx43(红色荧光)和 58K 高尔基标志物(绿色荧光)；(b) 使用皮尔逊相关系数和重叠系数分析 Cx43 和 58K 的共定位水平(** 代表 $p<0.01$；*** 代表 $p<0.001$)

Figure 6-15 Cx43 was retained in the Golgi bodies after 2 hrs of RPM

6.6.3 微重力对破骨细胞的影响

破骨细胞(osteoclast)是骨组织成分的一种，可行使骨吸收的功能。太空飞行的微重力环境可以促进破骨细胞的分化和胶原蛋白肽的形成，促进骨吸收，从而加剧骨丢失。Nabavi 等[62]的研究发现模拟微重力环境可以促进骨吸收陷窝(resorption pit)的形成，从而导致骨丢失。如图 6-16 所示，破骨前体细胞 RAW264.7 在经过微重力飞行处理 18 天后，微分干涉差显微镜(differential interference contrast，DIC)图片和 von Kossa 染色定量分析显示骨吸收陷窝的变化。SEM观察发现破骨细胞在经过1周微重力作用后骨吸收陷窝的大小、高度和形态都发生了变化[见图6-16(b)]。通过定量分析发现微重力飞行条件相比地面培养条件，骨吸收陷窝的数量发生了显著的增加[见图6-16(c)]，且总的骨吸收面积也更大[见图6-16(d)]。这一研究发现缺少重力作用会促进破骨细胞的骨吸收并降低成骨细胞的完整性，最终加速骨丢失。

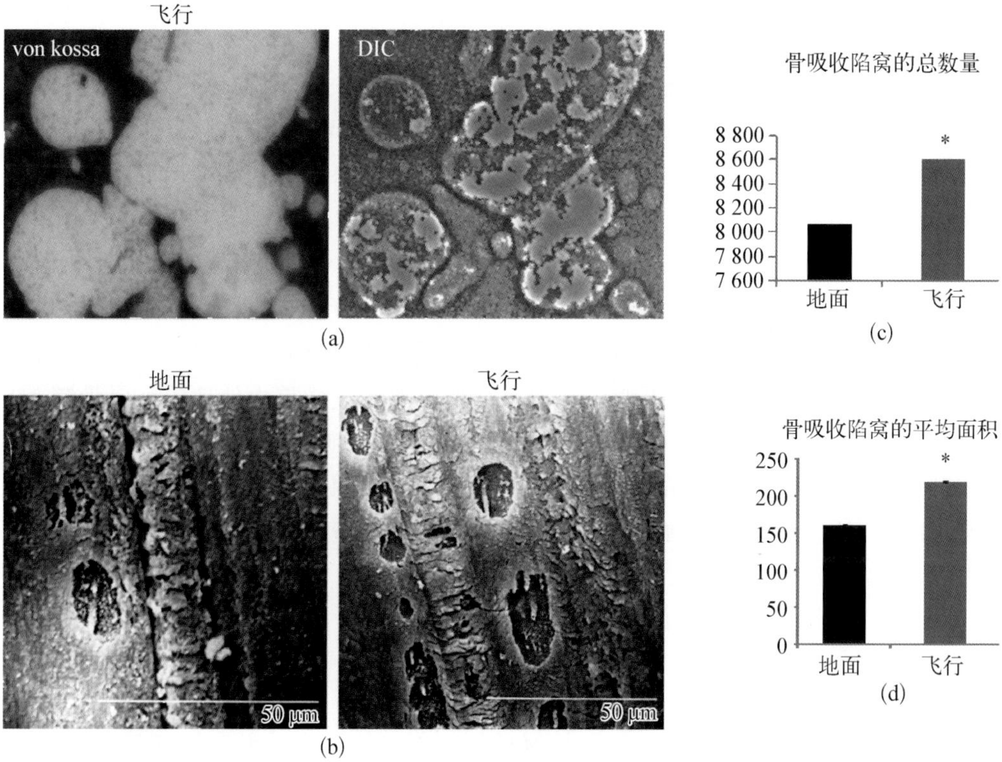

图6-16 微重力促进破骨细胞的骨吸收陷窝的形成[62]
(a) 微重力条件下破骨细胞的von Kossa染色和DIC图片；(b) 地面和飞行条件下骨吸收的SEM图片；(c) 定量地面和飞行条件下骨吸收陷窝的总数量；(d) 定量分析地面和飞行条件下骨吸收陷窝的总面积
Figure 6-16 Microgravity exposure increases osteoclast resorption pit formation

此外，也有研究发现模拟微重力环境可以影响破骨细胞的活力、分化和细胞自噬(autophagy)，从而进一步影响骨丢失。Saxena等[63]利用破骨前体细胞RAW264.7研究模拟微重力对该细胞向破骨细胞分化的影响。研究发现模拟微重力可以通过激活RAW264.7的RANKL来分化形成多核的破骨细胞。利用尾吊实验在体验证了微重力可以促进破骨细胞前体细胞向破骨细胞分化。细胞自噬是细胞在自噬相关基因的调控下利用溶酶体降解自身受损的细胞器和大分子物质的过程。最近，Sambandam[64]等发现微重力可以通过控制细胞自噬来调节破骨细胞生成(osteoclastogenesis)。研究发现微重力环境可以促进破骨前体细胞RAW264.7自噬体(autophagosome)的形成并提高细胞自噬相关基因的表达水平；添加细胞自噬抑制剂可以明显地降低RAW264.7细胞在微重力作用下细胞自噬相关基因的表达以及破骨细胞生成能力。这一结果证明微重力诱导的细胞自噬参与调解破骨细胞的生成过程，从而影响微重力环境下的骨丢失。

6.6.4 微重力对 MSCs 的影响

除了研究微重力对成骨细胞、骨细胞和破骨细胞的影响外，有研究发现太空飞行或者模拟微重力环境能够影响 MSCs 的增殖、成骨分化潜能和组织再生能力。

利用回转器模拟微重力可以将细胞周期抑制在 G_0/G_1 期，从而抑制细胞在微重力条件下的增殖行为。此外，微重力处理还会扰乱 MSCs 的应力纤维生成。作为成骨细胞的重要祖细胞之一的 MSCs，在回转器模拟的微重力条件下可以通过下调具有 PDZ 结合基序的转录辅激活物(transcriptional coactivator with PDZ - binding motif, TAZ)来抑制 MSCs 的成骨分化[65](见图 6 - 17)。而这种抑制作用在溶血磷脂酸(lysophosphatidic acid，LPA)的作用下可以激活 TAZ 活性从而保留 MSCs 在微重力环境下的成骨分化能力。在另外一项利用太空飞船的研究中发现，小鼠经过 15 天的太空飞行后，股骨头骨小梁和皮质骨内膜骨表面发生了显著的骨吸收现象和骨髓腔(marrow cavity)膨胀现象[66]。从这些经过太空飞行的小鼠股骨头骨髓腔中分离出来的细胞的早期间充质和造血分化的标志物基因水平显著下调，但干细胞的标志物并未出现下调的现象。立即分离经过微重力处理的小鼠骨髓 MSCs 并在体外正常培养，发现这些细胞可以发生成骨分化并形成矿化结节，说明微重力处理可以积累未分化的祖细胞。这一研究结果说明微重力环境下组织生长和再生能力被抑制可能是因为早期的间充质干细胞和造血干细胞的分化能力被抑制造成的。

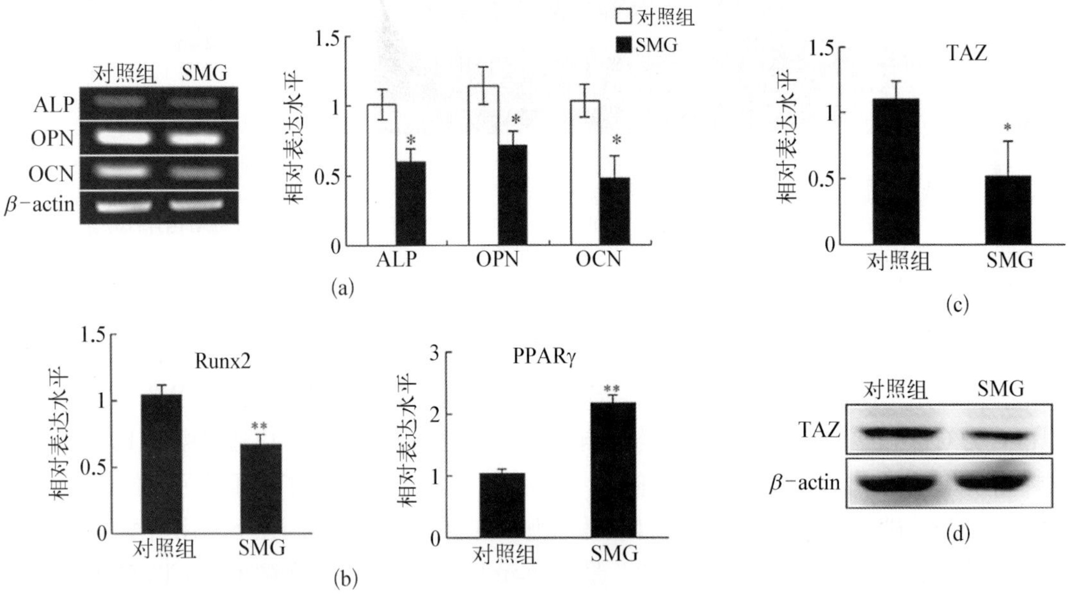

图 6 - 17 模拟微重力抑制 MSCs 的成骨分化

(a) RT - PCR 检测模拟微重力条件下 ALP、OPN 和 OCN 的表达水平；(b) 实时定量 PCR 检测模拟微重力条件下 Runx2 和过氧化物酶体增殖物激活受体(peroxisome proliferator-activated receptor，PPARγ)；(c) TAZ 的表达水平；(d) 蛋白质印记分析 TAZ 的相对蛋白表达水平(* 代表 $p<0.05$， ** 代表 $p<0.01$)

Figure 6 - 17 Simulated microgravity (SMG) inhibits the osteogenic differentiation of MSCs

6.7 两种或多种力学刺激方式联合促进骨修复

骨组织再生过程中涉及多种生物物理信号的参与，这些物理信号可以刺激、诱导或者辅助骨祖细胞在体外或体内的成骨分化和新骨形成。基质力学、剪切力、拉伸力、压缩力，电磁场以及超声刺激等都是已知的参与骨再生过程的生物力学刺激方式。除了研究单一力学刺激方式对骨修复的影响，两种或多种力学刺激方式联合促进骨修复的研究也得到越来越多的关注。在同一生物反应器内研究两种或多种力学刺激方式联合对骨组织细胞的影响，可以避免在不同的生物反应器环境下评价两种或多种不同力学刺激的作用。

骨细胞在体内除了受到如流体剪切力这种外源性的力学刺激，还受到其所处的 ECM 力学状态的影响。与体外静态培养相比较，施加流体剪切力还可增强对种子细胞的氧和营养物质输运以及代谢物质的交换。因此，在 3D 条件下考察基质力学状态对干细胞分化的影响时，施加流体剪切力可以延长细胞-支架复合物在体外的培养时间，并可考虑这两种不同的力学刺激对干细胞分化的影响。例如，为了考察骨组织内两种基本的力学刺激类型(基底应变和流体剪切力)对骨细胞的影响，Van Dyke 等[67]设计并制作了一种多模式的加载装置，可以同时施加基底应变和流体剪切力并实现实时的细胞影像观察。通过这一装置发现这两种不同力学刺激之间存在相互作用。此外，吕永钢研究小组利用自制 3D 振荡流灌注装置考察了振荡流体剪切力作用下不同基质刚度支架对 MSCs 在 3D 支架内的存活、分布以及成骨分化的影响，结果表明振荡流体剪切力作用 7 天可提高 MSCs 在 3D 支架内的存活率并使细胞分布更加均匀。与静态培养相比，振荡流体剪切力可与基质刚度协同提高 MSCs 的成骨分化能力。

除了研究单一或两种力学刺激方式对干细胞成骨分化诱导外，还有文献研究了包括周期性应变、电磁场作用和超声刺激在内的 3 种物理刺激方式在体外对人 ASCs 成骨分化的诱导和在体内对骨缺损修复的影响[68]。体外细胞实验结果发现多种联合物理刺激作用加速了种植在 3D 聚己内酯/聚乳酸-乙醇酸共聚物/磷酸三钙支架上 ASCs 的 ALP 和 Osterix 的基因表达水平，其中同时施加 3 种物理刺激联合作用组的 ALP 和 Osterix 的基因表达水平最高。但是，体内的骨修复实验发现单一的物理刺激和两种物理刺激的联合作用均可以促进骨修复；但是 3 种物理刺激联合作用却并未出现类似体外细胞实验的结果(即 3 种物理刺激联合作用的骨修复作用要弱于单纯的电磁场作用或周期性应变联合电磁场作用的效果)(见图 6-18)。出现这一结果可能是因为在 3 种物理刺激联合作用下 ASCs 已经完全发生了成骨分化，而单一的电磁场作用或周期性应变联合电磁场作用组仍旧有没有完全发生成骨分化的 ASCs 存在。这些并未完全分化的 ASCs 在组织修复区域所分泌的生长因子可以促进血管的生成，从而进一步促进新骨生成。

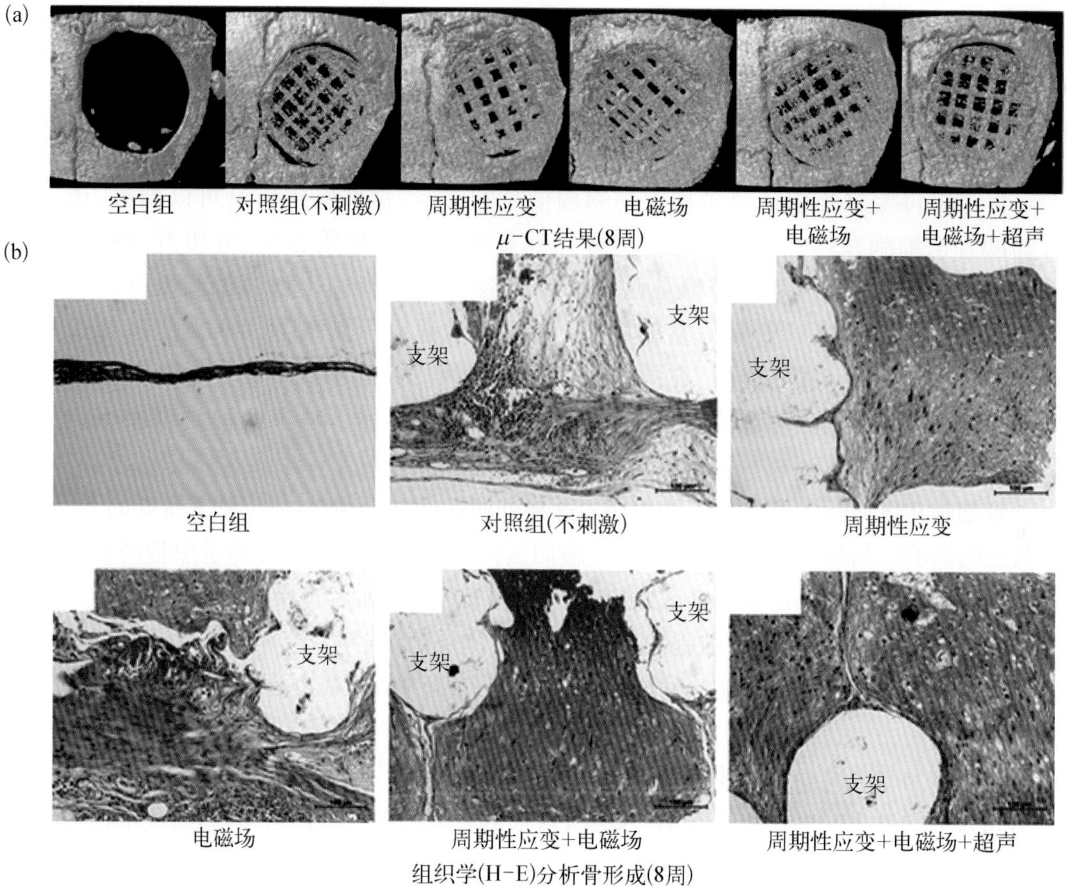

图 6-18 3种生物物理刺激对骨形成的影响[68]

Figure 6-18 Bone formation affected by multiple types of biophysical stimuli

6.8 结语

目前骨组织修复领域有关生物力学方面的研究日趋增多,力学因素在体外对骨祖细胞和骨组织细胞生物功能的影响与体内促进骨组织修复和重建的作用已经得到大家的广泛认可。首先,如何更加深入地研究细胞对力学信号的感知、将力学信号转导为生物化学信号并最终影响细胞的形态、结构和功能仍旧是目前的研究重点和难点。其次,生物力学在骨组织修复领域的研究还需要紧密的结合生物材料领域的最新研究进展和成果,将如何为骨组织工程用生物支架材料提供最佳的力学微环境作为重要的研究方向。此外,随着计算机技术和有限元分析等数值模拟方法的不断发展,如何应用计算机模拟来分析、预测和定量力学载荷对细胞生命活动的影响也具有重要的研究意义。

总之,骨组织缺损的修复和重建过程是一个复杂的多细胞、多因子和多种物理化学因素共同参与的动态过程。除了研究力学因素对细胞成骨分化的影响之外,还需关注力学因素对骨再生过程中炎症、低氧和血管生成的影响。通过体外和体内细致全面的研究各种不同力学因素对骨组织细胞和骨祖细胞的影响并分析内在的机制，为更好地利用组织工程学方法修复和重建骨缺损提供理论基础和临床参考。

（吕永钢　陈国宝）

参考文献

[1] 任丽，续惠云，骞爱荣，等.骨细胞微环境仿生模拟技术[J]. 生物化学与生物物理进展，2014，41(11)：1126 - 1134.

[2] Buckwalter J A, Glimcher M J, Cooper R R, et al. Bone biology. I: Structure, blood supply, cells, matrix, and mineralization[J]. J Bone Joint Surg Am, 1995, 77(8): 1256 - 1275.

[3] Wang P Y, Tsai W B, Voelcker N H. Screening of rat mesenchymal stem cell behaviour on polydimethylsiloxane stiffness gradients[J]. Acta Biomater, 2012, 8: 519 - 530.

[4] Tse J R, Engler A J. Stiffness gradients mimicking in vivo tissue variation regulate mesenchymal stem cell fate[J]. PLoS One, 2011, 6: e15978.

[5] Hadjipanayi E, Mudera V, Brown R A. Guiding cell migration in 3D: A collagen matrix with graded directional stiffness[J]. Cell Motil Cytoskeleton, 2009, 66(3): 121 - 128.

[6] Huebsch N, Arany P R, Mao A S, et al. Harnessing traction-mediated manipulation of the cell/matrix interface to control stem-cell fate[J]. Nat Mater, 2010, 9(6): 518 - 526.

[7] Fu J, Wang Y K, Yang M T, et al. Mechanical regulation of cell function with geometrically modulated elastomeric substrates[J]. Nat Methods, 2010, 7(9): 733 - 736.

[8] Li Z, Gong Y, Sun S, et al. Differential regulation of stiffness, topography, and dimension of substrates in rat mesenchymal stem cells[J]. Biomaterials, 2013, 34(31): 7616 - 7625.

[9] Chen G, Dong C, Yang L, et al. 3D scaffolds with different stiffness but the same microstructure for bone tissue engineering[J]. ACS Appl Mater Interfaces, 2015, 7(29): 15790 - 15802.

[10] Chen G, Yang L, Lv Y. Cell-free scaffolds with different stiffness but same microstructure promote bone regeneration in rabbit large bone defect model[J]. J Biomed Mater Res A, 2016, 104(4): 833 - 841.

[11] Rowlands A S, George P A, Cooper-White J J. Directing osteogenic and myogenic differentiation of MSCs: Interplay of stiffness and adhesive ligand presentation[J]. Am J Physiol Cell Physiol, 2008, 295(4): C1037 - 1044.

[12] Chiang M Y, Yangben Y, Lin N J, et al. Relationships among cell morphology, intrinsic cell stiffness and cell-substrate interactions[J]. Biomaterials, 2013, 34(38): 9754 - 9762.

[13] Park J S, Chu J S, Tsou A D, et al. The effect of matrix stiffness on the differentiation of mesenchymal stem cells in response to TGF - β[J]. Biomaterials, 2011, 32(16): 3921 - 3930.

[14] Khatiwala C B, Peyton S R, Putnam A J. Intrinsic mechanical properties of the extracellular matrix affect the behavior of pre-osteoblastic MC3T3 - E1 cells[J]. Am J Physiol Cell Physiol, 2006, 290: C1640 - 1650.

[15] Xue R, Li J Y, Yeh Y, et al. Effects of matrix elasticity and cell density on human mesenchymal stem cells differentiation[J]. J Orthop Res, 2013, 31(9): 1360 - 1365.

[16] Lo C M, Wang H B, Dembo M, et al. Cell movement is guided by the rigidity of the substrate[J]. Biophys J, 2000, 79(1): 144 - 152.

[17] Engler A J, Sen S, Sweeney H L, et al. Matrix elasticity directs stem cell lineage specification[J]. Cell, 2006, 126(4): 677 - 689.

[18] Even-Ram S, Artym V, Yamada K M. Matrix control of stem cell fate[J]. Cell, 2006, 126(4): 645 - 647.

[19] Swift J, Ivanovska I L, Buxboim A, et al. Nuclear lamin - A scales with tissue stiffness and enhances matrix-directed differentiation[J]. Science, 2013, 341(6149): 1240104.

[20] Huebsch N, Lippens E, Lee K, et al. Matrix elasticity of void-forming hydrogels controls transplanted-stem-cell-mediated bone formation[J]. Nat Mater, 2015, 14(12): 1269 - 1277.

[21] Riddle R C, Taylor A F, Genetos D C, et al. MAP kinase and calcium signaling mediate fluid flow-induced human mesenchymal stem cell proliferation[J]. Am J Physiol Cell Physiol, 2006, 290(3): C776 - 784.

[22] Lee D Y, Li Y S, Chang S F, et al. Oscillatory flow-induced proliferation of osteoblast-like cells is mediated

by alphavbeta3 and beta1 integrins through synergistic interactions of focal adhesion kinase and Shc with phosphatidylinositol 3-kinase and the Akt/mTOR/p70S6K pathway[J]. J Biol Chem, 2010, 285(1): 30-42.
[23] Roy B, Das T, Mishra D, et al. Oscillatory shear stress induced calcium flickers in osteoblast cells[J]. Integr Biol (Camb), 2014, 6(3): 289-299.
[24] Yuan L, Sakamoto N, Song G, et al. Migration of human mesenchymal stem cells under low shear stress mediated by mitogen-activated protein kinase signaling[J]. Stem Cells Dev, 2012, 21(13): 2520-2530.
[25] Yuan L, Sakamoto N, Song G, et al. Low-level shear stress induces human mesenchymal stem cell migration through the SDF-1/CXCR4 axis via MAPK signaling pathways[J]. Stem Cells Dev, 2013, 22(17): 2384-2393.
[26] Pavalko F M, Chen N X, Turner C H, et al. Fluid shear-induced mechanical signaling in MC3T3-E1 osteoblasts requires cytoskeleton-integrin interactions[J]. Am J Physiol, 1998, 275(6 Pt 1): C1591-1601.
[27] Grayson W L, Marolt D, Bhumiratana S, et al. Optimizing the medium perfusion rate in bone tissue engineering bioreactors[J]. Biotechnol Bioeng, 2011, 108(5): 1159-1170.
[28] de Peppo G M, Marcos-Campos I, Kahler D J, et al. Engineering bone tissue substitutes from human induced pluripotent stem cells[J]. Proc Natl Acad Sci U S A, 2013, 110(21): 8680-8685.
[29] Zhao F, Grayson W L, Ma T, et al. Perfusion affects the tissue developmental patterns of human mesenchymal stem cells in 3D scaffolds[J]. J Cell Physiol, 2009, 219(2): 421-429.
[30] Delaine-Smith R M, MacNeil S, Reilly G C. Matrix production and collagen structure are enhanced in two types of osteogenic progenitor cells by a simple fluid shear stress stimulus[J]. Eur Cell Mater, 2012, 24: 162-174.
[31] Kreke M R, Huckle W R, Goldstein A S. Fluid flow stimulates expression of osteopontin and bone sialoprotein by bone marrow stromal cells in a temporally dependent manner[J]. Bone, 2005, 36(6): 1047-1055.
[32] 孙晓江,戴尅戎,谢幼专,等.灌注型生物反应器中流速对人骨间充质干细胞增殖及成骨分化的影响[J].医用生物力学,2012,27(5): 582-587.
[33] Sonam S, Sathe S R, Yim E K, et al. Cell contractility arising from topography and shear flow determines human mesenchymal stem cell fate[J]. Sci Rep, 2016, 6: 20415.
[34] Tang L, Lin Z, Li Y M. Effects of different magnitudes of mechanical strain on osteoblasts in vitro[J]. Biochem Biophys Res Commun, 2006, 344(1): 122-128.
[35] Song G, Ju Y, Shen X, et al. Mechanical stretch promotes proliferation of rat bone marrow mesenchymal stem cells [J]. Colloids Surf B Biointerfaces, 2007, 58(2): 271-277.
[36] 鲜成玉,王远亮,张兵兵,等.机械拉伸对成骨细胞增殖及 IGF-1 mRNA 表达的影响[J].生物医学工程学杂志,2007,24(2): 312-315.
[37] Peng Q, Wang Y, Qiu J, et al. A novel mechanical loading model for studying the distributions of strain and mechano-growth factor expression[J]. Arch Biochem Biophys, 2011, 511(1-2): 8-13.
[38] Zhang B, Luo Q, Chen Z, et al. Cyclic mechanical stretching promotes migration but inhibits invasion of rat bone marrow stromal cells[J]. Stem Cell Res, 2015, 14(2): 155-164.
[39] Li M, Li X, Meikle M C, et al. Short periods of cyclic mechanical strain enhance triple-supplement directed osteogenesis and bone nodule formation by human embryonic stem cells in vitro[J]. Tissue Eng Part A, 2013, 19 (19-20): 2130-2137.
[40] Yang X, Gong P, Lin Y, et al. Cyclic tensile stretch modulates osteogenic differentiation of adipose-derived stem cells via the BMP-2 pathway[J]. Arch Med Sci, 2010, 6(2): 152-159.
[41] Wang L, Li J Y, Zhang X Z, et al. Involvement of p38MAPK/NF-κB signaling pathways in osteoblasts differentiation in response to mechanical stretch[J]. Ann Biomed Eng, 2012, 40(9): 1884-1894.
[42] Li J, Wan Z, Liu H, et al. Osteoblasts subjected to mechanical strain inhibit osteoclastic differentiation and bone resorption in a co-culture system[J]. Ann Biomed Eng, 2013,41(10): 2056-2066.
[43] Yanagisawa M, Suzuki N, Mitsui N, et al. Compressive force stimulates the expression of osteogenesis-related transcription factors in ROS 17/2.8 cells[J]. Arch Oral Biol, 2008, 53(3): 214-219.
[44] Tripuwabhrut P, Mustafa M, Gjerde C G, et al. Effect of compressive force on human osteoblast-like cells and bone remodelling: an in vitro study[J]. Arch Oral Biol, 2013, 58(7): 826-836.
[45] Rath B, Nam J, Knobloch T J, et al. Compressive forces induce osteogenic gene expression in calvarial osteoblasts [J]. J Biomech, 2008, 41(5): 1095-1103.
[46] David V, Guignandon A, Martin A, et al. Ex vivo bone formation in bovine trabecular bone cultured in a dynamic 3D bioreactor is enhanced by compressive mechanical strain[J]. Tissue Eng Part A, 2008, 14(1): 117-126.

[47] Dumas V, Perrier A, Malaval L, et al. The effect of dual frequency cyclic compression on matrix deposition by osteoblast-like cells grown in 3D scaffolds and on modulation of VEGF variant expression[J]. Biomaterials, 2009, 30(19): 3279 - 3288.

[48] Gellynck K, Shah R, Deng D, et al. Cell cytoskeletal changes effected by static compressive stress lead to changes in the contractile properties of tissue regenerative collagen membranes[J]. Eur Cell Mater, 2013, 25: 317 - 325.

[49] Pelaez D, Arita N, Cheung H S. Extracellular signal-regulated kinase (ERK) dictates osteogenic and/or chondrogenic lineage commitment of mesenchymal stem cells under dynamic compression[J]. Biochem Biophys Res Commun, 2012, 417(4): 1286 - 1291.

[50] Rubin C, Turner A S, Bain S, et al. Anabolism. Low mechanical signals strengthen long bones[J]. Nature, 2001, 412(6847): 603 - 604.

[51] Wehrle E, Liedert A, Heilmann A, et al. The impact of low-magnitude high-frequency vibration on fracture healing is profoundly influenced by the oestrogen status in mice[J]. Dis Model Mech, 2015, 8(1): 93 - 104.

[52] Xie P, Tang Z, Qing F, et al. Bone mineral density, microarchitectural and mechanical alterations of osteoporotic rat bone under long-term whole-body vibration therapy[J]. J Mech Behav Biomed Mater, 2016, 53: 341 - 349.

[53] Li M, Wu W, Tan L, et al. Low-magnitude mechanical vibration regulates expression of osteogenic proteins in ovariectomized rats[J]. Biochem Biophys Res Commun, 2015, 465(3): 344 - 348.

[54] Jing D, Tong S, Zhai M, et al. Effect of low-level mechanical vibration on osteogenesis and osseointegration of porous titanium implants in the repair of long bone defects[J]. Sci Rep, 2015, 5: 17134.

[55] Zhang J, Li J, Xu H, et al. Responds of bone cells to microgravity: Ground-based research[J]. Microgravity Sci Technol, 2015, 27: 455 - 464.

[56] Luo M, Yang Z, Li J, et al. Calcium influx through stretch-activated channels mediates microfilament reorganization in osteoblasts under simulated weightlessness[J]. Adv Space Res, 2013, 51(11): 2058 - 2068.

[57] Hu L F, Li J B, Qian A R, et al. Mineralization initiation of MC3T3 - E1 preosteoblast is suppressed under simulated microgravity condition[J]. Cell Biol Int, 2015, 39(4): 364 - 372.

[58] Sun Z, Cao X, Hu Z, et al. MiR - 103 inhibits osteoblast proliferation mainly through suppressing Cav1.2 expression in simulated microgravity[J]. Bone, 2015, 76: 121 - 128.

[59] Hu Z, Wang Y, Sun Z, et al. miRNA - 132 - 3p inhibits osteoblast differentiation by targeting Ep300 in simulated microgravity[J]. Sci Rep, 2015, 5: 18655.

[60] Yang X, Sun L, Liang M, et al. The response of wnt/β - catenin signaling pathway in osteocytes under simulated microgravity[J]. Microgravity Sci Technol, 2015, 27(2015): 473 - 483.

[61] Xu H, Liu R, Ning D, et al. Biological responses of osteocytic connexin 43 hemichannels to simulated microgravity [J]. J Orthop Res, 2017, 35(6): 1195 - 1202.

[62] Nabavi N, Khandani A, Camirand A, et al. Effects of microgravity on osteoclast bone resorption and osteoblast cytoskeletal organization and adhesion[J]. Bone, 2011, 49(5): 965 - 974.

[63] Saxena R, Pan G, Dohm E D, et al. Modeled microgravity and hindlimb unloading sensitize osteoclast precursors to RANKL - mediated osteoclastogenesis[J]. J Bone Miner Metab, 2011, 29(1): 111 - 122.

[64] Sambandam Y, Townsend M T, Pierce J J, et al. Microgravity control of autophagy modulates osteoclastogenesis [J]. Bone, 2014, 61: 125 - 131.

[65] Chen Z, Luo Q, Lin C, et al. Simulated microgravity inhibits osteogenic differentiation of mesenchymal stem cells through down regulating the transcriptional co-activator TAZ [J]. Biochem Biophys Res Commun, 2015, 468(1 - 2): 21 - 26.

[66] Blaber E A, Dvorochkin N, Torres M L, et al. Mechanical unloading of bone in microgravity reduces mesenchymal and hematopoietic stem cell-mediated tissue regeneration[J]. Stem Cell Res, 2014, 13(2): 181 - 201.

[67] Van Dyke W S, Sun X, Richard A B, et al. Novel mechanical bioreactor for concomitant fluid shear stress and substrate strain[J]. J Biomech, 2012, 45(7): 1323 - 1327.

[68] Kang K S, Hong J M, Jeong Y H, et al. Combined effect of three types of biophysical stimuli for bone regeneration [J]. Tissue Eng Part A, 2014, 20(11 - 12): 1767 - 1777.

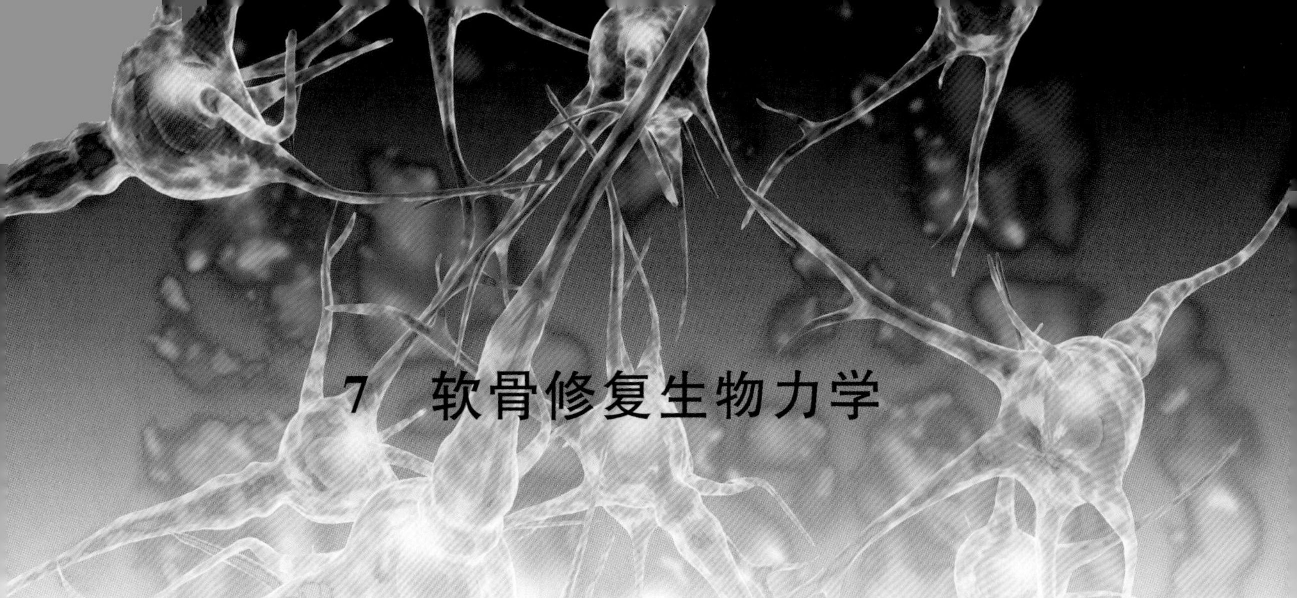

7 软骨修复生物力学

软骨是一种特殊的结缔组织，其在器官塑形（如耳鼻软骨）和辅助运动（如关节软骨）等方面发挥着关键作用。软骨的损伤除了会引起炎症和疼痛外，更严重的是引起组织退行性病变和损伤区域功能退化，甚至丢失，我国 60 岁以上老人的关节软骨退行性病变发病率极高，而由于运动损伤、冲击伤等导致的关节软骨、鼻软骨等创伤性软骨损伤在运动员和现役军人中也多有发现。所以软骨损伤修复及软骨再生研究在临床治疗和组织工程中具有重大的意义。现有临床手段虽然可以延缓软骨的退变发生及全关节置换，但是要真正实现有目的性的软骨缺损修复及软骨再生还有很长的路要走，本章主要介绍近年来生物力学结合组织工程手段实现软骨损伤修复及再生的一些研究进展。

7.1 软骨生理学

在胚胎时期，人的大部分骨骼是由软骨组成的。成年人软骨仅存在于骨的关节面、肋软骨、气管、耳郭、椎间盘等处[1]（见图 7－1）。软骨是一种特殊类型的结缔组织，由软骨组织及其周围的软骨膜构成，细胞间质坚固而有弹性。软骨是液固双相的结缔组织，略有弹性，能承受压力和耐摩擦，有一定的支持和保护作用。软骨组织由软骨细胞、软骨基质和纤维构成[2]。

7.1.1 关节软骨

关节软骨是覆盖于关节面上的一层光亮结缔组织，人体正常的关节软骨呈白色、透明状，表面光滑，边缘规则整齐，其厚度约为 2～7 mm。它是组成滑膜关节关节面的负重组织，富有弹性，摩擦系数小，可减轻关节反复滑动中关节面的摩擦，具有润滑和耐磨损的特性，并且还吸收机械性震荡，传导负重至软骨下骨，是机体重要的力学器官之一，与体内力学环境有密切关系。

7.1.1.1 关节软骨的生长与发育

人类关节的生长发育始于胚胎第 6 周，第 10 周可形成关节。未成熟的关节软骨有两层成软骨细胞增殖区以满足生长的需要。近关节面的浅层增殖区扩大关节软骨范围，而深层的增殖区则以软骨内成骨方式形成继发性骨化中心的骨核。出生后第 1 年，当关节软骨厚

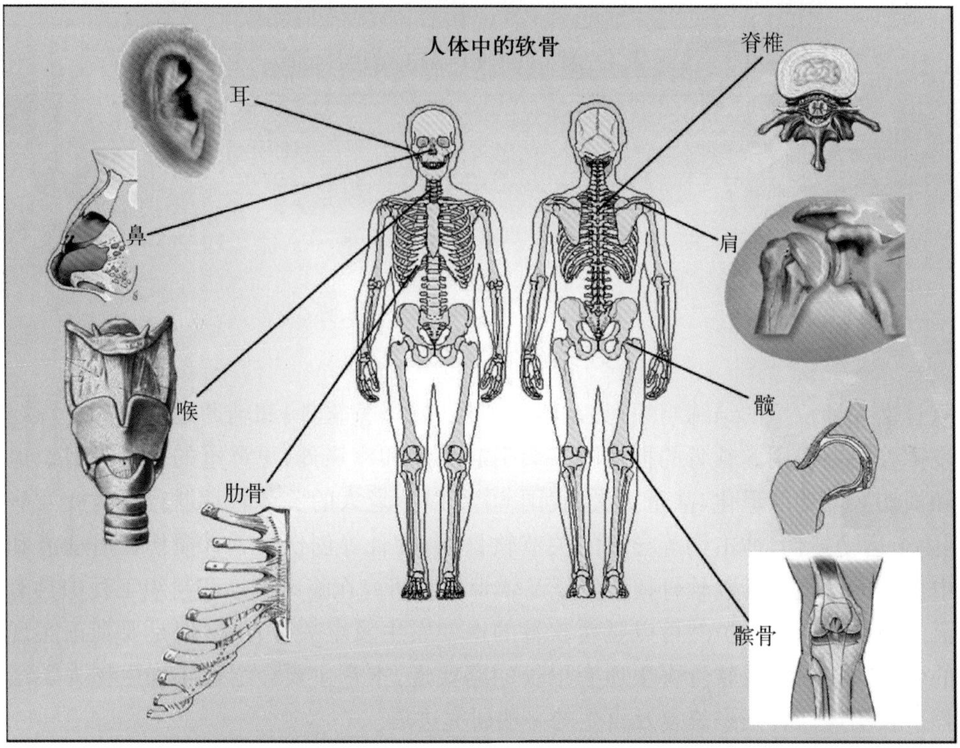

图 7-1 软骨体内分布[2]

Figure 7-1 Cartilage in the human body

度达到一定程度后，浅层增殖区停止增殖，只有深层的增殖区继续进行细胞分裂，促进生长。骨骼成熟以后，软骨内骨化性生长随之停止，而在关节软骨下形成骨板，其标志是潮线(tidemark)的出现。钙化软骨区的矿化缘与未钙化的软骨则以潮线为界。潮线的复制表明矿化缘向未钙化区推进，这种现象与年龄有关，也见于原纤维性软骨。与此同时，软骨内骨化，致使骨软骨接界不断改建。此有赖于钙化缘区域细胞内的钙磷脂复合体、糖蛋白以及细胞外基质颗粒。

7.1.1.2 关节软骨的结构

自关节面向下依次是浅表区(superficial zone)、中间区(middle zone)、深层区(deep zone)以及钙化软骨区(calcified zone)。

浅表区占关节软骨厚度的10%～20%，其内软骨细胞呈梭形，与关节面平行排列，周围由基质包绕。浅表区内胶原纤维与深层的胶原纤维排列方式不同，此层内其密集排列，与运动辅线平行，形成膜样结构，且这些纤维具有孔隙状结构，能摄入滑液分子，排出蛋白质及透明质酸等较大的分子。浅表区蛋白多糖的分布也与其他层不同，浓度相对较低，水分含量最多。

中间区占关节软骨厚度的40%～60%，其内软骨细胞呈散在分布于富含胶原与糖蛋白的基质内，细胞相对较小，比浅表区内细胞活跃，均具有细胞内结构，如内质网、线粒体和高尔基体等。基质内的胶原纤维粗大，随机斜形排列，相互交织。

深层区占关节软骨厚度的30%，含蛋白多糖最多，胶原纤维最粗，且自上而下呈放射状排列，垂直于软骨表面。软骨细胞成串地定位于此层中，呈柱状排列。胶原纤维部分穿过潮线及钙化软骨达软骨下骨层，使关节软骨牢固地附着在骨上。此区是软骨与骨结构的界面，纤维排列方式可能与需要抵抗蛋白多糖膨胀性的压力有关。

钙化软骨区占软骨厚度的5%～10%，位于潮线深层，将透明软骨与软骨下骨隔开，在骨骼成熟之前，此区内的软骨细胞蜕变，胞体小，细胞器少，细胞被周围钙化基质逐步包绕、掩埋，形成软骨内骨化。骨骼成熟之后，基质钙化，可见无RNA合成能力的小软骨细胞。

7.1.1.3 关节软骨的组成

如图7-2所示，软骨细胞在关节软骨中相对较少，占软骨组织的5%或更少，由未分化的间充质细胞分化而来。关节软骨的形成与维持依赖于软骨细胞，生长期间其可增加基质的体积，成熟后主要负责维护基质。关节软骨不含神经纤维、血管及淋巴管，故软骨细胞对于一些通常调节人体生理活动信号的反应是有限的。成熟软骨细胞的形态因分布的位置及软骨陷窝的不同而呈现或扁形或圆形，细胞核呈偏心性。中间区的细胞核为单个或多个分叶状核，高尔基体复合体发达，内质网及线粒体发育良好，而浅层区的软骨细胞内质网较少。深层区细胞内含有与细胞蜕变相关的胞质纤维[3]。

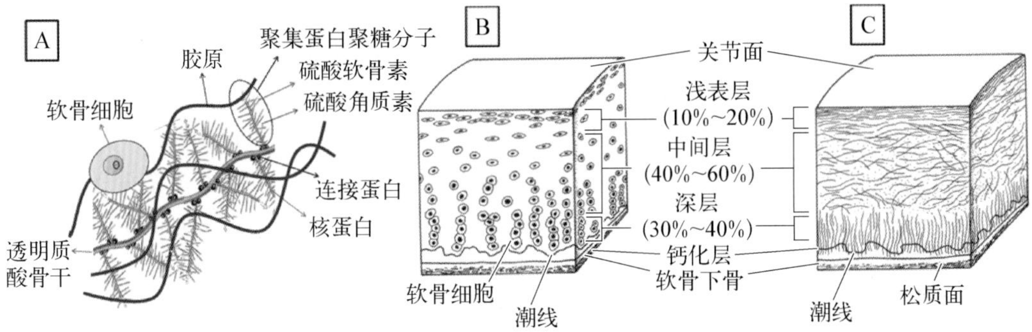

图7-2 软骨结构及组成[3]

Figure 7-2 The structure and inclusion of cartilage

关节软骨成分以基质为主，基质由密集分布排列的胶原纤维、蛋白多糖、结合水和阳离子等组成。胶原纤维约占关节软骨干重的50%，主要提供抗张强度，而蛋白多糖起固化及抗压作用，二者相互作用，稳定关节软骨基质并结合水分子。胞外基质被亲水性蛋白多糖聚合体所吸引，并呈压力依赖性流动。基质的主要作用是抗压、恢复受损软骨的正常形态以及保持润滑。绝大部分胶原为Ⅱ型胶原(Collagen Ⅱ)，但也有Ⅲ型胶原(Collagen Ⅲ)及其他类型胶原的存在。Ⅱ型胶原水化后膨胀，可能比Ⅰ型胶原含有更多的碳水化合物有关。软骨粘连素是一种细胞表面相关的相对分子量为140 000(单位)的糖蛋白，在蛋白多糖的协助下，使软骨细胞与Ⅱ型胶原粘连。炎症情况下，如风湿性关节炎，血管翳的侵入导致血管源性Ⅲ型胶原和肉皮细胞基底膜源性Ⅳ型胶原的合成。蛋白多糖约占关节软骨基质干重的40%，是一种复杂的大分子，由核心蛋白共价结合多糖链组成。蛋白多糖的核心蛋白在粗面内质网内合成，但糖胺聚糖在滑面内质网合成。蛋白多糖的浓度与胶原的浓度成反比，即蛋白多糖浓度随关节软骨深度的增加而升高。在特定条件下蛋白多糖单体可与胶原结合，一个蛋白多糖分子可结合多达 30 个胶原分子。糖胺多糖及蛋白多糖可通过静电力与Ⅱ型胶原相互作用，而定向胶原纤维的排列。此外，细胞表面的蛋白多糖与纤维粘连素相互作用，为蛋白多糖和胶原也提供了作用点[4]。

7.1.2 其他软骨组织

软骨除主要存在于关节面之外，也存在于其他部位，如耳、鼻、喉等器官。在不同器官组织，其主要作用不同。

喉(larynx)是呼吸的管道，又是发音的器官，主要由喉软骨和喉肌构成。上界是会厌上缘，下界为环状软骨下缘。喉的支架是由甲状软骨、环状软骨、会厌软骨和成对的杓状软骨等喉软骨构成。甲状软骨(thyroid cartilage)构成喉的前壁和侧壁，由前缘呈四边形的左、右软骨板组成。融合处为前角，前角上端向前突出，称喉结。环状软骨(cricoid cartilage)位于甲状软骨的下方，是喉软骨中唯一完整的软骨环。它由前部低窄的环状软骨弓和后部高阔的环状软骨板构成。弓与板交界处有甲关节面。环状软骨的作用是支撑呼吸道，保持其畅通。会厌软骨(epiglottic cartilage)位于舌骨体后方，上宽下窄呈叶状，下端凭借甲状会厌韧带连于甲状软骨前角内面上部。会厌软骨被覆黏膜构成会厌，是喉口的活瓣，吞咽时候随咽上提并向前移，会厌封闭喉口，阻止食物团入喉并引导食物团进咽。杓状软骨(arytenoid cartilage)成对，坐落于环状软骨板上缘两侧，分为一尖、一底、两突和三面。环状软骨底有关节面，向前伸出的突起称声带突，有声韧带附着，向外侧伸出的突起为肌突，大部分喉肌附着其上[5]。

鼻的胚胎过程可分为 3 个时期，膜成时期、软骨长入时期、软骨和骨化时期(也称混合时期)。胚胎约 3 个月时，鼻中隔软骨长入鼻腔，先在中隔最高部位，间质组织浓缩成为软骨，后迅速向下扩展，到犁鼻器官形成才终止。以后又从中隔最高部位的软骨，向两侧呈水平发展，然后沿鼻腔侧壁下降而形成软骨，俟出生后再伸入鼻甲等处。在胚胎 4 个月时，鼻中隔软骨开始长入鼻腔外壁。犁鼻软骨为最小的一块鼻中隔软骨，呈长条形，位于犁骨和鼻中隔软骨之间，软骨很小，但终身保留不变。鼻的晚期发育除了软骨化及骨化之外，各鼻道内也出现一些特殊变化，鼻道内黏膜向邻近的骨面内陷入。鼻的骨化以前颌为最早，也是全身骨化中最早的一个[5]。

耳的外耳区包括耳郭与外耳道，其中均有软骨参与。耳按部位可分为外耳、中耳和内耳。外耳(external ear)包括耳郭、外耳道和鼓膜 3 部分。耳郭凭借软骨、韧带、肌和皮肤连于头部的两侧，耳郭上部的支架由弹性软骨和结缔组织构成，表面覆盖皮肤。耳郭的软骨向内续为外耳道软骨。外耳道外侧 1/3 为软骨部，也与耳郭软骨相连，外耳道软骨可被牵动，受力可使外耳道变直以便观察内部[5]。

7.2 软骨生物力学与软骨力学损伤

力学刺激对关节软骨维持功能并保持健康是非常重要的，通过力学载荷可以压缩软骨促进软骨的代谢和关节液的更新。软骨胞外基质主要包含Ⅱ型胶原和大量的蛋白聚糖聚合物，胶原网络负责软骨牵张力的传达，蛋白聚糖和糖氨聚糖形成长链维持软骨的硬度。大量的细胞结构和细胞表面分子响应力学刺激如鞭毛、细胞黏附受体、金属离子通道等。

7.2.1 软骨生物力学

与塑形作用的耳鼻软骨不同，关节软骨包裹在骨表面，在关节中主要起到降低摩擦和磨损的作用。如图 7-1 所示，关节软骨处在一个非常复杂的力学环境下，为实现软骨的损伤修复和再生，尤其是设计工程软骨，首先需要了解天然软骨的结构及力学环境。

人关节软骨平均厚度在 1～3 mm，在运动中软骨主要荷载间歇的压力和相对运动产生的摩擦力，但有趣的是在软骨组织力学检测中发现软骨的张力模量远高于压缩模量（10～100 倍之多）呈非线性关系，这被认为有利于运动中软骨组织和关节液间应力的传递及平衡应力的分布。除了拉力和牵张力外，与众多软组织一致，软骨的黏弹性也值得关注，在关节液受力过程中，液流穿过多孔的软骨胶原基质，液体与固体间摩擦力相互作用导致能力消耗，这一过程称为流体相关黏弹性（flow-dependent viscoelasticity）。除了关节液和软骨组织相互作用消耗能量外，软骨组织自身在受到外力的作用时其内部的分子键形成和打断的过程也消耗能量，这表现在软骨组织在动态载荷下硬化的现象[6]。

在软骨组织力学方面，在关节软骨应力分布方面发现，在软骨受力过程中，软骨中央区域形变及胶原网络结构形变均大于边缘区域，同时中央区域的切向应变、最大主应变和剪切应变均大于周边区域，同时组织的平衡模量和动态压缩模量伴随着软骨由表层到深层而增加。在表层软骨中，切向纤维主要用于从受力点向邻近软骨组织及深层软骨组织传递压缩载荷，当表面纤维结构和蛋白多糖被移除，会显著降低表层和中间层软骨组织固有的瞬时压缩模量和平衡压缩模量同时组织渗透能力会显著增强。当软骨表面黏多糖丢失时，组织黏弹性会显著降低，伴随组织能量消耗的增加。胶原网络结构对软骨组织的剪切模量影响极大，即使胶原网络有很小的变化也会导致剪切模量变化显著。当黏多糖和蛋白多糖同时丢失，即使软骨组织中胶原网络未受到影响，软骨剪切模量也会急速下降。这些三维受力研究对分析软骨病变的发生和进程十分重要[7]，表 7-1 总结了已报道的软骨组织力学参数。

在软骨细胞方面，为深入了解软骨细胞的力学特性，微管吮吸技术和原子力显微镜技术被广泛使用。近些年的研究更多地集中在软骨组织固-液相互作用两相研究中，以及软骨细胞的应力松弛行为，干细胞软骨修复中动态力学加载下的分化能力和刚度变化等。当然，除了外部影响，细胞结构也会影响细胞的受力和力学传递如纤毛就可以传递力学信号改变胞外基质的力学特性（瞬时模量和平衡模量）。而细胞体积的变化也会影响胞外基质的合成和力学性质的变化。细胞水平的研究也发现应力分布会直接影响胶原网络的方向性。分子生物学研究发现软骨细胞力-化学耦合的信号传递主要通过钙离子通道实现[8]，表 7-2 总结了已报道的软骨细胞的力学参数。

表 7-1 软骨组织力学参数

Table 7-1 Parameters on cartilage mechanical properties

种属	检测手段	表征物理量	模量/系数	作者(年份)
人	压痕实验	弹性模量	4～15 MPa	Swann, A C(1989)[9]
	压痕实验	弹性模量	9～24 MPa	徐小川(2000)[10]
	原子力显微镜	纳米硬度	15 kPa	Martin(2009)[11]
兔	蠕变实验	均势模量	4～12 MPa	Roemhildt(2006)[12]
	蠕变实验	瞬时弹性模量	10～18 WPa	Wei(1998)[13]
	蠕变实验	蠕变模量	10～18 WPa	Wei(1998)[13]
	超声反射实验	刚度指数	6 M	Kuroki(2006)[14]
	蠕变实验	瞬时弹性模量	3 MPa	Julkunen(2009)[15]
马	应力松弛	杨氏模量	1.35～3.19 MPa	Brommer(2005)[16]
	应力松弛	动态模量	5.02～7.47 MPa	Brommer(2005)[16]
小鼠	原子力显微镜	纳米硬度	22～40 kPa	Martin(2009)[11]

表 7-2 软骨细胞力学参数

Table 7-2 Parameters on chondrocyte mechanical properties

种属	检测手段	表征物理量	模量/系数	作者(年份)
人	微管吸吮法	杨氏模量	0.65 kPa	Jones(1999)[17]
	微管吸吮法	杨氏模量	1.54 kPa	Guilak(1999)[18]
	微管吸吮法	杨氏模量	0.41 kPa	Trickey(2000)[19]
	微管吸吮法	瞬时模量	410±170 Pa	Trickey(2000)[19]
牛	非限制性压缩法	瞬时模量	780±380 Pa	Shieh(2006)[20]
	细胞压痕法	瞬时模量	8 000±4 410 Pa	Koay(2003)[8]
	凝胶压缩法	杨氏模量	3.2 kPa	Knight(2002)[21]
	凝胶压缩法	杨氏模量	2.7 kPa	Bader(2002)[22]
犬	微管吸吮法	杨氏模量	27.1 kPa	Guilak(2002)[23]
大鼠	凝胶压缩法	杨氏模量	40 kPa	Freeman(1994)[24]

不同的信号通路响应不同的力学刺激，如钙离子通道中的 transient receptor potential vanilloid 4 (TRPV4)直接响应动态压缩对软骨细胞的影响，在动态压缩载荷下 TRPV4 将调控胞外基质的合成及 TGF-β3 的表达等。软骨细胞和滑膜细胞表面蛋白 PRG4 则直接调控滑液的分泌和关节炎症的发生，同时 PRG4 也通过调控 ATP 及钙离子通道响应流体剪切力的刺激。同时激活转录因子家族中的 PKA/CREB 则响应周期性力学载荷的刺激，调节软骨形成相关基因的表达并调控糖氨聚糖等软骨基质的合成[25]。

7.2.2 软骨力学损伤

在运动学研究中发现，膝内翻力矩和弯曲力矩共同决定了关节软骨的受力情况，其中内翻力矩变化主要影响股骨变化，而弯曲力矩主要影响胫骨变化，力矩长期变化则会影响软骨层厚度。在步态研究中进一步发现膝内翻角度直接影响股骨与胫骨的接触受力，如 1.5°的内翻角变化会引起 12%的临床接触力变化及关节软骨中后部受力变化率达 80%，这便会引起骨关节炎。在关节损伤研究中发现，不同区域的损伤改变关节弯曲力矩和内翻角等会导致不同区域的损伤。要提到的是在软骨受损过程中，受力区域的不同也会引起不同的损伤进程，如内侧半月板中部受力及后部受力对软骨的磨损和损伤持续时间有很大区别，而不同的韧带损伤（ACL/PCL）导致的软骨缺损部位和进程也有所区别[26]。

如图 7-3 所示，当应力失稳，软骨表面应力集中便会导致关节软骨的损失，并诱发病理性退变，即骨关节炎。近十年的研究，对力学失稳导致的关节软骨退变疾病有了深入的认识。半月板的撕裂和切除会导致骨关节炎的发病率增高，半月板在关节中起到稳定关节，平衡应力的作用，轻微的损伤都有可能导致关节面应力集中并诱发软骨退变疾病。值得注意的是，在半月板切除或部分切除后，需要特别关注的是半月板残留区域，往往该区域首先发生软骨退变，同时，半月板的损伤往往不会在短时间内导致软骨病变，在对大量 50 岁以上半月板损伤病患进行长时间随访的研究证实半月板损伤会大大增加软骨退变疾病发生的风险，在对部分年轻时期有半月板损伤的患者进行随访的研究进一步证实，半月板损伤显著提高软骨退变疾病的发生。前交叉韧带撕裂或断裂同样会诱发骨关节炎，同时也会伴随半月板的损伤。发育畸形，如股骨髋臼撞击症等也会严重诱发骨关节炎，而且除了关节软骨的损伤，髋关节软骨也会受损。综上，无论是创伤、手术还是发育畸形，软骨损伤的发生很大程度上是由于平衡的力学环境被打破引起的，甚至早期的力学失稳在年老后也会导致骨关节炎的发生[27]。

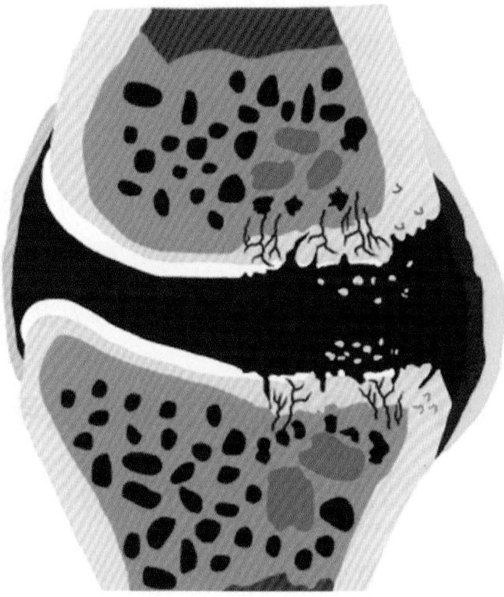

图 7-3 关节软骨损伤及骨关节炎发生

Figure 7-3 Knee joint cartilage injure and osteoarthritis

一旦骨关节炎发生，病理力学（pathomechanics）在软骨退变进程中占据了主要位置。在失稳狭窄区域应力集中导致软骨损失，破碎的软骨组织漂浮在关节液中被滑膜吞噬诱发炎症，大量炎症介质被滑膜释放到关节腔中。随着退变的发生，当区域性的软骨丢失时，软骨下骨受损并伴随形变，伴随骨发生的形变，力学失稳的情况进一步加重，恶性循环就此产生。更严重的是伴随着骨的变形和受损，骨髓疾病也会在之后的一段时间内被检测出来，如骨髓坏死，临床统计证实，足外翻导致骨关节炎更多的会导致胫骨和股骨的骨髓疾病，而足内翻导致的骨髓疾病往往发生在关节侧面。在力学轴（mechanical axis）观察中发现，正常关节通常中立对齐具±1°的变化，但骨关节炎发生导致关节失稳，力学轴变化会达到 1.7°，足内翻病例中往往会发现大于 7°的轴偏离。当胫骨与股骨偏离轴线时，随着行走等运动的发生会加剧轴偏离进一步推进基本的进程。在对比力学影响和炎症影响在软骨退变中发挥作用时发现，固醇类药物和安慰剂注射均不能实现持续性的治疗作用，而体外支撑等手段却在延缓基本发生中起到积极作用[28]。当然，炎症很可能作为力学失稳导致的组织病变，这值得深入讨论。

7.3 软骨损伤修复生物力学研究方法

关节软骨处在一个十分复杂的力学环境中，无论在静息状态下还是运动状态下，关节软骨都会受到包括静压力、摩擦力、剪切力、牵张力等多种力学刺激，而气道软骨更多的会被牵张力和剪切力影响。在软骨损伤后，力学失稳会还会诱发应力集中，部分软骨组织还会承载更复杂的压力和摩擦力，或远超组织耐受范围的牵张力，而代谢紊乱的关节腔中，关节体积及液黏度变化使剪切力也发生改变。软骨细胞及原位或被招募的干细胞在这些复杂力场中的增殖、分化、代谢等生物学行为值得深入研究，以期为软骨损伤修复及再生提供有力的证据和新的靶点。本节会对几种常见的软骨力学加载手段进行介绍并且对常用的软骨力学损伤动物模型进行的选择和评价方法进行简单阐述。

7.3.1 软骨细胞学加载研究手段

7.3.1.1 静态或动态压力(compression)研究

关节软骨作为最经典的承受压力的组织，在静息、行走、奔跑、跳跃、损伤、疾病等不同环境下承载着不同的压力，而且伴随软骨自上而下纤维排列和胞外基质的不同，各层软骨也负荷这不同的压力。

在软骨压力损伤模型研究中，软骨细胞或干细胞在不同的凝胶系统中培养并施加周期性或静态压力研究细胞行为和代谢十分常见。通过对水凝胶的不同修饰又可以模拟不同的损伤或修复微环境，这为软骨细胞应力场研究提供了十分有效的手段。在早期研究中会将软骨细胞培养于海藻酸盐微球中，后将微球溶于 1.2％海藻酸凝胶中，通过改压力板的质量对细胞施加单一的静态压力加载，2％的海藻酸凝胶由于较高的自身硬度可以将对细胞的压力降到最低以作为对照组。后期随着机械装置和计算机装置的改进，静压力和动态压力都可以通过数控装置调控，可控数据包括压力值、时间、频率等，如 Flexcell 压缩系统(compression system)、Cartigen 机械压缩生物反应器(mechanical compression bioreactor)、DMAQ800 等都可通过气压装置调控生物反应器中组织或 3D 细胞培养装置的形变实现对细胞的压力负载研究。在软骨细胞静态压缩(100 kPa)和动态压缩(0.1 Hz，100 kPa)研究发现，在静态压缩过程中软骨细胞形态得以维持但动态压缩过程中细胞形态会有所变化[29]。在软骨再生研究发现 HA 水凝胶在 DMAQ800 中对 MSCs 进行 10％/min 的动态加载可以促进干细胞向软骨发现分化并促进软骨胞外基质的沉积。同时上面的加载系统也可以对软骨组织进行加载，在对小牛软骨进行动态压力加载(低应变：±2％，0.5 Hz；高应变：±7.5％，0.5 Hz)研究发现，动态压缩并不能促进软骨细胞中 TGF 的表达和分泌。

除了水凝胶 3D 培养体系外，如交联纤维支架等也会用到压力加载研究中，如 PVA - PCL 支架通过戊二醛交联形成的 3D 多孔支架进行细胞培养，在压力生物反应器中进行压力刺激发现软骨代谢与胶原网络结构有直接关系[30]。多系统力学加载也常常用在软骨力学研究中，如对琼脂糖凝胶中培养的软骨细胞同时进行压力和剪切力刺激等。

7.3.1.2 静态或动态牵张力(tensile stretch)研究

在关节运动过程中，胫骨和股骨关节相互摩擦，表面透明软骨受到摩擦力刺激，而透明下层组织则收到周期性的牵张力刺激，在创伤性关节炎症，由于软骨面受到损伤，在运动甚至静息状态下软骨组织内部也会负载静态或动态的牵张力。比较经典的牵张力加载装置有四点弯曲细胞力学加载仪和 Flexcell 张力系统(tension systems)，主要通过对培养细胞的硅胶膜进行单轴或等双轴拉伸实现对细胞的静态或动态牵张力加载，通过计算机控制牵张力大小，周期，频率及加载时间和加载模型等。如对马软骨细胞进行(8%，0.5 Hz，8 h)等双轴牵张力加载发现软骨细胞代谢尤其是离子代谢通道会发生变化，而对人软骨细胞进行周期性力学加载(1%～16%，12 h)则发现细胞 VEGF 的表达显著升高，同时在 IL - 4 处理条件下对人软骨细胞进行单轴周期性力学加载(0.5 Hz，10%)发现软骨细胞的蛋白酶表达显著升高[31]。

7.3.1.3 流体剪切力(shear stress)研究

除了压力和牵张力外，软骨组织和细胞同时会收到剪切力刺激，如关节运动中关节液对软骨的剪切力刺激，在正常情况和病理情况下关节液黏度、关节腔体积、流速等的不同均会改变剪切力的大小。经典的细胞剪切力加载装置主要有 Flexcell 流体剪切装置(fluid shear stress device)和自制流动腔装置。在软骨细胞负载 $2^{-20}\times10^{-5}$ N/cm^{2}外周血巨噬细胞条件培养基剪切力加载研究中发现适当的剪切力可以有效抑制纤维素酶诱发的骨关节炎。在微孔支架中培养软骨细胞并进行剪切力加载(3×10^{-2} mm/s，5.65×10^{-2} Pa)发现，在支架中的软骨细胞显著增殖，所以在最近的软骨组织工程生物反应器中，通常会加入贯流装置以模拟正常关节环境下软骨细胞的增殖的分化，在 PCL 静电纺丝支架上结合 TGF - β3 并培养 MSCs，在贯流装置的生物反应其中可以有效促进 MSCs 向软骨分化并增加胞外基质的沉积。当然，新型的 Flexcell 5000 力学加载系统中 Flexflow 系统可同时对细胞进行剪切力和牵张力的力学加载，软骨相关研究未见报道[32]。

7.3.1.4 冲击力(impact loading)研究

上面主要介绍了几种常见的细胞力学加载手段，除了静态或动态压力及牵张力，流体剪切力外，软骨组织或细胞还会受到冲击力，冲击力在垂直跳跃和创伤性骨关节炎中较为常见，可用于细胞水平的冲击力装置较少，一般会用眼球研究中用到的气压冲击装置，冲击力研究主要集中在体内研究中，通过不同的冲床设计对动物膝关节进行不同冲击力和冲击面积的处理。在兔膝关节研究者发现，短期冲击不会引起关节软骨细胞死亡，但长期冲击会引起大量软骨细胞的死亡[33]。

7.3.2 软骨损伤动物模型建立

软骨损伤模型和骨关节炎模型大体可分为诱导缺损模型及直接缺损模型，诱导缺损模型一般通过药物或病毒注射，负重，关节制动，手术进行半月板或韧带损伤，通过一定的时间使软骨缺损现象显现，依据不同的模型可以模拟 OA 的发病机理和病程。直接缺损模型多用于软骨再生研究，在膝关节软骨处打孔或手术损伤实现软骨缺损。依据不同的研究需求，还应对实验动物进行选择，2010 年在 Osteoarthritis and Cartilage 发布的 OAC 组织病理学增刊中对软骨损伤动物模型有深入剖析[34]。

7.3.2.1 大鼠骨关节炎模型

作为最常用的模式动物，大鼠骨关节炎模型建立在研究软骨退变，损伤，修复方面被广泛运用，基于自发性大鼠软骨缺损的罕见性，本章更多的介绍几种比较经典的大鼠骨关节炎手术模型。最常见的模型有半月板切除模型(MMT)、前交叉韧带横切模型(ACLT)以及部分半月板切除联合前交叉韧带横切模型(ACLT+pMMx)，同时在术后进行强制运动会加速关节软骨的磨损以达到最优的模型建立。当然，关节腔注射生物酶或酸等也可以诱导骨关节炎的发生，注射模型除了会应发软骨和软骨下骨的损失，同时会诱发炎症以及细胞死亡引起的疼痛。在软骨再生研究中，为了更直接的形成软骨缺损，也可以对大鼠关节面进行直接打孔。在大鼠 OA 模型建立中，通常建议选择 12 周龄的大鼠，这一时期的大鼠软骨发育情况与人类最为近似，同时年轻大鼠罹患关节疾病的风险较低，并且有较高水平的软骨胞外基质合成。下面介绍几种力学诱发的 OA 模型。

1) 半月板切除模型

据现有研究报道，力学损伤导致软骨退变最为直接结果最为明显的模型，即对成熟大鼠半侧半月板切除模型。该模型会在短时间内检测到软骨程序性退变包括软骨细胞的凋亡和分化，纤维层稳定性降低，骨赘形成等。术后 3～6 周胫骨外侧 1/3 处软骨显著丢失并伴随关节灵敏度降低的现象，术后 12 个月软骨几乎全部丢失。由于胫骨内外侧软骨呈梯度损伤，即胫骨外侧受到更大的力学刺激而内侧主要发生较低力学刺激下的代谢性退变，通过对该模型的区域性分析可以研究不同力学刺激下软骨的损伤机理和治疗手段。该模型除了可以实现对软骨损伤修复的研究外还可以进行骨活性维持，韧带力学传导以及滑膜代谢等方面的研究。

2) 前交叉韧带截断模型

成熟大鼠韧带截断模型是最传统的骨关节炎力学诱发模型，即对大鼠的前交叉韧带进行手术切断并在术后进行人工驱赶。但长期研究发现韧带切除术后，虽然也发现了软骨的丢失，但是软骨程序性退变明显发生一般出现在术后 12 周，同时骨赘形成和软骨基质失稳也都发生在术后 12 周以后，但现象并不显著。

3) 前交叉韧带截断联合半月板半侧切除模型

同时对大鼠进行半侧半月板切除并横截前交叉韧带发现，软骨程序性退变发生在术后 4～12 周，术后胫骨外侧 1/3 处软骨首先丢失。该模型可以明显促进胫骨外侧骨赘的形成。

术后 10～12 周可以发生全软骨的丢失并且出现软骨下骨硬化的现象。

模型建立实验完成后，通过三向(横向，纵向，冠面)全软骨切片后，进行 H&E、甲苯胺蓝和番红 O 染色，对结果进行 9 项评分用以评价软骨的退变或治疗效果，9 项评分包括软骨基质丢失宽度、软骨退变评分、全软骨退变宽度、显著软骨退变宽度、缺损区域横纵比、骨赘形成、钙化软骨和软骨峡谷损伤比、滑膜反应以及内侧关节囊厚度。

7.3.2.2 新西兰大白兔骨关节炎模型

白兔 OA 模型是最为常见也有较多实现手段的力学诱发 OA 模型，除了上述的手术模型外，还有冲击伤损伤模型、反复负重模型、关节制动模型等，在软骨再生研究中，甚至可以进行软骨打孔的方法实现定点软骨缺损。

这里首先要提到的是白兔的选择，一般 7～8 个月年龄的白兔胫骨生长板停止生长而白兔软骨在 3 个月年龄时便停止生长成为成熟软骨。而软骨发育成熟的白兔骨关节炎退变发生要快于未成熟白兔，所以成年白兔或老年白兔更有利于人 OA 的模拟，但性别对实验结果没有显著影响。其次，韧带截断术后 4 周便可观察到白兔软骨的裂痕和退变，术后 8 周便可以观察到 40%全软骨丢失的现象，12 周时软骨完全丢失，同时滑膜增生等现象在术后 2 周便可明显发现。需要提到的是白兔软骨和人软骨在结构和软骨厚度方面不尽相同，兔软骨略厚于人软骨。

在白兔组织研究中，除了传统的番红 O -快绿染色外，也推荐运用 India ink 染色观察软骨表面裂痕，在软骨 CT 扫描研究中，一般推荐选择碘造影剂浸泡组织 30～60 min 再进行扫描，有利于扫描结果的呈现。在兔软骨组织评分中，兔软骨被分为 4 个区域即中心软骨，外侧股骨软骨及胫骨软骨板。由于白兔已经具有相对较大的关节，所以除了上述的软骨、骨组织评分外，也推荐进行关节液检测评分，如关节液在关节腔中是否溢出等[35]。

7.4 生长因子在软骨修复生物力学中的作用

在软骨创伤性缺损及骨关节炎等软骨退变疾病中，除了应力失稳导致的力学损伤外，伴随发生的还有大量炎症因子的释放，生物化学因子的过度或不足表达，软骨与骨、半月板、滑膜等组织间的代谢传递紊乱等。这些生物-化学因素又为软骨损伤区域制造了一个复杂而混乱的微环境，这一微环境进一步导致软骨的退变发生，从而形成了一个力学与化学间传递的恶性循环。所以，通过改善损伤软骨所处的微环境，恢复软骨细胞(组织)的代谢平衡，也是一种有效的软骨损伤修复手段。

生长因子是机体自身产生的一种具有生物活性的多肽，其在诱导细胞分裂、生长、分化中均有重要的作用。在关节软骨中存在大量的生长因子用以调节软骨的发育及代谢平衡。因此，生长因子被认为在促进软骨再生、软骨退变疾病治疗中极具潜力。据已有报道证实，生长因子一方面可以直接作用于软骨细胞，促进软骨再生或促进软骨退变治疗，如在软骨再生研究中发现，大量与合成代谢相关的生长因子可以促进包括蛋白多糖(proteoglycans)、聚集蛋白聚糖(aggrecan)以及Ⅱ型胶原等在内的软骨胞外基质合成,同时,生长因子的参与可以有效降低与分解代谢相关的细胞因子(如 IL-1、MMP)表达。另一方面,生长因子也可作用于滑膜、韧带、半月板以及软骨下骨等组织,通过调控上述组织的代谢和分泌,改变损伤软骨所在的微环境(如关节腔)促进软骨损伤修复,如外源性添加胰岛素生长因子-1(IGF-1)可以有效减轻伴随骨关节炎发生的滑膜增生以及慢性炎症。另外,在软骨组织工程研究中,生长因子结合生物材料以及种子细胞(如干细胞)在软骨再生及软骨损伤修复研究中也受到广泛关注。本章将对几种在软骨再生及损伤修复中研究较为成熟的生长因子进行介绍。

7.4.1 转化生长因子超家族

转化生长因子超家族是一群结构相关,仅通过一个二硫键将二聚体或异二聚体链接便具有生物学活性的生长因子。超家族成员 TGF-β1、骨形成蛋白-2/7(BMP-2/7)在软骨损伤修复中起到关键作用。

7.4.1.1 转化生长因子-β1(transforming growth factor beta1,TGF-β1)

TGF-β1 在构建软骨胞外基质结构,尤其是胶原网络结构,增加组织抗拉和抗压方面发挥重要作用。TGF-β1(10 ng/ml)联合 BMP-2(100 ng/ml)与 CDMP-1(100 ng/ml)共同作用人关节软骨细胞和人骨髓间充质干细胞发现,软骨细胞组再生组织在拉伸和抗压方面的力学性质均有提高,而 MSCs 组再生组织只在压力方面的力学性质得到增加,研究发现联合处理人软骨细胞后,再生软骨组织平均松弛模量为 13 kPa、瞬时模量为 82 kPa、抗拉刚度为 660 kPa、抗拉强度 292 kPa,而 MSCs 再生软骨组织平均松弛模量为 37 kPa、瞬时模量为 231 kPa,从而导致再生软骨的形态不佳[36]。在 TGF-β1(5 ng/ml)联合 IGF-1(100 ng/ml)处理小牛软骨细胞研究中,通过单细胞蠕变检测手段(single cell creep testing)测评软骨细胞力学性质对生长因子的响应发现,生长因子单独处理及联合处理均有利于促进软骨细胞的松弛模量和瞬时模量,同时 TGF-β1 单独处理软骨细胞,细胞松弛模量和瞬时模量随时间梯度的增加而升高[37]。但是在体内实验的研究中发现,关节腔注射 TGF-β1 会引起包括滑膜增生及纤维化、吸引炎性白细胞、诱导骨赘形成等诸多副作用,所以 TGF-β1 单独作用于关节腔用于软骨治疗尚需进一步讨论。

7.4.1.2 转化生长因子-β3 (TGF-β3)

TGF-β3 在促进软骨胞外基质合成,诱导透明软骨再生方面具有潜在的作用。在长期动态压缩预接种小牛 MSCs 水凝胶支架研究中发现,长期动态压力加载的同时 TGF-β3(10 ng/ml)参与培养的 MSCs 可显著提高其平衡模量(80 kPa)和动态模量(350 kPa),然而对软骨形成前的 MSCs 进行 3 周压力加载,虽然有 TGF-β3 参与,但水凝胶的平衡模量(35 kPa)和动态模量(230 kPa)依然会显著降低,同时软骨胞外基质合成能力也会相应下降[38]。有趣的是,当诱导 MCSs 软骨形成后再进行压力加载,则会增加支架平衡模量(150 kPa)和动态模量(800 kPa),同时胞外基质Ⅱ型胶原和聚集蛋白聚糖(aggrecan)的合成。而在水凝胶支架中预种牛软骨细胞的研究中也发现[38,39],TGF-β3(10 ng/ml)持续处理支架的杨氏模量(165±42 kPa)显著低于短暂处理组的杨氏模量(528±122 kPa),TGF-β3与动态压力加载同时对软骨细胞进行8周处理会显著降低支架杨氏模量(78±22 kPa),TGF-β3预处理预种细胞水凝胶后进行动态压力加载8周处理会显著提高支架杨氏模量(1 306±79 kPa),其与正常牛软骨组织杨氏模量(994±280 kPa)十分接近,值得一提的是,生长因子预处理后加载支架同时会诱导软骨细胞对胞外基质黏多糖的分泌增加。

7.4.2 骨形成蛋白(bone morphogenetic proteins,BMP)

上面介绍了TGF在软骨修复中的作用,已知的研究发现,TGF-β超家族编码超过40种不同的蛋白,BMPs家族是其中最大的亚家,BMPs的蛋白活性早在20世纪60年代就已被发现,但是直到20年后人们才首次发现BMP在诱导骨形中发挥作用。近些年的研究发现BMPs通过TGF-β及Wnt信号通路在调控软骨发育中起到关键作用,尤其是家族成员BMP-2和BMP-7在软骨再生、软骨退变疾病治疗中具有积极作用。

7.4.2.1 骨形成蛋白-7(BMP-7)

BMP-7,又称成骨蛋白-1(osteogenic protein-1),由于其具有较高的促软骨再生能力,尤其在促进透明软骨层再生方面具有显著作用,被认为是生长因子修复软骨缺损的黄金标准。BMP-7与众多合成代谢相关生长因子的共性在于其亦可以刺激软骨胞外基质的合成,抑制包括白介素和基质金属蛋白酶在内的分解代谢相关细胞因子活性。但值得一提的是,BMP-7在促进软骨再生的功能方面并不受退变疾病或年龄的影响,虽然随着年龄的增长BMP-7的合成能力显著下降,但是BMP-7依然可以调控退变软骨的合成代谢。在BMP-7诱导干细胞成软骨分化的研究中发现,BMP-7可加速包括MSC、SDMSC在内的多种干细胞合成软骨胞外基质,但有报道称BMP-7会抑制MSC的增值。当然,BMP-7联合TGF-β3可有效的诱导MSC成软骨分化。最新的研究发现,在80 kPa模量的SPELA胶中包裹人来源MSCs,进行3周时间的BMP-7和TGF-β1协同诱导培养,一方面可促进SPELA胶中细胞密度增加并促进软骨胞外基质的合成,更重要的是胞外基质的硬度显著性增加,其表现出与表层软骨相近的力学性质[40]。

在马关节软骨缺损研究者发现,向马缺损软骨关节腔内注射转染BMP-7腺病毒的自体软骨细胞,在治疗4周后发现BMP-7表达显著升高,透明软骨形成增加,在8个月的治疗后发现修复软骨区域的形态、胞外基质组成、动态模量(0.8±0.43 MPa)、平衡模量(0.02±0.01 MPa)均与正常软骨无显著性差异,在力学性质方面比较缺损区域组织和正常组织发现,损伤区域的动态模量比正常组降低2.5倍,而平衡模量降低了10倍,这也进一步证实OA是一个力学参与的疾病。更有趣的是,Goettinger迷你猪软骨缺损研究中发现,在无细胞条件下向软骨缺损区域填充BMP-7结合的聚(乳酸-羟基乙酸)共聚物微球可有效促进缺损区域周边软骨细胞的迁移以及胞外基质的分泌,一年治疗后证实,新生软骨的弹性模量及静态黏弹性(蠕变和松弛)均与正常组透明软骨无显著性差异[41]。

7.4.2.2 其他BMP家族成员

除了上面讲到的BMP-2和BMP-7以外,BMP-4与BMP-6通过与其他生长因子协同作用，也在软骨缺损修复中也发挥着重要的作用。BMP-4联合BMP-7培养工程软骨有利于工程软骨力学性质与正常软骨接近，研究证实BMP-4联合BMP-7处理胶原海绵中添加猪软骨细胞的工程软骨6周，工程软骨中糖胺聚糖的沉积显著增加，同时BMP联合处理组工程软骨的杨氏模量（105.7±34.1 kPa）显著高于对照组（8.0±4.2 kPa），伯松比（0.070 3±0.040 9）也显著高于对照组（0.043 2±0.028 4），但是渗透性（$5.8\pm2.105\,6\times10^{-14}\ m^4/N\cdot s$）却显著低于对照组（$4.4\pm3.128\,9\times10^{-13}\ m^4/N\cdot s$）[41]。

7.4.3 胰岛素生长因子-1(insulin-like growth factor-1, IGF-1)

关于IGF-1在软骨代谢方面的作用研究十分广泛，与众多促进软骨发育或再生的生长因子一样，IGF-1一方面可诱导胞外基质合成，尤其是可以诱导蛋白多糖的合成。通过向MSCs转染IGF-1基因可有效促进软骨形成标志蛋白Collagen Ⅱ和SOX9等的表达，IGF-1联合TGF-β1外源性刺激MSCs可有效促进干细胞成软骨分化。与BMP-2相似，IGF-1也可以抑制IL-1的表达从而阻止退变性软骨的进一步讲解和分化。要指出的是，IGF-1的功能发挥受到年龄和OA的限制，如在OA发生时，外源性添加IGF-1可促进胞外基质的合成但不能抑制同时发生的胞外基质分解代谢。最新的研究发现，IGF-1联合BMP-7进行骨关节炎治疗，其效果远胜于两种因子单独治疗，一方面OA及年龄对BMP-7的影响有限，BMP-7对OA软骨的分解代谢有较强的抑制作用，同时IGF-1可有效抗炎并促进胞外基质合成。在牛软骨组织研究中发现，IGF-1处理会显著降低软骨基质中胶原纤维的纤维模量[42]。

值得一提的是，IGF-1的选择性剪接变异体力生长因子（mechano growth factor，MGF）在软骨缺损修复和OA治疗中起到十分显著的作用。在白兔关节缺损模型研究中发现，MGF联合TGF-β3共同结合于丝素蛋白支架中，可有效促进透明软骨的再生。而在白兔骨关节炎模型中，向关节腔直接注射MGF可有效抑制OA早期关节软骨的降解并提升合成代谢。外源性添加MGF处理人骨关节炎软骨细胞发现，MGF可促进软骨细胞的增殖和迁移以及软骨胞外基质相关基因的表达升高，并且降低Collagen Ⅰ的表达，相关研究也发现，骨关节炎软骨杨氏模量低于正常软骨，MGF处理后骨关节炎软骨细胞杨氏模量显著提高。在MGF处理OA样滑膜细胞的研究中发现，MGF同样可以抑制滑膜IL-1的表达并促进络氨酸氧化酶的表达升高[43-46]。

7.5 生物材料在软骨损伤修复生物力学中的作用

由于软骨所处特殊的力学和生理学环境，现有医疗手段虽然可以缓解软骨缺损及退变疾病带来的痛苦，甚至可以延缓软骨退变的进程，但软骨缺损及软骨退变疾病依然难以完全治愈。软骨缺损治疗最终需要进行手术置换，即将正常的自体软骨组织取下填入缺损区域，但始终存在的问题是供体并不能完全满足填充缺损区域的需要，所以生物材料的研究和应用在软骨缺损修复中具有极大的意义。而骨关节炎发病后期，往往需要进行关节置换，假体关节的材料属性也会对术后患者的生活质量产生深远的影响。本章主要会对几种常见软骨缺损填充生物材料以及关节置换材料进行介绍，同时会探讨功能性生物材料在软骨组织工程中的应用。这里还要提到的是，早期软骨缺损不能达到软骨下骨的层面，因此损伤区域很难接收到来自自体血液、巨噬细胞以及干细胞的修复响应，可是如果软骨损伤达到骨层，骨髓中的血液和干细胞虽然可以参与损伤软骨的修复，但是不可避免的是软骨纤维化的发生以及软骨功能缺陷或软骨退变恶化的风险。所以自体细胞移植在软骨损伤的临床治疗中具有非常好的前景，而通过生物材料包被或携带自体移植的细胞进行缺损修复，在很大程度上可以调控细胞的死亡率、增殖、分化等生物学特性，并且有助于提高胞外基质的沉积以及具有目的性的软骨区域性修复。

生物材料用于软骨损伤修复分3个阶段。第1阶段早在20世纪80年代，Grande等人将自体软骨组织取出，培养扩增软骨细胞之后进行关节腔回注并用骨膜进行覆盖；第2阶段则是现将胶原膜填入软骨缺损区域，之后进行自体细胞回注；第3阶段也被称为基质诱导自体细胞移植阶段，即在体外将自体细胞植入生物材料支架，之后回填到缺损区域进行软骨损伤修复，水凝胶和胶原海绵是这一阶段的代表材料，当然还有诸多材料，如静电纺丝支架，弹性聚合材料等[47]。近些年，也有关于无细胞(cell-free)生物材料治疗的研究报道，即让生物材料携带药物或因子等对缺损区域的微环境进行调节，通过调控周围细胞的细胞行为或招募种子细胞的方法实现缺损区域的修复或软骨再生。生物材料引入软骨缺损治疗一方面可实现目的性的缺损区域填充，更重要的是生物材料治疗可以通过关节镜直接实现而避免关节打开后缝合对患者造成的伤害。所以新材料的研究在软骨损伤修复和再生中具有重要意义，图7-4表示了生物材料在软骨损伤修复中的策略。

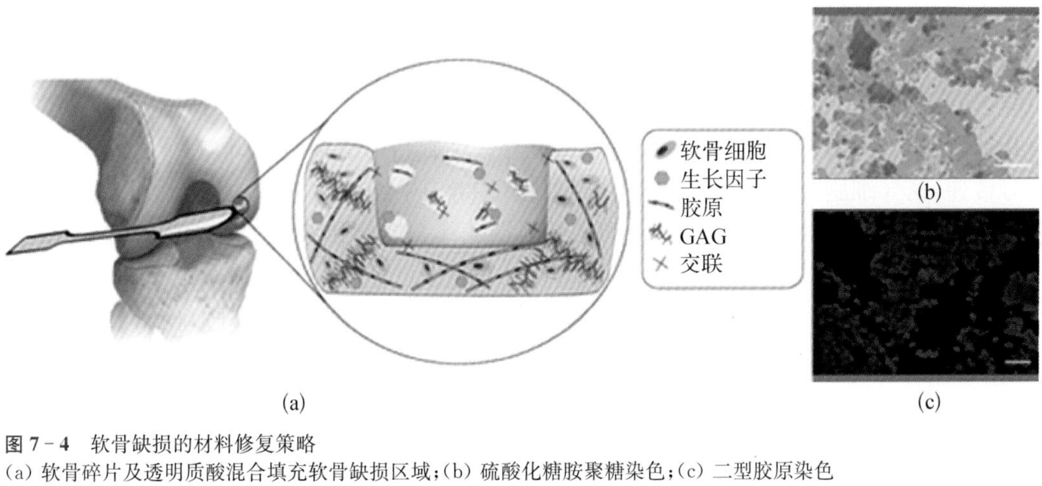

图7-4 软骨缺损的材料修复策略
(a) 软骨碎片及透明质酸混合填充软骨缺损区域；(b) 硫酸化糖胺聚糖染色；(c) 二型胶原染色
Figure 7-4 The strategy of cartilage injure repair via biomaterials

7.5.1 软骨修复生物材料的生物力学设计原则

生物材料主要通过调控细胞或组织微环境以实现软骨缺损修复及再生，对微环境的调控直接关系到材料在软骨修复中的功能和应用如生物材料模拟力-化学环境，在生物相容性和可降解性方面的表现，调控宿主细胞的应答和信号传递，这些最终都会影响再生软骨的功能和完整性。

Engler 早期研究发现，基底硬度的不同直接影响到 2D 培养环境下干细胞分化方向的不同，如软基底可诱导 MSCs 向神经系统分化而硬基底则有利于诱导 MSCs 向骨方向分化。同样在 3D 培养环境下也有相似的现象。所以，选择力学性质与组织近似的材料更有利于软骨修复和再生。作为生物材料重要的力学性质-黏附性，在生物材料的研究和筛选中值得深入探讨。细胞对材料的黏附直接影响到植入细胞是否可以在修复过程中存活，同时也调控着注入迁移、增殖、分化等众多细胞行为以及宿主细胞与植入物间的相互作用，这些都会直接影响缺损软骨的修复与再生，如胶原蛋白材料主要就是考虑到材料能与软骨细胞或干细胞间的胶原模拟多肽(CMP)相结合而设计的。人工合成生物材料也需要考虑到细胞与材料间牢固化学键的形成(如水凝胶)或对材料表面进行修饰(如生长因子的涂被或点击)以促进细胞与材料表面活性基团的结合或表面修饰物直接或间接影响软骨缺损区域的细胞代谢及行为(如对材料的降解和胞外基质的沉)[48]。

7.5.2 典型软骨损伤及再生支架

7.5.2.1 水凝胶(hydrogels)

作为以水为分散介质的凝胶，水凝胶通过将水溶性前体和水不溶性网状聚合物进行交联形成遇水膨胀的交联聚合物，其组成既可以有自然形成的多糖或蛋白，也可以是人工合成的聚合物或聚合物衍生物。由于其特有的高分子网络体系，决定了水凝胶性质柔软，能保持一定的形状并能吸收大量的水分，这些特性在软骨损伤修复及再生中至关重要。

水凝胶可以通过注射手段进行缺损区域的填充，同时可以携带一定量的外源性细胞进入关节腔并保证这些细胞的活性不受影响。其在很多方面可以模拟正常软骨微环境及软骨组织，如通过携带不同的因子可以模拟关节腔微环境，通过调节网状结构使水凝胶与软骨具有相似的含水量，携带细胞的水凝胶可以促进外援细胞与宿主细胞间、宿主细胞与材料间的信号传递，诱导细胞合成软骨胞外基质并维持 3D 结构中细胞的稳定构型等。同时，水凝胶形成的细胞与支架材料间的特殊构型可以为软骨再生过程提供有效的力学支撑并在修复后期促进支架降解。

琼脂糖水凝胶(或称琼脂糖胶)作为最早用于软骨组织修复的水凝胶材料，其在促进软骨再生和软骨基质糖胺聚糖分泌方面有突出的表现，琼脂糖凝胶也为阐明软骨受力机制和代谢研究提供了稳定的 3D 环境。随着琼脂糖浓度的提高，琼脂糖凝胶的力学性质会显著性升高，最常用于软骨组织修复的琼脂糖凝胶浓度为 2%(w/v)，在该条件下，其拉伸模量为 24.9±1.7 kPa，压缩模量为 55.6±0.5 kPa，平均拉伸平衡模量为 39.7± 5.7 kPa，平均压缩平衡模量为 14.2±1.6 kPa[49]。当然，更多的时候琼脂糖凝胶作为一种细胞压力刺激模型被广泛运用，如对软骨细胞或干细胞施加不同的机械压力，研究细胞代谢、分化等。

透明质酸(HA)水凝胶是在软骨组织工程中研究最为广泛的天然水凝胶材料。HA 是软骨基质中分布的一种线型多聚糖，HA 不仅仅在软骨形成和诱导干细胞软骨分化中扮演重要角色，同时也参与细胞增殖、形变、炎症反应及伤口愈合等多种细胞过程。HA 水凝胶浓度、结合物分子量、可修饰的羟基基团数目、反应效率、光照时间等均会影响到 HA 水凝胶的网格结构，这将直接影响 HA 凝胶的力学性质，如凝胶通过交联不同分子量的大分子并调节水凝胶与溶剂的比例可以在 2～100 kPa 的范围内调节其模量，而光聚合时间从 40 s 提高到 600 s，HA 水凝胶的压缩模量会从 11 kPa 提高到 17 kPa，但是过高的网格密度也会降低力的分散和传递，如 1wt%的 HA 水凝胶，虽然其起始力学性质很低，但是体外培养 6 周后，其平衡压缩模量可达到 0.12 MPa，动态模量更是会达到 1.05 MPa。更有趣的是，当 HA 水凝胶交联密度在 0%～20%范围内增加时其弹性模量也递增，但当交联密度大于 20%时，随着密度的增加弹性模量骤降[50]。HA 水凝胶表面连接生长因子，虽然不能直接影响其力学性质，但通过诱导干细胞分化，胞外基质合成，可以通过调控不同胞外基质的沉积改变再生组织的力学性质，这在生长因子促软骨修复一节中有详细论述。

聚乙二醇(PEG)水凝胶是最常见的软骨修复合成材料，其具有较强的化学稳定性(惰性)和生物相容性并可以支持包括软骨细胞和 MSCs 在内的多种细胞进行软骨重塑。通过对 PEG 进行包括乳酸基团、多肽、蛋白多糖或半糖、胶原模拟多肽等的修饰，可以促进 PEG 水凝胶的降解、携带细胞的活性以及软骨的再生。通过调节 PEG 水凝胶前体的分子重量和浓度可以实现水凝胶力学性质的大尺度变化，梯度设置水凝胶前体分子质量 508 Da～10 kDa，浓度 10%～40%发现，伴随分子质量的降低和浓度的升高，PEG 水凝胶溶胀比(2.2～31.5)和渗透系数[1.2×10^{-15}～8.5×10^{-15} $m^2/(Pa\cdot s)$]显著降低，而压缩模量(0.01～2.46 MPa)、拉伸模量(0.02～3.5 MPa)以及动态压缩硬度(dynamic compressive stiffness)(0.055～42.9 MPa)均显著升高。所以通过调节 PEG 水凝胶自身的浓度和分子量便可以模拟力学性质可变且稳定的工程软骨。水凝胶结合不同的生物因子可以模拟不同层次的软骨组织，如 PEG 结合硫酸软骨素(chondroitin sulfate，CS)和基质金属蛋白酶敏感多肽(metalloproteinase-sensitive peptides，MMP - pep)可以模拟表层软骨，PEG 结合 CS 可以模拟中间层软骨而 PEG 结合透明质酸(HA)可以模拟界面软骨层。3 种不同的 PEG 水凝胶由上而下进行堆叠并携带 MSCs 进行体外培养(6 周)发现糖氨聚糖(GAG)的沉积显著增加，同时在培养 2 周和 6 周时对水凝胶的压缩模量进行检测发现，从表层到底层的压缩模量依次升高(239～472 kPa、287～715 kPa、472～1 712 kPa)这与正常软骨的弹性模量非常接近并且具有明显的力学梯度，单一层次的水凝胶细胞培养 2～6 周也有相似的结果，表层压缩模量为 120～209 kPa，过渡层为 121～270 kPa，底层为 271～1 227 kPa，由于层级间的相互影响，力学梯度堆叠的水凝胶压缩模量会显著高于单独培养[51]。

7.5.2.2 静电纺丝支架材料(electrospinning)

静电纺丝技术由于其产物具有的特殊纳米结构以及易于操作和控制等特性，近 10 年受到广泛关注。通过喷射直径在 3 nm～5 μm 之间的合成或自然支架材料，静电纺丝材料在滤膜设计、纤维传感器制造、组织工程支架研究中都有广泛的运用。通过改变静电纺丝条件，电纺溶剂或溶质，静电纺丝支架携带或涂被生物因子、药物或化合物等手段，均可以改变支架的功能及力学性质以期实现组织修复的目的。

合成高分子电纺支架是较早用于软骨组织工程中的电纺支架材料，其中聚己内酯

(PCL)支架在软骨再生中被广泛关注，研究发现 PCL 支架在体内表现出无毒、生物相容性稿，易于细胞黏附和形态维持外，还具有优良的可纺性和可修饰性。在 PCL 支架(直径 0.4～1.4 μm)上培养人 MSCs 并进行 70 μl/min/nanofiber 灌流处理 4 周发现，MSCs 向软骨方向分化并有大量软骨保外基质沉积，同时软骨形成相关基因 SOX9 等表达显著上调[52]。在 PCL 电纺过程中混入软骨基质的研究发现，混纺后的多层次 PCL 支架可显著促进人 MSCs Collagen Ⅹ和黏多糖的表达，但是其弹性模量会有所下调，而 PCL - PLA (聚乳酸)电纺支架则有利于生物降解，胶原-聚(己内酯-乳酸)纤维支架上培养兔软骨细胞 12 周的研究发现软骨样组织形成显著增加而且细胞-支架材料的杨氏模量显著性增加[53]。非常值得提到的是我国科学家在耳软骨再生和形态重建中的工作。1996 年，我国科学家曹谊林等首次应用组织工程的技术，在裸鼠体内再生了人耳郭形态的软骨。虽然早期的无细胞软骨板(acellular cartilage sheets)在模拟耳郭方面十分成功，但是也存在材料准备困难以及大面积材料难以制备等的瓶颈。近期研究报道，Gelatin - PCL 静电纺丝支架也可以作为工程耳郭的成型材料。通过将 Gelatin - PCL 静电纺丝支架填入 3D 耳郭模型，并在其中种植软骨细胞，体内外培养均可获得与真耳几乎一致的工程耳郭，其软骨胞外基质沉积于分层与真耳软骨基本一致，并且在力学性质上表现出与真耳接近的弹性和抗压性[54]。

除了单一的静电纺丝技术外，微米纤维表面二次电纺，在其表面覆盖纳米纤维形成多孔支架材料会有利于细胞的侵润和细胞生长，如 PCL 微米纤维(30 μm)支架表面覆盖 PCL 纳米纤维(400～500 nm)构建高度多孔的支架材料，培养软骨细胞发现，细胞侵润较单一尺度支架显著增强同时细胞增殖也显著增强。多个静电纺丝设备同时进行静电纺丝实现多尺度纤维支架材料的构建更有利于模拟软骨层级特性并有利于细胞的黏附于胞外基质沉积，如 PCL 微纳米纤维混纺(10 μm＋190 nm)支架以及 PCL - fibrin 微纳米纤维(9 μm＋250 nm)支架在维持干细胞活性，促进胞外基质黏多糖沉淀显著强于单一尺度支架[55]。静电纺丝技术结合其他材料成型手段也可以实现多尺度、结构复杂、力学性质优良的 3D 生物材料制备。例如，静电纺丝结合喷印技术实现的 PLA 纤维支架结合混合弹性软骨细胞的纤维蛋白-胶原水凝胶 3D 支架材料进行兔膝关节内置研究发现，细胞成活率达到 80%，细胞增殖能力和胞外基质Ⅱ型胶原的表达均显著升高，更重要的是术后混合支架的力学性质(弹性模量＝1.76 MPa 和最大拉伸力＝1.11 MPa)远高于单一材料。这位软骨修复和再生提供了一个全新的思路。

7.5.3 关节置换材料

当软骨退变疾病恶化到难以通过缺损区域填充或关节镜等简单临床手术实现治疗时，依据不同的病灶部位需要进行膝关节置换或全关节置换手术。一般的，当发生关节持续疼痛影响正常生活和运动、休息和药物治疗都不足以缓解疼痛和关节变形、药物注射或清创术后关节疼痛和炎症没有明显改观或加重的情况才会建议进行膝关节置换术。不同于全关节置换，膝关节置换更多的是对关节表面进行重塑(见图 7 - 5)。膝关节置换主要包括 3 个部分，即股骨端、胫骨端和膝盖骨置换，股骨端置换材料一般为金属材料包裹于股骨末端，其中间有一个凹槽有利于膝盖骨假体移动。胫骨端置换材料包括与胫骨链接的金属板及与股骨端假体配套的塑性垫片(如聚乙烯)。膝盖骨假体通常是一个聚乙烯圆形垫片用以模拟膝盖,但只在部分关节置换手术中用到。

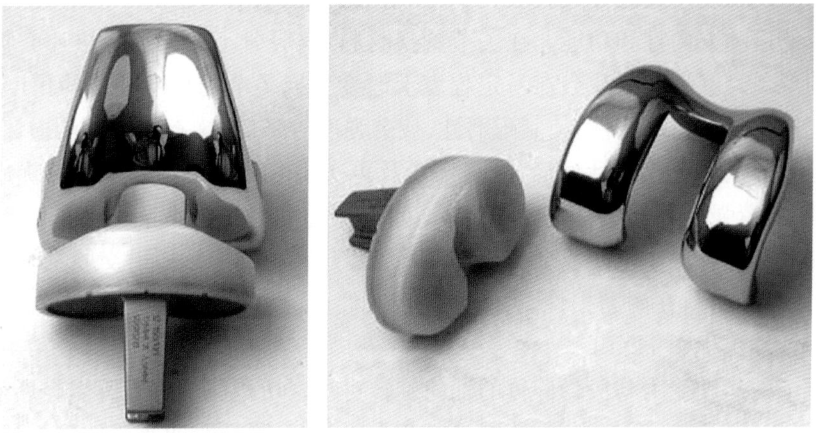

图 7-5 全关节置换材料
Figure 7-5 Total knee replacement materials

关节假体材料的选择主要包括:① 高强度、高弹性模量、高材料韧性和抗接卸疲劳能力,在躯体受力过程中不易发生形变,在负载动态变化时(包括静息条件下耐受 3 kN 以上的应力变化,在奔跑跳跃时耐受 8 kN 以上的压力变化)也不宜形变;② 在体内生物惰性和生物相容性强,耐腐蚀性强;③ 高硬度以适应长期磨损和优良的表面修饰以降低材料间摩擦;④ 材料表面和体液接触角低有利于体液润滑作用。

常用于膝关节置换的材料包括不锈钢、钴铬合金、钛及钛合金、钽、聚乙烯、锆以及生物活性表面涂层等。不锈钢由于耐腐性差在膝关节置换术发展后期便很少使用;钛合金和钴铬合金在膝关节置换中最为常用,除了优良的力学性能和生物相容性外,这两种合金植入后的翻修率也比其他材料要低很多,但值得注意的是,由于运动引起的钴铬合金颗粒脱落可能会引起病患的过敏反应;钽是一种新型的关节置换材料,其具有极好的弹性、耐腐性和生物相容性,最近研究发现的多空钽还具有较好的促骨生长能力。聚乙烯和锆作为胫骨上端的塑性垫片材料和膝盖骨假体材料在置换术中较为常见,处理优良的生物相容性,聚乙烯和锆的耐磨性远超过传统金属材料,尤其是锆合金制造的垫片可以将置换关节假体的寿命延长至 25 年左右,更值得一提的是氧化锆陶瓷除了具有高于钴铬合金的硬度外,其摩擦力却是钴铬合金的一半,这更有利于患者的术后运动。现在有更多的置换材料表面会喷涂一层生物活性物质,有利于假体与骨系统的结合,如羟基磷灰石涂被有利于骨在假体表面生长[56]。

在钛镍合金置换材料的研究者发现,钛镍形态记忆合金较钛铝合金和铬等置换材料有与股骨更接近的力学特性,通过对置换材料进行压力测试模拟和应力分布模拟发现,钛镍记忆合金的最大接触压力与其他两种材料相近(聚乙烯材料:中部 = 2.7 MPa,边缘 = 0.98 MPa;胫骨软骨 = 3.5 MPa)但等效应力显著降低[57]。

膝关节置换后关节力学负荷改变不显著,但不同胫骨髁假体表面的前后曲度差别却很大,韧带保留型假体表面相对平坦,而不保留交叉韧带和交叉韧带替代型假体曲度较大。但是其力学原理一致，即当仅由股骨和胫骨间传导的关节反作用力构成压缩负荷时，负荷力线必须通过关节面接触点且垂直于关节面。所以对关节假体进行术后校准变得非常重要。假体间的旋转对线角度差异会导致胫股关节半脱位和聚乙烯半月板的早期磨损，甚至会影响到正常髌骨的运动方向性和功能。在关节置换材料中，胫骨上的聚乙烯垫片磨损是关节假体中常见的现象。磨损的垫片会在一定程度上改变置换关节的校准轴线的角度，这将进一步的影响置换关节的材料属性，使其耐磨性、疲劳强度等降低，这不仅会提前损坏关节假体，更重要的是会对病患造成包括疼痛、骨损伤以及再次手术等诸多痛苦。所以优质的胫骨垫片在耐久性、疲劳强度等方面有更多的要求。现有报道的胫骨垫片除了传统的聚乙烯外，还包括高度交联的超高分子量聚乙烯(HXPE)以及其升级版的连续照射交联结合热处理的聚乙烯(SXL)，两种材料在耐磨损性、力学强度以及疲劳强度方面都强于传统聚乙烯，但 SXL 抗氧化抗腐蚀性更优于 HXPE[58]。

髌骨关节的运动受力与股骨假体的轴向旋转对线密切相关。内旋假体会增加髌骨关节的外侧接触压；而假体适度外旋，则能减少股四头肌角度，降低股四头肌外侧矢量，获得较好的髌骨运动轨迹。但是过度外旋则可以引起髌骨内侧脱位和髌骨关节内侧接触压增加。髌骨关节接触压长期超过聚乙烯所能承受的限度，必定引发髌骨假体磨损与松动。股骨假体选择与股骨髁上轴平行的轴向旋转位置，可以获得最优的髌骨关节生物力学表现。当然，更多的合金和聚合物在被发现用于关节置换材料，如具有更好的抗腐蚀性的钴铬钼合金材料，在疲劳强度和应力系数方面强于单一的金属材料或钴铬材料，并且在抗腐蚀方面也强于钴铬合金；聚乙烯醇胶研究发现也可用于软骨替换，作为软材料其在力学性质和抗磨损方面并不比传统的金属和聚合物材料差，同时由于其较低的接触应力更有利于手术的成功和术中术后的关节校准。多微孔结构在关节置换材料中具有重要意义，以多微孔钛为例，与传统钛合金或钛材相比，多微孔钛材与接触骨具有更近似的力学性质(弹性及伯松比)同时降低材料与连接组织的错配率，更重要的是多孔结构钛材植入后，新生骨的应力集中现象会显著降低[59]。

最后需要注意，虽然以上提到的假体材料在力学强度、抗磨损抗腐蚀能力、生物相容性等方面都有各自的优势并且在关节置换术中得到广泛的运用，但不得不提到，由于中心周角度偏移，材料脱落、氧化等问题造成的术后副作用是不可避免的，而且年轻人由于运到量大于老年人，术后一年内关节感染和关节假体的机械故障远高于老年人。所以智能型和灵活性更高，同时兼具优质力学性能、抗氧化腐蚀、耐劳损并具有生物相容性的假体材料还有待进一步升级和发现。

7.6 干细胞在软骨修复生物力学中的作用

除了上面介绍到的生长因子和生物材料，细胞治疗在软骨损伤修复和再生中也起到至关重要的作用，尤其在软骨组织工程研究中种子细胞的选择直接影响到再生软骨的生物学及力学性质。本节主要对干细胞在软骨损伤修复及再生中的作用和技术手段进行介绍。

1987 年 Brittberg 首次实现了自体软骨移植，并在 1994 年对手术进行了全程报道，2009 年欧洲药品管理局首次通过了商业化的细胞移植产品 ChondroGide 用于软骨治疗，后期也有 CaReS 等问世替代早期细胞治疗产品。早期细胞移植大多通过自体软骨细胞移植手段进行缺损区域填充，但随着术后回访和复诊发现，自体软骨细胞回输会受到诸如细胞密度、细胞分化状态等多种因素的制约，术后再生软骨往往会发生纤维化的现象。现已发现干细胞可从多种组织中获得如骨髓、脂肪、滑膜、骨骼肌、皮肤甚至体液（尿液）。由于干细胞来源广泛、增殖能力强以及高免疫调节能力，后期的自体细胞移植通常会选择干细胞定向分化的手段进行软骨缺损细胞治疗，与干细胞一步注射法相比干细胞体外增殖后移植缺损区域的两步法对缺损软骨的修复作用更为优越。2016 年 Freitag 首次通过两步法实现了干细胞自体移植进行骨关节炎治疗并获得成功[60]。

间充质干细胞（MSCs）是目前软骨损伤修复中最常用的种子细胞，其主要用于软骨再生的 MSCs 包括骨髓间充质干细胞（bone marrow-derived MSCs，BMSCs）、脂肪间充质干细胞（adipose-derived MSCs，AMSCs）、滑膜间充质干细胞（synovial-derived MSCs，SMSCs）以及一些关节组织来源的祖细胞（progenitor cells）。骨髓间充质干细胞的优势在于其易于分离扩增并具有极强的分化潜能，在含有地塞美松 TGF－β 的诱导培养液中 BMSCs 可大量合成软骨胞外基质黏多糖，但年龄和分化潜能是长期困扰 BMSCs 的瓶颈。相较于 BMSCs，脂肪间充质干细胞具有来源广泛、提纯简单、细胞传代培养能力强及增殖效率高等优势，不同的是 TGF－β 诱导 AMSCs 软骨分化作用不佳，主要通过 BMP－6 诱导其软骨分化。值得一提的是，在临床治疗中往往会丢弃病患的增生滑膜，近年研究却发现滑膜来源的间充质干细胞在软骨缺损细胞治疗中具有积极的意义，已经证实 SMSCs 在软骨分化能力方面强于已报道过的多种间充质干细胞，并且具有极强的增殖能力，如 PRP 诱导 SMSCs 分化研究中发现，SMSC 分化形成的再生软骨在生物学、力学等特性上均与正常软骨是否相似，但 SMSCs 存在的问题是在其软骨分化过程中会出现纤维化的现象，值得进一步探讨。研究发现只有高浓度的细胞进行填充获得的软骨才具有天然软骨组织的特性。在临床研究中一般会用 4～11×10^6 cell/ml 体外扩增后与胶原和透明质酸混合，填入 0.8～1 cm^3 的缺损区域中为宜。血清和诱导分化生长因子在临床和研究中也十分重要。要提到的是，不同来源的干细胞对血清是有选择性的，如人滑膜来源的间充质干细胞更倾向于在人血清中扩增而人来源的骨髓间充质干细胞则更倾向于在新生牛血清中扩增。在生长因子方面，除了细胞来源有选择性外，也要特别注意因子半衰期对细胞分化的影响，这一点依据不同的因子和细胞需要深入探讨[61]。除了 MSCs 外，如诱导多潜能干细胞（iPSCs）也表现出很强的软骨分化能力，Diekman 2012 年发表文章证实，通过调节培养基成分和培养时间，在 3D 环境下可以有效诱导 iPSCs 分泌包括透明软骨、纤维软骨在内的不同层级软骨的胞外基质除了传统的生物或化学手段诱导干细胞成软骨分化，力学诱导干细胞分化也受到关注。临床研究发现，静水压、组织压缩、剪切力等多种形式的力学刺激都可以诱导干细胞成软骨分化，软骨再生生物反应器研究中也常常会融入生物力学的元素。体外研究发现力学刺激有激活生长因子、调控细胞代谢及抑制软骨降解的潜力，如脉冲电磁场刺激可限制炎症因子的释放并降低软骨降解速率，动态压缩可降低 MSCs 肥大基因的表达并抑制 MSCs 释放的透明质酸的钙化。

在软骨细胞3D培养环境下对其进行力学刺激可有效促进软骨胞外基质的释放。更重要的是在关节腔微环境模拟中,力学刺激的参与可有效增加新生软骨的力学特性并维持软骨组织和细胞的形态。

综上,无论是软骨细胞或是干细胞,通过有效的诱导手段和具有目的性的培养条件,软骨再生是可以实现的。当然需要注意,在干细胞软骨再生研究中,干细胞分化以及胞外基质的分泌需要根据软骨的不同功能层级进行动态诱导,如纤维软骨和透明软骨是有显著区别的。同时,单一的诱导手段往往不能实现功能软骨的再生,所以力学-化学联合诱导在功能软骨重建方面有更大的发展空间,或许生物反应器是值得关注的组织工程研究和应用手段。由于软骨所处的特别生理位置,软骨细胞/组织力学环境和力学特性在修复和再生研究中值得特别关注,也可以作为再生软骨的一个标记进行检测。因此,种子细胞、生长因子、支架材料以及力学刺激结合实现软骨再生和修复极具希望。

(杨力　宋阳)

参考文献

[1] Mow V C, Wang C C, Hung C T. The extracellular matrix, interstitial fluid and ions as a mechanical signal transducer in articular cartilage[J]. Osteoarthritis and Cartilage, 1999, 7(1): 41-58.

[2] Oseni A O, Seifalian A M, Crowley C, et al. Cartilage tissue engineering: The application of nanomaterials and stem cell technology[J]. INTECH, 2011, 55(11): 1328-1334.

[3] Izadifar Z, Chen X, Kulyk W. Strategic design and fabrication of engineered scaffolds for articular cartilage repair [J]. J Funct Biomater, 2012, 3(4): 799-838.

[4] Jones W R, Ting-Beall H P, Lee G M, et al. Alterations in the Young modulus and volumetric properties of chondrocytes human cartilage[J]. J Biomechanical, 1999, 32: 119-127.

[5] 应大君,柏树令.系统解剖学[M].北京:人民卫生出版社,2009.

[6] Huang C Y, Mow V C, Ateshian G A. The role of flow-independent viscoelasticity in the biphasic tensile and compressive responses of articular cartilage[J]. J Biomech Eng, 2001, 123(5): 410-417.

[7] Varady N H, Grodzinsky A J. Osteoarthritis year in review 2015: Mechanics[J]. Osteoarthritis and Cartilage, 2016, 24(1): 27-35.

[8] Koay E J, Shieh A C, Athanasiou K A. Creep indentation of single cells[J]. J Biomech Eng, 2003, 125(3): 334-341.

[9] Swann A C, Seedhom B B. Improved techniques for measuring the indentation and thickness of articular cartilage[J]. Proc Inst Mech Eng H, 1989, 203(3): 143-150.

[10] 徐小川,康宏,易新竹,等.人颞下颌关节软骨弹性模量的测定[J].口腔颌面修复学杂志,2000,(1): 14-17.

[11] Stolz M, Gottardi R, Raiteri R, et al. Early detection of aging cartilage and osteoarthritis in mice and patient samples using atomic force microscopy[J]. Nat Nanotechnol, 2009, 4(3): 186-192.

[12] Roemhildt M L, Coughlin K M, Peura G D, et al. Material properties of articular cartilage in the rabbit tibial plateau [J]. J Biomech, 2006, 39(12): 2331-2337.

[13] Wei X, Räsänen T, Messner K. Maturation-related compressive properties of rabbit knee articular cartilage and volume fraction of subchondral tissue[J]. Osteoarthritis and Cartilage, 1998, 6(6): 400-409.

[14] Kuroki H, Nakagawa Y, Mori K, et al. Maturation-dependent change and regional variations in acoustic stiffness of rabbit articular cartilage: an examination of the superficial collagen-rich zone of cartilage[J]. Osteoarthritis and Cartilage, 2006, 14(8): 784-792.

[15] Julkunen P, Harjula T, Iivarinen J, et al. Biomechanical, biochemical and structural correlations in immature and mature rabbit articular cartilage[J]. Osteoarthritis and Cartilage, 2009, 17(12): 1628-1638.

[16] Brommer H, Brama P A, Laasanen M S, et al. Functional adaptation of articular cartilage from birth to maturity

under the influence of loading: A biomechanical analysis[J]. Equine Vet J, 2005, 37(2): 148 - 154.
[17] Zhou X, Wang W, Miao J, et al. Expression and significance of transient receptor potential cation channel V5 in articular cartilage cells under exercise loads[J]. Biomedical Reports, 2014, 2(6): 813 - 817.
[18] Guilak F, Ting-Beall H P, Baer A E, et al. Viscoelastic properties of intervertebral disc cells. Identification of two biomechanically distinct cell populations[J]. Spine, 1999, 24(23): 2475 - 2483.
[19] Trickey W R, Lee G M, Guilak F. Viscoelastic properties of chondrocytes from normal and osteoarthritic human cartilage[J]. J Orthop Res, 2000, 18(6): 891 - 898.
[20] Shieh A C, Athanasiou K A. Biomechanics of single zonal chondrocytes[J]. J Biomech, 2006, 39(9): 1595 - 1602.
[21] Knight M M, Ross J M, Sherwin A F, et al. Chondrocyte deformation within mechanically and enzymatically extracted chondrons compressed in agarose[J]. Biochim Biophys Acta, 2001, 1526(2): 141 - 146.
[22] Bader D L, Ohashi T, Knight M M, et al. Deformation properties of articular chondrocytes: A critique of three separate techniques[J]. Biorheology, 2002, 39(1 - 2): 69 - 78.
[23] Guilak F, Butler D L, Goldstein S A. Functional tissue engineering: The role of biomechanics in articular cartilage repair[J]. Clin Orthop Relat Res, 2001(391 Suppl): S295 - S305.
[24] Freeman P M, Natarajan R N, Kimura J H, et al. Chondrocyte cells respond mechanically to compressive loads[J]. J Orthop Res, 1994, 12(3): 311 - 320.
[25] Adouni M, Shirazi-Adl A. Evaluation of knee joint muscle forces and tissue stresses-strains during gait in severe O A versus normal subjects[J]. J Orthop Res, 2014, 32(1): 69 - 78.
[26] Moyer R F, Ratneswaran A, Beier F, et al. Osteoarthritis year in review 2014: Mechanics-basic and clinical studies in osteoarthritis[J]. Osteoarthritis and Cartilage, 2014, 22(12): 1989 - 2002.
[27] Wang H, Chen T, Torzilli P, et al. Dynamic contact stress patterns on the tibial plateaus during simulated gait: A novel application of normalized cross correlation[J]. J Biomech, 2014, 47(2): 568 - 574.
[28] Cicuttini F M, Wluka A E. Osteoarthritis: Is OA a mechanical or systemic disease[J]. Nat Rev Rheumatol, 2014, 10(9): 515 - 516.
[29] Fortier L A, Barker J U, Strauss E J, et al. The role of growth factors in cartilage repair[J]. Clin Orthop Relat Res, 2011, 469(10): 2706 - 2715.
[30] Yeh C C, Chang S F, Huang T Y, et al. Shear stress modulates macrophage-induced urokinase plasminogen activator expression in human chondrocytes[J]. Arthritis Res Ther, 2013, 15: R53.
[31] Heidarkhan Tehrani A, Singh S, Jaiprakash A, et al. Correlating flow induced shear stress and chondrocytes activity in micro-porous scaffold using computational fluid dynamics and rapid prototyping[J]. Eprints, 2014, 72.
[32] Carmona-Moran C A, Wick T M. Transient Growth Factor Stimulation Improves Chondrogenesis in Static Culture and Under Dynamic Conditions in a Novel Shear and Perfusion Bioreactor[J]. Cell Mol Bioeng, 2015, 8(2): 267 - 277.
[33] Bourne D A, Moo E K, Herzog W. Cartilage and chondrocyte response to extreme muscular loading and impact loading: Can in vivo pre-load decrease impact-induced cell death[J]. Clin Biomech, 2015, 30(6): 537 - 545.
[34] Aigner T, Lohmander S. OAC Histopathology Supplement[J]. Osteoarthritis and Cartilage, 2010(18): S1 - S122.
[35] Baltzer A W A, Moser C, Jansen S A, et al. Autologous conditioned serum (Orthokine) is an effective treatment for knee osteoarthritis[J]. Osteoarthritis and Cartilage, 2009, 17(2): 152 - 160.
[36] Williams G M, Dills K J, Flores C R, et al. Differential regulation of immature articular cartilage compressive moduli and Poisson's ratios by in vitro stimulation with IGF - 1 and TGF - β1[J]. J Biomech, 2010, 43(13): 2501 - 2507.
[37] Huang A H, Farrell M J, Kim M, et al. Long-term dynamic loading improves the mechanical properties of chondrogenic mesenchymal stem cell-laden hydrogels[J]. Eur Cell Mater, 2010, 19: 72.
[38] Dahlin R L, Ni M, Meretoja V V, et al. TGF - β3 - induced chondrogenesis in co-cultures of chondrocytes and mesenchymal stem cells on biodegradable scaffolds[J]. Biomaterials, 2014, 35(1): 123 - 132.
[39] Fan J, Gong Y, Ren L, et al. In vitro engineered cartilage using synovium-derived mesenchymal stem cells with injectable gellan hydrogels[J]. Acta Biomater, 2010, 6(3): 1178 - 1185.
[40] Gavenis K, Heussen N, Hofman M, et al. Cell-free repair of small cartilage defects in the Goettinger minipig: The effects of BMP - 7 continuously released by poly (lactic-co-glycolid acid) microspheres[J]. J Biomater Appl, 2013, 28(7): 1008 - 1051.
[41] Krase A, Abedian R, Steck E, et al. BMP activation and Wnt-signalling affect biochemistry and functional biomechanical properties of cartilage tissue engineering constructs[J]. Osteoarthritis and Cartilage, 2014, 22(2):

284 - 292.
[42] Ekenstedt K J, Sonntag W E, Loeser R F, et al. Effects of chronic growth hormone and insulin-like growth factor 1 deficiency on osteoarthritis severity in rat knee joints[J]. Arthritis & Rheumatism, 2006, 54(12): 3850 - 3858.
[43] Fortier L A, Mohammed H O, Lust G, et al. Insulin-like growth factor-I enhances cell-based repair of articular cartilage[J]. J Bone Joint Surg Br, 2002, 84(2): 276 - 288.
[44] Fortier L A, Miller B J. Signaling through the small G - protein Cdc42 is involved in insulin-like growth factor - I resistance in aging articular chondrocytes[J]. J Orthop Res, 2006, 24(8): 1765 - 1772.
[45] Luo Z, Jiang L, Xu Y, et al. Mechano growth factor (MGF) and transforming growth factor (TGF) - β3 functionalized silk scaffolds enhance articular hyaline cartilage regeneration in rabbit model[J]. Biomaterials, 2015, 52: 463 - 475.
[46] Cable R, Carlson B, Chambers L, et al. Practice guidelines for blood transfusion: a compilation from recent peer-reviewed literature[M]. Practice guidelines for blood transfusion: A compilation of recent peer-reviewed Literature-Second edition, 2007.
[47] Zhu Y, Yuan M, Meng H Y, et al. Basic science and clinical application of platelet-rich plasma for cartilage defects and osteoarthritis: A review[J]. Osteoarthritis and Cartilage, 2013, 21(11): 1627 - 1637.
[48] Rutgers M, Saris D, Dhert W, et al. Response to: Cytokine profile of autologous conditioned serum for treatment of osteoarthritis, in vitro effects on cartilage metabolism and intra-articular levels after injection-authors' reply[J]. Arthritis Res Ther, 2010, 12(6): 411.
[49] Luo X B, Chen B, et al. Simultaneous analysis of caffeic acid derivatives and alkamides in roots and extracts of Echinacea purpurea by high-performance liquid chroma-tography-photodiode array detection-electospray Mass Spectrometry[J]. J Chromatogr A, 2003, A986: 73 - 81.
[50] Tur K. Biomaterials and tissue engineering for regenerative repair of articular cartilage defects/Eklem kikirdagi hasarlarinin yenilenme ile onarilmasinda biyomalzemeler ve doku muhendisligi[J]. Turk J Rheumatol, 2009: 206 - 218.
[51] Ge Z, Li C, Heng B C, et al. Functional biomaterials for cartilage regeneration[J]. J Biomed Mater Res A, 2012, 100(9): 2526 - 2536.
[52] Kim I L, Mauck R L, Burdick J A. Hydrogel design for cartilage tissue engineering: A case study with hyaluronic acid[J]. Biomaterials, 2011, 32(34): 8771 - 8782.
[53] Nguyen L H, Kudva A K, Guckert N L, et al. Unique biomaterial compositions direct bone marrow stem cells into specific chondrocytic phenotypes corresponding to the various zones of articular cartilage[J]. Biomaterials, 2011, 32(5): 1327 - 1338.
[54] Miao T, Miller E J, McKenzie C, et al. Physically crosslinked polyvinyl alcohol and gelatin interpenetrating polymer network theta-gels for cartilage regeneration[J]. J Mater Chem B, 2015, 3(48): 9242 - 9249.
[55] Mhanna R, Öztürk E, Vallmajo-Martin Q, et al. GFOGER - modified MMP - sensitive polyethylene glycol hydrogels induce chondrogenic differentiation of human mesenchymal stem cells[J]. Tissue Eng Part A, 2014, 20(7 - 8): 1165 - 1174.
[56] Levorson E J, Sreerekha P R, Chennazhi K P, et al. Fabrication and characterization of multiscale electrospun scaffolds for cartilage regeneration[J]. Biomed Mater, 2013, 8(1): 014103.
[57] Madeira C, Santhagunam A, Salgueiro J B, et al. Advanced cell therapies for articular cartilage regeneration[J]. Trends Biotechnol, 2015, 33(1): 35 - 42.
[58] Bian L, Hou C, Tous E, et al. The influence of hyaluronic acid hydrogel crosslinking density and macromolecular diffusivity on human MSC chondrogenesis and hypertrophy[J]. Biomaterials, 2013, 34(2): 413 - 421.
[59] Kuznetsova S, Villemure I, Abu Sara Z, et al. In situ chondrocyte mechanics following static and dynamic compressive stress[J]. JURA, 2014, 4(1): 14.
[60] Remya N S, Nair P D. Modulation of chondrocyte phenotype by bioreactor assisted static compression in a 3D polymeric scaffold with potential Implications to Functional Cartilage Tissue Engineering[J]. J Tissue Sci Eng, 2015, 6(2): 1.
[61] Hdud I M, Mobasheri A, Loughna P T. Effects of cyclic equibiaxial mechanical stretch on alpha - BK and TRPV4 expression in equine chondrocytes[J]. SpringerPlus, 2014, 3(1): 59.

8 前交叉韧带修复生物力学

前交叉韧带(anterior cruciate ligament,ACL)在运动员、舞蹈类工作者等高强度运动人群中的损伤率不断增加。ACL 损伤后修复进程主要包括炎症期、周围组织修复期、增殖期与重塑期,各修复阶段中发生不同的组织学变化。由于 ACL 成纤维细胞增殖与迁移能力过低、对生长因子响应不足、血供不足及关节腔内力学微环境的恶化等原因,ACL 自我修复与再生十分困难。ACL 损伤后,关节腔内各组织力学载荷分布异常,常会进一步诱发半月板退化、关节炎症等病变,引起膝关节功能紊乱。现阶段,ACL 伤后修复的基础研究主要是通过生长因子调控、基因治疗、细胞治疗、生物支架及力学因素刺激等途径提高修复质量和速度,临床治疗主要通过移植物进行 ACL 重建。常用的移植物主要包括异体移植物、自体移植物与合成材料,在手术方式上选择单束或双束的重建模式来恢复 ACL 功能,其中自体移植一直被认为是 ACL 重建的“金标准”。目前的 ACL 重建手术在短期内效果恢复明显,但不能够长期性地维持膝关节功能,且常伴随继发性病症的发生。因此,ACL 损伤后重建及力学功能的长期维持仍是亟须解决的临床难题。

8.1 ACL 的解剖学结构

膝关节是人体最大、结构最复杂的关节,主要是由内侧股骨髁、外侧股骨髁、胫骨髁与髌骨构成,周围有韧带、肌肉、半月板和关节囊的支持(见图 8-1)[1]。其中的韧带是保证膝关节功能与生理稳定的重要组织,主要包括前交叉韧带(anterior cruciate ligament,ACL)、后交叉韧带(posterior cruciate ligament,PCL)、内侧副韧带(medial collateral ligament,MCL)和外侧副韧带(lateral collateral ligament,LCL)。这 4 条韧带以及其他肌肉、韧带之间协同作用,共同维持膝关节腔面的压缩载荷和并置,最大化地保持了膝关节的扣锁机制。

ACL 是维持膝关节稳定性的重要结构,其上部呈扇形附着于股骨外侧髁的内侧面,向前下止于胫骨间隆起的前内区并与外侧半月板的前角连接,功能是防止膝关节胫骨过度前移(或股骨后移)[2]。整条韧带由平行排列的胶原束构成,并可因胫骨部位的黏着位点将其分为前内侧束(anteromedial,AM)与后外侧束(posterolateral,PL)。AM 纤维束较长,起始于股骨最近段,插入胫骨止点的前内侧区域。PL 纤维束则较短,起始于股骨最远端,插入胫骨止点的后外侧区域。尽管在 ACL 解剖学结构上仍存有一定的争议,但运动过程中韧带纤维束拉伸力的非均一性分布是普遍受到研究者认同的。膝关节受到被动拉伸或弯曲时，ACL 纤维束会因股骨插入位点的差异而发生不同的应力模式。拉伸时，ACL 的股骨黏着处呈垂直向，PL 束拉紧，AM 束适当松弛，膝关节弯曲时则会引起 AM 束紧张而 PL 束松弛[3]。

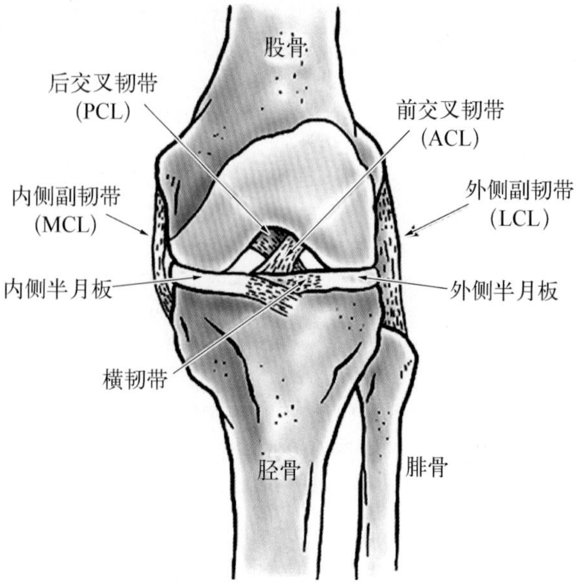

图 8-1　膝关节解剖示意图(前视图)：包括胫骨与股骨间的前交叉韧带、后交叉韧带、内侧副韧带、外侧副韧带、横韧带、半月板等[1]

Figure 8-1　Knee anatomy schematic (front view): including ACL, PCL, MCL, LCL, transverse ligament and meniscus, et al

8.2　ACL 损伤后组织修复

在日常生活或体育运动中，各组织力学承载的合理有序是膝关节运动及动力学稳定的必要条件。ACL与其他组织共同维持了膝关节功能的稳定性，避免过度的胫骨-股骨间相对位移的发生。ACL 发生损伤后，力学性能降低，进而导致关节内力学环境发生变化，其他如 MCL、软骨及半月板等受力异常，使得关节腔内微环境进一步恶化，严重阻碍 ACL 再生修复进程。即使在手术重建后，移植物生物力学性能往往也逊于初始正常的 ACL，并且伴随着二次损伤及膝关节生物力学功能再次失稳的高风险。因此，正确、清楚地理解 ACL 损伤前后各阶段的力学承载变化，对于基础研究和临床治疗都具有重要的指导意义。

8.2.1　ACL 损伤概率日益增加

高强度体育运动与竞技活动的普及使得运动性创伤概率增加，韧带组织在膝关节受到超负荷拉伸应力或在一些扭转、速动、急停动作较多的运动中会发生过度弹性应变直至断裂。现阶段，韧带已成为人体中易损伤的部位之一，并且损伤概率相比过去有逐步升高的趋势[4-6]。其中，ACL 和 MCL 损伤在韧带损伤案例中约占有 90%[4]。一般情况下，ACL 损伤与其力学特性相关，受力的复杂性和突发性是导致损伤的主要原因[7]。统计显示，每年每 10 万人中约有 1 184 人发生 ACL 损伤，其中约 37 人须接受 ACL 手术治疗[8]。除高强度运动诱因外，ACL 损伤还与运动的时间相关，常常发生在运动后期或者比赛活动靠后的时间段内，神经肌肉疲劳导致韧带控制力减弱而引起 ACL 损伤，即具有疲劳效应[7]，且现有一些数据表明由于生理条件差异，ACL 损伤概率在男性和女性之间存在差异[6,9]，女性更易发生 ACL 损伤，在我国专业运动员中，女性损伤发生率为男性 2.37 倍[10]。

鉴于 ACL 损伤后难以自我修复及对膝关节带来的损害，及时有效地进行手术重建是临床上最主要的治疗方式。在美国，每年有近 40 万例 ACL 重建手术，并存在不定的移植失败概率(0%～14%)，而国内专业运动员中 ACL 严重损伤率近 0.47%，需要接受 ACL 治疗[11]。但以目前临床效果来看，多数 ACL 重建手术早期功能恢复良好，但基本无法长期维持膝关节正常功能，重新出现失稳现象。

8.2.2 ACL 受力有限元分析及损伤后组织学变化

8.2.2.1 ACL 生物力学分析

临床实践表明，ACL 进行临床手术重建后，近 20%～25%的病例中长期的生物力学功能表现不佳，其根本原因在于对 ACL 基础解剖学、生物力学特性的认知不足，进而导致二次损伤的高发生率[12]。因此，清楚地认知 ACL 的解剖学结构及应力-应变分析变得尤为重要，特别是 ACL 处于复杂的受力条件时。

在机体活动时，ACL 的受力分布可通过三维建模来探索分析，以此能够有效地分析 ACL 的应力-应变关系及受力分布。将获得的股骨远端、ACL 及胫骨近段作为样本，进行标准化固定后并使用激光扫描仪对其进行旋转扫描，记录所有的点云数据，并以 IGES (initial graphics exchange specification) 格式输入电脑，进一步使用 IMAGEWARE NX V12.1 进行数据处理。具体步骤为去除外固定器及上下半环式沟槽外的骨的点云数据，通过 IMAGEWARE 的 3D 可控点要素提取样本轮廓，所有锚定点使用原点进行标记。矢量曲线输入 UGNX4.0 软件并适当调控阈值，从而建立这些结构的三维模型(见图 8-2)[13]。

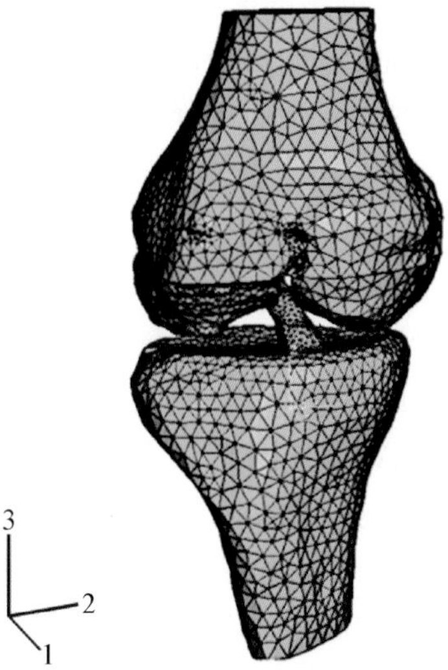

图 8-2 包含股骨远端、ACL 及胫骨近段的三维有限元模型[13]

Figure 8-2 Three-dimensional finite element model that involves the distal segment of femur, ACL, and the proximal segment of tibia

研究发现，通过建立的有限元模型模拟胫骨前移时，能够利用云图显示过程中冯米斯等效拉伸应力(von Mises equivalent tensile stress)分布(见图 8-3)。结果表明，ACL 内部受力非均一性分布，外侧纤维束要比中间部位的承受更大的应力。同时，云图中显示 ACL 受力随着胫骨前移距离的增加显著性上升，且呈现出由胫骨嵌入部位向股骨嵌入部位逐渐增加的趋势，在靠近股骨嵌入部位最为集中[13]。

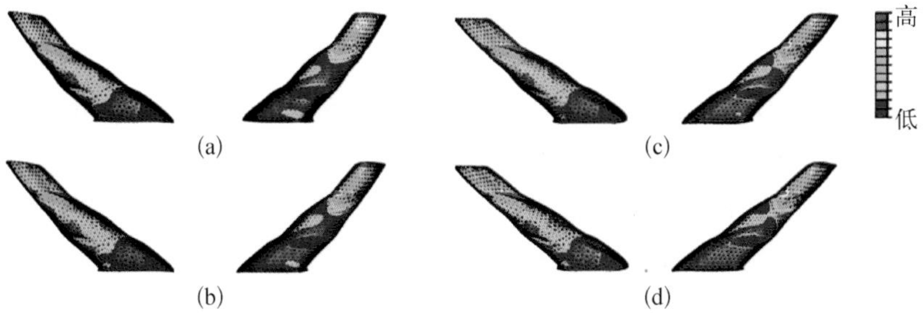

图 8-3 胫骨前移(a) 2 mm、(b) 4 mm、(c) 6 mm 及(d) 8 mm 时 ACL 受力的空间分布[13]

Figure 8-3 ACL stress spatial distribution at (a) 2 mm, (b) 4 mm, (c) 6 mm and (d) 8 mm anterior displacement of the tibia

8.2.2.2 ACL 损伤后组织学分析

人体 ACL 撕裂损伤后，其修复进程因组织学变化可分为 4 个阶段：炎症期（1～2 周内）；外周组织修复期（3～8 周）；增殖期（8～20 周）；重塑期（1～2 年）[14]。

在 ACL 撕裂后早期的炎症反应阶段，关节液积累，韧带残端肿胀并被血凝块包裹，关节内及周围组织受到破坏。损伤部位附近的小动脉通过由平滑肌增生和内壁加厚引起的内膜增生从而扩张，小静脉则通过较少一些的平滑肌细胞增生而扩张，而毛细血管则会因血栓生成而堵塞。参与这一阶段韧带炎症反应的细胞主要是成纤维细胞、中性粒细胞、淋巴细胞和吞噬细胞。接下来撕裂损伤修复阶段为外围韧带组织修复阶段，外围韧带组织开始修复且 ACL 断裂端形成滑膜组织。此阶段中，断裂部位细胞数密度及血管密度未发生改变，但炎症细胞数目减少，成纤维细胞增多，仅极少数血管存在内膜增生现象。而外围韧带组织细胞数密度和血管密度增加，外围韧带不断加厚及成纤维细胞持续增殖，血管周围韧带组织将延伸并封闭断裂部位。接着 ACL 撕裂损伤修复进入增殖期，最主要特征是 ACL 残端胶原纤维束中的细胞密度和血管密度增加。成纤维细胞成为最主要的细胞类型，且 ACL 残端细胞越来越多并在第 16～20 周达到最高值。但此时的纤维细胞排列仍是混乱的，但可发现在此阶段开始血管化修复并形成成熟毛细血管。这一阶段另一个比较重要的表现就是构成滑膜层的富含 α -平滑肌肌动蛋白（alpha smooth muscle actin, α - SMA）的细胞大量存在。最后在 ACL 撕裂 1～2 年之后是 ACL 的重塑和成熟期，撕裂处细胞数密度及血管密度下降，ACL 残端收缩。纤维细胞呈长梭形，与 ACL 纵轴方向一致，而且更多胶原束排列与 ACL 纵轴一致，更有益于 ACL 功能的恢复[14]。检测不同修复阶段胞外基质合成发现，胶原主要在外周组织修复阶段表达最高，核心蛋白多糖、双糖链蛋白聚糖、α - SMA 及转化生长因子 β_1（transforming growth factor β, TGF β_1）在重塑期阶段时表达最高，而白细胞介素（interleukin，IL）- 6、基质金属蛋白酶（matrix metallo-proteinases，MMPs）1 和 MMP - 2 在此阶段时表达显著下降，分别与各阶段组织学变化相匹配[15]。

8.2.3 ACL 损伤后再生困难原因

一直以来，关于导致 ACL 自发性修复能力比其他韧带组织低下的可能原因，研究者提出了各种可能性解释并做出验证。首先研究者对韧带本身一些基础的自身特征做了一些研究，认为 ACL 成纤维细胞相比较于其他韧带成纤维细胞表现出更强的与胞外基质间黏附力而不利于细胞的迁移[16, 17]、对炎症因子更为敏感且迁移能力更低[18]、对生长因子响应[19]以及细胞增殖能力明显不足[20, 21]等。同时，研究者发现关节内外环境的差异、关节内组织力学环境改变、一氧化氮（nitric oxide，NO）过量合成及 ACL 与 MCL 成体干细胞的增殖、分化等方面差异同样影响 ACL 再生修复能力。研究结果显示不同的 ACL 损伤位置及时间会影响关节内外环境不同，韧带撕裂的术后修复效果差异很大[22]。其次相比较其他韧带而言，关节内 ACL 损伤后力学因素会导致关节内其他组织机械负荷改变，引起进一步退化损伤[23]。而且研究者比较了关节内各种韧带细胞 NO 合成差异，发现 ACL 不但在炎症因子诱导下会大量生成 NO，甚至会自发生成 NO，同时与 MCL 相比较，ACL 对 NO 更为敏感，从而使 NO 更大程度上抑制了胞外基质胶原的合成[24]及引起 ACL 细胞凋亡[25]，同时还调控了其他一些如 MMP2 等分泌物对胶原的降解作用[26]。另外一个导致修复困难的重要原因则是韧带损伤后，ACL 血供明显要低于 MCL 等，阻碍了 ACL 自愈[27]。

8.2.3.1 增殖、迁移能力

与 MCL 成纤维细胞相比，ACL 成纤维细胞自身增殖能力与迁移能力过低是其难以再生及自我修复的主要因素之一。ACL 修复过程中外周修复阶段与增殖期时，成纤维细胞增殖并向损伤位点迁移对于修复进程十分重要，而关节液中大量的炎症因子往往调控了细胞外基质(extracellular matrix，ECM)的合成并抑制了 ACL 成纤维细胞的迁移，使得最终修复效果难以令人满意。

Cooper 等人[28]利用组织工程手段调控 ACL 修复时，分别比较了 ACL、MCL、跟腱(achilles tendon，AT)与髌腱(patellar tendon，PT)来源细胞的修复潜力，结果显示 AT 与 PT 来源细胞增殖能力最快，高于 ACL 及 MCL 来源细胞。同时，早期实验已证实 MCL 成纤维细胞增殖与迁移能力均高于 ACL 成纤维细胞。然而，在细胞表型标志物表达方面，ACL 成纤维细胞中Ⅰ型胶原(col Ⅰ)、Ⅲ型胶原(col Ⅲ)及纤连蛋白表达却远高于 MCL、AT 与 PT 来源细胞，相比之下仍然更适宜作为组织工程手段修复 ACL 损伤的种子细胞。另一方面，ACL 成纤维细胞黏附能力过高，迁移能力低下同样严重阻碍了 ACL 损伤后修复。

8.2.3.2 血供不足

研究发现，韧带修复的早期阶段必须要有充足的血供，否则不利于后期的修复进程，但快速的 ACL 重建修复是术后个体能够更早更安全地进入体育活动的必要条件。因此，血供的充足与否密切关系着 ACL 损伤修复。比较正常 ACL 与 MCL 可发现两者在血管组织学上存有很大差异，MCL 组织周围有较多血管包被，且有一些血管穿插于组织中间，而 ACL 组织上仅有一些小的膝状中动脉分支分布，且几乎无任何血管穿插于组织中间，这也造成了一旦发生损伤后，ACL 中血管生成困难，血供缺乏。将 ACL 与 MCL 进行半切断手术处理，并于 2 周、6 周和 16 周后分别检测血流量及血管容积。结果显示 MCL 中血流量显著性提高近 8 倍，且在炎症调控下大量血管生成并形成瘢痕组织。与之不同，ACL 半切断手术后血管容积增加仅有 2 倍，而血流量无明显变化且出现萎缩现象[27]。

现阶段，通过提供血管内皮生长因子(vascular endothelial growth factor，VEGF)等手段来促进 ACL 修复中血管生成是一种常用手段。Takayama 等人[29]筛选获得人 ACL 组织来源的 CD34 阳性细胞，分别进行不同程度转导 VEGF 后，建立不同实验组用于大鼠 ACL 修复：$CD34^+$ VEGF 组(100%的细胞进行了 VEGF 转导)、$CD34^+$ VEGF 组(25%的细胞进行了 VEGF 转导)、GFP^- $CD34^+$ 组、$CD34^+$ sFLT1 组和无细胞组、探索 VEGF 存在与否对 ACL 移植物进行重建效果的影响。研究结果显示，在第 2 周时，$CD34^+$ VEGF (100%)组和 $CD34^+$ VEGF (25%)组中同工凝集素 B4 (isolectin B4)含量显著高于其他各组，其中 $CD34^+$ VEGF (100%)组中含量最高。不仅如此，$CD34^+$ VEGF (100%)组中人源内皮细胞含量同样高于其他各组 $CD34^+$ VEGF (25%)组除外。总体来说，当缺乏 VEGF 时，ACL 重

建后血管生成降低，移植物成熟不足及生物力学强度减弱(见图 8-4)。然而，并非 VEGF 含量越高对于 ACL 损伤修复越有利，实验证实过度的 VEGF 会引起移植物生物力学强度的进步，并有可能致使 ACL 成纤维细胞过度增殖及瘢痕组织过度生成，不利于 ACL 力学功能的恢复。

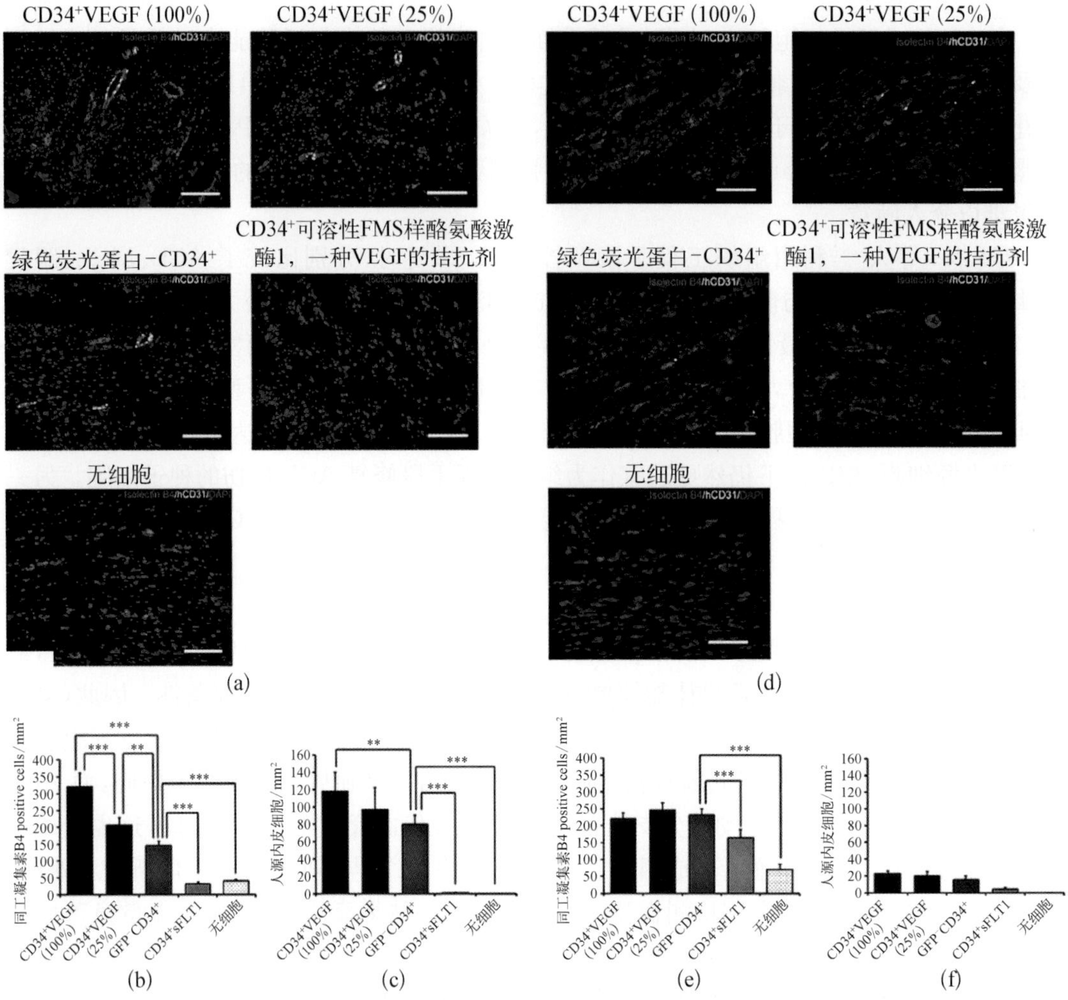

图 8-4 主体和供体细胞衍生的血管生成

分别于手术重建 2 周或 4 周后收集组织样品，并进行同工凝集素 B4(大鼠内皮细胞特异性标记物)及人源 CD31(人内皮细胞特异性标记物)免疫组织化学染色[29]

(a) 2 周时，同工凝集素 B4(红)与 hCD31(黄)免疫组化染色分析。Bar=100 mm；(b) 2 周时，同工凝集素阳性细胞数目定量分析；(c) 2 周时，CD31 阳性细胞数目定量分析；(d) 4 周时，同工凝集素 B4(红)与 hCD31(黄)免疫组化染色分析。Bar=100 mm；(e) 4 周时，同工凝集素阳性细胞数目定量分析；(f) 4 周时，CD31 阳性细胞数目定量分析($n=6$；*** $p<0.001$，** $p<0.01$)

Figure 8-4 Host and donor cell-derived vasculogenesis

8.2.3.3 关节腔微环境改变

ACL 损伤后，关节腔内往往会有严峻的低氧发生，而在关节液中大量炎症因子的积累、MMPs 活力提高，致使 ACL 修复早期阶段 ECM 累积困难，难以有效形成瘢痕组织，严重阻碍了外周组织的修复。严重情况下，MMPs会诱发骨或软骨部位的局部侵袭与退化，进一步恶化膝关节环境，不利于损伤后的修复进程。其中MMP-2作为调控ACL组织ECM新陈代谢重要的胶原酶之一，在ACL损伤修复进程中起到双刃剑的作用。

在ACL损伤修复的炎症阶段和外周组织修复阶段时，由pro-MMP-2剪切成为具有更高活性的MMP-2，导致积累的MMP-2活性显著性上升。因其高效的胶原降解作用，致使外周组织难以包裹ACL损伤部位，瘢痕组织形成困难，修复进程被遏制。研究显示，利用一种“大鼠ACL旋转损伤装置”人为损伤大鼠ACL后，关节液中大量炎症因子，如IL-1β、IL-6与肿瘤坏死因子(tumor necrosis factor-alpha，TNF-α)含量急剧升高，而高浓度的炎症因子则会进一步活化MMP-2，检测结果表明，关节液中MMP-2与其他MMPs活性同样显著性提高，且呈时间依赖性。进一步地比较关节内各组织内MMP-2活性表达，结果提示滑膜组织与损伤的ACL是导致MMP-2活性显著性上升的主要来源，远高于PCL、软骨及半月板等其他关节内组织(见图8-5)[30]。临床的人体病例研究中同样得到相似结果，ACL损伤并进行手术重建后，早期炎症因子IL-6含量大量积累，而MMP-1，2表达均显著性上升，后期二者含量逐步降低[15]。

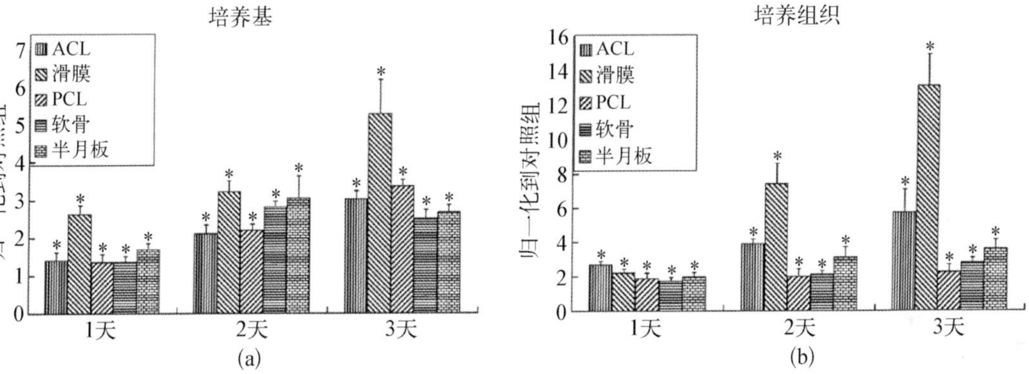

图8-5 ACL损伤后关节内各组织MMP-2的定量分析(平均值±标准误差)

(a) ACL损伤1、2或3天后，关节内各组织培养液中MMP-2的定量分析；(b) ACL损伤1、2或3天后，各培养组织中MMP-2的定量分析。ACL损伤后，12、24、36及48 h的前体与活化形式MMP-2条带光密度值总和作为第1、2、3天时的MMP-2活力值。然后，第1、2、3天时的数值与对照组进行比较(平均值±标准误差)($n=5$)。活体形式的活力为前体形式的10倍。*与对照组相比有显著性差异($p<0.05$)

Figure 8-5 Quantitation of MMP-2 in the intraarticular tissues after ACL injury (mean levels±SD)

体外实验发现，MMPs的活性受到力学刺激、炎症因子、低氧微环境及NO等因素的调控，各种因素最终引起MMPs活性的提高，使得ACL损伤修复无法有序正常进行。在ACL损伤修复研究中常用能够自我修复与再生的MCL作为对比，通过分别施加14%损伤性拉伸，结果显示ACL成纤维细胞中大量MMPs(MMP-1，-2，-7，-9，-11，-14，-17，-21，-23A，-24，-25，-27和-29)活性均显著性上调，而在MCL成纤维细胞中，仅MMP-7，-9，-14，-21和-24表达量升高且远低于ACL成纤维细胞中水平(见图8-6)，其相关机制可能涉及NF-κB以及AP-1信号通路参与调控[31]。通过明胶酶谱实验单独验证MMP-2活性，结果显示损伤后的ACL成纤维细胞中活性升高了近6.3倍，而MCL成纤维细胞中MMP-2活性无明显变化。滑膜组织是ACL损伤后关节液中MMP-2大量积累的最主要来源，分泌过程同样受到力学刺激影响，当给予类风湿性关节炎（rheumatoid arthritis，RA）滑膜成纤维样细胞 6%拉伸刺激时，MMP－1，－13 在短期 15 min 刺激时表达受到抑制，但随着刺激时间的延长（75 min）时抑制作用被削弱，过程中受到 ERK－1－ets－1－cited－2－c－jun 信号通路调控。

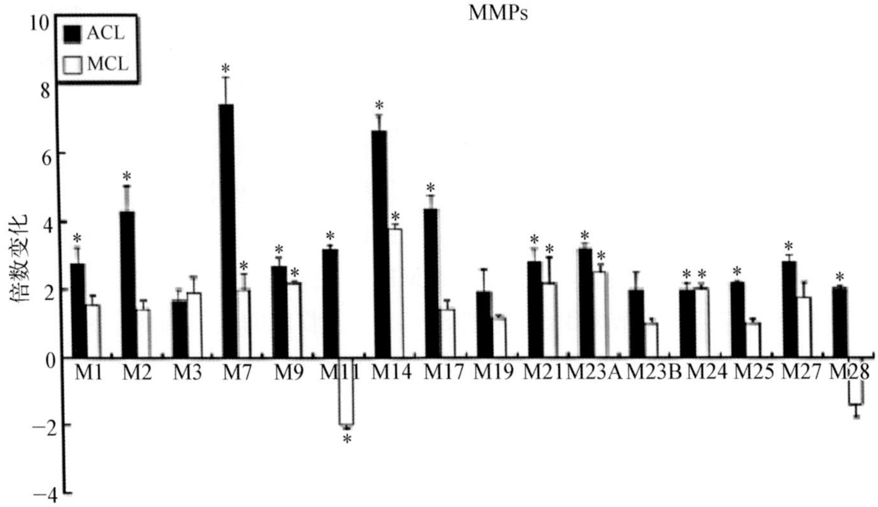

图 8－6 ACL 成纤维细胞与 MCL 成纤维细胞中 MMPs 基因表达图谱

14%强度拉伸 1、2、4、6、12 及 24 h 后，检测 MMPs 的 mRNA 表达水平并比较各基因的峰值，β－actin 和 GAPDH 作为内参基因。数据统计使用 ΔCt 方法来评估基因倍数变化，其中正向倍数变化表示上调，而负向倍数变化表示下调。实验数据为 4 个独立供体数据的平均值（$n=4$）；误差线为标准误差（＊$p\leqslant 0.05$ 与无损伤组相比）[31]

Figure 8－6 Expression profiles of matrix metalloproteinases (MMP) family genes in anterior cruciate ligament (ACL) and medial collateral ligament (MCL) fibroblasts

炎症因子同样是活化 MMP－2 的重要调控因素，与力学刺激协同作用促进了 MMP－2 的活性。TNF－α 与 IL－1β 处理 ACL 成纤维细胞后，MMP－2 活性呈浓度与时间依赖性上调，而在机械损伤（12%静态拉伸）协同作用情况下，MMP－2 活性上升更为显著[32]。与 ACL 不同，滑膜组织中 MMP－2 活性变化对 TNF－α 与 IL－1β 响应不同，TNF－α 促使滑膜组织中 MMP－2 活性呈浓度依赖性提高，而 IL－1α 则并无明显作用（见图 8－7）。除力学环境与炎症条件外，低氧微环境的形成同样影响 ACL 损伤修复过程中 MMP－2 活性。ACL 损伤后急剧出现的低氧微环境使得 ACL 成纤维细胞中更多的 pro－MMP－2 被剪切成为活性形式，高于 MCL 成纤维细胞中 MMP－2 活性变化，且低氧与炎症因子、力学损伤在 MMP－2 活性提高方面具有协同促进作用，涉及 NF－κB 信号通路。

金属蛋白酶组织抑制因子（tissue inhibitors of metalloproteinases，TIMPs）在机体中与 MMPs 协调调控 ECM 的代谢，拮抗 MMPs 对 ECM 的降解作用，而赖氨酰氧化酶（lysyl oxidases，LOXs）能够促进 ACL 成纤维细胞 ECM 合成，同样与 MMPs 一起共同调控 ECM 新陈代谢，介导 ECM 的合成。研究提示，TIMPs 与 LOXs 同样受到力学刺激、炎症因子等的调控。ACL 损伤早期，虽然 MMPs 与 TIMPs 均表达增加，但 MMP－1/TIMP－1 与 MMP－13/TIMP－1 显著性增加，致使对 ECM 主要起到降解作用。除此之外，ACL 和 MCL 受生理强度（6%）或损伤强度（12%）力学拉伸时，均高表达 LOXs，但炎症因子对 ACL

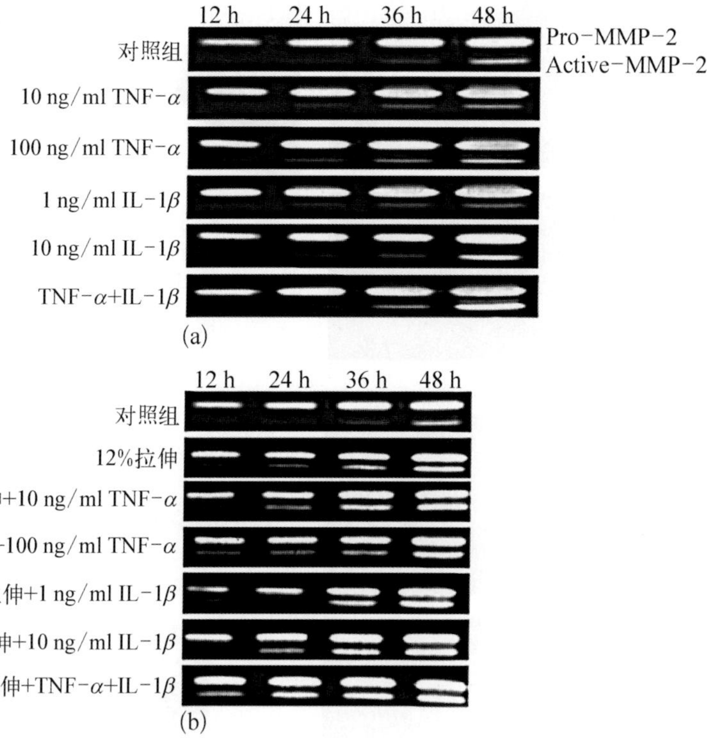

图 8-7 IL-1β、TNF-α 与力学损伤对 ACL 成纤维细胞中 MMP-2 活性的影响[32]

(a) 将 ACL 成纤维细胞不添加(对照)或添加 IL-1β(1 ng/ml 和 10 ng/ml)和 TNF-α(10 ng/ml 和 100 ng/ml)处理 12、24、36 和 48 h 后,收集上清液进行明胶酶谱分析;(b) 将 ACL 成纤维细胞不添加任何处理(对照)、12%力学拉伸和/或添加 IL-1β(1 ng/ml 和 10 ng/ml)和/或 TNF-α(10 ng/ml 和 100 ng/ml)处理 12、24、36 和 48 h 后,收集上清液进行明胶酶谱分析(所示的凝胶代表 4 次不同实验 $n=4$)

Figure 8-7 Effects of IL-1β, TNF-α and mechanical injurious stretch on MMP-2 activity in ACL fibroblasts

与 MCL 中 LOXs 及 MMP-2 的表达调控趋势不一。

NO 大量合成是除低氧外的另一个重要微环境变化,涉及 ACL 修复及继发性骨关节炎的治疗等多方面的调控,包括 MMPs 的活性、ACL 成纤维细胞凋亡、血管生成及新陈代谢等。ACL 在正常情况下即大量合成 NO,一旦发生损伤后则会过度地合成 NO,严重阻碍骨关节炎治疗。NO 作为细胞外信使,在主体防御及免疫反应方面起到关键作用。研究提示,在 ACL、软骨细胞和滑膜细胞中,炎症因子能够诱导诱导型一氧化氮合酶(inducible nitric oxide synthase, iNOS)高表达,关节液中 NO 合成增加并大量积累,导致软骨细胞发生凋亡。通过 ACL 切断术(anterior cruciate ligament transaction,ACLT)建立创伤性骨关节炎模型,研究发现关节腔中 NO 合成量上升,软骨细胞凋亡明显。ACL 残端中能够观测到 iNOS 在手术 1 天后即明显上调,1~3 天内凋亡细胞数目均显著上升,并在 7 天后细胞凋亡率才能恢复到正常水平。体外实验显示,与 MCL 相比,ACL 在较低剂量的 NO 条件下便发生显著性凋亡,其敏感度远高于 MCL(见图 8-8),P38-MAPK 信号通路参与细胞凋亡调节[25]。NO 不仅影响细胞凋亡,同时对血管生成具有调控作用。在实施 ACLT 手术后,硝普酸钠(sodium nitroprusside, SNP)促进了 MCL 中异常血管生成。但经 iNOS 抑制剂、透

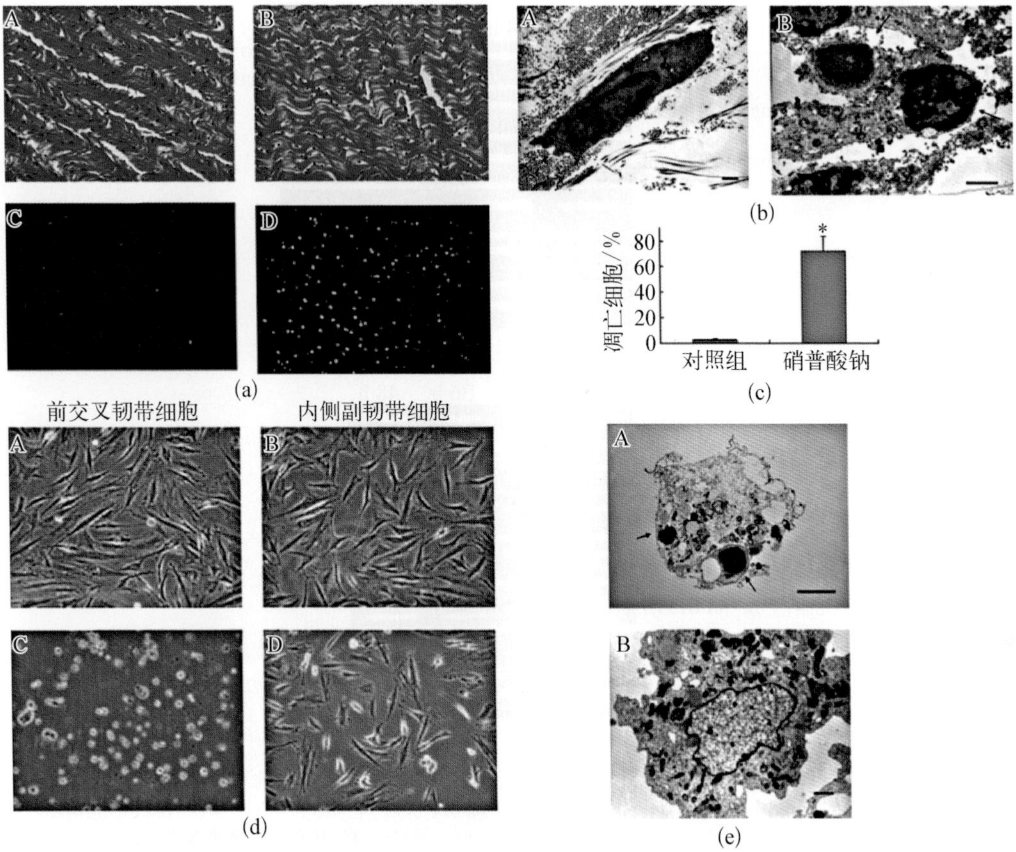

图 8-8 ACL 经硝普化钠处理后组织学分析及与 MCL 在细胞水平上对 NO-诱导凋亡的敏感差异[25]

(a) HE 染色(A, B)分析及利用 TUNEL(C, D)进行原位凋亡检测,(A) 对照组 ACL,(B) 经 1 mM 浓度 SNP 处理的 ACL,(C) 对照组 ACL (×100),(D) 经 1 mM 浓度 SNP 处理的 ACL (×100);(b) ACL 组织的电子显微图,(A) 正常 ACL 成纤维细胞,(B) 经 1 mM 浓度 SNP 处理的 ACL 中胶原排列破坏并发生细胞凋亡(箭头所示),标尺为 1 mm;(c) NIH 图像分析经 SNP 处理后 ACL 细胞凋亡与对照组相比显著增加;(d) 经 1 mM 浓度 SNP 处理后 ACL 与 MCL 细胞形态变化,无 SNP 处理的 ACL (A)与 MCL (B)细胞,经 1 mM 浓度 SNP 处理后 ACL (C)与 MCL (D)细胞;(e) 透射电镜分析 1 mM 浓度 SNP 处理后 ACL (A)与 MCL (B)细胞,标尺为 1 mm(* $p<0.05$ 与对照组相比)

Figure 8-8 Histological analysis of the ACL after incubation with SNP and the difference in susceptibility to NO-induced apoptosis between ACL and MCL cells

明质酸钠或体外冲击波治疗等手段,均可通过抑制 iNOS 进一步降低关节腔内 NO 含量,从而有利于早期创伤性骨关节炎修复。

8.2.3.4 生长因子响应不足

利用生长因子调控细胞增殖、迁移及分化等辅助组织修复是组织工程研究中常用手段,但 ACL 成纤维细胞与 MCL 成纤维细胞相比,其响应远远不足,主要表现在 ECM 合成、增殖、迁移、血管生成及成体干细胞分化等方面。

ECM 合成受到 TGF β、表皮生长因子(epidermal growth factor,EGF)等的调控。利用 TGF-β1 处理正常的 ACL 与 MCL 成纤维细胞时,MCL 成纤维细胞更加敏感,LOXs 表达高于 ACL 成纤维细胞[19]。损伤后的 ACL 与 MCL 成纤维细胞经 TGF-β1 处理后,分别检测 LOXs 与 MMPs 表达结果显示,MCL 比 ACL 成纤维细胞中表达更多的 LOXs 与更低的

MMPs,更加有利于 ECM 的合成沉积并促进修复[33]。

ACL 成纤维细胞的黏附与增殖同样与其修复过程密切相关,生长因子在其增殖阶段起到非常重要的作用。但与 MCL 成纤维细胞相比较,ACL 成纤维细胞在经生长因子处理后,其黏附与增殖响应仍然不如 MCL 成纤维细胞。将 ACL 与 MCL 成纤维细胞分别给予 EGF 处理并检测细胞黏附与增殖,结果显示在 15 min 时细胞与胞外纤连蛋白黏附均明显上升,但随着时间推移黏附能力开始降低。与对照组相比较,MCL 成纤维细胞黏附及细胞增殖变化趋势更为显著,并对不同浓度 EGF (5, 10 和 50 ng/ml)均表现出积极的响应。而 ACL 成纤维细胞对 EGF 的响应似乎存在阈值,在 5 ng/ml 浓度时细胞黏附与增殖发生变化,但高浓度处理时无明显差异(见图 8 - 9)[34]。与 TGF - β 和 EGF 相似,成纤维细胞生长因子(fibroblast growth factor,FGF)同样有利于 ACL 成纤维细胞增殖,分别比较不同浓度(0、1、5、10、50 和 100 ng/ml)的碱性成纤维细胞生长因子(basic fibroblast growth factor, bFGF)与酸性成纤维细胞生长因子(acid fibroblast growth factor, aFGF)对 ACL 及 MCL 成纤维细胞增殖的调控作用,结果表明 MCL 成纤维细胞在高浓度的 aFGF ($\geqslant$5 ng/ml)与所有浓度的 bFGF 条件下细胞增殖响应均高于 ACL 成纤维细胞,且在较低浓度下即能达到增殖最优状态,而在低浓度 aFGF 条件下二者无明显差异[35]。

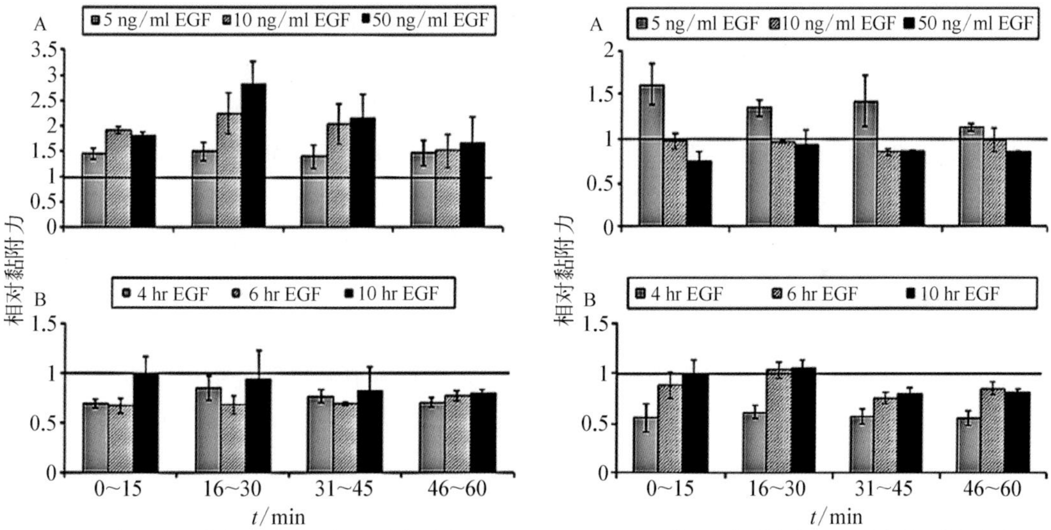

(a) 内侧副韧带与纤连蛋白间相对黏附力　　(b) 前交叉韧带与纤连蛋白间相对黏附力

图 8 - 9 EGF 对 MCL、ACL 细胞与纤连蛋白(1 μg/ml)间黏附力的调控[34]

(a) 与对照组相比,EGF 对 MCL 细胞与纤连蛋白间黏附力的调控。A 种细胞并加入 EGF 处理 15 min 后使用微吸管技术牵拉细胞,对照组、5、10 和 50 ng/ml EGF 处理组中检测数目分别为 94、101、97 和 100;B 对照组、4 h、6 h 和 10 h 各组检测细胞数目为 229、152、200 和 111;(b) 与对照组相比,EGF 对 ACL 细胞与纤连蛋白间黏附力的调控。A 种细胞并加入 EGF 处理 15 min 后使用微吸管技术牵拉细胞,对照组、5、10 和 50 ng/ml EGF 处理组中检测数目分别为 94、101、97 和 100;B 对照组、4 h、6 h 和 10 h 各组检测细胞数目为 166、164、177 和 80

Figure 8 - 9 Adhesion force of MCL/ACL cells to fibronectin (1 μg/ml)

生长因子不仅可以有效促进 ACL 成纤维细胞黏附、增殖与 ECM 合成,还能够介导调控细胞的迁移能力。ACL 与 MCL 成纤维细胞分别受到 bFGF、生长与分化因子 GDF - 5 及

GDF-7 处理时，检测细胞迁移、ECM 表达发现，MCL 成纤维细胞经 GDF-5 处理后 col1α1 表达量增加 17 倍，远高于 ACL 成纤维细胞的 4.7 倍。同时 bFGF 与 GDF-5/7 能够改变细胞应力纤维结构及细胞黏附，促进细胞迁移，而 MCL 成纤维细胞在 bFGF 和 GDF-5 作用下表现出更强的迁移能力[36]。

现有研究均显示 ACL 成纤维细胞在响应生长因子刺激时，其增殖、迁移及 ECM 合成均不如自我修复能力更好的 MCL 成纤维细胞，这也被认为是二者损伤再生能力差异的重要原因之一。但不可否认，利用生长因子调控 ACL 损伤后再生显著加速了修复进程，仍是目前辅助 ACL 修复的重要手段。

8.2.3.5 成体干细胞增殖、分化等能力不足

大量的研究考察并证实了骨髓间充质干细胞（mesenchymal stem cells，MSCs）或脂肪来源干细胞（adipose-derived stem cells，ADSCs）应用于组织修复的潜力，原位成体干细胞的修复能力同样开始受到越来越多研究者的重视。ACL 损伤修复过程中同样涉及成体干细胞的影响，而成体干细胞自身性能的优劣关系到 ACL 再生能力。一些研究者分别从人成体 ACL 和 MCL 组织中培养分离出 hACL-SCs 和 hMCL-SCs 并进行表型标志物检测，进一步的对比研究二者生长与分化潜能，结果发现 hACL-SCs 培养的克隆集落比较小、数目较少，而且生长速度缓慢，表达干细胞标志物的细胞数目比 hMCL-SCs 要少，而且各向分化潜能也远不如后者，这些同样被认为是 ACL 再生修复能力远不如 MCL 的重要原因之一[37]。

在 ACL 组织中，可分离获得 3 种不同的可用于 ACL 再生修复研究的细胞类型，并分别具有不同表型标志物：韧带-结构成纤维细胞（ligament-forming fibroblast，LFF：$CD31^{neg}$，$CD34^{neg}$，$CD45^{neg}$，$CD146^{neg}$，$CD44^{pos}$）；韧带血管外周细胞（ligament perivascular cells，LPC：$CD31^{neg}$，$CD34^{neg}$，$CD45^{neg}$，$CD44^{pos}$，$CD146^{pos}$）和韧带间质细胞（ligament interstitial cells，LIC：$CD31^{neg}$，$CD45^{neg}$，$CD146^{neg}$，$CD34^{pos}$，$CD44^{pos}$）（见图 8-10）。考虑到机体膝关节的低氧状态，因此分别比较 ACL 组织来源的 3 种不同细胞在常氧和低氧环境中的增殖、分化潜能、胶原合成、新陈代谢及可作为营养来源的潜能，并以此判定作为 ACL 损伤重建的适宜细胞来源。结果显示，3 种来源细胞（LFF，LPC 与 LIC）在体外增殖与分化方面均表现出祖细胞特征。低氧培养条件下 LICs 与 LFFs 细胞中Ⅰ、Ⅲ型胶原表达量显著性上调，分别增加了 2.8 倍、3.3 倍和 3 倍、3.5 倍，且 3 种类型细胞的氧耗量及胞外酸化率显著性增加。以上结果提示，这 3 种 ACL 来源的细胞在局部组织再生中可能起到重要作用，为组织工程手段进行韧带修复重建提供潜在的细胞来源[38]。

目前，考虑到 ACL 来源干细胞高扩增能力与多向分化潜能，已有研究应用分选过的 ACL 来源干细胞进行手术重建，用以辅助治疗并进行相关检测评估。通过分离出 ACL 损伤部位组织来源干细胞并进行 $CD34^+$ 筛选，进行培养。在 ACL 手术重建后，分别向免疫缺陷大鼠关节腔腔内注射分选的 ACL 来源 $CD34^+$ 细胞、未分选的细胞、$CD34^-$ 细胞或磷酸盐缓冲液（phosphate-buffered saline，PBS），并于 1 周时通过免疫组化及免疫荧光染色证实注射入的细胞被招募至移植物周围。在 2 周时，组织学分析各组修复水平，在 ACL 来源

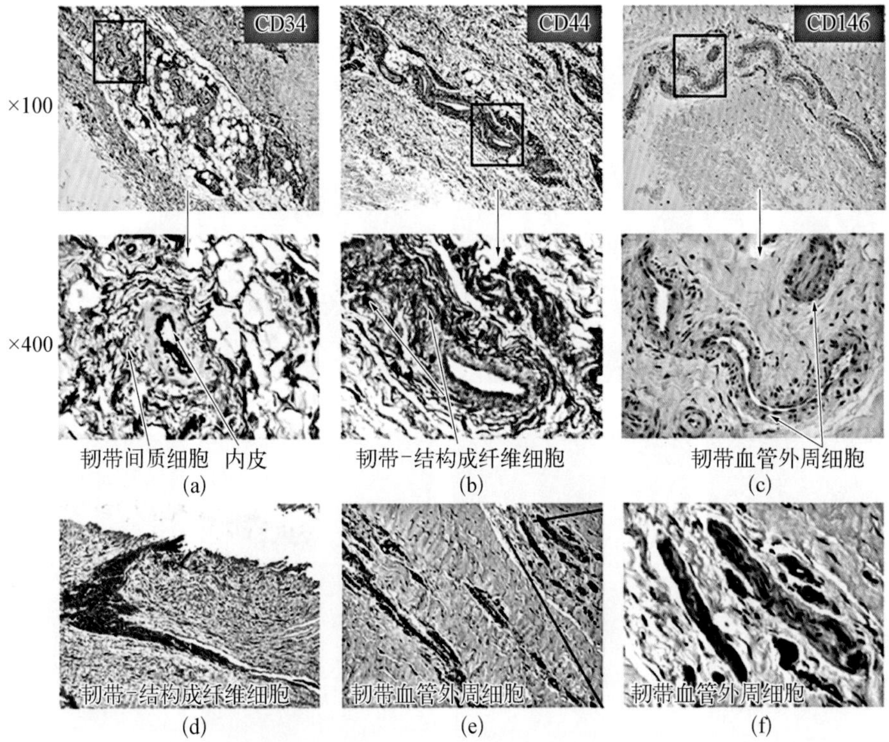

图 8-10 ACL 来源细胞的分离与鉴定[38]

(a) 间充质细胞群体定位于韧带结构胶原纤维间的松间质鞘，同时表达 CD34 和 CD44，而不表达 CD146；(b)(d) 韧带结构成纤维细胞可根据高度致密排列的胶原纤维进行区分；(c)(e)(f) CD146 的高水平表达主要发生在 ACL 的血管周细胞和成纤维细胞束，这些细胞无 CD34 阳性着色

Figure 8-10 Isolation and identification of ACL-derived cells

$CD34^+$细胞组具有更大面积的胶原纤维形成，且Ⅱ型胶原表达量同样高于其他各组。$CD34^+$细胞组中内皮细胞与成骨细胞方向分化能力明显升高，而同工凝集素 B4 与大鼠骨钙素免疫染色结果显示 2 周时血管生成与骨生成明显加强（见图 8-11），有利于 ACL 再生及与骨之间界面的愈合。微计算机断层扫描（micro-computerized tomography, μCT）证实 4 周时 $CD34^+$细胞组移植物周围骨修复效果是 4 组当中最好的，进一步在第 8 周进行拉伸断裂实验，该组生物力学强度同样是最高的。体外实验中，检测 4 组中细胞增殖能力并利用酶联免疫吸附分析法检测 VEGF 的分泌，两方面效果同样优于其他各组[39]。

尽管 ACL 来源的成体干细胞在促进 ACL 创伤修复方面表现出优异的潜能，但与常规种子细胞（如骨髓间充质干细胞、脂肪来源干细胞等）相比是否具有自身的优势未曾有过详细报道。因此，ACL 来源干细胞从基础研究到临床应用仍需进一步的探索研究。

8.2.3.6 *力学环境改变*

ACL 损伤后，关节力学载荷是影响关节退化过程的重要因素。由于 ACL 伤后引起膝关节内组织受力的改变，会导致关节内其他组织继发性病变、疼痛与膝关节功能限制，严重影响人们的健康与生活。因此，ACL 损伤及术后膝关节受力的准确评估能够有利于阐明力

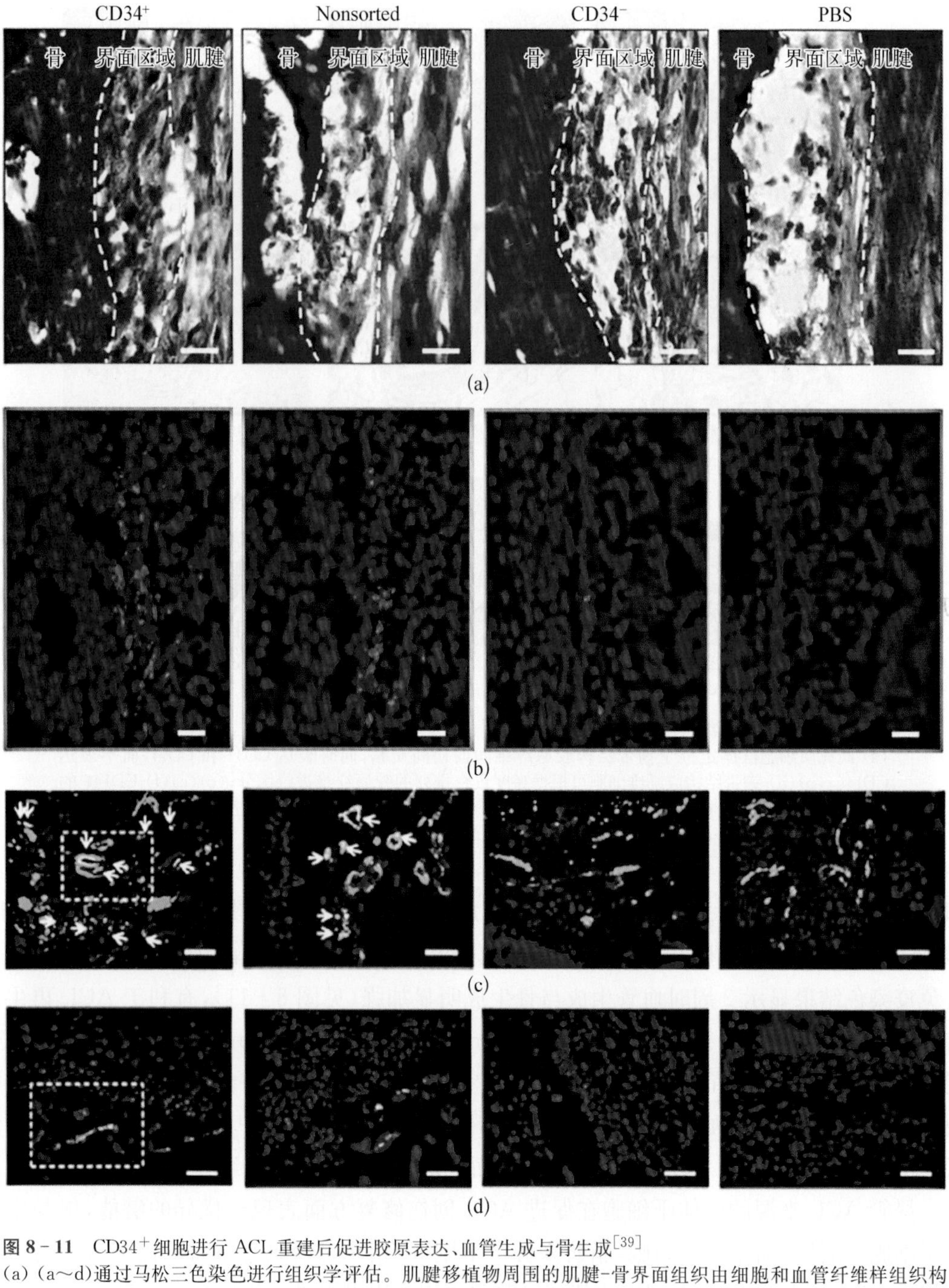

图 8-11 CD34$^+$细胞进行 ACL 重建后促进胶原表达、血管生成与骨生成[39]
(a) (a～d)通过马松三色染色进行组织学评估。肌腱移植物周围的肌腱-骨界面组织由细胞和血管纤维样组织构成。CD34$^+$实验组(a)的总胶原纤维面积显著高于 CD34$^-$组(c)或 PBS 组(d)；(b) (a～d)移植手术 2 周后通过组织样本的Ⅱ型胶原免疫荧光染色发现，CD34$^+$组和 NS 组中移植物与骨之间的再生明显好于其他组；(c) (a～d)移植手术 2 周后进行组织样本的 hCD31(红色)与同工凝集素 B4(绿色)双免疫荧光染色，检测 ACL 来源细胞对移植物周边血管生成的调控。通过 hCD31 阳性细胞(红色)标记分化的人源内皮细胞，发现在 CD34$^+$(a)和 NS (b)组中可检测到，而在 CD34$^-$和 PBS 组中没有检测到(c，d)。箭头表示双阳性细胞；(d) 重建手术 2 周后对样本进行人细胞核抗原(红色)和人源骨钙蛋白(绿色)双免疫荧光染色。通过人源骨钙蛋白阳性(绿色)来标记分化的人成骨细胞，发现在 CD34$^+$组(a)、CD34$^-$组(b)、NS 组(c)中能够检测得到，而在 PBS 组(d)中未检测到(标尺为 50 mm)

Figure 8-11 CD34$^+$ cells promoted collagen synthesis, vasculogenesis and osteogenesis after ACL reconstruction

学因素引起继发性病变的机理，对于临床治疗及术后康复都至关重要。由于损伤后神经肌肉具有补偿效应，在评估关节力学载荷时必须将肌肉活动与所受力学载荷协同考虑。相关负荷表征主要包括接触应力、剪切力、关节运动与组织应力，其中接触应力是膝关节力学载荷一个基础性的表征。

与正常个体相比较，ACL 损伤后机体承受同等的应力负荷或者进行同样的运动时，胫骨相对于股骨位移不再受到 ACL 限制，位移距离加大。下肢相关的组织应力等同样发生异常，相比于正常组织时其接触应力出现不同变化。早期研究中分别以异体或同体对侧正常膝关节作为对照，使用佛蒙特膝关节松弛装置（vermont knee laxity device，VKLD）检测 ACL 撕裂损伤后胫骨是否相对股骨发生过度位移。给予个体每只脚自身体重 40%左右压缩载荷时，ACL 撕裂损伤的一侧下肢的胫骨相对股骨位移极显著地增加，平均达到3.4 mm，而同体对侧位移和其他膝关节正常组的位移分别为 0.8 mm 和 1.2 mm 左右。尤其是，因 ACL 撕裂损伤，同体左右两侧膝关节的胫骨股骨相对位移差异超过 3 倍以上，初步解释了 ACL 撕裂损伤后往往会造成半月板及关节软骨损伤的可能性原因[40]。

通过建立模型能够更详尽地分析 ACL 损伤后应力分布，且已有研究通过由肌电图驱动的模型评估阐述了 ACL 缺损后的膝关节接触应力及肌肉受力。首先，将 30 名受到急性单侧 ACL 撕裂创伤的运动员的关节运动度、积液、疼痛及明显步态障碍等给予初步处理后进行步态分析。记录其中 14 名双侧下肢肌肉肌电图，继而将相关信息导入肌肉骨骼肌模型来评估肌肉受力与关节接触应力。步态分析数据与之前 ACL 缺损个体的相关报道一致，而损伤下肢的关节负荷在个体出现 ACL 缺损后发生改变。患者行走时，受伤下肢的接触应力与正常下肢相比明显降低。在内侧与外侧间室间胫股负荷分布不变的情况下，间室的受力显著下降（见图 8－12）。尽管已知关节接触应力在 ACL 损伤后会明显下降，但该现象与关节内软骨退化、骨关节炎等是否存在联系，以及相关机理仍未明确，需要进一步的探索[41]。

膝关节出现轴移（pivot-shift）损伤时，往往导致 ACL/MCL 的联合损伤，随之轴移过程中多平面旋转负荷能力被抑制，但 MCL 复合体在此过程中的作用少有报道。通过一个机械臂来对膝关节施加联合的外翻和内旋扭矩，以此进行简单的轴移实验，记录 ACL 正常情况下胫骨股骨的运动数据，而由表层 MCL（sMCL）、后斜韧带（posterior oblique ligament，POL）、深层 MCL（dMCL）及 ACL 所承受的力学负荷则通过叠加原理进行检测。在膝关节发生外翻（8 N·m）和内旋（4 N·m）5°或 15°的联合扭矩时，POL 承受负荷约为 ACL 所承受的 50%左右。POL 主要在膝关节发生联合扭矩的内旋部分承载力学负荷，而 sMCL 则在联合扭矩的外翻及内旋均承载力学负荷（见图 8－13）。至于 dMCL，在整个过程中力学承载通常不足 10%[42]。

在评估膝关节力学环境的变化时，不仅要考虑 ACL 损伤后的应力变化及随后可能带来的危害，同时要注重 ACL 重建术后膝关节的受力变化，在评估手术及指导术后康复过程中具有重要意义。ACL 重建手术过程中需要创建骨隧道用以固定移植物，但手术重建一段时间后往往会发生骨隧道扩大，被认为是引起移植物松弛、膝关节功能再次恶化的原因。而引起骨隧道扩大的可能性原因之一就是创建过程中引起骨重构，进一步引起了关节内力学环境的改变。在手术重建方式上主要包括单束与双束 ACL 重建，研究人员通过建立有限元模

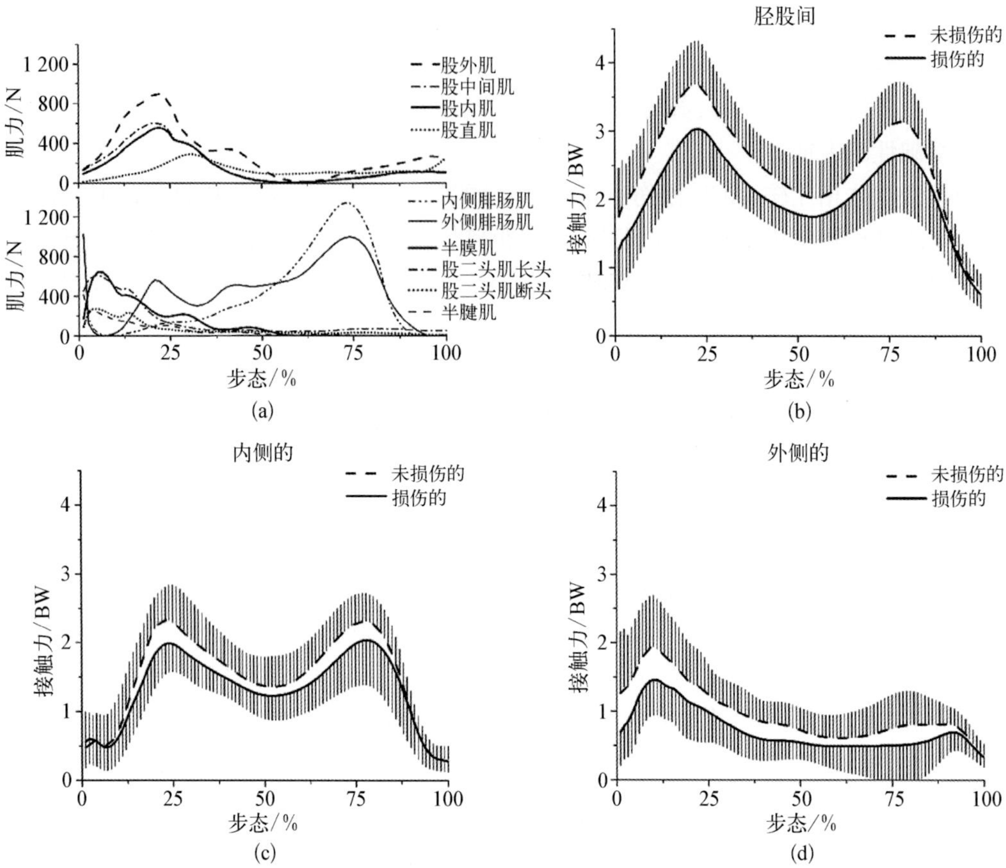

图 8-12 步态站姿的肌肉受力、胫股接触力、间室接触力和侧板接触力示意图[41]

(a) 步态站姿的肌力示意图，主要包括半膜肌、半腱肌、股二头肌的长/短头、股直肌、股内侧肌、外侧肌、中间肌、内/外侧腓肠肌。其中腿后肌和股四头肌主要在负载应激时活跃，而大多数受力由股外侧肌承受，腓肠肌主要在前进阶段生成力，且内侧腓肠肌力峰值高于外侧腓肠肌；(b) 步态站姿时胫股接触力；(c) 步态站姿时内侧间室接触力；(d) 步态站姿时外侧间室接触力

Figure 8-12 Representative set of muscle forces, tibiofemoral contact forces, medial compartment contact forces and lateral compartment contact forces for the stance phase of gait

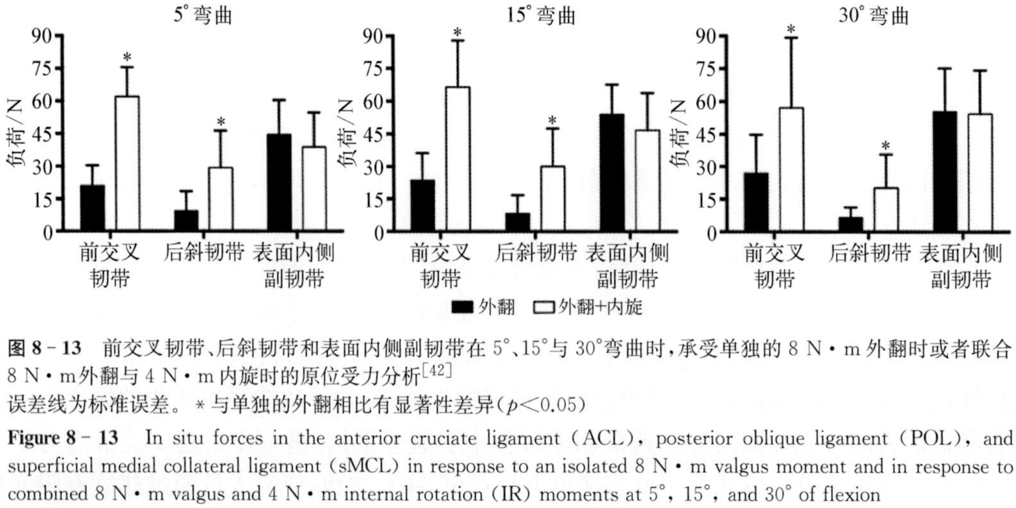

图 8-13 前交叉韧带、后斜韧带和表面内侧副韧带在 5°、15°与 30°弯曲时，承受单独的 8 N·m 外翻时或者联合 8 N·m外翻与 4 N·m 内旋时的原位受力分析[42]

误差线为标准误差。* 与单独的外翻相比有显著性差异($p<0.05$)

Figure 8-13 In situ forces in the anterior cruciate ligament (ACL), posterior oblique ligament (POL), and superficial medial collateral ligament (sMCL) in response to an isolated 8 N·m valgus moment and in response to combined 8 N·m valgus and 4 N·m internal rotation (IR) moments at 5°, 15°, and 30° of flexion

型并利用两种不同方法对两者进行验证比较：① 通过有限元模型模拟膝关节弯曲，将有限元模型中分析得到的半月板变形与核磁共振图像相对比；② 在压缩载荷时，胫骨接触区域与之前文献中实验数据相对比。通过有限元模型能够有效分析两种手术方式下膝关节在承受压力、旋转或外翻扭矩时的应力分布状况(见图 8-14)，结果显示在不同的受力条件下组织应力有不同表现。压应力时，在单束/前内侧隧道的外侧与后内侧区域冯米斯应力下降，但在单束/前内侧隧道的前部区域则明显上升。另一方面，拉伸应力集中部位由关节面转到移植物固定位点，而软骨下骨板的拉伸应力减弱。双束 ACL 重建手术后，前内侧与后外侧隧道间会出现高度的应力集中，对于隧道间联系更为有利(见图 8-15)。如图中所示，在 1 500 N 压缩载荷时检测应力增量程度的分布发现，单束/前内侧隧道的前部区域冯米斯应力增加，后内侧与外侧区域则下降，而双束重建时后外侧隧道的后外侧区域应力则进一步下降，峰值为−53.7%。在承受 1.1% BWm 旋转扭矩时，胫骨应力分布的增量程度在单束与双束重建案例中存在差异。与单束重建相比，双束重建时应力分布增量在隧道中间部位(移

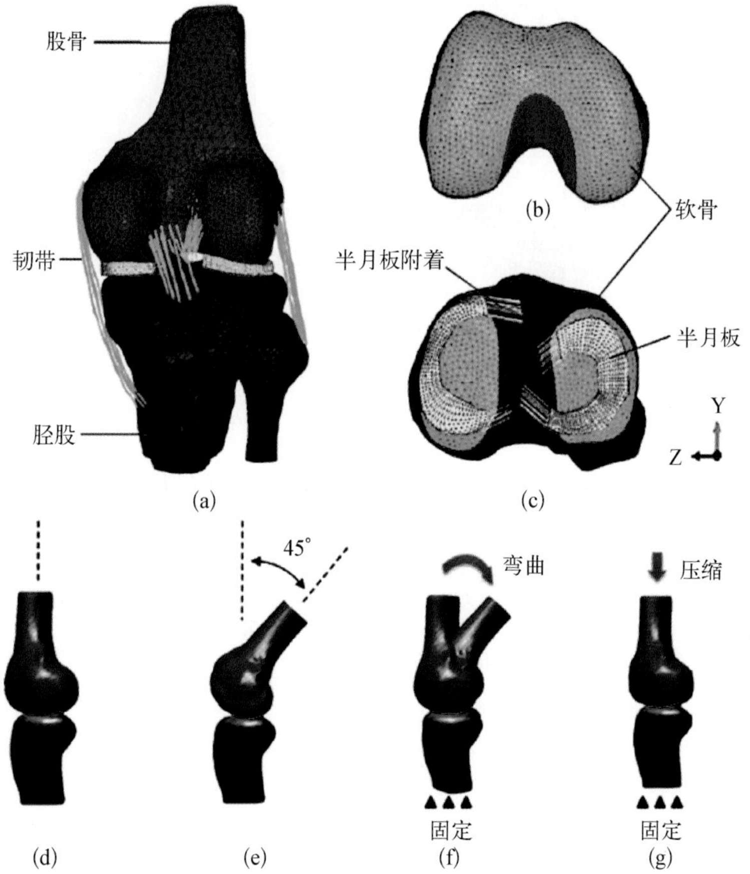

图 8-14 人体膝关节 3D 有限元模型的建立[43]

(a) 完整的膝关节；(b) 股骨远端；(c) 胫骨近端；(d) 膝关节伸展时的 3D 模型；(e) 膝关节在 45°弯曲时的 3D 模型；(f) A 方法中负荷与边界条件。将远端胫骨固定(6 个自由度)，在股骨近端实施股骨相对于胫骨的位移(6 自由度)；(g) B 方法中负荷与边界条件。将远端胫骨固定(6 个自由度)，股骨近端同时固定(5 自由度)，则仅在近端-远端方向上可发生移动。实验中，沿股骨干轴向在股骨近端施加 200、500 和 1 000 N 的压缩载荷

Figure 8-14 Validations of 3D FE model of the human knee joint

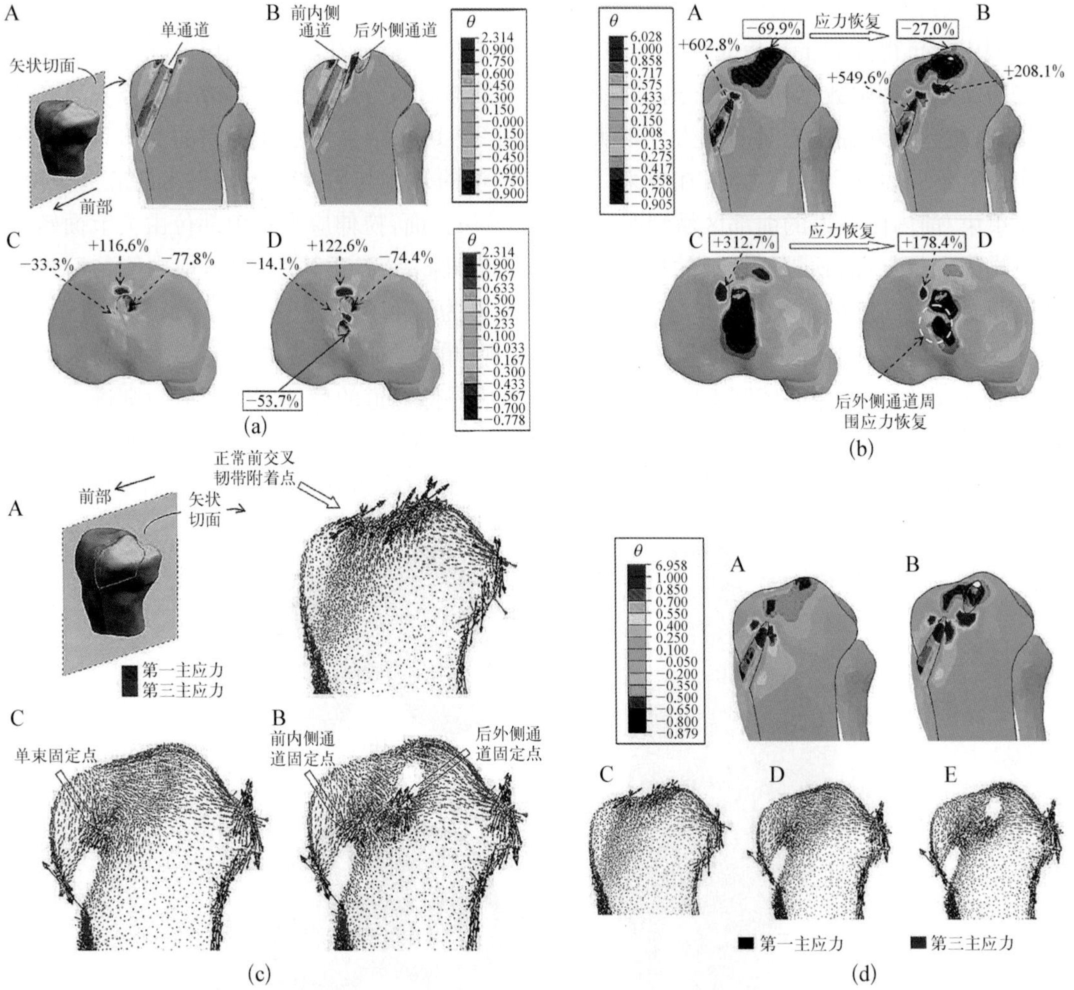

图 8-15 不同受力时，胫骨矢状切面应力增量的分布、第一/第三主应力轨迹及有限元结果[43]

(a) 胫骨矢状切面(A, B)与胫骨平台(C, D)在 1 500 N 压缩载荷下应力增量程度(θ)分布。θ 定义为 $\theta=(\sigma_r-\sigma_i)/\sigma_i\times 100\%$，其中 σ_i 为完整节点冯米斯应力，而 σ_r 为 ACL 重建后的节点冯米斯应力。A 单束重建；B 双束重建，冯米斯应力在前外侧与后内侧隧道间显著增加了 231.4%；C 单束重建；D 双束重建；(b) 在承受 1.1% BWm 旋转扭矩时，胫骨应力分布的增量程度(θ)。A 单束重建时胫骨矢状切面；B 双束重建时胫骨矢状切面；C 单束重建时的胫骨平台；D 双束重建时的胫骨平台；(c) 在承受 1.1% BWm 的内部旋转扭矩时，胫骨矢状切面第一与第三主应力轨迹。第一主应力主要表明了拉伸应力(蓝色箭头)，而第三主应力主要表示压应力(红色箭头)。A 完整膝关节；B 单束重建；C 双束重建；(d) 承受 1.0%外翻扭矩时，胫骨矢状切面的有限元模型结果。A 单束重建时 θ 分布；B 双束重建时 θ 分布；C 完整胫骨的第一和第三主应力轨迹；D 单束重建时第一和第三主应力轨迹；E 双束重建时第一和第三主应力轨迹

Figure 8-15 Distribution of stress increment degree, trajectory of first and third principle stress and finite element results in tibial sections under different kinds of forces

植物的固定位点)持续增加，而在隧道周围的胫骨近端(靠近正常 ACL 的附着位置)持续降低，后外侧隧道(白色圆圈)的受力与前外侧隧道外侧区域受力(由 312.7%降低到 178.4%)均得到有效恢复。进一步分析第一/三主应力分布发现，完整的膝关节中，第一主应力在正常 ACL 附着点附近集中，其方向与 ACL 相似。然而在 ACL 重建后，可能由于移植物作用于骨的应力原因，第一主应力集中于移植物固定位点。改变受力为 1.0%外翻扭矩时，两种重建情况下移植物固定位点附近受力均增加，而在胫骨软骨下板附近前内侧隧道的后部降

低。双束重建时,受力下降状况在后外侧隧道附近得到恢复。同时要注意的是,尽管双束重建局部恢复了受力量级,但在方向上与完整膝关节仍然不同。以上数据表明,在关节面上应力分布的恶化很可能会引起隧道壁的破坏,从而致使隧道扩大,导致膝关节的生物力学功能再次失稳[43]。

8.2.4 ACL 损伤后组织修复研究方法

由于 ACL 的再生能力低下,而且术后康复所需时间过久,因此研究者希望通过一些可行的方法辅助促进 ACL 的再生及加速术后康复。ACL 重建手术后肌腱-骨骼愈合是一个非常复杂的过程,依靠单纯的自然修复常会生成纤维瘢痕,不利于完整的功能恢复。迄今为止,较成熟的方法主要包括采用生长因子、基因转染和基因治疗、细胞治疗、组织工程以及力学因素刺激等[44]。尽管 ACL 由于自身性能问题对各种修复刺激响应不足,但相比较于其自身修复水平仍有显著的改善。

8.2.4.1 生长因子

韧带撕裂损伤修复过程中,4 个不同修复阶段中均伴随着各种生长因子的作用,从而调控 ACL 再生修复。所以研究者们希望通过一些生长因子作用于损伤后的 ACL,提高 ACL 损伤后自愈能力并促进 ACL 修复进程。一些在肌腱以及韧带治疗过程中的活性作用已经研究透彻的因子可以用于促肌腱以及韧带修复,主要包括类胰岛素样生长因子(insulin-like growth factor - 1,IGF - 1)、TGF - β、血小板衍生生长因子(platelet - derived growth factor,PDGF)、EGF 以及 bFGF 等[44, 45],均可显著性的加速肌腱或韧带修复进程。

IGF - 1 对于维持机体细胞代谢合成及抑制由 IL - 1 引起的关节软骨退化等有重要调控作用,其作用的启动及抑制受到 IGF 结合蛋白的调控。早期的研究中已发现 IGF - 1 能够有效促进 ACL 再生修复,能够促进 ACL 成纤维细胞的增殖、迁移及 ECM 的合成代谢。临床研究中显示,手术前训练被认为有助于 ACL 重建及重建后的康复,验证相关机制发现训练组中 IGF - 1 基因显著性上调,直至 12 周后恢复正常水平,而肌肉环指蛋白- 1 (muscle RING - finger protein - 1,MuRF - 1)表达与之相反,从而使得术后运动效果在评估测试中表现良好[46]。

除 IGF - 1 之外,TGF - β、PDGF、EGF 及 bFGF 等均在 ACL 修复中起到促进作用,主要表现在增殖、迁移、ECM 合成及分化等方面。以 EGF 为例,研究证实 EGF 能够调控能够诱导局部黏附减弱及肌动蛋白细胞骨架的重构。细胞经 EGF 处理后,通常情况下表现为形态变圆、细胞膜褶皱并出现大量丝状伪足、细胞与基底黏附降低,并出现皮层肌动蛋白的聚合以及应力纤维的解聚,显著增加迁移能力。不仅如此,已有结论表明 EGF 能够起始多种信号转导通路,涉及调控细胞有丝分裂、迁移以及黏附等。

但是各种生长因子也不是对于损伤后的各个阶段都会有良好的促进作用,现有数据显示通常只是对于修复过程某一阶段或者某一方面有着令人满意的作用。以 bFGF 调控肌腱修复为例,虽然有效促进了肌腱损伤后细胞增殖以及细胞外基质合成,但也促进了早期的血管新生以及炎症反应,并且已有实验数据表明其对肌腱后期力学功能重塑无效果,更甚者会增加伤后瘢痕增加以致减少了肌腱活动能力[47]。而 TGF - β 与 IGF - 1 等,因其极显著的促增殖、ECM合成作用等，在骨关节炎中往往扮演着不利角色，在软骨下骨部位恶化了骨关节炎症状。因此，需要针对不同的修复阶段来有效的使用因子，或者在不同阶段中有效地混合各种因子共同作用来推动组织的修复进程是一个可取的途径。

8.2.4.2 细胞治疗

细胞治疗手段在ACL损伤修复调控上同样表现出良好的前景。已有研究中，可用于调节ACL再生修复的种子细胞来源主要包括间充质干细胞(骨髓来源bMSCs及滑膜来源sMSCs)及ACL来源的干细胞。如8.2.3节所述，通过分离ACL来源细胞可获得3种不同类型细胞，并且已有相关研究评估ACL来源的$CD34^+$细胞用于ACL修复治疗的可行性，在肌腱-骨骼愈合重建后修复过程中均表现出优异的作用。

因其自我更新和多项分化潜能，干细胞在组织工程中应用愈益频繁，在肌腱-骨愈合的动物模型中同样表现突出。通过建立相关的关节内肌腱-骨愈合的兔模型，在使用拇长屈肌腱进行ACL重建手术后，将包被有bMSCs的纤维蛋白胶植入骨隧道中。4周后Ⅱ型胶原免疫染色发现，在包被有bMSCs的实验样本中，肌腱-骨界面有更多的垂直胶原纤维形成，软骨样细胞增殖能力提高。相反地，在不含有bMSCs实验组中纤维组织沿载荷轴向逐步成熟并进行重组[48]。

ACL移植物重建之后康复所需时间通常超出预期，单独的细胞治疗手段略显不足，而结合基因治疗手段协同促进重建后修复则不失为一个更有效的策略。例如，将内部核糖体进入位点序列(internal ribosome entry site, IRES)重构，生成可共表达TGF-β1与VEGF165基因的重组腺病毒，进一步转染进ACL成纤维细胞后发现，细胞可快速且持续增殖，ECM相关基因同时高倍表达[49]，更利于ACL修复。

8.2.4.3 生物支架

功能化组织工程支架为ACL损伤修复提供了一种很具有前景的方法，能够为细胞生长提供黏附位点、力学支撑等，同时结合生长因子、种子细胞能够更方便地利于ACL修复。目前常用的支架材料包括① 天然高分子材料：蚕丝丝素纤维、胶原等；② 合成高分子材料：聚乳酸、聚羟基乙酸及其共聚物PLGA等。

支架材料的选择主要考虑其相关生物力学性能与生物相容性等，良好的生物力学性能与手术成功与否及术后康复过程密切相关。同时，良好的生物相容性等也有助于术后骨愈合等。通过不同的支架制造方法能够有效改善其力学性能、孔径值、孔隙率及三维形态的形成，目前常用支架成型方式包括绳索状支架、纬编针织网状支架和复合多重支架。其中，复合多重支架能够集合不同单一支架的优势，能够在生物力学性能与生物相容性方面有更好的表现。

8.3 ACL损伤后临床修复

目前，ACL损伤后临床治疗手段主要是进行手术缝合与重建，常用重建材料为合成材料、异体或自体移植物。除此之外，手术重建方式同样具有不同选择，临床研究中单束或双束重建的选择，股骨与胫骨插入位点的确定等都会影响到术后膝关节的生物力学功能。但无论是何种移植物材料或手术方式，都无法长期维持膝关节的稳定性，且具有高诱发骨关节炎的风险，这是临床手术康复的难点之一。

8.3.1 ACL 临床重建移植物来源

如上文所提到的，ACL 损伤后临床主要治疗手段为在关节镜辅助下进行移植物重建，而手术过程需考虑移植物来源、选择单束还是双束移植物重建、是否需要重建加强以及是否保留 ACL 残端等。目前，尽管移植物来源包含合成材料、异体移植物和自体移植物，但最常用的移植物来源为自体移植组织。

8.3.1.1 合成材料

现阶段，许多商品化的人工韧带已大量应用于临床治疗。常用人工韧带包括：① 永久性人工韧带：涤纶人工韧带、Dacron 韧带、LARS 韧带及 Gore - Tex 等，具有高拉伸强度；② 支架型人工韧带：碳素纤维人工韧带、Leeds - Keio 人工韧带等；③ 加强型人工韧带：Kennedy - LAD 韧带等。

人工韧带用于 ACL 重建时手术方便，无毒性，同时良好的生物力学性能可以保证一定时间内的使用寿命，且术后康复快。与同种异体和自体移植物相比，人工韧带不损伤自体组织、无供区后遗症，也能够避免免疫排斥反应、传染病等。但是另一方面，人工韧带难以长时间承受每年约 400 万次的牵拉，同时因与骨之间磨损产生的碎片等会诱发多种并发症，更重要的是，人工韧带无法与受体组织发生愈合，长期手术失败率过高。其他如血供等问题，同样是影响人工韧带临床治疗效果的制约因素。

8.3.1.2 异体移植物

目前常用同种异体移植物来源主要包括骨-髌腱-骨、半腱半膜肌肌腱、跟腱、阔筋膜、带髌骨块的股四头肌腱和胫前/后肌腱等，有些同种异体移植物重建效果能够达到自体移植物水平。ACL 重建时，移植物材料的生物力学性能对于术后膝关节功能恢复十分重要。通过比较各同种异体移植材料发现，1/3 髌腱的最大拉伸载荷高于其他组织，同时因两端有骨质的附着更有利于手术固定。

同种异体移植物的缺点在于保存困难及传染病风险。尽管在－196℃温度下能够长期保存，但在冷藏过程中不可避免地会造成损伤且难以修复，更重要的是，冷藏后移植物材料生物力学性能会出现下降。除此之外，同种异体移植物在临床手术重建后，其生物力学性能降低，随着塑形过程又逐步恢复，但最终效果往往低于正常组织。至于异体移植物抗原性问题，通常在手术重建前都需进行消毒处理，方式包括干燥冷冻、环氧乙烯熏蒸、γ 射线照射等[50]。

8.3.1.3 自体移植物

自体移植物是膝关节内 ACL 重建最常用临床治疗手段，作为 ACL 重建的“金标准”远比另两种重建材料可靠，且不存在免疫排斥反应，不易感染。目前，常用自体移植物包括骨-

髌腱-骨、半膜肌膜/股薄肌腱、腘绳肌腱、髂胫束和股四头肌腱等。其中的骨-髌腱-骨是由髌韧带 1/3、两端的髌骨块与胫骨块构成,在移植后仍能保持理想的张力与刚度,同时两端的骨块保证了术后更好的骨性愈合,是临床最常用的自体移植组织。另外,半膜肌膜/股薄肌腱在手术重建后对关节局部影响较小,且半膜肌膜/股薄肌腱与前交叉韧带在解剖学上具有相似性,是除骨-髌腱-骨之外最常用的移植物选择。

尽管如此,自体移植仍存有其不足之处。自体移植材料会对供体区造成伤害,取材受到限制,在供体部位常会发生并发症。骨-髌腱-骨重建后经常会发生膝前痛、关节纤维化、髌腱断裂及髌腱炎等,而半膜肌膜/股薄肌腱的生物力学强度不足。但在手术过程中,常会将半膜肌膜/股薄肌腱双折并成 4 股使用,这样可保证其足够的力学强度[51]。

8.3.2 移植物单束修复

ACL 经单束重建后,膝关节受力与正常组织差异很大,胫骨股骨受力分布及术后膝关节旋转控制、稳定性等都不如双束 ACL 重建方式。考察 ACL 单束重建手术中影响康复的术前因素发现,男性、年龄低于 30 岁的患者、3 个月之内进行手术重建以及较高的基线活动水平都会使得 ACL 单束重建后功能恢复更好。另一方面,吸烟、高体重指数、股四头肌强度和移动范围的减低均会阻碍功能恢复,而术前膝关节前松弛等因素对术后恢复无明显影响[52]。

考虑到 ACL 单束重建的缺陷性,通过其他方法协同进行重建能够进一步促进术后膝关节功能恢复。Tie 等人[53]在进行 ACL 单束重建时保留 ACL 残端,与标准的单束 ACL 重建手术相比发现,尽管在膝关节功能恢复方面均无明显差异,但能够显著降低胫骨骨隧道扩大,有效避免了术后膝关节失稳,发生继发性损伤。除此之外,缝合强化等手段同样可以有助于联合其他 ACL 重建方法来促进重建后功能恢复,能够提供初始膝关节稳定性并能够降低内侧半月板受力(见图 8-16)[54]。

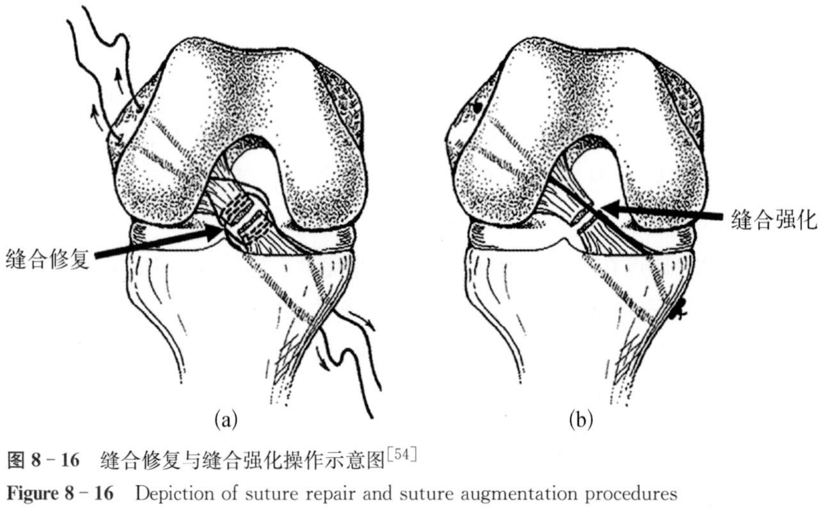

图 8-16 缝合修复与缝合强化操作示意图[54]

Figure 8-16 Depiction of suture repair and suture augmentation procedures

8.3.3 移植物双束修复

如 8.2.3 节中所述,利用移植物进行双束 ACL 重建往往表现出优于单束重建的效果,在受力分布及稳定性能上更接近于正常 ACL。目前,膝关节转动控制稳定性是重建手术急需解决问题,尽管现有重建方式结果比较令人满意,效果也比较可靠,但在轴移试验时会出现转动稳定性缺乏现象,这会导致膝关节转动运动困难,同时也是致使继发性的半月板和软骨病变损伤的重要诱因。

近期一项新的手术重建方式有效改善了目前重建手术的效果,利用前交叉韧带与前外侧韧带(anterolateral ligament,ALL)联合重建技术,结果显示在轴移实验以及维持膝关节旋转运动稳定性方面表现出色。该重建手术重构了机体 ALL 的三角形状,这种倒“Y”型的装置准确得模拟了机体内 ALL 结构,包括窄的股骨和宽的胫骨连接处,而重建 ALL 的单束近肢体端接近 ALL 在股骨的等距插入点。手术过程中,病人平躺仰卧,膝盖近端部分侧后放置,利用一个衬垫止血带使其维持于一定水平,并使用足辊防止臀部移动并保持膝盖 90 度弯曲。如此,膝盖能够在其整个活动范围内自由移动。手术前,在皮肤上做好 3 个解剖标志:腓骨头、Gerdy 结节和外侧上髁。ALL 的远端附着处大约在 Gerdy 结节与腓骨头中间距离的一半位置(见图 8－17)[55]。

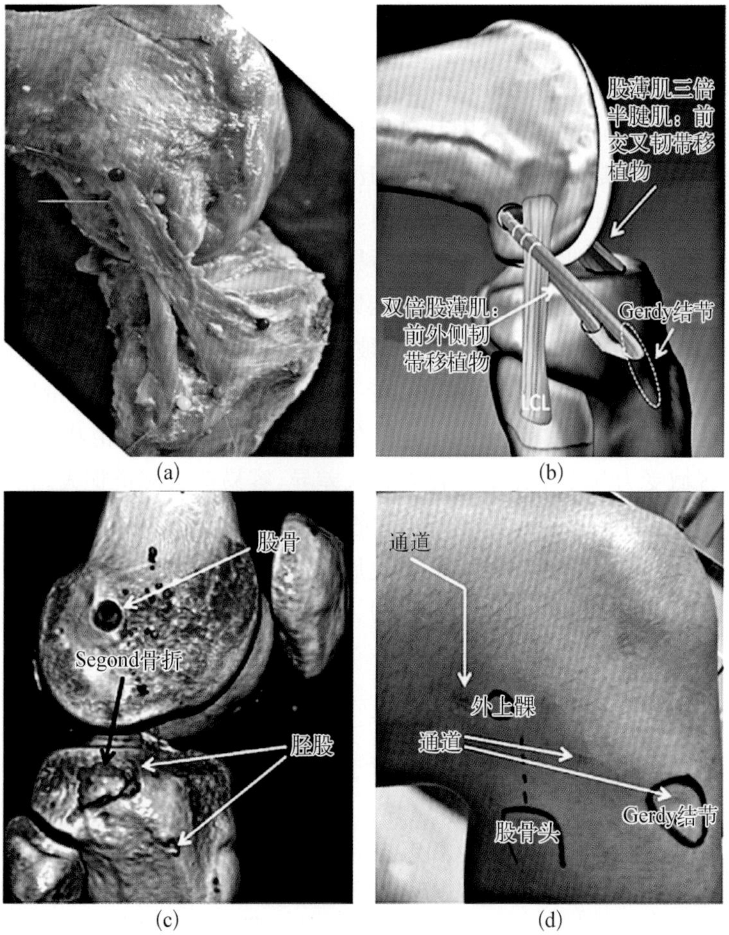

图 8－17 ALL 图片,移植物位点及周围结构[55]
(a) 解剖学图片;(b) 示意图;(c) 三维计算机断层扫描;(d) 表面标记

Figure 8－17 Images of the anterolateral ligament (ALL), the site of the graft, and its surrounding structures

8.3.4 ACL 临床手术后康复评估

在临床进行 ACL 重建后，需要在不同阶段对膝关节生物力学功能恢复水平进行评估，主要的评估指标包括以下几个方面：相关 Segond 骨折、慢性 ACL 损伤、3 级轴移、高水平体育活动、旋转运动（如足球、橄榄球、手球、篮球）、射线照片的侧股骨等级标志[56]。

同时，病人可分别于手术前后进行主观及客观的国际膝关节评分委员会（international knee documentation committee，IKDC）评分、Lysholm 评分以及 Tegner 膝关节活动度检测来评估术后膝关节康复效果。膝关节运动性能可以使用 Rolimeter 关节动度计进行检测，膝关节损伤及骨关节炎评分结果（the knee injury and osteoarthritis outcome score，KOOS）则在随访最后阶段进行检测。移植失败案例以及对侧 ACL 断裂等并发症同样需要记录。

8.4 结语

近些年来，ACL 受伤概率逐步升高，不但给患者日常生活带来严重不便，且一旦引起继发性病变后会加重患者痛苦。然而，因其自身特性与膝关节内外环境变化导致 ACL 自我修复困难，所以临床手术重建是目前最为可靠的治疗手段。尽管自体组织移植一直作为 ACL 重建的最优化选择，但重建后膝关节旋转控制、关节内组织与胫骨股骨受力分布与正常膝关节依然存在很大的差异，长期性功能恢复仍不尽如人意。

ACL 重建长时间后膝关节再次出现功能失稳，关节运动控制不足，其准确的机制目前仍不明确，而 ACL 重建时制造的骨隧道扩大被认为是其可能原因之一。重建手术后的骨愈合是决定手术后功能恢复效果的重要因素，在一个很短距离内要包含韧带层、未钙化的纤维软骨层、钙化的纤维软骨层和骨四部分结构，在实际临床康复中移植物附着区愈合表现不足，使得骨隧道区域受力与正常组织相比有很大差异，容易造成隧道扩大。

综上所述，现阶段 ACL 重建手段仍不能完全满足实际需要，膝关节生物力学性能在术后难以恢复到正常水平。通过明确 ACL 重建后造成受力差异的机制，并详尽了解生物力学因素在整个重建过程的作用，可能使得将来的 ACL 重建手段及效果会发生质的优化。

（吕永钢　沙永强）

参考文献

[1] Makris E A, Hadidi P, Athanasiou K A. The knee meniscus: Structure-function, pathophysiology, current repair techniques, and prospects for regeneration[J]. Biomaterials, 2011, 32(30): 7411 - 7431.

[2] 李江.膝关节韧带的生物力学研究进展[J].医用生物力学,2005,20(1): 59 - 64.

[3] Zantop T, Herbort M, Raschke M J, et al. The role of the anteromedial and posterolateral bundles of the anterior cruciate ligament in anterior tibial translation and internal rotation[J]. Am J Sports Med, 2007, 35(2): 223 - 227.

[4] Miyasaka K C, Daniel D M, Stone M L, et al. The incidence of knee ligament injuries in the general population[J]. Am J Knee Surg, 1991, 4: 3 - 8.

[5] Aït Si Selmi T, Fithian D, Neyret P. The evolution of osteoarthritis in 103 patients with ACL reconstruction at 17

years follow-up[J]. Knee, 2006, 13(5): 353 - 358.
[6] Parkakari J, Pasanen K, Mattila V M, et al. The risk for a cruciate ligament injury of the knee in adolescents and young adults: a population-based cohort study of 46,500 people with a 9 year follow-up[J]. Br J Sports Med, 2008, 42(6): 422 - 426.
[7] Liederbach M, Dilgen F E, Rose D J. Incidence of anterior cruciate ligament injuries among elite ballet and modern dancers: a 5-year prospective study[J]. Am J Sports Med, 2008, 36(9): 1779 - 1788.
[8] Gianotti S M, Marshall S W, Hume P A, et al. Incidence of anterior cruciate ligament injury and other knee ligament injuries: A national population-based study[J]. J Sci Med Sport, 2009, 12: 622 - 627.
[9] 王枫.膝关节韧带损伤与人工韧带研究进展[J].中国组织工程研究与临床康复,2010,14(21): 3919 - 3922.
[10] 敖英芳,于长隆,田得祥.女运动员前交叉韧带损伤调查分析[J]. 中国运动医学杂志,2000,19(4): 387 - 388.
[11] 陈益果,丁晶,徐永清,等.膝关节前交叉韧带损伤治疗进展[J]. 西南军医,2010,12(1): 84 - 86.
[12] 吴波,杨柳.前交叉韧带解剖和生物力学特性[J]. 中国矫形外科杂志,2006,22: 1725 - 1726.
[13] Xie F, Yang L, Guo L, et al. A study on construction three-dimensional nonlinear finite element model and stress distribution analysis of anterior cruciate ligament[J]. J Biomech Eng, 2009, 131(12): 121007.
[14] Murray M M, Martin S D, Martin T L, et al. Histological changes in the human anterior cruciate ligament after rupture[J]. J Bone Joint Surg Am, 2000, 82 - A(10): 1387 - 1397.
[15] Naraoka T, Ishibashi Y, Tsuda E, et al. Time-dependent gene expression and immunohistochemical analysis of the injured anterior cruciate ligament[J]. Bone Joint Res, 2012, 1(10): 238 - 244.
[16] Yang L, Tsai C M, Hsieh A H, et al. Adhesion strength differential of human ligament fibroblasts to collagen types Ⅰ and Ⅲ[J]. J Orthop Res, 1999, 17(5): 755 - 762.
[17] Sung K L, Yang L, Whittemore D E, et al. The differential adhesion forces of anterior cruciate and medial collateral ligament fibroblasts: Effects of tropomodulin, talin, vinculin, and alpha-actinin[J]. Proc Natl Acad Sci USA, 1996, 93(17): 9182 - 9187.
[18] Witkowski J, Yang L, Wood D J, et al. Migration and healing of ligament cells under inflammatory conditions[J]. J Orthop Res, 1997, 15(2): 269 - 277.
[19] Xie J, Jiang J, Zhang Y, et al. Up-regulation expressions of lysyl oxidase family in anterior cruciate ligament and medial collateral ligament fibroblasts induced by Transforming Growth Factor-Beta 1[J]. Int Orthop, 2011, 36(1): 207 - 213.
[20] Amiel D, Nagineni C N, Choi S H, et al. Intrinsic properties of ACL and MCL cells and their responses to growth factors[J]. Med Sci Sports Exerc, 1995, 27: 844 - 851.
[21] Yoshida M, Fujii K. Differences in cellular properties and responses to growth factors between human ACL and MCL cells[J]. J Orthop Res, 1999, 4: 293 - 298.
[22] Bedi A, Kawamura S, Ying L, et al. Differences in tendon graft healing between the intra-articular and extra-articular ends of a bone tunnel[J]. HSS J, 2009, 5(1): 51 - 57.
[23] Gao B, Cordova M L, Zheng N. Three-dimensional joint kinematics of A CL - deficient and A CL - reconstructed knees during stair ascent and descent[J]. Hum Mov Sci, 2011, 31(1): 222 - 235.
[24] Cao M, Stefanovic-Racic M, Georgescu H I, et al. Does nitric help explain the differential healing capacity of the anterior cruciate, posterior cruciate, and medial collateral ligament? [J]. Am J Sports Med, 2000, 28(2): 176 - 182.
[25] Murakami H, Shinomiya N, Kikuchi T, et al. Upregulated expression of inducible nitric oxide synthase plays a key role in early apoptosis after anterior cruciate ligament injury[J]. J Orthop Res, 2006, 24(7): 1521 - 1534.
[26] Wang Y, Tang Z, Xue R, et al. Differential response to $CoCl_2$ - stimulated hypoxia on HIF - 1 α, VEGF, and MMP - 2 expression in ligament cells[J]. Mol Cell Biochem, 2012, 360(1 - 2): 235 - 242.
[27] Bray R C, Leonard C A, Salo P T. Correlation of healing capacity with vascular response in the anterior cruciate and medial collateral ligaments of the rabbit[J]. J Orthop Res, 2003, 21(6): 1118 - 1123.
[28] Cooper J A Jr, Bailey L O, Carter J N, et al. Evaluation of the anterior cruciate ligament, medial collateral ligament, achilles tendon and patellar tendon as cell sources for tissue-engineered ligament[J]. Biomaterials, 2006, 27(13): 2747 - 2754.
[29] Takayama K, Kawakami Y, Mifune Y, et al. The effect of blocking angiogenesis on anterior cruciate ligament healing following stem cell transplantation[J]. Biomaterials, 2015, 60: 9 - 19.
[30] Tang Z, Yang L, Wang Y, et al. Contributions of different intraarticular tissues to the acute phase elevation of

synovial fluid MMP－2 following rat ACL rupture[J]. J Orthop Res, 2009, 27(2): 243－248.
[31] Tang Z, Yang L, Xue R, et al. Differential expression of matrix metalloproteinases and tissue inhibitors of metalloproteinases in anterior crcuaite ligament and medial collateral ligament fibroblasts after a mechanical injury: involvement of the p65 subunit of NF－kappaB[J]. Wound Repair Regen, 2009, 17(5): 709－716.
[32] Wang Y, Tang Z, Xue R, et al. Combined effects of TNF－α, IL－1β, and HIF－1α on MMP－2 production in ACL fibroblasts under mechanical stretch: An in vitro study[J]. J Orthop Res, 2011, 29(7): 1008－1014.
[33] Xie J, Wang C, Huang D Y, et al. TGF－beta 1 induces the different expressions of lysyl oxidases and matrix metalloproteinases in anterior cruciate ligament and medial collateral ligament fibroblasts after mechanical injury[J]. J Biomech, 2013, 46(5): 890－898.
[34] McKean J M, Hsieh A H, Sung K L. Epidermal growth factor differentially affects integrin-mediated adhesion and proliferation of ACL and MCL fibroblasts[J]. Biorheology, 2004, 41(2): 139－152.
[35] 沈雁，陈鸿辉，李贤让，等.成纤维细胞生长因子和表皮生长因子及复合因子对兔ACL、MCL体外增殖作用[J]. 中国修复重建外科杂志，2005，3: 229－233.
[36] Date H, Furumatsu T, Sakoma Y, et al. GDF－5/7 and bFGF activate integrin alpha2－mediated cellular migration in rabbit ligament fibroblasts[J]. J Orthop Res, 2010, 28(2): 225－231.
[37] Zhang J Y, Pan T, Im H J, et al. Differential properties of human ACL and MCL stem cells may be responsible for their differential healing capacity[J]. BMC Medicine, 2011, 9: 68.
[38] Kowalski T J, Leong N L, Dar A, et al. Hypoxic culture conditions induce increased metabolic rate and collagen gene expression in ACL－derived cells[J]. J Orthop Res, 2015, 34: 985－994.
[39] Mifune Y, Matsumoto T, Ota S, et al. Therapeutic potential of anterior cruciate ligament-derived stem cells for anterior cruciate ligament reconstruction[J]. Cell Transplant, 2012, 21(8): 1651－1665.
[40] Beynnon B D, Fleming B C, Labovitch R, et al. Chronic anterior cruciate ligament deficiency is associated with increased anterior translation of the tibia during the transition from non-weightbearing to weightbearing[J]. J Orthop Res, 2002, 20(2): 332－337.
[41] Gardinier E S, Manal K, Buchanan T S, et al. Altered loading in the injured knee after ACL rupture[J]. J Orthop Res, 2013, 31(3): 458－464.
[42] Schafer K A, Tucker S, Griffith T, et al. Distribution of force in the medial collateral ligament complex during stimulated clinical tests of knee stability[J]. Am J Sports Med, 2016, 44(5): 1203－1208.
[43] Yao J, Wen C, Cheung J T, et al. Deterioration of stress distribution due to tunnel creation in single-bundle and double-bundle anterior cruciate ligament reconstructions[J]. Ann Biomed Eng, 2012, 40(7): 1554－1567.
[44] Woo S L, Abramowitch S D, Kilger R, et al. Biomechanics of knee ligaments: Injury, healing, and repair[J]. Journal of Biomechanics, 2006, 39(1): 1－20.
[45] Molloy T, Wang Y, Murrell G. The roles of growth factors in tendon and ligament healing[J]. Sports Medicine, 2003, 33(5): 381－394.
[46] Shaarani S R, O'Hare C, Quinn A, et al. Effect of prehabilitation on the outcome of anterior cruciate ligament reconstruction[J]. Am J Sports Med, 2013, 41(9): 2117－2127.
[47] Thomopoulos S, Kim H M, Das R, et al. The effects of exogenous basic fibroblast growth factor on intrasynovial flexor tendon healing in a canine model[J]. The Journal of Bone and Joint Surgery, 2010, 92(13): 2285－2293.
[48] Ouyang H W, Goh J C, Lee E H. Use of bone marrow stromal cells for tendon graft-to-bone healing: histological and immunohistochemical studies in a rabbit model[J]. Am J Sports Med, 2004, 32(2): 321－327.
[49] Wei X L, Lin L, Hou Y, et al. Construction of recombinant adenovirus co-expression vector carrying the human transforming growth factor-beta 1 and vascular endothelial growth factor genes and its effect on anterior cruciate ligament fibroblasts[J]. Clin Med J (Engl), 2008, 121(15): 1426－1432.
[50] 赵晓亮，章莹.前交叉韧带重建移植材料的研究与进展[J]. 中国组织工程研究与临床康复，2011，15(42): 7915－7922.
[51] 史长庚，刘丹平.关节镜下前交叉韧带重建材料及其重建的理论研究与临床应用[J]. 中国组织工程研究与临床康复，2009，13(51): 10125－10128.
[52] de Valk E J, Moen M H, Winters M, et al. Preoperative patient and injury factors of successful rehabilitation after anterior cruciate ligament reconstruction with single-bundle techniques[J]. Arthroscopy, 2013, 29(11): 1879－1895.
[53] Tie K, Chen L, Hu D, et al. The difference in clinical outcome of single-bundle anterior cruciate ligament

reconstructions with and without remnant preservation: a meta-analysis[J]. Knee, 2016, doi: 10.1016/j.knee.2015.07.010.

[54] Fisher M B, Jung H J, McMahon P J, et al. Suture augmentation following ACL injury to restore the function of the ACL, MCL, and medial meniscus in the goat stifle joint[J]. J Biomech, 2011, 44(8): 1530 - 1535.

[55] Sonnery-Cottet B, Thaunat M, Freychet B, et al. Outcome of a combined anterior cruciate ligament and anterolateral ligament reconstruction technique with a minimum 2-year follow-up[J]. Am J Sports Med, 2015, 43(7): 1598 - 1605.

[56] Herbst E, Hoser C, Tecklenburg K, et al. The lateral femoral notch sign following ACL injury: Frequency, morphology and relation to mechanical injury and sports activity[J]. Knee Surg Sports Traumatol Arthrosc, 2015, 23(8): 2250 - 2258.

9 肌腱修复生物力学

肌腱连接肌肉和骨骼，将肌肉产生的拉力传递给骨骼，使关节产生运动。此外，肌腱与肌肉构成的单元对关节运动起着制约作用，能够维持关节的稳定性。肌腱损伤是骨科和运动医学临床常见的损伤之一[1,2]，肌腱损伤或缺失会导致肢体功能障碍以及关节磨损等疾病，临床通常要求及时修复受损肌腱。国内外临床医生和科研人员对肌腱（尤其是屈肌腱）修复的生物力学进行了深入的研究。

本章首先介绍肌腱组成和结构，在此基础上介绍肌腱的力学性质，之后介绍生物力学在肌腱修复、愈合和粘连防治中的应用，最后提出肌腱研究目前面临的挑战和展望。

9.1 肌腱的组成和结构

肌腱主要是由Ⅰ型胶原蛋白组成的一个多层次结构（见图 9－1）[3]，一条肌腱可以拆分成几个腱束（fascicle），每个腱束由多束胶原纤维（fibril）组成，每束胶原纤维又由多束胶原亚

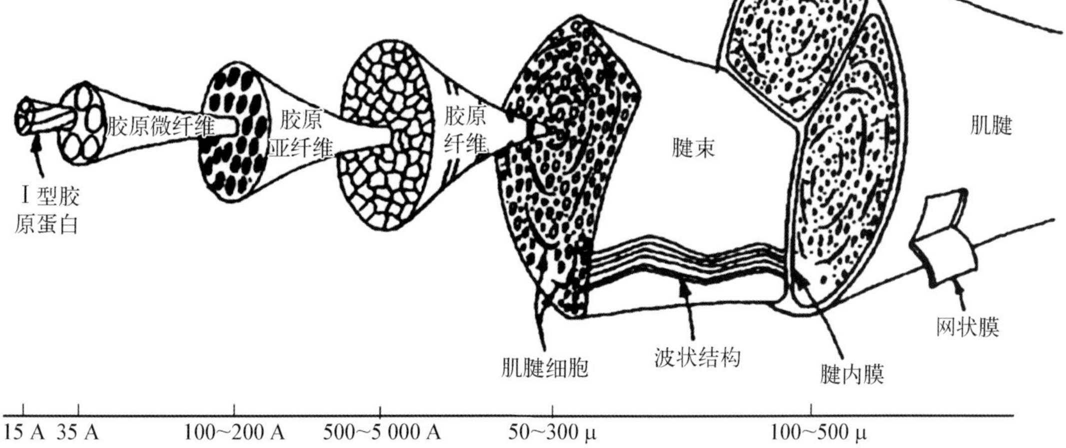

图 9－1 肌腱结构[3]

Figure 9－1 Tendon structure

纤维(sub-fibril)组成,每束胶原亚纤维再由多束胶原微纤维(micro-fibril)组成,最后,每束胶原微纤维由数个Ⅰ型胶原蛋白组成。肌腱表面和各级胶原结构表面覆盖着网状的膜,腱旁组织膜(paratenon)覆盖在滑膜外肌腱表面,腱鞘膜(epitenon)覆盖在滑膜内肌腱表面,腱内膜(endotenon)包裹着肌腱内各级胶原蛋白结构。在不受力状态下,腱束中的胶原纤维呈波纹状排列。

腱束中有一定量的肌腱细胞,它们位于胶原纤维之间(见图 9-1),顺应承受的拉力载荷,沿胶原纤维长轴分布,在细胞外基质中广泛伸展,并通过缝隙连接形成细胞间的三维通信网络。肌腱细胞主要作用是调控肌腱的代谢,生存需要营养的输入和代谢产物的输出,营养和代谢产物的运输通过两种方式完成,一是肌腱内的血管系统,二是通过滑液的扩散。

9.2 肌腱生物力学

肌腱在体内主要承受拉力,肌腱的生物力学性质可以用载荷-伸长曲线或应力-应变曲线来描述(见图 9-2)。在载荷-伸长曲线中,纵轴表示施加在肌腱上的拉力,横轴表述拉力作用下肌腱的伸长;应力-应变曲线中,横坐标为应变,即肌腱伸长变形占其初始长度的百分比,纵坐标是应力,表示肌腱单位面积承受拉力。应力-应变曲线与载荷-伸长曲线都可以分为 3 个部分:第一部分称为趾区(toe region),此区域用较小的力,肌腱可以获得很大伸展,伸展源于松弛状态下波形胶原纤维的伸直以及胶原纤维之间的滑动,并且随着载荷的增加聚集成束。

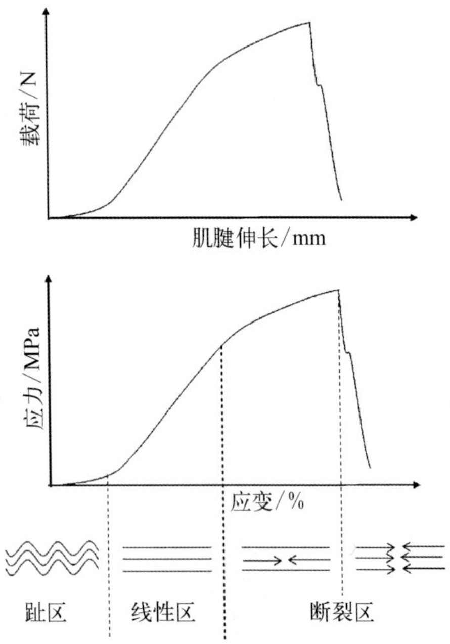

图 9-2 肌腱的载荷-伸长曲线和应力-应变曲线

Figure 9-2 Loading-elongation and stress-strain relationships of tendon

随着载荷的增加,曲线斜率突然增加,进入线性区域(linear region)。当作用在肌腱上的拉力继续增加,曲线斜率下降,进入断裂区(rupture region)。在断裂区,肌腱内的胶原结构以及胶原结构之间的连接断裂,产生不可逆的变化,当超过极限载荷,肌腱抗拉能力迅速减少,整个肌腱断裂,断裂区随之而结束。正常生理活动中,大部分肌腱受力范围位于趾区和部分线性区域。

在载荷-伸长曲线的中,线性区域的斜率称为刚度(stiffness),单位是 N/mm,肌腱断裂前承受的最大拉力称为极限载荷(ultimate load)或极限拉伸强度(ultimate tensile strength),肌腱断裂前最大伸长称为极限伸长(ultimate elongation),整个曲线下的面积是肌腱断裂所需的能量。应力-应变曲线线性区域的斜率称为弹性模量(elastic modulus or Young's modulus),单位是 N/mm^2 或者 MPa,肌腱断裂时的应变称为极限应变,应力-应变曲线下面积是应变能量密度(MPa)。

沙川华等人研究了人体前臂肌腱的生物力学特征(见表9-1)[4],发现在0%~5%应变范围内,前臂多数肌腱拉伸应力随应变缓慢增加,曲线平坦,属于曲线的"趾区",在8%~16%应变范围,拉伸应力随应变增大而增大,当变形达到20%左右,拉伸应力不再随应变增长。各肌腱之间极限应力与极限应变没有显著性差异,但发现部分肌腱的拉伸刚度与弹性模量有显著差异,揭示不同肌腱抵抗变形的能力与变形的难易程度等方面有一定的差异,其中对大关节作用较大的发达肌肉的肌腱拉伸刚度和弹性模量较大。

表9-1 人体前臂各肌腱力学性能

Table 9-1 Mechanical properties of human forearm tendons

肌　腱	极限应力/MPa	极限应变/%	拉伸刚度/MPa	弹性模量/MPa
尺侧腕屈肌腱	23.65±9.86	29.70	167.12±70.74	90.12±4.64
尺侧腕伸肌腱	32.11±16.60	24.80	177.22±77.99	146.14±12.37
肱桡肌腱	59.73±14.41	19.37	293.62±21.65	313.31±6.70
拇长伸肌腱	35.86±17.42	20.49	103.14±55.70	203.10±9.63
桡侧腕屈肌腱	28.34±10.90	25.20	121.12±102.30	135.83±7.27
桡腕长伸肌腱	40.92±8.70	23.15	212.32±80.54	358.04±21.59
桡腕短伸肌腱	35.18±21.01	23.57	219.25±80.47	145.18±13.53
小指伸肌腱	78.52±44.37	17.52	93.61±48.78	112.37±5.08
掌长肌腱	76.63±29.11	18.74	182.24±106.36	362.57±7.65
拇短伸肌腱	49.29±39.48	20.16	63.21±19.99	192.03±8.36
示指伸肌腱	84.00±13.90	14.45	185.24±72.25	148.03±15.11
拇长展肌腱	63.73±35.38	16.51	133.14±36.85	98.93±4.86
拇长屈肌腱	38.17±19.11	20.49	194.58±37.86	414.99±16.41

9.3 肌腱修复

肌腱有多种类型损伤,损伤通常用缝合的方式进行修复。根据缝线在肌腱缝合端所处的位置,缝合方法划分为中心缝合(core suture)和周边缝合(epitendinous suture)。中心缝合一般使用较粗的缝线,对连接肌腱断端起着主要的力学作用;周边缝合采用较细的缝线,使肌腱断端对合整齐,保持断端的平整,增大肌腱断端的接触,利于肌腱愈合。国内临床医生和科研人员进行了大量肌腱修复生物力学的研究工作。

9.3.1 中心缝合

中心缝合对维护肌腱断端结合起着主要力学作用,是临床肌腱修复研究的重点,国外医生和科研人员对中心缝合进行了大量研究,发明了Becker、Cruciate、Kessler、改良Kessler、

Kleinert、MGH、Robertson、Savage、Strickland、Tsuge 等缝合技术，为肌腱的中心缝合提供了多种选择，以期用简便的方法修复肌腱，使修复的肌腱获得足够大的抗张强度，满足早期主、被动功能锻炼，促进肌腱愈合，减少粘连的发生。

汤锦波团队发明了一种肌腱中心缝合技术（Tang 法），该方法由 3 组双线缝合组成，两端均以锁式缝合把持肌腱，在肌腱内呈立体三棱柱状分布于屈肌腱的掌侧及背外侧（见图 9-3）。汤锦波团队比较了 Tang 法与其他几种临床常用中心缝合技术在屈肌腱修复中的效果，研究人员分别用 Strickland 法、Augmented Becker 法、Savage 法及 Tang 法修复横向切断的肌腱（见图 9-3）[5]，同时记录中心缝合的操作时间，用材料力学测定仪测定 2 mm 间隙形成载荷、极限载荷、弹性模量及断裂功耗。

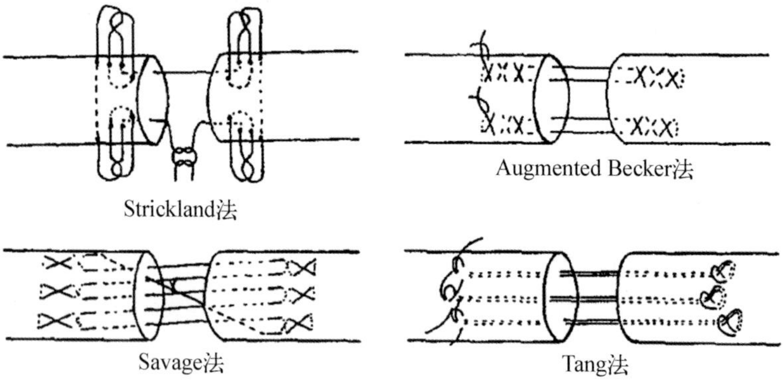

图 9-3 肌腱缝合方法[5]

Figure 9-3 Suture methods for tendon repair

实验显示 Tang 法 2 mm 间隙形成载荷、极限载荷、断裂功耗和弹性模量在四组缝合方法中最大（见表 9-2），其 2 mm 间隙形成载荷为 44.2 N，极限载荷达 49.5 N，Augmented Becker 法和 Strickland 法的抗张能力较 Savage 法和 Tang 法明显减少，极限载荷仅分别为 40 N 和 29 N，故 Augmented Becker 法和 Strickland 法对早期主动活动的耐受能力较差，Strickland 法达不到主动活动所需的力学要求。Savage 法 2 mm 间隙形成载荷、极限载荷和断裂功耗与 Tang 法没有显著差别（$p>0.05$），但 Tang 法弹性模量显著小于 Savage 法和其他两种方法，说明 Tang 法把持断端的能力强，能有效抵御肌腱断端间隙形成。此外，Tang 法缝合操作时间短，因此 Tang 法是修复屈肌腱Ⅱ屈区的一个好的方法。

表 9-2 多种肌腱缝合的生物力学测量结果

Table 9-2 Outcome of biomechanical measurement for tendon repairs with different suture techniques

缝合方法	抗张强度/N		弹性模量/MPa	断裂功耗/J	操作时间/min
	2 mm 间隙形成载荷	极限载荷			
Strickland 法	23.7±4.6	28.9±5.8	6.0±2.1	0.190±0.040	5.6±0.4
Augmented Becker 法	34.6±5.9	40.7±5.3	8.9±2.4	0.393±0.054	8.0±0.8
Savage 法	38.8±4.4	44.4±3.1	9.2±1.8	0.539±0.048	13.4±1.4
Tang 法	44.2±5.8	49.5±5.1	12.8±2.4	0.591±0.085	6.1±0.3

马信龙等以鸡二区趾深屈肌腱为对象[6,7]，研究多种临床常用肌腱缝合方法的即刻生物力学特性(见图 9－4)，实验用锐刀横断鸡Ⅱ区趾深屈肌肌腱，分别用改良 Kessler 法、改良 Kessler 加腱周连续缝合法、Cruciate 法、Tsuge 法、改良 Tsuge 法、Tang 法进行修复，缝合后立即取下肌腱进行拉伸断裂测试，测定极限载荷、应变，计算出各组肌腱的刚度、极限拉伸强度、弹性模量和断裂功耗，并记录手术操作时间和断裂方式。

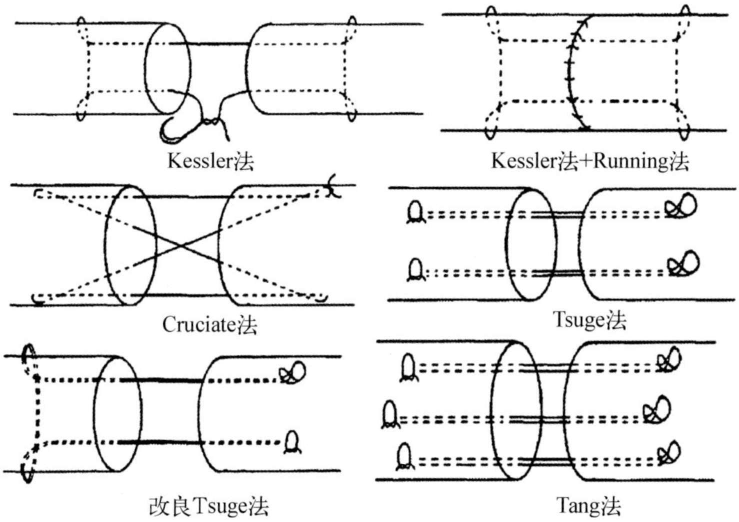

图 9－4 肌腱缝合方法[6]

Figure 9－4 Suture methods for tendon repair

实验证实了在用相同方法缝合肌腱时(见表 9－3)，跨越断端的缝线股数越多，缝合后的强度越大。极限载荷方面，2 束跨越法(Kessler 法)小于 4 束跨越法(Cruciate 法、Tsuge 法、改良 Tsuge 法)和 6 束跨越法(Tang 法)。同为锁扣法的 Tsuge 法和 Tang 法，跨越断端股数分别为 4 束和 6 束，前者的极限载荷为后者的 2/3，能量吸收为后者的 3/5。尽管 3 种 4 束跨越法各不相同(Cruciate 法为抓持，Tsuge 法为锁扣，而改良 Tsuge 法一侧是抓持，一侧是锁扣)，其极限载荷、极限应力的差异却没有统计学意义。

表 9－3 肌腱缝合方法的即刻生物力学测量结果

Table 9－3 Outcome of biomechanical measurement for tendon repairs with different suture techniques

缝合方法	极限载荷 /N	极限拉伸强度/MPa	刚 度 /(N/m)	弹性模量 /MPa	断裂功耗 /mJ
Kessler 法	11.4±2.2	5.08±0.91	2.59±0.78	2.88±0.46	29.7±12.7
Kessler＋Running 法	20.2±2.4	7.73±1.74	5.18±1.60	4.92±1.07	44.8±11.8
Cruciate 法	18.5±3.2	8.13±1.93	3.65±0.85	3.94±0.83	50.3±11.1
Tsuge 法	16.8±3.1	9.55±2.83	3.34±0.79	4.55±1.05	46.9±14.2
改良 Tsuge 法	15.9±6.0	7.32±2.75	3.49±0.57	4.07±0.96	41.5±18.8
Tang 法	25.6±4.6	11.4±1.72	4.72±1.27	5.17±1.13	78.5±14.5

操作时间代表着缝合的难易程度和对肌腱操作的多寡，在核心缝合中，Kessler 法和 Tsuge 法缝合时间最短，平均 6.63 min 和 7.39 min，前者提供的最大应力为 11.4 N，后者为 16.8 N，6 束 Tang 法操作时间为 12.38 min，能提供 25.6 N，而 Cruciate 法缝针穿行断面共 8 次，操作较复杂，平均 13.39 min，对肌腱损伤大，仅能提供 18.5 N 的最大载荷，不如 Tang 法可行。

生物力学研究证明 Tang 法具有以下特点：① 抗张强度大，适合肌腱早期活动；② 断端处无线结残留，有利于断端直接对合；③ 不引起肌腱营养障碍；④ 作用力均衡，断端对合好；⑤ 操作简便。因此 Tang 法可以有效地用于屈肌腱修复，但由于 Tang 法为 3 棱柱结构的六束缝合，其缺点是在较细或变扁平的肌腱中难以实施。

为了探讨缝针出入点距断端多远缝合效果好，张裕等研究中心缝合缝针出入点位置对抗张强度的影响[8]。他们采用新鲜猪后肢趾深屈肌腱，横行切断，以改良 Kessler 法缝合，缝针出入点距断端距离分别为 4 mm、7 mm、10 mm、12 mm，腱周用尼龙无损伤缝线进行连续缝合加强，边距 2 mm，每针宽度为 1 mm，缝合后检测肌腱 2 mm 间隙形成的载荷和极限载荷。研究发现改良 Kessler 法缝合缝针出入口距断端的距离越大，其抗张强度有递增趋势(见图 9－5)，其中 4 mm 距离的缝合与其他各组有明显的统计学差异，而其他各组从数据上看有递增趋势，但统计学上没有明显差异，因此在临床修复肌腱时，缝针出点一定要在 7 mm 以上，以 10 mm 左右最佳，才能使修复的肌腱的抗张强度处于最佳，从而有利于修复肌腱的早期功能锻炼。

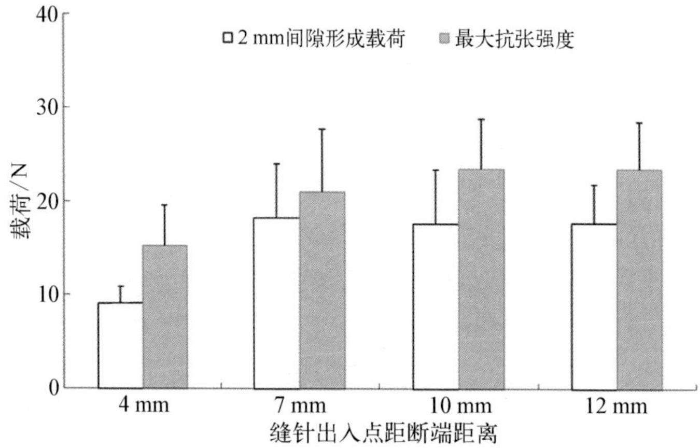

图 9－5 中心缝合缝针出入点位置与肌腱抗张强度

Figure 9－5 The tensile strength of the tendons repaired with core sutures with vary locations from tendon broken ends

斜形切割是临床常见的肌腱损伤形式，但许多修复实验研究结果建立在肌腱横形损伤模型基础上，为了认识缝合方法对不同方向损伤肌腱抗张强度的影响，谭军等选择传统的改良 Kessler 法为中心缝合方法缝合横或 45°斜形切断的猪趾深屈肌腱[9]，横形损伤组中心缝合边距为 10 mm，斜形损伤组中心缝合最短边距分别为 4 mm、7 mm 或 10 mm(见图 9－6)，缝合后分别测量各组缝合肌腱的 2 mm 间隙形成载荷、极限载荷及最大功耗。

实验发现当肌腱发生斜形损伤时，中心缝合短边边距的减少造成其缝合抗张强度降低(见表 9－4)，对肌腱斜形损伤采用与横行损伤等长距离缝合(20 mm)时，其 2 mm 间隙形成

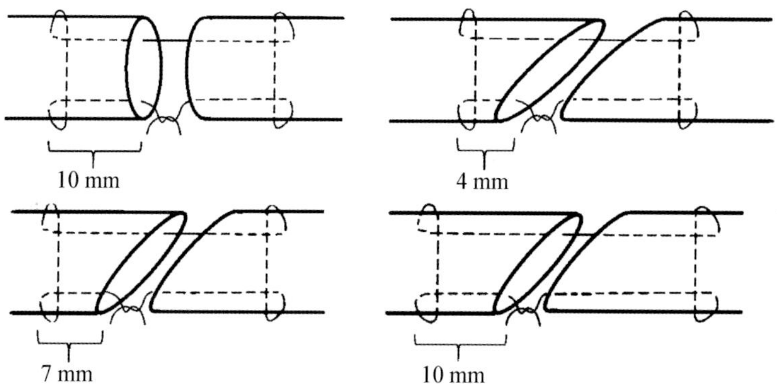

图 9－6 肌腱缝合方法[9]

Figure 9－6 Suture methods for tendon repair

载荷仅有横行损伤时的 76%，极限载荷是横行损伤时的 84%。研究发现缝合斜形损伤的短边边距增大，其抗张强度也增大，当短边的缝合边距由 4 mm 增大到 7 mm 时，2 mm 间隙形成载荷增加了 63%，极限载荷增加了 29%；而当其短边的缝合边距从 7 mm 增加到 10 mm，达到横行损伤时单侧缝合边距长度时，2 mm 间隙形成载荷及极限载荷的增加在统计学上差异不显著。实验结果表明增加中心缝合缝线在斜形损伤肌腱残端内的长度，能抵消由于斜形损伤造成肌腱修复强度减弱的作用，缝针出点要在 7 mm 以上，但是没有必要过度延长缝合长度，太长距离的中心缝合会增加操作的难度。

表 9－4 修复肌腱的生物力学数据

Table 9－4 Outcome of biomechanical measurement for different tendon repairs

组　别	2 mm 间隙形成载荷/N	极限载荷/N	最大功耗/J
横形，10 mm	17.0±2.1◇	23.4±2.1◇	0.16±0.08
斜形，4 mm	12.9±3.4	19.7±4.3	0.21±0.12
斜形，7 mm	21.0±2.8▲◆	25.4±2.8◆	0.21±0.04
斜形，10 mm	20.9±4.5△◆	27.1±4.2◆	0.21±0.04

注：与横形 10 mm 组比较，△ $p<0.05$，▲ $p<0.01$；与斜形 4 mm 组比较，◇ $p<0.05$，◆ $p<0.01$。

在上述工作基础上，谭军等更加系统地研究了斜形损伤对肌腱修复抗张强度的影响[10]，损伤肌腱采用改良 Kessler 法、Cruciate 法或 4 束 MGH 法进行中心缝合(见图 9－7)，3 种中心缝合方法组根据肌腱切断方向及缝合方向每组又分为 3 组：第 1 组为横形损伤、常规缝合组；第 2 组为 45°斜形损伤、横形缝合组；第 3 组为 45°斜形损伤、45°斜形缝合组。采用改良 Kessler 法和 Cruciate 法时，缝针出入点距肌腱吻合口最短的距离均为 8 mm，采用 4 束 MGH 法时，缝针出入点距肌腱吻合口最短的距离为 12 mm。除上述中心缝合外，各组肌腱采用连续缝合法行腱周缝合，边距 1 mm，每针宽度 1 mm。

研究发现肌腱斜形损伤后，改良 Kessler 法和 Cruciate 法横形或斜形修复肌腱，对肌腱抗张强度有明显影响(见表 9－5 至表 9－7)，用改良 Kessler 法作常规横形缝合，2 mm 间隙形成载荷和极限载荷均不到横形损伤的 4/5；用 Cruciate 法作横形缝合，2 mm 间隙形成载

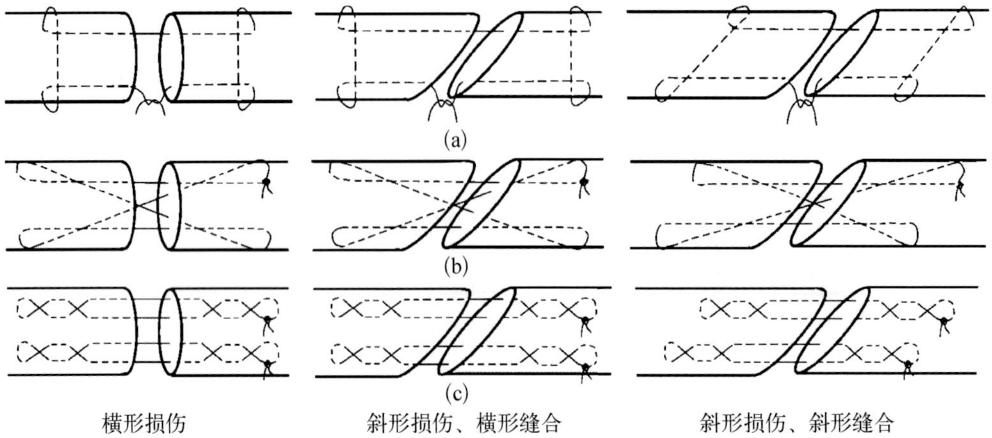

图 9－7 肌腱缝合方法

(a) 改良 Kessler 缝合；(b) Cruciate 缝合；(c) MGH 缝合

Figure 9－7 Suture methods for tendon repair

荷和极限载荷分别为横形损伤的 74％和 85％；如果用改良 Kessler 法和 Cruciate 法斜形修复斜形损伤肌腱，肌腱缝合的力学强度与两种方法横形修复横形损伤肌腱缝合的力学强度相同。在用 MGH 法缝合横形和斜形损伤时，缝合方式对间隙形成载荷和极限载荷的影响不显著，这可能与缝线在肌腱内的分布及抓持不同有关。因此当肌腱为斜形损伤时，如要选用 Kessler 法或 Cruciate 法修复肌腱，需要进行一定的改良，采用平行于切口方向的斜形缝合，这样可显著提高修复肌腱的抗张强度，2 mm 间隙形成载荷、极限载荷则能达到或接近于横形损伤时的水平。

表 9－5 不同损伤方向及缝合方向的 2 mm 间隙形成载荷

Table 9－5 Force for the formation of 2 mm gap at site of tendon repair

缝合方法	肌腱横形损伤/N	肌腱 45°斜形损伤/N	
		横形缝合	斜形缝合
改良 Kessler 法	17.8±2.1	13.3±3.1*	17.6±2.1**
Cruciate 法	32.5±2.4	24.2±3.5*	28.2±2.6**
4 束- MGH 法	30.3±3.6	34.6±6.1	32.3±3.5

注：* 与横形损伤比较 $p<0.05$；** 与 45°斜形损伤、横形缝合比较 $p<0.05$。

表 9－6 不同损伤方向及缝合方向的极限载荷

Table 9－6 Ultimate load of tendon repairs

缝合方法	肌腱横形损伤/N	肌腱 45°斜形损伤/N	
		横形缝合	斜形缝合
改良 Kessler 法	24.1±1.9	19.3±2.7*	22.1±2.6**
Cruciate 法	37.9±2.8	32.3±5.9*	38.3±4.4**
4 束- MGH 法	46.2±8.9	44.6±6.3	42.1±7.2

注：* 与横形损伤比较 $p<0.05$；** 与 45°斜形损伤、横形缝合比较 $p<0.05$。

表 9-7 不同损伤方向及缝合方向的最大功耗
Table 9-7 Maximum work consumption of tendon repairs

缝合方法	肌腱横形损伤/J	肌腱 45°斜形损伤/J	
		横形缝合	斜形缝合
改良 Kessler 法	0.16±0.08	0.16±0.07*	0.21±0.09**
Cruciate 法	0.44±0.11	0.34±0.17*	0.48±0.09**
4 束-MGH 法	0.43±0.08	0.45±0.06	0.41±0.06

注：* 与横形损伤比较 $p<0.05$；** 与 45°斜形损伤、横形缝合比较 $p<0.05$。

9.3.2 周边缝合

中心缝合为维护肌腱断端结合起着主要力学作用，为了便于肌腱愈合，临床往往采用周边缝合将肌腱断端整齐对合，增大肌腱断端接触。此外，当肌腱断端挫伤严重，肌腱扁平、细小难以施行复杂的中心缝合，需要采用周边缝合修复肌腱。

临床应用的周边缝合方法主要有 3 种：Running（连续周边缝合）法、Cross-stitch 法、Halsted 法（见图 9-8）。Cross-stitch 法由 Silfverskiold 提出，该方法抗张强度大，对断端影响小，但由于有较多缝线暴露于肌腱表面，断端鼓起，影响肌腱滑动而未能普及[11]。Wade 倡导了 Halsted 周边缝合，该方法大大提高了抗间隙能力及极限载荷，而且修复后肌腱断端平整，该方法抗张强度来源于多组纵向缝线对张力的均匀承担[12]。王斌等提出一种新的周边缝合法（见图 9-8）[13]，新方法将 Cross-stitch 法和 Halsted 法的优点结合在一起，包含内交叉锁式缝合，又保留了 Halsted 法多组纵向捆绑的特点。他们用缝线进行 Running 法、Cross-stitch 法、Halsted 法及新方法修复横向切断的成年猪后蹄Ⅱ区屈肌腱，缝合好的肌腱用力学测量仪等速拉伸至完全断裂，测定 2 mm 间隙形成载荷、极限载荷，计算断裂功耗。

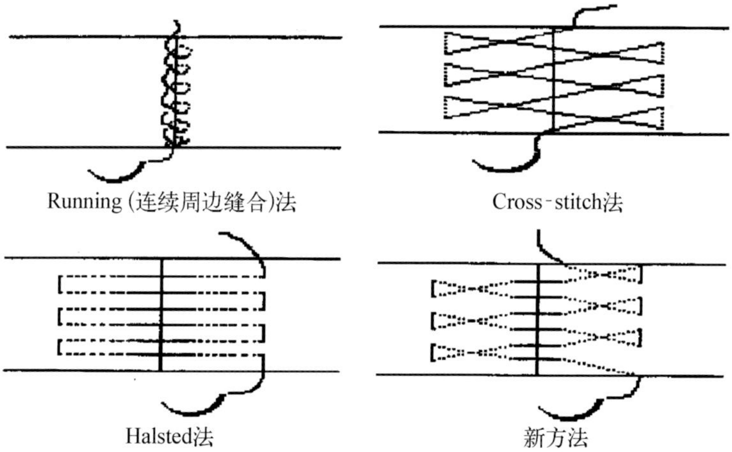

图 9-8 4 种肌腱周边缝合法[13]
Figure 9-8 Four epitendinous suture methods for tendon repair

研究发现在 4 种周边缝合法中，新方法修复肌腱的 2 mm 间隙形成载荷、极限载荷、刚度和断裂功耗最大，Halsted 法其次，Cross-stitch 法再次，Running 法最小（见表 9-8）。手指在无阻力状态下，主动活动需要 15～35 N 的张力[14]，新方法包含内交叉锁式缝合，又保留了 Halsted 法多组纵向捆绑的特点，研究显示能提供比单纯握式缝合更大的强度，新型周边缝合方法的 2 mm间隙形成载荷达 53 N 左右、极限载荷达 69 N 左右，足够承担手指活动的张力，能有效抵御间隙形成，适合肌腱早期主动活动。此外，新型周边缝合方法对肌腱断端仅形成外约束力，端面无线结残留，修复后断端平整，有利于肌腱滑动，它为手术者提供了充分的灵活性。

表 9－8　4 种肌腱周边缝合法的即刻生物力学测量结果

Table 9－8　Outcome of biomechanical measurement for tendon repairs with 4 epitendinous suture methods

周边缝合方法	肌腱抗张强度			
	2 mm 间隙形成载荷/N	极限载荷/N	刚度/(N/mm)	断裂功耗/J
Running 法	14.0±2.6	16.5±2.3	3.6±0.4	0.100±0.014
Cross-stitch 法	30.0±3.3	51.4±6.5	4.4±0.5	0.630±0.071
Halsted 法	41.7±5.0	60.8±3.7	5.3±0.6	0.766±0.088
New 法	53.2±6.0	68.8±6.9	6.6±0.7	0.784±0.075

国外研究人员对周边缝合的深度进行了研究，发现连续深周边缝合（约为 1/2 肌腱半径）的平均断裂抗张强度比浅周边缝合提高 80%[15]。国内谢仁国等也研究了浅、深两种不同深度的连续单纯周边缝合、连续锁边周边缝合和连续改良交叉周边缝合 3 种方法修复后猪后蹄屈腱肌腱的生物力学特性（见图 9－9）[16]。

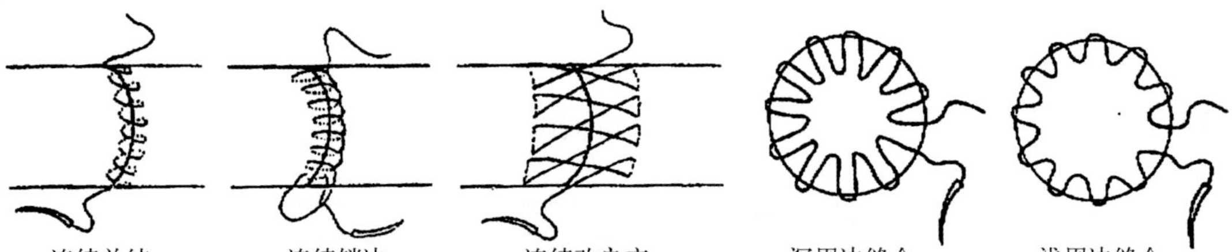

图 9－9　各种周边缝合方法[16]

Figure 9－9　Epitendinous suture methods for tendon repair

研究发现连续改良交叉周边缝合的极限载荷和拉断功耗显著高于其他两种方法（见图 9－10），表明了交叉缝合对肌腱的抓握紧密、牢靠，产生的摩擦力最大，连续改良交叉周边缝合修复的肌腱与缝线之间需要消耗更大的力和能量才能拉开。实验中所有深周边缝合组的极限载荷均高于相应的浅周边缝合组，可以归因于深周边缝合由于缝线在腱内的横向行程大，牵拉修复的肌腱时，缝线要切割的组织多，但临床中要考虑到深周边缝合可能对肌腱的血供可能有一定的影响。

9.3.3　中心缝合结合周边缝合

临床修复肌腱经常是采用中心缝合和周边缝合结合进行。改良 Kessler 法操作简单，对肌

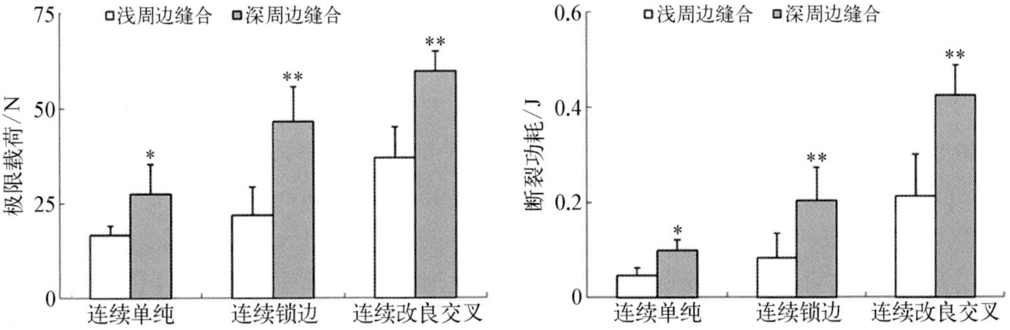

图 9-10 不同周边缝合方法缝合肌腱的极限载荷和断裂功耗比较[16]（$* p<0.05$，$** p<0.01$）

Figure 9-10 Comparisons of ultimate load and work of failure of tendons repaired with vary epitendinous suture methods

腱血运破坏小，是临床中最常用的肌腱缝合方法[6,17-20]，然而改良 Kessler 法缝线股数只有 2 束，缝合强度不能满足许多肌腱修复要求，因此需要增加缝线股数和行周边缝合来提高其抗拉强度。

为了探讨是再加一组中央缝合还是加周边缝合效果好，柯尊山等采用新鲜猪后肢趾深屈肌腱[18]，横向切断肌腱，以① Kessler 法：缝线距断端距离 10 mm；② Double Kessler 法：缝线距断端距离分别为 8 mm、10 mm；③ Running suture 法：缝线距断端距离 2 mm，深度 2 mm，缝合 8 针；④ Kessler＋Running suture 法：缝合标准同单独 Kessler 法和 Running suture 法缝合（见图 9-11），所有 Kessler 法缝合打结前都作抽紧，赋予缝线预张力，使最后切口两端缝线距离在 15～17 mm（缝合前为 20 mm）。所有缝合线结均由 6 个正反交替的单结组成，即 3 个外科结。缝合后，将肌腱两端置于材料力学测定仪的夹具上，夹具间的肌腱长度始终维持在 50 mm，旋紧夹具，预置载荷为 1 N，以 25 mm/min 的速度匀速拉伸，直至肌腱缝合处断裂，分别测定 2 mm 间隙形成载荷、极限载荷。

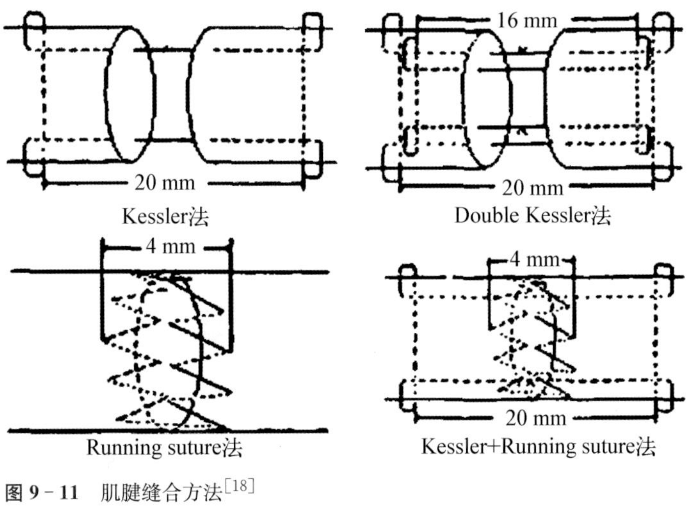

图 9-11 肌腱缝合方法[18]

Figure 9-11 Suture methods for tendon repair

Running suture 法组极限载荷最小（见图 9-12），仅为 22.8 N，但其 2 mm 间隙形成载荷（14.1 N）大于 Kessler 法组的 2 mm 间隙形成载荷（10.4 N）。在一组 Kessler 法中央缝合的基础上，再加一组 Kessler 法中央缝合能够使肌腱的 2 mm 间隙形成载荷和极限载荷增加1倍左右，即分别从 Kessler 法组的 10.4 N 和 34.2 N 增加至 Double Kessler 法组的 20.5 N 和 60.9 N。在一组 Kessler 法中央缝合的基础上，再加周边缝合，肌腱极限载荷是 Kessler 法组和 Running suture 法组极限载荷的叠加，达到 50.3 N，但 Kessler＋Running suture 法的 2 mm 间隙形成载荷却远高于 Kessler 法组和 Running suture 法组的 2 mm 间隙形成载荷的叠加，达到 42.5 N，该值也远高于 Double Kessler 法组的 2 mm 间隙形成载荷。研究显示单线 Kessler 法无论是极限载荷还是 2 mm 间隙形成载荷都不能满足早期功能锻炼的需要，从极限载荷方面考虑，Double Kessler 法和 Kessler＋Running suture 法都达到了术后功能锻炼的最大强度要求，但继续从 2 mm 间隙形成载荷方面考虑，证明增加一组周边缝合，比再加一组 Kessler 法效果更好。

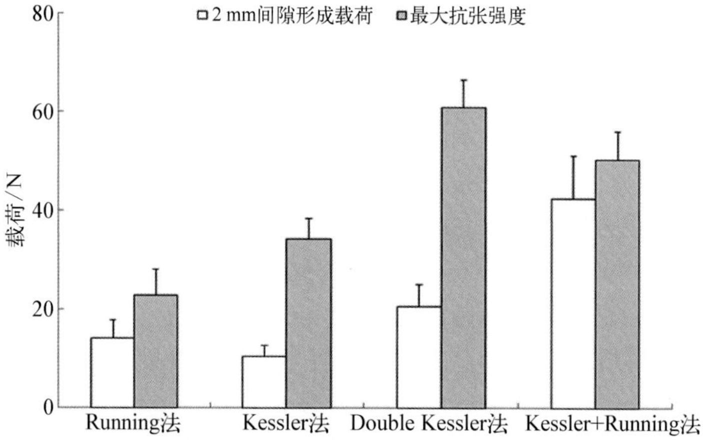

图 9－12 4 种肌腱缝合方法的抗张强度

Figure 9－12 The tensile strength of the tendons repaired with 4 methods

朱少文等在鸡趾深屈肌肌腱Ⅱ区横切断肌腱[21]，分别用 Running suture 法、改良 Kessler(MK)法、改良 Kessler＋Running suture(K＋R)法、Tsuge 法、Tsuge＋Running suture(T＋R)法修复肌腱(见图 9－13)，缝合后立刻取下肌腱，用冰冻卡具固定两端，在生

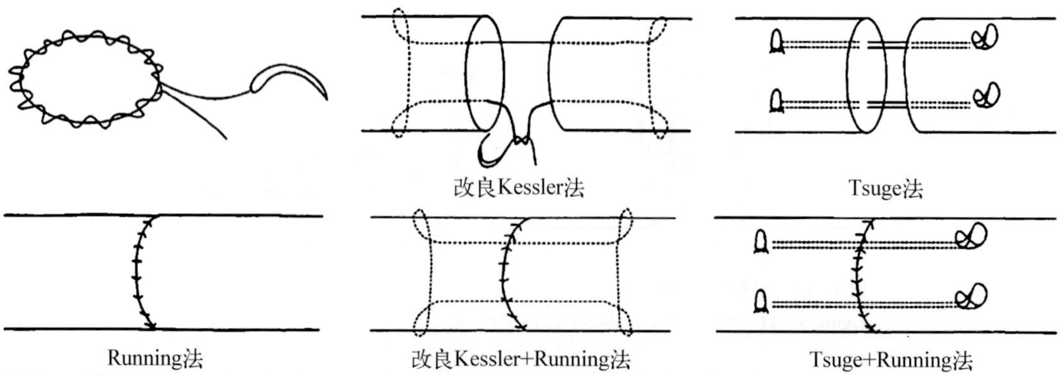

图 9－13 中心缝合与周边缝合[21]

Figure 9－13 The methods of core sutures and epitendinous suture

物力学材料动态力学性能测试仪上进行拉伸断裂测试。测定极限载荷、应变，记录间隙形成载荷，计算出各组肌腱的韧度、极限拉伸强度、弹性模量和断裂功耗。研究发现在间隙形成载荷、刚度、弹性模量、极限载荷、极限拉伸强度和断裂功耗方面，改良 Kessler＋Running suture 法均大于改良 Kessler 法（$p<0.001$），Tsuge＋Running suture 法均大于 Tsuge 法（$p<0.05$）（见表 9－9），证明 Running 法操作简单，能为中心缝合增加相当的抗拉强度和抗间隙形成能力，使吻合口对合良好、缝合外观光滑，从而减少肌腱滑动阻力，为术后早期功能锻炼提供有效保证。

表 9－9　不同肌腱缝合方法的即刻生物力学测量结果

Table 9－9　Outcome of biomechanical measurement for different tendon repairs

缝合方法	间隙形成载荷/N	极限载荷/N	刚度/(N/mm)	弹性模量/MPa	极限拉伸强度/MPa	断裂功耗/J
Running 法	4.02±1.24	10.2±1.5	2.21±0.70	2.28±0.52	5.43±1.56	0.041±0.011
MK 法	5.15±2.13	11.4±2.2	2.59±0.78	2.81±0.62	5.08±0.91	0.030±0.013
K+R 法	10.25±2.56	20.2±2.4	5.18±1.60	4.80±0.97	7.73±1.74	0.045±0.012
Tsuge 法	7.43±1.96	16.8±3.1	3.34±0.79	4.44±0.81	9.55±2.83	0.047±0.014
T+R 法	12.68±3.22	24.6±3.6	6.34±1.23	5.28±1.03	10.40±1.56	0.067±0.013

汤锦波团队研究了 Tang 法中心缝合结合连续周边缝合与其他多种中心缝合结合周边缝合组合方法对肌腱修复的生物力学性质。他们比较了 Tang 法与改良 Kessler 法、Becker 法和真皮嵌入法 3 种中心缝合方法对肌腱修复的生物力学（见图 9－14）[19]，解剖暴露成年猪后足中间二趾深屈肌腱，第 1 组横向切断肌腱后，先作改良 Kessler 法缝合，然后进行周边连续缝合；第 2 组肌腱背侧 40％处纵行劈开 2 cm，再于实验处横断，猪足背侧真皮片嵌入纵行劈开处，掌侧 40％处改良 Kessler 法缝合，然后进行连续交叉缝合固定真皮和周边连续缝合；第 3 组于肌腱中间纵行劈开 2 cm，近侧向掌侧远侧向背侧斜行 45°呈 S 形切断肌腱，进行 Becker 法修复；第 4 组将肌腱锐性横断后，作 3 组缝合，两组置于背侧，一组置于掌侧，并进

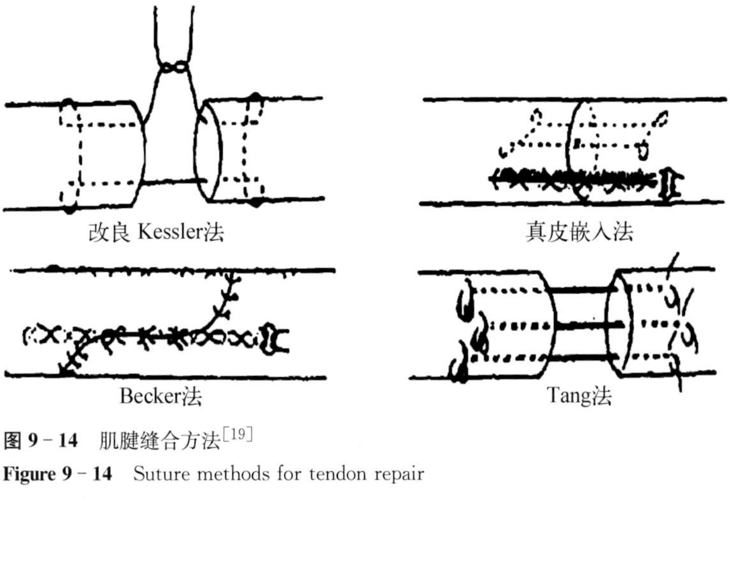

图 9－14　肌腱缝合方法[19]

Figure 9－14　Suture methods for tendon repair

行周边连续缝合。肌腱修复之后，测定每组缝合方法的间隙形成载荷、2 mm 间隙形成载荷、极限载荷、最大功耗及弹性模量。

研究表明 Tang 法修复组 2 mm 间隙形成载荷在 4 种中心缝合方法中最大（见表 9-10），为 42.7 N，大于手指无阻力活动屈肌腱所承受的 35 N 张力[14]，其他 3 组方法的 2 mm 间隙形成载荷均低于 35 N，此外，Tang 法对腱鞘区的指屈肌腱进行断端早期或延迟早期修复，操作比较容易，该方法适合在术后作早期主动或控制性主动活动。

表 9-10 不同肌腱缝合方法的生物力学测量结果

Table 9-10 Outcome of biomechanical measurement for different tendon repairs

缝合方法	抗张强度/N			最大功耗/J	弹性模量/MPa
	间隙形成	2 mm 间隙形成	极限载荷		
改良 Kessler 法	18.4±4.5	17.8±4.2	23.7±3.5	0.14±0.04	17.7±10.9
真皮嵌入法	22.3±7.9	33.5±5.5	55.6±13.6	0.75±0.20	13.5±8.4
Becker 法	15.9±5.8	26.7±8.4	80.9±16.1	1.02±0.18	37.5±23.5
Tang 法	26.1±7.4	42.7±5.8	48.1±5.1	0.93±0.18	12.9±1.7

汤锦波团队也以鲜猪后足的屈趾深肌腱为对象，分别用以下方法修复横向切断的肌腱（见图 9-15）[20]：① Tang + Running suture 法；② Cruciate + Running suture 法；③ Robertson + Running suture 法；④ Silfverskiold 法，即改良 Kessler + Cross-stitch 周边缝合法，所有中心缝合的两端出入针点距肌腱吻合口均为 10 mm，连续周边缝合的进针点距肌腱断端约 3 mm，而 Cross-stitch 法为 5 mm。第 1 组 Tang 法使用双线套针，其余 3 组中心缝合使用粗尼龙单线，周边均以细尼龙单线缝合。完成缝合后，用材料力学测定仪测量修复肌腱的 2 mm 间隙形成载荷、极限载荷及刚度，观察缝合断裂方式。

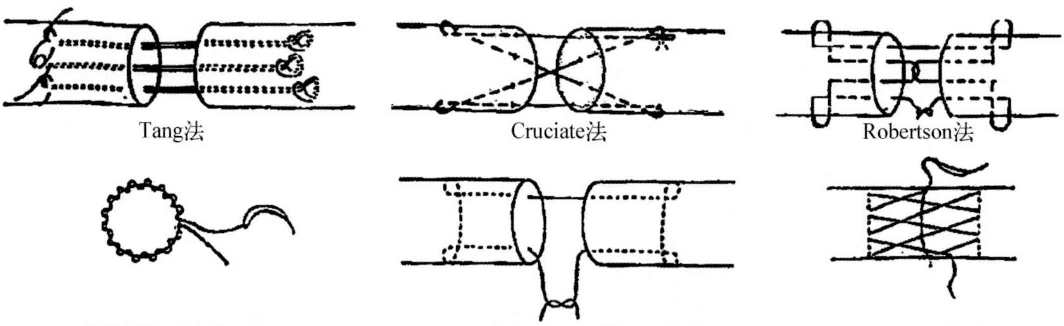

图 9-15 肌腱缝合方法[20]

Figure 9-15 Suture methods for tendon repair

研究发现穿过肌腱断端的中心缝合的线束数越多，其抗张强度越大，6 束中心缝合的 Tang 法极限载荷和 2 mm 间隙形成载荷最大（见表 9-11），大于 4 束中心缝合的 Cruciate 法和 Robertson 法以及 2 束中心缝合的 Silfverskiold 法的 2 mm 间隙形成载荷，4 束中心缝合的 Cruciate 法 2 mm 间隙形成载荷大于 2 束中心缝合的 Silfverskiold 法的 2 mm 间隙形成载荷。但同为 4 束中心缝合的 Cruciate 法的 2 mm 间隙形成载荷大于 Robertson 法的 2 mm间隙形成载荷，究其原因可能是 Cruciate 法为抓式缝合，在应力下，允许缝线在未锁住的肌腱抓角处滑动调整，使力量平均分担在 4 束缝线上，而 Robertson 法内锁式设计使张力很难在 4 束缝线上均衡分担，这体现在 Robertson 法断裂方式全部是缝线断裂，而 Cruciate 法是缝线抽出(80%)和线结松开(20%)，同为抓式的 Silfverskiold 法也以缝线抽出为主(90%)，而锁式缝合的 Tang 法以缝线断裂为主(70%)，无一例抽出。手指在无阻力状态下主动屈曲约产生 35 N 的张力[14]，研究显示 Tang 法和 Cruciate 法较其他两种方法更适应于术后早期主动功能锻炼。

表 9－11　4 种肌腱缝合方法的生物力学测量结果

Table 9－11　Outcome of biomechanical measurement for tendon repairs with 4 suture methods

缝 合 方 法	抗张强度/N		刚度/(N/mm)
	2 mm 裂隙形成载荷	极限载荷	
Tang+Running 法	43.5±3.5△▲	49.9±4.7	5.0±0.4△▲
Cruciate+Running 法	37.9±3.8*▲	43.5±3.8*	4.5±0.3*▲
Robertson+Running 法	24.4±2.8*△	39.1±3.9*	3.1±0.3*△
Silfverskiold 法	31.8±4.7*△▲	38.9±3.8*	3.8±0.3*△▲

注：与 Tang 法比较，* $p<0.05$；与 Cruciate 法比较，△ $p<0.05$；与 Robertson 法比较，▲ $p<0.05$。

9.3.4 初始缝合张力

主被动功能锻炼早期最大的并发症是肌腱断端产生间隙，Gelberman 等发现肌腱断端间隙大于 2 mm 直接影响肌腱内源性愈合，导致粘连形成，造成修复肌腱的功能恢复差[22]，因此具有抗间隙形成的缝合方法对修复肌腱至关重要。

在对肌腱缝合过程中，可以对肌腱断端施加一定强度的张力。王斌等缝合肌腱时对肌腱断端造成不同张力[23]，研究多大张力有助于修复肌腱在术后活动过程中对抗间隙形成，从而有利于肌腱愈合，减轻粘连形成。他们将新鲜成年猪后蹄Ⅱ区屈肌腱随机分成 3 组，均用 Kessler 法进行核心缝合并连续周边加强，Kessler 法握持圈深度保持为 2 mm，第 1 组修复肌腱保持原长度即缝合的最远端距断端 10 mm；第 2 组在抽紧核心缝合线结时使肌腱缩短 10%，累计缩短长度 2 mm；第 3 组在抽紧核心缝合线结时使修复肌腱缩短 20%，累计缩短长度 4 mm。所有核心缝线为单针肌腱粗缝线，周边缝线是单针肌腱细缝线。从缝合后的肌腱外观看到：随着缩短程度的增加，修复后肌腱的缝合部体积逐渐增大。将缝合好的肌腱等速拉伸至完全断裂，并用力学测量仪测定 2 mm 间隙形成载荷、极限载荷，计算刚度、断裂功耗。

一定范围内张力预置促使肌腱内的缝线平衡分布张力，在拉伸过程中所有的缝线均从肌腱断端抽出，核心缝线无断裂。张力预置也使肌腱断面的接触更加紧密，能够使肌腱在承受张力的初期有效对抗间隙形成，实验结果表明用 Kessler 法修复的肌腱缩短 10%，能使 2 mm间隙形成载荷增加 20%，极限载荷增加 5%(见表 9－12)。然而，过分增加缩短率并不能进一步提高抗张强度,在缝合后相反会使缝合部位臃肿,当肌腱内缝线对张力的分担趋于均衡时,继续增加张力不能进一步提高肌腱抗张强度,研究显示缩短 10%的状态下缝合的抗间隙形成能力最强,最适合肌腱术后抗张活动的需要。

表 9-12 不同断端张力下修复屈肌腱的生物力学数据

Table 9-12 Outcome of biomechanical measurement for tendon repairs with different end tension

组 别	肌腱抗张强度/N		刚度/(N/mm)	断裂功耗/J
	2 mm 间隙形成载荷	极限载荷		
无缩短	16.8±2.1	23.1±1.9	3.4±0.5	0.160±0.079
缩短 10%	20.2±2.1	24.3±2.4	4.0±0.4	0.179±0.035
缩短 20%	21.1±2.2	24.3±2.2	4.4±0.4	0.183±0.028

9.3.5 肌腱部分损伤的修复

除了屈肌腱全部断裂外,临床还常有许多屈肌腱部分损伤的病例,如不做修复,临床上可引起断端卡压、粘连形成及增加手指运动的阻力。因此,临床修复不完全损伤肌腱对恢复手的功能具有重要意义。

对于部分损伤的肌腱不修复或做何种修复一直存在争议,国外研究发现修复 60%和 75%的部分损伤的肌腱并不能显著提高肌腱的强度,但可能使肌腱的抗张力下降,因此建议对肌腱部分损伤不做任何修复或仅做周边缝合[24-26]。谭军等对肌腱严重部分损伤(>90%)和复合有斜形损伤的部分损伤的修复进行了系统实验研究[27],实验选用猪前蹄肌腱,横形或斜形损伤直径 90%,缝合采取改良 Kessler 法、MGH 法或改良 MGH 中心缝合法与连续周边缝合方法组合进行(见图 9-16),用生物力学测量仪检测缝合肌腱的 2 mm 间隙形成载荷、极限载荷、最大功耗。

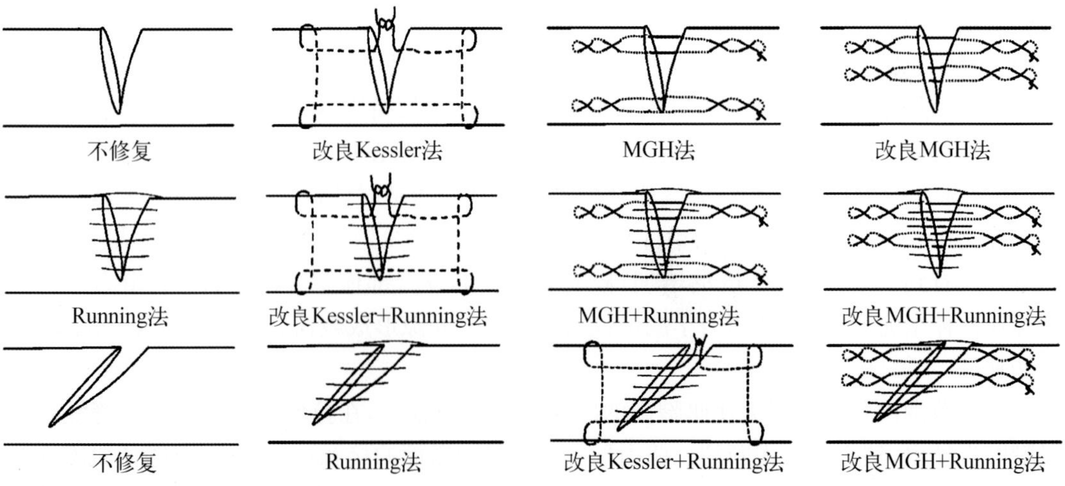

图 9-16 肌腱部分损伤修复方法[27]

Figure 9-16 The methods to repair partial lacerations of tendon

研究结果表明，在肌腱严重部分损伤时，肌腱的抗张力明显减弱(见表 9 - 13)，横形损伤初始间隙形成所需的载荷仅为 1.2 N，2 mm 间隙形成载荷也只有 3.7 N；在斜形部分损伤，初始和 2 mm 间隙形成载荷减少则更加明显，周边缝合能显著提高其抗张力，如果再加上中心缝合能进一步提高肌腱的修复强度。

表 9 - 13 各组肌腱生物力学测量结果

Table 9 - 13 Outcome of biomechanical measurement for different tendon repairs

组 别	2 mm 间隙形成载荷/N	极限载荷/N	最大功耗/J
横形部分损伤			
不修复	3.7±0.8▲	103.4±20.2▲▲	1.18±0.33▲▲
Kessler 法	16.2±5.0**▲▲	136.9±42.7**▲▲	1.62±0.42*▲▲
MGH 法	21.8±5.5**▲▲	144.5±16.7**▲▲	1.51±0.10*▲▲
改良 MGH 法	30.3±13.4**▲▲	190.5±44.1**	2.24±0.63**▲
连续周边法	25.3±6.7**▲▲	156.7±30.6**▲	1.68±0.30**▲▲
改良 Kessler+连续周边法	44.7±17.9**▲▲	170.4±56.5**	2.21±0.53**▲
MGH+连续周边法	42.5±10.3**▲▲	209.0±49.5**	2.51±0.62 **
改良 MGH+连续周边法	103.6±22.5**	215.5±54.2**	2.92±0.77 **
斜形部分损伤			
不修复	1.5±0.7▲▲	79.6±19.7▲▲	0.77±0.23▲▲
连续周边法	37.1±16.5**▲▲	191.6±31.9**▲	3.41±0.21**
改良 Kessler+连续周边法	57.2±19.9**	224.8±23.8**	4.00±1.29**
改良 MGH+连续周边法	62.6±13.9**	224.8±26.7**	3.31±0.77**

注：与不修复组比较：* $p<0.05$ ** $p<0.01$；与改良 MGH +连续周边缝合组比较：▲ $p<0.05$ ▲▲ $p<0.01$。

断端间隙形成与肌腱的粘连形成密切相关，以往的研究表明，屈指肌腱做无阻力的主动活动需要 15～35 N 的张力[14]，研究显示这一张力下肌腱严重部分损伤很容易在断端形成明显的间隙，因此缝合对于修复严重部分损伤(大于 90%)的肌腱非常必要，能显著提高肌腱的抗张力，有利于主动活动时防止断端间隙形成，促进肌腱的愈合。

在周边缝合基础上，实验采用了 Kessler 法和 MGH 法来探索中心缝合的作用，研究表明，4 束的 MGH 法与 2 束的 Kessler 法对抗张力的提高作用相当(见表 9 - 13)，这揭示部分肌腱损伤时，由于肌腱尚有部分组织相连，能够维持肌腱一定强度，虽然中心缝合有益于强度，尤其是有益于对抗间隙形成，但没有必要使用复杂的中心缝合，操作简便的 Kessler 法可以满足修复的需要。

9.4 肌腱愈合生物力学

肌腱愈合过程可以分为 3 个时期：第 1 期是在肌腱损伤后，肌腱细胞和肌腱周围细胞向损伤部位迁移,血管长入;第 2 期是从伤后第 4 天开始,蛋白和胶原纤维聚集,把肌腱断端与周围组织粘连起来;第 3 期是在生物力学的刺激和生物化学作用下,肌腱纤维束重新排列并恢复光滑表面,从而完成重塑修复部位肌腱形态[28]。在上述整个愈合过程中,包括了内源性和外源性两种愈合方式:外源性愈合是由炎性细胞和外周组织成纤维细胞参与,血液提供营养;内源性愈合是肌腱自身细胞参与的肌腱修复过程,有赖于滑液的存在。生物力学在肌腱愈合过程中起着重要作用[29]。

9.4.1 缝合方法与肌腱愈合

缝合方法不仅决定肌腱断端间的连接强度,也会影响肌腱愈合。判断哪种方法是否优越,不仅要看它在缝合初始时对肌腱断端间的连接强度,还要看它是否有利于肌腱愈合、迅速恢复肌腱自身力学强度。

连续周边缝合有利于肌腱愈合。王振海等探讨连续周边缝合法对 Kessler 法修复鸡趾深屈肌腱愈合的影响[30],他们横行切断来亨鸡左右足第 3 趾深屈肌腱,一侧采用单线 Kessler 法,另一侧用单线 Kessler 并连续周边缝合法,两组均用无创尼龙单线缝合。术后 2 周、4 周、6 周用 B 超和组织学检查缝合肌腱愈合,测量术后即刻和 4 周肌腱缝合口 2 mm 间隙形成载荷及极限载荷。

正常的肌腱组织在超声检查时,显示为明显的条状强回声间杂有少许低回声图像。当肌腱断裂缝合后,局部充血、水肿、淋巴细胞侵润、受损、缺血的肌腔组织变性、坏死,超声检查即表现为低回声区。随着肌腱逐渐愈合,新生的胶原组织增多,回声增强。由于大量胶原纤维的生成,出现条状强回声,直至回声均匀。在前 4 周相同检测时间点,连续周边缝合法组肌腱强回声区域较无连续周边缝合法组肌腱明显增多。

组织学观察表明,肌腱术后 2 周因炎细胞反应明显,其间毛细血管及成纤维细胞增生,两组无明显差异,术后 4 周时,连续周边缝合法组肌腱愈合处胶原纤维排列方向渐趋一致,无连续周边缝合法组肌腱胶原纤维排列方向紊乱。

生物力学测试进一步证明连续周边缝合使肌腱愈合速度加快(见表 9-14),术后即刻及 4 周,单线 Kessler 法并连续周边缝合法修复肌腱的 2 mm 间隙形成载荷和极限载荷均显著大于单纯单线 Kessler 法缝合法修复肌腱的相应力学指标($p<0.01$)。

表 9-14 手术缝合后肌腱的抗张能力

Table 9-14 Outcome of biomechanical measurement for tendon after repairs

缝合方法	2 mm 间隙形成载荷/N		极限载荷/N	
	即 刻	4 周	即 刻	4 周
Kessler 法	9.16±1.93	26.05±2.14	15.86±1.43	40.47±1.95
Kessler+Running 法	11.44±1.47	32.41±3.23	23.68±2.98	52.50±4.31

肖颖锋等将鸡爪深屈肌腱切断,用“8”字缝合法、改良 Kessler 缝合法、Bunnell 缝合法、Kleinert 缝合法、Tsuge 双套圈式缝合法及 Ikuta 缝合法修复肌腱,术后第 0(即刻)、3 天、7 天、14 天、21 天、28 天、42 天处死动物,收集深屈肌腱,进行力学强度测试[31]。

实验发现 Tsuge 法缝合肌腱的即刻极限载荷最高(见表 9 - 15),与 Bunnell 法、改良 Kessler 法和“8”字法缝合组之间肌腱极限载荷的差异均有显著性意义($p<0.05$),与 Kleinert 法组和 Ikuta 法组肌腱极限载荷相比差异均有非常显著性意义($p<0.01$)。而其他组之间差异无显著性意义($p>0.05$)。“8”字法和 Kleinert 法修复肌腱极限载荷在第 7 天低于术后即刻的极限载荷,其他方法修复肌腱的极限载荷在术后 7 天内无明显变化。经 Bunnell、“8”字和 Ikuta 法缝合肌腱的极限载荷在低水平一直持续到 14 天。然后各组极限载荷随时间推移逐渐增高。但是增高的速度及最大值各不相同,其中以“8”字缝合法极限载荷增高的速度最为缓慢,Tsuge 法缝合组和改良 Kessler 法缝合组增加的速度最快,显示 Tsuge 缝合法和改良 Kessler 缝合法是优秀的肌腱修复方法。

表 9 - 15 不同方法缝合肌腱在不同时段的极限载荷/N

Table 9 - 15 Ultimate load of tendon at different time after repairs/N

术后/天	Bunnell 法	Kessler 法	“8”字法	Ikuta 法	Tsuge 法	Kleinert 法
0	9.40±1.84	9.25±0.46	9.60±1.43	8.80±2.15	15.00±2.67	8.00±1.16
3	9.60±3.57	9.20±1.40	8.50±2.07	10.40±2.63	13.00±1.87	8.40±1.84
7	9.10±1.45	9.60±1.71	7.70±4.14	8.80±4.08	13.60±3.37	7.40±2.46
14	8.50±4.04	12.20±8.18	8.40±1.58	9.80±2.04	18.40±5.40	12.80±2.70
21	15.60±4.88	20.80±9.27	13.70±3.71	17.20±2.04	22.00±4.24	17.80±5.90
28	18.60±3.47	27.00±2.26	15.30±4.76	20.80±7.25	27.10±8.24	29.00±7.45
42	27.00±7.75	37.90±8.33	18.20±3.23	28.50±9.11	43.80±9.69	32.106.40

陈建海等研究了改良 Kessler 法和 Tsuge 法对肌腱愈合的影响[32],他们在鸡屈趾深肌腱腱纽近端 3~5 mm 处横行切断肌腱,分别用改良 Kessler 法和 Tsuge 法修复肌腱,术后分别于即刻、1 天、4 天、7 天、10 天、14 天和 21 天取材,测试缝合口的极限载荷。

研究发现采用锁扣缝合的 Tsuge 法在术后早期比采用握持缝合的改良 Kessler 法有优势(见表 9 - 16),术后即刻和 1 天两个时间点 Tsuge 法比改良 Kessler 法的拉伸断裂负荷明显大,但二者极限载荷差异的显著性已经在术后第 4 天消失。

表 9 - 16 手术缝合后不同时间肌腱的极限载荷/N

Table 9 - 16 Ultimate load of tendon at different time after repairs/N

术后时间/天	改良 Kessler 法	Tsuge 法	P 值
0	10.93±3.64	19.07±3.91	0.004
1	9.91±4.25	16.56±2.83	0.008
4	12.37±3.37	13.06±4.99	0.777
7	11.36±2.44	15.00±4.81	0.113
10	6.65±3.44	9.66±4.51	0.189
14	6.41±3.36	10.95±6.22	0.189
21	9.28±6.16	12.07±3.03	0.351

9.4.2 肌腱愈合过程中的抗拉强度

肌腱愈合早期，会发生水肿即炎症反应、血管化、成纤维细胞增生，从而使胶原排列紊乱、相互交联性差，造成肌腱的强度和韧度下降，这会相应地影响到肌腱修复处的生物力学特征，研究证明用2束、4束、6束中心缝合修复肌腱，肌腱在术后1周和3周的抗张强度低于术后即刻的抗张强度（图9－17），到第术后第6周，肌腱的抗张强度达到或超过术后即刻的抗张强度[33]。

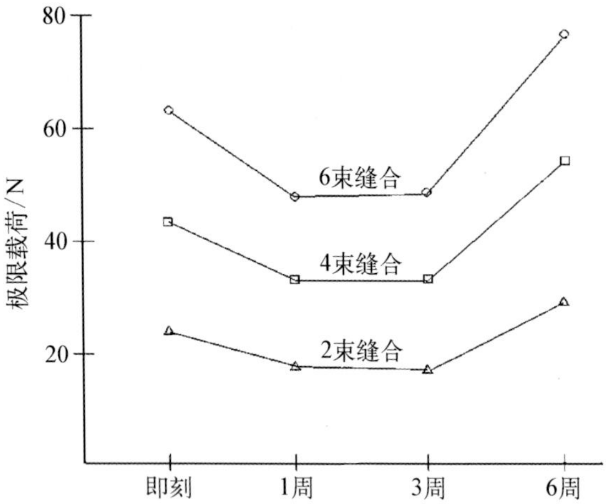

图9－17 缝合手术后不同时间肌腱的极限载荷[33]

Figure 9－17 Ultimate load of tendon with two, four, and six strand repair at different time after the repair

肖颖锋等的研究也证实多种中心缝合方法手术3～14天后，肌腱极限载荷低于或近于术后即刻的极限载荷（见表9－15）[31]，手术3周后，肌腱极限载荷高于术后即刻的极限载荷。陈建海等研究也证明肌腱愈合过程中所能承受的张力是不断变化的（见表9－16）[32]，不同缝合方法对肌腱断端的生物力学性能的影响不同，改良Kessler法在术后10天肌腱的极限载荷降至最低并持续到术后2周，在术后3周时恢复。Tsuge法则是在术后第4天就出现了极限载荷的下降，在第10天时达到最低，从2周开始逐渐恢复，但恢复缓慢，术后3周仍未恢复到术后即刻水平。

马剑雄等利用鸡趾深屈肌腱Ⅱ区横断模型，用改良Kessler（MK）法、Kessler＋Running（K＋R）法、双线改良Kessler（DK）法、双套圈Tsuge（DT）法、改良双套圈（MT）法修复，分别于术后第3天、第3周开始主、被动功能锻炼，于术后即刻、第14天、21天、35天分批处死动物，获取肌腱标本，进行生物力学测量[17]。

已报道的肌腱断裂大部分集中于术后10天左右[34]，马剑雄等的研究发现术后第14、21、35天5种缝合方法总的断裂发生率分别为27.1％、25.6％和20.0％，其差异无统计学意义（$p>0.05$），可见生物力学最薄弱的阶段存在于术后2周内，断裂主要发生在术后期间，而之后几乎没有断裂的肌腱。这与生物力学测试结果相符（见表9－17），各缝合方法在术后即刻和第14天的生物力学参数差异无统计学意义，而随后逐步加强。

表9－17 手术缝合后不同时间肌腱的极限载荷

Table 9－17 Ultimate load of tendon at different time after repairs

术后时间/天	MK	K＋R	DK	DT	MT
0	11.4±2.2*	18.6±3.2*	16.8±3.1	15.9±4.2	15.6±4.6
14	10.4±2.2*	18.2±2.4*	15.6±3.4	14.8±3.1	15.9±6.0
21	17.6±3.1*	27.1±3.5*	29.9±3.2	22.3±2.9	24.6±3.5
35	31.4±3.6	40.1±5.2	43.5±4.5	32.8±6.0	33.6±5.1

注：与其他各组比，* $p<0.05$。

对于不同缝合方法，术后 3 周内，改良 Kessler 法的刚度、极限载荷、弹性模量、极限拉伸强度、断裂功耗最低，它的断裂发生率最高，为 42.1%。双线改良 Kessler 法、双套圈 Tsuge 法、改良双套圈法缝合肌腱的即刻力学强度相近，但双线改良 Kessler 法的断裂发生率(20.0%)小于双套圈 Tsuge 法(28.6%)和改良双套圈法(25.9%)，这可以归因于双线改良 Kessler 法力学强度在愈合过程中增加最快。Kessler＋Running 法缝合的肌腱即刻力学强度最强，肌腱在愈合过程中力学强度快速加强，Kessler＋Running 法的断裂发生率最低，为 13.0%。显示周边缝合显著地增加缝合强度，而且使吻合口平整，从而促进内源性愈合。研究表明 Kessler＋Running 法生物力学性能优于其他几种缝合方法，其断裂发生率低，是一种抗张强度大、有效减少肌腱断裂的缝合方法。上述研究结果提示应针对不同的缝合方法制定不同的功能锻炼方案。

9.5 肌腱粘连

外源性愈合造成肌腱修复后发生粘连，尤其是位于鞘管区的屈指肌腱，松解该区术后粘连的二次手术率高达 49%，即使术后早期进行被动功能锻炼，优良率也只有 60%～80%[35]。解决肌腱粘连问题和提高手术质量，需要通过促进内源性愈合、抑制外源性愈合来实现[1]。

9.5.1 缝合方法与粘连

手术缝合方法能够提高修复肌腱的抗张强度，减少肌腱断端在早期功能锻炼形成间隙或断裂的可能，从而可以实施早期功能锻炼，抑制外源性愈合。此外，肌腱缝合方法也会影响肌腱营养供应，影响肌腱内源愈合，因此手术缝合方法在防止肌腱粘连方面也起着重要作用。

连续周边缝合不仅有利于肌腱愈合，而且也会使肌腱粘连程度减轻。王振海等探讨连续周边缝合法对单线 Kessler 法修复鸡趾深屈肌腱形成粘连的影响[30]，他们横行切断来亨鸡左右足第 3 趾深屈肌腱，一侧组采用单线 Kessler 缝合法，另一侧用单线 Kessler 并连续周边缝合法，两组均用尼龙单线缝合。术后 6 周手术显微镜视下观察肌腱粘连性状，肌腱粘连按以下 5 个级别评定：Ⅰ级，无粘连；Ⅱ级，薄膜状粘连；Ⅲ级，疏松粘连，易于分离；Ⅳ级，中等致密粘连，允许肌腱有少量的活动度；Ⅴ级，致密粘连，粘连广泛，牵拉肌腱时，几乎不能活动。术后 6 周，二组肌腱均发生粘连，有连续周边缝合法组肌腱粘连程度较轻(见表 9-18)。

表 9-18 手术缝合后 6 周伸屈肌腱与腱周粘连情况

Table 9-18 Adhesion of flexor tendon after repairs for 6 weeks

组　别	样品数	肌腱与腱鞘间粘连			肌腱与骨面粘连		
		Ⅱ级	Ⅲ级	Ⅳ级	Ⅱ级	Ⅲ级	Ⅳ级
Kessler 法	20	0	13	7	3	10	7
Kessler＋Running 法	20	3	14	3	7	11	2

马剑雄等利用鸡趾深屈肌腱Ⅱ区横断模型[17]，用单线改良 Kessler(MK)法、Kessler+Running(K+R)法、双线改良 Kessler(DK)法、双套圈 Tsuge (DT)法、改良双套圈(MT)法修复，分别于术后第 3 天、第 3 周开始主、被动功能锻炼。于术后第 14 天、21 天、35 天分批处死动物，解剖各足趾，观察肌腱粘连程度和滑动情况，评价粘连分级，Ⅰ级：无粘连，可有肉芽组织存在；Ⅱ级：薄膜状粘连，对腱滑动无影响；Ⅲ级：疏松粘连，和肌腱表面易分离；Ⅳ级：中等致密粘连，有一定移动性；Ⅴ级：致密粘连，移动性极差，深入到肌腱实质内，和肌腱无明显分界，不易分离。将Ⅰ、Ⅱ、Ⅲ级粘连纳入优良水平，计算各缝合方法的优良率。

所有标本均有不同程度的粘连(见表 9-19)，Kessler+Running 法和双线改良 Kessler 法优良率显著高于其他 3 种方法，尤其是 Kessler+Running 法的优良率最高，这与其抗间隙形成的能力大，限制了外源性愈合，促进了内源性愈合有关。

表 9-19 修复方法与肌腱粘连

Table 9-19 Repair methods and tendon adhesion

缝合方法	有效趾数	粘连分级				优良率/%
		Ⅱ	Ⅲ	Ⅳ	Ⅴ	
MK	11	2	2	6	1	21.1
K+R	20	2	9	7	2	47.8*
DK	25	3	10	8	4	43.3*
DT	20	2	3	11	4	17.9**
MT	20	2	5	9	4	26.0

注：与其他各组比，** $p<0.05$；与 ** 相比，* $p<0.05$。

9.5.2 术后早期活动与粘连

术后早期活动可抑制外源性粘连长入，促进肌腱内源性愈合。后早期活动包括制动、保护下的被动和主动活动。糜菁熠等研究术后康复训练方式与肌腱粘连的关系[36]，他们将来亨鸡第 3 趾趾深屈肌腱环形切断 1/2，用缝线作“8”字缝合，在彻底止血后缝合伤口前，切除Ⅱ区 6 mm×10 mm 大小的腱鞘，胶布固定鸡爪成拳击手套状，分笼饲养。按手术后活动与否随机分成 3 组：主动活动组，被动活动组，制动组，其中主动活动组在术后第 3 天拆除固定胶布，允许鸡在笼内自由活动；被动活动组于术后第 3 天起开始每天活动 1 次，每次将双侧 2～4 趾被动伸、屈 100 次，共 5 min，平时仍以胶布固定；制动组在术后第 3 天更换固定胶布。术后 4 周后，拆除被动活动、制动组鸡的固定胶布，自由活动，于术后 1 周、2 周、3 周、4 周、8 周、12 周共 6 个时间组分批取材观察肌腱粘连状态，术后第 12 周各组取 12 趾进行生物力学测定，即自膝部离断，于踝部单独显露第 3 趾趾深屈肌腱，在跖骨部位横穿克氏针固定，将 50 g 重物挂在趾尖处反向牵引使趾间关节完全伸直。在屈肌腱出踝管处标记，用肌腱夹夹住肌腱，将屈肌腱匀速水平拉出，直至测力计显示为 1.0 kg 为止，测定肌腱滑动距离，并用角度测量仪测定趾关节总屈曲角度。

研究发现术后 1 周，主动活动组腱周无或有薄膜状粘连形成，被动活动组腱周有薄膜状或疏松粘连,制动组腱周有疏松粘连。术后 2 周、3 周,主动活动组无粘连,被动活动组腱周仍有疏松粘连,制动组腱周已为致密粘连。术后第 12 周,主动组的腱滑动距离及趾关节总屈曲度显著大于被动组(见表 9-20)($p<0.05$),被动组则显著大于制动组($p<0.05$)。研究证明肌腱术后早期活动,特别是主动运动,能够有效地防止肌腱粘连。

表 9-20 手术缝合后 11 周屈肌腱滑动距离和趾关节总屈曲度
Table 9-20 Excursion distance and total flexion angle of flexor tendon after repairs for 11 weeks

组 别	趾 数	滑动距离/mm	关节总屈曲度/(°)
主动活动	12	16.2±1.2	203±13
被动活动	12	14.2±1.4	186±12
制 动	12	11.8±1.3	143±11

尹宗生等研究了屈趾肌腱吻合术后早期主动活动对肌腱粘连生成的影响[37],他们将鸡双侧足的第 3 趾深屈肌腱完全横向切断,左右两侧均用改良 Kessler 法吻合,再进行周边缝合,术后实验侧鸡足不予任何固定,让其在不负重下立即主动活动,对照侧鸡足予管型石膏固定跖趾及远近趾间关节于屈曲位,术后 3 天、7 天、14 天、21 天分批处死鸡,观察肌腱吻合口处的粘连情况和测量粘连面积。粘连程度按以下标准分为 5 级:Ⅰ级:无粘连。即在肌腱周围未见粘连,但可有肉芽组织存在;Ⅱ级:薄膜状粘连,即仅存在很少的膜状粘连,但对肌腱滑动无影响;Ⅲ级:疏松粘连,即粘连的纤维细长、疏松、质软,和肌腱表面易分离;Ⅳ级:中等致密粘连,即粘连质地中等,有一定的移动性;Ⅴ级:致密粘连,即粘连质地较硬,深入到肌腱实质内,和肌腱无明显分离。

从大体形态观察还是从组织学观察(见表 9-21),在术后各个时间段中,不用石膏固定的肌腱愈合情况均优于行石膏固定组,后者在愈合过程中形成较严重的粘连,而前者则未形成明显的粘连,且功能恢复也较为理想。

表 9-21 肌腱吻合后不同时间肌腱粘连程度
Table 9-21 Adhesion of tendon after repair for different time

时间/天	制动组					主动活动组				
	Ⅰ	Ⅱ	Ⅲ	Ⅳ	Ⅴ	Ⅰ	Ⅱ	Ⅲ	Ⅳ	Ⅵ
3	0	0	3	3	0	0	6	0	0	0
7	0	0	4	2	0	0	5	1	0	0
14	0	0	1	1	4	0	3	3	0	0
21	0	0	0	1	5	0	2	4	0	0

从粘连面积来看(见表 9-22),术后不行石膏固定组与行石膏固定组的差异有显著性,后者形成的粘连面积要明显多于前者。因此,术后行早期主动活动肌腱的愈合质量要好于术后制动者。

运动不仅能够防止屈肌腱修复后的粘连,而且也能够防止跟腱修复后的粘连。冯翔宇等研究运用运动疗法对跟腱损伤修补后的组织形态学和力学特性的影响[38]，他们将日本大耳白兔随机分成制动组和运动组，在距跟腱止点 2.0 cm 处切断跟腱，然后用 Kessler 法吻合跟腱断端，再做周边缝合，之后制动组使用石膏绷带进行传统的重力垂足位长腿石膏固定；运动组不予固定处理。术后 7 天、14 天、21 天分别取跟腱标本，观察跟腱粘连情况及最大断裂应力。

表 9-22 肌腱吻合后不同时间粘连面积

Table 9-22 Adhesion area of tendon after repair for different time

组　别	粘连面积/mm²			
	3 天	7 天	14 天	21 天
制动组	0.24±0.019*	0.410.033*	0.710.081**	0.930.045**
主动活动组	0.190.051	0.220.042	0.300.012	0.280.064

注：与主动活动组比较，* $p<0.05$，** $p<0.01$。

大体观测跟腱与周围组织粘连情况：根据跟腱与周围组织粘连的紧密度与范围而分为Ⅰ级、Ⅱ级、Ⅲ级、Ⅳ级。Ⅰ级为跟腱与周围组织没有任何粘连；Ⅱ级为跟腱与周围组织有少许粘连；Ⅲ级为跟腱与周围组织粘连明显，但可分离；Ⅳ级为跟腱与周围组织粘连不可分离。研究发现制动组手术后 7 天、14 天、21 天的粘连程度明显大于主动活动组(见表 9-23)，而且发现 21 天后正常运动组跟腱的最大断裂应力为 11.39 MPa，明显高于制动组 8.64 MPa ($p<0.05$)。研究表明跟腱本身具有自愈能力，运动疗法可以促进内源性愈合，抑制外源性愈合，从而减轻肌腱的粘连程度。

表 9-23 跟腱吻合后不同时间肌腱粘连程度

Table 9-23 Intensity of adhesion after achilles tendon was repaired for different time

时间/天	制动组				主动活动组			
	Ⅰ	Ⅱ	Ⅲ	Ⅳ	Ⅰ	Ⅱ	Ⅲ	Ⅳ
7	1*	3*	4*	0	8	0	0	0
14	1	1*	3	3*	2	4	2	0
21	0	0	4	4*	0	4	3	1

注：与主动活动组比较：* $p<0.05$。

9.6 挑战和展望

临床医生治疗肌腱损伤仍然面临许多挑战，治疗效果好坏取决于多种因素，包括与肌腱损伤部位、损伤程度、肌腱周围组织的损伤程度、手术修复技术及术后康复训练方式。多年来国内外众多学者对肌腱修复进行了大量的研究工作，取得了许多成绩，发现多种途径可以提高肌腱缝合强度，如① 采用不同缝合技术；② 改变缝线把持区域；③ 改变缝线的腱内埋藏度;④ 施加一定的预负荷;⑤ 改变周边缝合的深度等。此外,发现肌腱断端存在一定的张力,能增加蛋白质合成、DNA 转化、成纤维细胞增殖和成熟;早期活动能促进滑液营养传输,加快肌腱内源性愈合;早期活动也能防止肌腱与周围组织固定位置长期接触,从而防止外源性粘连,因此提倡早期活动促进肌腱功能的恢复,然而肌腱修复仍面临着诸多挑战。

(1) 尽管手术技术的进步,术后的早期活动仍会导致间隙形成和肌腱断裂,过去十年用 4 束和 6 束中心缝合方法修复的屈肌腱平均断裂率仍高达 5.4%,需要发明更好的手术缝合方法、术后早期运动方式或其他技术降低肌腱间隙形成和断裂。

(2) 成人肌腱发生损伤后多以纤维化的方式愈合[39],愈合肌腱无论是生化特性还是生物力学特性均无法与正常肌腱相比,肌腱愈合后发生再次断裂的概率高,需要研究如何改善肌腱损伤愈合的生物学过程,逆转损伤肌腱纤维化、重塑肌腱组织正常结构。

(3) 通过选择合适的手术技术和进行早期活动,肌腱粘连发生率降低,但某些肌腱,如位于鞘管区的屈指肌腱,手术后粘连发生率仍然很高[1,35],需要研究如何降低这些肌腱粘连发生率。

(4) 在损伤严重、缺乏康复医师等情况下,通常难以实施术后早期运动训练,需要研究在此类情况下如何促进肌腱愈合、防治肌腱粘连。

(5) 跟腱、肩袖、前交叉韧带及髌韧带等骨止点损伤是最常见的运动损伤性疾病,对骨止点腱损伤进行重建已是临床共识,但术后骨腱结合缓慢,容易断裂,导致手术失败,需要研究新技术和新方法促进肌腱韧带骨止点快速重建。

(6) 自体肌腱、同种异体肌腱和人工合成材料移植用于重建难以修复或缺损严重的肌腱,自体肌腱受来源有限和供区缺损的困扰,异体肌腱存在免疫排斥的问题,人工肌腱需要解决支架材料老化、降解、机体排异反应等问题,需要开发出生物相容性好、满足机体运动力学需求的可降解人工肌腱。

(7) 肌腱病是由过度使用等原因所引起的肌腱及腱周疼痛、肿胀和功能障碍的综合征,人们对肌腱病进行了广泛研究,但仍然不清楚肌腱病的发病机制,难以制定预防和治疗肌腱病的方案,需要深入探讨肌腱病的发病机制。

解决肌腱修复所面临的挑战需要进一步深入认识肌腱生理学、生物力学、力学生物学、愈合生物学机制、发病生物学机理等,利用力学、材料、细胞、生物因子、药物等方法干预肌腱生物学过程,使肌腱朝着有利于康复的方向发展,这就要求生物学、材料学、工程学、医学等多个学科协同工作,生物力学将在其中起着非常重要作用。

(孙雨龙)

参考文献

[1] 张友乐,王澍寰,孙燕琨,等.肌腱损伤与修复的几个问题[J]. 实用手外科杂志,2010,24(2): 91-97.

[2] Thomopoulos S, Parks W C, Rifkin D B, et al. Mechanisms of tendon injury and repair[J]. J Orthop Res, 2015, 33(6): 832-839.

[3] Kastelic J, Galeski A, Baber E. The multicomposite structure of tendon[J]. Connect Tissue Res, 1978, 6: 11-23.

[4] 沙川华,陈孟诗,吴佳,等.人体前臂肌腱生物力学特征实验研究[J]. 体育科学,2010,30(3): 42-45.

[5] 王斌,汤锦波,陈峰,等.锁式肌腱缝合的生物力学研究[J]. 中国实用手外科杂志,2001,15(1): 32-35.
[6] 马信龙,马剑雄,朱少文,等.几种屈肌腱缝合方法的即刻生物力学比较[J]. 实用骨科杂志,2009,15(8): 591-594.
[7] 马剑雄,马信龙,朱少文,等.鸡爪5种屈肌腱中心缝合方法的即刻生物力学比较[J]. 中国中西医结合外科杂志,2010,16(2): 199-202.
[8] 张裕,汤锦波,谢仁国.肌腱周边缝合距断端不同距离的缝合对抗张力的比较[J]. 中华创伤骨科杂志,2005,7(3): 254-255.
[9] 谭军,汤锦波,王斌,等.提高斜形损伤肌腱缝合强度的实验研究[J]. 中华创伤骨科杂志,2003,5(3): 236-238.
[10] 谭军,汤锦波,王斌,等.肌腱斜形损伤修复强度的研究[J]. 中华手外科杂志,2003,19(2): 121-123.
[11] Silfverskiold K L, May E J. Flexor tendon repair in zone Ⅱ with a new suture technique and an early mobilization program combining passive and active flexion[J]. J Hand Surg (Am), 1994, 19: 53-60.
[12] Wade P J, Wetherell R G, Amis A A. Flexor tendon repair significant gain in strength from the Halsted peripheral suture technique[J]. J Hand Surg (Br), 1989, 14: 232-235.
[13] 王斌,汤锦波,顾剑辉,等.一种新型肌腱周边缝合方法的生物力学研究[J]. 中华创伤骨科杂志,2004,6(2): 177-180.
[14] Schuind F, Garcia-Elias M, Cooney Wr, et al. Flexor tendon forces: In vivo measurements[J]. J Hand Surg (Am), 1992, 17: 291-298.
[15] Diao E, Hariharan J S, Soejima O, et al. Effect of peripheralsuture depth on strength of tendon repairs[J]. J Hand Surg (Am), 1996, 21: 234-239.
[16] 谢仁国,汤锦波,徐燕.周边缝合方法和深度对肌腱修复强度的生物力学测试[J]. 中国临床解剖学杂志,2002,20(2): 153-155.
[17] 马剑雄,马信龙,朱少文,等.对五种不同缝合方法在肌腱愈合中的动态生物力学观察[J]. 国际生物医学工程杂志,2011,34(2): 102-106.
[18] 柯尊山,芮永军,寿奎水,等.四种与Kessler相关的屈肌腱缝合方法的生物力学研究[J]. 中华手外科杂志,2009,25(4): 245-248.
[19] 谢仁国,汤锦波,徐燕,等.几种屈肌腱修复方法的生物力学研究[J]. 中国临床解剖学杂志,2000,18(2): 174-176.
[20] 顾宇彤,汤锦波.四种屈肌腱缝合方法的生物力学研究[J]. 中华创伤杂志,2000,16(8): 471-474.
[21] 朱少文,马信龙,马剑雄,等.连续腱周缝合对肌腱修复的生物力学影响[J]. 生物医学工程与临床,2009,13(3): 189-192.
[22] Gelberman R H, Boyer M I, Brodt M D. The effect of gap formation at the repair site on the strength and excursion of intrasynovial flexor tendons. An experimental study on the early stages of tendon-healing in dogs[J]. J Bone Joint Surg(Am), 1999,81: 975-982.
[23] 王斌,汤锦波,谭军,等.缝合端张力对修复后屈肌腱抗张强度的影响[J]. 中华创伤杂志,2005,21(8): 41-44.
[24] Bishop A T, Cooney W Pr, Wood M B. Treatment of partial flexor tendon lacerations: The effect of tenorrhaphy and early protected mobilization[J]. J Trauma, 1986, 26: 301-312.
[25] Hariharan J S, Diao E, Soejima O, et al. Partial lacerations of human digital flexor tendons: A biomechanical analysis[J]. J Hand Surg (Am), 1997, 22: 1011-1015.
[26] Zobitz M E, Zhao C, Amadio P C, et al. Comparison of mechanical properties of various suture repair techniques in a partially lacerated tendon[J]. J Biomech Eng, 2000, 122: 604-607.
[27] 谭军,汤锦波,谢仁国,等.肌腱部分损伤修复方法的实验研究[J]. 中华创伤杂志,2004,20(3): 157-160.
[28] Jr Peacock E E. Biological principles in the healing of long tendons[J]. Surg Clin North Am, 1965, 45: 461-476.
[29] 杨建军,蒋佳,陈世益.生物力学在肌腱愈合中作用的研究进展[J]. 中国骨与关节损伤杂志,2012,27(12): 1158-1160.
[30] 王振海,程国良,洪焕玉.单线Kessler并连续周边缝合法修复趾深屈肌腱的实验研究[J]. 中华手外科杂志,2006,22(6): 367-369.
[31] 肖颖锋,万圣祥,洪光祥,等.肌腱愈合过程中不同缝合方法对生物力学特性影响的动态观察[J]. 现代康复,2001,5(1): 34-35.
[32] 陈建海,姜保国,傅中国,等.屈指肌腱损伤修复后早期生物力学性能的变化[J]. 中华骨科杂志,2004,24(8): 482-485.
[33] Strickland J W. Development of flexor tendon surgery: twenty-five years of progress[J]. J Hand Surg (Am), 2000, 25: 214-235.
[34] Tares J S, Gray R M, Culp R W. Complications of flexor tendon injuries[J]. Hand Clin, 1994, 10: 93-109.

[35] 王澍寰.手外科学[M].2 版.北京：人民卫生出版社，1999.
[36] 糜菁熠，邵新中，徐建光，等.主被动活动促进屈肌腱腱鞘修复的实验研究[J]. 中华手外科杂志，2002，18(4)：248－250.
[37] 尹宗生，王姚斐，华兴一，等.屈趾肌腱吻合术后早期主动活动的形态学和生物力学[J]. 安徽医科大学学报，2005，40(2)：120－123.
[38] 冯翔宇，林智锋，肖志林，等.跟腱损伤修补后的运动疗法：组织学及生物力学评价[J]. 中国组织工程研究与临床康复，2010，14(37)：6975－6978.
[39] Galatz L M, Gerstenfeld L, Heber-Katz E, et al. Tendon regeneration and scar formation: The concept of scarless healing[J]. J Orthop Res, 2015, 33(6): 823－831.

10 血管支架内皮化与内皮损伤修复的力学生物学

近年来，随着人们物质生活不断提高，生活方式日趋改变，心血管类疾病的发病率日渐增高。经皮冠状动脉介入术是冠心病治疗的重要手段，但术中造成的血管损伤引发支架内再狭窄是困扰介入治疗的主要问题。目前，利用药物洗脱支架可大大降低支架内再狭窄的发生率。然而，洗脱支架上所用药物在抑制平滑肌细胞增殖的同时也会显著抑制内皮细胞的增殖，造成内皮化延迟，进而引发晚期血栓及晚期再狭窄等严重不良事件。

近年来的研究发现，内皮祖细胞具有发育为内皮样细胞的能力，更重要的是，内皮祖细胞分化的内皮细胞比成熟内皮细胞具有更高的增殖潜能；更有利于细胞的自我保护，这为实现血管支架内皮化提供一种新的途径。

本章分析了药物洗脱支架发生再狭窄与晚期血栓的发生机理，从体内捕获细胞支架和体外种植细胞支架两方面对血管支架内皮化的发展现状进行概述。并探讨了内皮祖细胞在特异性基质裱衬表面的黏附力学特性及其对剪切应力改变的响应。

10.1 血管内支架概述

冠心病是严重威胁人类生命健康的重大疾病，其治疗可分为药物治疗、外科手术治疗和介入治疗 3 大类。其中，介入治疗不需要全麻和开胸，手术创伤小，患者痛苦少，恢复快，并且在急性冠脉综合征等紧急情况下也可迅速实现血运重建，因而成为冠心病治疗的重要手段。目前在接受介入治疗的患者中，约 95%以上的病变需要植入支架，支架植入术已成为介入治疗的核心技术。在介入治疗时，医生先将导管通过股动脉到达心脏血管狭窄部位，然后用球囊将狭窄部位撑开，最后将动脉支架撑在已被扩张开的动脉狭窄处，以达到支撑动脉、解决狭窄、保持血流通畅的作用。

目前临床使用的血管内支架大致分为金属裸支架（bare metal stents，BMS）与药物洗脱支架（drug eluting stents，DES）两种。冠状动脉支架的出现是一个里程碑，支架的植入有效地防止经皮腔内冠状动脉成形术（percutaneous transluminal coronary angioplasty，PTCA）术后的急性血管闭合，提高了血管成形术的疗效，扩大了血管成形术的适应性，同时也减少了对外科搭桥手术的需求，得到了广泛的应用。第一代动脉支架-金属支架应运而生。当金属支架运用于临床治疗后，并没有完全治愈冠心病，支架的置入对内膜造成创伤，使得内膜增生，从而引起支架内再狭窄(in-stent restenosis，ISR)[1]。在长达20年攻克术后再狭窄的研究中，药物洗脱支架的出现是介入治疗历史中的里程碑。支架所携带的药物会随着支架植入进入机体，在血管病变部位不断释放并维持所需的治疗浓度，抑制瘢痕组织在支架周围生长，保持冠状动脉通畅。药物支架可以将术后再狭窄率降到3%。目前使用的药物以西罗莫司及其衍生物和紫杉醇为代表发挥抗组织增生的作用[2]。

10.2 药物洗脱支架存在的问题

DES在全球范围得到了广泛的应用，然而最近5年来它的长期安全性却遭到了质疑。最近相关研究显示，DES与BMS相比，虽然在病死率和心肌梗死率方面无显著性差异[3,4]，但是DES植入后的后期(超过1个月)和晚期(超过1年)血栓发生的风险仍然值得关注。支架上的药物在植入后3个月内完全释放，释放完后植入部位容易出现炎症细胞聚集、纤维蛋白聚集和内皮不完全修复的情况，此时极易形成晚期再狭窄及晚期血栓[5]。晚期血栓形成的主要原因之一是由于使用DES引起的内皮修复延迟而造成的。

10.2.1 药物洗脱支架与支架内再狭窄

球囊扩张成形术后的再狭窄与支架植入后的再狭窄机制并不一样，球囊扩张成形术的再狭窄是由于血管的弹性回缩，引起负性重构最终导致内膜增殖，而支架植入后的再狭窄机制非常复杂。传统认为，在支架的植入过程中，血管被迫扩张，引起血管的适应性反应。

最近研究显示，ISR不仅与血管的损伤有关，还与内皮细胞(endothelia cells，ECs)损伤、炎症反应和血管重构等密切相关[6]。支架扩张时引起内皮层损伤，损伤部位诱发血液中血小板和蛋白质的聚集，促使局部血栓形成。同时血管壁发生炎症反应，单核白细胞和多核白细胞黏附在内弹性膜上进行血管的自我修复，多种细胞增生因子促使平滑肌细胞由中膜迁移到内膜，引起内膜增生，同时分泌大量蛋白和胶原，引起晚期血管壁纤维化，导致血管变硬从而进一步促使ISR发生(见图10-1)。

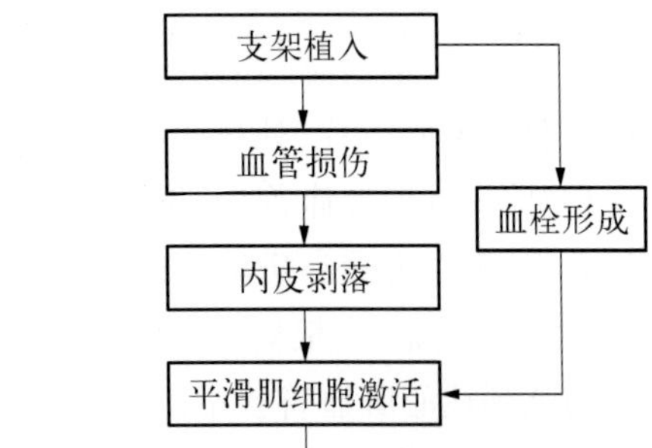

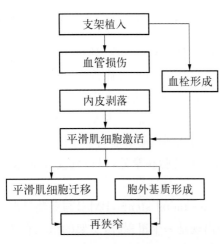

图10-1 支架植入后支架内发生再狭窄的机制[1]

Figure 10-1 Pathophysiology of in-stent restenosis after stent implantation

10.2.1.1 血栓形成

支架内血栓的形成是支架置入后再狭窄进程的第1步。支架的植入会损伤动脉壁伴发内皮剥落以及中膜层的撕裂，暴露黏附基质并导致皮下组织分泌众多趋化因子，引起血小板和纤维蛋白原沉积到支架表面。血小板的聚集受膜糖蛋白受体调控尤其是血小板膜糖蛋白Ⅱb/Ⅲa(GPⅡb/Ⅲa)受体调控。血小板激活后,白细胞表面的巨噬细胞表面抗原1、L选择素受体CD11b/CD18(Mac-1)的表达上调,之后L选择素受体与血小板膜糖蛋白Ⅱb/Ⅲa结合,促使了纤维蛋白原和血小板的交联反应,继而引起更多血小板的黏附、激活和聚集。而血小板聚集后,在血管损伤部位释放出大量的趋化因子和生长因子,刺激了平滑肌细胞的增殖和迁移。动物实验证明[7],在支架植入过程中血栓形成的主要因素是组织因子的暴露。血栓可以作为平滑肌细胞迁移的平台,合成大量基质和胶原,使血管重构、内膜新生,引起ISR。

在此过程,血管壁面剪切应力可能是血小板聚集于损伤部位和新生内膜形成的潜在因素,而血管中的剪切应力分布是由血流动力学和血管构象所决定的。血流在血管中并不是以均一的流速出现的,例如动脉中轴线部位的血流速度是最快的;分叉口近心端靠近壁面的速度是最慢的,因为与壁面ECs的摩擦力,这一壁面区域要承受较高的剪切应力,而分叉口远心端,也就是出口位置的血管壁面需要承受的剪切应力就会减弱。在支架植入后,血管内皮受损,低剪切应力将会导致生长因子、有丝分裂细胞因子和血小板的聚集,促进动脉粥样硬化和新生内膜形成。相反,高剪切应力可以抑制平滑肌细胞增殖,因此限制动脉粥样硬化和再狭窄的发生,除非这一区域发展为低剪剪切应力区域[8]。

10.2.1.2 炎症反应

支架作为一种异物,进入人体后将不可避免地引起排斥反应,导致急性或慢性的炎症反应。动物实验显示,持续的炎症反应是再狭窄发生的主要因素,在支架植入部位发现大量的炎症细胞,例如中性粒细胞、嗜酸性粒细胞。在Inoue等[9]的临床研究中证明了中性粒细胞参与了炎症反应,在随后的临床研究中发现,炎症应答与活化血小板释放的血小板源微颗粒有着密切的联系,同时中性粒细胞上的整合素活化也从另一方面参与调控,一起影响后期管腔丢失。

C反应蛋白(C-reactive protein,CRP)在支架植入的炎症反应中也扮演者重要的角色。CRP可以结合多种细胞、真菌的多糖物质,在免疫调节下,可以刺激巨噬细胞的吞噬功能。CRP的表达量可以用于直接评价炎症反应的严重度。2 747例患者的临床分析显示,患者血清中CRP的水平可以作为检测裸支架植入后围术期再狭窄发生的预测因子[10]。

10.2.1.3 血管损伤

血管损伤后,ECs内黏附分子的作用增强,它与整合素一起介导白细胞的侵润侵袭。内皮系统释放的化学趋化因子-单核细胞趋化蛋白(monocyte chemoattractant protein-1,MCP-1)和白细胞介素是炎症细胞在血管损伤部位募集的关键因子,并且MCP-1直接诱导损伤部位的单核细胞向内膜下迁移。Niu[11]等的研究提示,动脉粥样硬化斑块形成的因素之一就是MCP-1在炎症早期的趋化作用,并且它还与斑块破裂导致的缺血事件和再狭窄密切相关。Liehn等[12]使用金属丝损伤血管内膜,研究MCP-1对血管新生内膜生成的影响,发现血管损伤后的平滑肌细胞增殖同样有MCP-1的参与。Ohtani等[13]使用MCP-1的突变体来抑制其表达,结果显示MCP-1参与的信号通路被阻断后,支架的再狭窄率得以降低。

在最近的研究中显示,循环血液中的基质金属酶(matrix metalloproteinasa,MMP)可以预测病人在植入 DES 后 ISR 发生的概率。众所周知,MMP－2 和 MMP－9 在血管平滑肌细胞的迁移中起基础的作用。支架植入后,平滑肌细胞、ECs、巨噬细胞、淋巴细胞和肥大细胞响应机械损伤对损伤部位进行修复,MMP－2 和 MMP－9 也参与了此过程中的基质重建。在药物支架植入病人体内后 24 h 以内,高表达的 MMP－2 和 MMP－9 与 ISR 的发展直接相关;反之低表达的 MMP－2 和 MMP－9 则预示着 ISR 发生的概率降低。

10.2.1.4 血管重构

在动脉粥样硬化机制的研究中,血管重构被认为是血管管腔尺寸的变化。在再狭窄的发生过程中,伴有血管壁的硬化,其剪切应力和张力都随之改变。血管组成细胞的胞外基质性能发生变化,合成和降解都发生新的调控,ECs 的舒血管能力减弱或消失,同时更多的胶原合成导致外膜纤维化,促使了再狭窄的发生进程。

血管重构的现象被人们所认识和重视,是因为血管内超声(intravascular ultrasound,IVUS)技术的发展。利用 IVUS 可以对冠状动脉粥样斑块的发生史有更深入的理解。接受支架植入的患者在超声检测中发现,血管的重建大部分会被支架的支撑作用所代替,而使用球囊扩张术的患者,管腔丢失的主要原因是血管重建。血管壁的重构基本停止于支架植入 6 个月以后,在支架植入血管段的一定范围内,血管重构的程度与支架植入处的距离负相关,因此,在没有支架支撑作用的邻近动脉段反而会发生更为严重的血管顺应性降低[14]。

在血管重构中值得关注的一个现象是"Glagov 现象"(见图 10－2)。Glagov 现象表明,在斑块病变未让血管壁超负荷之前,血管重构可以起到正面的作用。此时的血管重构是血管向外扩张,管壁厚度的增加出现在支架外部,以此维持原血管腔的面积和流通率。在血管壁承受了过重的病变负荷后,才会出现内膜增厚,导致管腔丢失。通常情况下斑块负荷小于 40%时,为代偿性重构,管腔丢失被血管的向外扩张所代替;只有斑块负荷大于 40%时,动脉才失去代偿能力,使管腔狭窄,从而使血流下降。目前"Glagov 现象"已经可以作为预测再狭窄的一个显著因素。

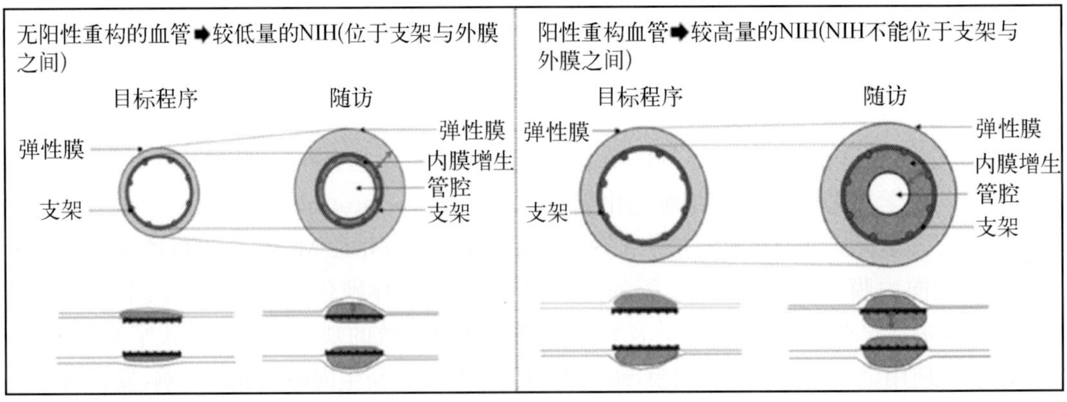

图 10－2 Glagov 现象[15]

Figure 10－2 Glagov phenomemon

10.2.2 药物洗脱支架与支架内晚期血栓

在临床上，支架植入后 0～30 天内发生的血栓被定义为早期血栓，包括支架植入后 24 h 内出现的急性支架内血栓和支架植入后 24 h 至 30 天内出现的亚急性支架内血栓；支架植入后 30 天到 1 年内发生的血栓定义为晚期支架内血栓；支架植入后超过 1 年发生的血栓定义为极晚期支架内血栓。在临床上支架内血栓发生的可能性根据造影结果和临床情况来判断，分为 3 种情况：确定性(definite/confirm)支架内血栓、可能性(probable)支架内血栓和不能除外(possible)支架内血栓。肯定性支架内血栓是通过造影或者病理确定支架内的血栓，经过尸检或者血栓切除后的病理检查确定的支架内血栓；可能性支架内血栓被定义为在支架植入 1 个月内发生不能解释的死亡，没有发生与支架植入血管相关的急性缺血，没有经造影证实的支架内血栓；从支架植入后 30 天一直到随访结束期间发生的不能解释的死亡称为不能除外支架内血栓[16]。

自 2002 年 DES 上市以来，就被广泛地应用于冠状动脉心脏病的临床治疗中，2005 年美国 DES 的使用率曾高达 90%。但是 2006 年，BASKET - LATE 公布的一组数据，使人们重新审视 DES 的安全性，特别是其植入后晚期血栓的形成问题。大部分的研究都显示 DES 与 BMS 的安全性并无显著区别。BASKET - LATE 研究比较了 826 例患者(DES 组，$n=499$ 和 BMS，$n=244$)在经皮冠状动脉介入治疗术后 7～18 个月与支架血栓相关的心源性死亡或非致死性心肌梗死临床事件的发生率。在此一年的随访中，DES 组和 BMS 组的心源性死亡率(心肌梗死的发生率)分别为 4.9%和 1.3%($p=0.01$)，结论是药物涂层支架的晚期支架内血栓形成导致了较多的心源性死亡或非致死性心肌梗死[17]。

目前，DES 血栓形成的机制尚不明确，从其危险因素分析，可以分为载体因素、药物因素、内皮化延迟。

10.2.2.1 载体因素

无论是 BMS 还是 DES，支架本身作为一种金属植入物，其金属表面的阳离子电荷作用都是支架本身致血栓形成的主要原因之一。而且药物不会主动吸附于支架上，即使有少量药物也会被血流立即冲洗掉，因此药物载体作为支架与药物之间的连接是必要的。对药物载体的要求，除了能够存储药物并具有缓释功能，还需要良好的生物相容性作为支架与血管壁之间的一道屏障。目前使用最广泛的载体是多聚体，它的应用机理是将药物整合到分子之间，控制释放的浓度和速度。Cordis 公司的西罗莫司洗脱支架使用乙烯-醋酸乙烯酯共聚物(PEVA)和聚丁基甲基丙烯酸酯(PBMA)的混合物作为药物载体，Boston 公司的紫杉醇支架使用的则是聚异丙烯。这两类载体都具有良好的生物相容性，但仍有患者出现过敏症状。1 例男性植入 2 枚西罗莫司支架 18 个月后死于晚期血栓，在术后 8 个月的随访期内该患者的冠脉造影和 IVUS 并未显示支架植入血管段有内膜增生，但出现血管扩张。尸检结果发现支架段血管动脉瘤样扩张，局部有 T 淋巴细胞和嗜酸粒细胞，进一步分析为局部 CD45 阳性淋巴细胞和嗜酸性粒细胞侵润，表明植入 DES 4 个月后发生有高度的过敏反应[18]。分析原因为支架载药聚合物的不可降解而引发的炎症反应导致血栓形成。另一例植入西罗莫司支架的病人也出现严重的过敏反应，在支架周围血管出现瘤样扩张，未修复的动脉壁显示广泛的炎症反应，同时观察到血管正性重构现象和晚期支架贴壁不良，这些现象的发生是血管壁和支架聚合物载体相互作用的结果。支架内血栓的形成与载药聚合物存在的时间长短、聚合物能否被降解以及降解产物可否被人体吸收等有密切关系，尤其是当聚合物暴露的面积增加时，更不利于内皮化的形成。

10.2.2.2 药物因素

目前临床使用的药物支架，大部分是西罗莫司和紫杉醇药物涂层，这两种涂层可能也是支架内血栓形成的原因之一。

西罗莫司和紫杉醇都是通过抑制组织增生达到限制再狭窄的目的，两种药物作用机理虽然不同，但都作用于细胞周期的不同阶段。因此，支架表面药物的分布和植入后药物释放的浓度和速度的控制就显得非常重要。西罗莫司药物洗脱支架和紫杉醇药物洗脱支架的释放周期和维持浓度都各不相同，他们的共同点是所用药物都属于脂溶性的，容易残留于血管壁中。对于血管来说，各种病变特征是不同，血管的直径不一，病变产生的斑块中所含的平滑肌细胞数量是不一样的，因此病变血管所需的药物分量需求也不相同，而支架本身的载药量却是一样的，不能根据病变部位的需要而改变。特别是在药物支架的重叠部分，加倍的药物剂量会产生局部毒性导致血管中层细胞的退化，血管的不完全内皮化，甚至瘤性扩张。以上因素导致了西罗莫司和紫杉醇形成促血栓微环境的形成。

10.2.2.3 内皮化延迟

支架植入过程中，造成血管内皮层的损伤，血管内的内皮化就开始启动，但是药物的参与延迟了支架内的再内皮化进程。大量的体外研究发现西罗莫司和紫杉醇不仅抑制了平滑肌细胞的增殖和迁移，而且同样也抑制 ECs 的增殖。药物洗脱支架植入后，药物发挥作用的时间越长，对组织的渗透越严重，支架的内皮化进程也就越缓慢。在内皮化形成期间，支架裸露的部位因为失去内皮层的保护更容易引起血小板的聚集。内皮化延迟不仅导致 ISR，还有助于晚期血栓的形成，加重患者对抗血小板治疗的依赖性。

10.3 快速内皮化治疗策略

在与再狭窄的斗争当中，研究者们尝试了多种方法，结果都不尽如人意，在此过程中，内皮层的完整性和功能维持被逐渐重视。一个新的策略被提出来即支架植入后的早期内皮化可以有效抑制再狭窄和晚期血栓的形成，因此促进内皮层的快速愈合成为新的研究热点[19]。

在 PTCA 术中，球囊的扩张会使血管腔面积大大增加，在这一过程中对血管壁形成的压力不可避免地会造成血管壁短期和长期的损伤，内皮层被撕裂，并伴有 ECs 的脱落。虽然在动物实验中，只需要 1 个月的时间来完成支架内皮化，但对于人体来说内皮层的恢复时间则更长，直到手术6周以后支架上才有少量ECs出现，而3个月以后才会出现支架表面的内皮化，而在前期阶段支架由一些胞外基质和平滑肌细胞所覆盖。因此，促进支架表面的快速内皮化才是控制新生内膜增生的有效策略。

10.3.1 材料改性促内皮化

为了加速血管内支架植入后的内皮化，研究者们尝试从多种角度寻找新的方法。最开始考虑的是对金属材料表面形态的改性。Palmaz等和Lu等[20]共同选用了在材料表面刻画纳米级凹槽，结果显示与光滑的材料表面相比，纳米级凹槽可以增强ECs的迁移，并且使细胞更接近体内正常细胞状态。对支架表面进行多孔结构处理后发现，4 000 μm^2的微区更有利于细胞的黏附及生长过程的代谢。生长于多孔结构支架上的ECs，可以在剪切应力作用下更大程度地完成内皮化。而另外一些研究者则考虑对支架进行涂层改性。狗的股动脉中植入的聚四氟乙烯(polytetrafluoroethylene，PTFE)涂层支架可以在半年内实现完整的内皮化。

10.3.2 细胞支架促内皮化

目前利用细胞促内皮化支架的研究主要分为两种：体内捕获细胞支架和体外种植细胞支架。体内捕获细胞支架一般是对支架材料的表面进行功能化修饰，在支架植入机体后可以诱导ECs在支架表面的分化和增殖，覆盖支架表面并行使其正常功能，形成类似天然血管的功能性内膜层。体外种植细胞支架，即是在体外环境中将宿主细胞(通常选择ECs)种植于支架表面，实现体外内皮化，并随着介入手术进入机体，在血管内与宿主内皮层相融合。

10.3.2.1 内皮祖细胞捕获支架

内皮祖细胞(endothelial progenitor cells，EPCs)，又称为血管母细胞(angioblasts)，是一类尚未表达成熟血管ECs表型的前体细胞。它在维持成熟血管ECs和血管功能方面起着十分重要的作用。新近研究表明，EPCs不仅参与胚胎期的血管发育，还存在于成年机体的骨髓及外周血，在成体血管新生中起重要作用。内皮组织在调节血管张力、结构方面发挥了重要作用，健康的血管内皮可以维持血管内平衡。内皮功能紊乱则会导致炎症反应和血栓形成。高胆固醇血症、高血压、糖尿病、吸烟都可能导致内皮功能不良从而引起动脉粥样硬化，动脉粥样硬化的发生发展及其临床并发症都与内皮功能的改变直接相关。ECs胞的来源包括骨髓和循环EPCs，血管内皮受到损伤后，其前体细胞EPCs从骨髓和血液中动员出来，它能够分泌多种细胞因子，如VEGF、肝细胞生长因子(hepatocyte growth factor，HGF)、IL-8等，能够对损伤部位进行修复，促进血管再内皮化，并且这些细胞因子能够参与EPCs的增殖与分化。因此EPCs的增殖与分化同损伤组织的再内皮化及修复形成一个良性循环[4](见图10-3)。如果EPCs数量不足，也会导致血管内皮层功能障碍。近年来，关于EPCs的研究逐渐增多，它在动脉硬化中所起到的作用成为新的研究热点。

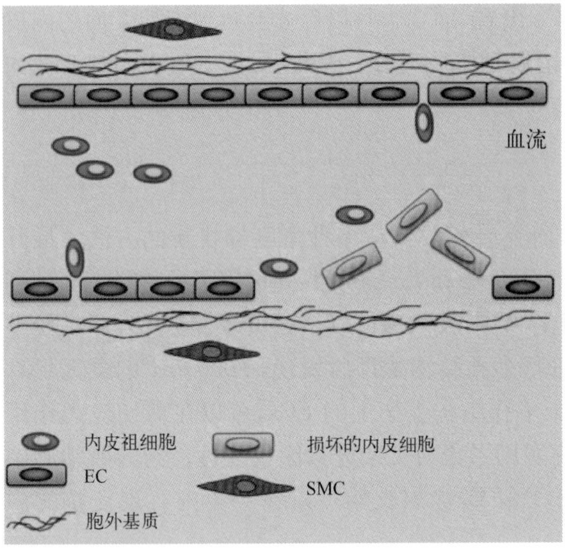

图 10-3　EPCs 修复损伤的内皮层[4]
Figure 10-3　EPCs to repair damaged endothelial tissue

促进再内皮化的方法可以分为体外再内皮化与体内再内皮化。体外再内皮化，培养在预涂胶粘剂材料的心血管支架上的种子细胞可以诱导分化为 VECs。体内再内皮化，在血管损伤部位捕获和结合 EPCs 需要一个协调的多步骤的过程，包括动员、黏附、迁移和分化。EPCs 分化为血管内皮细胞（vascular endothelial cells，VECs）的机制（见图 10-4）。2005 年开始应用于 EPCs 捕获支架的研究是通过在支架上固定 EPCs 特异性抗体来吸附循环中的 EPCs，并通过其进一步分化为 ECs 而促进支架的内皮愈合从而防止因内皮愈合延迟而导致的支架内血栓。其功效在动物实验和临床试验中均发现具有一定的促进内皮愈合的作用。

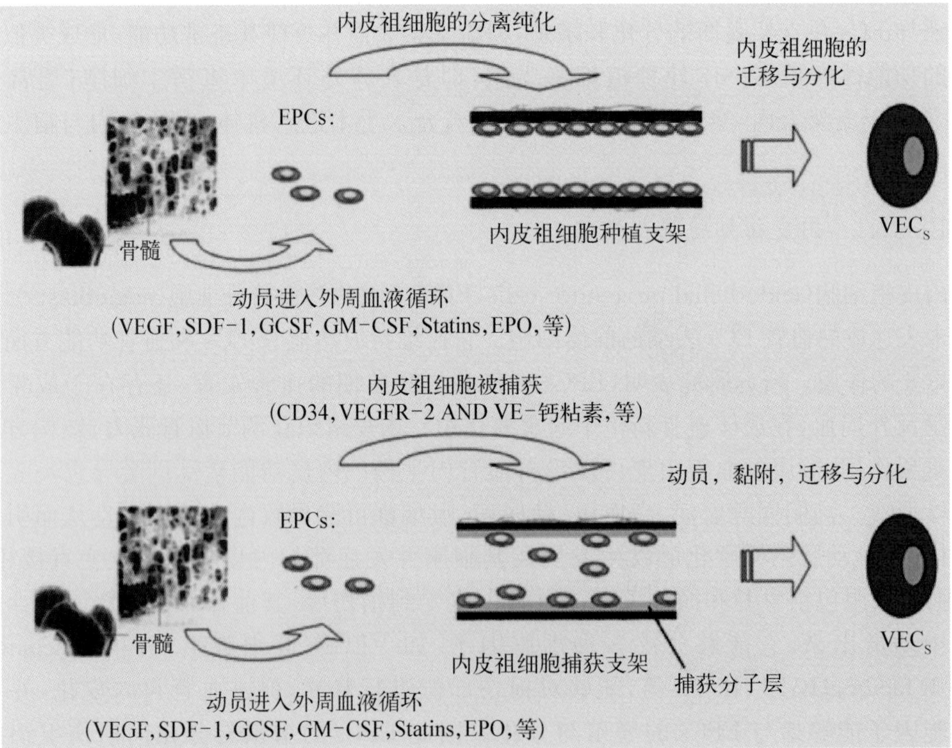

图 10-4　EPCs 分化为 VECs 的机制[4]
Figure 10-4　Mechanism of EPCs differentiation into VECs

目前学术界对 EPCs 的定义尚未形成统一标准，但是 EPC 细胞膜上必须表达 CD34 膜蛋白是所有研究都确认的，所以最初构思的 EPCs 捕获支架就是在支架表面涂覆 CD34 膜蛋白的抗体用以吸引 EPCs。近年来，这一构思已经发展出了多种方法将 CD34 抗体固定到材料表面，如物理吸附、静电作用和共价固定，这些方法都显示出对 EPCs 的亲和性。其中，最著名的是由 OrbusNeich 公司开发的 GenousTM Bio-engineered R stent，这种生物工程血管支架是由 CD34 抗体包被而成，已得到欧盟临床使用许可。这一发明可以显著减少支架介入后的抗血小板治疗，并且拥有不差于药物支架的治疗效果，在预防心脏不良事件中比 BMS 更具优势。

EPCs 捕获支架，虽然被发现能够促进支架术后早期的再内皮化，但是其在支架术后远期的抗再狭窄方面却明显逊色于 DES。将抗体联合到 DES 上可能是一个双赢的结合，一方面在短期内发挥抗体捕获循环中 EPCs 的优势，加速支架局部损伤后的再内皮化。另一方面，能够保留 DES 的抗细胞增生作用，从而降低中远期 ISR 的风险。目前存在一种其表面通过与 CD34 抗体共价结合的西罗莫司洗脱支架，在这种新型支架中，西罗莫司是唯一可以从支架支撑的官腔表面上洗脱下来的物质，并且单克隆抗人 CD34 抗体是共价连接到支架支撑的内腔表面，且通过动物实验评估。这些实验结果表明，这种新型单克隆抗体涂层药物支架可能取代一般的 DES，并且成为一个潜在的有效的介入治疗措施（见图 10－5）。

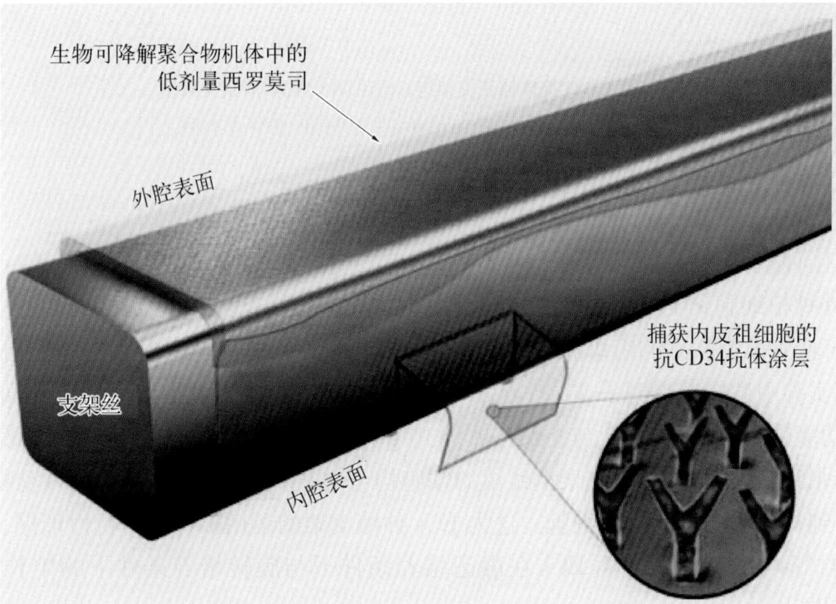

图 10－5 CD34 抗体共价结合的西罗莫司洗脱支架[4]

Figure 10－5 CD34 antibody covalently bound rapamycin eluting stent

因此目前有大量 CD34 抗体支架的研究报道，而对 EPCs 其他表达抗体的用于支架再内皮化的研究却鲜为人见。CD133（AC133）是造血干细胞及祖细胞选择性表达的胆固醇结合糖蛋白，分子量为 120。它属于 Prominin 家族，表达在干细胞表面，N 端在细胞膜外，尾部 C 端在细胞质内，具有 5 个跨膜结构。在肽链的尾部 C 端含有 5 个酪氨酸残基，酪氨酸残基在与配体结合后的磷酸化可以引起级联反应，提示 CD133 抗原可能是一种生长因子受体。相比于CD34而言,CD133是一类表达于晚期EPCs表面的抗原,其分化为ECs的特异性更强。在本实验室研究中,吴雪等将CD34抗体及CD133抗体覆盖在支架表面对EPCs的迁移、增殖、支架内皮化及再狭窄等方面进行比较性研究,结果发现CD133抗体捕获支架在支架促进内皮化形成方面与CD34抗体捕获支架旗鼓相当[21](见图10-6)。

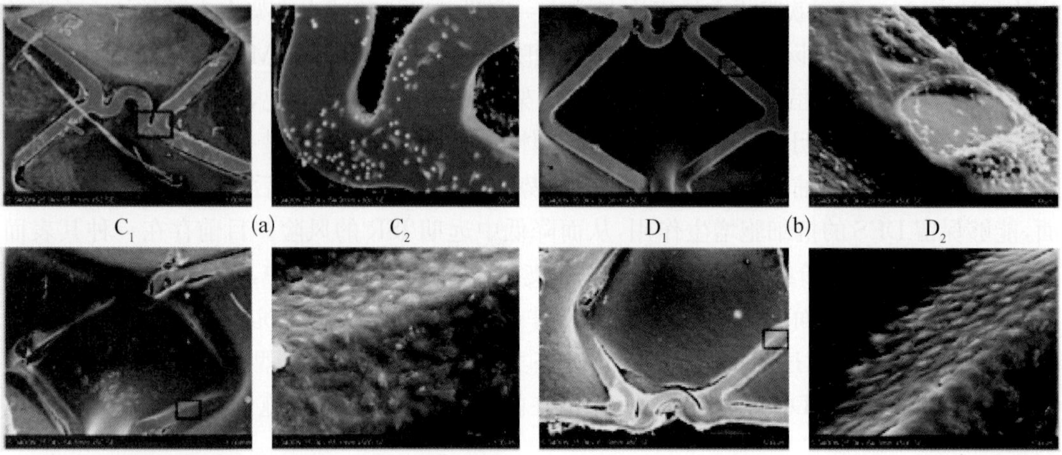

图 10-6 支架植入1周后内皮化情况[21]
(a) BMS组;(b) 明胶涂层支架组;(c) CD34抗体捕获支架组;(d) CD133抗体捕获支架组
Figure 10-6 SEM of stents demonstrated the rate of endothelial coverage after 1 week

10.3.2.2 体外种植细胞支架

1) 直接种植ECs支架

在体外种植细胞到支架表面是另一种更为直接的内皮化方法。在血管疾病的治疗上,ECs种植的人工血管取得较好的组织相容性和血液相容性,在动物实验中显著提高了血管的通畅率,在临床实验中通畅率提高了30%。这一研究提示了可以将ECs种植于支架表面代替受损细胞行使功能。Scott等将ECs与支架在体外共培养,2周后可以观察到支架表面形成完整内皮层,在扩张和冷冻后再培养,支架上残留的细胞均可增殖生长为ECs单层,植入动物4 h取出支架,观察到支架表面仍有移植细胞。这为ECs种植支架的运用提供了可行性证据。

唐朝君等人[22]对支架表面ECs在静态培养条件下与旋转培养条件下的生长情况进行了观察(见图10-7)。

2) 种植内皮祖细胞支架

张鸿坤等人探讨了外周血、骨髓和脐血中$CD34^+$细胞作为人工血管内皮化的种子细胞来源以解决生物材料表面内皮化的问题[23]。他们采集犬外周血和骨髓及人脐血,经免疫磁珠分离出EPCs,VEGF诱导分化为ECs并扩增,光镜、扫描电镜和免疫细胞化学鉴定;将培养细胞种植于人工血管,扫描电镜观察。结果发现经流式细胞仪测定,分离后的细胞中$CD34^+$细胞:外周血$(26.30\pm2.42)\%$、骨髓$(41.84\pm3.65)\%$、脐血$(74.62\pm4.46)\%$,骨髓和脐血$CD34^+$细胞数量明显多于外周血,且增殖、分化能力强;$CD34^+$细胞培养2周细胞长满瓶底并达到增殖高峰，细胞呈“铺路石”状排列。VWF 因子，CD31 免疫细胞化学染色均为阳性，透射电镜细胞胞浆内可见 W2P 小体；扫描电镜下，ECs 平铺于人工血管表面，成单层排列，细胞排列无轴向性。实验结果说明外周血、骨髓和脐血经免疫磁珠分离系统可分离出 $CD34^+$ 细胞，$CD34^+$ 细胞经 VEGF 诱导可定向分化为 ECs。骨髓和脐血 $CD34^+$ 细胞可作为人工血管内皮化的种子细胞来源。

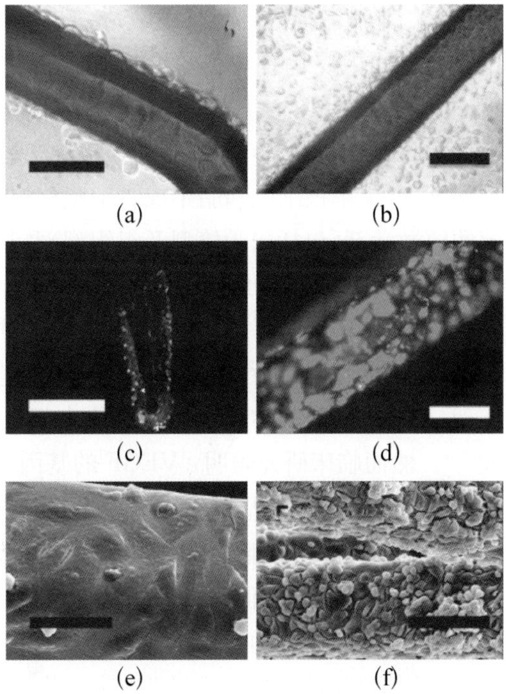

图 10-7　支架表面的 ECs 的生长情况[22]
(a)(b) 光学显微镜检测；(c)(d) 荧光显微镜检测；(e)(f) 扫描电镜检测。
(a) 标尺 100 μm，(c) 标尺 200 μm，(e) 标尺 50 μm，静态培养，(b)(d)(f) 标尺 100 μm，旋转培养

Figure 10-7　Endothelial cells grown in static culture

改善支架的生物相容性最理想的办法就是在支架材料表面形成功能性生物层，血管支架表面进行内皮化修饰的策略在多年前就已被提出来，但至今仍未能成为常规的临床治疗手段。究其原因，单纯的细胞种植面临许多问题，其中细胞来源是限定细胞治疗在介入手术中应用的最大难题。同种细胞来源有限，不能及时获取；异种细胞可制备，存储，方便取用，但存在免疫排斥反应，植入体内后不能有效存活。如果能够使异种细胞在体保留时间延长，达到支架表面再内皮化后再逐步被自体细胞替代，则异种细胞在生物材料和组织工程领域中的应用将展现出诱人的前景。因此，选择一个切入点延长异体细胞的存留时间，增强异种细胞对支架的黏附成为急需解决的问题。

3) 转基因 ECs 支架

基因修饰的 ECs 在血管内支架上接种是一种利用细胞作为传递药物平台的新技术[15]。所谓基因修饰就是向靶细胞内引入外源基因，以纠正其某个基因的缺陷或加强某个基因的表达。研究表明，体外培养种植的 ECs 较体内生长 ECs 在功能方面有所不足。基因工程技术的迅速发展，使得研究者可以对 ECs 进行基因修饰，加强其分泌细胞因子和黏附生长能力以及抗血栓功能。与支架表面吸附或交联生长因子蛋白或抗血栓形成的药物相比，转入的外源基因可持续表达目的蛋白，应当具有更好的效果。

血管内皮生长因子(vascular endothelial growth factor，VEGF)是一种高度保守的、由二硫链将两个 17～22 kD 的亚单位连接而成的分泌型同源二聚体糖蛋白，分子量为 36～45 kD。其基因编码区含 8 个外显子，因 VEGF mRNA 剪接方式的不同，可产生 5 种不同的 VEGF 异构体，根据其亚单位肽链中氨基酸的含量，依次被命名为 VEGF121、VEGF145、VEGF165、VEGF189 及 VEGF206，其中 VEGF121 是一种弱酸性多肽，不与肝素结合；VEGF165 则为碱性蛋白，与肝素的亲和力低，二者是以可溶性、自由扩散的形式被分泌的，易于到达靶细胞；而 VEGF145、VEGF189 和 VEGF206 则与肝素具有很高的亲和力，分泌

后结合于细胞表面或细胞基质中，属于细胞相关性异构体。促进 ECs 的增殖，对于加速血管内支架表面内皮化有显著效果。目前已证实 VEGF 是 ECs 选择性有丝分裂原，除能增加 ECs 胞浆内 Ca^{2+} 的浓度及使微血管(主要是毛细血管后静脉及小静脉)对大分子物质的通透性增高外，尚能从多种途径使 ECs 形态呈细长状并刺激其复制，刺激葡萄糖转运入 ECs，促使 ECs、鼠单核细胞和胎牛成骨细胞移位，能改变 ECs 基因激活的模式，上调纤维蛋白溶解酶原激活剂(包括尿激酶型及组织型)及其抑制剂 PAI－1 的表达，诱导其他 ECs 蛋白酶、间质胶原酶和组织因子的表达。

研究证实，VEGF 能促进 ECs 的增殖，并且相关动物实验也证明转染 VEGF 基因能使支架表面有效内皮化[24]。携 VEGF 基因的支架或携带其他促进 VEGF 蛋白表达的基因的支架，在植入实验动物血管后能加快支架表面再内皮化速度，显著减少再狭窄率和血栓形成[25]。然而临床研究表明：VEGF 的基因治疗仅仅可以抑制血栓的形成，对再内皮化和血管内再狭窄并没有明显的意义[26]。VEGF 基因可能在促进血管内皮的修复和再内皮化的同时，也促使炎症细胞聚集，从而影响了其对血管内膜增生的抑制[27]。另外血管外膜 VEGF 的表达上调可促使外膜血管大量生成，也是影响其抑制血管内膜增生一个重要原因[26]。如果 VEGF 的治疗作用以 ECs 作为载体来实现，那么 ECs 移植促进支架内皮化就可以起到抑制内膜增生、控制再狭窄的作用。

在本实验室研究中，唐朝君、王贵学等[28]将未转染和转染 ECs 生长因子(VEGF121)的人脐静脉内皮细胞(human umbilical vein endothelial cells，HUVECs)种植于支架上，分别观察用旋转培养装置旋转培养 6 h，静态培养 48 h 支架表面细胞黏附情况。图 10－8 证明了

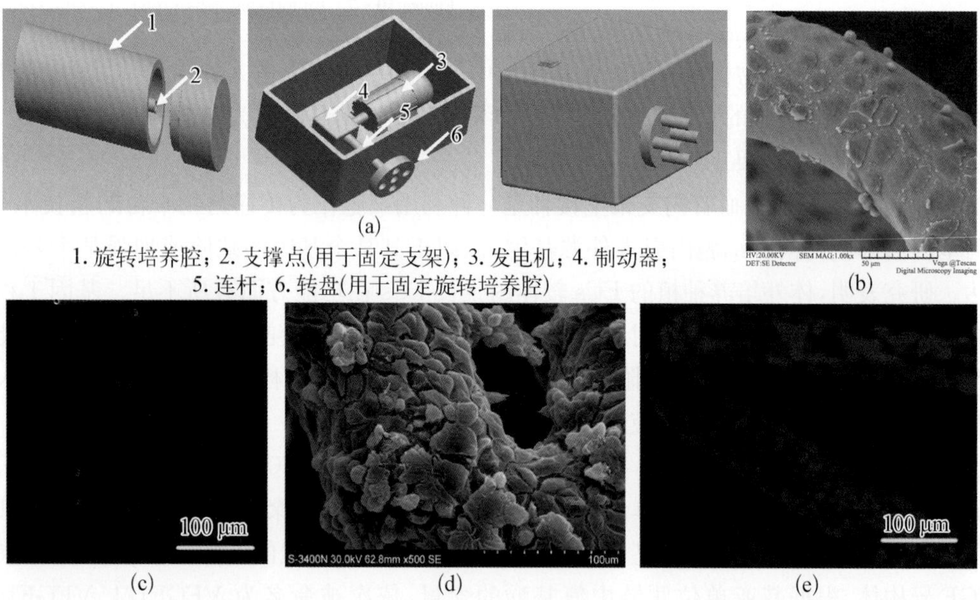

图 10－8　VEGF121 对人脐静脉内皮细胞黏附的影响

未转染(b，c)和转染 ECs 生长因子(VEGF121)(d，e)的 HUVECs 种植于支架上，分别用旋转培养装置旋转培养 6 h 后，静态培养 48 h 支架表面细胞黏附情况。(b，d)扫描电镜图，(c，e)免疫荧光图(标尺 b=50 μm；c，d，e=100 μm)[28]

Figure 10－8　Effect of VEGF121 on HUVECs adhesion

支架表明覆盖的细胞 90%以上是转 VEGF121 的 HUVECs。

另外，吴雪、赵银瓶等人[29]建立了 VEGF 不同表达水平的 ECs 种植支架，并检验它们的内皮化效果及抗再狭窄能力(见图 10-9)。本章作者及其团队推测 VEGF 转基因细胞所分泌的目的蛋白 VEGF121 抑制了树突状细胞的功能，诱导了体内免疫耐受，使得支架表面种植的异种 ECs 能够得以保存、增殖。另外，VEGF 与存留的 ECs 形成一个良性循环，互为促进：一方面目的基因的表达和目标蛋白质的分泌能够随着细胞生长持续而稳定的释放，并且 VEGF 也能够促进一些内皮因子如 NO 的分泌，提高 ECs 的正常功能并有效抑制 ISR 的

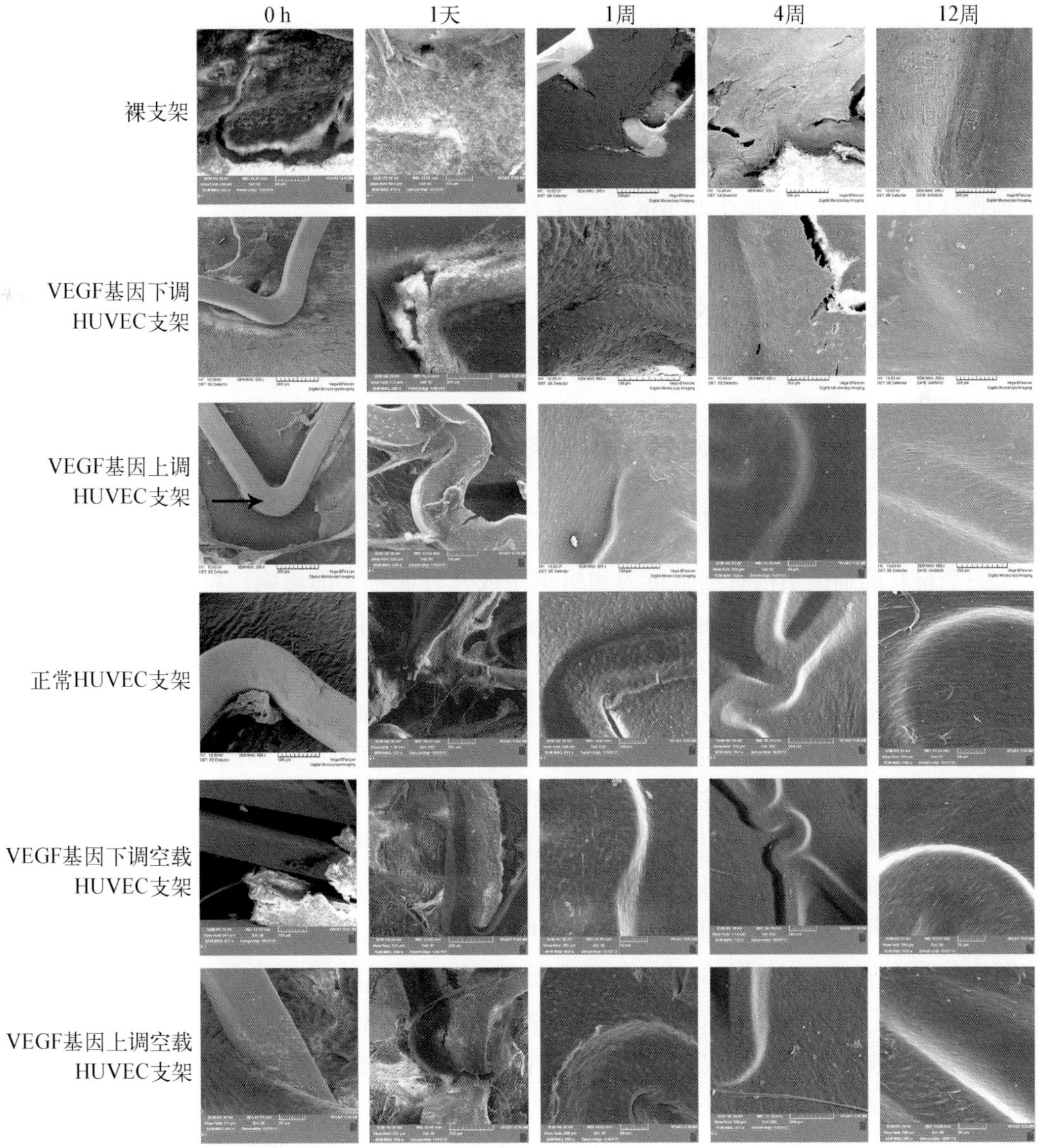

图 10-9 支架植入 0 h，1 天，1 周，4 周，12 周后的内皮覆盖情况[29]

Figure 10-9 SEM imaging of stents demonstrating the degree of endothelial coverage after 0 h, 1 d, 1 w, 4 w, and 12 w respectively

发生；另一方面 VEGF 的稳定释放可诱导和提高邻近健康 VECs 的增殖并迁移至病灶，抑制 ISR。此外，细胞作为目的基因载体，可以提高支架的生物相容性减少炎症反应，达到加速支架表面 ECs 生长，提高损伤内皮的修复能力。损伤内皮层的修复和自体细胞替代异种细胞两个过程同时进行，基因治疗与细胞修复共同作用，最终达到促进损伤内皮的修复、抑制 ISR 的目的。

除此之外，利用转染其他基因提高 VEGF 蛋白表达的方法，如 Numaguchi 等[30]用脂质体包裹前列环素合成酶基因转染 ECs，就能有效地促进 VEGF 的表达，促进支架表面的内皮化，从而能有效地减少血栓形成和血管内再狭窄。也有研究采用一质粒 DNA 来转导 ECs 的有丝分裂原基因以优化支架的生物相容性。首先将支架安放在球囊成形术造成的损伤处，再用空质粒 DNA 对 VEGF 进行编码(phVEGF165)导入支架处。与未经转染的支架相比较，phVEGF165 基因转染加速了支架的再内皮化速度。而其他一些促 ECs 有丝分裂剂如 bFGF、PDGF、eNOS 等在血管内支架上的研究和应用，也证明了采用基因的手段治疗内皮损伤修复，是防治内膜增生和 ISR 另一个有效途径。

10.4 促支架内皮化的影响因素

10.4.1 材料的表面形态对内皮化的影响

10.4.1.1 金属支架表面特征

一个材料的细微结构对细胞行为和组织生成具有非常大的影响。将 Millipore 公司的滤片植入体内，在滤片周围生成纤维肉瘤的概率达 50%。并且肿瘤的发展与滤片的孔径大小有关。当孔径从 450 μm 减小到 50 μm 时，肿瘤的发展更迅速。培养的细胞在带有构槽的或其他细微结构的表面或在棱角边缘上的生长情况与在光滑表面上是有差别的。一般情况下，细胞将沿着材料表面的突起部分或是纤维进行取向和迁移。这一现象称为细胞培养的接触诱导，细胞取向的程度取决于表面沟槽的深度与宽度。例如成纤维细胞在带有沟槽的表面特别是沟槽的尺寸为 1～8 μm 时更易取向。在带有深度为 112 μm 和宽度 19 μm 凹槽的二氧化硅表面上培养细胞，只有成纤维细胞、单核巨细胞在表面伸展，而角质化细胞、中性粒细胞则不展开。材料表面凹凸不平也会影响细胞的行为。例如聚二甲基硅氧烷(PDMS)表面均匀地分布 4 μm^2 或 25 μm^2 的峰状突起，这将是成纤维细胞最好的生长环境，而 100 μm^2 的峰或 4 μm^2、5 μm^2、100 μm^2 的谷状表面的生长情况都不如前者。

如果金属支架表面在顺应血液流动的方向有微小的沟槽，可能会缩短支架表面内皮化的时间。实验证明：带沟槽的金属支架表面与光滑的表面相比增加了 64.6%的 ECs 的迁移速度，如果将沟槽做得更大一些那么增加的幅度也就更大。因此，他们得出结论，一种带精微平行沟槽的内皮血管支架能将 ECs 的迁移速度扩大两倍多。他们进一步的研究将是此类支架对内皮化时间的影响。Lu 等[20]的研究也证明，在 Ti 表面进行微图纹刻蚀，形成纳米级的沟槽，有利于体外种植的 ECs 黏附和接近体内的细胞形态生长。

利用微刻蚀技术用不黏附细胞的 pHEMA 把钯的表面分成大小不等的微区，结果发现 500 μm^2 大小的微区细胞可被黏附但伸展不好。在大的微区(4 000 μm^2)细胞展开情况很好，与单层培养没有差别。多孔材料表面可以比普通的材料表面更有利于细胞伪足的攀附，增加细胞层与基质材料之间的作用力。而且多孔的基底材料有利于水分、无机盐以及其他营养物质和细胞代谢产物的运输和交换，故更有利于细胞的生长。在研究以水凝胶为基底材料的细胞生长过程中发现，与无孔水凝胶相比，多孔结构能显著增加成纤维细胞、软骨细胞的生长速度，细胞分泌物增多。多孔结构还能促进稳定的接触融合细胞层(attached confluent cell layer)生长，可使原位培养的 ECs 层承受一定的生理流动剪切力，达到良好的内皮化效果。因此由等离子体表面处理的金属支架，在其表面形成了纳米级的微孔结构，经实验证明，处理后的支架与未经处理的支架相比，增加了 ECs 在其表面的黏附生长，加速金属支架的表面内皮化。

10.4.1.2 金属支架的厚度

为了研究支架设计对植入表面内皮化的影响，专家们在体外模拟血液流变场中放入一个有不同厚度(75 μm 和 250 μm)的梯形支架，24 h 后来测量支架顶部的细胞覆盖率和细胞的最大迁移速度。发现在支架的两侧有较多的 ECs 覆盖和较大的迁移率，但是随着支架厚度的增加，细胞的覆盖率降低了，因此得出结论：ECs 的覆盖因支架的厚度而受到了损伤，究其原因可能是因为支架的厚度增加了支架边缘流场的不稳定因素，造成了 ECs 的损伤。

10.4.1.3 支架的边缘角度

有研究将扁平的 1 cm×1 cm 的 316 L 型不锈钢丝放入单层的人大动脉 ECs 中，在分别相对于内皮表面做成 35°、70°、90°和 140°($n=6$)的边缘角度。在血液静止状态下放置 4 天、7 天、11 天和流动情况下(16×10^{-5} N/cm^2)第 4 天时检测 ECs 覆盖密度。结果发现，不管是静止的血液中还是在流动的条件下，35°角的金属丝上的 ECs 的覆盖率都要大于其他角度。说明了支架的边缘角度的确能够影响内皮化速度，而且角度越小越有利于支架的内皮化。

10.4.2 黏附基质对内皮化的影响

为了使 ECs 更好地黏附在支架上除了对支架的结构进行优化设计以及支架材料的选择以外，还要从其他的途径来考虑，例如选取较好的黏附物质作为支架与 ECs 之间联结的桥梁。

10.4.2.1 黏附蛋白对内皮化的影响

一般支架因表面缺乏细胞识别位点而影响细胞的黏附，因此支架表面需包被使细胞易于黏附的材料，但是不同的包被材料对细胞的黏附及生长影响不同。细胞与材料之间的黏附作用是通过细胞膜上的受体来调节的，这些受体能特异地识别基质表面的黏附分子。细胞外基质在维持细胞的锚着性以及精确定位方面起着非常重要的作用。当用冰冻法或毒性化学试剂处理组织时，所有细胞成分死亡并被清除，而基底膜保持完整。这些残余的细胞外基质可以保证细胞再生定位的准确性并能促进细胞的移行和生长。目前明确有重要黏附作用的蛋白有纤维连接蛋白(fibronectin,FN)、纤维蛋白原(fibrinogen,FG)、玻璃体连接蛋白(vitronectin,VN)、血管性假血友病因子(von willebrand factor, vWF)、层粘连蛋白(laminin,LN)和胶原蛋白(collagen,CL)。

FN是最具代表的黏附蛋白,研究也最深入,它实质上为大分子糖蛋白,分子量约440 kD,主要由各种细胞产生,如纤维细胞及ECs等。FN一般以可溶性及不可溶性的形式存在于血浆,组织及细胞表面,结构上由二条肽链以二硫键联结而成,其上有3个功能区域,分别为专一的结合胶原纤维、蛋白聚糖和细胞膜受体的位点,细胞与其结合的膜受体主要是整合素家族。Budd等曾将不同浓度的FN用于吸附实验,结果发现FN的浓度以20 μg/ml为最佳,当进一步提高其浓度后,ECs的贴附并不相应提高[31]。但有人认为VN则属例外,它的黏附性可随浓度的增加而稳步上升,应用定量ELISA法测定,VN的吸附能力是FN的40～1 220倍。

VN是最初在研究补体时发现的一种蛋白质,属α球蛋白。它与FN一样,存在于组织,细胞及细胞外基质,主要由各种细胞合成,其中包括ECs。VN的作用主要时促进ECs与细胞外基质的黏附。

LN是细胞外基质成分之一,实质上为一分子量约800 kD的糖蛋白。其结构上至少由二条肽链以二硫键联结而成,它主要分布于基膜上,血中浓度小于1.0 μg/ml。研究表明,许多细胞能合成LN,其中主要是各种表皮细胞。早期研究显示,LN主要是促进表皮细胞的黏附。

CL是基膜的最主要成分,广泛存在于机体各种组织及器官中。结构上为三维螺旋状的3条带,含有33%甘氨酸、10%脯氨酸、10%羟脯氨酸及各种含量的羟赖氨酸。目前至少有5种同型分子,其分子量约94 kD。每型仅仅是其氨基酸序列稍有差别,许多细胞能合成CL。Ⅰ型胶原源于成纤维细胞,平滑肌及上皮细胞;Ⅱ型胶原由软骨细胞等合成;Ⅲ型胶原由成纤维细胞和肌肉细胞分泌;Ⅳ型胶原则产生于ECs上皮细胞;在一定条件下平滑肌细胞和软骨细胞都合成Ⅴ型胶原。胶原蛋白通过直接作用和间接作用两种形式发挥促进细胞黏附及生长的功效,其中间接作用需借助FN及LN的参与。

FG本身是一种重要的血浆蛋白,又称第一凝血因子,主要在肝脏合成。其结构为二组通过二硫键相互连接的3条不同的肽链所组成。分子量340 kD,血中浓度约2 500 μg/ml。纤维蛋白原是介导血小板对表层黏附的主要因子。

近年来,随着对细胞外基质构效关系研究的不断深入,人们通过逐步切断法发现细胞外基质中广泛存在有纤连蛋白、胶原蛋白和玻连蛋白等蛋白质和多糖,这些蛋白质和多糖是细胞与细胞外基质及细胞间信号传导、物质和能量传递的中介物,控制着细胞的行为。一些细胞外基质如纤维粘连蛋白、玻璃粘连蛋白、层粘连蛋白等能够被细胞膜上的受体特异性地识别,当支架表面涂布有这类蛋白时,ECs就可以以这类蛋白为介导,黏附与支架表面,进行生长、分化、迁移、增殖。目前常用的包被材料有纤维连接蛋白和胶原等,但Scott认为这两种材料易黏附血小板,一旦在支架扩张时,表面部分细胞脱落,其下方的包被物很容易造成血栓形成。

10.4.2.2 其他化学物质对内皮化的影响

纤维密封剂(fibrin sealant,FS),FS是由纤维蛋白原和凝血酶构成,其中凝血酶影响细胞增殖，降低平滑肌增生和再狭窄。正常的内皮也分泌一些促进血管松弛和调节平滑肌正常机制的物质。将 FS - coated stent 植入 30 只 40 kg 重的猪体内后发现，80%的支架展开的很好且同时发现在这些猪的体内有手术后低分子量的肝磷酸（LMWH）的产生。因此以上研究表明 LMWH 的出现有利于维持支架的展开的形态。

磷酸胆碱（phosphorylcholine，PC）和肝磷酸实验发现裸支架植入体内后，血小板增加和 P-选择子的表达是再狭窄产生的标志。Atlar 等人在 PC - coated Stent 和 BMS 之间做了对照实验。发现 BMS 在没有改变血小板活性的同时激活了 ECs，而包被有 PC 或肝磷酸的支架降低了血小板的活性同时也没有激活 ECs。所有结果都表明，PC 和肝磷酸都能有效的抑制血栓等并发症。

聚四氟乙烯（polytetrafluoroethylene，PTFE）和六氟丙烯（hexafluoropropylene，HFP）与裸支架相比，PTFE 和 HFP 能少量减少 ECs 对支架的黏附。支架在体内展开时间长达一年，六个月时就基本上已经完全内皮化。将抗体种在 PTFE 支架上，这种抗体能结合 ECs 表面抗原 CD31，Ⅳ型胶原质和 Laminin。结果会发现内皮化速度比一般支架要快 2～3 倍，而且在植入 PTFE 支架的内腔中几乎没有上述几种抗原物质的表达。

Shirota 等[32]采用两种方法给金属支架涂层，一种是用明胶直接涂附于血管支架上，另一种方法是先在支架上裹一层多孔的聚氨酯，然后再将明胶涂附在支架上，形成一种三维支架结构。最后在两种涂层的表面都种植了 EPCs，并观察 EPCs 在支架表面的黏附和生长情况。发现后一种结构的 EPCs 更能快速的内皮化，并在支架表面形成一层比较稳定的 EPCs 单层结构。

10.4.3 EPCs 与 ECs 在特异性基质裱衬表面的黏附力学特性

10.4.3.1 EPCs 和 ECs 在明胶裱衬表面的黏附力学特性

在经过不同浓度的明胶溶液裱衬的腔体底面上，EPCs 对明胶的黏附力与明胶浓度存在依赖性。随着裱衬明胶浓度的增加，其黏附力相应增大。但是在明胶浓度增加到一定范围时，黏附力没有明显变化。当相同浓度的明胶溶液裱衬腔体时，ECs 对明胶的黏附力均低于 EPCs[33]。通过 t 检验，当明胶浓度是 20 mg/ml 时，ECs 和 EPCs 对明胶基质的黏附力差异不显著，$p=0.159\,5$；当明胶浓度是 40 mg/ml 时，ECs 和 EPCs 对明胶基质的黏附力差异不显著，$p=0.241\,7$；当明胶浓度是 60 mg/ml 时，ECs 和 EPCs 对明胶基质的黏附力差异不显著，$p=0.304\,3$；当明胶浓度是 80 mg/ml 时，ECs 和 EPCs 对明胶基质的黏附力差异极显著，$p=0.001\,1$（见图 10 - 10）。

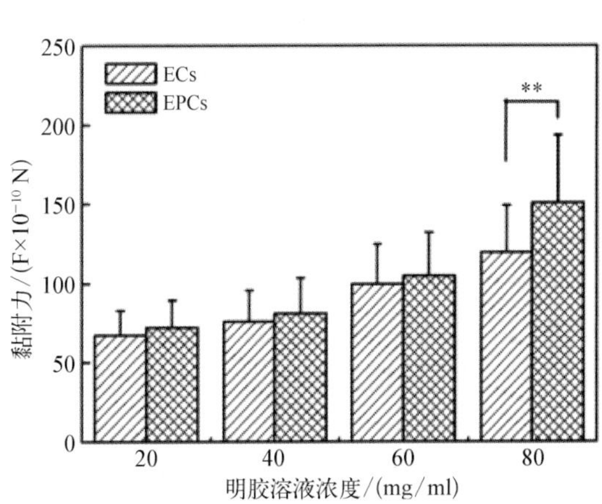

图 10 - 10 明胶裱衬对 ECs 和 EPCs 对其黏附力的影响[38]

Figure 10 - 10 Effect of gelatin on cell adhesion forces of EPCs and ECs on the slide glass coated with gelatin

10.4.3.2 EPCs和ECs在VEGFR2裱衬表面的黏附力学特性

实验发现，在经过不同稀释倍数的抗体VEGFR2溶液裱衬的腔体底面上，EPCs和ECs的黏附力与该抗体浓度存在良好的依赖性，随着裱衬抗体浓度的增加，其黏附力相应增大。当相同浓度的VEGFR2抗体溶液裱衬腔体时，ECs对VEGFR2的黏附力均高于EPCs。通过t检验，当抗体稀释倍数为400时，ECs和EPCs对其黏附力差异极显著，$p=0.0041$；当抗体稀释倍数为300时，ECs和EPCs对其黏附力差异极显著，$p=0.0008$；当抗体稀释倍数为200时，ECs和EPCs对其黏附力差异极显著，$p=0.0010$；当抗体稀释倍数为100时，ECs和EPCs对其黏附力差异极显著，$p=0.0006$（见图10-11）。

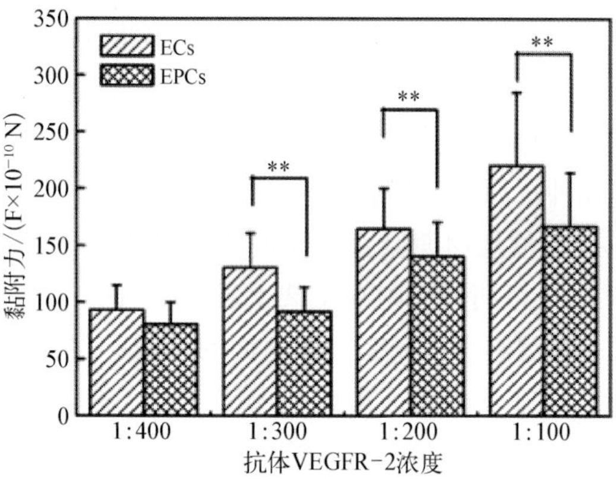

图10-11 VEGFR2抗体裱衬对ECs和EPCs对其黏附力的影响[34]

Figure 10-11 Effect of VEGFR2 on cell adhesion forces of EPCs and ECs on the slide glass coated with antibody VEGFR2

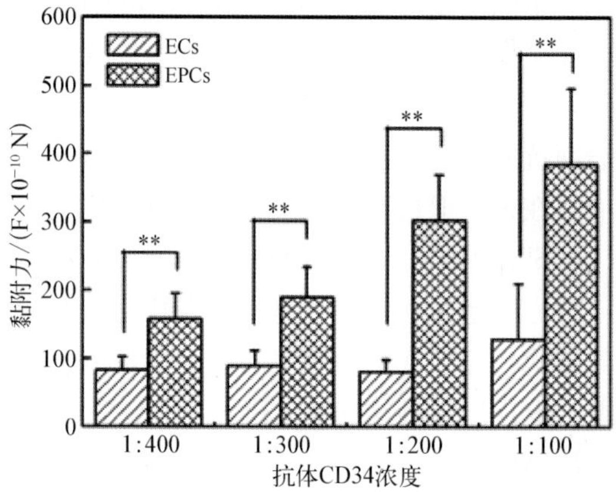

图10-12 CD34抗体裱衬对ECs和EPCs黏附力的影响[34]

Figure 10-12 Effect of antibody CD34 on cell adhesion forces of EPCs and ECs on the slide glass coated with antibody CD34

10.4.3.3 EPCs和ECs在CD34抗体裱衬表面的黏附力学特性

实验发现，在经过不同稀释倍数的抗体CD34溶液裱衬的腔体底面上，EPCs和ECs的黏附力与该抗体浓度存在依赖性，随着裱衬抗体浓度的增加，EPCs的黏附力逐渐增大，但是ECs的黏附力却出现了反复。当相同浓度的抗体CD34溶液裱衬腔体时，ECs对抗体CD34的黏附力均低于EPCs。通过t检验，当抗体稀释倍数为400时，ECs和EPCs对其黏附力差异极显著，$p=0.0003$；当抗体稀释倍数为300时，ECs和EPCs对抗体CD的黏附力差异极显著，$p=0.0002$；当抗体稀释倍数为200时，ECs和EPCs对该基质黏附力差异极显著，$p=0.0002$；当抗体稀释倍数为100时，ECs和EPCs对CD34抗体的黏附力差异极显著，$p=0.0001$（见图10-12）。

10.4.3.4 EPCs和ECs在CD133抗体裱衬表面的黏附力学特性

实验发现，在经过不同稀释倍数的抗体CD133溶液裱衬的腔体底面上，EPCs的黏附力与该抗体浓度存在良好的依赖性，随着裱衬抗体浓度的增加，其黏附力相应增大。当相同浓度的 CD133 溶液裱衬腔体底面时，ECs 对该基质的黏附力均低于 EPCs。通过 t 检验，各个稀释倍数下，ECs 和 EPCs 对抗体 CD133 的黏附力差异极显著，$p<0.001$(见图 10-13)。

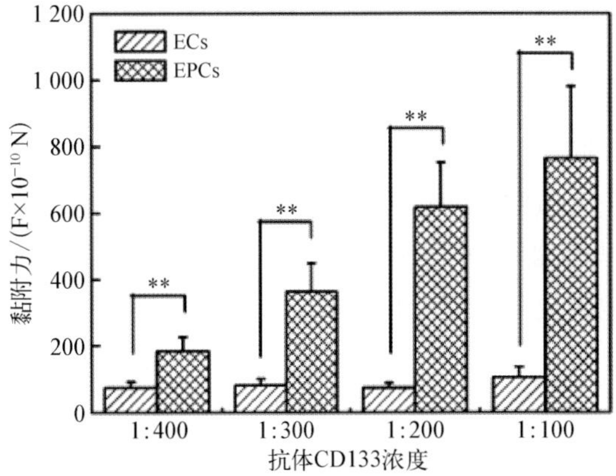

图 10-13 CD133 抗体裱衬对 ECs 和 EPCs 黏附力的影响[34]

Figure 10 - 13 Effect of antibody CD133 on cell adhesion forces of EPCs and ECs on the slide glass coated with antibody CD133

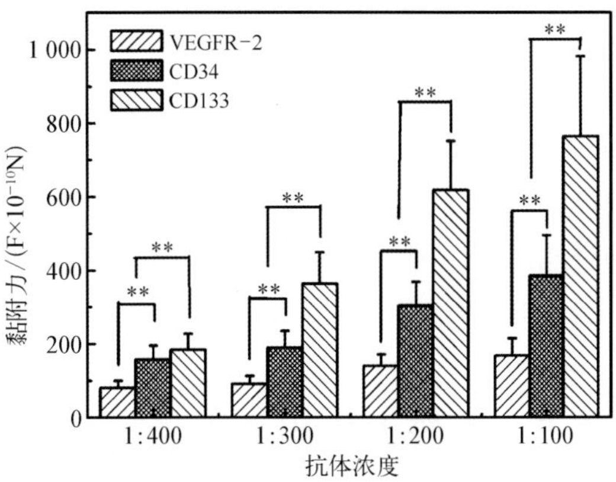

图 10-14 3 种类型抗体对 EPCs 的黏附[34]

Figure 10 - 14 Three types of antibodies on the adhesion of EPCs

10.4.3.5 EPCs 在不同抗体裱衬底面的黏附力比较

总体上，随着抗体浓度的增加，EPCs 对 4 种黏附基质的黏附力均不断增大，尤其是对抗体 CD133 的黏附力增大明显。通过方差分析，当用不同抗体以相同浓度裱衬腔体底面时，抗体对 EPCs 黏附力的影响差异极显著(见图 10-14)。

10.4.4 转基因内皮细胞支架影响因素

转基因的方法有多种，概括起来分为两大类，即生物学方法和理化方法。生物学方法主要是利用载有目的基因的复制缺陷病毒感染靶细胞。理化方法包括磷酸钙沉淀法、二乙氨乙基葡聚糖(DEAE-D)介导的转染法、聚凝胺(polybrene)介导的转染法、电穿孔(elect roporation)法、冷冻法、脂质体(liposome)介导法、微注射(microinjection)法，以及颗粒轰击法等。

用于基因转染研究的病毒载体包括腺病毒(adeno virus)、逆转录病毒(ret rovirus)、在 DNA-核蛋白-病毒-脂质体复合物中的 HVJ(Sendai virus，仙台病毒)和其他一些非病毒载体。腺病毒载体的优点包括具有包括转导非分化血管细胞的各种类型细胞的能力、在体内和体外都具有较高的转移效率、产生高浓度载体储备至 10^{12} nfu·L^{-1}(指暴露组织中的实际浓度)的能力、病毒不整合到宿主细胞的基因组、与人类的任何恶性肿瘤的发生无关。但是，第一代和第二代载体存在一些问题。有一些病毒蛋白仍可以在转导的宿主细胞上表达，可引发细胞($CD4^+$、$CD8^+$、T 细胞)和体液(B 细胞产生的中和抗体)免疫反应。宿主的免疫性不但影响着转基因表达的持久性，而且阻止病毒的再次注射。逆转录病毒载体首先在心血管系统的应用是在体 VECs 的基因转染。逆转录病毒载体可以稳定高效的将所携带的目的基因整合入靶细胞的染色体并随宿主细胞基因的表达而表达，可用于心血管系统基因转染的体外研究。但逆转录病毒存在以下缺点，即只感染可分裂增殖的细胞，而对非分裂细胞无作用。其转染靶细胞的作用依赖于细胞的有丝分裂而非 DNA 的合成。逆转录病毒载体携带的基因片段随机插入宿主染色体易引起基因突变。转录效率低，稳定性差。非病毒载体目前应用较多的是质粒。质粒是细菌或细胞染色质以外的，能自主复制的，与细菌或细胞共生的遗传成分。其特点如下：染色质外的双链共价闭合环形 DNA 可自然形成超螺旋结构，能自主复制，是能独立复制的复制子，一般质粒 DNA 复制的质粒可随宿主细胞分裂而传给后代。质粒对宿主生存并不是必需的。与病毒载体相比，质粒的优点为制备简单、快捷、成本低廉，用于基因治疗较安全，并能与其他合成载体联合使用。

10.5 血管支架相关力学生物学

10.5.1 血管支架材料应具有的生物力学性质

血管支架植入病变血管，经历压握、植入、球囊扩张、回弹、降解等过程，引起血管内血流动力学变化以及支架段血管组织的力学微环境变化。有限元分析发现，支架在反复压握过程中会出现不同程度的疲劳裂纹，严重的有可能出现支架断裂[35]；而支架植入后扩张后支架变形大的区域出现大的应力分布集中现象[36]；由此可见，支架材料的选择、加工以及球囊扩张压决定了支架的塑性变形能力，进而决定支架的疗效。

理想的血管支架在植入体内 6 个月后会自动消失并且病变部位不会再发生再狭窄。对于不同类型的血管支架，基体材料的要求可能不同，如对于聚合物支架，强度和尺寸稳定性是其首先要考虑的，而抗腐蚀性能、拉伸强度则是金属支架最重要的化学特性[37]。金属支架是临床应用比较广泛的支架种类，既可以是用作裸支架，也可以是作为 DES 的支架平台。常见的主要有 316 L 不锈钢、钛合金、钴铬合金和镍钛记忆合金支架等。通常金属支架材料在体内腐蚀极慢，一般被认为是永久性植入材料。但由于支架材料的选择以及支架材料中的合金配比不同，终将导致支架本身的扩张压力、抗压缩性、顺应性等力学性质的差异，而这些力学性质对于支架介入后的疗效将具有重要的影响。因此，支架作为人体血管植入物，不但需要良好的生物相容性，而且其基体材料应满足以下条件：① 具有一定的力学强度。支架植入血管后应能在最小损伤下来达到撑开血管的目的，在支架圆周上应具有均匀分布的强度和足够的刚性等力学性能，据文献报道，标准血管支架的力学性能包括屈服强度至少需大于 200 MPa，抗拉强度至少需大于 300 MPa，延展率至少需大于 15%～18%等[38]。另外，支架还应具有良好的力学持久性及抗疲劳度，从而防止血管的弹性回缩，并避免支架在体内的坍塌，导致重大不良后果。② 可靠的扩张性。理想的支架应具有较大的扩张比，使得支架能够被压缩到尽可能小从而穿过狭窄的血管路径抵达靶血管部位，扩张到预先设计的直径。小于设计直径就会增加血栓形成的危险，而过度扩张又会对血管内膜压迫造成弹性损伤。例如，相对于不锈钢支架，钴合金作为支架材料具有更大的强度，在保持应有的径向支撑力的同时可制成更小的支架，更容易达到血管远端。③ 足够的柔韧性。支架必须具有足够的柔韧性以便在植入时能够容易地通过弯曲的动脉血管到达靶部位，从而最大程度避免对组织的损伤，并提高支架植入部位与非支架植入部位血管的运动协调性。④ 适宜的孔隙率。孔隙率是支架的另一种重要参数，应在 70%和 80%，覆盖系数被定义为芯棒表面覆盖的单丝的百分比，这是一个编织结构均匀性好的指标，孔隙度=1-覆盖系数。纤维直径和编织角均能影响孔隙率的大小，较高的支架直径提高了孔隙率，而较高的编织角降低孔隙率[39]。支架必须具有高孔隙率，以利于细胞的黏附、增殖以及营养和废弃物的输送。合适的表面孔隙率可增强支架和周围宿主组织的机械连接，在关键界面处提供必要的机械稳定性。⑤ 恰当的拓扑结构。目前研究的用于组织工程的支架有多种结构，主要包括沟状结构、岛状结构、多孔结构、纳米纤维结构等。细胞在支架中生长，会对支架的内部环境产生应答，支架内部环境越接近细胞在组织体内的微环境，则越利于细胞的生长。不同的拓扑结构可能会对细胞的黏附、形态、增殖、迁移、蛋白分泌以及分化方向等细胞行为产生影响[40]。

10.5.2 支架植入部位的力学微环境变化及其对血管细胞的作用

血管受力的种类包括剪切应力、压应力及周向应力等。其中，剪切应力是黏性血液流动作用于血管壁的切向力。压应力是血液流经血管时，垂直于血管壁的正向压力。周向应力是血压对血管壁产生的环形压力，是沿管壁横断面切线方向的应力，主要与血管破裂有关。

大量实验证据表明，生物力学因素会对血管细胞的生理功能产生影响。血流在流经血管不同位置时对血管会产生不同的力学作用。血液流经血管主要产生两种机械力：壁面剪切应力(WSS)和周向应力(CS)。前者与血管长轴平行，作用于 VECs(见图 10-15)；后者是垂直于血管壁的环形张力，作用于血管壁所有细胞，包括内膜 EC、中膜平滑肌细胞(SMC)和外膜成纤维细胞(见图 10-16)。

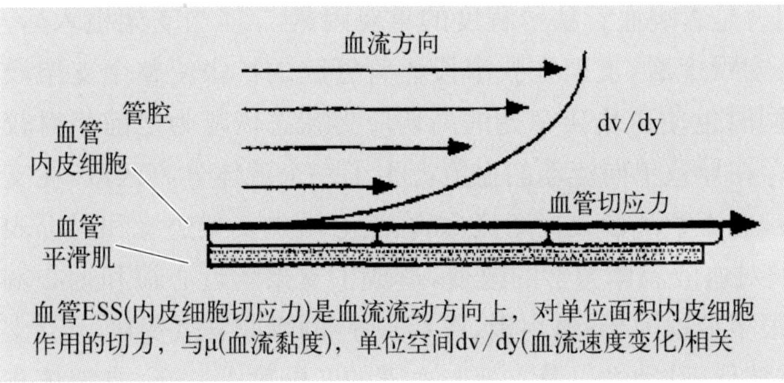

图 10-15 壁面剪切应力
Figure 10-15 Wall shear stress

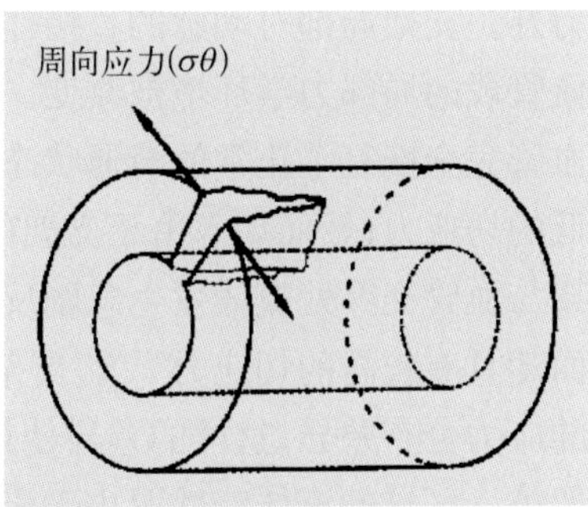

图 10-16 周向应力
Figure 10-16 Circumferential stress

血流剪切应力会受到血管和血液两方面的影响而发生改变。当血管发生弯曲或者分支，管壁损伤或者受到机械挤压管径改变时，血管壁受到的切应力会发生改变；当流速或者黏稠度发生改变时，切应力也会发生相应改变。相关研究表明，不利的血流动力学参数包括复杂的血流分布、壁面低切应力等是动脉粥样硬化和血栓形成的主要因素[41]。

壁面剪切应力是血液在血管内流动时，对血管壁面的切向作用力。它是反应血管对血流动力学因素的中心，也是血流对血管壁的主要作用力。壁面剪切应力的数值大小也与血流速度有关，若血流速度越快，会引起速度的梯度增大，而梯度差越大所能产生的壁面剪切应力也就会越大[42]。血管的最内层壁和 VECs 对壁面剪切应力相当的敏感。VECs 可以反向调节血管的内径，血管会扩张，壁面剪切应力就会降低，从而达到动态的平衡。层流剪切力是在大血管直行区域，平稳血流(层流)对血管壁产生单向的、较高的生理脉冲作用，抑制粥样硬化斑块发生。脉冲剪切力是心脏搏动泵血时，血流周期性变化对血管壁产生的脉冲式剪切力。脉冲剪切力使 ECs 保持较低的增殖水平、较低的氧化应激反应和炎症反应水平，维持其相对稳定的状态，抑制动脉粥样硬化斑块的发生发展[43]。而在血管弯曲、分叉及狭窄处，血流受到干扰形成涡流(扰动流)，剪切力由脉冲和层流剪切力变为震荡的低剪切力，促进粥样硬化斑块发生 VECs 是在血管对剪切力的应答过程中起最重要作用的细胞[44]。大量研究表明，紊乱的血流会通过增强 ECs 的氧化应激反应和炎症反应、促进细胞周期进程和细胞增殖等促进动脉粥样硬化斑块的发生发展。血管走向具有一定的角度，而动脉粥样硬化病变易发于小角度和分叉部位这些剪切应力低、血流方向紊乱区域，Thim 等提出只有低壁面剪切应力和振荡剪切应力同时存在才能促进粥样硬化斑块发展，其中任何一种都不具有单独导致粥样斑块的形成的能力[45]。

血压是影响正应力的主要因素，血压水平影响 ECs 的功能。有研究表明，高水平血压存在时，VECs 易产生功能障碍，内皮依赖的舒张作用减弱，收缩作用增强。而且高血压的严重程度与 VECs 受损程度呈正相关。同时血压对血管平滑肌细胞的收缩功能也具有影响[46]。

大量研究结果表明，血管壁周向应力影响中层平滑肌细胞的排列指向和组织形式、细胞的增殖和凋亡，在血管的重建过程中起重要作用。

经过介入治疗的血管，支架部位局部细胞力学微环境更加复杂。除去血流引起的作用力外。支架局部对动脉的直接作用力是影响血管狭窄程度的重要因素。① 当支架植入后，血管段的局部力学环境被改变。从宏观上看，支架在狭窄段血管管腔的扩张使整个支架段血管完全恢复了正常的疏通状态，同时也使斑块狭窄处的高切应力状态恢复为之前相对较低的切应力；然而局部由于支架的存在导致单向流动的血流产生了一个流体分离区域，在支架与血管交界处流体发生急剧反转，血流紊乱形成扰动流，而在近心端的支架边缘和局部表面却具有较高的切应力[47]。支架丝对血液流体力学的改变，造成了支架丝近心端和远心端的应力分布差异，这样的差异使得很多细胞因子(血小板，PDGF 等)的响应发生变化。② 支架植入区域的流体特性取决于流体波形，脉动性以及支架与血管的匹配度[48]。③ 支架植入会改变血管走向的角度，有研究发现，支架植入若引起血管成角减小，那么就减少了血流冲击及剪切力对支架两端病变的影响，从理论上减少了血管事件[49]。④ 支架整体植入血管后，使血管壁产生弹性形变，形变产生的力与血管的肥厚程度、弹性模量、变形量以及应力状态有关。在支架植入情况下，与支架贴合的血管壁会受到血管形变产生的应力及支架的机械性支撑力(见图 10 - 17)。因此，经过介入治疗后，支架植入部位的力学微环境会产生相应的变化,这种变化带来的结果就是支架植入部位的血管细胞在所处力学微环境改变下,使细胞自身的生物机能发生改变,从而对血管的功能,损伤修复产生影响。

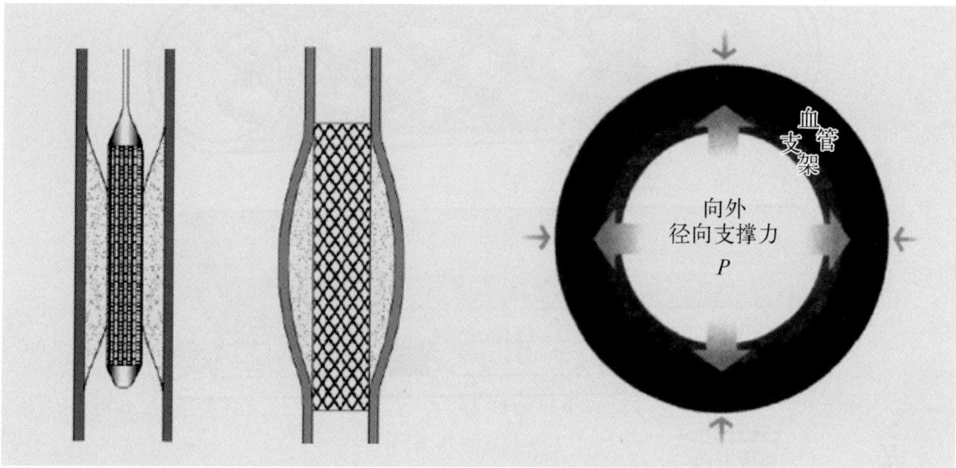

图 10-17 支架整体植入血管后,血管壁受到血管形变产生的应力及支架的机械性支撑力

Figure 10-17 After stents were implanted blood vessels, vessel wall feel the stress caused by vascular deformation and mechanical support

支架直径大小与支架对动脉的周向张力(Z'_1, Z'_2)直接相关,明显影响着血管内膜增生,过大或过小的支架直径都会显著增加血管内膜增生程度;支架对动脉的轴向张力(Z_1, Z_2)同样也是影响血管内膜增生的重要因素。植入血管的支架还会干扰血管内的局部流场,改变血管壁面流动剪切应力的分布(τ_0)[44](见图 10-18)。血管支架杆的数量、形状、厚度和宽度,支架展开后的直径,支架的编织方式等均可显著影响血管局部流场和壁面流动剪切应力的时空分布。血管支架植入后,血管中膜和外膜的细胞不仅能响应局部力学环境的变化,而且会使血管壁的力学参数如弹性模量等发生明显变化。

10.5.3 支架植入部位的力学微环境对血管组织再生的影响

血流动力学因素是心血管疾病发生发展中的重要因素。心血管系统可以视为一个以心脏为中心的力学系统,血液循环过程中不断地对血管壁施加力学刺激。正常生理范围内的力学刺激,有助于维持血管稳态;非正常的力学刺激,则会导致心血管疾病的发生。

PCI 是目前治疗冠心病行之有效的方法之一,随着 DES 和可降解支架的不断优化,但仍然不能完全避免支架植入后的再狭窄和支架内血栓的形成,似乎用现有的药物和介入策略无法避免上诉两者的发生,近来的研究显示与支架术后局部切应力的改变相关。

(1) 壁面剪切力对血管壁生理功能的影响。支架植入病变位置时,可使局部的血流层流受阻破散,形成无规则的非定常流动,甚至湍流,也可形成支架杆近心和远心两端的血流淤滞区和支架杆远心端的涡流,以及相应的高或低切应力。VECs,作为血管壁与血流直接接触的单层细胞,是承受血流产生的剪切力最主要的细胞,也是血管对剪切力的应答过程中起最重要作用的细胞。正常生理状态下剪切力不直接作用于 SMCs,但在心血管介入术后血管内膜受损时或者在动脉粥样硬化形成过程中内皮间隙增宽、血管中膜的 SMCs 迁入内

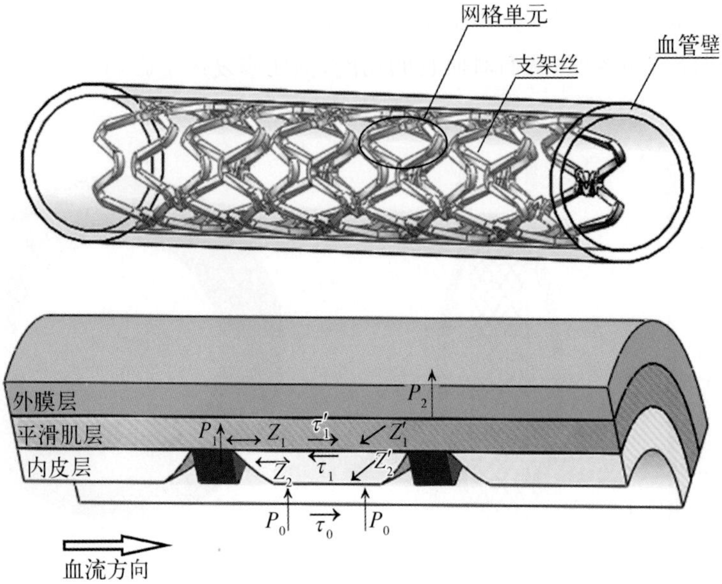

图 10-18 支架对动脉的周向张力、轴向张力、壁面流动剪切应力的影响

Figure 10-18 The effect of stents on circumferential tension, axial tension, wall flow shear stress of artery

皮下时,剪切力对 SMCs 具有直接作用。剪切力作用于 SMC 主要促进 SMCs 增殖、迁移、收缩型向分泌型转化等,其传导通路主要是,活化血小板衍生生长因子受体(PDGFR)、整合素、G 蛋白、蛋白激酶 C(PKC)、磷脂酶 C(PLC)、细胞外信号调节蛋白激酶 1/2(ERK1/2)、p38 等,上调转录因子 c-fos、c-jun、AP-1 的表达,最终启动相关功能基因的表达。血液流动产生的壁面剪切力能够影响 ECs 的生物学功能,进而调控 ECs 与 SMCs 之间的相互作用,最终影响血管壁生理功能的稳定。

(2) 扰流剪切力与内膜增生和支架内血栓的形成呈正相关。Kassab 等在血管分支处双支架植入的实验中,发现存在有壁面剪切力(WSS),梯度壁面剪切力(WSSG),扰动流剪切力(OSI)。计算机体外模拟表明,在分叉处血管植入不同长度的支架,有不同的梯度壁面剪切力和扰动流剪切力,较短的支架丝有着较小的梯度壁面剪切力和扰动流剪切力。而临床数据表明,较短的支架有着较小的内膜增生以及支架内血栓形成。另一项研究也表明,较薄的支架对血流的阻断作用越小,从而有着较小的扰动剪切力[50]。临床观察表明,薄支架钢梁再狭窄率减少 43%[51]。说明较小的扰流剪切力可导致较少的内膜增生和支架内血栓的形成。

(3) 低剪切应力导致内膜增生、ISR 和血栓形成。高剪切应力减轻炎症反应,减少内膜损伤,降低平滑肌细胞迁移,减少内膜增生。相反,血流速度减慢、低剪切应力处的内膜增生相对而言较明显[52]。低剪切力活化平滑肌细胞、增加合成型的平滑肌细胞、促进平滑肌细胞的增殖和迁移,进而引起 ISR 和血栓形成[53]。

(4) 支架植入早期,支架的径向支撑力与内膜增生呈正相关。随着植入时间的延长,可降解金属支架支架对血管段的径向支撑力会逐渐降低。在植入早期,与植入不锈钢裸支架一样，存在内膜增生。但 3 个月后，可降解支架完全消失，相应的内膜增生较第 1 个月有所减弱。而 Kosaku 等比较不锈钢 BMS 和第一代第二代的药物涂层支架，得出药物涂层支架的应用可以改善内膜增生的严重程度，但随着时间的增长这三种支架较术后早期均表现为内膜增生。说明在径向支撑力降低之后，内膜增生得到了缓解。另外，临床比较生物可降解支架和药物涂层支架的植入效果，发现在植入一年后，两种支架之间的内膜没有显著差异[54]。这个现象可能表明内膜形成之后，径向支撑力存在与否对内膜增生不再起主导作用。

(5) 动脉粥样硬化的形成与恶化引起周应力的增加。在大多数动脉粥样硬化的体外研究中，流体切应力和周向应力是主要的分析对象。其中，周向应力受到脉动血压及其相关应变的双重驱动。周应力的大小与血管的粗细密切相关。血管越细，血压越高，血流对血管产生的周应力越大。Alberti 等的研究中指出异样的血压(周应力的诱因)、血脂会导致空腹血糖的上升，研究中还指出高血糖与动脉粥样硬化类疾病具有一定的伴随性[55]。动脉粥样硬化发生处的内膜会存在脂质堆积，进而导致血管狭窄，周应力升高等一系列的变化。

10.5.4 支架植入部位的力学微环境对血管细胞行为的影响

VECs 与平滑肌细胞是血管壁最重要的细胞成分，在血管的生理病理活动中扮演极为重要的角色。它们之间的相互作用不仅与血管的生长发育、功能形成等生理过程密切相关，还与心血管疾病的发生发展密切相关，例如内膜增生、动脉粥样硬化。ECs 与 SMCs 不仅能够通过分泌细胞因子相互影响，细胞之间还会通过基底膜或内弹性层上的窗孔样结构形成缝隙连接。

支架植入时，球囊的膨胀和支架的扩张导致了 VECs 在支架段血管的剥蚀并破坏内皮层的完整性，导致内皮功能障碍，分泌的抗凝血等因子不足。在支架植入后早期，ECs 破坏殆尽，支架表面被覆一层薄的血栓。一项比较 SES(西罗莫司支架)、PES(紫杉醇支架)、ZES(佐他莫司支架)、EES(依维莫司支架)和 BMS(裸支架)再生内皮的抗血栓功能的动物实验研究，通过双荧光免疫染色检测 PECAM-1(ECs 黏附分子，该因子表达量高，说明 ECs 胞间连接好，内皮功能强)和血栓调节蛋白(该因子表达量高，内皮抗血栓功能强)，发现无论是 DES 还是 BMS，再生内皮胞间连接都不好，且抗血栓性差。表现为，与非支架段 ECs 相比，支架段再生的 ECs 黏附分子和血栓调节蛋白都有所降低甚至不表达[56]。非流线性支架丝容易形成扰动流，促使血小板在损伤部位聚集和激活，加剧了凝血级联激活；流线型支架丝植入也会造成内皮剥蚀，但是由于能够形成较顺畅的剪切力，而不产生扰动流，血小板不会在支架丝周围激活和聚集。因此，虽然在开始时由于内皮损伤分泌的抗凝因子不足，使得支架植入部位发生凝血反应，但是随着内皮的修复，新生的内皮层会表现出健康的动脉内皮的生理特性，从而减少支架血栓的形成[57]。本课题组将 316 L 不锈钢支架植入猪冠状动脉，6 个月后检测也发现支架的花形很大的改变了血流的方向，进而影响了 ECs 形态，进一步影响细胞的功能。

新生内膜的主要细胞成分是 SMCs，植入后数天 SMCs 开始从中膜迁移到内膜，2 周时约有 50%的 SMCs 迁移到内膜；6 周后细胞外基质增加，但 SMCs 相对减少，细胞外基质使增厚的内膜进一步变厚，SMCs形成支架表层，每一阶段的SMCs层中都散在侵润炎性细胞（T淋巴细胞和巨噬细胞）；12周后支架表面完全内皮化[58]。剪切力在ECs的增殖迁移中起重要作用，剪切力通过激活AMPK（AMP - activated protein kinase）级联反应和AKT信号通路调控细胞周期。高剪切力对血栓形成具有重要的影响，急性动脉闭塞发生在高剪切速率下的血流动力学条件。动脉血栓比静脉血栓含有更多的血小板。在高剪切力作用下，血小板从局部释放并发生构象改变形成较大的血栓。相比之下，低剪切力部位由于有较大的剪切力梯度的影响更容易引起细胞的脱落并有助于细胞迁移。ECs的死亡和增殖是低切应力所致血管重构的常见现象，越来越多的证据表明低振荡剪切应力可刺激内膜中层增厚[59]。震荡低剪切力仅激活AKT信号通路而不激活AMPK级联反应，通过持续激活p70S6K信号分子，导致ECs的增殖[60]。

10.5.5 剪切应力对EPCs的影响

10.5.5.1 剪切应力对EPCs形态的影响

将人脐静脉EPCs种植在不同材料裱衬的玻片上，并置于流动腔内，使流体作用于细胞的时间不同，结果显示在流体作用时间不同时，HUCB EPCs的形态有所不同，值得注意的是，(b)(c)两图种植人冠脉EPCs的钛片在加载100×10^{-5} N/cm^{2}流动剪切力3 h后的细胞伸展方向仍是随机的，(d)图为加载流动剪切力48 h后的细胞，与流体流动方向一致。(e)图为猪EPCs种在钛片上暴露在15×10^{-5} N/cm^{2}的流动剪切力下48 h，其细胞与流体流动方向一致（见图10 - 19）。

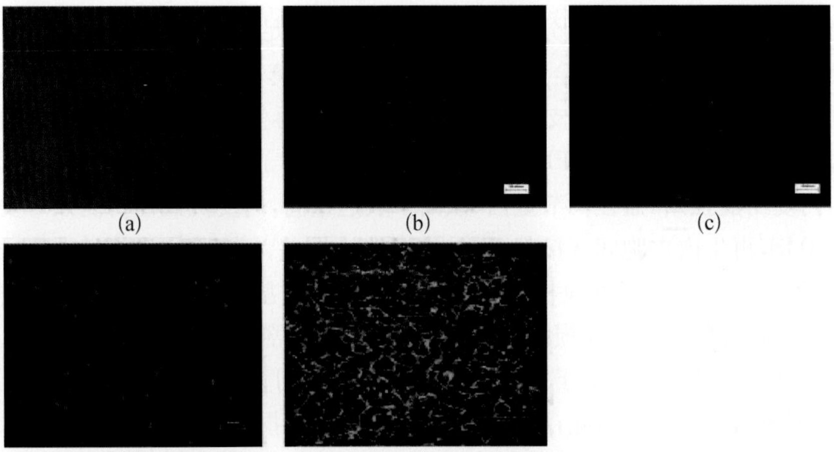

图10 - 19 不同流体作用下的HUCB EPCs[24]
(a) 人冠脉EPCs种植在纤连蛋白涂层的玻片6 h，100 x；(b) CTO标记的人冠脉EPCs种植在钛片上15 min，100 x；(b)、(c) 种植人冠脉EPCs的钛片加载100×10^{-5} N/cm^{2}流动剪切力3 h，100 x；(d) 种植人冠脉EPCs的钛片在流动剪切力下暴露48 h，100 x。EPCs由CTO标记，细胞核由赫斯特染成蓝；(e) 猪EPCs种在钛片上暴露在15×10^{-5} N/cm^{2}的流动剪切力下48 h。细胞骨架由抗PECAM染成绿色，核用Sytox橙色核酸染色

Figure 10 - 19 HUCB EPCs under different fluids

10.5.5.2 剪切应力对 EPCs 黏附及增殖的影响

研究发现剪切应力可通过使 ECs 发生生物物理的、生化的和基因调控水平的反应，调节一系列细胞活性因子及黏附因子的基因表达，引起 ECs 形态、增殖及生理生化的适应性改变。研究表明剪切应力也能调节 EPCs 的形态、表面受体标记物的基因表达、细胞分化等。因此，剪切应力对成熟 ECs 和 EPCs 的结构和功能均有重要的调节作用。Hao 等[61]的研究提示，剪切应力在提高血管生成因子表达的同时降低了 SMC 分化因子的表达。杨震等研究表明流体剪切应力可增加种植于小口径人工血管上 EPCs 的抗血栓能力，更有效的改善 EPCs 衬里的小口径人工血管的移植通畅率。Yamamoto 等[62]研究发现剪切应力能 EPCs 的增殖、分化和毛细血管样管腔结构形成。本章作者及其团队研究剪切应力对黏附于特异性基质上的 EPCs 形态和功能的影响，还没有见到相关报道。结果显示适当的剪切应力作用不到 48 h 时能促进 EPCs 的增殖。其中，当剪切应力($\tau=15\times10^{-5}$ N/cm^2)作用 24 h 时，EPCs 在 3 种基质上的增殖率达到峰值，而且黏附于 CD133 抗体上的 EPCs 增殖能力比较其他两种抗体有显著增加；当剪切应力增加到 20×10^{-5} N/cm^2，增殖率又降低。而随着作用时间增长至 48 h 时，发现剪切应力$>5\times10^{-5}$ N/cm^2，EPCs 都呈现负增殖，这可能是 EPCs 发生脱黏附现象。在进行保留率测定实验时，发现 EPCs 在 3 种基质上的保留率存在显著差异，其中 EPCs 在 CD133 抗体上的保留率明显高于其他两种抗体；同时，在流动腔中间几乎看不到细胞脱落，但是在流动腔入口和出口部位均有少量细胞脱落，同时在 Chamber 边缘也有少量细胞脱落。其发生机理尚不清楚，还需要进行更深入的研究。

10.5.5.3 剪切应力对 EPCs 分泌 NO 的影响

NO 是血管内皮生成的重要血管扩张因子，具有多种生物学活性，如舒张血管、抑制血小板聚集和黏附到 ECs 表面、维持 ECs 的完整性及调节其通透性、调控血管壁细胞成分的增生等。转内皮型-氧化氮合酶(endothelial nitric oxide synthase，eNOS)细胞模型证明了 NO 分泌具有抗血栓形成和抑制平滑肌细胞增殖的能力。Ziche 等研究发现 NO 促进 ECs 的生长和迁移[63]。

研究结果表明，剪切应力作用促进 NO 的分泌，在剪切应力作用 8～24 h，NO 分泌较静态培养组都有明显的增加，特别当 $\tau=15\times10^{-5}$ N/cm^{2}时，NO 分泌较其他剪切应力水平都显著增加，这与 Dull 等发现剪切应力作用下 NO 分泌有两个时相基本相一致。有研究报道在 15×10^{-5} N/cm^{2}层流剪切应力作用 24 h 后，eNOS mRNA 和蛋白的表达显著增加，还有研究发现剪切应力作用 4 h 后，可以提高 EPCs 中 eNOS mRNA 的表达。剪切应力作用下 NO 的早期释放可能由于 eNOS 翻译后的激活，而剪切应力调节 eNOS 基因表达的改变是 NO 后续释放改变的原因。剪切应力作用下 NO 分泌增加的机制可能与钙/钙调节素和 NOS 基因存在剪切应力调节元件有关。剪切应力作用下 NO 的分泌量增加对 EPCs 在支架上种植的重要意义在于：一是增加水平的 NO 有助于支架植入部位血管的舒张，二是抑制局部血栓形成。

同时，在相同剪切应力作用下，黏附于 CD133 抗体的 EPCs 在各个时相分泌的 NO 量均大于其他两种抗体,差异显著。这进一步验证了上章的结果,EPCs 对 CD133 抗体的黏附力最强,CD133 抗体对 EPCs 更具有特异性。

10.6 讨论与展望

10.6.1 支架内再内皮化

本章从体内内皮化和体外内皮化两个方面叙述了支架内再内皮化的实际意义。一方面,将抗 CD133 抗体涂层支架与目前通用的抗 CD34 抗体支架对比,从体外和体内两方面说明了其对 EPCs 的捕获能力,探讨了抗体支架对损伤血管的再内皮化、重建血管生物学功能治疗内膜损伤性血管性疾病的意义。另一方面,探讨了 VEGF 在支架内再内皮化进程中发挥的作用,提示 VEGF 的高表达能够增强损伤血管的修复,加速内皮化从而抑制平滑肌的增殖。从动物模型角度说明了抗 CD133 抗体涂层支架的安全性和有效性,体外实验和体内检验共同证明抗 CD133 抗体作为支架涂层在对 EPCs 的捕获上比 CD34 更具优势。对比分析了抗 CD133 抗体涂层支架和抗 CD34 抗体涂层支架再内皮化和抗再狭窄的能力,显示了抗 CD133 抗体作为新的血管移植物的表面改性剂的优越性。为进一步的促内皮化治疗及控制 ISR 的研究奠定基础,同时也为组织工程寻找更有利的发展方向。

10.6.2 基因和细胞对再内皮化的影响

已有报道证实支架在植入兔髂外动脉后,4 周内可实现支架内再内皮化。然而这一进程在人体内需要更长的时间(大于 12 周)。VEGF121 通过刺激 ECs 的增殖和迁移加速内皮修复。研究发现在冠状动脉内使用 VEGF 治疗是安全的,并且有一定的抑制再狭窄的效果。临床上 VEGF 促血管新生的研究和抗 VEGF 的研究都共同表明,对 VEGF－A 的阻断会影响血管内平衡导致内皮功能紊乱和血管不良事件。

虽然 VEGF 疗法在治疗心血管疾病方面有着巨大的潜力,但是动物实验的临床结果并没有转化为人体的临床应用。其中,最大的挑战便来自 VEGF 的载体的选择。因此,ECs 作为一种完美的运输载体被提出来,对于介入治疗来说它有着极好的组织性和血液相容性。VEGF 过表达细胞的移植可以提高血清中 VEGF 的水平,有助于细胞在支架上的保留。反之,VEGF 干扰的细胞种植支架在体内的内皮化缓慢有可能是因为,细胞在支架上的覆盖率较低,细胞生长缓慢和机体的免疫排斥反应。VEGF 过表达细胞种植支架的优点是它不仅可以通过 VEGF 的持续表达促进 ECs 的增殖扩张,而且支架上的快速内皮化也可以减少支架上需要异体细胞存在的时间。对于细胞种植支架来说,分析支架植入后内皮化细胞的成分和来源有助于更好地理解促内皮化的机制,但这一部分的研究在组织工程学领域中少见报道。

10.6.3 血管支架力学生物学

血管支架的力学性能和生物力学环境在支架植入治疗中起到关键性的作用。血管支架材料应满足必要的生物力学性质，支架介入治疗后，支架植入部位的力学微环境变化，力学微环境影响血管细胞行为，进而影响组织再生的。目前，支架力学性能与支架血栓形成和再狭窄之间的关系仍然不清楚。本章从支架本身的力学性能入手，阐释了血管支架材料的生物力学性质对细胞行为的影响及其转导为细胞中分子信号的机制、生物力学环境对细胞行为影响的定性定量关系及其转导为细胞中分子信号的机制、表征细胞所处生物力学微环境及细胞所处生物力学微环境对组织再生的影响等问题，解析支架力学性能怎样通过影响生物力学环境，进而影响组织再生，重点从剪切应力对 EPCs 形态、增殖、黏附、功能等方面影响阐明生物力学环境对组织再生的影响。

（王贵学　王瑾瑄　黄玉华　赵银瓶）

参考文献

[1] Lan H, Wang Y, Yin T, et al. Progress and prospects of endothelial progenitor cell therapy in coronary stent implantation[J]. J Biomed Mater Res B Appl Biomater, 2016, 104(6): 1237-1247.

[2] Hu T Z, Yang J L, Cui K, et al. Controlled slow-release drug-eluting stents for the prevention of coronary restenosis: Recent progress and future prospects[J]. ACS Appl Mater Interfaces, 2015, 7(22): 11695-11712.

[3] Stone G W, Moses J W, Ellis S G, et al. Safety and efficacy of sirolimus-and paclitaxel-eluting coronary stents[J]. N Engl J Med, 2007, 356(10): 998-1008.

[4] Mauri L, Hsieh W H, Massaro J M, et al. Stent thrombosis in randomized clinical trials of drug-eluting stents[J]. N Engl J Med, 2007, 356(10): 1020-1029.

[5] Kastrati A, Mehilli J, Pache J, et al. Analysis of 14 trials comparing sirolimus-eluting stents with bare-metal stents [J]. N Engl J Med, 2007, 356(10): 1030-1039.

[6] 唐朝君.转基因内皮细胞修饰血管内支架的实验研究[D]. 重庆：重庆大学，2008.

[7] 潘长江，唐家驹，王进，等.血管支架内再狭窄的机理研究进展[J]. 中国介入影像与治疗学，2005，2(4)：314-317.

[8] Wentzel J J, Gijsen F J, Schuurbiers J C, et al. The influence of shear stress on in-stent restenosis and thrombosis [J]. EuroIntervention, 2008, 4(suppl C): C27-C32.

[9] Inoue T, Kato T, Hikichi Y, et al. Stent-induced neutrophil activation is associated with an oxidative burst in the inflammatory process, leading to neointimal thickening[J]. Thromb Haemost, 2006, 95(1): 43-48.

[10] Wildgruber M, Weiss W, Berger H, et al. Association of circulating transforming growth factor beta, tumor necrosis factor alpha and basic fibroblast growth factor with restenosis after transluminal angioplasty[J]. Eur J Vasc Endovasc Surg, 2007, 34(1): 35-43.

[11] Niu J, Kolattukudy P E. Role of MCP-1 in cardiovascular disease: molecular mechanisms and clinical implications [J]. Clin Sci (Lond), 2009, 117(3): 95-109.

[12] Liehn E A, Piccinini A M, Koenen R R, et al. A new monocyte chemotactic protein-1 /chemokine CC motif ligand-2 competitor limiting neointima formation and myocardial ischemia /reperfusion injury in mice[J]. J Am Coll Cardiol, 2010, 56(22): 1847-1857.

[13] Ohtani K, Usui M, Nakano K, et al. Antimonocyte chemoattractant protein-1 gene therapy reduces experimental in-stent restenosis in hypercholesterolemic rabbits and monkeys[J]. Gene Ther, 2004, 11(16): 1273-1282.

[14] Stinis C T, Hu S P, Price M J, et al. Three-year outcome of drug eluting stent implantation for coronary artery bifurcation lesions[J]. Catheter Cardiovasc Interv, 2010, 75(3): 309-314.

[15] 吴雪.抗体涂层血管支架与转基因细胞种植血管支架的促内皮化研究[D]. 重庆：重庆大学，2013.

[16] Sun D, Zheng Y, Yin T Y, et al. Coronary Drug-Eluting Stents: From Design Optimization to Newer Strategies[J]. J Biomed Mater Res A, 2014, 102, 1625-1640.

[17] Urban P, Gershlick A H, Guagliumi G, et al. e-Cypher Investigators. Safety of coronary Sirolimus-eluting stents in daily clinical practice: One-year follow-up of the e-Cypher registry[J]. Circulation, 2006, 113(11): 1434-1441.

[18] Pfisterer M, Brunner-La Rocca H P, Buser P T, et al. Late clinical events after clopidogrel discontinuation may limit

the benefit of drug-eluting stents: An observational study of drugeluting versus bare-metal stents[J]. J Am Coll Cardiol, 2006, 48(12): 2584 - 2591.

[19] Liu T, Liu S, Zhang K, et al. Endothelialization of implanted cardiovascular biomaterial surfaces: The development from in vitro to in vivo[J]. J Biomed Mater Res, 2014, 102(10): 3754 - 3772.

[20] Lu J, Rao M P, MacDonald N C, et al. Improved endothelial cell adhesion and proliferation on patterned titanium surfaces with rationally designed, micrometer to nanometer features[J]. Acta Biomater, 2008, 4(1): 192 - 201.

[21] Wu X, Yin T, Tian J, et al. Distinctive effects of CD34 - and CD133 - specific antibody-coated stents on re-endothelialization and in-stent restenosis at the early phase of vascular injury[J]. Regen Biomater, 2015, 2(2): 87 - 96.

[22] Tang C, Wu X, Ye L, et al. Effects of rotational culture on morphology, nitric oxide production and cell cycle of endothelial cells[J]. Biocell, 2012, 36(3): 97 - 103.

[23] 张鸿坤,张楠,汪忠镐,等.CD34+干细胞的分化及其在人工血管内皮化中的应用[J]. 浙江大学学报(医学版),2004, 33(2): 147 - 150.

[24] Lane W O, Jantzen A E, Carlon T A, et al. Parallel-plate flow chamber and continuous flow circuit to evaluate endothelial progenitor cells under laminar flow shear stress[J]. J Vis Exp, 2012,(59): e3349, DOI: 10.3791/3349.

[25] Walter D H, Cejna M, Diaz-Sandoval L, et al. Local gene transfer of phVEGF - 2 plasmid by gene-eluting stents: an alternative strategy for inhibition of restenosis[J]. Circulation, 2004, 110(1): 36 - 45.

[26] Kochiadakis G E, Marketou M E, Panutsopulos D, et al. Vascular endothelial growth factor protein levels and gene expression in peripheral monocytes after stenting: a randomized comparative study of sirolimus: Eluting and bare metal stents[J]. Eur Heart J, 2008, 29(6): 733 - 740.

[27] Zhao Q, Egashira K, Hiasa K, et al. Essential role of vascular endothelial growth factor and Flt - 1 signals in neointimal formation after periadventitial injury[J]. Arterioscler Thromb Vasc Biol, 2004, 24(12): 2284 - 2289.

[28] Tang C, Wang G, Wu X, et al. The impact of vascular endothelial growth factor-transfected human endothelial cells on endothelialization and restenosis of stainless steel stents[J]. J Vasc Surg, 2011, 53: 461 - 471.

[29] Wu X, Zhao Y, Tang C, et al. Re-endothelialization study on endovascular stents seeded by endothelial cells through up-or downregulation of VEGF[J]. ACS Appl Mater Interfaces, 2016, 8 (11): 7578 - 7589.

[30] Numaguchi Y, Okumura K, Harada M, et al. Catheter-based prostacyclin synthase gene transfer prevents in-stent restenosis in rabbit atheromatous arteries[J]. Cardiovasc Res, 2004, 61(1): 177 - 185.

[31] Budd J S, Allen K E, Bell P R, James R F. The effect of varying fibronectin concentration on the attachment of endothelial-cells to polytetrafluoroethylene vascular grafts[J]. Journal of Vascular Surgery, 1990, 12: 126 - 130.

[32] Shirota T, Yasui H, Shimokawa H, et al. Fabrication of endothelial progenitor cell (EPC)-seeded intravascular stent devices and in vitro endothelialization on hybrid vascular tissue[J]. Biomaterials, 2003, 24(13): 2295 - 2302.

[33] 肖丽.促细胞黏附特异性基质及苦参总碱对内皮祖细胞生物学功能的影[D]. 重庆:重庆大学,2007.

[34] Wang G, Xiao L, Wu X, et al. Effects of various adhesive substrates on the adhesion forces of endothelial progenitor cells[J]. J Med Biol Eng, 2012, 32(1): 70 - 75.

[35] Marrey R V, Burgermeister R, Grishaber R B, et al. Fatigue and life prediction for cobalt-chromium stents: A fracture mechanics analysis[J]. Biomaterials, 2006, 27(9): 1988 - 2000.

[36] Pant S, Bressloff N W, Limbert G. Geometry parameterization and multidisciplinary constrained optimization of coronary stents[J]. Biomech Model Mechanobiol, 2012, 11(1 - 2): 61 - 82.

[37] Walker M H E. Magnesium, iron and zinc alloys, the trifecta of bioresorbable orthopaedic and vascular implantation-a review[J]. J Biotechnol Biomater, 2015, 5(2): 178.

[38] Bowen P K, Drelich J, Goldman J. Zinc exhibits ideal physiological corrosion behavior for bioabsorbable stents[J]. Adv Mater, 2013, 25 (18): 2577 - 2582.

[39] Rebelo R, Vila N, Fangueiro R, et al. Influence of design parameters on the mechanical behavior and porosity of braided fibrous stents[J]. Materials and Design, 2015, 86: 237 - 247.

[40] 程小霞,陈爱政,王士斌.组织工程支架纳米拓扑结构与细胞相互作用研究进展[J]. 高分子通报,2014,(10): 109 - 115.

[41] Cecchi E, Giglioli C, Valente S, et al. Role of hemodynamic shear stress in cardiovascular disease [J]. Atherosclerosis, 2011, 214(2): 249 - 256.

[42] Tateshima S, Murayama Y, Villablanca J P, et al. In vitro measurement of fluid-induced wall shear stress in unruptured cerebral aneurysms harboring blebs[J]. Stroke, 2003, 34(1): 187 - 192.

[43] 戈程.剪切力调节血管内皮细胞 PDCD4 表达的机制及内皮细胞增殖和凋亡的变化[D]. 济南：山东大学，2014.
[44] Chiu J J, Chien S. Effects of disturbed flow on vascular endothelium: Pathophysiological basis and clinical perspectives[J]. Physiol Rev, 2011, 91(1): 327 - 387.
[45] Thim T, Hagensen M K, Hørlyck A, et al. Wall shear stress and local plaque development instenosed carotid arteries of hypercholesterolemic minipigs[J]. J Cardiovasc Dis Res, 2012, 3(2): 76 - 83.
[46] Bastin G, Heximer S P. Intracellular regulation of heterotrimeric G-protein signaling modulates vascular smooth muscle cell contraction[J]. Arch Biochem Biophys, 2011, 510(2): 182 - 189.
[47] Davies P F. Hemodynamic shear stress and the endothelium in cardiovascular pathophysiology[J]. Nat Clin Pract Cardiovasc Med, 2009, 6(1): 16 - 26.
[48] Nakazawa N. Infectious and thrombotic complications of central venous catheters[J]. Nakazawa N Semin Oncol Nurs, 2010, 26(2): 121 - 131.
[49] Serruys P W. A new international presence in interventional cardiology[J]. EuroIntervention, 2012, 8(7): 763.
[50] Bae I H, Lim K S, Park J K, et al. Mechanical behavior and in vivo properties of newly designed bare metal stent for enhanced flexibility[J]. J Indust Eng Chem, 2015, 21(1): 1295 - 1300.
[51] Otake H, Shite J, Shinke T, et al. Impact of stent platform of paclitaxel-eluting stents: assessment of neointimal distribution on optical coherencetomography[J]. Circ J, 2012, 76(8): 1880 - 1888.
[52] Hong S J, Ko Y G, Shin D H, et al. Outcomes of spot stenting versus long stenting after intentional subintimal approach for long chronic total occlusions of the femoropopliteal artery[J]. J Am Coll Cardiol Intv, 2015, 8(3): 472 - 480.
[53] Koskinas K C, Chatzizisis Y S, Antoniadis A P, et al. Role of endothelial shear stress in stent restenosis and thrombosis: pathophysiologic mechanisms and implications for clinical translation[J]. J Am Coll Cardiol, 2012, 59(15): 1337 - 1349.
[54] Gao R, Yang Y, Han Y, et al. Bioresorbable vascular scaffolds versus metallic stents in patients with coronary artery disease: ABSORB China trial. ABSORB China investigators[J]. J Am Coll Cardiol, 2015, 66(21): 2298 - 2309.
[55] Alberti K G, Eckel R H, Grundy S M, et al. Harmonizing the metabolic syndrome: A joint interim statement of the international diabetes federation task force on epidemiology and prevention; national heart, lung, and blood institute; american heart association; world heart federation; international atherosclerosis society; and international association for the study of obesity[J]. Circulation, 2009, 120(16): 1640 - 1645.
[56] Joner M, Nakazawa G, Finn A V, et al. Endothelial cell recovery between comparator polymer-based drug-eluting stents[J]. J Am Coll Cardiol, 2008, 52(5): 333 - 342.
[57] Jiménez J M, Davies P F. Hemodynamically driven stent strut design[J]. Ann Biomed Eng, 2009, 37(8): 1483 - 1494.
[58] 林根来，王小林.血管内支架植入后内膜增生过程与防治措施[J]. 介入放射学杂志，2002，11(2): 135 - 138.
[59] Browne L D, Bashar K, Griffin P, et al. The role of shear stress in arteriovenous fistula maturation and failure: A systematic review[J]. Plos One, 2015, 10(12): e0145795.
[60] Lee D Y, Li Y S, Chang S F, et al. Oscillatory flow-induced proliferation of osteoblast-like cells is mediated by alphavbeta3 and beta1 integrins through synergistic interactions of focal adhesion kinase and Shc with phosphatidylinositol 3 - kinase and the Akt/mTOR/p70S6K pathway[J]. J Biol Chem, 2010, 285(1): 30 - 42.
[61] Wang H, Riha G M, Yan S, et al. Shear stress induces endothelial differentiation from a murine embryonic mesenchymal progenitor cell line[J]. Arterioscler Thromb Vasc Biol, 2005, 25(9): 1817 - 1823.
[62] Yamamoto K, Takahashi T, Asahara T, et al. Proliferation, differentiation, and tube formation by endothelial progenitor cells in response to shear stress[J]. J Appl Physiol, 2003, 95(5): 2081 - 2088.
[63] Ziche M, Morbideui L, Masini E, et al. Nitric oxide mediates angiogenesis in vivo and endothelial cell growth and migration in vitro promoted by substance P[J]. J Clin Invest, 1994, 94(5): 2036 - 2044.

11 口腔组织修复生物力学

口腔颌面部是人体消化系统和呼吸系统的起始部位，包括牙齿、颌骨、舌、涎腺、颞下颌关节（temporomandibular joint，TMJ）等软硬组织。因肿瘤、外伤、炎症等先天或后天原因造成的口腔颌面部组织缺损或形态异常在临床上极为常见，严重影响患者的面部容貌、口颌系统功能、身心健康及生活质量。目前的治疗方法主要包括自体组织移植或赝复体修复，但传统的方法很难实现缺损部位形态和功能的理想修复，且可能造成患者新的创伤或组织丧失。对口腔颌面部组织缺损的整复已成为颌面外科及其相关学科的重要任务之一。近年来，组织工程与再生医学的快速发展为口腔组织修复提供了新思路。组织工程法修复缺损是种子细胞、支架材料及生物活性因子等因素的有机结合。口腔组织在行使咀嚼、吞咽、呼吸、语言等重要生理功能时，存在不计其数的生物力学现象。因此，在进行口腔组织修复时，不可避免地需要考虑生物力学这一重要因素。

口腔组织修复生物力学是生物力学和口腔医学交叉融合形成的学科方向，主要应用力学的原理、方法和工程技术进行口腔颌面部组织的再生与修复的研究。根据研究对象及研究方法可将口腔组织修复生物力学研究划分为宏观和微观两大类。宏观方面主要包括牙体组织、牙周组织和颌骨的修复及口腔生物材料力学性能等多个方向的研究，微观方面则着重探讨细胞、亚细胞与分子层次的力学-化学-生物学耦合，并深入讨论细胞对力学刺激的应答、力学作用下干细胞定向分化、力学信号在胞内胞外传导的信号通路等多种生命现象。

本章介绍口腔组织来源细胞的生物力学研究进展，在细胞和分子水平上描述组织修复过程中的细胞力学行为；分析牙体、牙周和颌骨组织修复过程中存在的力学现象和力学问题；介绍口腔修复材料的生物力学性能。

11.1 口腔组织来源细胞的生物力学

口腔组织细胞主要包括牙齿相关细胞、牙周相关细胞、唾液腺细胞、口腔黏膜细胞、颌骨相关硬组织细胞及牙源性干细胞等。这些细胞是口腔组织的基本结构和功能单位，负责维持口腔组织正常的生理活动，并在组织发生缺损时通过增殖、分化来修补组织。口腔组织是人体活动最频繁的部位之一，在进行咀嚼、吞咽、语言等活动时，组织中的细胞均处于受力状态，其中主要受到应力作用。研究细胞受力后基因、蛋白的表达变化，对细胞增殖、分化的影响，是使用组织工程技术进行组织修复的重要基础。

11.1.1 牙周膜细胞生物力学

11.1.1.1 牙周膜细胞概述

牙周膜(periodontal membrane)是位于牙根与牙槽骨之间的结缔组织，由细胞、纤维及基质组成，主要功能为连接牙齿和牙槽骨，使牙齿固定于牙槽骨内，并调节牙齿承受的咀嚼压力，具有悬韧带作用，故又称为牙周韧带(periodontal ligament)。

牙周膜的主纤维由胶原构成，是牙周膜的重要组成部分。主纤维一段埋入牙骨质内，另一段埋入牙槽骨中，称为穿通纤维，或 Sharpey 纤维(Sharpey fiber)。在牙周膜的细胞、纤维、血管及神经之间充满了基质，基质的含水量约为 70%，存在大量的糖胺多糖、糖蛋白和多种胶原。牙周膜内存在多种细胞，主要细胞成分有成纤维细胞、Malassez 上皮剩余细胞、成骨细胞和间充质细胞等结缔组织细胞，单核细胞、巨噬细胞等组成的防御细胞及血管神经相关细胞。其中，牙周膜成纤维细胞是牙周膜主要的细胞成分，其功能是形成牙周膜内的胶原纤维。

通过组织块培养法或者酶消化法从牙周膜组织中能够分离获取到贴壁生长的细胞。目前，国内外对该细胞的名称和英文缩写并不统一，包括牙周膜前体细胞(periodontal ligament progenitor cells，PDLPs)、牙周膜细胞(periodontal ligament cells，PDL cells)、牙周膜基质细胞(periodontal ligament stromal cells，PDLSCs)、牙周膜干/前体细胞(PDL stem/progenitor cells，PDLSCs)、牙周膜成纤维细胞(periodontal ligament fibroblasts，PDLs)等。它们具有多向分化潜能，在适当的条件下可诱导分化为成骨细胞、脂肪细胞、成牙骨质细胞和成纤维细胞等。这些未分化的干细胞多位于血管周围或骨内膜周围，随着干细胞的分化逐渐向骨或牙骨质表面迁移。牙周膜干细胞对牙周组织的修复和重建具有重要作用。

11.1.1.2 应力可调控牙周膜细胞中的基因表达

基因表达的开启和关闭具有一定的时空秩序，是各种调控因子和基因的上下游特定序列作用的结果。基因表达的调控在维持组织正常生理功能上发挥重要作用。大量文献报道了应力作用可调节体外培养的 PDLCs 细胞的基因表达，从而影响细胞增殖、分化行为。

Wu 等[1]通过 4 点弯曲梁的加载方式对体外培养的人牙周膜细胞施加时间为 2 h，频率为 0.5 Hz 的周期性单轴压应力，并通过基因芯片检测基因表达情况。结果表明，在检测的 35 000 个基因中，有 217 个基因表达有差异，其中 207 个基因表达上调，10 个基因表达下调。这些表达有变化的基因涉及细胞的各种生物学行为，包括转录、细胞周期、细胞信号转导、分化、凋亡，以及促进或抑制细胞增殖。

Kang 等[2]通过直接加载法对培养在 2D 基质和 3D 基质中的人 PDLCs 持续施加静态的压应力，并在施力后的 2 h 和 48 h 通过 cDNA 芯片分别检测 2D 和 3D 培养中的细胞早期和晚期应答的基因，发现 3D 胶原内培养的细胞在两个时间段表达上调和下调的基因数量均明显多于 2D 培养的细胞，且在 3D 培养条件下细胞中基因对压应力刺激反应更为敏感和活跃，说明细胞黏附和细胞外基质影响细胞对机械应力的应答。

11.1.1.3 应力对牙周膜细胞增殖的影响

目前，应力对 PDLCs 增殖活性的体外研究尚未获得一致的结果，可能是由于加力方式、大小、频率、作用时间等条件不同引起的。范晓枫等[3]发现在加力频率为 0.5 Hz，加力板变形量为 4 000 με 的周期性张、压应力刺激作用下，人牙周膜成纤维细胞 S 期百分比和细胞增殖指数均降低，增殖变缓、细胞周期阻滞，当拉应力变形量增加到 5 000 με 时也获得相似的结果，细胞增殖变缓和细胞周期阻滞可看成是细胞对外界刺激的适应和自我保护，有利于 PDLCs 有更多的时间决定如何应答外界应力刺激[4]。有研究者认为，人牙周膜成纤维细胞的增殖活力与压力值及压力作用时间存在一定的关系，在一定范围内，细胞的增殖活力随着压力值的增加、压力作用时间的延长而有所降低，并且这种影响是可逆的[5]。

正常牙周组织的氧含量为 2.9%～5.7%，但是当牙周组织发生病变，正畸治疗过程、拔牙、牙再植等情况下，牙周组织局部微环境的改变会导致牙周细胞的局部性缺氧环境。因此，低氧是牙周组织最常见的生理、病理过程。Li 等[6]在体外模拟体内低氧环境，将牙周膜细胞在 2%的氧气浓度下进行培养，并施加 0.5 Hz，应变量为 10%的周期性拉应力，结果发现低氧加力组细胞的增殖指数显著高于其他组。

11.1.1.4 应力对牙周膜细胞功能行使的影响

牙周膜细胞是一类由不同功能的成熟细胞和具有分化潜力的未分化间充质细胞组成的异质细胞群体，在病理状态或受到外界刺激时，PDLCs 被激活，能增殖和分化形成牙周膜、牙槽骨、牙骨质，对维持牙周膜组织的完整、牙周创伤修复和组织再生、牙槽骨改建等起重要的作用。PDLCs 在应力刺激下的成骨分化过程中，成骨基因的表达是细胞数量增加的 10～20 倍，证明应力诱导的成骨反应不是由增殖引起的，而是由细胞分化及功能的改变引起的。

Suzuki 等[7]发现周期性拉应力激活 ERK1/2(extracellular signal-regulated kinase)和 p38 MAPK (mitogen - activated protein kinase)激酶信号通路，并且引起 COX2(cyclooxygenase - 2)的表达，从而导致 PGE_2(prostaglandin E_2)的生物合成和 BMP - 2(bone morphogenetic protein 2)在转录水平上的表达。有趣的是，在没有施加拉应力的情况下，单独刺激 PGE_2不能引起 BMP - 2 的表达上调。

为了模拟生理的咬合力，Li 等给人 PDLCs 施加 10%的周期性拉应力，结果发现该条件可以激活 ERK1/2 - Elk1 MAPK 信号通路，从而增强 PDLCs 的成骨分化，提示咬合力中的周期性拉应力对牙周组织的维持、重建、再生具有重要作用[8]。

胶原不但是构成牙周膜主纤维的主要组成成分，也是牙周膜基质中的重要成分，是使牙周膜具备弹性，抵抗咬合力的分子基础。研究表明，除了成骨分化外，应力还影响 PDLCs 细胞中的胶原合成。胶原可划分为 3 种类型：纤维性胶原、三螺旋区不连续的纤维相关性胶原(FACIT)和非纤维性胶原。应力刺激后的 48 h，人 PDLCs 中的纤维性胶原和 FACIT 表达有短暂的下降，而非纤维性胶原的表达则逐渐上升。在加力 3～7 天后，3 种胶原的表达均逐步上调。纤维性和非纤维性胶原的表达与基质金属蛋白酶的表达负相关，而 3 种胶原的表达均与成骨分化正相关[9]。

11.1.2 口腔骨细胞生物力学

11.1.2.1 口腔骨组织细胞概述

骨组织是颅面部重要组成之一，不但起到保护脑、血管和神经的作用，还是牙的支持组织、肌肉的附着组织。颅颌面骨骼的发育直接影响到面部的美观和功能，口腔中许多疾病都涉及骨，如牙周病的病理特征表现为牙槽骨的进行性吸收。根据骨的大体形态，可将骨分为长骨、短骨、扁骨和不规则骨。颅面部的骨组织以扁骨和不规则骨居多，其共同特征是由致密的外壳和内部的髓腔构成。

骨组织由成骨细胞、骨细胞、骨衬里细胞和破骨细胞构成。成骨细胞、破骨细胞、骨衬里细胞都存在于骨的表面，而骨细胞则被包埋在钙化的骨基质中。成骨细胞来源于骨膜及骨髓中具有多分化潜能的间充质细胞，而破骨细胞则是由单核细胞融合而成。

11.1.2.2 应力对骨组织细胞增殖的影响

牙槽骨和颅颌面骨是应力较为集中的区域，也是成骨细胞活跃区。在外界机械应力的刺激下，成骨细胞的增殖分化是口腔骨组织发生适应性改建和修复重建的基础。

早期研究发现，机械应力、睾酮和雌激素均能刺激大鼠来源的原代成骨细胞样细胞的增殖。雌激素受体在雄性和雌性大鼠来源的成骨细胞样细胞应答机械应力的增殖中发挥着相似的作用，这种应答应力刺激而产生的增殖现象可不完全被雌激素拮抗剂 ICI 182,780 和他莫昔芬阻滞，却不受雄激素受体拮抗剂羟基氟他胺的影响。应力和雌激素刺激成骨细胞的增殖是通过雌激素受体的不同区域发挥作用。应力刺激相关的增殖由 IGF－Ⅱ介导，而雌激素和睾酮相关的增殖由 IGF－Ⅰ介导[10]。

Yan 等[11]研究显示，机械应力通过整合素 β_1/β_5 介导的胞外信号调节激酶(extracellular signal-regulated kinase，ERK)信号通路调控成骨细胞的增殖。但在力传导的信号通路中，两种整合素起着相反的作用。此外，韩磊等认为 Hedgehog 通路也参与了成骨细胞力学传导和细胞增殖两种过程。作用于成骨细胞的牵张力经过一系列信号传导促进 Ihh 信号表达，Ihh 信号进一步介导成骨细胞的增殖[12]。

11.1.2.3 应力对骨组织细胞分化的影响

骨组织终身处于骨吸收和新骨形成的动态过程中，成年人每年约 10％的骨骼产生骨改建。骨改建对于骨组织维持正常的形态和功能、骨折和骨缺损后的修复重建都十分重要。牙槽骨是人体骨组织中代谢最活跃的部分，其健康状况直接影响口颌系统的功能与健康。机械力是引起口腔骨组织改建的重要因素之一。骨的机械应力以 microstrain($\mu\varepsilon$)为单位计算，一个 microstrain 相当于 1 m 长的骨组织发生 1 μm 的形变。骨组织受到正常生理范围(200～2 500 $\mu\varepsilon$)的应力时，骨吸收和骨沉积处于平衡状态，当受到的应力过低，骨吸收会超过骨沉积导致骨量的丢失，反之骨沉积会超过骨吸收，而应力大于 4 000 $\mu\varepsilon$ 时，可发生病理性超负荷。

骨细胞形成的各种因子介导了骨形成和骨吸收的过程，并且在受到力学因素刺激下维持骨组织的平衡和重建中起重要作用。骨细胞是骨组织的力传感器和力转导器。机械力导致骨组织细胞的骨架改变、细胞膜牵拉、细胞外基质改变通过细胞骨架传导到细胞内，引起蛋白质结构发生改变，进而影响细胞的生物学活性和功能。Kaneuji 等[13]报道了压应力提高了成骨细胞 MC3T3 - E1 中骨保护素基因的表达，并抑制破骨细胞生成，这一现象受非经典的 Wnt/$Ca2^+$ 信号通路调控。近来研究表明，核转录因子 Nrf2 在调控骨细胞组织代谢的信号通路中起重要作用。Nrf2 的突变减低骨形成与力相关的代谢反应[14]。

11.1.3 牙源性干细胞生物力学

11.1.3.1 口腔组织特有的干细胞类型

干细胞(stem cell)是指存在于个体发育过程中，具有长期(或无限)自我更新和分化产生某种(或多种)特殊细胞的生物学特性的原始细胞。它们是个体发育、组织器官的结构和功能的动态平衡，以及组织器官损伤后的再生修复等生命现象发生的细胞生物学基础。当一个干细胞分化时，形成另一个干细胞(self-renewal)和一个子代短暂增殖(transit amplifying, TA)细胞。短暂增殖细胞继续增殖分化补充组织细胞。

根据干细胞的发育阶段可将其分为胚胎干细胞、胚胎生殖干细胞和成体干细胞。通常将来自胚泡的胚胎干细胞和胎儿组织的胚胎生殖干细胞，统称为胚胎干细胞。成体干细胞源于骨髓、血液、角膜、视网膜、脑和脊髓、骨骼肌和心肌、牙髓、肝脏、皮肤、胃肠道上皮、胰腺等，存在于全部 3 个胚层发育而来的组织中。目前已从人口腔组织已经分离培养出多种类型的成体间充质干细胞，包括人牙髓干细胞(dental pulp stem cells,DPSCs)、人脱落乳牙牙髓干细胞(stem cells from human exfoliated deciduous teeth, SHED)、牙周膜干细胞(periodontal ligament stem cells,PDLSCs)、牙囊细胞(dental follicle cells,DFCs)和根尖牙乳头干细胞(stem cells from apical papilla,SCAP)。目前，对牙源性干细胞力学研究较多集中在 PDLSCs、DPSCs 和 SCAP，下面将主要就这 3 种细胞的研究进展做简介。

11.1.3.2 牙周膜干细胞生物力学

牙周膜干细胞从拔除的人第 3 恒磨牙牙周组织中分离培养获得，该细胞在适当的诱导条件下，在体外可分化成为牙髓母细胞、脂肪细胞、成纤维细胞、成骨细胞和牙骨质细胞，且表达多种间充质干细胞的表面标志物。

Wei 等[15]发现拉应力可改变牙周膜干细胞的形态，引起细胞中一系列成骨分化标志物的表达增高，包括碱性磷酸酶、Runx2、骨钙素、骨唾液蛋白。同时，细胞中涉及成骨分化的部分 MicroRNA 的表达也产生了显著性变化。其中，拉力和 miR - 21 的表达均能改变内源性 ACVR2B 蛋白的表达水平，进而影响 PDLSCs 的成骨分化[16]。

骨形态发生蛋白家族成员对 PDLSCs 的生物学活性也起着重要作用：BMP - 2 能提高牙周膜干细胞的增殖率，并促进其成骨分化、增强其迁移能力[17]，BMP - 9 具有较强的促 hPDLSCs 成骨分化作用，ERK5 信号转导途径在 BMP - 9 诱导 hPDLSCs 成骨分化过程中发挥了正向调节作用[18]。

11.1.3.3 牙髓干细胞生物力学

牙髓干细胞(dental pulp stem cells,DPSCs)最先于2000年由施松涛教授团队发现,是指存在于成年机体牙髓组织中具有自我更新和多向分化潜能的未分化细胞。体外培养的牙髓干细胞具有高度的增殖能力,具有与间充质干细胞相似的特性:大于95%的细胞表达CD73,CD90,CD105,小于5%的细胞表达CD45,CD34,CD11b,CD19和HLA-DR[19]。DPSCs不但具有成骨、成脂、成软骨的分化潜能,而且可以向神经源性、牙源性和肌源性谱系分化,在牙本质形成和损伤修复中发挥着重要的作用。

目前,有关应力对DPSCs作用的研究尚少,且由于加力方式、加力大小、频率、方向、作用时间、检测时间等各不相同,研究结果存在一定争议。

Yu等[20]将大于1.5 MPa的流体静压力作用于人DPSCs 2 h,发现细胞的形态由纺锤形向圆形转变,细胞黏附因子ICAM-1和VCAM-1转录活性下降,黏附能力和存活率均降低,但流体静压力促进牙髓干细胞的牙源性分化和体外矿化能力,增强体内硬组织的再生能力和对BMP-2刺激的牙源性分化应答。

有研究表明,单轴拉伸产生的拉应力促进大鼠DPSCs增殖活性,提高Akt、ERK1/2和p38 MAPK的磷酸化水平,且拉应力引起的促增殖作用可通过抑制ERK信号通路来消除。同时,拉应力显著抑制了DPSCs中的骨钙素和骨桥蛋白的mRNA表达,降低细胞成骨分化作用,但不影响细胞的成脂分化[21]。Cai等[22]通过4点弯曲梁加载模式,给人DPSCs施加大小为2 000 με,频率为1.0 Hz,时间为6 h的牵张力,结果发现,周期性张应变在基因和蛋白水平上均抑制细胞成骨分化标志物BMP-2、骨钙素和碱性磷酸酶的表达,以及成牙分化的标志物牙本质涎磷蛋白、牙本质涎蛋白和牙本质磷蛋白的表达。

11.1.3.4 根尖牙乳头干细胞生物力学

根尖牙乳头质地较韧,血管较少,是正在萌出的牙根尖部的特殊组织。SCAP来源于发育晚期恒牙根尖孔的牙乳头组织,是一类成体间充质干细胞,在猪的SCAP细胞中弱阳性表达CD24,可能是SCAP的特异标志物。SCAP在体外可分化形成牙本质细胞和脂肪细胞,并能比牙髓干细胞产生更多的牙髓-牙本质复合物,是用于牙齿组织再生的良好的种子细胞。

Mu等[23]对人SCAP细胞加载30 min的离心力后继续培养7天,然后通过透射电子显微镜观察细胞超微结构,结果发现,未加载离心力的SCAP具有的典型干细胞特征:高核质比,具有较多幼稚的胞质细胞器,而力学加载组的细胞质中胶原、粗面内质网和线粒体均较少,核质比降低。离心力不但促进SCAP的增殖,而且上调了细胞的碱性磷酸酶活性和矿化能力,成骨/成牙标志物Runx2、Osterix(Osx)、骨钙素(osteocalcin,OCN)和牙本质涎磷蛋白(dentin sialophosphoprotein,DSPP)的表达,并激活SCAP中ERK1/2和JNK信号通路。使用ERK1/2和JNK信号通路抑制剂同时抑制成骨/成牙标志物Runx2、OSX、OCN和DSPP的表达,说明机械力通过ERK1/2和JNK信号通路增强SCAP成骨/成牙分化。

最近研究发现，锌指和同源框(zinc-fingers and homeoboxes，ZHX)家族成员 ZHX2 在 SCAP 的增殖和分化过程中起重要作用。过表达 ZHX2 可抑制 SCAP 增殖活性，上调碱性磷酸酶活性和成骨/成牙相关基因 Runx2、OCN、BSP 和 DSPP 的表达，敲除 ZHX2 降低 SCAP 矿化作用，促进细胞增殖[24]。

11.2 口腔组织修复生物力学

11.2.1 牙体组织修复力学

牙齿是人体内经生物矿化形成的含有有机物的且具有一定形态的高度生物矿化型器官、行使咀嚼功能、参与颌面部发育及帮助语言的功能。牙齿的解剖结构与其力学性能密切相关，龋损、缺损状态下的牙体组织完整性发生了改变，也相应影响了其生物力学性能。在牙体牙髓病治疗过程中常遇到许多与生物力学相关的问题：哪些情况下采取何种治疗修复方式才能更好地使牙齿的抗力性能得到最大的保存？牙体或修复体怎样断裂？这些因素与牙体在疾病状态下的宏观结构和微观结构间有着怎样的关联？因此，牙体牙髓病的充填修复治疗必须考虑牙体组织的生物力学性能、充填修复材料的力学性能、修复体的力学性能及牙-修复体联合体的力学性能。在牙体牙髓的修复治疗过程中，应引入组织修复生物力学评价指标，在生物力学指导下，以提高牙体抗力性能、恢复牙齿生物器官咀嚼功能为目的，对牙体牙髓系统治疗的每一步提出严苛要求。

11.2.1.1 牙体组织结构及其生物力学性能

牙体组织是人体最坚硬的器官，行使咀嚼及辅助发音功能，由牙釉质(enamel)、牙本质(dentin)、牙骨质(cementum)3 种硬材料和一种软组织-牙髓(dental pulp)共同构成(见图 11-1)。牙釉质覆盖在牙冠的最外层，牙骨质覆盖在牙根的最外层，牙本质构成牙体组织的主体。牙齿中央是中空结构，里面容纳疏松的结缔组织-牙髓(神经、血管)。

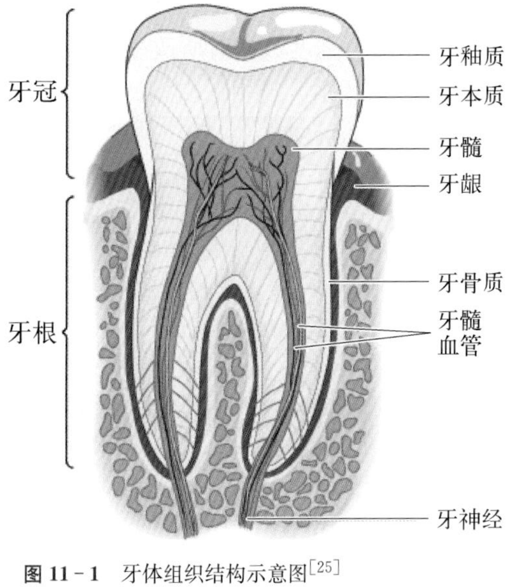

图 11-1 牙体组织结构示意图[25]
Figure 11-1 The structure of the tooth

牙釉质(enamel)为一种半透明的覆盖在牙冠表面不具有细胞组织的高度钙化组织，其硬度很高，对咀嚼的磨损具有较大的抵抗力。牙釉质层厚 1～2.5 mm，通过釉柱和柱间质的结构呈放射状贯通釉质全层(见图 11-2)，由质量比为 95%的无机物(主要为羟基磷灰石 HAP)、4%水和 1%有机物(蛋白质)构成。其生物力

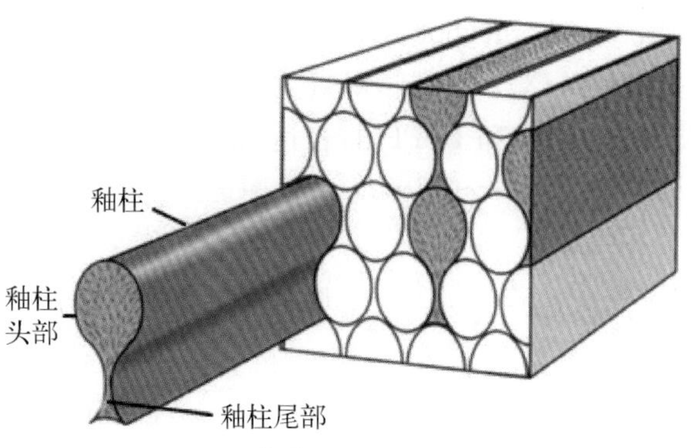

图 11－2 釉柱结构图[26]

Figure 11－2 The structure of enamel rod

学性能更接近金属，断裂韧性是羟基磷灰石的 3 倍，具有各向异性，随着偏离羟基磷灰石晶体 C 轴方向的角度增加，其釉质的压缩弹性模量和压缩屈服应力降低，在 45°方向达到最小值，釉质中的水和有机物在 HAP 晶体中间存在缓冲作用，釉质始终的各向异性能较好阻止裂纹沿釉柱方向扩展，从而具有更强的抗断裂能力。

牙本质(dentin)构成牙体的主体，为包裹在牙釉质及牙骨质内层贯穿整个牙齿长度的组织，其硬度低于牙釉质，主要由成牙本质细胞突起、牙本质小管及细胞间质组成，牙本质小管贯穿整个牙本质层，自牙髓表面向釉牙本质界呈放射状排列，保护牙髓的同时也感知外界的应力刺激，缓冲压力。牙本质组成成分与釉质相似，但比例有所改变，成熟牙本质中 70%是无机物，有机物为 20%，水为 10%，无机物以羟基磷灰石晶体相存在，有机物主要为Ⅰ型胶原纤维，胶原纤维与小管呈垂直或斜行缠绕牙本质小管周围，彼此交织成网(见图 11－3)，也正是这种结构使得牙本质具有自己的力学性能特点。弹性性能是讨论牙本质生物力学性能的重要指标，弹性参数应该在刚性(Cij)或顺应性(Sij)矩阵来定义，包括杨氏模量，剪切模量和泊松比。牙本质的微观结构是牙本质弹性参数的影响因素，包括牙本质小管密度、走向以及局部矿物相密度。牙本质的杨氏和剪切模量分别在 20～25 GPA 和 7～10 GPA 之间，正是黏弹行为(随时间变化的应力松弛)在生物相关的应变率水平上影响了牙本质的生物性能数据，导致这些数值有所减少，模量减小量(无限弛豫时间)约为 12 GPA。此外，弹性特性是各向异性的(不是在所有方向上是相同的)。在 Weibull 分布函数的框架内牙本质应力强度数据有所改变，而这些新数据与牙本质缺损模型下对牙本质生物力学性

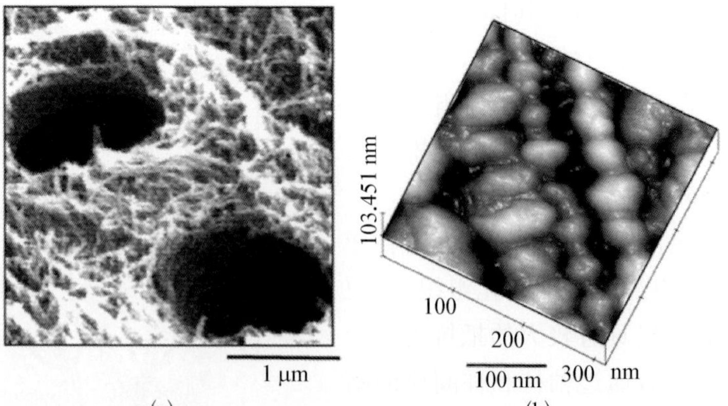

图 11－3 牙本质Ⅰ型胶原纤维结构图[27]
(a) 扫描电子显微镜图示；(b) 原子力显微镜图示

Figure 11－3 The microstructure of dentin type Ⅰ collagen fibrils

能的检测结果一致[28]。牙本质具有疲劳极限,受到小于 30 GPA 的咀嚼应力,完整的牙本质不会发生断裂。然而,基于疲劳裂纹扩展速率应力研究方法表明,有足够的大小(0.3～1.0 mm)牙本质裂纹的已经存在的缺陷,它可以在低于 30 MPa 的应力增循环载荷下导致牙本质断裂。牙本质相对于牙釉质而言,具有较低的各向异性,垂直于牙本质小管方向最容易断裂。

牙髓(dental pulp)是位于牙齿中间腔隙内的软组织,主要为血管和神经,通过根尖孔与根尖部的牙周组织相链接。牙髓中包含细胞和细胞间质,可以不断形成牙本质,并可维持牙体的营养代谢。在牙髓与咀嚼食物颗粒弹性模量在牙本质流体流动之间关系的研究表明,咀嚼弹性模量高的食物可导致牙体组织较大的应力及形变,从而导致牙髓组织的流体流动速率高,最终引发牙髓疼痛感[29]。

11.2.1.2 龋损状态下牙体组织结构及其生物力学性能

龋病是在以细菌为主的多因素影响下,牙体硬组织发生的慢性进行性破坏的一种疾病,是人类的常见多发病之一,是导致成人牙齿缺失的主要原因之一。龋病的病理表现主要是无机物脱矿和有机物分解,从而导致牙釉质和牙本质的微晶结构改变,生物力学性能与完整牙体组织有所不同。Angker L 等[30]学者通过超微压痕系统对原发性牙本质龋的生物力学性能进行观察测量发现,在干燥条件下龋坏牙本质在硬度和弹性方面分别较含水条件下提高了 10 倍及 100 倍;龋坏牙本质的硬度和弹性模量在病变底部最低(0.001～0.52 GPa, 0.015～14.55 GPa),这种破坏由病损表面向底部随距离增加成对数关系下降;同时,病变累及的脱矿牙本质沿牙本质小管平行的方向距离临床观察到的病变范围实际上更广(大约 1 100 μm)。

牙本质在龋损状态下显微结构包括感染层及非感染层,感染层中的牙本质小管间胶原纤维网结构被细菌及其代谢产物破坏而呈现脱矿状态,在硬度和弹性模量等生物力学性能方面较正常牙本质而言大大下降,在临床治疗中建议被去除;而在非感染层中可视为是在病损刺激下牙本质发生再矿化,包括透明层,以往大量研究证实透明层的硬度比正常牙本质大,在治疗过程中往往被保存下来。通过原子显微镜观察装置测量龋损状态下牙本质的硬度和弹性模量等生物力学性能,结果显示研究证实活动龋状态下龋损病变范围中脱矿层区域越大,龋损牙本质的机械性能越差;静止龋状态下透明层(再矿化层)在硬度上较正常牙本质低,但是在弹性模量方面无差异性改变。

牙本质间质大部分为矿化的间质,其中有细小的胶原纤维,主要为Ⅰ型胶原纤维,纤维的排列大部分与牙本质小管垂直而与压面平行,彼此交织成网状,胶原纤维网内部由许多无机矿化物(碳酸羟基磷灰石纳米晶)支撑起到抗力作用(见图 11－4)。龋损状态下的牙本质呈现出来的无机物脱矿和有机物分解导致了牙本质微观结构上的变化[29]。胶原纤维外的碳酸羟基磷灰石纳米晶在结构上被认为是在完整牙本质抗力的主要结构形态。然而,在脱矿作用下,胶原纤维内的碳酸羟基磷灰石纳米晶有较强的抗脱矿作用,它的完整性决定着抗力作用下的牙本质弹性模量的大小,同时脱矿作用下残留的完整胶原纤维内的碳酸羟基磷灰石纳米晶可结合非胶原蛋白为牙本质再矿化的矿物质黏附生长提供位点和支架。因此,龋损的再矿化治疗应注重牙本质间质结构的恢复而不是单纯的矿物质量的恢复,这样才能

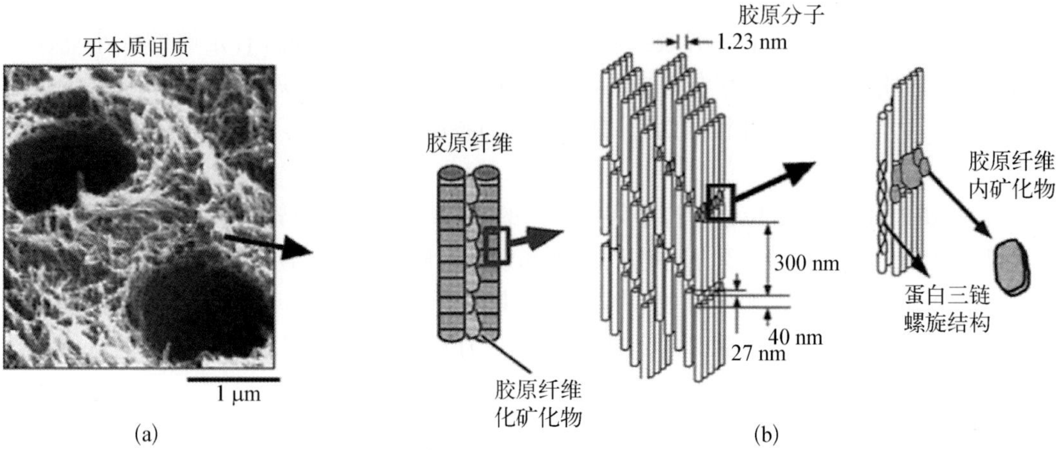

图 11-4 牙本质间质组成图[26]
(a) SEM 扫描图：牙本质小管间网状的胶原纤维：牙本质小管间网状的胶原纤维；(b) 胶原纤维间及胶原纤维内矿化物示意图

Figure 11-4 Structural hierarchical modeling of the dentin matrix

更好地恢复其生物力学功能。

11.2.1.3 非龋性牙体缺损状态下组织结构及其生物力学性能

非龋性牙颈部缺损(non-carious cervical lesions，NCCL)是牙颈部硬组织发生非龋性的缺损，主要病因包括酸蚀症和刷牙不当。病损因深浅不同可累及牙釉质、牙本质甚至牙髓组织。在生物力学性能方面，牙本质相对牙釉质，具有较低的各向异性，垂直于牙本质小管方向最容易断裂。牙釉质和牙本质都具有较高的压缩强度，而拉伸强度相对较低，特别是牙釉质的压缩强度远远大于其拉伸强度；同时牙本质比牙釉质具有较高的拉伸强度和韧性，当釉质受力使可适当缓冲咀嚼压力而不致断裂。许多学者采用理论应力分析法对牙颈部缺损进行了大量的生物力学研究，其中 Lee 等[31]提出拉应力是其主要原因的假说，认为侧向力导致牙齿弯曲，拉应力集中在牙颈部。长期的咀嚼应力使釉质裂纹萌生、扩展，最终导致牙颈部组织缺损。同时，拉应力使釉柱间化学连接中断，水和其他小分子物质进入羟基磷灰石晶体之间阻止化学连接再建立，牙齿更容易受到机械磨损和酸蚀的损害。Soares[32]等学者对此类缺损不同形态下(见图 11-5)两种应力加载模型上对上颌切牙进行了生物力学性能测试(见图 11-6)，结果显示在斜应力加载模式下不同缺损形态的牙齿均在牙本质深层及近牙髓部位出现应力集中，而在垂直应力加载模式下牙釉质呈现出应力集中；对于缺损形态的研究表明，尖锐的缺损形态更容易在缺损中心底部的牙本质区域产生较高的应力集中。

11.2.2 牙周组织修复生物力学

牙周组织(periodontium)由牙龈(gingiva)、牙周膜(periodontal ligament)、牙骨质(root cement)和牙槽骨(alveolar bone)组成。它们共同组成一个功能系统，将牙齿牢固地附着于牙槽骨中，承受咬合力，因此习惯上将这 4 个组织合称为牙周支持组织。

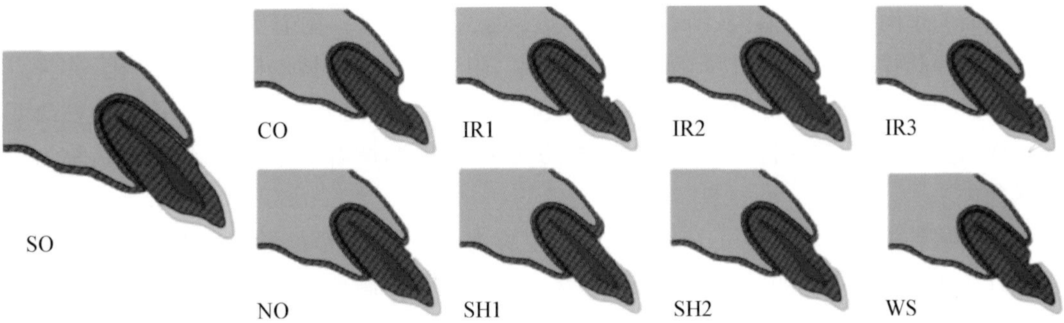

图 11-5 非龋性牙颈部缺损 2 维(2D)形态图[30]

Figure 11-5 Two dimension(2D)- finite element models representing NCCL morphologies

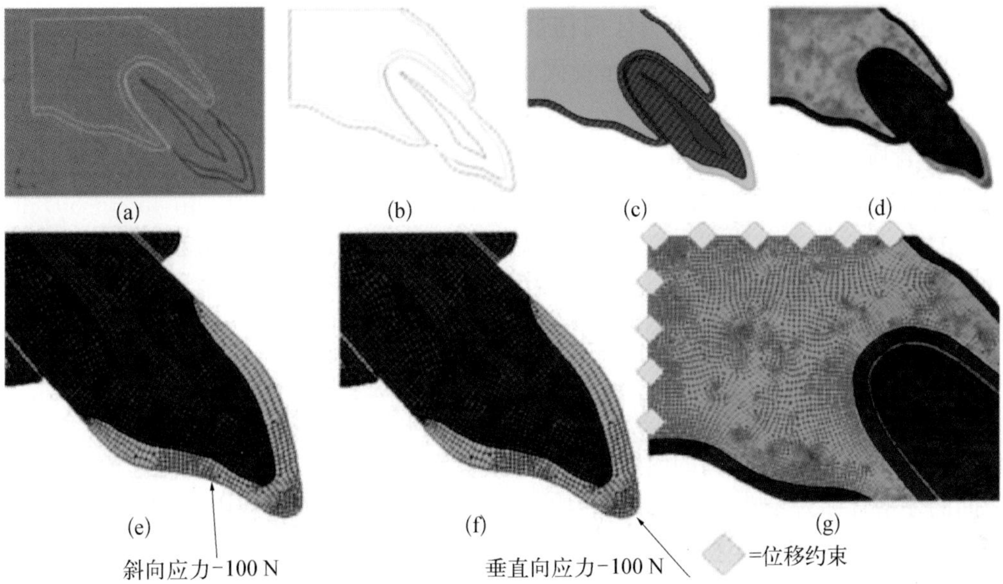

图 11-6 非龋性牙颈部缺损加载应力模式图[32]

(a) CAD 软件描绘的牙外形;(b) FEA 软件描绘的牙外形;(c) 牙齿各个受力及支持结构;(d) 各个部位受力网格图;(e) 斜向力受力区域,箭头表示应力加载方向;(f) 垂直力受力区域,箭头表示应力加载方向;(g) 位移约束线

Figure 11-6 Loading stress pattern diagram of NCCL

11.2.2.1 牙周组织的解剖及功能特点

1) 牙龈

牙龈(gingiva)是指覆盖于牙槽突表面和牙颈部的口腔黏膜上皮及其下方的结缔组织,由游离龈、附着龈和龈乳头 3 部分组成。

(1) 游离龈。游离龈(free gingiva)又称边缘龈,宽约 1 mm,结构致密,包裹于牙颈部。当牙完全萌出之后,游离龈边缘位于釉牙骨质界冠方 1.5~2 mm 的位置。游离龈与牙表面之间的间隙称为龈沟(gingival crevice)。龈沟的深度是评价牙龈健康的一个重要临床指标,健康的龈沟深度约为 1.8 mm。

(2) 附着龈。附着龈(attached gingiva)与游离龈相连。游离龈和附着龈之间以一条凹向牙表面的小沟，即游离龈沟(free gingival groove)为分界线。附着龈从游离龈开始，向根方一直延伸到膜龈联合的部位与牙槽黏膜相接。附着龈表面有橘皮样的点状凹陷，称为点彩(stippling)。牙龈上皮的角化程度越高，点彩就越明显，它是功能强化或功能适应性改变的表现，它是健康牙龈的特征。附着龈的根方为牙槽黏膜，两者之间有明显的界线，称为膜龈联合。

(3) 龈乳头。龈乳头(ginginval papilla)也称为牙间乳头，呈锥形充满于两牙邻面接触区根方的龈外展隙中。龈乳头的侧缘和顶缘由相邻两牙的游离龈延续而成，其中央部分则由附着龈构成。两颗牙的颊舌侧乳头在接触区下方汇合处略凹陷，称为龈谷(gingival col)，此处的上皮组织无角化和钉突，对局部外界的刺激抵抗力较低，因此牙周病易始发于此。

2) 牙周膜

牙周膜(periodontium)又称为牙周韧带(periodontal ligament)，是围绕在牙根周围，并于牙槽骨连接的致密的结缔组织，起着固定牙齿和分散殆力的作用，牙周膜宽度一般为0.15～0.38 mm。

3) 牙骨质

牙骨质(cementum)主要覆盖在牙根的表面，其硬度和骨组织相似。由45%～50%的无机盐、50%～55%的有机物和水组成。无机盐主要是钙和磷，以羟基磷灰石的形式存在。有机物主要是胶原和蛋白多糖。牙骨质主要有使牙齿固定于牙槽窝内及承受和传递咬合力的作用，同时它还参与了牙周病变的修复作用。

4) 牙槽骨

牙槽骨也称为牙槽突(alveolar process)，它是上下颌骨包围和支持牙根的部分。容纳牙根的窝称为牙槽窝，牙槽窝的内壁为固有牙槽骨。牙槽窝冠方的游离端为牙槽嵴，两个牙齿之间的牙槽骨称为牙槽间隔。牙和牙槽骨承受咬合力，在咀嚼过程中，咬合力从牙周膜传导至牙槽骨内侧壁，传递至松质骨，继而传递到唇舌侧的密质骨板。在压力侧牙槽骨发生吸收，张力侧有新骨形成。生理范围内的咬合力能使吸收和再生保持平衡，从而维持牙槽骨的形态和功能保持稳定。

11.2.2.2 牙周组织的基本生物力学性质

1) 牙周膜的生物力学特性

牙周膜的生物力学特性包括基本特性、各向异性和非均质性以及黏弹性。

(1) 牙周膜基本生物力学特性。Ralph 等[33]的研究发现当人离体牙牙周膜受力后发生形变，当力量载荷从 0.1 N 增至 0.3 N 时，牙周膜的形变从 0 快速增加至 31 μm，随着载荷的增加，形变速度减慢，当载荷从 0.3 N 增至 0.6 N 时，形变从 31 μm 增至 41 μm，而载荷增至 5.0 N 时，形变仅为 66 μm。应力-应变曲线呈现为曲线，可见牙周膜属于非线性材料。

牙周膜的应力-应变曲线由 3 个阶段组成，起始阶段为牙周膜纤维对力的快速生理反应，应力与应变呈现指数关系。第 2 阶段应力与体现大多数纤维被动拉直的特性，应变几乎呈线性关系，其斜率相当于牙周膜的弹性模量。终末阶段，为纤维逐渐断裂至几乎完全断裂的过程，应力与应变呈不规则曲线关系，最大负荷、最大形变均出现在终末段。最大负荷/牙周膜面积为牙周膜最大抗拉强度，Ralph[33]发现牙周膜的最大抗拉强度平均值为2.4 N/mm^2。

(2) 牙周膜的各向异性和非均质性。由于牙周膜是一种非均质性的材料，因此牙周膜组织内不同点之间，甚至在同一点的不同方向上，其力学性质不完全相同。有研究发现，人前磨牙牙周膜在根颈部负荷最大(53.6 N)，根尖部负荷最小(26.3 N)，最大应变量和最大相对剪切破坏能量密度均位于根中部，分别为 0.26 mm 和 289.8 N/mm^2[34]。

牙周膜作为生物软组织，有生长和改建的性质，所以在不同发育阶段和不同的功能状态下，牙周膜的生物力学性质均会表现出不同。研究发现，随着大鼠的不断生长发育，其牙周膜的最大负荷、弹性模量、剪切破坏能量密度，都随时间的增加而显著增加[35]。在不同功能状态下的牙齿，其生物力学性质也会表现出不相同。有研究发现，4 周龄大鼠的磨牙牙周膜的最大抗拉强度为 21.1 N，当拔除对殆磨牙 8 天后，牙周膜最大抗拉强度下降至 5.4 N[36]。学者通过地鼠实验性牙周炎实验研究发现，建模 4 周、8 周、12 周后，实验牙最大剪应力分别减少了 28%、45%和 47%，相对弹性模量分别减少了 26%、42%、44%，相对剪切破坏能量密度分别减少了 19%、50%和 51%[36]。Geramy 等应用三维有限元法，在距离上殆第 1 磨牙切缘 1 mm 的地方施加 1 N 的倾斜力，发现在颈缘、根尖和根中部的应力大小分别为 0.072 N/mm^2、0.039 5 N/mm^{2}和 0.026 N/mm^2，当牙槽骨高度降低 8 mm 后，在颈缘、根尖和根中部的应力大小分别为 0.288 N/mm^2、0.472 N/mm^{2}和 0.722 N/mm^2，可见牙槽骨高度降低后，压力侧的应力会显著增加[37]。可见，在各种局部和全身因素的作用下，牙周膜生物力学性质都会发生变化。

(3) 牙周膜的黏弹性(viscoelasticity)。牙周膜中主要成分是牙周膜纤维，还包括血管、神经、基质、细胞等，其应力-应变曲线呈现黏弹性物质的特性。因此牙周膜具有黏弹性物质的两个特性，即蠕变(creep)和松弛(hysteresis)。在应力保持不变的情况下，试件的形变随应力作用时间的增加而增加的现象称为蠕变，蠕变大的材料，应力分散作用好。人牙周膜在 5.0 N应力作用下的形变为 66 μm，持续 6 s 后形变增加到 68 μm[33]。牙周膜受到拉伸、压缩或侧向力时均出现蠕变，蠕变量随荷重增加而增加。应变保持不变，材料内部的应力随时间的延长而逐渐减少，该现象称为松弛。研究牙周膜的蠕变、松弛以及弹性滞后，对于进一步认识和利用牙周膜的生理性能具有重要意义。

2) 牙槽骨的生物力学性质

骨组织的力学性能与骨的材料、骨组织块的形状和尺寸有关。具有特定生理功能的特殊骨组织牙槽骨与他部位骨组织的力学性能有着明显的差异。

(1) 牙槽骨皮质骨拉伸力学性质。国内陈新民等采用应变电测技术测试新鲜、防腐、干燥 3 种不同状态的人体下颌骨牙槽骨皮质沿牙长轴方向的拉伸弹性模量和泊松比。结果发现新鲜牙槽骨皮质骨的拉伸弹性模量平均为 12.582 GPa，泊松比为 0.2，防腐牙槽骨皮质骨的拉伸弹性模量和泊松比和新鲜牙槽骨无显著性差异。干燥牙槽骨皮质骨的拉伸弹性模量和泊松比高于新鲜骨 10%以上[38]。

(2) 牙槽骨皮质骨弯曲力学性质。研究者采用悬臂梁法，应用应变电测技术测试了新鲜下颌牙槽骨和甲醛溶液防腐处理的下颌骨牙槽骨标本的弯曲力学特性。该研究在下颌牙槽骨的颊、舌侧按骨轴向(0°皮质骨)、横向(90°皮质骨)和斜向 45°(45°皮质骨)的方向在下颌骨根尖区上方切取牙槽骨皮质骨试件进行力学测试。研究发现骨轴向(0°皮质骨)的新鲜和防腐皮质骨弯曲弹性模量平均值分别为 17.56 GPa 和 16.41 GPa,泊松比为 0.311 和 0.273。横向(90°皮质骨)新鲜和防腐皮质骨的弯曲弹性模量分别为 12.29 GPa 和 12.46 GPa,泊松比为 0.195 和 0.207。斜向 45°新鲜和防腐皮质骨的弯曲弹性模量分别为 12.73 GPa 和12.51 GPa[39]。可见,牙槽骨的弯曲力学性现出较为明显的各向异性,其各向异性常数为 1.2。同时,与大多数工程材料的规律相似,下颌牙槽骨皮质骨的弯曲弹性模量略低于拉伸弹性模量。

3) 牙骨质的生物力学性能

叶德临[40]等应用位移传感器测量 100 个人牙骨质试件的弹性模量,测得的平均值为 $E=2.398\pm0.455$ GPa。人牙本质的弹性模量(19.2 GPa)为人牙骨质的弹性模量的 8.01 倍,比较牙骨质和牙本质的弹性模量和变形,可以分析出根尖牙骨质为什么生长得较多。根据虎克定律,当应力小于比例极限时,若牙骨质试件与牙本质试件的横截面、长度、载荷都相等,因牙本质的弹性模量为牙骨质弹性模量的 8.01 倍,故牙骨质试件的变形为牙本质试件变形的 8.01 倍,因此人类牙齿为了适应根尖部冲击力较大及应力较集中的不利因素,天生的根尖牙骨质生长较多。他们的研究还发现,含水量对牙骨质弹性模量有明显影响,脱水牙骨质的弹性模量比未脱水的约大 32%。

11.2.2.3 牙周病及其矫治生物力学

牙周病是指牙齿支持组织(牙龈、牙槽骨、牙骨质、牙周膜)由于炎症所导致的一种疾病,也是临床上常见的口腔疾病,该疾病也是成年人丧失牙齿的一个重要原因。牙周病患者会出现牙龈发炎、出血、疼痛口臭等症状,严重者还会出现牙齿松动移位,咀嚼无力,牙齿酸软甚至脱落。

1) 松动牙的力学分析

当牙周组织患慢性疾病时,牙槽骨高度降低,出现牙齿的松动。当牙槽骨高度减低时,牙周支持组织的应力分布情况发生改变。周书敏等[41]采用三维有限元法,分析下颌磨牙不同高度牙周支持组织的应力分布,结果发现当牙槽骨高度减低 1/3 时,该牙牙周膜和牙槽骨上的应力值较正常牙的应力值明显增大。当牙槽骨高度减低 2/3 时,上述变化更加显著,根尖部位的牙周膜和牙槽骨应力值可超过正常值的数十倍,牙周支持组织的应力显著增大。随着应力值的不断增加,将会加重牙周支持组织的破坏,从而形成恶性循环。他们的研究还发现,随着牙槽骨高度的降低,该牙的牙槽嵴顶和根尖区出现应力集中现象。

张志媛[42]采用 T-ScanⅢ咬合测试系统对有着不同程度附着丧失的前牙的咬合力进行测量,发现上颌前牙的振动频率与外激励显著正相关。附着水平相同的前牙,其承担的咬合力过大时,牙齿动度明显大于咬合力正常的前牙,而振动频率则小于咬合力正常的前牙。

随着牙槽骨高度不同程度的减低,牙齿将出现不同程度的松动,牙槽骨高度减低得越多,牙周支持组织包绕的骨质越少,则牙齿动度也就越大,甚至发展到该牙无法承受咀嚼压力,导致自行脱落或被拔除。

2) 牙周病矫形生物力学

牙周病矫形治疗应在彻底的牙周基础治疗前提下,辅以局部含漱、牙周袋上药或口服抗生素来控制牙周感染，牙周矫形治疗的方法主要包括调𬌗、正畸和牙周夹板固定。

（1）调𬌗的生物力学。调𬌗又称为选磨，是一个在牙周病学、正畸学、牙体修复学等临床操作中经常涉及牙体组织表面改变的治疗程序，通过调改牙齿表面的一些选择性区域，改善牙齿和牙列上力的传导分布，以维持牙列和颌骨的稳定性。它是一种直接的、不可逆性的使𬌗发生恒久改变的方法。

张志媛[42]对 3 组（附着丧失 0～2 mm 组、附着丧失 2～4 mm 组和附着丧失 4～6 mm 组）存在过大咬合力的前牙进行咬合力调整后，采用 T-ScanⅢ咬合测试系统检测，发现牙齿动度和牙齿振动频率均有不同程度改变。附着丧失 0～2 mm 组前牙咬合力调整后 1 个月内牙齿动度下降最显著，牙齿振动频率快速增大，随后两者变化幅度逐渐降低，趋于稳定。附着丧失 2～4 mm 组前牙，咬合调整后牙齿动度出现缓慢下降，振动频率则逐渐增大，随着咬合力的进一步调整，上述变化趋势延续至第 3 个月才达到稳定。附着丧失在 4～6 mm 时，咬合调整幅度对前牙动度无明显影响，但振动频率增大。

（2）正畸的生物力学。牙周病的正畸治疗不仅能够排齐牙列改善美观，利于牙齿的清洁，还可恢复倾斜移位患牙的正常生理位置及邻接关系，改善咬合，消除创伤𬌗并分散𬌗力，减轻牙周支持组织负担，有利于牙周组织愈合。由于牙周病患者往往伴有牙槽骨吸收，附着丧失等，因此牙齿的解剖冠根比会发生变化，此时牙齿的阻抗中心位置也会发生变化，在正畸过程中牙周膜受到的应力也会发生相应的变化。

Cobo[43]用三维有限元法分析下颌尖牙受到一对力偶和一个水平力的作用而整体移动时，牙周支持组织正常和附着丧失 2 mm、4 mm、6 mm、8 mm 情况下的应力分布，发现当附着丧失 2 mm 时，牙颈部的应力显著增加，应力值随着附着丧失高度的增加而增加。Jeon[44]用三维有限元方法模拟在牙槽骨丧失的情况下，正畸力导致的上颌第 1 磨牙牙周膜应力的变化，建立具有不同牙槽骨高度的上颌第 1 磨牙的三维有限元模型，发现所需力值的降低量、M/F 值的增加量均与牙槽骨的丧失量呈线性相关。陈文静[45]等在应用三维有限元分析法，对上颌中切牙不同高度牙槽骨的受力模型进行模拟分析，发现随着牙周支持骨高度的丧失，牙槽嵴顶和唇侧根尖牙周膜应力逐渐增大。

（3）牙周夹板的生物力学。牙周夹板可将松动牙连接并固定在健康稳固的邻牙上而成为一个刚性整体，建立一个新的咀嚼单位，形成一个多根巨牙，当牙齿受到不同方向咬合力时，咬合力传递到被固定的牙周组织而被分散，从而能抵抗较大的咀嚼力，使牙周组织得到生理性休息，防止严重牙周病患者的牙齿移位，咀嚼效率大幅提升[46]。牙周夹板的生物力学性能受到其材料、形态和类型对的影响。

牙周夹板的材料对其生物力学性能的影响，纤维加强复合树脂是一种新型的牙周夹板材料，这类材料制成的牙周夹板，具备良好的刚性和密合性，能有效传导分散𬌗力，减轻牙周组织的创伤。Ramos[47]等比较了纤维加强复合树脂和一般复合树脂材料的抗折强度，发现前者显著大于后者。Goldberg[48]等应用玻璃纤维加强树脂作为下前牙牙周夹板，发现该材料具有极高的弯曲强度，制作的夹板厚度较薄，是一种较理想的牙周夹。Kleinfelder [49]等研究发现，使用玻璃纤维加强树脂固定后牙可使最大咬合力从 357 N 增加到 509 N，接近正常天然牙列的咬合力。

牙周夹板的形态对其生物力学性能的影响。周书敏[50]在对牙周夹板的生物力学作用进行理论分析，发现牙周夹板的固定效果与夹板的设计形态有关，建议将牙周夹板的形态设计成弧形，能有效地分散𬌗力。直线型夹板在受到唇向咬合力时容易发生倾斜移动。当后牙牙周夹板设计成弧形时，旋转轴心穿过两侧最末基牙舌侧根尖1/3处，当咬合力作用于后牙𬌗面，整个夹板循共同旋转轴心运动，力的作用方向多朝向根尖。为了加强夹板的固定效果，减少牙颊舌方向的转轴力，夹板的弧度越大，则旋转中心距前牙的距离越远，因而使牙的受力方向发生改变，运动方向也发生改变，使夹板内的牙更趋于整体地向根尖方向运动。因此，当固定松动牙时，应尽量将夹板设计成弧形，有利于咬合力分散，改变力的方向，减轻创伤，符合牙周支持组织的生理特性，获得良好的固定松动牙的效果。

牙周夹板的类型对其生物力学性能的影响。李德利等[51]应用三维有限元的方法，使用全冠固定牙周夹板将各个基牙连接成为整体，研究发现固定在一起的基牙牙周膜内的应力重新分布，单个基牙牙周膜内的应力显著下降，应力集中的现象减小，从而有利于基牙牙周组织的健康。有研究发现[52]套筒冠义齿结合了活动和固定义齿的生物力学优点，使患牙牙周组织应力下降，与常规可摘局部义齿比较应力能更均匀地分布到黏膜和基牙上。

11.2.3 颌骨修复生物力学

颌骨包括14块形态各异的骨，这些骨构成颅面部框架，同时起到支持和保护与眼、鼻和口腔等相关的器官。除下颌骨和犁骨之外，其他骨均是左右对称的成对骨块，骨块之间由骨缝连接。上颌骨和下颌骨是颌骨中最大的两块骨头，也是口腔治疗中注意最多的两块骨。本章将重点介绍上颌骨和下颌骨的解剖和功能以及下颌骨的生物力学性能。

11.2.3.1 上下颌骨的解剖结构及功能特点

1) 上颌骨(maxilla)

上颌骨居颜面中部，左右各一，相互对称，是出下颌骨以外颌面部最大的骨。上颌骨为不规则骨块，可以分为上颌体及额突、颧突、腭突和牙槽突4个突起。上颌体分为前、后、上、下4个面，中间为上颌窦。上颌骨体前面的上界为眶下缘，下界移行于牙槽突，内界为鼻切迹，向下止于尖端突起的前鼻棘，后界为颧突和颧牙槽嵴。上颌骨的后面参与颞下颌窝和翼腭窝前壁的构成。上颌骨上面构成眶下壁的大部。其内面构成鼻腔外侧壁。

2) 下颌骨(mandible)

下颌骨位于面下1/3，是颌面部骨中唯一能运动的，其上后方的髁突与颞骨的关节窝共同组成颞下颌关节的骨性部分，下颌骨在行使口腔功能和下颌运动中起着主体作用，所以下颌骨是颅骨中最重要的骨骼之一。下颌骨分为下颌体和下颌支。下颌体呈弓形，为下颌骨的水平部分，具有内外两面、牙槽突和下颌体下缘。下颌升支左右各一，为下颌骨的垂直部分，有两面(内、外)、四缘(前、后、上、下)和两突(髁突、喙突)组成。下颌骨表面为密质骨，包绕内部的松质骨，松质骨按照一定的部位和规律进行排列。松质骨包绕下颌骨牙槽窝底部周围，并斜向后上，通过下颌支到达髁突，形成牙力轨道，用于传递咀嚼力至颅底。咀嚼力直接作用于下颌骨，形成肌力轨道，肌力轨道一部分出现于下颌角区，另外一部分出现于从喙突至下颌体。

11.2.3.2 颌骨的生物力学性质

下颌骨作为人体行使咀嚼功能的器官之一，其机械原理类似于由颞下颌关节、食物及咀嚼肌力组成的一种杠杆作用。在切割食物过程中，形成3类杠杆，前牙切咬的食物为重点，颞下颌关节为支点，升颌肌群为动力点。在正常后牙殆运循环中，非工作侧髁状突虽向工作侧移动，但仍作为支点，工作侧的升颌肌群为力点，研磨食物处为重点，构成2类杠杆，在研磨食物的后期，下颌接近牙尖交错殆时，则同时存在Ⅱ、Ⅲ杠杆作用[53]。在进行咀嚼时，下颌骨发生形变，并存在应力规矩。

1）咀嚼时下颌骨的形变

在咀嚼运动过程中，当前牙相碰或者磨牙咬合后，下颌骨在矢状向发生弯曲。这种弯曲是由于肌肉垂直向作用和咬合力相互作用的结果。矢状向弯曲的大小取决于肌肉力量和咬合力的力臂的长度。这种矢状向的弯曲在平衡侧为下颌骨下缘受到压应力，上缘受到张应力，在工作侧刚好相反。当单侧咀嚼的时候，下颌骨工作侧和平衡侧的弯曲形变不一样。有学者[54]建立带肌肉及牙齿的人下颌骨的三维有限元模型，模拟单侧咀嚼的运动，研究发现下颌骨平衡侧的矢状向弯曲形变量大于工作侧。

2）下颌骨的应力轨迹

下颌骨内部存在应力轨迹，且具有一定的分布规律。有学者[55]通过影像学的方法，对食草、食肉、杂食3种动物下颌升支的骨小梁基本形态进行比较，发现3种动物的骨小梁分布形式基本一致，这种分布形式也反映了从髁突到下颌角，髁突到磨牙后区，磨牙后区到喙突的应力轨迹，基本排列呈N字形。但骨小梁N字形结构方向、应力轨迹分布密度在升支的各个部位存在着差异。Seipel[56]采用低压微型切割及骨基质有机成分组织学检查补充墨汁灌注方法，描述了下颌骨具有下颌下缘压力轨迹、内外斜脊张力轨迹、颞肌附着区轨迹、两突联结轨迹和牙槽突殆力传递轨迹5条应力轨迹，并在此基础上提出了机械功能学说。Weinmann[57]提出牙槽窝周围骨小梁排列方向指向皮质骨板，这些骨小梁汇合形成轨迹，经牙槽窝下向后向上集中到髁状突。Palph[58]使用下颌骨光弹模型，在殆面加载负载，静态观测下颌骨内应力条纹，发现应力多集中于骨结构坚固区，负载较大的第1磨牙应力最为集中。Standlee[59]描述了殆面负载下骨内4条应力轨迹走向：① 下颌角沿升支后缘上到髁突；② 沿磨牙下经下颌体及升支到髁突；③ 沿磨牙牙槽嵴向上经升支前缘到喙突；④ 经乙状切迹从喙突到髁突，同时他们还观察到下颌骨侧向移动时，骨内应力轨迹类似于双侧殆面负载（中性闭合）时的应力轨迹，但应力线在旋转侧和滑动侧有明显不同。在旋转侧，髁突和髁颈部应力增加，而滑动侧应力明显减少。下颌骨骨小梁排列的承力结构与功能负载一致，与骨内应力应变方向一致。

11.2.3.3 颌骨骨折及固定的生物力学性质

当面部受到外力撞击时，最容易受力的部位往往在颏部和下颌体部。当受到撞击力时，力量会沿着下颌骨体传递到下颌骨的薄弱区域，从而造成这些部位的骨折。有学者使用猕猴和人体下颌骨进行撞击实验，在两者的下颌骨下缘施加 1 500 N 垂直向上的冲击力，发现髁突区域的应力最大，为 4.7 N/mm²，其次是下颌角区域，为 3.2 N/mm²，从力学上说明了这两个区域是下颌骨的薄弱区域，容易发生骨折[60]。通过对下颌骨爆炸伤的动物研究发现冲击波作用于体表、皮下、肌肉、下颌骨表面时的能量会迅速衰减，到达下颌骨表面的压力只有体表的 2.9%～3.6%。当下颌骨受到冲击力后，会迅速传递到颅内，但是由于颞下颌关节的缓冲作用，会有所延迟。因此，在颌面的爆炸伤中，不可忽视邻近器官的损伤，特别是颅脑损伤和颞下颌关节损伤。

骨折后骨内的主应力轨迹中断，颌骨因此失去抗力结构和承载功能。骨折固定的生物力学目的就是通过固定结构替代中断的骨抗力结构，在骨折愈合期内重建主应力轨迹，以中和功能负载，实现稳定固定。因此，固定路线应按主应力轨迹走行。在生理状态下，压应力区可以自动闭合，张力区由于弯曲、扭转、牵拉很容易产生分离的情况时，最理想的骨折固定路线应选择张应力轨迹。Champy[61]认为颏孔后的下颌体区钛板应水平固定在根尖和下牙槽管之间，下颌角区钛板应尽可能高位沿外斜线固定；在颏孔前区，应该在根尖下水平及其下缘各固定一个钛板，以克服扭矩。体外生物学模型研究表明，咬合部位影响下颌骨的应力分布，当咬合力接近下颌角时，下颌角上缘为压力带，下缘为张力带，此时完全按照 Champy 提出的张力带固定理论是不适合的。因此，有些学者强调要在下颌角骨折处固定 2 个小型钛板。然而在临床上单纯下颌角线性骨折时，最多的固定方法是沿张力带固定，此种方法成功率较高。可见生物力学研究和临床运用有时候是不一致的，可能的原因是生物力学模型不含软组织，而软组织尤其是咀嚼肌对于骨折端的移位有一定影响。

11.2.3.4 正颌外科的生物力学研究

牙颌面畸形是指因为颌骨发育异常引起的颌骨形态、上下颌骨之间及颌骨与颅骨之间的关系异常，从而引起颜面形态异常及口颌功能的异常。正颌外科手术通过改变了颌骨的位置，从而纠正颌面部的骨性畸形，随着颌骨位置的变化，肌肉的位置、长度和方向也发生改变，肌肉被拉伸后有恢复原始长度的趋势，影响着术后骨质功能改建和术后稳定性。

在咀嚼运动时，下颌骨被视为Ⅲ类杠杆。髁突是支点，食物块为负荷点，升颌肌群的力量为动力。正颌手术会使下颌骨的位置发生改变，因此下颌支点和负荷点之间的距离也发生变化，从而改变了动力臂的距离，同时手术也改变肌肉的位置和肌力的方向。正颌手术改变颌骨生物力学和肌肉行为，从而影响术后稳定性。为了抵抗以上的不稳定性因素，在正颌手术后必须采用坚强内固定，坚强内固定可以使 2 个骨段在愈合过程中足够的稳定，直到截骨线完全愈合，足以抵抗新建立的髁突-升支-咀嚼肌复合体的作用，减少复发。有学者[62]通过三维有限元方法，分析 6 种下颌骨升支矢状劈开双皮质螺钉固定方式，计算 6 种固定方法在 3 种咬合(前牙咬合，前磨牙咬合和磨牙咬合)情况下颌骨的应力、内固定系统的应力及骨劈开处的位移，比较这几种固定方式的固定效果及不同咬合情况对固定稳定性的影响。结果发现，颌骨的应力、内固定系统的应力和劈开处的位移，在咬合情况相同时，单纯上缘固定大于倒 L 形固定，直径 2.0 mm 大于直径 2.7 mm 螺钉固定，倒 L 形 0°大于倒 L 形 90°和 120°固定，间距 2.0 cm 大于间距 3.0 cm 固定。可见间距、角度、位置和内固定系统的规格均对双皮质螺钉内固定稳定性有不同程度的影响。在固定方式相同的情况下，前牙咬合对固定的不良影响最大，应尽量避免。

11.3 口腔修复材料生物力学

口腔疾病患者存在牙齿缺损或病变程度较为严重时，需要采用口腔修复材料进行修复。材料的生物相容性、抗摩擦性、抗菌性等性能会直接影响修复后牙齿的功能及使用寿命。随着口腔材料学的进步与发展，每年都有许多新型齿科修复材料出现，但从材质上可将主要分为金属、树脂、陶瓷 3 类，从修复方式上可主要分为充填修复材料、嵌体修复材料和种植体 3 类。临床上需根据牙体缺损的部位、程度、性质以及患牙在牙弓上的位置和咬合关系等情况来选择适合的修复材料。

11.3.1 充填修复材料的生物力学

充填修复的目的在于恢复缺损牙的解剖形态与生理功能，然而其效果还依赖于正常的组织反应来维持。如果修复后，剩余牙体组织内应力增高，最终导致折裂，则其不是一个成功的修复。修复牙在承受𬌗力时的应力与充填材料的性能密切有关。常用的填充修复材料主要包括银汞合金、复合树脂和垫底材料。

11.3.1.1 银汞合金

1）尺寸变化

银汞合金固化时，皆有一定程度的膨胀，一般为 1%左右。适当的膨胀可增强边缘封闭，然而过度的膨胀，则易在牙体组织内产生张应力，这种张应力的存在，增加了牙体组织折裂的可能。因此大面积的牙体缺损在银汞充填修复后，最好用全冠覆盖，以防止牙体组织的折裂。

许多因素可影响银汞合金的尺寸变化，如银汞合金比、研磨、压紧、颗粒大小、污染等。修复体内银汞含量越多，其膨胀越大；研磨时间越长、充填压力越大、合金颗粒越小，其膨胀越小。如有水气污染，则其膨胀明显增加。

2）强度

银汞合金的强度受许多因素的影响，如研磨时间、气孔、充填压力、汞与合金比等。延长研磨时间、增加合金含量，加大充填压力，均可使银汞合金的强度增加；相反，如银汞合金中含有气孔，则其强度明显降低。

银汞合金充填后，其强度随着时间的延长而增加。填充初期强度较差，充填 20 min 后的抗压强度仅为 1 周后的 60%，即使填充 6 个月以后，银汞合金的强度仍有增加。充填后 8 h，其强度可达最高强度的 70%～90%，因此在填充 8 h 以后，不能让修复牙承受较高的咬合应力。

11.3.1.2 复合树脂

复合树脂是由有机基质树脂与经特殊处理的无机填料等组成的。基质树脂系由粒度较大的单体或分子质量较低的低聚物黏液组成。无机填料的作用主要是提高复合树脂的机械强度，特别是抗压强度、硬度和耐磨性，并可减小复合树脂的体积收缩和热膨胀系数。

复合树脂中填料的粒度及其含量对复合树脂的性能有明显的影响，根据填料粒度的不同，复合树脂可分为传统型、混合型和超微型等，其填料粒度分别为 10～100 μm、5～0.05 μm和 0.05 μm。

复合树脂的强度与无机填料的含量及基质树脂的性质有密切关系。一般认为传统型复合树脂与混合型复合树脂的力学性能优于超微型复合树脂。复合树脂的耐磨性能较差，当复合树脂承受咀嚼压力时，因无机填料和有机树脂的弹性模量相差悬殊，应力主要在弹性模量小的树脂之间传递，因而造成强度低的树脂被磨耗。目前使用较多的有聚酸改性复合树脂(polyacid-modifiedcomposite resin)和纤维增强(fiber-reinforced)树脂复合材料。

1) 聚酸改性复合树脂

聚酸改性复合树脂(polyacid-modifiedcomposite resin)又名复合体(compomer)，是一种复合树脂和玻璃离子水门汀的杂化材料，其力学性能介于两者之间。其复合体具有长期释放氟离子的性能，但释放量小于玻璃离子水门汀，而且不同品牌的产品差异也较大。复合体本身对于牙齿的粘接性能低于玻璃离子水门汀，因此复合体常需要与黏结剂联合应用。套装复合体产品一般均配有黏结剂。使用黏结剂后，复合体对釉质的粘接强度可达 18 MPa，对牙本质的粘接强度可达 14 MPa。一般用于低应力承受区域缺损的修复，例如恒牙Ⅲ类洞、Ⅴ类洞、牙颈部缺损及根面龋修复，乳牙Ⅰ类洞及Ⅱ类洞修复，也可做Ⅱ类洞的垫底材料。该材料特别适合于具有中等龋发生以上的患者。

2) 纤维增强树脂复合材料

纤维增强(fiber-reinforced)树脂复合材料是一种由可聚合的树脂和增强纤维组成的复合材料，这类材料在工业上称为玻璃钢，早已有广泛应用。近年来，纤维增强复合树脂修复材料在牙科修复方面有越来越多的应用。

在纤维增强树脂基修复体中，增强纤维的高强度、高模量特性，使其成为主要的承载体，它们依靠具有一定黏结性的基体材料牢固的黏结起来，形成一个整体而具有共同承载的能力。其弯曲强度与树脂基质及增强纤维的种类、纤维的含量、树脂与纤维的结合、纤维在修复体中所处的位置等密切相关。在一定的范围内，随着增强纤维体积分数(%)的增加，复合材料弯曲弹性模量和弯曲强度也随之增加，但这并不意味着纤维含量越大越好。纤维用量过多会造成黏合作用的树脂减少，修复体的强度反而会下降。

纤维增强树脂基修复材料具有比强度高、比模量大、抗疲劳性能好等优点。但是纤维束或带增强的修复体存在着力学性能各向异性问题，顺纤维长轴方向有较大的强度，而与纤维长轴相垂直方向强度较低。经纬交叉的纤维布增强的复合树脂材料具有力学性能各向同性。纤维增强复合材料的弯曲强度为 192～386 MPa，冲击强度为 20 kl/m^2，显著大于复合树脂，甚至大于金属烤瓷材料的弯曲强度。但其弯曲模量较低，在 8.9～15.5 GPa 范围内，远低于金属烤瓷材料,因此,用纤维增强复合树脂材料制作较长的桥修复体,可能会对基牙产生扭力。但制作出的冠,桥修复体透明性好,具有优良美观性能。

11.3.1.3 垫底材料

由于银汞合金导热,难以隔绝对牙髓组织的冷热刺激,进行充填修复时,常需应用垫底材料,以保护牙髓组织。垫底材料的应用可降低牙本质内因热膨胀梯度引起的微裂纹扩展。

然而,选用的垫底材料不同,𬌗力载荷作用下修复体内的应力水平不等。由于常规的垫底材料对于压缩和剪切载荷的抵抗力较差,这种低强度使修复体的抗折强度降低。低弹性模量的垫底材料如 $Ca(OH)_2$,可降低邻𬌗银汞修复体的抗折强度近 50%。增强垫底材料的强度,可有效地降低银汞合金内部的应力,增强其抗折裂能力。

11.3.2 嵌体修复材料的生物力学

11.3.2.1 嵌体修复

当牙体缺损需要进行修复时,基于材料与操作技术上的考虑,通常都采用充填的方法进行修复,因为充填修复磨处牙体组织少,剩余牙体组织承受的能力强。同时,与应用高弹性模量铸造合金制作的嵌体相比,低弹性模量的银汞合金在𬌗力的作用下更易变形,因而在剩余牙体组织的髓壁上产生的应力较低。实验研究发现,银汞合金在承受载荷是易于磨耗、蠕变甚至折裂,而金属嵌体则易引起牙体组织内的应力集中。

尽管嵌体的应用有可能在剩余牙体组织内产生不利的应力,但当采用充填的方法难以获得适当的固位与抗力时,特别是缺损涉及牙尖或需升高咬合面时,则必须采用嵌体或高嵌体进行修复。为了降低剩余牙体组织内的应力,保护剩余牙体组织防止其折裂,对于嵌体洞形制备的要求与充填洞型基本相似。其点线角应圆钝,在可能的情况下,应尽量减少窝洞的深度。

1) 嵌体的楔效应

嵌体修复在𬌗面窝处有张力应力集中,张应力与剪应力峰值见于牙-修复体界面。在𬌗力作用下,嵌体最重要的特性是产生楔效应。楔效应的存在,使剩余牙体组织内产生张应力而易于折裂,窝洞越深,轴壁聚合度越大,嵌体的楔效应越明显。对于𬌗面嵌体或邻𬌗嵌体,由于楔效应,在剩余牙体组织内产生张应力,易于造成剩余牙体组织的折裂。

应力分析结果发现,当邻𬌗邻嵌体受正中𬌗力时,颊髓轴线角及舌髓轴线角处产生高应力集中,鸠尾峡处亦可见应力集中。如果采用高嵌体修复,则可有效地降低其应力。采用高嵌体修复。可降低嵌体在𬌗力作用下的楔效应。由于高嵌体覆盖了剩余牙体组织的𬌗面,因而能更有效的分布𬌗力至剩余牙体组织,避免应力集中而减少其折裂的可能性。

嵌体修复时,为了防止修复牙牙尖的折裂,需要覆盖牙尖。通常薄壁的剩余牙尖均应覆盖修复,如果嵌体洞壁的厚度小于 2 mm,则应用嵌体覆盖𬌗面,以避免釉质裂纹的形成和黏结界面的边缘失败。如果需要覆盖牙尖,牙尖应至少降低 1.5 mm,以减少釉质层及粘固剂层的应力。

Farah[63]等应用有限元方法研究了瓷嵌体不同的洞壁锥度及边缘预备形态对应力分布的影响发现，当嵌体洞壁锥度呈 7°且不使用斜面时，应力分布好于锥度更大或斜面更长的洞形设计。对于高嵌体来说，窝洞设计成长的外斜面，肩台设计成短的外斜面形，可以产生均匀分布且数值最低的应力。

黏结剂的选择对于嵌体的远期效果也十分重要。Clelland[64]等的研究证明，使用合理的黏结剂不仅能增强固位力，更能紧密连接嵌体和基牙，有效分散缓冲嵌体应力，提高嵌体的抗折裂强度。

2）嵌体材料的弹性模量

由于嵌体材料的弹性模量与牙本质的弹性模量不一致，因此不同材料制作的嵌体对剩余牙体组织强度的影响不同。修复材料与牙本质弹性模量越接近，牙体组织内的应力水平越低，分布也越合理。因此，从应力分布角度来看树脂嵌体是一个较好的选择。

梅蕾[65]等对嵌体有限元分析得出结论，牙本质应力随嵌体窝洞宽度增大而增大，主要集中在颊舌牙尖部，舌侧颈缘部；高嵌体修复可以改善牙体内部的应力集中。在临床上进行嵌体修复时，浅而宽的窝洞若使用弹性模量较高的材料，可以较好地保护薄弱牙尖；而当窝洞较深时，洞底较为薄弱，使用与牙体弹性模量近似的材料修复，在改善洞底部应力集中方面则表现出一定优越性。Yamamoto 等[66]应用有限元分析研究发现，流动复合树脂垫底者，应力值最高，低弹性模量材料垫底的面积越大，拉应力值越高。在嵌体修复中，具有高弹性模量的垫底材料更合适。Belli[67]等的结构分析结果提示：垫底材料可起到应力吸收器的作用，在树脂嵌体与瓷嵌体中，垫底材料改变了洞底的应力值，瓷嵌体在嵌体材料中应力值高，而树脂嵌体直接传递应力至牙体组织。垫底材料对嵌体修复的应力分布有影响。

通常，树脂黏结剂具有不同的机械性能，具有高弹性模量的黏结剂可改善瓷嵌体修复牙的抗折裂强度。但 Ausiello[68]等用三维有限元对瓷嵌体的研究指出，全瓷嵌体粘接应该选择低弹性模量的粘接材料，以减少应力集中。

3）全瓷材料的力学性能

全瓷材料是口腔固定修复材料重点发展的方法之一。近年来，围绕材料的抗断裂强度和制作工艺，开展了一系列的探索性研究工作。为了提高抗断裂强度（即增韧）和控制陶瓷收缩，采用超塑性纳米微粒增韧、氧化锆相变增韧、结晶增强、晶须（纤维）增韧等多种途径，试图解决陶瓷的韧性问题。特别是研制氧化锆增韧全瓷材料，在原有牙科陶瓷中添加一定量的氧化锆以形成复相陶瓷，如氧化锆增韧玻璃渗透陶瓷和氧化锆增韧铸造玻璃陶瓷等，该类陶瓷极大地提高了原有陶瓷的抗弯强度，满足临床对后牙冠和后牙长桥的强度要求。而氧化钇稳定的四方氧化锆多晶陶瓷独特的相变增韧特性表现出高强度、高断裂韧性等优越的机械性能，因其以多晶结构为主、玻璃相很少，可以减少与唾液反应产生的应力腐蚀，长期稳定性好，而且热导率低，降低牙髓炎发生的可能，生物相容性高，并且细菌聚集率低，有利于牙周组织的健康。

另外，改善制作工艺也是该领域的研究热点。目前，牙科全瓷制作技术已经从传统的粉浆涂塑到玻璃渗透陶瓷工艺、热压铸玻璃陶瓷工艺和计算机辅助加工设计，由此使全瓷材料的抗弯强度从几十兆帕提升到几百兆帕，显著推动了全瓷修复技术的发展。如采用计算机辅助加工工艺制作的氧化锆增韧玻璃渗透陶瓷，由于氧化锆的加入，预烧结陶瓷形成的多孔结构更细且更均匀，材料的三点弯曲强度显著提高到 750 GPa，并可用作较理想的后牙固定修复技术。

11.3.2.2 陶瓷材料的性能特点

陶瓷材料因具有色泽美观、性能稳定、耐磨损、生物相容性好等优点，成为前牙美观修复中的重要材料，近十多年来正越来越广泛地应用于临床。

(1) 具有近似硬组织的机械强度，耐磨性、能抵抗咀嚼力，但拉伸强度、弯曲强度以及抗冲击强度较低。

(2) 热传导低、不导电。

(3) 具有良好的化学稳定性，在口腔环境中，长期在各种食物、饮料、唾液、体液、微生物及其酶的作用下，不会产生变质、变性。

(4) 具有优良的生物相容性，对周围组织尤其是龈缘的刺激小。

(5) 易成形，易修改。

(6) 表面光泽、透明和半透明性佳，具有与天然牙相似的美观效果，可着色，没有金属烤瓷冠龈缘黑线的问题。

陶瓷材料的组成、结构、性质与其性能密切相关。晶体结构、晶相分布、晶粒尺寸和形状、气孔、杂质、缺陷及晶界等都可能成为影响其性能的因素：

1) 氧化锆陶瓷的相变增韧

氧化锆(ZrO_2)是目前应用于口腔修复的全瓷材料中机械性能最好的全瓷材料，其弯曲强度超过 1 000 MPa，断裂韧性约为 9 MPa.m1/2 氧化锆的这些优点是由它 3 个相(立方晶相 C、四方晶相 T、单斜晶相 M)及之前的马氏效应转变引起的；纯 ZrO_2 在 1 000℃附近由固相转变，即 T 相变成 M 相，将产生约 3%～5%的体积膨胀。当裂纹扩展进入含有 T 相的晶粒区域时，在裂纹尖端应力场的作用下，T 相→M 相的作用表现为① 产生新的断裂表面而吸收能量；② 因体积膨胀效应而吸收能量；③ 相变粒子的体积膨胀对裂纹产生压应力，阻碍裂纹扩展。

目前，已有许多针对氧化锆强度的研究，较 In－Ceram 氧化锆全瓷的桥体而言，由氧化锆陶瓷制作的桥体显示出较好的机械性能和长时间的可能性。一些针对其微观结构、化学构成对力学性能影响的研究也表明氧化锆陶瓷作为牙科陶瓷力学性能更佳；而氧化锆后牙固定桥临床研究报道也表明其拥有足够的强度，可以用于修复前磨牙。

2) 陶瓷纳米结构增韧

第二相增韧颗粒的尺度从微米级到纳米级，材料的性能会发生显著的变化。纳米颗粒的尺寸极小，结构缺陷较少，加入到陶瓷材料后不会影响材料本身的性能，同时能够使其韧性和断裂强度有很大的提高。一般认为纳米颗粒的增韧机制有① 组织的微细化作用抑制晶粒成长；② 微裂纹的产生可使断裂韧性提高；③ 晶粒内产生亚晶界，使机体再细化而产生增强作用；④ 残余应力的产生使晶粒内的破坏成为主要形式；⑤ 控制弹性模量、热膨胀系数可改善材料的强度和韧性。In－Ceram Zirconia(Vita 公司)和 IPS e.MaxZirpress

(IvoclarVivadent 公司)中的 ZrO_2 颗粒即为纳米级。

3) 纤维或晶须对陶瓷的增韧

纤维作为一种增韧材料,其主要增韧效应为拔出效应,即复合体的断裂功随着纤维拔出产生的摩擦耗能增大而增大。目前常用的纤维有氧化铝纤维、碳纤维、石英纤维、玻璃纤维、氮化硅纤维、碳化硅纤维等。

晶须是一种具有很大长径比,结构缺陷少的微小陶瓷单晶体,其直径在纳米级,而长度能达到微米级,是一种理想的增韧材料,加入到陶瓷材料中能够改善材料的性能,提高其抗折强度。晶须由于其自身的优异性能,对陶瓷基体材料的增韧机制包括① 裂纹桥接,当扩展裂纹尖端后方遇到其微结构单元时,晶须能够连接裂纹的 2 个表面并提供一个使 2 个裂纹面相互靠近的应力,导致应力强度随裂纹扩展而增加,使裂纹扩展受阻;② 拔出效应,晶须在外界负载作用下从基质中拔出,因界面摩擦消耗外界负载的能量而达到增韧的目的;③ 裂纹偏转,当裂纹尖端遇到增强相的晶须、纤维或颗粒等高弹性模量时,其扩展就会偏离原来的前进方向,这种偏转就意味着裂纹的前行路径更长,因而吸收更多能量,起增韧的目的;④ 裂纹钉入,如果晶须能够达到单分散性的良好状态,那么增韧机制将以拔出效应为主;如果分散不是很理想,即多数晶须以小团聚颗粒的形式存在,那么增韧机制将以裂纹桥连增韧为主。常见的晶须种类有氮化硅晶须、碳化硅晶须、氧化锌晶须、硫酸钙晶须、氧化镁晶须和碳纳米纤维等。

4) 玻璃渗透支架瓷增韧

渗透陶瓷结合玻璃渗透后的高强度与饰面瓷结合产生的良好美学特性,弯曲强度可达 500 MPa 以上,断裂韧性约为 3.9 MPa.m1/2。渗透陶瓷是在复制的专用耐高温代型上用氧化铝或氧化锆粉浆涂塑形成核冠雏形,置于专用炉内烧结后,再涂上玻璃涂料烧烤,利用毛细微孔在烧结过程中的渗透作用,支架的微裂或空隙为融化的镧系玻璃所填充,形成以氧化铝或氧化锆、玻璃组成的 2 个连续交联相互缠绕的三维网络结构复合陶瓷材料。其高强度的原因为① 氧化铝或氧化锆晶粒作为颗粒增强材料分散于玻璃基质中,起到弥散强化作用;② 氧化铝或氧化锆和玻璃基质相互渗透的网络结构和它们之间的摩擦锁结能够阻止裂纹的产生和扩展;③ 两者的热膨胀系数不一致所产生的压应力导致强度的增加;④ 二次烧结和玻璃渗透可降低最初烧结的氧化铝或氧化锆基质的多孔性;⑤ 氧化铝或氧化锆颗粒周围裂纹前端偏转产生的无规则裂纹也提高复合体的强度。现有将 CAD/CAM 技术与传统的 In－Ceram 渗透技术结合,用于临床全瓷修复体的制作。其过程是,将预成的氧化铝坯体,使用 CAD/CAM 技术加工形成底层冠,然后按 In－Ceram 技术进行玻璃渗透形成冠桥支架,最后利用饰面瓷恢复冠桥外形与色泽。

11.3.3 口腔种植体的生物力学

利用生物材料制成所需形态植入体内,替代天然牙根为义齿提供支持和固位,重建丧失牙齿或牙列功能的植入体,称为人工牙根种植体(implant body)。常用牙种植材料主要是钛及钛合金,陶瓷材料虽然生物相容性好,但质地太脆。目前,将口腔种植体用于修复患者的牙列缺损或缺失已被广泛认可,其远期成功率(大于 15 年)高达 95%,是比较理想的修复方式[69]。

（1）纯钛。市售纯钛除了含 99%（质量比）以上的钛元素以外，还含有微量的氧、氮、碳、氢、铁等其他杂志元素，这些元素的微量变化能明显影响材料的物理和力学性能。

（2）钛合金。与钛形成合金的元素有铝、钒、铌、铁、锆，钼等。室温下有 3 种组织结构的 α 合金，$\alpha+\beta$ 合金，β 合金。α 合金高温热稳定性较好，耐磨性高于纯钛，可切削性能好，可焊接，但不能进行热处理强化，室温强度不高。β 钛合金弹性模量较低，强度较高，具有延展性，淬火、时效处理后强度进一步提高，但热稳定性和可切削性能较差。$\alpha+\beta$ 钛合金具有良好的综合能力，组织稳定性好，有良好的韧性和塑形，可以进行热塑成型、淬火，时效热处理以提高强度，但可切削性能一般，且难于焊接。

铸造钛的力学性能受其所含杂质元素的含量影响很大，杂质元素含量越多，钛的强度及弹性模量越大。钛合金的强度显著高于纯钛，但弹性模量差别不大，延伸率小于纯钛。钛及钛合金具有良好的生物相容性，弹性模量在所有金属材料中最接近骨组织。钛及钛合金表面的致密氧化膜对骨组织有很高的亲和性，植入骨组织后能够形成骨性结合。种植体在功能性负荷时，负荷直接传递到骨组织，有利于外力的传递。

尽管在口腔种植中，钛和钛合金已经公然被认为是一种具有良好生物相容性和优异的抗腐蚀性的材料，但是由于其与自然骨的成分截然不同，植入后种植体与骨之间只是一种机械嵌连性的骨整合，而非化学性的骨性结合。因此，其生物活性尚不理想。近年来，大量的文献报道了采用表面工程的方法对钛及钛合金进行表面的改性，以试图解决材料与骨组织之间的生物活性问题，使其更适合于人体的应用。这些研究包括采用等离子喷涂法、电泳沉积法、微弧氧化法、离子束溅射法和脉冲激光沉积法等不同技术，在钛基种植体表面制备羟基磷灰石、氟磷灰石、β 磷酸三钙，$Na_2O-CaO-SiO_2-P_2O_5$ 生物玻璃、$MgO-CaO-SiO_2$ 生物玻璃和 β 钙硅石（$CaO-SiO_2$）生物玻璃等各种具有生物活性的表面，使该表面能与生理环境发生选择性的化学反应，形成牢固的化学结合，诱导和促进新生骨组织生长和局部 $TGF-\beta_1$ 和 IGF－1 的释放，抑制金属离子从种植体中释放到周围骨组织，有利于种植体的固定和愈合。此外，就是如何提高涂层材料与钛基体的结合强度问题，通过对羟基磷灰石涂层厚度（20 μm、200 μm）、涂层结构和残余应力的分析，ZrO_2 增强羟基磷灰石复合涂层和 ZrO_2 过渡层的研究、不同表面涂层技术之间的比较等，进一步阐述这些因素对界面结合强度的影响作用。

为提高钛合金的耐腐蚀能力，近年来，人们还采用了化学钝化法、电化学钝化法、溶胶-凝胶法等各种表面改性处理技术，其中钠离子注入被证明能显著提高钛种植体的抗腐蚀性；瓷化处理技术能使 NiTi 合金表面生成 TiO_2 层，有效改善 NiTi 合金的摩擦腐蚀性能，能明显减少镍离子的释放；离子注入与沉积技术能使 NiTi 形状记忆合金表面形成无定形碳膜，阳极氧化处理技术能使 Ti－13Nb－13Zr 表面形成阳极氧化/羟基磷灰石复合膜，它们均显著改善合金的抗腐蚀能力。

目前，对种植体的生物相容性、抗菌性、耐腐蚀能力、骨结合能力等性能的改进研究仍处于起步阶段，仍然需要在体内、体外实验和临床试验进一步验证和改性，以期更加符合临床应用的要求。

11.4 结语

口腔组织缺损除少量为先天性畸形引起外，绝大多数为肿瘤、外伤等后天因素所致，也称获得性缺损，是临床十分常见的病症。口腔颌面部在人体美学中占据的重要地位，决定了颌面部组织修复重建，是同时挑战医学与艺术的难题。近年来，随着显微外科技术、牙种植技术、引导骨再生技术、骨牵引术及数字化外科技术的发展和逐渐普及，口腔颌面及头颈部重建外科取得了突飞猛进的发展，为广大患者带来福音，但离理想的临床效果仍有一定的距离。患者对生存质量的日益重视，对口腔组织修复提出了更高的要求：生存率与生存质量并重，形貌与功能的统一恢复。组织工程、再生医学的发展，数字化技术、3D打印技术的应用及个性化修复与重建的初探，有望逐步减少并最终取消目前"拆东墙补西墙"的修复现状，开辟生物学修复重建的新时代。

（黄恩毅　周建萍　徐凌　舒毅）

参考文献

[1] Wu J P, Li Y, Fan X F, et al. Analysis of gene expression profile of periodontal ligament cells subjected to cyclic compressive force[J]. Dna & Cell Biology, 2011, 30(11): 865 - 873.

[2] Kang K L, Lee S W, Ahn Y S, et al. Bioinformatic analysis of responsive genes in two-dimension and three-dimension cultured human periodontal ligament cells subjected to compressive stress[J]. Journal of Periodontal Research, 2013, 48(1): 87 - 97.

[3] 范晓枫，王羽，李宇，等.张、压应力刺激下人牙周膜成纤维细胞早期增殖活性和差异表达基因的变化[J]. 华西口腔医学杂志，2012，30(5)：463 - 467.

[4] Wang Y, Li Y, Fan X, et al. Early proliferation alteration and differential gene expression in human periodontal ligament cells subjected to cyclic tensile stress[J]. Archives of Oral Biology, 2011, 56(2): 177 - 186.

[5] 汤楚华，施生根，牛忠英，等.机械压力对人牙周膜成纤维细胞增殖活力的影响[J]. 牙体牙髓牙周病学杂志，2011，(9)：506 - 509.

[6] Li L, Han M X, Li S, et al. Hypoxia regulates the proliferation and osteogenic differentiation of human periodontal ligament cells under cyclic tensile stress via mitogen-activated protein kinase pathways [J]. Journal of Periodontology, 2014, 85(3): 498 - 508.

[7] Suzuki R, Nemoto E, Shimauchi H. Cyclic tensile force up-regulates BMP - 2 expression through MAP kinase and COX - 2/PGE 2 signaling pathways in human periodontal ligament cells[J]. Experimental Cell Research, 2014, 323(1): 232 - 241.

[8] Li L, Han M X, Li S, et al. Cyclic tensile stress during physiological occlusal force enhances osteogenic differentiation of human periodontal ligament cells via ERK1/2 - Elk1 MAPK pathway[J]. Dna & Cell Biology, 2013, 32(9): 488 - 497.

[9] Nemoto T, Kajiya H, Tsuzuki T, et al. Differential induction of collagens by mechanical stress in human periodontal ligament cells[J]. Archives of Oral Biology, 2010, 55(12): 981 - 987.

[10] Damien E, Price J S, Lanyon L E. Mechanical strain stimulates osteoblast proliferation through the estrogen receptor in males as well as females[J]. Journal of Bone & Mineral Research, 2000, 15(11): 2169 - 2177.

[11] Yan Y X, Gong Y W, Guo Y, et al. Mechanical strain regulates osteoblast proliferation through integrin-mediated ERK activation[J]. Plos One, 2012, 7(4): e35709.

[12] 韩磊，张晓玲，唐国华.Indian Hedgehog在牵张力促进成骨细胞增殖中的作用研究[J]. 华西口腔医学杂志，2012，

30(3): 234 - 238.
[13] Kaneuji T, Ariyoshi W, Okinaga T, et al. Mechanisms involved in regulation of osteoclastic differentiation by mechanical stress-loaded osteoblasts[J]. Biochemical & Biophysical Research Communications, 2011, 408(1): 103 - 109.
[14] Sun Y X, Li L, Corry K A, et al. Deletion of Nrf2 reduces skeletal mechanical properties and decreases load-driven bone formation[J]. Bone, 2015, 74: 1 - 9.
[15] Wei F L, Wang J H, Ding G, et al. Mechanical force-induced specific microRNA expression in human periodontal ligament stem cells[J]. Cells Tissues Organs, 2014, 199(5 - 6): 353 - 363.
[16] Wei F L, Liu D X, Feng C, et al. MicroRNA - 21 mediates stretch-induced osteogenic differentiation in human periodontal ligament stem cells[J]. Stem Cells & Development, 2014, 24(3): 312 - 319.
[17] 黄子贤,梁敏. BMP - 2 对牙周膜干细胞的增殖、分化、迁移的影响[J]. 牙体牙髓牙周病学杂志,2014,(9): 549 - 553.
[18] 蒋琳,周鹏飞,王佳,等. BMPs - ERK5 信号通路调控人牙周膜干细胞成骨分化的研究[J]. 第三军医大学学报,2016,38(7): 718 - 725.
[19] Perry B C, Zhou D, Wu X, et al. Collection, cryopreservation, and characterization of human dental pulp-derived mesenchymal stem cells for banking and clinical use[J]. Tissue Engineering Part C Methods, 2008, 14(2): 149 - 156.
[20] Yu V, Damek-Poprawa M, Nicoll S B, et al. Dynamic hydrostatic pressure promotes differentiation of human dental pulp stem cells[J]. Biochemical & Biophysical Research Communications, 2009, 386(4): 661 - 665.
[21] Hata M, Naruse K, Ozawa S, et al. Mechanical stretch increases the proliferation while inhibiting the osteogenic differentiation in dental pulp stem cells[J]. Tissue Engineering Part A, 2013, 19(5 - 6): 625 - 633.
[22] Cai X X, Zhang Y, Yang X, et al. Uniaxial cyclic tensile stretch inhibits osteogenic and odontogenic differentiation of human dental pulp stem cells[J]. Journal of Tissue Engineering & Regenerative Medicine, 2011, 5(5): 347 - 353.
[23] Mu C, Lv T, Wang Z, et al. Mechanical stress stimulates the osteo/odontoblastic differentiation of human stem cells from apical papilla via erk 1/2 and JNK MAPK pathways[J]. Biomed Research International, 2013, 2014: E490 - E500.
[24] Wan F, Gao L, Lu Y, et al. Proliferation and osteo/odontogenic differentiation of stem cells from apical papilla regulated by Zinc fingers and homeoboxes 2: An in vitro study[J]. Biochemical & Biophysical Research Communications, 2015, 469(3): 599 - 605.
[25] Bits and bites - teeth: Part two-the structure and function of human teeth[M]// Encyclopaedia Britannica. Chicago: Encyclopaedia Britannica, 2012, 11(17): 13 - 15.
[26] http://www.studyblue.com/notes/note/n/enamel/deck/7380269.
[27] Kinney J H, Marshall S J, Marshall G W. The mechanical properties of human dentin: A critical review and re-evaluation of the dental literature[J]. Crit Rev Oral Biol Med, 2003, 14(1): 13 - 29.
[28] Bertassoni L E, Habelitz S, Kinney J H, et al. Biomechanical perspective on the remineralization of dentin[J]. Caries Res, 2009, 43(1): 70 - 77.
[29] Su K C, Chuang S F, Ng E Y, et al. An investigation of dentinal fluid flow in dental pulp during food mastication: simulation of fluid-stucture interaction[J]. Biomechanics and Modeling in Mechanobiology, 2014, 13(3): 527 - 535.
[30] Angker L, Nijhof N, Swain M V, et al. Influence of hydration and mechanical characterization of carious primary dentine using an ultra-micro indentation system (UMIS)[J]. Eur J Oral Sci, 2004, 112(3): 231 - 236.
[31] Lee W C, Eakle W S. Possible role of tensite stress in the etiology of cervical erosive lesions of teeth[J]. J Prosthet Dent, 1984, 52(3): 374 - 380.
[32] Soares P V, Santos-Filho P C, Soares C J, et al. Non-caries cervical lesions: Influence of morphology and load type on biomechanical behavior of maxillary incisors[J]. Australian Dental Journal, 2013, 58(3): 306 - 314.
[33] Ralph W J. Tensile behaviour of the periodontal ligament[J]. Journal of Periodontal Research, 1982, 17(4): 423 - 426.
[34] Mandel U, Dalgaard P, Viidik A. A biomechanical study of the human periodontal ligament[J]. Journal of Biomechanics, 1986, 19(8): 637 - 645.
[35] Yamane A. The effect of age on the mechanical properties of the periodontal ligament in the incisor teeth of growing young rats[J]. Annals of the New York Academy of Sciences, 1990, 9(1): 9 - 16.
[36] Ohshima S, Komatsu K, Yamane A, et al. Prolonged effects of hypofunction on the mechanical strength of the

periodontal ligament in rat mandibular molars[J]. Archives of Oral Biology, 1991, 36(12): 905 - 911.
[37] Geramy A. Initial stress produced in the periodontal membrane by orthodontic loads in the presence of varying loss of alveolar bone: A three-dimensional finite element analysis[J]. European Journal of Orthodontics, 2002, 24(1): 21 - 33.
[38] 陈新民,赵云凤,向荣乡.不同状态人体牙槽骨皮质骨的拉伸力学性质研究[J]. 现代口腔医学杂志,1989: 150 - 151.
[39] 陈新民,赵云凤.口腔生物力学[M]. 北京: 科学出版社,2010.
[40] 叶德临,倪海鹰,龚一康,等.人牙骨质的弹性模量[J]. 应用数学和力学,1999,20: 1057 - 1064.
[41] 周书敏,吴仲谋.应用有限单元法对下颌磨牙不同高度的牙周支持组织的应力分析[J]. 北京大学学报: 医学版,1984.
[42] 张志媛.咬合调整对前牙牙周组织功能性改建的影响[D]. 西安: 第四军医大学,2013.
[43] Cobo J, Argüelles J, Puente M, et al. Dentoalveolar stress from bodily tooth movement at different levels of bone loss[J]. American Journal of Orthodontics & Dentofacial Orthopedics, 1996, 110(3): 256 - 262.
[44] Jeon P D, Turley P K, Ting K. Three-dimensional finite element analysis of stress in the periodontal ligament of the maxillary first molar with simulated bone loss[J]. American Journal of Orthodontics & Dentofacial Orthopedics, 2001, 119(5): 498 - 504.
[45] 陈文静.牙周支持骨高度对垂直向颌力下牙周应力分布的有限元分析[J]. 中华口腔正畸学杂志,2004,11(4): 151 - 153.
[46] 赵梦明,高平.牙周病患者松动牙齿的固定方法进展[J]. 中华老年口腔医学杂志,2006,4(3): 173 - 176.
[47] Ramos V J, Runyan D A, Christensen L C. The effect of plasma-treated polyethylene fiber on the fracture strength of polymethyl methacrylate[J]. Journal of Prosthetic Dentistry, 1996, 76(1): 94 - 96.
[48] Goldberg A J, Freilich M A. An innovative pre-impregnated glass fiber for reinforcing composites[J]. Dental Clinics of North America, 1999, 43(1): 127 - 133.
[49] Kleinfelder J W, Ludwigt K. Maximal bite force in patients with reduced periodontal tissue support with and without splinting[J]. Journal of Periodontology, 2002, 73(10): 1184 - 1187.
[50] 周书敏.牙周夹板生物力学作用的理论分析[J]. 中华口腔医学杂志,1984,19(2): 86 - 89.
[51] 李德利,唐雷,韩景芸,等.下颌固定夹板用于牙周病修复治疗的三维有限元模型的建立[J]. 口腔颌面修复学杂志,2008,9(3): 223 - 226.
[52] 闫卉.套筒冠义齿基本原理及其在牙周病患者中的应用[J]. 中华现代临床医学杂志,2005.
[53] 皮昕.口腔解剖生理学[M].北京: 人民卫生出版社,2002.
[54] Korioth T W, Romilly D P, Hannam A G. Three-dimensional finite element stress analysis of the dentate human mandible[J]. American Journal of Physical Anthropology, 1992, 88(1): 69 - 96.
[55] Dovitch V, Herzberg F. A radiographic study of the bony trabecular pattern in the mandibular rami of certain herbivores, carnovores and omnivores[J]. Angle Orthodontist, 1968, 38(3): 205 - 210.
[56] Seipel C M. Trajectories of the jaws[J]. Acta Odontologica Scandinavica, 1948, 8(2): 81 - 191.
[57] Weinmann J P, Sieher H. Bone and Bones. Fundamantals of bone biology[M]. Ed 2nd, Lowis the C. V Mosby Co, 1955.
[58] Ralph J P, Caputo A A. Analysis of stress patterns in the human mandible[J]. Journal of Dental Research, 1975, 54(4): 814 - 821.
[59] Standlee J P, Caputo A A, Ralph J P. Stress trajectories within the mandible under occlusal loads[J]. Journal of Dental Research,1977,56(11): 1297 - 1302.
[60] 王以进,李伟,苏建良,等.下颌骨冲击损伤的实验研究[J]. 中国生物医学工程学报,1993,(4): 304 - 308.
[61] Champy M, Dalsanto P, Mille P, et al. Stabilization of free mandibular bone grafts by miniplates[J]. Revue de stomatologie et de chirurgie maxillo-faciale, 2010, 111(5 - 6): 343 - 349.
[62] 周健,孙庚林,吴炜,等.下颌骨双侧升支矢状劈开双皮质螺钉内固定的生物力学分析[J]. 实用口腔医学杂志,2007,23(6): 762 - 766.
[63] Farah J W, Powers J M, Dennison J B, et al. Effects of cement bases on the stresses and deflections in composite restorations[J]. Journal of dental research, 1976, 55(1): 115 - 120.
[64] Clelland N L, Warchol N, Kerby R E, et al. Influence of interface surface conditions on indentation failure of simulated bonded ceramic onlays[J]. Dental Materials, 2006, 22(2): 99 - 106.
[65] 梅蕾,陈亚明,吕令毅,等.复合树脂嵌体修复后牙体抗力的三维有限元研究[J]. 实用口腔医学杂志,2007,23(2): 264 - 267.

[66] Yamamoto H, Iyori H, Kanomi R, et al. Application of composite resin inlays to deciduous molars — A clinical observation of the resin onlay[J]. Shoni Shikagaku Zasshi the Japanese Journal of Pedodontics, 1990, 28(3): 725.
[67] Belli S, Eskitaşcioğlu G, Eraslan O, et al. Effect of hybrid layer on stress distribution in a premolar tooth restored with composite or ceramic inlay: an FEM study[J]. Journal of Biomedical Materials Research Part B: Applied Biomaterials, 2005, 74(2): 665-668.
[68] Ausiello P, Rengo S, Davidson C L, et al. Stress distributions in adhesively cemented ceramic and resin-composite Class Ⅱ inlay restorations: a 3D-FEA study[J]. Dental Materials, 2004, 20(9): 862-872.
[69] Quirynen M, Herrera D, Teughels W, et al. Implant therapy: 40 years of experience[J]. Periodontol, 2014, 66(1): 7-12.

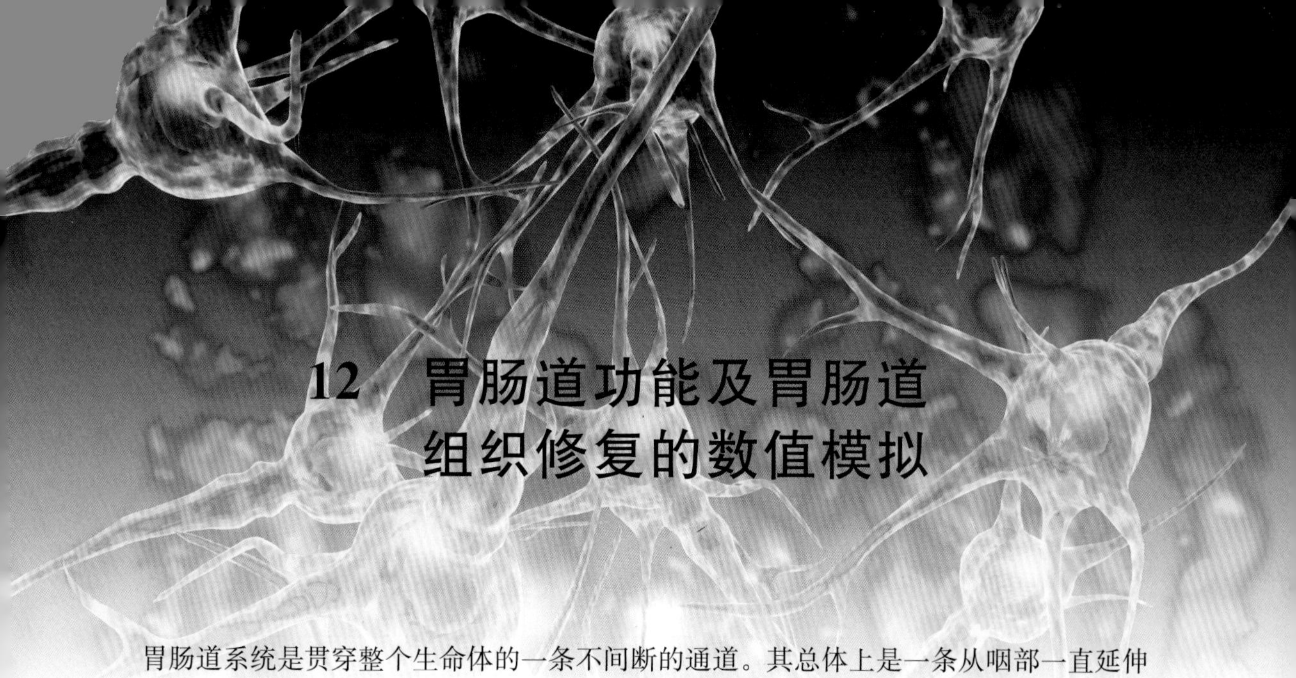

12 胃肠道功能及胃肠道组织修复的数值模拟

胃肠道系统是贯穿整个生命体的一条不间断的通道。其总体上是一条从咽部一直延伸至肛门的管状肌肉结构，由一系列不同的胃肠道器官组成。虽然胃肠道系统中的各个部位都服务于不同的营养吸收需求，但所有部位都参与了内容物的运输过程。胃肠道系统可以通过不同的括约肌划分为各自相对独立的器官，而括约肌的收缩和松弛可以调节内容物进出于各个器官。胃肠道系统最主要的器官包括食管、胃、小肠和大肠。而对于每一个器官，还可以被进一步的细分，比如小肠还可被细分为十二指肠、空肠和回肠。

胃肠道系统的主要功能是通过协调管腔肌肉的收缩来促进其内容物的机械运输。食管可将下咽的食物输送到胃，而胃则负责暂时储存食物并将其缓慢的输送至肠道。小肠和大肠则创建了不同的腔内流体的流动模式，从而保证了对食物中的水和营养物质的高效提取。胃肠道系统的机械功能紊乱及动力功能失调与很多临床疾病都具有相关性。评估胃肠道系统的肌肉和结缔组织的力学特性则是认识胃肠道系统功能异常相关的病理生理学机制的重要基础[1-4]。对于通过在体实验和体外实验所获取的胃肠道生物力学数据以及建立胃肠道本构模型，人们已经开展了大量的研究工作。这些研究的跨度很广，从对肌肉收缩的研究一直到从人体或动物实验模型获得的张力-应变或应力-应变关系数据的研究[5-7]。在过去 20 年中，数学模拟方法开始在胃肠道系统研究领域得到应用和发展。例如，到目前为止，以医学成像和其他先进技术为基础，人们已经应用数学模拟方法从组织层面和器官层面对食管的力学特性，机电特性和组织修复开展了大量的研究工作[8]。

近年来，有学者提出了源自人类 Physiome 计划的"GIOME"和"Esophagiome"的概念并获得了学界的认可[9]。这两个新的术语来自"gastrointestinal(胃肠的)""esophago-(食管的)"以及"-ome(整体)"。根据国际生理学联盟(IUPS)生理学生物工程委员会在 1993 年发布的解释，Physiome 定义为对功能性有机体的正常和病理生理学状态的定量描述。而 GIOME 和 Esophagiome 则是以可用于疾病研究的跨学科方法为基础，对整个正常的胃肠道系统和食管的生理动力学特征进行定量描述和数值模拟。GIOME 和 Esophagiome 的概念将积极促进胃肠病学和食管病学的发展以及基础研究学者和临床医生之间的科研合作。

本章将对一些生物工程的基本原理进行简明的介绍[10]，然后对胃肠道系统的解剖学进行扩展性介绍，以帮助读者更好地理解正常的及患功能性疾病的胃肠道系统的结构以及结构与功能之间的关系。然后，我们将介绍如何通过本构关系的方法来描述食管壁的生物力学特性。随后，还将介绍胃肠道系统的几何学及力学模型，包括用于描述力学行为的理论、数值及功能模型。最后，将对 GIOME 概念，包括整合型模型进行深入地介绍和讨论。综上，本章的主要目的在于比较全面地对近年来正常及患病胃肠道的几何学、结构及功能的数学模拟研究和组织修复的最新进展进行介绍。应用模拟方法对于理解胃肠道系统的功能具有重要的意义，本章也将和读者分享与预测胃肠道组织重塑、治疗效果以及组织修复相关的模拟研究的一些心得体会。模拟研究工作的长期目标是开发出患者特异性计算模型来实现个性化医疗，同时可模拟与疾病和修复相关的过程。

12.1 胃肠道系统的一般性结构及基本结构在不同器官中的演变

尽管胃肠道系统中各个器官具有不同的名称，表明其各自具有相对独立的结构，但是，就这些器官的基本构成来说，他们都具有相似的结构。而各个器官在结构上展现的不同特点则归因于各自不同的机械功能。本节将首要介绍消化道管壁的基本结构，但同时也会扩展性地介绍基本结构在不同器官中的演变。

胃肠道的管壁呈分层结构(见图 12－1)。不同的结构层结合在一起协同工作以实现统一的机械功能。这些结构层分别由不同的组织构成，分别是肌肉组织、结缔组织、神经和上皮组织。

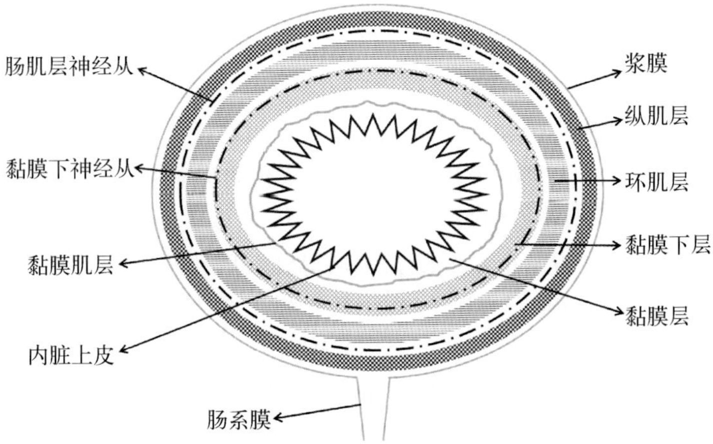

图 12－1 胃肠道管壁典型结构示意图
胃肠道管壁呈分层结构，一般可分为 4 层，包括黏膜层、黏膜下层、肌肉层和外膜层。而这些分层进而构成了不同的组织层：肌肉、结缔组织、神经和上皮

Figure 12－1 The sketch shows typical structure of gastrointestinal (GI) wall

肌肉层能产生主动力使得圆筒形的消化道在收缩时产生变形。消化道管壁的运动可以推动管腔的内容物以适当的速度向前移动。结缔组织层[和肌肉层(在没有收缩时)]则形成了一个基本组织架构，主要决定了消化道管壁的被动物理特性。有神经组织构成的结构层则负责控制消化道管壁收缩的时间和空间分布。上皮层覆盖了消化道管腔的内表面，主要功能是将溶解的物质从消化道管腔输送至血液循环系统。

胃肠道系统的肌肉基本由内脏肌肉构成,但其中也有例外。例如,在位于头部末端的咽部和食管喙部的肌肉就属于横纹肌(也被称为体肌),类似于肌肉骨骼系统中的肌肉。

胃肠道结缔组织是黏膜下层和黏膜层的主要成分之一,同时也占据了大部分肌肉层的厚度。结缔组织由胶原纤维和弹性蛋白组成,同时还包含成纤维细胞及其他细胞成分。在身体的其他部位,根据所在部位对力学特性的不同需求,纤维成分具有不同的种类和密度。

消化道的神经组织在消化道管壁内部形成了一个独特而复杂的神经系统,称为肠神经系统。该神经系统的运转在相当大的程度上独立于中枢神经系统。该神经系统包含了不同种类的神经细胞成分。这些神经细胞发出缺乏髓鞘的轴突(神经细胞的传出过程,即将信号从神经细胞体传出)。由于肠神经系统中缺少髓鞘,这就意味着在内脏器官内不需要很快速地传递神经冲动。

上皮层广泛分布于胃肠道系统的各个器官中,但因具体功能不同,各个器官中的上皮层也呈现出一定的区别。例如,在食管中,上皮层的功能主要是保护其以下的各结构层免受可能进入到食管腔内的有害物质的损伤。在胃内,上皮层的功能是分泌胃液,而在肠道中,上皮层则负责从肠道内容物中提取水分和营养物质。

内脏的管壁通常需要丰富的血液供给,一是为了维持各类细胞正常运转所必需的化学环境,二是为了高效地摄取所吸收的营养物质。动脉和静脉通常并行分布在内脏器官内,它们以相对较大的血管形态穿插于内脏器官的主要肌肉层,并以较小的分支形态分布在内脏器官管壁的各内部结构层之间或当中。这些动脉和静脉穿过的部位在主要的肌层上形成了广泛分布的薄弱点,但这些不连续部位似乎对胃肠道的力学特性影响甚微。

12.2 力-生理学

对胃肠道的生理特性进行完整和全面的预测是对胃肠道系统开展计算机模拟研究的核心,研究的主要目的包括两个方面:① 深入理解胃肠器官功能背后的多尺度和多变量复杂性,同时,通过比较,加深对胃肠器官正常功能破坏(机能失调)及其慢性状态(疾病状态)背后机理的理解;② 改进诊断过程以及对器官状态改变的定量监测技术,从而改善对胃肠疾病的治疗效果。胃肠器官的正常功能及机能失调背后的动力学机理包含了胃肠道肌肉纤维细胞状态的主动改变与器官在功能性层面对这些细胞状态改变的应答之间的相互作用。而“生理学”这一术语是指产生和控制主动应力调控胃肠道众多肌肉纤维中的时空分布的电-化学过程;术语“力学”则是指应用牛顿力学(第二)定律对肌肉和流体中的材料质点在局部力平衡变化时所引起的主动应力时空分布改变的响应过程的数学描述。

在胃肠道中存在一种重要的功能性机械反应,即胃肠道管腔通过节律性的时空变形(自动性)来对外力刺激产生应答。胃肠道管腔的变形驱动了其内容物的运输以及与液体的混合,且最终促进并控制营养物分子穿过胃肠道上皮层从而进入血液循环。另一种重要的功能性机械性反应则是可控的胃肠道括约肌收缩,这一反应可以通过改变打开括约肌部位管腔所需的力的大小来控制流体在括约肌部位管腔中的输送过程。对于“力-生理学”这一术语，我们的解释是：由内脏肌肉纤维的主动生理学过程产生流体运动并对流体运动进行调控的过程。例如，管壁肌肉的节律性收缩可以暂时性改变管腔局部的力平衡，由此来控制和调节管腔的变形。“力-生理学”是实现所有胃肠功能的基础和核心。

12.2.1 肌肉和流体响应的基本力学原理

通过下咽而进入胃的物质包括大量的空气和液态物质（流体），而在幽门以下部位所运输和混合的液态物质的黏性变化范围非常大，可从水（黏性大约为 1 cP）到糊状物（黏性大约为 104 cP），有时还混有小的固体颗粒物。由运输和混合功能引起的流体运动，究其根本是由于机械力平衡的分布在固态的肌肉与液态的食团（或食糜）交界面上的改变（固体-流体相互作用）所导致的。通常用单位面积上的力（例如应力）来描述力在表面的分布情况。单位面积上的力可分为两类，即压力和摩擦力（或黏滞力）。在胃肠道中，这两种类型的应力都很重要，但各自的平衡状态会根据其所在位置的不同而有所区别。

正如 Gregersen 等人的研究论文中所述[5]，牛顿定律是通过数学形式来定量化的描述黏性力/应力、压力/应力及流体和材料元素的加速度之间的平衡关系。流体在通过咽部时，通常主要由压力和流体质点加速度之间的平衡所驱动，而在经过食管及低位消化道时，流体质点加速度很小，所以流体压力几乎都由摩擦力来平衡。管腔肌肉和腔内流体交界面上接触压力的变化改变了力平衡的分布，从而驱动腔内流体向前运动。这些接触压力的改变是由肌肉内力/应力平衡的变化所引起，并由肌肉紧张状态的生理性变化所驱动，从而调节接触压力的增加或减少。因此可见，肌肉作用于腔内流体并使其流动，同时流体运动也反作用于肌肉来影响其收缩。

力-生理学研究（包括数学模型的应用和计算机模拟）的目的是对内脏的功能及功能失调进行定量描述，并解释来自压力检测及透视检测等标准诊断数据背后的生理机理。当压力测量导管直接与食管的黏膜接触时，其上的压力测量元件可以探测到肌肉的接触压力（压强）。当压力测量导管处于管腔内时，其测量的是流体压力。而由于流体压力必须与管腔表面对流体的摩擦力压力向抗衡（根据牛顿定律所知），这就导致流体压力存在一个压力梯度（压力在空间分布上的变化），因此流体压力与由管壁变形而产生的驱动压力是有所区别的。

12.2.2 胃-食管连接部

食管远端邻近胃的部位是胃-食管连接部（EGJ），这个部位包含有高度复杂的括约肌结构，可以控制经过该部位管腔的流体的运动，如在吞咽时流体的顺向运动以及反流或打嗝时流体的逆向运动。此外，还可以在其他时间保持闭合状态以防止胃内容物反流到食管内。EGJ 的所有功能的实现都依赖于对两个相对抗的力，即主动肌肉张力和腔内流体的压力的机械力平衡的生理性调节。主动肌肉张力是由管壁内周向排列的肌肉纤维所产生，可控制扩张管腔的力的程度；而腔内流体的压力会抗衡主动肌肉张力，当其足够大时可以充分扩张 EGJ 部位以保证流体的顺利通过。除了 EGJ 部位可对腔内流体产生的扩张力进行控制以外，纵隔及腹腔传递到食管和胃内流体的压力还受到跨越食管和胃的管壁的力平衡的控制。要实现这些复杂的功能就要求 EGJ 部位的肌肉纤维具有比食管本体的肌肉纤维复杂得多的力-生理学特性。

根据近来的研究发现，有 3 个专用的肌肉纤维群是实现 EGJ 括约肌功能的基础。第 1 个周向平滑肌纤维群位于食管壁内，通常高于食管和贲门连接部 2～3 cm 的位置。另两个周向平滑肌纤维群位于贲门的上边缘。这两个肌纤维群的紧张程度受神经生理学机理的调控。因此，其力-生理学特性与第 1 个周向肌肉纤维群有很大的区别。此外，还有其他的接触压力作用于食管外部，这些压力来自横膈膜骨骼肌纤维群。这一肌肉纤维群连接着横膈膜下表面和椎骨，围绕着食管外部并与食管轴向成一定角度。这使得食管括约肌的力-生理学特性变得更为复杂。

这一外部肌肉群紧张状态的生理学变化与几种不同的食管功能之间有着紧密的联系。呼吸动作可以通过改变跨越食管壁的机械力平衡来引起食管收缩状态相位的上调和下调并进而导致食管内压力相位的改变。这一现象反映了食管对由其内部流体压力引起的食管内腔扩张的抵抗力的变化，该抵抗力在食管排空时随着食管壁肌肉紧张程度的升高而上升[11]，而在胃贲门部位，在发生反胃和反流时，抵抗力则随着腹部肌肉紧张程度的升高而上升。此外，呼吸时横膈膜相位的变形使得食管上部固有肌肉群和外括约肌肌肉群功能发生了暂时性地相互替换从而周期性地改变着跨越食管壁的力平衡[12]。

与 EGJ 正常功能密切相关的肌肉纤维紧张程度的生理学变化非常复杂，其复杂性就如同食管对食团的正向和逆向运动和打嗝的机械响应及括约肌在阻止胃-食管反流时的生理反应。EGJ 部位的力-生理学的极端复杂性使得 EGJ 功能失调经常发生。建立包含了 EGJ 全部力-生理学复杂性并满足所有功能分析需求的数学模型和计算机模型是一项极具挑战性的工作。近年来，有 2 个数学模型研究了肌肉主动应力变化（紧张程度）、局部管腔打开及流经括约肌的流体之间的力学相互作用，证明了 Esophagiome 概念对于深入研究正常 EGJ 功能及 EGJ 功能失调背后及其组织修复的力-生理学机制将发挥重要作用。

以上的这些例子证明了基于物理学的数学模型对于胃肠道力-生理学研究的潜在价值，特别是与生理学数据整合后，能够帮助深入理解胃肠道正常功能及功能失调及其组织修复背后的关键机理。通过结合肌肉紧张程度的神经生理学调控机制与肌肉和流体相互作用导致的局部力平衡的变化来全面地描述胃肠道功能的研究方法构成了 Esophagiome 的核心概念。

12.3 胃肠道机械功能失调

正常的胃肠道功能需要以其正常的机械功能为基础。胃肠道就如同一部可“自调节”的机械装置，它可以监控自身的功能同时可以不断地修正这些功能，其具体包含的机械过程与两个因素紧密关联，一是胃肠道管壁肌肉自身的物理状态；二是与胃肠道管腔周围环境相关的生物力学状态。更确切地说，胃肠道管壁神经的机械刺激感受器和胃肠道黏膜上皮层神经的化学感受器可持续不断地接收大量各类外界刺激，并通过对胃肠道机械功能的不断调整来对这些外界刺激进行应答。

由于胃肠道的机械过程很大程度上受到外界机械刺激和化学刺激的调控，因此大多数胃肠道疾病患者都伴有胃肠道动力失调。胃肠道机械功能失调有时甚至是某些胃肠道疾病最明显的临床表征，而这一类疾病通常被称为胃肠道动力紊乱。

读者可以阅读一些经典的学术资料[13]来了解胃肠道疾病。本章将主要介绍几种以机械功能紊乱为主要临床表现的胃肠道疾病。这类疾病按照机制划分，可大致归类为肌肉收缩调节障碍及内脏运动功能障碍疾病，并将从生物力学的角度来分析这两类典型的胃肠道功能障碍疾病，因此本章将不会对所有类型的胃肠道功能性疾病进行介绍。

12.3.1 调控机理的失调

12.3.1.1 食管失弛缓症

食管失弛缓症是指在进行正常吞咽时食管括约肌不能正常的松弛。该症状用医学术语来描述也可被称为“贲门痉挛”，即指食管括约肌在静息状态时的主动收缩力高于正常范围。食管失弛缓症通常是通过其典型的食管测压数据来诊断。此外，通过钡餐可以观察到食管在吞咽过程中的过度扩张以及食团经过食管低位括约肌时的延迟现象，因此钡餐也可用于诊断这种疾病。在进行食管测压监测时，食管失弛缓症还表现为食管的蠕动停止以及食管低位括约肌的不完全松弛。

有学者提出假设，食管失弛缓症患者的食管脏肌功能仍然是正常的，但目前这一假设还没有得到很好的实证支撑。因为常规组织学检验不能发现的组织损伤有可能通过电镜观察检出。此外，通常的组织学方法只能获得器官中很少的结缔组织的图像信息，因此无法通过这一方法了解组织的功能特性和物理特性。

特发性食管失弛缓症通常被认为是一种单一的病种，并且与查格斯病没有关联，但这种观点可能是错误的。临床医生很早前就发现了一类特殊的“活跃型”食管失弛缓症，这一类型的特点是食管扩张并不明显，并且食管的肌肉组织伴有自发的节律性收缩。这一类型的症状与“经典型”食管失弛缓症的症状表现是截然相反的。“活跃型”食管失弛缓症的食管收缩表现为脏肌部分的自发性非蠕动收缩，而在食管功能失调部分表现为环状肌肉层增厚。此外，也有研究报道食管痉挛会发展为食管失弛缓症，而很少有研究报道食管失弛缓症可以被完全缓解。

食管失弛缓症所引起的神经损坏或损伤主要累及的是食管平滑肌的运动神经，此类神经通过释放一氧化氮来作用于肌肉。这类神经通常也与食管括约肌的松弛和食管蠕动收缩密切相关。食管失弛缓症会同时破坏整个食管平滑肌中的所有运动神经，因此食管括约肌和食管本体会同时发生机械功能障碍。食管局部膨大则是食管失弛缓症继续发展而导致的典型特征，且这种局部膨大很大程度上是不可逆的。一旦食管局部膨大发生，通过破坏食管下括约肌来缓解食管梗阻的治疗方法也很难有效地改善已经发生的局部膨大。因此，这种局部膨大的产生可以被视作一种食管组织重构的过程。

一些肌肉组织重构总是发生在诸如食管失弛缓症这类永久性改变肌肉功能特性的疾病过程中。例如，通过扩张术或局部切开术破坏食管括约肌之后，相同程度的食管梗阻可能会在几个月或几年之后又再次发生。而这就需要重复的机械或外科干预来缓解反复发生的梗阻情况。而形态学研究并不能证明这类肌肉重构一定是由疾病造成的或者是由治疗方法导致的。对于食管失弛缓症,目前公认的唯一有效的治疗方法即是对食管下括约肌进行适当的破坏,而这一方法从现代医学开始直至今天,都没有发生过本质的变化。但随着生物医学工程的方法和概念被不断引入到这类研究中,这将会为这类疾病的治疗提供大量新的思路和可供参考的方法学。

12.3.1.2 先天性巨结肠症

先天性巨结肠症是一种发育障碍疾病,患病的新生儿会出现结肠的异常膨大症状。男性新生婴儿比较容易患先天性巨结肠症,表现为排便稀少甚至无排便并伴有腹部的膨胀。这种疾病通常会波及肛门括约肌及位于括约肌之前不同长度范围的结肠。疾病累及的组织部位总是保持着紧张性收缩,因此不间断的收缩导致了排泄物流动时发生梗阻,从而引起从结肠喙至持续收缩的结肠段发生异常的膨大。

大多数先天性巨结肠症患儿的排泄梗阻症状都非常严重,因此需要即刻采取治疗。只有很少的患儿在从婴儿期成长到幼年期时排泄梗阻的程度会有所缓解,绝大多数患儿都必须学习适应如何忍受这种不可逆的排泄功能障碍。在这种情况下,患儿结肠的膨大程度可能会变得非常惊人。目前通常使用的治疗方法是通过外科手术去除持续收缩的结肠部位以缓解排泄梗阻。这种手术方法经过多次改进从而发展出不同的术式,但这些术式至今仍然都无法弥补手术治疗造成的肛门内括约肌功能的缺失或紊乱,从而使得患者在术后将终生受到不同程度的排泄功能紊乱的困扰。在手术切除患病的结肠段后,结肠喙至结肠狭形段的功能会逐渐恢复正常。

就像对食管失弛缓症的解释一样,针对先天性巨结肠症做出的一些假设目前还缺乏有力证据的支撑,同时一些观察结果还未得到合理的解释。

有观点认为先天性巨结肠症是一种均一性疾病,但事实上这种疾病所累及的结肠范围及造成的功能障碍程度具有很大的可变性。这种累及范围和程度的可变性可能简单地暗示着结肠末端长度的变化,是影响神经发育缺陷的单一因素。但还有观点认为存在两个甚至更多的因素会导致神经发育缺陷。

尽管位于梗阻部位之前的结肠段在手术切除梗阻部位之后仍然具有足够正常的功能,但仍然无法确定这些剩余的结肠段的功能是完全正常的。

通过手术治疗先天性巨结肠症后,剩余的结肠必然会发生组织重构。外科切除梗阻的直肠或直肠乙状结肠后,剩余的结肠会立即表现出机械特性的异常,这既可能是疾病残留引起的,也可能是手术治疗的后遗症。生物力学的方法和概念也许能很好地阐明这一现象并进而帮助接受了末端结肠切除治疗的巨结肠症患者在术后更好的处理将伴随其终生的排泄功能失调。

12.3.2 效应机制障碍

12.3.2.1 胃食管反流病

胃食管反流病(GERD)是指胃内容物逆向流动到食管内造成食管上皮细胞的损伤,受损伤的部位会发生炎症反应及其组织修复并最终导致瘢痕的形成。GERD 的整个疾病发生发展的过程包含几个不同的阶段,而其中早期阶段的典型症状通常被非专业人士称为“烧心”。

GERD 的病程中包含了 3 个基本过程,分别为侵蚀、炎症和修复。当胃内容物反流到食管内并与上皮层接触后,反流物质会损伤上皮表层的鳞状细胞并使其脱落,这将导致上皮层变薄并使得更深层的上皮细胞与反流物质发生接触。这一过程将激发炎症细胞入侵食管的上皮层及食管管壁更深层的细胞。受侵蚀部位的上皮层可能会完全消失从而导致局部食管产生溃疡。炎症过程将会启动修复效应,这其中就包括了结缔组织在局部的沉积并进而形成明显的瘢痕。

溃疡和瘢痕的形成绝大多数都发生在食管的最末端,因为该部位是反流物质进入食管的入口。最明显的瘢痕将会形成 Schatzki 环,这一结构是由黏膜层在胸膜食管肌与胃上皮层连接部的官腔内形成的环状凸起结构。

GERD 发病机理所包含的因素有很多,例如:

(1) 胃液的所有成分(如盐酸、胃蛋白酶和胆汁盐等),在反流到食管后都会损伤食管的上皮细胞。

(2) 胸腔内压总是稍低于大气压并显著低于腹腔内压。这一固定的流体静压力差正好对胃内容物反流到食管内起促进作用。在几种情况下,会加剧胃食管静压力梯度对反流的促进效应,比如延长保持伏卧体位的时间、穿窄小的衣物以挤压腹部或者过多的弯腰等都会在反流性食管炎的发病机制中起到重要作用。

(3) 胃食管括约肌是最主要的抑制胃食管反流的屏障,食管括约肌克服胃食管压力梯度的功能失效可能代表着括约肌反射调节功能的失效。

(4) 食管蠕动收缩力的减弱可能是胃食管反流病的病因,但同时也可能是由胃食管反流病所引起的负面效应。

(5) 具有缓冲作用的唾液的分泌对于保护食管也起着很重要的作用。唾液在单位时间的分泌量会随着人年龄的增长而逐渐降低,也会因为某些疾病(特别是弥散性系统性硬化症及诸如此类的自身免疫疾病)而显著减少。在这些情况下,胃食管反流病是在疾病控制和管理过程中须面对的主要问题之一。

(6) 食管裂孔(食管穿过横膈膜处的开口部位)部位的几何结构也会显著影响胃食管反流。几个位于食管裂孔处的结构特征因素已经被学界认为对于阻止胃食管反流具有重要意义,这也意味还有食管以外的其他因素也影响着反流性食管炎的发生发展。这几个因素包括 HISS 角(胃食管夹角)大小以及食管裂孔疝的形成与否。HISS 角是指食管的主轴延伸到胃内与胃底所成的夹角。目前已提出一种关于胃食管反流形成的理论:胃推动食管末端从而挤压胃食管连接部是对抗胃食管反流的重要因素之一。食管裂孔疝是指部分胃穿过了食管裂孔进入了胸腔。当食管裂孔疝进入到胸腔,将会破坏膈食管膜韧带并随后固定下来。而这一结构性改变的结果使得胃食管反流变得更为持续。

12.3.2.2 胃肠道系统性硬化症

有几种看似相关的疾病都表现出了胃肠道肌肉纤维化的病理特征,这些疾病被统称为系统性硬化症。系统性硬化症会累及人体内多个不同的器官，其中最明显的症状是皮肤会变得坚硬、紧绷。该疾病也会波及内脏器官，特别是食管，并引起反流性食管炎。此外，还会影响到结肠功能、肺功能以及肾功能。系统性硬化症的症状根据所波及的器官和部位的不同而表现出很大的差异。

系统性硬化症好发于女性，通常开始于成年早期，病程发展非常缓慢，以至于在发病数年后都难以做出准确诊断。因此，系统性硬化症对胃肠道肌肉组织力学特性的改变过程非常缓慢且在早期难以察觉。目前，学界对于系统性硬化症的发病机制仍然不清楚，但大多数研究机构还是将这种疾病视为自身免疫疾病。肌肉组织纤维化的后果是改变了胃肠道管壁的力学特性，受影响的肌肉组织将逐渐失去自主性收缩力且变得越来越坚硬。

系统性硬化症患者大多会表现出胃肠道的临床症状，特别是食管中胶原组织的过度沉积而导致的吞咽困难。食管是硬化症最容易侵犯且受其影响的程度最为严重的器官。当食管受到硬化症的影响后，无论程度如何，都会表现出慢性胃食管反流症及反流性食管炎的症状。整个食管的力学特性的改变在硬化症的影响下是同时发生的，因此，缓慢的食管扩张或膨大、蠕动收缩力的减弱及胃食管括约肌紧张程度的下降都是同时发生的。

除了引起食管的力学特性改变以外，硬化症还会通过弱化食管蠕动收缩和食管括约肌收缩来进一步加重反流性食管炎的程度。硬化症也常常会导致唾液腺的纤维化，显著减少具有缓冲特性的唾液的分泌，从而使食管上皮层失去对抗胃液侵蚀的能力。另一方面，炎症反应也会加重食管的纤维化，新的瘢痕组织形成并叠加在已经纤维化的食管组织上，这也是硬化症必定会经历的发展过程。

系统性硬化症所引起的脏肌纤维化在其他胃肠道器官中的表现相对较弱。但其仍可以弱化胃部的肌肉从而导致胃清空功能受损并进而发展为慢性恶心呕吐及随之发生的营养受损。当这一病理过程侵犯至小肠时，会削弱小肠的蠕动收缩从而促进大量细菌在小肠管腔内的增殖。正常的小肠会通过蠕动收缩及时地将来自食物的大量细菌输送到大肠以避免这些细菌在小肠内停留太长时间并过度增殖。因此，当小肠正常的输送功能受到破坏后，大量细菌在其内的过度增殖将损害肠道的消化吸收功能，并导致吸收不良性腹泻。当脏肌纤维化累及大肠时，一般会导致便秘。但来自纤维化的小肠的大量液体通常会使腹泻症状更明显。大肠通常是所有消化道器官中受系统性硬化症影响程度最弱的器官。

目前针对系统性硬化症的治疗还只能是对症治疗，即视其累及的器官所表现出的具体症状开展针对性治疗。比如，针对食管的胃食管反流症的针对性治疗，或针对小肠的细菌过度生长综合征的针对性治疗等。

12.3.2.3 大肠憩室病

大肠肠壁上发展出多发性支囊的症状通常被称为大肠憩室病。肠壁上的这些憩室容易被感染从而演变为憩室炎。憩室病好发于大肠的乙状结肠部分，这一区域与直肠紧密相连。但有极少部分的患者，憩室会不同程度地分散在除了盲肠和直肠以外的大部分大肠区域内。

大肠憩室病的发生似乎与年龄的增长密切相关。这种疾病在 30 岁以前的人群中非常少见，而在超过 60 岁的人群中，其发病率显著增高。

大肠憩室病患者很多都表现为无任何症状，当憩室出现感染或出血时，患者才会意识到应该前往医院就医。憩室的感染很容易转变为危及生命的情况，憩室出血则会变成促使患者接受急诊治疗的原因。憩室感染一般采用抗生素来治疗，而憩室感染并伴有出血时就需要通过外科手术治疗以切除受感染的肠道区域，而这一区域通常是乙状结肠。

大肠憩室病清楚地反映出大肠肌肉组织的力学特性已经发生了很大的改变，临床上表现为结构性的肌肉肥大，但其诱因目前仍然未知。肌肉肥大首先会发生于乙状结肠并在此部位变得越来越严重，而乙状结肠与直肠紧密相连。肌肉肥大也会发生在与盲肠相距不同距离的肠道部位，但发生在结肠右曲前部的情况非常罕见，且从不发生在直肠部位。

尽管憩室是平滑肌肥大最主要的形态学表现，但肌肉肥大会先于憩室出现，并且容易被经验丰富的检查者发现。发生肌肉肥大的大肠部位与正常的大肠相比，在收缩时会表现出更高的腔内压力。这就意味着患病的大肠的运动功能明显强于正常的大肠。由此可以推测，肠壁上的憩室很可能是由于过高的腔内压力挤压肠壁而形成。

在肠壁上形成憩室的位置通常都是对肠壁内腔压力的抵抗最弱的位置。比如神经营养血管穿过环状肌层的位点。在高压力的作用下，黏膜层可以被挤压而穿过这些特殊的位点并膨出到器官的外侧以形成憩室，而憩室的外表面则由一层很薄的浆膜覆盖。肌肉肥大被局限在环肌层，形成的环状突起结构部位的收缩可以封闭大肠的内腔，从而使得大肠被划分形成一系列各自独立的部分。这些封闭环使得每个被封闭部分的高压和肌肉异常症状不会扩散到受肌肉肥大影响较小的区域。

现代医学通常将肠道的局部肌肉肥大归因于长期的低渣饮食，但这一观点还需要具有说服力的证据以及合理的解释来支撑。然而，采用大鼠和兔子作为动物模型开展的研究已经证实了低渣饮食与大肠憩室病的发生发展是相关联的。20 世纪 70 年代早期的研究结果就已经证明只需 4～5 个月的低渣饮食就可以使兔子患上大肠憩室病。

12.3.3 从生物工程角度对胃肠道运动功能失常的一些思考

对本节描述的这些临床状态和生物工程方法进行思考和总结，会发现就像在本章的其他部分的内容所揭示的那样，目前关于患病胃肠道器官动力性组件的生物力学特性还没有建立系统和机构化的知识体系。对于这一领域，科研人员目前只掌握了一些零散的知识和信息，且大部分经验性观察的结论都还缺乏理论基础。对本节中涉及的这些疾病，仍然缺乏关于形态学、解剖学、组织的结构和构成及基本生物物理特性方面的必要信息和深入理解。

在大多数情况下，很难对患有胃肠道动力性疾病的患者(和健康者)的器官和组织进行直接的实验研究。所以科研人员开始采用物理建模和数学建模(或数值模拟)的方法来验证胃肠道运动的物理过程。有效的模拟计算必须基于从真实的组织和实验所获取的数据，然而从人体组织和实验获取数据很难实现，因此就必须凭借动物实验来获取所需的参考数据。这种获取参考数据的方式是合理的，因为软组织的本构方程不会因为物种或器官的不同而存在明显的区别。但不同物种和不同器官的材料参数的确会有显著的区别。而应用本章中所提到的这些方法可以实现对胃肠道的在体力学测试，因此人体胃肠道器官的材料参数也是可以通过新的技术手段在体获取的。

本章提到的这些创新的技术方法将会在未来改变对胃肠道动力功能障碍的干预和处理方式。这些技术方法包括腔内球囊充压扩张结合在体描述张力-应变关系的方法、医学成像与三维建模相结合的技术以及将组织特性与流动特性相结合的新理论等。这些方法若使用得当,将会极大地帮助科研人员掌握更多的胃肠道组织修复的相关知识。要实现这一点,就需要研究人员对患有胃肠道动力性障碍的器官的生物力学特性有深入的了解,若有需要,还应对研究人员进行必要的培训。此外更为重要的是,需要了解软组织材料特性的工程师及了解生物组织和患者的生物学家和临床医生之间的通力配合。

从以上的疾病描述可以得知,尽管对这些疾病的描述是从力学角度来进行的,但是仍然缺乏对于这些生物组织的力学特性和组织修复重构过程的深刻理解和认识。以下的内容还将进一步讨论正常及患病的胃肠道组织的机械过程,从而提供一种可以用来更深入地探索人类胃肠道疾病的思维方法。然而胃肠道疾病领域所包含的研究内容是非常广泛的,本章无法对其进行全面的详细描述,所以以下的内容将主要聚焦于对食管的探讨,因为食管是消化道的重要组成部分同时,也是被研究得最多的消化道器官。

12.4 食管的生物力学功能

食管是一个具有运动能力的管状组织,可以将其内腔的食物推进到胃和肠道以进行消化和吸收。在发生呕吐和胃食管反流时,食管也充当胃肠道内容物(如胃酸和空气)的反流通道。在这些运输过程中,食管壁和内腔尺寸在力的作用下而发生改变。由于蠕动及食团的运输过程都会不断地改变食管壁的几何特征以及应力应变在食管上的分布,因此食管的力学特性是决定其功能的重要因素。

12.4.1 正常食管的生物力学特性

1) 人体研究

(1) 食管壁的周向硬度随着所受到的压力的增加成指数函数增长[14-26]。这意味着食管组织在承受正常生理压力时硬度较低,而当所承受压力超过生理水平时,组织硬度会显著增加。

(2) 张力和应力在沿食管轴向[14,15]及食管壁径向[16]的分布不均匀。

(3) 在对食管进行等容扩张和等压扩张时,主动应力-应变关系(受肌肉收缩决定)是不同的,而被动应力-应变关系则很相似[17]。

(4) 伸长比(而非张力)是影响食管对扩张的感觉响应的主要因素[18]。

2) 动物研究

(1) 与之前提到的人体研究的结论相一致,动物食管壁的周向硬度也同样随着所受到的压力的增加成指数函数增长[14-16]。

(2) 食管壁在周向、轴向和剪切方向上的硬度表现为各向异性。在轴向的硬度显著高于在周向的硬度[7]。

(3) 对分层食管壁的研究显示,在不同食管层的应力分布成非线性和各向异性[3,7],而黏膜-黏膜下层具有最高的硬度[6,12,23]。

(4) 不同食管层的残余应变是有区别的(见图 12-2)。此外,对食管进行分层处理后,食管各层的残余应变分布变得更为均匀[3]。

(5) 食管的被动生物力学特性主要取决于胶原和弹性蛋白[25]。

(6) 在进行体外机械测试过程中,食管组织会发生软化,且实验证明在预调测试过程中食管的硬度损失主要归因于应变软化[26]。

(7) 通过氯化钾引起的收缩进行激活后,大鼠食管的应力软化可以获得恢复[27]。

食管的被动硬度与其生理学特性之间联系紧密,这可能是一种食管的"自我保护"机制。

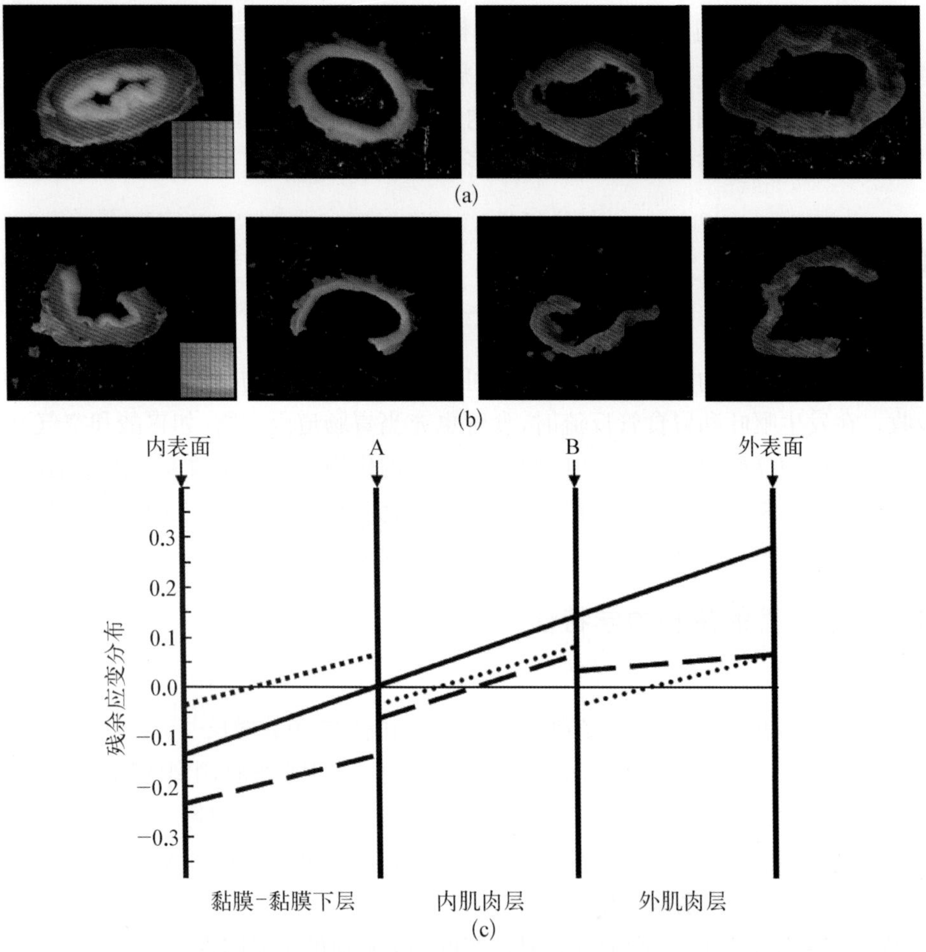

图 12-2 残余应变在猪食管各结构层的分布

(a) 全层食管(第一列)、黏膜-黏膜下层(第二列)、内肌肉层(第三列)以及外肌肉层(第四列)的无加载状态;(b) 以上各食管结构层对应的零应力状态;(c) 残余应变在分为三层的食管壁上的分布情况,其中 A 是内层肌肉与黏膜-黏膜下层的交界面,B 是内肌肉层与外肌肉层的分界面[2]

Figure 12-2 Residual strain distribution in the layered esophagus of pig is shown

基于以上的研究发现,食管可以被总结性的描述为:可由黏弹性和软化行为引起大变形的多层且各向异性的器官(见图 12-3)。

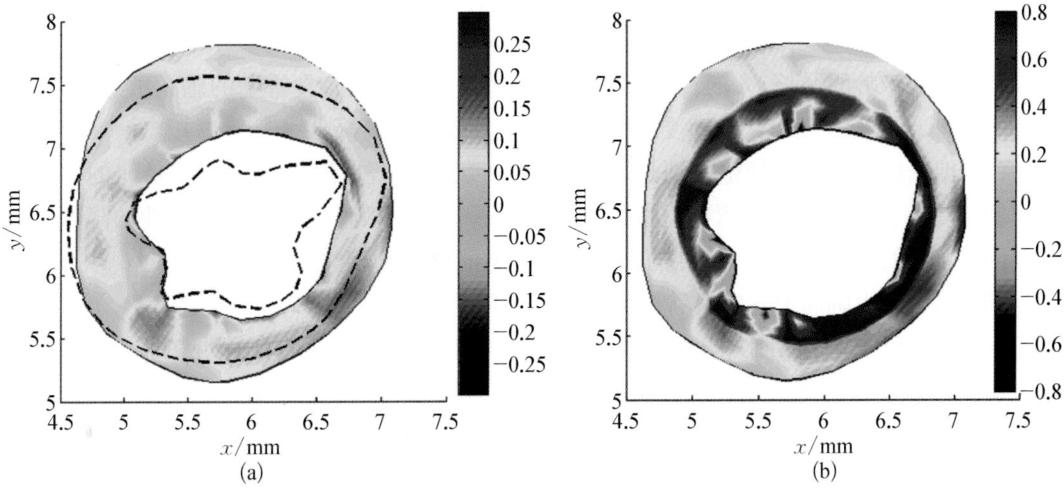

图 12-3 周向应变和应力在分层食管上的分布[6]
(a) 图显示了将食管充压至 1.0 kPa 时，周向应变在双层食管模型中的分布情况。其中的短画线表示食管的非变形状态；(b) 图显示了将食管充压至 1.0 kPa 时，周向应力在双层食管模型中的分布情况
Figure 12-3 Circumferential strain and stress distribution in the layered esophagus

食管上括约肌(UES)及下括约肌(LES)分别控制着食物进入食管内腔及内容物从食管进入胃部的机械过程。因此，这两处括约肌维持闭合状态的力学特性和打开这两处括约肌所需的力之间的相互协调是保证食管正常生理功能的重要因素。吞咽动作所引起的 UES 打开受意志增强所支配。吞咽下的食团在通过食管上括约肌部分时的运送过程受到几方面因素的调控：括约肌内直径、括约肌打开间隔及食团运动速度[28]。食团内压力变化主要取决于其在咽-食管部位中的位置以及时间[28]。当健康人需要进行用力下咽时，吞咽过程的时间会延长并且口腔内压力会显著升高[29]。通过联合使用高分辨率腔内超声显像和测压技术，Miller 证明了 UES 与位于其以上部位的食管段相比，肌肉层的横截面积更大且静息压力也更大[30]。力-速度分析方法证明了食管和 LES 肌肉收缩所做的功及产生的能量取决于① 由前负荷引起的肌肉起始长度；② 抵抗肌肉收缩的后负荷；③ 肌收缩力变化[31]。LES 肌肉的张力-内直径关系曲线显示，适宜的张力上升并非出现在 LES 趋近于闭合的时候，而是发生于 LES 内直径比较大的阶段。此外，肌肉甚至在管腔内直径比较小的时候也会出现张力上升的情况[32]。吞咽动作和食管扩张所引起的轴向拉伸可以导致 LES 的松弛[32]。准确监测 LES 和 EGJ 部位的压力对于诊断性评估以及深入研究 LES 及其周围结构的生物力学功能具有很重要的意义[33]。

12.4.2 生长、老化以及疾病导致的食管重塑

如前文所述，食管(包括 UES 和 EGJ)的组织形态学及生物力学特性是实现其正常生理功能的基础。人体及动物实验研究已经证实了很多可引起生理学环境改变的因素都能导致食管(包括 UES 和 EGJ)的组织形态学和生物力学重塑。重塑包括了食管的尺寸、各结构层厚度、组织学结构、残余应变分布、扩张性及管壁硬度的改变。因此，深入理解食管重塑过程对于临床评估和治疗具有重要意义。

现将人和动物的食管组织形态学及生物力学重塑的部分特性简要描述如下：

1）人体研究

（1）随着年龄的增长，人的食管内腔会逐渐增大，硬度增加，食管壁的感觉敏感度下降。食管的逐渐衰老会表现为化学感受敏感性及机械感受敏感性降低[34]。

（2）糖尿病患者的食管壁特别是黏膜-黏膜下层会显著增厚并且轴向及径向的抗压弹性降低。具有长期糖尿病和胃肠道症状的患者的食管感觉敏感性会随着顺应性的降低以及硬度的增加而逐渐降低，而顺应性的降低与胃肠道症状评分相关[35]。

（3）不明原因胸痛患者的食管顺应性会明显降低[36]。

（4）与健康志愿者相比，患有胃食管反流病（GERD）的患者的食管可扩张性较低[37]。通过横截面积和容量测量方法来进行评估时发现，非糜烂性胃食管反流病（NERD）患者的食管对机械刺激的敏感性较低[38]。

（5）系统性硬化症患者的食管末端受该疾病的影响最严重，受疾病累计的食管部位表现为管腔横截面积增加并且正常的蠕动功能受损[39]。

（6）嗜酸细胞性食管炎（EoE）患者的食管症状表现为伴随纤维化的慢性炎症。EoE 食管的可扩张性和管腔直径降低，并引起轴向肌肉功能障碍[40,41]。

2）动物研究（见图 12 - 4）

（1）大鼠食管在正常生长发育过程中，食管的单位长度重量、管壁横截面积、黏膜和肌肉层的内外周长及硬度和横截面积都会随着大鼠年龄的增长而增加。大鼠 1 周和 2 周大时，食管环的展开角大约为 140°角，此后 16 周的时间里，展开角会逐渐减少至 80°角。在大鼠出生后的 4 周内，食管的周向硬度逐渐降低，而在 16 周内，食管的轴向硬度逐渐降低[1]。

（2）大鼠老化食管的形态学参数如周长、管壁厚度及横截面积会轻微增加但展开角角度会降低。随着年龄增长，大鼠食管壁的周向和轴向上的硬度会明显增加。此外，食管的中性轴（食管壁中残余应变为零的位置）也会随着年龄增长会逐渐朝内层偏移[4]。

（3）EGF 处理会引起大鼠食管形态学和组织结构上的过度生长。食管环的展开角、残余应变及周向硬度增加[40]。

（4）由链脲佐菌素（STZ）注射可以导致大鼠患上Ⅰ型糖尿病，而Ⅰ型糖尿病大鼠的食管会发生显著的生物力学重塑[42]。STZ 诱导糖尿病成功 1 周后，大鼠食管的周向硬度增加，并且在四周后轴向和剪切硬度也会增加。此外，Ⅰ型糖尿病大鼠食管各结构层的生物力学特性也会发生重塑[43]。糖尿病会引起大鼠食管的内直径、外直径、肌肉层及黏膜-黏膜下层的管腔面积发生显著增加。黏膜-黏膜下层的厚度增长明显大于肌肉层的厚度增长，并且黏膜-黏膜下层的周向硬度会在诱导糖尿病成功 28 天后发生明显增加。

（5）组织形态和生物力学特性重塑是Ⅱ型糖尿病大鼠[Goto - Kakizaki（GK）rat]食管壁的重要特征[3]。Ⅱ型糖尿病会引起大鼠食管的周长、壁厚、肌肉层横截面积以及黏膜-黏膜下层中胶原组分的显著增加。GK 大鼠食管切环的展开角和外部残余应变显著变小。此外，GK 大鼠食管的周向硬度显著高于正常大鼠。

（6）兔子的食管壁在患静脉曲张时，其可扩张性会显著降低，但若静脉曲张治愈了，食管壁的可扩张性又会恢复[44]。

(7) 负鼠的食管发生局部梗阻后会发生膨大及软化[45]。

(8) 与野生型小鼠比较，成骨不全症(oim)小鼠食管壁由于胶原成分的缺失，其厚度和横截面积明显较低，且黏膜下层厚度的减少最为明显，但食管环的展开角较大，且浆膜、黏膜表面以及黏膜-黏膜下层与肌肉层的交界面上的残余应变较大[46]。

(9) 在大多数犬类巨食管症病理中，食管的黏弹性特性会发生显著改变[47]。

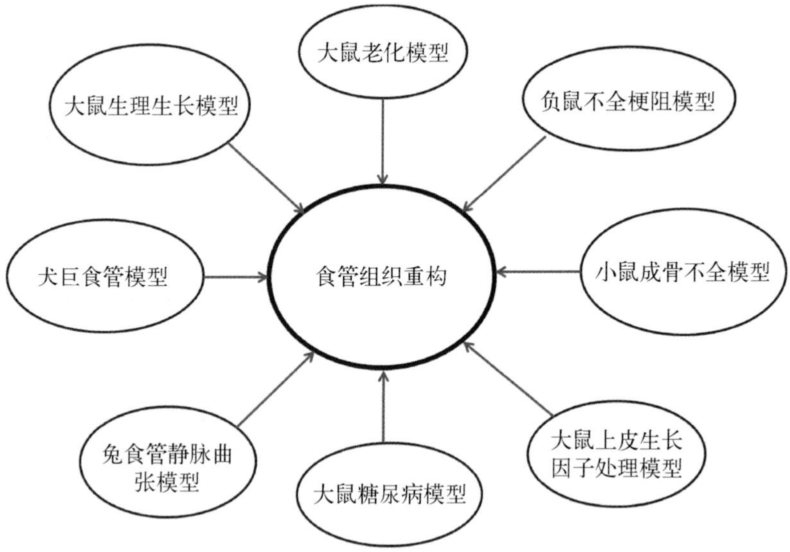

图 12-4 各种可引起食管重塑的动物模型

Figure 12-4 The sketch shows the different animal models which induce esophageal remodeling

除了以上提到的各种食管重塑现象以外，当人体和动物的体内生理学环境改变时，生物力学重塑也会发生在食管的 UES 和 EGJ 部位。以下将简要介绍一些人体研究的实例：

(1) 老年男性的食管 UES 部位在吞咽时的可扩张性显著降低[48]。

(2) 部分帕金森病患者在咀嚼和吞咽过程中，其食管的 UES 和咽部会出现机械功能障碍[49]。

(3) 患神经性吞咽困难的患者的食管 UES 会表现出静态顺应性损失及 UES 松弛不能症状[50]。

(4) 在食管内腔与胃酸有过多接触的一类患者中，60％会出现不同程度的食管 LES 功能不全[51]，这一结果也表明了 LES 的功能失调对于 GERD 的重要性。

(5) 与正常人相比，伴有食管裂孔疝的 GERD 患者的 EGJ 部位较短且可扩张性更高[52]。对于 GERD 患者而言，EGJ 顺应性增高是导致食管过多暴露在胃酸中的主要病理生理学异常之一[53,54]。

(6) 食管失迟缓症患者的食管 EGJ 部位对食物流动的阻碍显著增加且食管顺应性明显降低[55]。对食管失迟缓症患者进行 EGJ 部位肌切开术治疗时，可以使用功能性腔内成像探头(FLIP)对 EGJ 末端在不同切开长度的可扩张性进行在体测量，从而保证手术的成功率[54,56]。

食管结构和力学特性重塑导致了食管的机械感觉和功能的改变。因此，生物力学参数可以当作一种重要的生物指针，以此更深入地研究食管功能性疾病的病理生理学机理。

12.5 关于人类 physiome、GIOME 及 esophagiome 项目

Physiome 是一个多尺度、跨多学科的研究项目，其目的在于深入地探索人体的功能[57]。这个术语来自"Physio"(生理学)以及"-ome"(成为一个整体)。Physiome 是对功能性生命体的生理学及病理生理学状态的定量描述。Physiome 为各个重要器官设立了各自有针对性的研究项目，比如为心脏设立的 Cardiome 项目以及针对肾脏模拟的研究课题。针对胃肠道的研究项目于 2006 年[9]被首次提出，并且很多研究小组都在一系列研究论文中发布了各自关于"虚拟胃和肠道"研究的最新进展。于是这一系列研究工作的总称被定名为 GIOME。近年来，部分 GIOME 研究论文都公布了很多关于"虚拟食管"的研究成果，而"Esophagiome"的概念在 2015 年举办的第 13 届世界食管疾病大会上被正式提出。

Physiome 计划的目的，是从分子尺度直到器官尺度，解释身体的各个部分是如何各自发挥作用，并相互协调在一起的。同样的，考虑到胃肠道系统在解剖学、力学、功能和疾病方面的复杂性，很需要整合现有的关于消化道疾病的模型并在此基础上开发出更为先进的多尺度复合模型来整合胃肠道各解剖组件和功能。

食管所有的机械功能的实现都依赖于解剖学、神经性及肌源性因素的相互协作。这就需要将跨越多时间和空间尺度的生理学功能都纳入调查研究的范围。Esophagiome 主要是针对食管功能的力-生理学研究，也包括针对食管上下括约肌的研究。Esophagiome 主要是采用数学模拟和计算机模拟技术来描述正常食管的功能以及功能失调，同时从标准的诊断数据(如测压数据和医学透视影像)来解释食管功能的生理学机理。

近年来，很多交叉学科研究小组[2-8,11,22,27,43,44,58,59]发表了大量专注于食管的研究论文。而 esophagiome 计划目前仍然处于起步阶段，其研究主体还是以生物学家和临床医生为主。因此，esophagiome 还需要不断整合其他更多学科的思维方式，这样才能帮助人类真正深入理解食管疾病的机理。

12.5.1 向着虚拟胃肠道(GIOME)发展

为了实现胃肠道的正常功能，就需要食物运动、分泌、肌肉收缩及血液循环等因素的相互协调配合。但目前仍然无法通过直接的实验操作和观察来获取整合了来自胃肠道不同结构和功能等不同空间时间尺度的信息。此外，目前也还没有能够准确评估局部应力或跨膜电位分布的三维模拟方法。尽管如此，数值模拟方法依然使得描述适合于某一局部空间和局限时间内的结构-功能关系成为可能，并且计算模拟方法还可能将某一个尺度下模型的参数与相邻尺度级别的结构和功能的更多详细描述相联系。数值模型已经被广泛应用于软组织力学的研究，因为其具有可以分析形态结构复杂的软组织的非线性力学行为的潜力。数值模型的效果依赖于几个重要因素：① 基于形态学测量数据对研究部位的解剖学结构进行可靠的三维重建；② 获取准确的边界条件；③ 建立可以描述单一组织

机械响应特性的本构模型[5]。由于具有改善计算方法和实验测量的能力，数值分析可被用于帮助人类从生物力学的角度更好地理解胃肠道系统的生理学及病理生理学功能，比如食管结构的力学特性以及食物的运输过程等[8]。胃肠道数值模型的例子将在以下内容中展开讨论。

与针对身体其他器官或系统的数值研究相比，对胃肠道功能的数值模拟研究目前还处于相对早期的阶段。目前主要有 3 种用于胃肠道系统数值研究的模型。

(1) 几何模型。可对胃肠道的解剖结构和微观结构进行准确的三维重建，比如包含了详细的肌肉纤维排列细节的逼真的三维模型。

(2) 生物力学模型。可以模拟消化道管壁的肌肉及其他构成部分的机械变形以及食团在消化道内的运输过程。目前对胃肠道肌肉的被动和主动应答过程的模拟研究还在不断地发展。有限弹性理论通常被应用于模拟胃肠道组织的变形和肌肉的功能。实验研究用于获取各种不同物种的食管的被动力学特性，所获得的信息可用于开发有限元模型来定量描述食管对充压膨胀的响应[8,22]。用于建立食管多层复合模型的详细的形态测量数据和力学数据也来自动物实验研究[2,4,8,26,60]。此外，Brasseur 课题组[58]和 Gregersen 课题组[61,62]都发表了很多关于人体实验数据和模型的研究论文。

(3) 电生理学模型。可以模拟与肌肉收缩相关的生物电活动。

现有的大多数胃肠道模型都是几何模型和力学模型，因此本章将重点关注这两类模型。这两类模型都可用于处理胃肠道正常功能的机理、组织结构重构以及力-生理学问题。胃肠道在很多情况下以及疾病状态下都会发生组织重构，组织重构是包括形态学重构和力学重构相互作用的复杂过程。例如，类似于食管失弛缓症的出口梗阻和其他疾病都会导致食管壁的过度膨胀以及食管管壁结构和肌肉功能的显著变化。组织重构还会影响到神经生理学和力学的相互作用，例如对力-生理学功能的影响。本章也将对这类问题进行详细讨论。以上 3 种类型的胃肠道模型对于开发新的诊断装置以及改进药理学研究和内镜外科治疗效果等都非常有用。

12.5.2 几何模型

由于内脏器官在不同疾病过程中其形态学特征和几何学参数都会发生改变[39]，因此获得准确的内脏器官的三维几何模型是非常重要的。在标准的实验研究中所使用的刺激方法必须是明确、精准和可控的。应用最广泛的机械刺激胃肠道的方法是球囊扩张。球囊扩张数据是通过对压力-体积关系的测量来获取的。对肠道进行球囊扩张可以激发黏膜层、肌肉层及浆膜层中的机械刺激感觉神经传入。有几项研究结果表明分布于胃肠道管壁中的机械刺激感受器都属于张力感受器。近年来，球囊扩张技术与阻抗测面技术[5]结合，使得球囊扩张技术获得了很大的改进并由此建立了评估管壁周向应变、张力和硬度的方法。之前的胃肠道研究成果已经提供了大量内脏管壁张力和应力的数据[18,63]。但这些研究基本都基于二维模型，例如周向张力和应力是由沿器官长轴的某一特定位置来决定。但实际上，张力的分布是与几何参数(半径和曲率)及扩张压力密切关联的。复杂的几何特征会导致非均匀的应变、张力和应力的分布。因此，为了准确地计算胃肠道在不同生理和病理生理状态下的张力和应力变化，构建一个精确的几何模型是非常必要的。

基于同步记录的医学影像和扩张压力数据，胆囊、胃、直肠和乙状结肠在扩张过程中的三维表面模型已经被成功重建出来[64-66]。基于这些重建的模型，很多三维几何参数和力学参数如三维主曲率的空间分布、曲率半径、壁厚、张力和应力等都可以准确获取。

本章将主要介绍胃、直肠、乙状结肠和胆囊这 4 种胃肠道器官的三维模型。基于不同的表面分析算法，这些模型可被分为两类。第 1 类模型包括了人的胃模型[64]和胆囊模型[65]，这类模型是基于对器官横截面成像的三维重建，其采用的表面分析方法是傅里叶变化法。第 2 类模型包括了人的直肠模型和乙状结肠模型以及大鼠的胃模型[66]，这类模型是基于对器官再切片图像的三维重建，其采用的表面分析方法是局部数值分析法。

1）图像采集和模型重建

用于重建胃肠道三维几何模型的解剖图像大都通过超声扫描、数字化断层扫描（CT）以及核磁共振成像（MRI）技术来采集。通过图像处理方法可以分辨出器官的内壁和外壁的边界，随后即可获得三维模型的完整几何数据。通过横截面成像来重建的乙状结肠三维模型如图 12－5 所示。

胃[64]、直肠[67]和乙状结肠（见图 12－5）这 3 种器官的中心轴线都是弯曲的。当这些器官被充压扩张时，期变形将沿着弯曲的轴线来进行。在描述胃肠道模型的变形时，沿弯曲的中轴线对准数据点是非常必要的。可以沿着弯曲的中轴线对从横截面成像重建生成的三维实体模型进行再切片，基于再切片图像就可以获得器官的表面模型。图 12－5 中显示了乙状结肠的实体模型以及由再切片成像而生成的表面模型。

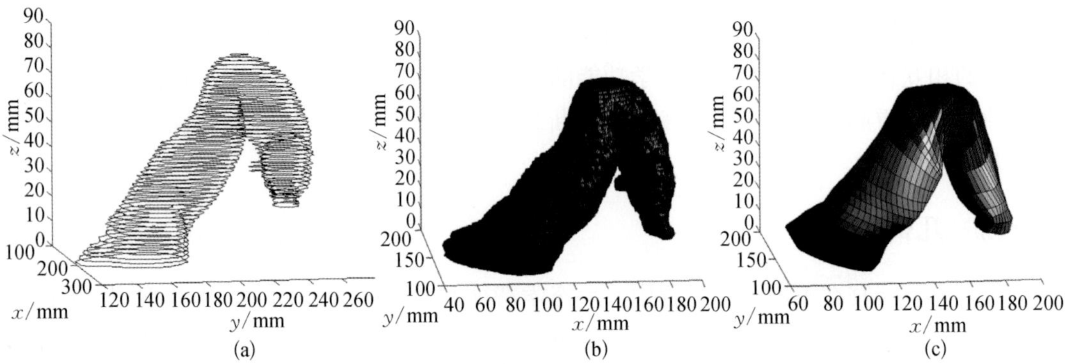

图 12－5 充盈容量为 200 ml 时的三维乙状结肠表面模型实例[60]
（a）图所示的是由核磁共振成像重建生成的三维外轮廓；（b）图是相应的固体模型；（c）图是由一系列沿中轴的切片组成的三维表面模型

Figure 12－5 An example of a 3－D sigmoid colon surface model at distension volume 200 ml

2）表面平滑处理

由于采用了离散化（非连续的）的像素点来重建器官模型，因此所获得的模型表面是不规则的。但在后期处理中，可以应用两种方法来去除模型表面不规则的地方。一种方法是基于傅里叶变换算法，另一种方法是经过改进的非收缩的高斯平滑算法。

基于傅里叶变换的表面平滑方法可以使得模型表面给定的横截面上的任意一点都可以

在极坐标系统（r，θ，z）中表示出来，这里的 r，θ 和 z 分别为极半径、角度和横截面高度。每一个点都可以用如下的傅里叶级数来进行拟合。

$$r(\theta)=a_0+\sum_{n=1}^{n=d}a_n\cos(n\theta)+\sum_{n=1}^{n=d}b_n\sin(n\theta) \tag{12-1}$$

这里的 d 表示傅里叶级数的等级。

为了使傅里叶系数可近似表示为横截面高度的函数，则使用的正交多项式的形式为

$$a_i(z)=c_{0i}+c_{1i}z+c_{2i}z^2+\cdots+c_{pi}z^p \tag{12-2}$$

此处的 p 代表多项式的级数，i 则代表傅里叶系数的指数。（r，θ，z）极坐标系可通过矢量旋转的方式描述为

$$\mathbf{x}(\theta,\ z)=[r(\theta,\ z)\cos(\theta),\ r(\theta,\ z)\sin(\theta),\ z] \tag{12-3}$$

式(12-3)中

$$\mathbf{r}(\theta,\ z)=\begin{bmatrix}1\\ \cos\theta\\ \vdots\\ \sin d\theta\end{bmatrix}^T\begin{bmatrix}c_{00} & \cdots & c_{p0}\\ c_{01} & \cdots & c_{p1}\\ \vdots & \cdots & \vdots\\ c_{0(2d+1)} & \cdots & c_{p(2d+1)}\end{bmatrix}\begin{bmatrix}1\\ z\\ \vdots\\ z^p\end{bmatrix} \tag{12-4}$$

因此，模型表面的所有信息都包含在这个系数矩阵里，例如，现在模型表面已经从三维的笛卡尔坐标系（x，y，z）转换为二维的局部切平面坐标系（θ，z），此处 θ 代表对应于周向肌肉方向的切线方向，而 z 则代表对应于纵向肌肉方向的切线方向。

通过使用以上描述的算法，复杂的模型表面可以用表面式(12-3)来进行平滑处理。采用此方法进行平滑处理后的胃窦模型如图 12-6 所示。

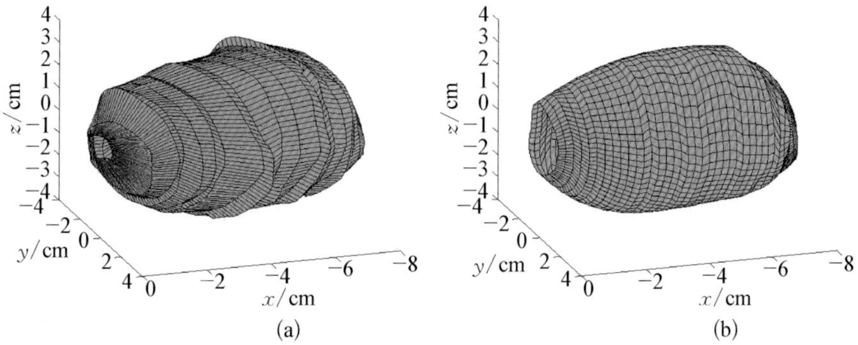

图 12-6 以 CT 扫描图像为基础的胃窦三维重建模型

(a) 图为平滑处理前的三维表面模型；(b) 图为应用傅里叶变换方法进行平滑处理后的单位表面模型

Figure 12-6 A 3-D reconstructed stomach antrum model on the basis of CT images

基于非收缩的高斯方法的表面平滑算法是由两个连续的高斯平滑步骤组成。第 1 步是将正比例因子 λ 应用到表面的所有顶点上；第 2 步是将负比例因子 μ 应用到表面的所有顶点上，但负比例因子的绝对值要大于正比例因子 λ 即($0<\lambda<-\mu$)。为了达到显著的平滑效果，这

2 个平滑步骤必须重复交替多次。在经过 N 次迭代后,表面各顶点位置之间的关系可表示为

$$X^N = [(I-\mu K)(I-\lambda K)]^N X \tag{12-5}$$

此处,N 表示迭代次数,λ 和 μ 是两个比例因子,I 是 $n_V \times n_V$ 的单位矩阵,$K=I-W$,W 是权重矩阵,而 n_V 则表示邻近顶点的数量。实际上该方法产生了一个低通滤波效应,而两个比例因子则分别决定了通过频带和抑制频带。图 12-7 显示了使用该方法进行平滑处理后的乙状结肠模型。

在获得连续和平滑的表面后,就可以应用二次曲面来进行局部逼近。在本章作者及其团队的研究中所使用的参数曲面是一种张量积 **B** 样条表面,该表面给出了必要的连续性属性并具有良好的表面逼近效果。**B** 样条表面被定义为

$$X(u,v) = \sum_{i=0}^{2}\sum_{j=0}^{2} d_{ij} N_i^2(u) N_j^2(v) \tag{12-6}$$

$X(u,v)$ 是表面函数,d_{ij} 是形成三维控制网络的所有控制点,$N_i^2(u)$ 和 $N_j^2(v)$ 分别表示在 u-和 v-方向上的归一化的 2 阶 **B** 样条函数。每一个表面元素都由 9 个顶点、3 个在周向的连续点以及 3 个匹配点(如来自同一条子午线的点)所构成。

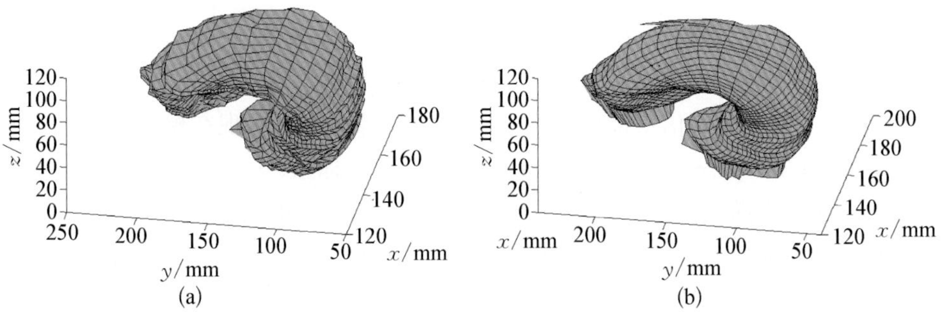

图 12-7 使用非收缩高斯法进行平滑处理前[图(a)]和处理后[图(b)]的三维乙状结肠表面模型

Figure 12-7 A 3-D sigmoid colon segment surface before (a) and after (b) surface smoothing by using non-shrinking Gaussian method

3) 曲率计算

通过在局部坐标系统的表面函数式(12-3)或式(12-6),表面的主曲率可生成于表面函数的第一基本型(E,F 和 G)及第二基本型(L,M 和 N)的系数。

主曲率 k_1 和 k_2 可以通过高斯曲率(K_G)和平均曲率(K_M)来进行合并,得

$$K_G = k_1 k_2 = \frac{LN-M^2}{EG-F^2} \tag{12-7}$$

$$K_M = \frac{1}{2}(k_1+k_2) = \frac{1}{2}\,\frac{NE-2MF+LG}{EG-F^2} \tag{12-8}$$

K_G 是一个非常有用的曲率参数,根据其取值不同,可以表示不同的表面,比如椭圆表面($K_G>0$)、抛物线表面($K_G=0$)或者双曲线表面($K_G<0$)。

人类直肠的周向和纵向曲率分布模型,如图 12-8 所示。

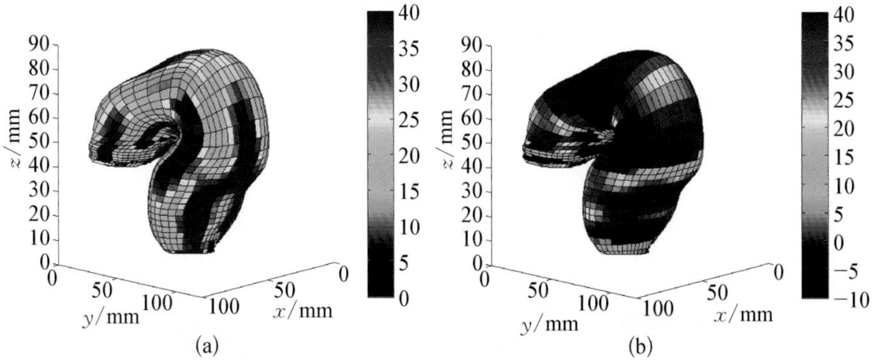

图 12-8 周向[图(a)]和轴向[图(b)]曲率半径在人直肠三维表面模型上的分布[67]

Figure 12-8 Circumferential (a) and longitudinal (b) radii of curvatures distributions in 3-D human rectum surface model

4) 张力和应力计算

假设胃肠道器官是薄壁结构且所有材料特性均是各向同性的，则器官表面任一点的张力就与跨壁压力直接相关。这一关系通过拉普拉斯方程表示如下

$$p = T[k_1 + k_2] \tag{12-9}$$

此处的 k_1 和 k_2 表示表面某一点的主表面曲率。只要在表面足够薄，抗弯刚度可以忽略以及表面曲率变化平缓的条件下，该方程都是成立的。相应的，在这里只有高斯曲率为正的空间点可以被用于计算张力和应力。

应力被定义为单位面积上所受的力。应力在表面的分布可以通过壁张力及正常的壁厚来进行计算，得

$$\sigma = T/h \tag{12-10}$$

此处的 T 表示表面张力，h 代表正常壁厚。

张力和应力在直肠模型上的分布情况，如图 12-9 所示。

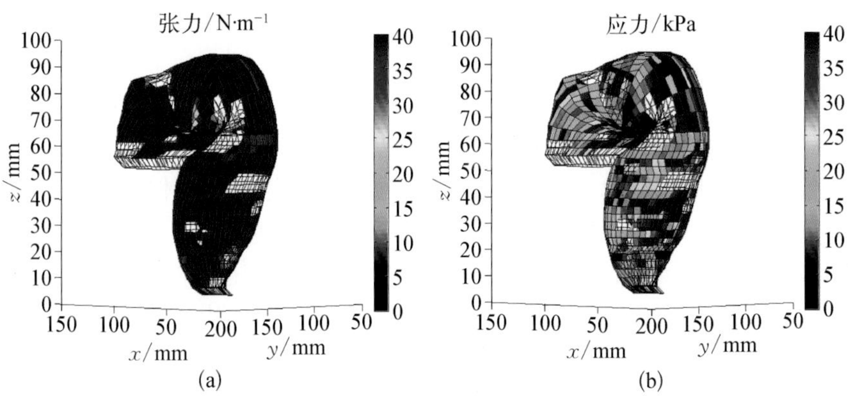

图 12-9 充盈量为 250 ml 时，张力[图(a)]和应力[图(b)]在人直肠模型上的三维分布

Figure 12-9 3-D Tension (a) and stress (b) distribution on a human rectum model during distension volume 250 ml

5）二维食管模型的有限元分析

以上的表面分析方法最主要的缺陷在于计算过程都必须基于薄壁假设。因此，只有在两个方向上的主曲率都为正的表面才可以采用拉普拉斯方程来计算表面张力和应力（见图12－9）。为了克服这一局限性，就必须考虑使用有限元分析法。目前有研究团队已经建立了一个多层准三维食管有限元模型[8]。该模型揭示了应力应变在整个食管壁上的分布是不均匀的，并且肌肉层与黏膜-黏膜下层之间的应力是不连续的（见图 12－10）。

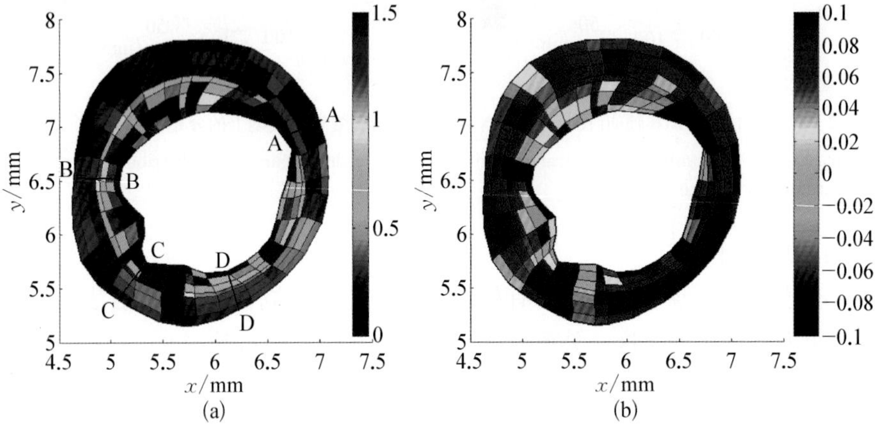

图 12－10 食管充压至 1.0 kPa 时，周向应力［图(a)］和应变［图(b)］在双层食管模型上的分布[8]

Figure 12－10 Circumferential stress (a) and strain (b) distribution in the two-layered esophagus with distension pressure 1.0 kPa

迄今为止，基于横截面成像（CT，MRI 和超声扫描）的三维建模已经被用于胃[65,67]、直肠[68]和心血管系统的生物力学及几何学特性的研究，此外，还被应用于计算机辅助整形外科手术。要对模型进行更深入地分析，就必须对如三维表面分析等方法学进行改进。目前的分析工具已经可以胜任对复杂结构的生物力学特性的分析以及对中空内脏器官的感知功能的分析。目前，通过改进的方法，已经可以实现对乙状结肠（憩室病、肠易激综合征等）、小肠（自动力失调）、胃（动力障碍、胃溃疡性消化不良等）以及食管（食管炎、胃食管反流病和非心源性胸痛等）等器官在各自的疾病状态下几何特性和感知特性的改变进行分析。

12.5.3 食管结构的建模

应用本构模型的知识，将本构模型与合适的边界条件相结合，就可以预测食管壁对疾病和功能失调的力学响应的规律。之前，已有学者通过体外实验和在体实验方法，研究了食管对腔内压力上升的力学应答。使食管腔内压力升高一般是通过直接液体充压和放入充压球囊到食管内来实现[6]。将食管以及其内部的各层假设为不可压缩的且厚度均匀的厚壁或薄壁圆柱体，就可以通过拉普拉斯定理或经典的厚壁壳分析法来估计被动张力/应力、主动张力/应力变化情况及相应的食管壁变形[3,4,20,21,41]。众所周知，为了保证其正常的功能，食管内表面的黏膜层会沿着食管的周向发生折叠而形成褶皱[5]。食管内表面的折叠主要归因于被动拉伸而引起的内侧黏膜层的压缩以及外侧肌肉层的紧张性收缩。这种折叠也会发生在主动肌肉收缩缺失或者没有外部加载的情况下[2,6,24]（见图 12－11）。因此，在没有加载状态下的食管的几何特性是很复杂的，不能简单地简化为环形圆柱体模型。Liao 及其团队首先开始尝试食管的有限元模拟分析，他们应用七参数的冯氏本构模型对双层准三维食管模型的被动力学特性进行了分析。在这一研究中，折叠的内表面黏膜层被处理为不规则的黏膜-黏膜下层的内部边界[8]。周向应力-应变在食管上的分布依赖于食管壁的几何结构特性。在黏膜和黏膜下层中的应力明显高于在肌肉层中的应力，这主要归因于这两个结构层在结构和材料特性上的显著区别(见图 12－11)。

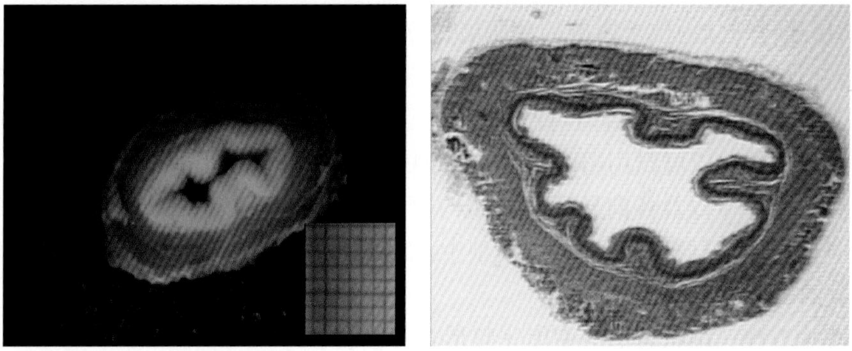

(a) (b)

图 12－11 食管黏膜层沿着食管轴向分布，呈皱褶形态并裱衬在食管内腔的表面
(a) 全层食管的非加载状态，可以从图中清楚地区分出黏膜-黏膜下层、内肌肉层以及外肌肉层；
(b) 食管横截面的组织学图片

Figure 12－11 The esophagus is a layered structure with mucosal folding at its luminal surface along the longitudinal direction

如前所述，食管并非是一个平直的圆管状结构，而食管上括约肌(UES)以及下括约肌(LES)分别位于食管的上下两端。LES 的力学特性与好几种重要的食管疾病或症状有关。Yassi 等[68]人应用了 LES 的三维解剖模型来模拟了由腔内压力升高而引起的 LES 内平滑肌和周围组织的收缩情况。他们使用了心脏的本构模型来描述了 LES 平滑肌的主动和被动力学特性。通过该三维模型的模拟研究证实，决定食管腔内压力的主要因素在于环肌层的收缩。而这一结论与之前报道的实验研究的结果是相一致的。EGJ 部位的解剖学特征和功能是相当复杂的。到目前为止，LES 的显微结构及其对自身和食管功能的影响机制仍不清楚。因此，需要建立包含高分辨率的三维肌肉结构(包括平滑肌纤维方向及食管和胃之间的纤维过渡)的 EGJ 模型对其结构和功能进行深入地研究。

12.5.4 食管的本构力学模型

食管壁的结构和材料特性会随着疾病的发生以及年龄的增长而改变。而食管的力学特性是理解食管生理功能和病理生理学功能的基础[3,4,24,42,43]。要描述食管的力学特性，第一步就必须建立合适的本构模型。

典型的本构模型可以建立定量化的应力应变关系。应力-应变关系本质上依赖于组成材料的各种成分以及它们之间的力学相互作用。如果将食管假设为弹性的、不可压缩的薄壁圆柱体，并具有各向同性的管壁结构，则可以用胡克定理 $\sigma = E \cdot \varepsilon$ 来描述食管壁对受力的弹性响应，此处 E 表示管壁刚度。应用拉普拉斯定理，结合对腔内压力、管腔横截面积及管壁厚度在离体和在体状态下的实时测量数据，就可以估算食管壁内的平均应力和对应的应变[5,7,20]。因此，通过从不同患者和不同年龄组志愿者的食管应力应变关系数据，就可以计算出食管壁的硬度并进行组间比较[43]。但真实的食管是各向异性的结构，具有可明显区分开的黏膜-黏膜下层和肌层。黏膜层是由结缔组织构成，其上的胶原纤维被组织并形成了松散的网状结构。而黏膜下层的主要成分也是胶原，黏膜下层中的胶原被组织成纵横交错且比较粗的胶原纤维网络[5]。肌层则主要由平滑肌和横纹肌构成，根据肌纤维的排列方向不同，食管肌层还可细分为位于内侧的环肌层和位于外侧的纵肌层[5]。因此，从食管的组织学特征来看，食管应该被视为一种多层的复合材料，每一层都具有各自独立的力学特性[2,6,8]。

类似于其他的生物管道结构，食管组织也表现出非线性、拟弹性及各向异性的材料特性[8]。食管的力学响应可以用超弹性本构模型来进行解释，比如由冯元桢在几十年前提出的冯氏指数模型[7,8]，以及各向异性的微结构模型。在前一个模型中，食管的各个结构层都被认为是各向异性的材料。在后一个模型中，食管则被处理为在特定方向有纤维增强且各向异性的复合材料。

冯氏本构方程三维状态的应变能完整形式可以表示为

$$\rho_0 W = \frac{C}{2}[\exp(Q) - 1] \tag{12-11}$$

式中 ρ_0 是食管壁在参考状态的质量密度，W 是单位质量的应变能，C 则是类似于应力的材料参数。

$$\begin{aligned} Q = {} & a_1 E_{\theta\theta}^2 + a_2 E_{zz}^2 + a_3 E_{rr}^2 + 2a_4 E_{\theta\theta} E_{zz} + 2a_5 E_{zz} E_{rr} \\ & + 2a_6 E_{rr} E_{\theta\theta} + a_7 E_{\theta z}^2 + a_8 E_{rz}^2 + a_9 E_{r\theta}^2 \end{aligned} \tag{12-12}$$

式中 a_i，$i=1,\cdots,9$，是无量纲的材料参数。E_{ij}，i，$j=r$，θ，z 则是格林应变张量分别在柱状极坐标系（r，θ，z）3 个方向上的分量。通过假设食管及其各结构层为具有均匀的厚度和横截面积的不可压缩厚壁或薄壁圆柱体，该模型可以被简化为很多形式。比如 Liao、Stavropoulou 和 Sokolis 等人提出的三维模型，以及用于正常和患病状态下食管组织重塑研究的二维薄膜模型[5,7,23,42,43]。

三维状态下的微结构模型的应变能形式的本构方程可表示为

$$\rho_0 W = \rho_0 W_{\text{iso}} + \rho_0 W_{\text{aniso}} \tag{12-13}$$

此处的 $\rho_0 W_{\text{iso}}$ 和 $\rho_0 W_{\text{aniso}}$ 是应变能函数中各自独立的各向同性和各向异性的部分。$\rho_0 W_{\text{iso}}$ 代表非胶原材料对应变能函数的贡献度，可用下式表示为

$$\rho_0 W_{\text{iso}} = \mu(I_1 - 3) \tag{12-14}$$

$\rho_0 W_{\text{aniso}}$ 则表示胶原对抵抗外力加载的贡献度，可用下式表示为

$$\rho_0 W_{\text{aniso}} = \frac{k_1}{2k_2} \sum_{j=4,\,6} \{\exp[k_2 (I_j - 1)^2] - 1\} \tag{12-15}$$

此处 $\mu>0$ 和 $k_1>0$ 是类似于应力的材料参数，$k_2>0$ 为无量纲材料参数。$I_1=\lambda_{\theta\theta}^2+\lambda_{zz}^2+\lambda_{rr}^2$ 是第一主要不变量，其中 $\lambda_{ii}^2=2E_{ii}+1$，$i=r, \theta, z$，则分别表示在径向、周向和轴向上的主要伸长比。I_j，$j=4, 6$ 分别代表第四 (I_4) 和第六 (I_6) 不变量，这意味着两个胶原纤维族之间以及胶原纤维之间的相互作用可用下式表示为

$$I_4=\lambda_{\theta\theta}^2\cos^2\alpha+\lambda_{zz}^2\sin^2\alpha,\ I_6=\lambda_{\theta\theta}^2\cos^2(-\alpha)+\lambda_{zz}^2\sin^2(-\alpha) \tag{12-16}$$

此处，α 表示在食管的每一个结构层中，胶原纤维与食管周向之间的夹角。通过考虑食管各结构层中特殊纤维的分布，有研究者提出了几个在微结构模型基础进行改进而得的模型。例如由 Yang 提出的双线性模型、Natali 提出的双向纤维模型以及由 Sokolis 提出的四向纤维模型。与只关注现象的冯氏模型比较，微结构模型可以通过更少的参数来更真实地模拟食管组织的特性。当考虑三维状态下的变形且包含剪切变形时，所需要的材料常数的数量不会增加。然而，在食管中要定义这一关系是十分困难的，因为食管的肌肉纤维是按照多轴向排列的。为了准确地辨别食管纤维网络的三维空间分布情况，就必须将食管的显微结构也考虑进去，借助共聚焦显微镜以及核磁共振等先进技术，可获得符合要求的食管显微结构信息。

要对本构参数进行估计，就需要分析从体外和在体力学实验获得的数据。通过食管组织的单轴[24]和双轴应力应变测量数据、压力-拉力-直径-扭转[5,7,43]测量数据与实验测试的边界条件相结合，可以直接推导出所需的本构参数，同时还可以将本构模型和实验结果之间的偏差减至最小。

如同其他的大多数生物软组织，食管的力学特性会表现出明显的时间依赖性，比如各结构层的应力松弛及各向异性的应力软化[26,27]特性。黏性-超弹性本构模型已经被开发出来并被成功应用于血管组织的研究，而在未来对食管的研究同样需要这样的本构模型。我们注意到以上提到的本构模型仅适用于处理食管的被动响应问题。为了更好地理解食管在生理状态和病理生理状态下的力学机制，未来的食管本构模型应该是结合了单个肌肉细胞的生物物理模型和机电模型的复合型模型[55]，此外该模型还应该与来自其他生物组织的用于描述肌肉活性的机械化学模型相结合。

12.5.5 对食管生理学的模拟

食管的蠕动性运输是一种受内在中枢神经和肠神经系统调控的机械现象，食团的运输依赖于由肌肉收缩和食团内力相互作用而产生的机械活动。由牛顿物理学定理可知，小块食团流动的加速度是由于食团所受力的不平衡而引起的。食团从食管上部到下部的正向运输过程受到局部摩擦力和压力的控制。食管壁收缩变形会对食团产生一定的压力，而食团在压力作用下向前运动的同时，也受到食管壁的摩擦力或剪切力的反作用。因此，掌握食管壁的动态变化和刺激食管壁产生蠕动收缩的力在时间上相互协调的过程是理解食管正常功能以及功能失调的基础。

基于力学定理和食管运送食物过程中的压力测量-影像透视数据，可以应用润滑理论流体分析和非线性大变形固体力学分析方法对食管的力学特性进行数学研究。例如以下一些

研究实例：① 食管腔内压力的时空变化和食管腔内几何结构相关性的研究；② 壁面主动-被动张力在分层的且各向异性纤维增强的食管壁上的分布的研究；③ 与食管周向肌肉收缩相关的轴向肌肉收缩的研究；④ 局部食管短缩的研究。在这些研究之后，Gosh 应用高分辨率阻抗测面技术并同时结合压力测量及数学模型，构建了一个更为复杂的流体-胶原纤维模型。应用该模型，他研究了食团在经过食管，贲门及胃的运输过程中流体与结构之间的相互作用[11,59]。基于压力测量-影像透视数据的模型预测了食管腔内压力在食团进行正常和异常运动过程中的时空变化。该模型发现了食管经过主动脉弓部位的两种不同的收缩特征，并且这两种特征与分别支配食管上部和下部的不同环状肌类型有密切关联。这两种收缩类型之间的相互协调配合决定了食团在食管内运输的效果。

此外，EGJ 的展开程度取决于该部位的硬度和胃内压力。EGJ 部位硬度的改变与食管反流病之间有潜在的关联[11,59]。所有上述数学模型都能够反映食团在食管腔内流动的主要特征。但是，这些模型在对食团流动进行理论分析时都应用了润滑理论来进行简化，所以很难在食管结构模型中使用式(12－1)和(12－3)那样的本构模型来进行理论分析。因此，有必要进一步建立一种整合了食团运输过程、食管结构运动及肌肉收缩过程的综合型计算模型。Kou[69]在浸入边界法基础上建立了一个综合性的流体-结构相互作用的食管运输数值模型，该模型实现了对食团流态、4 层纤维增强结构及特定肌肉活动之间相互作用的数学模拟。应用该模型可以预测正常和异常的食团运输过程，并且通过选择和设定不同的肌肉活动和黏膜纤维排列形式，还能对这两种运输过程进行比较。

在现有的所有食团运输模型中，食管都被假设为一个轴对称的弹性直管。但食团在 25 cm 长的食管中的运输过程是很复杂的，并且主要受神经肌肉活动的控制。为了深入研究吞咽过程失调并将生理学和病理学实验数据相联系，就需要建立一个非常复杂且在解剖学和生理学方面具有高度准确性的“虚拟食管”模型。该模型必须将组件本构模型整合到具有解剖真实性的“有限元”数值架构内，结合食团流体流动模型，符合所有的力学定理并与真实的生理学数据相结合。在嵌入到复杂的计算机实验室环境并与来自其他研究的精确的离体和在体生理学及力学检测数据整合后，数值模拟实验可以从基础和临床角度更深入地理解食管功能，这将比单一的实验研究要优越得多。这些功能可以帮助医生修正临床治疗过程并降低风险，对于研究者而言，这些功能可以帮助他们跨越不同的时间和空间尺度将实验观测、理论分析和预测进行完美结合，同时还能跨越多学科及不同的解剖子系统来开展研究。

12.6 展望

近年来，用于生物学功能预测性研究的数学模型的开发在多个学科领域中获得了广泛关注。这些模型非常适用于从多个生物物理尺度对生理功能进行研究，例如对食管和 EGJ 功能的研究等。像 physiome 和 GIOME 这样的综合模型开发项目促进了虚拟胃和虚拟小肠模型的发展。在未来，还需要进一步开发更先进的多尺度模型以整合不同的解剖部位和功能的信息，而这一工作必将帮助人类加深对食管的生理功能和疾病状态的理解。

下一步对食管功能进行准确模拟的关键是将食管蠕动、收缩和食管韧带的运动整合到新的模型中。将微结构化信息整合到新的模型中，如逼真的肌肉纤维取向等，从而提高解剖模型的仿真度。将通用的建模标准和模拟环境整合也是建立更复杂的模型的过程中的一个关键因素。要增加计算模拟的准确性，还需要更明确的本构关系及主动张力之间的关联性。与蠕动和神经分布相关的电生理模型也将为研究提供创新的方法。最后，开发微创和高分辨率的传感器也将为验证模型提供更多所需的可靠数据。在未来，esophagiome 项目的不断完善还需要科学家和临床医生的密切合作及跨多学科的协作和努力。从胃肠道组织重塑和修复的角度来看，要了解这一过程是非常复杂的，因此还需要更多繁复的建模和数值模拟工作来进行支撑。胃肠道组织的修复包含了很多方面的恢复过程，比如结构、生理功能、机械强度等方面的恢复。而这些恢复过程都相互依靠，其中任何一个过程出了问题都可能导致最终组织修复的失败。此外还需要为建立更全面的跨学科的多尺度胃肠道数值模型而努力，这一工作必将会不断帮助人类更深入地理解胃肠道组织的正常生理功能、病理生理学过程以及组织修复过程。

（汉斯·格里格森　赵静波　蒋洪波　廖东华）

参考文献

[1] Gregersen H, Lu X, Zhao J. Physiological growth is associated with esophageal morphometric and biomechanical changes in rats[J]. Neurogastroenterol Motil, 2004, 16(4): 403 - 412.

[2] Zhao J, Chen X, Yang J, et al. Opening angle and residual strain in a three-layered model of pig oesophagus[J]. J Biomech, 2007, 40(14): 3187 - 3192.

[3] Zhao J, Liao D, Gregersen H. Biomechanical and histomorphometric esophageal remodeling in type 2 diabetic GK rats[J]. J Diabetes Complications, 2007, 21(1): 34 - 40.

[4] Zhao J, Gregersen H. Esophageal morphometric and biomechanical changes during aging in rats [J]. Neurogastroenterol Motil, 2015, 27(11): 1638 - 1647.

[5] Gregersen H. Biomechanics of the Gastrointestinal Tract[M]. London: Springer Verlag, 2002.

[6] Liao D, Fan Y, Zeng Y, et al. Stress distribution in the layered wall of the rat oesophagus[J]. Med Eng Phys, 2003, 25(9): 731 - 738.

[7] Yang J, Liao D, Zhao J, et al. Shear modulus of elasticity of the esophagus[J]. Ann Biomed Eng, 2004, 32(9): 1223 - 1230.

[8] Liao D, Zhao J, Fan Y, et al. Two-layered quasi-3D finite element model of the oesophagus[J]. Med Eng Phys, 2004, 26(7): 535 - 543.

[9] Gregersen H. The Giome project[J]. Neurogastroenterol Motil, 2006, 18(5): 401 - 402.

[10] Fung Y C. Bimechanics: Mechanical properties of living tissues[M]. New York: Springer, 1993.

[11] Ghosh S K, Kahrilas P J, Zaki T, et al. The mechanical basis of impaired esophageal emptying postfundoplication [J]. Am J Physiol Gastrointest Liver Physiol, 2005, 289(1): 21 - 35.

[12] Mittal R K, Rochester D F, Mccallum R W. Electrical and mechanical activity in the human lower esophageal sphincter during diaphragmatic contraction[J]. J Clin Invest, 1988, 81: 1182 - 1189.

[13] Feldman M, Friedman L S, Brandt L J. Sleisenger and fordtran's gastrointestinal and liver disease: Pathophysiology, diagnosis, management[C]. Sauders/Elsevier, 2016, 116(5): 1269.

[14] Patel R S, Rao S S. Biomechanical and sensory parameters of the human esophagus at four levels[J]. Am J Physiol, 1998, 275(2 Pt 1): 187 - 191.

[15] Vanags I, Petersons A, Ose V, et al. Biomechanical properties of oesophagus wall under loading[J]. J Biomech,

2003, 36(9): 1387 - 1390.
[16] Frokjaer J B, Andersen S D, Lundbye-Christensen S, et al. Sensation and distribution of stress and deformation in the human oesophagus[J]. Neurogastroenterol Motil, 2006, 18(2): 104 - 114.
[17] Takeda T, Kassab G, Liu J, et al. Effect of atropine on the biomechanical properties of the oesophageal wall in humans[J]. J Physiol, 2003, 547(Pt 2): 621 - 628.
[18] Barlow J D, Gregersen H, Thompson D G. Identification of the biomechanical factors associated with the perception of distension in the human esophagus[J]. Am J Physiol Gastrointest Liver Physiol, 2002, 282(4): 683 - 689.
[19] Assentoft J E, Gregersen H, O'Brien W D Jr. Determination of biomechanical properties in guinea pig esophagus by means of high frequency ultrasound and impedance planimetry[J]. Dig Dis Sci, 2000, 45(7): 1260 - 1266.
[20] Zhao J, Jorgensen C S, Liao D, et al. Dimensions and circumferential stress-strain relation in the porcine esophagus in vitro determined by combined impedance planimetry and high-frequency ultrasound[J]. Dig Dis Sci, 2007, 52(5): 1338 - 1344.
[21] Lu X, Gregersen H. Regional distribution of axial strain and circumferential residual strain in the layered rabbit oesophagus[J]. J Biomech, 2001, 34(2): 225 - 233.
[22] Gregersen H, Liao D, Fung Y C. Determination of homeostatic elastic moduli in two layers of the esophagus[J]. J Biomech Eng, 2008, 130(1): 011005.
[23] Fan Y, Gregersen H, Kassab G S. A two-layered mechanical model of the rat esophagus. Experiment and theory[J]. Biomed Eng Online, 2004, 3(1): 40.
[24] Liao D, Zhao J, Yang J, et al. The oesophageal zero-stress state and mucosal folding from a GIOME perspective[J]. World J Gastroenterol, 2007, 13(9): 1347 - 1351.
[25] Fan Y, Zhao J, Liao D, et al. The effect of digestion of collagen and elastin on histomorphometry and the zero-stress state in rat esophagus[J]. Dig Dis Sci, 2005, 50(8): 1497 - 1505.
[26] Liao D, Zhao J, Kunwald P, et al. Tissue softening of guinea pig oesophagus tested by the tri-axial test machine[J]. J Biomech, 2009, 42(7): 804 - 810.
[27] Jiang H, Liao D, Zhao J, et al. Contractions reverse stress softening in rat esophagus[J]. Ann Biomed Eng, 2014, 42(8): 1717 - 1728.
[28] Williams R B, Pal A, Brasseur J G, et al. Space-time pressure structure of pharyngo-esophageal segment during swallowing[J]. Am J Physiol Gastrointest Liver Physiol, 2001, 281(5): 1290 - 1300.
[29] Hind J A, Nicosia M A, Roecker E B, et al. Comparison of effortful and noneffortful swallows in healthy middle-aged and older adults[J]. Arch Phys Med Rehabil, 2001, 82(12): 1661 - 1665.
[30] Miller L S, Dai Q, Sweitzer B A, et al. Evaluation of the upper esophageal sphincter (UES) using simultaneous high-resolution endoluminal sonography (HRES) and manometry[J]. Dig Dis Sci, 2004, 49(5): 703 - 709.
[31] Cohen S, Green F. The mechanics of esophageal muscle contraction. Evidence of an inotropic effect of gastrin[J]. J Clin Invest, 1973, 52(8): 2029 - 2040.
[32] Dogan I, Bhargava V, Liu J, et al. Axial stretch: A novel mechanism of the lower esophageal sphincter relaxation [J]. Am J Physiol Gastrointest Liver Physiol, 2007, 292(1): 329 - 334.
[33] McMahon B P, Frokjaer J B, Kunwald P, et al. The functional lumen imaging probe (FLIP) for evaluation of the esophagogastric junction[J]. Am J Physiol Gastrointest Liver Physiol, 2007, 292(1): 377 - 384.
[34] Yamasaki T, Oshima T, Tomita T, et al. Effect of age and correlation between esophageal visceral chemosensitivity and mechanosensitivity in healthy Japanese subjects[J]. J Gastroenterol, 2013, 48(3): 360 - 365.
[35] Frokjaer J B, Brock C, Brun J, et al. Esophageal distension parameters as potential biomarkers of impaired gastrointestinal function in diabetes patients[J]. Neurogastroenterol Motil, 2012, 24(11): 1016 - 1024.
[36] Rao S S, Gregersen H, Hayek B, et al. Unexplained chest pain: The hypersensitive, hyperreactive, and poorly compliant esophagus[J]. Ann Intern Med, 1996, 124(11): 950 - 958.
[37] Remes-Troche J M, Maher J, Mudipalli R, et al. Altered esophageal sensory-motor function in patients with persistent symptoms after Nissen fundoplication[J]. Am J Surg, 2007, 193(2): 200 - 205.
[38] Reddy H, Staahl C, Arendt-Nielsen L, et al. Sensory and biomechanical properties of the esophagus in non-erosive reflux disease[J]. Scand J Gastroenterol, 2007, 42(4): 432 - 440.
[39] Villadsen G E, Storkholm J H, Hendel L, et al. Impedance planimetric characterization of esophagus in systemic sclerosis patients with severe involvement of esophagus[J]. Dig Dis Sci, 1997, 42(11): 2317 - 2326.
[40] Read A J, Pandolfino J E. Biomechanics of esophageal function in eosinophilic esophagitis[J]. J Neurogastroenterol

Motil, 2012, 18(4): 357 - 364.

[41] Hirano I. Role of advanced diagnostics for eosinophilic esophagitis[J]. Dig Dis Sci, 2014, 32(1 - 2): 78 - 83.

[42] Yang J, Zhao J, Zeng Y, et al. Biomechanical properties of the rat oesophagus in experimental type - 1 diabetes[J]. Neurogastroenterol Motil, 2004, 16(2): 195 - 203.

[43] Yang J, Zhao J, Liao D, et al. Biomechanical properties of the layered oesophagus and its remodelling in experimental type - 1 diabetes[J]. J Biomech, 2006, 39(5): 894 - 904.

[44] Gregersen H, Jensen L S, Djurhuus J C. Changes in oesophageal wall biomechanics after portal vein banding and variceal sclerotherapy measured by a new technique. An experimental study in rabbits[J]. Gut, 1988, 29(12): 1699 - 1704.

[45] Gregersen H, Giversen I M, Rasmussen L M, et al. Biomechanical wall properties and collagen content in the partially obstructed opossum esophagus[J]. Gastroenterology, 1992, 103(5): 1547 - 1551.

[46] Gregersen H, Weis S M, McCulloch A D. Oesophageal morphometry and residual strain in a mouse model of osteogenesis imperfecta[J]. Neurogastroenterol Motil, 2001, 13(5): 457 - 464.

[47] Holland C T, Satchell P M, Farrow B R. Oesophageal compliance in naturally occurring canine megaoesophagus[J]. Aust Vet J, 1993, 70(11): 414 - 420.

[48] Logemann J A, Pauloski B R, Rademaker A W, et al. Temporal and biomechanical characteristics of oropharyngeal swallow in younger and older men[J]. J Speech Lang Hear Res, 2000, 43(5): 1264 - 1274.

[49] Johnston B T, Li Q, Castell J A, et al. Swallowing and esophageal function in Parkinson's disease[J]. Am J Gastroenterol, 1995, 90(10): 1741 - 1746.

[50] Williams R B, Wallace K L, Ali G N, et al. Biomechanics of failed deglutitive upper esophageal sphincter relaxation in neurogenic dysphagia[J]. Am J Physiol Gastrointest Liver Physiol, 2002, 283(1): 16 - 26.

[51] Zaninotto G, DeMeester T R, Schwizer W, et al. The lower esophageal sphincter in health and disease[J]. Am J Surg, 1988, 155(1): 104 - 111.

[52] Pandolfino J E, Shi G, Curry J, et al. Esophagogastric junction distensibility: A factor contributing to sphincter incompetence[J]. Am J Physiol Gastrointest Liver Physiol, 2002, 282(6): 1052 - 1058.

[53] Tucker E, Sweis R, Anggiansah A, et al. Measurement of esophago-gastric junction cross-sectional area and distensibility by an endolumenal functional lumen imaging probe for the diagnosis of gastro-esophageal reflux disease [J]. Neurogastroenterol Motil, 2013, 25(11): 904 - 910.

[54] Moonen A, Boeckxstaens G. Measuring mechanical properties of the esophageal wall using impedance planimetry[J]. Gastrointest Endosc Clin N Am, 2014, 24(4): 607 - 618.

[55] Mearin F, Fonollosa V, Vilardell M, et al. Mechanical properties of the gastro-esophageal junction in health, achalasia, and scleroderma[J]. Scand J Gastroenterol, 2000, 35(7): 705 - 710.

[56] Teitelbaum E N, Sternbach J M, El K R, et al. The effect of incremental distal gastric myotomy lengths on EGJ distensibility during POEM for achalasia[J]. Surg Endosc, 2016, 30(2): 745 - 750.

[57] Hunter P J. The IUPS Physiome Project: A framework for computational physiology Prog. Biophys[J]. Mol. Biol, 2004, 85: 551 - 569.

[58] Brasseur J G, Nicosia M A, Pal A, et al. Function of longitudinal vs circular muscle fibers in esophageal peristalsis, deduced with mathematical modeling[J]. World J Gastroenterol, 2007, 13: 1335 - 1346.

[59] Ghosh S K, Janiak P, Schwizer W, et al. Physiology of the esophageal pressure transition zone: Separate contraction waves above and below[J]. Am J Physiol Gastrointest Liver Physiol, 2006, 290: 568 - 576.

[60] Liao D, Lelic D, Gao F, et al. Biomechanical functional and sensory modelling of the gastrointestinal tract[J]. Philos Trans A Math Phys Eng Sci, 2008, 366: 3281 - 3299.

[61] Gregersen H, Drewes A M. Biomechanics of Esophageal Sensation[C]. In Esophageal Pain. Plural Publishing, 2010 (89 - 102).

[62] Lottrup C, Gregersen H, Liao D, et al. Functional lumen imaging of the gastrointestinal tract[J]. J Gastroenterol, 2015, 50: 1005 - 1016.

[63] Dou Y, Gregersen S, Zhao J, et al. Morphometric and biomechanical intestinal remodeling induced by fasting in rats [J]. Dig. Dis. Sci, 2002, 47: 1158 - 1168.

[64] Liao D, Gregersen H, Hausken T, et al. Analysis of surface geometry of the human stomach using real-time 3 - D ultrasonography in vivo[J]. Neurogastroenterol Motil, 2004, 16: 315 - 324.

[65] Liao D, Duch B U, Stodkilde-Jorgensen H, et al. Tension and stress calculations in a 3 - D Fourier model of gall

bladder geometry obtained from MR images[J]. Ann Biomed Eng, 2004, 32: 744 - 755.
[66] Liao D, Zhao J, Gregersen H. Regional surface geometry of the rat stomach based on three dimensional curvature analysis[J]. Phys Med Biol, 2005, 50: 231 - 246.
[67] Frøkjær B J, Liao D, Bergmann A, et al. Three-dimensional biomechanical properties of the human rectum evaluated using magnetic resonance imaging[J]. Neurogastroenterol Motil, 2005, 17: 1 - 10.
[68] Yassi R, Cheng L K, Al-Ali S, et al. An anatomically based mathematical model of the gastroesophageal junction [J]. Conf Proc IEEE Med Biol Soc, 2004, 1: 635 - 638.
[69] Kou W, Bhalla A P, Griffith B E, et al. A fully resolved active musculo-mechanical model for esophaged transport [J]. J Comput Phys, 2015, 298: 446 - 465.

13 肝胆系统修复生物力学

作为人体最大的消化腺系统，肝脏占人体重量 1/50～1/40(新生儿约 1/20)，其解剖结构如图 13-1 所示，肝脏也是机体唯一具有双重血供系统的器官，有着占人体机体 1/4 的血液供应，而且有着最大量的消化液——胆汁的分泌排泄的功能，承担着消化、代谢、免疫、解毒以及维系机体稳态平衡等一系列重要生理功能，对于人体生命活动的重要性不言而喻[1]。同时，肝与胆也是人体易受损伤的组织器官，感染、中毒、代谢异常、遗传等诸多体内及体外因素均会对肝胆系统的结构和生理功能产生不同程度的损伤，并因此对人体健康和生活质量构成威胁，甚至危及生命。正因其重要性和复杂性，肝脏的损伤与修复，一向是医学、药学与生物科学研究者均非常关注的重要科学问题。无论是在损伤的发生、发展，还是修复、再生的过程中，结构的改变，力学特性、流变特性的改变，与细胞、基因、蛋白质分子的改变息息相关、互为因果。在肝胆系统修复研究中生物力学、生物流变学、细胞生物学、分子生物学也在其中相互渗透、整合，乃至融为一体，众多研究者在此领域提供了深入而细致的新知。

13.1 肝的生物力学

肝脏是一个结构精细复杂的实质性器官，肝的结构及其力学特性与肝的生理功能对研究肝胆系统有着至关重要的意义，并与多种肝胆疾病的发生发展有着非常密切的联系，同时也是研究肝脏的重建和再生以及构建肝脏植入物或替代物的重要基础。基于对肝脏力学特性研究的肝脏虚拟模型的构建，也是设计和模拟肝脏手术计划的重要手段。世界各国的研究者们很早就已开始了肝胆系统的生物力学研究，最早甚至可追溯至生物力学的奠基时代，冯元桢在 1997 年提到了用循环拉伸的方法研究软组织[2]力学特性的结果。在中国，以吴云鹏等为首的众多学者[3]，对于肝胆力学和流变学的研究做出了卓著的贡献。目前，基于超声波瞬间弹性成像(transient elastography，TE)检测肝脏硬度的技术，如 FibroScan 等也已经成为临床检测肝纤维化、肝硬化的手段，超声多普勒等也被应用于肝血流的检测。所以说，肝生物力学研究已取得了相当大的发展，但由于软组织生物力学的特殊性，到目前为止，尚有很多问题有待深入研究。

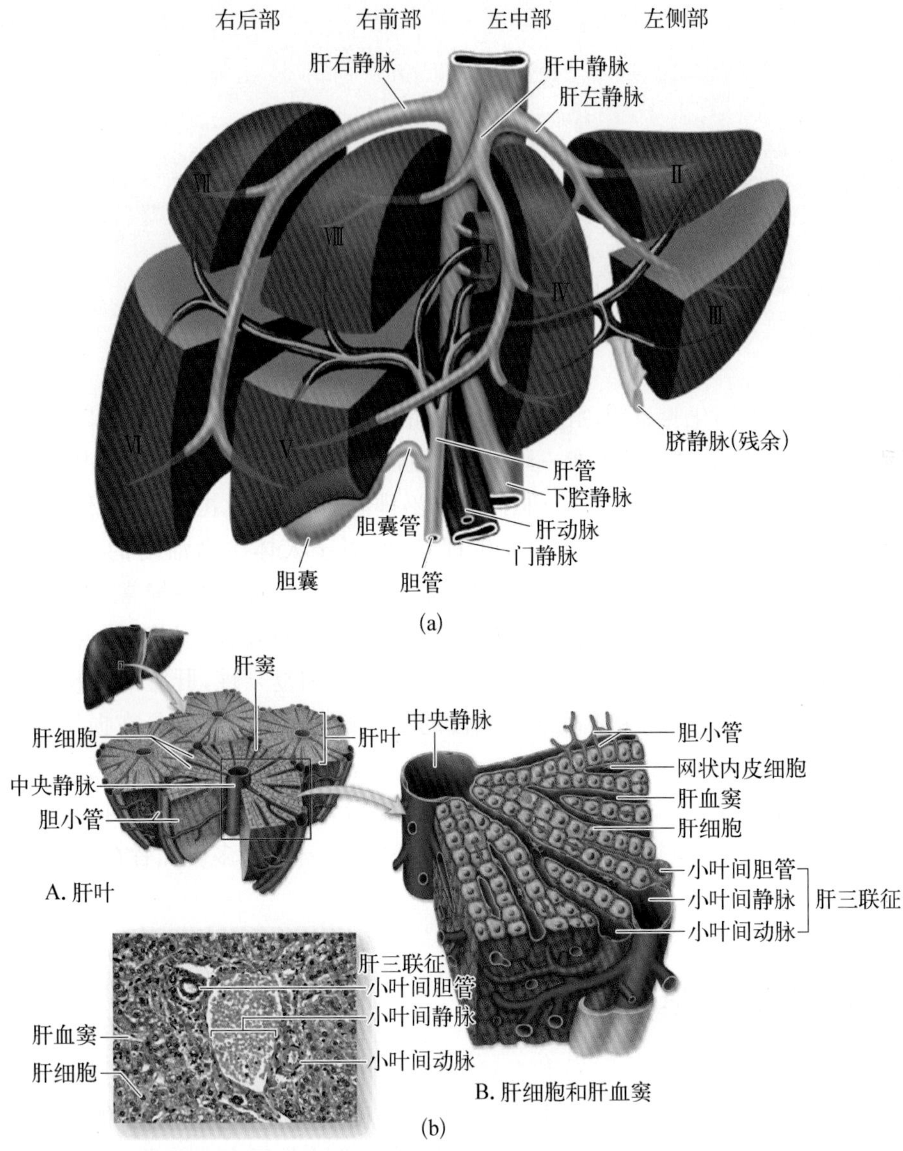

图 13-1 肝胆系统解剖结构及组织结构示意图
(a) 肝解剖分叶与分段结构示意图[4]；(b) 肝组织结构示意图[5]

Figure 13-1 The brief anatomy strectural of the hepatobiliary system

13.1.1 肝组织生物力学的一般性特点

肝脏在生物力学的研究领域划分上属于软组织生物力学的研究范畴，具有软组织生物力学的一般特性：

(1) 非线性黏弹性。生物软组织一般可视为非线性黏弹性固体(nonlinear viscoelastic solid)，具有蠕变、松弛、滞后等力学特性，同时生物软组织滞后曲线与应变率没有明显的相关性，因此不能用少数弹簧和阻尼组成的黏弹性模型来模拟，所以冯元桢等通过建立归一化松弛函数 $G(t)$ 和归一化蠕变函数 $J(t)$ 的方式来描述软组织的力学特性[6]。

(2) 非均质性、各向异性。生物组织均为各种细胞、细胞间质构成,具有特定的微观结构和方向性,因此除了为了方便研究做出的简化情形外,一般不能把生物软组织视为均质的,各向同性的材料。

(3) 拟不可压缩性或称准不可压缩性。大多数软组织为含水丰富的固体或半固体,不可压缩的假设在一般情形下是适当的,同时在施加载荷的过程中由于含水量变化带来的体积变化也是生物力学研究中需要关注的问题,因此生物组织的不可压缩性不能绝对化。

(4) 塑性。生物软组织当形变尺度超过其弹性变形范围,即会表现为塑性变形。这一点与大多数非生物材料是类似的,但生物组织的塑性变形与非生物材料的塑性也存在很大的不同。首先,由于生物组织内有大量的活细胞,具有较强的自我修复重建能力,塑性变形发生后,生物组织可以通过自身的生物行为来代偿和适应这样的塑性变形,因此对于较长的检测过程,生物组织的塑性变形将会发生变化而导致并不能完全吻合经典塑性原理的预测。其次,由于生物组织具有复杂的微观结构和非均质性,因此,塑性变形发生的尺度也表现为宏观微观的较大不同,宏观层次尚在弹性(黏弹性)变形范围,微观层次已经有结构破坏和塑性变形的现象在生物组织的应力应变描述中是常见的[2]。

同时也应该注意到肝脏组织与通常软组织生物力学研究的皮肤、肌腱、韧带、角膜等结缔组织为主的软组织存在很大的不同,表现在

(1) 肝脏是具有精细结构的实质性器官,虽同样含有胶原、弹性纤维等 ECM 组分,但活细胞的比例却远大于韧带、皮肤这样的结缔组织为主的软组织,同时肝细胞又不同于骨骼肌组织和平滑肌组织内的细胞,不具有明显的收缩能力和对抗张力、压力、剪切的能力,亦缺乏强有力的支持性结构,因而受到加载作用时,肝脏细胞直接承受更大比例的载荷,而不是 ECM 成分承受大部分载荷。

(2) 肝脏有着丰富的血流和胆汁的分泌和流动,因此描述肝脏的力学特性,不能脱离开这些流体的存在,离体肝脏由于血液供给已中断,肝细胞的大部分生理功能已停止,即使是新鲜的肝脏,也会和在体情形缺乏良好可比性,这一点和通常在离体情形下测定韧带、皮肤的力学特性的思路显然是有所不同的。

(3) 由于肝脏结构和功能的复杂性,需要关注肝脏的生物力学特性,更多的不是将其视为生物材料来研究力学参数,而是关注其力学特性与生理功能之间的联系,即力学-生物学问题。

13.1.2 肝组织的力学参数描述

由于各研究者采用的理论模型和测定参数的方法,条件的不同,所测得的肝组织力学参数,也有相当的不同。本节限于篇幅,难以对所有模型做出详细的描述,仅在简要介绍常见模型的基础上,并通过表 13-1 比较这些研究结果。值得注意的是,虽然之前对肝组织力学特性的一般描述中强调了肝组织的非均质性、各向异性以及肝内细胞活动、肝血流和胆汁流动对肝力学参数测定的可能影响,但目前的研究却基本上都把肝组织简化为均质的,甚至各向同性的来处理,大多数研究也是在离体条件下进行的,因此这方面研究有进一步深入的必要。

常被用于描述肝组织生物力学特征的模型包括冯元桢等提出的准线性黏弹性固体模型(quasi-linear viscoelastic model，QLV)[6]、Rubin 和 Bodner 提出的三维非线性弹性-黏塑性模型(RB 模型)、质点-弹簧模型、唯象模型等。

表 13-1 肝组织力学特性的描述

Table 13-1 The mechanical properties of liver described by different models

所用模型	实验方法	在体/离体	所得拟合参数
QLV[7]	吸吮加载	在体	线弹性模量(静态)20 kPa，$C_{10}(t=0)=9.85$ kPa，$C_{20}(t=0)=26.29$，$g_1=0.51$，$t_1=0.58$ s，$g_2=0.15$，$t_2=6.89$ s
QLV[7]	多次循环吸吮	在体	线弹性模量(静态)20 kPa，$C_{10}(t=0)=2.71$ kPa，$C_{20}(t=0)=53.43$，$g_1=0.50$，$t_1=0.42$ s，$g_2=0.08$，$t_2=7.75$ s
RB[8]	多次循环吸吮	在体	$\mu_0=5.49$ kPa　$q=5.56$　$m_1=2\,000$ $m_2=0.34$　$m_3=0$　$m_4=9$ $\Gamma_1=120(1/s)$　$\Gamma_2=0.23$　$n=0.3$ $r_1=2\,572$　$r_2=2\,688$　$r_3=10.6(1/s)$ $r_4=15.8(1/s)$　$r_5=0.50$
线弹性模型[9]	断裂拉伸	离体	33 例遗体肝，肝密度 0.920～1.191 g/ml，肝断裂张力：0.066～0.386 MPa，杨氏模量 0.315 5～2.850 3 kPa，
唯象模型[10]	载重压缩 MEG/MTS	离体/在体	exp2 modal 在体/离体： $\beta=7\,377.1/7\,972$(Pa)；$\alpha=20.63/20.29$；$\gamma=3\,289.4/781.1$； rexp2 在体/离体： $\tau=4.95\text{E}+06/3.71\text{E}+04$(s)；$\beta=0.307/0.381$

QLV 模型是冯元桢等在 1997 年的《Biomechanics》一书中提出的一个利用无限个串联的简单黏弹性模型(如 Kelvin 模型)来模拟生物软组织的滞后曲线对加载频率不敏感这一特点(见图 13-2)，由少数弹簧和阻尼元件组成的简单的黏弹性模型(如 Maxwell 模型、Voigt 模型、Kelvin 模型)对于加载频率是敏感的，但重复串联的简单黏弹性模型，由于相互的叠合，可以出现明显的对应广泛频率的平台，表现为类似生物组织那样的对加载频率不敏感的滞后曲线[6]。这一模型的力学参数，可以用归一化的松弛函数 $G(t)$，松弛谱 $S(q)$ ($1/q$ 为频率)来表征。对于无限串联的 Kelvin 模型，有

$$G(t)=\left[1+\int_0^{\infty} S(q)\,\mathrm{e}^{-1/q}\,\mathrm{d}q\right]\left[1+\int_0^{\infty} S(q)\,\mathrm{d}q\right]^{-1} \tag{13-1}$$

其应变势能 U 可以利用约化多项式形式表示为

$$U=C_{10}[J^{-\frac{2}{3}}\cdot(\lambda_1^2+\lambda_2^2+\lambda_3^2)-3]+C_{20}[J^{-\frac{2}{3}}\cdot(\lambda_1^2+\lambda_2^2+\lambda_3^2)-3]^2+\frac{K_0}{2}(J-1)^2 \tag{13-2}$$

式中 C_{10}，C_{20} 为材料参数，λ_i 为主伸长率，是应变梯度张量的特征值，

$$J=\lambda_1\lambda_2\lambda_3 \tag{13-3}$$

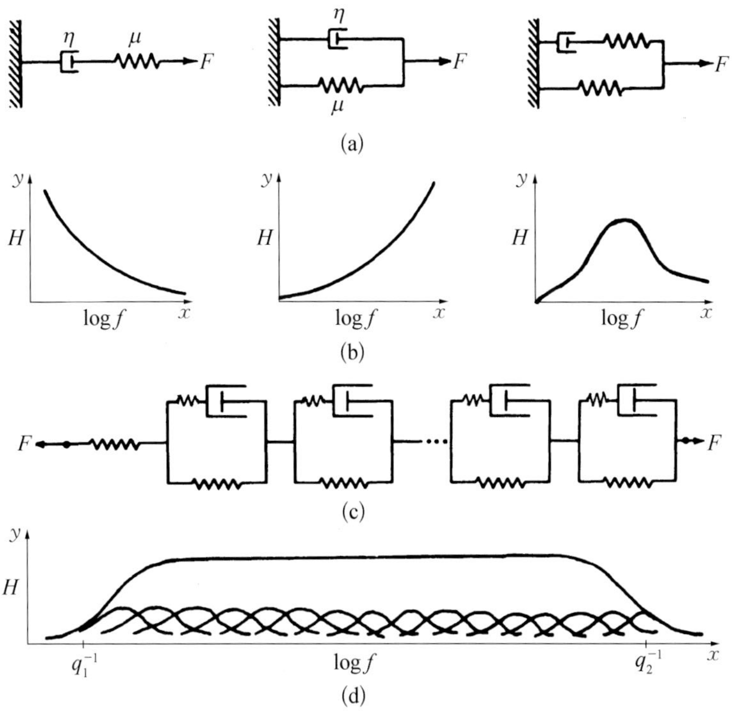

图 13-2 QLV 模型构成与特性示意图[6]
(a) 常用标准黏弹性模型，依次为 Maxwell 模型、Voigt 模型、Kelvin 模型；(b) 各个模型滞后率(H)与加载频率的对数($\log f$)之间的关系，可见简单黏弹性固体模型，不能准确描述软组织的力学响应特点；(c) 按 QLV 模型假说，将无穷个 Kelvin 模型串联，即可得到图(d)所描述的在相当广的加载频率下滞后率(H)相对恒定的特性，能较好地拟合生物软组织的加载曲线

Figure 13-2 The constitution and properties of QLV model

由于这一模型相对较为简单，参数易于通过实验获取(常用的手段是多循环加载)，和多数软组织的应力应变关系能够很好地吻合，因此至今仍是研究软组织生物力学，乃至研究细胞生物力学的主要模型[6]。

Rubin 和 Bodner 提出的三维非线性模型，是基于他们 1996—2002 年间的一系列文章中利用定义一系列理论参数，和与之相关的一系列方程构建的一个精细描述三维非线性固体应力应变关系的理论模型[8]，其基本假设为对非线性黏弹性材料的应力应变关系，分解为弹性组件和耗散组件两部分来模拟，对于弹性组件，应变能的非线性各向同性弹性响应可用各个形变张量的不变式函数来表达。对于耗散组件，则可用建立描述弹性-黏塑性材料的弹性各向异性响应的物理连续性本构方程来描述。该模型亦称 RB 模型，与 QLV 模型的区别主要表现在，在 QLV 模型中假设所研究材料对形变增量的响应依赖于松弛模量(即归一化松弛函数)，是不受加载历史的影响的，因此可以根据线性黏弹性的假设，利用承继积分的办法求得，而 RB 模型的方程组是一系列的弹性-黏塑性方程，描述的是由历史依赖性的内部变量所决定的应力响应[8]。

Rosen 等 2008 年报道的利用压缩加载和唯象模型研究腹部器官生物力学的参数的文章中[10]，亦描述了肝脏的力学参数，基于他们所用的 exp2 模型，应力应变关系有

$$\sigma=\beta(e^{\alpha\varepsilon^2}-1)+\gamma\varepsilon \tag{13-4}$$

$$\sigma(t)=\exp\left(\left(\frac{-t}{\tau}\right)^{\beta}\right) \tag{13-5}$$

该模型的优势在于极大程度上地简化了模型的参量,比较直观地反映出组织器官的应力应变关系,所谓"唯象"即是指直接的通过对实测的应力应变曲线进行拟合和建模,而不做更深地理论解释。但同时也带来了其适用范围的局限,以及其数据相对地和其他模型缺乏可比性。

13.1.3 临床肝硬度检测与疾病对肝组织力学特性的影响

上述肝组织力学特性的研究均具有很好的理论意义,也应用于肝脏手术模拟,手术方案设计,人体建模等诸多方面。然而在临床上,应用最为普及的肝组织力学特性检测手段,仍当属超声波瞬间弹性成像(transient elastography,TE)技术。

超声波瞬间弹性成像技术,目前主要是法国 Echosens 公司从 2003 年开始开发的 FibroScan®(简称 FS)所使用的,无创检测肝组织硬度的肝脏弹性测量技术(liver stillness measurement,LSM)和检测肝组织脂肪含量的受控衰减参数(controlled attenuation parameter,CAP),其基本原理是:在能够产生和接收超声波的换能器上装有振荡探头,探头可产生一个小振幅的低频振荡(50.0 Hz),继而引发一个弹性剪切波在组织内传播,获取伴随着弹性剪切波的超声波脉冲回声,可以用来测定弹性剪切波的扩散速度。在弹性模量越大的组织内,弹性剪切波的传播速度就越快[11-13]。可以用公式

$$E=3\rho V^2 \tag{13-6}$$

来计算对应组织的杨氏模量 E,式中 ρ 是对应组织的密度,原理如图 13-3 所示。

由于肝组织内 ECM(如胶原等)的含量与其表观的弹性系数存在相关性,该技术主要应用于检测肝纤维化和肝硬化,并能作为肝纤维化的分期指标。临床上,根据肝组织活体检验的结果,按 Metavir 评分系统[14]纤维化等级可以把肝纤维化分为 F_0～F_4 5 个时期如表 13-2 所示。

表 13-2 Metavir 评分系统纤维化等级

Table 13-2 Metavir score system for liver fibrosis

肝纤维化分期	分期标准特征
F_0	无纤维化
F_1	门静脉区有纤维化(肝门束扩大)但没有纤维间隔形成
F_2	肝门束扩大,少量纤维间隔形成
F_3	有大量纤维间隔但没有肝硬化
F_4	肝硬化发生和发展

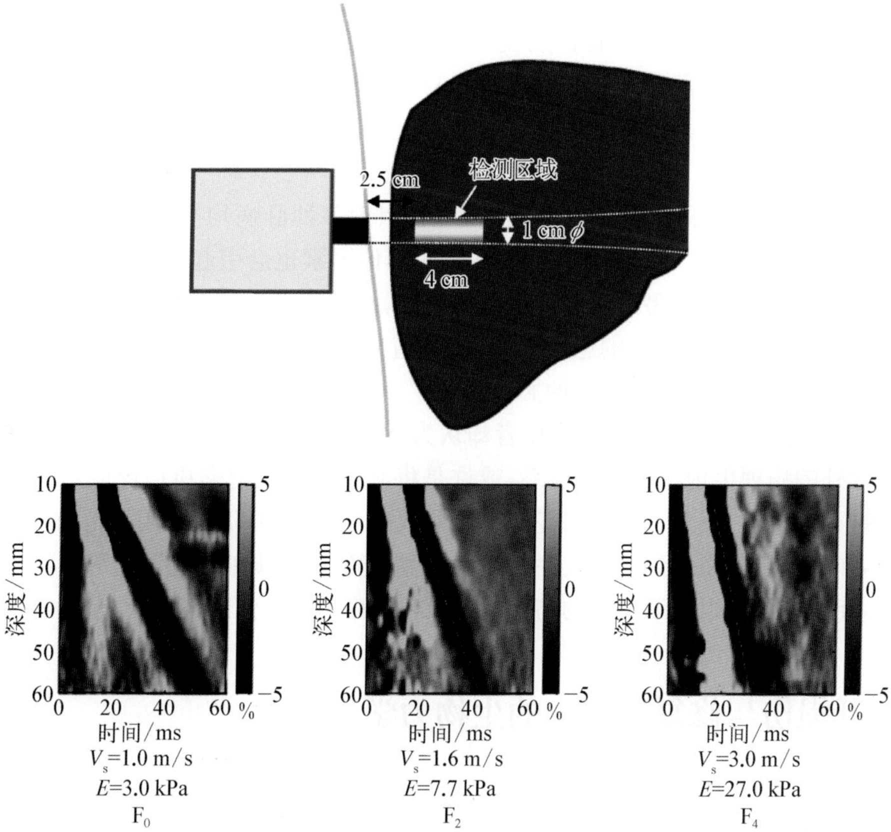

图 13-3 FibroScan®基于超声波瞬间弹性成像技术检测肝硬度的原理[13]

Figure 13-3 The principle of FibroScan® transient elastography to detect the stiffness of liver

通过 LSM 测定的肝硬度的正常值一般为(5.5±1.6)kPa，和年龄无关，但男性略高于女性(5.8±1.5 比 5.2±1.6 kPa，$p=0.000\ 2$)[12]，按照文献报道，一般 $E \leqslant 7.0$ kPa 为 $F_0 \sim F_1$ 期；7.0 kPa～9.5 kPa 为 F_2 期，9.5～12.5 kPa 为 F_3 期，≥12.5 kPa 为 F_4 期[13]。

FS 是目前检测肝纤维化相对而言，十分简单有效的方法。与肝穿刺结果(金标准)作比较，据报道，$F \geqslant 2$ 符合率达 84%，$F \geqslant 3$ 达 95%，$F=4$ 达 94%[13]。FS 的优点在于① 无创性，非介入的检测方式，受检查者无损伤、无并发症；② 便捷性，操作简单、快捷(一般<5 min)，可直接在门诊或病床边进行检测；③ 结果量化，客观可靠，可重复性好。因此，其或将取代肝穿刺作为监测诊断肝纤维化进程的常规手段。

也可用以诊断敏感度为纵坐标，1-特异性为横坐标，得出的受试者工作曲线(ROC 曲线)的曲线下面积(AUROC，AUC)来度量检测技术用于诊断的准确性，对于 FS 检测纤维化，METAVIR 积分 $\geqslant F_2$ 和肝硬化($=F_4$)的受试者工作曲线(ROC)的曲线下面积分别为 0.88 和 0.99，表明该方法对于检测肝纤维化是可以信任的[15]。

FibroScan®的另一个重要检测指标是受控衰减参数(controlled attenuation parameter，CAP)，其基本原理为瞬时弹性超声诊断仪应用探头发出的超声波信号，在肝脏内发生衰减，测量超声信号的衰减程度，将此超声衰减参数称为受控衰减参数，CAP 和肝细胞的脂肪含量有密切的联系。目前对于脂肪肝分期和 CAP 诊断指标，并没有完全一致的报道，一般根据肝组织脂肪含量，可以将肝脂肪性病变分为 S_0，≤5%；S_1，6%～33%；S_2，34%～66%，S_3，≥66%。按照孙婉璐等的研究[16]对应的 CAP 分别为 S_0，205 dB/m；S_1，245 dB/m；S_2，299 dB/m；S_3，321 dB/m。需要注意的在分期上该文献采用的是 S_0，≤10%，而不是其他更多报道所选择的 5%。

FS 同时也能作为多种肝病的诊断辅助手段，因为多种肝病均有发展到肝纤维化的阶段，同时也注意到，没有发生纤维化的情形下一些其他因素也会引起 FS 测量值的变化。比如 Chan 等对 161 例慢性乙型肝炎患者进行的研究，结果表明即使是相同的纤维化分期，丙氨酸氨基转移酶（ALT）水平高的患者 LSM 测量值也会高，而且结果显示 ALT 水平的不同对分期低的纤维化病例诊断所造成的影响最大[17]。虽然该研究者将这样的影响看成是对 FS 检测肝纤维化的负面影响，但本章作者却认为这充分说明了，肝组织的力学特性可以和除纤维化之外的病理生理状态建立联系，或许是将肝组织生物力学更广泛应用的一个可能方面。关键在于目前 FS 所采用的理论模型还是线弹性体模型，仍然采用的是均质和各向同性的假设，如果结合前面提到的非线性黏弹性模型，能够进一步细分的测定肝内结构的不同力学参数，相信应该可以获取更多的与疾病诊断和治疗相关的信息。

13.2 肝损伤与修复过程中的生物力学

肝脏是再生和自我修复能力相当强大的器官，动物实验表明，即使肝脏切除到仅剩原体积 25%的程度，大鼠亦能生存，而且第 2 天肝重即可增大 1 倍，2 周左右即可恢复肝脏原体积，人体的肝再生要慢很多，但右三叶肝切除后 1 个月左右，亦可基本恢复原始状态的 80%。

与此同时，当肝脏由于各种原因受到损伤后，将会面临发展为肝纤维化乃至肝硬化的可能性，而肝纤维化发展到一定阶段后，便不再可逆，最终导致肝功能的严重破坏甚至丧失，修复这样的肝损伤，至今仍是医学界、生物科学界面对的未解难题。因此对于肝脏的损伤和修复而言，更值得关注的是，如何恢复由于病理损伤造成的肝的结构性的破坏，如何逆转肝纤维化等疾病造成的肝内细胞排布及功能紊乱，ECM 堆砌，血流受阻，微循环改变等一系列的问题。这些问题的解决不但涉及细胞生物学，分子生物学，医学等的相关研究，生物力学，或者说力学生物学亦在其中扮演着十分重要的角色。肝纤维化的发生发展过程中，其结构及力学特性的改变，既是结果也是动因。力学信号与化学信号在其间相互交织，相互转化，共同决定着肝纤维化中的重大事件，决定着细胞、组织乃至机体的命运。这也是本章将要重点讨论的。

13.2.1 力-化学信号相互转化和“串话”的机制探讨

要从生物力学的角度探讨肝损伤及其修复的问题，首先必须阐明的问题是力的因素和化学的因素，在细胞信号的层面上是如何相互作用，相互转化的，在此基础上才能更好地理解细胞与细胞之间、细胞与基底之间的相互作用，以及细胞如何整合这些相互作用的信息，做出相应的响应，并最终如何将这些响应的结果体现在损伤和修复的病理生理过程之中。

细胞对力学信号的响应是一个十分复杂的过程，细胞怎样感知、传导力学信号，力学信号和化学信号之间怎样相互转化、整合一直受到众多研究者关注。现有的研究认为，力学信号的传导可能机制包括① 激活力敏感的离子通道或离子泵(包括 Na^{+}，K^{+}，Cl^{-}，Ca^{2+} 等通道)；② 直接作用于膜表面受体、细胞内受体、信号蛋白等，引起蛋白变构而实现力信号向化学信号的转化；③ 通过黏附结构和细胞骨架介导的力信号传递和传导。其中黏附结构和细胞骨架介导的传导由于其一方面可实现力-化学信号的转化，另一方面又可以通过机械方式实现细胞内外的力学传递，所以更加引人关注[18]。

无论在体内还是体外，细胞总是生长在相应的基底上或基质中。生物体以 ECM 为支架，将细胞整合起来形成整个组织的力学支撑。ECM 传递的力信号集中在细胞表面的黏附结构受体上[通常认为是黏着斑中的整合素(integrins)]，这些跨膜受体通过黏着斑结构以“点焊接”的形式将 ECM 与肌动蛋白细胞骨架连接起来形成一个力学连续结构，使得力学信号在组织、细胞层次的传递形成连续性和整合性的特点。

黏着斑(focal adhesion，FA)是细胞与 ECM 之间相互作用而形成的，具有附着和信号功能的典型细胞黏附结构被认为在细胞形态调整、迁移、生长和分化等过程中发挥重要作用。黏着斑是应力纤维(stress fibers)的组织中心。黏着斑和应力纤维的形成，在细胞内往往是一体的，黏着斑的形成一般伴随应力纤维的聚集，而应力纤维的解聚也通常会引起黏着斑解体。应力纤维在细胞内处于一种等长收缩状态，而这样的状态对于它们的组装是有益的。应力纤维在细胞内通常含有一些收缩性的蛋白(包括非肌性肌球蛋白Ⅱ，nonmuscle myosin Ⅱ，NMM Ⅱ)，并通常以一种肌性收缩的方式结合，但在活细胞内却很少见到应力纤维因收缩而缩短的现象，这主要是因为黏着斑处与刚性的 ECM 存在很强的黏附力，使得应力纤维处于等长状态，当成纤维细胞培养在硅胶薄膜上时，即会引起薄膜皱缩，这充分证明了等长收缩的存在。这样建立在黏着斑之间应力纤维上的等长收缩的基础上的，在铺展细胞内使得细胞呈收缩趋势的力，被称为细胞收缩力(the contraction force of cells)，或细胞收缩性(the contractibility of cells)。细胞收缩力的存在，使得细胞对外界的力作用的响应是一个主动过程，而不是像无生命材料那样仅做出被动的变形[18,19]，如图 13-4 所示。

按照 Ingber 所提出的细胞张力整合(tensegrity)模型[20]，细胞形态是细胞内部力平衡所决定的，是细胞内力学因素的外在体现，而这样的力平衡能转化为细胞功能的关键调节信息。细胞形态的调整，可以直接或间接的影响组织乃至于器官生物图式的构建，也是关系到细胞增殖、分化、凋亡的重要信息。细胞骨架的张力整合性是细胞形变的主要决定因素，Matthews 和 Ingber 等的结果表明力的早期响应(骨架硬化)与 Rho 活性、细胞骨架预应力有关[21]。Engler 等[22]在《Cell》发表的文章中指出，不同硬度的基底会诱导间充质干细胞分化形成不同种类的细胞，且开始阶段其他可溶的化学因子可以起到重新决定干细胞线性分化的作用，但几周后化学因子即失去诱导再分化的能力。同时这篇文章发现，非肌性肌球蛋白Ⅱ(nonmuscle myosin Ⅱ，NMMⅡ)的活性如果被 Blebbistatin 抑制，那么基底硬度诱导细胞分化的作用消失。这些研究显示，细胞对基底力学状态的响应是由于基底硬度引起细

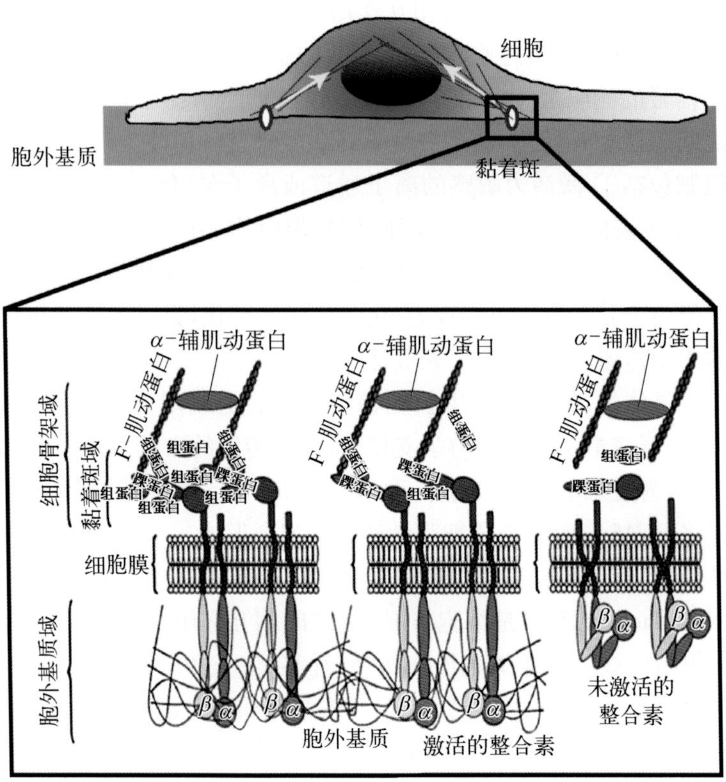

图 13-4 黏着斑应力纤维系统和细胞收缩力关系示意图[19]

Figure 13-4 The relation of focal adhesion-stress fiber system and the contraction force of cells

胞收缩力的变化，在弹性系数大的基底上，细胞能够在维持同等铺展面积的前提下，获得更大的收缩力，这个收缩力可以在细胞和 ECM 间传递，引起细胞的响应。

根据上述分析，本章作者认为细胞收缩力是力-化学信号(cross-talk)的一种体现，力信号通过影响细胞的收缩力而对信号蛋白产生影响来和化学信号整合的同时，化学信号同样也可以通过影响细胞的收缩力，直接以力的形式和外界力信号整合。细胞信号转导(无论力学信号，还是化学信号)应包含两个方面：一方面以化学信号形式，发生相应的配/受体结合，引起具有特异性的信号事件；另一方面也转化为细胞的和(或)ECM 的力学状态信息，以应力的形式在细胞与细胞间及细胞与 ECM 间进行传递和整合，并在适当的环节再次转化为分子间相互作用。细胞以细胞骨架- ECM 的力学状态作为"第 2 信使"来整合所感知的力化学信号并做出整体的响应，既可以实现特异性的信号转导，也可以通过力的连续性在细胞间乃至组织间传递，并具有力所特有的矢量属性，可以很方便地实现组织内细胞信号的整体协调。在组织器官的形态构建、组织器官损伤与修复过程中应该也能解释更多问题。因此我们讨论肝脏损伤与修复，以及肝再生过程中生物力学，将主要从细胞与细胞间，细胞与基底间的力学相互作用以及这些相互作用与细胞因子、信号转导的相互关系而展开，如图 13-5 所示。

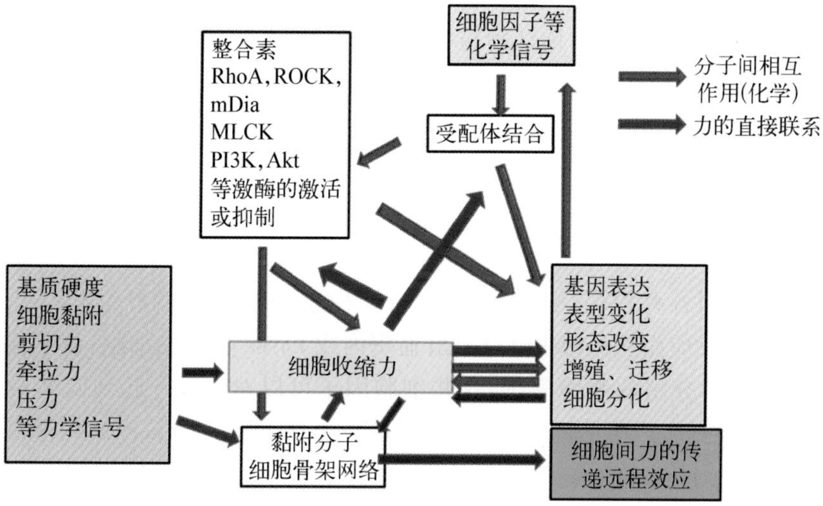

图 13－5　以细胞收缩力为"第 2 信使"的力-化学信号整合机制示意图

Figure 13－5　The contractibility of cells could be the "second messenger" which merging the chemical signals and mechanical signals in cells

13.2.2　肝纤维化及其发生机制

按 1978 年世界卫生组织专家组给出的定义，纤维化是指胶原的过度形成，因为当时人们认为胶原是纤维化肝脏中最为突出的纤维成分。目前学术界普遍认为肝纤维化是多种原因引起的肝组织动态的创伤-愈合过程[23]。在这个过程中，肝脏中的多种 ECM 成分含量不断增加。Gressner 等的研究表明，肝硬化时肝脏合成的Ⅰ、Ⅲ、Ⅳ、Ⅴ、Ⅵ型胶原与正常肝脏相比分别增加到 8 倍、4 倍、14 倍、8 倍和 10 倍，而透明质酸、硫酸乙酰肝素、软骨素、软骨素-4-硫酸、软骨素-6-硫酸和硫酸皮肤素的表达分别为正常肝脏的 8 倍、2 倍、2 倍、5 倍、10 倍和 10 倍[23,24]，肝纤维化是多种慢性肝脏疾病发展的共有阶段，是一种多病因的疾病状态，而不是一种独立的病种。多种因素参与了肝纤维化的进展，包括肝脏形态构建、功能代偿、血流动力学以及肝细胞的再生等。肝纤维化的一般疾病过程为慢性肝病→肝纤维化→肝硬化→肝癌。

迄今为止肝纤维化尚缺乏公认的特异性的临床诊断手段，常用的检测方法为血清学检测、肝穿刺活组织检查、影像学检查等。影像学检查包括 B 超、CT 和肝脏超声波测定，均可以提供肝纤维化方面的线索，尤其是 FibroScan®的超声波瞬间弹性成像技术，更被视为可以替代肝穿刺活组织检查的诊断手段，但超声波瞬间弹性成像技术的诊断标准仍需进一步深入规范，消除其中的不确定性。同时，目前肝纤维化治疗手段上对于恢复肝脏的原有结构和功能仍缺乏有效手段，恢复肝功能主要依靠肝再生的代偿作用，因此无论肝纤维化的诊断还是治疗都需要生物力学的深度介入。

目前获得较多公认的肝纤维化发生的机制是以 HSCs 激活并分化为肌成纤维细胞(myofibroblast，MF)，并大量合成 ECM 为中心环节的。

肝星状细胞(hepatic stellate cells，HSCs)，正常情况下在肝内承担着储存脂类物质(包括维生素 A),分泌细胞因子参与肝脏的发育调控,调节肝窦血流等功能。当肝脏受到某些物理、化学及生物因素刺激时(目前认为与氧化应激有关),通常静息状态的储存维生素 A 的 HSCs 转化成为成肌纤维细胞,称之为“激活”或“转移分化”,其激活过程可大致分为“起始激活阶段”(initiation phase)和“永久化阶段”[25](perpetuation phase),其具体机制可大致描述如下。

13.2.2.1 肝星状细胞的起始激活阶段

当肝脏组织受到各种损伤,引发炎症反应或坏死反应,肝内的肝细胞、Kupffer 细胞、LSECs 以及因炎症反应而从血液中迁移到肝血窦内或 Disse 隙的白细胞、血小板等,都会通过不同的途径产生旁分泌的细胞因子,这些细胞因子可以对 HSCs 起到起始激活的作用。肝细胞在受到损伤后,会产生活性氧自由基(reactive oxygen species,ROS)、过氧化脂质、凋亡小体等都能成为 HSCs 的有力起始激活者,其中包括,乙醇通过细胞色素 P450 2E1 (CYP2E1)代谢的产物和非酒精性脂肪肝病变(NAFLD)中产生的过氧化脂质[25,26]。

在某些肝脏疾病损伤下,LSECs 正常具有的窗孔的结构逐渐减少或消失,内皮下形成较致密的基膜,产生类似于其他组织毛细血管的连续型结构,这一过程称为肝窦的毛细血管化(capillarization)。它由多种因素引起,其过程极复杂,涉及血管内皮生长因子(vascular endothelial growth factor,VEGF),NO 等很多细胞因子[25,27]。肝血窦内皮的窗口状态与 HSCs 保持静息状态有着十分密切的关系,一旦肝窦毛细血管化,即可引起进一步的纤维化发生,其机制可能在于毛细血管化后的内皮细胞会表达纤粘素 ED-A 剪接变体(alternative spliced domain A of fibronectin),而后者会促进 HSCs 早期向受损部位的迁移[25,28]。

起始激活阶段,HSCs 的主要表现是一系列的基因和表型的改变,使得膜受体表达(如 PDGF 受体、VEGF 受体、TGF 受体)的上调开始表现出对增殖和纤维化细胞因子的敏感性提高。因此可以被视为一个“引发”步骤[25,29]。

13.2.2.2 肝星状细胞的永久性激活

如果初始阶段的损伤因素持续发生,HSCs 会在相邻细胞和 ECM 的旁分泌信号以及自分泌信号的作用下,使得其激活状态的表型进一步增强,乃至于发生永久化的改变,即分化为 MF,永久化的改变包括很多方面,如贮脂丢失,形态改变,表达多种细胞因子及受体,向损伤部位趋化迁移,大量增殖,大量合成 ECM,表达 α-平滑肌肌动蛋白(α-SMA),并具有收缩功能,迁移和黏附力增强等[25],如图 13-6 所示。

在 HSCs 增殖、活化及合成 ECM 的过程中,转化生长因子 α、β(transforming growth factors,TGF-α、β)、血小板衍生生长因子(platelet-derived growth factor,PDGF)、肿瘤坏死因子(TNF)等多种细胞因子均在其中扮演了重要角色。

TGF-β 是 HSCs 激活和分化为 MF 的关键调控因子,可促进 HSCs 表达和分泌Ⅰ、Ⅲ、Ⅳ型胶原、FN 等,并诱导 HSCs 向 MF 的分化同时 TGF-β 与多条信号通路有着相互作用,包括 PDGF、FAK、MAPK P38、Rho、INF-γ 等。这些交互作用,在决定 HSCs 的命运,以及肝损伤修复的方向方面有着十分重要的作用。TGF-β 在肝再生修复中亦扮演十分重要的

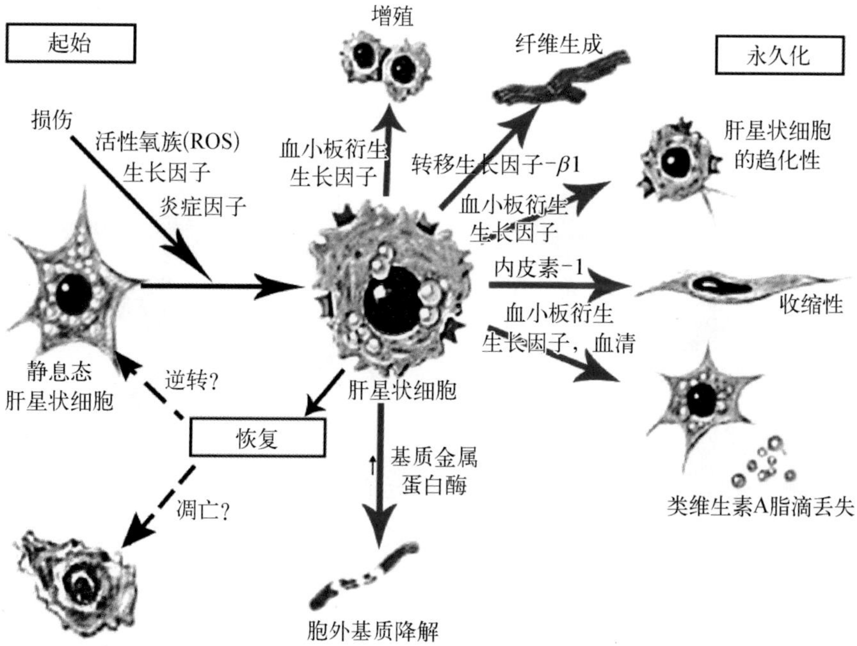

图 13-6 肝纤维化中肝星状细胞的激活与分化[30]

Figure 13-6 The activation and differentiation of hepatic stellate cells in liver fibrosis

角色，肝损伤后的修复是走向纤维化，还是走向再生修复，是多因素共同作用的结果[26,31]。

激活后 HSCs 的趋化作用，也是肝纤维化的重要方面：一方面由于肝损伤部位产生的 ROS，组织缺氧，透明质酸受体，ECM 组分等物质，以及 VEGF、EGF、MCP-1 等细胞因子对 HSCs 的化学吸引作用，使得 HSCs 向肝损伤部位聚集，进一步增殖分化，大量合成 ECM，导致胶原等纤维化物质在损伤处堆积；另一方面，激活后的 HSCs 也会产生免疫趋化因子，吸引免疫细胞（包括巨噬细胞、淋巴细胞、白细胞）向肝损伤部位迁移，进一步产生炎症反应，形成一个肝纤维化的正馈循环[25]。当然这些细胞聚集的最终走向，并不一定是肝纤维化，亦有可能形成肝再生的激活因素，本章将在后面的部分继续讨论这一问题。同样 HSCs 迁移过程中涉及的力学信号与化学信号的相互作用问题也将留到后面再讨论。

肝纤维化进程中，由 HSCs 分化而来的肌成纤维细胞（myofibroblast，MF），其特征介于成纤维细胞和平滑肌细胞之间，属于间充质来源细胞，表达 α-平滑肌肌动蛋白（α-smooth muscle actin，α-SMA），具有收缩和迁移的能力，其合成 ECM 的能力远大于成纤维细胞，是组织纤维化过程中产生过量 ECM 的主要来源细胞[32]。除 HSCs 外，肝内其他细胞，亦有可能转变为 MF，肝实质细胞、肝血窦内皮均可能通过 EMT 途径转变为 MF[26,32]，来源于外周血的循环纤维细胞，甚至骨髓间充质干细胞都有可能加入到 MF 的行列。

ECM 合成和降解平衡的打破，是肝纤维化形成的重要事件，正常情形下，HSCs、肝血窦内皮等合成的 ECM 量很低，正常肝内含有的 ECM 仅占肝总重量的 0.5%左右，同时可表达基质金属蛋白酶（metalloprotease，MMPs）和抑制金属蛋白酶活性的组织金属蛋白酶抑制剂（tissue inhibitor of metalloproteinases，TIMPs），实现 ECM 的不断更新，维持 ECM 在数量和种类上的大体平衡。纤维化情形下，MMPs 的表达量下调（HSCs 激活的早期，有报道上调的），同时 TIMP－1 为首的 TIMPs 的表达量上调，使得，ECM 的合成/降解平衡向合成方向倾斜，图 13－7 所示为 ECM 逐步积累[34]。

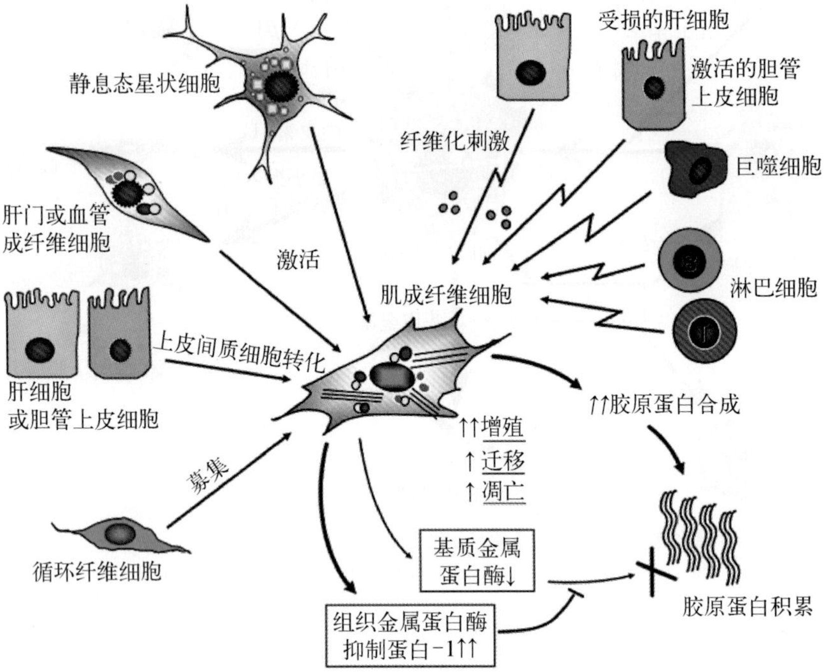

图 13－7 肝纤维化发生的机制示意图[33]

Figure 13－7 The brief mechanism of liver fibrosis based on the myofibroblast

ECM 与细胞之间的信号是双向的，既能对细胞和组织损伤所产生的信号做出响应，同时也在损伤条件下产生信号调整细胞的行为，这些信号大多通过膜黏附系统来介导，主要是整合素（integrins），也包括钙黏素，去整合素－金属蛋白酶（a disintegrin and metalloproteinase，ADAM）等其他黏附分子，HSCs 表达的整合素与 TGF－β，Hedgehog，结缔组织生长因子（connective tissue growth factor，CTGF）等信号通路之间均有联系，这将在后面继续讨论。

13.2.2.3 肝纤维化下肝结构改变的机制

随着肝纤维化的发展，肝内微观结构直至肝的整体结构都会发生一系列改变。

最初的改变发生在肝小叶肝窦的层面上，正常的肝组织内，HSCs 位于肝细胞与 LSECs 之间的 Disse 隙内，肝细胞线状排列成肝板，仅有极低密度的基膜，而肝血窦内皮具有窗孔结构。伴随着 HSCs 激活并开始向 Disse 隙内分泌 ECM，肝血窦内皮特征性的窗孔结构消失，形成所谓"毛细血管化"，内皮下基膜成分增加，并逐步从原本的以Ⅳ型、Ⅵ型胶原，层粘连蛋白（LN）为主，转变为以Ⅰ型、Ⅲ型、Ⅴ型胶原，纤粘连蛋白（FN）为主（正常肝组织的Ⅰ型、Ⅲ型、Ⅴ型、Ⅺ型胶原，仅少量分散地存在于门管区和内皮下的少数区域）。透明质酸等糖蛋白合成量亦增加。激活后的 HSCs 开始从 Disse 隙向外迁移，并进一步推动纤维化进程[25,28]，如图 13－8 所示。

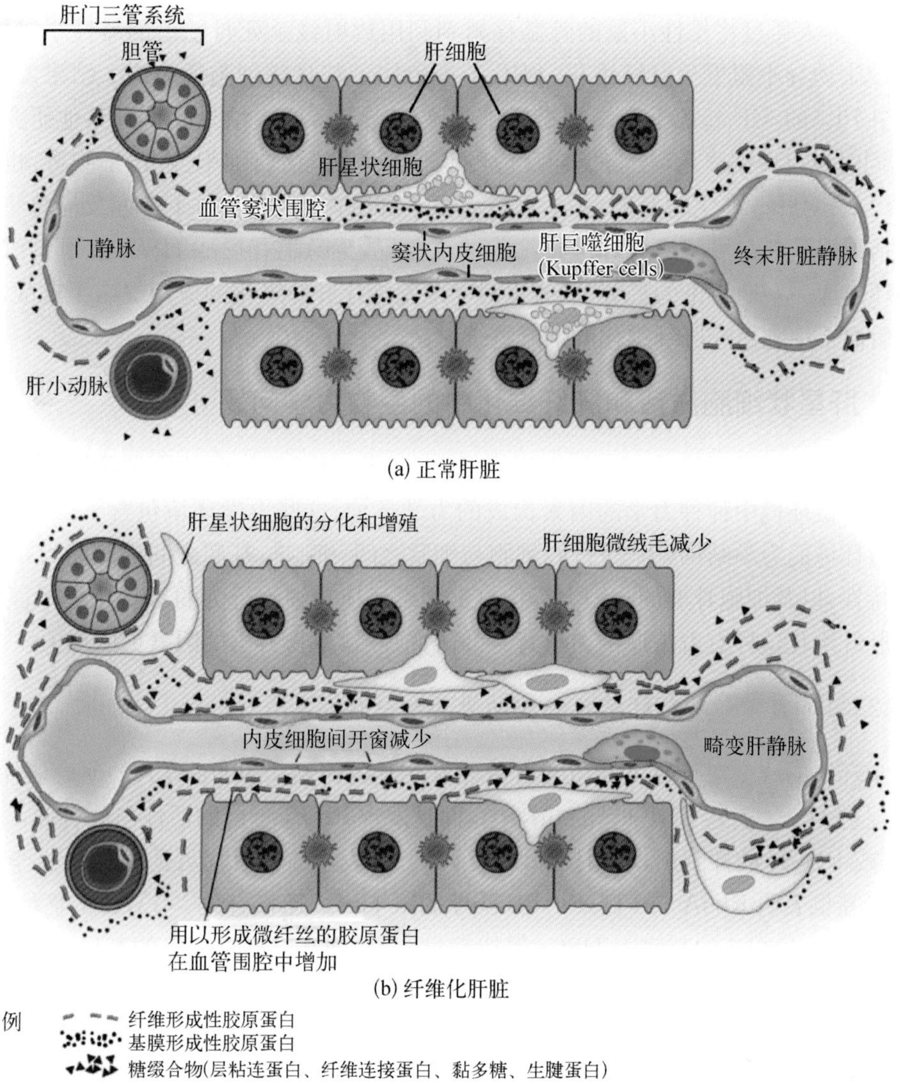

图 13-8 肝纤维化引起肝细微结构的改变[25]

Figure 13-8 Cellular and matrix alterations during liver fibrosis

随着肝血窦内皮窗孔结构的消失和基底膜 ECM 的不断积累，肝细胞功能，肝脏的关键代谢和血液流动均将受到干扰。进而过量积累的 ECM 逐步进入肝实质区域，最初的表现是门管区因纤维化组织的填充而扩大，进而在门管之间形成具有血管化连接的纤维间隔。这些间隔随着血管化和结缔组织的扩张而逐步扩大，最终肝实质被包含有分散的特征性结节的成束的纤维组织（假小叶）所取代，标志着明确的肝硬化的发生[25,33,35]。

13.2.2.4 其他肝纤维化机制

除了上述的 HSCs 激活机制外，随着研究深入，一些其他与肝纤维化相关的细胞分子机制逐步被阐明，进一步展示了肝纤维化机制的复杂性。其中最值得关注的是骨髓起源的骨髓间充质干细胞在肝纤维化中的作用。

Russo等人通过将雄性小鼠的骨髓移植到利用放射线杀死骨髓后的雌性小鼠的体内，继而用CCl_4诱导小鼠发生肝纤维化，利用Y染色体示踪骨髓细胞的去向。结果发现，纤维化组织中70%的MF起源于骨髓间充质干细胞(MSCs)，这一结果亦得到其他研究者的证实[36]。同时也有证据显示，参与炎症反应的其他细胞，包括白细胞、淋巴细胞等，也会转变为MF[25]，表明肝纤维化的发生，并不只是起源于肝脏内的细胞，由于炎症反应募集的血液细胞包括干细胞都有可能成为纤维化细胞的来源，甚至隐隐有挑战HSCs在肝纤维化中处于中心环节这一早期结论的趋势，同时也对干细胞治疗肝纤维化的应用提出了挑战，这个问题留待后面干细胞治疗肝纤维化的部分继续讨论。

13.2.3 肝星状细胞激活和肝纤维化中的生物力学问题

细胞所处的环境不仅是由各种细胞因子、小分子、离子等构成的化学环境，也包括由细胞所在组织微环境中种种力学的因素构成的力学环境，这些力学环境包含了从组织器官直至细胞微环境的力学结构，力学特性，细胞与细胞之间、细胞与基底之间的黏附力，细胞自身的力学特性，以及细胞骨架的收缩力等信息。力学环境对细胞行为的重要性是不言而喻的，尤其在肝纤维化这样有着浓厚的力学背景的研究领域，生物力学的因素更值得关注。

13.2.3.1 力学环境与肝星状细胞的激活和分化

力学环境的改变对HSCs的激活有着非常明显的影响，Sakata等人的研究表明周期拉伸可以促进HSCs表达TGF-β的mRNA，而且发现RhoA蛋白的活性与此有关，一旦加入rho-A或ROCK的抑制剂，周期拉伸刺激TGF-β表达的作用就明显减弱[37]。李蕾、蒋炜等人的研究也表明RhoA与PDGF-BB诱导的鼠HSCs迁移有关[38]；Wells等人的研究表明在杨氏模量400 Pa的基底上HSCs保持静息表型，而在8～22 kPa的基底上则表现为分化表型[39]。Olsen等2011年发表的文章也指出，HSCs向成肌纤维细胞分化，需要高硬度的基底，HSCs的激活速度与基底的硬度相关，并指出这样依赖于基底硬度的激活过程中，需要细胞与基底之间的黏附以及细胞收缩力，而外源性的TGF-β则不是必需的[40]，从而认为在此过程中力学因素扮演着更为重要的角色。朱樑教授等的研究表明正压力和周期拉伸均有激活HSCs的作用，且包括FAK、Akt、ERK1/2在内的多条信号通路牵涉其中[41]。

HSCs的迁移行为与其激活与分化有着密不可分的联系，无论是TGF-β还是PDGF-BB，一方面都是促进HSCs激活和向MF转分化的因子，另一方面也是促进HSCs细胞迁移的因子，HSCs的迁移性的增强与其分化成为成肌纤维细胞的过程是同步发展的，激活后的HSCs表达α-SMA，使其具备收缩迁移的功能，能够从分化及转分化部位到达它发挥作用的间质部位，并使细胞ECM收缩变形。这样的迁移往往是趋化的结果，HSCs的主要趋化因子在肝纤维化机制部分已经被提及，而趋化的迁移过程，则主要涉及ERK1/2和JNK1/2信号通路，这些信号通路又和Akt1/2信号通路之间存在对话(cross-talk)，并进而与整合素信号通路，Rho信号通路发生对话(cross-talk)，这些信号通路参与调节细胞与基底之间，细胞与细胞之间的黏附作用，参与迁移过程中的细胞变形与细胞骨架的重排，而同时也影响着

HSCs 向 MF 的分化，由此可见，HSCs 的激活、分化、迁移等行为，均会受到其所处力学环境的影响，可见力学因素在 HSCs 的激活和分化中扮演着极其重要的角色[25,32]。

13.2.3.2 肌成纤维细胞(MF)的生物力学

如前所述，由包括 HSCs 在内的多种细胞分化而来 MF 在肝纤维化中扮演着极其重要的角色。MF 的迁移行为和细胞收缩力是其功能行使的重要方面。MF 表达 α-SMA，使其具备很强的收缩迁移的功能，这样的迁移和收缩引起组织器官内结构和机械力环境的改变，是组织纤维化，组织粘连，瘢痕组织形成的基础[32]。α-SMA 既是成肌纤维细胞的分化标志，同时也是该细胞产生高细胞收缩力的动因，越来越多的研究表明，ECM 硬度和细胞骨架的收缩力在成肌纤维细胞分化过程中起着十分关键的调控作用。TGF-β1、纤粘连蛋白(fibronectin)的 ED-A 剪接变体和 ECM 的高应力状态被认为是诱导产生 α-SMA 阳性的 MF 的三个重要因素[32]。当基底硬度达到可以允许超成熟黏着斑(supermature，FAs)的形成的时候，α-SMA 就会出现在应力纤维中，进而产生 4 倍于普通黏着斑系统的细胞收缩力，这样的高收缩力也必然对其周围的力学微环境构成影响[42]。2010 年 Hinz 等人的综述更明确的认为 MF 是一个力激活细胞的典型范例，既是一个对力敏感的细胞，同时也是一个能够对周围力学环境产生影响的细胞[43]。Wang 等对心肌成纤维细胞向 MF 分化的研究表明，对于仅培养短时间，自身表达 α-SMA 水平低的新生心肌成纤维细胞，施加静态的张力，可以促进 α-SMA 的表达，而对于已经在坚硬基底上培养 3 天，已经高表达 α-SMA 的细胞，同样的加载却能降低 α-SMA 的表达，而 MAPK P38 的磷酸化与力介导的 α-SMA 表达下调有关[44]。这些研究表明机械力环境的变化对 MF 分化起着十分重要的作用，MF 的迁移和分化行为与其骨架张力和 ECM 状态密切相关，而且其中力信号和化学信号之间有着明显的对话(cross-talk)。而 Takeji 等人的研究则发现敲除 α-SMA 后，MF 反而增强了肾脏纤维化的进程，表达了更多的胶原等 ECM[45]，也从另一个角度反映了细胞收缩力某种程度上是组织愈创反应维持平衡的所需要的，不能构建足够的细胞收缩力，反而会诱使组织表达更多的 ECM，表现出过度的愈创反应。

13.2.3.3 TGF-β 等细胞因子信号与力学信号的关系

TGF-β 信号促进 MF 分化方面的作用也和细胞骨架的张力，特别是和应力纤维的收缩力有关。TGF-β1 与整合素和 ECM 间存在明显的对话(cross-talk)作用，一方面 TGF-β1 可以作为整合素表达和激活的促进者，启动细胞表达整合素亚基，并通过 inside-out signaling 激活整合素，使整合素和 ECM 的黏附作用增强；另一方面，TGF-β 在合成和分泌到胞外时，是以一种潜伏态的形式存在的，会与潜伏态关联肽(latency associated peptide，LAP)相连，并进一步与潜伏态 TGF-β 结合蛋白(latent TGF-β binding protein，LTBPs)相互作用。LTBPs 是一种微纤维关联的蛋白，可以将潜伏态的 TGF-β 结合在 ECM 中，而 LAP 则具有 RGD 序列，可以和整合素分子相互作用[46]。Wipff 等在 2007 年发表的文章中发现，在弹性系数较大的基底上 MF 的收缩，可以引起 ECM 中结合的潜在的 TGF-β 因子的释放，而在较软基底上，由于细胞收缩力引起的变形在细胞和 ECM 之间分配的变化，则不能引起潜伏态的 TGF - β 因子的释放(见图 13 - 9),这个过程不依赖蛋白酶的活性而与应力纤维和细胞收缩行为有关[47]。Cho 等的研究指出在 TGF - β 促进内皮细胞的内皮-间质细胞转化过程(epithelial-mesenchymal transition,EMT)中,其作用与细胞骨架张力以及 Rho 蛋白活性有关,无论是破坏细胞骨架张力,阻断整合素的黏附作用,还是用 Y - 27632 抑制 Rho 下游分子 ROCK,都能抑制 TGF - β 的 EMT 作用[48],Leight 等人的研究表明,基底硬度可以调控 TGF - β1 对内皮细胞的作用,在较软的基底上 TGF - β1 引起内皮细胞凋亡,而在较硬的基底上则介导 EMT 过程,且基底硬度影响 TGF - β1 的作用主要通过 PI3K/Akt 信号通路[44]。

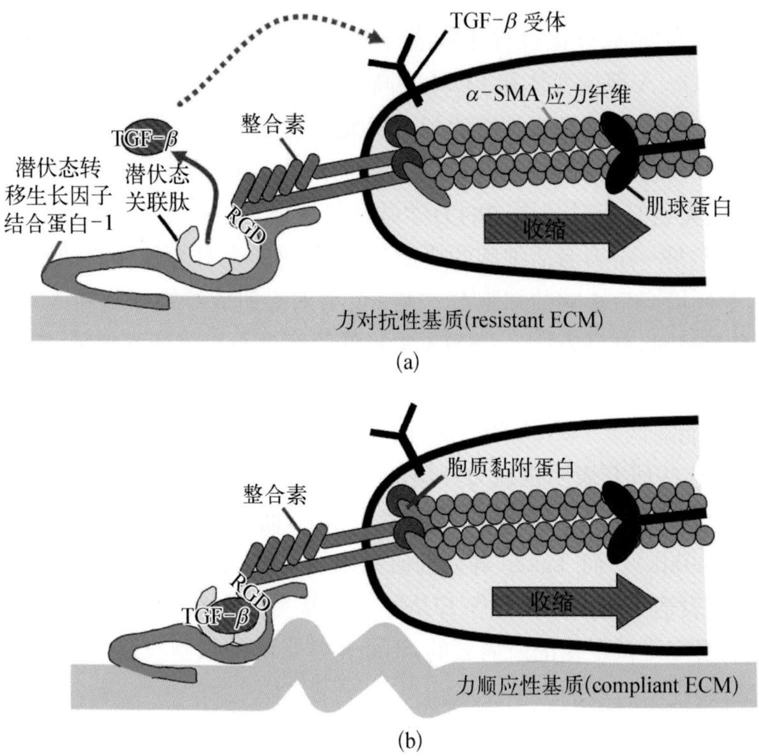

图 13 - 9 潜在态 TGF - β 的释放与基底硬度的关系[47]

Figure 13 - 9 The liberation of latent TGF - β due to the mechanical properties of ECM

不仅 TGF - β,与肝纤维化相关的 Hedgehog、CTGF、Wnt 等信号通路也与整合素介导的细胞黏附密切相关,而 HSCs 和肝血窦内皮表达的去整合素-金属蛋白酶(a disintegrin and metalloproteinase,ADAM)则和内皮生长因子受体(EGFR)相互作用,影响肝血窦内皮窗孔消失和"毛细血管化"过程,进而形成纤维化信号[25,31,34]。

13.2.4 肝纤维化中的门静脉高压

门静脉血管是肝的机能血管,它携带来自胃肠消化道的营养物质至肝,除供给肝自身的代谢外,更多是被肝细胞转化、合成新的物质,供给全身组织的需要。门静脉在体内血管中独特之处在于其始末两端均为毛细血管,其一端始于胃肠消化道以及胰脾的毛细血管网,入肝后又再次逐级分支，最终经小叶间静脉汇入肝血窦。肝脏70%～75%的供血来自门静脉，但由于其管径远比肝动脉大，所以门静脉压力较低，流速较慢。门静脉高压是一组由门静脉压力持久增高引起的症候群，门静脉压力增高，在一定条件下可进而出现门-体静脉间交通支开放，使得门静脉血在尚未进入肝脏前就被门-体静脉交通支大量分流直接进入体循环，出现腹壁和食管静脉扩张、肝功能失代偿，血液逆流、脾脏充血肿大、胃肠道充血，甚至形成腹水等。其中食管和胃连接处的静脉扩张是最为严重的后果，一旦发生破裂将引起严重的急性上消化道出血而危及生命。这些可统称为门静脉高压(portal hypertension，PHT)征。一般 HVPG 每增加 1 mmHg，肝脏功能的失代偿率增加 11%[49,50]。肝纤维化，肝硬化是门静脉高压形成的主要原因之一，门静脉高压也是肝纤维化、肝硬化威胁人体健康的重要方面。门静脉高压的病因极其复杂，涉及肝内肝外很多因素，HSCs、内皮细胞和各种血管活性因子均在其中扮演了重要的角色。

13.2.4.1 肝内参与门静脉血压调控的细胞及细胞因子

HSCs 在正常情形下，能够在血窦内皮和血液中血管活性因子的作用下，产生一定程度的收缩性，借以调节肝血窦的血流。在激活后，HSCs 将表达 α - SMA，平滑肌型的肌球蛋白重链，平滑肌型的钙调蛋白结合蛋白(caldesmon)，这些是平滑肌细胞的表型，故而其可以表现更为明显的收缩行为，同时由于肝血窦的毛细血管化，以及 HSCs 的迁移，使得其收缩行为对血流的控制增强，成为形成门静脉高压的主要因素。而 LSECs 是肝内直接接触血液流动的细胞，血液中的各种血管活性因子首先与血窦内皮接触，而且血窦内皮可以感受血流剪切力，流速等信息，进而自己产生血管活性物质(如内皮素 ET、氮氧化物 NO 等)调节星状细胞的收缩性，因此也是门静脉血压的重要调节者[25,49]。

调控 HSCs 收缩力的信号通路与血管平滑肌在很多方面是类似的，包括钙依赖性的和钙非依赖性的两类途径，其中 Rho -激酶信号途径(不依赖于钙离子的信号通路)在调控中起着更为突出的作用。肌球蛋白轻链激酶(MLCK)、PKC、肌球蛋白轻链磷酸酶靶向亚基(MYPT1)，都参与了收缩力的产生，而引起细胞松弛的调控则相对简单一些，主要是 NO 和 CO 以及它们引起的下游的 cGMP 产生，以及肌球蛋白的去磷酸化[49]，如图 13 - 10 所示。

13.2.4.2 门静脉血压的生物力学因素

可以用欧姆定律的流体等效形式来描述门静脉高压中门静脉压力与流量、流动阻抗之间的关系，即

$$\Delta P = Q \times R \tag{13-7}$$

式中 Q 为肝脏体系中的流量，R 为肝内的流动阻抗。

流动阻抗的增加可以分成固定的和可调控的两个部分，固定的阻抗增加包括 ECM 的沉积，再生性结节的形成，血管血栓的形成等，它们产生的流动阻抗不会受血管活性因子等的即时调控。而可调控的部分则主要是 HSCs 和 LSECs。如果用药物降低肝内的流动阻抗，则门静脉压力可以降低 20%～30%，而 HSCs 则是肝内阻抗可调控部分的最主要的细胞组件，可以通过收缩和松弛血窦来实现对阻抗的调节[49]，如图 13 - 11 所示。

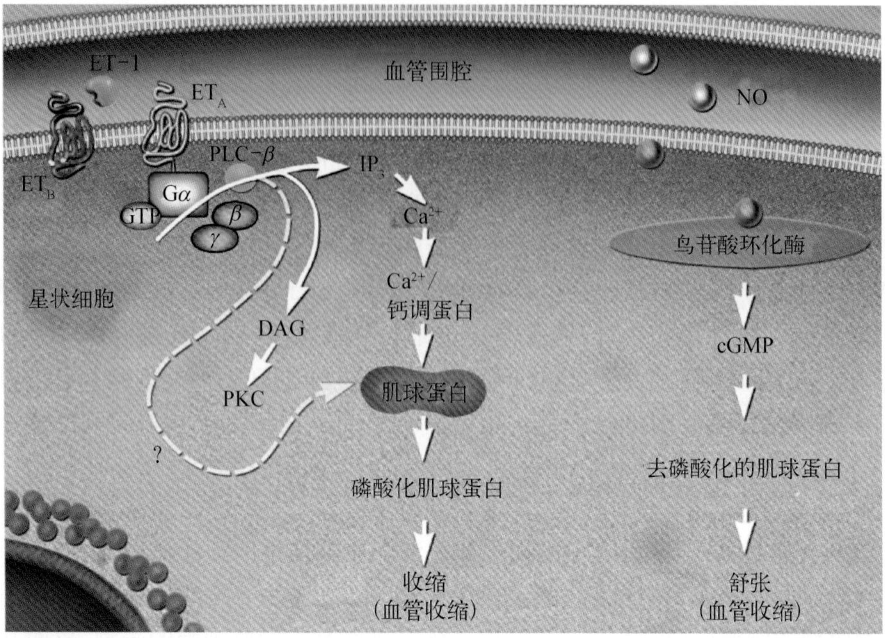

图 13-10 肝星状细胞收缩和松弛的调控[49]

Figure 13-10 The signaling regulation of stellate cell contractile and relaxation

对于正常的肝组织而言，其血管收缩因子(以 ET-1 为代表)，和血管舒张因子(以 NO 为代表)的合成是平衡的，因此能够将阻抗控制在一个较低的水平，因而能够保持正常的门静脉血压。而在肝损伤的情形下，这一平衡即发生了移动，星状细胞的收缩性因激活和受到血管活性因子的作用而增强，于是肝内的流动阻抗上升，门静脉血压升高，表现为门静脉高压。肝血窦在肝损伤下的变化(见图 13-11)[51]。

无论是 ET-1 的合成分泌，还是 NO 的产生，均会受到流动剪切的影响，体内怎样的流动剪切会促进或抑制 ET-1、NO 的合成分泌，没有文献报道。但有体外研究显示约为 14.1 dyn/cm^2 的流动剪切力可以引起肝血窦内皮的 NO 产量大幅上升[52]，由此可以推测，肝血窦的血流控制，在生理条件下是根据其中的血流速度来协调的。进入血窦的血液主要来自门静脉和肝动脉，其中门静脉作为功能性血管，受到更多的体液调控，而肝动脉血流是相对较为稳定的。由于进入肝窦的血流是受到调控的，而肝窦内的血流速度则是相对稳定的 0.1～0.2 mm/s，血窦只能通过与肝整体血流相适应的调整才能维持其自身血流的稳定。而只有血窦的流动阻抗维持较低的水平，才能保证门静脉压力的正常，所以可以进而推测，血窦内流速下降时，肝窦收缩，提高流速，而流速提高，则肝窦舒张，以降低流速。

13.2.5 肝纤维化的治疗及其中的生物力学

目前肝纤维化的治疗主要是① 以解除病因的抗炎抗病毒治疗；② 降解过多 ECM，逆转 HSCs 的分化，恢复肝结构和功能的修复性治疗两方面构成，在这里重点讨论与肝修复相关的治疗。

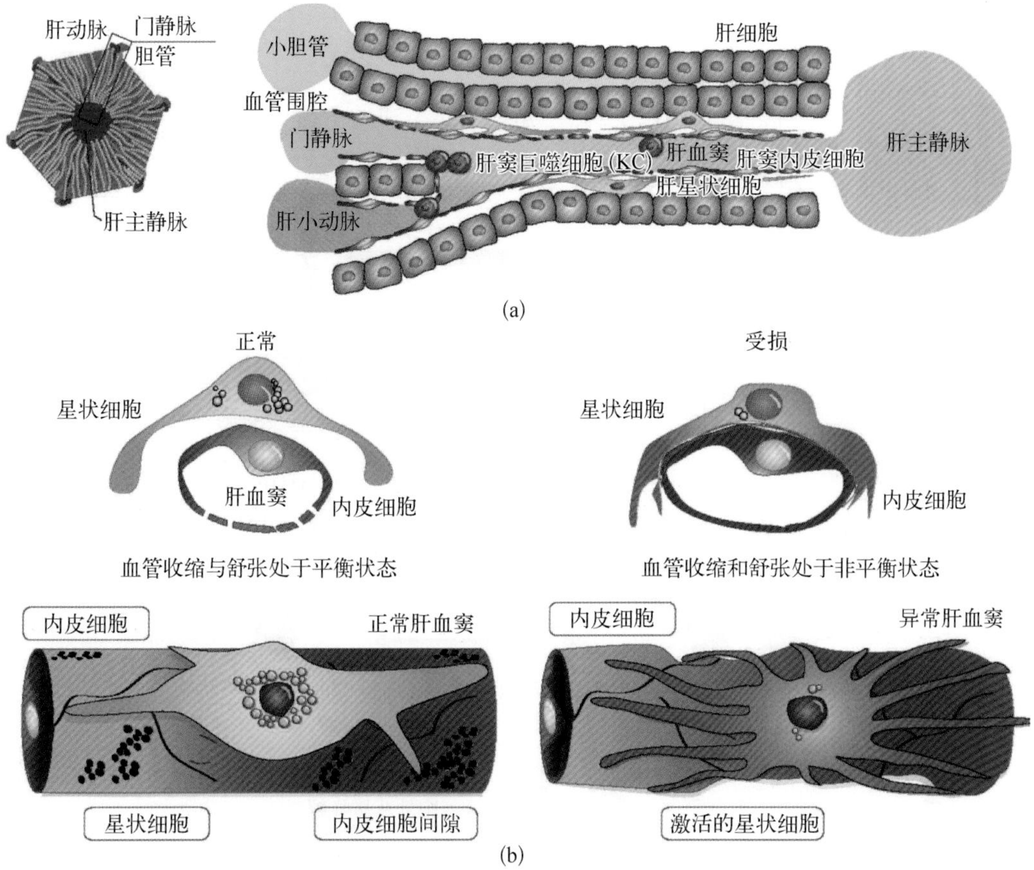

图 13－11 肝血窦在肝损伤过程中的改变[51]
上调：PDGF ⟶肝星状细胞的迁移；内皮缩血管肽⟶血管收缩，肝星状细胞的激活和收缩；TGF－β ⟶肝星状细胞的激活，纤维形成；VEGF ⟶血管再生
下调：NO ⟶血管收缩，肝星状细胞的激活

Figure 13－11 The alterations in the hepatic sinusoid during liver injury

13.2.5.1 肝星状细胞与肝纤维化逆转

肝纤维化从本质上说是肝损伤后的愈创反应的结果，纤维化组织也可视为瘢痕组织，因此肝纤维化的修复，也可比拟为瘢痕的修复。类似于其他损伤和修复的过程，肝纤维化的修复，也应分为结构的修复和功能修复两个部分。

目前已经有共识的是，肝纤维化，甚至早期的肝硬化，都在一定程度上是可逆的。肝纤维化的逆转，涉及很多细胞和因子之间的相互作用，也涉及很多与生物力学相关的事件。而正所谓“解铃还须系铃人”，HSCs 同样在纤维化的逆转中扮演重要角色，也是目前抗纤维化治疗的重要靶向细胞。

激活后的 HSCs，一方面自身增殖、合成 ECM，一方面也会产生 HGF 等生长因子，刺激肝实质细胞的增殖，这两方面作用如果取得一定的平衡，是有利于损伤肝脏的修复的，其要害在于激活后的 HSCs 要恰到好处地终止愈创反应，并及时被“清除”。

目前所知，激活后的HSCs清除的机制，主要有凋亡、老化和逆转（去激活）几种形式，如图13-12所示。

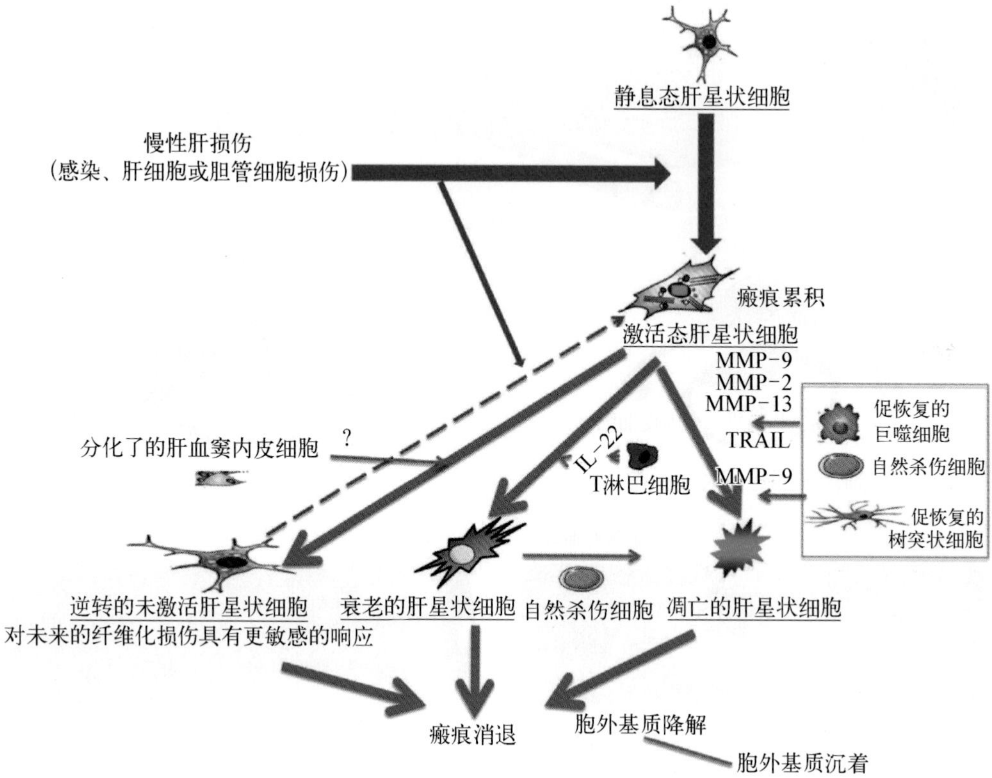

图13-12 肝星状细胞的命运与肝纤维化逆转的关系[53]（TRAIL为肿瘤坏死因子(TNF)相关凋亡诱导配体）

Figure 13-12 The fates of HSCs and the resolution of fibrosis

激活的HSCs和MF的凋亡，曾被认为是肝纤维化逆转过程中HSCs清除的唯一机制，近来发现HSCs的衰老和逆转机制后，才推翻了这一论断。HSCs的凋亡，与死亡受体通路，NGF信号通路，尤其是与NF-κB信号通路有关，NF-κB信号通路的抑制剂，可以诱导HSCs的凋亡，并逆转纤维化进程，而主要来自Kupffer细胞的IL-1β和TNF-α等则可通过NF-κB信号通路，使HSCs激活并增殖[53]。在HSCs的凋亡还是存活中ECM扮演着十分重要的角色，Ⅰ型胶原可以通过$\alpha_V\beta_3$整合素构成HSCs的存活信号，而TIMP-1的表达同样与HSCs的存活相关，在过表达TIMP-1的小鼠模型中，HSCs的存活得到增强，纤维化的降解失败[54]。

HSCs的细胞老化(cellular senescence)，以细胞周期停滞，细胞因子和金属蛋白酶的表达上调（如MMP-9），而ECMs基因表达下调（也包括TIMP-1、TIMP-2）为特征，HSCs的细胞老化是限制肝纤维化发展，促进肝纤维化逆转的重要因素，伴随着细胞老化的诸多因素都是有利于缓解纤维化的（比如增殖停滞、MMP上调、ECMs和TIMPs下调）。敲除了p53/INK4/ARF的小鼠，HSCs的细胞老化进程和肝纤维化恢复同时表现出抑制。IL-22被认为是HSCs细胞老化的关键诱导因子，可通过STAT3/SOCS53/p53依赖的信号通路，引起 HSCs 细胞老化。而老化的 HSCs 可在激活的 NK(自然杀伤)细胞的作用下走向凋亡，也是 HSCs 清除的重要途径[53]。

在一般的认识中，HSCs 的激活被认为是不可逆转的，现在有相当多的证据显示，在肝纤维化的逆转过程中，激活的 HSCs 可以经过一个去激活过程，返回到静息状态，在此过程中，激活的 HSCs 所表达的很多特征性的细胞因子，比如 TGF - β、α - SMA、Ⅰ型胶原、TIMP1、TGF - βR 等的表达量均下调，同时也可以恢复一些静息态 HSCs 所特有的特征，比如，维生素 A 的储存恢复，发出其特有的荧光等。但值得注意的是"逆转的"HSCs 和从未激活过 HSCs 终归是不同的，很多静息态的特征并没有恢复，特别是对TGF - β的敏感性方面，这样的逆转的 HSCs 较之没有激活过的 HSCs 要敏感得多，再次遭遇肝脏毒性损伤的情形下，这些 HSCs 或会导致更快更严重的肝纤维化进程。因此这样的逆转也被认为可能是分化为类似于静息态 HSCs 的另一种细胞表型而已[53]。

对 HSCs 逆转的机制，目前揭开得并不多，但有研究显示和肝血窦内皮之间的旁分泌相互作用在其中起着十分重要的作用。肝血窦内皮的毛细血管化在肝纤维化形成中的作用如前所述，而 Xie 等通过细胞共培养证明恢复了最初的肝窦内皮分化的内皮细胞，也能够通过旁分泌的相互作用，促进 HSCs 激活的逆转[55]。肝血窦内皮的恢复分化可以通过一种可溶性鸟氨酸环化酶激活剂(soluble guanylate cyclase activator，sGC)连续处理 7 天而实现[55]，而 cGMP 是血管松弛因子 NO 的下游蛋白，正常情形下，维持正常肝血窦内皮分化的 VEGF(由肝细胞和星状细胞产生)也有 NO 依赖的信号通路作为下游通路，这说明 LSECs 和 HSCs 的力学状态(更有可能是细胞收缩力状态)在调控 HSCs 激活和去激活的过程中起着重要的作用，这也是一个力生物学研究的问题，但目前还没有这方面的研究报道。

另一方面，如前所述，肝纤维化进程是否可逆，与 ECM 的硬度[40]以及由谷氨酰胺转移酶和赖氨酰氧化酶催化引起的胶原的广泛交联[53]有关。因此 ECM 硬度对肝纤维化起到的重要的作用应引起更多的关注。而目前很多关于肝纤维化的离体研究，均没有考虑基底硬度对细胞信号的影响，不能不说是一个遗憾。

13.2.5.2 干细胞治疗肝纤维化及其中的生物力学问题

所谓干细胞治疗肝纤维化，是指利用各种方式获取的胚胎的、骨髓的或者肝内的等干细胞集群，经过诱导扩增和分化处理后(可选)，通过外周血、门静脉、肝内直接注射等方式，将其移植于病理变化后的肝脏，以期达到促进肝再生，降解 ECM，帮助肝功能恢复等治疗效果。

自 1999 年 Petersen 等[56]首次报道了小鼠骨髓细胞可分化为肝卵圆细胞和成熟肝细胞以来，通过干细胞移植的方法治疗肝纤维化和肝癌等，就已成为研究者关注的方向。越来越多的研究显示，干细胞治疗肝纤维化无论在动物模型还是临床试验中都表现出了相当好的效应[57,58]，能够促进肝细胞的再生[59]，减少 ECM 的堆积、恢复肝功能等[60]。表明干细胞治疗肝纤维化前途是光明的。

被用来进行干细胞治疗尝试的干细胞种类很多，主要包括：胚胎干细胞、骨髓间充质干细胞、造血干细胞、肝内干细胞(卵圆细胞)等[61]。这里简单介绍一下间充质干细胞和肝内肝细胞的研究。

间充质干细胞，是一种源于骨髓的，具有向多种细胞分化潜能的成体干细胞。研究表明，源于中胚层的骨髓间充质干细胞具有跨越胚层向内胚层或外胚层细胞分化的能力。比如分化为肝细胞、胆管上皮细胞、内皮细胞等。如前所述，Petersen 等[56] 1999 年就已经发现小鼠骨髓细胞可分化为肝卵圆细胞和成熟肝细胞，其后很多研究者也证实了肝干细胞骨髓起源的可能性[62]，这些骨髓来源的肝干细胞（BDHSC）移植入肝内后，可以整合入肝板，并最终分化为成熟的肝细胞[61]。除了向肝细胞分化，间充质干细胞同时还表现出，促进肝再生，降解 ECM，与 HSCs 相互作用促进肝纤维化逆转等正面作用[58,62]。这样的研究结果为其移植治疗肝纤维化提供了理论依据。间充质干细胞的优势在于相对而言其伦理压力要小很多，而且获取较为容易，获取的细胞量也相对较大，且增殖能力相对较强。因此使用间充质干细胞治疗肝纤维化，其临床意义更为明显。

肝干细胞（hepatic stem cell，HSC）一般指肝脏自身组织中具有自我更新能力，并能够对肝脏损伤或疾病响应而分化为肝细胞、胆管细胞和血窦内皮细胞的细胞种群。肝内的肝干细胞称为卵圆细胞（hepatic oval cell，HOC）或小肝细胞，卵圆细胞被认为是双潜能的肝干细胞，它们可跨胚层分化为其他组织的细胞类型。姚鹏等研究表明肝细胞生长因子（HGF）、表皮生长因子（EGF）、胰岛素和地塞米松等可诱导 WB2F344 肝干细胞系向肝细胞分化[61,63]。Mitaka 等发现，当肝星形细胞长入卵圆细胞（小肝细胞）克隆时，后者可被激活，发育为成熟的肝细胞的形态[64]。

干细胞在肝纤维化的治疗中的意义并不完全在于分化为肝细胞，因为肝细胞自身的增殖能力就是很强的，所以更重要的是清除过剩的 ECM 和 MF，恢复肝小叶结构，降低门静脉压力等方面。而这些都涉及细胞-细胞间，细胞与基底间的黏附等相互作用，也涉及细胞迁移、组织图式构建等一系列的力生物学问题，这方面目前所知不多。

干细胞向肝细胞的分化，除了化学因子的作用，也与基底的结构性质和力学性质有着密切的关系。Sato 等将 MSCs 直接异种移植到经过烯丙醇处理去除肝内所有细胞的大鼠肝，经过 28 天后分化为肝样细胞，同样表达肝细胞特异性的标志物（白蛋白、CK－18 等），这充分表明干细胞向肝细胞分化和器官特异性的基质力学微环境有着密切的联系[65]。有研究表明基底的硬度也会影响骨髓间充质干细胞对 TGF－β 响应，在硬的基底上，TGF－β 能够更强的诱导 MSCs 表达 α－SMA[66]，同时作为血管松弛因子的 NO，也明显参与到干细胞治疗肝纤维化的过程中，NO 供体分子 SNP 处理 MSCs 可以下调其纤维化相关基因的表达，而上调肝实质细胞标志基因的表达[67]，这些研究说明在干细胞治疗中，要控制干细胞的分化，必须考虑细胞和基底的相互作用以及其中的生物力学因素。

同时如前所述，对于干细胞治疗肝纤维化有着相互矛盾的报道，既有成功分化为肝细胞，修复肝组织，改善肝功能的报道；也有分化为 MF，加重肝纤维化的报道。研究发现，干细胞治疗肝损伤成功的例子中相当大比例是急性肝损伤的条件下实现的，或者用急性肝损伤模型作为预处理条件的，而干细胞分化为 MF 的报道中，肝内的环境往往是慢性的炎症或损伤，这些都说明肝内的力-化学环境是决定干细胞肝纤维化治疗过程中，干细胞分化方向的重要因素，不同基底硬度下干细胞与肝内细胞之间如何相互作用，移植入肝内的干细胞分化的同时如何实现有规律排布形成肝特有小叶结构，如何形成正确的极性，如何在结构上清除纤维化组分，都涉及很多生物力学问题，本章作者在这方面开展了一些研究，希望能为揭示这些问题有所贡献。

13.3 结语

生物力学或力生物学因素在肝脏损伤及修复中的作用，目前还有很多问题有待阐述，或许研究者们仅仅只揭开了冰山一角，却已令大家目不暇接，研究越深入，就越能感受到其中奥秘无穷，限于篇幅，本章的阐述也难免语焉不详，甚至顾此失彼。肝再生、人工肝所涉及的生物力学问题，同样是纷繁复杂而令人着迷的。希望有朝一日，这些知识的积累可以让研究者们突破现有的框架，让肝修复，肝组织工程进入一个新的自由王国。

（黄岂平）

参考文献

[1] 段相林，郭炳冉，辜清.人体组织学与解剖学[M].5 版.北京：高等教育出版社，2012.

[2] 曾衍钧，许传青，杨坚，et al.软组织的生物力学特性[J].中国科学：G 辑，2003，33(1)：1－5.

[3] 吴云鹏，蔡绍皙，杨瑞芳，et al.胆道流变学[M].1 版.重庆：重庆出版社，1993.

[4] Couinaud C. Regulated hepatectomies. Arch mal appar dig mal nutr[J]. 1959，48:1366－83.

[5] Mescher AL: Junqueira's basic histology: Text and atlas[M]. 12th edition. New York: The McGraw-Hill Companies Inc，2009.

[6] 冯元桢.连续介质力学导论[M].1 版.吴云鹏，译.重庆：重庆大学出版社，1997.

[7] Nava A，Mazza E，Furrer M，et al. In vivo mechanical characterization of human liver[J]. Medical Image Analysis，2008，12(2)：203－216.

[8] Rubin M B，Bodner S R. A three-dimensional nonlinear model for dissipative response of soft tissue[J]. International Journal of Solids & Structures，2002，39(19)：5081－5099.

[9] Stingl J，Báĉa V，Ĉech P，et al. Morphology and some biomechanical properties of human liver and spleen[J]. Surgical & Radiologic Anatomy Sra，2002，24(5)：285－289.

[10] Rosen J，Brown J D，De S，et al. Biomechanical properties of abdominal organs in vivo and postmortem under compression loads[J]. J Biomech Eng，2008，130(2)：021020.

[11] 陈国风.瞬时弹性成像的研究进展及临床应用[J].解放军医学杂志，2011，36(11)：1131－1133.

[12] 卢加发，刘文斌，潘勤，等.健康体检成人 FibroScan 检测肝脏硬度值与受控衰减参数的相关分析[J].实用肝脏病杂志，2014，(5)：484－488.

[13] Castera L，Forns X，Alberti A. Non-invasive evaluation of liver fibrosis using transient elastography[J]. J Hepatol，2008，48(5)：835－847.

[14] 薛芳，李桂明.Fibroscan 与病理结果的比较分析[J].世界感染杂志，2010，(4)：199－201.

[15] Sandrin L，Fourquet B，Hasquenoph J M，et al[J]. Transient elastography: A new noninvasive method for assessment of hepatic fibrosis. Ultrasound Med Biol，2003，29(12)：1705－1713.

[16] 孙婉璐，范建高.受控衰减参数在脂肪肝诊断中应用[J].肝脏，2015，20(2)：160－163.

[17] Chan H L，Wong G L，Choi P C，et al. Alanine aminotransferase-based algorithms of liver stiffness measurement by transient elastography (Fibroscan) for liver fibrosis in chronic hepatitis B[J]. J Viral Hepat，2009，16(1)：36－44.

[18] 黄岂平.不同基底拉伸过程对细胞生长、取向的影响及其骨架重排机制探讨[D].重庆：重庆大学，2003.

[19] Khalili A A，Ahmad M R. A review of cell adhesion studies for biomedical and biological applications[J]. Int J Mol Sci，2015，16(8)：18149－18184.

[20] Ingber D E. Tensegrity: The architectural basis of cellular mechanotransduction[J]. Annu Rev Physiol, 1997, 59: 575 - 599.
[21] Matthews B D, Overby D R, Mannix R, et al. Cellular adaptation to mechanical stress: Role of integrins, Rho, cytoskeletal tension and mechanosensitive ion channels[J]. J Cell Sci, 2006, 119(Pt 3): 508 - 518.
[22] Engler A J, Sen S, Sweeney H L, et al. Matrix elasticity directs stem cell lineage specification[J]. Cell, 2006, 126(4): 677 - 689.
[23] 展玉涛.肝纤维化的发病机制[J].中华肝脏病杂志,2007,15(10): 776 - 777.
[24] Gressner A M, Weiskirchen R. Modern pathogenetic concepts of liver fibrosis suggest stellate cells and TGF-beta as major players and therapeutic targets[J]. J Cell Mol Med, 2006, 10(1): 76 - 99.
[25] Hasegawa D, Wallace M C, Friedman S L. Chapter 4 - stellate cells and hepatic fibrosis[J]. Stellate Cells in Health & Disease, 2015: 41 - 62.
[26] 丁宁.肝纤维化形成机制的研究进展[J].临床肝胆病杂志,2009, 25(1): 73 - 77.
[27] 劳远翔,贺福初,姜颖.肝窦内皮细胞生理功能及病理过程的分子机制[J].中国生物化学与分子生物学报,2012, 28(7): 609 - 616.
[28] Puche J E, Yedidya S, Friedman S L. Hepatic stellate cells and liver fibrosis[J]. Archives of Pathology & Laboratory Medicine, 2013, 131(11): 1728 - 1734.
[29] 丁宁.肝星状细胞与肝纤维化[J].中国中医药现代远程教育,2011,09(18): 83 - 85.
[30] Hui A Y, Friedman S L. Molecular basis of hepatic fibrosis[J]. Expert Rev Mol Med, 2003, 5(5): 1 - 23.
[31] Marra F, Caligiuri A. Chapter 5 - cytokine production and signaling in stellate cells[J]. Stellate Cells in Health & Disease, 2015: 63 - 86.
[32] Hinz B, Phan S H, Thannickal V J, et al. The myofibroblast: One function, multiple origins[J]. Am J Pathol, 2007, 170(6): 1807 - 1816.
[33] Popov Y, Schuppan D. Targeting liver fibrosis: Strategies for development and validation of antifibrotic therapies[J]. Hepatology, 2009, 50(4): 1294 - 1306.
[34] Campana L, Iredale J. Chapter 7 - matrix metalloproteinases and their inhibitors[J]. Stellate Cells in Health & Disease, 2015, 19(53): 107 - 124.
[35] Davidson C S. Cirrhosis of the liver[J]. The American journal of medicine, 1954, 16(6): 863 - 873.
[36] Russo F P, Alison M R, Bigger B W, et al. The bone marrow functionally contributes to liver fibrosis[J]. Gastroenterology, 2006, 130(6): 1807 - 1821.
[37] Sakata R, Ueno T, Nakamura T, et al. Mechanical stretch induces TGF-beta synthesis in hepatic stellate cells[J]. Eur J Clin Invest, 2004, 34(2): 129 - 136.
[38] Li L, Li J, Wang J Y, et al. Role of RhoA in platelet-derived growth factor-BB-induced migration of rat hepatic stellate cells[J]. Chin Med J (Engl), 2010, 123(18): 2502 - 2509.
[39] Wells R G. The role of matrix stiffness in hepatic stellate cell activation and liver fibrosis[J]. J Clin Gastroenterol, 2005, 39(4 Suppl 2): S158 - 161.
[40] Olsen A L, Bloomer S A, Chan E P, et al. Hepatic stellate cells require a stiff environment for myofibroblastic differentiation[J]. Ajp Gastrointestinal & Liver Physiology, 2011, 301(1): 110 - 118.
[41] Wu H J, Zhang Z Q, Yu B, et al. Pressure activates Src-dependent FAK-Akt and ERK1/2 signaling pathways in rat hepatic stellate cells[J]. Cell Physiol Biochem, 2010, 26(3): 273 - 280.
[42] Hinz B, Gabbiani G. Mechanisms of force generation and transmission by myofibroblasts[J]. Curr Opin Biotechnol, 2003, 14(5): 538 - 546.
[43] Hinz B. The myofibroblast: Paradigm for a mechanically active cell[J]. J Biomech, 2010, 43(1): 146 - 155.
[44] Leight J L, Wozniak M A, Chen S, et al. Matrix rigidity regulates a switch between TGF-beta1-induced apoptosis and epithelial-mesenchymal transition[J]. Mol Biol Cell, 2012, 23(5): 781 - 791.
[45] Takeji M, Moriyama T, Oseto S, et al. Smooth muscle alpha-actin deficiency in myofibroblasts leads to enhanced renal tissue fibrosis[J]. J Biol Chem, 2006, 281(52): 40193 - 40200.
[46] Munger J S, Sheppard D. Cross Talk among TGF - β Signaling Pathways, Integrins, and the Extracellular Matrix [J]. Cold Spring Harbor Perspectives in Biology, 2011, 3(11).
[47] Wipff P J, Rifkin D B, Meister J J, et al. Myofibroblast contraction activates latent TGF-beta1 from the extracellular matrix[J]. J Cell Biol, 2007, 179(6): 1311 - 1323.
[48] Cho H J, Yoo J. Rho activation is required for transforming growth factor-beta-induced epithelial-mesenchymal

transition in lens epithelial cells[J]. Cell Biol Int, 2007, 31(10): 1225 - 1230.

[49] Rockey D C. Chapter 8 - stellate cells and portal hypertension[J]. Stellate Cells in Health & Disease, 2015: 125 - 144.

[50] 朱樑,李广君,许世雄,等.肝循环门静脉系统的压力—流量关系[J].中国生物医学工程学报,1992,(3): 157 - 166.

[51] Iwakiri Y, Shah V, Rockey D C. Vascular pathobiology in chronic liver disease and cirrhosis-current status and future directions[J]. J Hepatol, 2014, 61(4): 912 - 924.

[52] Shah V, Haddad F G, Garciacardena G, et al. Liver sinusoidal endothelial cells are responsible for nitric oxide modulation of resistance in the hepatic sinusoids[J]. Journal of Clinical Investigation, 1997, 100(11): 2923 - 2930.

[53] Lotersztajn S, Mallat A. Chapter 11 - hepatic stellate cells as target for reversal of fibrosis/cirrhosis. Steuate Cells in Health & Disease, 2015: 175 - 184.

[54] Iredale J P, Thompson A, Henderson N C. Extracellular matrix degradation in liver fibrosis: Biochemistry and regulation[J]. Biochim Biophys Acta, 2013, 1832(7): 876 - 883.

[55] Xie G, Wang X, Wang L, et al. Role of differentiation of liver sinusoidal endothelial cells in progression and regression of hepatic fibrosis in rats[J]. Gastroenterology, 2012, 142(142): 918 - 927.e916.

[56] Petersen B E, Bowen W C, Patrene K D, et al. Bone marrow as a potential source of hepatic oval cells[J]. Science, 1999, 284(5417): 1168 - 1170.

[57] Aquino J B, Bolontrade M F, Garcia M G, et al. Mesenchymal stem cells as therapeutic tools and gene carriers in liver fibrosis and hepatocellular carcinoma[J]. Gene Ther, 2010, 17(6): 692 - 708.

[58] Dai L J, Li H Y, Guan L X, et al. The therapeutic potential of bone marrow-derived mesenchymal stem cells on hepatic cirrhosis[J]. Stem Cell Res, 2009, 2(1): 16 - 25.

[59] Ishikawa H, Jo J, Tabata Y. Liver Anti-Fibrosis Therapy with Mesenchymal Stem Cells Secreting Hepatocyte Growth Factor[J]. J Biomater Sci Polym Ed, 2012, 23(18): 2259 - 2272.

[60] Sun C K, Chen C H, Kao Y H, et al. Bone marrow cells reduce fibrogenesis and enhance regeneration in fibrotic rat liver[J]. Journal of Surgical Research, 2011, 169(1): 15 - 26.

[61] 丁亚楠,潘兴华,丹马,等.肝纤维化的干细胞治疗进展[J].世界华人消化杂志,2008,16(29): 3299 - 3302.

[62] Abdel Aziz M T, Atta H M, Mahfouz S, et al. Therapeutic potential of bone marrow-derived mesenchymal stem cells on experimental liver fibrosis[J]. Clin Biochem, 2007, 40(12): 893 - 899.

[63] 姚鹏,胡大荣,詹铁群,等.细胞生长因子体外对大鼠肝干细胞的影响[J].中华肝脏病杂志,2003,(11): 33 - 36.

[64] Mitaka T, Sato F, Mizuguchi T, et al. Reconstruction of hepatic organoid by rat small hepatocytes and hepatic nonparenchymal cells[J]. Hepatology, 1999, 29(1): 111 - 125.

[65] Sato Y, Araki H, Kato J, et al. Human mesenchymal stem cells xenografted directly to rat liver are differentiated into human hepatocytes without fusion[J]. Blood, 2005, 106(2): 756 - 763.

[66] Park J S, Chu J S, Tsou A D, et al. The effect of matrix stiffness on the differentiation of mesenchymal stem cells in response to TGF-beta[J]. Biomaterials, 2011, 32(16): 3921 - 3930.

[67] Ali G, Mohsin S, Khan M, et al. Nitric oxide augments mesenchymal stem cell ability to repair liver fibrosis[J]. J Transl Med, 2012, 10: 75.

14 红细胞重建生物力学与人工血液组织工程

目前，由于局部战争、严重自然灾害、恐怖性突发事件及人口老化等原因，健康新鲜血液血源严重缺乏、相对枯竭，给临床救治、急救等带来严重的困难和挑战；仅靠血库供血、人员献血更是难以满足实际需求。因此，对血液代用品特别是性能和功能上最接近正常血液的人工血液的需求市场是难以估量的。

迄今为止，临床医学上所用的血液代用品主要以补充血浆、维持血容量、平衡电解质和补充营养物质为根本目的，基本上还无法实现血液重要的携氧功能。尽管已有不少以实现携氧功能为目标的血液代用品研究，包括生物重组血红蛋白、动物血红蛋白的改性去免疫化、脂质体包封血红蛋白的人工红细胞在内，都只能在生化功能和分子结构上模拟体内正常红细胞的部分生化生理功能。这些人工血液代用品的研究均未认识到红细胞整体的生物力学特性对其生理功能的重要影响。

生命细胞的形状千姿百态，形态的多样性是由于各种细胞功能的特殊性。红细胞的双凹碟盘形态赋予红细胞更大的表面积保证更多的氧分子跨膜传输，正是由于红细胞膜蛋白的特殊生物力学骨架结构使得红细胞具有特殊的形态，并使红细胞具有优良的可变形性。因此，红细胞的生物力学性质与其生理生化功能有着密不可分的联系。

体外重建红细胞及其血液组织工程，就是以组成正常红细胞的基本分子材料为基础，依据细胞力学、流变学理论和研究方法为指导，用磷脂、结构蛋白协同自组装包封血红蛋白，在体外重新构建人工红细胞；通过血红蛋白与结构蛋白、膜磷脂有机的结合作用，体外重建出变形性、脆性和膜黏弹性等力学特性接近天然红细胞、具有正常红细胞双凹蝶盘形态，稳定性，携氧-释氧能力强的人工红细胞，并将其作为新型人工血液。

体外重建红细胞的理论观点认为，不仅充分考虑红细胞的生理生化功能，而且还考虑红细胞的生物力学和流变学性能；并且这种细胞力学特性与其生理生化功能之间存在密不可分的内在联系。正常红细胞除了具有携氧和能量代谢功能之外，其组成结构赋予红细胞具有特定的双凹碟盘形态、优良的可变形性(见图 14-1)，使之可以顺利地在体内各种管径的血管中顺利地循环。体外重建的红细胞不仅要具备正常的生理生化功能，而且要具备良好的可变形性，因此研究认识红细胞的结构蛋白在维持红细胞形态、确保红细胞正常的生理功能及赋予红细胞可变形性等方面的作用是十分重要的。

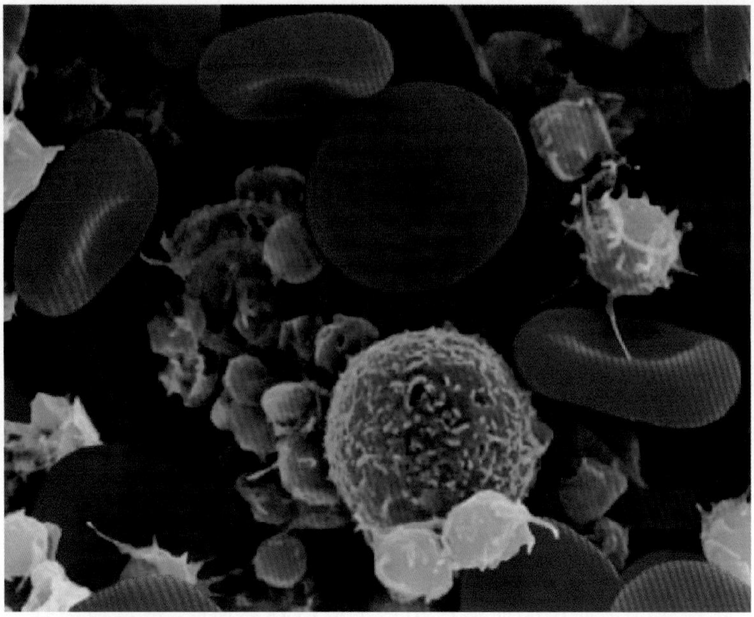

图 14-1 血液中红细胞、白细胞和血小板等成分形态的卡通示意图

Figure 14-1 Cartoon schematic of red blood cells, white blood cells and platelets in the blood

14.1 红细胞的生物力学

14.1.1 红细胞的生物力学特征

血液的流变学特征主要取决于血液中红细胞、白细胞和血小板等有形成分；它们的流变学特性与血液流变学关系密切，直接影响全血的流变特性。血细胞流变学描述红细胞、白细胞、血小板的流变行为。红细胞是血液中最主要的有形成分，占血液中有形成分的 95%，红细胞的流变特性对全血的流变特性、血液循环特别是微循环影响很大。本节主要讨论红细胞的流变学，研究红细胞的形态结构、力学行为、变形性和聚集性等。

如图 14-2 所示，健康人血红细胞呈双凹圆盘形，平均直径约 8 μm，凹处最小厚度约 0.81 μm，周边最大厚度约 2.57 μm。红细胞体积约 94 μm^3，体表面积约 134 μm^2，其表面积与体积之比值较大(比球形大)，可供 O_2 与 CO_2 等气体交换的面积也大。红细胞的这种特有形状有利于红细胞可塑性变形，能通过比自身圆盘直径小得多的毛细血管(脾脏最小微血管直径约为 3～4 μm)，其表面积与体积的比值越大，变形能力越强。

红细胞保持其特有的双凹圆盘形态的机理目前尚不清楚，现有以下几种推测：① 双凹面是由于红细胞成熟后，吐核过程去掉了大部分细胞核在内的亚细胞器，成熟红细胞内主要包含血红蛋白的溶液，红细胞的形态主要靠细胞膜内纤维蛋白物质-收缩蛋白(spectrin)等细胞结构骨架蛋白的支撑，形成了中间凹陷，边缘凸起的双凹圆盘形态；② 在一定的红细胞体积和表面积条件下，双凹圆盘形可以使红细胞膜的弯曲总能量最小，符合能量最低的原

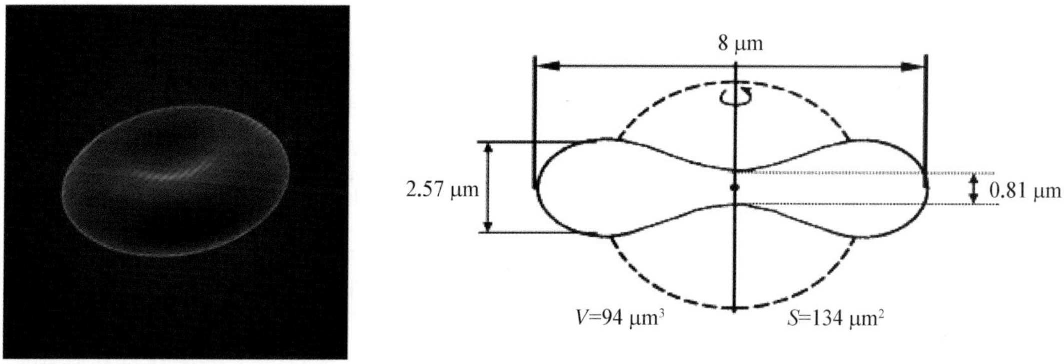

图 14-2 红细胞几何形体
Figure 14-2 Red blood cell geometry

理;③ 红细胞的表面积 S 与体积 V 之比(S/V)大于圆球的 S/V。球形红细胞变形能力最小,而正常红细胞却有很好的变形性;④ 红细胞的双凹圆盘形态也赋予红细胞有最合适的表面积,有利于细胞内外物质的输送和气体的交换。

静止时,红细胞为直径 8 μm 的双凹圆盘形,但受外力作用易变形,除去外力又恢复原状。这种在外力作用下的变形能力称为红细胞的变形性。红细胞的变形能力在血液循环中,特别是在微循环中起重要作用。由于红细胞显著的可变形性,使红细胞可以通过比其双凹圆盘直径还要小的毛细血管。所以,红细胞可以根据流场情况和血管粗细不断改变自己的形状。

14.1.2 红细胞变形性的生物学意义

血液循环的主要功能是向组织和器官输送氧气和营养物质,进行代谢活动。红细胞是氧的携带者,通过微循环将 O_2 送到人体各组织和器官并带走 CO_2。一方面,如果没有红细胞的变形性,组织和器官的代谢就无法实现。如红细胞变形性降低,则通过毛细血管的阻力增加,使血液与组织之间气体和物质的交换受阻。另一方面红细胞变形性是影响血液黏度的重要因素之一。红细胞变形性低下,可引起血液表观黏度升高,血流阻力增大,进而引起组织缺血和缺氧。

如图 14-3 所示,红细胞在外力作用下的变形性受很多因素的影响,大致可分为红细胞内在因素和外在因素。内在因素主要是指细胞自身结构、组成和代谢状态等对红细胞可变性的决定作用,主要包括细胞膜的黏弹性、胞质黏度(内黏度)和细胞的几何形状等。外在因素主要是指环境因素对红细胞变形的影响,主要包括流场中的切变率、介质黏度、血细胞浓度、血管直径、渗透压、pH 和温度。

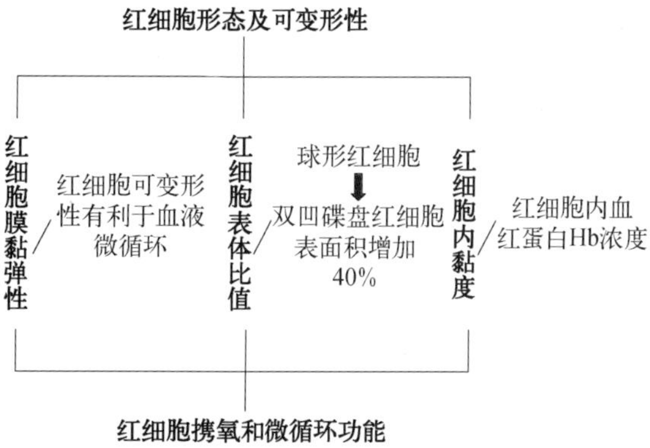

图 14-3 红细胞变形性的生物学意义
Figure 14-3 Red blood cell deformability of biological significance

14.1.3 红细胞变形性的膜结构特征

天然红细胞主要由血红蛋白、膜磷脂和膜蛋白有机地构成，血红蛋白与膜蛋白、膜脂之间有着密切的结构相关性。成熟的红细胞无细胞核，结构比较简单，红细胞由细胞膜及其内胞质组成，胞质为血红蛋白液。平均血红蛋白液浓度(MCHC)约 330 g/L，其黏度约 6～7 mPa · s；红细胞膜由磷脂双层和膜骨架构成，两者共同决定了膜的力学性质。膜的厚度约 7～10 nm，很容易弯曲和变形。细胞膜和细胞内液的组成和结构特点为红细胞在流场中容易变形提供了物质条件。

在膜蛋白组成中有维持细胞特定形态的结构蛋白，在膜蛋白组成中有维持细胞特定形态的结构蛋白(比如血影蛋白)，也有负责调节 O_2 与 CO_2 传输的阴离子通道蛋白(band3)以及连接整合膜蛋白到细胞骨架蛋白网络的锚蛋白(ankyrin)和 band4.1 蛋白、band4.2 蛋白；血红蛋白与膜蛋白通过结合是血红蛋白锚定到膜上，使血红蛋白的构象变化有利于结合氧；膜蛋白又与膜脂通过疏水作用形成最有利于氧传输的通道。正是这种相互的结构关系使红细胞在具备优良的可变形性和黏弹性的同时，也获得维持正常的携氧-释氧功能。这些结构关系在构架重建人工红细胞的过程中应该是不可忽略的。血红蛋白与膜蛋白之间、膜蛋白与膜脂之间的结构关系对红细胞具有优良力学特征和生理功能极为重要。

14.2 红细胞膜蛋白的演化及变形性的获得

14.2.1 红细胞膜蛋白的同源性、保守性和膜蛋白的进化演变

生命细胞形态的多样性是源于其功能的特殊性[1]；而由于进化和适应特定环境，不同种属的同类型细胞也显示出很大的差异。不同动物红细胞形态、可变形性和携氧调节功能都存在较大的差异。比较流变学(comparative biorheology)和生物进化的研究发现鱼类、鸟类和哺乳类不同动物种属红细胞形态和力学特性有着明显的不同。鱼类血红细胞，呈扁圆形，有核，细胞较大，不存在双凹碟形；鸟类血液中的红细胞含量较哺乳类少。红细胞也具核，通常为卵圆形；而哺乳动物如人、犬、鼠、牛等的红细胞均为双凹圆盘形态，即使海洋中哺乳类如鲸鱼它们的红细胞也是凹圆盘形态。

不同种属动物红细胞形态的差异揭示着它们的生理功能和结构上的不同。有研究表明鱼类红细胞膜对阴离子的通透性比较低，这预示与哺乳类动物相比，鱼类红细胞的膜结构可能存在较大的差异，而且其携氧功能的调节机制有明显的不同。鸟类血液中的红细胞含量较哺乳类少。红细胞也具核，通常为卵圆形。含有大量的血红蛋白，担负着输送氧和二氧化碳的任务。以满足氧气的供应。但其红细胞膜结构及其携氧调节机制的关系，值得进一步探讨。

哺乳动物类红细胞膜蛋白组成中，膜结构蛋白血影蛋白(spectrin)、锚蛋白(ankyrin)、band3 蛋白、band4.1 蛋白、band4.2 蛋白，在维持细胞可变形性、形态稳定性及携氧功能等方

面扮演了重要角色。band4.2 蛋白通过与 band3(阴离子通道蛋白)、锚蛋白共价结合连接在细胞膜的内表面,将血红蛋白与膜蛋白通过结合锚定到膜上,使血红蛋白的构象变化有利于结合氧;膜蛋白又与膜脂通过疏水作用形成最有利于氧传输的通道,膜结构蛋白的缺失会引起红细胞可变形性和形态改变及溶血性贫血,膜结构蛋白负责维持细胞特定形态稳定性、负责调控红细胞携氧功能。鱼类和鸟类红细胞都含有细胞核,其细胞形态和功能主要取决于细胞核和微丝微管等细胞骨架,膜结构蛋白组成比哺乳动物简单,含量也比较少。

从生物形态进化和比较流变学的观点来分析,从鱼类、鸟类进化为哺乳类的过程,可以看成是红细胞从变形性较低的有核圆形红细胞进化为具有良好变形性的无核具有双凹圆盘红细胞的过程。即使作为哺乳动物红细胞(如人红细胞),从幼红细胞到成熟红细胞的发育进化过程中,也是一个从有核到无核的变化过程。人红细胞的可变形性和双凹碟盘形态也是在成熟后形成的。那么在细胞核消亡前这个变化过程中,如何主导各种膜上蛋白组分的表达或组装,特别是在这个过程中成熟红细胞获得优良可变形性的分子机制等,都是值得深入探讨的科学问题。

这说明不同物种红细胞从有核到无核的生物进化进程中,红细胞的可变形性很可能从无到有、由小变大;红细胞可变形性、形态与携氧功能的调控区域可能从细胞核向细胞膜迁移;可变形性演化的分子基础是膜结构蛋白的不断增加,前期研究已发现,有核红细胞膜蛋白的种类远远不及哺乳类动物无核红细胞膜蛋白丰富。

已对不同种属红细胞膜结构蛋白初步进行了同源性分析,通过分析文献,查询 NCBI 等网络数据库、利用 BLAST 等工具对其同源性进行分析,分析不同实验动物红细胞血影蛋白、阴离子通道蛋白、肌动蛋白、锚蛋白等重要结构蛋白的基因序列和氨基酸序列数据。对血影蛋白、阴离子通道蛋白进行双序列比较(见图 14-4)。

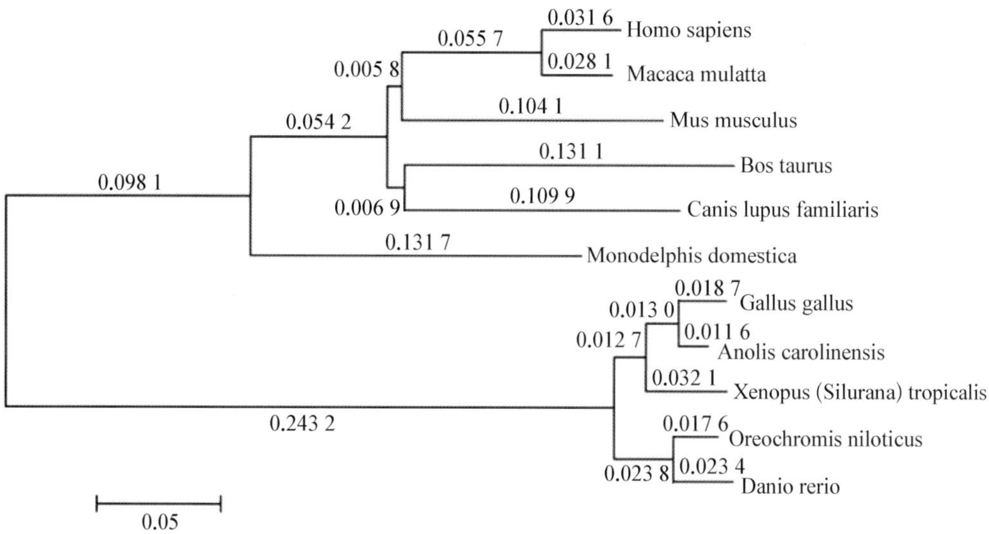

图 14-4 应用最大似然法对红细胞骨架蛋白 α-血影蛋白 cDNA 构建生物进化树

Figure 14-4 Maximum likelihood method was applied to red blood cell skeleton protein alpha spectrin cDNA structure evolutionary tree

通过DNA基因文库遴选，用免疫荧光带血影蛋白抗体和Western印迹分析等方法研究鼠、鱼等红细胞带血影蛋白的氨基酸序列同源性和相似性分析研究，初步研究结果显示，相符和相似覆盖度高达(与人相比)：鼠>鸡>鱼>~70%(见图14-5)。

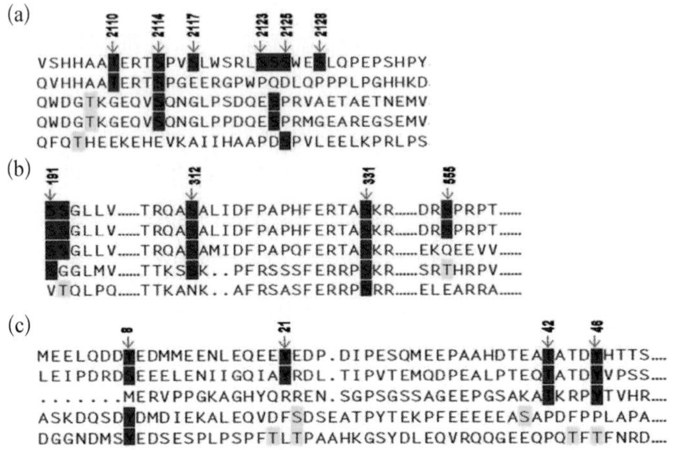

图14-5 不同脊椎动物红细胞膜骨架蛋白actin、band3蛋白和spectrin氨基酸序列比对分析蛋白磷酸化位点差异

Figure 14-5 Analysis of phosphorylation site of membrane skeleton protein: actin, band3 and spectrin and their amino acid sequence alignment in different vertebrates

14.2.2 生物进化与发育和生物多样性观察研究不同物种肌体特征(包括红细胞)形态演化

关于不同物种肌体特征(包括红细胞)的形态观察，以及从生物学、进化与发育和生物多样性的角度的研究，已有相当丰富的科学成果。Yu[1]等运用分子生物学基因调控等研究鸟类羽毛的形态进化的分子机制，Xu[2]等也通过研究古生物羽毛化石的分枝表皮结构，发现中国鸟龙 *Sinornithosaurus* 已具有鸟类的须毛特征，并揭示了恐龙与鸟类的亲缘关系。这些研究从形态的相似，探讨器官形态的功能意义及其发育进化的细胞分子机制，以揭示进化的规律；在细胞水平Chien[3]曾经分析比较过几种动物红细胞的形态，发现哺乳类动物红细胞有缗钱串状聚集形态，而低等生物红细胞有核存在；在分子水平上，Weber[4]等研究了脊椎动物血红蛋白分子的演变及其与球蛋白分子的共性，并讨论了血红蛋白分子功能适应性的分子基础。Morgan[5]等发现环境中的细胞因子会有可能会促使血细胞形态和分子功能进化；De Luca[6]研究不同种属红细胞血红蛋白与膜蛋白band3及 Mg^{2+} 相互作用，分析有核红细胞与无核红细胞在包内外阴离子流内向通量的差异。Hägerstrand[7]分析了八目鳗(lamprey)红细胞的形态、超微结构及膜的分子组成，提出了膜蛋白在维持红细胞形态与对称的重要作用。Lanping[8]等也曾对几种哺乳动红细胞膜蛋白条带(band)4.2进行过同源性和保守性分析。国内曾有学者[9-11]对不同动物的红细胞进行过比较分析，包括细胞数量、大小，以及血浆环境等；在细胞形态和结构上的宏观的观察，未能将形态和结构进行有机的结合进行深入的研究。国外对动物红细胞的研究分析大多仅限于对某单一物种的血液或遗传

疾病加以分析[12-16]，从细胞形态结构及细胞蛋白质分析上进行的[17,18]。

根据细胞力学、流变学之观点，红细胞膜蛋白分子结构基础决定了红细胞变形性的分子机制。不同的动物为适应各自的生存环境在红细胞膜结构、力学特性和携氧功能上相应的演化，这种演化体现为膜蛋白分子结构的特征性、保守性和同源性。通过对血红细胞膜骨架蛋白比较及红细胞力学的研究，从进化树分析代表性种属动物的红细胞膜骨架蛋白比较性研究，从生物力学流变学和分子生物学等交叉学科的新视角，探索动物血红细胞的进化趋势。

14.2.3 红细胞膜蛋白的演化

本研究以比较生物力学(comparative biomechanics)和生物进化为基础，以红细胞膜结构蛋白血影蛋白、band3 蛋白为标记分子，用膜蛋白原位分析系统和共聚焦显微镜进行了不同种属动物红细胞膜结构蛋白血影蛋白、band3 蛋白原位分析(见图 14－6)；重点观测由血影蛋白、band3 蛋白等组成的结构，分析红细胞膜蛋白的网络拓扑结构的变化，研究结构蛋白对红细胞形态结构的作用。

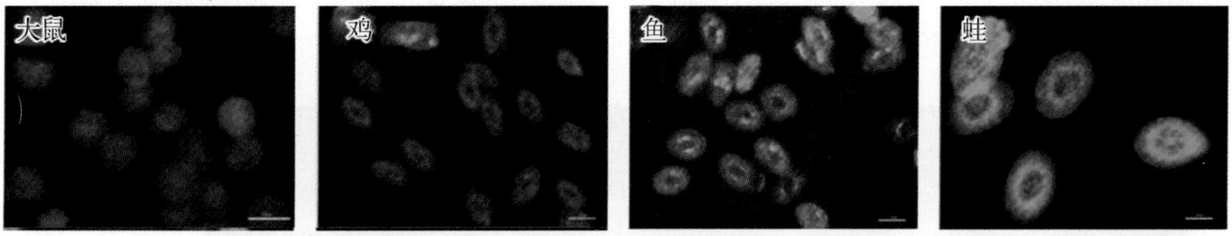

图 14－6 不同种属红细胞血影蛋白原位分析

Figure 14－6 Analysis of RBC spectrin of different species in situ

研究鱼类、鸟类和哺乳类动物不同种属红细胞可变形性差异及其细胞膜蛋白分子结构基础。通过不同种属红细胞膜结构蛋白同源性分析，研究其在红细胞可变形性、形态及其携氧功能演化中的作用；研究不同动物种属红细胞形态和力学特性及其细胞膜蛋白分子结构基础；研究不同的动物为适应各自的生存环境在红细胞膜结构、力学特性和携氧功能上相应的演化以及这种演化膜蛋白分子机制；从生物进化、生物力学和分子生物学等多学科交叉的新视角，探索红细胞可变形性获得在进化趋势中重要作用，为基于膜结构蛋白的红细胞重建提供理论依据。

通过 DNA 基因文库遴选，分析鱼、鸡和鼠血影蛋白、band3 蛋白的基因组数据，比较它们的同源性和保守性；通过等电聚焦电泳 IEF 和 SDS－PAGE 分析不同种属动物红细胞膜蛋白，用免疫荧光带抗体和 Western 印迹分析手段，抗体原位识别和分子克隆等技术研究不同种属红细胞膜结构蛋白的差异，分析研究同功能蛋白的氨基酸序列，解析对应的 DNA 序列，并进行同源性保守性分析。比较它们的进化模式和差异型式，进而对红细胞膜蛋白的在不同进化阶段的变化进行研究。通过对不同种属动物红细胞膜蛋白上调控细胞力学性质相关的蛋白磷酸化位点的比对，探讨物种间红细胞调控力学性质以应对不同内、外环境变化能力的差异的分子遗传学基础。

不同种属动物间细胞膜蛋白 SDS-PAGE 电泳分析表明：Wistar 大鼠红细胞膜蛋白图谱较丰富；而鸡和鱼这类有核红细胞膜蛋白与哺乳类红细胞相比，明显缺失 band3 蛋白和 band4.2 蛋白；但得注意的是不同种属动物间细胞膜蛋白存在着一些共性，即都有带血影蛋白(spectrin)。这正是本项目要深入研究的关键点之一，因为血影蛋白是构成细胞膜网络结构的主体结构蛋白，它的广泛存在正是体现了生物进化的保守性；而 band3 蛋白和 band4.2 蛋白[19]，一方面也要参与细胞形态的特异构造如双凹碟盘形态，又要参与红细胞携氧-释氧功能的调控，是膜上的功能蛋白，不同种属动物间细胞膜蛋白的差异也许正是反映红细胞在进化过程中携氧-释氧功能调节机制的不同。

与其他种属相比，哺乳类动物(人、鼠)成熟红细胞膜蛋白十分丰富，由于去核效应，膜蛋白在细胞膜中网络结构也很完整[20,21]。在主要分为两大类结构：由血影蛋白、肌动蛋白等形成的类六边形平面拓扑学结构，以维持细胞膜的弹性；由锚蛋白、band3 蛋白、band4.2 蛋白等组成的驻点结构以实现细胞内外的输运通道，同时也起到网络平面的支撑作用。在本研究用已建立的膜蛋白原位分析系统，观察不同种属红细胞膜蛋白血影蛋白、band3 的分布及网络结构，分析结构蛋白在维持红细胞可变形性和细胞形态中的作用。结果表明[22]，哺乳动物红细胞拥有更加致密的膜蛋白网络系统分布。这保证了哺乳动物红细胞在更高血流切应力下转运并穿越更加狭窄的组织微循环(见图 14-7)。

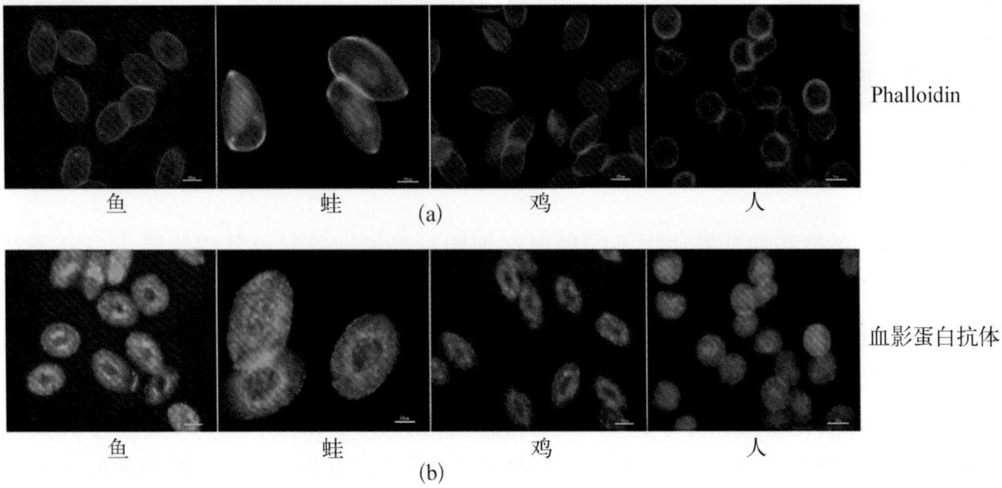

图 14-7 不同脊椎动物红细胞的膜骨架蛋白的表达水平

Figure 14-7 Expression levels of RBC membrane skeletal proteins in different vertebrate animals

前期的研究工作发现，不同种属红细胞的形态和力学特性都有较大的差异。从初步红细胞膜蛋白电泳分析来看，不同种属动物红细胞膜蛋白具有比较大的差异(见图 14-8)。

14.2.4 红细胞膜蛋白的演化与变形性的获得

本章作者及其团队初步探索了原子力显微镜分析测定了重建红细胞的变形性、膜黏弹性等实验，研究工作初步发现[23,24]，不同种属红细胞(鱼、鼠、鸡)的形态和力学特性都有较大的差异，如图 14-9 所示。

红细胞膜结构也呈现明显的不同，值得注意的是哺乳类动物鼠红细胞膜蛋白结构十分丰富，而有核红细胞则呈现不同程度的缺失，特别是 band4.2 蛋白、band3 蛋白的量明显降低，band3 蛋白和 band4.2 蛋白基因敲除小鼠的红细胞的可变形性、稳定性和携氧功能明显低于野生型小鼠。

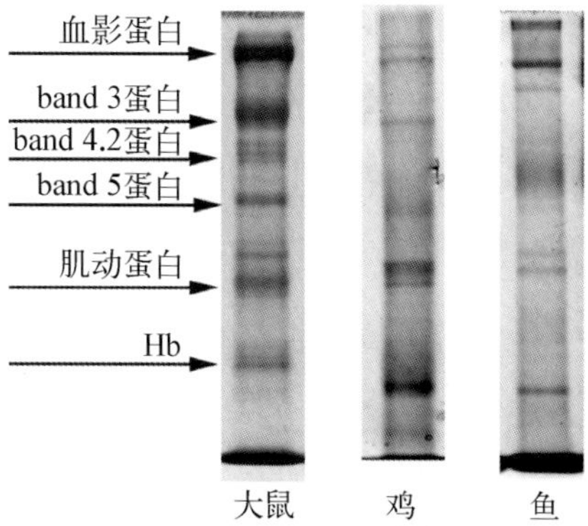

图 14－8 不同种属动物红细胞膜蛋白电泳分析

Figure 14－8 Electrophoresis analysis of red cell membrane protein in different species

不同种属红细胞(鱼、鼠、鸡)的形态和力学特性表现出较大的差异，红细胞膜结构也呈现明显的不同。鱼、鼠、鸡等红细胞携氧动力学特征也显示出较大的差异，折射出其生态环境与其携氧调节机制存在明显的不同。可变形性的演化代表着红细胞对于环境适应性其调节的演化：冷血动物微循环欠发达，对红细胞的变形性要求比较小，温血动物微循环发达，因此对红细胞的变形性有高要求。红细胞的生物力学性质与其生理生化功能有着密不可分的联系，红细胞可变形性可作为生物进化的标志之一，是进化过程的里程碑。

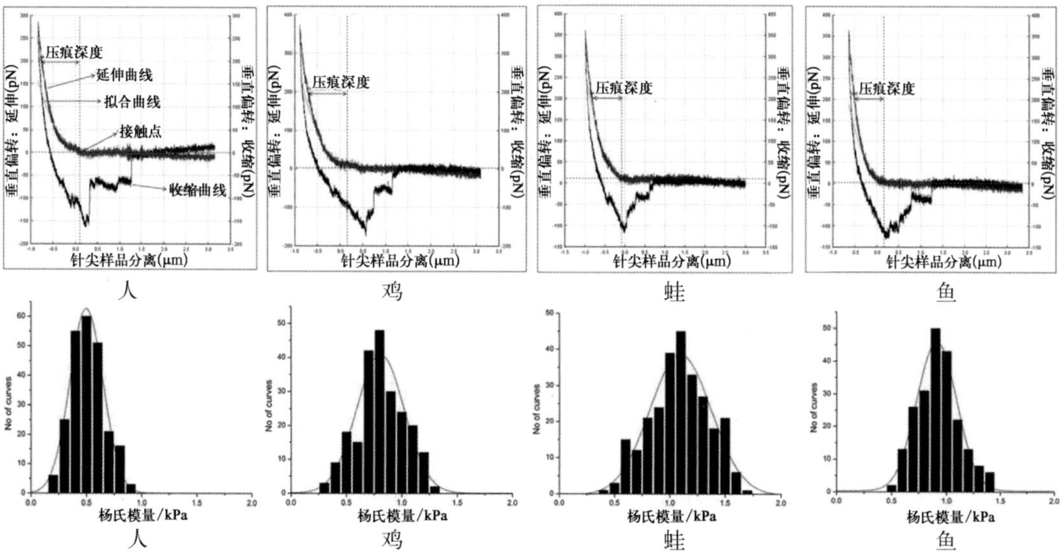

图 14－9 不同种属红细胞的力学特性

Figure 14－9 The mechanical properties of different species of red blood cells

14.2.5 红细胞膜蛋白的演化与红细胞携氧功能

本章作者及其团队的研究说明① 红细胞可变形性的获得可能是红细胞生物进化演化中重要的里程碑；② 红细胞可变形性的演化是红细胞携氧功能及机制的演化要求；③ 红细胞可变形性演化的分子基础是膜结构蛋白变化的同源性和差异性，并发现膜蛋白水平和组成对于不同种属红细胞形态和力学特性有重要的调控。目前正在深入研究这一发现的科学意义和对红细胞进化演变的作用。

14.3 血液红细胞及血液代用品携氧-释氧功能的评价体系

目前在人工血液制品的研制过程中，对携氧能力的考查常通过动物实验来进行，而携氧血液代用品的体外评价体系还不健全。国外有人发现，在休克模型实验中，血红蛋白载氧溶液(biopure hemoglobin glutamer-200/bovine; a hemoglobin-based oxygen-carrier, HBOC)，是一类通过化学交联和(或)包装增加有效半径后的血红蛋白溶液，具有一定携氧/释氧功能(37℃，P50 为 32～34 mmHg)，与 Hespan(一类临床治疗休克复苏液，主要用于增加血液循环体积，无携氧能力)对休克急救的效用几乎是相同的，HBOC 的携氧能力在实验中几乎未对休克动物复苏发挥应有的效果。对于这种现象，利用传统氧解离曲线难以合理的解释。但从动力学角度，其原因可能正是由于 HBOC 携氧和释氧动力学周期过短所造成的。由于动力学周期短，HBOC 携氧后迅速释氧，在还没有到达微循环以前就可能已经将所携带的氧部分释放，使得机体缺氧组织不能获得足够的氧，使得 HBOC 的携氧能力在实验中毫无体现。

本研究中，携氧动力学曲线能有效地对红细胞携氧与释氧过程进行分析。由此，可根据天然红细胞建立标准血红蛋白携氧/释氧动力学曲线，然后对人工血液携氧制品进行携氧动力学测试，将两者数据进行比较，从而在体外获得人工血液携氧制品携氧效能的数据。此方法可暂不考虑人工血液携氧制品的组成特点，重点关注其携氧过程与天然血液间的差异。由此可获得一种有效的人工血液代用品体外分析手段，对人工血液携氧制品的研制提供帮助。

14.3.1 红细胞携氧-释氧功能

本节主要介绍应用已建立的携氧功能分析系统，研究不同种属动物红细胞的氧饱和动力学曲线，发现不同种属红细胞的携氧动力学，说明膜结构蛋白对细胞携氧调节机制的影响，分析不同种属红细胞对环境的适应性(见图 14-10)。

目前，大气中的氧进入肺泡及其毛细血管的过程为① 大气与肺泡间的压力差使大气中的氧通过呼吸道流入肺泡；② 肺泡与肺毛细血管之间的氧分压差又使氧穿过肺泡呼吸表面而弥散进入肺毛细血管，再进入血液。血液中 O_2 和 CO_2 只有极少量以物理溶解形式存在，大部分的 O_2 与红细胞中的血红蛋白(Hb)结合成氧合血红蛋白(HbO_2)的形式存在，并进行运送。

血红蛋白(Hb)的特殊分子结构以及红细胞本身的特性使其成为为组织输送氧气的理想载体。血红蛋白(Hb)与氧气(O_2)结合具有以下的重要特征：反应速度快，可逆，不需要酶的催化等。而循环中的红细胞具有高度的可变形性，能穿过小于自身直径的毛细血管。在 O_2 传输的整个过程中[25]，均有赖于 Hb 载体对 O_2 的亲和力，即当氧分压(PO_2)升高时，促进 O_2 与 Hb 结合，PO_2 降低时 O_2 与 Hb 解离。肺部 PO_2 高(100 mmHg)，Hb 与 O_2 结合；相反，组织中 PO_2 低(37～40 mmHg)，O_2 从 HbO_2 中解离释放到组织细胞供利用。

当动脉血到达外周毛细血管时，CO_2 被碳酸酐酶快速的水合成 H_2CO_3，H_2CO_3 及时游

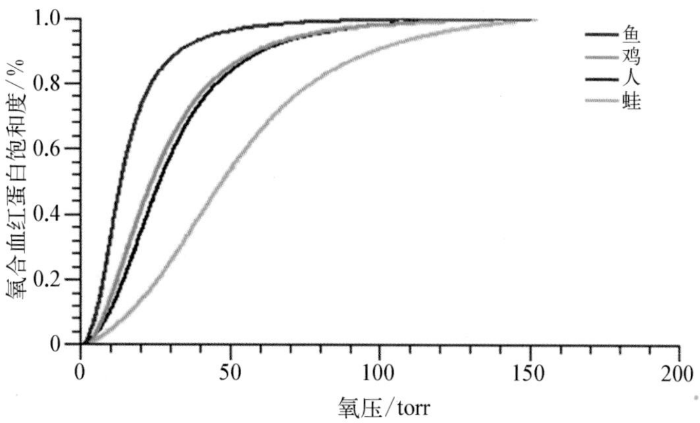

图 14-10 不同种属脊椎动物红细胞携-释氧曲线

Figure 14-10 Different species of vertebrate red blood cell oxygen carry-release curve

离出 H^+ 和 HCO_3^-。红细胞膜阴离子通道蛋白 band3 用血浆里的 Cl^- 交换细胞里的 HCO_3^-,这个酸化过程激发了血红蛋白解离释放出氧气到组织中。红细胞形成的质子被数组参与 Bohr 效应的脱氧血红蛋白接受。由于阴离子的交换活动所激发的瞬间酸化活动,产生较多 CO_2的组织可由血红蛋白提供的氧气来补充。

14.3.1.1 影响血液红细胞携氧功能的因素

(1) pH。当血液 pH 由正常的 7.40 降至 7.20 时,Hb 与 O_2的亲和力降低,氧解离曲线右移,释放 O_2增加。pH 上升至 7.6 时,Hb 对 O_2亲和力增加,曲线左移,这种因 pH 改变而影响 Hb 携带 O_2能力的现象称为 Bohr 效应。

(2) 二氧化碳分压(PCO_2)。PCO_2对 O_2运输的影响与 pH 作用相同,一方面是 CO_2可直接与 Hb 分子的某些基团结合并解离出 H^+;另一方面是 CO_2与 H_2O 结合形成 H_2CO_3并解离出 H^+,即上述两方面因素增加了 H^+浓度,产生 Bohr 效应,影响 Hb 对 O_2的亲和力,并通过影响 HbO_2的生成与解离,来影响 O_2的运输。

(3) 温度。当温度升高时,Hb 与 O_2亲和力变低,氧解离曲线右移,释放出 O_2;当温度降低时,Hb 与 O_2结合更牢固,氧解离曲线左移。

(4) 2,3-二磷酸甘油酸(2,3-DPG)。2,3-DPG 是红细胞糖酵解中 2,3-DPG 侧支循环的产物。2,3-DPG 浓度高低直接导致 Hb 的构象变化,从而影响 Hb 对 O_2亲和性。因为脱氧 Hb 中各亚基间存在 8 个盐键,使 Hb 分子呈紧密型(taut 或 tense form,T form),即 T 型;当氧合时(HbO_2),这些盐键可相继断裂,使 HbO_2呈松弛型(relaxed form, R form),即 R 型,这种转变使 O_2与 Hb 的结合表现为协同作用(coordination)。Hb 与 O_2的结合过程称为正协同作用(positive cooperation),当第 1 个 O_2与脱氧 Hb 结合后,可促进第 2 O_2与第 2 个亚基相结合,依次类推直到形成 $Hb(O_2)4$ 为止。第 4 个 O_2与 Hb 的结合速度比第 1 个 O_2的结合速度快百倍之多。同样,O_2与 Hb 的解离也现出负协同作用。

14.3.1.2 血液红细胞携氧-释氧功能的生理意义

血液在心脏的推动下,循着心血管系统内按一定方向周而复始地在全身循环流动,将机体各组织器官紧密联系成一个有机的整体。血液在人体生命活动中主要具有运输、参与体液调节、防御、保持内环境稳定4方面功能[26]。运输是血液的基本功能，自肺吸入的氧气以及由消化道吸收的营养物质，都依靠血液运输才能到达全身各组织。同时组织代谢产生的二氧化碳与其他废物也赖血液运输到肺、肾等处排泄，从而保证身体正常代谢的进行。

14.3.2 血液红细胞携氧-释氧功能的平衡稳态表征

14.3.2.1 血液携氧功能的临床指标

(1) 血液氧容量与血红蛋白含量。在医学上，氧容量的定义为氧分压为150 mmHg (19.95 kPa)，二氧化碳分压为40 mmHg(5.32 kPa)，温度37℃，在体外100 ml血液内红细胞所结合的氧量(不包括血浆中的物理溶解氧)。氧容量取决于单位体积血液内血红蛋白的量。正常血红蛋白在上述条件下，每克能结合氧1.34～1.36 ml。若按每100 ml血液含量含血红蛋白15克计算，动脉血和静脉血氧容量约20 ml。

(2) 血液氧饱和度。在人机体内，红细胞实际运输到各组织的氧气量与动脉血氧分压(或者氧饱和度)及组织的部位有关。不同组织部位的氧分压不同，红细胞在该部位实际释放的氧气量也有所不同。正常生理条件下，动脉血氧饱和度为95%～97%，混合静脉血氧饱和度约70%～75%，所以红细胞实际运输的平均氧气量为其氧结合量的1/5～1/4，约每克血红蛋白0.27～0.34 ml。

20世纪70年代，人们发现红细胞无氧酵解的重要中间产物，即2,3-二磷酸甘油酸(2,3-DPG)能特异性的与血红蛋白(Hb)结合降低血红蛋白的氧亲和力，从而调节血红蛋白氧的释放。后来进一步明确了红细胞2,3-DPG水平和携氧量的关系为$Y=0.34X+3.5$，其中Y是携氧量，X是2,3-DPG水平。因此，高携氧量的红细胞可以通过调节2,3-DPG水平获得。

(3) 血液氧分压。氧分压为物理溶解于溶液中的氧所产生的张力。正常人的动脉血氧分压(简称PaO_2)约为100 mmHg，主要取决于吸入气体的氧分压和外呼吸功能；静脉血氧分压(简称PvO_2)为40 mmHg，主要取决于组织摄氧和用氧的能力。

在人机体内红细胞实际运输到各组织的氧气量与动脉血氧分压(或者氧饱和度)及组织的部位有关。不同组织部位的氧分压不同，红细胞在该部位实际释放的氧气量也有所不同。如，正常人动脉血氧饱和度约95%～97%，混合静脉血氧饱和度约70%～75%，所以红细胞实际运输的平均氧气量为其氧结合量的1/5～1/4，即人红细胞在正常生理条件下的有效携氧量约为4～5 ml。

14.3.2.2 氧解离曲线与氧亲和力(P50)

(1) 氧解离曲线的平衡稳态特征。血液与不同氧分压的气体接触，待平衡时，其中与O_2结合成为氧合血红蛋白(HbO_2)的量也不同，PO_2越高，变成HbO_2量就越多；反之亦然。血液中HbO_2量与Hb总量(包括Hb和HbO_2)之比称为血氧饱和度。

$$\text{血氧饱和度}=HbO_2/(Hb+HbO_2)$$

血氧饱和度的大小取决于血液中氧分压(PO_2)的高低。若以 PO_2值为横坐标，血氧饱和度为纵坐标作图，求得血液中 HbO_2的 O_2解离曲线，称为氧解离曲线。

(2) 氧解离曲线与氧亲和力。氧解离曲线(见图 14 - 11)反映血氧饱和度与血氧分压之间的关系。氧解离曲线既表示不同 PO_2下，HbO_2解离情况，同样也反映不同 PO_2下，O_2与 Hb 结合情况。血氧饱和度达到 50%时相应的 PO_2称为 P50。P50 的值反映了红细胞氧亲和力的大小。P50 值越小则氧亲和力越大，红细胞结合氧的能力也越强，但不利于氧的释放；反之，氧亲和力越小，红细胞结合氧的能力越弱，更容易释放氧。

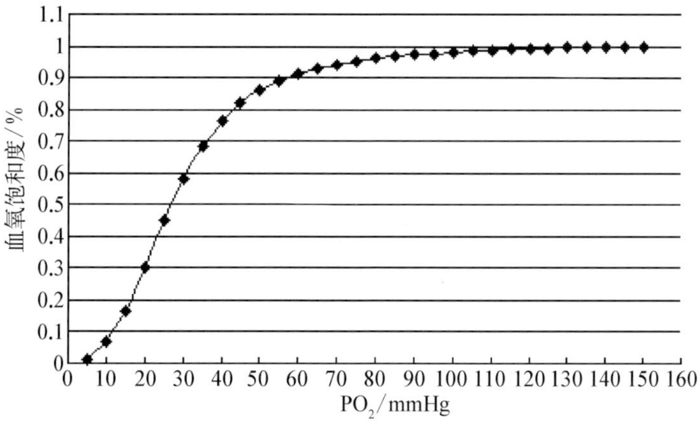

图 14 - 11 红细胞的氧解离曲线

Figure 14 - 11 Oxygen dissociation curve of red blood cells

氧亲和力(P50)是决定红细胞向组织传输及释放氧能力的重要因素。氧解离曲线右移(低 O_2亲和力，高 P50)有利于红细胞向组织中释放氧，但这可能导致氧不能有效地传输到氧分压较低的个别组织。另一方面，氧解离曲线左移(高 O_2亲和力，低 P50)则会造成红细胞实际释放到组织的氧量减少。正常情况下人红细胞的 P50 值为 26～27 mmHg，高于或低于这一值都可能影响到红细胞携氧功能的正常发挥[27]。

14.3.2.3 *血液携氧-释氧功能的动态表征与评价*

氧解离曲线描述了在热力学平衡的条件下血氧饱和度与氧分压的关系，P50 反映红细胞氧亲和力的强弱。然而，从动力学角度，红细胞结合/释放氧的过程，氧分子需要 2 次穿越红细胞膜并实现与血红蛋白亚基的结合/解离，是一个复杂而有序的动力学过程[28]。对此，我们提出携氧动力学研究方法，针对红细胞携氧/释氧的具体动力学过程进行研究。

14.3.3 血液携氧-释氧的动力学过程

在氧解离的过程中，随溶液中氧分压的下降，血红蛋白逐渐释放出氧气，血氧饱和度不断降低。实验数据显示[29]，红细胞氧解离过程血氧饱和度随时间变化呈较明显的“S”形曲线特征。血氧饱和度在开始阶段下降缓慢，随后进入急剧变化阶段，最后下降速率趋向平缓。红细胞在氧解离过程中，血氧饱和度随时间变化的动力学曲线的 S 形特征与血红蛋白

结合 O_2的协同效应相关。由于血红蛋白的 4 个亚基中的一个亚基的血红素与 O_2结合后，能促进四聚体分子的其余亚基的血红素与 O_2结合。与之相反，氧合血红蛋白的一个亚基释放 O_2，能促进其余亚基释放出 O_2。

从动力学曲线进行分析，在通入氮气后，溶液中的物理溶解氧首先释放，红细胞中血红蛋白单个亚基先释放出少量氧，这一阶段(0～6.7 min)血红蛋白的氧饱和度缓慢下降；随后的一段时间(6.7～18.25 min)，由于协同效应，其余亚基也开始大量释放氧，红细胞内血红蛋白氧饱和度迅速下降，曲线以较大斜率下降；当血红蛋白氧饱和度下降到一定程度后，血红蛋白氧饱和度下降变化趋慢，曲线斜率变小[30]。

14.3.3.1 携氧-释氧动力学曲线与动力学参数(T50)

(1) 携氧-释氧动力学曲线。红细胞氧解离动力学曲线(见图 14 - 12)，即血氧饱和度(Sat)随时间变化曲线，描述了在氧解离过程中血氧饱和度与时间的关系，可以对氧在红细胞与溶液之间的传递及红细胞中血红蛋白氧解离速率进行分析，是一种新的表征红细胞携氧功能的方法。同时与红细胞氧解离曲线参数 P50 相对应，建立了氧解离动力学参数 T50。T50 定义为在一定条件(标准大气压，37℃，固定通气速率)下血红蛋白氧饱和度从 100%下降到 50%所需要的时间。

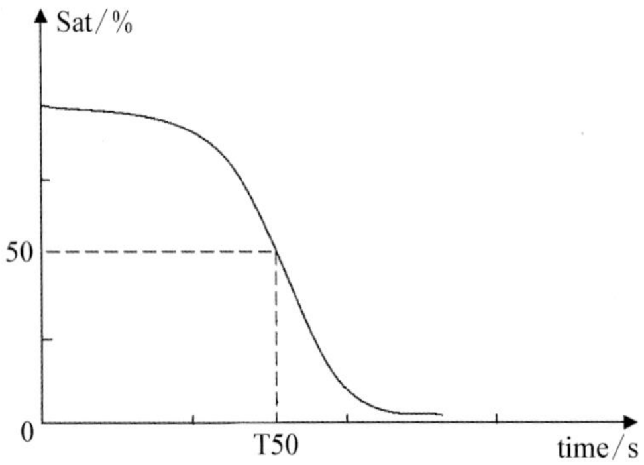

图 14 - 12 氧解离动力学参数 T50 示意图

Figure 14 - 12 Oxygen dissociation kinetic parameter T50 schematic layout

与经典的氧解离曲线相比，动力学曲线能更直观和具体的描述红细胞在氧饱和度高段血红蛋白与氧结合/释放氧的过程与特点。氧解离动力学参数 T50 描述红细胞有效传输氧的时间。较高的 T50 表明其可以运送更多的氧气到所需部位，即更大的有效携氧量，显然这对于临床急救具有重要意义。

(2) 影响动力学学曲线的因素。T50 的大小与溶液中红细胞总量，红细胞本身性质及实验时的通气速率等因素相关。然而，在测定时将样品溶液中红细胞含量，通气速率等条件都固定后，T50 的大小就由红细胞本身性质决定。在特定实验条件下 T50 具有稳定值。如在标准大气压及 37℃条件下，氮气通入速率 13 ml/min 的实验条件下，测得正常的人红细胞 T50 值为 12.95 min。虽然 T50 的生理意义还需要进一步研究，但此参数决定氧解离动力学曲线的位置，在一定程度反映了红细胞结合/释放氧的细节，是表征红细胞携氧效能的重要动力学参数。

(3) 动力学参数 T50 的测定。用血氧分析仪(Hemox-analyzer)测定红细胞在释放氧的过程中血氧饱和度(Sat)及氧分压(PO_2)随时间的变化。根据血红蛋白在高氧分压下与氧结合，低氧分压下氧解离氧的特性，在标准大气压、室温、pH 为 7.4 条件下，通过人为改变血样的环境氧分压，实时监测样品的血氧饱和度与氧分压变化。血氧饱和度用双波长分光光度法测定。血红蛋白与氧和血红蛋白的吸收光谱不同(见图 14 - 13)，在氧解离过程中，等吸收点

(568 nm)处的吸收值保存不变，而 558 nm 处吸收值变化剧烈。利用这一特性，通过双通道同时测定两个波长处的光吸收可计算出血氧饱和度[31]。氧分压通过 Clark 电极直接测定。

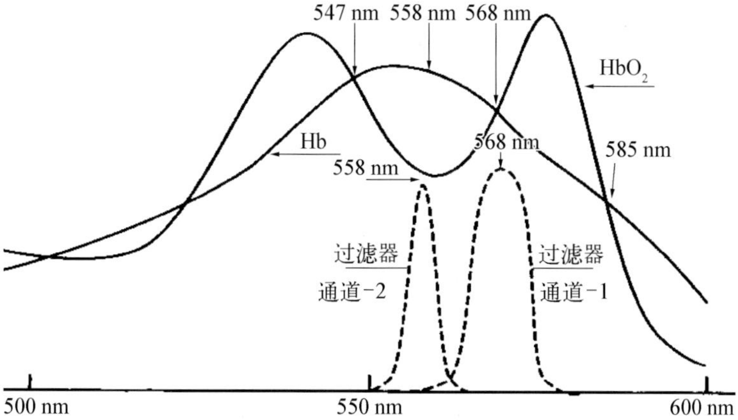

图 14-13　血红蛋白与氧和血红蛋白吸收光谱

Figure 14-13　Absorption spectrum of hemoglobin and oxyhemoglobin

14.3.3.2　血液携氧-释氧功能的动力学评价

通常研究氧载体(尤其是基于血红蛋白氧载体的血液代用品)的携氧性能都是采用分析氧解离曲线这一经典方法。氧解离曲线描述了在热力学平衡条件下溶液氧饱和度与氧分压的依赖关系。氧解离曲线反映了氧载体与氧气亲和力的大小，但无法体现氧解离的具体过程，即携氧效率上的差异。对此本章作者及其团队提出了携氧功能的动力学研究方法，对氧载体携氧/释氧的具体动力学过程进行研究。

氧分压衰减曲线直观的描述了发生氧解离时氧载体释放氧的具体过程。氧载体作为载氧溶液中氧气的“储备池”，当溶液处于低氧环境(实验中为连续通入氮气)时能够不断解离结合氧以补充溶液中物理溶解氧的释放，使溶液氧分压衰减的更加缓慢。氧载体能够储备氧的总量及其解离释放氧的方式决定了在同等条件下溶液氧分压的衰减时间和氧分压衰减曲线的下降趋势。氧载体可结合的氧气越多，溶液氧分压衰减到零所用时间越长。如前所述，含 1%体积红细胞的溶液氧分压衰减总时间是空白缓冲液的 2.3 倍。血红蛋白与氧结合的协同效应使得含红细胞的实验组溶液氧分压衰减曲线在高氧阶段($PO_2>130$ mmHg)和低氧阶段($PO_2<30$ mmHg)比空白对照组溶液变化更为平缓。

红细胞氧解离动力学曲线，即血氧饱和度随时间变化曲线，描述了在氧解离过程中血氧饱和度与时间的关系，可以对氧在红细胞与溶液之间的传递及红细胞中血红蛋白氧解离速率进行分析，是一种新的表征红细胞携氧功能的研究方法。经典的氧解离曲线反映了红细胞在不同氧分压环境下与氧结合的程度，而氧解离动力学曲线则能反映红细胞结合/释放氧的细节。

从人体生理角度分析，正常人体动脉血的血氧饱和度为 98%静脉血为 75%，这表明在人体内红细胞传输氧的过程气实际上工作在高氧饱和度段。与传统氧解离曲线相比，红细胞氧解离动力学曲线能更直观和具体的描述红细胞在氧饱和度高段血红蛋白与氧结合/释放的过程与特点。与氧解离曲线参数 P50 相对应而建立了氧解离动力学参数 T50。传统的 P50 是血红蛋白到达 50%氧饱和度时溶液的氧分压，而 T50 是在标准条件下红细胞氧饱和度从 100%下降到 50%所需要的时间。两者具有不同生理意义：P50 体现红细胞与氧的亲和力，而 T50 体现红细胞有效传输氧的时间。T50 可以作为表征红细胞携氧效能的重要动力学参数。

14.4 基于膜蛋白结构力学的红细胞重建

在细胞力学、流变学理论和研究方法的指导下，从生物流变学及生物力学的角度，深入清晰认识细胞形态结构与功能的关系；在亚细胞、分子层次研究生物流变学；并以此为基础，进行用重建红细胞作为新型人工血液的研究。

用磷脂、结构蛋白协同包封血红蛋白在体外重建红细胞。通过血红蛋白与结构蛋白、膜磷脂有机的结合作用，体外重建出变形性、脆性和膜黏弹性等力学特性接近天然红细胞、具有正常红细胞双凹蝶盘形态，稳定性，携氧-释氧能力强的重建红细胞。

14.4.1 血液组织工程-血液代用品现状

迄今为止，医学上所用血液代用品主要以补充血浆、维持血容量、平衡电解质和补充营养物质为根本目的，基本上还无法实现血液重要的携氧功能[32]。尽管已有不少血液代用品研究以实现携氧功能为目标，包括生物重组血红蛋白、动物血红蛋白的改性去免疫化、脂质体包封血红蛋白的人工红细胞在内，都只能在生化功能和分子结构上模拟体内正常红细胞中血红蛋白的功能，这些研究还没有意识到红细胞的生物力学特性对其生理功能有着重要的影响。

近年来，由于对血液代用品的巨大需求，特别是在战争、严重自然灾害、恐怖性突发事件中，仅靠血库供血、人员献血更是难以满足实际需求。传统输血方式存在血液贮存和运输困难、各种病毒(如艾滋病、肝炎等)浸染的危险性、血型的配伍和特殊血型缺乏、人口老化导致健康供血人群不足等问题。给临床救治、急救带来严重的困难和挑战。

目前对于用安全、有效的血液代用品的需求也在不断地增大。传统的人员输血方式存在一系列问题，如① 天然血液贮存和运输很困难，血液保存时间短，在 4～8℃条件下最长保存时间为 42 天，如果长途运输也易造成溶血[33,34]；② 由于其存在各种病毒包括艾滋病、肝炎等浸染的危险性。虽然献血员经过严格验血筛选，但丙型肝炎的危险性仍是 1∶3 000，HIV 感染是 1∶100 000～1∶1 000 000，输血也可引起其他病毒、细菌、寄生虫及其他疾病的传播；③ 输血需要供受体配型，否则出现免疫反应，存在不同血型的配伍、特殊血型的缺乏等问题；④ 人口老化，健康供血人群不足，某些地区新鲜血液严重缺乏血源相对枯竭严重不足等问题，给临床救治、急救带来严重的困难和挑战；特别是在战争、严重自然灾害、恐怖性突发事件中，仅靠血库供血、人员献血更是难以满足实际需求，因此对血液代用品特别是性能和功能上最接近正常红细胞的“重建红细胞”的需求市场是难以估量的。

近年来国内外关于血液代用品研究开发的发展呈现较活跃的趋势，血液的需要是在紧急情况下，通常与生死攸关的事情联系在一起[35]。全世界每年要输 3 000 万单位血液，由于血液供给不足，在未来 30 年里每年约缺四百万单位血液。能适用人体全部血型的人工血液将补偿这种短缺。法国技术人员认为由于近来技术上的突破，在 2～3 年内可能出现人工血液。美国 FDA 最近已批准了一种含氟化物高分子胶体溶液，作为血液代用品上市，氟碳化合物的出现，这是一种由碳和氟组成的分子，用血浆或水混合后输入血流中，氟碳化合物在全身循环，同红细胞中血红蛋白一样，向组织输送氧气和去除二氧化碳。可存在的问题是氟碳化合物虽然无毒，但不易被身体排泄，容易在体内组织里堆积，以后可能引起健康问题。随着生物技术的进展，科学家们将人类血红蛋白的基因转入细菌和植物制造人类血红蛋白，科学家们已经发现一种能合成人类血红蛋白的烟草植物。但是，研制过程昂贵而且不能产生足够的血红蛋白以满足市场的需要。用脂质体包封血红蛋白成为血液替代品的研究也很多，有代表性的研究成果如翁维良等曾研究过用脂质体包封血红蛋白及其对红细胞聚集性的影响；国外有科学家研究用不同的脂质体包封血红蛋白，然而由于一般脂质体的稳定性较差，且包封血红蛋白的脂质体不具有天然红细胞的形态和可变形性，因此脂质体的研究大部分停留在实验阶段，能投入临床应用的不多。值得注意的是关于血红蛋白的作为血液代用品的研究出现了新的进展，加拿大研究人员运用化学修饰将多个血红蛋白分子缩聚为一个分子，制成了由 2～6 个分子组成的血红蛋白聚合体提高了输送氧的效率。我国科学家通过改型、去免疫化等手段，成功地将动物血红蛋白转化为安全有效的人血液代用品，表明我国以拥有自主知识产权的工艺技术路线，在人血液代用品的研究开发达到国际同类研究先进水平。

但是研究发现，脱离了红细胞裸露的血红蛋白分子能在血液内循环很长时间，会影响肾脏机能、对血管内皮也有着程度不同的刺激。本章作者及其团队的研究发现：现有的血液代用品均侧重于模拟正常红细胞的生理生化功能如携氧功能，大多数研究者没有认识到模拟正常红细胞力学特性和流变学特性的重要性。天然红细胞主要由血红蛋白、膜磷脂和膜蛋白有机地构成，血红蛋白与膜蛋白、膜脂之间有着密切的结构相关性。在膜蛋白组成中有维持细胞特定形态的结构蛋白，在膜蛋白组成中有维持细胞特定形态的结构蛋白（如血影蛋白），也有负责氧传输的通道蛋白（band3 蛋白）；血红蛋白与膜蛋白通过结合是血红蛋白锚定到膜上（band4.1 蛋白、band4.2 蛋白），使血红蛋白的构象变化有利于结合氧；膜蛋白又与膜脂通过疏水作用形成最有利于氧传输的通道。正是这种相互的结构关系使红细胞具备优良的可变形性和黏弹性以及正常的携氧-释氧功能。这些结构关系在构架重建人工红细胞的过程中应该是不可忽略的。脂质体包封血红蛋白稳定性和携氧功能达不到要求的原因在于，以往的研究忽略了血红蛋白与膜蛋白之间、膜蛋白与膜脂之间的结构关系，以及这种关系对红细胞具有优良可变形性和流变学性质的贡献，而仅仅用膜脂对血红蛋白进行物理性包封[36]。

14.4.2 新型血液代用品：基于膜结构蛋白的重建红细胞

从生物力学及流变学的角度，论述基于膜蛋白结构力学的红细胞重建及其人工血液组织工程。在分析研究影响红细胞变形性的膜蛋白、膜脂分子结构变化机制等工作的基础上，分析了目前血液代用品特别是脂质体包封血红蛋白的结构和存在的缺点，提出以组成正常红细胞的3个基本分子材料（血红蛋白、特定结构蛋白、膜磷脂）为基础，运用微管吸吮系统（micropipette aspiration system）及细胞力学、流变学理论和研究方法为指导，用磷脂、结构蛋白协同包封血红蛋白在体外重建人工红细胞。通过血红蛋白与结构蛋白、膜磷脂有机的结合作用，体外重建出变形性、脆性和膜黏弹性等力学特性接近天然红细胞、具有正常红细胞双凹蝶盘形态，稳定性，携氧-释氧能力强的人工红细胞。

体外重建红细胞研究无论在基础医学的研究还是在临床应用研究中都具有重要的意义，有助于人们充分认识红细胞生理功能和流变学特性与其结构的关系，特别是认识血红蛋白和红细胞膜结构蛋白对红细胞优良的变形性及维持特定的双凹碟盘形态的贡献。

14.4.2.1　重建具有双凹碟盘形态的人工红细胞

1）红细胞形态和力学性质与其功能的关系

生命细胞的形状千姿百态，形态的多样性是由于存在各种细胞功能的特殊性。红细胞的双凹碟盘形态赋予红细胞更大的表面积保证更多的氧分子跨膜传输，正是由于红细胞膜蛋白的特殊生物力学骨架结构使得红细胞具有特殊的形态，并使红细胞具有优良的可变形性。如图14－14所示，天然红细胞主要由血红蛋白、膜磷脂和膜蛋白有机地构成，血红蛋白与膜蛋白、膜脂之间有着密切的结构相关性。在膜蛋白组成中有维持细胞特定形态的结构蛋白（如血影蛋白），也有负责氧传输的通道蛋白（band3 蛋白）；血红蛋白与膜蛋白通过结合是血红蛋白锚定到膜上（band4.1 蛋白、band4.2 蛋白），使血红蛋白的构象变化有利于结合氧；膜蛋白又与膜脂通过疏水作用形成最有利于氧传输的通道。因此红细胞生物力学性质

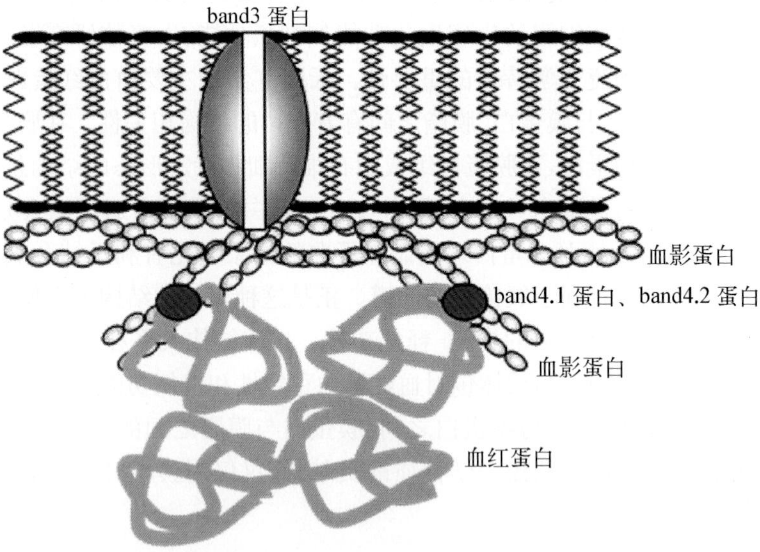

图 14－14　膜结构蛋白、膜磷脂和血红蛋白的有机构成

Figure 14－14　The organic structure of RBC membrane protein, phospholipids and hemoglobin

与其生理生化功能有着密不可分的联系[37]。

正是这种相互的结构关系使红细胞具备优良的可变形性和黏弹性以及正常的携氧-释氧功能。这些结构关系在构架重建红细胞的过程中应该是不可忽略的。

2）重建红细胞的力学依据

提出红细胞重建的概念不仅充分考虑红细胞的生理生化功能，而且还考虑红细胞的生物力学和流变学性能；并且这种细胞力学特性与其生理生化功能之间存在密不可分的内在联系。正常红细胞除了具有携氧和能量代谢功能之外，其组成结构赋予红细胞具有特定的双凹碟盘形态、优良的可变形性，使之可以顺利地在体内各种管径的血管中顺利地循环。体外重建的红细胞不仅要具备正常的生理生化功能，而且要具备良好的可变形性，因此研究认识红细胞的结构蛋白在维持红细胞形态、确保红细胞正常的生理功能以及赋予红细胞可变形性等方面的作用是十分重要的。

体外重建红细胞研究无论在细胞力学理论研究，还是在基础医学和临床应用研究中都具有重要的意义，有助于人们充分认识红细胞形态结构及力学性质与其携氧生理功能有着密切的关联，特别是认识血红蛋白和红细胞膜结构蛋白对红细胞优良的变形性及维持特定的双凹碟盘形态的贡献。

3）细胞力学指导下基于细胞骨架的红细胞重建

通过分离制备结构蛋白、血红蛋白，分离分析红细胞膜磷脂成分，为膜磷脂复配的定量依据。采用精制磷脂复配红细胞膜磷脂；用荧光标记结构蛋白，通过荧光显微镜和荧光共聚焦显微镜，研究结构蛋白在膜上的动态分布和诱导自组装的动力学。应用诱导自组装，使膜磷脂-结构蛋白形成类质膜，协同包封血红蛋白，体外制备人工红细胞（见图 14－15）。

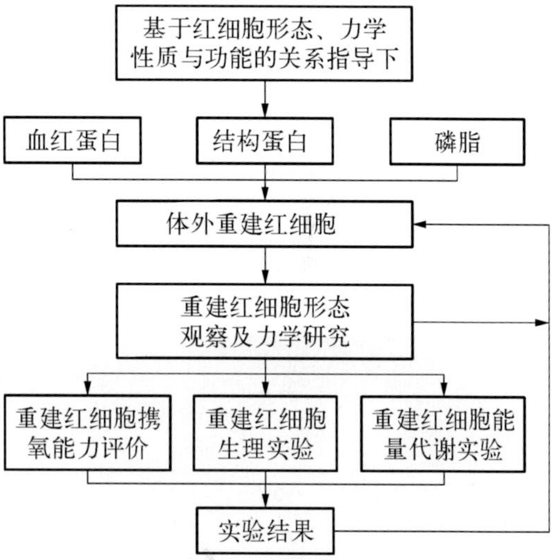

图 14－15 基于细胞力学和细胞骨架的红细胞重建

Figure 14－15 The diagram of RBC reconstruction based on the cell mechanics and cytoskeleton structure

用磷脂、结构蛋白协同包封血红蛋白在体外重建红细胞。通过血红蛋白与结构蛋白、膜磷脂有机的结合作用，成功地重建出变形性、脆性和膜黏弹性等力学特性接近天然红细胞、具有正常红细胞双凹蝶盘形态，稳定性，携氧-释氧能力强的重建红细胞。

14.4.2.2 重建红细胞具有天然红细胞的双凹碟盘形态的电镜图像；重建红细胞尺寸大小分布接近

确定了重建红细胞的可变形性、膜黏弹性、表体比值等均接近于天然红细胞。实验结果表明重建红细胞的可变形性与正常红细胞无显著性差异（见表 14－1）。

相同时间、相同压力下，相同浓度的正常红细胞和重建红细胞过膜前后，细胞数量的无显著性差异，表明重建红细胞的可变形性与正常红细胞无显著性差异。

表 14-1 重建红细胞及天然红细胞的力学参数

Table 14-1 The mechanical properties of reconstructed RBC and natural RBC

红细胞类型	弹性模量 μ/ ($10^{-3}\times10^{-5}$ N/cm)	黏性系数 η/ ($10^{-4}\times10^{-5}$ N·s/cm)	表面积/体积比值
重建人工红细胞	4.562～7.892	0.175～0.372	1.475～1.532
天然正常红细胞	1.120～8.753	0.185～0.452	1.386～1.436

重建红细胞具有天然红细胞的双凹碟盘形态，已获得重建红细胞具有双凹碟盘形态的电镜图像；重建红细胞尺寸大小分布接近天然红细胞。

得到了具备正常生理生化功能，具有天然红细胞双凹蝶盘形态，具备良好的可变形性的重建红细胞。重建红细胞都具有正常红细胞的双凹碟盘形态，重建红细胞的大小基本接近天然红细胞大约 6～8 μm（约占 70%的分布）、有的重建红细胞比较小约为 1～5 μm（约 30%），这类红细胞对于改善微循环障碍、脑缺血等临床疾病有着重要的意义（见图 14-16）[38]。

用渗透压降低法测定重建红细胞的脆性：用生理盐水与高纯水按不同的体积比复配，建立一组从等渗到低渗的红细胞悬浮液系列，用来分别悬浮相同浓度的重建红细胞，并以正常红细胞组作为对照组；悬浮 15 min 后，分别在光学显微镜下观察细胞形态和细胞数量的变化，并用图像系统记录实验结果[39]。实验发现重建红细胞对低渗的耐受性优于正常红细胞，而在高纯水中也与正常红细胞一样溶血。

图 14-16 重建红细胞具有天然红细胞的双凹碟盘形态

Figure 14-16 Reconstruction of red blood cells has a natural double concave disc shape of red blood cells

14.4.2.3 膜蛋白水平和组成对于重建红细胞形态有重要的调控

膜蛋白水平和组成对于重建红细胞形态有重要的调控作用，确定了膜蛋白带血影蛋白、band3 蛋白等对于红细胞形态、膜结构和力学性质均有重要的影响。

图 14-17 和图 14-18 激光共聚焦原位分析天然和重建红细胞膜蛋白，结果显示，在重建红细胞的过程中，通过极性诱导自组装，膜结构蛋白成功地被装配在新组成细胞膜上。也就解释了为何重建红细胞不但获得了天然细胞的形态，同时在力学特性上也获得了红细胞特有的可变形性。

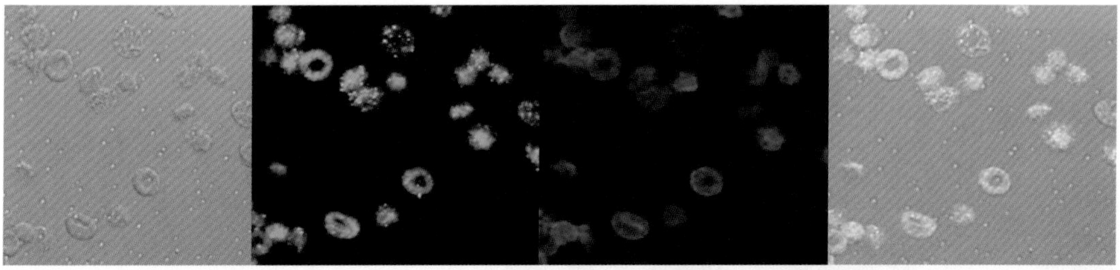

图 14-17 激光共聚焦原位分析天然红细胞膜蛋白血影蛋白(绿),band3 蛋白(红)

Figure 14-17 The confocal laser analysis of natural RBC membrane protein spectrin (green), band3 (red) in situ

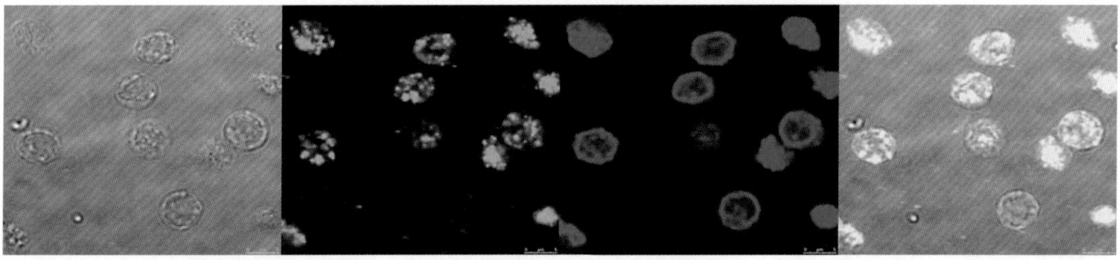

图 14-18 激光共聚焦原位分析重建红细胞膜蛋白血影蛋白(绿),band3 蛋白(红)

Figure 14-18 The confocal laser analysis of reconstruction RBC membrane protein spectrin (green), band3 (red) in situ

14.4.2.4 重建红细胞为具有携氧释氧功能的血液代用品

重建红细胞的动物实验表明：重建的人工红细胞具有类似大鼠天然红细胞的抗失血性休克作用。重建人工红细胞具有天然红细胞的携氧功能(见图 14-19)。

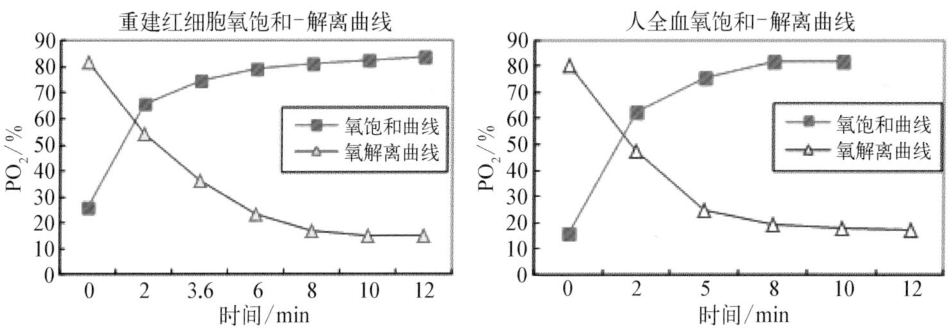

图 14-19 重建人工红细胞具有天然红细胞一样的携氧-释氧功能

Figure 14-19 Reconstruction of artificial RBCs has a natural RBCs carrying-releasing oxygen function

重建红细胞的动物实验表明,重建的人工红细胞具有类似大鼠天然红细胞的抗失血性休克作用。重建人工红细胞具有天然红细胞的携氧功能;重建人工红细胞毒性低,安全可靠;重建人工红细胞置换大鼠全身血液的 40%～60%,并能维持正常的生命活动;病理切片显示静脉注入重建人工红细胞后,未见对肺、脾、肾组织有显著改变,也未见有栓塞形成。重建人工红细胞与人体的 A 型、B 型、AB 型和 O 型四大血型配伍实验表明重建的人工红细胞属于万能血。通过动物实验在实验室建立了大鼠失血休克模型和微循环在体观测的试验平台,为本项目的深入研究建立了实验基础(见图 14-20)。

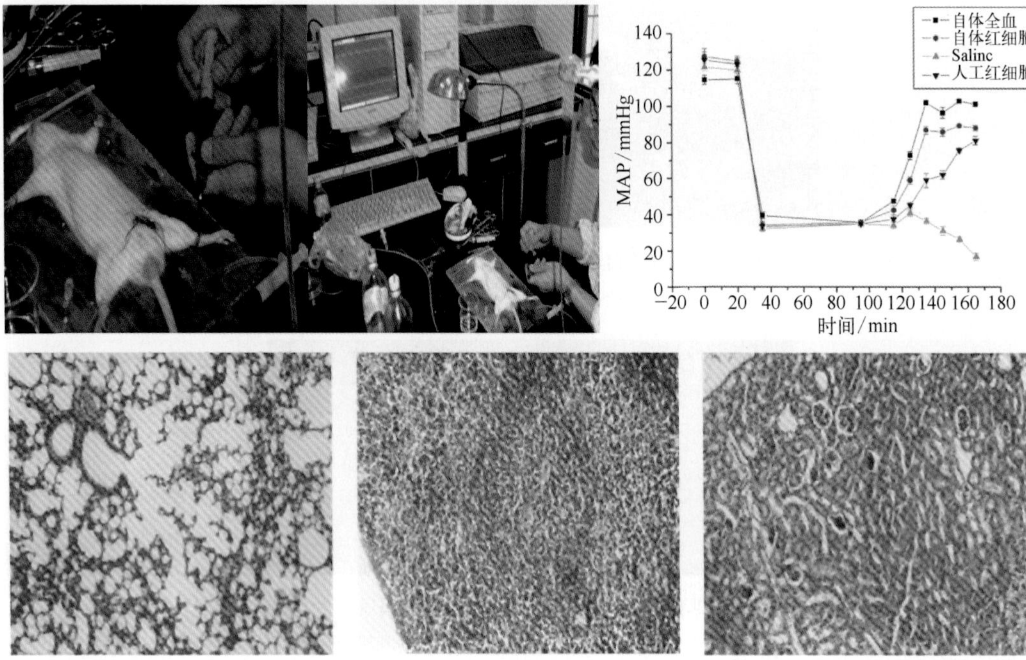

大鼠肺切片　　大鼠肾切片　　大鼠脾切片

图 14-20　重建的人工红细胞具有类似大鼠天然红细胞的抗失血性休克作用

Figure 14-20　Reconstruction of artificial RBCs with similar natural RBCs resistance to uncontrolled hemorrhagic shock in rats

14.5 总结

基于膜蛋白结构力学的红细胞重建及其人工血液组织工程的研究走的是一条独特而新颖的技术道路，与世界各国和国内的在血液代用品领域的研究有着重大的区别。体外重建人工红细胞无论从细胞形态、力学特性、生物活性等都更接近天然红细胞，而且有望可以获得微米-纳米级大小尺寸的重建人工红细胞，本研究已将形成原创性的自主知识产权，实现知识创新。

更为重要的是红细胞体外重建提出了一种模拟天然细胞，可在体内参与循环的分子输送运载平台。有目的地重建既有特殊识别功能且具备优良的生物力学功能的细胞膜，包裹特定的药物分子，即构建成细胞机器人，这将为在体内巡航制导、识别、捕捉癌细胞或其他病灶组织细胞提供了一条新的路径，具有重大的临床医学和基础医学意义。

本章运用生物力学的理论和研究方法，结合生物进化、分子生物学和细胞生物学以多学科交叉的视角，对不同种属动物的红细胞力学及膜结构差异进行比较分析，并在此基础上进行对动物进化方面的探讨研究了红细胞的生物进化及其对环境的适应性，研究进化过程中结构与功能的相关性。

本章将不同种属动物红细胞进行力学性质、形态和功能的基本比较，同时对红细胞膜蛋白质构成进行分析，最后将红细胞功能和结构的差异进行相互印证，哪些蛋白的存在使细胞出现了较特殊的红细胞结构和功能等。最后结合生物进化理论，初步探索红细胞的进化趋势。同时本项目将细胞力学、细胞生物学与生物进化有机地结合，为生物进化、比较生物学和生物多样性研究提供了一种新的可探索的研究方法，也丰富了细胞生物力学及流变学的研究的内容。具体成果如下，成功地实现了基于膜蛋白结构力学的红细胞重建及其人工血液组织工程研究；通过研究，初步发现了不同种属红细胞的可变形性与生物进化的关系，探索不同红细胞形态，生物流变学以及红细胞膜蛋白构成的差异；初步认识从有核红细胞到去核红细胞的进化过程中，膜结构蛋白组成变化的规律；分析出不同红细胞血影蛋白和 band3 膜蛋白同源性和保守性与进化的相关性；通过研究能为动物红细胞研究获得的基础数据，为比较流变学的研究，奠定方法学基础。同时也为重建红细胞方面的研究提供血液进化方面的相关理论；成功地建立了红细胞携氧-释氧功能的动力学分析评价系统，并用于研究不同物种红细胞在相适应环境中的携氧-释氧动力学功能分。

（王翔　熊延连　李遥金　唐福州）

参考文献

[1] Yu M, Wu P, Widelitz R B. The morphogenesis of feathers[J]. Nature, 2002, 420(21): 308 - 312.
[2] Xu X, Zhou Z, Prum R O. Branched integumental structures in Sinornithosaurus and the origin of feathers[J]. Nature, 2001, 410(8): 200 - 204.
[3] Chien S, Usami S, Dellenback R J, et al. Comparative hemorheology-hematological implications of species differences in blood viscosity[J]. Biorheology, 1971, 8(1): 35 - 57.
[4] Weber R E, Fago A. Functional adaptation and its molecular basis in vertebrate hemoglobins, neuroglobins and cytoglobins[J]. Respiratory Physiology & Neurobiology, 2004, 144(2): 141 - 159.
[5] Morgan D A, Class R, Violetta G, et al. Cytokine mediated proliferation of cultured sea turtle blood cells: Morphologic and functional comparison to human blood cells[J]. Tissue & Cell, 2009, 41(4): 299 - 309.
[6] De Luca G, Gugliotta T, Scuteri A, et al. The interaction of haemoglobin, magnesium, organic phosphates and band3 protein in nucleated and anucleated erythrocytes[J]. Cell Biochem Funct, 2004, 22(3): 179 - 186.
[7] Hägerstrand H, Danieluk M, Bobrowska-Hägerstrand M, et al. The lamprey (Lampetra fluviatilis) erythrocyte: morphology, ultrastructure, major plasma membrane proteins and phospholipids, and cytoskeletal organization[J]. Molecular Membrane Biology, 1999, 16(2): 195 - 204.
[8] Lanping A S, Shu C, Fan Y S, et al. Human erythrocyte protein 4.2: isoform expression, differential splicing, and chromosomal assignment[J]. Blood, 1992, 79(10): 2763 - 2770.
[9] Korpinar M A, Erdincler D. The effect of pulsed ultrasound exposure on the oxygen dissociation curve of human erythrocytes in in vitro conditions[J]. Ultrasound Med Biol, 2002, 28(11 - 12): 1565 - 1569.
[10] De L G, Gugliotta T, Scuteri A, et al. The interaction of haemoglobin, magnesium, organic phosphates and band3 protein in nucleated and anucleated erythrocytes[J]. Cell Biochem Funct, 2004, 22(3): 179 - 186.
[11] Chan Y K, Zahid H K. Hemodynamic monitoring and outcome-A physiological appraisal[J]. Acta Anaesthesiologica Taiwanica, 2011, 49(4): 154 - 158.
[12] Bonaventura C, Taboy C H, Low P S, et al. Heme redox properties of S-nitrosated hemoglobin A(0) and hemoglobin S -implications for interactions of nitric oxide with normal and sickle red blood cells[J]. J Biol Chem, 2002, 277(17): 14557 - 14563.
[13] Bonaventura J, Lance V P. Nitric oxide invertebrates and hemoglobin[J]. Am Zool, 2001, 41(2): 346 - 359.
[14] Frische S, Bruno S, Fago A, et al. Oxygen binding by single red blood cells from the redeared turtle Trachemys scripta[J]. J Appl Physiol, 2001, 126(5): 1679 - 1684.
[15] Mikko N. Adrenergic receptors-studies on rainbow trout reveal ancient evolutionary origins and functions distinct

from the thermogenic response[J]. Am J Physiol Regul Integr Comp Physiol, 2003, 285: R515 - 516.
[16] 王爱忠.血红蛋白载氧溶液的研究进展[J].国外医学,2001,22(4): 230 - 231.
[17] Jack R S, Bryant L D, Robert R. Combined clsm and AFM indentation reveals metastatic cancer cells stiffen during Rho/ROCK contractility-dependent invasion of collagen I matrices [J]. Biophysical Journal, 2014, 106 (2): 176a.
[18] 韩芬如.四种实验动物血液有形成分比较研究[J].甘肃高师学报,2002,7(5): 51 - 53.
[19] 彭微雁,王翔,高玮,等.红细胞膜带 4.2 蛋白的结构与功能[J].细胞生物学杂志,2007, 29 (5): 687 - 691.
[20] Dongping Q, Amy R. High throughput screening methodology to probe cell deformability[J]. Biophysical Journal, 2012, 102(3): 716a.
[21] 王英红,艾洪滨,张蓬军,等.几种脊椎动物红细胞生理特性的比较研究[J].山东师范大学学报(自然科学版)2002, 17(4): 70 - 73.
[22] 王莹,王翔,李遥金,等.基于免疫荧光法对人工红细胞膜骨架蛋白 spectrin 的定位分析[J].中国细胞生物学学报, 2010 (3): 429 - 432.
[23] Musielak M. Red blood cell-deformability measurement: Review of techniques [J]. Clinical Hemorheology and Microcirculation, 2009, 42(1): 47 - 64.
[24] 刘畅. 基于 PDMS 的红细胞变形性微通道芯片研究[D].重庆: 重庆大学,20113.
[25] Philip G D, Matthews R S. Oxygen binding properties of backswimmer (Notonectidae, Anisops) haemoglobin, determined in vivo[J]. Journal of Insect Physiology, 2011, 57(12): 1698 - 1706.
[26] 周伟,房世杰.三种蟾蜍血红蛋白氧解离曲线影响因子及与栖境的关系[J].生态环境,2005,14(2): 234 - 238.
[27] DiMenna F J, Wilkerson D P, Burnly, et al. Influence of priming exercise on pulmonary O_2 uptake kinetics during transitions to high-intensity exercise from an elevated baseline[J]. Journal of Applied Physiology, 2008, 105(2): 538 - 546.
[28] Young M A, Malavalti A, Winslow N, et al. Toxicity and hemodynamic effects after single dose administration of MalPEG-hemoglobin (MIP4) in rhesus monkeys[J]. Transl Res, 2007, 149(6): 333 - 342.
[29] 江川,王翔,高玮,等.血红蛋白携氧-释氧动力学研究[J].生理学报,2008,60(1): 83 - 89.
[30] Peng W, Wang X, Gao W, et al. In vitro kinetics of oxygen transpott in erythrocyte suspension or unmodified hemoglobin solution from human and other animals[J]. Can J Physiol Pharmacol, 2011, 89(9): 631 - 637.
[31] Kevin B R, Keith B N, David W M. Measuring cell mechanics by optical alignment deformation spectroscopy [J]. Biophysical Journal, 2012, 177a: 177a.
[32] Anthony T, Cheung W, Bernd D, et al. Bloodsubstitute resuscition as a treatment modality for moderate Hypovolemia[J]. Artificial Cells Blood Substitute and Biotechnology, 2004, 32(2): 189 - 207.
[33] 李遥金,王翔,兰珂.血液保存对红细胞携氧功能及能量代谢的影响[J].中国输血杂志,2009,22(6): 439 - 443.
[34] 宓现强,岑剡,周正谊,等.低强度激光照射对离体动物红细胞流变学性质的影响[J].中国激光,2004, 31(7): 888 - 892.
[35] Eric P, Widmaier H R, Kevin T S. Vander, sherman, lucianos human physiolo: The mechanisms of body function [M]. Texas: Mcgraw-Hill, 2004.
[36] Igor V, Borislava B, Toby W A. Electrostatics of Deformable Lipid Membranes[J]. Biophysical Journal, 2010, 98(12): 2904 - 2913.
[37] Lim C T, Zhou E H. Quek Mechanical models for living cells — A review [J]. Journal of Biomechanics, 2006, 39(2): 195 - 216.
[38] Rosenbluth M J, Lam W A, Fletcher D A. Force microscopy of nonadherent cells: A comparison of leukemia cell deformability[J]. Biophysical Journal, 2006, 90(8): 2994 - 3003.
[39] John M M, Eric L, Alexandra F L, et al. Mechanical fluidity of fully suspended biological cells [J]. Biophysical Journal, 2013, 105(8): 1767 - 1777.

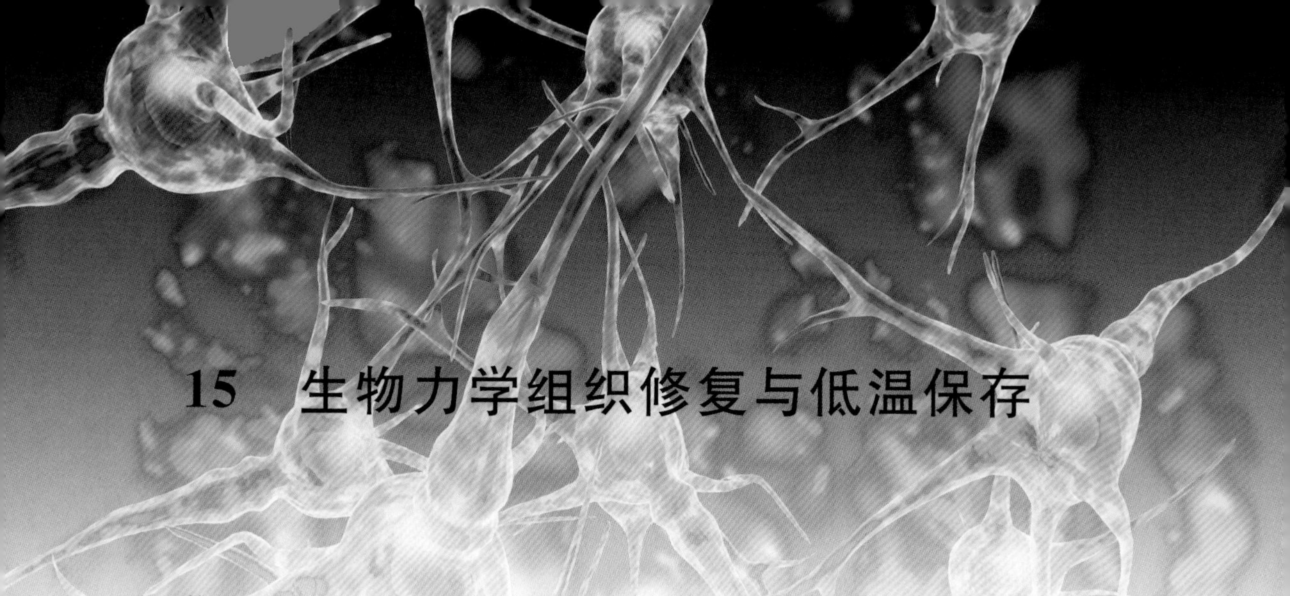

15 生物力学组织修复与低温保存

在人体的生物力学组织受损后，其修复所用材料很多时候来自其他个体捐献的组织，或组织工程制造的人工组织。考虑到绝大多数情况下修复手术与组织捐献、组织制造在时间上的错位，进行捐献组织或人工组织的保存十分必要。为了保持这些组织的活性和机能，一般需要利用低温保存技术。通过建立成骨细胞、肌腱组织、软骨组织及骨组织的库存，临床医生将会获得更多的治疗选择、更好的组织匹配效果。本章将在简要阐述生物材料低温保存原理的基础上，对生物力学材料低温保存进展予以介绍，涉及细胞和组织包括成骨细胞、软骨细胞、肌腱组织韧带组织、软骨组织及骨组织，本章主要以软骨组织为例抛砖引玉，介绍将热物理科学引入低温保存方案设计的研究尝试。

15.1 低温保存概述

低温保存(cryopreservation)是生物医学领域的常用技术。虽然在低温下可以将细胞保持原状很长时间，但从室温到低温及使用前从低温恢复到室温的过程中细胞状态是变化的，对通常处于稳定环境中的细胞来说这些变化带来的影响肯定是不利的。考虑到降温过程和水通过细胞膜(cell membrane)的速度都是有限的，将会出现如图 15－1 所示的两种典型现象：如果降温的速度相对快，水通过细胞膜的速度相对慢，则细胞内溶液将出现明显过冷，过冷至一定程度时，细胞内将会出现结冰现象，在光学显微镜下表现为细胞内部突然变黑，光学显微镜下可见的胞内冰晶的形成将导致细胞的死亡，如果胞内冰晶尺寸极细微，细胞的活性也不会受到影响；如果降温的速度相对慢，而水通过细胞膜的速度相对快，则细胞可能面临过度收缩、处在高浓度电解质(electrolytes)环境时间过长的问题，从而导致细胞受损或死亡。因此，降温过程存在一个最佳冷却速率，在该速率下细胞受损的概率

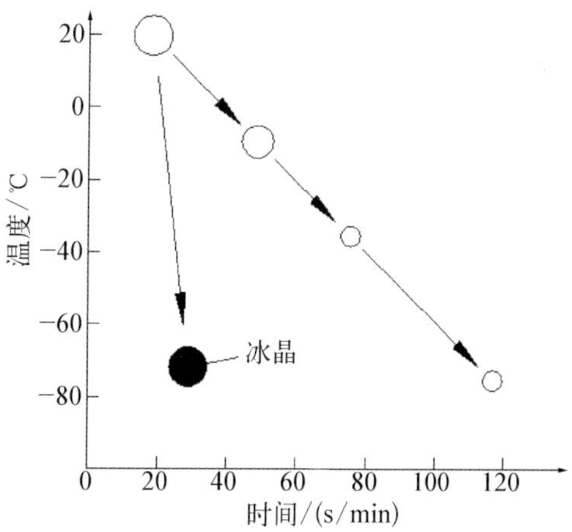

图 15－1　细胞的两种典型降温过程[1]

Figure 15－1　Two typical curves of temperature decreasing for cells

最小。从低温恢复到室温的过程中，一方面如果升温速率比较小，细胞内外冰晶生长将对细胞造成威胁。另一方面，如果升温太快，细胞外溶液快速稀释，而细胞内溶液仍保持高度浓缩状态，细胞内外的渗透压差也很可能使细胞膜破裂。

目前存在两类典型的低温保存方法，一类称为冷冻保存，使用低浓度的低温保护剂(cryoprotective agent，CPA)作保护剂，在降温过程中冰晶析出，使得剩余溶液被浓缩，温度降低到剩余溶液的玻璃化转变温度(glass transition temperature)后剩余溶液以及其中的细胞变成类似于玻璃的非晶态，亦称玻璃化(vitrification)；另一类称为玻璃化保存，使用高浓度或较高浓度的CPA作保护剂，采取快速降温方式，使得溶液和其中的细胞在几乎没有冰晶形成的情况下达到低温状态，实现玻璃化。

根据CPA是否能够自由扩散进入细胞内部，可将其分为两大类，即渗透型和非渗透型。渗透型CPA，如二甲亚砜(dimethyl sulfoxide)、甘油(glycerol)、乙二醇、丙二醇(propylene glycol)、丁二醇(butanediol)等；非渗透型CPA，如蔗糖(sucrose)、海藻糖(trehalose)、葡聚糖(dextran)、聚乙二醇(polyethylene glycol，PEG)、聚乙烯吡咯烷酮(polyvinylpyrrolidone，PVP)、白蛋白(albumin)、羟乙基淀粉(hydroxyethyl starch，HES)等。

无论是在应用单位还是在实验室中，低温保存一般遵循如下流程：① 准备待保存的生物材料，如细胞悬浮液(cell suspension)；② 加CPA，如果是低浓度的，可以直接将生物材料和CPA溶液混合，并保持一段时间以使CPA充分渗入，如果是高浓度的，则需要逐步提高CPA溶液的浓度，并在每个浓度下都保持一段时间；③ 将处理好的生物材料封装在耐低温冻存管或袋子里，放入低温冰箱(low temperature refrigerator)或液氮罐(liquid nitrogen tank)内冷却并存放，如果对降温过程要求较高则使用程控降温设备(programmable cooler)；④ 存放，液氮罐内可以保存数十年，放在低温冰箱中则要根据温度位和细胞活性要求，−86℃存放活细胞一般仅限于数月；⑤ 复温，使用前将冻存管或袋子取出，放入恒温水浴中快速升温，也有少数生物材料采取在空气中缓慢升温的方式；⑥ 去除CPA，采用不含CPA的缓冲溶液对生物材料中的CPA进行逐步稀释，最终移除。

对于悬浮细胞的CPA处理和冷冻保存，目前研究是相对透彻的，可以通过物理建模方法进行过程优化。细胞外CPA浓度由稀变浓时，细胞会先收缩后膨胀，而在细胞外CPA浓度由浓变稀时，细胞会先膨胀后收缩。由于细胞的变形能力有限度，CPA加入/取出过程必须合理设计，即使细胞变形在许可范围内，又使处理时间尽可能短，以减少毒性损伤。在无CPA情况下，可以用Boyle - van't Hoff(缩写BVH)方程描述细胞体积与细胞所处溶液环境之间的关系为

$$V/V_{iso}=b+(1-b)M_{iso}^{e}/M^{e} \tag{15-1}$$

式中V_{iso}表示细胞等渗(isotonic)状态下的体积，单位m^3，b为与细胞类型有关的常数，无单位，M_{iso}^{e}为等渗状态下细胞外溶质总浓度，单位mol/m^3，M^e为细胞外溶质总浓度，单位mol/m^3。在有渗透型CPA存在时，细胞体积由4部分组成：

$$V=W+V_s+V_n+V_b \tag{15-2}$$

式中 W 代表自由水体积，V_s 代表可渗透细胞膜溶质(包括渗透型 CPA)体积，V_n 代表电解质及其他不可渗透细胞膜溶质所占体积，V_b 代表不可渗透体积，体积单位均为 m^3。在采用渗透型 CPA 处理细胞时，V_n 和 V_b 可认为保持不变，而 W 和 V_s 则是变化的，描述该变化的常见物理模型是 Kedem - Katchalsky(简称 K - K)模型，包含以下两个方程：

$$\frac{d(W+V_s)}{dt}=-L_PART[(m_n^e-m_n^i)+\sigma(m_s^e-m_s^i)] \tag{15-3}$$

$$\frac{dN_s}{dt}=(1-\sigma)\frac{m_s^e+m_s^i}{2}\frac{d(W+V_s)}{dt}+PA(m_s^e-m_s^i) \tag{15-4}$$

分别描述处理过程中水和可渗透溶质两者体积之和、细胞内可渗透溶质摩尔数随时间的变化，式中 A 为细胞表面积，L_P 为细胞膜的水力传导系数(hydraulic conductivity coefficient)，单位 $m^2 s/kg$，V_s 为可渗透溶质体积，P 为细胞膜对可渗透溶质的渗透系数(solute permeability)，单位 m/s，$m_s^i=N_s/W$，$m_n^i=m_{0,n}^iW_0/W$，N_s 为细胞内可渗透溶质的量，单位 mol，W_0 为等渗状态下细胞内自由水体积，$m_{0,n}^i$ 为细胞内不可渗透溶质的初始浓度，m_n^i、m_n^e 分别为细胞内外不可渗透溶质的浓度，m_s^i、m_s^e 分别为细胞内外可渗透溶质的浓度，单位均为 mol/m^3，t 为时间，单位 s，R 为通用气体常数 8.314 J/(mol・K)，T 为绝对温度，单位 K，σ 为描述水和溶质进出细胞膜通道耦合关系的反射系数(reflection coefficient)，无单位。在细胞体积变化时表面积 A 一般近似为保持不变，但也有假设细胞始终处于球形状态的。L_P 和 P 是与细胞膜特性有关的参数，随温度变化，符合 Arrhenius 规律：

$$L_p=L_{P,\infty}\exp\left(-\frac{E_{LP}}{RT}\right) \tag{15-5}$$

$$P=P_\infty\exp\left(-\frac{E_P}{RT}\right) \tag{15-6}$$

式中 $L_{P,\infty}$、P_∞ 均为常数，单位分别为 $m^2 s/kg$、m/s，E_{LP}、E_P 为活化能，单位 J/mol。根据式(15 - 2)～(15 - 6)可以对 CPA 处理过程中的细胞体积进行计算，从而设计出合理的处理方案。

对于尺寸较原组织(tissue)和器官(organ)的冷冻保存，目前还存在很大困难。玻璃化保存被认为是最有可能实现器官低温保存的解决方案，虽然该方法目前只在悬浮细胞和薄层组织上获得了成功。玻璃化保存的关键之一在于使用的低温保护剂溶液，该溶液也称为玻璃化溶液(vitrification solution)。一些典型的玻璃化溶液配方，如 PVS1(30%甘油+15%乙二醇+15%二甲基亚砜+5%蔗糖)、PVS2(30%甘油+15%乙二醇+15%二甲基亚砜+15%蔗糖)、PVS3(50%甘油+50%蔗糖)、VS55(3.1 mol/L 二甲基亚砜+3.1 mol/L 甲酰胺+2.2 mol/L 丙二醇)、M22 溶液(22.305%二甲基亚砜+12.858%甲酰胺+16.837%乙二醇+3%甲基甲酰胺+4% 3-甲氧基-1、2-丙二醇+2.8% PVP K12+1% SuperCool X-1 000+2% SuperCool Z-1 000)、SuperCool X-1 000 和 SuperCool Z-1 000 为人工合成的冰晶抑制剂。由于玻璃化溶液的浓度普遍较高，为减轻其毒性，在用玻璃化溶液处理生物材料时应尽可能在较低的温度下进行,并采取逐步变化溶液浓度的方式减少渗透压冲击。近年来,一种根据溶液的冻结温度曲线来设计保护剂加入/取出方案的冻结线跟踪法(liquidus tracking method,LT 法)受到关注。该方法加入保护剂时一边提高浓度一边降低温度,在取出保护剂时一边降低浓度一边提高温度,始终将溶液保持在不冻状态。

目前,使悬浮细胞和薄层组织实现快速降温、达到玻璃化保存的主要方法有① 盖玻片法,将微量(0.1~0.5 μl)小液滴平铺在玻璃盖玻片上,然后浸没入液氮中;② 拉伸麦管法(open pulled straw,OPS),用一根细毛细管将细胞悬浮溶液吸入,然后直接放入液氮中,冷却速率可达 20 000℃/min;③ 石英微毛细管法(quartz micro-capillary,QMC),用导热性比普通玻璃更好的石英毛细管拉出外径 0.2 mm、壁厚 10 μm 的微毛细管,将细胞悬浮溶液吸入,直接浸入液氮;④ 尼龙网法,用孔眼很小(≤0.1 mm)的尼龙网作为载体,让细胞悬浮液在网眼上形成很薄的液膜,再将尼龙网浸入液氮;⑤ "三明治"法,将薄层组织夹在 2 块铝板或铝箔之间,直接浸入液氮。

15.2 成骨细胞和软骨细胞的低温保存

15.2.1 成骨细胞的低温保存

成骨细胞(osteoblast)又称骨母细胞,常见于生长期的骨组织,是骨髓内造血微环境的重要成分细胞,能调控造血干细胞的生存、增殖、分化及成熟等活动,具有很强的体外分化和增殖能力。因此,可进行成骨细胞的体外扩增和低温保存,将其应用于体外组织工程骨构建等场合。关于成骨细胞低温保存特性参数的研究报道不多,刘洋以 SD 大鼠颅骨的成骨细胞为对象进行了实验测量,得到细胞直径约 17 μm,不可渗透体积比例为 33.5%,细胞体积变形下限为等渗体积(isotonic volume)的 45%,上限为等渗体积的 115%[2]。

成骨细胞的低温保存以冷冻保存为主,冷冻对象有悬浮细胞,也有骨颗粒(bone fragment),细胞来源有人和实验动物,使用的低温保护剂主要有二甲亚砜和胎牛血清(fetal bovine serum,FBS)。在实验动物成骨细胞低温保存方面,刘洋进行了 SD 大鼠颅骨成骨细胞的慢速冷冻保存实验,以 10%二甲亚砜、10%二甲亚砜+10%胎牛血清为保护剂,得到悬浮细胞存活率(survival rate)分别为 92.3%、91.5%,黏附单层细胞存活率分别为 35.3%、34.2%,他发现胎牛血清添加与否对保存效果没有影响[2];Wang 等以 30%胎牛血清+10%二甲亚砜为保护剂,进行了犬的下颚骨颗粒(直径 1~1.5 mm)的低温保存,先在−80℃低温冰箱中预冻 30 min 再放入液氮,储存 12 个月后取出培养,生长出的成骨细胞表型和分化能力都得到了良好保持,移植后能促进骨的生成[3];Koseki 等人报道了使用磁辅助程控降温仪进行小鼠成骨细胞低温保存的效果,保护剂为 10%二甲亚砜,在 0.1 mT 磁场作用下于 −5℃ 保持 15 min、以 0.5℃/min 降温至−30℃ 再放入液氮容器,在−150℃保存 7 天,复温后培养 2 天,碱性磷酸酶、骨桥蛋白、骨唾液酸糖蛋白的表达与新鲜对照组无显著差别[4]。在人成骨细胞低温保存方面,Verdanova 等以 25%胎牛血清+10%二甲亚砜为保护剂,进行了 SAOS-

2 系人成骨细胞的低温保存，降温速率为 1℃/min，液氮中储存 3 天，复温使用 37℃恒温水浴，复温后培养 24 h 细胞存活率为 87%[5]；Reuther 等以 10%胎牛血清＋10%二甲亚砜为保护剂，进行了人髂骨松质骨颗粒（1～3 mm^3）的低温保存，在－80℃低温冰箱中保存 3 周后，复温并培养 25 天成骨细胞可占满培养皿，细胞表型及合成细胞外基质的能力没有变化[6]。成骨细胞的玻璃化保存研究开展得较少，Liu 等进行了小鼠成骨细胞玻璃化保存的尝试，以 VS55 溶液（含 3.1 mol/L 二甲亚砜＋3.1 mol/L 甲酰胺＋2.2 mol/L 丙二醇）为保护剂，细胞存活率可达到 82.3%，VS55 溶液的加入/取出均在 4℃分步进行，加入步骤为 10% VS55 溶液处理 3 min、25% VS55 溶液处理 2 min、50% VS55 溶液、75% VS55 溶液、100% VS55 溶液各处理 1 min，取出步骤与加入步骤相反[7]。

Yu 等研究了低温保存对同种异体成骨细胞免疫原的影响，采用免疫荧光法标定细胞，检测主要组织相容性复合体一类抗原，同时通过建立成骨细胞和淋巴细胞混合培养模型，结果表明，低温保存 3 个月后成骨细胞表面抗原表达和异体刺激能力被大大削弱[8]。

15.2.2 软骨细胞的低温保存

软骨细胞（chondrocyte）能合成蛋白多糖（proteoglycans），在软骨出现磨损后及时予以组织补充，自体软骨细胞移植是治疗关节损伤的一种手段。羊、猪、牛等哺乳动物软骨细胞的低温保存特性参数已经有了一些实验数据，如 Xu 等用灌流显微台研究了牛的关节软骨细胞在 21℃对 1.4 mol/L 二甲亚砜、甘油和 1,2-丙二醇的渗透反应，根据实验数据拟合得到 K-K模型的 3 个参数，对于 3 种 CPA 水力传导系数 L_P分别为 2.73×10^{-14}、2.45×10^{-14}、3.49×10^{-14} $m^2\cdot s/kg$，渗透系数 P 分别为 7.63×10^{-8}、1.428×10^{-8}、2.744×10^{-8} m/s，反射系数 σ 分别为 0.91、0.82、0.88[9]；Pegg 等报道了羊软骨细胞膜的水力传导系数及对二甲亚砜的渗透系数，1℃时两者分别为 1.8×10^{-14} $m^2\cdot s/kg$、4.2×10^{-9} m/s，22℃时两者分别为 7.4×10^{-14} $m^2\cdot s/kg$、1.2×10^{-7} m/s，细胞的不可渗透体积比例也为 41%[10]。

软骨细胞的低温保存研究多采用冷冻保存方式，保护剂以低浓度二甲亚砜为主，降温方式以程控降温为主。Lyu 等使用田口方法对猪的关节软骨细胞的低温保存方案进行了优化，最佳效果在使用 10%二甲亚砜作保护剂、冷却速率 0.61℃/min、复温速率 126.84℃/min 时达到，细胞存活率为 69%，细胞能贴壁并合成Ⅱ型胶原（collagen），但合成速度与新鲜对照组相比有所降低[11]；Van Steensel 等进行了人关节软骨细胞的低温保存研究，以 10%二甲亚砜为保护剂，降温程序为 1℃/min 至－40℃、5℃/min 至－100℃、20℃/min 至－150℃时保存效果较好，细胞存活率为 99.75%，复温后培养 2 周细胞贴壁状况与新鲜对照组无差异，但蛋白多糖及脱氧核糖核酸（deoxyribonucleic acid，DNA）合成能力下降明显[12]；Almqvist 等进行了悬浮人关节软骨细胞、固定于藻酸盐凝胶和琼脂凝胶中的人关节软骨细胞的低温保存实验，以 10%胎牛血清＋5%二甲亚砜为保护剂，降温方式为程控降温，复温后悬浮的、固定于琼脂凝胶中的细胞其蛋白多糖合成能力及表型与对照组无显著差别，而固定于藻酸盐凝胶中的细胞其蛋白多糖合成能力有 0%～30%的下降[13]；Rajagopal 等对比了新鲜的、低温保存的人髂关节突软骨细胞的表现指标，存活率分别为 94.19%、65.75%，培养后成层时间分别为 10 天、15 天，两者基因表型、负责合成胶原及蛋白多糖的 mRNA 表达水平相似，低温保存使用的条件，即 CPA 为 10％二甲亚砜，慢速冷冻，液氮温度下储存 3 个月[14]。

15.3 肌腱、韧带、骨组织、软骨组织及工程化骨的低温保存

15.3.1 肌腱和韧带的低温保存

与皮肤类似，肌腱(tendon)和韧带(ligament)可以在没有活细胞的情况下发挥作用。临床上新鲜肌腱或韧带不适合异体移植，原因是免疫反应，而配型需要时间，因此常用冷冻、冷冻干燥(freeze drying)等方法将肌腱和韧带予以保存，一来能够杀死组织中的成纤维细胞(fibroblast)，减少免疫原性；另一方面能为配型预留足够的时间[15]。冷冻保存一般不使用保护剂，保存温度从－20℃～－80℃。在以动物为实验对象开展的研究方面，Park 等以老鼠肌腱为对象开展了冷冻和加热实验，发现－80℃下储存 3 周对肌腱力学性能(mechanical property)略有影响，肌腱中的胶原纤维受到了冰晶一定程度的破坏[16]；Moon 等以兔股骨内侧韧带为对象研究了冻融对黏弹性和拉伸性质的影响，在冷冻为－20℃冰箱中存放 3 周，他们发现冻融对韧带力学性能几乎无影响[17]。以人肌腱组织为对象开展的研究如 Clavert 等进行的冻融实验，冷冻采用－30℃冰箱，储存 2 周后在空气中解冻 4 h，他们测量比较了新鲜与冻存肌腱的力学性能，结果发现，冻融对肌腱松弛无影响，但会显著降低最大抗拉强度、杨氏模量[18]；Giannini 等进行了人胫后肌腱的低温保存实验，冷冻使用－80℃冰箱，储存 30 天，解冻使用 37℃恒温水浴，他们发现肌腱的超微结构和力学性能都发生了很大变化，胶原纤维直径变粗，极限荷载降低[19]；Huang 等研究了反复冻融对人指浅屈肌和拇长屈肌腱力学性能的影响，冷冻是在－80℃冰箱放置 4 天，解冻是在室温下放 6 h，他们发现 3 次以下冻融对力学性能没影响，而 5 次以上则会降低极限荷载、弹性模量(elastic modulus)等性能指标[20]。从这些研究来看，肌腱和韧带在经历冷冻保存后有可能发生力学性能的显著变化，具体如何需要实际检测。对于自体肌腱组织移植，保留细胞活性可能更好。

15.3.2 骨组织的低温保存

建立骨组织库存对于临床移植具有重要意义，国内外不少医院已在实践，国外有机构做过专门测算，建立此类组织库在经济层面上是合算的。保存重点在于骨的力学性能的维持，通常情况下，采用低温保存方式，因为冷冻一般不会显著改变骨的力学性能，而冻干会降低骨的弯曲和抗扭强度(bending and torsional strength)。在近期研究方面，孙翔等进行了人股骨的低温保存，他们将新鲜骨用无菌纱布包裹好放入程控降温仪，以－2℃/min 降温至－60℃，然后在－80℃低温冰箱中保存 1 个月，复温后进行生物力学实验，所得数据与新鲜骨的数据十分接近[21]；张发惠等将带血管人胫骨段标本在液氮保存 18 个月，复温后进行力学测试和显微观察，发现血管组织损伤严重，与新鲜标本对照组相比，骨的压缩极限强度(compressive ultimate strength)有明显差异[22]；Torimitsu 等研究了冷冻保存对人颅骨力学性能的影响，发现在－20℃冰箱中储存 3 个月不会显著降低颅骨的弯曲断裂载荷(bending fracture load)[23];Kaye 等将人胫骨、牛股骨在−20℃冷冻 20 天,然后用基准点压入仪检测骨头的力学特性,发现未发生显著变化,但冷冻会造成牛股骨细胞外基质部分降解,人胫骨细胞外基质的变化则检测不出[24]。在临床实践方面,陈劲松等研究了低温保存自体颅骨用于骨修补 49 例,所有病例均修补成功,深低温保存的骨瓣无变形,保证了回植的成功[25]。对于自体骨移植,除了力学性能细胞活性亦是焦点,Reuther 等用羊髂嵴进行了这方面的实验,研究了低温保存方法对骨融合效果的影响,如果不加 CPA 则成骨细胞会被低温杀死,骨融合比例为 50%,而以 10%二甲亚砜为保护剂,则能保护表层的成骨细胞,使骨融合比例达到 75%(新鲜对照组为 83%)[26]。

骨颗粒也可以看作是骨组织,其低温保存的目的侧重于其中的细胞。Malinin 和 Temple 以狒狒为实验动物,比较了低温保存、冻干保存两种方式对骨颗粒(90~300 μm)同种异体移植后新骨生成、缺省修补效果的影响,这两种保存方式都没有使用保护剂,结果显示冻干保存骨颗粒效果更好,本章作者认为差别原因在于保存过程中免疫原性(immunogenicity)被削弱的程度[27]。

除了骨组织,由骨和肌腱或韧带共同组成的复合物的低温保存也受到关注。Jung 等进行了人骨-髌腱-骨复合物的反复冻融实验,冷冻为−20±10℃下持续 6 h 以上,复温为 22±3℃下持续 6 h 以上,反复次数为 8,他们发现复合物的力学性能未受到影响[28];Kamiński 等比较了不同保存(冷冻、冻干)方式对人骨-肌腱-骨移植物抗拉强度的影响,其中冷冻又分不添加保护剂、添加 10%甘油作保护剂两种情况,温度为−70℃,结果显示各组抗拉强度与新鲜的相比无显著差别,添加保护剂的冷冻及冻干都会使移植物破坏荷载显著下降,不添加保护剂的冷冻对破坏荷载的影响不显著[29]。

15.3.3 关节软骨的低温保存

异体软骨组织移植是治疗关节软骨缺损的主要方法之一。低温保存的关节软骨(articular cartilage)如能保持软骨组织的力学性能和生物学活性,则可择期完成关节重建,使得医生有充裕的时间完成多项指标的检测。由于关节软骨含有的细胞类型单一、异体移植免疫反应小,临床上用途大,其低温保存技术得到了广泛研究,保存难点在于软骨细胞的活性保持。软骨细胞能够侦测基质成分变化并据此合成新的基质分子,在低温保存过程中不仅要保证软骨细胞的存活,而且细胞与基质间的正常联系也不能受损,否则细胞的新陈代谢和生理功能将受到影响。较早时候开展的软骨冷冻保存都没获得成功,因此近期的研究更加侧重于玻璃化保存。Jomha 等人发现高浓度的二甲亚砜能显著提高猪关节软骨保存后基质的完整性和细胞的存活率,在对低温保护剂的毒性机制、关节软骨的渗透性做了深入研究后,他们进行了人的膝关节骨软骨栓的玻璃化保存,为降低保护剂的毒性使用了分步降温的方法,即先将软骨拴在 0℃、6 mol 二甲亚砜溶液中处理 90 min,再在 0℃、2.437 5 mol/L 二甲亚砜+6 mol/L 甘油溶液中处理 220 min,随后在−10℃、2.437 5 mol/L 二甲亚砜+1.625 mol/L 甘油+6 mol/L 丙二醇溶液中处理 180 min,接下来在−15℃、2.437 5 mol/L 二甲亚砜+1.625 mol/L 甘油+0.812 5 mol/L 丙二醇+6 mol/L 乙二醇溶液中处理 80 min,最后将溶液更换为 2.437 5 mol/L 二甲亚砜+1.625 mol/L 甘油+0.812 5 mol/L 丙二醇+1.625 mol/L 乙二醇，放入液氮中储存，复温后软骨栓内细胞存活率为 75.4%，细胞的硫酸糖胺聚糖（sulfated glycosaminoglycans）、Ⅱ型胶原合成能力与新鲜对照组相似[30,31]。Song 等于 2004 年用玻璃化溶液 VS55 进行了兔关节软骨的玻璃化保存，软骨细胞存活率大于 80%，移植后效果良好[32]。Brockbank 等 2010 年试图将 Song 等人的方法应用于更厚的猪关节软骨的低温保存，但效果不理想[33]。这表明仅依靠实验摸索成功率不高。Pegg 等在一定理论基础上提出液相线跟踪法，只用单种低温保护剂二甲亚砜就获得了玻璃化保存羊关节软骨的很大成功，保存后的软骨细胞合成硫酸糖胺聚糖的能力达到了新鲜对照组的 70%，并在后续的改进研究中使该值达到了 87%[34,35]。2015 年，Kay 等使用冻结线跟踪法保存了人的关节软骨，降温速率取为0.14℃/min，升温速率取为 0.4℃/min，线性降温终点和升温起始点均为−70℃，保护剂二甲亚砜最高浓度为 72%，复温后软骨中软骨细胞硫酸糖胺聚糖合成能力达到新鲜对照组的 85%，而压缩模量（compression modulus）相比新鲜对照组则有所下降，据分析原因可能在于升温过程进行得太快[36]。国内研究者在冷冻法和玻璃化法保存关节软骨方面作了一些对比研究，所得结论与国外研究相似，即玻璃化法效果更好。

玻璃化法所采用的溶液浓度高，潜在毒性也更大，需要尽可能缩短处理时间以减轻毒性损伤。为增强 CPA 在组织中的渗透，Geraghty 等介绍了一种低温保存骨软骨的新方法，他们在骨软骨上按 36 孔/cm^2 打直径 1 mm 的小孔，如图 15-2 所示，低温保存后细胞存活率达到了 70.5%，比通常的 20%～50%高得多[37]。

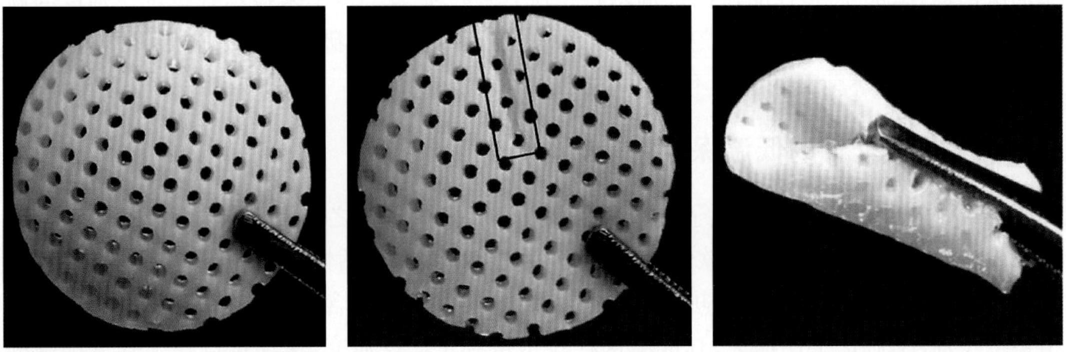

图 15-2 打孔的软骨片[37]

Figure 15-2 Osteochondral allograft with pores

此外，还有研究者为了从组织中培养出用于移植的软骨细胞进行关节软骨的低温保存。Xia 等进行了人关节软骨的低温保存实验，他们发现将软骨切成 0.2～1 mm 的颗粒状比使用 $\phi 5\times 2$ mm 圆片保存效果更好，筛选出的低温保护剂配方为 10%二甲亚砜+90%胎牛血清，保存过程如下：先在室温将软骨用保护剂溶液处理 30 min，随后开始降温，以 5℃/min 从室温降至 4℃，再以 1℃/min 降至−30℃，以 2℃/min 降至−80℃，最后放入液氮[38]。

15.3.4 组织工程骨的低温保存

组织工程骨的构成主要有种子细胞、可吸收支架材料及促进成骨的细胞因子，低温保存可以构建供应和需求之间的桥梁和缓冲，保存的关键是提高种子细胞成活率，一般都需要使用保护剂。低温保护剂可能降解黏附斑以及细胞间的连接，引起细胞凋亡，从而使冷冻复温后黏附细胞相比悬浮细胞存活率要低一些。对于体积较大的工程骨组织，在低温保存过程中存在浓度和温度场不均匀的问题，并因此带来热应力和渗透应力，这两种应力作用均可能导致支架破裂。Liu 和 McGrath 研究了组织工程骨的玻璃化保存问题，发现 95%的 VEG(3.1 mol/L 二甲亚砜+3.1 mol/L 甲酰胺+2.2 mol/L 乙二醇)+1%冰晶抑制剂保存效果最佳，贴附细胞可以获得 43%的存活率，为避免碎裂现象组织工程骨在降温时应选择尽可能低些的冷却速率，保存温度控制在刚好位于玻璃化转变温度以下[39]；Yin 等报道了使用 VS422(40%二甲亚砜+40% EuroCollins 液+20%基础培养液)溶液进行组织工程骨玻璃化保存的结果，并与使用 VS55 溶液进行了对比，组织工程骨用狗的部分脱钙骨作为支架制作，VS422 溶液在细胞活性及成骨功能保护方面优于 VS55 溶液[40]；罗晓中等研究了 4℃和−196℃保存对组织工程骨支架生物特性和黏附成骨细胞功能的影响，−196℃保存 6 个月对组织工程骨的生物力学性能无明显影响，工程骨复温后成骨细胞在其表面黏附较少，细胞在材料孔隙内生长和增殖可见[41]；Kofron 等研究了由兔成骨细胞+聚乳酸-羟基乙酸共聚物微球支架构建的组织工程骨的低温保存，测试了 10%二甲亚砜、10%甘油、10%乙二醇的保护效果，以二甲亚砜为最好，在 3D 支架上细胞存活率可达 90%以上[42]。

在工程组织骨的移植试验方面，章庆国等以 SD 大鼠为实验对象，用体外分离培养并低温保存的颅骨成骨细胞+脱钙型松质骨构建组织工程骨，发现经低温冻存的成骨细胞构建的工程骨植入后，在成骨量、成熟度方面均明显优于由未冻存成骨细胞构建的工程骨，引起的免疫反应也更轻[43]；蓝旭等以兔为对象研究了用低温保存的组织工程骨修复骨缺损，组织工程骨用骨髓基质干细胞+脱蛋白骨制备，保护剂为二甲亚砜、羟乙基淀粉、蔗糖的混合物，降温速率为 1℃/min，中间在−20℃保持 30 min，低温储存的条件为−80℃冰箱放 3 个月，复温后的组织工程骨修复骨缺损的能力与新鲜骨相比未见明显下降[44]；Liu 等以低温保存的人骨髓间充质干细胞+部分脱钙骨构建组织工程骨，移植到裸鼠身上进行骨修补实验，发现与使用新鲜细胞相比，使用冻存细胞构建的工程骨修补效果无显著差别[45]；Wang 等以猪上颌骨窦为实验对象，进行了由成骨细胞和磷酸钙骨水泥构建的组织工程骨的移植实验，结果表明成骨细胞能帮助维持骨的再生、外形及力学特征，他们使用的成骨细胞由低温保存的骨颗粒培养传代得到[46]。

15.4　软骨组织低温保存方案的理论设计

自从 1949 年低温保存技术发明以来，各种各样的悬浮细胞(如血液细胞)的低温保存方案被开发出来，像人红细胞这种应用面广量大的细胞，还不断有更新、更切合临床实际的方案被提出。随着现代低温显微镜的发明，人们对细胞在低温下经历的变化有了更加定量化的认知，热力学、传热传质学等热物理科学被用于从理论角度对细胞低温保存方案进行优化，并在悬浮细胞的低温保存研究中取得了事半功倍的效果。相比悬浮细胞，组织和器官的低温保存要难得多，即便如尺寸有限、细胞种类单一的软骨组织，也仅在近年才取得一些突破。Abazari 等于 2013 年对关节软骨的低温保存研究进行了历史回顾，认为玻璃化保存才是实现关节软骨保存的有效方法，而成功的方案设计离不开 CPA 传输扩散过程的理论分析[47]。本节将介绍软骨冻结线跟踪法保存过程理论分析方面所开展的一些工作[48-54]。

15.4.1 冻结线跟踪法

常规玻璃化法保存在常温或 0℃以上用高浓度溶液处理生物材料，对多种组织和器官来说保护剂带来的毒性损伤都太大，其中一个主要原因是温度太高。根据 Elmoazzen 等对猪关节软骨中的细胞的实验研究，细胞经高浓度保护剂处理后的存活率与时间和温度的关系为[55]：

$$\text{存活率} = \exp(-\mathrm{e}^{A+B/T}t) \tag{15-7}$$

式中 A、B 为与浓度有关的常数，t 为时间，T 为绝对温度，从该式可以看出温度对毒性损伤的重要影响。如与常规方式不同，在 0℃以下提高溶液浓度，将极大地减轻毒性损伤。根据溶液的冻结温度曲线（即液相线）操作，在提高处理所用保护剂溶液浓度的同时降低温度，始终保持溶液处在不冻状态，这种思路曾被用于研究高浓度溶液对细胞的损伤机制。2006 年，Pegg 等采用类似方式处理关节软骨，不仅在降温过程中控制浓度的逐步提高，而且在复温过程中控制浓度的逐步降低，经过低温保存的羊的关节软骨其中细胞的蛋白多糖合成能力达到了新鲜对照组的 87%，使用类似方法低温保存人关节软骨的相应值可达 85%[35,36]。在保存羊的关节软骨片所采用的方案中，降温过程处理温度、溶液中二甲亚砜浓度及冻结点随时间的变化如图 15-3 所示，升温过程与降温过程基本相反。

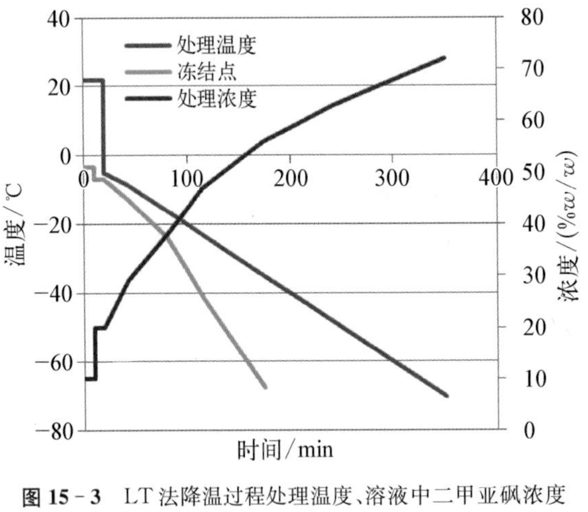

图 15-3 LT 法降温过程处理温度、溶液中二甲亚砜浓度及冻结点随时间的变化

Figure 15-3 Time-dependent curves of temperature, Me_2SO concentration and its freezing point during the cooling stage of LT process

15.4.2 关节软骨中 CPA 传输扩散过程的物理模型

关节软骨是一种特殊的结缔组织，由单一的软骨细胞和细胞外基质组成，软骨细胞约占总体积的 1%。细胞外基质由胶原纤维、蛋白多糖和水组成，图 15-4 给出了由聚焦离子束显微镜获取的人关节软骨显微照片，图 15-5 则给出了能够显示出细胞的荧光显微照片。依据软骨细胞和细胞外基质的形态变化，关节软骨从外向里可分为 4 层，各层软骨的组成、结构和力学特性不同，细胞的形态、功能和分布也有所不同。虽然如此，在各种生物力学模型中，将关节软骨看作均匀组织是一种常见处理方法。在上述 LT 法低温保存过程中，低温

保护剂进出软骨组织被认为是多孔介质内的扩散传质过程。低温保护剂在关节软骨中的扩散可以采用下面的微分方程来描述。

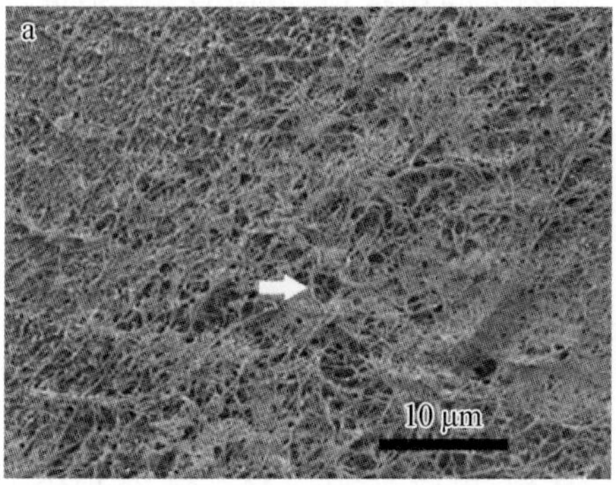

图 15-4 人关节软骨显微照片(白箭头指向胶原纤维)[38]

Figure 15-4 Micrograph of diced human articular cartilage piece

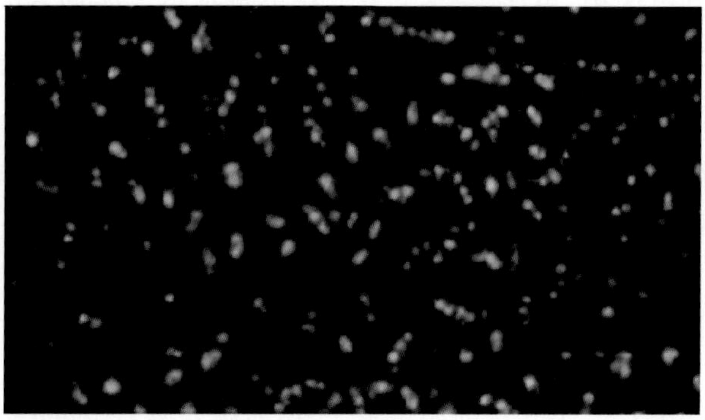

图 15-5 新鲜人关节软骨荧光显微照片(使用了荧光染色剂溴化乙啶和 Syto 13 显示细胞)[47]

Figure 15-5 Digital image of fresh human articular cartilage

$$\frac{\partial w_{\mathrm{d}}}{\partial t}=\nabla\cdot(D_{\mathrm{d,\,AC}}^{\mathrm{eff}}\,\nabla\,w_{\mathrm{d}}) \tag{15-8}$$

式中 t 为时间,单位 s,w_{d}为低温保护剂的质量分数,无单位,$D_{\mathrm{d,\,AC}}^{\mathrm{eff}}$ 为低温保护剂在组织中的有效扩散系数,单位 $\mathrm{m^2/s}$,根据多孔介质相应公式计算

$$D_{\mathrm{d,\,AC}}^{\mathrm{eff}}=D_{\mathrm{dw}}\,\frac{\varphi}{\tau^{2}}, \tag{15-9}$$

式中 D_{dw}为低温保护剂在水溶液中的扩散系数,单位 $\mathrm{m^2/s}$,φ 为软骨组织中水的质量分数,无单位,τ 为曲折度因子,无单位。对于水和二甲亚砜构成的二元溶液,溶质在溶剂中的扩散系数等于溶剂在溶质中的扩散系数,即

$$D_{\mathrm{dw}}=D_{\mathrm{wd}} \tag{15-10}$$

以上互扩散系数可由溶剂的自扩散系数推算:

$$D_{\mathrm{dw}}=D_{\mathrm{wd}}=D_{\mathrm{w}}\phi_{\mathrm{w}}\,\frac{\partial\left[\Delta\mu_{\mathrm{w}}/(RT)\right]_{\mathrm{T,\,P}}}{\partial\phi_{\mathrm{w}}}, \tag{15-11}$$

式中 ϕ_{w}代表水的体积分数,无单位,μ_{w}代表水的化学势,单位 J/mol,R 为通用气体常数 8.314 J/(mol·K),T 为绝对温度,单位 K。水在溶液中的自扩散系数 D_{w}根据自由体积理论计算

$$D_{\mathrm{w}}=D_{\mathrm{w,\,0}}\exp\left(-\frac{V_{\mathrm{w}}^{*}}{\bar{V}_{\mathrm{FH}}/\gamma}\right) \tag{15-12}$$

$$V_{\mathrm{w}}^{*}=w_{\mathrm{w}}\hat{V}_{\mathrm{w}}^{*}+\xi w_{\mathrm{d}}\hat{V}_{\mathrm{d}}^{*} \tag{15-13}$$

$$\bar{V}_{FH}=w_w K_{w1}(K_{w2}-T_{gw}+T)+w_d K_{d1}(K_{d2}-T_{gd}+T) \tag{15-14}$$

式中 w_w、w_d分别代表溶液中水和二甲亚砜的质量分数，无单位，V_w^* 代表临界局部空穴自由体积，单位 m^3/kg，$\bar{V}_{FH}$代表每个分子所拥有的平均空穴自由体积，单位 m^3，γ 为重叠因子，无单位，K_{w1}、K_{w2}为水的自由体积参数，单位分别为 $m^3/(kg \cdot K)$、K，K_{d1}、K_{d2}为二甲亚砜的自由体积参数，单位分别为 $m^3/(kg \cdot K)$、K，T_{gw}、T_{gd}分别代表水和二甲亚砜的玻璃化转变温度，单位 K，ξ 为水和二甲亚砜分子跳跃单元摩尔体积之比，采用如下公式计算

$$\xi=\frac{\hat{V}_w^* M_w}{\hat{V}_d^* M_d} \tag{15-15}$$

式中 $\hat{V}_w^*$、$\hat{V}_d^*$ 分别代表水、二甲亚砜在绝对零度时的比体积，单位 m^3/kg，M_w、M_d分别代表水和二甲基亚砜的摩尔质量，单位 g/mol。$D_{w,0}$与溶液浓度有关，可采用如下所示的二次多项式表达

$$\ln D_{w,0}=aw_d^2+bw_d+c \tag{15-16}$$

式中 a、b、c 为常数。

根据 Flory - Huggins 理论，式(15 - 11)中的$[\Delta\mu_w/(RT)]_{T,P}$项可展开为

$$\left(\frac{\Delta\mu_w}{RT}\right)_{T,P}=\ln\phi_w+\left(1-\frac{1}{y}\right)(1-\phi_w)+\chi(1-\phi_w)^2 \tag{15-17}$$

$$y=\frac{M_d\hat{V}_d}{M_w\hat{V}_w} \tag{15-18}$$

式中 y 代表水和二甲亚砜的相对分子体积，无单位，χ 为 Flory - Huggins 相互作用参数，无单位，$\hat{V}_d$、$\hat{V}_w$ 分别为水和二甲亚砜的比体积，单位 m^3/kg。上述模型涉及的参数取值列于表 15 - 1 中。式 15 - 8 的边界条件为定值边界条件，边界上二甲亚砜浓度取为处理溶液浓度的 90%。

表 15 - 1　模型参数取值

Table 15 - 1　Values of model parameters

水的参数	$\hat{V}_w$ /(ml/g)	M_w	T_{gw} /K	$\hat{V}_w^*$ /(ml/g)	K_{w1}/γ /[ml/(g·K)]	K_{w2} /K
	1	18.015	136	0.91	1.945×10^{-3}	−19.73
二甲亚砜的参数	$\hat{V}_d$ /(ml/g)	M_d	T_{gd} /K	$\hat{V}_d^*$ /(ml/g)	K_{d1}/γ /[ml/(g·K)]	K_{d2} /K
	0.91	78.133	154.75	0.8	3.66×10^{-4}	24.11
其他参数	a	b	c	χ		
	0.823 7	−2.410 8	−16.533 8	−0.461 7		

15.4.3 LT 法低温保存方案的优化设计

在上述物理模型的帮助下，能够对关节软骨的低温保护剂处理过程进行计算，获取一定处理方案下软骨组织内的时空分布，从而使方案设计和优化成为可能。对于一定形状尺寸的关节软骨片/颗粒或骨软骨栓，可依据如下思路优化设计分步式 LT 法低温保护剂的加入和取出方案：① 确定低温保存容器，如 5 ml 冻存管，以及保存时预计装液量；② 将装液冻存管自室温快速降至液氮温度，测量可以达到的降温速率 V_c；③ 利用差式扫描量热仪确定 V_c 下能够实现玻璃化转变所需的低温保护剂浓度下限 x_c；④ 对于降温加入阶段的某一步，如其下一步的处理温度低于 0℃，则该步的处理时间应使该步终了时组织内最低低温保护剂浓度处溶液所对应的冻结点温度稍低于接下来的处理温度，即保证软骨进入下一步处理时不致过冷；⑤ 在组织内低温保护剂最低浓度达到玻璃化所需浓度 x_c 时，降温加入阶段结束；⑥ 在组织片内低温保护剂的平均浓度降至 0.1%以下时，复温洗脱阶段宣告结束。根据上述思路可以设计出厚度 1 mm、直径 6 mm 羊关节软骨片以及骨软骨栓（由软骨与其基底骨头构成，移植用素材）的二甲亚砜处理方案，分别如表 15-2、表 15-3 所示。对比这两个表可以看出，骨软骨栓的保护剂处理时间明显长于同样尺寸的软骨片。另外，对比表 15-2 与 Pegg 等提出的处理方案[34]，同样是 $\phi6\times1$ mm 的羊关节软骨片，处理时间可缩短约 1/3。

对于其他有细胞活性要求的生物力学组织的低温保存，上述分步式 LT 法优化设计思路同样具有借鉴价值。

表 15-2 羊关节软骨片的 LT 法处理方案

Table 15-2 Protocol for dealing ovine articular cartilage pieces

步骤		处理温度/℃	处理浓度/[%(w/w)]	处理时间/min
降温加入阶段	1	22	10	10
	2	22	20	10
	3	−5	29	30
	4	−8.5	38	30
	5	−16	47	30
	6	−23	56	30
	7	−35	63	30
	8	−48.5	72	30
复温洗脱阶段	1	−48.5	63	30
	2	−35	56	30
	3	−23	47	30
	4	−16	38	30
	5	−8.5	29	30
	6	−5	20	30
	7	22	0	45
总处理时间：425 min				

表 15-3　羊骨软骨栓的 LT 法处理方案
Table 15-3　Protocol for dealing ovine articular cartilage plugs

	步　骤	处理温度/℃	处理浓度/[%(w/w)]	处理时间/(min)
降温加入阶段	1	22	10	10
	2	22	20	44
	3	−5	29	66
	4	−8.5	38	94.4
	5	−16	47	74
	6	−23	56	97.6
	7	−35	63	92.4
复温洗脱阶段	1	−35	56	92.4
	2	−23	47	97.6
	3	−16	38	74
	4	−8.5	29	94.4
	5	−5	20	66
	6	22	0	109.2
总处理时间：1 012 min				

（张绍志　陈光明）

参考文献

[1] Wolkers W F, Oldenhof H. Cryopreservation and freeze-drying protocols [M]. 3rd. New York: Humana Press, 2015.

[2] 刘洋.骨髓间充质干细胞及成骨细胞低温保存的研究[D].大连：大连理工大学，2010.

[3] Wang S, Zhao J, Zhang W, et al. Maintenance of phenotype and function of cryopreserved bone-derived cells[J]. Biomaterials, 2011, 32(15): 3739-3749.

[4] Koseki H, Kaku M, Kawata T, et al. Cryopreservation of osteoblasts by use of a programmed freezer with a magnetic field[J]. CryoLetters, 2013, 34(1): 10-19.

[5] Verdanova M, Pytlik R, Kalbacova M H. Evaluation of sericin as a fetal bovine serum-replacing cryoprotectant during freezing of human mesenchymal stromal cells and human osteoblast-like cells [J]. Biopreservation and Biobanking, 2014, 12(2): 99-105.

[6] Reuther T, Rohmann D, Scheer M, et al. Osteoblast viability and differentiation with Me_2SO as cryoprotectant compared to osteoblasts from fresh human iliac cancellous bone[J]. Cryobiology, 2005, 51(3): 311-321.

[7] Liu B L, McGrath J, McCabe L, et al. Response of murine osteoblasts and porous hydroxyapatite scaffolds to two-step, slow freezing and vitrification processes[J]. Cell Preservation Technology, 2002, 1(1): 33-44.

[8] Yu H B, Shen G F, Wei F C. Effect of cryopreservation on the immunogenicity of osteoblasts[J]. Transplantation proceedings. Elsevier, 2007, 39(10): 3030-3031.

[9] Xu X, Cui Z, Urban J P G. Measurement of the chondrocyte membrane permeability to Me_2SO, glycerol and 1, 2-propanediol[J]. Medical Engineering & Physics, 2003, 25(7): 573-579.

[10] Pegg D E, Wusteman M C, Wang L. Cryopreservation of articular cartilage. Part 1: Conventional cryopreservation methods[J]. Cryobiology, 2006, 52(3): 335-346.

[11] Lyu S R, Te Wu W, Hou C C, et al. Study of cryopreservation of articular chondrocytes using the Taguchi method [J]. Cryobiology, 2010, 60(2): 165-176.

[12] Van Steensel M A M, Homminga G N, Buma P, et al. Optimization of cryopreservative procedures for human articular cartilage chondrocytes[J]. Archives of Orthopaedic and Trauma Surgery, 1994, 113(6): 318 - 321.
[13] Almqvist K F, Wang L, Broddelez C, et al. Biological freezing of human articular chondrocytes[J]. Osteoarthritis and Cartilage, 2001, 9(4): 341 - 350.
[14] Rajagopal K, Chilbule S K, Madhuri V. Viability, proliferation and phenotype maintenance in cryopreserved human iliac apophyseal chondrocytes[J]. Cell and Tissue Banking, 2014, 15(1): 153 - 163.
[15] Robertson A, Nutton R W, Keating J F. Current trends in the use of tendon allografts in orthopaedic surgery[J]. Journal of Bone & Joint Surgery, British Volume, 2006, 88(8): 988 - 992.
[16] Park H J, Urabe K, Naruse K, et al. The effect of cryopreservation or heating on the mechanical properties and histomorphology of rat bone-patellar tendon-bone[J]. Cell and Tissue Banking, 2009, 10(1): 11 - 18.
[17] Moon D K, Woo S L Y, Takakura Y, et al. The effects of refreezing on the viscoelastic and tensile properties of ligaments[J]. Journal of Biomechanics, 2006, 39(6): 1153 - 1157.
[18] Clavert P, Kempf J F, Bonnomet F, et al. Effects of freezing/thawing on the biomechanical properties of human tendons[J]. Surgical and Radiologic Anatomy, 2001, 23(4): 259 - 262.
[19] Giannini S, Buda R, Di Caprio F, et al. Effects of freezing on the biomechanical and structural properties of human posterior tibial tendons[J]. International Orthopaedics, 2008, 32(2): 145 - 151.
[20] Huang H, Zhang J, Sun K, et al. Effects of repetitive multiple freeze-thaw cycles on the biomechanical properties of human flexor digitorum superficialis and flexor pollicis longus tendons[J]. Clinical Biomechanics, 2011, 26(4): 419 - 423.
[21] 孙翔,施鑫,赵建宁,等.梯度降温,深低温保存同种骨组织生物力学特性研究[J]. 医用生物力学,2004,19(1): 48 - 50.
[22] 张发惠,陈振光,张朝春,等.长时段深低温保存血管和骨组织超微结构观察及力学研究[J]. 中国临床解剖学杂志,2005,23(6): 652 - 655.
[23] Torimitsu S, Nishida Y, Takano T, et al. Effects of the freezing and thawing process on biomechanical properties of the human skull[J]. Legal Medicine, 2014,16(2): 102 - 105.
[24] Kaye B, Randall C, Walsh D, et al. The effects of freezing on the mechanical properties of bone[J]. The Open Bone Journal, 2012,4(1): 14 - 19.
[25] 陈劲松,周汇文.自体颅骨深低温保存与再植 49 例分析[J]. 中国实用神经疾病杂志,2009,12(6): 22 - 23.
[26] Reuther T, Kochel M, Mueller-Richter U, et al. Cryopreservation of autologous bone grafts: an experimental study on a sheep animal model[J]. Cells Tissues Organs, 2010,191(5): 394 - 400.
[27] Malinin T, Temple H T. Comparison of frozen and freeze-dried particulate bone allografts[J]. Cryobiology, 2007, 55(2): 167 - 170.
[28] Jung H J, Vangipuram G, Fisher M B, et al. The effects of multiple freeze-thaw cycles on the biomechanical properties of the human bone-patellar tendon-bone allograft[J]. Journal of Orthopaedic Research, 2011, 29(8): 1193 - 1198.
[29] Kamiński A, Gut G, Marowska J, et al. Mechanical properties of radiation-sterilised human bone-tendon-bone grafts preserved by different methods[J]. Cell and Tissue Banking, 2009, 10(3): 215 - 219.
[30] Jomha N M, Anoop P C, Bagnall K, et al. Effects of increasing concentrations of dimethyl sulfoxide during cryopreservation of porcine articular cartilage[J]. Cell Preservation Technology, 2002, 1(2): 111 - 120.
[31] Jomha N M, Elliott J A W, Law G K, et al. Vitrification of intact human articular cartilage[J]. Biomaterials, 2012, 33(26): 6061 - 6068.
[32] Song Y C, Lightfoot F G, Chen Z, et al. Vitreous preservation of rabbit articular cartilage[J]. Cell Preservation Technology, 2004, 2(1): 67 - 74.
[33] Brockbank K G M, Chen Z Z, Song Y C. Vitrification of porcine articular cartilage[J]. Cryobiology, 2010, 60(2): 217 - 221.
[34] Pegg D E, Wang L, Vaughan D. Cryopreservation of articular cartilage. Part 3: the liquidus-tracking method[J]. Cryobiology, 2006, 52(3): 360 - 368.
[35] Wang L, Pegg D E, Lorrison J, et al. Further work on the cryopreservation of articular cartilage with particular reference to the liquidus tracking (LT) method[J]. Cryobiology, 2007, 55(2): 138 - 147.
[36] Kay A G, Hoyland J A, Rooney P, et al. A liquidus tracking approach to the cryopreservation of human cartilage allografts[J]. Cryobiology, 2015, 71(1): 77 - 84.

[37] Geraghty S, Kuang J Q, Yoo D, et al. A novel, cryopreserved, viable osteochondral allograft designed to augment marrow stimulation for articular cartilage repair[J]. Journal of Orthopaedic Surgery and Research, 2015, 10(1): 66 - 78.
[38] Xia Z, Duan X, Murray D, et al. A method of isolating viable chondrocytes with proliferative capacity from cryopreserved human articular cartilage[J]. Cell and tissue banking, 2013, 14(2): 267 - 276.
[39] Liu B L, McGrath J. Vitrification solutions for the cryopreservation of tissue-engineered bone[J]. Cell Preservation Technology, 2004, 2(2): 133 - 143.
[40] Yin H, Cui L, Liu G, et al. Vitreous cryopreservation of tissue engineered bone composed of bone marrow mesenchymal stem cells and partially demineralized bone matrix[J]. Cryobiology, 2009, 59(2): 180 - 187.
[41] 罗晓中,邓力,杨志明,等.低温保存对组织工程骨特性影响的实验研究[J]. 中华实验外科杂志,2006,23(2): 147 - 150.
[42] Kofron M D, Opsitnick N C, Attawia M A, et al. Cryopreservation of tissue engineered constructs for bone[J]. Journal of Orthopaedic Research, 2003, 21(6): 1005 - 1010.
[43] 章庆国,赵士芳,林鹤.超低温冻存同种异体成骨细胞与异种脱钙骨复合异位组织工程化骨[J]. 第二军医大学学报,2003,24(7): 784 - 787.
[44] 蓝旭,葛宝丰,刘雪梅.冻存保护剂对低温保存的组织工程骨修复骨缺损的影响[J]. 创伤外科杂志,2007,9(4): 301 - 305.
[45] Liu G, Shu C, Cui L, et al. Tissue-engineered bone formation with cryopreserved human bone marrow mesenchymal stem cells[J]. Cryobiology, 2008, 56(3): 209 - 215.
[46] Wang S, Zhang W, Zhao J, et al. Long-term outcome of cryopreserved bone-derived osteoblasts for bone regeneration in vivo[J]. Biomaterials, 2011, 32(20): 4546 - 4555.
[47] Abazari A, Jomha N M, Elliott J A W, et al. Cryopreservation of articular cartilage[J]. Cryobiology, 2013, 66(3): 201 - 209.
[48] Yu X, Chen G, Zhang S. A model for predicting the permeation of dimethyl sulfoxide into articular cartilage, and its application to the liquidus-tracking method[J]. Cryobiology, 2013, 67(3): 332 - 338.
[49] Zhang S, Yu X, Chen Z, et al. Viscosities of the ternary solution dimethyl sulfoxide/water/sodium chloride at subzero temperatures and their application in cryopreservation[J]. Cryobiology, 2013, 66(2): 186 - 191.
[50] Yu X, Chen G, Zhang S. A refinement to the liquidus-tracking method for vitreous preservation of articular cartilage [J]. CryoLetters, 2013, 34(3): 267 - 276.
[51] Yu X, Chen G, Zhang S. A model to predict the permeation kinetics of dimethyl sulfoxide in articular cartilage[J]. Biopreservation and Biobanking, 2013, 11(1): 51 - 56.
[52] Zhang S, Yu X, Chen G. Permeation of dimethyl sulfoxide into articular cartilage at subzero temperatures[J]. Journal of Zhejiang University Science B, 2012, 13(3): 213 - 220.
[53] 虞效益.低温保护剂处理关节软骨的若干问题研究[D]. 杭州: 浙江大学,2013.
[54] 虞效益,张绍志,陈光明.骨软骨栓液相线跟踪法处理方案研究[J]. 中国生物医学工程学报,2013,34(3): 376 - 380.
[55] Elmoazzen H Y, Poovadan A, Law G K, et al. Dimethyl sulfoxide toxicity kinetics in intact articular cartilage[J]. Cell and Tissue Banking, 2007, 8(2): 125 - 133.

16 组织修复用3D打印技术和诊疗设备

随着多种学科理论和技术的日益发展，组织修复领域中也涌现出众多新技术和新的诊疗设备。其中，3D打印(three dimension printing, 3DP)技术作为一种全新的物理造型技术，能够迅速将设计思想转化为产品或三维实体模型，有望缩短组织修复用支架的制备时间，提高组织修复效率。此外，组织修复的临床转化重要途径是开发用于组织修复的诊断、治疗用工程技术，研制用于组织修复的康复治疗设备，以及对组织康复状态进行检测和评价的诊断设备。本章首先简要概述3D打印及其技术种类。其次重点介绍3D打印技术在生物组织修复中的应用。再将围绕血液流变学展开介绍流变学与大健康，以及基于血液流变学的疾病检测与诊疗。最后将介绍光子治疗、电刺激治疗和经颅直流刺激这3种有代表性的生物力学相关康复治疗技术及生物医学基础。

16.1 3D打印简介及技术种类

3D打印又称快速成型技术(rapid prototyping, RP)或增材制造(additive manufacturing, AM)，它是一种以数字模型文件为基础，运用粉末状金属或塑料等可黏合材料，通过逐层打印的方式来构造物体的技术。与传统的制造技术不同，3D打印采用从离散到堆积的工艺，摆脱了传统的去除加工法，采用全新的增长加工法，即用一层层的小毛坯逐步叠加而制成零件(见图16-1)。3D打印机与普通打印机工作原理基本相同，但打印材料有所不同。普通

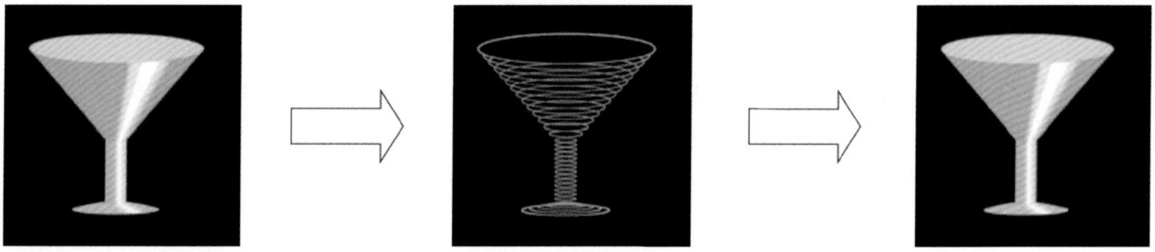

(a)　　(b)　　(c)

图16-1　3D打印实现原理
(a) CAD模型；(b) 离散模型；(c) 实物模型
Figure 16-1　The principle of 3D printing

打印机的打印材料为墨水和纸张，而 3D 打印机内装有金属、陶瓷、塑料、砂、医用材料等不同的、实实在在地“打印”原材料。

16.1.1 3D 打印概念

3D 打印可指任何打印三维物体的过程[1]。3D 打印是一种以数字模型文件为基础，运用粉末状金属、塑料、木材、树脂等可黏合材料，通过逐层打印的方式来构造物体的技术，其是一个不断添加的过程，在计算机控制下层叠原材料[2]。3D 打印的内容可以来源于三维模型或其他电子数据，打印出的三维物体可以为任意形状与几何特征。

3D 打印技术无须制作木模、塑料模或陶瓷模等，可以把零件原型的制造时间减少为几天甚至几小时，大大缩短了产品开发周期，降低了开发成本[3]。随着计算机技术的快速发展和三维 CAD 软件应用的不断推广，3D 打印技术已经广泛应用于航空、汽车、通讯、医疗、电子、家电、玩具、军事装备、工业造型、建筑模型、机械行业等领域。

16.1.2 3D 打印原理

3D 打印原理如图 16-2 所示，根据这个原理可以通过零件的三维 CAD 模型得到一系列平行薄切片，对于某一特定层片，可以在某种制作材料上用不同扫描方法得到该截面的形状，一层截面制成后，在其上叠加新的一层，如此叠加，直到整个零件由底向上逐层构造成形[4]，这就是 3D 打印技术。

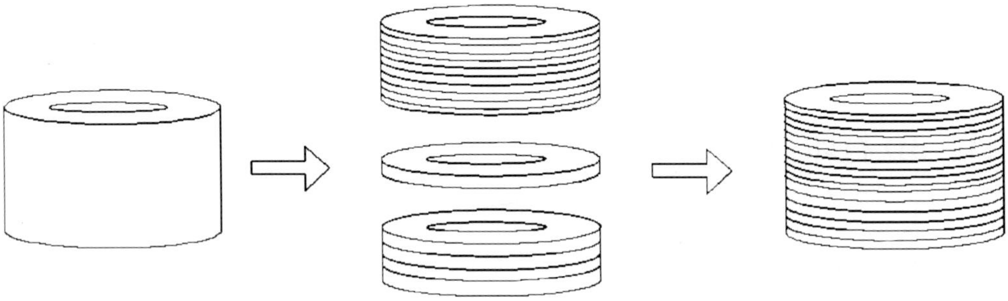

(a) (b) (c)

图 16-2 3D 打印原理示意图
(a) CAD 模型；(b) 离散模型；(c) 堆积模型
Figure 16-2 Principle diagram of 3D printing

16.1.3 技术种类

立体光固化成型法(stereo lithography apparatus，SLA)利用光能的热作用使液态树脂材料聚合原理，对液态树脂进行有选择的固化，形成三维实体原型。

选择性激光烧结(selective laser sintering，SLS)工艺是利用粉末状材料成形，由 CO_2 激光器发出的激光束按照各层横截面信息沿 $x-y$ 方向在所铺的薄层粉末上有选择地进行逐点扫描(即逐点熔融烧结)，最终成形三维实体。

三维立体打印(3D 打印)与喷墨打印机工作方法类似，采用喷墨打印原理，将液态造型墨水由打印头喷出，输出真实的物体样件。

熔融沉积成形(fused deposition modeling，FDM)通过挤出喷头加热材料至半熔融状态，喷头按照零件的截面轮廓和填充轨迹作 $x-y$ 平面方向的运动，将半熔融的材料逐层堆积到工作平台上已经成型的部分上，与前一个层面熔结在一起，从而形成三维实体。

分层实体制造(laminated object manufacturing，LOM)工艺是按照 CAD 分层模型直接从片材到三维零件，使用的材料是可黏结的带状薄层材料(涂覆纸、PVC 卷状薄膜等)，采用的切割工具为激光束或刻刀等。

16.2 3D 打印组织修复过程

16.2.1 生物 3D 打印的信息处理流程

3D 打印技术主要基于离散分层制造原理来实现，以大鼠股骨修复为例，3D 打印在生物组织修复的基本信息处理流程如图 16-3 所示[5]，分为 3 个主要部分，即 CAD 模型生成、二维层面数据生成和加工路径生成。

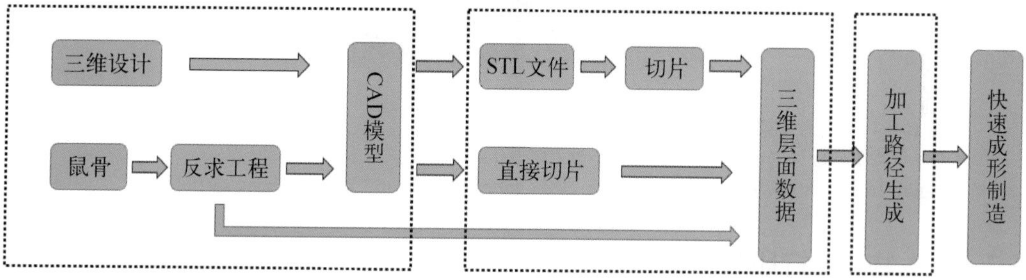

图 16-3 3D 打印软件处理流程[5]

Figure 16-3 3D printing software process

二维层面数据即实体模型的切片轮廓数据，是 3D 打印数据处理流程的核心，将不同来源的实体模型转换为二维切片轮廓，进行分层实体制造，不同的 3D 打印技术把二维层面数据转换为各自的加工路径，然后驱动 3D 打印设备进行制造。

16.2.2 CAD 模型生成

CAD 模型生成可分为两个途径，直接三维设计和逆向反求设计。直接三维设计法是在无须实物的前提下，实现从 CAD 模型到实体模型的设计制造，而逆向反求工程实现的是从实体模型到 CAD 模型，再到实体模型的设计制造。在医学应用中，逆向反求工程更为常见。

反求工程获得数据源的常用扫描方法有 CT 扫描、MRI 扫描、三维激光扫描、三维投影光栅扫描。商品化的 CT/MRI 扫描影像处理与三维虚拟模型重建软件中，较典型的为比利时 Materialise 公司的 MIMICS。林柳兰等[6]通过利用 Pro/Engineer 和 MIMICS 等软件重建自然结构骨支架、编织状骨支架和球形孔骨支架，并通过有限元方法分析 3 种支架的有效弹性模量、应力分布和三维灌注培养下支架内部流场分布，为模型结构的优劣提供直观上的比较和评判，为骨支架结构设计提供有效的指导方法，如图 16-4 所示。

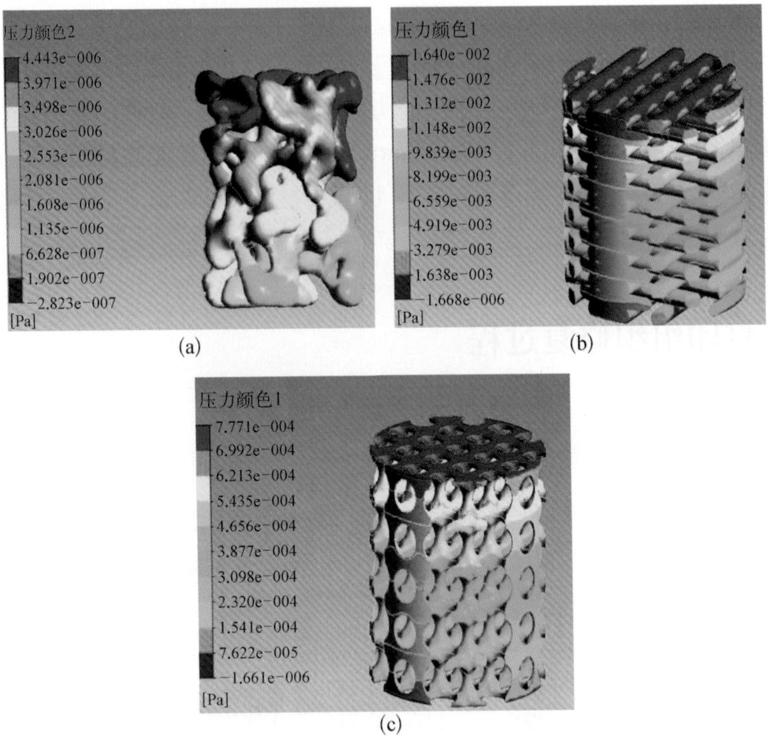

图 16-4 3 种骨支架内部壁面压力分布云图
(a) 自然结构骨支架;(b) 编织状骨支架;(c) 球形孔骨支架
Figure 16-4 Stress distribution contour of the internal wall for 3 kinds of bone scaffold

16.2.3 生物 3D 打印制造

经过影像扫描和三维重构后,可进行快速成型制造,即 3D 打印成型,以头骨修复为例。如图 16-5 为头骨修复体的仿生制造过程。

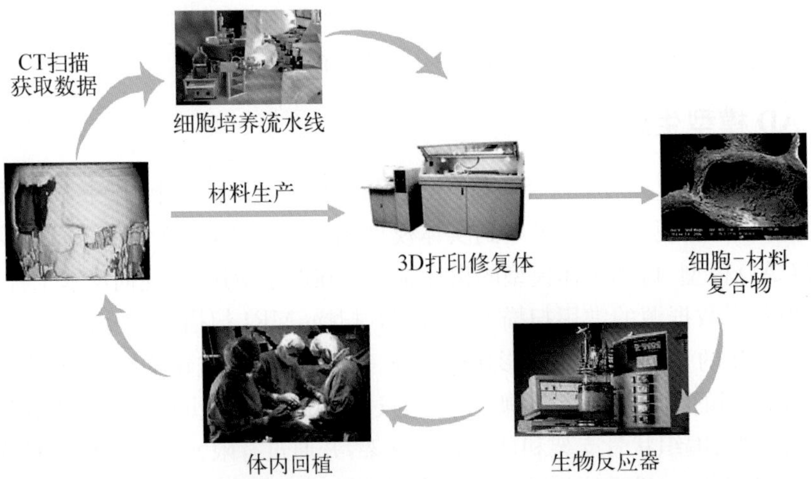

图 16-5 头骨缺损的仿生制造过程
Figure 16-5 The bionic manufacturing process of skull defect

通过CT扫描头颅骨的缺损处，经MIMICS软件重建出三维骨模型，经修复补缺，重建出与颅骨缺损匹配的修复体模型。用3D打印机成形修复体的骨支架，与细胞和生长因子进行培养，形成细胞/支架复合结构，最后将该复合结构回植入缺损处。

16.3 3D打印假体工艺

16.3.1 植入性假体制造工艺

16.3.1.1 植入性假体的传统制造工艺

外科手术中经常用到植入性假体，以骨科为例，外科植入物包括骨关节假体、接骨板、接骨螺钉、矫形用棒、矫形用钉、脊柱内固定器材等。如图16-6所示为一些骨科植入物假体[7]。

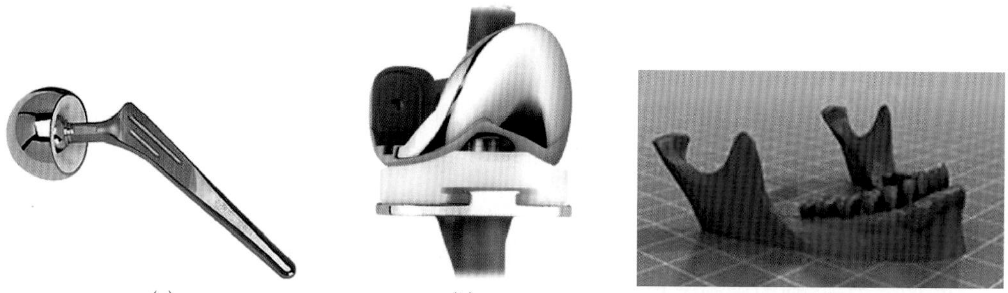

(a) (b) (c)

图16-6 植入性假体[7]
(a) 髋关节陶瓷假体；(b) 膝关节陶瓷假体；(c) 下颌骨硅胶假体
Figure 16-6 Implantable prosthesis

植入性假体通常由金属、塑料、陶瓷等材料，用铸造、锻造、冲压、模压、切削加工而成。例如，图16-6(a)陶瓷髋关节假体是用陶瓷粉材经模压、烧结形成。此类工艺制造的假体存在的问题，包括① 为批量生产的标准系列产品，没有针对病人的个性化设计，匹配性差，手术时医生需要手动调整；② 需要模具，制造周期长，不利于新型植入体的研制。

16.3.1.2 3D打印植入性假体

随着技术的逐渐成熟，3D打印快速成形技术被推广至生物医学工程领域。三维打印产品可以根据确切体型匹配定制，提高特殊群体的生活质量。采用3D打印技术制备植入性假体，需要的装备有3D打印机，以及一些有关上游、下游的硬件和软件，如图16-7所示。

3D打印技术适合于植入性假体的制作，主要体现在以下3个方面。

(1) 可以根据特点患者需要的几何参数形状与尺寸，利用CT扫描技术精确预制个性化植入体，不需要按标准系列执行。

(2) 3D打印工艺环节少，无须传统模具，制作周期短。

(3) 设备需求少，只需要购买这些设备，即可成形高性能的假体。

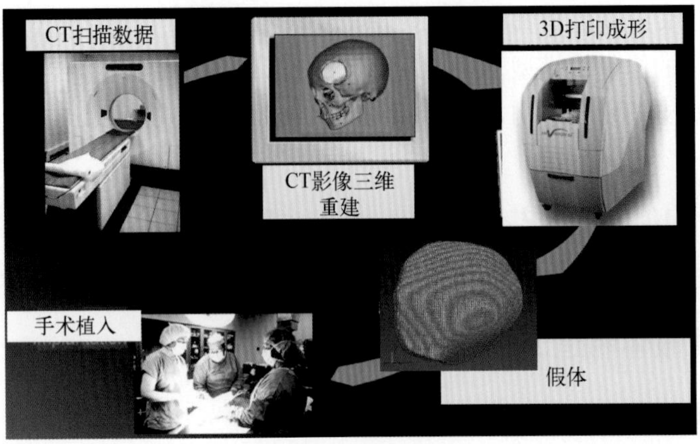

图 16-7 3D 打印假体的过程

Figure 16-7 3D printing process of prosthesis

16.3.2 基于 3D 打印技术的假体成形

16.3.2.1 头颅骨假体

先天性头颅骨缺损或因意外事故导致的头颅骨的缺损目前比较普遍，对于这一类疾病的治疗，根据患者的实际情况，医生建议进行开颅手术，然后进行假体植入，因此需对头盖骨进行个体化的设计和制造。具体流程如下：头骨原始影像的提取(MIMICS)-头盖骨的 CAD 三维模型重构(RE)-头盖骨的 CAM 制造(3DP)-头盖骨的快速硅橡胶模具制造(RT)。

医学工程中，利用逆向工程获取患者骨骼医学影像的方法有多种，最常用的方法有 CT 扫描图像、螺旋 CT 扫描、核磁共振扫描成像(MRI)及三维激光扫描等。通过对患者头部进行 CT 扫描得到的医学影像，将 CT 连续断层图像数据以 DICOM 格式保存后，导入 CDviewer 软件，如图 16-8 所示。

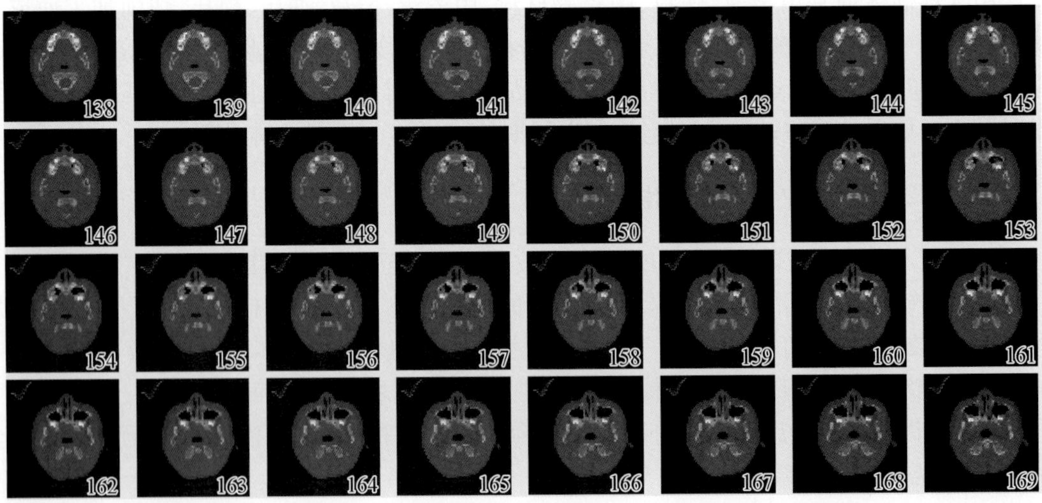

图 16-8 头颅骨原始影像

Figure 16-8 Skull image

16.3.2.2　颧骨支撑假体

钛合金制造支架以强度高、表面光滑、耐磨损、耐腐蚀、永久修复等优点而被广泛应用。一般的钛合金支架含钛 4%～6%，具有良好的生物相容性，大量应用于牙科整形方面。纯钛与人体组织有良好的适应性，使得其基托下方的口腔黏膜不会产生类似排斥的反应，如微血管流速的改变、组织液渗出的增加等。随着 3D 打印技术的发展，特别是粉末激光烧结技术使钛合金材料可用于人体假体的制备。图 16－9 为钛合金支架在眼睑肿瘤切除手术中的应用。

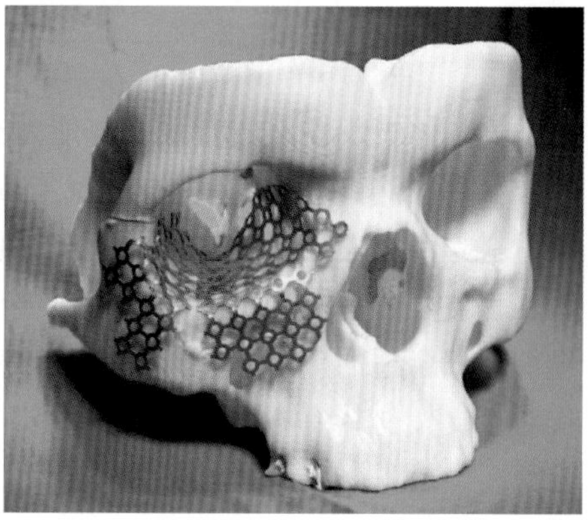

图 16－9　右颧骨钛合金支架[8]

Figure 16－9　Titanium alloy stent of the right malar bone

通过 CT 扫描面部骨骼得到缺损处的 3D 模型，使用 3D 打印技术将数字 3D 分层模型和右颧骨的恢复模型加工成形，得到钛合金支架以将眼球保持在固定状态。在这种情况下，应用 3D 打印技术可以减少 2～3 h 的手术操作时间，因为在手术操作过程中将成品支架植入缺损处需要更多的时间来打磨支架并且会有一定的风险。

16.3.2.3　颌面骨假体

基于聚醚醚酮(PEEK)复合材料的植入物已被视为常规金属或陶瓷的替代物，PEEK 的弹性模量(3～4 GPa)接近但不等于人皮质骨(7～30 GPa)，其热性质使其在人体中能保持稳定的状态，因此临床上 PEEK 可用于骨置换、上颌面和颅内植入物等[9]。计算机辅助设计(CAD)和计算机辅助制造(CAM)技术能够制造具有复杂形态的植入物，使 PEEK 材料可用于上颌面假体制造。使用 CAD/CAM 制备的 PEEK 板进行上颌面骨修复有几个优点，如易于插入，具有出色的解剖准确性和美观效果，节省手术时间。如图 16－10 所示为 CAD/

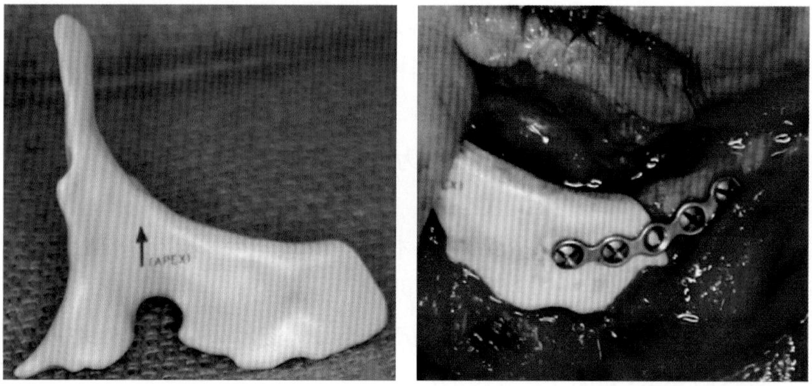

(a)　　　　(b)

图 16－10　眶上颌修复[9]

(a) PEEK 假体模型；(b) 植入之后的 PEEK 假体

Figure 16－10　Orbito-zygomatic maxillary repair

CAM 技术制备的 PEEK 植入物在上颌面部创伤中进行眶下颌修复的情况[9]。临床结果显示没有一个患者出现植入物相关并发症，如感染，挤压或错位。

16.4 3D 打印组织工程支架

人身体组织器官的自我修复能力有限，发生损伤后必须进行修复或置换，然而传统的治疗方法难以达到理想的效果，组织工程技术为此难题带来了曙光，在组织工程三要素中，支架材料起着至关重要的作用。组织工程支架主要包括骨与软骨、牙齿、血管等支架。对于组织工程支架材料有如下要求[10]：① 合适的三维立体结构；② 良好的生物相容性；③ 生物可降解性和合适的降解速率；④ 良好的表面活性；⑤ 适宜的可塑性和机械强度。不同组织工程对于支架材料有不同的要求，应采用不同的材料。虽然应用传统方法制作组织工程支架取得一定成就，但在支架的三维结构、力学强度、支架个性化方面不太满意，通过 3D 打印技术制作支架的方法有望改变这些不足。

16.4.1 人工骨支架

16.4.1.1 骨支架的材料

人的骨头在人体中起支撑人体重量，维持人体力学平衡的功能，人工骨的组织工程支架材料须具备以下功能。

（1）有一定机械强度以支撑组织的高强度材料，以保证材料植入人体后，能支撑人体重量，不改变骨骼形状。

（2）有一定生物活性可诱导细胞生长、分化，并可被人体降解吸收。

（3）良好的组织相容性：材料应对种子细胞和邻近组织无免疫原性。

在组织工程出现以前的第一代功能的材料为非降解性材料，仅起到支撑固定的作用。存在的问题是：在骨头愈合后，须进行二次手术取出这种材料。第二代功能的材料主要是给细胞提供三维生长空间，其本身具有生物活性，可诱导细胞分化生长、血管长入，形成活的骨组织，使其具有人骨的功能和作用。

以上对骨支架材料要求的条件可以归结为组织工程支架材料是具有一定强度并具有生物活性的可降解材料。

林柳兰等[11]针对已有仿生骨支架制备技术存在的缺陷及不足，提供一种载药物微球的复合材料仿生骨支架制备方法。该制备方法可制得一种具有良好机械强度、生物相容性以及生物降解性的仿生复合材料骨支架。该方法制备的仿生骨支架能更好地满足骨修复过程中对生物替代材料的要求，如图 16－11 所示。

16.4.1.2 3D 打印鼠肱骨

戎斌等[12]运用 Micro－CT 扫描技术获取真实大鼠股骨松质骨图像并对其进行三维重

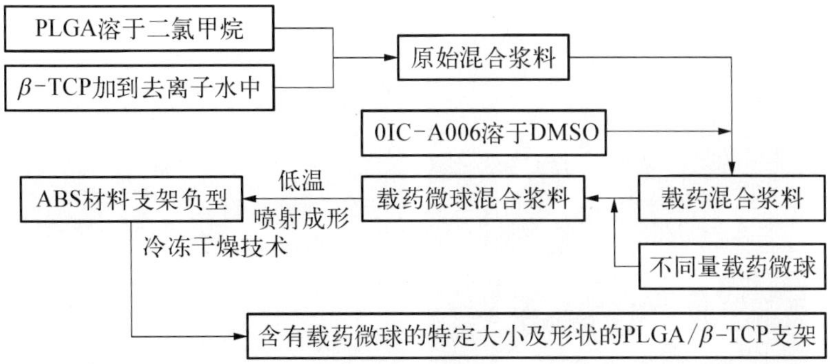

图 16-11 含载药微球的复合材料仿生骨支架制备流程图[11]

Figure 16-11 Preparation of biomimetic bone scaffold containing drug-loaded microspheres

建,对大鼠肱骨受损处进行骨修复,该修复过程主要涉及骨支架的重构与制备。具体过程如下。

(1) 根据大鼠肱骨的 CT 扫描信息,得到特定区域的骨的 CT 扫描图,如图 16-12 所示。

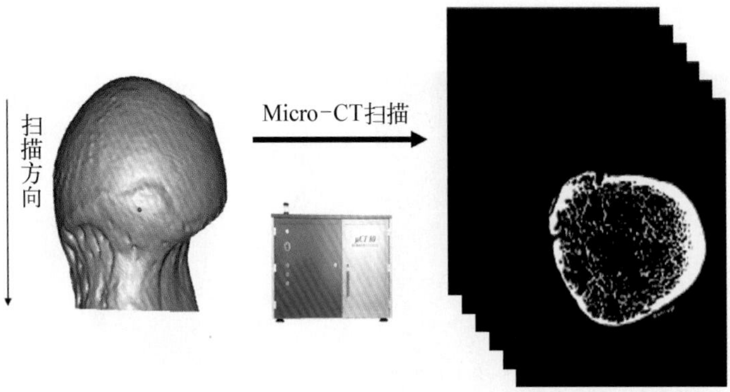

图 16-12 CT 扫描过程[12]

Figure 16-12 CT scanning process

(2) 取骨内部形态较好的松质骨进行区域划分。如图 16-13 所示,将松质骨划分为九个区域,每个区域为 5 mm×5 mm 的正方形。

(3) 将得到的正方形 CT 扫描图像利用 MIMICS 软件进行重构,如图 16-14 所示。

(4) 将该三维重构模型进行镜像对称,可以得到任意大小的骨支架模型,按照大鼠肱骨实际受损处的大小,镜像出相同尺寸的骨支架模型,导入

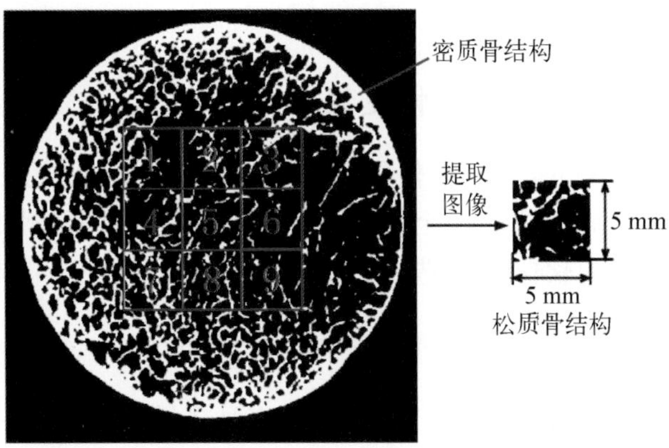

图 16-13 松质骨区域划分[12]

Figure 16-13 Cancellous bone area division

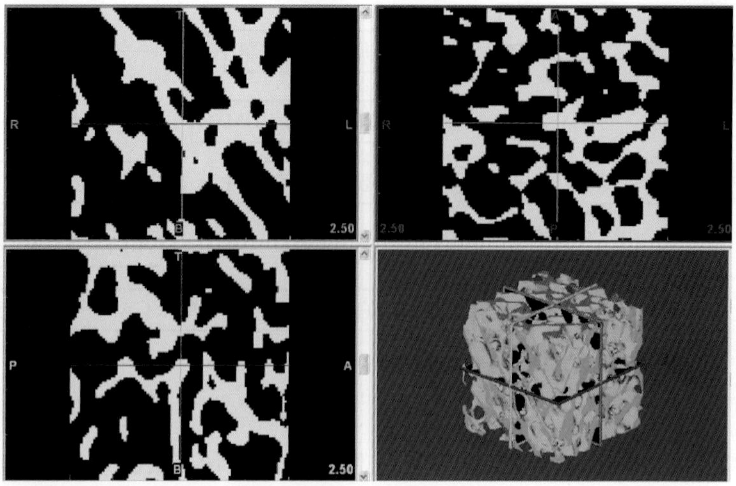

图 16-14 MIMICS 软件重构三维模型[12]

Figure 16-14 Reconstruct 3D model by MIMICS

3D 打印机进行实体打印，如图 16-15 所示。

(5) 将得到的骨支架进行后处理，移植到大鼠体内，如图 16-16 所示。

图 16-15 3D 打印骨支架[13]

Figure 16-15 3D printing bone scaffold

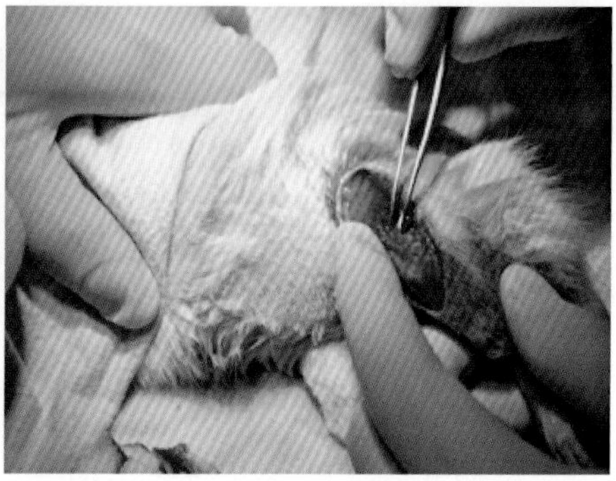

图 16-16 鼠肱骨开孔和支架植入照片[14]

Figure 16-16 Rat humerus being opened and scaffold is being implanted

16.4.2 人工软骨支架

关节软骨的损伤和病变是临床骨科的常见疾病，常导致关节顽固性疼痛、关节畸形及功能障碍，严重的甚至能够致残。一些常见疾病，如骨组织创伤、髌骨软化症、骨性关节炎等均可引起软骨病变，造成严重后果[15]。

16.4.2.1 软骨支架的材料

用于制作软骨支架的材料多种多样，有无机物、人工合成的有机高聚物、天然生物聚合物等。这些支架都在一定程度上促进了软骨细胞的生长或是利于细胞外基质中某些成分的合成分泌，尤其是基于细胞外基质组分的Ⅱ型胶原蛋白、透明质酸、硫酸软骨素制成的软骨支架更是具有很好的生物相容性，满足组织工程支架的要求，有效地修复了关节软骨损伤。

16.4.2.2 3D 打印软骨支架

Shie 等[16]使用透明质酸的水性聚氨酯类感光材料制备了 3D 打印的软骨支架。支架具有高的细胞相容性、与关节软骨密切相关的机械特性，如图 16－17 所示。它适用于培养人类骨髓间充质干细胞，细胞在这种情况下表现出优异的软骨形成分化能力。未来软骨的发展趋势主要是应用关节软骨缺损的计算机断层扫描（CT）图像，以实现与受体部位的软骨缺损形状相似的定制多孔支架的设计和打印。

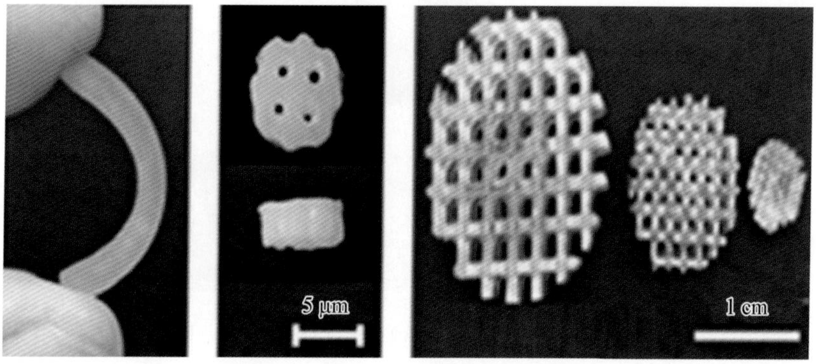

图 16－17 利用水性聚氨酯类感光材料打印的支架照片[16]

Figure 16－17 The images of the printed scaffolds of the water-based polyurethane

16.4.3 3D 打印口腔种植牙

将口腔扫描、口腔图像处理和三维打印技术整合起来，促进了 3D 打印技术在口腔种植领域的应用。采用图像数字化采集重构、CAD/CAM 专业设计、标准化 3D 打印制造、规范化种植治疗等技术系统集成，该技术可克服 2D 扫描影像重叠容易造成医生误判等问题，减少了临床的工作负荷，提高诊疗安全性，在数字化资源共享下，实现经济化诊疗。使用 3D 打印技术的种植牙过程，如图 16－18 所示。

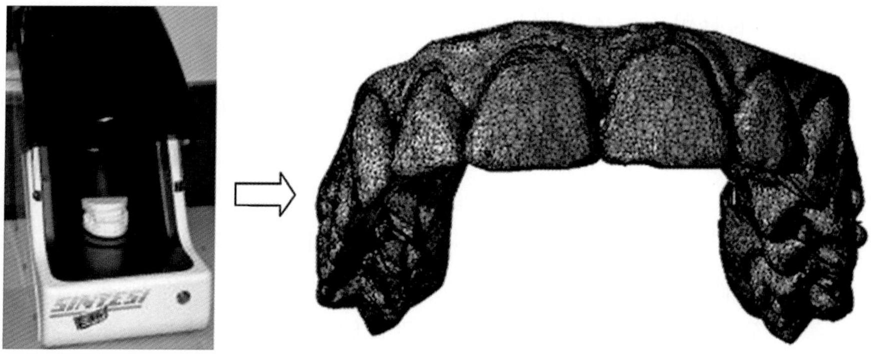

(a)

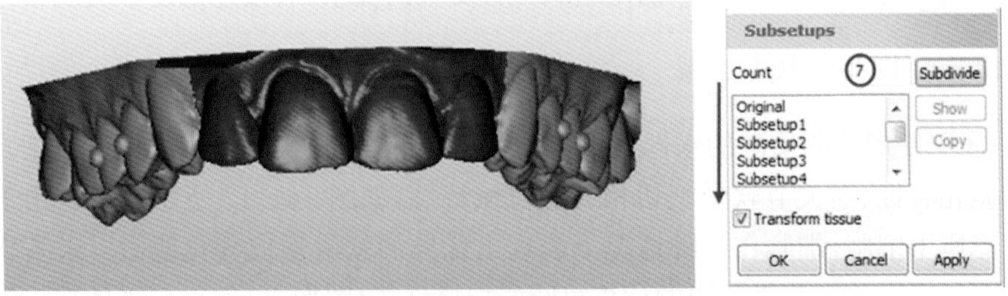

(b)

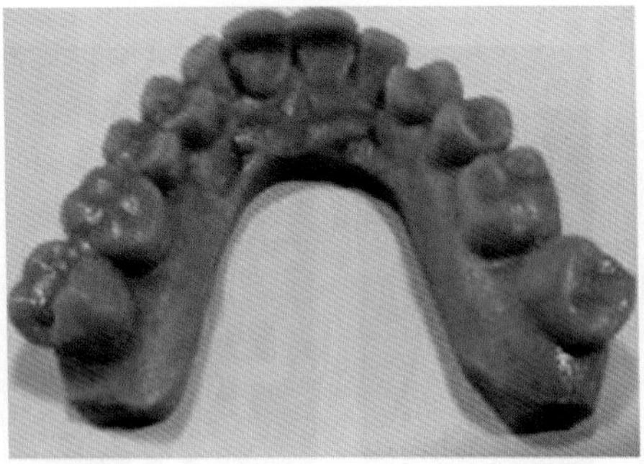

(c)

图 16－18 3D 打印技术的种植牙实施过程[17]
(a) 数据采集；(b) 模型重建及修复；(c) 打印成品
Figure 16－18 Dental implants implementation process of 3D printing technology

16.4.4 血管组织工程支架

16.4.4.1 血管支架材料

在组织学上，血管壁细胞外基质主要由 3 层结构组成[18]，其中膜层有重要的生理意义，主要成分有胶原纤维和弹性蛋白，这种结构赋予血管良好的机械性能和顺应性，是血管组织工程支架仿生设计和制造的目标。

目前临床上血管移植主要采取自体移植或同种异体移植，供体来源受到很大的限制。利用 3D 打印技术可以方便快速地制造出可供移植的血管和血管网修复材料。如 Skardal 等[19]利用 Fab@home 公司购进的仪器打印透明质酸水凝胶，并用四面体聚乙二醇四丙烯酸酯交联制备血管修复材料。Kasyanov 等[20]利用同类设备 Fab@CTI 打印硅滴和组织块，模拟肾中分支血管部分。Wu 等[21]用自制的 3D 打印设备先直写有机石蜡，然后用环氧树脂浸泡形成有分支结构的液体可以进出的血管网络结构。Blaeser 等[22]在液体碳氟化合物中打印琼脂糖凝胶，得到像分支血管样的中空 3D 结构。

王镓垠等[23]分别介绍了 3D 打印技术在大段骨修复材料、血管与血管网、人工肝脏、血管化脂肪组织几方面的最新研究成果。傅建中等[24]利用氯化钙作为交联剂和支撑材料，通过喷墨打印的方式实现了可补偿轴向尺寸的管状结构的成形，体外实验表明该血管支架能有效维持成纤维细胞的活性。刘媛媛等[25]采用纤维交联凝胶法结合静电纺丝技术研制了小口径的3层血管结构，将支架与静脉内皮细胞体外培养3天，发现该复合支架具有可调节的机械强度和良好的生物相容性。

16.4.4.2 3D打印血管支架

血管组织工程致力于体外功能性人工血管支架的制备，并研究该支架的性能或者将该支架作为植入体植入体内。

血管外科手术前评估往往采用CT、MRI等影像学结果，但是单单凭借影像不能全面评估病人的血管条件，而3D打印技术的引用将影像学结果转变为真实血管条件，从而可以进行预手术模拟手术过程。

刘静华等[26]利用3D打印技术模拟冠状动脉分支结构从而确定冠状动脉分叉处支架植入的再狭窄与血流动力学关系，如图16-19所示。这些模拟中一部分实施了术前模拟介入操作，一部分在术中指导操作，手术均获成功，说明3D打印技术可为复杂血管外科疾病的诊断与治疗提供良好的直观视觉支持，为手术提供便利；同时可以减少造影次数，从而减少造影剂的使用，这为肾功能不全的病人的血管外科介入手术减少了一定的肾脏负担。

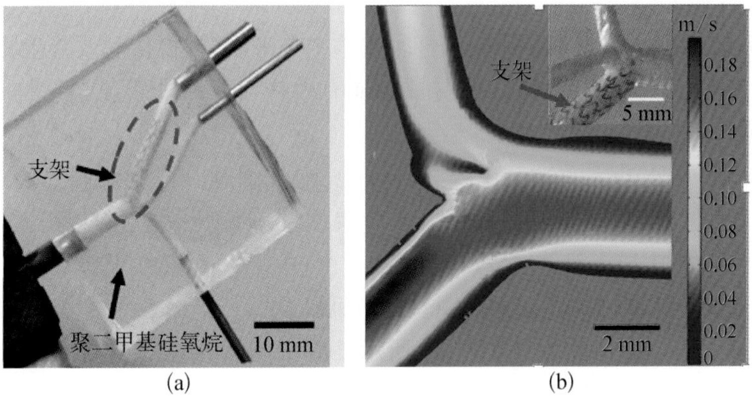

图16-19 分支结构中支架对血流的影响[26]
(a) 支架结构；(b) 有限元分析结果
Figure 16-19 Effects of scaffolds on blood flow in branch structures

随着材料学的发展，各种新型支架陆续产生，从过去的不可吸收的金属裸支架、药涂支架、覆膜支架到已经逐渐应用于临床的多聚合物可吸收支架等，为扩张性或狭窄闭塞性血管病变的治疗提供了丰富的选择空间。通过3D打印制备的血管支架可以自行调节参数选择支架大小，并且可以改变支架结构，调整出具有更好支撑力的构造。

刘媛媛等[27]提出了利用生物3D打印技术采用静电纺丝制备复合生物材料制作可吸收血管支架的新方法。该团队利用聚对二氧环己酮(PPDO)材料通过3D打印制备支架内层并配制壳聚糖和聚乙烯醇(PVA)混合溶液，通过静电纺丝制备支架外层，并且在支架上种植细胞，如图16-20所示。

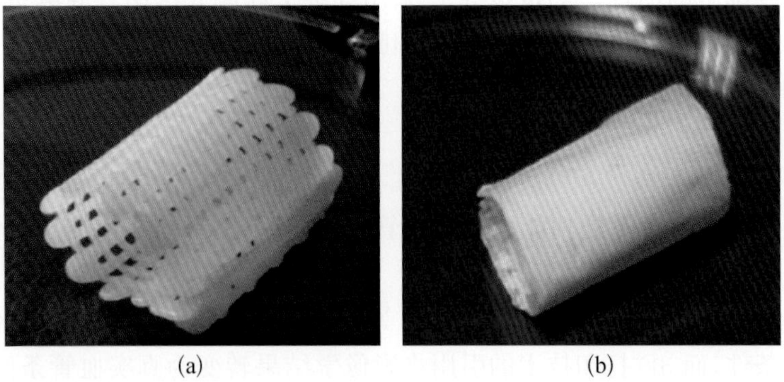

图 16－20　可降解血管支架[27]
(a) 支架结构；(b) 静电纺丝支架
Figure 16－20　Biodegradable vascular stent

16.5　3D 打印器官

16.5.1　肝脏的 3D 打印

组织工程采用细胞、生物材料和 3D 打印技术结合来制造、模仿和改善生物结构，解决组织和器官再生医学和药物研究所遇到的挑战，能有效应对具有非常复杂结构和功能的组织缺损修复问题。

美国 Organovo 公司[28]首次利用人类肝细胞、内皮细胞、肝星状细胞，通过其自主研发的生物 3D 打印机 NovaGen 成功打印出肝小叶单元，并通过肝小叶的相互紧密排列来模拟打印出肝脏原型，如图 16－21 所示。

之后，Organovo 通过自己的 NovaGen 打印机以及器官捐赠或手术切除的肝脏，打印出 20 层的肝细胞后放入培养皿，如图 16－22 所示。肝细胞间存在有内皮细胞和星状细胞，内皮细胞形成血管内壁然后再构成初期的微血管网路，如此，养分与氧气就可以透过组织运送，这也是为什么它可以在实验室内存活 5.5 天的原因。

该 3D 打印肝脏体积非常小，厚度仅 0.5 mm，宽 4 mm。但它的外观与真正肝脏相似，成功模仿了真正肝脏的关键运作过程，而且这颗 3D 打印肝脏也能够制造出某些具有解毒功能的酶。但距研发出能够移植的肝脏还有很长一段路。

16.5.2　心脏瓣膜的 3D 打印

生物 3D 打印技术在制作功能性心脏组织特别是心脏瓣膜方面具有很重要的作用。Hinton 等[29]已经能够利用冠状动脉的 MRI 影像以及胚胎心脏的 3D 图像，通过 3D 生物打印，以较高的分辨率和质量将胶原蛋白、海藻酸盐和纤维蛋白等软材料打印成具有无生物活性动脉的心脏，如图 16－23 所示。在不久的将来，该研究团队会把心脏细胞纳入这些 3D 打印组织结构，利用这个支架帮助人工心脏形成具有收缩能力的肌肉。

图 16-21 3D 打印肝脏单元[28]
(a) 肝小叶结构单元;(b) 打印后的肝小叶单元;(c) 生物 3D 打印机
Figure 16-21 Livers cells printed by 3D printing technology

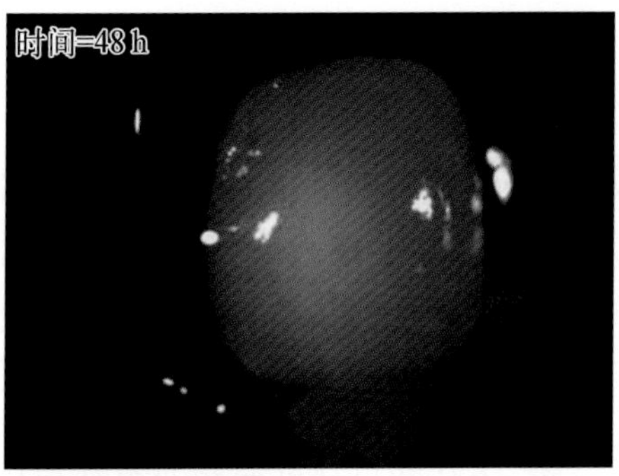

图 16-22 3D 打印肝脏
Figure 16-22 Livers printed by 3D printing technology

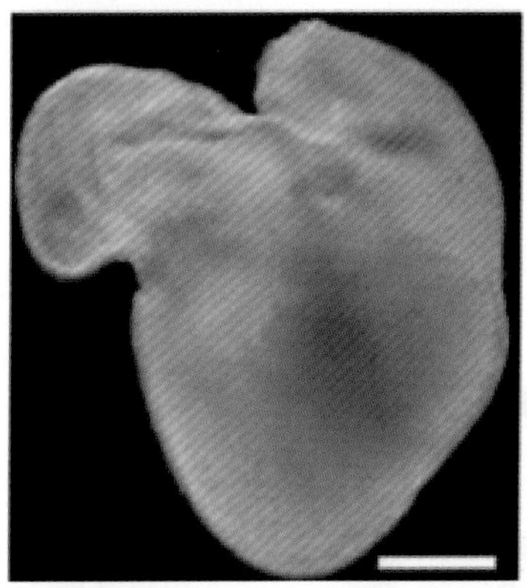

图 16-23 3D 打印心脏[29]
Figure 16-23 Heart printed by 3D printing technology

16.5.3 皮肤的 3D 打印

耶鲁大学研究人员[30]正在研究利用生物 3D 打印机打印皮肤组织,如图 16-24 所示,首先利用 3D 扫描设备扫描伤口,获得大小、形状、薄厚等数据,根据这些数据配比合适的包含成纤维细胞和上皮细胞的"生物溶液",利用 3D 生物打印机将细胞溶液直接喷到伤口,就像喷墨打印机把细小墨滴喷到纸上。该实验小组已经成功在动物身上实现伤口处皮肤的打

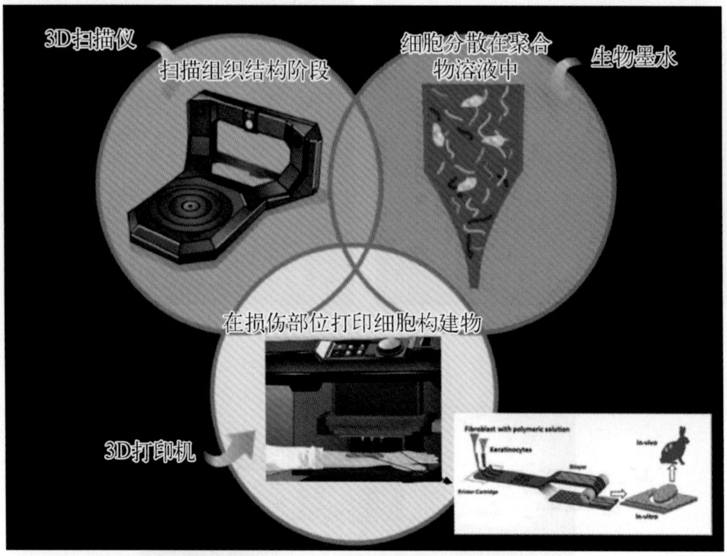

图 16-24　3D 打印皮肤[30]
Figure 16-24　3D printing skin

印且伤口愈合状况良好。

该技术可以适用于任何皮肤创伤的患者，通过控制确保细胞位于特定的伤患处。经三维培养的组织细胞不会受到微生物的污染而导致伤口感染，为大面积烧伤修复提供了一个新的思路。

16.6　生物 3D 打印机

目前市场上出售的生物 3D 打印机大多数是基于注射器的压力挤出装置，注射器中会装有一些含活细胞的水凝胶等糊状聚合物(也被称为 bioinks)。

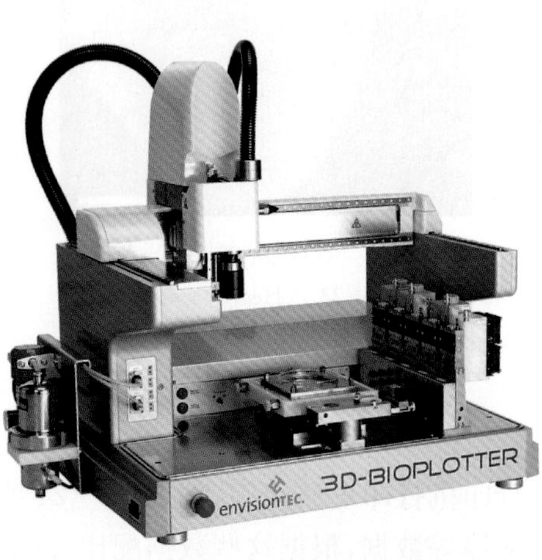

图 16-25　EnvisionTEC 公司的生物 3D 打印系统[31]
Figure 16-25　Envision TEC's 3D Bio-printing system

德国 Envision TEC 公司研发的生物 3D 打印机[31]通过一个相对简单的挤压过程，将计算机辅助工程获得的三维模型和病人 CT 数据转换成一个物理的三维支架，如图 16-25 所示。

瑞士 RegenHU 公司研发的生物 3D 打印机 3D Discovery[32]结合多种细胞外基质材料、水凝胶、细胞，形成高度动态的蛋白和信号转换通路网络。RegenHU 公司还生产和使用它的 3D 生物打印材料(osteoink)，主要成分为接近人骨成分的磷酸钙糊剂，如

图 16－26 所示。

Timothy 等[33]研发的生物 3D 打印机 BioBots 是首台高分辨率的桌面 3D 生物打印机。BioBots 采用了类似 FDM 3D 打印机的外观结构。“墨水”方面，采用了特殊的生物材料，含有三种粉末、黏合剂以及需要打印的细胞、用来模拟细胞外基质的结构、固定细胞。在软件方面，它可以使用平时常见的软件进行切割分层，比如 AutoCAD、Solidworks，以及其他的 CAD 软件。凝固技术方面，它采用了蓝光技术，可以快速固化生物材料，同时还能防止细胞被破坏。如图 16－27 所示。该生物 3D 打印售价在 10 000 美元左右。

图 16－26 瑞士 RegenHU 公司的生物 3D 打印系统[32]
1—挤压头切换单元；2—打印头单元
Figure 16－26 Switzerland-based RegenHU's 3D Bio-printing system

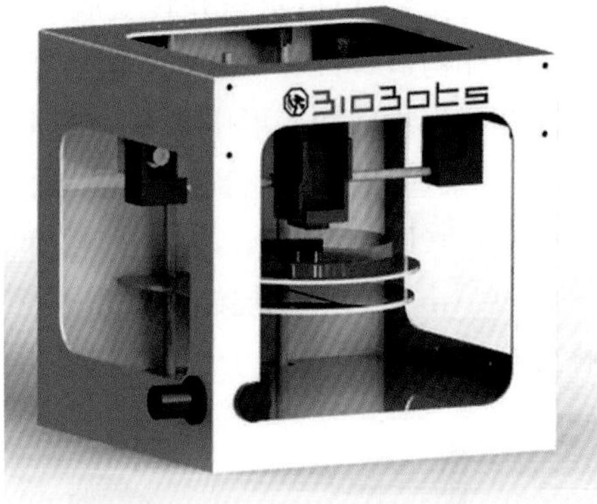

图 16－27 BioBots 生物 3D 打印系统[33]
Figure 16－27 BioBots's 3D Bio-printing system

16.7 4D 打印

随着 3D 打印技术的逐渐成熟，4D 打印悄然出现。近年来，通过 3D 打印实体，随后以受控的方式激活或改变固体的形状或结构来响应于外界环境的刺激。这种根据外界条件变化与时间的过渡实现“平面转化立体”“立体转化平面”“软变硬”等超三维的技术称之为 4D 打印。4D 打印是在 3D 打印的基础上增加第 4 个维度，而这第 4 个维度用户可以自行定义[34]。由 3D 打印而成的物体，经外界刺激（如光、温度、pH 等的变化）后发生形状的变化，从而获得想要的物体结构。虽然第 4 个维度可以多重定义，但主要核心还是在材料上。

4D 打印另一个核心在于对打印材料的控制，材料在受外部刺激之后达到预定形状。为实现这一目标，需进行前处理，即建立数字模型，对材料变性过程进行精确计算，材料计算的算法是 4D 打印数据处理的关键[35]。譬如，对于条状或片状材料的形变，可以运用挠度、应力应变等相关公式来进行计算，也会涉及遗传算法、人工神经网络等[36]。4D 打印是多学科的交叉，需要结合材料科学与工程、材料力学、仿生制造等学科来支持材料计算。

常规 CAD 建模只能表达模型的几何外形、尺寸等信息，不能表达模型内部构成与物理性能，由此常规 CAD 并不能满足 4D 打印技术需要[37]。有限元分析、流体力学分析在当今工程设计领域非常重要，可以减少研发成本，缩短产品周期，提升产品竞争力，但是这些软件并不能完全满足 4D 打印技术的需要[38]。亟须开发 4DP 所需的从建模、分析到制造的集成软件[39]。

16.7.1 4D 打印在生物医学方面的应用

4D 生物打印的材料是指能够根据外部刺激(包括温度、水、磁场等)重塑或改变其功能的反应性生物相容性材料。在经历这些刺激时，包含一种或多种材料的生物构建体(如用于组织工程的支架)可以重塑并转变成不同的结构。利用 3D 打印的潜力来制造由响应材料制成的组织样构造，可以产生类似于天然组织的更复杂的结构，例如肝脏和心脏[40]。

温度是生物结构变形中最常用的刺激物[41]，当温度变化时，热反应材料会折叠，收缩或膨胀，其中某些类型的聚合物具有接近生理温度的相转变温度。典型的情况是聚(N-异丙基丙烯酰胺)(PNIPAAm)，它是药物递送和组织再生的广泛使用的材料候选物。例如，使用 PNIPAAm 打印的双层结构和水不溶性聚合物聚(ε-己内酯)(PCL)可以对温度进行自折叠或自展开，并且可用于酵母细胞包封和释放，如图 16-28 所示。

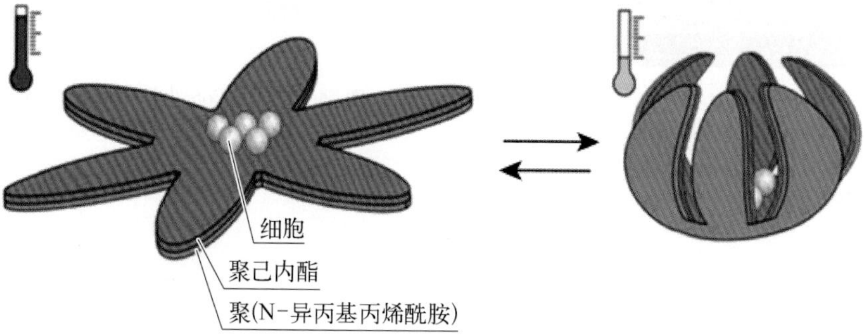

图 16-28 生物支架对温度的响应[42]

Figure 16-28 Bioprinted scaffolds in response to temperature

生命有机体是一部井然有序的机器，这架机器是由数目巨大的纳米级生物大分子(比如蛋白质、核酸、脂类、糖类等)与水分子作用自发组装成超分子结构。如图 16-29 所示为自组装的一个例子，该发现为 4D 打印技术开辟了崭新的发展与应用领域[43]。

16.7.2 4D 打印未来应用与展望

生物医学工程是未来科学研究的重要领域，医学在现代社会的地位越来越重要。心脑血管病成为当今社会“杀手”，血管变细导致血压上升甚至产生血管堵塞。如果采用 4D 打印技术应用于血管支架制作，支架在植入体内后受到体内环境影响随即展开到预定大小，支撑血管。在骨支架的应用领域里，骨支架一般是根据 CT 扫描数据重构 3D 模型进行打印，但是总存在打印误差。如果采用 4D 打印选用新材料，会获得可变形的骨支架，完全与骨缺损部位匹配。另外在假肢制造上，4D 打印亦颠覆了传统的制造工艺，传统的假肢接受腔与残

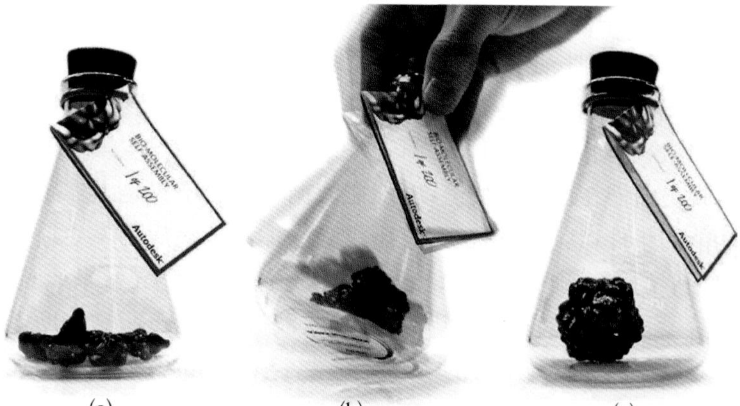

图 16-29 生物分子自组装[43]
(a) 各组成部分在瓶中；(b) 用手摇晃瓶子自动进行组装；(c) 自组装完成
Figure 16-29 Molecular self-assembly

肢部分经常发生挤压，使得患者行动时产生疼痛感。而 4D 打印的接受腔可以根据患者在不同运动时残肢受力状况进行适当变形，从而适应各种环境。

16.8 血液流变学及其检测技术

16.8.1 血液流变学及其临床应用

血液是人体内最多且最重要的液体，血液作为非牛顿流体的流动性以及其中含有的血细胞的变形性对整个人体的健康状态密切相关，对血液流变学特性的研究也就显得尤为重要。在正常状态下，心脏的收缩和舒张驱使着血液沿着血管不断地循环流动并构成人体的血液循环系统，但当人体血管发生破裂时，血液从血管内流出到血管外时就会迅速发生凝固，即由具有流动性的液体变为无流动性的固体血块，阻止了血液的继续流失。血液的这一特性也是使专门研究物体的流动性和变形性的科学能够与生物学和医学交叉渗透和形成血液流变学这门交叉学科的主要原因和基本依据。由此可见，所谓血液流变学，就是专门研究血液的流动性、血细胞的变形性以及血液宏观呈现出的固相及液相的互相转化能力和规律的一门科学，也是生物流变学的重要分支科学[44-46]。

血液的流变性可以衡量血液的固相或液相倾向，同时又是血液流变学的主要研究对象和研究内容。通常通过血液的黏度进行血液流变性的定量表示。血液的流动性和血液的黏度之间呈倒数关系，即血液的流动性愈差，血液的黏度则愈高；反之，血液的黏度则愈低。血液流动性和黏性的异常和紊乱是造成组织和器官的缺血和缺氧，从而引起组织和器官出现一系列病理变化的发生基础和原因。

随着血液流变学基础研究的逐步深入，血液流变学在临床中的应用也日趋广泛。从疾病的预测、预防到疾病的诊断、治疗乃至预后判断；从相对集中于心脑血管疾病的研究，拓展到对临床各科疾病的探讨；从宏观逐步深入到细胞乃至分子水平。在研究血液流变特性异常在疾病发生发展及诊治中作用的过程中,催生了一门新兴的学科,即临床血液流变学。临床血液流变学之所以能得到长足的发展,其主要原因是在于血液作为一种流体所拥有的流动性以及衡量这一流动性的黏性是影响、调节和控制血液在血管内流动以及组织和器官的血液供给的重要因素,而临床医学却长期对这一影响众多疾病发生发展的强有力因素未予应有的注意和重视。血液在血管内的流动,即血液循环系统不仅是人体生存的基础和组织器官行使正常功能的条件,其功能紊乱和障碍也是人体许多疾病的发生原因。多种不同疾病可具有相同或相似的血液流变学异常,虽不能根据血液流变学异常来诊断某种疾病,但在某些疾病的不同阶段及不同类型间却可有不同的血液流变学表现,这有助于对疾病类型和病情的鉴别。在对以血液黏度为中心的血液流变学各项指标的测定以及将血液流变学基础理论和基本概念不断地引入医学研究和临床实践的过程中,临床血液流变学反向推动血液流变学的迅速发展,并对人类健康产生了巨大的推动作用。

综上所述,血液的流变特性对维持整个机体稳态起到非常重要的作用,故而,尤其在临床中,血液流变学的检测对相关疾病的预判和诊断关系重大。在血液流变学检测中常包括的参数包括全血黏度、血浆黏度、红细胞压积、全血还原黏度、红细胞聚集性、红细胞变形性、红细胞沉降率、红细胞膜的刚性、红细胞电泳、血浆中纤维蛋白原等。

16.8.2 血液流变仪的种类

血液是非牛顿流体,它的表观黏度与切变率高低有密切关系,因此,测定血液的黏度计应有较宽的切变率范围,如旋转式黏度计或切变率可调的毛细管黏度计。其中,旋转式黏度计可以提供确切的切变率条件,而切变率可调的毛细管黏度计反映的是平均切变率下的血液黏度。

使用黏度计前还要进行仪器精度检验和稳定性试验。合格的黏度计在低切变率下,能够反映出同一血液样本的两份红细胞压积差1%的血液表观黏度差异。在高切变率条件下,则能够反映出红细胞压积差为2%的血液样本的表观黏度差异。稳定性试验是采用一份红细胞压积正常(40%～45%)的血液,测定10次不同切变率下的全血表观黏度,并计算各切变率下的变异系数。只有低切变率时变异系数小于5%且高切变率时变异系数小于2%视为通过稳定性试验。

血浆、血清是牛顿流体,一般采用毛细管黏度计测定黏度。毛细管黏度计中的毛细管部分应由玻璃制成,内表面光滑且内径均匀。检测全血黏度的毛细管内径不能小于1 mm,检测血浆或血清黏度的毛细管内径不能大于0.5 mm,管长与管径之比大于200。

16.8.2.1 毛细管血液黏度仪

1) 对比法毛细管黏度仪

对比法毛细管黏度仪是根据泊肃叶定律设计制造的。使用对比法毛细管黏度仪测量黏度时,需先使待测液体和已知黏度液体(标准液)在相同的等直径玻璃毛细管中产生相同的定常层流流动,用对比法取得待检测液体黏度与标准液黏度间的关系,进而求得待测液体黏度。血浆作为牛顿流体,对比法毛细管黏度仪是测量其黏度最理想的仪器,临床上广为采用，但测定全血黏度已经很少使用了[45-48]。

2）压力传感器型毛细管黏度仪[47]

随着对血液非牛顿流体特性的深入研究，以及对比法毛细管黏度仪在测定全血黏度时存在的局限，血液流变学界在临床血液流变学以及全血黏度测定方面做了大量工作，陆续提出了多电极式黏度仪、红外多切变率黏度仪等检测方法并做出理论分析。1987年，重庆大学的血液流变学专家创造性地用非牛顿流体流量方程和斯托克斯公式，从理论上推导出血液在等直径圆管中定常层流状态下，血液在壁面流层的剪切率与血液表观黏度方程，随即研制出"全自动血液流变快测仪(FASCO)"（见图16-30）。该技术实现了利用压力传感器毛细管法，对壁面层剪切率所对应的血液表观黏度的直接测定，这在国际上是首屈一指的。压力传感器型毛细管黏度仪的原理在于非牛顿流体流量方程和斯托克斯公式，通过数据采集和计算，可定量地输出血液在等直径毛细管中作定常层流时，壁面流层的剪切率所对应的血液黏度，它与对比毛细管法检测的血液比黏度概念是不同的。

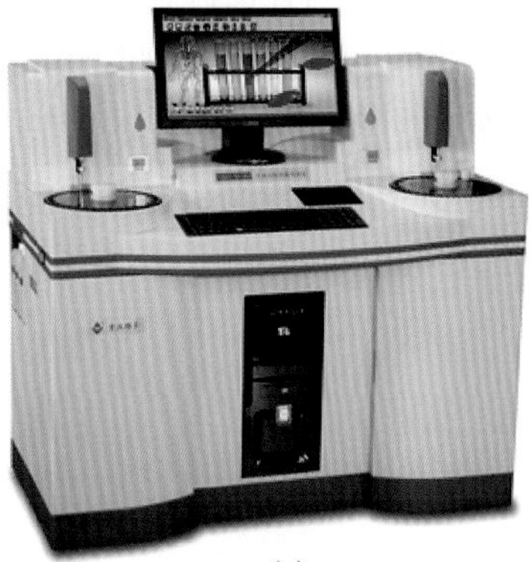

(a)

(b)

图16-30 国产血液流变仪的代表——重庆维多FASCO系列流变仪3010DX(a)和3020QX(b)

Figure 16-30 Leading domestic blood rheometer-Chongqing Veiduo FASCO series

16.8.2.2 旋转式血液黏度仪

1）锥-板式黏度仪[45-47]

锥-板式黏度仪的其主要部件为一个可旋转腔体结构，由一个倒立圆锥体和与其半径相同的圆形平板构成。其中，圆锥体的锥体角很大而锥角很小，与剪切扭转力矩的测量系统相接，圆形平板与动力系统相接。在这个可旋转腔体结构中，两个元件中心在同一轴线上，锥体平面平行于圆形板平面，在初始状态下锥体顶点与圆平板中心相重合。

工作时，先将上述的可旋转腔体内注满待测液体，然后以动力系统带动圆形平板以角速度 ω 转动，由于锥角很小，锥与板旋转的边缘影响可忽略不计。圆形平板的转动可带动待测液体紧贴平板层的旋转流动，形成绕轴的定常层流，由于待测液体具有黏度，也就使得液体中间存在内摩擦力，在内摩擦力作用下，下层的绕轴层流以剪切力向上层传递，直到推动上边的锥体转动，在锥体上端相连的弹性测量元件可以实时地测定锥体开始转动的任何一个扭转力矩，通过公式计算，进而求得待测液体的黏度值。

2）圆筒式黏度仪[45-47]

圆筒式黏度仪基本构造由内外两个垂直同轴圆柱形筒状结构组成，高度为 h，内外圆筒的半径分别为 a、b，间隙很小，外圆筒与动力系统相接，内圆筒的中心轴与可测量剪切扭转力矩的系统相接。测量液体黏度前，在内外圆筒的间隙内加入待测液体，动力系统带动外圆筒以角速度 ω 旋转，和锥-板式黏度仪工作原理类似，外圆筒内壁带动腔体内紧贴层液体旋转，液体的内摩擦力（黏滞力）使各层液体产生同轴旋转，最后推动内圆筒转动，与内圆筒相连的测量弹性元件，可以实时地测定受力后内圆筒开始转动的任何一个扭转力矩，通过相关公式计算即可求得待测液体的黏度值。

3）双隙圆筒式黏度仪[46,47,49]

双隙圆筒式黏度仪的基本结构是由内柱、中筒、外筒组成的同轴双腔体组成。该仪器构造类似两个圆筒式黏度仪，内柱和外筒为一体式结构，与动力系统相接，中筒为倒扣的下开口圆柱体，与可测量剪切扭转力矩的系统相接。半径为 a 的内柱与半径为 b 的中筒内径组成一个间隙为 $b-a$ 的空腔，半径为 c 的中筒外径与半径为 d 的外筒内径组成间隙为 $d-c$ 的第 2 个空腔。在测量液体黏度前，将液体注入内柱-外筒和中筒间的空腔，和圆筒式黏度仪的原理类似，动力系统带动外筒-内柱以角速度 ω 旋转，由于被检测的液体存在内摩擦力，最终带动内筒扭转，检测系统对内筒扭转力矩的测量则可进一步得出待测液体的黏度值。由于在这两个腔体内流动状态、剪切流场、受力、平衡过程基本上和圆筒式黏度仪工作状态一致，通常也称为双隙式圆筒黏度仪。

16.9 红光/近红外治疗技术及设备

16.9.1 红光对生物组织的作用机制

光子治疗是一种利用光能的物理治疗方法。目前光子治疗已经被广泛应用在皮肤疾病、组织修复、神经康复、妇科疾病等疾病领域，并得到良好的效果。波长 600～1 200 nm、位于组织治疗窗口的红光和近红外光在疾病治疗和组织功能修复等方面得到极大的关注。

如图 16－31 所示，组织对波长为 600～1 200 nm 的红光以及近红外光有较好的吸收，该波长段的光子照射组织，组织内部的光接收介质吸收光子，引起细胞内部生物效应，这些生物效应有效促进 ATP 酶的生成，加快细胞的新陈代谢速度；提高组织内红细胞运输氧气能力，有利于组织对氧气的充分利用；促进细胞增殖

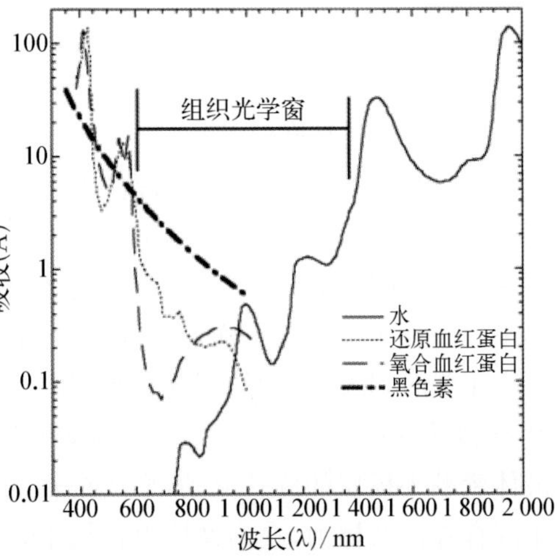

图 16－31 组织吸收光谱窗口[50]

Figure 16－31 Optical absorbance window of tissue

蛋白合成以及加快三磷腺苷分解，从而促进组织伤口和溃疡的愈合；提高组织内白细胞的吞噬能力，从而使机体免疫能力得到提高[51]。细胞色素发色团通过成对的磷酸电子对以及金属化合物两种方式产生生化作用，植物体中的叶绿素，动物体中的血红蛋白、细胞色素 C 氧化酶、肌红蛋白、黄素蛋白酶等都是光子治疗产生效果的主要因子。图 16－32 阐述了光子治疗产生作用的一般过程。

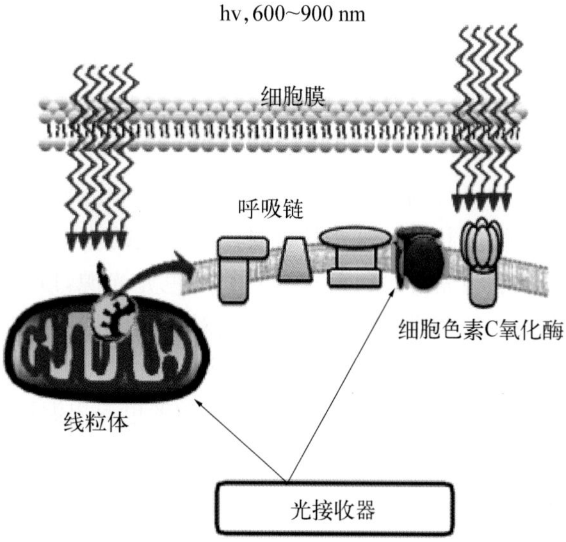

图 16－32 细胞组织吸收红光或近红外光示意图[51]

Figure 16－32 Diagram for red light or near IR absorbance by tissue

光子治疗疾病的基本原理是利用一定能量密度的光子辐射，使被辐射部位组织产生一系列的生物效应。实验研究结果表明光子治疗主要通过光热效应、光化效应、生物刺激效应等对生物组织产生治疗效果。

针对光子治疗引起生物组织的反应，国内外的学者通过进一步研究光子治疗的生物效应以及光子治疗疾病的效果，归纳其机理假说有以下几个方面。

(1) 线粒体机制。研究发现线粒体在光子治疗效果中起到不可或缺的作用。Karu 发现[52-56]细胞组织内的线粒体对光子照射十分敏感，治疗辐射的光子被线粒体呼吸链上的细胞色素 C 等光敏感介质选择性吸收，线粒体内部生物电子传递链耦合得到加强，电子在线粒体内的传递速度得到提高，从而促进 ATP 合成速度和产量，细胞膜的离子泵在 ATP 的作用下活性增强，细胞内环磷腺苷浓度升高从而引起血细胞内一系列的生物效应。

(2) NO 机制。研究报道低能量激光照射(LLLT)能够减少或者抑制 NO 在组织内的存量。NO 可以占据氧气 O_2 与细胞色素 C 氧化酶结合位置，造成线粒体无法与氧气结合，从而抑制其呼吸作用。红光以及近红外光照射治疗能够断开 NO 与细胞色素 C 氧化酶的链接，促进 O_2 与线粒体结合，提高线粒体的呼吸作用[52,53]。此外，LLLT 能够增强细胞色素 C 氧化酶中亚硝酸还原酶的活性，也对组织体内 NO 的存量有一定的影响。

(3) 氧化还原机制。ROS(reactive oxygen species)和 RNS(reactive nitrogen species)是线粒体到细胞核的信号通路中不可或缺的介质。这些生物分子作为正常呼吸作用的副产物是细胞重要的信号调节介质，起到调节细胞核核酸合成、蛋白质合成、酶的活化以及细胞周期进程的作用[57]。细胞内的某些生色团吸收红光或者近红外光，细胞内的氧化还原电位有所增高并且 ROS 量有所增加，这些改变促进组织内氧化还原活动，并产生多种生物效应。引发的生物效应可以影响一些易受氧化还原状态影响的转录因子，进而诱导细胞核转录的变化[52-55]。

(4) 生物电子跃迁机制[58]。细胞组织的一些微粒子吸收光子后会变成激发态，促进细胞内的电子转移。电子的转移将形成电子浓度梯度，激发 Na^+/H^+、Ca^{2+}/Na^+ 逆向运输蛋

白离子和 Na^+/K^+、Ca^{2+}泵的活性,这些离子直接影响 ATP 的合成并且控制环磷酸腺苷的浓度。环磷酸腺苷和钙离子则是细胞内重要的第二信使,通过光子治疗影响组织细胞内的电子跃迁,进而影响细胞内的第二信使离子,使光子治疗得到良好的效果。

(5) 光生物信息模型。刘承宜等[59]提出的光生物信息模型中,光对组织细胞的调节通路大致可分为两种,即由细胞色素 C 氧化酶等光敏物质所组成的特异性通路,与由细胞膜上处于协同状态的某些集合受体所组成的非特异性通路。该模型理论将光子治疗的光源分为包括长波紫外、紫、蓝和绿光的冷色光光源,以及包括黄、橙、红和短波红外光的暖色光光源两类。这两类光源不同光能量对组织细胞会产生不同的效果。在特定光能量段,暖色光能够促进环磷腺苷浓度升高,而冷色光源特定的剂量段却有相反的效果[60]。

除了以上假说机制外,一些学者也提出温度机制,组织通过吸收光的能量使组织温度升高,影响细胞膜上的膜电位变化以及离子通道的改变。目前虽然有关光子治疗的机制尚未完全被解释,但是其在现在临床疾病治疗上得到良好的效果,相信随着科技的进步和医学不断发展,光子治疗的机制将会逐步解开,并将进一步运用在疾病治疗上。

16.9.2 红光治疗的临床应用

近年来,大量的动物模型以及临床研究表明光子治疗对急慢性疾病、伤口愈合、神经修复等疾病有明显的治疗效果。图 16－33 展示了光子治疗在治疗人体疾病的应用。

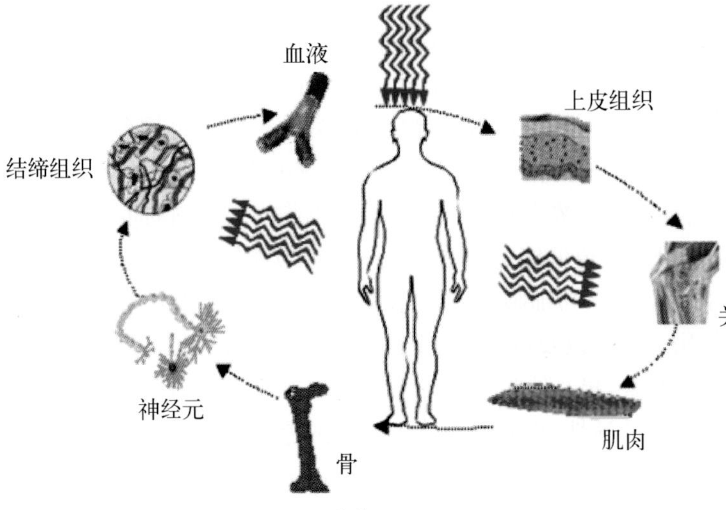

图 16－33 LLLT 对人体组织的作用[61]

Figure 16－33 Diagram of LLLT working on human tissues

16.9.2.1 皮肤医学应用

光子治疗这种物理治疗方式的出现对皮肤疾病治疗有着重要意义。例如对于常见的皮肤病痤疮治疗而言,传统的药物治疗带给患者不同程度的副作用。而光子治疗技术的蓝光能够使丙酸菌代谢产生的内源性卟啉与氧气反应产生一种"毒"环境,导致死亡。同时红光能够穿透到皮肤深部,消除皮肤内部炎症促进组织的修复的效果。

16.9.2.2 伤口愈合

临床研究表明光子治疗在促进伤口愈合上有良好的效果。红光以及近红外光照射伤口组织，组织细胞内的细胞色素、线粒体等吸收光子，使线粒体内酶的活性增加，促进 ATP 以及有关蛋白质的合成。这样能促使伤口组织胶原蛋白和纤维细胞增殖和生长，促进伤口处肉芽组织的生长。同时光子治疗引起伤口组织内部血管扩张，改善血液循环为损伤组织提供营养，加速伤口的愈合。

16.9.2.3 神经修复的应用

光子治疗作为一种新的治疗方法在促进神经功能恢复、改善损伤的神经系统方面有良好的效果。Rodrigues[62]通过动物实验表明 660 nm 的红光能够促进受损的神经分泌更多的神经营养物质，促进受损坐骨神经的再生以及功能的修复。

16.9.2.4 运动肌肉损伤修复以及肌肉疲劳的应用

光子治疗能够能消除肌肉组织炎症，显著提高肌肉组织超氧化物歧化酶活性，显著降低组织血液里血清肌酸激酶浓度、促进线粒体的新陈代谢以及改变细胞氧化还原环境等效果。大量的学者将光子治疗作为治疗运动性损伤以及肌肉疲劳的一种新的治疗方法。

光子治疗在临床上除了上述应用外，还在癌症治疗、组织水肿消除、口腔医学、血管疾病等方面有广泛应用，并取得良好治疗效果。结合 LED 等冷光源技术不断发展，光子治疗技术和设备将会有更大的发展，提供更好的治疗效果。

16.10 电刺激治疗技术及设备

16.10.1 中低频电刺激治疗技术

中低频电刺激治疗是指运用频率 1 000 Hz 以下的脉冲电流治疗疾病的方法，其特点是对感觉、运动神经有很强的刺激作用，无明显的电解现象，刺激效应显著但无热效应。

频率小于 1 000 Hz 时的电流对人体细胞组织的作用主要是以刺激效应为主。图 16－34 所示为频率小于 1 000 Hz 时电流大小对人体的不同效应，在这个频段，人体能耐受的电流很小；同时，哺乳动物中神经纤维的绝对不应期大约为 1 ms，使其对重复频率在 1 000 Hz 以内的刺激脉冲可获得一对一的响应。目前已经知道，人体所有细胞都在某种程度上具有兴奋能力。神经细胞的兴奋阈值较低，兴

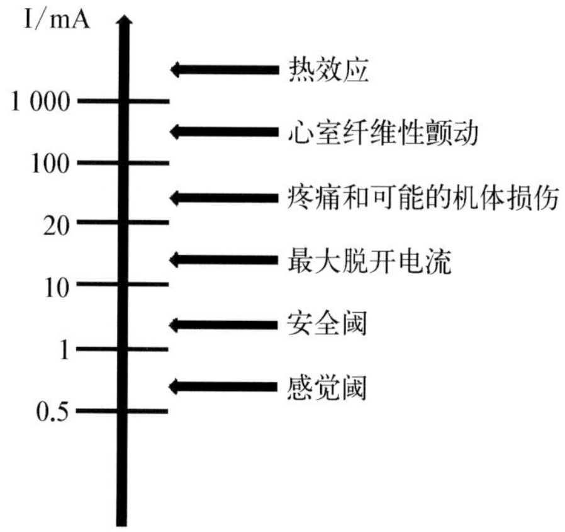

图 16－34　中低频刺激电流的生物效应[63]

Figure 16－34　Biological effect under stimuli by low-med frequency current

奋过程能对来自内部或外部的刺激做出一种整体反应。细胞之所以能够兴奋是因为细胞膜内外有电位差,而且细胞内电位低于细胞外电位。在静息情况下,神经细胞的这种电位差值约为−70 mV,肌肉细胞约为−90 mV。这种静息电位(resting potential)是由于细胞膜的电荷量梯度形成的。造成这种电荷量梯度的根本原因是细胞膜对钠离子、钾离子和氯离子的不同通透性。当细胞膜受到一定强度的电、化学、机械、热等形式的刺激后,对不同离子的通透性发生改变,离子重新分布直至复原,即膜受刺激后在原有的静息电位基础上发生了膜两侧电位的快速反转和复原,这一现象被称为动作电位(action potential)。

中低频脉冲电流正是通过刺激神经细胞或肌肉细胞,使之爆发动作电位,从而将外部刺激信号传递给相应的组织,实现肌肉收缩、感觉等具体宏观效应。要用一个刺激使组织兴奋,必须达到一定的强度和时间,两者有着确定的关系曲线。以 V_T表示细胞膜电位的阈值,以 I_T表示到达阈值电位所需的电流强度,可以得到如下公式:

$$I_T = \frac{V_T/R_m}{1 - e^{-1/T_m}} \tag{16-1}$$

式中 T_m 是该等效模型的时间常数,R_m 和 C_m 是细胞膜等效的跨膜电阻和电容。由式(16-2)可以看出,刺激时间越短达到阈值电位所需的电流强度就越大,反之则越小,但不能小于一个基强度(rheobase)

$$I_g = V_T/R_m \tag{16-2}$$

由此还可以推导出达到阈值电位所需电荷射入量与时间的关系

$$Q_T = I_T \cdot t = \frac{I_g \cdot t}{1 - e^{-1/T_m}} \tag{16-3}$$

由式(16-3)可以看出,刺激时间越短所需的电荷射入量越小。进一步可以得出最小电荷射入量 $Q_T = \frac{I_T}{T_m}$。

根据以上分析可以设计出较少电荷射入量的刺激参数,避免组织可能受到的损伤。同时还需要指出,对于同时使用多个刺激器的情况下,更需要注意刺激的空间累加效应,而不仅仅是时间效应。

中低频脉冲电流的生理作用和治疗作用主要表现为兴奋神经肌肉组织和促进局部血液循环。

16.10.1.1 兴奋神经肌肉组织

只有不断变化的电流才能兴奋神经肌肉组织,引起肌肉收缩,恒定直流电是不能引起神经肌肉兴奋的,因此低频脉冲电流可以引起神经肌肉兴奋。用电刺激作用于神经时,必须是外向电流,而且只有达到一定的强度才能引起兴奋。因此,当低频脉冲电流刺激神经干时,兴奋易发生在阴极下方。当低频电流的阳极、阴极并置于神经干上方时,电流有两条通路。一条是从阳极通过皮下组织到阴极,另一条是从阳极通过神经纤维再到阴极。当皮下组织的阻抗很小时(如两电极靠得太近),电流的大部分将通过阻抗最小的通路,即皮下组织。要使通过神经纤维的电流达到引起兴奋的强度,就必须增大刺激强度或使电极的位置放置合理。

16.10.1.2 促进局部血液循环

低频电流有改善局部血液循环的作用,其作用可能系通过以下途径产生。

(1) 轴突反射。低频电流刺激皮肤,使神经兴奋,传入冲动同时沿着与小动脉壁相连的同一神经元之轴突传导,使小动脉壁松弛,出现治疗当时和治疗后电极下的皮肤浅层充血发红。

(2) 低频电流刺激神经(尤其是感觉神经)后,使之释放出小量的P物质和乙酰胆碱等物质,引起血管扩张反应。

(3) 皮肤受刺激释放出组织胺,使毛细血管扩张,出现治疗后稍长时间的皮肤充血反应。

(4) 电刺激使肌肉产生节律性收缩,其活动后的代谢产物如乳酸、ADP、ATP等有强烈的扩血管作用,能改善肌肉组织的供血。

(5) 抑制交感神经而引起血管扩张,如间动电流作用于颈交感神经节,可使前臂血管扩张;干扰电流作用于高血压患者的颈交感神经节可使血压下降。

16.10.2 经颅直流电刺激治疗技术

经颅直流电刺激(transcranial direct current stimulation, tDCS)是通过置于颅骨的电极产生微弱直流电(通常1～2 mA)的一种非侵入性脑刺激方法,因其一定程度上可改变皮质神经元的活动及兴奋性而诱发脑功能变化,因此作为一种无创而高效的脑功能调节技术,在治疗慢性疼痛、神经疾病、精神疾病等疾患中展示出极具潜力的价值。tDCS作用时,一般需在目标脑皮层对应的头皮区域固定一定大小的正负电极(临床实验常采用表面积为25～35 cm^2的表面电极),驱动直流电刺激仪在两电极间通以1～2 mA微弱的直流电流。由于头皮和颅骨的阻碍作用,大部分的电流在进入大脑皮层之前就被分流掉,仅有小部分穿透阻碍,进入大脑皮层,而这部分进入大脑的恒定电流可在直接作用的大脑区域诱发静电场以实现对皮层的兴奋性调节。

虽然tDCS的临床疗效被广泛证实,但对于tDCS产生作用的具体机制却尚不清楚,大量研究认为tDCS的后效机制既与静息膜电位的极化有关,也与NMDA受体依赖的突触可塑性调节有关。阳极tDCS通过刺激突触前神经元升高Glutamate的浓度和降低GABA的浓度,激活NMDA受体,允许突触后神经元大量钙离子内流,诱导突触后膜电位发生去极化从而产生突触长时程增强(long-term potentiation,LTP)。LTP是学习和记忆的神经基础,所以LTP的产生有利于修复学习记忆通路的功能障碍。同时,作用于额叶皮层的阳极tDCS还可通过分布式相互连接的皮层间-皮层下神经网络引起基底前脑、海马和黑质-纹状体等区域神经元兴奋,促进ACh、DA等神经递质的释放。此外tDCS还可增强BDNF的合成,BDNF具有神经营养保护和修复的作用,能够防止胆碱能神经元的退变,促进轴突发芽。

阳极 tDCS 后效机制不应局限于突触的长时程易化，可能还涉及非突触机制的作用，如跨膜蛋白和 pH 的改变。

除了通过增强突触可塑性，tDCS 还可通过改变大脑皮层和皮层下区域血流量以达到修复学习记忆功能障碍的目的[64]。一项应用 LDF 的 tDCS 实验发现 tDCS 可能通过神经血管耦合路径引起局部血流量的改变。在阳极 tDCS 作用下，血流量明显增加，而改善的大脑供血可提高神经元的代谢效率，一定程度上可减缓神经元的退变。

16.11 颅内压无创综合检测分析

对于正常人，颅内有一定的压力，称为颅内压(intracranial pressure，ICP)，或习惯地简称为颅压或脑压。经腰椎、小脑延髓池或脑室穿刺测得的压力应更为确切地称为脑脊液压力。测量颅内压的方法和途径不同，主要包括穿刺脑脊液腔用压力管测量和用颅压监护仪测量。对同一个人各法测得的结果大致相同。因颅内压受到体位的重大影响，所以通常所说的颅内压，是指在水平侧卧位而身体松弛的状态下，经腰椎穿刺接上一定内径的管子所测量的压力。每个人的颅内压差别较大，一般认为成人颅内压的正常值为 70～180 mmH_2O；如压力在 180～200 mmH_2O，可视为介于正常和异常之间的边缘性压力或可疑的颅内压增高；如超过 200 mmH_2O，可确定为病理状态，即颅内压增高；如低于 50 mmH_2O，可确定为病理性的低颅压，在 50～70 mmH_2O 为可疑的低颅压。

颅内压增高的病因归纳起来有六大类：即外伤性如脑外伤、血管性如出血性或闭塞性脑血管病等、炎症性如脑炎与脑膜炎等、先天性如婴儿脑积水或颅骨闭锁症等、颅内肿瘤，及全身性疾病如休克、窒息、小儿中毒性肺炎或中毒性痢疾引起的中毒性脑病等。这些疾病可由于上述 6 种因素之一或一种以上的因素而产生颅内压增高。

颅内压增高可由多种原因引起，其病程长短，也常受多种因素的影响，如年龄、病变部位、病变性质、生长速度，以及脑水肿的程度和患者的全身情况等。在颅内压增高过程中，也常受某些恶性循环因素存在的影响，可导致颅内压增高、病程的延长或病情迅速恶化，待出现严重症状和体征时就诊，则造成治疗困难或失去治疗机会而预后不良，甚至死亡。

16.11.1 基于闪光视觉诱发电位的颅内压无创检测方法

16.11.1.1 闪光视觉诱发电位的电生理基础

诱发电位是在特定条件的刺激下，来自神经组织的电活动的综合表现。神经系统的结构单元是神经细胞或称神经元，因此，为了进一步分析诱发电位电生理过程，应该对具有刺激和传递兴奋作用的神经细胞作进一步论述。

1) 神经元和突触

神经元即神经细胞，是神经系统的基本结构单位和机能单位。其形态多样，大小不同，结构基本相似，可分为胞体及突起两部分。胞体除有与一般细胞相似的细胞核和细胞质外，尚有神经元特有的结构，如神经元丝及尼氏小体。从胞体上伸出若干突起，按其形态与机能分为轴突和树突两种。轴突在每一个神经元只有一条，其长短因神经元而异，短者仅数十微米，长者可达1 m以上。可发出侧支与其他神经元接触，其末端形成神经末梢。轴突的机能是把神经冲动从胞体传出，传给另一个神经元或者效应器。树突有一条或多条，短而分支多，从胞体发出，一个神经元一般有多个树突，每个树突均有许多分支，形如树枝状。树突和胞体是接受冲动的主要部位，轴突则把冲动自胞体传出。

神经纤维由神经元的轴突和包在它外面的髓鞘、神经膜组成，可分为有髓鞘纤维和无髓鞘纤维。髓鞘纤维由轴突、髓鞘和神经膜组成。轴突位于神经纤维的中心，髓鞘由髓磷脂组成，包绕于轴突之外，并每隔1.5～3 mm有一个郎飞氏结。髓鞘有绝缘作用，能防止神经冲动从一个轴突扩散到邻近轴突。神经膜位于髓鞘之外，由神经膜细胞组成，对神经有防护和营养作用。

神经系内集中了数量非常多的神经元。每一神经元并不孤立存在，而是与其他神经元相联系共同完成功能活动。一个神经元与另一个神经元相联系的接触点，称为突触。它由前一神经元的轴突末端分成许多小支，每个小支的末端膨大成球状或纽扣状的结构，称为突触小体，附着在另一神经元的细胞体、树突或轴突上。在电镜下，可见到互相连接的两个神经元之间的突触处，各自有突触前膜和突触后膜相隔，两膜间有突触间隙。在突触小体内含有较多的线粒体和大量的小泡，后者称为突触小泡。

因为树突和细胞体经常接受其他神经细胞的刺激，且不易排除，有碍于精细研究，所以，神经电活动的研究往往以神经纤维作为对象。一切活组织在兴奋过程中都有电位变化，称作生物电。神经细胞的电活动是生物电的一种，其常见的脉冲式的电反应称为“冲动”。

2）视觉诱发电位的临床解剖生理基础

大脑皮层是中枢神经系统发育最复杂和最完善的部位，是运动、感觉的最高中枢，也是人类语言、意识思维的物质基础，大脑皮层诱发电位是视觉、听觉和躯体感觉器官受到刺激后，到达大脑皮层，激活各自相应感觉系统的神经元而产生的[57]。用一定刺激产生的神经冲动，沿着特定的感觉传导通路传递到大脑皮层，引起神经细胞及树突的膜电位变化，这种膜的去极化过程发生在神经元的突触后，它可以是兴奋性突触后电位（excitatory postsynaptic potential，EPSP）或是抑制性突触后电位（inhibitory postsynaptic potential，IPSP），两者在时间和空间上组合形成诱发电位。神经元突触后膜的去极化过程发生在树突，胞体，因为树突的表面积比胞体或轴突的面积大的多，所以构成诱发电位的PSP大多数来自树突或树突胞体。因此诱发电位具有3个显著特性。

（1）刺激信号与诱发电位之间存在较固定的时间关系，即有一定的潜伏期。

（2）刺激特定的感觉系统所产生的诱发电位具有特定的模式，在同一条件下可以再现。

（3）诱发电位在空间上以相应皮层投射区为出现的中心，并经该区向其他区传播，是一个有一定规律，具有潜伏期、极性、波幅、时程等物理特性的特定脑电图形。

3）颅内压增高对视觉诱发电位的临床表现

闪光视觉诱发电位(FVEP)是目前临床理论研究最早,最完善的一种皮层诱发电位。它是由弥散的非模式的光刺激后所引起的大脑皮层(枕叶)的电位变化。FVEP 反映了从视网膜到枕叶皮层视通路的完整性。视觉通路位于大脑底部,行程较长,颅内压增高对脑干产生机械压迫,脑干血管变压变形,脑血液循环发生障碍,神经元及神经纤维缺血、缺氧,脑组织代谢出现障碍,神经元电信号传导阻滞,FVEP 波峰潜伏期延长,波幅下降,波宽加大,当脑疝形成时则上述改变更加明显。因而,可以通过建立 FVEP 与 ICP 之间的回归方程,通过检测 FVEP 来间接获得 ICP 的值,从而实现颅内压的无创检测。

16.11.1.2 基于 FVEP 的颅内压无创综合检测分析仪器系统研究

利用闪光视觉诱发电位 FVEP 的 N_2波与颅内压(ICP)之间的相关关系,本章作者及其团队研制成功了“颅内压无创综合检测分析仪”的 FVEP 检测功能并进行了临床试验,逐渐推广的临床应用也验证了由本仪器所得颅内压无创检测值与开颅得到的有创颅内压值之间的极高的相关性,从而保证了本仪器在临床应用中的可行性和一致性。在该仪器系统中,通过闪光视觉诱发电位特征波形的有效提取,并自动确定 N_2波,计算出 N_2波对应的潜伏期,利用 FVEP 中 N_2波的潜伏期与 ICP 之间的对应关系,得到当前颅内压值,从而为医生临床诊断提供依据。需要注意的是,由于颅内压增高只与 FVEP 各波潜伏期的变化有关,而各波幅值变化并没有确定的规律可循,所以有时需要在仪器自动检测结果的基础上由临床医生做适当的修正,以获取更准确的临床颅内压诊断值。

16.11.2 基于 TCD 的颅内压无创检测方法

经颅多普勒(transcranial doppler, TCD)具有经济、无创、可重复、连续监测等优点,因而在颅内压无创监测方面有很好的应用价值。颅内压(ICP)主要是来自心脏周期性波动以及受到呼吸运动的影响导致的脑血流的波动而产生的压力,其波形由脉冲波和呼吸波组成;而 TCD 是研究脑血流的波动,因此,颅内压的波动与 TCD 研究的脑血流波动理论上有密切的关系[65]。

根据众多学者的研究工作,TCD 频谱形态及参数,如搏动指数(PI)、阻力指数(RI)、收缩期峰值血流速度(V_s)、舒张期末血流速度(V_d)、平均血流速度(V_m)等均与颅内高压时的颅内压和脑灌注压有明显关系。但都未能根据 TCD 结果实时动态地监测颅内压变化。目前也有学者通过 TCD 连续监测大脑中动脉(MCA)得到脑血流速度(CBFV),利用动脉血压(ABP)、CBFV 与颅内压的非线性映射函数关系来实现对颅内压变化的连续监测。

与其他 ICP 无创监测方法相比,TCD 具有以下优点:① 技术操作方便、无创、快速、可重复、能床旁监测;② 能反映脑血流动态变化,根据其频谱形态改变可及时调整降低 ICP,改善脑灌注的治疗方案;③ 可观察脑血流自身调节机制是否完善,提示临床积极治疗的时机;④ TCD 可预测颅高压患者是否预后不良。不过,TCD 监测 ICP 也存在着以下的缺点:① TCD 测量流速而非流率指标,脑血管活性受多种因素($PaCO_2$、PaO_2、pH 值、血压、脑血管的自身调节)影响时,ICP 和脑血流速度的关系会发生变化;② 特殊情况下,如在脑外伤后急性期的患者可出现不明原因的 PI 和 ICP 不同步的波动;③ 脑血管痉挛时的流速增加须与脑充血或者脑功能损伤后脑过度灌注相鉴别[66]。

到目前为止ICP的测定多采用有创伤的方法，因此应用TCD替代有创伤的ICP监护是除去基于闪光视觉诱发电位实现无创ICP监测之外的另一种较好的选择，具有重要的临床意义。TCD检测脑血流速度的快慢基本反映了脑血流量的多少，PI则代表脑血管的阻力。严重ICP增高患者的主要危险是局限性脑疝或弥漫性脑灌注压(cerebral perfusion pressure，CPP)下降导致的脑缺血。CPP是脑灌注的引流压力，近似于外周平均动脉压(mean systemic arterial pressure，mSAP或mean arterial blood pressure，MABP)与平均颅内压之差，即CPP≈mSAP－ICP。CPP外周平均动脉压等于舒张压加1/3脉压差。所以，外周动脉压或颅内压变化均影响脑灌注压的变化。

脑血流(cerebral blood flow，CBF)与CPP成正比，与脑血管阻力(cerebral vascular resistance，CVR)成反比，即CBF＝(mSAP－ICP)/CVR。当外周动脉压降低或颅内压增高时，灌注压降低。为了保持脑血流量恒定，脑小动脉(阻力血管)扩张，使血管阻力减少，脑血流量仍维持正常；反之当外周动脉压升高或颅内压降低时，脑的小动脉收缩，使血管阻力加大，脑血流量仍保持不变，说明正常情况下脑血流量存在自动调节功能。脑血流量与脑灌注压成正比，与脑血管阻力成反比。Ferris在1941年[67]和Kety在1948年[68]最早定量研究了颅内压增高时的脑灌注压发现，轻度颅内压增高时，由于脑血管对颅内压增高有自动调节功能(脑血管阻力减小、动脉压增加)，使脑灌注压保持在一个稳定状态，并有一过性脑血流增加。当颅内压增高超过350～450 mmH_2O(3.43～4.41 kPa/26.7～34.3 mmHg)时，脑血流的自动调节功能丧失，脑血流量开始下降。当血管管径不变时，脑血流速度与脑血流量成正比，因此，TCD频谱形态和参数可以间接反应颅内压增高程度。当脑灌注压等于零时，出现脑死亡。

(林柳兰　季忠　田学隆　张雨　张凌峰)

参考文献

[1] Excell J. The rise of additive manufacturing[J]. The Engineer, 2013, 10(30): 5-8.

[2] Gunther D, Heymel B. Continuous 3D-printing for additive manufacturing[J]. Rapid Prototyping Journal, 2014, 22(4): 320-327.

[3] Tzeng M J, Hsu L H, Chang S H. Development and evaluation of a CAD/3DP process for transtibial socket fabrication[J]. Biomed Eng Appl Basis Com-mun, 2015, 27(5): 69-73.

[4] Sugavaneswaran M, Arumailkkannu G. Modelling for randomly oriented multi material additive manufacturing component and its fabrication[J]. Materials and Design, 2014, 54(4): 779-785.

[5] 莫健华.快速成型及快速制模[M].北京：电子工业出版社，2006.

[6] 林柳兰，张凌峰.通过骨支架的数字化建模分析其力学性能与内部流场分布[J].医用生物力学，2017，32(3)：248-255.

[7] 张富强，王运赣.快速成型在生物医学工程中的应用[M].北京：人民军医出版社，2009.

[8] Kashapov L N, Anra N, Kashapov R N. Applying 3D-printing technology in planning operations of cancer patients [J]. Innovative Mechanical Engineering Technologies, Equipment and Materials, 2014, 69: 012016.

[9] Panayotov I V, Orti V, Cuisinier F, Yachouh J. Polyetheretherketone (PEEK) for medical applications[J]. Journal of Materials Science: Materials in Medicine, 2016, 27(7): 118.

[10] Hutmacher D W. Scaffold in tissue engineering bone and cartilage[J]. Biomaterials, 2000, 21(24): 2529-2543.

[11] Lin L L, Dong Y Y, Zhou Q. Sustained release of OIC-A006 from PLGA microspheres to induce osteogenesis of composite PLGA/β-TCP scaffolds[J]. Science & Engineering of Composite Materials, 2016, 24(5): 721-730.
[12] 戎斌.基于松质骨结构的骨支架仿生设计与性能研究[D]. 上海：上海大学,2010.
[13] 王文娟.基于自然骨结构的仿生支架制备及缓释体系构建[D]. 上海：上海大学,2011.
[14] Lin L L, Gao H T. Modification of β-TCP/PLGA scaffold and its effect on bone regeneration in vivo[J]. Journal of Wuhan university of Technology-Mater, 2016, 31(2): 454-460.
[15] Zhou H X, Hei X D, Zhang B J, et al. The treatment of knee osteoarthritis by arthroscopic debridement combined with radiofrequency[J]. Inner Mongol Journal of Traditional Chinese medicine, 2014, 33(5): 88-89.
[16] Shie M Y, Chang W C, Wei L J, et al. 3D printing of cytocompatible water-based light-cured polyurethane with hyaluronic acid for cartilage tissue engineering applications[J]. Materials, 2017, 136(10): 1-13.
[17] Martorelli M, Gerbino S, Giudice S. A comparision between customized clear and removable orthodontic appliances manufactured using RP and CNC techniques[J]. Dental Materials, 2013, 29(2): 1-10.
[18] 刘媛媛,张付华.面向 3D 打印复合工艺的生物 CAD/CAM 系统及试验研究[J]. 机械工程学报,2014,50(15): 147-148.
[19] Skardal A, Zhang J, Prestwich G D. Bio-printing vessel-like constructs using hydrogels cross linked with tetrahedral polyethylene glycol tetra cry-late[J]. Biomaterials, 2010, 31: 6173-6181.
[20] Kasyanov V, Brakke K, Vilbrand T, et al. Toward on printing: Design characteristics, virtual modeling and physical prototyping vascular segments of kidney arterial tree[J]. Virtual and Physical Prototyping, 2011, 6(4): 197-213.
[21] Wu W, Hansen C J, Aragòn A M, et al. Direct-write assembly of biomimetic microvascular networks for efficient fluid transport[J]. Soft Matter, 2010, 6: 739-742.
[22] Blaseser A, Campos D F D, Weber M, et al. Bio-fabrication under fluorocarbon: A novel freeform fabrication technique to generate high aspect ratio tissue-engineered constructs[J]. Bio. Research Open Access, 2013, 2(5): 374-384.
[23] 王镓垠,柴磊,刘利彪,等.人体器官 3D 打印的最新进展[J]. 机械工程学报,2014,50(23): 119-128.
[24] Christensen K, Xu C, Fu J Z. Freeform inkjet printing of cellular structures with bifurcations[J]. Biotechnology and Bioengineering, 2015, 112(5): 1047-1056.
[25] Liu Y Y, Jiang C, Li S. Composite vascular scaffold combining electrospun fibers and physically-crosslinked hydrogel with copper wire-induced grooves structure[J]. Journal of the Mechanical Behavior of Biomedical Materials, 2016, 61: 12-25.
[26] Wang H J, Liu J H, Zheng X, et al. Three-dimensional virtual surgery models for percutaneous coronary intervention (PCI) optimization strategies[J]. Scientific Reports, 2015, 5(1): 10945.
[27] Liu Y Y, Xiang K, Li Y, et al. Composite bioabsorbable vascular stents via 3D bio-printing and electrospinning for treating stenotic vessels[J]. Journal of Southeast University, 2015, 31(2): 254-258.
[28] Robbins J B, Gorgen V, Min P. A novel in vitro three-dimensional bioprinted liver tissue system for drug development[J]. Faseb Journal, 2013, 27: 872.12.
[29] Hinton T J, Jallerat Q, Palchesko R N. Three-dimensional printing of complex biological structures by freeform reversible embedding of suspended hydrogels[J]. Science Advances, 2015, 1(9): 758-768.
[30] Singh D, Han S S. 3D printing of scaffold for cells delivery: Advances in skin tissue engineering[J]. Polymers, 2016, 8: 1-17.
[31] Agila S, Poornima J. Magnetically controlled nano-composite based 3D printed cell scaffolds as targeted drug delivery system for cancer therapy [C]. IEEE International Conference on Nanotechnology, Coimbatore, India, 2015: 1058-1061.
[32] Horváth L, Umehara Y, Jud C. Engineering an in vitro air-blood barrier by 3D bioprinting[J]. Scientific Reports, 2014, 5: 7974-7982.
[33] Timothy O, Margaret P, Eza K, et al. Using BioBots for standardizing the 3D bioprinting of liver bioink[J]. Frontiers in Bioengineering & Biotechnology, 2016, 4: 1-2.
[34] Yang Y, Chen Y H, Wei Y. 3D printing of shape memory polymer for functional part fabrication[J]. Int J Adv Manuf Technol, 2016, 84(9): 2079-2095.
[35] Ge Q, Dunn C K, Qi H J, et al. Active origami by 4D printing[J]. Smart Materials and Structures, 2014, 23(9): 1-16.

[36] Darwish H W, Elzanfaly E S, Saad A S. Full spectrum and selected spectrum based multivariate calibration methods for simultaneous determination of betamethasone dipropionate, clotrimazole and benzyl alcohol: Development, validation and application on commercial dosage form[J]. Spectrochimica Acta Part A Molecular & Biomolecular Spectroscopy, 2016, 169: 50 - 57.
[37] Qi H J. Active Composites by 4D Printing[J]. Applied Physics Letters, 2014: 1 - 2.
[38] Gracias D H. Stimuli responsive self-folding using thin polymer films[J]. Current Opinion in Chemical Engineering, 2013, 2(1): 112 - 119.
[39] Pei E. 4D printing-a paradigm shift in additive manufacture[J]. 3D printing industry, 2014: 1 - 2.
[40] Ikegami, T. and Maehara, Y. 3D printing of the liver in living donor liver transplantation[J]. Nature Reviews Gastroenterology & Hepatology, 2013, 10(12), 697 - 698.
[41] Bakarich S E, Gorkin R, Panhuis M I H, et al. 4D Printing with mechanically robust, thermally actuating hydrogels [J]. Macromolecular Rapid Communications, 2015, 36(12): 1211 - 1217.
[42] Stoychev G, Puretskiy N, Lonov L. Self-folding all-polymer thermoresponsive microcapsules[J]. Soft Matter, 2011, 7(7): 3277 - 3279.
[43] Pei E. 4D Printing: Dawn of an emerging technology cycle[J]. Assembly Automation, 2014, 34(4): 310 - 314.
[44] Robertson A M, Sequeira A, Kameneva M V. Hemorheology[J]. Oberwolfach Seminars, 2008: 63 - 120.
[45] Wood J H, Jr K D. Hemorheology of the cerebral circulation in stroke. [J]. Stroke, 1984, 15(1): 125 - 31.
[46] Heuser G, Opitz R. A Couette viscometer for short time shearing of blood[J]. Biorheology, 1980, 17(1 - 2): 17.
[47] 梁子钧.血液流变学及其临床检测和应用[J]. 蛇志,2002,14(4): 1 - 6.
[48] 李贵山,栾兆鸿,刘霜,等.临床血液流变学检测[M].天津: 天津教育出版社,2009.
[49] Ogawa K, Ookawara S, Ito S, et al. Blood viscometer with vacuum glass suction tube and needle[J]. Journal of Chemical Engineering of Japan, 2006,24(2): 215 - 220.
[50] Maron S H, Krieger I M, Sisko A W. A capillary viscometer with continuously varying pressure head[J]. Journal of Applied Physics, 1954, 25(8): 971 - 976.
[51] Hamblin M R. Mechanisms of low level light therapy[J]. Proceedings of S PIE — The International Society for Optical Engineering, 2006, 6140(6): 1 - 12.
[52] Huang Y Y, Chen A C, Carroll J D, et al. Biphasic dose response in low level light therapy[J]. Dose-response: a publication of International Hormesis Society, 2009, 7(4): 358.
[53] Karu T. Mitochondrial mechanisms of photobiomodulation in context of new data about multiple roles of ATP[J]. Photomedicine & Laser Surgery, 2010, 28(2): 159 - 160.
[54] Karu T I. Mitochondrial signaling in mammalian cells activated by red and near-IR radiation[J]. Photochemistry & Photobiology, 2008, 84(5): 1091 - 1099.
[55] Karu T I, Pyatibrat L V, Kolyakov S F, et al. Absorption measurements of cell monolayers relevant to mechanisms of laser phototherapy: reduction or oxidation of cytochrome c oxidase under laser radiation at 632. 8 nm[J]. Photomedicine & Laser Surgery, 2008, 26(6): 593 - 599.
[56] Karu T I. Mechanisms of low-power laser light action on cellular level[J]. Proc Spie, 2000, 4159: 1 - 17.
[57] Karu T I. Biophysical basis of low-power-laser effects[J]. Proc Spie, 1996.
[58] Raat N J H, Shiva S, Gladwin M T. Effects of nitrite on modulating ROS generation following ischemia and reperfusion[J]. Advanced Drug Delivery Reviews, 2009, 61(4): 339 - 350.
[59] Yu W, Naim J O, Mcgowan M, et al. Photomodulation of oxidative metabolism and electron chain enzymes in rat liver mitochondria[J]. Photochemistry and photobiology, 1997, 66(6): 866 - 871.
[60] Liu T, Jiao J L, Zhu L, et al. The membrane receptor mediated signal transduction mechanism of low intensity light induced apoptosis[M]. Proceedings Of The Society Of Photo-Optical Instrumentation Engineers (Spie), Luo Q, Tuchin V V, Gu M, et al, 2003: 5254, 170 - 175.
[61] 赵鹏.光子治疗仪的改进设计及实验研究[D].重庆: 重庆大学,2015.
[62] Rodrigues N C, Brunelli R, de Araújo H S S, et al. Low-level laser therapy (LLLT) (660 nm) alters gene expression during muscle healing in rats[J]. Journal of Photochemistry and Photobiology B: Biology, 2013, 120: 29 - 35.
[63] 裴跃生.基于 FPGA 的便携式低频脉冲治疗仪的研制[D].重庆: 重庆大学,2009.
[64] 张光雯.脑水肿的病理变化[J].人民军医,42(12),1999: 702 - 704.
[65] 顾慎为.经颅多普勒检测与临床[M].2 版.上海: 复旦大学出版社,2000.

[66] 张仁富.高性能 TCD 的研制[D].西安：西安电子科技大学，2007.
[67] Ferris E B. Objective measurement of relative intracranial blood flow in man[J]. Plant Molecular Biology, 1941, 73 (4-5): 547-558.
[68] Kety S S, Shenkin H A, Schmidt C F. The effects of increased intracranial pressure on cerebral circulatory functions in man[J]. Journal of Clinical Investigation, 1948, 27(4): 493-499.

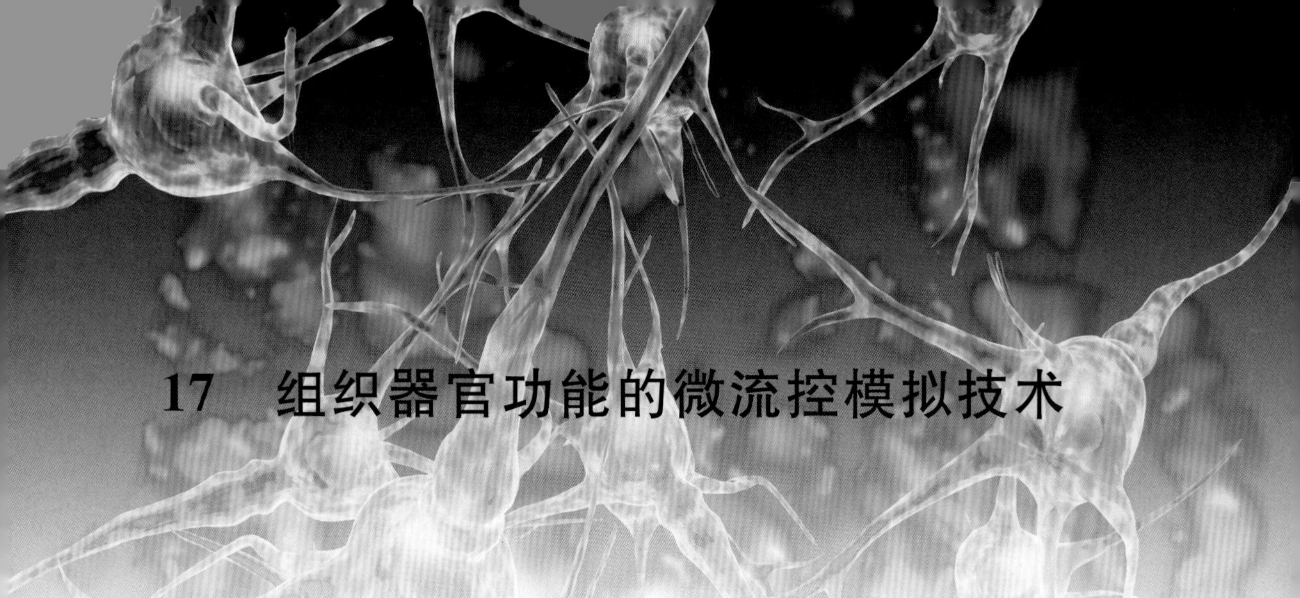

17 组织器官功能的微流控模拟技术

生物模型是能够被操纵与分析的生物组件或系统。近 20 年来，由于微流控技术与细胞生物学研究的日益紧密结合，在离体细胞培养技术上正在迅速发展出可用来精准模拟人体组织与器官功能过程的新颖的微流控模拟技术，有望为生物模型家族增添一种强有力的新工具。

这种被研究者通常称为“器官芯片”(organs-on-a-chip)的微流控模拟技术，是一类培养人体活细胞、促进形成细胞组织构造并观测其活动行为的微流控装置，其内部的微腔或微通道结构被设计为不同类型细胞之间、细胞组合生长并展开相互作用的场所，在连续可控的灌流条件下模拟由这些细胞相互作用所能表达的组织与器官水平的许多生理性或病理性功能行为[1]。这个主题形成的近 10 年来，已涉及诸多人体重要器官的模型构建，如血脑屏障模型、肌肉模型、骨骼模型、肝脏模型、脾脏模型、乳腺模型、皮肤模型等，还提出了一些多器官模型的互联方案，成为最终构建出适于整个人体生理与病理模型(human-on-chip 或者 body-on-chip)的先声[2]。由于在技术上的反向工程内涵[2]，这种对器官基本、关键功能的微观底部构筑策略，也正在汇合进组织再生修复工程的方向之中。

微流控技术(microfluidics)是建立在微尺度空间上的流动控制技术[3]。显然，器官芯片作为微流控装置的构建过程，要凭借许多微加工工艺。除了常规的光刻工艺，微流控技术领域近 20 多年来已经发展出众多或精巧或简捷的工艺，包括软刻法(soft lithography)、微接触印刷(microcontact printing)、复制模塑(replica molding)等，一个趋势是尽可能摆脱超净这类苛刻而昂贵的实验条件[4]。有关微工程工艺面向细胞生物学研究应用主题，建议读者深入参考许多优秀的综述与论著。

本章在概述器官构造的一些现代微观(工程学)理解基础上，介绍通过微流控条件下重现组织器官功能这一技术领域的一些发展现状。

17.1 器官微构造概述

17.1.1 功能单元、界面与腔室、微环境

人体器官由实质组织(上皮组织、结缔组织、肌肉组织、神经组织等)与脉管组织(血管、

淋巴管等)构成。其中,脉管组织为器官灌注功能活动所需氧气与营养成分,递送免疫细胞,从一个器官向另一个器官输送包括激素在内的各种生物分子等。而且,所有器官还经受各自特有的物理性作用,如周期性应变、压缩与剪切,以及神经电信号等。所有这些,单独的,两两协同或者拮抗式地,对于器官的正常生理运行或者病理发生发展都至关重要。

为了实现对组织与器官功能的离体模拟,需要考察器官构造的一些基本结构。首先器官组成结构上存在模块性,这样可以分解出其重复复用的最小功能单元(minimal functional units,MFU)。例如,肝脏的肝小叶(hepatic lobule)、肾脏的肾单元(nephron)、肺脏的肺泡(pulmonary alveolus)、神经血管单元(neurovascular unit,NVU)等,每一个这种功能单元起着器官整体主要特征性的功能作用。

但是,即使被称为最小功能单元,它们大多在构造上具有组织复杂性。例如,组成人体肝脏的 50 万～100 万个重复复用的肝小叶,其主体细胞-肝细胞,极化有 3 个面,即肝细胞面(是肝细胞-肝细胞之间的相互作用面)、窦状隙面(肝细胞-内皮细胞相互作用面)与胆小管面(肝细胞-胆管上皮细胞之间的相互作用面)。如果把基于细胞极化面形成的相互作用面称为组织界面(interfaces),那么像肝小叶这种作为肝脏器官功能单元所能呈现的功能,事实上是这 3 种不同组织界面的不同作用的复合(整合)。因此,从这个角度,器官最小功能单元的复杂组织构造还可以进一步分解为更为基本的组织界面。这类界面上的细胞,在它们所处的特定器官空间微环境中经受着来自两侧的化学信号与力学信号中动态变化的支配。正是这样的界面,汇合呈递出每个器官所特有的功能,如肝脏三联管中的代谢、肺泡的气体交换,肠道绒毛的吸收等。离体构建与模拟基本的组织界面,应该可以探测到器官单元功能的不同侧面。

构成整个器官形态空间的概念中,除了功能单元与组织界面,不能忽视那些由组织界面所围成的各种腔室(compartments),它们是组织界面分泌液或脉管来流与排泌的“容器”。这些腔室在器官内部呈多种几何形式,如管腔状(lumen)、腺泡状(acinus)、囊状(sac)等。界面与腔室内含物互相依存,相互作用。从它们的物理相空间而论,组织界面与腔室内含物或周边环境作用的形式,有组织-组织界面、组织-液体界面(血液-组织界面)、组织-空气界面(如呼吸道上皮与空气之间)。

由上皮细胞或内皮细胞构成的许多组织界面通常具有屏障(barrier)的作用,这种作用的结构基础在于界面极化细胞之间的紧密连接(tight junction),由紧密连接结合在一起的细胞层如同并行的电阻器那样排布。大脑中微血管内皮层(血脑屏障)、肺泡内皮、肠道上皮层、角膜上皮层等,都是组织界面起屏障作用的例子。组织界面的屏障作用是器官整体发挥功能过程的重要组成部分,是理解组织-组织之间、组织-体液之间相互作用,并运用于药物效应评估的必要环节,也是离体构建与模拟器官功能的一个着眼点。作为生理性屏障,组织界面不仅将不同腔室内的流体隔开,实际上也做热动力学功,即从腔室 A 重吸收溶质到腔室 B,或者从腔室 B 分泌到腔室 A。这样,在器官中各种组织界面在跨它们自身尺度上建立起各种因子的浓度梯度。例如,肾小管界面的 Na^+ 梯度,胃液中极高的质子浓度,正常尿液中极低的葡萄糖浓度,哺乳动物尿液中高浓度的尿素等。而且,这些组织界面上存在的物质梯度,还引起其他物质在整个器官内部复杂的分布梯度。例如,由于 Na^+ 梯度的存在,肾小管界面被用来重吸收大量的其他溶质如糖、氨基酸等。

在器官中诸如功能单元、组织界面等这些有形构造之间，还存在着极为重要的解剖构成，即微环境(microenvironments)[5]，它们是一些在细胞与细胞之间弥布着的，由各种细胞发育生长而造就的胞外基质(ECMs，extracellular matrixs)网络，以及由界面作用以及功能单元中管道网络流动带来的营养成分分布。它们多种多样的结构与组成，为所处细胞提供着来自ECM、相邻细胞、免疫细胞与可溶性因子(生长因子、激素与细胞因子)的生化的、生物物理(如ECM拓扑几何与刚度)的作用线索(cues)。而从细胞来看，每个细胞集成着来自其外部微环境中的众多线索，包括来自ECM各种组分的、力学刺激的，以及来自毗邻细胞或者甚至是远程细胞的各种可溶性信号分子等，以此来形成其基本表型并对其环境中的扰动做出响应。尤其是，微环境与细胞(组织界面/屏障)相互作用造成的局部浓度梯度分布，可能是器官微构造中的一个重要调控环节。例如，自分泌环(autocrine loops)，一度认为是癌症的标志，但已经快速地认识到它是一个组织稳态与疾病中细胞信号转导网络的主要调控因子。细胞将自分泌环作为一种声呐系统来探测环境，从它们重新捕获所发出的一部分信号中获得信息，并据此做出响应，细胞就可能是用这种方式来帮助它确定组织边界的[6]。由此可见，微环境与细胞之间的相互作用呈现出一幅极其复杂的动态图景。

器官构造上还有一个突出特点是，它们在组织界面及腔室基础上形成有血流微循环网络，由于屏障作用，血液与各类细胞之间的成分交换在器官内部都是扩散受控方式下实现的，并且营养成分最大扩散距离在200 μm内，从而形成不同器官之间的十分有效的隔离机制。

有关器官的上述一些微构造特征，为降低器官功能模拟的复杂度提供了机会，而将细胞培养从二维平面转换为三维培养，是离体模拟组织与器官功能的重要起点。

17.1.2 三维化培养：多细胞球状体，类器官，支架

人体细胞一旦从其原生环境中离散转移到培养皿作二维培养，会很快失去它们所拥有的原生器官专一性。如二维培养的原代肝细胞在传代几次后即失去分化能力并且丧失肝脏的一些专一功能，如首先会出现不能合成一些代谢酶。我们已经认识到，大多数细胞需要来自活体三维环境的作用线索，才能在离体条件下形成生理相关的组织结构及相应的功能。因此，伴随着对细胞微环境作用的深入认识，采用三维化细胞培养渐成研究界的主流。

(1) 多细胞球状体。多细胞球状体(spheroids)[7]，是一种在悬浮状态中基于细胞黏附等特性的细胞自聚集体。这种细胞球状体在维持培养时，由于外部供养成分向内的扩散距离仅限于200 μm以内，在其内部造成显著的细胞分层。例如，一个直径在500 μm以上的多细胞球状体，通常呈现出活细胞边缘外层包绕着坏死内核这样的结构，在边缘层中外侧是增殖中的细胞而内侧多是一些静息细胞。细胞球状体通常是在无支架、非黏附性基底的细胞培养平台中制备，后来发展出的各种技术形式都在于促使细胞快速地自组装成为球形微组织。但这种形式的三维细胞培养，多为一些无血管的组织或实体肿瘤。

(2) 类器官(organoid)。这是一类依赖于特定细胞群(多为体外培养干细胞)自组织行为并经分化来形成芽器官(organ bud)的三维培养技术[8]。这种技术途径在2010年前后提出以来，进展十分迅速，已经分别提出了甲状腺、上皮、肝、肺、肾、胰腺、胃、胚胎(原肠胚)等

器官的“类器官”模型。这种技术中，也很注重呈现器官功能特征的组织与组织之间界面的形成。但是，现有构建的各种“类器官”，虽然具有细胞层界面，以及三维培养特点，但是还缺乏很多关键的器官功能特征，如血流灌注、力学作用线索（如肺的呼吸运动）、循环免疫细胞，以及难以维持长时程的共培养等[2]。

（3）支架(scaffolds)。在器官的组织构造中，微环境及胞间连接复合体（如紧密连接）的存在，事实上构成了细胞存活展开其生命历程的支架。在组织工程中，其经典策略就是为离体细胞提供人工制备的“支架”。通常为用天然材料（胶原、原纤维等）或者合成聚合物（如polyglycolide，polylactide，polylactide coglycolide等）加工成的多孔、可降解的结构物。它们可以是海绵样的片状物、凝胶或者是内含多孔与通道的高度复杂结构物。因为支架构造上容易实现三维性，因此，也是离体实现细胞三维培养的重要技术途径。但是，深入研究发现，生长在离体三维支架上的结缔组织细胞即使可以分泌正确的ECM分子，但仍旧难于实现正确的组织构造。

17.1.3 器官功能离体模拟的微流控技术

器官构造形态中，由细胞围成窦腔、管道、界面等腔室化微结构，以及这些腔室互连形成小管、毛细血管、微血管等微流动通道网络的特点，为微流控技术模拟构建组织器官微构造提供了十分自然的借鉴与仿真基础。

器官功能的呈现，依赖于其构成细胞的生长及其稳态维持，这个过程需要各种外部的与内部的复杂环境因子之间的协同。某些组织如肌肉与心血管，模拟活体中组织微构造，对于组织的功能化是必要前提。考察大多数哺乳动物细胞在活体器官组织中的微环境，是一个紧密封装的环境，有如下几个共同性质，包括与其他细胞的相隔距离甚短，连续的营养供应与废物去除，维持固定的生理温度，受到正确适宜的生理性应力作用，细胞体积与胞外液体积之比通常大于1，细胞之间一直在互相通信等[9]。

因而，影响细胞的各种环境参数的确立，是建立离体生理学模型首先所要考虑的。通常微流控装置中的微通道的尺寸大多在10～200 μm，而哺乳动物细胞的大小在8～30 μm，毛细血管则在10～500 μm。因此，相比常规培养皿中的细胞培养情形，微流控装置空间中的流体-细胞比率相当接近于生理水平；同时，微通道环境，对于培养其内的细胞而言，具有很大的表面体积比与较小的Pe数（指扩散作用与对流作用之比）。这些微尺度因素对于细胞培养有利有弊，如较大的表体比也意味着通道壁面蛋白质吸附量的增大。Walker等[9]建议用有效培养体积(effective culture volume，ECV)的概念来表征细胞在微通道培养时控制其微环境能力，ECV即是沿着每个轴的物质传输量、扩散与对流作用(Pe)以及蛋白质在通道壁表面吸附程度的函数。ECV越小，表明其中的细胞能更好地控制其周围微环境。在Esch等[10]的综述中，列出了器官芯片重现活体组织器官功能的几个关键条件：① 三维结构，可对应于实际器官中的多类型细胞的铺排；② 组织之间具有可操作的接口；③ 具有匹配的生化与力学作用线索的生境(environmental niche)。

（1）细胞图形化。从器官的组织微构造可见，它们不只是细胞群体的简单堆积，而是多种细胞有序的排列，细胞之间通过复杂的相互作用才能形成行使功能。因此，使细胞群体呈现互相联系或接触作用的图形化(patterns)是三维化培养的一个基础。微流控技术已经发展出对细胞图形化的许多操控方法,如模板法、表面修饰、电化学法、层流、微柱结构等[11],它们都有助于实现在芯片上的细胞群体的有序化排布。进一步,利用软刻类技术包括自组装单层(self-assembled monolayers,SAMs)、微接触打印(microcontact printing)、微流控图形化(microfluidic pattering)及许多理化特性可切换的表面如电化学活性表面、光敏表面、热敏表面等,可以实施对细胞功能状态如黏附、增殖、迁移与分化等的较精确调控。因此,结合了微流控技术的细胞图形化技术,不但是研究细胞-细胞、细胞- ECM 相互作用的一个理想实验平台,对构建具有一定复杂几何结构的体外生理学模型大有裨益。

(2) 形成浓度梯度。在三维化组织中,由细胞消耗或者产生的任一种可溶性成分,从基础营养成分到效应分子,都存在着浓度梯度。这些梯度是随细胞消耗或者分泌而引起的扩散与对流之间的竞争所造成的。以浓度梯度作为驱动的各种生化信号对于许多生理过程如细胞迁移、分化、免疫反应及癌症的转移等起着关键的作用。Griffith 等[5]总结认为这些浓度分布对组织生理过程有两大潜在影响:① 某处微尺度范围上局部的平均浓度影响着局部的细胞行为,因而组织中部细胞的行为可能不同于组织表面处细胞的行为;② 跨细胞梯度如果陡增到足以引起细胞感知,那么这可以引发细胞的趋化迁移或者其他梯度依赖性的细胞响应事件。在他们的综述中,专门分析了无流动条件下三维组织中由扩散与反应造成的浓度分布情形。

假设一种表面浓度为 C_0 的物质,扩散近距离表面为 x 的某处组织块中时的浓度为 C,那么,由组织消耗的该物质的体积流量 Q 可由下式表示

$$Q = D(d^2C/\mathrm{d}x^2)$$

式中扩散系数 D,对于特定的某一物质是固定常数。

在给定条件(扩散距离为 L,零阶消耗率)下,则该方程的解

$$C/C_0 = 1 - \Phi^2[(x/L) - (x/L)^2/2]$$

式中 Φ^2 =反应速率 / 扩散速率 $=L^2Q/(C_0D)$,是一个称为蒂勒模数(Thiele modulus)的无量纲参数。对于 $\Phi^2=1$,$C/C_0=0.5$,即物质浓度降低到组织表面浓度的 1/2;对于 $\Phi^2=2$,$C/C_0=0$ 组织中心的浓度为 0。因此,这个蒂勒模数 Φ^2 可以用来刻画组织内物质浓度变化与组织厚度、细胞密度(即营养消耗速率)之间的关系。一个经验规则是,对于 $\Phi^2>1$,组织中就发展出显著的浓度分布。不过,估计真实组织浓度梯度幅度,目前还存在着障碍,例如缺乏调控分子如 EGF 与细胞因子的消耗速率与生成速率这样的数据。

在微流控技术条件下,流体主要以层流形式运动,这有利于在通道中产生各种类型的浓度梯度。微流控技术能够通过改变流速与通道尺寸,并利用微阀、微泵技术或独特的通道结构设计等来实现稳定的、三维的生化浓度梯度,从而模拟人体内各种复杂的生理学过程。Atencia 等[12]在微流控条件下,测定一些生长因子浓度分布所引起的效应,他们把由生长因子与其他溶质分子所形成的复杂的但可预测的图形称为第二界面(secondary interfce),其形状受细胞培养基的灌流所影响。

(3) 产生流体剪应力。活体器官内每时每刻都存在着流体的流动，只要有流动必然存在剪应力。现有微流控技术通常通过外力驱动（如微泵）灌流来提供这种流动条件，并且结合通道内部的微结构形式来实现不同水平的剪应力。相比于传统的静态培养，这种微流控条件有利于实现细胞的动态培养，稳定地给予细胞营养物质并及时将废物排出，细胞所处的动态环境与体内更为相似。众多实验表明，灌流产生的流体剪切力对于血管内皮功能、肾的重吸收功能[13]等是必要条件。

(4) 产生动态机械应力。器官功能活动也与机械应力密切相关，如血压、肺部压力、骨骼压力等。稳定的压力在器官生理功能包括组织形成、细胞分化甚至肿瘤形成中都起着重要的作用。微流控技术能够结合弹性膜在流动条件下产生可调控的周期性机械应力。当将细胞培养于弹性多孔膜上，利用外界作用力使多孔膜发生形变时，使细胞受到拉伸或压缩等变形，从而模拟部分生理条件，如肺的呼吸、肠道蠕动以及心脏收缩等[1]。

已经发展出的许多器官芯片装置，通常由数层培养在多孔膜上/下的细胞层组成，其中微流控技术则被利用来为细胞层灌注培养基、各种可溶性因子，使细胞同时受到可控的剪应力作用与机械应变的作用等。

此外，微流控技术还提供了另外的适于针对模型研究的实验能力。例如，基于 PDMS 等透光性材料的微流控装置，使得十分适于显微条件下对其内部细胞水平上的各种观测过程的实施，而这在实际的活器官上是难以开展的。再如，微流控技术是建立在微加工技术基础上的，这使得 μTAS、BioMEMS 等方向发展出的技术能力可以结合集成在器官芯片的研究中，为其研究过程提供多种精微的微分析工具。由于这些实验能力的结合，微流控器官芯片技术能实现体现组织与器官功能性的活细胞的生化、遗传与代谢活动的高分辨率、实时影像、离体分析。

17.2 微流控条件下离体重建器官关键功能

以下介绍若干主要器官功能的微流控模拟技术例子。

17.2.1 肺脏

17.2.1.1 肺泡功能单元的微流控模型

过去大多数离体肺泡功能模型，主要采用 Transwell 以气-液方式共培养肺泡上皮细胞与血管内皮细胞来模拟。但是这些模型，忽视了肺泡上皮-血管内皮构成的功能单元“活”的要素——微环境中的力学作用，肺脏一呼一吸这种周期动作使这个功能单元中的上皮细胞与内皮细胞也受到不断的机械拉伸作用，这种力学作用对于这些细胞的正常功能活动具有深刻的影响。

为了构建能体现这种力学拉伸作用的肺泡功能模型，Huh 等[14]根据肺脏中肺泡涉及的主要力学过程[见图 17-1(a)]，发展出如图 17-1(b)所示的微流控装置。

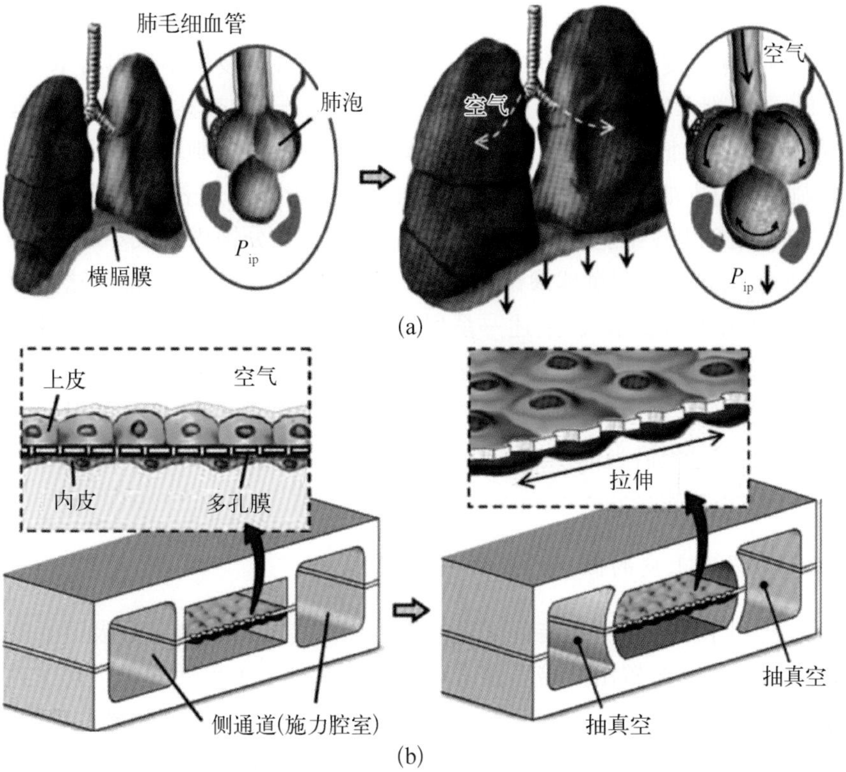

图 17-1 微流控模拟肺泡功能示意[14]
(a) 肺脏中肺泡-毛细血管界面力学作用的主要过程;(b) 模拟肺泡-毛细血管组织界面功能的PDMS腔室化微流控装置

Figure 17-1 Microfluidic mimicking the function of lung alveolar

图 17-1(a)中表达出肺泡呼吸的主要力学作用过程：肺在吸气时，横膈膜收缩引起腔内压 P_{ip} 的下降，进而导致肺泡膨胀以及肺泡-毛细血管界面的拉伸变形。图 17-1(b)中示出的是一种 PDMS 腔室化通道微流控装置，该装置整合了共培养腔室与施力腔室。共培养腔室部分是由一层多孔弹性 PDMS 薄膜分隔的上下两层微通道组成，上层为气体通道，下层为液体通道；PDMS 多孔膜上裱衬 ECM，其上侧表面培养人肺泡上皮细胞(构成气-液界面)，下侧表面培养血管内皮细胞，从而模拟肺泡-毛细血管界面结构。而在共培养腔室两通道的左右两侧加工的两个侧通道作为施力腔室，连接真空泵后，可以按一定频率(如 0.25 Hz)造成腔室负压。这种脉动负压可引起夹在中间的 PDMS 膜发生周期性的拉伸形变，从而模拟呼吸时肺泡界面上的扩张和收缩这种动态性机械挠曲行为(5% ～15%)。实验时，处于共培养中的肺泡上皮细胞与内皮细胞，受到来自气流、液流及 PDMS 膜表面上拉伸应力这三者的耦合作用，从而达成与活体最大类似程度的力学作用环境。

在实验中，除了细胞存活期可达 2 周以上，本章作者及其团队还观察到上皮细胞层的表面活性剂表达增加；跨膜电阻增大；测得的荧光标记白蛋白通透性(2.1%/h)几乎与活体上的相同(～2%/h)，而且在给予生理变形(5%～15%)作用 4 h 的实验条件下，维持着这种通透率水平；周期性拉伸作用下这两种细胞形态有即时性变长的排列响应。

进一步，通过引入炎症性细胞因子(如 TNF-α、IL-8)与细菌(GFP 标记的大肠杆菌)

的实验表明，这种微流控肺泡模型，能逼真地呈现出肺脏在器官水平上的复杂而整合式的生理响应行为。例如在上皮通道中加入 TNF-α 后 5 h 内，在内皮层中测得有 ICAM-1 的持续增加，而只给予生理水平的拉伸作用实验中未测到该分子的表达。在内皮通道培养液中加入荧光标记的中性粒细胞，当没有 TNF-α 刺激时，中性粒细胞不会黏附到内皮上；而在有 TNF-α 刺激下内皮被激活后，中性粒细胞强烈地黏附到内皮表面，并随后扁平化铺展、迁移，一旦粒细胞发现内皮细胞之间的细胞连接处，可在几分钟内完成穿越内皮-上皮界面（包括中间 PDMS 膜孔）（所谓血球渗出过程），并停留到上皮表面上（即使这些微通道内部有不停的流动及不停的膜变形）。上述一系列事件正是肺部发炎的一个标志性过程。这种装置更为精彩的模拟是，当细菌加入到上皮通道的培养液中后 5 h 内，足以引发内皮通道中中性粒细胞的渗出运动，当后者抵达上皮层后即形成朝向细菌的定向运动，几分钟之内实现对细菌的吞噬。这一过程恰当地模拟了肺部受到细菌感染后的细胞免疫级联反应，这正是肺脏器官水平的重要功能。

17.2.1.2　呼吸道上皮的微流控应力损伤模型

Huh 等[15]提出了一种微流控装置来模拟液体栓塞传播与破裂对呼吸道上皮的损伤效应。如图 17-2 所示，该装置由共培养腔室与液体栓塞流发生单元构成。其中共培养腔室与前述肺泡功能流控装置的结构类似，不同处在于分隔两腔室的膜采用多孔聚酯刚性膜（孔径 400 nm）；液体栓塞流发生单元是一种双 T 型微液塞发生器，其下游与共培养腔室中上皮腔通道衔接。气-液共培养下的上皮细胞至融合与分化后，使上游生成的液塞流通过上皮细胞层通道并在通道下游气液界面上发生破裂，上皮细胞则经受这一过程中所产生的剪应力的作用。实验表明，这种液塞的流动、破裂及传播过程引起的机械应力足以可致上皮细胞的损伤性死亡。

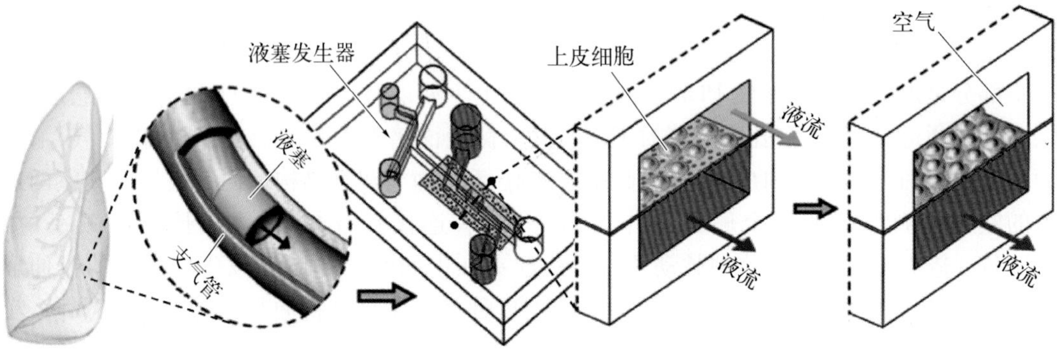

图 17-2　微流控模拟支气管上皮液体栓塞传播与破裂效应[15]

Figure 17-2　Microfluidic mimicking the effects of propagation and rupture of liquid plug flows found in bronchia

基于此模型，Tavana 等[16]模拟了呼吸道表面液体淤积导致的液塞流对肺上皮细胞的损伤。研究表明，大量的细胞损伤发生在液塞流传播过程，本章作者及其团队将这种损伤结果归结于流动性应力的周期性作用，而在这一过程中如果添加表面活性剂则能够有效降低细胞死亡率。

但是，上述损伤的作用力原因，与以前用弹性基底的模型研究[17]得出的由循环拉伸应力所致的观点，显然不一致。近来，Douville 等[18]采用可以执行流动与固态拉伸两者单独作用与组合作用的微流控装置的研究，认为双重应力组合下的作用才可以引起肺泡上皮损伤。他们设计加工的 PDMS 微流控装置由上下两腔室组成，中间由无孔 PDMS 薄膜分隔。其中，上皮细胞培养在 PDMS 薄膜上面，与上腔室一起作为“肺泡”腔室(alveolar chamber)；下腔则作为“致动”通道(actuation channel)，其两侧设置有两个垂向通道穿过 PDMS 分隔薄膜并贯通至装置顶面。实验时，充满流体的“致动”腔室通过侧面两通道与注射泵相接，注射泵的可编程往复抽吸动作造成的负压，使 PDMS 膈膜凹凸形成半月形面，半月形面的运动及产生的拉伸作用力，非常类似于肺泡“呼吸”时的膨胀与收缩行为。半月形液面传播速度与膜的拉伸特性可以调控，以匹配一些病理状态如肺泡水肿发生过程中的测定值。他们证实，受到薄膜机械拉伸与空气-液体界面张应力双重作用的肺泡上皮细胞，与只受到循环机械拉伸作用的细胞相比，在形态上有显著的不同，而且经受流体与固体机械应力组合作用下的细胞群，其死亡率与脱附率均十分显著。

17.2.2 肝脏

17.2.2.1 肝血窦微流控模型

Lee 等[19]根据对肝血窦中细胞与流动的解剖关系[见图 17 - 3(a)与图 17 - 3(b)]，最先提出一种模拟肝血窦物质传输特性的微流控肝细胞培养芯片。如图 17 - 3(c)所示，上图为用隧道型并行微通道作为界面扩散通道，下图为用微柱阵列形成的间隙作为界面扩散通道，两者均示意出芯片结构 SEM 图及肝细胞培养情形。在图 17 - 3(c)上图中的这种芯片，其流控单元结构由一条肝细胞培养主通道(长 500 μm×宽 50 μm×高 30 μm)与一条培养液灌流通道组成，前者似指状插入呈 U 形弯折的灌流通道的两臂之间，在隔离两通道的壁的横向平面上，靠灌流通道侧加工有长 30 μm×宽 2 μm×高 1 μm 的间隙状并行微通道阵列，靠主通道侧加工出高 1 μm 的 U 形下沉台阶。原型装置用 PDMS 软刻与模塑工艺加工并封装。实验时，用 1～5 psi(1 psi＝6.894 8 kPa)的驱动力，在主通道中引入鼠或人原代肝细胞，可形成由约 250 个肝细胞紧密排布的“肝索”(与人体肝索细胞数相当)，在灌流通道中则引入培养液，灌流时其体积可容纳大约 100 pl/s 的培养液。在这一过程中，两通道壁间的十分微小的间隙状并行微通道阵列起着两个作用：① 在主通道中引入原代肝细胞溶液时，一部分液体会通过并行间隙通道进入灌流通道，而使肝细胞在主通道得到浓聚；② 大大降低灌流通道与主通道之间的对流效应，使两侧以扩散传输为主；这种流动特征使得主通道内是一个低剪应力环境，非常适于肝细胞培养；因为这些间隙通道长度为 30 μm，由灌流通道跨间隙通道扩散至主通道的时间在秒级。这样的流控特点，非常类似于活体肝血窦与肝索之间的血窦内皮界面所起的功能——即使肝细胞与血窦内血液分离但又能进行物质交换。实验表明，利用这种流控芯片培养肝细胞时，在不裱衬基质条件下原代肝细胞能够存活 7 天。并且发现，主通道内加载细胞的密度(以细胞-细胞之间的中心间距衡量)影响原代肝细胞存活率：当肝细胞加载到平均中心间距＞23 μm 时，细胞存活率类似于未裱衬培养皿，而当加载

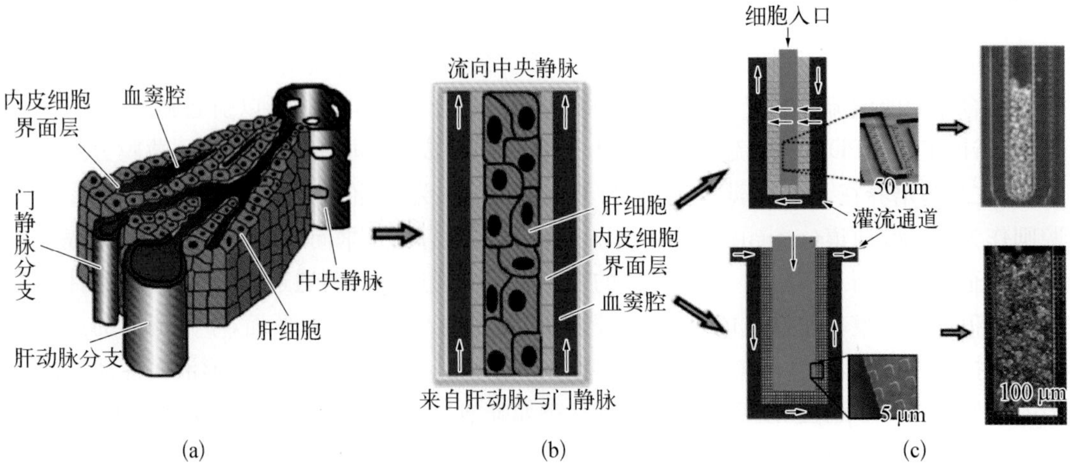

图 17 - 3 微流控肝血窦模型[19,20]
(a) 肝血窦结构示意；(b) 肝血窦细胞与流动关系简化模式；(c) 内皮细胞屏障界面的两种微结构模拟(比例尺：50 μm)
Figure 17 - 3 Microfluidic models for liver sinusoid

到平均中心间距<20 μm 时，在 7 天培养后细胞存活率达到(94±15)%。进一步，在药物双氯芬酸钠(扶他林，diclofenac)作用下，细胞在短时间(4 h)内几乎没有显示毒性，但在较长时间(24 h)作用下发生死亡，表明此流控模型中的肝细胞已经反映出肝功能的生理活性。

随后的研究中，Zhang 等[20]将界面上的间隙状微通道阵列几何结构改成方形微柱阵列，图 17 - 3(c)中下图为用微柱阵列形成的间隙作为界面扩散通道，这样形成的微流控装置由 3 部分组成，即细胞培养区(蓝色，长 440 μm×宽 150 μm×高 30 μm)、培养液流动通道(红色，宽 50 μm×高 30 μm)及由微柱阵列构成的灌流屏障(灰色，每个微柱尺寸：宽 5 μm×高 2 μm，间距 5 μm)。细胞从培养区的顶端入口引入并定位。方形微柱阵列的微小间距使得在灌流时相对侧通道之间发生扩散性营养交换，同时也足以防止细胞通过。

17.2.2.2 肝小叶结构的微流控图形化构建

肝小叶具有独特的六角形放射状细胞排布结构，这是进化形成的实现肝功能高效营养供应与代谢反应的结构方式。在肝细胞与内皮细胞之间形成血窦腔界面的基础上，如何进一步来离体造就这种肝小叶结构，是肝脏功能模拟中的一个挑战。例如，在一些离体培养中，把离散的肝细胞与内皮细胞种植进一个微流控腔室中，它们必定是随机分布的，即使可以有序自组织，也必须要有相应的基质条件与孵育时间。如何使它们一开始较快地有序排布成类似于肝小叶构造中的相互位置关系，微流控技术已经探索利用细胞的介电电泳操纵来给出一种解决方案。介电电泳(dielectrophoresis，DEP)是荷电粒子(细胞)在非均匀电场中被诱导偶极化而在电场梯度中泳动的现象，即负向 DEP 力，可使细胞受到电极的排斥而使细胞运动到 DEP 电场梯度的最小值区域；正向 DEP 力，可吸引细胞进入到局部电场最大的区域。合理设计电极阵列的排布，可以造成各种电场梯度分布的 DEP 陷阱，可以促成随机分布细胞的有序化。

例如，Ho 等[21]用玻璃与 ITO 玻璃微加工工艺，设计加工出呈星形放射状的两级集成微电极阵列,如图 17-4 所示。其中 1 级放射状电极阵列以内核小圈作向心方式引联,2 级电极阵列以周边大圈作离心方式引联,两级电极阵列独立加电控制,分别用于陷捕肝细胞(HepG2)与内皮细胞(HUVECs)。在他们的设计中,在两级电极阵列的靠外圈区域,设计更多电极数,以实现更多的细胞排布。实验时,首先在腔室中引入悬浮在 DEP 操纵液的肝细胞,在第 1 级电极阵列上加电,使肝细胞沿着其电极阵列形成的 DEP 陷阱排布(如排布成所需要的串珠链式放射状阵列),接着引入细胞培养液,孵育肝细胞使其黏附到基底上;然后向微流控腔室中引进内皮细胞,用第 2 级电极阵列使内皮细胞排布。可以观察到,数百万的内皮细胞已经被俘获、图形化排布,它们镶嵌在先前排布好的肝细胞之间,这表明这种 DEP 操纵过程实现了肝小叶中两种主要细胞的有序排布,如图 17-4(c)所示。进一步的表征结果表明,这样排布形成的肝小叶结构,不但细胞存活率没有下降,而且 CYP-1A1 酶活性得到显著增强。

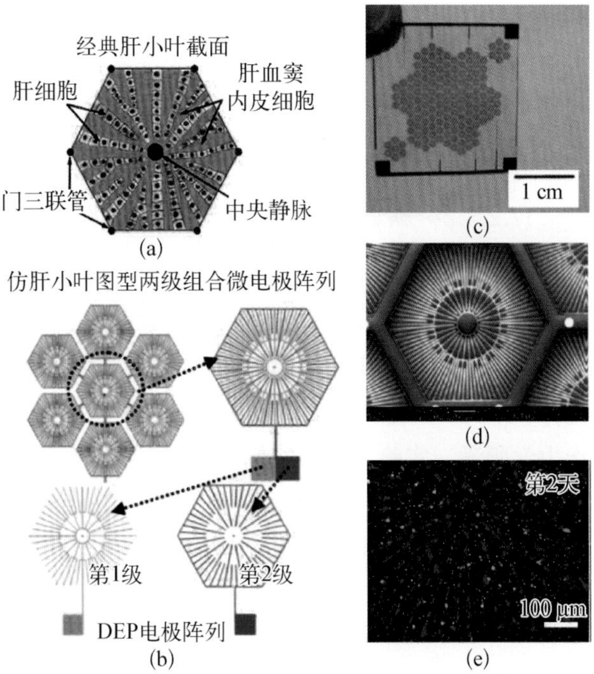

图 17-4 基于 DEP 力操纵下的仿肝小叶图形[21]
(a) 经典肝小叶结构模式;(b) 仿肝小叶结构的两级组合式微电极阵列设计;(c) 所加工的 DEP 微电极阵列芯片;(d) 一个 DEP 微电极阵列的 SEM 图像;(e) DEP 力操纵下肝细胞(红色)与内皮细胞(绿色)有序排列图形

Figure 17-4 Tissue pattern of hepatic lobule formed under DEP force

肝脏功能的微流控模拟,过去的技术焦点落在微尺度上组装细胞簇,以形成异种类细胞之间的作用界面;但是,在微组织界面两侧的细胞经受着不同的营养与代谢流动条件,因此如果给予活体那样的灌流条件,对于建立起更加接近人体肝脏微结构构造及在较长时间内保持肝脏特异性功能应该更为有利。这方面的探索近来已经得到关注。例如,Schütte 等[22]也采用 DEP 力实现人原代肝细胞与内皮细胞的有序排布,但是他们利用注模加工的芯片结构中,在细胞排布基底的两侧设置微通道,构成脊-沟式结构,在脊上两种细胞呈串珠链式有序排布模拟肝血窦界面。这样的设计,不但增强所排列细胞之间的黏附力,也使它们之间的直接通信得到强化,而沟槽中的微流动则实现有效灌流,并可以混合药物进行肝功能毒性测试。

17.2.3 肠道

17.2.3.1 肠道绒毛结构模型

Sung 等[23]通过激光烧蚀、PDMS 软刻技术,并使用水凝胶作为模板,首次在芯片上构建了“梳子”状 3D 水凝胶结构，然后在这些水凝胶表面培养一层人肠上皮细胞(Caco-2)，来模拟人的肠道绒毛结构模型。实验结果显示，该模拟结构与人肠绒毛的形状与分布密度接近，长度 450～500 μm。通过细胞渗透率与跨膜电阻(TEER)的测定，发现相对于传统 2D 模型，此模型更加接近人体实际情况。

17.2.3.2 耦合肠道蠕动运动的肠道微流控模型

为了模拟人体肠道蠕动，Kim 等[24]采用如图 17-5 所示的双层通道 PDMS 微流控装置。与模拟肺功能中的装置类似，上下两层通道之间用弹性 PDMS 多孔膜分隔，在膜上培养 Caco-2 细胞。他们在实验中，用真空泵对两侧通道施加负压，使 PDMS 多孔膜作周期性拉伸(0.15 Hz)，使其像人体肠道蠕动那样发生扩张与收缩变形，从而对培养其上的细胞层作力学刺激。实验表明，经过周期性拉伸变形，细胞能够分化并形成人体肠道内的肠绒毛结构。进一步，他们还将人肠道内寄生的大肠杆菌(*Lactobacillus rhamnosus*，GG)与肠道上皮细胞进行共培养。结果表明，两者的共存能够增强 Caco-2 细胞的屏障功能；与静态培养相比，TEER 要高出 3～4 倍，接近活体值，而且静态培养条件下这类上皮会发生脱附，而蠕动运动在不改变 TEER 的情况下还提供了细胞层的可通透性。

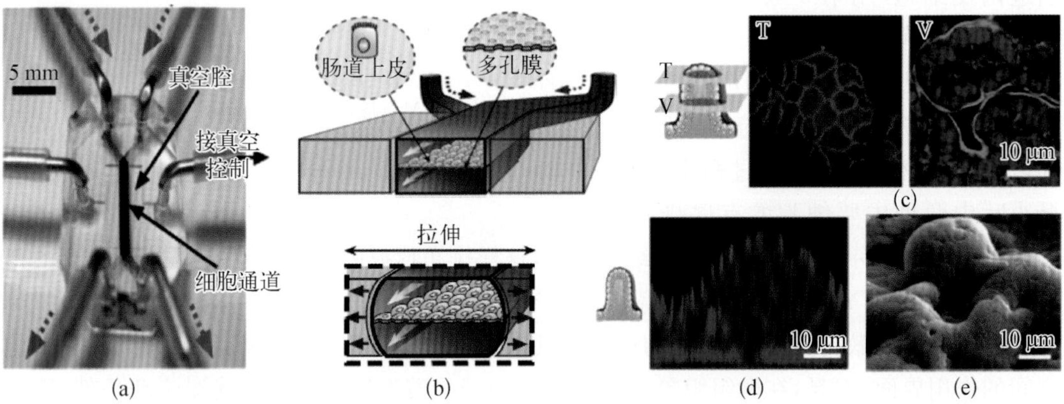

图 17-5 肠道微流控模型装置及其在其中培养 Caco-2 细胞形成肠绒毛[24,25]
(a) 肠道芯片装置；(b) 该装置对培养细胞拉伸前后示意；(c)～(d) 微流控拉伸培养下 Caco-2 细胞形成的肠绒毛横断面(顶尖处 T 层与中部 V 层)及纵断面的荧光染色影像，(c)中的 T 层与(d)所显示的红色为肠道上皮紧密连接蛋白 ZO-1，(c)中的 V 层所显示的绿色表达出连续刷状边缘中 F-肌动蛋白；(e) 所形成的肠绒毛的 SEM 影像

Figure 17-5 The human gut-on-a-chip and the formation of intestinal villi by cultured Caco-2 cells within

Ingber 实验室在上述研究基础上发展的人体肠道芯片系统[26,27]，相当高度地集成了循环机械拉伸应变、流体流动、共生微生物等生理作用线索，在对培养的人 Caco-2 细胞施加可比拟生理性的低水平流量(30 μl/h)以及剪应力(0.02×10^{-5} N/cm)下，显著提升肠道上皮分化，使其形成三维状肠绒毛并且有绒毛状结构与紧密连接相连(粗绒毛状折叠增大表面积 1.7 倍)，有刷状与黏膜分泌物覆盖。每个绒毛周围包绕有基底增殖性细胞隐窝，可以沿着隐窝-绒毛轴连续地覆盖。更令人兴趣的是，微流控实验条件下还可诱发不同的细胞分化形态(包括吸收型、黏液分泌型、肠道内分泌型与潘氏细胞等)，这如同在正常人体小肠中分化的上皮细胞种类。相比常规 Caco-2 细胞单层培养(如静态 Transwell)，这种模型增大了肠道

表面积与吸收效率，增强了基于细胞色素 P450 3A4 同构型药物代谢活性，十分类似于正常人体情形。

17.2.4 肾脏

17.2.4.1 肾小管上皮界面模拟

Jang 等[23]采用 PDMS 软刻工艺加工一种由聚酯多孔膜(孔径 0.4 μm，厚度 10 μm)分隔的、上层为直通道(长 1 cm×宽 1 mm×高 100 μm)下层为通孔液池型(长约 0.6 cm×宽约 2 mm)微流控装置(装置厚控制在 1～2 mm)，上通道两端设出入口，如图 17－6 所示。在早先的一个实验中，在上通道内多孔膜上种植原代大鼠髓质内层集合管上皮细胞，置于预充有培养液的培养皿(因而 PDMS 装置下层的液池孔中也充满培养液，模拟肾管间隙液)孵育，3 天融合后，37℃下用注射泵以 1×10^{-5} N/cm^2 灌流高渗培养液 5 h。与静态培养对照组比较，结果发现，微流控条件下，这种肾上皮细胞可在腔面上表达标志蛋白 AQP2、在底面膜上表达 Na^+－K^+ 泵标志蛋白，可引起细胞骨架重组与细胞连接的改变，1 mmol H_2O_2 应激处理下具有高存活率。这提示，这种结合了多孔膜与剪应力作用的微流控装置，是适合用来重建出肾上皮细胞正确极性功能的。

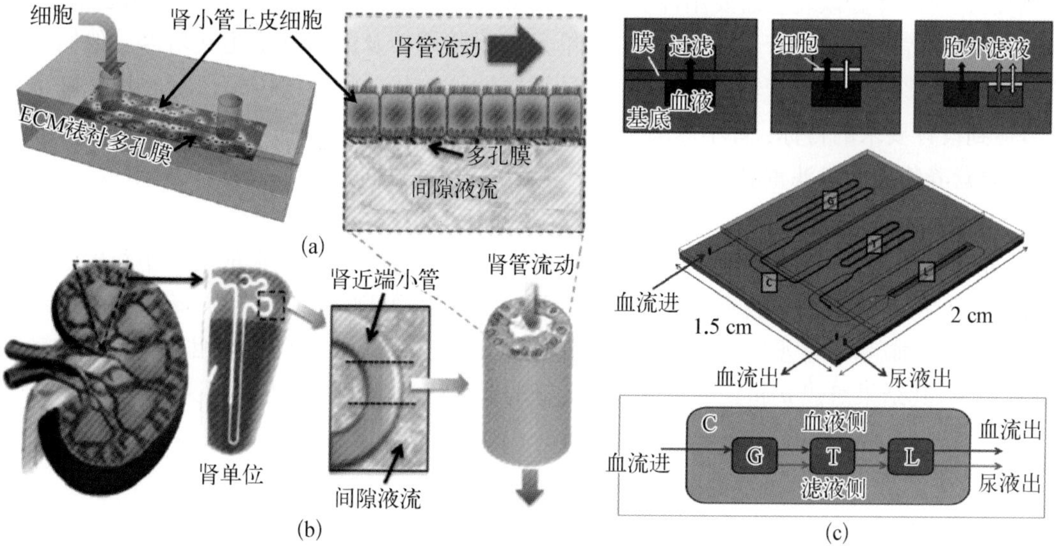

图 17－6 肾脏功能模拟
(a)(b) 模拟肾小管上皮界面[13]；(c) 肾单位微流控模拟的一种设想[28]
Figure 17－6 Microfluidic modeling for kidney function

肾近端小管对经过它这个区域的药物具有主动清除、重吸收、胞内浓度与局部间隙积累增高的功能表现，也常常是药物诱发肾毒性的主要部位。在用相同微流控装置的后来的一个研究中[13]，该小组采用原代人肾近端小管上皮细胞来比较流动灌流与静态培养之间的差异。他们以人体上相同量级的剪应力(0.2×10^{-5} N/cm^2)灌流，结果发现，在剪应力作用下，这种细胞的极化、原生纤毛生成、刷状缘上皮细胞的碱性磷酸酶活性都得到增强，白蛋白转运和葡萄糖重吸收能力能够分别达到 Transwell 静态实验的 2 倍与 3.5 倍，充分证明流体剪切力对于构建肾脏生理学模型的重要性。

进一步，他们还在微流控芯片上测量顺铂(cisplatin)毒性与糖蛋白外泌转运器活性。实验中，在下层流体中加入顺铂溶液(100 μmol)，上通道内灌流作用 24 h，作乳酸脱氢酶活性与细胞存活率监测，结果表明，在相同条件下，顺铂引起细胞死亡，但在芯片中的细胞存活率大于 Transwell 培养，这与常规培养相比更接近于活体上的响应行为。

此外，Wei 等[29]设计了一个单层管状通道的微流控芯片，在管壁上培养单层的人肾小管上皮细胞(HK－2)，通过加入含有 $CaCl_2$ 与 Na_3PO_4 的 HBSS 缓冲液模拟肾磷酸钙结石的生成，这是首次在微流控条件下建立的体外肾结石模型。

17.2.4.2 肾单位的微流控模拟

Weinberg 等[28]较早前在微流控模拟肾单位结构上做出了探索。他们提出了一种模拟肾单位功能的微流控装置设计方案，将肾单位的肾小球单元(G)、肾小管单元(T)、髓襻单元(L)与集合管单元(C)4 个单元集成在一块芯片上，如图 17－6(c)所示。其中 G、T 与 C 3 个流控单元的组合模拟肾单位功能，而 C 单元则是 G、T 与 C 3 单元以及血液与尿液的等流动的接口。他们的方案中，采取多孔膜分隔的双层通道法来加工各流控单元，并且 L 单元的加工中设置对流环。该装置需要用许多不同类型的细胞来执行不同的分子转运功能，在 T 单元中需要培养肾近端小管上皮细胞，在 L 单元需要髓襻涉及的多种细胞共培养。他们针对这种设计的多相流与粒子输运模拟结果提示，这种肾单位芯片系统可模拟肾的每个基本功能，达到设计要求的目标：肾小球单元 G 过滤份额占比在 15%～20%之间，近端小管单元 T 对重要营养物质的过滤重吸收效率为 65%～70%，最后在髓襻段 L 累积大量尿液，脲浓度 200～400 mM。

此外，Mu 等[30]通过水凝胶键合技术将两块水凝胶拼接在一起，形成两个平行的三维微通道网络，在不同的水凝胶通道中培养不同的细胞，如 MDCK 细胞与人脐静脉内皮细胞(HUVECs)细胞，考察水凝胶之间的传质作用以了解这些肾脏细胞之间相互作用下被动扩散的情形，其结果对建立起具有定量质量运输的肾脏生理学模型有参考意义。

17.2.5 脾脏

本节主要介绍红脾髓过滤的功能模型。为了模拟脾脏红髓的这种过滤功能，Rigat-Brugarolas 等[31]研究了一种微装置，模拟维持过滤功能的脾脏功能单元，红脾髓(red splenic pulp)的物理特性与水动力作用过程(见图 17－7)。图 17－7(a)中示意出人脾脏的主要作用过程，从脾动脉来的血液进入脾中央细动脉后沿着两个路径分流：① 沿闭合的脾小静脉快速流动，这条路径旁避了肾的过滤功能；② 沿着有脾索过滤床慢速流动，以单向流动透过内皮间隙直到汇合进脾小静脉，在这条路径上血液中非健康(变形能力低的)红细胞被特化的巨噬细胞(mϕ)破坏清除。RP 指红脾髓，WP 指白脾髓。所设计的装置中[见图 17－7(b)～(d)]，两个主通道提供分流流动，以模拟红脾髓中闭合-快流、开放-慢流这种微循环特征。在慢流通道中局部段通过加工柱状阵列结构来增大血球压积，以模拟脾脏中血液流进开放-

慢流通道中的网织结构。在慢流通道下游末端中(与快流通道下游汇合之前)布置有并行的宽 2 μm 间隙通道阵列,所起到的流动限制效果可以模拟脾脏中内皮间隙结构的滤过功能(限制变形性降低的细胞通过)。这些微结构的组合,可使血流的 90%左右分流到快流通道,而其余 10%左右则进入慢流通道。图 17－7b 中的下面两插图分别示出了该装置中的流动分流区及慢流通道中的微柱阵列结构。

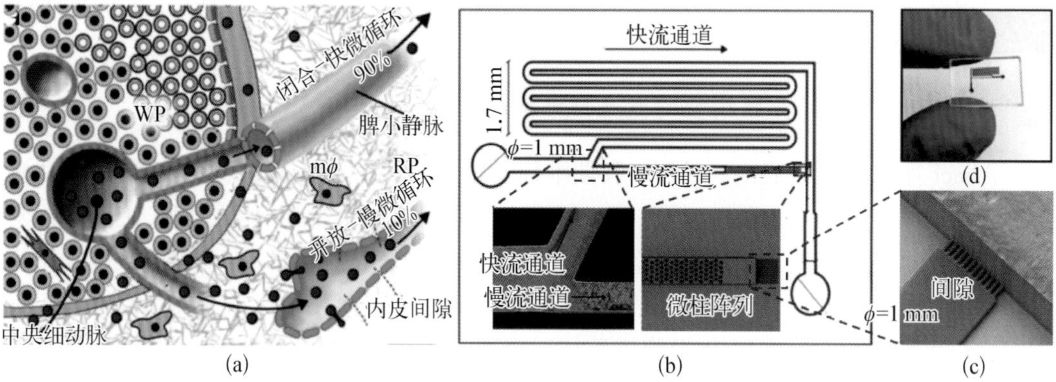

图 17－7　脾脏微流控模型[31]

(a) 人脾脏作用过程示意;(b) 模拟人脾脏滤过功能的微流控装置示意;(c) 过滤间隙的 SEM 影像;(d) PDMS 软刻/玻璃键合工艺加工的微流控装置

Figure 17－7　Microfluidic modeling for spleen function

他们用不同类型的血细胞来做实验,证实这种脾脏芯片系统的可靠性与准确率。他们证实,老化的 RBSs 变形性小,比新提取的 RBCs 更难于穿过所设计的微结构限制。而且,受到 *Plasmodium vivax* 感染的网织红细胞比非感染细胞的变形性显著增大。这与受疟疾寄生虫感染的网织细胞具有较高变形性的事实是一致的。更为有意思的是,实验中发现,在微柱阵列区中被滞留的红细胞与受到 *Plasmodium vivax* 感染的红细胞,它们在变形长度值上有统计学显著差异。这些结果提示,这种脾脏芯片系统不仅能够重现脾脏中的正常生理条件,也能根据变形性或者力学特性来区分不同类型的红细胞。

17.2.6　皮肤

皮肤的离体模型一直是静态培养物,即使称为“全层皮肤模型”(full-thickness skin equivalents),也主要是模拟表皮,或者是表皮与真皮的组合。这类模型的一般构建过程是,将人成纤维细胞培养在Ⅰ型胶原基质中,使其生长形成“真皮层”,然后将人原代角化细胞、黑素细胞种植其上,使其形成分化的“表皮”,这样在离体条件下形成了与真皮、表皮相关的人皮肤模型。但是,与皮肤相关的重要病理,包括创伤愈合、皮肤肿瘤、银屑病、接触性过敏、雄激素性脱发等,基本上都与皮肤器官中诸如血管、免疫,或者皮肤附属器等相关,而且天然皮肤是由皮下组织层透进到真皮中的毛细血管网来供养的。显然上述的离体皮肤模型还过于简单。试图在这种离体模型基础上进一步功能化的努力一直在进行中,例如,探索血管化、毛囊结构生成、脂肪组织生成等。

微流控技术的引入,带来了一些进展。例如 O'Neill 等[32]利用呈十字交叉的并行

PDMS 微通道(宽 300 μm×高 100 μm)装置,对贴附在交叉区域(预先裱衬有 I 型胶原)的新生儿表皮角化细胞层实施流控灌流培养,与静态(未加灌流)培养相比,发现在微流控流量 0.025～0.4 μl/min 范围可以维持很高的细胞存活率(93.0%～99.6%/72 h)且 100%细胞融合,而且细胞存活率与流量大小成正比。而此时用平板剪切模型估算出的剪应力范围在 $0.008\times10^{-5}\sim0.133\times10^{-5}$ N/cm^2,最大流量时的应力强度比一个成人背躺病床上皮肤所受力还要小 5～6 个数量级。因而,如果这种灌流流量所引起的应力作用似乎可忽略的话,那么所获得的培养增益可归功于灌流这种动态条件。

17.2.6.1 “全层”皮肤模型的微流控维持培养

Abaci 等[33]设计发展出一种用于长期维持人体全层皮肤模型(HSEs)的流控装置,由表皮腔室与真皮腔室组成,根据人体皮肤组织中血液停留时间来设计,建立空气-上皮界面对于 HSEs 的成熟化与终末分化十分关键。小尺度降低了培养液用量,所用细胞数也比常规 Transwell 培养少了 36 倍。装置可用所需流量来循环灌流,而无须机械泵运与外部管道连接。可以维持 HSEs 3 周,角化细胞增殖情况类似于常规 HSE 培养。免疫组化分析显示,角化细胞的分化与定位是成功的,1 周后建立了所有表皮的亚层。定位在表皮-真皮界面的基底角化细胞 3 周时仍处于增殖状态。通过检查多柔比星(doxorubucin)对细胞及结构的毒性效应,显示这种 HSE 芯片平台可以用于药物测试目的。

17.2.6.2 具有免疫潜能的皮肤芯片

人体皮肤角质层下,表皮中的角化细胞形成皮肤的主要上皮屏障;在表皮之下还含有许多特化的免疫细胞,包括树突状细胞、CD4＋ T 细胞、天然杀伤 T 细胞、巨噬细胞与肥大细胞等。从免疫防御角度来看,树突状细胞是免疫系统中的第一道防线。因此,角化细胞与树突状细胞的共培养体系应能模拟皮肤的免疫潜能。Chau 等[34]研究了一种具有免疫潜能的离体皮肤模型,他们用不可降解的微纤维作为支架及可包封细胞的凝胶,形成由树突状细胞与角化细胞、成纤维细胞共培养的多层培养物。发现这种共培养体系能够发展出表皮结构,并且免疫细胞能够迁移,对皮肤过敏剂(如 DNCB)刺激做出响应。

近来,Ramadan 等[35]提出了一种基于微流控的表达皮肤免疫潜能的离体模型装置,其构造如图 17-8 所示,在简易流控单元加工基础上以 4 层聚合物黏合工艺并整合 TEER 检测电极而成,在 2 片 PMMA 薄片(厚度 1 mm)中刻出流控腔室与通道,以 PET(聚对苯二甲酸乙二酯)多孔膜(孔径 0.4 μm、孔密度 4×10^6/cm^2)分隔黏合形成上下腔室,将下层 PMMA 片与 PS 片(厚度 0.5 mm)黏合,上层 PMMA 黏合到 PDMS 薄层(厚度 1 mm)上(PDMS 气体可通透)。两根 Ag/AgCl 电极丝(直径 0.5 mm)穿过 PDMS 与 PMMA 片层分别插入在 PET 膜上下的两腔室中。他们以这种构造为一个实验单元,在一块大小为 6 mm×3 mm×2.7 mm 的芯片中,构建成 3 组,以实现不同样本的并行实验(如以其中 1 个单元作为对照组,另外 2 个做差异刺激)。实验时,以 5 ml 注射器通过 PEEK 管(ϕ0.5 mm)连到流控入口端,在芯片腔室中实施负压引流。他们先在芯片的上腔室中培养人角化细胞系(HaCaT),孵育融合后再引入人白血病单细胞淋巴瘤细胞系(U937),以静态或以负压式灌流(5～20 nl/s)维持培养下,进行细胞存活率、TEER 及过敏源刺激下的实验观测。结果发现,动态灌流条件下不但可将细胞存活时间延长至 17 天,同时也显著改善了紧密连接的形成;而且,在皮肤过敏源如 DNCB、LPS 与 UVB 辐射等刺激下的 TEER 值实时检测,可考察该共培养体系中所表现出的上皮屏障功能与免疫细胞的响应行为。

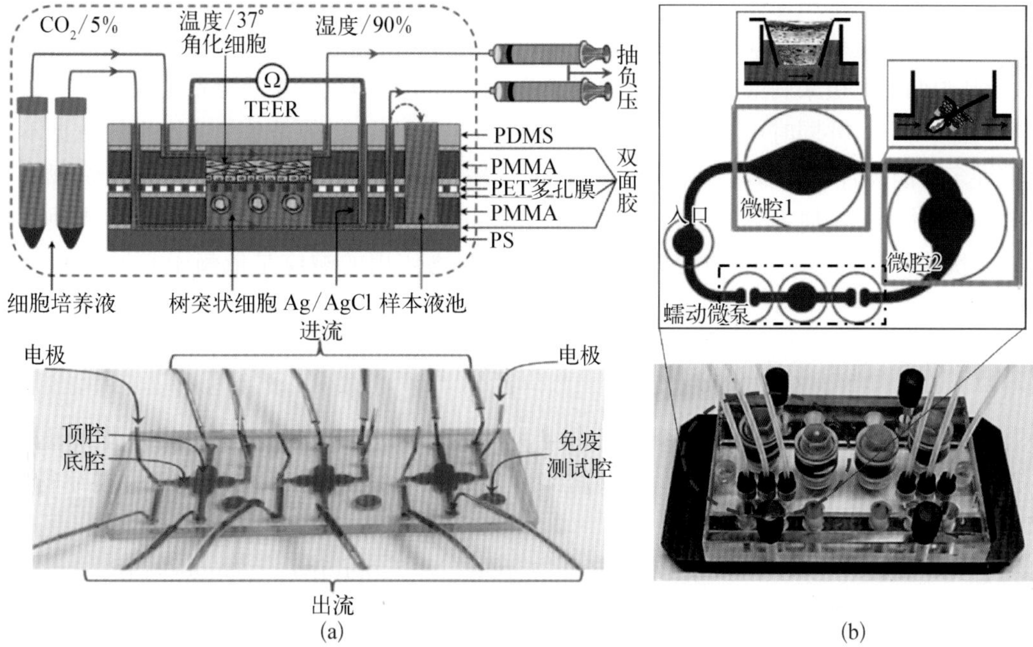

图 17－8 模拟皮肤的微流控模型装置

(a) 一种微流控皮肤免疫潜能离体模型装置[35];(b) 模拟皮肤及毛囊的皮肤芯片[36]

Figure 17－8 Microfluidic modeling for mimicking skin function

17.2.6.3 具有促进毛发生成的皮肤芯片

为探索在现有皮肤模型基础上增进功能的可能性,Atac 等[36]发展出一种结合 Transwell 的微流控灌流培养装置,如图 17－8(b)所示。这是一种两个微腔室与气动微蠕动泵以环状流路(宽 500 μm×高 100 μm 的微通道)串联集成一体的芯片装置,通过软刻法与 PDMS 模塑加工实现。其中,2 腔室由匹配的 Transwell 小腔室形成,Transwell 小腔室底膜的下侧面面向流路来流,流路上还开设有一个入口池,添加的培养液由下游微泵为两腔室实施灌流。微泵的驱动频率为 0.2～2.5 Hz,能够为流路提供流量 7～70 μl/min 的脉冲式灌流;如实验中采用脉冲频率 0.3 Hz 时可提供大致 30 μl/min 的流量。这种流控装置中 Transwell 小室的多孔膜底面是主界面。他们的实验中,在一个微腔中置放 Transwell 小腔室,在其中底面上先放入回体皮下组织样本(从儿科手术环切包皮获取),再加入 EpiDermFT™(一种离体全层皮肤模型);另一个微腔中直接加入从患者头皮毛发移植区抽提的毛囊单元样本;腔口面向空气开放形成皮肤组织需要的气-液界面。实验发现,在这种微流控灌流培养芯片,不但可以实现现有商业化皮肤模型上整合皮下组织,也增加了离体模型皮肤的存活期,而且还在毛囊中观察到了毛杆的延长生长,表明动态灌流不仅可影响细胞生长与组织的整合,还可以在回体条件下推迟毛发的退行期,这些在静态对照培养中则是无法实现的。

17.2.7 心脏

早期的研究,采用集成微电极的微流控技术,来表征限制在微空间中的心肌细胞的电生理特性,如胞外电位、跨膜电流与钙离子瞬变行为。Cheng 等的结合 5 电极阵列的微流控装置,用其中两个电极来刺激心肌细胞,另外 3 个形成三电极电化学系统测量心肌细胞的离子流与(乳酸)代谢,并同时用显微镜观测心肌细胞收缩行为[37]。但是单细胞水平的数据不能适应许多功能场合。例如,心肌中心电信号的传播与收缩应力的产生是在心肌组织规模上实现的;活体上的心肌细胞通过极化它们的胞内收缩装置并与毗邻细胞有序排列,来使电激活事件快速传送,并增加收缩力度;心肌对一些药物作用的响应是依赖于心肌细胞数量的等。

17.2.7.1 肌肉薄膜(muscular thin films,MTF)

这是一种培养在 PDMS 弹性薄膜上的心肌片层[38],其心肌细胞群构造具有类似于天然心肌的那种各向异性、层状特征,可以用来观察包括心脏在内的肌肉组织的收缩行为。MTF 的制备过程概述如下。

首先在盖玻片上旋涂上一层热敏聚合物[poly(N - isopropylacrylamide,PIPAAm)]薄膜(作为牺牲层),然后在这层薄膜上旋涂 PDMS 薄膜(厚度如 14～60 μm);固化后,在所形成的薄膜表面上裱涂纤黏蛋白,并种植细胞,在 37℃孵育 4～6 天,至心肌层形成。在 37℃时,PIPAAm 是疏水性的,与水接触时仍旧会维持固态而不会溶解掉。当从孵箱中取出冷却到室温(22℃左右)时,可按所需几何大小裁切薄膜,然后用水溶解 PIPAAm,就在盖玻片上脱附出"心肌细胞层/PDMS"薄膜——所谓"肌肉薄膜(MTF)"。置入培养溶液中,这块肌肉薄膜从二维片层状会自发形成三维构型,其具体形状由这种薄膜的力学特性决定;也就是说,这种肌肉薄膜的收缩性可在其三维变形中观察到,而且变形的程度依赖于薄膜几何形状与细胞群组织化构造(如排列取向行为)。例如,在相同尺寸的长方形面积上培养心肌细胞,心肌细胞群如果按 3 种取向排列,即沿宽度方向、长度方向或对角线方向,则 MTF 在宽度方向与长度方向会发生变形,而对角线方向则几乎不见变形。这个结果说明了在 MTF 上单轴肌节排列与收缩之间存在的关系。

当 MTF 中的心肌细胞自发或者有节律地收缩时,其中的 PDMS 薄膜也起着形态的塑造作用。PDMS(Sylgard 184)薄膜的弹性模量是 1.5 MPa,而大鼠心肌细胞的弹性模量约 30 kPa,两者相差两个数量级。因此,PDMS 薄膜厚度规约着 MTF 的弯曲刚度,而 PDMS 的结构完整性使得 MTF 可形成许多三维形状而不打破其中二维的肌肉组织。

在后来的一个研究中,Alford 等[39]把心肌收缩时 MTF 弯曲曲率直接与由细胞在横截面上产生的应力关联起来。他们的计算基于有限体积生长法,把 MTF 看作为两层平面应变梁,一层是 PDMS 被动层,另一层是经受收缩的细胞层。根据假定,如果 MTF 中的肌肉细胞层与 PDMS 层是解耦的,那么细胞层将经历一种无应力作用的变形,就可以用沿着其长

轴方向的缩短变量 λ_a 来表征；当这层细胞层固定到 PDMS 基底上时，细胞层的收缩使细胞层中产生应力同时导致 PDMS 基底的弯曲。他们通过严谨的力学分析，给出了 λ_a 的计算途径。

MTF 阵列式心脏芯片，为了增加实验通量，Grosberg 等[26]提出一种将 8 块 MTF 并行组合起来的 MTF 阵列式的“心脏芯片”。他们的构建思路是，在一块适当大小的玻片上，覆以保护膜，以一定间距在保护膜上刻出 10 mm×6 mm 的矩形阵列(如 2 行 4 列)，在这些矩形阵列上构建 MTF，切掉这些矩形阵列之间的间隔薄膜，但保留 MTF 的一个边缘(上下)使每个 MTF 的一端自由伸缩(可视作为悬臂梁)。这使得可以在相同条件下比较具有不同细胞排列(细胞各向同性与各向异性排列)的 MTF 的收缩特征及其细胞骨架组织。实验时，它们将该心脏芯片置于可温控的常规 Tyrode 培养液中，将 1 mm 铂丝电极置于离开 MTF 固定端 5 mm 之处，用带有摄像头的显微镜观测 MTF 阵列在施加电刺激时的收缩(弯曲)过程。基于这种“心脏芯片”的实验，他们把 MTF 的收缩应力与动作电位传播、细胞内外的构造联系了起来，表明用这种 MTF 阵列式心脏芯片可以研究不同环境因素对收缩响应的影响。例如，他们结合肾上腺素刺激作用的实验中发现，MTF 中的收缩频率随着不同浓度的肾上腺素作用而变化，检测范围可达 10^{-12}～10^{-4} mol/L，这表明，该芯片可以用来测量药物对心肌细胞收缩响应的剂量依赖性效应。

为了能以容易实施的高通量方式进行 MTF 实验观察，并为未来多器官集成模型的开发提供互连方式，Agarwal 等[27]进一步提出了一种由可重复使用的单通道流控装置与 MTF 悬臂梁阵列式心脏芯片组合式系统。其单通道流控装置由可以密封连接的上部透明聚碳酯腔盖与底部中空铝腔组成，腔盖体除加工有腔内单通道、通道出入口接头与铂丝电极孔外，还加工有透明窗口，铝腔中加工有适配 MTF 芯片置放的精密凹台。为了在种植培养细胞之前能快速完成 MTF 阵列芯片的加工，他们采用了激光雕刻工艺来辅助悬臂梁条形阵列的加工。实验时，从孵箱中取出培养了 4 天的 MTF 芯片，置放在铝腔中，与透明腔盖装配密封后，MTF 芯片上面正对于腔盖内预先加工的通道(两者间距 5 mm，可满足 MTF 收缩时离开其基底盖玻片 1 mm 的高度需要)。把组装好整个装置置于显微镜下，铝腔与温控单元相接使之恒温于 37℃，接入注射泵以灌流心肌细胞培养液(或者加入测试药物)，在电刺激下进行 MTF 悬臂梁收缩过程的观测。他们在去甲肾上腺素刺激实验中，也观测到了心肌收缩的剂量依赖性变化。

17.2.7.2 心脏细胞受力加载的微流控模拟

Giridharan 等[40]提出的微流控装置，可以重现左心室中的力学加载行为。这种微流控心脏细胞培养模型，由细胞培养腔、泵、可塌陷的脉冲阀与可调止血阀组成(见图 17-9)。细胞培养腔由夹在两聚碳酯板之间的 PDMS 膜组成，在 PDMS 膜上刻有微流控通道。泵以供应流动为目的，但同时也在系统中作用以提供剪应力，与脉冲阀一起调控产生机械应力，从而在细胞培养腔中建立压力波动形式，引起 PDMS 膜的拉伸应变。常闭阀可建立压力，而常开阀释放压力，因而能代表心脏的前负荷(容量负荷)；止血阀用来控制流阻，代表心脏的后负荷(压力负荷)，可调电阻(编程)阀使得可以用于产生多种流动压力的变化。用这种装

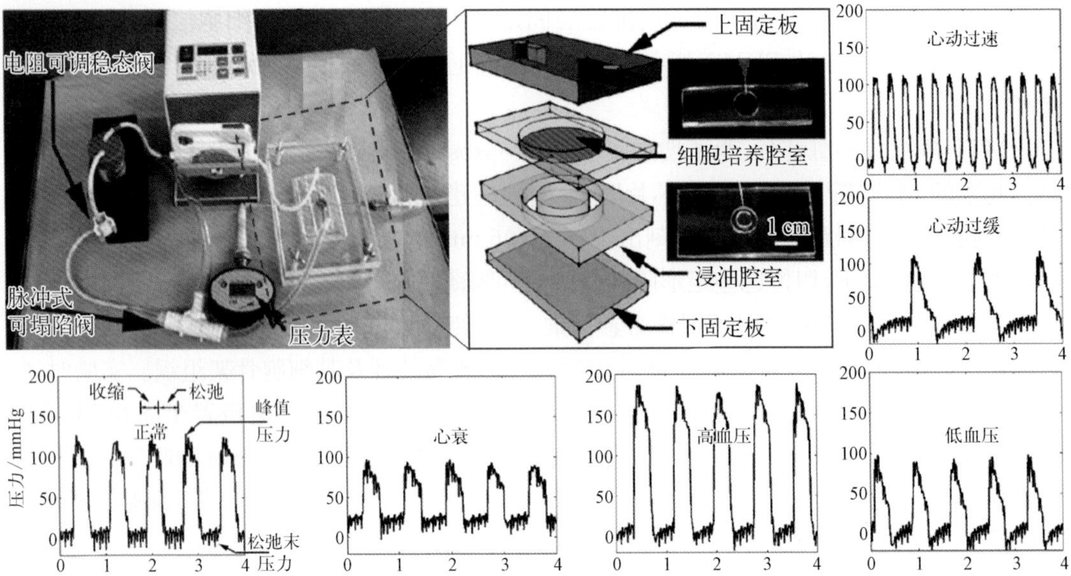

图 17-9　微流控心肌细胞受力加载培养实验装置与不同血压条件模拟曲线[40]

Figure 17-9　The experimental setup for microfluidic culture and force loading on cardic cells and curves for modeling normal and abnormol loading of blood pressures

置通过施加不同水平的压力，测试不同 PDMS 膜厚，结果表明：PDMS 中的应变是与膜厚成反比的，测得当膜厚 139 μm 其应变为 20%，而膜厚 93 μm 其应变则为 60%。实验时，将胚胎成心肌细胞系 H9C2 培养在 PDMS 膜上，他们观察发现，正常压力范围的灌流培养下，这种心肌细胞呈现出长方形的盒子状形态，F-肌动蛋白排列有序，而在对照组静态培养下的细胞形态类似于成纤维细胞，F-肌动蛋白分布随机化。他们进一步模拟心脏血压正常条件与异常条件下，如心脏衰竭、高血压、低血压、心动过速、心动过缓等的细胞生长行为，发现从这些试验得到的值与活体上的相当接近。

17.2.8 大脑

17.2.8.1 微流控血脑屏障模型

大脑神经组织与血管之间形成的紧密的血脑屏障(blood-brain barrier)，是一种独特的选择性屏障，它可阻碍血液中大多数外源性化合物向中央神经系统的通过。已证实，除了 500 Da 以下的小分子，跨这种屏障的被动扩散几乎是不存在的，因而对药物效力或毒理测试带来巨大挑战。

BBB 主要由内皮细胞、周皮细胞与星形细胞这 3 种细胞组成。在结构上，周皮细胞与星形胶质细胞包绕内皮细胞，内皮细胞上没有窗孔，且极少发生胞饮作用，紧密连接发达的内皮细胞形成的极化膜直接控制着化合物的通透，具有高的 TEER 值。这样形成的界面模块，也常被称为“神经血管单位”(neurovascular unit，NVU)。现有对 BBB 关键特征认识包括，在神经侧，星形胶质细胞与内皮细胞相互作用时有终足(end-feet)附着接触对方，通过信号传导作用调控着屏障功能；在血管侧，内皮细胞须受到流动剪应力的力转导作用，对其分化与紧密连接形成有重要影响，在内皮细胞之间表达有很强的紧密连接，直接控制着化合物的通透，并且成熟与稳固的 BBB 表现出高跨内皮 TEER 阻抗。

共培养方法模拟 BBB 的一般思路是，将神经侧细胞（星形胶质细胞或再加上周皮细胞）与血管侧内皮细胞背靠背共培养在通透膜两侧，基此已经发展出许多格式的离体 BBB 模型，可大致为静态的与动态的 2 类。静态离体 BBB 模型基于常规 transwell 装置，而动态离体 BBB 模型，用中空纤维来模拟 BBB 结构并提供流动及适当的剪应力[41]，但是静态的 transwell 装置中缺乏流控剪应力，而在动态离体 BBB 中的界面薄膜过厚（如 150 μm）。

早期的微流控应用思路，集中在对共培养界面膜的改进上。例如，Ma 等[42]加工出超薄的氮化硅薄膜，具有可控的孔径、孔排布、孔隙度，大大增强了膜相对两侧培养细胞之间的相互接触联系。TEER 测量表明，这种共培养模型比单独培养的星形细胞或者内皮细胞或者两者的混合悬浮共培养具有较高的电阻。Shayan 等[43]加工出具有可控孔径（纳米级）、厚度为 3 μm 的薄膜，使跨膜流阻降低，并可维持细胞代谢活性与存活性至少 3 天。

Booth 与 Kim[44]提出具有微流控实质意义的血脑屏障模型（microfluidic blood brain barrier, μBBB）[图 17－10(a)]。在图 17－10(a)中，上图是体现 μBBB 主要特征的结构示意，左下图为 μBBB 装置实物，这是一种由 4 层 PDMS、2 层玻璃与 1 层聚碳酯薄膜夹在 PDMS 层之间组合层的多层微流控装置。其中安排两个处于上下位置、走向垂直的微通道，用于引入流动；为确保细胞经受流动的层流性，设计通道高度为 200 μm，（血管）腔面的通道宽为 2 mm，（神经侧）背腔面的通道宽为 5 mm。在两通道可沟通的交叉处衬垫有聚碳酯多孔膜（孔径 400 nm、厚 10 μm），面积 10 mm^2，用于培养细胞。而在上下通道壁面包埋有 4 极 AgCl 薄膜微电极，面积占多孔膜培养面积的 75%，并且电极与细胞层之间的间隙被限定为通道高度大小（200 μm），很大程度上可以均匀地接受离子流，以达到精确监测跨屏障 TEER 值。为确保细胞经受流动的层流性，设计通道高度为 200 μm，（血管）腔面的通道宽为 2 mm，（神经侧）背腔面的通道宽为 5 mm，这样两通道具有很小的深宽比（分别达 1∶10 与 1∶40）。实验时，他们按常规在两侧实现共培养 b.End3 内皮细胞与 C8－D1A 星形胶质细胞，并在内皮细胞通道先以 1.3 μl/min 灌流 12 h 然后以 2.6 μl/min 灌流，结合显微影像、TEER 与通透性测试观测记录这种 BBB 模型的关键特性。图 17－10(a)右下图示出多孔膜上神经突起 SEM 影像。结果表明，这种 μBBB 呈现出比静态培养显著高的 TEER 值，通过组胺瞬时效应测试呈可靠的 TEER 实时响应，具有大范围示踪物尺寸的选择性可通透性。这些特征表明，这种 μBBB 系统可用来进一步研究许多条件下的血脑屏障功能及药物传递。

但是上述模型装置因为腔室位置的上下叠合以及较大面积的电极覆盖，使得实验观察受到局限，为了克服这一装置不足，同时也突出血液微循环这种动力因素，Prabhakarpandian 等[45]发展出一种有微循环特征的微流控 BBB 模型（SyM－BBB）。如图 17－10(b)所示，这种 SyM－BBB 模型装置通过 PDMS 软刻工艺制备而成，由一个大致呈六边菱形腔室及其上下游各 3 个出入端口组成，该腔室的深度为 100 μm（与典型微血管尺度相当），在该腔室内以间距 200 μm 平行于各边加工微柱阵列，使相邻微柱之间形成长 50 μm、宽度 3 μm、高度 3 μm 的间隙（此间隙尺度相当于 Transwell 膜孔径），这样形成一个中央腔室（作为神经侧腔室）与侧边二通道型腔室（作为血管侧腔室），上下游的 3 个出入口分别与这 3 个腔室上下游

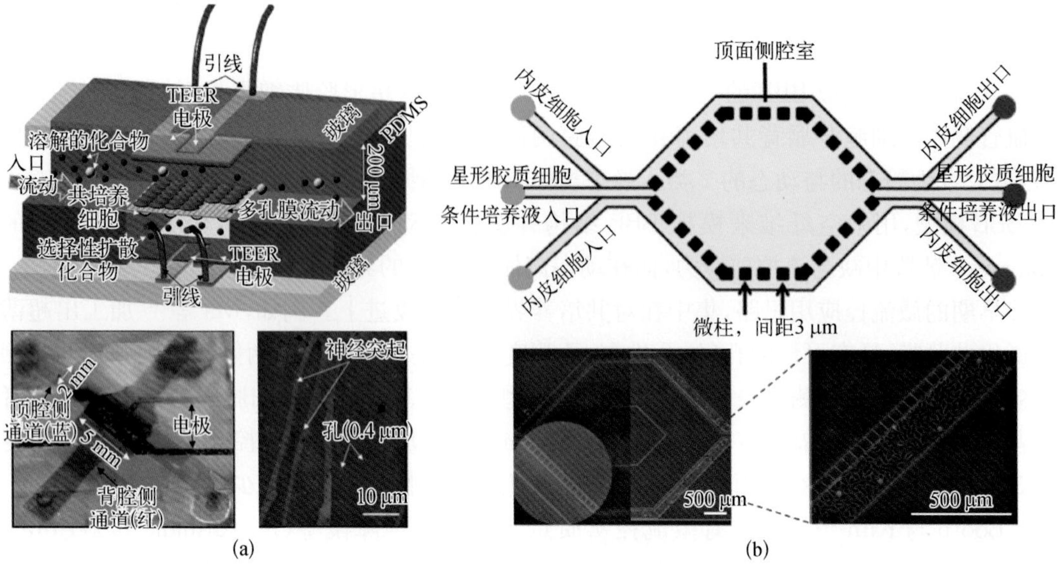

图 17 - 10 血脑屏障模型
(a) μBBB 模型型[44]；(b) SyM - BBB 模型[45]
Figure 17 - 10 Blood-brain barrier modeling

出入口连通以实现各自的灌流。图 17 - 10(b)左下图中，一半示出由微柱阵列建立的 3 μm 间隙与血管腔室通道微结构，另一半及右图为培养了内皮细胞的情形。这一设计方案的关键在于加工了 3 μm 的间隙阵列，可以提供通透性与迁移研究。实验时，在血管通道内培养永生化大鼠脑血管内皮细胞 RBE4，以 0.1 μl/min 灌流，在神经侧腔室中灌流进星形胶质细胞条件化培养液。观测表明，RBE4 细胞维持其内皮表型，ZO - 1、claudins 的 Western 印迹分析与 FITC -葡聚糖通透测试表明内皮细胞之间紧密连接，内皮层完整。

作为神经血管单元的组成细胞，周皮细胞也重要地参与在血脑屏障的功能作用中。因此，在 BBB 结构的神经侧，在 3 种细胞以及与神经元的相互作用下的血脑屏障功能可能更为完善。为此，Brown 等[46]近来提出了一种 BBB 模型，可实现在内皮细胞、周细胞与星形胶质细胞之间的细胞-细胞通信，在由多孔膜隔开的血管腔室与脑腔室中可独立灌流。

目前，在 BBB 模型方面，有将 BBB 结构中所涉及的各种细胞及微环境综合集成在一起的趋势。它们不仅仅聚焦于一层界面，而是以发展更体现大脑神经与血管之间复杂关系的"神经血管单元"为目标。例如，Achyuta 等[47]发展出一种模块式装置，通过传输仿生的组织作用线索如空间三维构造、细胞多样性与剪应力，模拟 NVU 的突出特征。这种微装置是一种垂向叠装的多层腔室，包括神经实质腔室与血管腔室，它们由功能性微血管屏障分隔，通过控制细胞种植与传输不同的生理性神经血管作用线索，以实现神经血管共培养与通信。神经腔室中以一定比率混合种植从大鼠原代皮质组织中获得的神经细胞(4%神经元、95%星状胶质细胞、1%小神经胶质细胞)；血管通道中则在微孔多孔聚碳酸酯膜上种植一层大鼠脑微血管内皮细胞系(RBE4)，暴露到培养液剪应力中。培养 10 天后发现，在与内皮细胞共培养下神经胶质细胞实现分化，测得神经细胞有电兴奋性抑制电位与动作电位，而内皮细胞则表达 von Willebrand 因子、ZO - 1 紧密连接并有对稀释了的乙酰化低密度脂蛋白(dil - a -

LDL)的摄入,而且在血管侧引入炎症因子可引发神经细胞的神经发炎。进一步与葡聚糖跨内皮屏障的通透性降低的实验结果结合起来,提示已经达成“神经血管单元”的重建。另外,Alcendor 等[48]也提出一种 NVU 的离体的、三维的、多腔室、器官型微生理系统,可重建全部 3 种大脑屏障:血-脑、脑-脑脊液(CSF)、血-脑脊液。他们用两个方形微腔室代表大脑与脑脊液,其中用一层室管膜(ependymal)形成脑-脑脊液屏障来分隔。NVU 的神经腔室,含有神经元以及一根可载流血液到脑的中空纤维毛细管。这种中空纤维的腔面上裱衬内皮细胞,并在其背腔面培养星形胶质细胞与周细胞组成 BBB。脑脊液腔室中充满脑脊液,包括一根小中空纤维(形成产生 CSF 的人工脉络丛)以及一根大中空纤维(形成可控制免疫细胞进入到 CSF 以及携带血液离开脑的人工静脉)。每根中空纤维培养内皮细胞裱衬层,并围绕以适当的细胞来为脉络丛功能与静脉功能形成血液- CSF 屏障与 CSF -脑屏障。集合在一起,神经与内皮细胞、小神经胶质细胞、周细胞与星形胶质细胞之间的相互作用,以及这 3 种屏障的微构造,将重建出大脑中存在的神经血管微环境[49]。

这些研究结果令人鼓舞,将为跨神经-血管这种高度选择性屏障的营养成分、治疗试剂与纳米材料传输的离体研究,提供独特机会。然而,虽然脑内皮细胞与星形胶质细胞的共培养在总的 TEER 值与通透性下降上有协同效应,但这些模型上仍旧有不足:人体脑细胞很难得到,而从动物中分离脑微血管内皮细胞的产率低,而许多单种细胞的分离还必须要有模型尺度可比性。另外,上述许多模型涉及了种间细胞的混合,这可能不是好的选择。

17.2.8.2 微流控神经元培养平台与定向神经网络构建

大脑离体功能模型的构建,需要拥有多种神经细胞的合作才能模拟出中央神经系统中一些基本功能过程,如电兴奋的引发(electrical firing)、钙离子波、神经元修剪(pruning)、髓鞘化、细胞-细胞相互作用、迁移、神经发生与定向神经网络等。早期研究中,采用 NT2 细胞系中神经元与星形胶质细胞的二维共培养,显示出突触功能的离体形成,但是,由于培养细胞从基本形状上受到二维平面的限制,各种神经细胞的不同突起之间一对多、多对多的立体性的复杂相互作用(神经网络)显然难以实现。

由于神经元的高度极化,在其轴突远离其细胞体的沿程中遭遇着有极其不同作用因素的微环境,因此由这些不同微环境外在因素引发的神经元动作电位信号传递事件最有可能是受到空间因素调控的。为了反映这种神经细胞与微环境作用的特殊性,在离体实验中通常采用腔室化 Campenot 腔室装置,如图 17 - 11(a)所示,使神经元细胞体与轴突之间有所空间分隔。而正是从腔室微型化技术角度入手,微流控技术成为发展神经细胞时空调控技术与共培养模型的有力工具。

图 17 - 11[49-51]中示意出的神经细胞培养用流控平台结构,可以看出一些技术进化线索。图 17 - 11(b)是 Taylor 等[49]提出的微流控腔室化培养平台,可以称为微流控Ⅰ型装置,其中含有由沟槽型微通道连通的细胞体腔室与轴突腔室,可以用来引导、隔离、障碍以及生化分析 CNS 轴突。例如,Cohen 等用Ⅰ型装置研究经树突-核信号传递轴的通信[52]。Kilinc 等[53]将神经元培养在侧腔室中,发现细胞在这种流控装置中可以跨互连通道成功地衍生出它们的轴突,到达短的中央腔室,最后侵入到最外面的腔室。他们用这种神经元培养系统来

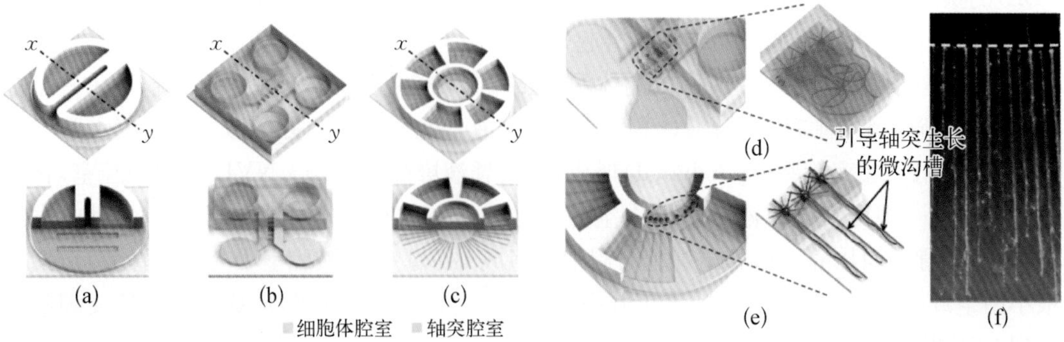

图 17－11 神经元培养的腔室化平台[50]
(a) 常规的 Campenot 腔室装置；(b) 微流控腔室化神经元培养装置I型型[49]；(c) 微流控腔室化神经元培养装置II型型[51]；(d)(e) 分别示意出(b)与(c)中细胞体与轴突的分离方案；(f) Ⅱ型装置轴突腔室(e)中被分离或被引导生长的轴突离体培养情形

Figure 17－11 Schematic illustrations of compartmentalized neuron culture platforms for axon isolation

研究在时空控制下的轴突退化与死亡机制。另外，这类流控多腔室与沟通通道的设置，可以用来研究神经元之间的突触竞争，观察海马细胞共培养之间的突触联系。在这种微流控腔室通道构型中，还可以造成无剪应力的小分子浓度梯度来研究轴突的极化；而且通道可以用图形化蛋白层来代替，研究轴突功能损坏及轴突毒性等。此外，Kanagasabapathi 等[54]提出在双腔室神经流控系统中集成微电极阵列，闭式互连微腔室中共培养的不同神经细胞群(如海马-皮质、丘脑-皮质)，可得到微电极阵列的实时监测，为控制流控环境与研究腔室化神经网络提供了一个适宜平台。

图 17－11(c)所示的微流控腔室化神经元培养装置，可被定义为Ⅱ型[50]。在这种装置中培养神经细胞时，能够引导轴突生长/再生并能够定量分析。图 17－11(d)、(e)分别示意出(a)与(c)装置中如何实现细胞体与轴突之间分离的情形。从图 17－11(f)可见，在Ⅱ型微流控装置的轴突腔室(e)中，被分离或被引导生长的轴突离体培养 11 天时的情形，其中轴突显示用 Calcein－AM 染色，点画线则示意轴突腔室边界。

(1) 轴突二极管。如前提到的，图 17－11 中所示的微流控Ⅰ型或Ⅱ型装置，其中沟通两腔室的微通道起着从物理上限制轴突定向生长的作用[55]。但是种植在培养腔中的神经元，往往会将它们的轴突传送到相反的腔中，这给模拟轴突的定向生长带来一些困难。

为了弄清楚这种装置中的微通道几何大小对轴突穿越的影响，Peyrin 等[55]设计了一系列不同宽度(20～1.5 μm)的微通道(长 500 μm，高 3 μm)阵列来沟通两腔室，如图 17－12(a)。实验发现，每个微通道内的轴突数目与其宽度有很高的相关性，即在较大的微通道中(20～15 μm 宽)，轴突以每个通道 15～20 个的数目侵入到远端腔室，随通道宽度减小则进入通道的轴突数也降低；而对于很窄(＜3 μm)的微通道，进入通道中的轴突长度与完整程度很低。而且，还观察到，轴突沿生长方向遇到一个垂直壁时，其衍生方向会发生偏移，而遇到一个切线状壁面时，轴突则沿着该壁面直行生长。

基于方形微通道宽度对轴突生长的这种限制效应，他们进而把微通道的形状设计为非对称性的漏斗状(或锥形状)，例如，微通道的宽口宽度为 15 μm、窄口宽度为 3 μm，如图

17－12(b)A、B所示。图17－12(b)中，B是漏斗状微通道的干涉显微镜三维影像；C是微流控培养物的免疫荧光影像(绿色：α－管蛋白，蓝色：Hoechst染色)，其中皮质神经元(45×10^6个/ml)种植在宽侧(15 μm)或窄侧(3 μm)；D示出当皮质神经元种植在窄侧腔室时宽侧腔室缺乏颜色标记；E中则定量显示轴突二极管有效地极化了轴突生长(*** $p<0.001$)，当离体培养8天时重建出极化神经网络的相差结合落射荧光显微镜影像，其中，为了可视化皮质神经元的单个轴突，细胞用m-cherry编码的Sindbis病毒载体转染(红色)。

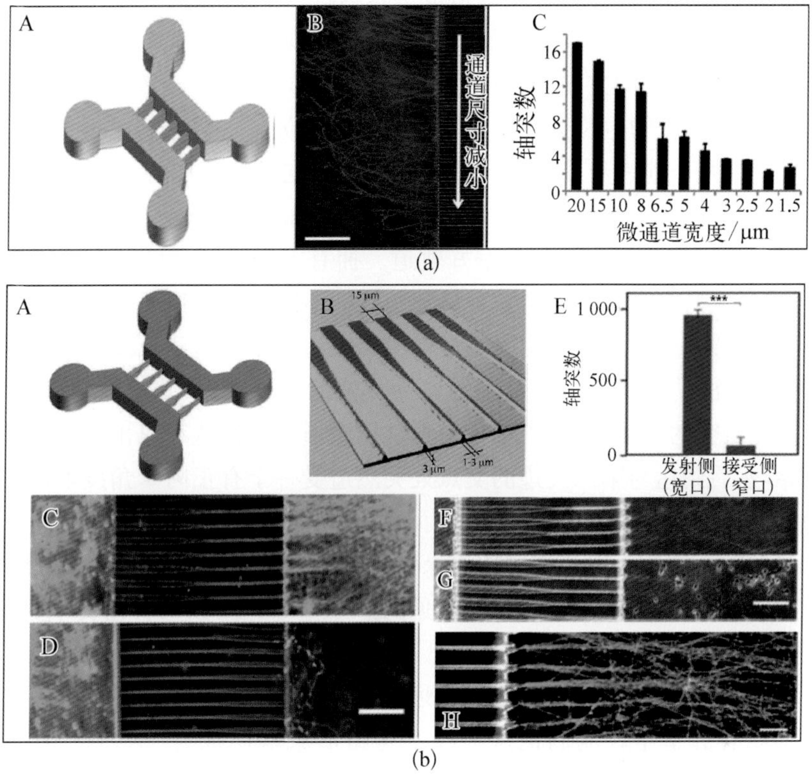

图17－12　轴突二极管与离体重建神经网络[55]
(a) 不同微通道尺寸对轴突穿越的影响；(b) 锥形微通道轴突二极管及其轴突定向生长效应
Figure 17－12　Axonal diodes and *in vitro* reconstruction of a neuronal network

实验发现，宽的开口有助于轴突进入微通道，由宽口进入微通道的轴突趋于形成束状，在通道内壁引导下穿越到另一腔室中，在离开窄口后50～100 μm其束状解散弥漫在腔室中[如图17－12(b)C所示]。相反，如果神经元换之在3 μm窄口端腔室中培养，则到达宽口端腔室中的轴突数量大为减少，如图17－12(b)D所示，该腔室中的神经元所发出的轴突大部分在窄口处的壁面上堆积，极少进入窄口尖端处。从图17－12(b)E看出，宽口15 μm、窄口3 μm的锥形微通道对神经元轴突穿越有着二极管那样的“正向导通、负向截断”的极性效应，因此这种微结构被称为“轴突二极管”(axon diode)。有一些理由支持这个概念，例如，锥形微通道结构的非对称性，会对轴突穿越方向选择引起概率效应，这使得轴突进入这种二极管，从宽侧入口比最狭窄侧入口要容易；在窄口侧腔室中，由于微通道已有生长轴突，因而对随后神经元轴突的穿越造成位阻。但是，这种微通道式轴突二极管的效率十分依赖于窄口宽度，并且由于以下几点原因，窄口宽度存在一个最小临界尺寸，不能再进一步减小：例如数微米尺度的微加工难度增大，通过通道的扩散受限，进而对轴突定向穿越带来限制等。

另外，在实验中观察到，种植在接受腔（窄口侧腔室）中的神经元，其生长出的轴突，如没有进入微通道，一旦遇到二极管窄端入口外的腔壁，就趋于贴沿着腔壁（垂直于该二极管通道轴向的方向）生长，在很大程度上不会进入这些微通道的狭窄口。推测轴突的这种避免转弯效应可能是由于轴突本身的力学刚度造成。这与许多实验观察一致[56]。Peyrin 等[55]进一步发现，只要轴突进入微通道受到引导生长，一旦实现通道穿越离开该微通道出口时，大多会维持着其被通道引导的方向再直行生长 50～100 μm。因而，当轴突生长前沿遇到垂直壁面发生转弯时，它随后的生长会维持其转弯后的新方向。

Renault 等[57]为了进一步确定轴突被突然改变方向的边缘引导生长的轨迹取向，在锥形微通道轴突二极管下游，设计加工一系列不同展开角的 PDMS 扇形（半径 30 μm）微结构［见图 17－13(a)］，来确定轴突生长的偏好轨道。拥有不同展开角度的扇形结构，如果一条夹边固定，意味着它另一夹边的走向随着展开角度的不同而变。这里，如果把轴突首先接触到的扇形夹变作为第一边，那么 α 定义为扇形第二夹边与第一边延长线的夹角；假定逆时针方向的 α 为正，显而易见，所有可能设置的 α 为负值的第二夹边，其边缘仍旧顺势对轴突作生长引导。因此研究的问题就是，当轴突沿着锥形微通道生长从窄口出来，先是被扇形第一夹边边缘引导，然后到达与第二夹边的交点处突然遭受一个有正向 α 角度取向变化的边缘，此时轴突的走向将如何选择，结果发现，当 $\alpha \leqslant 26°$ 时，轴突取边缘引导方式占优势，而当 $26° \leqslant \alpha \leqslant 84°$ 时，轴突的直行轨道方式比边缘引导占优势［见图 17－13(b)］。根据上述结果，他们提出一种新的轴突二极管微流控技术［见图 17－13(c)］。在其装置设计中，引导轴突生长的微通道仍旧采用经典的直通道形式（宽 10 μm、高 5 μm），但是在这些直通道之间，设计一系列的 U 形侧向分支微通道沟通各直通道，这样规约轴突生长，使朝着无用方向生长的轴突逆转回其原有腔室中。他们把这一技术思路形象地比拟为“退回寄件人”(return to sender)策略［见图 17－13(d)］。图 17－13(d)中是一幅 DIC 与荧光图像的叠加结果，其中表明，正向生长的轴突（绿色）基本上忽略 U 形通道出入口（绿色箭头所指），而逆向的轴突（红色）则被改道回退到原来腔室。反复的实验结果表明，在直通道中逆向生长的轴突一旦到达直通道与分支 U 形微通道入口的二分叉处，它会沿着此 U 形通道内壁，平滑地改变取向，逐步衍生进入毗邻的直通道中，亦即发生了一个 U 形转弯后返回其原来的腔室中［图 17－13(c)，红轴突］；与之相反，在直通道中正向生长的轴突，它的前沿虽然也遇到分支 U 形微通道的入口，但是这种情形中的直通道壁面与 U 形微通道壁面的二分叉点，是尖锐转折点（α 落入大于 26°的范围），此时轴突从直通道壁面释放后还是会延续其原有方向跨过这个分支入口直行（绿色轴突）。而且，他们建议 U 形微通道的相对位置在直通道之间应有所错位偏移的设计，可以使轴突在直通道中有更确定的重定向。在没有这种偏移的情形中，偶尔会发现一些轴突会在穿越 U 形微通道后，在与之并行的 U 形微通道中逃逸。这样，轴突接触 U 形通道壁，当其处于正向生长时 U 形通道壁起着一种漏斗作用，而在逆向生长时则起着一种方向偏转器作用，这样的新轴突二极管设计可得到非常高的截止效率。

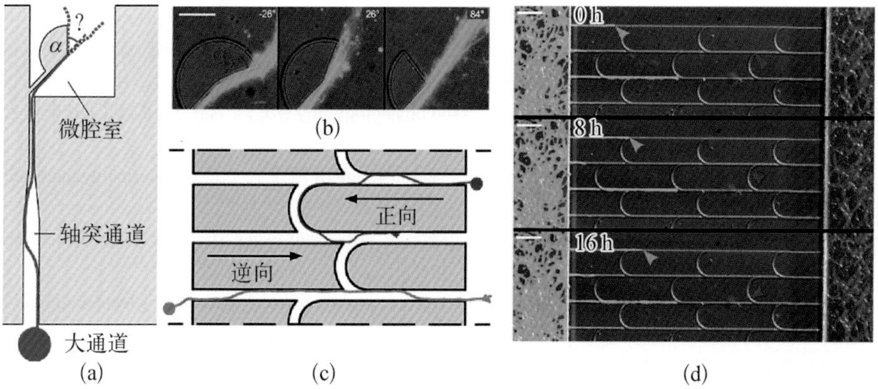

图 17-13 非对称性微结构中轴突的边缘引导生长[57]

(a)~(c) 边缘引导与释放角,标尺 30 μm;(d) 轴突引导的选择性回退行为(标尺 100 μm)

Figure 17-13 Edge guiding axonal growth in assymmetric microstructures

(2) 离体构建定向性神经网络。设计有轴突二极管的微流控装置,除了用于轴突定向生长调控,已经被应用来构建神经网络。Peyrin 等[55]将小鼠原代皮质神经元种植在微通道式轴突二极管的宽侧腔室(发射腔室),小鼠原代纹状体神经元种植在该二极管的窄侧腔室(接受腔室)。免疫细胞化学分析显示,皮质神经细胞群含有 90%的 MAP2 阳性神经元,其中 5%~10%是 GAD67 抑制性中间神经元,大约 90%是 VGLUT1 谷氨酸能神经元。皮质神经细胞在放射腔中培养 7 天时,用编码 m-cherry 荧光蛋白的 Sindbis 病毒载体转染(转染效率为 80%)[见图 17-12(b)F、G]。培养 8 天时,被染成红色的皮质神经元通过轴突二极管投射其轴突到接受腔[图 17-12(b)F],很容易与未标记的纹状体与树突细胞的轴突相区分。培养 2 周时,分析接受腔中的纹状体细胞,发现其数量占神经元总数的 80%,其中 90%是 GAD67 阳性抑制神经元。此时在接受腔中可观察到皮质神经轴突与纹状体神经元之间已经发生接触[见图 17-12(b)G],并且它们还在接受腔中持续地生长,提示形成的这种接触时"过往性接触"(en passant),这正如同在活体上皮质-纹状体神经通路中所观察到的那样。进一步,他们对离体 15 天培养后的细胞作固定处理与 MAP-2 免疫染色,来评估纹状体神经元的树状结构化程度[见图 17-12(b)H]。结果发现,纯纹状体培养中出现的是许多不成熟的神经元,而在皮质-纹状体共培养中出现许许多多的成熟化的多极神经元,它们带有衍生出的许多突起,显然皮质轴突侵入接受腔后,由于它的存在直接影响了其中的纹状体神经细胞的分化。另外的测试还表明,这样构建起来的皮质-纹状体网络的突触具有功能活性。重现活体中观察到的神经元接触的定向性,这是神经元功能有效性的一个关键特征,因此,轴突二极管的概念正在引起微流控神经元培养平台的范例性变化。

(蒋稼欢)

参 考 文 献

[1] Bhatia S N, Ingber D E. Microfluidic organs-on-chips[J]. Nature Biotechnology, 2014, 32(8): 760-772.

[2] Ingber D E. Reverse engineering human pathophysiology with organs-on-chips[J]. Cell, 2016, 164(6): 1105 - 1109.
[3] Whitesides G M. The origins and the future of microfluidics[J]. Nature, 2006, 442(7101): 368 - 373.
[4] Jia Y F, Jiang J H, Ma X D, et al. PDMS microchannel fabrication technique based on microwire-molding[J]. Chinese Science Bulletin, 2008, 53(24): 3928 - 3936.
[5] Griffith L G, Swartz M A. Capturing complex 3D tissue physiology in vitro[J]. Nat Rev Mol Cell Biol, 2006, 7(3): 211 - 224.
[6] DeWitt A, Iida T, Lam H Y, et al. Affinity regulates spatial range of EGF receptor autocrine ligand binding[J]. Dev Biol, 2002, 250: 305 - 316.
[7] Moscona A, Moscona H. The dissociation and aggregation of cells from organ rudiments of the early chick embryo [J]. J Anat, 1952, 86: 287 - 301.
[8] Sato T, Clevers H. Growing self-organizing mini-guts from a single intestinal stem cell: Mechanism and applications [J]. Science, 2013, 340: 1190 - 1194.
[9] Walker G M, Zeringue H C, Beebe D J. Microenvironment design considerations for cellular scale studies[J]. Lab Chip, 2004, 4: 91 - 97.
[10] Esch E W, Bahinski A, Huh D. Organs-on-chips at the frontiers of drug discovery[J]. Nat Rev Drug Discov, 2015, 14: 248 - 260.
[11] 蒋稼欢.生物医学微系统技术及应用[M].北京：化学工业出版社,2006.
[12] Atencia J, Beebe D J. Controlled microfluidic interfaces[J]. Nature, 2005, 437: 648 - 655.
[13] Jang K J, Mehr A P, Hamilton G A, et al. Human kidney proximal tubule-on-a-chip for drug transport and nephrotoxicity assessment[J]. Integr. Biol. (Camb),2013, 5(9): 1119 - 1129.
[14] Huh D, Matthews B D, Mammoto A, et al. Reconstituting organ-level lung functions on a chip[J]. Science, 2010, 328(5986): 1662 - 1668.
[15] Huh D, Fujioka H, Tung Y C, et al. Acoustically detectable cellular-level lung injury induced by fluid mechanical stresses in microfluidic airway systems[J]. Proc Natl Acad Sci USA, 2007, 104(48): 18886 - 18891.
[16] Tavana H, Zamankhan P, Christensen P J, et al. Epithelium damage and protection during reopening of occluded airways in a physiologic microfluidic pulmonary airway model[J]. Biomed. Microdevices, 2011, 13(4): 731 - 742.
[17] Tschumperlin D J, Oswari J, Margulies S S. Deformation-induced injury of alveolar epithelial cells[J]. Am J Respir Crit Care Med, 2000, 162: 357 - 362.
[18] Douville N J, Zamankhan P, Tung Y C, et al. Combination of fluid and solid mechanical stresses contribute to cell death and detachment in a microfluidic alveolar model[J]. Lab Chip, 2011, 11: 609 - 619.
[19] Lee P J, Hung P J, Lee L P. An artificial liver sinusoid with a microfluidic endothelial-like barrier for primary hepatocyte culture[J]. Biotechnol Bioeng, 2007, 97(5): 1340 - 1346.
[20] Zhang M Y, Lee P J, Hung P J, et al. Microfluidic environment for high density hepatocyte culture[J]. Biomed Microdevices, 2008, 10: 117 - 121.
[21] Ho C T, Lin R Z, Chen R J, et al. Liver-cell patterning Lab Chip: Mimicking the morphology of liver lobule tissue [J]. Lab Chip, 2013, 13(18): 3578 - 3587.
[22] Schütte J, Hagmeyer B, Holzner F, et al. Artificial micro organs — A microfluidic device for dielectrophoretic assembly of liver sinusoids[J]. Biomed Microdev, 2011, 13(3): 493 - 501.
[23] Sung J H, Yu J, Luo D, et al. Microscale 3 - D hydrogel scaffold for biomimetic gastrointestinal (GI) tract model [J]. Lab Chip, 2011, 11(3): 389 - 392.
[24] Kim H J, Huh D, Hamilton G, et al. Human gut-on-a-chip inhabited by microbial flora that experiences intestinal peristalsis-like motions and flow[J]. Lab Chip, 2012, 12(12): 2165 - 2174.
[25] Kim H J, Ingber D E. Gut-on-a-Chip microenvironment induces human intestinal cells to undergo villus differentiation[J]. Integr Biol (Camb), 2013, 5: 1130 - 1140.
[26] Grosberg A, Alford P W, McCain M L, et al. Ensembles of engineered cardiac tissues for physiological and pharmacological study: Heart on a chip[J]. Lab Chip, 2011, 11(24): 4165 - 4173.
[27] Agarwal A, Goss J A, Cho A, et al. Microfluidic heart on a chip for higher throughput pharmacological studies[J]. Lab Chip, 2013, 13(18): 3599 - 3608.
[28] Weinberg E, Kaazempur-Mofrad M, Borenstein J. Concept and computational design for a bioartificial nephron-on-a-chip[J]. Int J Artif Organs, 2008, 31(6): 508 - 514.
[29] Wei Z, Amponsah P K, Al-Shatti M, et al. Engineering of polarized tubular structures in a microfluidic device to

study calcium phosphate stone formation[J]. Lab Chip, 2012, 12(20): 4037 - 4040.

[30] Mu X, Zheng W, Xiao L, et al. Engineering a 3D vascular network in hydrogel for mimicking a nephron[J]. Lab Chip, 2013, 13(8): 1612 - 1618.

[31] Rigat-Brugarolas L, Elizalde-Torrent A, Bernabeu M, et al. A functional microengineered model of the human splenon-on-a-chip[J]. Lab Chip, 2014, 14(10): 1715 - 1724.

[32] O'Neill A T, Monteiro-Riviere N A, Walker G M. Characterization of microfluidic human epidermal keratinocyte culture[J]. Cytotechnology, 2008, 56: 197 - 207.

[33] Abaci H E, Gledhill K, Guo Z Y, et al. Pumpless microfluidic platform for drug testing on human skin equivalents [J]. Lab Chip, 2015, 15: 882 - 888.

[34] Chau D Y S, Johnson C, MacNeil S, et al. The development of a 3D immunocompetent model of human skin[J]. Biofabrication, 2013, 5: 035011.

[35] Ramadan Q, Chia F, Ting W. In vitro micro-physiological immune-competent model of the human skin[J]. Lab Chip, 2016, 16(10), 1899 - 1908.

[36] Atac B, Wagner I, Horland R, et al. Skin and hair on-a-chip: In vitro skin models versus ex vivo tissue maintenance with dynamic perfusion[J]. Lab Chip, 2013, 13: 3555 - 3561.

[37] Cheng W, Klauke N, Sedgwick H, et al. Metabolic monitoring of the electrically stimulated single heart cell within a microfluidic platform[J]. Lab Chip, 2006, 6(11): 1424 - 1431.

[38] Feinberg A W, Feigel A, Shevkoplyas S S, et al. Muscular thin films for building actuators and powering devices[J]. Science, 2007, 317: 1366 - 1370.

[39] Alford P W, Feinberg A W, Sheehy S P, et al. Biohybrid thin films for measuring contractility in engineered cardiovascular muscle[J]. Biomaterials, 2010, 31: 3613 - 3621.

[40] Giridharan G A, Nguyen M D, Estrada R, et al. Microfluidic cardiac cell culture model (μCCCM)[J]. Anal Chem, 2010, 82: 7581 - 7587.

[41] Santaguida S, Janigro D, Hossain M, et al. Side by side comparison between dynamic versus static models of blood-brain barrier in vitro: a permeability study[J]. Brain Res, 2006, 1109(1): 1 - 13.

[42] Ma S H, Lepak L A, Hussain R J, et al. An endothelial and astrocyte co-culture model of the blood-brain barrier utilizing an ultra-thin, nanofabricated silicon nitride membrane[J]. Lab Chip, 2005, 5(1): 74 - 85.

[43] Shayan G, Choi Y S, Shusta E V, et al. Murine in vitro model of the blood-brain barrier for evaluating drug transport[J]. Eur J Pharm Sci, 2011, 42: 148.

[44] Booth R, Kim H. Characterization of a microfluidic in vitro model of the blood-brain barrier (μBBB)[J]. Lab Chip, 2012, 12(10): 1784 - 1792.

[45] Prabhakarpandian B, Shen M C, Nichols J B, et al. SyM - BBB: A microfluidic blood brain barrier model[J]. Lab Chip, 2013, 13(6): 1093 - 1101.

[46] Brown J A, Pensabene V, Markov D A, et al. Recreating blood-brain barrier physiology and structure on chip: A novel neurovascular microfluidic bioreactor[J]. Biomicrofluidics, 2015, 9: 054124.

[47] Achyuta A K H, Conway A J, Crouse R B, et al. A modular approach to create a neurovascular unit-on-a-chip[J]. Lab Chip, 2013, 13(4): 542 - 553.

[48] Alcendor D J, Block F E, Cliffel D E, et al. Neurovascular unit on a chip: Implications for translational applications [J]. Stem Cell Res Ther, 2013, 4: S18.

[49] Taylor A M, Blurton-Jones M, Rhee S W, et al. A microfluidic culture platform for CNS axonal injury, regeneration and transport[J]. Nat Methods, 2005, 2: 599 - 605.

[50] Sunja Kim, Jaewon Park, Arum Han, et al. Microfluidic systems for axonal growth and regeneration research[J]. Neural Regeneration Research, 2014, 9(19): 1703 - 1705.

[51] Park J, Kim S, Park S I, et al. A microchip for quantitative analysis of CNS axon growth under localized biomolecular treatments[J]. J Neurosci Methods, 2014, 221: 166 - 174.

[52] Cohen M S, Orth C B, Kim H J, et al. Neurotrophin-mediated dendrite-to-nucleus signaling revealed by microfluidic compartmentalization of dendrites[J]. Proc Natl Acad Sci USA, 2011, 108(27): 11246 - 11251.

[53] Kilinc D, Peyrin J M, Soubeyre V, et al. Wallerian-like degeneration of central neurons after synchronized and geometrically registered mass axotomy in a three-compartmental microfluidic chip[J]. Neurotox Res, 2011, 19(1): 149 - 161.

[54] Kanagasabapathi T T, Massobrio P, Barone R A, et al. Functional connectivity and dynamics of cortical-thalamic

networks co-cultured in a dual compartment device[J]. J Neural Eng, 2012, 9: 036010.
[55] Peyrin J M, Deleglise B, Saias L, et al. Axon diodes for the reconstruction of oriented neuronal networks in microfluidic chambers[J]. Lab Chip, 2011, 11: 3663 - 3673.
[56] Smeal R M, Rabbitt R, Biran R, et al. Substrate curvature influences the direction of nerve outgrowth[J]. Ann Biomed Eng, 2005, 33: 376 - 382.
[57] Renault R, Durand J B, Viovy J L, et al. Asymmetric axonal edge guidance: A new paradigm for building oriented neuronal networks[J]. Lab Chip, 2016, 16(12): 2188 - 2191.

18 生物信息学与组织修复生物力学

随着人类基因组计划以及各类基因组项目的顺利完成，指数增长的组学数据标志着目前已经进入了后基因组时代。生物信息学作为后基因组阶段发展的主要推动力，是一门跨领域学科，旨在发展和应用计算机、统计学等方法来分析生物信息数据并能以此解决实际科学问题，研究对象囊括了从微观层面的核酸序列、蛋白，到细胞或组织，直至宏观层面的生物体群体等多个水平。尤其在近几十年，生物信息学飞速发展壮大，其理论和技术在人类疾病研究、植物育种等多个方面发挥着重要的作用。

为了便于大家理解并熟悉生物信息学在组织修复中的应用，本章试图从几个方面简要阐述生物信息学常用的方法及工具，并通过对应用实例展开的基础分析进行描述，希望通过多途径介绍生物信息学基本概念和内容的同时，能更进一步对其在组织修复及生物力学上的应用做更深层次的说明。以此为目的，本章将主要就几个方面进行介绍：生物信息学的研究内容，常用分析技术和方法及生物信息学在组织修复、生物力学相关研究中的应用实例。

18.1 生物信息学常用分析方法

生物信息学（bioinformatics）是一门将计算机、统计学、物理学等学科的方法技术融为一体，通过对生物信息进行挖掘、存储、分析等处理，从而研究并解决生命科学、医疗健康等各方面问题的交叉性新型学科，其迅猛发展之势令人惊叹不已[1]。借由生物信息学方法的帮助，可以从多个方面去理解并利用海量的生物学数据，除了熟知的数据建模，还包含如建立并管理各类型生物信息数据库，开发并应用各类软件及工具以分析相关数据，创建并运用各种算法解决相关问题等很多方面。在很多时候，生物信息学常常会和系统生物学（systems biology）相混淆，在本章并不深究两者之间细节差异，将两者简单视为同一件事进行介绍[2]。

18.1.1 生物信息学简介

从 20 世纪 80 年代生物信息学被作为一门独立学科被予以重视，至今不过 30 年时间，是什么原因促使这门学科在这么短的时间迅速发展，这一切都离不开其他学科技术发展的支撑，正是由于信息世界的时代背景生物信息学才得以蓬勃发展。随着测序技术发展迅速，应用面日益广泛，如何善用这一利器就是当前亟须解决的问题。整个生物、医学行业也因此进入了一个组学(omics)时代，这些组学大数据具有一些相似的优点，如吞吐量大、层次广泛、数据类型多样等[3]。其中，生物信息数据库作为数据存储管理的平台，随着互联网的实时链接和更新，其数据量正以指数增长，并涉及生命科学和医疗健康的各个领域。以存储内容的类型进行分类，常见的几个重要数据库包括，以基因组数据库 UCSC[4](UCSC Genome Bioinformatics①)、癌症基因组数据库 TCGA[5](The Cancer Genome Atlas②)为代表的综合性大型数据库平台；同属于国际核酸序列数据库协作体 INSDC(International Nucleotide Sequence Database Collaboration)，以 GenBank、EMBL、DDBJ 为代表的核酸序列数据库；以 UniProtKB/Swiss - Prot[6] (Universal Protein Resource③)、PIR[7] (Protein Information Resource④)为代表的蛋白序列数据库；以 RCSB PDB[8] 为代表的蛋白结构数据库，和由日本京都大学和东京大学共同支持的综合数据库 KEGG⑤ 为代表的功能注释数据库。

针对人类、模式动物等物种的基因组作为参考序列，目前已经储备了相当大规模的基础数据及注释文件，以应用于发育、疾病等项目的关联研究。表观遗传层面相关参考序列相对缺乏，为了弥补这一不足，美国国立卫生研究院(national institutes of health，NIH)也相应地启动了表观基因组项目[9](the roadmap epigenomics project⑥)，以便最大限度地收集来自人类各个器官组织、细胞系的表观基因组信息。目前已经收集到了超过 100 种类别来源的表观基因组数据，样本来源除了包括胚胎和成人阶段的器官组织，还有如诱导多功能干细胞(iPS cells)、胚胎干细胞(ES cells)在内的特殊细胞。多个研究机构参与本次基因组项目，并且积极地将相关数据上传至公共数据库以便支持在线检索和下载。然而对于科研人员而言，为了更加清晰、全面地阐述和解决疾病研究中的各个问题，仅仅针对正常群体的数据仍然是存在不足，于是 NIH 下属的国家人类基因组研究所(NHGRI⑦)宣布对已经开展的项目“孟德尔基因组学中心”(centers for mendelian genomics，CMG)定下了下一阶段的工作目标，将继续研究罕见遗传疾病的基因致病机制。同时该机构也在 2016 年再次宣布，利用当前基因组测序技术和平台，成立“常见疾病基因组学中心”(centers for common diseases genomics，CCDG)，从基因水平研究心脏病、糖尿病以及自闭症等常见疾病发生发展的分子机理。

除了需要具有扎实的编程能力和数学背景[10]，能够自主研发或构建生物信息数据库和工具，并建立各种数学模型，这仅仅是生物信息学应用的其中某一个方面。更多时候，生物信息学应该作为一个能被众人所用的利器协助科研人员在研究探索的道路上披荆斩棘，而不是成为绝大多数生物医学工作者遥不可及的高新“废物”。即使没有强大的计算机背景，如何高效利用生物信息学挖掘和整合现有公共数据库中的海量数据，熟练运用软件和工具

---

① UCSC：http://genome.ucsc.edu/
② TCGA：http://cancergenome.nih.gov/
③ UniProtKB：http://www.uniprot.org/
④ PIR：http://www.proteininformationresource.org/
⑤ KEGG：http://www.kegg.jp/
⑥ epigenomics：http://www.roadmapepigenomics.org/
⑦ NHGRI：http://www.genome.gov/

去解决一个个实际问题是当前值得挑战的难题。善用生物信息学，不但节省了单纯依靠分子、细胞实验摸索和验证过程中所带来大量时间、精力和金钱的浪费，也有助于从多个角度提高实验结果准确度，从而更深层、全面的阐述某个科学问题。

由于篇幅有限，本章节仅选取代表性的研究成果及其涉及的分析方法和技术进行描述，除此之外更多种方法可以查阅相关文献。

18.1.2 核酸序列分析

核酸序列承载着生物的遗传和进化信息，可简单分为以下两大类，即作为携带遗传信息的主要载体 DNA 与参与遗传信息表达和调控的 RNA。无论是引物设计、启动子预测、突变位点等都首先需要获取目标基因对应的核酸序列，所得的序列是否准确可能会直接影响后续实验的验证结果。

当前版本 NCBI 共包含了 38 个数据库，这些子数据库又可以根据其内容大致分为文献(literature)、基因(genes)、基因组(genomes)、蛋白(proteins)、生化(chemicals)等几个大类。文献检索数据库 PubMed、核酸序列数据库(nucleotide)等皆是 NCBI 平台支持的子数据库。很多实验人员会习惯性地直接进入 NCBI Nucleotide 库①检索基因名，并从中找出所需要的核酸序列。然而，Nucleotide 库不但包含已知且注释完全的核酸序列记录，也包含由不同实验团队提交并未得到完全注释和统一的序列，这些序列是由研究机构实验过程中自行测序或者克隆所产生的序列记录。因此检索一个基因，往往会返回许多不同的序列记录，这些序列长短不一，碱基排序也不尽相同，该如何从中选取合适的记录也成为一件困扰的问题。

肿瘤坏死因子(tumor necrosis factor，TNF)作为一种细胞因子，参与炎症和免疫反应，从而对损伤后组织的修复具有极其重要的作用。这里以 TNF 为例，进行相关操作的说明介绍。首先，以“TNF”为关键字在 NCBI 主页进行检索，将会返回 NCBI 全部数据库中与“TNF”相关记录的信息(见图 18－1)。检索结果页面中，不但有 Nucleotide 库这样供所有人提交的核酸数据库，也包含已经针对每一条基因完成注释、支持文献等信息管理，经过筛选并整理后得到的 Gene 库②，能够准确并快速地获得目标基因的相关信息。除了通过 Gene 库检索基因 TNF 相关信息，还可以针对每个数据库的侧重点尝试其他切入点展开分析。若是希望获知有哪些遗传变异信息可能与 TNF 相关，可查阅 SNP(单核苷酸多态性，single nucleotide polymorphism)、dbVar(基因组结构变异，genomic structural variation)等数据库中相关信息。

针对每一个有注释记录的基因，Gene 库的注释页面包括全名、曾用名、概述、基因组坐标信息、相关支持文献、基因功能涉及文献、编码蛋白信息、参与生物过程及信号通路等方方面面的信息，某些部分还会进行扩展性描述以及注释图片展示。除此之外，为了便于检索者跨平台查阅，还可直接点击对应的标示，跳转至其他数据库查看详细的信息。

基因的概述(summary)部分，简要介绍了 TNF 的一些基本信息。因为很多文献中基因

① NCBI Nucleotide：http://www.ncbi.nlm.nih.gov/nucleotide
② NCBI Gene：http://www.ncbi.nlm.nih.gov/gene/

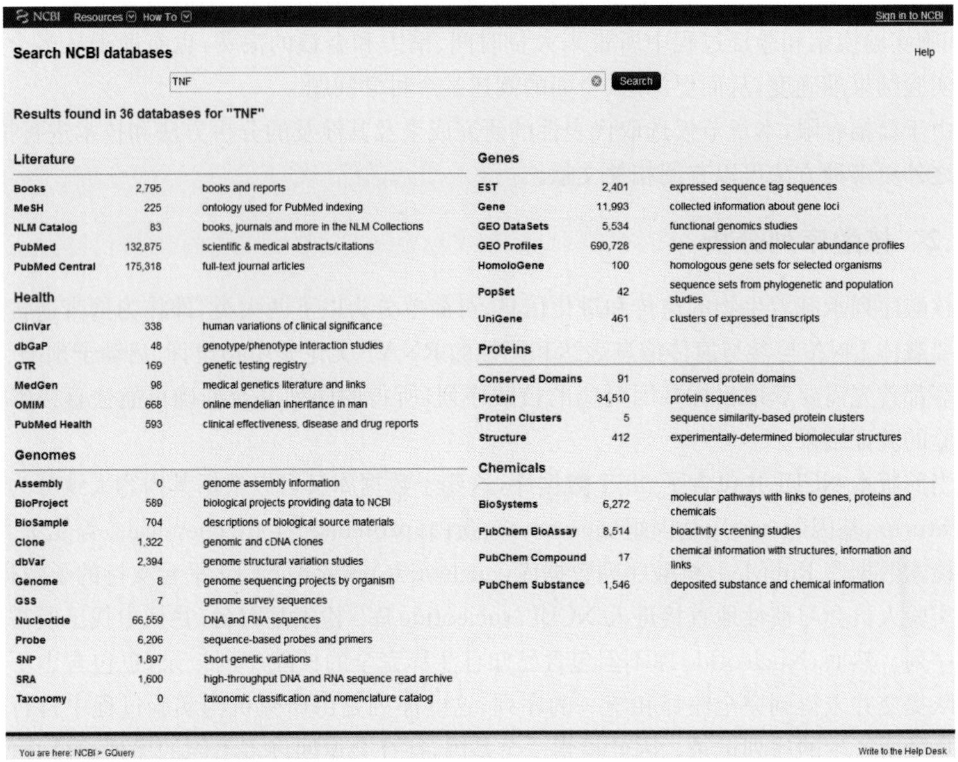

图 18-1 TNF 检索后相关数据库记录

Figure 18-1 Search result of TNF in NCBI databases

的名称由于年代不同，或者参考基因注释版本不同等原因经常造成一个基因对应多个不同的名字。例如，当前官方 Gene Symbol 为 TNF 之外，其曾用名或者别名还包括 DIF、TNFA、TNFSF2 等，除了常会出现一个基因、蛋白存在多个名字的情况，某一种疾病或者细胞也都可能对应多个名字，为了更加精确，且不遗漏地在 PubMed 文献数据库中进行检索，可以首先至 MeSH 库①中确定该术语的官方定义名字及全部别名信息，以便确定检索的主题词应该设置哪个专有名词。

基因组注释信息包含两个部分(见图 18-2)，第 1 部分(genomic context)直观地表示了 TNF 序列结构，在不同人类基因组的注释位置，并图示该基因上下游区域还存在哪些基因，是否有基因在基因组上与其重叠。第 2 部分基因组定位及转录本信息(genomic regions, transcripts, and products)，不但提供可调节的基因组层面显示框(见图 18-2)，还可以通过显示框第 1 排的选择按钮，手动放大缩小或者左右移动调节显示框内视野内容，直观观察 TNF 在基因组上定位。当放大显示的时候，可以清楚知晓外显子数目，每个外显子的基因组坐标。对比显示框底端部分的注释部分，可以得知每一个碱基注释信息(如 SNP 位点等)，已有的测序数据中该基因的表达丰度等信息。点击框内空白位置，即可以 FASTA、GenBank Flat 和 PDF 3 种格式保存目标区域的相关信息。而在文献书目(bibliography)部

① NCBI MeSH: http://www.ncbi.nlm.nih.gov/mesh

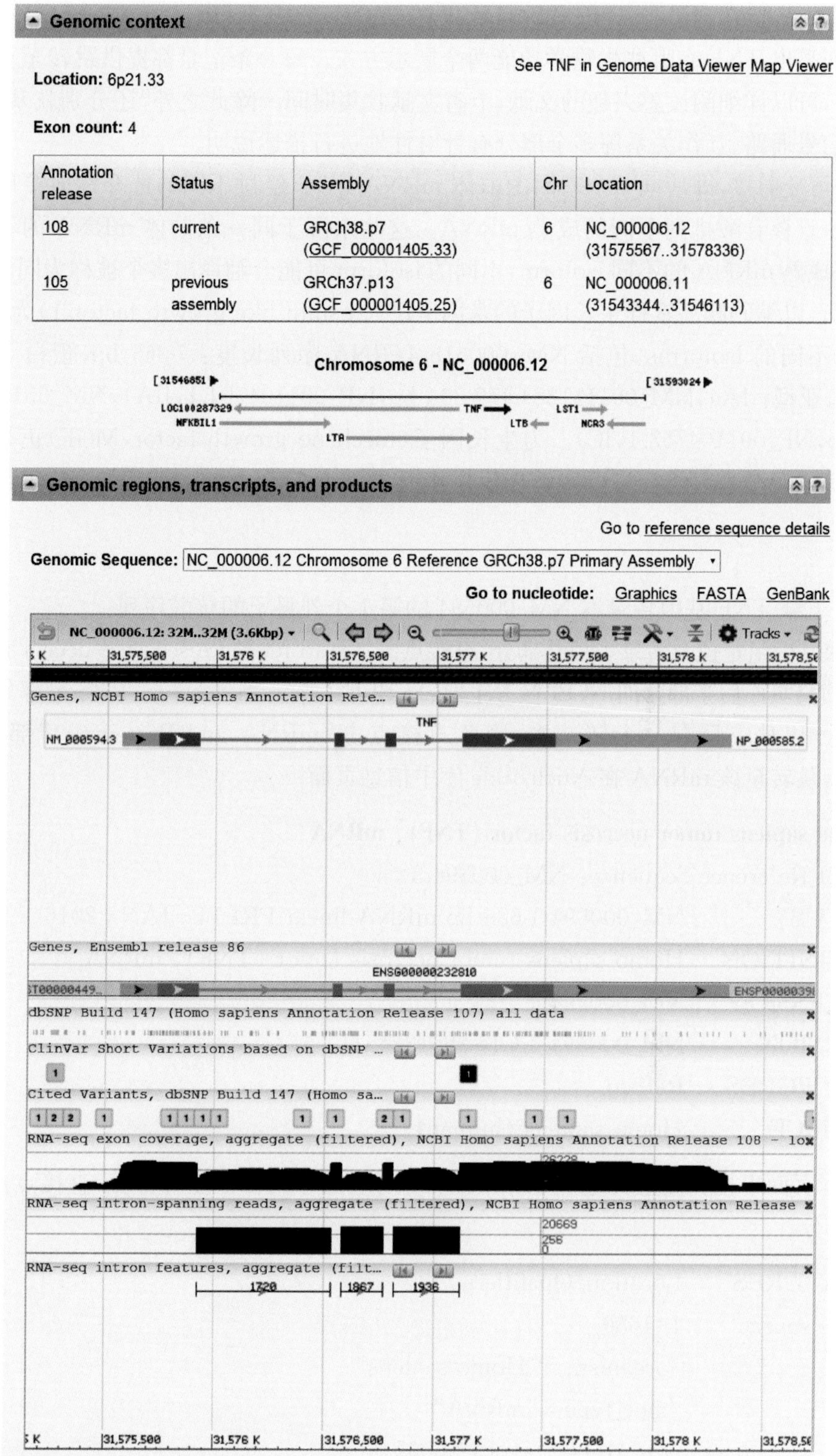

图 18－2　Gene数据库检索人类TNF基因结果页面基因组定位部分

Figure 18－2　Part results of the human TNF gene with its positioning in the reference genome from NCBI GENE

分又可以分为，旨在列举与 TNF 相关且收录在 PubMed 中的文献记录，以及已经对文献进行挖掘，列举出 TNF 有哪些生物学功能两个展示方式。每一条记录都提供跳转至支持文献的超链接，可以详细阅读感兴趣的文献，节省文献收集时间。除此之外，还分别就基因表型、变异体、信号通路、互作关系等多个部分有针对性地进行描述说明。

由于可变剪接，即使同一个基因的前体 mRNA 序列，经过不同的选择性剪接后往往会产生多条，且核苷酸排列不同的成熟 mRNA。这些来源于同一条前体 mRNA 的不同亚型被称为是成熟 mRNA 的不同 isoform，不同的 isoform 可能会翻译出多个被称为同源异构体的蛋白质。以编码胰岛素样生长因子的基因 IGF1(insulin like growth factor 1)为例，IGF1 包含多个不同的 isoforms，包括 NM_000618.4(RNA 序列长度：7 366 bp，蛋白 ID：NP_000609.1，亚型：IA)，NM_001111284.1(7 204 bp，NP_001104754.1，IIA)，NM_001111283.2(7 415 bp，NP_001104753.1，IC)。力生长因子(mechano growth factor，MGF)正是由基因 IGF1 的其中几个外显子经过可变剪接后拼接而成的一个 isoform/转录本为基础编码而成蛋白因子。

例 下载 TNF 基因转录本 NM_000594 的第 1 个外显子的核酸序列：

① 在基因组定位及转录本信息部分，直接点击“Go to reference sequence details”即可跳转到 TNF 信息页面后半部分的 NCBI 参考序列(NCBI Reference Sequences，RefSeq)部分。

② TNF 对应只有一个转录本，因此直接点击“mRNA and Protein(s)”部分 NM_000594.3，跳转至该 mRNA 在 Nucleotide 库中信息页面。

Homo sapiens tumor necrosis factor (TNF), mRNA

NCBI Reference Sequence：NM_000594.3

```
LOCUS          NM_000594 1 686 bp mRNA linear PRI 14-JAN-2016
DEFINITION     Homo sapiens tumor necrosis factor (TNF), mRNA.
ACCESSION      NM_000594
VERSION        NM_000594.3 GI：395132451
KEYWORDS       RefSeq.
SOURCE         Homo sapiens (human)
```

③ 本页面下拉页面至关键字 FEATURES 对应的序列特征注释部分，直接点击关键字“exon”部分。

```
FEATURES       Location/Qualifiers
     source    1..1686
               /organism="Homo sapiens"
               /mol_type="mRNA"
               /db_xref="taxon：9606"
               /chromosome="6"
               /map="6p21.3"
```

gene 1..1686
/gene="TNF"
/gene_synonym="DIF; TNF - alpha; TNFA; TNFSF2; TNLG1F"
/note="tumor necrosis factor"
/db_xref="GeneID: 7124"
/db_xref="HGNC: HGNC: 11892"
/db_xref="MIM: 191160"
exon 1..361
/gene="TNF"
/gene_synonym="DIF; TNF - alpha; TNFA; TNFSF2; TNLG1F"
/inference="alignment: Splign: 1.39.8"

④ 跳转至本页最后的 ORIGIN 核酸序列部分,并在显示屏幕的最底端弹出一个新的小界面,显示带有 exon 的一个下拉列表,除了 exon 类别还可以切换成 CDS、STS 等其他单位。以及 Feature 1 of 4 NM_000594: 1 segment 等字样,可以左右选择不同编号换成第 2 个或者第 3 个外显子。并提供 FASTA、GenBank 两种显示方式。

⑤ 点击 GenBank 格式,跳转至一个新的序列信息页面,此时的序列仅有 361 个碱基长度。

⑥ 点击"Send"下拉键,显示出一个小窗口,选择"File",并在格式选项"Format"对应的下拉选项中选择"FASTA",新建并保存一个序列文件。同方法可以在 Nucleotide 库检索某个关键字,返回多个序列记录的时候,批量保存全部检索记录对应的核酸序列,并保存在一个序列文件中。

⑦ 直接用文本编辑器打开新建的序列文件,即获得了转录本 NM_000594 的第一个外显子的核酸序列。

通过简单几步便可以下载目标区域的 mRNA 序列,如果想获得该基因在基因组上 DNA 序列还可以在参考序列部分,点击基因组"Genomic"部分 NG_007462.1 的 GenBank 格式选择,即可跳转到 TNF 对应的 DNA 序列注释信息页面。修改此 DNA 序列对应的核酸数据库展示页面顶端右侧的"Change region shown"窗口,手动修改显示区间坐标信息,可以直接在下载首个外显子序列的同时获得上游限定区域的 DNA 序列。有针对性的仅下载或者查看制定目标区域序列,有助于基于这些序列为基础载入分析软件中完成启动子序列预测等其他操作。

获得目标基因的核酸序列后即可进一步进行序列比对、启动子预测、引物设计、内含子/外显子可变剪接位点预测等步骤。除了 DNA、编码蛋白的 mRNA 分析,还可以利用诸如非编码综合数据库 Rfam[11],长非编码 RNA 数据库 lncRNAdb[12] 等在内的各类数据库,或者类似于用于基因组重复序列识别的 RepeatMasker 等软件进行非编码 RNA 序列分析。

18.1.3 蛋白序列及结构分析

基因组、转录组、蛋白组、代谢组等组学的蓬勃发展将推进后基因组时代的发展,除了核酸层面，人们也更加关注蛋白水平，试图探究不同蛋白序列、蛋白结构和功能的意义。其中，最普遍的蛋白序列分析工具当属由 NCBI 提供的序列比对工具 BLAST[13]（basic local alignment search tool，BLAST①），不但可以广泛用于核酸序列之间，还提供蛋白序列之间以及蛋白-核酸序列之间的比对。除此之外，BLAST 还提供更多高级分析，比如使用 Primer-BLAST 设计特异性引物，或者通过 Conserved Domains 在蛋白质或编码核苷酸序列中寻找保守结构域。

同时，UniProtKB/Swiss-Prot 作为最大的蛋白质数据库，存贮并管理着蛋白质序列和注释数据等综合资源。UniProt 主要包括 4 个核心部分，提供蛋白质相关注释信息的 UniProtKB，蛋白质参考簇集信息的 UniRef，包含了世界上绝大多数公开可用的蛋白质序列的 UniParc，不同物种的蛋白质组数据的 Proteomes②。

仍然以 TNF 为例，除了希望得到其核酸水平的注释信息，还希望获得蛋白水平该因子的相关信息。较为简便的方法，可以直接通过人类基因数据库 GeneCards③ 检索 TNF 对应的注释信息，其中不但包括了该基因的基本核酸水平注释信息，也包含了该基因编码蛋白的一些基本信息，如蛋白在细胞中位置，与其他蛋白之间互作网络关系。同时，列举了如 MINT、UniProtKB、STRING 等不同数据库中与该蛋白存在互作关系的其他蛋白注释信息。尤其是在 Expression 部分，可以直观地看到 TNF 的 mRNA 和蛋白在正常组织或者经典细胞系中的表达情况（见图 18-3）。

在 GeneCards 页面的“Pathways & Interactions”部分，除了展示有 TNF 参与信号通路记录，在“Interacting Proteins for TNF Gene”部分还列举与 TNF 互作关系紧密的几个代表蛋白之间的互作关系图，可以直接点击互作网络图跳转至蛋白互作网络数据库 STRING④ 对应 TNF 互作页面（见图 18-3）。STRING 默认采用的是中级可信度（medium confidence）0.400 作为最低互作得分的基准进行展示蛋白之间互作关系，除了调整互作得分高低值，还可以设定互作关系支持数据来源，从而输出不同强度的互作关系图。通过直接点击蛋白之间的直线可以获取两个蛋白之间互作关系详情，也可以通过 STRING 自带的“Analysis”工具，对这些互作蛋白进行 GO 和 KEGG 功能分析，在这张互作网络图中特殊标记出参与某一个特点生物过程或者信号通路的蛋白。

针对未知的，或者注释不成熟的蛋白序列，则常常需要先预测该蛋白质结构才能进行功能分析。因为蛋白质的空间结构直接决定了该蛋白的生物学功能，当一个蛋白质的空间结构发生变化，其功能性也会常常发生变化。蛋白质在生命活动中起着复杂的生物学功能，而蛋白的功能也往往由其特定的结构所决定，每个蛋白的氨基酸及内部原子的排列方式即蛋白质的空间构象，也可以按照其不同的结构折叠层次分为蛋白一级结构，二级结构等，每一种结构层次的分析预测方法也不尽相同，牵扯的理论方法过多，在此便不妄加评论了。

---

① BLAST：http://blast.ncbi.nlm.nih.gov/Blast.cgi
② Proteomes：http://www.uniprot.org/proteomes/
③ GeneCards：http://www.genecards.org/
④ STRING：http://string-db.org/

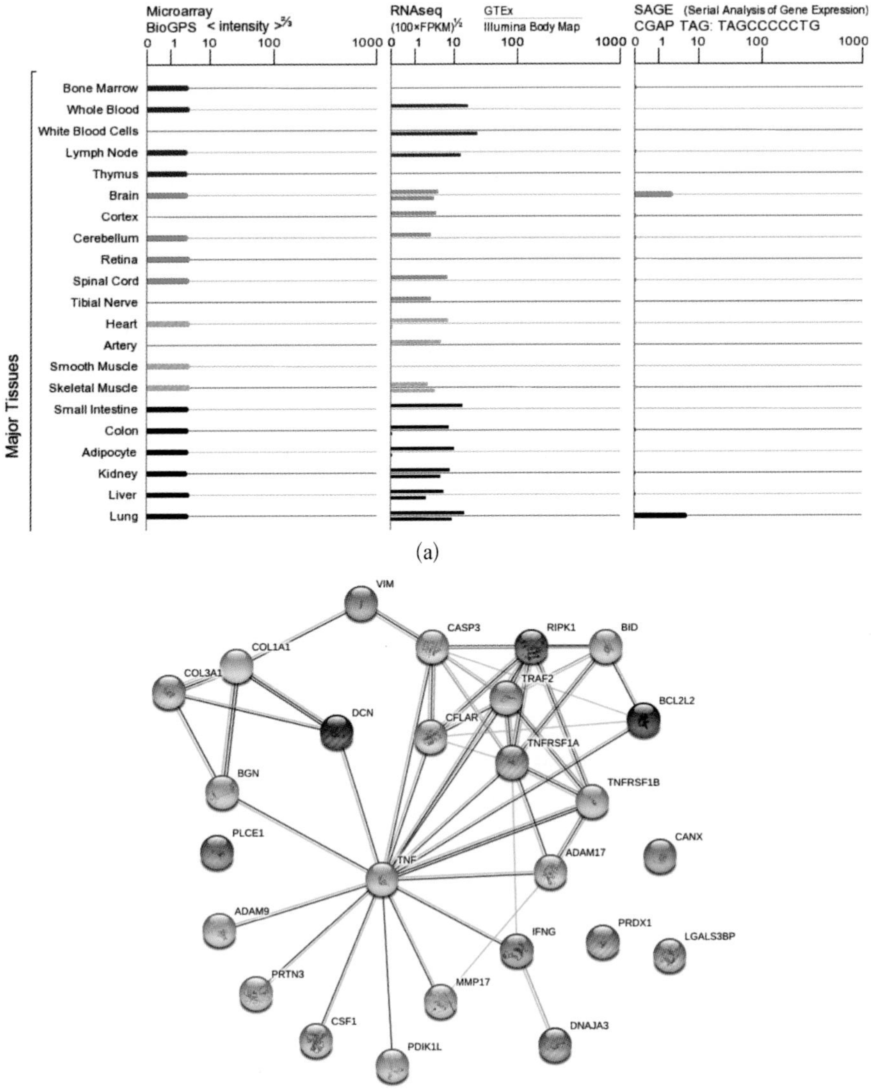

图 18-3 针对 TNF 的基因表达谱和互作网络图

Figure 18-3 mRNA expression in normal tissues and cell lines, and STRING Interaction network for TNF

18.1.4 高通量数据分析

随着人类,模式动植物等多个物种的参考基因组的相继公布,在基础生物学及其疾病研究中,基因组学和生物信息学的作用及贡献已日渐明显。例如全基因组关联研究(genome-wide association study,GWAS)和转录组测序(transcriptome sequencing,RNA-seq)等高通量组学技术[14,15],已成为生物医学研究中被普遍运用的一种技术方法。根据研究的对象不同,大致可以分为核酸、蛋白、代谢等几个方面(见图 18-4),一个研究课题组并不局限于仅仅使用某一个水平的某一种分析技术,往往了为增加结果的多维性,同时采用两种或两种以上的技术平台进行数据分析。

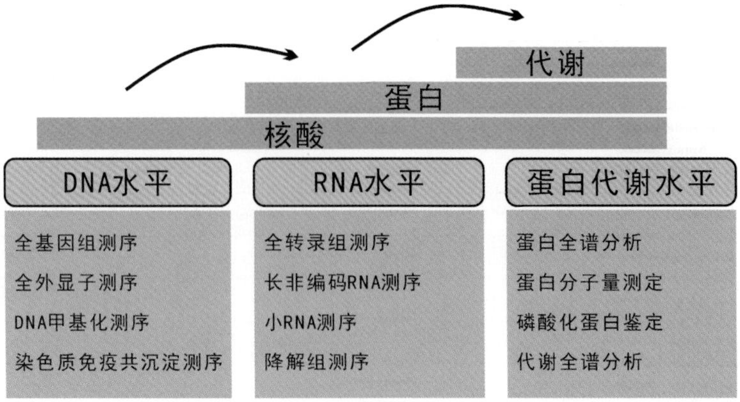

图 18-4 当前主流的高通量技术

Figure 18-4 The current mainstream of the high throughput technology

生物信息学的广泛使用，指数膨胀的生物数据，整个生物医学领域将被重新定义。由原有的粗犷的、依赖于经验的、不可量产的实验模式，变成更加个性化的、有针对性的、依赖大数据分析的新型模式，而所有的变革和颠覆都离不开革命性的技术。其中，下一代测序(next-generation sequencing，NGS)是指一种并非基于第 1 代 Sanger 技术的高通量测序技术[16]，一次可以容纳数百万或数十亿的核酸序列并行进行测序，由此产生更大的吞吐量，以及最大限度地减少对片段克隆的需求，现已广泛用于癌症等疾病研究中[17,18]。根据不同的研究目的，样本特点等，可以选择一个或者多个高通量技术以达到预期的目的。

为了全面地、系统地研究复杂疾病的遗传致病因素，全基因组范围的基因关联分析方法被用于阿尔茨海默症、冠心病、乳腺癌等一系列复杂疾病的研究中，以便找到与这些疾病相关的易感基因[19]。GWAS 能够从 DNA 水平对疾病进行总体轮廓性的概览，结合多样本、大数据等平台全面揭示疾病发生发展中相关的遗传基因位点。这个研究方法经常用于鉴定与疾病相关联 SNP 位点的鉴定。为了了解某个疾病的人群发病易感情况，可以通过 GWAS 比较已经患有该疾病的病人和正常对照组人群的基因组信息，筛选出与该基因相关的 SNP 位点[20]。这一过程涉及芯片杂交后扫描每个样品中分型信息，对原始数据进行质量控制，检测分型样本和人群结构分层情况等，结合整体数据进行各种关联分析，综合考虑基因功能等多方面因素后，筛选出一批潜在的关联 SNP 位点。再对这些 SNP 位点进行实验验证，以最终确定与该疾病关系紧密的 SNP 位点。为了更大限度地发挥这些数据的作用，更加有助于理解人类变异和分子遗传学，更大范围地用于基因定位、种群结构分析和功能性研究等工作，这些 GWAS 数据和 SNP 位点信息也会被研究团体上传到如 dbSNP 等公共数据库中，以供其他研究者检索、参考或者整合再分析。

针对不相关的个体之间，或者选择适当的匹配对照组、家族关系影响等对象，GWAS 在基因组水平进行无偏差扫描，确定是否有任何遗传变异与某一个特性相关。2012 年启动的英国万人基因组[21](UK10K)计划，旨在收集并挖掘生物信息大数据，找出与罕见疾病、肥胖等疾病相关的基因突变，并深入分析预测出与疾病相关联的风险因素。骨密度(bone mineral density，BMD)是检验骨质量的一个重要标准，它是预测骨质疏松症、骨折等的重要判断依据。为了探讨遗传变异在欧洲人群中对骨密度的影响，2015 年 Richards 以及他的团队们，利用 UK10K 项目中全基因组测序数据，确定 EN1 是影响骨密度及骨折的关键因素[22]。

转录组研究是以基因功能及结构研究的基础和出发点，通过高通量分析技术，能够全面地、快速地获得特定组织的某一组细胞，甚至是单个细胞，在某一状态下的几乎所能转录出来的所有 RNA 的信息。相比实时定量 PCR，原位杂交技术等传统 RNA 检测手段，芯片和测序技术具有高通量、快速高效、特异性强等优点[23,24]。相比传统检测手段耗时长、RNA 用量大、不易重复的缺陷，尤其测序技术不但可以批量获得全部基因表达量的情况，筛选获得样本间差异表达的基因。针对有参考基因组的物种，差异表达基因的功能注释(如参与哪些生物过程，信号通路等)，新基因预测，基因结构分析，鉴定单个核苷酸插入、缺失、编辑等生物信息学分析。该技术已经被广泛应用于基础研究、临床诊断和药物研发等领域。

表观遗传调控作为当前的研究热点，DNA 甲基化、组蛋白修饰等一直都是备受各方面研究人员的关注。其中，miRNA(MicroRNA)是一类长度仅为 22 碱基左右的非编码 RNA (non-coding RNA)，通过特异性结合靶基因的 3′UTR 区域，从而介导靶基因表达沉默或者降解，进而在转录后水平进行表达调控[25,26]。越来越多的研究已经证实，诸如 miRNA 调控这样的表观遗传调控在关节疾病的致病过程中有着举足轻重的作用[27]。经由 miRNA 测序技术可以批量一次获得全部已知 miRNA 在样本中的表达丰度，筛选出组间表达差异 miRNA，还可以筛选 miRNA 编辑位点，预测新的 miRNA 等[28,29]，通过收集样品中核酸长度在 18～30 个碱基的 RNA 片段，利用高通量测序技术，一次性获得数百万条 miRNA 序列信息，依托较为成熟的生物信息分析平台，各种 miRNA 注释数据库(miRBase[30]，TargetScan[31]等)，不但可以鉴定已知小 RNA 在单个样本中的表达量，样本件差异表达变化，并预测新的小 RNA 及其靶标基因，还能针对已知 miRNA 进行碱基编辑分析。

骨关节炎(osteoarthritis，OA)是一种全球范围内发病率、致残率极高，且同时受到年龄、性别、力学载荷等多因素影响的退行性骨骼系统疾病[32]。为了寻找新的，更有效诊断和治疗早期 OA 的生物靶点，Clark 和他的团队们通过 miRNA 测序技术鉴定出患有 OA 患者的软骨中共有 990 个已知 miRNA 和 1 621 个潜在的新 miRNA 记录，其中有 60 个潜在的新 miRNA 是所有的 OA 软骨组织中均存在表达，进一步分析并验证后，鉴定出一个新的 miRNA 记录并上传至，miRNA－3085－3p 可能通过调节其靶基因 ITGA5 的表达，以及抑制纤维蛋白的黏附而在 OA 致病过程中起到重要的作用[33]。得益于这项研究，miRNA－3085 被首次发现在人类软骨组织中，此前 miRNA－3085 只在小鼠和大鼠中有注释，结果发现该 miRNA 选择性地在软骨组织中表达，并通过调控整合素的 RNA 水平表达进而影响软骨细胞的功能。

18.2 组织修复和生物力学研究领域应用示例

在疾病的机理探究、临床诊断和治疗预后等方面，生物信息学的方法和技术同样具有十分重要的意义。整合现有的公共数据库中海量的开源数据，有针对性地熟练运用软件和工具，去解决某一个实际问题也是当前基础研究中一种有效的数据分析手段。

18.2.1 类风湿性关节炎滑膜组织基因表达分析

类风湿性关节炎（rheumatoid arthritis，RA）是一种慢性自身免疫性疾病，主要影响关节，最终导致其破坏[34]。临床表现为缓慢发展的关节疼痛、运动受限、关节肿胀和畸形等，严重影响患者生活质量，给患者本人、家庭乃至社会带来严峻的经济负担。然而针对该疾病的早期诊断和治疗十分有限，如何尽早检测并干预其恶化过程成为一项十分有意义的挑战。

越来越多的证据表明，滑膜成纤维细胞（synvovial fibroblasts，SFs）在 RA 进程中具有重要作用，然而其潜在的分子机制尚不完全清楚。为了鉴定出除了有哪些基因参与 RA 致病过程，相对于对照组，这些基因在 SFs 中差异表达，同时分析它们本身在组别间差异表达可能是受到靶 miRNA 调控。本章作者及其团队基于生物信息学整合分析方法，从转录组水平和表观调控水平进行分析，最终鉴定出包括 ROR2、ABI3BP 在内的多个可能受到 miRNA 调控而呈现出差异表达，同时与 RA 致病过程密切相关的基因[35]。这个研究同时运用了文献和数据挖掘，基因表达分析部分利用芯片、测序数据表达谱分析，miRNA 靶基因预测等多种分析方法。首先，需要根据实验目的，将研究对象、实验方法等拆分并归纳成多个关键字，再利用这些关键字在基因表达数据库 GEO（gene expression omnibus①）以及高通量测序数据的测序序列数据库 SRA（sequence read archive②）进行数据检索，对返回的全部数据进一步整理和条件筛选，从而获得符合条件设置的多个基因表达谱。基于每一个表达谱数据，筛选获得组间差异表达基因，将这些差异表达基因记录代入 GO、KEGG 等功能注释数据库中，以便根据其参与的生物过程或者信号通路等信息，对差异基因进行分类。将来源于每一个独立数据的差异表达基因进行合并，筛选出在多个数据中均差异表达且呈现相同变化趋势的基因。针对这些多个数据共表达的基因进行深入功能分析，以及靶向 miRNA 预测等处理，最终鉴定出一系列可能受 miRNA 调控，且在 RA SFs 中差异表达的基因。

在 Heruth 等人的研究中，利用 RNA - seq 分别获得来源于正常对照组和 RA 组的成纤维细胞中的基因表达谱，筛选获得样本间差异表达显著的基因并进行功能分析，为 RA 的诊断和治疗开阔了新的视野[36]。在此之前，关于 RASFs 的研究是基于芯片技术获得基因表达谱，Heruth 首次利用二代测序技术从转录水平分析 SFs 中全部基因表达情况。相比基因芯片，二代测序不但可以给出每个转录本在样本中的表达丰度，发现当前尚未注释的新基因，精确至每个碱基从而完成 SNP、插入/缺失（I/D）等分析。

在该实验设计中，Heruth 及其团队人员根据提供滑膜组织的供体是否患有 RA 而分为正常对照组和 RA 组这两个组别作为研究对象。借由 RNA - seq 技术和生物信息学分析，

---

① NCBI GEO：http://www.ncbi.nlm.nih.gov/geo/

② NCBI SRA：https://www.ncbi.nlm.nih.gov/sra/

比较这两组间表达差异的基因。为了实现这些研究目的，可以通过如 Galaxy① 等在线式测序数据分析平台完成一系列标准化或者个性制定的生物信息学流程分析[37]。

第 1 步是对样本进行处理以抽提核酸，从健康的对照组和患有 RA 的滑膜组织中分离出原代 SFs，并进行体外培养至第 2 代细胞后进行 RNA 抽提。第 2 步文库构建部分，使用 Illumina 公司的 TruSeq RNA Sample Preparation Kit 建立 RNA 文库。简单说来，mRNA 测序文库的制备过程如下，首先用随机引物和逆转录酶将 RNA 片段通过酶促反应逆转录合成 cDNA 片段，然后对 cDNA 片段进行末端修复并连接测序接头，并用电泳切胶、磁珠吸附等方法筛选得到目的长度范围的 cDNA 片段，再进行 RCR 扩增，得到将用于上机测序最终的 cDNA 文库。构建好后的 DNA 文库再通过 Illumina 公司的 HiSeq 2000 测序仪进行上机测序。测序仪自带基因测序分析软件进行初步分析，从图像中捕获不同强度的信号值，并经过计算后转换为相应的碱基序列，进一步可通过 CASAVA 软件分析后将 BCL 格式文件转化成为同时包含了碱基序列和对应每个碱基的质量值的原始序列数据 FASTQ 格式文件。FASTQ 格式以每四行记录为一个单位存储一条测序序列的相关信息，包括测序仪器名、序列名、碱基序列和每一个碱基对应的测序质量值。

以任意一条 reads 记录为例，FASTQ 格式如下所示

```
@FC619W2AAXX：3：1：0：1077＃0/1   ＃＃片段名，/1 和/2 常用来区别双端测序片段
NGGAGAGAAATGCAATTCCTTAATCTCGTATGCCG
                                    ＃＃测序片段序列
+                                   ＃＃由于同一条序列，同片段名常以“＋”代替
DMQSQTYBBBBBBBBBBBBBBBBBBBBBBBBBBBB
                                    ＃＃测序片段质量值
```

本项目的测序片段(reads)长度为 101 个碱基，每个样本的测序原始数据均上传至 SRA 数据库进行保存并供所有人免费查阅和下载。本项目样本测序原始数据的检索编号为 SRA048057.1，包含正常对照组(SRX105526，SRX105525)和 RA 组(SRX105524，SRX105523)共 4 个样本的全部测序数据。由于人类 RNA－seq 数据，每个文件大小常常是 GB 级，针对这些大文件快速传输可使用 Aspera 等工具进行下载。从 SRA 下载的原始数据，还需要利用 SRA Toolkit 软件包进行数据的格式转换，转换成 FASTQ 格式进行后续的质量控制等分析。这里注意的是，在转换格式的同时，需要区别是单端测序还是双端测序，而选用不同的参数进行转换。

处理原始下机数据(raw data)的第 1 步是质量控制，在此之前需要先根据不同测序平台(Solexa，Illumina 1.5＋或者 Illumina 1.8＋等)的测序质量值区间段的特征确定测序数据所属的测序质量值类别。再利用诸如 NGS QC Toolkit、Trim Galore、FASTQC 等质量控制软件包中对应的不同类别参数进行选择设置。以测序质量值≥20 为例，即表示测序错误率≤1%，对样本中的每个序列进行筛选。质量控制一般包含摒弃低质量序列，去除接头污染序列，对测序片段的长度进行筛选，首尾端碱基修剪等过程，可以根据实际情况选择其中几个

① Galaxy：https：//usegalaxy.org/

处理步骤，最终获得可以带入后续分析的过滤后数据(clean data)。选择高质量的 clean data 能避免由于测序质量对后续分析的影响，保证分析结果的准确性和可靠性。

选择 UCSC 下载人类参考基因组序列 hg19/GRCh37(genome reference consortium human reference 37①)，UCSC 以每个染色体为单位进行存储，只下载人类基因组序列 22 对常染色体、性染色体(X 与 Y 染色体)，暂不考虑如线粒体序列，超级片段重叠群序列等其他序列。为了获得每个样本中成功匹配上基因组的 reads 表达总量，以人类参考基因组 GRCh37 为目标序列，并根据 RNA - seq 的数据特点，选择可以提供转录本剪接比对模式的比对工具，如 TopHat[38]，HISAT[39]等进行基因组比对。完成质量控制后，即可选择 TopHat② 进行基因组比对。TopHat 基于比对工具 Bowtie，将转录组测序片段 reads 高速映射到哺乳动物基因组。由于其比对过程中可以将每一个 read 拆分成较小的片段分别映射到基因组，因此在比对完成后将输出多个不同类别的比对结果文件，除了每个样本中测序数据每一条 reads 比对结果文件，还分别包含了在比对过程中产生的外显子剪接位点、插入缺失位点信息文件。TopHat 产生的 SAM/BAM 格式基因组比对结果文件，可以选用 SamTools③ 来统计基因组比对结果中每一个 reads 比对记录中 FLAG 值部分，从而得到每个样本中能匹配成功的 fragment 总量。将比对结果上传至如 IGV[40]、UCSC genome browsers 等可视化软件或者平台来查看整体及特定区域比对情况。作为功能强大又极易操作的免费可视化工具，IGV④ 不但支持 Windows、Mac 等多个系统，还支持各类格式的注释文件，可以在显示多个样本在不同尺度下包括 reads 丰度、剪切位点的同时，直观的显示出 SNP 位点、突变位点、拷贝数等情况。

当前较为经典的 RNA - seq 分析流程如图 18 - 5 所示，选用 TopHat 进行基因组比对后[41]，再根据自身研究特点选用 Cufflinks 软件包中几个子工具进行转录本组装和差异表达分析，最后使用 CummeRbund 等可视化软件解析分析结果。Cufflinks⑤ 是一个基于 NGS 数据，针对转录本组装和差异表达分析的软件包，包括 Cufflinks，Cuffcompare，Cuffmerge，Cuffdiff 等多个不同用途的子软件。

首先使用 Cufflinks 将 TopHat 比对结果中包括的每一条 reads 映射在基因组上坐标信息进行整合，从而将混杂无序的 reads 进行层层组装。TopHat 比对基因组后输出的 SAM/BAM 格式的比对结果文件已经根据基因组坐标信息进行排序，因此可以直接作为 Cufflinks 的输入文件，进行片段组装。同时利用 FPKM(Fragments Per Kilobase of exon model per Million mapped fragments)计算基因组单位长度内比对成功的 reads 数目，从而得到每个转录本在样本中的表达量。因此，Cufflinks 输出结果主要包含两个部分，以 GTF 格式进行存储的转录本组装结果，和该样本中转录本/基因水平表达量结果。面对多个样本各自的组装结果，可以利用 Cuffmerge 进行整合，最后输出融入了所有样本中转录组组装信息的单个组装结果。比较不同样本之间基因表达情况一直是个比较困难的部分，Cuffdiff 以 GTF 格式

① GRCh37(hg19)：http://hgdownload.soe.ucsc.edu/downloads.html#human
② Tophat：http://ccb.jhu.edu/software/tophat/index.shtml
③ SamTools：http://samtools.sourceforge.net/
④ IGV：http://www.broadinstitute.org/igv/
⑤ Cufflinks：http://cole-trapnell-lab.github.io/cufflinks/

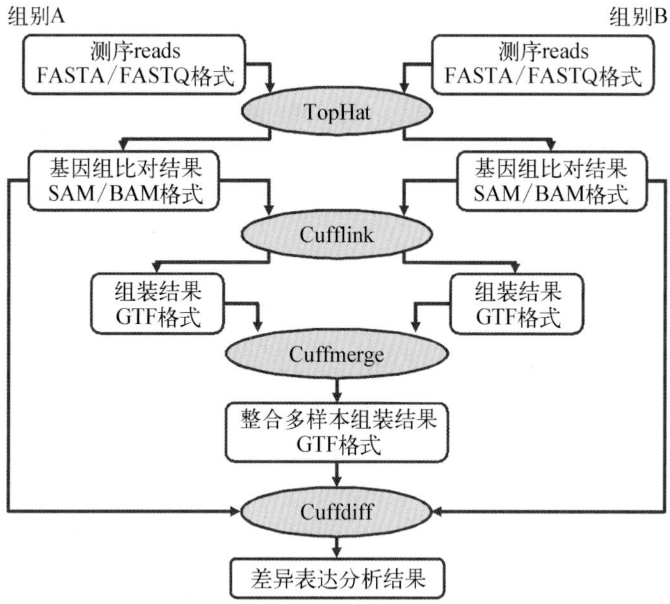

图 18-5 基于 TopHat 和 Cufflinks 的经典 RNA-seq 分析流程示意图

Figure 18-5 The classic RNA-seq workflow with TopHat and Cufflinks

的组装结果和 SAM/BAM 格式的比对结果为输入文件进行表达差异分析，并同时输出多个水平样本间差异变化情况，不仅仅局限于基因表达差异分析，还包括不同样本之间启动子使用、剪接位点等差异信息。最终，将得到的样本间差异表达基因记录代入 IPA(Ingenuity Pathway Analysis①)中，对差异表达数据进行基因作用网络和信号通路等功能分析。IPA 分析平台包罗万象，功能强大，除了提供基因、蛋白、疾病等多个方面的关联分析，还包括上游调控因子分析，下游通路影响分析，miRNA 靶点筛选，分子活性预测等多个功能。

经过基因组比对和表达差异分析后，在对照组和 RA 组中分别检测出有 12 977 条和 13 445 条基因表达记录，其中有 214 个基因只在对照组中存在表达，另外 682 个基因只在 RA 组中检测出其表达情况如表 18-1 所示。值得注意的是，作为与免疫系统功能密切相关的主要组织相容性复合体(the major histocompatibility complex，MHC)，又称人白细胞抗原(human leukocyte antigen，HLA)家族的编码基因 HLA-A/B/C/E 均只能在 RA 组检测其存在表达，这个结果也非常符合 RA 区别于 OA，是一种免疫性关节疾病的特点。而编码核糖体蛋白的基因 RPS24 则只能在对照组的两个样本中检测出其表达量。这些只在某一个组别存在表达的基因，可能作为潜在的生物标记物，被应用在 RA 早期诊断过程中，提前预警提前干预，从而减缓或者避免关节损害程度。以样本间表达差异倍数大于 2 倍，且该基因在两个组别中均存在表达记录为筛选条件，在基因表达谱中进行筛选以便获得样本间差异表达基因。筛选结果发现，相较于对照组，发现包括 IGFBP3、GREM1、GPNMB、SLC2A5、COLEC12 等基因在内的共 122 个基因在 RA 组存在表达上调的趋势，同时发现包括 AQP1、KRT7、TFPI2、COL5A3、TK1 等在内的共 155 个基因在 RA 组表达下降。

① IPA：http://www.ingenuity.com/products/ipa

表 18-1 基因和转录本水平表达情况汇总

Table 18-1 The summary of genetic and transcriptional expression

类别	对照组	RA 组
(1) 基因		
总表达记录	12 977	13 445
只在对照组	214	—
只在 RA 组	—	682
表达上调*	—	122
表达下降**	—	155
(2) 已知的转录本		
总表达记录	20 647	21 102
只在对照组	526	—
只在 RA 组	—	981
表达上调*	—	343
表达下降**	—	262
(3) 尚未注释的转录本		
总表达记录	42 124	42 171
只在对照组	105	—
只在 RA 组	—	152
表达上调*	—	561
表达下降**	—	520

注：表达差异部分结果皆来源于 Cuffdiff，并以样本间差异倍数大于 2 倍为基准进行筛选。* 表示相对于对照组，该记录在 RA 组至少存在 2 倍的表达上升；** 表示相对于对照组，该记录在 RA 组至少存在 2 倍的表达下降。

在对照组和 RA 组中分别检测出有 20 647 个，21 102 个转录本表达记录，其中有 526 个转录本只在对照组中存在表达，而 981 个转录本则只能在 RA 组样本中检测出其表达情况。对于当前参考基因或者转录本数据库中尚未注释的新记录，分别在对照组和 RA 组中共发现有 42 124 个，42 171 个未注释的新转录本记录。这些新转录本记录中，有 105 个新转录本只能在对照组中检测出其表达情况，与此相对的有 152 个新转录本只在 RA 组的样本中有表达记录。

在这些表达差异的基因中，除了已经被发现并实验证实确实与 RA 相关联的基因，如诱导炎性细胞因子产生的 IL-26(白细胞介素 26，interleukin 26)，调控 SFs 增殖和分化的 ADRA2A(肾上腺素能 α-2a 受体，adrenergic alpha-2A receptor)等也被进一步证实在样本间存在差异表达且变化趋势一致。还有一些发现尚未被报道，或者与其他研究结果相悖的记录，例如 Mobasheri 等人曾利用人类滑膜组织芯片(TMAS)检测 AQP1(aquoporin 1，水孔蛋白 1)在患有 RA、OA 等关节系统疾病病理组之间表达变化情况[42]，发现相对于正常对照组，AQP1 在 RA 患者的滑膜中显著表达上调。然而在这次 RNA-seq 分析结果中，相较于对照组，AQP1 在 RA 组两个样本的表达都表现出显著下降(RA 组 FPKM 平均值为

4.77，而对照组 FPKM 平均值为 210.99）。这种情况的出现，可能是由于 RA 本身异质性引起，也可能是基因表达收到样品收集背景、实验平台等因素的影响。

为了鉴定互作网络(network)与通路连通性，将差异倍数超过 2 倍的基因记录代入 IPA 中进行分析。RA 是一种免疫障碍的关节疾病，发现这些受差异表达基因影响的网络也确实主要集中于炎症反应，细胞死亡、运动、增殖等过程。进一步通路分析结果，也证实差异表达基因主要富集于如抗原呈递通路(antigen presentation pathway)，先天性与适应性免疫细胞间的作用过程(communication between innate and adaptive immune cells)等通路之中，这些通路往往都与免疫系统密切相关。

综上所述，由于 SFs 异常活化和增殖直接关系着 RA 的发病机制，通过 NGS 技术，从转录调控研究着手，整体筛选出在 RA 组中表达差异的基因，以此为前期实验基础再有针对性某几个通路或者生物过程进行深入的后续分析，还可以筛选出关键调控因子为 RA 诊断和治疗提供潜在的治疗靶点。

18.2.2 鼠肌腱细胞在不同发育过程基因表达分析

肌腱、韧带等软组织作为骨腱结合部分的主要组成部分，极易在运动过程中受到不同程度的损伤，然而由于其本身生理特点，传统治疗方法修复后的肌腱仍然难以完全恢复原有的生物功能。为了获得更有效的治疗手段，亟须了解肌腱在发育成熟等各个过程中的不同变化，然而驱使肌腱发育的分子信号通路尚不明确。Delphine Duprez 及其团队利用小鼠动物模型和基因芯片技术，研究发育过程中肌腱形成涉及的分子机理，筛选参与肌腱分化的潜在关键调控基因，为研究肌腱再生和修复提供理论基础[43]。

基因 Scleraxis(Scx)被发现在肌腱发育的各个时期均有表达，对其分化、再生等过程起着重要的作用，是肌腱及韧带的特异性分子标志[44]。基于 Scx 表达情况，可以将小鼠胚胎发育期分成不同的阶段。从小鼠胚胎前肢分离出肌腱细胞，并针对来自 E11.5、E12.5 和 E14.5 3 个阶段的细胞，抽提总 RNA 用以芯片表达谱分析(Affymetrix Mouse Genome 430 2.0 Array，该芯片包括超过 45 000 个探针用以检测基因表达)。每个阶段又将分为 3 个不同的时间点对小鼠进行解剖、取组织、细胞计数等工作，同时来源于 3 个不同时间点的样本也将作为生物学重复用以芯片分析，因此最终共 9 个样本(分属于 E11.5、E12.5 和 E14.5 三组)肌腱细胞用以表达谱分析。最后，将芯片数据上传至基因表达数据库 GEO 中进行存储，每个 GEO DataSets 系列(series)都分配了一个唯一的 ID 号便于查看该项目的一些基本信息，如样本来源物种、技术平台、实验设计方案等信息(GSE54207①)，使用 GEO2R② 可能是最为方便快捷的分析手段，它是 GEO 自身提供的一个在线页面式分析工具。已知实验项目数据集的检索编号(GSE***)，当一个系列的数据可能来自多个不同的实验平台(GPL***)则还需要备注本次的分析数据确切来源于某一个平台，然后就可以直接通过 GEO2R 以自己设定的条件将该系列的全部样本(GSM***)进行分组，再比较两组或多组样品之间差异表

① GEO GSE54207：http://www.ncbi.nlm.nih.gov/geo/query/acc.cgi? acc=GSE54207

② GEO2R：http://www.ncbi.nlm.nih.gov/geo/geo2r/

达基因,并根据差异显著性进行排序后以表格形式输出基因表达谱。Bioconductor① 是一个基于 R 编程语言,用于检索和存贮各种芯片、NGS 等生物信息数据的分析工具包的开源软件平台[45]。GEO2R 分析工具主要基于 Bioconductor 平台的 GEOquery 和 limma 包实现数据表达分析的工作。GEOquery 主要用于解析 GEO 数据,以便其他 R 分析包可以调用和处理 GEO 数据集。limma(linear models for microarray analysis)整合了当前主流的统计检验方法,用以鉴定差异表达基因。GEO2R 提供一个更易操作的界面,允许用户即使不懂得如何编写 R 语言命令代码,也依然可以调用 R 语言包完成统计分析。默认选择 Benjamini & Hochberg 对 p - value 进行修正,获得修正后的 FDR(false discovery rate)值。

在 GEO2R 主界面键入数据集 GSE54207 的 ID 号,由于此数据集只对应一个数据平台,检索数据集后即可显示该数据集对应的全部样本信息,包括系列中每一个样本的组织来源,细胞类型等信息便于进行分组[如图 18 - 6(a)部分所示]。根据实验目的,点击“Define

(a)
(b)
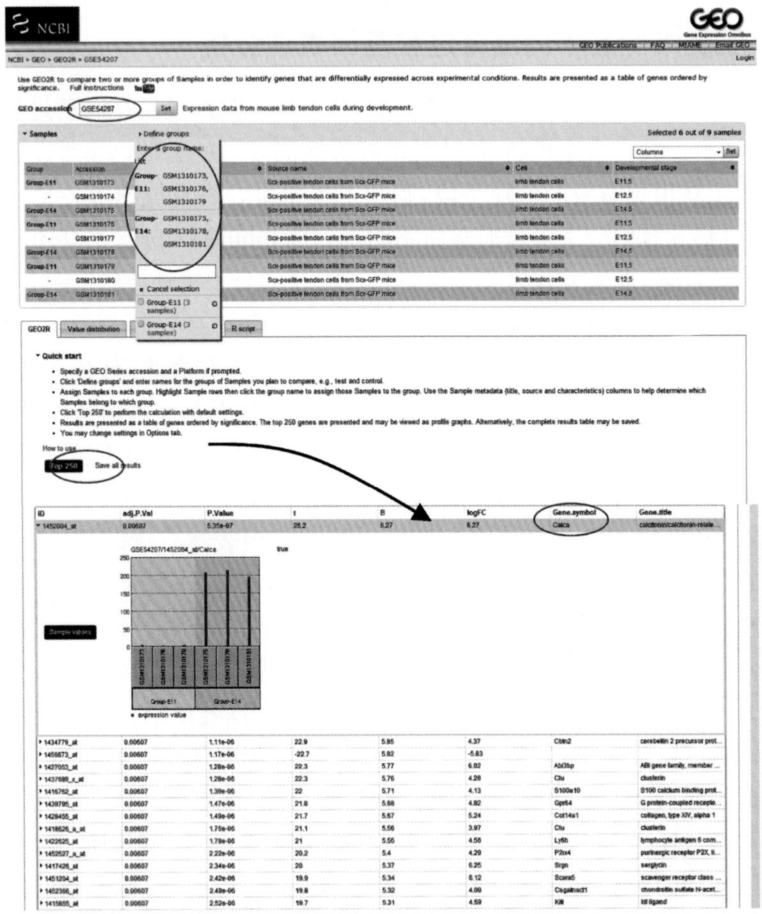

图 18 - 6 GEO2R 结果显示界面截图

Figure 18 - 6 The interface screenshot of GEO2R analysis results

① Bioconductor: http://www.bioconductor.org/

groups”创建自命名的组别，再自行选择完成分组并进行组别之间两两比对，选择样本时并不需要囊括全部样本。本实验中可以根据不同的发育阶段特点，将 3 个组别分别进行两两比较，此处仅以 E11.5 组和 E14.5 组为例进行实例分析，这一阶段对应着肌腱祖细胞向肌腱细胞分化的过程。分组设置完，即可以点击“Top 250”按钮根据默认参数完成计算，并在当前页面返回部分基因表达结果。此时只输出了根据差异显著性排序后前 250 个表达记录，点击“Save all results”即可在新的页面窗口输出全部的基因表达记录。获得整个基因表达谱后，可以根据 p 值，或者同时考虑对数 log 处理后的样本间表达差异倍数(log fold-change，log FC)进行条件筛选，以此得到样本间差异表达记录。首先利用自行分组部分，设置 E11.5 组和 E14.5 组，并将对应的 6 个样本分别添加进各自的组别之中。通过 GEO2R 获得全部表达记录，并以 p 值小于 0.05 且同时样本间差异倍数大于等于 2 倍($|\log FC|\geqslant 1$)为标准进行筛选，提取组别之间差异表达的记录。

除了利用 IPA 完成功能注释，也可以使用基因功能注释 DAVID 数据库①完成差异表达基因功能分析。DAVID 能够通过在线提交需要功能分析的基因列表，完成对其进行功能注释。例如，基因本体(gene ontology，GO)分析将 GO 分类结果找到对应的显著功能类别，或者通过 KEGG 信号通路分析将差异基因映射到通路中，根据基因在通路中位置及表达水平的变化，计算显著影响的通路，从而预测未知的基因功能等。DIVID 还提供基因功能富集分析，富集分析方法用于分析一组基因在某个功能结点上是否出现过出现(over-presentation)，可以由单个基因的注释分析发展到大基因集合的成组分析。最常见的功能注释莫过于 GO 功能分析和 KEGG 信号通路分析。GO 提供国际标准化基因功能分类体系，以描述生物体内基因及基因产物的功能属性，主要包含 3 个部分，即基因的分子功能(molecular function，MF)、细胞组分(cellular component，CC)、参与的生物过程(biological process，BP)，并给出具有某个 GO 功能的基因列表及包含的基因数目统计结果。KEGG 是一个旨在理解生物系统的高级功能及作用的数据库资源，包含多个子数据库，这些子数据库被分类成系统信息、基因组信息以及化学信息 3 个类别，可以从多层次完成功能注释工作。KEGG 是进行信号通路分析、生物体内代谢网络分析等研究的常用工具。除此以外，DAVID 还提供诸如蛋白结构域、功能类别、蛋白质相互作用等多种注释信息。

根据样本描述，对样本进行分组，GSM1310173 E11.5A、GSM1310176 E11.5B 和 GSM1310179 E11.5C 归于 E11.5 组，而 GSM1310175 E14.5A、GSM1310178 E14.5B 和 GSM1310181 E14.5C 归于 E14.5 组。以 E11.5 组作为对照组，E14.5 为实验组进行计算，获得组别间整体基因表达谱。得到包含了 45 101 个记录的基因表达谱，再以 p 值和差异倍数为条件完成筛选($p<0.05$、$|\log FC|\geqslant 1$)，获得组别间差异表达记录，以此得到诸如 Aqp1、编码 HtrA 丝氨酸肽酶的基因 Htra3(HtrA serine peptidase 3)等差异表达基因。

① DAVID：http://david.abcc.ncifcrf.gov/home.jsp

表 18-2 部分 GO 功能注释结果(p 值<0.05)

Table 18-2 Part of the GO functional annotation results from DAVID ($p<0.05$)

项目	基因	p 值
GOTERM_Biological Process		
GO：0007155～cell adhesion	SPG7，NPNT，IGFBP7，etc.	0.00
GO：0006811～ion transport	KCNJ16，SCN3A，SCN3B，etc.	0.00
GO：0010604～positive regulation of macromolecule metabolic process	MEF2C，FGF8，FOXA2，etc.	0.00
GO：0031328～positive regulation of cellular biosynthetic process	MEF2C，FOXA2，PAX3，etc.	0.00
GO：0032989～cellular component morphogenesis	NOG，RTN4RL1，ONECUT2，etc.	0.00
GOTERM_Cellular Component		
GO：0005576～extracellular region	ASPN，CGA，CTHRC1，etc.	0.00
GO：0005578～proteinaceous extracellular matrix	ASPN，CTHRC1，KERA，etc.	0.00
GO：0005886～plasma membrane	MRGPRA4，GPR126，SYT4，etc.	0.00
GO：0044456～synapse part	RAB3C，SYT4，SYT8，etc.	0.00
GO：0031225～anchored to membrane	RGS7BP，RTN4RL1，LY6G6C，etc.	0.00
GOTERM_Molecular Function		
GO：0022836～gated channel activity	KCNJ16，SCN1A，SCN3A，etc.	0.00
GO：0022838～substrate specific channel activity	KCNJ16，FXYD2，SCN1A，etc.	0.00
GO：0022803～passive transmembrane transporter activity	KCNJ16，FXYD2，SCN1A，etc.	0.00
GO：0008083～growth factor activity	FGF5，FGF8，IL5，etc.	0.00
GO：0003700～transcription factor activity	MEF2C，JDP2，FOXA2，etc.	0.00
KEGG_PATHWAY		
mmu04060：Cytokine-cytokine receptor interaction	IL1R2，IL1R1，CSF1，etc.	0.00
mmu04010：MAPK signaling pathway	MEF2C，IL1R2，FGF5，etc.	0.00
mmu04350：TGF-beta signaling pathway	INHBA，NOG，COMP，etc.	0.00
mmu04514：Cell adhesion molecules (CAMs)	H2-K1，L1CAM，H2-AB1，etc.	0.00
mmu04512：ECM-receptor interaction	LAMA1，CD44，NPNT，etc.	0.01

表 18-3 部分 KEGG 信号通路注释结果(p 值<0.05)

Table 18-3 Part of the KEGG pathway annotation results from DAVID ($p<0.05$)

项目	基因	p 值
mmu04060：Cytokine-cytokine receptor interaction	IL1R2，IL1R1，CSF1，etc.	0.00
mmu04010：MAPK signaling pathway	MEF2C，IL1R2，FGF5，etc.	0.00
mmu04350：TGF-beta signaling pathway	INHBA，NOG，COMP，etc.	0.00
mmu04514：Cell adhesion molecules (CAMs)	H2-K1，L1CAM，H2-AB1，etc.	0.00
mmu04512：ECM-receptor interaction	LAMA1，CD44，NPNT，etc.	0.01

为了将这些差异基因进一步注释分类，以便将筛选出的样本间差异表达基因记录代入DAVID进行GO功能注释（见表18－2）和KEGG信号通路分析（见表18－3）。GO功能分析结果以3个部分分别进行展示，除了表18－2中这些富集程度较高的类别，还可以根据自身目的依照所属的类别选择参与其中的差异表达基因作为潜在的调控因子留作后续验证。GO BP注释类别的分析结果显示，除了已经被公认的在发育过程中起着重要作用的SHH（sonic hedgehog）参与多个有关发育的生物过程，还包括FGF8、GDF5、ZBTB16等多个已验证或者未验证的基因与前肢发育过程的生物过程密切相关，涉及的生物过程包括有前肢形态变化（GO：0035108～limb morphogenesis，p value $\approx$ 0.05），前肢发育（GO：0060173～limb development，p value $\approx$ 0.06）等。

而KEGG信号通路注释结果显示，这些组间差异表达基因主要富集在MAPK、TGF－β等信号通路之中。DAVID分析平台的优势在于不但操作简单，此时点击功能注释结果列表“KEGG_PATHWAY”部分，可以独立输出KEGG信号通路分析结果，并提供根据多个条件进行的排序展示，如多少基因参与这条通路，富集程度等。弹出页面除了KEGG类别信息等，统计部分只输出p值和Benjamini值。默认参数为，每条通路记录至少有两个基因参与其中（Count $>$ 2），EASE检验计算每个功能的富集显著性临界值为0.1，可以修改参数后重新进行输出。点击单个类别记录，即可转到该通路可视化展示界面（见图18－7、图18－8）。

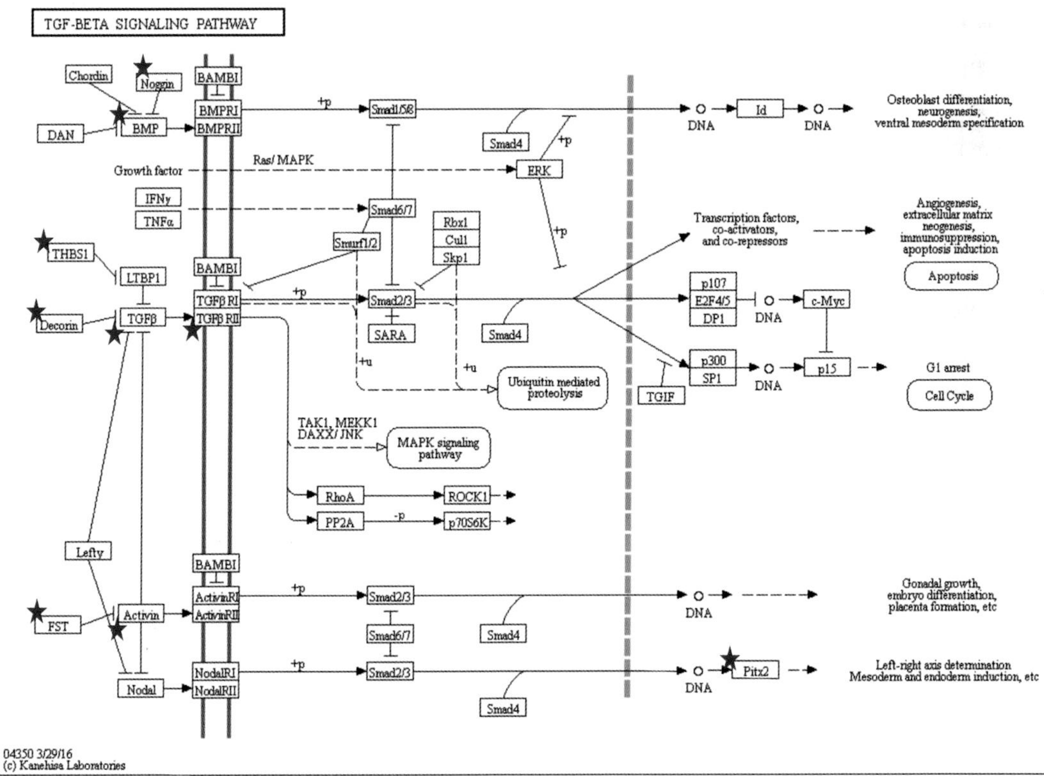

图 18－7 TGF－β信号通路显示图

红色五角星标记基因，即为相较于E11.5组，在E14.5组中表达存在显著性表达上调或者下降的基因

Figure 18－7 The diagram of TGF－β signalling pathway

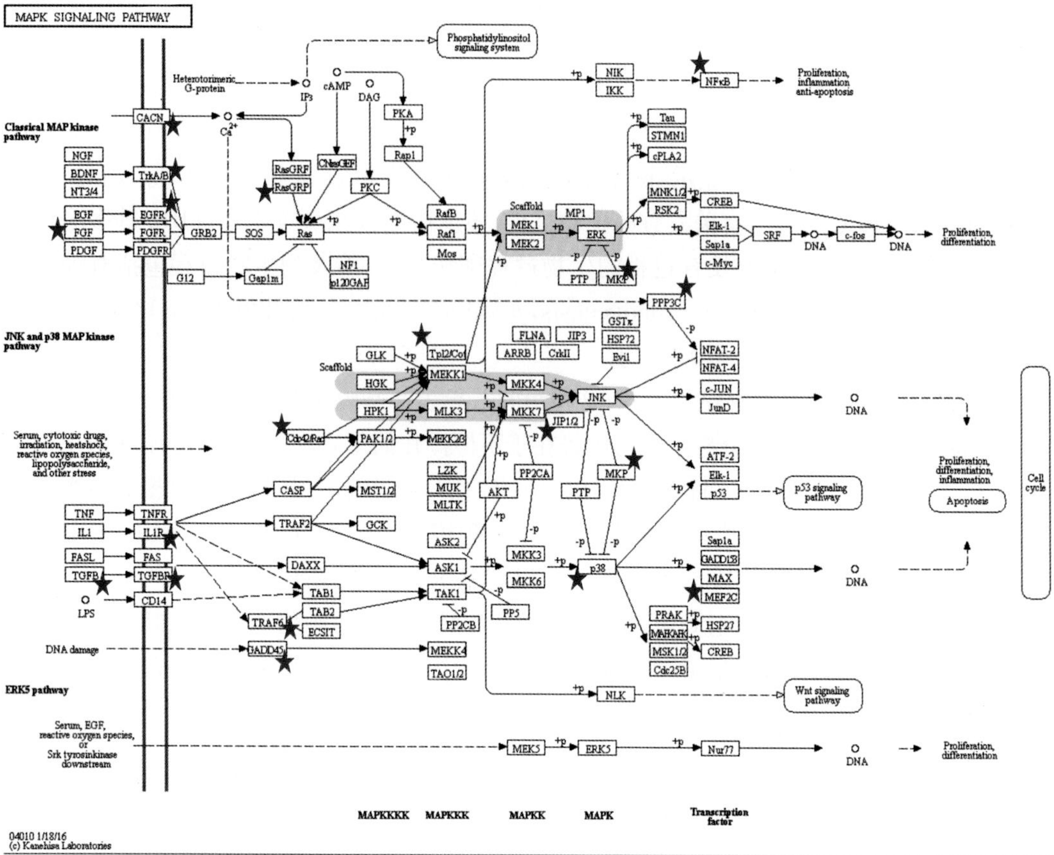

图 18-8 MAPK 信号通路显示图

红色五角星标记基因,即为相较于 E11.5 组,在 E14.5 组中表达存在显著性表达上调或下降的基因

Figure 18-8 The diagram of MAPK signalling pathway

最终,不但可以通过生物信息学分析得到了一系列在组间差异表达的基因,还预测出多个与肌腱发育相关的信号通路和生物过程。在 Duprez 后续的实验中,也确实证实了相较于 E11.5 组,在 E14.5 组中基因 Aqp1、Htra3 表达量显著上升,而且 TGF-β 和 MAPK 两个信号通路与肌腱发育过程密切相关。借由生物信息学相关分析手段,使得在筛选发育过程中潜在的关键因子变得更为简便、省时省力。

18.2.3 软骨细胞压力损伤模型中 miRNA-146a 的功能研究

力学刺激在组织的发育和重塑过程中具有重要的作用,力学载荷也是导致OA的重要因素。然而作用于软骨细胞的力学刺激,如何介导一系列的力学转导信号引起级联反应,进而触发细胞的分化直至破坏的软骨基质,整个过程却仍不明确。当前在宏观生物力学研究领域,生物信息学的应用多集中在数字建模、三维模拟等方面,高通量数据分析技术尚未普及。但是在分子和细胞水平的微观生物力学研究中,近几年也有大量的实验项目采用了基因芯片、测序等技术手段,相信在不久的将来也会有更多生物信息学方法被用于生物力学的研究中。

为了更为准确地得到在综合数据库中进行数据检索和挖掘，首先可以根据研究对象，样本来源，试验设计等几个部分，拆分检索内容，并根据各自目的，有针对性地进行检索。由于生物力学研究成果繁多，这里并不限定某种疾病，但是将样本来源限定为软骨组织，或软骨细胞；试验分析平台为高通量测序，或者基因芯片；干预条件为力学刺激。明确对象后，利用 NCBI MeSH 确定检索关键词的主题词及自由词，从而扩大检索范围。将这些关键词代入 GEO DataSets 以检索生物力学相关数据，此时仅需要搜索研究对象，限定样本来源。因为 GEO 已经对每个课题的研究方法进行分类，不需要额外添加试验设计（测序或芯片）进行检索。经过进一步筛选后，筛选得到如下几个生物力学相关数据集，并对其进行介绍。

Hardingham 及其团队人员借助转录组测序技术，针对患有 OA 的患者的软骨组织，通过比较软骨组织的受损区和未受损区基因表达情况，试图探明两组样本中差异表达基因参与的生物过程[46]。测序分析结果显示，相对于未受损区域软骨组织，在受损区域中包括 ACAN、COL1A1、COMP、SOX9 在内的一系列基因存在表达差异情况，进一步对这些组别间差异表达的基因进行功能注释后发现，它们参与细胞凋亡、胞外基质分泌等生物过程。这些结果也证明了即使已经处于晚期 OA 的软骨组织，仍然可以对外界力学载荷产生响应，进而加速恶化进程。

马保安教授的团队发现，体外力学损伤模型中，miRNA－146a 在人类软骨细胞的凋亡过程中起着重要的作用[47]。他们通过自主研制的多功能恒温体外细胞静水压力加载装置，对处于对数生长期的 P2 代人正常软骨细胞施与不同程度的静水压力以对细胞造成力学损伤（见图 18－9）。在预实验中发现当压力超过 10 MPa 时，软骨细胞出现大量死亡，漂浮于培养液中，仅个别细胞存活。因此连续 4 天在同一时间，设定了不同的压力和作用时间以测定最适宜的致损模型参数，包括 5 MPa＋30 min 组、5 MPa＋60 min 组、10 MPa＋30 min 组、10 MPa＋60 min 组和未施加力学载荷的空白对照组共五个组别。对软骨细胞施加力学载荷后，通过 MTT 比色法测定五个组别的细胞增殖情况，利用 ELISA 测定每个组别细胞培养上清液中 IL－1β 和 TNF－α 的表达情况，以及使用流式细胞仪检测细胞凋亡和细胞周期测定不同组别细胞的状态。

最终构建压力损伤模型部分的结果显示，施加 10 MPa 的两组细胞形态呈现胞体回缩、细胞间距较大、透光性降低等特性，除此之外还呈现细胞分泌细胞因子 IL－1β 和 TNF－α 的表达增加，且细胞凋亡率增加，细胞周期处于停滞期等特征，比较这些特征后发现，相较于其他组别，向软骨细胞施与 10 MPa 静水压力后细胞表型等方面更符合 OA 的特点。然而进一步分析发现，相较于 30 min 加载组，10 MPa＋60 min 组的细胞生物学特性变化更加明显，因此选用该参数作为软骨细胞压力损伤模型的建模标准。

成功构建了软骨细胞的压力损伤模型后，提取细胞总 RNA 并分别采用 miRNA 和基因表达谱芯片技术，筛选出与软骨细胞压力损伤相关的差异表达 miRNA 和基因，并进行实验验证。miRNA 芯片采用 Affymetrix 公司的 GeneChip miRNA 3.0 Array，对压力损伤软骨细胞和未进行力学加载的软骨细胞进行了 miRNA 表达谱分析。利用该 miRNA 芯片仅需要 130～500 ng 的总 RNA，即可同时覆盖数据库 miRBase 版本 17.0 的全部人类 miRNA 记

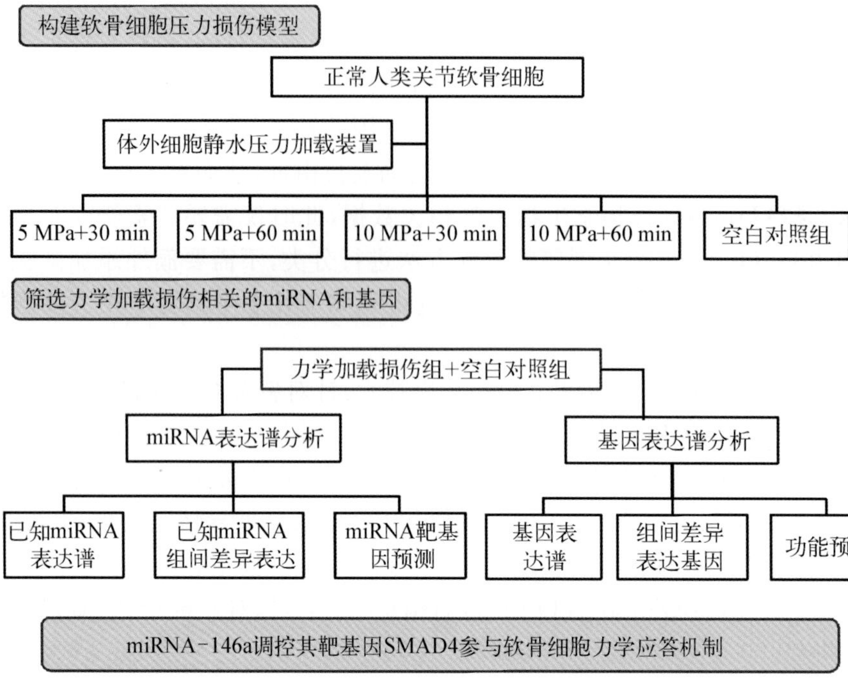

图 18-9 筛选软骨细胞力学损伤模型中调控 miRNA 和基因的简要分析流程图

Figure 18-9 A brief flow chart of screen the regulation of miRNAs and genes based on the model of mechanical damage in chondrocytes

录，包括 1 733 个成熟体 miRNA 和 1 658 个前体 miRNA 记录。发现共有 89 个 miRNA 存在样本间差异表达(其中表达上调的 miRNA 记录有 32 个，表达下调的 miRNA 记录则由 57 个)。其中 miRNA-146a 样本间差异倍数最大，提示着该 miRNA 可能在软骨细胞的压力损伤过程中有着重要的作用。为了增加准确性，降低不同算法带来的假阳性结果，同时选用多个靶基因预测软件(Targetscan、miRanda、Pictar)进行 miRNA-146a 的靶基因预测，并取其交集记录作为潜在的靶基因记录。

为了批量获得特定状态和时间下软骨细胞的全基因组表达情况，选用 Affymetrix 公司的 GeneChip Human Genome U133 Plus 2.0 Array 对压力损伤组和对照组的软骨细胞进行表达谱分析，共筛选出 290 个差异表达基因。对这些差异表达基因进行 GO 聚类和 KEGG 信号通路分析后发现，这些差异基因主要富集在炎症反应、细胞凋亡等生物过程，以及 TGF-β等信号通路，符合细胞力学损伤后的生物特性。在这些差异表达基因中，作为 miRNA-146a 的潜在靶基因 SMAD4 表现出显著性的样本间表达下调，呈现出与 miRNA-146a 负相关的表达趋势，符合 miRNA 通过绑定靶基因 3′UTR 介导抑制其表达的情况。且 SMAD4 在功能注释分析结果中，富集在 TGF-β 信号通路，因此推断 miRNA-146a 在软骨细胞的压力损伤过程中，可能通过调控其靶基因 SMAD4 的表达，影响 TGF-β 信号通路，上调 VEGF 等基因的表达，促进细胞凋亡，从而在软骨细胞力学应答机制中发挥着重要的作用。为了进一步了解 SMAD4 的相关信息，又可以将其代入综合数据库 GeneCards 查看其注释信息，或者代入 NCBI Gene 库中获取其相关联研究进展等。

18.2.4 间充质干细胞相关多组学数据分析

间充质干细胞(mesenchymal stem cell,MSC)应用被认为是一种很有前途的组织修复或再生的治疗方法[48]。近些年已经涌现出大量的研究成果,同时还有正在进行的实验都在试图通过各种手段检测MSCs治疗的有效性和安全性,以及不同来源的MSCs在不同对象上作用分子机制等。原发性骨髓纤维化(primary myelofibrosis,PMF)是一种克隆性骨髓增生异常疾病,在患病后期由于骨髓造血功能障碍导致骨髓衰竭。由于MSCs在调节细胞增殖、分化、黏附等过程中起着重要的作用,为了深入探究MSCs在PMF中功能和分子机制,Martinaud等人从正常对照组和患有PMF病理组中分别提取MSCs并以此进行转录组表达分析[49]。芯片数据集均上传至GEO,详见GEO系列GSE44426。基因表达分析发现,包括HAND2、IRX6、AVEN等多个基因组间表达差异显著,其中CD9在PMF患者来源的MSCs中表达下降。进一步实验检测,发现四旋蛋白(tetraspanin)CD9不但表达差异显著,同时在PMF中参与巨核细胞生成失调(dysmegakaryopoiesis),并调节巨核细胞和MSCs之间交互作用。在本研究中,首先借由芯片表达谱分析,筛选得到在PMF来源MSCs中表达差异显著的基因,缩小研究对象并锁定CD9作为代表基因进行后续实验,进一步验证CD9在PMF来源的MSCs和巨核细胞中功能和作用机制。

为了更加深入多维度了解MSCs在不同环境下功能,除了仅考虑某一种检测手段,还可以同时合并整合多水平表达分析平台。由MSCs释放的胞外囊泡作为旁分泌效应传递者(paracrine effectors),向受体细胞传递蛋白质和遗传物质。为了评估胞外囊泡介导传递过程中涉及的分子功能,以便提高MSCs在组织修复中的治疗效果,Eirin等人利用高通量测序技术分析MSCs和胞外囊泡中miRNA和mRNA表达情况,同时利用LC-MS/MS蛋白检测技术分析其蛋白表达情况,并整合3个水平表达分析结果[50]。

其实多组学整合分析涉及的实验设计流程也并不复杂,以图18-10所示的实验设计流程较为简单,可作为多组学整合分析流程的示例介绍。首先,根据实验目的从组织或者细胞样本中提取总RNA和蛋白,对其进行纯化后即可上机检测其表达。分别得到每个样本中miRNA,mRNA和蛋白表达丰度,获得整体表达谱,并由此计算得到组间表达差异情况以完成差异表达分析。此时已经得到组间差异表达记录,需要深入功能注释得到其功能。miRNA方面,为了降低预测结果假阳性率,利用两种工具TargetScan和ComiR对miRNA靶基因进行预测。再选用DAVID对差异表达基因和蛋白,以及miRNA预测靶基因记录进行功能注释,以便得到它们参与并富集的GO功能类别以及信号通路。借助在线蛋白互作网络分析工具STRING对mRNA和miRNA靶基因之间关联性进行预测。

以组间差异倍数大于2倍且统计p值小于0.05进行筛选,最终得到4个miRNAs,255个mRNAs和277个蛋白在MSCs和胞外囊泡中表达差异显著。这些差异miRNA靶基因和差异miRNA注释结果表明它们参与转录因子(transcription factors,TFs)编码过程,但蛋白水平分析结果并未发现有转录因子在胞外囊泡中富集表达。然而,进一步功能注释分析结果发现,胞外囊泡中表达的蛋白主要富集在胞外基质重塑,炎症反应等生物过程。

为了进一步探究幅度为10%的周期性力学加载条件下,MSCs响应力学刺激时基因表

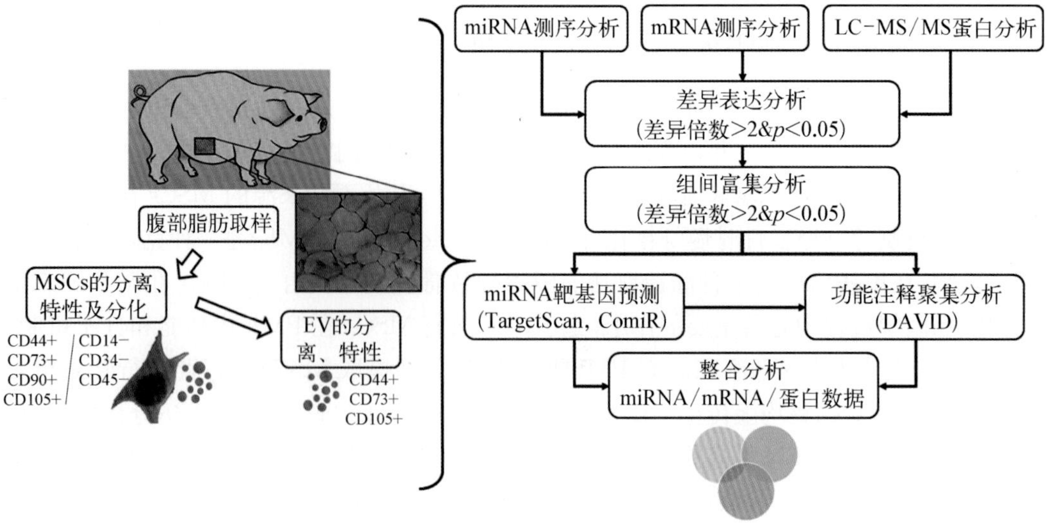

图 18-10 实验设计和数据分析流程图[50]

Figure 18-10 Overview of experimental design and data analysis

达情况和分子机制。Charoenpanich 等人从骨质酥松患者体内分离 MSCs，并利用 Flexcell 体外细胞力学加载系统 FX-4000T 对 MSCs 施与 10%单轴拉伸(1.0 Hz，4 h/day)[51]。以未进行加载的空白组作为对照，筛选得到多个组间表达差异显著的基因，并代入进行功能注释。分子功能分析结果显示，由于有 25 个差异基因均参与细胞运动(cellular movement)，因此该类别被认为差异基因主要富集类别。除此之外，差异基因还主要富集于细胞生长和增殖，细胞与细胞之间信号转导和交互作用等分子功能。再利用 IPA 完成差异基因网络分析并将其交互关系进行可视化。从芯片分析结果中抽选几个差异显著且功能注释结果其功能重要的基因作为候选基因进行表达验证，最后选取了 JUND，VEGFA，WNT5B 等基因利用 PCR 进行实验验证，发现其组间表达差异显著且变化趋势与芯片分析结果一致。同样是 10%幅度周期性力学拉伸，Charoenpanich 等人还曾对脂肪来源干细胞进行力学刺激，并利用芯片检测基因表达谱[52]。分析发现骨生产抑制骨形态发生蛋白表达和 Wnt 信号通路，同时，周期性拉伸促进的促炎细胞调节因子和血管生成因子表达。

18.3 总结

通过单一组学数据的疾病研究已经发现并鉴定出了诸多新的疾病相关因子，然而哪怕只是单个细胞，为了维持其正常生理状态都涉及多水平，复杂多维的调控系统。疾病发生发展过程涉及基因变异、表观遗传改变、基因表达调控异常以及信号通路紊乱等诸多层次的复杂调控机制，同时引入更有益找寻准确有效的关键调控因子。

综前所述，生物信息学分析技术逐渐作为一种常规检测手段，广泛运用于力生物学研究中。对细胞或者组织施与力学刺激或者改变其微观力学环境，力学作用作为某种干扰手段。

根据实验目标从检测样本中抽提出总 RNA 或者蛋白等，再通过测序、质谱等多种检测平台分析力学干扰对其表达水平的影响，并借由功能注释等深入分析探究其功能和分子作用机制。针对不同类型的生物组学数据的检测平台和分析方法也日趋成熟完善，常规分析操作简单易行，而且不同于实验数据，生物信息分析数据具有便于保存、分享、再分析等优点。

通过一些实际示例，本章简单介绍了生物信息学在组织修复和生物力学研究中常用的分析方法及应用，然而这门学科所覆盖的内容远远不只是本章提及的这些技术和方法，由于篇幅有限还有很多的方法和应用暂未提及。利用生物信息学方法，还可以建立组织中复杂的信号转导数字模型，对修复过程的组织从多方面进行系统构建、数字模拟、功能推断以及动态网络分析等。虽然在组织修复、生物力学等方面，生物信息学远不如在癌症等疾病研究、进化分析等方面应用广泛，或者是使用面较为单一狭窄。但是有理由相信，在不远的将来，这门学科一定会更好的被利用及发展，成为一种基础分析工具，辅助日常研究。

（杨力　宋怿江）

参考文献

[1] Miller C J, Attwood T K. Bioinformatics goes back to the future[J]. Nat Rev Mol Cell Biol, 2003, 4(2): 157-162.

[2] Chen B S, Wu C C. Systems biology as an integrated platform for bioinformatics, systems synthetic biology, and systems metabolic engineering[J]. Cells, 2013, 2(4): 635-688.

[3] Berger B, Peng J, Singh M. Computational solutions for omics data[J]. Nat Rev Genet, 2013, 14(5): 333-346.

[4] Kent W J, Sugnet C W, Furey T S, et al. The human genome browser at UCSC[J]. Genome Res, 2002, 12(6): 996-1006.

[5] Cancer Genome Atlas Research Network, Weinstein J N, Collisson E A, et al. The Cancer Genome Atlas Pan-Cancer analysis project[J]. Nat Genet, 2013, 45(10): 1113-1120.

[6] Boutet E, Lieberherr D, Tognolli M, et al. UniProtKB/Swiss-Prot[J]. Methods Mol Biol, 2007, 406: 89-112.

[7] Wu C H, Huang H, Arminski L, et al. The Protein Information Resource: An integrated public resource of functional annotation of proteins[J]. Nucleic Acids Res, 2002, 30(1): 35-37.

[8] Rose P W, Prlić A, Bi C, et al. The RCSB Protein Data Bank: Views of structural biology for basic and applied research and education[J]. Nucleic Acids Res, 2015, 43(Database issue): D345-356.

[9] Roadmap Epigenomics Consortium, Kundaje A, Meuleman W, et al. Integrative analysis of 111 reference human epigenomes[J]. Nature, 2015, 518(7539): 317-330.

[10] Wasserman W W, Sandelin A. Applied bioinformatics for the identification of regulatory elements[J]. Nat Rev Genet, 2004, 5(4): 276-287.

[11] Nawrocki E P, Burge S W, Bateman A, et al. Rfam 12.0: Updates to the RNA families database[J]. Nucleic Acids Res, 2015, 43(Database issue): D130-137.

[12] Quek X C, Thomson D W, Maag J L, et al. lncRNAdb v2.0: Expanding the reference database for functional long noncoding RNAs[J]. Nucleic Acids Res, 2015, 43(Database issue): D168-173.

[13] Camacho C, Coulouris G, Avagyan V, et al. BLAST+: Architecture and applications[J]. BMC Bioinformatics, 2009, 10: 421.

[14] Wellcome Trust Case Control Consortium. Genome-wide association study of 14,000 cases of seven common diseases and 3,000 shared controls[J]. Nature, 2007, 447(7145): 661-678.

[15] Garber M, Grabherr M G, Guttman M, et al. Computational methods for transcriptome annotation and quantification using RNA-seq[J]. Nat Methods, 2011, 8(6): 469-477.

[16] Metzker M L. Sequencing technologies — The next generation[J]. Nat Rev Genet, 2010, 11(1): 31-46.

[17] Meyerson M, Gabriel S, Getz G. Advances in understanding cancer genomes through second-generation sequencing [J]. Nat Rev Genet, 2010, 11(10): 685-696.

[18] Cirulli E T, Lasseigne B N, Petrovski S, et al. Exome sequencing in amyotrophic lateral sclerosis identifies risk genes and pathways[J]. Science, 2015, 347(6229): 1436 - 1441.

[19] Lundby A, Rossin E J, Steffensen A B, et al. Annotation of loci from genome-wide association studies using tissue-specific quantitative interaction proteomics[J]. Nat Methods, 2014, 11(8): 868 - 874.

[20] Yang J, Ferreira T, Morris A P, et al. Conditional and joint multiple-SNP analysis of GWAS summary statistics identifies additional variants influencing complex traits[J]. Nat Genet, 2012, 44(4): 369 - 375, S1 - 3.

[21] UK10K Consortium, Walter K, Min J L, et al. The UK10K project identifies rare variants in health and disease[J]. Nature, 2015, 526(7571): 82 - 90.

[22] Zheng H F, Forgetta V, Hsu Y H, et al. Whole-genome sequencing identifies EN1 as a determinant of bone density and fracture[J]. Nature, 2015, 526(7571): 112 - 117.

[23] Tirosh I, Izar B, Prakadan S M, et al. Dissecting the multicellular ecosystem of metastatic melanoma by single-cell RNA - seq[J]. Science, 2016, 352(6282): 189 - 196.

[24] Wang Z, Gerstein M, Snyder M. RNA - Seq: A revolutionary tool for transcriptomics[J]. Nat Rev Genet, 2009, 10(1): 57 - 63.

[25] Hausser J, Zavolan M. Identification and consequences of miRNA - target interactions — Beyond repression of gene expression[J]. Nat Rev Genet, 2014, 15(9): 599 - 612.

[26] Guo H, Ingolia N T, Weissman J S, et al. Mammalian microRNAs predominantly act to decrease target mRNA levels[J]. Nature, 2010, 466(7308): 835 - 840.

[27] Vicente R, Noël D, Pers Y M, et al. Deregulation and therapeutic potential of microRNAs in arthritic diseases[J]. Nat Rev Rheumatol, 2016, 12(4): 211 - 220.

[28] Gunaratne P H, Coarfa C, Soibam B, et al. miRNA data analysis: Next-gen sequencing[J]. Methods Mol Biol, 2012, 822: 273 - 288.

[29] Mestdagh P, Hartmann N, Baeriswyl L, et al. Evaluation of quantitative miRNA expression platforms in the microRNA quality control (miRQC) study[J]. Nat Methods, 2014, 11(8): 809 - 815.

[30] Kozomara A, Griffiths-Jones S. MiRBase: Annotating high confidence microRNAs using deep sequencing data[J]. Nucleic Acids Res, 2014, 42(Database issue): D68 - 73.

[31] Agarwal V, Bell G W, Nam J W, et al. Predicting effective microRNA target sites in mammalian mRNAs[J]. Elife, 2015, 12: 4.

[32] Glyn-Jones S, Palmer A J, Agricola R, et al. Osteoarthritis[J]. Lancet, 2015, 386(9991): 376 - 387.

[33] Crowe N, Swingler T E, Le L T, et al. Detecting new microRNAs in human osteoarthritic chondrocytes identifies miR - 3085 as a human, chondrocyte-selective, microRNA[J]. Osteoarthritis Cartilage, 2016, 24(3): 534 - 543.

[34] Scott D L, Wolfe F, Huizinga T W. Rheumatoid arthritis[J]. Lancet, 2010, 376(9746): 1094 - 1108.

[35] Song Y J, Li G, He J H, et al. Bioinformatics-based identification of microRNA - regulated and rheumatoid arthritis-associated genes[J]. PLoS One, 2015, 10(9): e0137551.

[36] Heruth D P, Gibson M, Grigoryev D N, et al. RNA - seq analysis of synovial fibroblasts brings new insights into rheumatoid arthritis[J]. Cell Biosci, 2012, 2(1): 43.

[37] Thiel W H, Giangrande P H. Analyzing HT - SELEX data with the Galaxy Project tools — A web based bioinformatics platform for biomedical research[J]. Methods, 2016, 97: 3 - 10.

[38] Kim D, Pertea G, Trapnell C, et al. TopHat2: Accurate alignment of transcriptomes in the presence of insertions, deletions and gene fusions[J]. Genome Biol, 2013, 14(4): R36.

[39] Kim D, Langmead B, Salzberg S L. HISAT: A fast spliced aligner with low memory requirements[J]. Nat Methods, 2015, 12(4): 357 - 360.

[40] Thorvaldsdóttir H, Robinson J T, Mesirov J P. Integrative genomics viewer (IGV): High-performance genomics data visualization and exploration[J]. Brief Bioinform, 2013, 14(2): 178 - 192.

[41] Trapnell C, Roberts A, Goff L, et al. Differential gene and transcript expression analysis of RNA - seq experiments with TopHat and Cufflinks[J]. Nat Protoc, 2012, 7(3): 562 - 578.

[42] Mobasheri A, Moskaluk C A, Marples D, et al. Expression of aquaporin 1 (AQP1) in human synovitis[J]. Ann Anat, 2010, 192(2): 116 - 121.

[43] Havis E, Bonnin M A, Olivera-Martinez I, et al. Transcriptomic analysis of mouse limb tendon cells during development[J]. Development, 2014, 141(19): 3683 - 3696.

[44] Schweitzer R, Chyung J H, Murtaugh L C, et al. Analysis of the tendon cell fate using Scleraxis, a specific marker

for tendons and ligaments[J]. Development, 2001, 128(19): 3855 - 3866.

[45] Gentleman R C, Carey V J, Bates D M, et al. Bioconductor: Open software development for computational biology and bioinformatics[J]. Genome Biol, 2004, 5(10): R80.

[46] Dunn S L, Soul J, Anand S, et al. Gene expression changes in damaged osteoarthritic cartilage identify a signature of non-chondrogenic and mechanical responses[J]. Osteoarthritis Cartilage, 2016, pii: S1063 - 4584(16)01065 - 7.

[47] Jin L, Zhao J, Jing W, et al. Role of miR-146a in human chondrocyte apoptosis in response to mechanical pressure injury in vitro[J]. Int J Mol Med, 2014, 34(2): 451 - 463.

[48] Barry F, Murphy M. Mesenchymal stem cells in joint disease and repair[J]. Nat Rev Rheumatol, 2013, 9(10): 584 - 594.

[49] Desterke C, Martinaud C, Guerton B, et al. Tetraspanin CD9 participates in dysmegakaryopoiesis and stromal interactions in primary myelofibrosis[J]. Haematologica, 2015, 100(6): 757 - 767.

[50] Eirin A, Zhu X Y, Puranik A S, et al. Integrated transcriptomic and proteomic analysis of the molecular cargo of extracellular vesicles derived from porcine adipose tissue-derived mesenchymal stem cells[J]. PLoS One, 2017, 12(3): e0174303.

[51] Charoenpanich A, Wall M E, Tucker C J, et al. Cyclic tensile strain enhances osteogenesis and angiogenesis in mesenchymal stem cells from osteoporotic donors[J]. Tissue Eng Part A, 2014, 20(1 - 2): 67 - 78.

[52] Charoenpanich A, Wall M E, Tucker C J, et al. Microarray analysis of human adipose-derived stem cells in three-dimensional collagen culture: osteogenesis inhibits bone morphogenic protein and Wnt signaling pathways, and cyclic tensile strain causes upregulation of proinflammatory cytokine regulators and angiogenic factors[J]. Tissue Eng Part A, 2011, 17(21 - 22): 2615 - 2627.

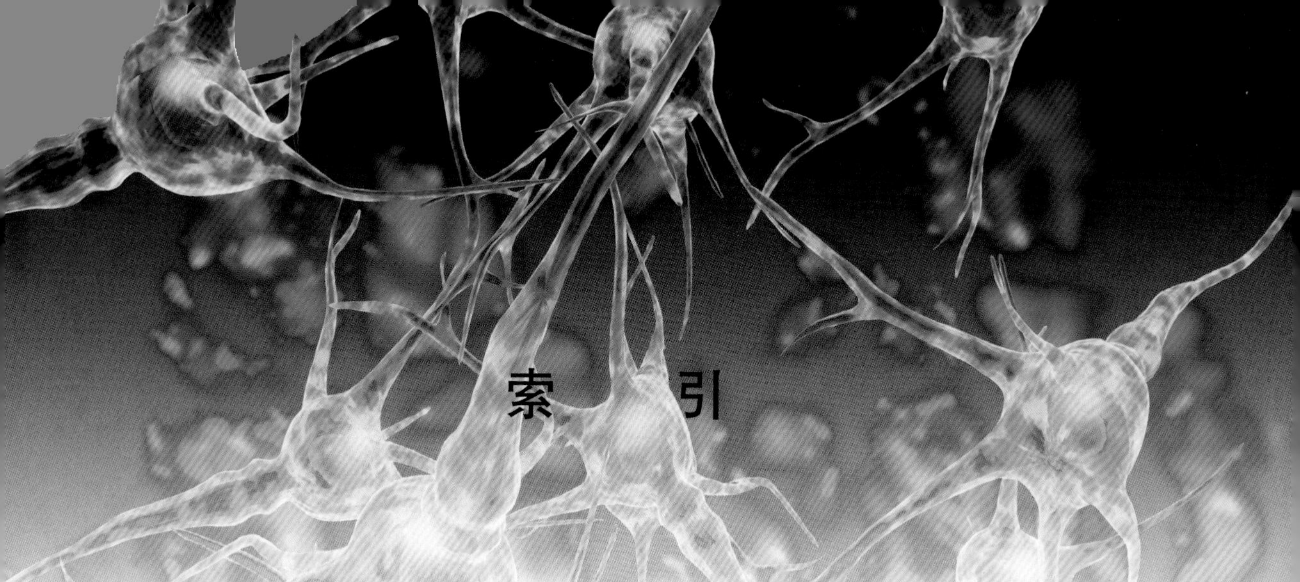

索　引